U0225272

第十九届中国海洋（岸）工程
学术讨论会论文集

DI SHIJIU JIE ZHONGGUO HAIYANG (AN) GONGCHENG
XUESHU TAOLUNHUI LUNWENJI

（上）

中国 海洋工程学会 编

海洋出版社

2019 年·北京

内 容 简 介

第十九届中国海洋（岸）工程学术讨论会论文集主要内容有深水及近海工程、海岸动力及海岸工程、河口工程及水沙运动等。

图书在版编目（CIP）数据

第十九届中国海洋（岸）工程学术讨论会论文集 / 中国海洋工程学会编. —北京：海洋出版社，2019.9

ISBN 978-7-5210-0419-9

Ⅰ. ①第… Ⅱ. ①中… Ⅲ. ①海洋工程－学术会议－文集②海岸工程－学术会议－文集 Ⅳ. ①P75-53

中国版本图书馆 CIP 数据核字(2019)第 202312 号

主　　　编：	窦希萍　左其华
副 主 编：	王　红　段子冰
责任编辑：	高朝君　薛菲菲
特邀编辑：	杨　红　滕　玲　王玉丹　吴永宁
封面设计：	陈昊袭
校　　对：	陈昊袭　郑雪皎
责任印制：	赵麟苏
封面供图：	毛　宁

第十九届中国海洋（岸）工程学术讨论会
承办单位：重庆交通大学
　　　　　南京水利科学研究院
协办单位：国家内河航道整治工程技术研究中心
　　　　　港口航道泥沙工程交通行业重点实验室
　　　　　海岸灾害及防护教育部重点实验室
　　　　　长江航运工程与智能航道技术省部共建协同创新中心
　　　　　水利水运工程教育部重点实验室
　　　　　内河航道整治交通行业重点实验室
　　　　　河口海岸交通行业重点实验室
　　　　　重庆市特种船舶数字化设计与制造工程技术研究中心

海洋出版社出版发行

http://www.oceanpress.com.cn

北京市海淀区大慧寺路 8 号　邮编：100081
北京顶佳世纪印刷有限公司印刷
2019 年 9 月第 1 版　　2019 年 9 月北京第 1 次印刷
开本：880×1230　　1/16　　印张：62.50
字数：2024 千字　　定价：598.00 元（上下册）
发行部：62132549　邮购部：68038093　总编室：62114335
海洋版图书印、装错误可随时退换

第十九届中国海洋（岸）工程学术讨论会技术委员会

名 誉 主 任：曾恒一

主 任 委 员：李润培

副主任委员：窦希萍　　王平义　　左其华

委　　　员：（以姓氏笔画为序）

于定勇	万德成	王德禹	王多银	付世晓
史宏达	白　勇	冯卫兵	朱良生	刘　桦
刘海江	孙志林	孙丽萍	孙昭晨	李华军
李孟国	李绍武	杨建民	吴　澎	邹志利
张华庆	张阿漫	张金善	张洪生	陈永平
陈国平	周　东	季则舟	郑金海	姚熊亮
柳淑学	贺治国	赵西增	唐友刚	夏云峰
黄维平	崔维成	董　胜	董国海	程泽坤
詹杰民	蔡　锋	缪泉明	滕　斌	颜　开
潘军宁				

秘 书 长：夏云峰

副秘书长：王多银　　张继生

秘 书 组

组　　　长：刘维明　　王　红

成　　　员：

段子冰	梁　越	杨　红	汪承志	滕　玲
王玉丹	张文仲	李鹏飞	吴永宁	陈昊袭
郑雪皎	贺林林	段伦良	吴林健	刘宪庆
刘　洁	张小龙			

目　次

主题报告

深水及近海工程

2

海岸动力及海岸工程

4

河口工程及水沙运动

主 题 报 告

滑坡涌浪对航道通航影响机理研究

王平义 [1]，韩林峰 [2]，王梅力 [1,3]

（1. 重庆交通大学 国家内河航道整治工程技术研究中心，重庆 400074；2. 重庆交通大学 土木工程学院，重庆 400074；3. 重庆交通大学 建筑与城市规划学院，重庆 400074）

摘要： 近年来，受三峡水库长期高水位运行及调度的影响，库区两岸滑坡活动性显著增强。涌浪作为库岸滑坡的主要次生灾害，其传播会给库区码头、船舶、航道整治建筑物等造成严重破坏。高桩码头作为三峡库区内一种重要的码头结构形式，船舶撞击力对其在使用阶段的稳定性、安全性具有至关重要的影响。通过模型试验模拟三峡库区滑坡涌浪作用下系泊船舶对高桩码头的撞击过程，并分析涌浪对高桩码头船舶最大撞击力的影响。此外，提出以交通管制形式和限航等级为要素的水上交通管制模式以及涌浪作用下船舶的横摇特征，综合分析了滑坡涌浪对航道通航的影响机理。

关键词： 滑坡涌浪；船舶撞击力；交通管制；船舶横摇；航道通航；高桩码头

当滑坡体以较高的速度滑入水中时，水体受到滑坡体扰动、挤压发生位移，由此所产生的冲击波称为涌浪。从历史上所发生的地质灾害涌浪事件来看，由山体滑坡诱发的涌浪灾害出现的最为频繁、所产生的后果也最为严重，几乎在所有水体中都曾出现过滑坡涌浪灾害，包括海洋、峡湾、水库、湖泊以及河道[1]。根据国内外相关学者[2-23]归纳总结的过去 100 年内世界所发生的最具破坏性的滑坡涌浪事件，发现大部分发生在山区河道型水库环境下，其中又以三峡库区滑坡涌浪灾害发生的最为频繁。之所以滑坡涌浪灾害会在山区河道型水库中频繁发生，是因为水库在蓄水初期孔隙水压力导致边坡稳定性降低，而水库在运行期间库水位的骤然涨落所产生的动水压力会进一步诱发滑坡体的变形与破坏，此外库区复杂的自然地质条件、频繁的暴雨洪水都使水库成了滑坡、崩塌等地质灾害的高发及易发区。据 2009 年 7 月湖北省、重庆市库区 26 个县（市、区）政府统计资料及国土资源部调查结果显示，在三峡库区范围内查出崩塌滑坡共 5 300 余处，总体积 8.3×10^9 m³，如此多的滑坡灾害其下滑后所引发的涌浪会给库区建筑物及生命财产安全带来巨大威胁[24]。

与发生在开敞海域环境中的滑坡涌浪不同，河道型水库属于半封闭性水域，库岸滑坡入水后诱发的涌浪在向对岸传播时由于距离较短，无法得到充分衰减，在到达近岸水域时依然具有较大立波高度，此时的近岸波携带巨大能量，可将停靠在岸边的船只打翻；随着近岸涌浪沿库岸继续爬升，形成爬坡浪，对库岸基础设施和当地居民安全造成严重威胁；此外，峡谷水库通常位于群山峻岭之中，形状蜿蜒狭长，导致涌浪特性及其对航道通航的影响也更为复杂。本文通过物理模型试验研究滑坡涌浪对航道通航影响机理，研究结果对水库次生涌浪灾害风险评估具有重大的科学意义与研究价值。

1 模型试验

1.1 岩体滑坡模型设计

对于岩体滑坡而言，滑体中存在大量不同构造、产状和特征的不连续结构面，诸如层面、节理、裂隙、软弱夹层、断层破碎带等[21]。由于这些结构面的存在，使得滑体沿最软弱结构面滑动后，将发生不同程度的崩解。在地质作用下，岩体在节理裂隙处发生应力松弛，使得裂隙逐渐扩大并形成切割面，将整个岩体分割成大小不等的块[22]，如图 1（a）所示。当整个岩体的剪切应力超过临界值时，岩体将沿剪切带（即滑动面）移动形成滑坡。滑坡在下降过程中沿切割面破碎成大大小小的块及无数碎片，这就是岩质滑坡的

基金项目： 国家自然科学基金项目（51479015）；重庆市基础研究与前沿探索重点项目（cstc2017jcyjBX0070）；山区公路水运交通地质减灾重庆市高校重点实验室开放基金项目（kfxm2018-15）

作者简介： 王平义（1964–），男，教授，博士生导师，主要从事水力学及河流动力学方面的教学与研究工作。E-mail: py-wang@163.com

散体化过程，如图 1（b）所示。

(a) 裂隙发育　　　　　　　　　　　　　　　　　(b) 破碎崩解

图 1　岩体滑坡形成过程

试验中岩质滑坡模型采用不同尺寸的刚性块组合而成。刚性块的大小由岩体三轴方向（长、宽、厚）上裂隙切割面的间距决定，按照三个方向的裂隙切割面进行岩体滑坡散体化的原理如图 2 所示。通过统计分析"三峡库区三期地质灾害防治检测预警工程专业监测崩塌滑坡灾害点涌浪分析与危害评估"报告中的 48 组典型岩质滑坡的裂隙发育情况发现，在同一地区，地层岩性、地质构造方式、地壳运动规律、气候、水文条件基本一致，因此岩体的裂隙发育程度也大致相同。试验中，用水泥和碎石制作刚性块材料，密度取天然泥岩和砂岩的平均密度，约为 2.5 g/cm³，滑坡模型如图 3 所示。

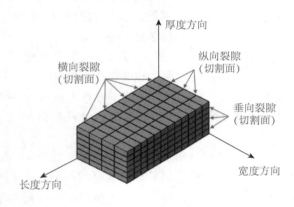　　

图 2　岩体滑坡散体化原理　　　　　　　　　　图 3　岩质滑坡模型

1.2　试验装置

模型以弯曲峡谷水库为背景，将三峡库区大型岩体滑坡集中的万州河段作为概化水槽设计依据，并依托万州港江南沱口码头河段地形资料，采用 1：70 的几何比尺建模。模型水槽中心线长 48 m，其中上游段 28 m，紧随其后的是一个 90° 的弯道部分，曲率半径为 7 m（沿水槽中心线），最后是 13 m 长的下游段，如图 4 所示。水槽横断面为梯形，其中顶宽为 8 m，底宽为 2.94 m，槽深 1.6 m，水槽两侧边坡分别为 33°（凹岸）和 20°（凸岸），试验水深范围在 0.4～1.16 m 之间。在水槽凹岸弯道进口处布置一台倒链葫芦式滑坡涌浪发生装置，用来模拟滑坡入水过程，滑坡倾角选取 20°、40°、60° 三个坡度。

1.3　码头模型设计

万州港江南沱口集装箱高桩码头结构平台长 253 m，宽 30 m，平台排架间距 7 m，共 36 榀排架，每榀排架设置 6 根桩基；前两排桩基采用 Φ1 600 的钢筋混凝土嵌岩桩，后四排采用 Φ1 800 钢筋混凝土嵌岩桩，桩底均置于中风化基岩层。模型码头的长度按原型码头的一个泊位长来考虑，根据比尺，模型码头长 1.5 m，宽 0.43 m；码头桩基采用塑料管制作，直径为 2.28 cm，间距为 10 cm；码头面板、横梁和纵梁采用塑料板制作，面板两端设置两个系船柱，码头结构按刚性结构处理，固定在河道模型内，如图 5 所示。本次试验共制作两个码头模型，分别位于滑坡体的对岸和同岸，距滑坡入水点距离均为 6.37 m。

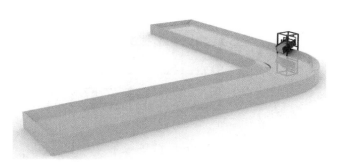

图 4　弯曲波浪水槽三维效果

图 5　模型码头布置

1.4　船舶模型设计

根据几何相似、重力相似和运动相似原则，按照 1∶70 的比尺进行船模设计，试验船型选择 3 000 t 甲板驳船。对船舶的不同载重情况分别采用铁制砝码压载配重，使船舶模型满足吃水、质量、重心位置、质量惯性矩和自振周期等与原型相似。表 1 为实体船与船模的参数统计表，本次试验考虑船舶装载度为满载情况，通过集装箱的配比使船舶达到满载状态。

表 1　船舶参数统计

船型参数	实体船	模型船
船长/m	90	1.28
型深/m	4	0.057
型宽/m	16	0.228
设计吃水/m	3.3	0.047
方形系数	0.8	0.8
满载排水量	3 000 t	8 700 g

1.5　船舶撞击力模拟

船舶撞击护舷模拟的相似条件主要考虑模型护舷与原型护舷受力变形曲线相似，其上设置高度与原型护舷高度几何相似的刚性受力点，并使之与原型受力点位置相同。船舶撞击力测点分别位于船首 1/3 处和船尾 1/4 处，如图 6、图 7 所示。

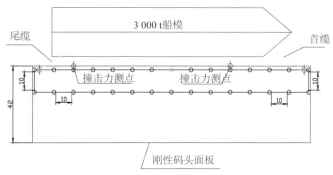

图 6　系泊船舶撞击力测点布置

图 7　系泊船舶实物

2　涌浪作用下高桩码头船舶撞击力和撞击能的影响分析

2.1　船舶撞击力随涌浪传播的变化规律

通过对比分析不同工况下撞击护舷传感器所采集的撞击历时曲线，找出涌浪作用下船舶撞击力的共性，并绘制出随着涌浪传播高桩码头船舶撞击力的变化过程，图 8 为涌浪作用下滑坡体对岸高桩码头船舶撞击力历时曲线。

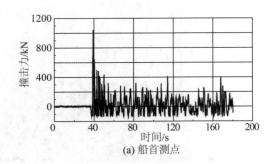
(a) 船首测点

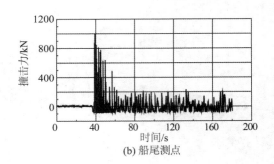
(b) 船尾测点

图 8　对岸码头船舶撞击力历时曲线

从图 8 可以看出，撞击力测量值均为脉冲值，且船首、船尾测点撞击力的首个脉冲值均为最大值。随着时间的推移和涌浪的衰减，脉冲值逐渐减小，船首、船尾撞击力变化规律基本一致。由于传感器为悬臂梁且为弹性体，因此在恢复过程中会出现负值，在分析过程中将正值的最大值作为撞击力的最大值。同理分析滑坡体同岸高桩码头船舶撞击力随时间的变化过程，绘制撞击力历时曲线，如图 9 所示。

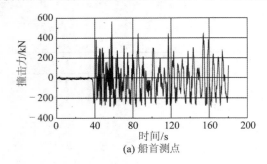
(a) 船首测点

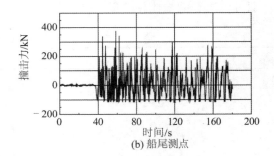
(b) 船尾测点

图 9　同岸码头船舶撞击力历时曲线

从图 9 可以看出，同岸码头船舶撞击力的测量值也为脉冲值，但首个最大撞击力出现在多个震荡周期之后，且反复出现最大值，船首和船尾测点的变化规律基本一致。由此表明滑坡体滑入水后产生的初始涌浪对同岸码头船舶最大撞击力的影响较小，而涌浪经过反射和叠加所造成的影响要更大。造成这种现象的原因是涌浪经过反射叠加后对同岸码头系泊船舶的作用角度要大于初始涌浪对船舶的作用角度。

2.2　船舶撞击力和撞击能的变化规律

船舶撞击作用的影响因素众多，比如船舶的类型、撞击角度、碰撞概率、航道水深、流速以及撞击稳定性等。这里主要探讨涌浪传播对库岸系泊船舶的影响。

2.2.1　船舶撞击力和撞击能随初始波高的变化规律

在滑坡涌浪作用下船舶对高桩码头撞击力的影响因素之中，涌浪传递到码头前的初始波高是个非常重要的参数。根据模型比尺，选取模型初始浪高范围在 1.2～20 cm，对应的原型初始浪高在 0.84～14 m 之间的 20 组工况，将试验测得的撞击力和撞击能随初始波高的变化情况绘制如图 10、图 11 所示。

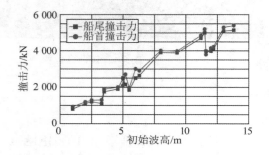

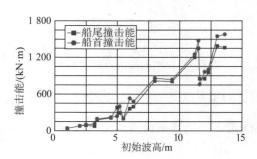

图 10　对岸码头船舶撞击力（能）随初始波高变化过程

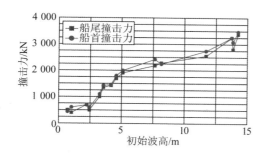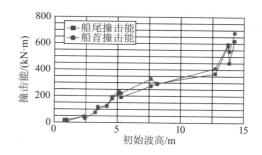

图 11　同岸码头船舶撞击力（能）随初始波高变化过程

从图 10、图 11 中可以看出，无论是对岸码头还是同岸码头，系泊船舶的撞击力和撞击能均随着初始波高的增大而增大，船首、船尾撞击力与撞击能的变化基本一致。由此可见，初始波高的大小对船舶撞击力（能）起着十分重要的作用。

2.2.2　船舶撞击力和撞击能随水深的变化规律

考虑到三峡水库运行期间库区水位在 145～175 m 之间变动，因此在其他条件相同的情况下，选取试验水深为 74 cm、88 cm、102 cm、116 cm 四组工况分别模拟三峡水库实际运行水位在 145 m、155 m、165 m、175 m 四种水深下涌浪对船舶撞击力的影响，船舶最大撞击力随水深的变化曲线如图 12 所示。

从图 12 中可以看出，无论同岸码头还是对岸码头，在三峡库区正常运行的情况下，船舶撞击力随水深的变化不是很明显，水位的涨落对涌浪作用下船舶撞击力的影响较小。

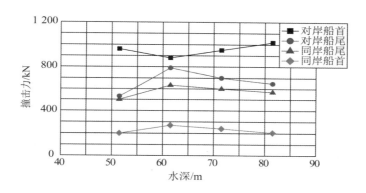

图 12　船舶撞击力随水深变化过程

3　滑坡涌浪灾害的交通管制范围

3.1　船舶安全极限浪高确定

在《内河通航标准》中，天然河流和渠化河流的航道水深通常按允许通过的最大船舶的设计吃水加上安全富余水深计算确定。船舶的最大设计吃水也就是通常所说船舶满载时的设计吃水，这里用 d_{max} 表示。

考虑沿程涌浪对船舶安全的影响，选用船舶安全极限浪高 h_{max} 表示涌浪对船舶的影响程度，也就是当船舶满载时涌浪高度对船舶安全的影响程度。定义船舶安全极限浪高 h_{max} 为船舶型深 D 与船舶满载吃水 d_{max} 之差，也就是船舶安全极限浪高可表示为

$$h_{max} = D - d_{max} \tag{1}$$

通过对内河船型参数以及设计吃水的资料查阅统计（见表 2），可以发现通航船舶极限浪高一般在 0.4~0.6 m，与之前船闸泄水限定标准 0.5~0.6 m 的范围基本一致。因此，将 0.5~0.6 m 作为船舶安全行驶的极限浪高，根据不同船型以及通航标准可以适当稍作修改。

7

表 2 内河船型参数及设计吃水统计（括号内为水线长）

序号	船队名称	船队尺度 $L×B×T$/m	船队总排水量/t	推轮			驳船			综合安全极限浪高 /m
				尺度 $L×B×T$/m	设计吃水 /m	安全极限浪高 /m	尺度 $L×B×T$/m	设计吃水 /m	安全极限浪高 /m	
1	2 640HP 推轮+3 000 t 船	200×16.2×4.5	5 628	90×16.2×4	3.5	0.5	110×16.2×4.5	3.5	1	0.5
2	2 640HP 推轮+2 000 t 船	165×16.2×3.5	9 937	75×16.2×3.5	2.6~3	0.5	90×16.2×3.5	2.6~3	0.5	0.5
3	2 640HP 推轮+9×1 000 t 船队	271.87×32.25×2.90	14 313	46（44）×10×2.9	2~24	0.5	75.0（72.0）×10.5×2.4	2~2.4	—	0.5
4	2 250HP 推轮+6×1 000 t 船队	196.47×31.84×2.60	9 796	45.8（44.3）×10.5×2.6	2	0.6	75.0（72.0）×10.5×2.4	2	—	0.6
5	2 250HP 推轮+4×1 500 t 船队	214.0×26.60×2.60	8 062	45.8（44.3）×10.5×2.6	2	0.6	75.0（72.0）×13.0×2.6	2	—	0.6
6	5 400HP 推轮+6×1 000 t 船队	199.67×31.84×2.90	9 843	49（46.2）×10.5×2.9	2~2.4	0.5	75.0（72.0）×10.5×2.4	2~2.4	—	0.5
7	5 400HP 推轮+9×1 000 t 船队	274.87×32.25×2.90	14 219	49（46.2）×10.5×2.9	2~2.4	0.5	75.0（72.0）×10.5×2.4	2~2.4	—	0.5
8	800HP 推轮+3×800 t 船队	147.0×22.30×2.15	3 461	36.5（35）×7.6×1.8	1.3	0.5	64（61.9）×11.0×2.15	1.3	—	0.5
9	140TEU 集装箱船	87.6×13.60×2.80	2 396	87.6（82）×13.60×2.80	2~2.4	0.4	—	—	—	0.4

3.2 系泊船舶与浮动设施的交通管制

根据《内河船舶入级规则》的相关规定，内河 A 级航区的波高限制范围为 1.5~2.5 m，B 级航区船舶的波高限制范围为 0.5~1.25 m，C 级航区船舶的波高限制范围为 0.5 m 以下；同时结合参考《河港工程总体设计规范》关于"码头设计水位和高程"的要求；从较不利影响出发，以限制波高 0.5 m 作为沿程波高上限值，在限制范围内的系泊船舶与浮动设施，建议考虑可行的撤离措施。

弯曲航道滑坡险情下限制范围求取采用以下公式。

1）直道远端限制范围 x 求取的经验计算公式

$$0.66e^{\left(-0.97\frac{H_{首浪}}{h}-0.16\frac{x}{h}\right)}\cdot H_{首浪}<0.5 \tag{2}$$

2）直道远端限制范围 x 求取的经验计算公式

$$0.32e^{\left(-01.15\frac{H_{首浪}}{h}-0.07\frac{x}{h}\right)}\cdot H_{首浪}<0.5 \tag{3}$$

弯曲航道凹岸滑坡险情下限制范围求取采用以下公式。

1）直道远端限制范围 x 求取的经验计算公式

$$2.086\ 2H_{首浪}\left(\frac{H_{首浪}}{h}\right)^{-1.109\ 21}\left(\frac{x}{h}\right)^{-1.391\ 251}<0.5 \tag{4}$$

2）弯道段限制范围 x 求取的经验计算公式

$$0.355\ 23H_{首浪}\left(\frac{H_{首浪}}{h}\right)^{-0.179\ 15}\left(\frac{x}{h}\right)^{-0.595\ 68}<0.5 \tag{5}$$

3.3　锚泊船舶的交通管制

滑坡涌浪对锚泊船舶的首要破坏，就是滑坡涌浪致使船舶大范围摇荡，导致船舶走锚，进而导致船舶触碰、触礁，或者冲向锚地岸边搁浅倾翻。三峡库区及川江河段，船舶以八字锚方式锚泊者居多，以单艏锚方式锚泊者居少，特殊情况才以艏艉锚方式锚泊。从最不利原则考虑，同时考虑滑坡涌浪对船舶影响的时效、河道宽度，认为单艏锚锚泊船舶在涌浪作用下走锚，即认为锚泊船舶应在涌浪作用的交通管制范围内。在船舶锚泊稳定性影响因素中，涌浪冲击力在限制范围内时，船舶锚泊稳定性主要与涌浪作用下船舶摇摆程度、摆荡距离、摆荡时间有关。由试验可知，在 500 m（原型）距离范围内，当该处沿程波高为 2.45 m 时，船舶即将走锚；在 1 000 m（原型）距离范围内，当该处沿程波高为 2.27 m 时，船舶虽摆荡较大但未走锚。由此可知，在涌浪一定规模内且一定作用距离范围外，涌浪造成船舶走锚的作用有限。因此锚泊船舶的交通管制范围应在航行船舶的交通管制范围内。

3.4　航行船舶的交通管制

涌浪对船舶的破坏主要在于对船舶稳性和浮性的同时破坏。考虑到库区船舶（水密性）现状、横倾角对于船舶浮性的影响、滑坡涌浪预测的复杂性，参考系泊船舶与浮动设施的交通管制范围求取，对于直射区外航行船舶建议如下：

对于水密性和干舷状况差的船舶和小吨位船舶（100～500 总吨以内），需要考虑持续横倾对船舶进水的影响。

弯曲航道凸岸滑坡险情下限制范围求取采用以下公式。

1）直道远端限制范围 x 求取的经验计算公式

$$0.66e^{\left(-0.97\frac{H_{首浪}}{h}-0.16\frac{x}{h}\right)}\cdot H_{首浪}<F_0\cos\theta-\frac{B}{2}\cdot\sin\theta \tag{6}$$

式中：F_0 为基本干舷或限制波高值，一般取 0.2～0.5 m；θ 为持续横倾进水的平均横倾角，一般取 3°~5°，B 为代表船型船宽。

2）弯道段限制范围 x 求取的经验计算公式

$$0.32e^{\left(-1.15\frac{H_{首浪}}{h}-0.07\frac{x}{h}\right)}\cdot H_{首浪}<F_0\cos\theta-\frac{B}{2}\cdot\sin\theta \tag{7}$$

对于水密性和干舷状况好的大中吨位船舶（500～1 000 总吨以上），考虑其稳性和浮性破坏的抵抗能力要优于其他船舶。

4　滑坡涌浪对船舶横摇的影响

4.1　船舶横摇特征

通过高清摄像机拍摄滑坡体入水后，船舶由静止到横向摇摆，再到静止的全过程，观测整个过程中船体的运动规律随时间的变化过程。将录像按帧提出，把横摇过程照片导入 ARCGIS 并将其矢量化，得出横摇角度随时间的变化曲线，如图 13 所示，图中正值表示船舶重心向顺涌浪传播方向倾斜，负值表示船舶重心向逆涌浪传播方向倾斜。

通过对船舶横摇时域图的分析，结合试验观测，得出滑坡涌浪影响下船舶横摇特征：①横摇的初始方向与波要素有关：波峰先到达时，船体会向顺波浪传播方向倾斜，波谷先到达时，船体向逆波浪传播方向倾斜。②在原始波的持续作用下，横摇角度在短时间内达到最大值，之后迅速衰减，由于受到的作用力与阻力都是非线性的，其衰减规律也是非线性的。③基于静止时船体竖中线的横摇左右幅值不对称：船体初始向左倾斜，则左侧的横摇幅值大于右侧；船体初始向右倾斜，则右侧的横摇幅值较大。④横摇会引起集装箱的位移，甚至滑落入水，致使船体重心位置发生变化，影响船舶行驶稳定性。⑤大幅度的横摇会使甲板上水，这会严重影响船员安全、货物安全和航行安全。

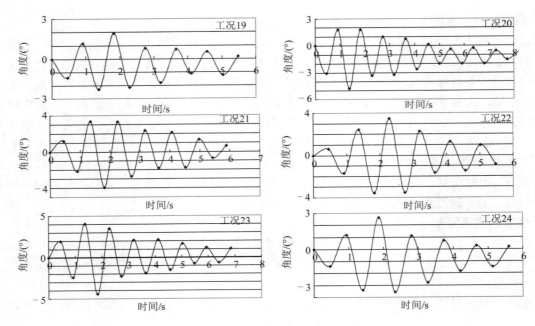

图 13　不同工况下船舶横摇时域

4.2　船舶最大横摇角度计算

最大横摇角度是船舶在随浪中航行安全的重要指标，国际海事组织对船舶在风浪中安全航行的极限横倾角度规定为 40°，横摇角度大于 40°时船舶的稳定特征发生变化，甚至导致灾难性的危害。为了防止货物移动和甲板上浪等问题，需要考虑船舶进水角和最大动倾角，应取三者的最小值最为衡量船舶行船安全的标准，工程经验值为 15°，即本次试验中船舶安全航行极限横摇角度为 15°。

根据船舶横摇时域图，得出每组工况下船舶的最大横摇角度，其中原始波引起的最大横摇角度超过 15°的工况约占 2/3，最小为 6.4°，最大为 32.2°，如果船舶经过处发生类似滑坡，将严重影响船舶的安全航行。通过对试验数据的处理，采用无量纲方法探讨最大横摇角度与相对涌浪高度 H/h（船舶侧面涌浪高与水深的比值）、相对波长 L/h（船舶侧面波长与水深的比值）之间的关系：

$$\alpha = A_1\left(\frac{H}{h}\right)^{A_2}\left(\frac{L}{h}\right)^{A_3} \tag{8}$$

式中：α 为最大横摇角度，采用弧度制；H 为船舶侧面波高（m）；L 为船舶侧面波长（m）；h 为水深（m）；A_1、A_2、A_3 为系数。采用最小二乘法进行回归分析，得出计算方程为

$$\alpha = 57.091\,7\left(\frac{H}{h}\right)^{1.732\,1}\left(\frac{L}{h}\right)^{0.447\,9} \tag{9}$$

4.3　实船横摇预估

涌浪可以采用涌浪谱来描述，船舶在随机波中的不规则运动规律可以用运动谱来描述，谱分析方法就是建立涌浪谱与船舶运动谱之间的关系，通过对随机取样在频率区域内的谱分析，结合瑞利分布的特点，对船舶不规则运动的统计值进行预报。模型船舶横摇谱密度表达式为

$$S_{\theta\xi}(\omega_m) = Y_{\theta\xi}^{\ 2}(\omega_m)S_\xi(\omega_m) \tag{10}$$

式中：$S_{\theta\xi}(\omega_m)$ 为模型船舶的运动谱密度函数；$Y_{\theta\xi}(\omega_m)$ 为模型船舶的频率响应函数；$S_\xi(\omega_m)$ 为模型波浪的谱密度函数。对于波浪的谱密度函数，采用国际船模试验池会议推荐的标准海浪谱计算公式

$$S_\xi(\omega_m) = \frac{A}{\omega_m^{\ 5}}\exp\left(-\frac{B}{\omega_m^{\ 4}}\right)(m^2 \cdot s) \tag{11}$$

式中：$A = 8.10 \times 10^{-3} g^2 = 0.78$，$B = \dfrac{3.11}{\overline{\xi}_{w\frac{1}{3}}^2}$；$\overline{\xi}_{w\frac{1}{3}}$ 为有效波高（m）；ω_m 为试验波浪圆频率（s⁻¹）。频率响应函数通过船舶横摇幅值 θ_a 与波高 ξ_w 的关系，由横摇幅值的测量结果绘制出放大因数曲线 $\theta_a / \partial_0 \sim \omega_m$，$\omega_m$ 为试验波浪圆频率。放大因数 $\dfrac{\theta_a}{\partial_0}$ 可由曲线查询得出，如图 14 所示，其中 $\partial_0 = 180° \dfrac{\xi_w}{\lambda}$，$\lambda$ 为试验波长。

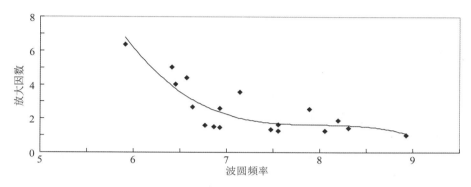

图 14　放大因数曲线

模型频率响应函数的表达式为

$$Y_{\theta\xi}(\omega_m) = \frac{\theta_a}{\partial_0}(\omega_m)\frac{\omega_m^2}{g} \tag{12}$$

式中：ω_m 为试验波浪圆频率（s⁻¹）；g 为重力加速度，9.81 m/s²；$\dfrac{\theta_a}{\partial_0}(\omega_m)$ 为放大因数曲线表达式，通过 ω_m 值，得出 $\dfrac{\theta_a}{\partial_0}$ 值。频率响应函数的因次是 m⁻¹，由模型比尺，得出实船的频率响应函数为

$$Y_{\theta\xi}(\omega) = \left[\frac{\theta_a}{\partial_0}(\omega_m)\frac{\omega_m^2}{g}\right] \times \frac{1}{70} \tag{13}$$

所以实船的横摇能谱为

$$S_{\theta\xi}(\omega) = \left[\frac{\theta_a}{\partial_0}(\omega_m)\frac{\omega_m^2}{g}\right] \times \frac{1}{70^2} \times S_\xi(\omega) \tag{14}$$

5　结　语

本文通过模型试验对滑坡涌浪作用下三峡库区高桩码头船舶撞击力进行研究，找出涌浪作用下船舶最大撞击力的影响因素，并在归纳分析山体滑坡灾害发生概率和综合海事风险研判基础上研究提出了以交通管制形式和限航等级为要素的水上交通管制模式，确定涌浪发生区域的管制范围，研究结果能合理降低滑坡涌浪灾害造成的海事风险，适当保护航道通航效率。

参考文献：

[1] 王平义, 韩林峰, 喻涛, 等. 滑坡涌浪对高桩码头船舶撞击力的影响[J]. 哈尔滨工程大学学报, 2016, 37(6): 878-884.

[2] HUANG B L, WANG S C, ZHAO Y B. Impulse waves in reservoirs generated by landslides into shallow water[J]. Coastal Engineering, 2017, 123: 52-61.

[3] CROSTA G B, IMPOSIMATO S, RODDEMAN D. Landslide spreading, impulse water waves and modelling of the vajont rockslide[J]. Rock Mechanics and Rock Engineering, 2015. doi:10.1007/s00603-015-0769-z.

[4] HELLER V. Landslide generated impulse waves: prediction of near field characteristics[D]. ETH Zurich, Switzerland, 2007.

[5] FRITZ H M. Initial phase of landslide generated impulse waves[D]. ETH Zurich, Switzerland, 2002.

[6] GARDONI M, LORENZA P. Landslide generated impulse waves in dam reservoirs: Experimental investigation on a physical

hydraulic model[D]. Norwegian University of Science and Technology, Trondheim, 2017.

[7] COUSTON L A, MEI C C, ALAM M R. Landslide tsunamis in lakes[J]. Journal of Fluid Mechanics, 2015, 772: 784-804.

[8] 刘书伦. 长江鸡扒子特大型滑坡整治技术[M]. 北京: 人民交通出版社股份有限公司, 2017.

[9] 高文文. 基于 SPH 方法的水库滑坡涌浪数值模拟[D]. 北京: 中国农业大学, 2016.

[10] HUANG B, YIN Y P, LIU G N, et al. Analysis of waves generated by Gongjiafang landslide in Wu Gorge, three Gorges reservoir, on November 23, 2008[J]. Landslides, 2012, 9(3): 395-405.

[11] 蒋权, 陈希良, 肖江剑, 等. 云南黄坪库区滑坡运动及其失稳模式的离散元模拟[J]. 中国地质灾害与防治学报, 2018, 29(3): 53-59.

[12] HUANG B, YIN Y P, DU C L. Risk management study on impulse waves generated by Hongyanzi landslide in Three Gorges Reservoir of China on June 24, 2015[J]. Landslides, 2016, 13(3): 603-616.

[13] 汪洋, 殷坤龙. 水库库岸滑坡涌浪的传播与爬高研究[J]. 岩土力学, 2008, 29(4): 1031-1034.

[14] 赵永波. 浅水区滑坡涌浪物理试验研究[D]. 北京: 中国地质大学, 2018.

[15] KIERSCH G A, ASCE F. Vaiont reservoir disaster[J]. Civil Engineering, 1964(3): 32-39.

[16] ATAIE-ASHTIANI B, MALEK-MOHAMMADI S. Near field amplitude of sub-aerial landslide generated waves in dam reservoirs[J]. Dam Engineering, 2007, 17(4): 197-222.

[17] BOSA S, PETTI M. Shallow water numerical model of the wave generated by the Vajont landslide[J]. Environmental Modelling & Software, 2011, 26(4): 406-418.

[18] SUPERCHI L. The Vajont rockslide: new techniques and traditional methods to re-evaluate the catastrophic event[D]. Padova University, Veneto, 2012.

[19] ZHAO T, UTILI S, CROSTA G B. Rockslide and impulse wave modelling in the Vajont reservoir by DEM-CFD analyses[J]. Rock Mechanics and Rock Engineering, 2016, 49(6): 2437-2456.

[20] 杨锐. 山区河道型水库滑坡涌浪数值模拟[D]. 重庆: 重庆交通大学, 2015.

[21] 夏元友, 朱瑞赓. 新滩滑坡滑动机理及稳定性评价研究[J]. 中国地质灾害与防治学报, 1996, 7(3): 49-54.

[22] 张振华, 钱明明, 位伟. 基于改进破坏接近度的千将坪岸坡失稳机制分析[J]. 岩石力学与工程学报, 2018, 37(6): 1371-1384.

[23] 黄波林. 水库滑坡涌浪灾害水波动力学分析方法研究[D]. 武汉: 中国地质大学, 2014.

[24] 李稳哲. 山区剧动高速滑坡形成机制及涌浪模拟研究——以唐家山滑坡为例[D]. 西安: 长安大学, 2013.

深水及近海工程

南海流荷载模型分析和风场与平台运动响应预测

武文华，姚　骥，刘　明，于思源

（大连理工大学 运载工程与力学学部 工业结构装备分析国家重点实验室，辽宁 大连 116024）

摘要： 基于在我国南海某半潜式平台建立的原型监测系统获取的现场数据，开展了对于海流模型和平台浮体风荷载与响应预测研究。首先对于实测流剖面进行模态正交分解（EOF），提取表征海流分布规律的模态信息。进而利用逆可靠性方法开展了多年一遇海流分布的极值预测；进而基于大数据 CLARA 方法开展了水下直立结构的动态流场剖面聚类研究，给出了具有收敛准则的水下直立结构海流动力模型。利用台风"天鸽"等期间的平台浮体和环境监测数据，建立了风场和平台浮体响应的深度学习模型，进行了风速和平台六自由度响应的短期行为预测，预测结果可为平台的安全生产、人员作业提供参考。

关键词： 原型监测；海流模型；深度学习；风场预测；响应预测

　　中国南海是国际上油气资源储量丰富的地区之一，然而地处亚洲季风区，台风期长且作用范围大，加上各种极端因素联合作用使得南海成为全球气候条件恶劣的海域之一。目前南海浮式平台的设计与作业缺乏长期实测数据[1]作为参考，导致在南海的油气开采作业具有一定的风险性。

　　利用服役的深远海浮式平台进行原型结构的测量，能够获得真实的环境荷载与结构响应，可以对海洋结构的数值分析及模型试验的结果进行验证，同时也可以对平台的安全与健康提供保障。大连理工大学和中海油有限公司自2011年以来在南海某生产型半潜式浮式平台——"南海挑战号"FPS建立了现场监测体系（图1），获得了含多个台风在内的海洋环境信息、浮体运动响应信息和水下结构监测信息[3-4]。

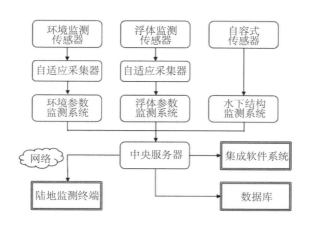

图 1　"南海挑战号"FPS现场监测系统[2]

　　本文在"南海挑战号"实测流数据的基础上，针对水下结构不同的失效准则，开展了基于 EOF 方法的水下结构强度、疲劳动力设计中两类流速设计剖面研究。针对水下结构的强度设计通过逆一阶可靠度方法（IFORM）确定了多年一遇极值设计剖面。对于涡激振动（VIV）等动力设计问题，即通过大数据 CLARA 聚类算法实现对原始大样本集的分类，然后将平均轮廓系数作为衡量聚类好坏的指标输出最佳分类结果，结果给出了 CPC 剖面以及各类剖面的百分占比。进而基于长短时记忆网络开展了半潜式平台风速短期预测和平台六个自由度响应的预测研究。结果可以看出，利用深度学习方法可以达到较为准确的风场和平台响应预报的目的。

基金项目： 国家科技重大专项（2016ZX05028002-005）；国家自然科学基金（11572072）；基本科研业务费（DUT19ZD204）

作者简介： 武文华（1973–），男，博士，教授，大连理工大学运载工程与力学学部工程力学系，从事海洋工程结构力学相关研究

1　基于逆可靠性和聚类算法的海流剖面模型

1.1　海流剖面的 EOF 分解

经验正交函数分解（EOF）可通过奇异值分解（SVD）等矩阵分析方法将原始数据矩阵表示成若干阶特征向量（即空间模态）线性叠加的形式，依据方差贡献率选择特征向量的阶次，实现维度缩减。

假设 $X(p_i, t_i)$ $(i=1,2,3,\cdots,m; j=1,2,3,\cdots,n)$ 为某一时空变量，p_i 是其空间位置，t_i 代表时间，X_{ii} 为具体时刻在具体位置的观测值，所有的观测值组成了原始数据矩阵 X，EOF 分解就是找到正交矩阵 $\boldsymbol{P}$ 和 $\boldsymbol{T}$，满足如下关系[5]：

$$X = PT \quad \text{或} \quad X_{ij} = \sum_{k=1}^{m} P_{ik} T_{kj} \tag{1}$$

式中：$\boldsymbol{P}$ 反映了空间特征，它的每一列称为空间特征向量或空间模态；$\boldsymbol{T}$ 反映了时间特征，它的每一行与 $\boldsymbol{P}$ 的每一列相对应，称为主成分（PC），或时间系数。$\boldsymbol{P}$ 和 $\boldsymbol{T}$ 由于各自正交，因此叫做经验正交函数。分解后只有 PC 作为时间序列是唯一的时变量，X 所有的统计特征都转移到 PC 上，原有的问题都转化为对 PC 的统计分析问题。

当采用 SVD 分解技术时，X 被表示成如下形式：

$$X = U\lambda V^{\mathrm{T}} \quad \text{或} \quad X_{ij} = \sum_{k=1}^{m} U_{ik} \lambda_k V_{kj} \tag{2}$$

式中：λ 被称为奇异值，分解得到的 U 就是 EOF，λV^{T} 就是 PC。且在数学上 λ^2 与 XX^{T} 的特征根成倍数关系，而 X 的方差大小可以用 XX^{T} 特征根来表示，故第 k 阶模态的总方差贡献率可以用 λ 表示为

$$\frac{\lambda_k^2}{\sum\limits_{i=1}^{m} \lambda_i^2} \times 100\% \tag{3}$$

将空间模态按贡献率降序排列，选取总贡献率值较高的前几阶模态作为主要模态。利用主要模态与其时间系数重构变量可实现对原始数据的降维。

图 2 和图 3 分别给出了实测流速剖面进行 EOF 分解结果及其模态贡献率。

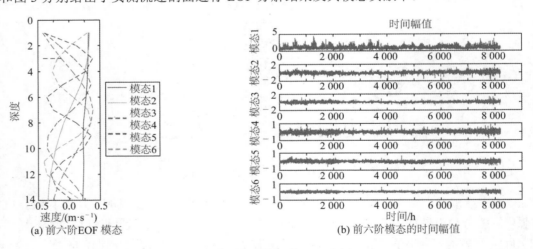

(a) 前六阶 EOF 模态　　　　　　　(b) 前六阶模态的时间幅值

图 2　实测海流数据的 EOF 分解

由于前几阶空间模态在所有模态中占据了主导地位，图 2 中仅给出了前六阶模态及其时间系数，图 3 给出了前六阶模态的贡献率及前 10 阶累积贡献率。可以看出，一阶模态的贡献率十分突出，达到 90%。除了前二阶模态，剩余高阶模态贡献率之和不足 5%，因此从方差贡献率的角度，选取前两阶模态进行流速剖面的变量重组，精度可达 95%。另外，一阶模态接近于均匀流，与一般的潮流形态相似，体现出海流的正压性质，90% 的贡献率也表明该地区正压特征明显；二阶模态接近于剪切流，与风生流形态较为类似，体现出斜压性质；高阶模态的空间形态随着阶数增大更加复杂，三阶、四阶、五阶、六阶模态分别具有 1、2、3、4 个"波峰"，同样体现出流速的斜压特征，但由于高阶模态贡献率较小，因此流速以正压特征为主。

通过前两阶模态叠加重构流速场，可建立如下的流速剖面模型来描述其沿水深及时间的变化：

$$V(z,t) = EOF_1(z) \cdot \alpha_1(t) + EOF_2(z) \cdot \alpha_2(t) \qquad （4）$$

式中：$V(z,t)$ 为流速大小，为一时空变量；EOF_1 和 EOF_2 为前两阶空间模态，仅依赖于空间变量 z（深度）；α_1 和 α_2 为前两阶模态对应的时间系数，仅依赖于时间 t。此时，真实流速剖面在时域内的统计特征实际上将由一个点 $[\alpha_1(t), \alpha_2(t)]$ 确定，流速剖面的研究转化为对动点 $[\alpha_1(t), \alpha_2(t)]$ 的研究。求解设计剖面即求解一个设计点 (α_1^*, α_2^*)。

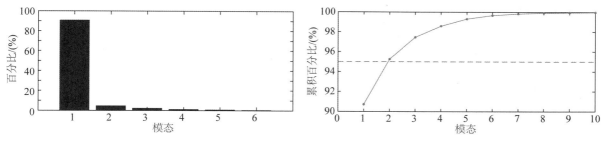

图 3　EOF 模态的方差贡献率

1.2　面向水下结构强度设计的海流剖面极值模型

海洋结构物的强度计算中需要求解多年一遇极值流速剖面作为设计剖面。在式（4）的基础上，这一问题变成确定多年一遇极值参数 (α_1^*, α_2^*) 的问题。直接求解这样一个多元极值问题相对困难，而将多年一遇概率转化为对应的可靠度指标，通过给定的目标可靠度来确定待定参数便成为一个逆可靠度问题。

I-FORM 是分析逆可靠度问题的一种基本方法，由 Forristall 和 Cooper[6]在 1997 年首次提出并用于求解海洋结构极值响应下的环境参数。在 I-FORM 中，以正态变量作为基本变量，对于非正态变量，首先需要进行当量正态化，将极值参数映射到标准正态空间（简称为 U 空间）。通过分布拟合可确定两个参数 α_1 和 α_2 的分布函数 $F_1(\alpha_1)$ 和 $F_{2|1}(\alpha_2 | \alpha_1)$，其中 $F_{2|1}$ 为 α_2 的条件概率分布，再利用下式[7]便可实现当量正态化，从而得到标准正态变量 x_1 和 x_2，Φ 为标准正态分布函数。

$$\begin{cases} x_1 = \Phi^{-1}[F_1(\alpha_1)] \\ x_2 = \Phi^{-1}[F_{2|1}(\alpha_2 | \alpha_1)] \end{cases} \qquad （5）$$

已知多年一遇概率 P 的条件下，对应的可靠度指标 $\beta = \Phi^{-1}(1-P)$，标准正态变量 x_i 在可靠度 P 下的概率等值线由一个超球面确定，即

$$\beta^2 = \sum x_i^2 \qquad （6）$$

二维情况下，(x_1, x_2) 在 U 空间中的轨迹是一个圆。根据式（5）将这个圆映射回真实物理空间可得到 α_1 和 α_2 在概率水平 P 下的概率等值线。图 4 给出了实测数据在不同重现期概率 P 下确定的概率等值线，图 5 重点给出了一年、五年、十年一遇的情况。此时，概率等值线上有无数个点，还并未确定一个最终的设计点。基于不同的设计原则，可将设计中所关心的变量定义为 (α_1, α_2) 的响应函数 $F(\alpha_1, \alpha_2)$，并把它作为目标函数去求解一个由式（6）约束的优化问题。令目标函数最大化就能确定一个最终的设计点，而根据目标函数的不同原问题变成不同优化原则下的约束优化问题。

对于水下立管系统而言，强度设计中主要考虑海流对整个结构所产生的拖曳力影响，因此可取拖曳力作为目标函数，进而确定设计点。由于拖曳力与流速平方成正比，可考虑如下简化的目标函数

$$F = \sum_{i=1}^{14} V^2(z_i) = \sum_{i=1}^{14} [EOF_1(z_i) \cdot \alpha_1 + EOF_2(z_i) \cdot \alpha_2]^2 \qquad （7）$$

式中：z_i 为每层流速对应深度。以拖曳力最大或理解为将整体能量最大作为优化原则下的设计点位置（一年一遇为例）如图 6 所示。其中，实线为一年一遇的概率等值线，虚线表示经过设计点的目标函数曲线。

由优化求解过程易知，设计点实际上是上述两曲线的切点。此时，设计点对应的拖曳力是一年重现期之内的最大值，即一年一遇拖曳力；同时虚线还对应一年一遇拖曳力等值线，也代表了一年一遇概率水平下的极限状态方程。图7给出了不同重现期下设计点所确定的流速设计剖面，一年、五年、十年一遇的设计剖面在空间形态上较为相似，均反映出较强的剪切流特征。

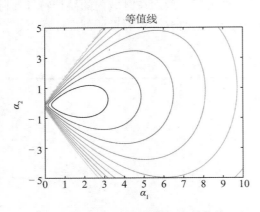

图4　不同重现期的概率等值线

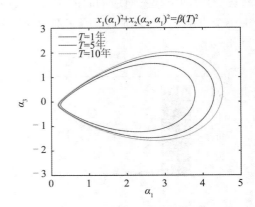

图5　一年、五年、十年一遇的概率等值线

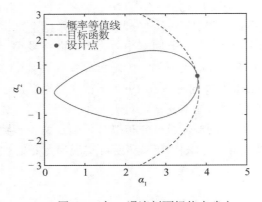

图6　一年一遇流剖面极值点确定

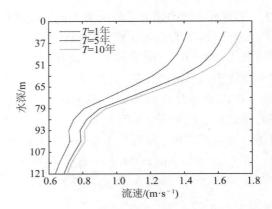

图7　一年、五年、十年一遇的流速设计剖面

1.3　面向动力设计的海流荷载模型

海洋立管等结构设计中研究VIV等动力行为的主要手段是结合半经验的数值分析算法，如MIT提供的Shear7程序包。CPC剖面可以直接作为Shear7这类分析程序的输入荷载，在计算得到各个CPC作用下立管的疲劳损伤率后，最终的累积损伤率可通过加权求和得到

$$D = \sum D_i P_i \tag{8}$$

式中：D为累积疲劳损伤率，D_i为每个CPC作用下产生的损伤率，P_i为对应的其权系数，可取为CPC出现的概率百分比。

实测数据的CPC剖面通过文中聚类算法计算得到，聚类前需要先确定分类数k的初始范围。k值不宜过大或过小。通过之前的EOF分解过程和线性代数知识易知，对于一个14维的多元变量（实测海流剖面包含14个深度层，为14维随机向量），在多维空间中至少需要14个坐标基底或者空间模态才能表示出其所有的形态，所以分类数应不小于14。另一方面，分类数过大时，严重降低计算效率，与原本旨在通过聚类降低剖面数的初衷相违背，失去了优化意义，最大分类数设为200。

通过聚类分析之后，可得到平均轮廓系数SS随k的变化曲线如图8所示。随着k的增大，SS先增大后衰减，且当k较大时，衰减趋势明显，因此过多的剖面数必然导致数据的冗余，不便于发现主要的剖面形态，更不利于动力学仿真的计算。最终，$k=28$时，指标SS最大，28为最佳分类数，其聚类结果作为最佳优化分类结果。

　　28 类剖面分类结果如图 9 所示，每个图形上标注的为其在实测期内出现概率的统计结果，图中结果按降序排列。中心实线为每类的类中心 CPC，在计算时它是从实际剖面中选取得到的，具有实际意义，避免了计算产生的结果在真实环境中可能从未出现的情况。两侧虚线所围成的阴影区域为每类中所有剖面的变化区间，该区间的两个边界通过对该类所有剖面计算 0.05 和 0.95 的分位数确定。取这两个分位数而没有直接取极小值、极大值剖面作为边界，主要考虑到极值易受异常值的影响。该模型可作为结构动力设计中的海流荷载模型，在进行结构动力设计中可以将每个 CPC 剖面作为一种荷载工况进行仿真分析，再通过式（8）将每个结果与其概率相结合（作为权重），可以进行振动、疲劳设计指标的可靠性评估。利用该荷载模型进行结构动力分析将是对传统仅对若干单工况分析的一种优化。

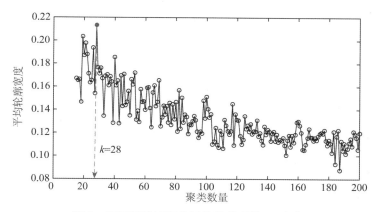

图 8　不同聚类过程的平均轮廓系数 SS 变化

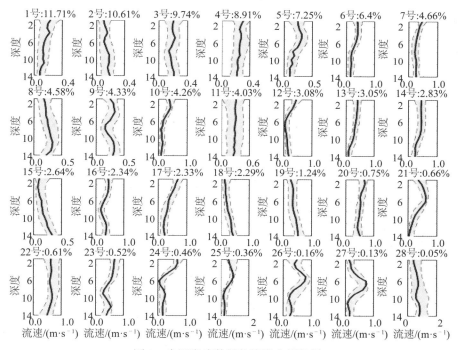

图 9　实测海流数据的聚类分析结果

2　基于实测数据的风荷载和平台浮体响应预测

2.1　长短时记忆神经网络（LSTM Network）

　　LSTM 神经网络结构由 Hochreiter 和 Schmidhuber[8]于 1997 年提出，是一种特殊的循环体结构，如图 10 所示。

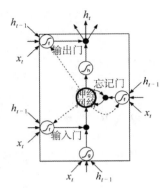

图 10　LSTM 循环体结构

LSTM[9]包括新输入 x_t、输出 h_t、输入门 i_t、忘记门 f_t、输出门 o_t、引入输入门 i_t、忘记门 f_t。输出门 o_t 的目的是为了控制每一步输出的值，使得误差在该神经元传递过程中保持不变。LSTM 是循环神经网络的一个特例，新输入和每个门都会将前一次的输出 h_{t-1} 作为本次输入的一部分，因此新输入 x_t 、输入门 i_t、忘记门 f_t、输出门 o_t 的输入都是由 $[x_t, h_{t-1}]$ 二元组构成。

新输入 $[x_t, h_{t-1}]$ 经过激活函数 σ_c 作用后，得到记忆元的候选值 C_t：

$$C_t = \sigma_c \left(W_c \left[x_t, h_{t-1} \right] + b_c \right) \tag{9}$$

式中：W_c 表示连接权，b_c 表示激活函数的一个激活阀值。

输入门用于调整候选值 C_t 的大小，输入门的输出为

$$i_t = \sigma_i \left(W_i \left[x_t, h_{t-1} \right] + b_i \right) \tag{10}$$

式中：W_i 表示连接权，b_i 表示激活函数的一个激活阀值。候选值 C_t 经过输入门的调整，其值为 $C_t \cdot i_t$。

忘记门用于控制 LSTM 元的记忆状态 S_{t-1}，忘记门的输出为

$$f_t = \sigma_f \left(W_f \left[x_t, h_{t-1} \right] + b_f \right) \tag{11}$$

式中：W_f 表示连接权，b_f 表示激活函数的一个阀值。记忆状态 S_{t-1} 经过输入门的调整，其值为 $f_t \cdot S_{t-1}$。

此时，t 时刻的状态 S_t 由其所记忆的前一时刻状态 S_{t-1} 和状态更新的候选值加权得到

$$S_t = f_t \cdot S_{t-1} + C_t \cdot i_t \tag{12}$$

输出门 o_t 当作状态 S_t 最终输出的一个权值，控制状态 S_t 的输出大小，输出门的公式为

$$o_t = \sigma_o \left(W_o \left[x_t, h_{t-1} \right] + b_o \right) \tag{13}$$

最终 LSTM 元的输出为

$$h_t = o_t \cdot \sigma_s \left(S_t \right) \tag{14}$$

式中：$\sigma_c, \sigma_i, \sigma_f, \sigma_o, \sigma_s$ 为激活函数。

2.2　基于实测信息的风荷载预测

为挖掘风速时间序列的强非线性关系，利用 LSTM 神经网络强大的非线性映射能力，可以自动将风速模式提取出来，并考虑时间相关性。

首先将风速样本划分为每 5 min 一个集合，得到风速序列 $x(i)$, $i = 1, 2, \cdots$，其中每一个 $x(i)$ 包含 5 min 的风速数据。考虑时间相关性为 10（即第 i 个样本与其前 10 个样本有关）。

选取台风"天鸽"时期数据作为训练数据集，风速仪采集频率为 1 Hz，训练样本选取 72 h 数据，共 259 200 个风速时刻。划分为 864 个样本，隐藏层数为 3 层。训练次数为 20 000 次，批次大小为 8。选取最后一组数据进行验证，图 11 和图 12 给出了预测值与实测值时域对比与残差结果。

由预测值与实测值时域对比与残差值结果可以看出，基于 LSTM 神经网络的风荷载预测方法可以较好的对于风荷载的变化模式提取出来，最大残差值为 2.2，预测结果较为准确。

对预测结果与实测结果在分布规律进行了对比，选取 Logistic 分布分别对预测结果和实测结果进行拟合，并给出其累计概率分布对比结果，如图 13 所示。可以看出预测结果与实测结果在分布规律上也具有较好的一致性。

对预测结果与实测结果进行了频域分析，图 14 给出了频域对比结果。由频域对比结果可以看出，预测结果较为准确。

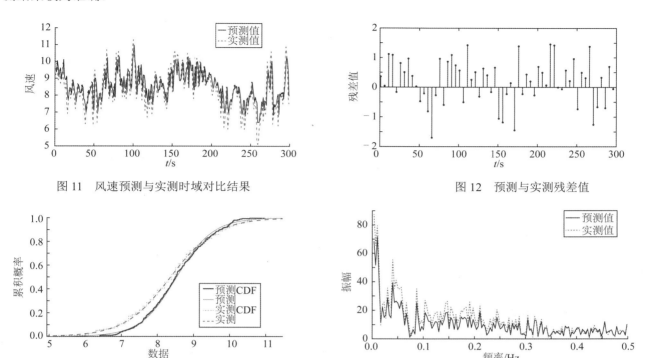

图 11　风速预测与实测时域对比结果　　　　　　图 12　预测与实测残差值

图 13　预测与实测分布规律对比结果　　　　　　图 14　预测与实测频域对比结果

对预测结果与实测结果进行统计分析，表 1 给出了预测结果与实测结果的统计信息，其中包括最大值、最小值、均值、标准差、计盒维数和 Hausdorff 维数。通过统计信息对比结果可以看出，预测结果与实测结果在最大值、均值等统计特性上保持较好的一致性，且在计盒维数与 Hausdorff 维数上误差控制在 7% 以内。

表 1　预测与实测统计信息对比结果

	最大值	最小值	均值	标准差	计盒维数	Hausdorff 维数
预测结果	10.96	6.402	8.547	0.86	1.53	2.15
实测结果	11.30	5.1	8.364	1.11	1.50	2.02
误差	- 3.01%	25.52%	- 2.19%	- 21.81%	2.05%	6.65%

表 2 给出了其他几种机器学习方法的均方差对比。通过误差对比可以看出，利用 LSTM 神经网络预测风速时程变化的方法在时域和频域上都可以取得很好的精度。

表 2　不同机器学习方法误差对比

方法	LSTM	DBN	SVR	NN（单隐层）	NN（多隐层）
MSE	0.75	6.5	11.4	8.4	13.9

2.3　基于实测信息的平台六个自由度响应预测

半潜式平台的运动多为波频小幅运动，具有较高的时间相关性及较强的非线性。"南海挑战号"FPS 监测系统通过 INS / GPS 的组合系统测量浮体的六个自由度。由于 NHTZ FPS 远离陆地，缺乏基站作为参考，因此采用基于星际差异原理的 DGPS 作为核心；INS（惯性导航系统）用于测量浮体的三个旋转运动。主要的测量信息如图 15 至图 20 所示。

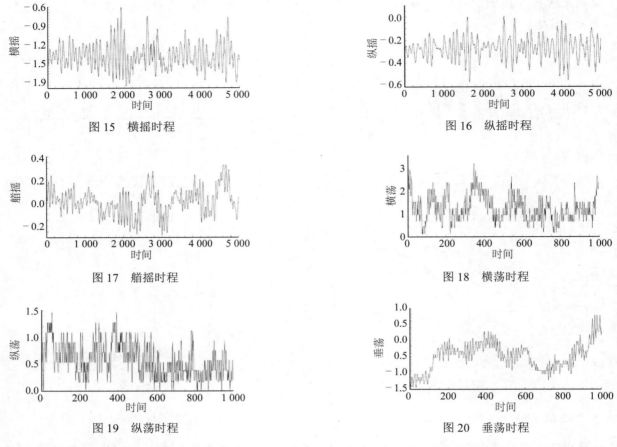

图 15　横摇时程　　　　　　　　　　　　　图 16　纵摇时程

图 17　艏摇时程　　　　　　　　　　　　　图 18　横荡时程

图 19　纵荡时程　　　　　　　　　　　　　图 20　垂荡时程

　　利用 LSTM 神经网络可以对半潜式平台六自由度运动的变化规律进行研究，并给出预测。与风速预测建模过程相同，将最后一组进行检验。图 21 至图 26 分别给出六自由度预测结果与实测结果在时域与频域的对比结果。

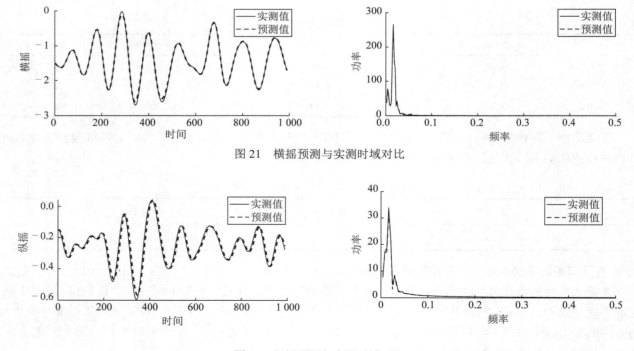

图 21　横摇预测与实测时域对比

图 22　纵摇预测与实测时域对比

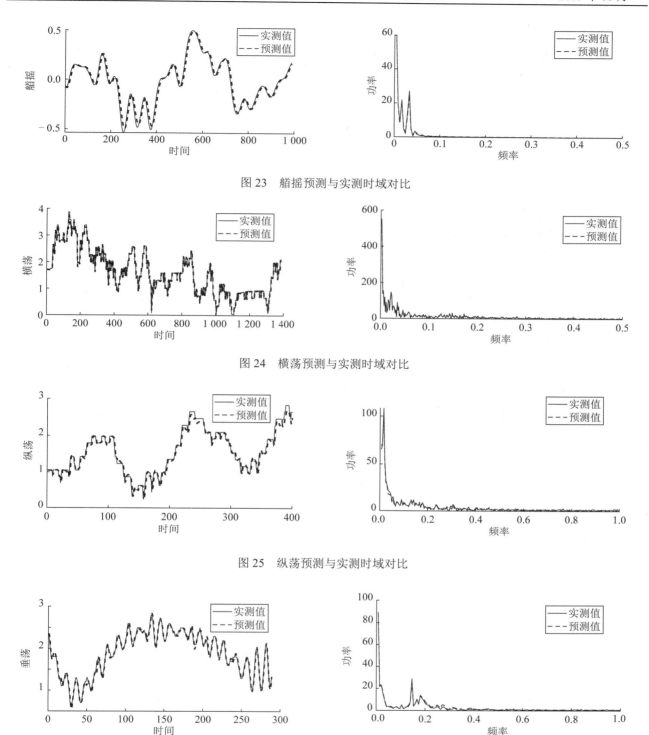

图 23　艏摇预测与实测时域对比

图 24　横荡预测与实测时域对比

图 25　纵荡预测与实测时域对比

图 26　垂荡预测与实测时域对比

　　通过六个自由度时域与频域对比分析可以看出，该方法可以较好地对半潜式平台的六自由度运动进行预测。从频域分析结果可以看出，在主频率及振幅预测结果与实测结果基本相同，表明响应预测算法对于低频运动具有较高的计算精度。

3　结　语

　　1）基于"南海挑战号"实测流数据，开展了基于 EOF 方法的水下结构强度、疲劳动力设计中两类流速设计剖面研究。针对水下结构的强度设计通过 IFORM 确定了多年一遇极值设计剖面。通过大数据 CLARA 聚类算法实现对原始大样本集的分类，结果给出了 CPC 剖面以及各类剖面的百分占比，可以作为动力分析的输入荷载。

2）基于 LSTM 神经网络给出了风场的预测方法，并将预测结果与实测结果在时域、频域、统计特征、分布规律上进行对比。基于 LSTM 神经网络的风场预测结果均方差为 0.75，远小于 DBN、SVR、NN（多隐层），NN（单隐层）所得误差。并将此方法扩展到平台浮体响应预测，取得较高精度的预测结果。

参考文献：

[1] 屈衍, 杜宇, 武文华, 等. LH11-1 半潜式平台的船体–系泊系统测量[J]. 海洋工程, 2013(6): 1-8.

[2] Wu W H , Tang D , Cui X W, et al. Motion characteristic analysis of a floating structure in the South China Sea based on prototype monitoring[J]. Journal of Offshore Mechanics and Arctic Engineering, 2018, 141(2).

[3] 崔晓伟. 基于原型监测的海洋浮式平台结构设计指标分析验证[C]//中国海洋工程学会. 第十八届中国海洋（岸）工程学术讨论会论文集. 北京: 海洋出版社, 2017: 461-467.

[4] 刘明. 南海流花海域海流特性分析和极值预测[C]//中国海洋工程学会. 第十八届中国海洋（岸）工程学术讨论会论文集. 北京: 海洋出版社, 2017: 10-18.

[5] 徐德伦, 王莉萍. 海洋随机数据分析[M]. 北京: 高等教育出版社, 2011: 143-144.

[6] FORRISTALL G Z, COOPER C K. Design current profiles using empirical orthogonal function (EOF) and inverse FORM methods[C]// Offshore Technology Conference, 1997.

[7] ROSENBLATT M. Remarks on a multivariate transformation[J]. Annals of Mathematical Statistics, 1952, 23(3): 470-472.

[8] HOCHREITER S, SCHMIDHUBER J. Long short-term memory[J]. Neural Computation, 1997, 9(8): 1735-1780.

[9] HURST H E. Long-term storage in reservoirs: An experimental study[J]. Trans Am Civ Eng, 1951, 36(6): 116-120.

调谐液体阻尼器对导管架海洋平台振动控制的试验与数值研究

窦　朋 [1,2]，薛米安 [1,2]，郑金海 [1,2]

（1. 河海大学 水文水资源与水利工程科学国家重点实验室，江苏 南京 210028；2. 河海大学 港口海岸与近海工程学院，江苏 南京 210098）

摘要： 为了减少外载荷对结构安全带来的危害，调谐液体阻尼器（TLD）作为一种被动耗能装置而被广泛应用于近海工程和海洋结构物中。然而，各参数对 TLD 减振频带、减振特性的影响，晃荡波与系统阻尼之间作用的关系亟待探索。针对导管架海洋平台结构，建立了 TLD 和近似柔性支架结构的物理模型，利用六自由度运动模拟装置，研究了不同水深比、外激励频率和振幅下 TLD 的减振性能，对自由表面变化和结构响应进行了研究。通过试验数据验证了双向流固耦合模型的有效性，基于数值模型，重点讨论了 TLD 的能量耗散与各关键参数之间的关系，为海洋平台减振设计提供了重要的参考及数值研究工具。

关键词： 调谐液体阻尼器；导管架海洋平台；流固耦合；数值模拟；模型试验

目前世界上的海洋平台数量已数以千计，然而近海地区海洋平台长期受到风、浪、地震等随机载荷的影响而产生振动，影响其疲劳强度，大大降低了平台使用寿命，甚至对平台造成破坏。因此，海洋平台对周围环境载荷的抗震分析与抗震设计问题已成为各国学者研究的焦点[1-2]。带有自由表面的流体在容器中受外激励产生的运动称为液舱晃荡，调谐液体阻尼器（TLD）是一种新型的被动控制装置，它将装有液体的水箱固定在结构物中，利用液体在晃荡中产生的水动力来提供减振力，增大结构阻尼，通过与海洋平台自身的固有频率调谐，可使结构物避免和周围环境载荷之间发生共振现象，实现振动控制。相比于传统辅助阻尼设备，TLD 具有施工便利、维护成本低、无需外部能量输入等优势[3]，并且随着结构年龄增加，TLD 可以通过调节液面高度、添加辅助隔板等方法调节液体固有频率。

液体边界层摩擦、波浪破碎和自由表面变形是 TLD 减小结构响应的主要非线性机制[4]。为了准确预测结构的响应和耗能特性，试验方法和数值模拟得到了广泛的发展。Tait 等[5]比较了线性和非线性数值模型在预报阻尼器性能的差异，Xu 等[6]提出了一种调谐质量块浸没在晃动液体中的振动抑制系统。Ha 和 Cheong[7]在浮式风力发电机中添加了一种多层 TLD 减振设备，发现具有多层晃荡的液体相比于单层具有更好的抑制效果，减少浮体纵摇；同样，Ong 等[8]将带有液体的砖块利用在土木工程中，使结构的阻尼最大化。Lee 等[9]运用实时耦联动力试验法测试了 TLD 模型在不同质量比和调谐比下的减振效果，发现当质量比大于 4%后耦合系统会出现失谐，从能量角度来看 3%是最优的质量比，并且采用一种基于有限元和有限体积法的数值模型来对比试验结果。Altunisik 等[10]搭建了一个类似水塔结构的柔性细长体模型，通过模态分析验证了结构前三阶固有频率，并且测试了结构在不同地震激励方向的运动响应，水长大于 5 m 的 TLCD 系统应可以使结构获得最大的结构阻尼效果。You 等[11]提出了一种新型的 TLD，该 TLD 在容器底部安装三角形杆用于控制结构振动。他们观察到采用这种装置，阻尼比提高了 40%~70%。Ruiz 等[12]在传统 TLD 中添加了浮体，浮体的出现抑制了波浪破碎，能更好地进行数值表征。Zahrai 等[13]采用可旋转挡板来调节 TLD 的阻尼比，结果表明，在最佳控制效果下，挡板的存在使结构的位移和加速度响应分别减小了 24.07%和 27.24%。

基于上述研究可知 TLD 在振动控制方面有着较好效果，但对液舱内部波形演化研究较少，且数值模拟精度较低。因此，文中建立了弹性细长体结构模型，在模型顶部固定了矩形容器，对外激励下结构的响应、压力和自由表面变化开展了试验研究，探讨了不同水深情况下波形变化及减振效果，并且对共振工况下的算例进行了数值模拟研究。

1　试验设置及数值模型

1.1　结构及容器模型

试验模型分为结构体和液舱两部分，结构的底部和顶部分别是边长为 500 mm 和 600 mm 的两块铁板，中间用四根 5 mm×50 mm×1 000 mm 的钢板焊接，如图 1 所示，采用 304 不锈钢材料弹性模量和密度分别为 $2e^{11}$ 和 7 930 kg/m³。矩形水箱的长度 L=510 mm，宽度 W=150 mm，高度 H=470 mm，水箱由厚度为 8 mm 的有机玻璃制成，为了方便观察，其表面带有刻度标识。液舱内部水深 D=76.5 mm、127.5 mm、178.5 mm，其对应的水深比 D/L 分别为 0.15、0.25、0.35。根据线性水波理论，矩形水箱内的晃荡波的固有频率可表示为

$$\omega_{F_n} = \sqrt{gk_n \tanh k_n h}, \qquad k_n = (2n+1)\pi / L \tag{1}$$

式中：k_n 为波数，n 为模态数，三种水深对应的固有频率及相关参数见表 1。

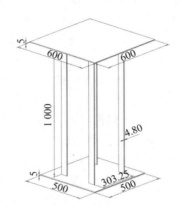

图 1　柔性支架结构尺寸

表 1　不同水深对应的水箱参数

D/L	D /mm	水质量/kg	质量比/（%）	f_i/Hz
0.15	76.5	5.85	13.96	0.82
0.25	127.5	9.75	23.27	1.00
0.35	178.5	13.66	32.60	1.11

1.2　测量仪器布置

水箱被固定在细长的钢制结构上，整个模型与六自由度振动台之间用螺丝固定。在水箱运动方向两侧距离壁面 2 cm 处设置了浪高仪来检测波高的变化，同时，在水箱左侧底部安装了压力传感器，结构顶部的水平运动响应用激光位移传感器获取。单自由度下的系统运动模型简化图如图 2，M_s、C_s、K_s 分别代表结构的质量、刚度和阻尼。结构底部受到振动台的简谐振动作用，施加的位移为 $X（t）=A\sin（\omega t）$，其中 A 为外激励振幅，ω 为外激励频率。

1.3　试验工况及数值模型

本文主要研究 TLD 对模型一阶振型的控制效果，试验中分别采取了三种不同水深比 D/L=0.15、0.25、0.35；两种振幅 A=2 mm、3 mm 下的振动响应测试，正弦激励频率间隔 Δf=0.1 Hz，共振区附近适当加密，且频率取值范围 f=1.3~2.5 Hz，耦合系统的数值模型采用商业软件 ANSYS Workbench，流体域计算使用 Fluent 双相流模拟，固体域使用 Mechanical 瞬态动力学分析，两者之间的流固耦合模拟采用隐式双向求解。固体域的控制方程为

$$[M_s]\{\ddot{q}\}+[C_s]\{\dot{q}\}+[K_s]\{q\} = \{F(t)\} \tag{2}$$

式中：$[M_s]$、$[C_s]$、$[K_s]$ 分别代表节点的质量、刚度、阻尼矩阵，$\{\ddot{x}(t)\}$、$\{\dot{x}(t)\}$、$\{x(t)\}$ 分别代表节点的

加速度、速度和位移，$\{F_s(t)\}$ 为外载荷矢量。

流体采用有限体积法离散求解，控制方程如下：

$$\frac{\partial \rho}{\partial t} + \nabla(\rho v) = 0 \tag{3}$$

$$\frac{\partial}{\partial t}(\rho v) + \nabla(\rho vv) = \nabla \boldsymbol{\tau} + \boldsymbol{F} \tag{4}$$

式中：ρ 为密度（kg/m³）；v 为流体速度矢量（m/s）；$\boldsymbol{F}$ 为流体体力矢量（N/m³）。同时在流固耦合面上满足：

$$\begin{cases} \tau_f n_f = \tau_s n_s \\ d_f = d_s \end{cases} \tag{5}$$

式中：τ_f 和 τ_s 分别是流体和固体的应力；n_f 和 n_s 分别是流体和固体的单位方向矢量；d_f 和 d_s 分别是流体和固体的位移。

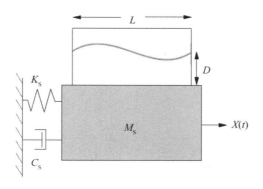

图 2　单自由度运动等效图

2　调谐液体阻尼器的减振特性

2.1　柔性结构运动响应

柔性结构物顶部的最大位移量 d_{max} 是评价阻尼器减振效果的重要指标。图 3 给出了安装了 TLD 后平台最大位移量与不同水深比 D/L 及外激励频率 f_e 的变化关系，其中图 3（a）、图 3（b）对应的底部振幅分别是 2 mm 和 3 mm。通过试验已测得，未安装阻尼器情况下，柔性结构的最大位置分别是 92.0 mm 和 102.2 mm，固有频率是 2.53 Hz，因此随着水位上升，TLD 的减振效果可达到 64%左右，见表 2，$f_{TLD-SSP}$ 为耦合后的固有频率。可见 TLD 在减少结构响应的同时，还降低了其固有频率。因为水深比与总质量呈正相关，而固有频率与质量大小为反比关系，可见 D/L=0.35 时频率偏移量最大。可以看到在外激励频率在 1.0 Hz 附近，结构运动出现负面响应，这是因为激励频率引起了液舱内流体的共振现象，尤其对深水 TLD 的影响较大。

表 2 不同水深比下 TLD 的减振幅度比及固有频率值

D/L	d_{max}/mm		减振幅度比/（%）		$f_{TLD-SSP}$/Hz
	A=2 mm	A=3 mm	A=2 mm	A=3 mm	
0.15	49.87	60.90	45.79	40.41	1.95
0.25	27.24	50.72	59.52	50.37	1.92
0.35	32.47	38.39	64.70	62.45	1.90

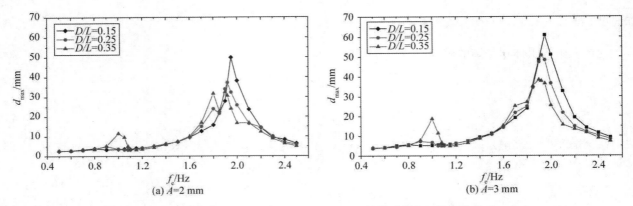

图 3　平台最大位移量与不同水深比 D/L 及外激励频率 f_e 的变化关系

2.2　自由表面高程

自由表面处波高代表了晃荡波运动的剧烈程度，与 TLD 提供的阻尼力密切相关。图 4 为距壁面 2 cm 处的最大波高值在频域上的分布，虚线分别对应不同水深比下液体的固有频率，与图 3 相对应的，当激励频率为靠近液体一阶共振频率时，液体发生共振，壁面的压差阻力对结构造成了不利影响。图中深水 TLD 的响应峰值偏移了蓝色虚线，是因为矩形容器的固有频率，会随着水深比的增加而减小，当水深比为 0.35 时，其不满足线性波理论，偏小约 5%。在接近系统共振频率的过程中，结构响应逐渐增大，阻尼器内液体获得大量能量，而其通过晃荡波释放能量的程度有限，因而产生大量破碎波，在系统共振频率附近，振幅的增加反而导致波高的减小。

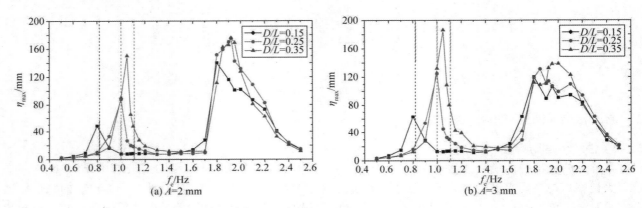

图 4　距壁面 2 cm 处的最大波高值在频域上的分布

2.3　数值模型的验证

为了验证所采用的双向流固耦合模型，选取的模拟工况为：水深比 $D/L=0.35$，激励频率 $f_e=1.6$ Hz、1.9 Hz，振幅 $A=3$ mm，其中 1.9 Hz 的外激励频率为共振频率，1.6 Hz 时调谐比为 0.84。模型尺寸和试验一致，结构的阻尼比为 0.28%，由对数衰减法测得。所用的网格尺寸为 0.006 m，流体和固体一同划分网格，保证了数据在交界面上传递的稳定性，固定时间步长为 0.005 s。

图 5 和图 6 分别给出了结构的运动响应和水箱内自由表面的变化，根据数值模拟结果和试验数据对比可以发现该数值模型有较好的吻合性。从图 5 可以看出外激励频率与结构共振时，结构响应大幅度增加，并且运动呈现稳定而非周期性。图 6 中用 VOF 法捕捉了水箱内液体自由表面的变化，可见当 $f_e=1.6$ Hz，晃荡波以行进波为主，而共振情况下形成驻波并发生连续的破碎。

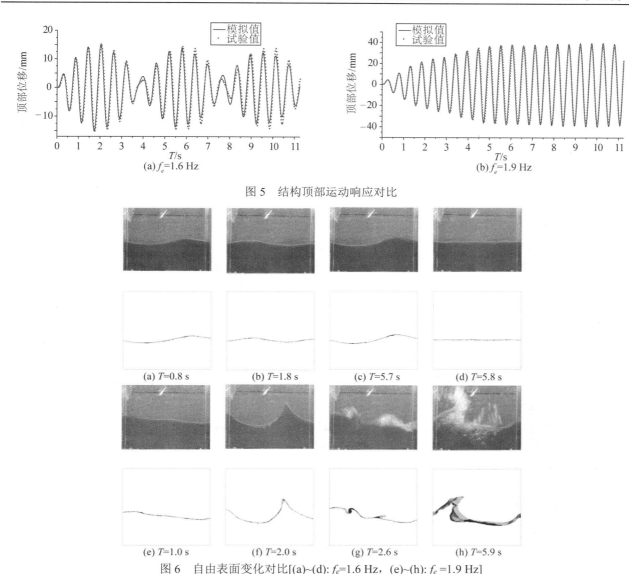

图 5　结构顶部运动响应对比

(a) f_e=1.6 Hz　　　(b) f_e=1.9 Hz

(a) T=0.8 s　　(b) T=1.8 s　　(c) T=5.7 s　　(d) T=5.8 s

(e) T=1.0 s　　(f) T=2.0 s　　(g) T=2.6 s　　(h) T=5.9 s

图 6　自由表面变化对比[(a)~(d): f_e=1.6 Hz，(e)~(h): f_e =1.9 Hz]

2.4　调谐液体阻尼器参数研究

基于已经验证的模型，研究了关键参数对 TLD 能力耗散性能的研究，如图 7 所示，针对不同 TLD 参数包括质量比（1%~5%）和调谐比（0.8~1.2）开展了相应的数值模拟研究。液体在运动中会提供给结构一个反向的水平剪切力来抑制结构振动，将这部分力对结构位移进行积分可获取其耗散的能量。可以看到，当质量比持续增加后，尽管其剪切力提升，但其振幅减小，并且出现了一定程度的失谐，质量比为 2%时可在不影响其惯性力情况下获取最佳的能量耗散性能。从调谐比上看，保持一阶共振频率相同可使阻尼性能达到最佳。

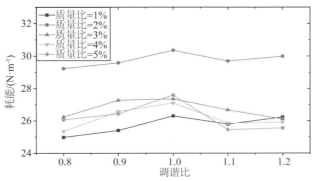

图 7　调谐液体阻尼器在不同参数下的能量耗散特性

3　结　语

通过模型试验对调谐液体阻尼器的减振特性进行了研究，关注了柔性结构与阻尼设备在简谐振动下的运动响应和波面高程变化，分析了水深比、激励频率和振幅对阻尼性能的影响。基于试验结果验证了双向流固耦合模型的准确性，通过捕捉自由液面变化研究了晃荡波的演变过程，从能量耗散的角度重点讨论了不同质量比和调谐比对 TLD 减振性能的作用。在工程应用中，建议调谐液体阻尼器的质量比为总质量的 2%，可减少频率漂移对自身振动特性的影响，对于自身带有储液设备的结构，应适当增加设计液舱时的固有频率。

参考文献：

[1]　GRECO R, MARANO G C, FIORE A. Performance-cost optimization of tuned mass damper under low-moderate seismic actions[J]. The Structural Design of Tall and Special Buildings, 2016.

[2]　TSAO W H, HWANG W S. Tuned liquid dampers with porous media[J]. Ocean Engineering, 2018, 167: 55-64.

[3]　NGUYEN T P, PHAM D T, NGO K T. Effectiveness of multi tuned liquid dampers with slat screens for reducing dynamic responses of structures[J]. Earth and Environmental Science, 2018, 143(1):012023.

[4]　ASHASI-SORKHABI A, MALEKGHASEMI H, GHAEMMAGHAMI A, et al. Experimental investigations of tuned liquid damper-structure interactions in resonance considering multiple parameters[J]. Journal of Sound and Vibration, 2016:S0022460X16305892.

[5]　TAIT M J, DAMATTY A A E, ISYUMOV N, et al. Numerical flow models to simulate tuned liquid dampers (TLD) with slat screens[J]. Journal of Fluids and Structures, 2005, 20: 1007-1023.

[6]　XU X, GUO T, LI G, et al. A combined system of tuned immersion mass and sloshing liquid for vibration suppression: Optimization and characterization[J]. Journal of Fluids and Structures, 2018, 76:396-410.

[7]　HA M, CHEONG C. Pitch motion mitigation of spar-type floating substructure for offshore wind turbine using multilayer tuned liquid damper[J]. Ocean Engineering, 2016, 116:157-164.

[8]　ONG P P, ADNAN A, KWOK K C S, et al. Dynamic simulation of unrestrained interlocking Tuned Liquid Damper blocks[J]. Constr Build Mater, 2017, 144:586-597.

[9]　LEE S K, PARK E C, MIN K W, et al. Real-time hybrid shaking table method for the performance evaluation of a tuned liquid damper controlling seismic response of building structures[J]. J Sound Vib, 2007, 302: 596-612.

[10]　ALTUNISIK A C, YETISKEN A, KAHYA V. Experimental study on control performance of tuned liquid column dampers considering different excitation directions[J]. Mech Syst Signal Pr, 2018, 102: 59-71.

[11]　YOU K P, KIM Y M, YANG C M, et al. Increasing damping ratios in a tuned liquid damper using damping bars[C]// Asian Pacific Conference for Fracture and Strength, 2007, 1/2/3/4: 353-358.

[12]　RUIZ R O, LOPEZ-GARCIA D, TAFLANIDIS A A. Modeling and experimental validation of a new type of tuned liquid damper[J]. Acta Mech, 2016, 227: 1-20.

[13]　ZAHRAI S M, ABBASI S, SAMALI B, et al. Experimental investigation of utilizing TLD with baffles in a scaled down 5-story benchmark building[J]. Journal of Fluids and Structures, 2012, 28: 194-210.

新型多筒式混凝土生产储卸油平台波浪载荷分析及优化设计

赵志娟[1,2]，唐友刚[1,2]，李　焱[1,2]，季欣洁[1,2]，赵治民[1,2]

（1. 天津大学 建筑工程学院，天津 300354；　2. 天津大学 水利工程仿真与安全国家重点实验室，天津 300354）

摘要：本文针对边际油田的开发特点和需求，以南海某边际油田为依托，设计了一种新型多筒式混凝土生产储卸油（MCPSO）平台。基于三维势流理论分析 MCPSO 平台上的波浪载荷。建立 MCPSO 平台的数值模型，通过频域和时域模拟，计算分析平台的波浪载荷，分析了波浪入射角对于纵荡波浪载荷的影响，研究了波浪载荷分布特点和影响波浪载荷分布的因素。最后通过一系列数值分析对比，定量分析了接长杆和单元罐过渡连接对纵荡波浪载荷的影响程度。数值分析结果对新型 MCPSO 平台初步设计和建造具有一定的参考价值。

关键词：边际油田；波浪载荷；有限元分析；势流理论；优化

随着我国南海边际油田的不断探明，急需开发经济型平台进行南海边际油田的开发[1-3]。越来越多的学者致力于新型海洋平台的研究工作。在国外，Haereid 等设计了 SEMO FPU；挪威的 Sevan Marine 公司成功研发并投产了圆筒形钻井平台（SEVAN DRILLER），Petrobras 公司提出的 MPSO（圆柱形浮式生产储卸装置）。国内诸多学者提出过各种新型平台，王天英等[4]设计的圆角倒棱台形 FPSO，范模等[5]提出了八角形 FPSO，天津大学唐友刚教授课题组研究的多筒式 FDPSO[6]，大连理工大学的黄一教授科研团队研究的新型沙漏式 FPSO[7]，谭家翔等[8]针对渤海边际油田开发，设计了可搬迁的坐底式生产储卸装置。

我国沿海地区分布着大量的高含水量，低渗透性，高压缩性、低抗剪强度的软黏土，工程初期必须对土层进行处理或采用桩基础，工程量很大，施工时间长，造价高[9]。筒型基础是一种新型的海洋平台基础形式，在黏性土地区特别是滩海淤泥和淤泥质黏土地区应用前景广阔[10]。研究发现筒型基础所具有的诸多特点为减少近海边际油田开发的工程量，节约投资，缩短施工时间提供了一条新路[11]。

本文考虑边际油田的开采特点，从功能和结构形式两方面考虑，设计了一种新型多筒式混凝土生产储卸油（MCPSO）平台，采用筒型基础固定于海底。以南海某边际油田为依托，设计了 MCPSO 平台的主要尺寸。应用 ANSYS 软件的 AQWA 水动力模块对 MCPSO 平台进行频域和时域分析，研究了平台的波浪载荷特性，为平台结构优化提供参考。

1　新型 MCPSO 平台设计和优势

新型 MCPSO 平台主要由上部组块、主体结构和筒型基础组成。MCPSO 平台主体由 6 个沿环向均布的圆柱形单元罐组成。单元罐内部有上下隔离的舱室，分别为原油舱和压载海水舱。平台主体中央为月池，用于实现 MCPSO 平台的钻井和生产等功能。平台底部采用筒型基础形式进行锚泊定位，筒型基础的顶部与接长杆相连。相邻罐体之间的顶部和底部分别建造连接板。底部连接板兼做筒型基础的套筒，顶部连接板兼做接长杆套筒。筒型基础通过底部套筒插入海底，接长杆顶部通过杆套筒与主体结构连接，如图 1 至图 3 所示。本文以南海某边际油田为例，进行 MCPSO 平台主尺度设计。该油田距在生产油田较远，海域水深范围为 14 ~28 m。MCPSO 平台设计吃水 22 m，平台主体高 30 m（不含上部组块）。其他主体尺度如表 1 所示。

基金项目：国家工业与信息化部项目（G014614002）

作者简介：赵志娟（1985–），女，河北邢台人，在读博士研究生，从事新型海洋石油装备开发及设计。E-mail: zzj_tju@126.com

通信作者：唐友刚。E-mail: tangyougang_td@163.com

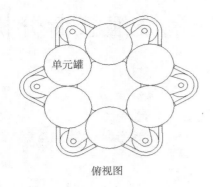

俯视图

图 1　MCPSO 平台俯视图（不含上部组块）

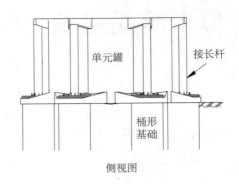

侧视图

图 2　MCPSO 平台侧视图（不含上部组块）

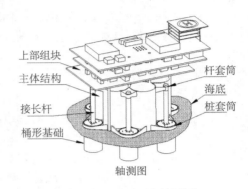

轴测图

图 3　MCPSO 平台轴测图

表 1　MCPSO 平台的主尺度

主尺度	数值	主尺度	数值
单个筒型基础直径/m	14.0	接长杆直径/m	3.0
混凝土单元罐直径/m	25.0	混凝土单元罐厚度/m	0.5
储油罐直径/mm	23.6	钢板厚度/mm	28.0
拱顶高度和直径比	1/2		

　　MCPSO 平台主要优势体现在三个方面，首先综合利用混凝土和钢材各自的特点，采用混凝土钢材混合建造，降低了钢材的用量，廉价的混凝土结构降低平台造价；其次，平台主体储油量大，利用混凝土重力较大的特点，辅助平台下沉就位；最后，借鉴筒型基础可移位的特点实现了平台的自搬迁功能，重复服务于多个油田，同时 MCPSO 平台集钻探、完井、储油、卸油、生产和移位为一体，多方面增大了平台的利用率，降低了边际油田的开发成本。

2　新型 MCPSO 平台波浪载荷分析

2.1　波浪载荷理论分析

　　新型 MCPSO 平台剖面尺寸较大，波浪载荷分析时必须考虑波浪绕射作用。假设流体为无旋、无黏、不可压缩的理想流体。流体的速度势 $\Phi(X, Y, Z, t)$ 是空间任意一点位置和时间的函数，满足 Laplace 方程，速度势函数表达式如下：

$$\Phi(x, y, z, t) = \mathrm{Re}\left[\phi(x, y, z)\mathrm{e}^{-\mathrm{i}\omega t}\right] \tag{1}$$

式中：$\phi(x, y, z)$ 为空间速度势函数，ω 为入射波频率。

　　在线性问题中将速度势分为入射波势和绕射波势，考虑自由水面条件和不可穿透的物面边界条件，计算速度势函数[12]。按照线性化的 Bernoulli 方程计算作用于物体表面的一阶波浪压力。在湿表面上进行压力积分得到作用在物体上的合力，

$$F_j = -\int_S \rho \frac{\partial \Phi}{\partial t} n_j \mathrm{d}S = -\int_S \mathrm{i}\omega\rho\left(\phi_{\mathrm{I}} + \phi_{\mathrm{d}}\right)n_j\mathrm{d}S = -\int_S \mathrm{i}\omega\rho\phi_{\mathrm{I}}n_j\mathrm{d}S - \int_S \mathrm{i}\omega\rho\phi_{\mathrm{d}}n_j\mathrm{d}S \qquad (j = 1,\cdots,6) \qquad (2)$$

式中：F_j 表示单位波高 j 方向的波浪载荷，n_j 为 j 方向上物体表面外法线方向，S 为湿表面面积；$-\int_S \mathrm{i}\omega\rho\phi_{\mathrm{I}}n_j\mathrm{d}S$ 和 $-\int_S \mathrm{i}\omega\rho\phi_{\mathrm{d}}n_j\mathrm{d}S$ 分别为入射波浪载荷和绕射波浪载荷。

2.2 新型 MCPSO 波浪载荷数值分析

MCPSO 平台外形区别于普通圆柱形平台，接长杆和桩套筒结构复杂，因此采用数值方法分析平台的波浪载荷。首先，基于 ANSYS 有限元软件建立 MCPSO 平台的主体结构的几何模型，如图 4 所示。将平台的几何模型离散成面元模型，如图 5 所示。平台坐标系定义如下，0° 入射角沿 X 轴正向，逆时针旋转为正，如图 6 所示。然后，将面元模型导入 ANSYS-AQWA 模块进行 MCPSO 平台的水动力分析，假设筒基套筒底部与海底泥面接触，设筒型基础与海底泥面接触位置固定约束。基于三维势流理论和线性波理论，进行 MCPSO 平台的频域水动力分析，得到平台波浪载荷分布。选取南海百年一遇海况作为平台的自存工况，进行平台时域水动力分析，得到平台波浪载荷随时间变化的历程曲线。由于平台主尺寸较大，水动力分析时需要综合考虑计算精度和速度，选择合适的尺寸进行网格划分。本文进行水动力分析的模型包含 2 620 个面元。

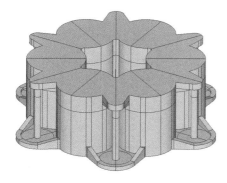

图 4 几何模型

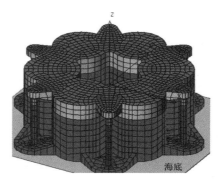

图 5 有限元模型及湿表面

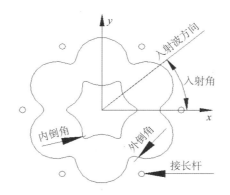

图 6 波浪方向和结构优化示意

3 新型 MCPSO 平台数值分析结果及优化设计

3.1 频域分析结果

考虑结构的对称性，选取波浪入射角 0° 至 90°，间隔 15°，计算波浪载荷。根据结构自身特点可知，波浪沿 0° 和 60° 入射时平台上的载荷分布相同。波浪沿 30° 和 90° 入射角时平台上的载荷分布相同。波浪沿 15°、45° 和 75° 入射时平台上的载荷分布相同。因此，选取 0°、45° 和 90° 入射角，进行 MCPSO 平台波浪

载荷频域分析。

图 7 给出 MCPSO 平台纵荡波浪载荷传递函数与入射波角度的关系，可见纵荡波浪载荷在 0.4 rad/s 附近达到极值。因此，研究入射波浪频率 0.4 rad/s 附近时 MCPSO 平台表面波浪载荷分布特征。图 8 分别给出入射波浪频率 0.4 rad/s 和 0.5 rad/s 时，MCPSO 平台波浪压力分布云图，可见 MCPSO 平台在水线面处受到较大的波浪载荷作用，波浪压力较高的区域主要分布在单元罐过渡连接位置，影响局部波浪载荷的主要因素有接长杆和单元罐之间的过渡形式。因此，下文分别研究接长杆和相邻罐体过渡形状对流场的影响程度，通过局部优化降低平台受到的波浪载荷。

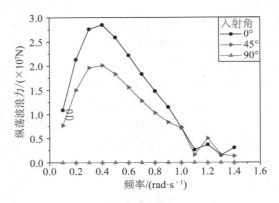

图 7　纵荡波浪力传递函数

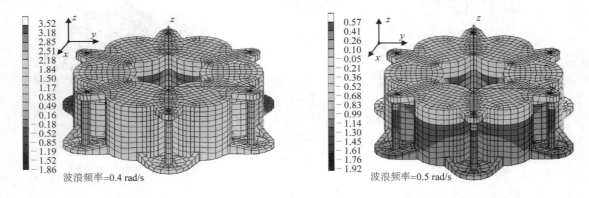

图 8　不同入射波浪频率时 MCPSO 平台波浪压力分布云图

3.2　时域分析结果

选取南海百年一遇海洋环境作为自存工况，相应的有义波高为 8.8 m，谱峰周期为 11.8 s。选取 Jonswap 波浪谱进行 MCPSO 平台时域水动力分析，得到平台波浪载荷随时间的变化历程曲线。由于平台固定于海底泥面，因此平台六个自由度的运动为零，即不存在辐射波浪载荷，波浪载荷由入射波浪载荷和绕射波浪载荷组成。时域分析时，选取模拟时长 3 600 s，针对波浪入射角为 0°、45°和 90°时，计算 MCPSO 平台的波浪载荷。

MCPSO 平台上的波浪载荷时域历程如图 9 所示。其中，当波浪的入射角为 0°时，对应纵荡波浪载荷历程。当入射角为 90°，对应横荡波浪载荷历程。当入射角为 45°时，读取纵荡和横荡波浪载荷历程，将两个方向的波浪载荷进行矢量叠加，得到相应的沿波浪入射方向的载荷历程。根据统计学方法，得到平台在随机海况下受到的水平波浪载荷方差 m_0，则平均幅值为方差的 1.25 倍，有义幅值等于 2 倍方差，最大幅值为方差的 2.55 倍。表 2 给出不同浪向对应的 MCPSO 平台上的波浪载荷统计值。结果显示，0°入射对应的波浪载荷幅值最大，45°入射对应的波浪载荷幅值最小，两者相差 0.36%，因此入射波浪角度对平台水平波浪载荷影响很小。综上所述，平台优化设计时选取任一入射方向，研究不同参数对于波浪载荷的影响，下文选取 0°作为平台优化设计的波浪入射方向。

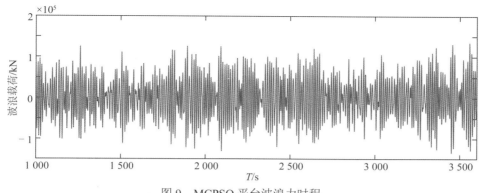

图 9　MCPSO 平台波浪力时程

表 2　不同浪向下 MCPSO 平台的水平波浪载荷统计值

入射角	平均幅值/kN	有义幅值/kN	最大幅值/kN
0°	3.558E+04	5.692E+04	7.258E+04
45°	3.545E+04	5.673E+04	7.233E+04
90°	3.551E+04	5.682E+04	7.244E+04

3.3　新型 MCPSO 平台优化设计

新型 MCPSO 平台波浪载荷优化目的在于通过局部优化降低作用在平台上的波浪载荷。将上节分析模型视为初始模型，通过数值分析的方法研究接长杆和单元罐过渡连接位置的形状对于平台整体波浪载荷的影响程度。优化模型的参数主要包含：接长杆，单元罐之间的内倒角半径，单元罐之间的外倒角半径通过建立一系列有限元模型进行时域和频域下波浪载荷分析，进行优化。模型 MW01 表示有接长杆，外倒角半径为 0 m，内倒角半径 1 m，对应于初始模型；模型 MN01 表示无接长杆，外倒角半径为 0 m，内倒角半径 1 m；模型 MW32 表示有接长杆，外倒角半径 3 m，内倒角半径 2 m。图 10 和图 11 分别为模型 MN01 和 MW32 的有限元网格模型。

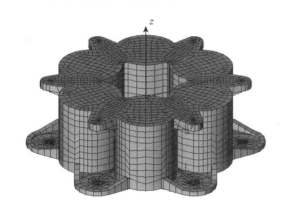

图 10　模型 MN01 的有限元网格

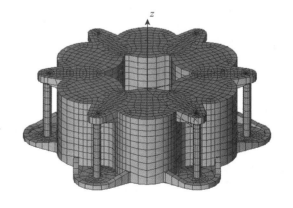

图 11　模型 MW32 的有限元网格

通过频域分析，得到了不同模型的纵荡波浪载荷传递函数，如图 12 所示。模型 MW01 和 MN01 对比结果显示，接长杆的存在对于平台波浪载荷影响甚微。比较模型 MW01 和 MW32 可知，当入射波浪频率为 0.4 rad/s 时，初始模型（MW01）在单位波幅规则波作用下的纵荡波浪载荷为 2.85×10^4 kN，模型 MW32 在单位波幅规则波作用下的纵荡波浪载荷为 2.65×10^4 kN。表 3 给出根据统计学方法得到的随机海况下，不同优化参数对应 MCPSO 平台的水平波浪载荷统计值。结果显示，百年一遇随机海况下，初始模型 MW01 的最大波浪载荷为 7.258×10^4 kN，无接长杆模型 MN01 的最大波浪载荷为 7.263×10^4 kN，两者相差 0.07%，MN01 模型的波浪载荷最大，说明接长杆存在对平台波浪载荷有一定的遮蔽作用，但是影响程度很小。优化后的模型 MW32 最大波浪载荷 6.918×10^4 kN，相比初始模型降低了 5%，可见内外倒角参数的改变对平台波浪载荷影响显著。说明合理的单元罐过渡尺寸可以有效的降低平台受到的波浪载荷。

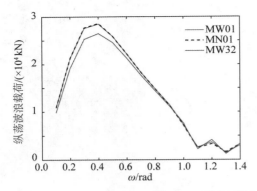 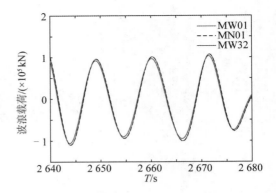

图 12　MCPSO 平台纵荡波浪传递函数和时程曲线

表 3　不同优化参数对应 MCPSO 平台的水平波浪载荷统计值

模型	平均幅值/kN	有义幅值/kN	最大幅值/kN
MW01	3.558E+04	5.692E+04	7.258E+04
MN01	3.560E+04	5.696E+04	7.263E+04
MW32	3.391E+04	5.426E+04	6.918E+04

4　结　语

针对边际油田的开发特点，开发了新型多筒式混凝土生产储卸油平台 MCPSO，利用混凝土和筒型基础的特点，降低了平台的建造成本同时平台可重复使用，最大限度地降低了边际油田的开发成本。基于有限元法研究平台波浪载荷分布特点和影响载荷的因素，得到如下结论：

1）当入射波浪频率为 0.4 rad/s 时，作用在平台上的波浪载荷较大。MCPSO 平台在水线面处受到较大的波浪载荷，波浪压力较高的区域主要分布在单元罐过渡连接位置。

2）入射波浪角度对平台水平波浪载荷影响很小，因此平台优化设计时，可选取任一入射方向，研究不同参数对于波浪载荷的影响。

3）建立一系列数值分析模型进行平台波浪载荷优化，结果显示，接长杆存在对平台波浪载荷有一定的遮蔽作用，但是影响程度很小。单元罐过渡位置的参数改变对平台波浪载荷影响显著，合理的过渡设计可以有效地降低平台波浪载荷，并有利于平台建造施工。

参考文献：

[1] ONOLEMHEMHEN, RITA U, SUNDAY O, et al. Technical and Economic Viability of Producing Marginal Oil Fields In The Niger-Delta Using Water Injection[C]// In Meeting the Energy Demands of Emerging Economies, 40th IAEE International Conference, International Association for Energy Economics, 2017.

[2] 李茂. 南海西部海域边际油田开发浅谈[J]. 石油钻采工艺, 2007, 29(6).

[3] 王晖, 胡光义, 范洪军, 等. 边际油田河流相储集层表征关键技术[J]. 石油勘探与开发, 2012, 39(5).

[4] 王天英, 王敏, 彭红伟. 圆角倒棱台形 FPSO 方案设计研究[J]. 中国造船, 2011(a02): 152-158.

[5] 范模, 王春升, 张理, 等. 八角形浮式生产储油装置关键技术与应用探索[J]. 中国海上油气, 2008, 20(3):195-198.

[6] 赵志娟. 多筒式 FDPSO 概念设计及水动力性能研究[D]. 天津: 天津大学, 2012.

[7] 姚宇鑫, 王文华, 黄一. 新型沙漏式浮式生产储油系统的概念设计分析[J]. 上海交通大学学报, 2014, 48(4): 558-564.

[8] 谭家翔, 罗晓明. 一种新的渤海油田开发方案——可搬迁的坐底式生产储卸装置[J]. 中国海上油气, 2014, 26(s1): 52-55.

[9] 何奔.软黏土地基单桩和复合桩基水平受荷性状[D]. 杭州: 浙江大学, 2016.

[10] 黄新生.滩海油田建设中桶型基础的开发和应用[J].中国海洋平台, 1996(5): 5-11, 3.

[11] 武科. 滩海吸力式桶型基础承载力特性研究[D]. 大连: 大连理工大学, 2007.

模块交错排列对阵列型浮动平台动力特性的影响

丁　瑞，徐道临，张海成

（湖南大学 汽车车身先进设计制造国家重点实验室，湖南 长沙 410082）

摘要： 多模块浮动平台的拓扑构型是其结构稳定性和安全性的重要影响因素。现有关于阵列型浮动平台的研究中，大多采用模块对齐规则排列的构型。事实上，交错排列结构，如箩筐、建筑物砖墙等往往体现出更高的强度。那么对阵列型浮动平台，模块交错排列会使得系统动力学特性有什么改变？本研究由3×4个模块柔性连接组成的浮动平台动力学响应特性，揭示浮体模块从规则排列到交错排列过程中系统动力学特性的演化规律。运用网络动力学方法，考虑连接器的几何效应，建立了柔性连接阵列型浮动平台的线性广义动力学模型。数值结果主要集中在以下三个方面：首先是模块的交错排列对系统刚度的影响；其次，揭示了模块极值响应随连接器刚度和交错位移的变化规律，并对其物理机理进行了讨论；最后，考虑浪向角的变化，研究了模块从规则排列到交错排列浮动平台动力学特性随波浪入射角的演化特性。

关键词： 阵列型浮动平台；交错排列；柔性连接；模态；动力特性

随着陆地资源与空间日趋短缺，各国纷纷将发展重点转移到海洋。大型海上浮式结构物作为海洋资源开发必备的工程装备，受到各界学者的广泛关注。Armstrong[1]于 1924 年首次提出超大型海上浮式结构的概念，他曾设想在大西洋建造一个大型浮式中继站，以便为来往的飞机补充燃料。此后学者们对大型浮式结构开展了大量研究，其中日本的海上浮动机场[2]和美国的移动式海上基地[3]最广为人知。出于简单和安全考虑，早期对大型浮动平台的研究主要采用焊接一体的单浮体模型。考虑到大型浮体结构的巨大尺度，单浮体模型内部会产生巨大的弯曲应力，采用多个标准化模块通过连接器连接组合可方便其建造、运输和组装[4]。

多模块浮动平台系统可设计成各种各样的拓扑形式，各组成模块的排布对系统能否满足功能性和安全性标准至关重要。现有的文献中，链式多模块浮动平台的研究最为广泛[5-6]。但对链式浮动平台，横浪作用下系统需承受巨大的水平弯曲载荷。为增强其抗弯曲能力，可沿横向增加浮体与链式浮动平台并排连接，系统从链式浮动平台变为多行多列的阵列型浮动平台。Michailides 等[7]将一个矩形的浮箱式浮体等分成三种类型的多模块浮动平台，对这三种柔性连接平台的动力学特性进行研究。结果表明，浮体数目和拓扑形状对浮动平台的响应和连接器载荷有直接影响。基于三维水弹性理论，Fu 和 Moan[8]分析了非规则波作用下 5×2 模块组成的浮式渔场的动力学响应。结果显示，波浪入射角、连接器刚度和结构弯曲刚度都将直接影响浮式渔场的响应。Koh 和 Lim[9]等详细介绍了坐落于新加坡滨海湾的一个长 120 m、宽 83 m 浮式表演平台的结构设计以及工程建造，它是由 15 个矩形钢箱以 5×3 排列方式组成。通过改变相邻模块之间的纵向或横向距离，Murai 和 Takahashi[10]等研究了阵列排列对 5×5 风力涡轮机组成的风力发电厂的动力学响应的影响。O'Hara 等[11]将 33 个模块组装成积木式结构浮桥，首次试验验证了浮动平台系统可通过大量的浮体模块拼装组成。

现有文献中，针对阵列型浮动平台动力学特性的研究有很多，但大部分的研究中，浮体模块都是规则排列。虽然在 O'Hara[11]等的浮桥试验中，不同行的浮体模块交错排列，但他们只是将一个玩具车通过浮桥来测试系统的稳定性，并没有对浮动平台的动力学特性作详细研究。事实上，交错式结构往往更加稳固，如箩筐、建筑物砖墙等。将交错式结构引入到阵列型浮动平台，系统的动力学特性会有什么影响？为理解模块交错排列对浮动平台动力学特性的影响，选取 12 个模块柔性连接组成的阵列型浮动平台，浮体模块等间距排布成 3 行 4 列。将中间一行的模块沿纵向逐渐平移，浮动平台从规则排列结构变为具有不同交错位移的交错排列系统。

本文主要研究随着交错位移的增加，阵列型浮动平台动力学特性的演变规律。基于网络动力学方法[12]，

作者简介： 丁瑞（1990–），女，博士研究生，主要研究方向为海上浮动平台拓扑构型及其动力学特性。E-mail: dingr07@hhu.edu.cn

通信作者： 徐道临。E-mail: dlxu@hhu.edu.cn

建立了考虑几何效应的多模块柔性连接浮动平台的广义线性动力学方程。数值仿真分析了模块的交错排列对浮动平台系统刚度的影响。同时也展示了不同交错位移下，浮动平台模块的极值响应随连接器刚度变化的规律，并揭示了其物理机理。此外，研究了不同浪向角和交错位移下浮动平台的动力学特性。

1　多模块柔性连接浮动平台网络动力学建模

　　阵列型浮动平台是由多个相同的半潜式浮体柔性连接而成，其示意图如图 1 所示。系统整体坐标系定义如下：XOY 平面位于自由液面，Z 轴垂直向上。第 n 个浮体的局部坐标系为 $x_n y_n z_n$，其中浮体质心被定义为局部坐标系原点，各坐标轴与整体坐标系的坐标轴平行。模块总数为 N，符号 M_{ij} 指第 i 行第 j 列的浮体，ψ 表示入射波角度。

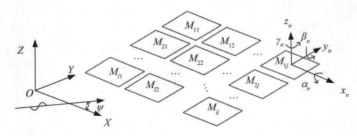

图 1　坐标系示意

　　运用网络动力学方法得到多模块柔性连接浮动平台的非线性动力学方程，将其线性化以后可获得广义线性动力学方程。文中在浮体模块处理上与刚体动力学模型有相似之处，但考虑了浮动刚体之间柔性连接器的几何效应。

1.1　多模块浮动平台的动力学模型

　　连接器作为浮动平台的关键组成部件，对系统的动力学特性具有重要影响。传统的连接器模型将连接器假定为线性弹簧，只限制线位移，而不限制角位移。事实上，由于浮体和连接器尺寸差异巨大，浮体的很小运动可能会导致连接器大的倾角或者变形。连接器的倾角和变形对模块之间的相互作用影响很大，传统的线性模型忽略了连接器的几何尺寸，低估了系统的连接器载荷[13]。本文严格考虑柔性连接器的几何尺寸和位置，建立连接器耦合力学模型[12]。

　　全局坐标系下，i 浮体的广义坐标为 $\boldsymbol{\Psi}_i = \left[\boldsymbol{\Psi}_{i,1}^{\mathrm{T}}, \boldsymbol{\Psi}_{i,2}^{\mathrm{T}}\right]^{\mathrm{T}}$，位置坐标 $\boldsymbol{\Psi}_{i,1}$ 和欧拉角 $\boldsymbol{\Psi}_{i,2}$ 可表示为

$$\boldsymbol{\Psi}_{i,1} = \boldsymbol{X}_{i0,1} + \boldsymbol{X}_{i,1}$$
$$\boldsymbol{\Psi}_{i,2} = \boldsymbol{X}_{i,2} \tag{1}$$

式中：$\boldsymbol{X}_{i0,1} = [x_{i0}, y_{i0}, z_{i0}]^{\mathrm{T}}$ 指 i 浮体在全局坐标中的初始位置。$\boldsymbol{X}_{i,1} = [x_i, y_i, z_i]^{\mathrm{T}}$ 和 $\boldsymbol{X}_{i,2} = [\alpha_i, \beta_i, \gamma_i]^{\mathrm{T}}$ 表示 i 浮体在局部坐标中的线位移和角位移。

　　若 i 浮体的 m 面和 j 浮体的 n 面通过连接器 p 连接，连接器 p 在两浮体上的连接点在局部坐标系下分别为 $\boldsymbol{p}_{ij,p0}^l$ 和 $\boldsymbol{p}_{ji,p0}^l$，那么连接点在全局坐标系中的位置可表示为

$$\boldsymbol{p}_{ij,p}^g = \boldsymbol{\Psi}_{i,1} + \boldsymbol{T}\left(\boldsymbol{\Psi}_{i,2}\right) \boldsymbol{p}_{ij,p0}^l$$
$$\boldsymbol{p}_{ji,p}^g = \boldsymbol{\Psi}_{j,1} + \boldsymbol{T}\left(\boldsymbol{\Psi}_{j,2}\right) \boldsymbol{p}_{ji,p0}^l \tag{2}$$

式中：矩阵 $\boldsymbol{T}$ 为旋转变换矩阵。

　　连接器力为

$$\boldsymbol{f}_{ij,p} = (l_{ij,p} - l_{ij,p0})\boldsymbol{n}_{ij,p} \tag{3}$$

式中：$l_{ij,p}$ 为浮体运动后两连接点间的距离，$l_{ij,p0}$ 为连接器 p 的初始长度，$\boldsymbol{n}_{ij,p} = \left(\boldsymbol{p}_{ji,p}^g - \boldsymbol{p}_{ij,p}^g\right)/l_{ij,p}$ 为连接器变形的单位方向向量。

全局坐标系下，连接器力对 i 浮体质心处产生的力矩可表示为

$$\boldsymbol{m}_{ij,p} = \boldsymbol{r}_{ij,p} \times \boldsymbol{f}_{ij,p} \tag{4}$$

式中：$\boldsymbol{r}_{ij,p}$ 为连接器力矢对 i 浮体质心的力臂。

全局坐标系下，j 浮体通过连接器 p 对 i 浮体的力可写为

$$\boldsymbol{F}_{ij,p}(\boldsymbol{X}_i, \boldsymbol{X}_j) = k_p \begin{bmatrix} \boldsymbol{f}_{ij,p} \\ \boldsymbol{m}_{ij,p} \end{bmatrix} \tag{5}$$

式中：k_p 为连接器 p 的刚度。

以上连接器耦合模型考虑了柔性连接的几何非线性特性，由于相关试验研究发现采用线性网络动力学模型与试验所测结果最为接近[14]，故将以上非线性模型线性化，并取泰勒展式的一阶近似可得

$$\boldsymbol{F}_{Lij,p}(\boldsymbol{X}_i, \boldsymbol{X}_j) = \begin{bmatrix} \boldsymbol{K}_{ij,i}, \boldsymbol{K}_{ij,j} \end{bmatrix} \begin{bmatrix} \boldsymbol{X}_i \\ \boldsymbol{X}_j \end{bmatrix} \tag{6}$$

式中：

$$\boldsymbol{K}_{ij,i} = k_p \left. \frac{\partial \boldsymbol{F}_{ij,p}(\boldsymbol{X}_{i0}, \boldsymbol{X}_{j0})}{\partial \boldsymbol{X}_i} \right|_{\boldsymbol{X}_{i0}=0, \boldsymbol{X}_{j0}=0}, \quad \boldsymbol{K}_{ij,j} = k_p \left. \frac{\partial \boldsymbol{F}_{ij,p}(\boldsymbol{X}_{i0}, \boldsymbol{X}_{j0})}{\partial \boldsymbol{X}_j} \right|_{\boldsymbol{X}_{i0}=0, \boldsymbol{X}_{j0}=0} \tag{7}$$

假设 i 浮体和 j 浮体之间有 N_c 个连接器，线性化后 j 浮体对 i 浮体的连接器作用力可表示为

$$\boldsymbol{F}_{Lij,C} = \sum_{p=1}^{N_c} k_p \boldsymbol{F}_{Lij,p}(\boldsymbol{X}_i, \boldsymbol{X}_j) \tag{8}$$

考虑波浪力和连接器力的作用，N 个浮体模块柔性连接的浮动平台的控制方程可表示为

$$\boldsymbol{M}_i \ddot{\boldsymbol{X}}_i + \sum_{j=1}^{N} (\boldsymbol{A}_{ij} \ddot{\boldsymbol{X}}_i + \boldsymbol{B}_{ij} \dot{\boldsymbol{X}}_i) + \boldsymbol{S}_i \boldsymbol{X}_i = \bar{\boldsymbol{F}}_{i,\omega} e^{-i\omega t} + \boldsymbol{F}_{i,C} \tag{9}$$

式中：$\boldsymbol{X}_i = [x_i, y_i, z_i, \alpha_i, \beta_i, \gamma_i]^{\mathrm{T}}$ 表示整体坐标系下 i 模块的位移矢量。$\boldsymbol{M}_i$ 和 $\boldsymbol{S}_i$ 分别为浮体的质量矩阵和流体静压产生的静水恢复力矩阵。附加质量矩阵 $\boldsymbol{A}_{ij}$、附加阻尼矩阵 $\boldsymbol{B}_{ij}$ 和波浪力 $\bar{\boldsymbol{F}}_{i,\omega} e^{-i\omega t}$ 均可通过水动力模型计算获得。$\boldsymbol{F}_{i,C}$ 指作用在 i 模块上的所有连接器的力。运用频域法求解控制方程，对非规则波下的动力学特性进行数值分析。

1.2 非规则波作用下响应

非规则海况下运动响应的短期预报极值可表示为

$$R_e = 3.72\sqrt{m_0}, \quad m_0 = \int_0^\infty H^2(\omega) S_\eta(\omega) \mathrm{d}\omega \tag{10}$$

式中：$H(\omega)$ 是传递函数。$S_\eta(\omega)$ 为波谱密度函数，选用 JONSWAP 波谱[15]，其表达式为

$$S_\eta(\omega) = \frac{5}{16} \left(\frac{H_s^2 \omega_p^4}{g^2} \right) [1 - 0.287\ln(\gamma)] g^2 \omega^{-5} e^{\left[-\frac{5}{4} \left(\frac{\omega}{\omega_p} \right)^{-4} \right]} \gamma^{\left[-0.5 \left(\frac{\omega - \omega_p}{\sigma \omega_p} \right)^2 \right]} \tag{11}$$

式中：$\omega_p = 2\pi/T_p$ 为谱峰频率，H_s 为有义波高，γ 表示谱峰参数。当 $\omega \leqslant \omega_p$ 时，峰形参数 $\sigma = 0.07$，否则，$\sigma = 0.09$。

2　交错排列浮动平台动力学特性分析

2.1　模型参数

本文以一个由 3×4 半潜式浮体模块柔性连接的浮动平台为研究对象，进行动力学分析。图 2（a）给出了规则排列浮动平台的结构示意图，将中间一行（虚线内的模块和连接器）逐渐向左移动并保持其他行不动，可得到图 2（b）所示的交错排列浮式平台结构。符号 δ 表示交错位移，规则排列浮式平台可看作一

个 δ =0 m 的特殊交错排列系统。随着交错位移的不断增大，浮式平台系统将逐渐变为积木式结构，如图 2（c）所示。当中间行模块的质心与外侧两行的间隙中心在水平方向对齐时，交错位移将不再增加。需要注意的是，由于同一行相邻模块之间存在间隙，使得从图 2（b）到图 2（c）的交错位移并不连续。与图 2（a）和图 2（b）对比，图 2（c）少两个横向连接器，这是由于模块的交错排列而导致的。符号 C_{iimnf} 表示在模块 M_{ij} 和 M_{mn} 之间的连接器，下标 f 表示相邻模块之间的第 f 个连接器，如果相邻模块之间只有一个连接器，下标 f 可省去。

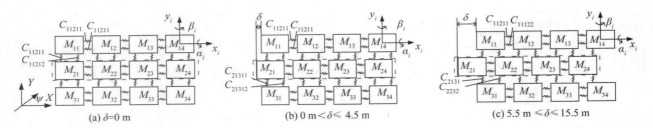

图 2　规则排列和交错排列浮动平台示意

单个浮体的长为 30 m，宽为 25 m，高为 14 m，如图 3（a）所示。相邻模块之间的间距（纵向或横向）为 1 m。连接点布置在上平台距离质心 5.13 m 处。单个连接器由五个弹性组件组成[14]，用来限制模块各自由度的运动，其三维视图如图 3（b）所示。为保证连接器沿 x、y 和 z 向刚度相同，各弹性组件的刚度设为 $k_1 = k_2 = k_3 = k_4 = K/2$、$k_5 = K$。下文中，连接器刚度特指 K，而不是各弹性组件的刚度。

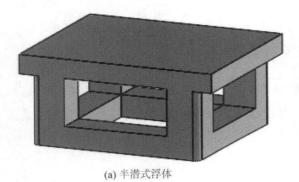

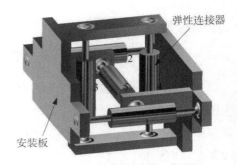

（a）半潜式浮体　　　　　　　　　　　　　　　　　（b）柔性连接器的三维视图

图 3　半潜式浮体及柔性连接点

2.2　规则排列和交错排列浮动平台刚度对比

刚度是浮动平台系统的关键特性。通过分析不同浮动平台的模态和固有频率，研究模块的交错排列对系统刚度的影响。系统的 i 阶固有频率可表示为 $\omega_i = \sqrt{K_{pi}/M_{pi}}$，其中 K_{pi} 和 M_{pi} 分别表示系统的 i 阶主刚度和主质量。对不同交错位移的浮动平台，其主质量相同，固有频率的大小取决于主刚度。也就是说，不同交错位移下浮动平台系统刚度的变化规律可通过比较其响应固有频率来获得。以下分析中，选取交错位移为 0 m、2 m、4 m、7 m、10 m 和 15.5 m 的浮动平台来研究系统刚度随交错位移增加的变化规律。首先对不同浮动平台系统的"干"模态进行研究。表 1 给出了系统 7~12 阶模态振型，由于前 6 阶为系统整体刚体模态，故只展示 7~12 阶模态振型。表 2 给出了对应的 7~12 阶"干"固有频率。

系统刚度的变化规律可通过对比具有相同模态振型浮动平台的固有频率来获得。首先，寻找具有相同弯曲振型的模态所对应的固有频率。从表 1 可观察到：交错位移 2 m 的浮动平台的 8 阶模态、交错位移 4 m 的浮动平台的 9 阶模态，交错位移 7 m、10 m 和 15.5 m 的浮动平台的 7 阶模态，都是沿 x 方向的一阶弯曲模态，相应的固有频率在表 2 中用 I 表示。类似方法可得到沿 x 方向的二阶、三阶弯曲模态对应的固有频率，分别用 II 和 III 表示。沿 y 方向的一阶、二阶弯曲模态所对应的固有频率则用 △ 和 ◇ 来表示。

由表 2 可观察到：当交错位移从 0 m 到 4 m 变化时，沿 x 方向一阶弯曲模态对应的固有频率逐渐增大。

对沿 x 方向二阶、三阶弯曲模态所对应的固有频率，这一现象同样存在。由于固有频率与系统刚度变化规律一致，可以认为当交错位移从 0 m 逐渐变化到 4 m 时，系统沿 x 方向的刚度随着交错位移的增加而逐渐增大。然而，当交错位移从 4 m 转变为 7 m 时，沿 x 方向一阶、二阶、三阶弯曲模态对应的固有频率均明显降低。这是因为图 2（c）中的浮动平台系统（交错位移 5.5~15.5 m）比图 2（a）或图 2（b）中的浮体结构少两个横向连接器。连接器的减少会引起系统刚度的降低，从而使得固有频率减小。值得注意的是，交错位移 7 m、10 m 和 15.5 m 浮动平台的固有频率均大于规则排列浮动平台的固有频率。表明交错位移 7 m、10 m 和 15.5 m 浮动平台虽然少了两个连接器，但系统沿 x 方向的刚度依然大于规则排列结构的刚度。

表 1　　不同交错位移浮动平台的"干"模态振型

接下来，分析沿 y 方向弯曲模态所对应的固有频率的变化规律。当交错位移从 0 m 增加至 4 m（或从 7 m 增至 15.5 m），沿 y 方向一阶弯曲模态对应的固有频率几乎不发生变化。对于交错位移 7 m、10 m 和 15.5 m 的浮动平台，固有频率略小于交错位移 0 m、2 m 和 4 m 浮动平台，这是由于图 2（c）中的结构比图 2（a）或图 2（b）中的系统少两个连接器导致的。在沿 y 方向二阶弯曲模态对应的固有频率中，也可以观察到同样的变化规律。因此可以得出结论，模块的交错排列对浮动平台系统沿 y 方向的刚度几乎没有影响。

表 2　　不同交错位移浮动平台的"干"固有频率

固有频率/（rad·s⁻¹）	$\delta=0$ m	$\delta=2$ m	$\delta=4$ m	$\delta=7$ m	$\delta=10$ m	$\delta=15.5$ m
7	0.105 8[I]	0.199 4[△]	0.199 5[△]	0.161 6[I]	0.132 9[I]	0.100 8[I]
8	0.199 6[△]	0.225 9[I]	0.409 0[◇]	0.187 5[△]	0.187 1[△]	0.187 5[△]
9	0.256 1[II]	0.409 0[◇]	0.411 4[I]	0.382 2[◇]	0.382 4[◇]	0.383 2[◇]
10	0.388 3[III]	0.576 7[II]	1.055 6[II]	0.755 9[II]	0.704 4[II]	0.633 3[II]
11	0.409 1[◇]	0.932 7[III]	1.719 1[III]	1.160 4[III]	1.160 4[III]	1.160 3[III]
12	3.943 4	3.935 9	3.935 9	2.010 4	2.062 2	1.971 6

注：上标 I、II 和 III 表示沿 x 方向一阶、二阶、三阶弯曲模态对应的固有频率；上标 △ 和 ◇ 表示沿 y 方向一阶、二阶弯曲模态对应的固有频率。

2.3　连接器刚度对交错排列系统稳定性的影响

由于模块之间的耦合，各模块不同自由度之间的运动会出现协同效应，意味着所有模块具有相同的运动形态。因此，单个模块的极值响应可以用来反映浮动平台系统的主要动力学特性。图 4 展示了 45°浪向角下，模块 M_{31} 的极值响应随交错位移和连接器刚度的变化，主要关注纵荡、垂荡和纵摇三个自由度的运动响应。

对于规则排列的浮动平台，即交错位移为 0 m 的情况，当连接器刚度从 10^2 N/m 增加至 10^{12} N/m，响应曲线出现两个大振幅区域，分别位于连接器刚度 $10^{3.8}$ N/m< K <$10^{7.2}$ N/m 和 $10^{8.4}$ N/m< K <$10^{10.2}$ N/m 区间内。大振幅是由于波浪激励频率与系统固有频率接近或一致时产生浮动平台系统的共振引起的。当连接器刚度小于 $10^{3.8}$ N/m、大于 $10^{10.2}$ N/m 或在 $10^{7.2}$ N/m< K <$10^{8.4}$ N/m 范围内时，模块响应幅值相对较小，且随连接器刚度的增加其幅值几乎不变。接下来分析模块极值响应随交错位移增加的演变特性。从图 4（c）中的纵摇运动可观察到，当交错位移从 0 m 增至 4.5 m 时，第二个大振幅区域逐渐向低刚度区域扩大。同时，连接器刚度在 $10^{7.2}$ N/m 和 $10^{8.4}$ N/m 之间的弱振幅区域逐渐变窄，交错位移增长至 4.5 m 时该弱振幅区域几乎消失不见。此现象在图 4（a）和图 4（b）中的纵荡和垂荡运动中也可发现。对于交错位移在 5.5~15.5 m 的浮动平台，响应峰值主要集中在一个大的连接器刚度区间内，这与交错位移小于 4.5 m 的浮动平台系统不同。为什么不同交错位移下浮动平台模块响应的变化规律会存在差异？以下部分将对此作详细分析。

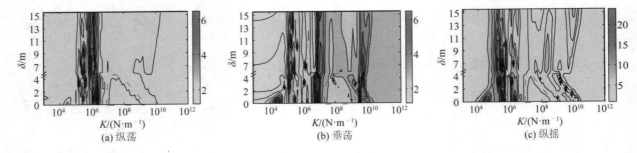

图 4　模块 M_{31} 极值响应随交错位移 δ 和连接器刚度 K 在浪向角 ψ=45°变化的等高线

大振幅是由于系统的固有频率与波浪激励频率接近时发生共振而引起的。从图 5（a）右下角的波谱曲线图（缩小图）可发现，波浪谱主要集中在频率 0.6~1.4 rad/s 内。也就是说，如果系统没有"湿"固有频率处在 0.6~1.4 rad/s 内，大振幅就不会发生。因此，给出了不同连接器刚度下处在 0.6~1.4 rad/s 范围内的"湿"固有频率，如图 5 所示。

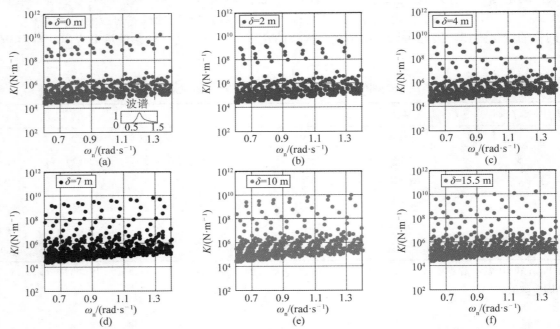

图 5　交错位移 0 m、2 m、4 m、7 m、10 m 和 15.5 m 浮动平台的"湿"固有频率随连接刚 K 的变化

对于规则排列的浮动平台，从图5（a）可知，当连接器刚度从$10^{3.8}$N/m增加至$10^{7.2}$N/m（或从$10^{8.4}$ N/m增加至$10^{10.2}$ N/m），系统的固有频率集中在0.6~1.4 rad/s内。这就是规则排列浮动平台存在两个大振幅响应区间的原因。而当连接器刚度很小（$K<10^{3.8}$ N/m）或很大（$10^{7.2}$ N/m $<K<10^{8.4}$ N/m，$K>10^{10.2}$ N/m）时，响应幅值均比较小，这是由于在这些连接器刚度设置下固有频率没有在0.6~1.4 rad/s内。当连接器刚度从$10^{7.2}$ N/m增长至$10^{8.4}$ N/m，没有频率在0.6~1.4 rad/s范围的空白区域看起来像一个带隙。将图5（b）与图5（a）作对比发现，交错位移2 m浮体结构带隙的上边界略微向低刚度区域移动，带隙变窄。通过图5（c）可观察到，交错位移为4 m时带隙几乎消失。此外，从图5（d）、图5（e）和图5（f）可知，交错位移7 m、10 m和15.5 m的浮动平台，没有带隙存在。总的来说，模块的交错排列会导致浮动平台系统"湿"固有频率的改变。因此，对不同交错位移的浮动平台，响应峰值出现的区域不同。

2.4　规则排列和交错排列浮动平台动力学特性

图6给出了不同交错位移下浮动平台极值响应平均值随浪向角的变化。从图6（a）可看到，纵荡响应幅值会随着交错位移的增大呈现轻微上升，浪向角靠近于顶浪时，这一现象会变得更加明显。与纵荡响应不同，顶浪附近，规则排列浮动平台的纵摇响应幅值大于交错排列结构的纵摇响应，且随着交错位移的不断增大，垂荡响应的幅值逐渐减小。这意味着，顶浪附近，模块的交错排列可使得浮动平台系统的垂荡和纵摇运动得到改善。浪向角接近横浪时，不同交错位移浮动平台的纵荡响应曲线几乎重合，纵摇响应或垂荡响应的幅值差异很小。通过以上分析可知：浪向角接近或等于横浪时，模块的交错排列对系统的极值响应平均值几乎没有影响；然而，在顶浪或斜浪作用下，模块的交错排列可能会影响到浮动平台的响应。这是因为浮动平台从规则排列变为交错排列时，系统沿x向的刚度增大而沿y向的刚度几乎不发生变化。

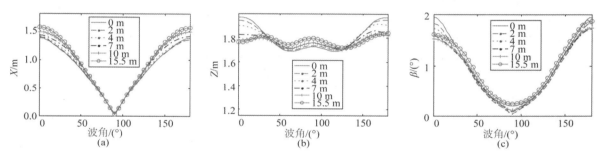

图6　连接器刚度$K=1×10^{10.8}$ N/m时，交错位移0 m、2 m、4 m、7 m、10 m和15.5 m浮动平台模块极值响应平均值随浪向角的变化

图7展示了交错位移和浪向角的改变对连接器极值载荷平均值的影响。因浮动平台通过x方向和y方向的连接组成，故将连接器分为两类：沿x轴的纵向连接器和y轴的横向连接器。所有横向连接器极值载荷平均值如图7（a）、图7（b）和图7（c）所示，其中符号F_x^L、F_y^L和F_z^L表示沿x、y和z向的载荷分量。浪向角接近横浪时，不同交错位移浮动平台的纵向连接器载荷差异相对较小。浪向角接近顶浪时，随着交错位移的增加，沿x方向的载荷明显降低。从图7（b）可观察到，在30°或150°浪向角附近，规则排列浮动平台沿y向的载荷比交错排列浮动平台沿y向的载荷大。对比纵向连接器三个方向的载荷，可发现沿x方向的载荷峰值远大于剪切载荷。不同交错位移浮动平台横向连接器载荷存在一定差异，但整体来说差异不大，故没有展示横向连接器载荷曲线图。

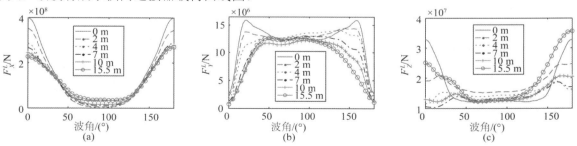

图7　连接器刚度$K=1×10^{10.8}$ N/m时，交错位移0 m、2 m、4 m、7 m、10 m和15.5 m浮动平台纵向连接器极值载荷平均值随浪向角的变化

3　结　语

研究了阵列型浮体模块从规则排列到交错排列过程中浮动平台系统的特性变化。运用网络动力学方法，建立了考虑连接器几何效应的阵列型浮动平台的广义线性动力学方程。数值结果分析了随着交错位移的增加，浮动平台动力学特性的演变规律。通过本文的基础性研究，为改善阵列型浮动平台系统稳定性和动力学特性提供了新思路。主要结论如下。

1）浮体模块从规则排列到交错排列，会使浮动平台系统沿 x 方向的刚度增大，而沿 y 方向的刚度几乎不变。

2）对规则排列的浮动平台，随着连接器刚度的变化，将会出现两个大幅值响应区域。当模块的交错位移增大时，第二个大幅值响应区域向低连接器刚度区域扩大，最终使得两大振幅区域之间的弱振幅区域消失。不同交错位移下，浮动平台响应随连接器刚度变化的差异是由于系统固有频率的改变引起的。

3）横浪附近，模块的交错排列对浮动平台的响应平均值和连接器载荷平均值影响很小。在顶浪或斜浪作用下，模块交错排列时，系统的垂荡运动、纵摇运动以及连接器载荷可得到改善。

参考文献：

[1]　ARMSTRONG E R. Sea station[M]. 1924.

[2]　SASAJIMA H. Mega-float-results of phase-2 research[C]// Proc. Int. Offshore Polar Eng. Conf., 2005: 1-5.

[3]　PALO P. Mobile offshore base : Hydrodynamic advancements and remaining challenges[J]. Mar. Struct., 2005, 18: 133-147.

[4]　WATANABE E, UTSUNOMIYA T, WANG C M. Hydroelastic analysis of pontoon-type VLFS: A literature survey[J]. Eng. Struct., 2004, 26: 245-256.

[5]　LOUKOGEORGAKI E, NIKI E, AKSEL M, et al. Experimental investigation of the hydroelastic and the structural response of a moored pontoon-type modular fl oating breakwater with fl exible connectors[J]. Coast. Eng., 2017, 121(3): 240-254.

[6]　NEWMAN J N. Wave effects on hinged bodies Part Ⅲ　hinge loads vs. number of modules[R]. Technical Report, 1998, http://www.wamit.com/publications.htm.

[7]　MICHAILIDES C, LOUKOGEORGAKI E, ANGELIDES D C. Response analysis and optimum configuration of a modular floating structure with flexible connectors[J]. Appl. Ocean Res., 2013, 43: 112-130.

[8]　FU S, MOAN T. Dynamic analyses of floating fish cage collars in waves[J]. Aquac. Eng., 2012, 47: 7-15.

[9]　KOH H S, LIM Y B. The floating platform at the Marina Bay, Singapore[J]. Struct. Eng. Int., 2009, 19(1): 33-37.

[10]　MURAI M, TAKAHASHI K. The influence of an arrangement of an array of semi-submersible type fowts to their hydrodynamic responses[C]// Proc. ASME 2017 36th Int. Conf. Ocean. Offshore Arct. Eng. , 2017: 1-8.

[11]　O'HARA I, et al. Self-assembly of a swarm of autonomous boats into floating structures[C]// Proc. IEEE Int. Conf. Robot. Autom. Hong Kong, 2014: 1234-1240.

[12]　ZHANG H C, et al. Nonlinear network modeling of multi-module floating structures with arbitrary flexible connections[J]. J. Fluids Struct. , 2015, 59: 270-284.

[13]　徐道临，卢超，张海成. 海上浮动机场动力学建模及非线性动力响应特性[J].力学学报, 2015, 47(2): 289-300.

[14]　SHI Q J, et al. Experimental validation of network modeling method on a three-modular floating platform model[J]. Coast. Eng., 2018, 137: 92–102.

[15]　TAGHIPOUR R, MOAN T. Efficient frequency-domain analysis of dynamic response for the multi-body wave energy converter in multi-directional waves[C]// Eighteenth Int. Offshore Polar Eng. Conf., 2008.

基于 Simscape 的海上钻井平台升沉补偿系统仿真研究

段玉响，周　利，任政儒，安　松

（江苏科技大学 船舶与海洋工程学院，江苏 镇江 212003）

摘要： 海上钻采石油时，钻井平台会随波浪运动而产生周期性的升沉运动，平台上的大钩会带动钻柱一起运动，导致井底钻压不稳定。为了减少平台升沉运动对井底钻压的影响，提高钻井的效率，需要安装升沉补偿系统。本文通过对系统补偿位移的研究，介绍了升沉补偿系统的工作原理，并用 Simscape 建立起主动、被动、半主动升沉补偿仿真模型。结果表明：主动补偿的精度最高但是能耗大，适用于小功率场合；被动补偿工作时基本不消耗能量，一般用于重载且精度要求不高的场合；半主动补偿方式将被动补偿能耗低和主动补偿精度高的特点结合，可以用于负载比较重、功率消耗大的场合。

关键字： 升沉补偿；海上钻井平台；Simscape 仿真

随着陆地上的资源逐渐枯竭，人们逐渐把目光投向资源丰富的海洋，以石油领域为例，海洋蕴藏了全球超过 70%的油气资源，等待着人类去开采和利用。如今，在浅海进行石油钻采已经无法满足能源供应了，所以需要在深海地区进行石油钻采，然而在深海恶劣的环境条件下，钻井平台受到风、浪、流等自然因素的影响会产生六个自由度的运动，平台的运动会直接导致无法正常开展钻采工作。例如，钻井平台受到风浪的作用会产生与海浪波动周期相同的升沉运动[1]，安装在钻井平台上的大钩也会随着平台做升沉运动，显然，悬吊在大钩上的整个钻柱也做周期性的升沉运动，使得钻柱底部的钻头一会儿提离井底，一会儿又直捣井底，无法保持正常的钻进[2]。在这六个自由度中，其中五个自由度的运动可以通过锚泊、动力定位等方式解决，而平台的升沉运动目前还无法通过平台自身解决，需要在平台和钻柱之间配备一套升沉补偿系统，用来隔离平台的升沉运动对钻柱的影响，从而保证钻头位置和钻压在井底的稳定[3]。

升沉补偿系统按照动力供应方式可以分为主动型升沉补偿（AHC）[4]、被动型升沉补偿（PHC）[5]和半主动型升沉补偿（SAHC）[6]。主动型升沉补偿是一套闭环反馈系统，依靠补偿系统本身动力能源来工作；被动型升沉补偿相当于是一个空气或液压空气弹簧[7]，依靠海浪的举升力和平台自身的重力来压缩和释放蓄能器中的气体，从而实现升沉补偿；半主动升沉补偿将主动补偿和被动补偿结合在一起，系统工作时既需要补偿系统本身的动力能源也需要依靠海浪的举升力和平台自身的重力。

姜浩等[8-9]对被动式升沉补偿系统进行了受力分析及数学建模，基于 AMESIM 软件建立了被动式升沉补偿装置仿真模型，指出被动式升沉补偿装置通过调节蓄能器的体积具有一定的补偿效果，但是系统的响应滞后较大，并基于复合缸式升沉补偿系统，设计了将主动补偿和被动补偿相结合的半主动补偿装置，对整个系统进行了具体的设计计算，建立了仿真模型，搭建了试验台开展了试验研究，得出所设计的半主动升沉补偿装置补偿效率可达 97%；陈祖波等[10]对浮式钻井平台的伸缩钻杆、天车、游车大钩、死绳和绞车等装置进行了原理分析和优缺点比较，指出了该类装备的发展前景；王维旭等[11]针对绞车补偿开展了技术分析，介绍了其特点、补偿原理、动力设备以及电机选型等，通过模拟试验验证了方案的可行性。此外，中南大学和广东工业大学对深海采矿升沉补偿系统进行了大量的理论研究、仿真以及试验工作，为深海钻井升沉补偿系统提供了解决思路[12-14]。

1 升沉补偿系统工作原理

1.1 被动升沉补偿工作原理

如图 1 所示，被动升沉补偿系统主要由补偿液压缸、气液蓄能器、滑轮等组成[15]。大钩载荷通过绕在动滑轮上的钢丝绳将力作用到补偿缸的活塞上。补偿缸的无杆腔和气液蓄能器相通，当钻井平台上升时，大钩上的载荷增加，此时有杆腔的压力大于无杆腔的压力，活塞会相对缸体向下移动从而补偿平台上升的位移，无杆腔的液体流入气液蓄能器中，气液蓄能器中的气体被压缩储存能量；当钻井平台下沉时，大钩上的载荷减小，此时有杆腔的压力小于无杆腔，活塞会相对缸体向上移动从而补偿平台下沉的位移，气液蓄能器中的液体回流进补偿缸的无杆腔，气液蓄能器中的压缩气体膨胀释放能量。从补偿的原理可知，蓄能器中的气体压缩释放相当于一个空气弹簧。

　　这种被动型的补偿方式不需要外部为其提供能量输入，动力供应依靠海浪的举升力和平台自身的重力。因此，被动补偿的优点是系统的能耗低，但是它的补偿精度低、响应滞后大，仅仅依靠蓄能器进行补偿需要使用较大体积的蓄能器，这样会占用大量的钻井平台空间，这些缺点制约了被动补偿方式的发展，使其仅在早期的钻井中应用比较广泛。

1.2　主动升沉补偿工作原理

　　主动升沉补偿系统主要由补偿缸、位移传感器、控制器以及变量泵组成[16]，如图 2 所示。从系统的组成来看，主动式升沉补偿系统相比于被动式升沉补偿系统少了气液蓄能器，多了变量泵和位移传感器，其中变量泵是系统的动力供应装置，位移传感器用来检测大钩位移。系统工作时，位移传感器首先检测到大钩的位移信号，然后与给定的大钩位移信号相比较，比较得到的偏差信号输入到控制器中，然后控制器对偏差信号进行运算处理后输出控制信号控制变量泵向补偿缸的无杆腔供油或者将无杆腔的液体排出，从而使补偿缸的活塞上升和下降，以此来补偿平台的升沉位移。当平台上升的时候，位移传感器检测到大钩位移向上移动的信号，将其与给定信号比较，输出偏差信号为负，经过控制器运算处理后，控制变量泵反向转动将无杆腔的液体排出，使大钩的位移降回到原来位置，从而补偿平台上升的位移；当平台下降的时候，位移传感器检测到大钩位移向下移动的信号，将其与给定信号比较，输出偏差信号为正，经过控制器运算处理后，控制变量泵正向转动向无杆腔供油，使大钩的位移上升到原来位置，从而补偿平台下降的位移。

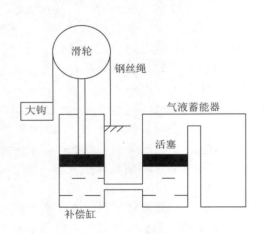

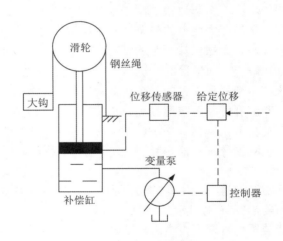

图 1　被动式升沉补偿系统原理　　　　　　　　图 2　主动式升沉补偿系统原理

　　从补偿的原理可知，主动升沉补偿系统是一套闭环反馈系统，系统工作时，只要大钩的位移脱离了给定的位置，安装在大钩上的位移传感器就会立马检测到信号，然后系统能够及时的做出补偿，所以相比较被动补偿方式，主动补偿的响应更快，并且没有气液蓄能器也为钻井平台节省了大量的空间，补偿的精度也更高。但是主动补偿需要依靠变量泵提供动力，驱动变量泵需要大量的能量输入，因此能耗较大费用也较高，会增加钻井的成本。

1.3　半主动升沉补偿工作原理

　　半主动升沉补偿系统主要由补偿缸、主动缸、气液蓄能器、位移传感器、变量泵以及控制器等组成[17]（图 3）。半主动补偿方式将被动补偿中的气液蓄能器和主动补偿中的变量泵这两个关键设备结合。当系统工作时，气液蓄能器先补偿一部分升沉位移，当补偿能力不足时，由变量泵提供能量输入再次进行升沉补偿。当平台上升时，补偿缸中无杆腔液体受到压力流进气液蓄能器中，压缩气体，补偿缸中活塞下降，同时位移传感器检测到大钩位移向上移动，与给定位移信号相比较得到偏差信号，经过控制器处理后，驱动变量泵向主动缸的下油腔供油，使气液蓄能器的活塞向上移动，导致补偿缸无杆腔的液体压力减小，促使补偿缸的活塞向下运动，最终移动到给定位置，从而补偿了平台上升的位移；当平台下降时，气液蓄能器中的气体压力大于补偿缸中的液体压力，气体膨胀，使气液蓄能器中的液体回流进补偿缸的无杆腔中，补偿缸中活塞上升，同时位移传感器检测到大钩位移向下移动，与给定位移信号相比较得到偏差信号，经过控制器处理后，驱动变量泵向主动缸的上油腔供油，使气液蓄能器的活塞向下移动，导致补偿缸无杆腔的液体压力增大，促使补偿缸的活塞向上运动，最终移动到给定位置，从而补偿了平台下降的位移。

从补偿的原理可知，主动补偿部分弥补了被动补偿响应滞后、精度低的缺点，而且主动补偿添加了变量泵作为动力供应减小了气液蓄能器的体积，为平台节省了空间。被动补偿部分的气液蓄能器承载了大部分的大钩载荷，所以变量泵仅需要提供由于摩擦和海浪举升力造成的能量损失，弥补了纯主动补偿能耗大的缺点。半主动补偿方式将主动补偿精度高、响应快的优点和被动补偿能耗低的优点相结合，得到了广泛的应用。

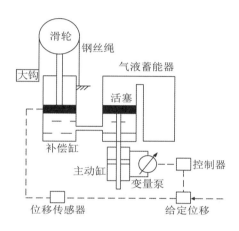

图3　半主动式升沉补偿系统原理

2　升沉补偿系统 Simscape 模型

Simscape（及其附属工具箱 Driveline，Electronics，Fluids，Multibody，PowerSystem）是专用于物理系统建模的工具箱，集成于 Simulink 平台。利用 Simscape 中的 Fluids 可以建立液压系统的物理模型，Fluids 是液压系统的元件库，该库基本上包含了常用的液压系统元件。具体包括阀、管路、蓄能器、泵、液压缸、油箱、液压油等[18]。另外，使用 Simscape 建立的物理模型兼容 Simulink，即系统的控制部分也可以在 Simulink 下搭建，无需使用两款软件进行联合仿真，提高了系统开发效率。本文使用 Simscape 下的 Fluids 建立升沉补偿系统物理仿真模型。升沉补偿系统物理仿真模型主要由平台升沉模拟液压缸（用于模拟钻井平台在波浪作用下的升沉运动）、补偿液压缸（用于补偿平台的升沉位移）、位移传感器（用于检测负载的升沉位移）、控制器、三位四通电液比例方向阀、示波器以及动力源组成[19]。

2.1　被动升沉补偿系统仿真模型

根据被动升沉补偿系统原理图建立仿真模型，如图4所示。被动补偿方式下，补偿缸与蓄能器相连。使用 Simulink 里面的正弦信号作为输入信号来模拟平台受到海浪作用而产生的升沉位移；使用经典 PID 控制器形成闭环控制，跟随给定信号；利用 Simulink 对电液比例阀的死区进行电压补偿。图中上面的液压缸是平台升沉模拟缸，下面的液压缸是补偿缸。

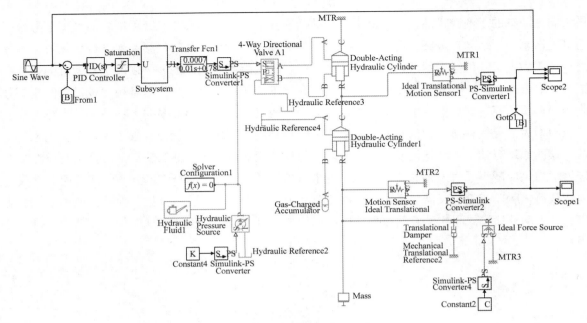

图 4 被动升沉补偿系统物理仿真模型

2.2 主动升沉补偿系统仿真模型

根据主动升沉补偿系统原理图建立模型（图 5），主动补偿方式下，模拟平台升沉运动的部分与被动补偿一样，不同的是平台补偿部分。主动补偿方式下，采用变量泵为系统提供能量，利用位移传感器将负载的位移信号传回输入端，与负载给定位移信号比较得到偏差信号输入进 PID 控制器中，形成闭环控制。使用 simulink 里面的选择开关，用来选择补偿或者不补偿。

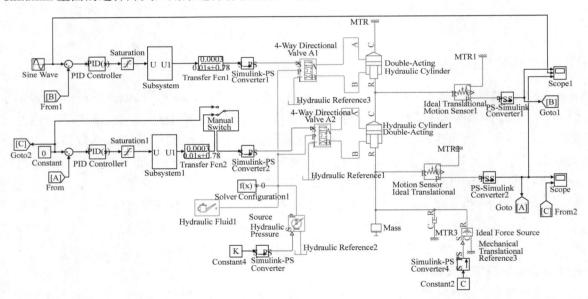

图 5 主动升沉补偿系统物理仿真模型

2.3 半主动升沉补偿系统仿真模型

根据半主动升沉补偿系统原理，建立物理仿真模型，如图 6 所示。半主动补偿方式下，补偿缸部分做了较大改动，加入了两个被动缸和一个主动缸。两个被动缸分担了负载的部分重量，被动缸的补偿方式和被动补偿一致，即将被动缸与蓄能器相连。中间的为主动缸，补偿方式和主动补偿一致，采用闭环控制。

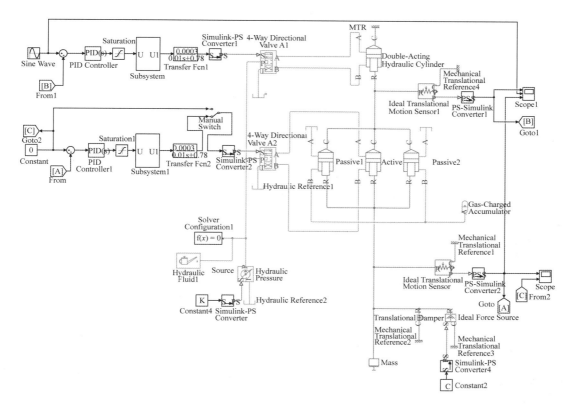

图 6　半主动升沉补偿系统物理仿真模型

3　仿真结果分析

3.1　未补偿情况下仿真结果分析

给系统一个输入信号 $y=0.15\sin t$，用来模拟平台受到风浪作用后的升沉运动。PID 参数为 $K_p=300$，$K_i=15$，$K_d=0$，阀死区补偿电压为 ±8V。采用限幅模块限制控制器的输出，限制在 ±10V。通过理想力源模块将质量块的重力接入系统。在系统仿真开始之前将选择开关拨到上端与常数模块连接即选择不补偿，仿真结果如图 7 所示。由仿真结果可知，当不对系统进行升沉补偿时，负载会跟随平台一起做升沉运动。

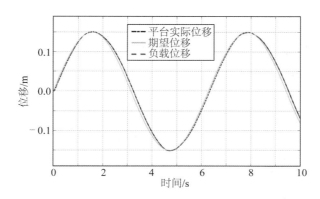

图 7　未补偿情况下平台位移和负载位移

3.2　补偿情况下仿真结果分析

在未补偿情况的基础上，加入主动补偿模块，负载设置为轻载 100 kg，补偿环 PID 参数分别设置为 $K_p=1\,200$，$K_i=1\,000$，$K_d=5$。在系统仿真开始之前将选择开关拨到下端与补偿模块连接即选择升沉补偿，仿真结果如图 8 所示。

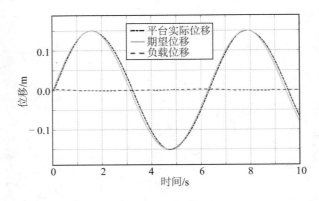

图 8　补偿情况下平台位移和负载位移

由仿真结果可知，通过加入升沉补偿系统，负载不会随着平台的运动而上下运动了。另外，当对轻载进行升沉补偿时，通过合理的设置 PID 的三个参数，负载运动位移范围为±0.003 m，主动补偿的补偿效率达到了 98%。显然，主动补偿的精度最高。由于是对轻载且功率小的场合进行补偿，故用于驱动变量泵的输入能量也较小。所以当需要对轻载、功率小并且对精度有严格要求的场合，可以使用纯主动型的补偿方式。

3.3　重载升沉补偿仿真结果分析

采用上文所建立的三种物理仿真补偿模型进行重载情况下的仿真研究。负载设置为重载 1 000 kg，补偿环 PID 三个参数分别设置为 K_p=500，K_i=10，K_d=5，蓄能器体积设为 15 m³，其开启压力设为 0.5 MPa，主动补偿方式下系统的供油压力设为 5.5 MPa，半主动补偿方式下，系统的供油压力设置为 3 MPa。仿真结果如图 9 至图 11 所示。三种补偿方式的补偿效率及负载运动位移范围见表 1。

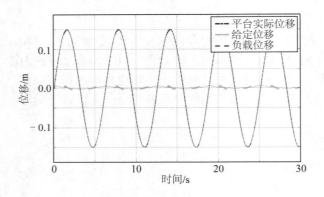

图 9　主动升沉补偿效果

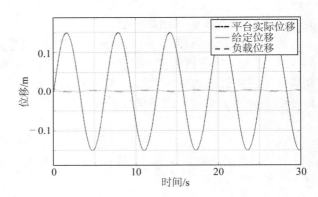

图 10　半主动升沉补偿效果

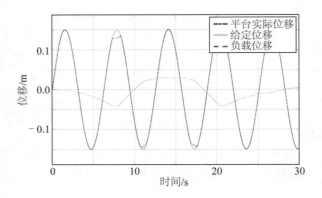

图 11　被动升沉补偿效果

表 1 三种补偿方式下负载运动位移范围及补偿效率

	主动升沉补偿（AHC）	半主动升沉补偿（SAHC）	被动升沉补偿（PHC）
负载运动位移范围/m	±0.007	±0.005	±0.04
补偿效率/%	95.3	96.7	73.3

由仿真结果可知，当对重载进行升沉补偿时，被动补偿的效率和精度最低，主动式补偿的效率精度与半主动式补偿效率精度差别不大。但是要想主动式补偿系统的补偿效率达到半主动补偿系统的级别，用于驱动主动式变量泵的系统供油压力是半主动的约 1.83 倍，此时增加了系统的能耗。被动式升沉补偿在重载情况下的补偿效果虽然不及主动式以及半主动式，但是几乎不消耗能量，通过增加蓄能器的体积，补偿效果也得到了改善，所以，当需要对重载、功率大并且对精度没有太高要求的场合，可以使用被动补偿方式。当重载大功率场合需要较高的补偿精度的时候，使用半主动补偿方式，可以将系统的精度提高的同时，降低系统的能耗。

4 结 语

本文主要介绍了升沉补偿系统的三种补偿方式，详细叙述了三种补偿方式的工作原理，并利用 Simscape 建立了三种补偿方式的物理仿真模型。分析仿真结果得出以下结论。

1）主动式补偿的精度最高但是能耗大，适合于精度要求高的小功率场合。

2）被动式补偿几乎不消耗能量，但是精度不高，适合于重载且精度要求不高的场合。

3）半主动式补偿结合了被动式和主动式的优点，适合于大功率且精度要求高的场合。

总体来说，通过安装升沉补偿系统可以有效减少钻井平台升沉运动对钻柱的影响，提高钻井的效率。

参考文献：

[1] 许景波, 边信黔, 付明玉. 随机海浪的数值仿真与频谱分析[J]. 计算机工程与应用, 2010(36): 226-229.

[2] 亢峻星. 海洋石油钻井与升沉补偿装置[M]. 北京: 海洋出版社, 2017.

[3] 方华灿. 海洋石油钻采装备与结构[M]. 北京: 石油工业出版社, 1990.

[4] UMESH A Korde. Active heave compensation on drill ships in irregular waves[J].Ocean Engineering, 1998, 25(7): 547-561.

[5] FERY D. Heave compensation[EB/OL].http://everything2.com/title/Heave%2520 compensation. 2002-04-08.

[6] ROBICHAUX L R, HATLESKOG J T. Semi-active heave compensation system for marine vessels: Uinted States, 005209302A[P]. 1993-05-11.

[7] 栾苏, 于兴军. 深水平台钻机技术现状与思考[J]. 石油机械, 2008(3): 135-139.

[8] 姜浩, 刘衍聪, 张彦廷, 等. 浮式钻井平台被动升沉补偿装置设计[J]. 液压与气动, 2011(10): 50-55.

[9] 姜浩, 刘衍聪, 张彦廷, 等. 浮式钻井平台钻柱升沉补偿系统研究[J]. 中国石油大学学报（自然科学版）, 2011, 35(6): 122-126.

[10] 陈祖波, 吕岩, 李志刚, 等. 浮式钻井钻柱升沉补偿概述[J]. 石油矿场机械, 2011, 40(10): 28-33.

[11] 王维旭, 弓英明, 赖笑辉, 等. 海洋钻井绞车补偿系统技术分析[J]. 石油矿场机械, 2010, 39(12): 18-20.

[12] 汤晓燕, 刘少军, 王刚. 深海采矿升沉补偿系统建模及其模糊控制仿真[J]. 中南大学学报（自然科学版）, 2008, 39(1): 128-134.

[13] 倪佳. 深海采矿被动升沉补偿系统参数设计与仿真研究[D]. 长沙: 中南大学, 2009.

[14] 肖体兵, 吴百海, 邹大鹏, 等.深海采矿升沉补偿系统非线性仿真模型的建立和试验[J].中国机械工程,2004,15(9): 792-795.

[15] ROODENBURG, PIETER, DIRK. Heave motion compensation: World organization, WO/2007/145503 A1 [P]. 2007-12-21.

[16] 肖体兵, 吴百海, 罗忠辉. 重型扬矿管主动升沉补偿系统的设计与仿真研究[J]. 机床与液压, 2002(6): 47-50.

[17] 白鹿. 钻柱液压升沉补偿系统设计研究[D]. 北京: 中国石油大学, 2009.

[18] The MathWorks. Simscape 3 getting started guide[R]. US: The MathWorks, Inc 2007-2009.

[19] 李卫华. 深海采矿升沉运动补偿神经网络参数自适应控制研究[D]. 广州: 广东工业大学, 2011.

多桩柱式结构在波浪作用下准俘获模态现象的研究

纪　翀，杜一豪，姜胜超

（大连理工大学 船舶工程学院，辽宁 大连 116024）

摘要：海洋工程中多桩柱结构的应用非常广泛，张力腿平台等多柱式海洋平台的支撑结构往往由多根立柱构成，由于这些支撑柱体彼此相距较近，相互间水动力影响较强，在特定的波浪条件下结构内部将产生准俘获模态。准俘获模态发生时大量入射波浪滞留在结构周围，并且仅有少量的散射波浪向远场传播。同时，平台附近局部位置将出现显著大的波高，这将对平台的气隙性能带来不利影响。针对波浪作用下的四柱结构的准俘获模态，应用势流理论对其现象与机理进行了研究。数值模型通过解析解以及在某种布置下传播经过四个垂直圆柱的波的试验数据来验证。发现准俘获模态产生时，柱群内侧流体发生共振运动，波高达到一个较大的峰值，且在波浪的多次反射作用下，最大波浪爬高出现在背浪侧圆柱的内侧，而柱群外侧及其中心处的波高则相对较低。

关键词：准俘获模态；四柱结构；边界元；共振波高

　　水波问题中的准俘获模态最早由 Simon[1]提出，Maniar 和 Newman[2]在研究串列圆柱所受波浪力时，通过理论分析给出了无穷多圆柱情况下的准俘获模态发生条件，Evans 和 Porter[3]基于镜像法进一步研究了双排圆柱群的准俘获模态发生条件，发现与单排圆柱情况相比，共振频率分别向高频和低频方向移动。Porter 和 Evans[4]对准俘获模态发生时多圆柱间的波面分布进行了研究，发现其具有明显的对称与反对称特征。Mciver[5]对这些早期工作进行了比较全面的总结。海洋工程中四圆柱结构的应用非常广泛，但以往的研究工作由于多着重于理论层面，因而对四柱结构周围的水动力干涉问题的研究还相对较少。Ohl[6]针对一座实际张力腿平台开展了规则波和不规则波作用下平台附近的波浪场变化研究。通过数值结果与试验资料的对比，发现采用线性绕射理论可以获得与实际情况比较符合的数值计算结果。然而，该工作并没有对复杂的准俘获模态现象开展深入的研究。Evans 和 Porter[7-8]基于解析方法研究了有限水深四根坐底圆柱的水动力干涉问题，发现当入射波沿四根圆柱对角线方向入射时，准俘获模态现象最为明显，主要体现在每根圆柱都将受到较大的水平波浪力，且其内侧波面也会出现较大的波高。但是，该文献并没有对两者的关系进行深入的探讨。

　　应用基于准理想流体假设的势流理论，借助水动力计算软件 Hydrostar 对三维圆柱状浮体的波浪辐射和绕射进行分析，研究无旋运动的理想流体对波浪与四柱结构相互作用问题。

1　基本假定和边界积分方程

　　在流体不可压缩的假定下，流体满足的质量守恒定律可以通过 Laplace 方程进行描述：

$$\nabla^2 \Phi = \frac{\partial^2 \Phi}{\partial x^2} + \frac{\partial^2 \Phi}{\partial y^2} + \frac{\partial^2 \Phi}{\partial z^2} = 0 \tag{1}$$

　　对于有限水深中波浪的运动，一般假定波陡 $\varepsilon = kA$（k 为波数，A 为波幅）较小，但同样可以对波面高度进行摄动展开处理。应用摄动展开理论，将速度势按波陡展开并取一阶近似，得到如下形式：

$$\Phi(x,y,z) = \mathrm{Re}\left[\phi(x,y,z)e^{-\mathrm{i}\omega t}\right] \tag{2}$$

　　式中：ϕ 为空间复速度势，满足 Laplace 方程。对于波浪与结构物相互作用的绕射问题，可将其进一步分解为入射势 ϕ_i 和绕射势 ϕ_d，即

$$\phi = \phi_\mathrm{i} + \phi_\mathrm{d} \tag{3}$$

应用 Stokes 波浪理论可以得到入射势 ϕ_i 的解析表达式，而绕射势 ϕ_d 可以通过对边值问题分析求解得到。式中：绕射势 ϕ_d 满足如下的自由水面 S_F、物面 S_B 及无穷远处边界条件：

$$\begin{cases} \dfrac{\partial \phi_d}{\partial z} = \dfrac{\omega^2}{g}\phi_d & （在 S_F 上）\\[2mm] \dfrac{\partial \phi_d}{\partial n} = -\dfrac{\partial \phi_i}{\partial n} & （在 S_B 上）\\[2mm] \phi_d = 0, z = -\infty \end{cases} \tag{4}$$

确定控制方程及边界条件后，将建立边界积分方程求解速度势。取能同时满足自由水面边界条件、无限水深海底条件和远场辐射条件的格林函数为

$$G = \frac{1}{r} + \int_0^\infty \frac{\lambda + K}{\lambda - K} e^{\lambda(z+\xi)} J_0(\lambda R)\mathrm{d}\lambda \tag{5}$$

式中： $r = \left[R^2 + (z - z_0)^2 \right]^{1/2}$ ； R 是场点和源点的水平距离； $K = \omega^2 / g$ 是深水波数。对格林函数及速度势应用第二格林定理，可建立边界积分方程：

$$\alpha\phi_d(x_0) - \iint_{S_B} \frac{\partial G(x, x_0)}{\partial n}\phi_d(x)\mathrm{d}S = \iint_{S_B} \frac{\partial \varphi_i(x)}{\partial n} G(x, x_0)\mathrm{d}S \tag{6}$$

式中：α 为固角系数，在高阶元中，其值随源点 x_0 位置的不同而改变，

$$\alpha = \begin{cases} 1 & （x_0 在 \Omega 内）\\ 0 & （x_0 在 \Omega 外）\\ 1 - 固角/4\pi & （x_0 在 S 上） \end{cases} \tag{7}$$

其中，S 为流域边界，Ω 为流域。

对于正弦谐波，一阶波面可以表示为

$$\xi = \mathrm{Re}\left[\eta(x, y) e^{-i\omega t} \right] \tag{8}$$

式中：

$$\eta(x, y) = \frac{i\omega}{g}(\phi_i + \phi_d)\big|_{z=0} \tag{9}$$

可见，为获得自由水面上的波面分布，必须先求得速度势。式（9）中的入射势 ϕ_i 可根据入射波浪条件直接给出，而对于自由水面上的绕射势 ϕ_d 可通过下述方程求出。

$$\phi_d(x_0) = \iint_{S_B}\left[G(x, x_0)\frac{\partial \varphi_i(x)}{\partial n} + \frac{\partial G(x, x_0)}{\partial n}\phi_d(x) \right]\mathrm{d}S \tag{10}$$

由伯努利方程获得流体压强，通过物体表面的速度势积分可以求得物体受到的一阶波浪力 $f_j^{(1)}$ 及二阶漂移力 $f_j^{(2)}$ ：

$$f_j^{(1)} = i\omega\rho \iint_{S_B}(\phi_i + \phi_d)n_j\mathrm{d}S \quad (j = 1, 2, \cdots, 6) \tag{11}$$

$$f_j^{(2)} = -\frac{\rho}{4}\iint_{S_B}(\nabla\phi \cdot \nabla\phi)n\mathrm{d}S - \frac{\rho\omega^2}{4g}\iint_\Gamma \phi\phi^* n\mathrm{d}\Gamma \quad (j = 1, 2, \cdots, 6) \tag{12}$$

式中：Γ 为物体与静水面交线，称为水线，∗表示取复共轭，该方法称为近场方法。

结构物在水平方向上的二阶漂移力还可以通过远场方法进行计算：

$$f_x^{(2)} = -\frac{\rho g A^2}{k}\frac{C_g}{C}\left\{ \int_0^{2\pi}\cos\theta |A_s(\theta)|^2\mathrm{d}\theta + 2\cos\beta\,\mathrm{Re}\left[A_s(\beta)\right] \right\} \tag{13}$$

$$f_y^{(2)} = -\frac{\rho g A^2}{k}\frac{C_g}{C}\left\{ \int_0^{2\pi}\sin\theta |A_s(\theta)|^2\mathrm{d}\theta + 2\sin\beta\,\mathrm{Re}\left[A_s(\beta)\right] \right\} \tag{14}$$

式中：$A_s(\theta)$ 为散射波的远场波面，C 和 C_g 分别为入射波浪的相速度和它所对应的波群相速度。将近场方法和远场方法计算结果进行对比可以检验网格收敛性。

2　模型布置与网格划分

对四柱结构的波浪绕射问题进行频域数值模拟研究。建立模型如图 1 所示，模型结构的四个圆柱放置在正方形的四个角上。以静水面上结构的中心位置处为坐标原点建立笛卡儿坐标系，入射波浪沿着 45° 方向传播，圆柱半径分为 $r=a$ 和 $r=0.5a$ 两种情况，吃水 $d=3a$，四个圆柱的中心轴线分别位于 $(\pm 2a, 0)$ 和 $(0, \pm 2a)$ 处，相邻圆柱中心轴线间距离为 $4a$，水深为无限水深。

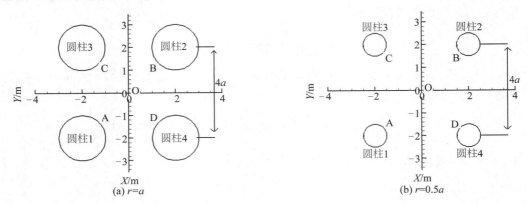

图 1　波浪作用下的四柱结构

为了提高波面计算精度，采用较密的网格剖分形式，如图 2 所示，其中，每个圆柱表面剖分 2 048 个单元（环向为 64 个，垂向为 16 个，柱底径向为 16 个），在进行波面计算时，自由水面使用非结构化四边形网格 10 000 个。为了验证所选网格的收敛性，分别采用远场方法和近场方法对四柱结构在水平方向上的二阶漂移力进行了计算，比较结果如图 3 所示。

图 2　四柱结构的物面与自由水面网格剖分

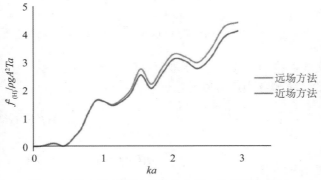

图 3　远场方法和近场方法的水平二阶漂移力比较

从图 3 可以看出，两种方法的计算结果相互符合，说明目前的网格剖分可以应用于后文的数值计算。

3　结构附近的波浪分布

为了研究上述四柱结构周围波高随入射波频率及圆柱半径的变化情况，分别在两种情况下的每根圆柱内侧距圆柱中心 $1.1a$ 处共选取 4 个测点以记录其波高变化，测点编号及位置如表 1。

表 1　结构内侧波高测点的坐标值

圆柱半径	测点编号	坐标
a	A	$(-1.222a, -1.222a)$
	B	$(1.222a, 1.222a)$
	C	$(-1.222a, 1.222a)$
	D	$(1.222a, -1.222a)$
$0.5a$	A	$(-1.611a, -1.611a)$
	B	$(1.611a, 1.611a)$
	C	$(-1.611a, 1.611a)$
	D	$(1.611a, -1.611a)$

取 a=1 m，对结构附近波高进行计算，测点波高与入射频率的关系如图 4（由于结构的空间对称性，测点 C 与测点 D 波高相同，故图中不重复给出 D 点波高）：

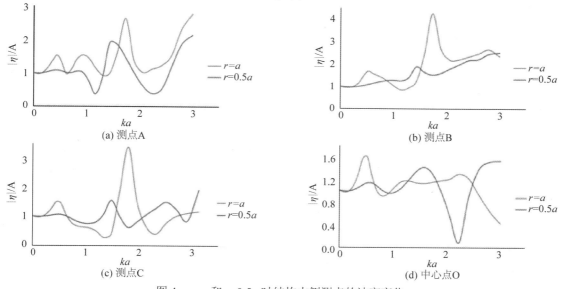

图 4　$r=a$ 和 $r=0.5a$ 时结构内侧测点的波高变化

将图 4 中各圆柱内侧测点，即 A、B 和 C 处的波面峰值进行比较，可以看出，测点 A 位于圆柱 1 的背浪侧，受到圆柱 1 的遮挡作用，传播到此处的波能相对较少，因此波高偏小。测点 B 位于圆柱 2 的迎浪侧，波能传播到此后受圆柱 2 的阻碍发生滞留，同时由于波浪多次反射产生叠加，使得该测点处的波高最大，共振波高可达入射波高 4 倍。测点 C 的波高居于两者之间，这充分反映了来自圆柱本身的遮蔽和阻碍作用对局部波高的影响。进一步比较两种不同半径下圆柱的内侧波高，发现准俘获模态发生时测点 A 的波高少量减少，测点 B 和测点 C 的波高则明显减少，说明适当减小平台桩柱的半径可以减小准俘获模态对平台气隙性能的影响。

同时对结构内部的准俘获模态现象进行观测，可以看出入射波为长波时，内测点波高与入射波波高几乎相同；在 $r=a$ 的情况下，当 ka=1.72 时结构附近的内测点均达到峰值，此时准俘获模态现象发生；而在 $r=0.5a$ 的情况下，当 ka=1.43 时结构附近的内测点达到峰值，说明同样的柱间距下达到准俘获模态对应的入射波频率大小与圆柱半径大小成正比。此外，越靠近桩柱附近的测点波高变化越明显，而四柱结构中心

O 处的波高则没有发生明显变化，因此准俘获模态对平台气隙性能的影响将主要体现在桩柱附近。

图 5 进一步给出了 $r=a$ 情况下相对波数分别为 ka =0.13、1.72 和 3.00 时四柱结构周围的无因次波高分布图，可以看出，由于入射波与反射波的叠加，四柱结构整体的前方波高普遍较大，且呈现出明显的驻波波态，而在结构物的后方由于遮挡效应明显，波高相对较低。将 3 种情况进行对比，可以看出，当 ka=0.13 时，结构物后方的波高较大，这是因为入射波浪的波长较长，而长波穿透能力较强，有较多的波能可以绕射到四柱结构的后方。当 ka=3.00 时，由于波长较短，透射能力差，反射作用明显，相对于 ka=0.13 的情况，波浪传播到结构物后方的能量较少，因此波高较小。而当 ka=1.72 时，达到准俘获模态，波能向圆柱周围集中，导致其附近的波面发生大幅抬升，而远场区波面则普遍较低。

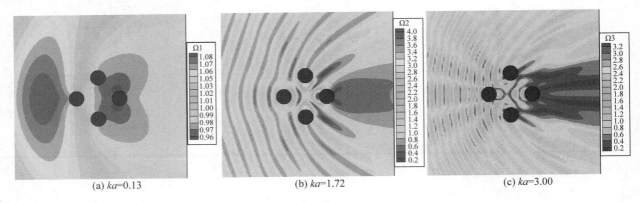

(a) ka=0.13　　　　　　　(b) ka=1.72　　　　　　　(c) ka=3.00

图 5　$r=a$ 时不同频率下结构附近的波面分布

4　结　语

基于水动力计算软件 hydrostar 建立了三维圆柱状浮体模型，采用数值方法，对海洋工程中常见的四柱结构的准俘获模态现象进行了研究。结果表明：

1）当达到准俘获模态时，波能向结构物内侧集中，流体发生共振运动，圆柱周围的波高出现大幅增加，最高处可达入射波的 4 倍，而四柱结构内部中心区域的波高则始终维持在一个较低的水平。

2）当减小圆柱半径时，准俘获模态发生所对应的入射波波长增大，来自圆柱的遮蔽和阻碍作用对局部波高的影响减弱，导致四柱结构周围的波高也相应减小，且在正常波频范围内不会超过入射波高的两倍。

参考文献：

[1]　SIMON M. Multiple scattering in arrays of axisymmetric wave-energy devies, Part 1. a matrix method using a plane wave approximation [J]. J Fluid Mech, 1982, 120: 1-25.

[2]　MANIAR H D, NEWMAN J N. Wave diffraction by a long array of cylinders [J]. J Fluid Mech, 1997, 339: 309-330.

[3]　EVANS D V, PORTER R. Trapped modes about multiple cylinders in a channel [J]. J Fluid Mech, 1997, 339: 331-356.

[4]　PORTER R, EVANS D V. Rayleigh-Bloch surface waves along periodic gratings and their connection with trapped modes in waveguides [J]. J Fluid Mech, 1999, 386: 233-258.

[5]　MCIVER P. Wave interaction with arrays of structures [J]. Applied Ocean Research, 2002, 24:121-126.

[6]　OHL C O G, EATOCK T R, TAYLOR P H, et al. Water wave diffraction by a cylinder array. Part 1. Regular waves [J]. J Fluid Mech, 2001, 442: 1-66.

[7]　EVANS D V, PORTER R. Near trapping of waves by circular arrays of vertical cylinder arrays [J]. Journal of Fluids and Structures, 1991, 5: 1-32.

[8]　EVANS D V, PORTER R. Tapping and near-trapping by arrays of cylinders in waves [J]. Journal of Engineering Mathematics, 1999, 442: 33-66.

风浪环境下跨海浮桥水弹性与气弹性耦合动力响应时域分析方法研究

许玉旺，付世晓，李润培

（上海交通大学，上海 200240）

摘要： 海峡令很多国家面临着重要交通运输问题，严重阻碍了两岸的经济交流与发展。对于跨度和水深都比较大的海峡，传统桥梁已不再适用，催生了人们对于新型浮桥的探索。以挪威为例，针对 5 km 跨度、上千米水深的峡湾，相继提出了浮式悬索桥、浮筒桥等设计方案。不同于传统桥梁仅需要考虑抗风设计，新型桥梁由于浮式基础，波浪影响同样十分重要，风和浪必须进行考虑。因此新型浮桥的研究面临着重大挑战，即风-结构变形-水三相动力耦合问题，这本质上是海洋工程中的水弹性问题和土木工程中的气弹性问题的耦合问题。目前，还没有能够同时考虑水弹性和气弹性的分析理论和方法。本文拟计入结构弹性变形与风、波浪之间的耦合作用，实现大型跨海浮桥水弹性和气弹性的耦合分析，进而研究结构物长期极限动力响应。

关键词： 跨海浮桥；水弹性；气弹性；时域预报

　　桥梁是促进海峡两岸经济交流和发展的重要途径，比如我国境内连接香港、珠海和澳门的港珠澳大桥，桥隧全长 55 km，水深最大约为 49 m。然而，一些峡湾跨度和水深都比较大，导致传统固定塔式桥梁已不再适用。以挪威为例，Bjørnafjorden 峡湾跨度约 5 km，最大水深 600 m，Sognfjorden 峡湾跨度 3.7 km，水深达 1 250 m。针对这些需求，相继诞生了张力腿式跨海浮桥以及浮筒桥等新型桥梁设计，分别由张力腿式浮塔以及若干浮筒支撑大型桥梁结构，如图 1 所示[1-2]。

(a) 张力腿式跨海浮桥概念设计图（Arne Jørgen Myhre，挪威公路管理局）

(b) 浮筒式跨海浮桥概念设计图（挪威公路管理局）

图 1　大跨度深海峡湾桥梁跨越方案设计

　　新型桥梁概念使得大跨度深水峡湾跨越成为可能，然而，其综合了海洋工程和土木工程中的设计难题，不仅需要考虑传统桥梁中的抗风设计，由于浮式支撑结构的存在还必须同时考虑其抗浪性能。此外，对于这种大型细长结构，非线性大变形响应，非线性风、浪载荷导致在数值计算过程中必须采用时域分析方法。时域计算中，其中一个难点问题在于与结构振荡频率相关的气动刚度、阻尼以及水动力附加质量和阻尼。

为方便考虑这些因素，一些学者采用准静态方法考虑气动自激载荷，同时对于水动力附加质量和阻尼进行模拟，则取波谱峰值或者结构浮塔响应主导频率对应的恒定值。这些简化方法使得在时域计算中可以方便地计入与频率相关的物理载荷，然而可能导致自激载荷计算精度严重不足。后来，学者纷纷对相关方法进行了改进，比如采用卷积函数或者阶跃函数来在时域中计入气动和水动自激作用力[3-5]。为同时保证计算精度和效率，一些学者提出了状态空间方程方法[6-8]。

　　然而，当前还没有数值分析软件可以同时考虑大型结构物水弹性和气弹性耦合作用问题。本文拟基于状态空间方程考虑气动自激载荷和水动力辐射载荷，同时考虑非线性抖振载荷以及一阶和二阶波浪载荷，考虑结构几何非线性影响，对风浪环境下跨海浮桥水动力和气动力耦合运动响应进行时域分析。

1　跨海浮桥水弹性与气弹性耦合动力响应分析理论

　　不同于传统桥梁，跨海浮桥不仅需要考虑风的作用载荷，还需要考虑波浪对于浮式桥塔的激励效应。整个结构的运动方程可表示为

$$M_s \ddot{u}(t) + C_s \dot{u}(t) + (K_s + K_h)u(t) = \underbrace{F_{\text{mean}} + F_{\text{Buff}}(t) + F_{\text{se}}(t)}_{F_{\text{Aero}}} + \underbrace{F_{\text{WA}}^{(1)}(t) + F_{\text{WA}}^{(2\pm)}(t) - F_{\text{Rad}}(t)}_{F_{\text{Hydro}}}$$

(1)

式中：M_s, C_s 和 K_s 分别表示空气中结构质量、阻尼和刚度矩阵；u 表示位移响应。F_{Aero} 为风致载荷，其中包括平均风载 F_{mean}，抖振风载 F_{Buff} 以及由于桥梁在风中运动产生的气动自激载荷 F_{se}。F_{Hydro} 为浪致载荷，包括一阶及二阶波浪激励载荷 $F_{\text{WA}}^{(1)}(t)$、$F_{\text{WA}}^{(2\pm)}(t)$ 以及由于浮式桥塔运动产生的辐射载荷 F_{Rad}。文中将分别介绍以上载荷的计算方法，重点关注与结构振荡频域相关的气动自激载荷和辐射载荷的时域描述方法。

1.1　自激载荷

1.1.1　辐射载荷

　　浮式平台结构在静水或者波浪中振荡时会形成兴波向周围传播，同时在结构湿表面上会产生振荡压力，将压力沿湿表面进行积分即可得到辐射载荷。对于单一频率振荡结构，辐射载荷可表示为

$$F_{\text{Rad}} = M_h(\omega)\ddot{u} + C_h(\omega)\dot{u}$$

(2)

非周期性振荡下，结构辐射载荷在时域中可利用状态空间方程进行计算：

$$\begin{cases} F_{\text{Rad}} = M_h(\infty)\ddot{u}(t) + \mathbf{z}_{\text{Rad}}(t) \\ \mathbf{z}_{\text{Rad}}(t) = \begin{bmatrix} z_1^{(\text{Rad})}(t) & z_2^{(\text{Rad})}(t) \cdots z_6^{(\text{Rad})}(t) \end{bmatrix}^{\text{T}} \\ z_i^{(\text{Rad})}(t) = \sum_{j=1}^{6} z_{ij}^{(\text{Rad})}(t) \\ \dot{X}(t) = D_c^{(H)} X(t) + E_c^{(H)} \dot{u}_j(t) \\ z_{ij}^{(\text{Rad})}(t) = Q_c^{(H)} X(t) \end{cases}$$

(3)

式中：$M_h(\infty)$ 为振荡频率接近无穷大时的附加质量。

$$X(t) = \begin{bmatrix} X_1(t) \\ X_2(t) \\ \cdots \\ \cdots \\ \cdots \\ X_n(t) \end{bmatrix}, D_c^{(H)} = \begin{bmatrix} 0 & 0 & 0 \cdots 0 & -q_0 \\ 1 & 0 & 0 \cdots 0 & -q_1 \\ 0 & 1 & 0 \cdots 0 & -q_2 \\ \cdots & \cdots & \cdots \cdots \cdots & \cdots \\ 0 & 0 & 0 \cdots 0 & -q_{n-2} \\ 0 & 0 & 0 \cdots 1 & -q_{n-1} \end{bmatrix}, E_c^{(H)} = \begin{bmatrix} p_0 \\ p_1 \\ p_2 \\ p_3 \\ \cdots \\ p_{n-1} \end{bmatrix}, Q_c^{(H)} = \begin{bmatrix} 0 \\ 0 \\ 0 \\ 0 \\ \cdots \\ 1 \end{bmatrix}^{\text{T}}$$

式中：未知数 $\theta = [p_{n-1}, \cdots, p_0, q_{n-1}, \cdots, q_0]^{\text{T}}$ 通过拟合离散附加质量和阻尼系数获得。

1.1.2　气动自激载荷

　　同辐射载荷类似，气动自激载荷 $q = \begin{bmatrix} q_y & q_z & q_\theta \end{bmatrix}^{\text{T}}$，如图 2 所示，可表示为

$$q = \boldsymbol{C}_{ae}(K)\dot{\boldsymbol{u}} + \boldsymbol{K}_{ae}(K)\boldsymbol{u} \tag{4}$$

式中：$\boldsymbol{C}_{ae}$ 和 $\boldsymbol{K}_{ae}$ 为气动阻尼和刚度，由 18 个气动力导数 $P_n^*(\omega)$，$H_n^*(\omega)$ 及 $A_n^*(\omega)$，$n \in \{1,2,\cdots,6\}$ 组成：

$$\boldsymbol{C}_{ae} = \frac{1}{2}\rho VKB \begin{bmatrix} P_1^* & P_5^* & BP_2^* \\ H_5^* & H_1^* & BH_2^* \\ BA_5^* & BA_1^* & B^2A_2^* \end{bmatrix}, \quad \boldsymbol{K}_{ae} = \frac{1}{2}\rho V^2K^2 \begin{bmatrix} P_4^* & P_6^* & BP_3^* \\ H_6^* & H_4^* & BH_3^* \\ BA_6^* & BA_4^* & B^2A_3^* \end{bmatrix}$$

式中：V 表示平均风速，ρ 为空气密度，B 为桥梁宽度，K 为约化频率（$K = B\omega/V$）。气动力导数通常通过风洞试验获得。方程（4）仅适用于结构单一频率振荡下载荷的描述，对于任意不规则运动，在时域中可获得气动自激载荷的时域状态空间表达式：

$$\begin{cases} \boldsymbol{F}_{se} = \boldsymbol{A}_1\boldsymbol{u}(t) + \boldsymbol{A}_2\dot{\boldsymbol{u}}(t) + \mathbf{z}_{se}(t) \\ \dot{\boldsymbol{X}}(t) = \boldsymbol{D}_c^{(ae)}\boldsymbol{X}(t) + \boldsymbol{E}_c^{(ae)}\dot{\boldsymbol{u}}(t) \\ \mathbf{z}_{se}(t) = \boldsymbol{Q}_c^{(ae)}\boldsymbol{X}(t) \end{cases} \tag{5}$$

式中：$\boldsymbol{A}_1$，$\boldsymbol{A}_2$，$\boldsymbol{A}_{1+3}$，$\boldsymbol{D}_c$，$\boldsymbol{E}_c$，$\boldsymbol{Q}_c$ 以及状态变量 $\boldsymbol{X}$ 的确定和定义可参考文献[9]。

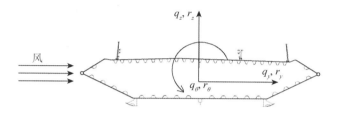

图 2　桥梁截面示意

1.2　波浪激励载荷

通过势流理论计算获得浮体结构的一阶波浪载荷传递函数 $\boldsymbol{T}^{(1)}(\omega,\theta)$ 和 $\boldsymbol{T}^{(2\mp)}$。在短峰不规则波作用下，结构遭遇的一阶波浪载荷可表示为多个不同振幅、不同浪向的规则波的叠加形式：

$$\boldsymbol{F}_{WA}^{(1)}(x,y,t) = \sum_n^N \sum_m^M \left| \boldsymbol{T}^{(1)}(\omega_n,\theta_m) \right| \eta_{nm} \cos\left[k_n\left(x\cos\theta_m + y\cos\theta_m \right) - \omega_n t + \varepsilon_{mn} - \phi_{mn} \right] \quad i \in \{1,2,\cdots,6\}$$

$$\eta_{nm} = \sqrt{2S_\eta(\omega_n,\theta_m)\Delta\omega\Delta\theta} \tag{6}$$

$$\phi_{mn} = \tan^{-1}\left\{ \frac{\text{Im}[\boldsymbol{T}^{(1)}(\omega_n,\theta_m)]}{\text{Re}[\boldsymbol{T}^{(1)}(\omega_n,\theta_m)]} \right\}$$

式中：η，ω 和 θ 为波浪幅值、频率和方向；S_η 为波浪谱，$S_\eta = S(\omega)D(\omega,\theta)$，其中，$S(\omega)$ 和 $D(\omega,\theta)$ 分别为单一波浪谱及波浪方向谱，采用 Jonswap 谱以及 cos-2s 方向谱：

$$S(\omega) = [1 - 0.287\ln(\gamma)]\frac{5H_s^2\omega_p^4}{16\omega^5}\exp\left[-\frac{5}{4}\left(\frac{\omega_p}{\omega}\right)^4 \right] \gamma^{\exp\left[-0.5\left(\frac{\omega-\omega_p}{\sigma\omega_p}\right)^2 \right]} \tag{7}$$

$$D(\theta) = \frac{\Gamma(s+1)}{2\sqrt{\pi}\Gamma(s+1/2)}\cos^{2s}\left(\frac{\theta}{2}\right)$$

式中：H_s 和 ω_p 分别表示有义波高和谱峰周期，s 决定波浪方向的分布，s 越大，波浪越趋于单一方向的长峰波。

1.3　风载荷

平均风和抖振风载荷基于准静态方法计算[10]：

$$\boldsymbol{F}_{\text{mean}} + \boldsymbol{F}_{\text{Buff}}(t) = \frac{1}{2}\rho V_{\text{rel}}^2 \begin{bmatrix} \cos\beta & -\sin\beta & 0 \\ \sin\beta & \cos\beta & 0 \\ 0 & 0 & 1 \end{bmatrix} \begin{bmatrix} D(\bar{C}_D + \beta C_D') \\ B(\bar{C}_L + \beta C_L') \\ B^2(\bar{C}_M + \beta C_M') \end{bmatrix}$$

$$V_{\text{rel}}^2 = [V + u(x,t)]^2 + w(x,t)^2$$ 　　　　（8）

$$\beta \approx \arctan\left[\frac{w(x,t)}{V + u(x,t)}\right]$$

式中：u 和 w 表示振荡风速在水平和垂直方向上的分量，根据在不同位置上 u 和 w 自相关和交叉谱，沿桥梁和桥塔方向在不同位置上生成振荡风速时历。

1.4　结构运动响应计算

结合方程（3）至方程（8），跨海浮桥运动响应方程可表示为[9]

$$\begin{cases} [\boldsymbol{M}_s + \boldsymbol{M}_h(\infty)]\ddot{\boldsymbol{u}}(\text{t}) + (\boldsymbol{C}_s - \boldsymbol{A}_2)\dot{\boldsymbol{u}}(t) + (\boldsymbol{K}_s + \boldsymbol{K}_h - \boldsymbol{A}_1)\boldsymbol{u}(t) - \boldsymbol{z}_{\text{se}}(t) + \boldsymbol{z}_{\text{Rad}}(t) = \boldsymbol{F}_{\text{Mean}} + \boldsymbol{F}_{\text{Buff}}(t) + \boldsymbol{F}_{\text{WA}}^{(1)}(t) + \boldsymbol{F}_{\text{WA}}^{(2\pm)}(t) \\ \text{气动自激载荷 } \boldsymbol{z}_{\text{se}}(t): \\ \dot{\boldsymbol{X}}(t) = \boldsymbol{D}_c^{(\text{ae})}\boldsymbol{X}(t) + \boldsymbol{E}_c^{(\text{ae})}\dot{\boldsymbol{u}}(t) \\ \boldsymbol{z}_{\text{se}}(t) = \boldsymbol{Q}_c^{(\text{ae})}\boldsymbol{X}(t) \\ \text{辐射载荷 } \boldsymbol{z}_{\text{Rad}}(t): \\ \boldsymbol{z}_{\text{Rad}}(t) = \begin{bmatrix} z_1^{(\text{Rad})}(t) & z_2^{(\text{Rad})}(t) \cdots z_6^{(\text{Rad})}(t) \end{bmatrix}^{\text{T}} \\ z_i^{(\text{Rad})}(t) = \sum_{j=1}^6 z_{ij}^{(\text{Rad})}(t) \\ \dot{\boldsymbol{X}}(t) = \boldsymbol{D}_c^{(\text{H})}\boldsymbol{X}(t) + \boldsymbol{E}_c^{(\text{H})}\dot{u}_j(t) \\ z_{ij}^{(\text{Rad})}(t) = \boldsymbol{Q}_c^{(\text{H})}\boldsymbol{X}(t) \end{cases}$$ 　　　　（9）

通过求解以上方程，可获得风浪环境下跨海浮桥水弹性与气弹性耦合时域动力响应。

2　结果分析与讨论

2.1　数值计算模型

跨海浮桥有限元模型如图 3 所示。桥梁、主缆、张力腿以及桥塔均采用梁单元进行模拟，通过自定义水动力和气动力有限单元来模拟方程（9）中由桥梁在平均风中以及浮式平台在水中运动产生的气动自激载荷和辐射载荷。在浮式桥塔水动力计算中需按照其真实几何尺寸进行建模及面单元划分，如图 4 所示；自由水表面建模用于计算二阶波浪载荷传递函数[11]。

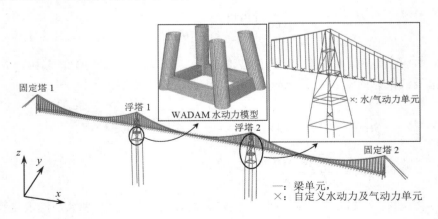

图 3　TLP 跨海浮桥有限元模型

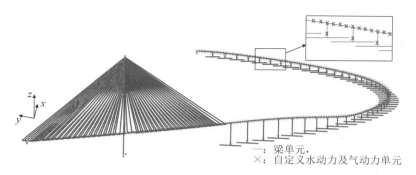

图 4　浮筒式跨海浮桥有限元模型

2.2　时域分析方法验证

在线性系统下，如果多模态耦合频域分析方法考虑了足够的模态数量，时域与频域计算结果应该相同。利用这种思路可以用于验证本文第二节中提出的基于状态空间方程的时域分析方法。

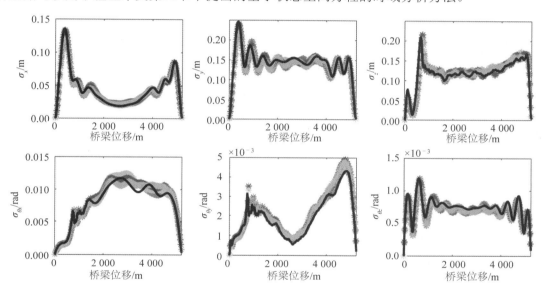

图 5　波浪作用下浮筒式跨海浮桥运动响应均方值

（黑线：频域计算结果；灰线：5 个随机波浪时历下时域计算结果）

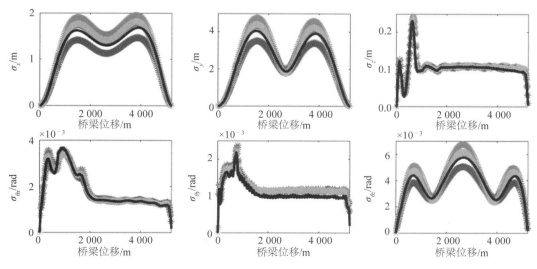

图 6　脉动风作用下浮筒式跨海浮桥运动响应均方值

（黑线：频域计算结果；灰线：5 个随机抖振风载荷下时域计算结果）

在这里，针对浮桥服役海域百年一遇工况（平均风速 V=29.5 m/s, 有义波高 H_s=2.8 m, 谱峰周期 T_p=6.6 s，浪向分布参数 s=3），计入波浪激励载荷、抖振风载以及辐射载荷和桥梁气动自激载荷，图 5、图 6 对比了基于多模态频域分析方法和状态空间时域分析方法计算得到的 1 h 内浮筒式跨海浮桥桥梁六自由度位移响应的均方值，取 5 个随机波浪和抖振风载荷时历进行分析，结果十分吻合。此外，可以看出，在 x 和 y 方向上的运动响应主要由风载荷引起，但是从响应分布来看，波浪激发出了更高阶的模态。因此，对于截面载荷以及疲劳损伤，波浪的贡献可能更高。

3　结　语

文中介绍了基于状态空间方程的气动自激载荷和水动力辐射载荷时域计算方法，同时考虑非线性抖振载荷以及一阶和二阶波浪载荷，及结构几何非线性影响，对风浪环境下跨海浮桥水动力和气动力耦合运动响应进行时域分析。通过线性系统下多模态频域分析与时域分析计算得到的桥梁位移响应的对比，对本文中的大型桥梁有限元时域分析方法的准确性进行了验证。

参考文献：

[1] FREDRIKSEN A G, BONNEMAIRE B, LIE H, et al. Comparison of global response of a 3-span floating suspension bridge with different floater concepts[C]// ASME 2016 35th International Conference on Ocean, Offshore and Arctic Engineering: American Society of Mechanical Engineers. 2016: V007T06A66-VT06A66.

[2] VEIE J, HOLTBERGET S. Three span floating suspension bridge crossing the Bjørnafjord[C]// Multi-Span Large Bridges: International Conference on Multi-Span Large Bridges. Porto, Portugal: CRC Press, 2015: 373.

[3] BORRI C, COSTA C, ZAHLTEN W. Non-stationary flow forces for the numerical simulation of aeroelastic instability of bridge decks[J]. Computers & Structures, 2002, 80: 1071-1079.

[4] CUMMINS W E. The impulse response function and ship motions[J]. Schiffstechnik, 2010, 9: 101-109.

[5] SALVATORI L, SPINELLI P. Effects of structural nonlinearity and along-span wind coherence on suspension bridge aerodynamics: Some numerical simulation results[J]. Journal of Wind Engineering and Industrial Aerodynamics, 2006, 94: 415-430.

[6] CHEN X, MATSUMOTO M, KAREEM A. Time domain flutter and buffeting response analysis of bridges[J]. Journal of Engineering Mechanics, 2000, 126: 7-16.

[7] FOSSEN T. A nonlinear unified state-space model for ship maneuvering and control in a seaway[J]. International Journal of Bifurcation and Chaos, 2005, 15: 2717-2746.

[8] ØISETH O, RÖNNQUIST A, SIGBJÖRNSSON R. Finite element formulation of the self-excited forces for time-domain assessment of wind-induced dynamic response and flutter stability limit of cable-supported bridges[J]. Finite Elements in Analysis and Design, 2012, 50: 173-183.

[9] XU Y, ØISETH O, MOAN T. Time domain simulations of wind-and wave-induced load effects on a three-span suspension bridge with two floating pylons[J]. Marine Structures, 2018, 58: 434-452.

[10] STRØMMEN E. Theory of bridge aerodynamics[M]. 2 ed. Springer Science & Business Media, 2010.

[11] LEE C H. WAMIT theory manual[R]. Massachusetts Institute of Technology, Department of Ocean Engineering, 1995.

新型串联浮筒张力腿系泊系统多体耦合
动力特性分析

马　哲 [1,2]，王少雄 [2]，程　勇 [3]，翟钢军 [1,2]

（1. 大连理工大学　海岸和近海工程国家重点实验室，辽宁　大连　116024；2. 大连理工大学　深海工程
研究中心，辽宁　大连　116024；3. 江苏科技大学　船舶与海洋工程学院，江苏　镇江　212003）

摘要： 针对张力腿式结构平面内纵荡运动性能相对薄弱的问题，提出了一种新型串联浮筒张力腿式系泊系统（Serbuoys-TLP）。考虑浮体–张力筋腱–浮筒的完全多体耦合效应，将各个浮筒作为单独具有质量的结构体与张力筋腱铰接，基于 MATLAB 开发新型串联浮筒张力腿系泊系统时域仿真程序（DUTMST）。讨论 Newmark-β 和 Runge-Kutta 两种数值方法的精度和效率，比较分析典型 TLP 平台及 Serbuoys-TLP 平台时域下运动响应。结果表明，Serbuoys-TLP 能显著降低平台纵荡方向运动响应，与 TLP 相比纵荡响应减少 32.83%；与 AQWA 扩展张力筋腱直径作为浮筒几何外形的非完全耦合计算结果相比，在典型工况下 DUTMST 仿真程序计算的平台纵荡响应减小 3.43%，浮筒纵荡响应增大近三倍。

关键词： 完全多体耦合；纵荡响应；Serbuoys-TLP；时域仿真

随着人类对海上资源开采的深入，传统的导管架结构已经不能满足水深要求，越来越多的浮式结构在应对深水挑战中脱颖而出[1]。其中，张力腿式平台以其良好的运动响应特性、半顺应半刚性、造价不随水深增加而大幅增加等特点，逐渐成为复杂海洋环境中重要的结构型式[2]。张力腿式平台通常由平台浮体、系泊系统、锚固基础三部分组成，其中系泊系统主要分为垂直系泊和斜向系泊两种方式，作为张力腿平台最为关键的部分，不仅直接关系着平台运动响应性能，更是对结构的安全性起着决定性的作用，因此一直以来便是国内外相关学者研究的重点[3]。

张力腿系泊刚度及预张力等因素对张力腿式平台运动响应有重要影响，故探究张力腿参数对平台运动性能的影响规律显得尤为重要。以对结构静力分析为理论基础，相关学者给出了一些初步定性和定量分析结果。Chandrasekaran 等[4]将张力筋腱等效为刚度矩阵，给出了线性刚度矩阵计算方法。黄佳等[5]提出了一种较为简化直观的方法来计算 TLP 系泊系统的静力特性。祖巍等[6]采用 SESAM 和 ANSYS 软件建立了张力腿平台及上部钻井设备的分析计算模型，为平台上部结构与张力筋腱耦合分析提供了研究思路。而张力腿式系泊系统动力仿真研究大多数基于时域耦合分析。刘龙等[7]考虑了涡激载荷等因素，运用哈密顿原理建立运动方程，采用有限差分法进行数值求解，讨论了典型张力腿平台的动力响应特点。冯丽梅等[8]依据南海油气田开发既有资料，考虑平台、立管、张力筋腱耦合作用，分段构建系泊系统分析模型，求解了张力筋腱张力 RAO。闫发锁等[9]基于已建造的四种 TLP，对比探究了不同结构形式的 TLP 水动力性能及相关参数。同时物理模型试验也是研究张力腿式系泊系统的一种重要手段，Joseph A 等[10]通过试验及数值方法研究了 Mini 张力腿平台的张力筋键与平台主体的相互耦合作用。谷家扬等[11]通过数值模拟与物理模型试验的对比，探究了波浪、流荷载对张力腿平台的系泊特性的影响。由于张力腿式结构通过张力筋键约束平台平面外的自由度使其近似于刚性，而对于平面内则约束较小近似于顺应性的特点，也有相关学者提出了一些改善张力腿系泊系统的方案。欧进萍等[12]提出了一种适用于超深水作业的串联多浮筒式混合系泊定位系统概念型式，以改善张力腿平台平面内运动响应。乔东生[13]、樊天慧等[14]建立了串联浮筒系统的锚泊线时域模型，分析了串联浮筒对锚泊线的阻尼影响特征。

王志超等[15]将串联浮筒系泊方案应用于张力腿式风力机，并系统地进行了水动力性能研究，结果表明上述串联浮筒方案能够有效抑制张力腿式风力机基础的水平运动响应，在水深较大的情况下能改善平台平

基金项目： 国家自然科学基金（51651902）；辽宁省自然科学基金（201601056）；中央高校基本科研业务费专项资金

作者简介： 马哲，男，博士，讲师，主要从事深海浮式结构水动力性能分析。E-mail: deep_mzh@dlut.edu.cn
通信作者： 程勇。E-mail: chengyong@just.edu.cn

面内运动响应。但在目前的主流计算程序（如 AQWA）中，串联浮筒并不能作为单独具有质量的结构体与张力腿式系泊系统进行完全耦合计算，而是只能将串联浮筒简化为等效重量一致的一段大直径的管截面，并与张力筋腱作为一个整体进行计算。然而浮筒是具有一定构型的大尺度结构物，串联浮筒与张力腿连接方式为铰接，具有较强的自身动力特性。传统的简化假设方式与实际情况有诸多不符。所以将各个浮筒作为具有单独质量的结构体，采用与张力筋腱铰接的方式，考虑了浮体–张力筋腱–浮筒的完全多体耦合作用，在 MATLAB 中开发新型串联浮筒张力腿系泊系统时域仿真程序（DUTMST）。

1　张力腿式平台运动微分方程

1.1　耦合运动方程

新型串联浮筒张力腿式系泊系统（Serbuoys-TLP），即在每根张力筋腱上串联一个浮筒后连接平台主体与海床的一种系泊方式，图 1 为该系泊系统示意图，同时标注出了后文算例模型中的主要几何尺寸。

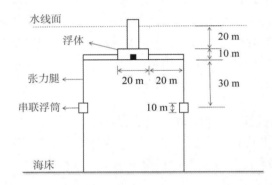

图 1　新型串联浮筒张力腿式系泊系统示意

张力筋腱与各个结构之间采用铰接，采用无质量弹簧模型，满足受力和协调变形条件。将张力筋腱上受到的流体荷载作用简化为一个外荷载直接作用于平台主体或浮筒节点上。计算时考虑多体之间的相互作用，张力腿式平台的运动响应方程如下

$$M\ddot{x}+C\dot{x}+Kx = F_e +F_{mj}\ (j=1,2,3,4) \tag{1}$$

式中：M 为张力腿平台基础质量矩阵，包括物体质量和附加质量，C 为阻尼矩阵，包含辐射阻尼、黏性阻尼及系泊阻尼。K 为水静力刚度矩阵，F_e 表示除系泊力以外的其他外力荷载，F_{mj} 为第 j 个张力筋腱提供的系泊力。$\ddot{x}$、$\dot{x}$、x 分别为结构重心处的加速度、速度和位移，$x=[x, y, z, rx, ry, rz]^T$。

对于第 j 个浮筒的运动方程可以写为

$$M_j\ddot{x}_j +C_j\dot{x}_j =F_{ej} -F_{mj} +F'_{mj} \tag{2}$$

式中：M_j、C_j 分别表示第 j 个浮筒的质量、阻尼，F_{ej} 表示除系泊力以外的其他外力荷载，F_{mj} 为第 j 个张力筋腱提供给平台的系泊力，$\ddot{x}_j$、$\dot{x}_j$、x_j 分别为结构重心处的加速度、速度和位移，$x_j=[x_j, y_j, z_j, rx_j, ry_j, rz_j]^T$。表 F'_{mj} 示第 j 个浮筒受到的下段张力筋腱的系泊力。

1.2　浮式主体与串联浮筒水动力计算

本文所采用的时域计算方法是基于 AQWA-Line 线性一阶波浪力作用下的响应幅值算子曲线在 MatLab 中构建结构运动方程。根据结构尺寸将浮式基础模型划分为面元模型和莫里森模型，获取 AQWA-LINE 计算所得不同频率成分下的波浪力、附加质量、辐射阻尼等相关水动力系数，将其带入式（1）、式（2）中进行时域响应的计算。

1.3　阻尼计算

耦合运动方程中阻尼矩阵 C 包含辐射阻尼 C_f、系泊阻尼 C_x、黏性阻尼 C_n，其中辐射阻尼由 AQWA 获取，而系泊阻尼和黏性阻尼则分别用准静态化法和海流力计算理论进行估算。

系泊阻尼计算公式如下：

$$C_x = \frac{1}{\pi} \rho D C_d \omega A \tag{3}$$

式中：ρ 为海水密度；D 为张力筋腱等效直径；C_d 为拖曳力系数；A 为简化的正弦运动振幅；ω 为简化的正弦运动频率。

黏性阻尼计算公式如下：

$$C_n = 0.5 \rho C_s D L \tag{4}$$

式中：ρ 为海水密度；D 和 L 分别为结构的特征宽度和特征长度；C_s 为结构的阻尼系数，可根据我国海港水文规范取值。

依据上述公式计算得到平台及浮筒的附加阻尼矩阵，即包括系泊阻尼与黏性阻尼。

1.4 运动方程的求解

将上述水动力相关参数及计算所得的阻尼矩阵代入耦合运动方程中，将方程（1）、方程（2）的右端项合并为一项，并令 K 为零矩阵，则可以看出浮筒的运动方程与平台的运动方程具有相同的形式，因此可用相同的数值迭代方法求解运动方程。采用 Newmark-β 法及 Runge-Kutta 法进行时域求解，比较了两种数值方法的求解精度与效率。

新型串联浮筒张力腿式系泊系统（Serbuoys-TLP）受力示意如图 2 所示，图中 L_d 与 L_u 分别为以浮筒分界的上、下段张力腿长度，X 为浮体水平位移，F_{pon} 与 T_0 分别为浮筒与浮体受到的浮力，F_x 为波浪作用力。通过受力分析及变形协调条件，建立运动方程，在时域内进行耦合求解。计算时，在每一个时间步下同时计算张力腿平台和四个浮筒的运动响应 X_1，然后采用无质量弹簧模型计算方法求解系泊荷载 F_{m2}，利用所求的系泊荷载 F_{m2} 对上一时间步的系泊力 F_{m1} 进行修正，进而修正运动响应的结果。当两次计算结果之差满足精度要求 e 时，即可进行下一时间步的计算，具体计算流程见图 3。

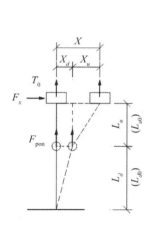

图 2   新型串联浮筒系泊系统受力示意

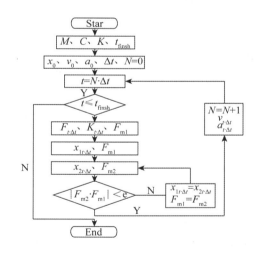

图 3   DUTMST 迭代求解流程

2 算例分析与讨论

2.1 数值方法验证

建立了典型张力腿平台（TLP）模型，平台参数及流场相关参数见表 1，在 DUTMST 中采用 Newmark-β 及 Runge-Kutta 两种数值计算方法对张力腿式平台纵荡响应进行时域数值模拟，与水动力分析软件 ANSYS-AQWA 相同模型的计算结果进行比较，结果如图 4 所示。

表 1   TLP 及工况主要参数

	参数	值	参数	值
TLP 尺寸参数	浮式平台吃水/ m	30	重心高度/m	−5
	基础排水重量/ N	$5.11×10^7$	总预张力/N	$2.938×10^7$
	Ixx/ Iyy/ Izz/（$×10^9$ kg·m^2）	4.57/4.57/1.27	张力腿外径/m	1.2
	张力腿密度/（kg·m^{-3}）	7 850	张力腿杨氏模量/Pa	$2.11×10^{11}$
流场相关参数	水深/m	200	波浪周期/s	12
	波高/m	2	海水密度/（kg·m^{-3}）	1 025

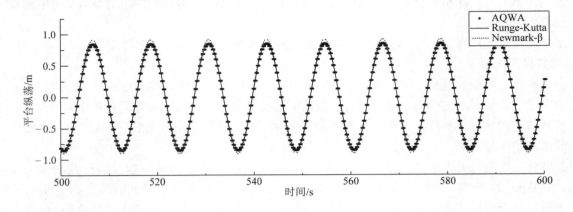

图 4   不同数值方法和 AQWA 软件计算的纵荡响应时程曲线对比

由图 4 可以看出，两种方法都能较好地模拟纵荡运动响应，验证了开发程序 DUTMST 的准确性。但 Newmark-β 方法的计算结果偏大，并且计算时间远长于 Runge-Kutta 4 阶变步长数值积分方法，无论在计算精度还是计算效率上，Runge-Kutta 法均好于 Newmark-β 法，因此在后文采用 Runge-Kutta 法作为主要研究手段。

2.2 串联浮筒张力腿式平台时域仿真模拟

在上述 ANSYS-AQWA 的数值模型，将张力腿直径做局部增大等效为浮筒，考虑平台基础–张力筋腱–海底基础非完全多体耦合作用进行时域计算，其中张力腿式平台基础参数同表 1，串联浮筒参数见表 2。

表 2   串联浮筒主要参数

参数	值	参数	值
单个浮筒排水重量/t	400	串联浮筒高度/m	10
串联浮筒重心/m	−60	串联浮筒直径/m	8.4

在 DUTMST 程序中，进行相同工况下的时域仿真，将计算结果与上述 AQWA 软件计算结果进行比较，如图 5 所示。结果表明，利用 Runge-Kutta 法计算的串联浮筒张力腿式平台纵荡运动响应比利用 ANSYS-AQWA 计算的结果稍小，减少 3.43%。图 5 给出了一号张力筋腱上的串联浮筒纵荡时程曲线。可以看出，Runge-Kutta 法计算出的浮筒纵荡较大，为原来的近三倍，造成这种差异的原因主要来自两个方面：①AQWA 中串联浮筒与张力筋腱作为一个整体考虑，张力筋腱与浮筒之间按刚性连接考虑，本文的时域模拟程序张力筋腱与浮筒之间按铰接处理；②AQWA 中不能完全考虑平台–张力筋腱–浮筒之间的多体耦合效应。

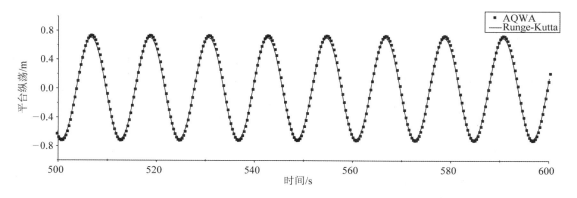

图 5　Serbuoys-TLP 纵荡响应时程曲线

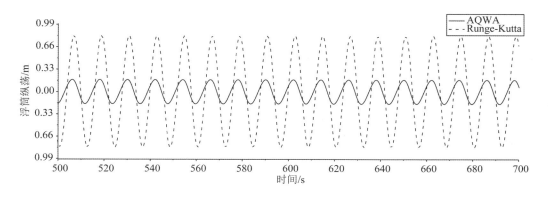

图 6　1 号浮筒纵荡响应时程曲线

3　结　语

基于多体耦合理论采用结构动力学模型建立浮体–张力筋腱–串联浮筒耦合运动方程，分析了串联浮筒对整体系统的动力特性影响，开发了新型串联浮筒张力腿式系泊系统的时域仿真程序。通过典型算例的计算分析，得出以下结论：

1）通过与 AQWA 计算结果的对比，验证了张力腿平台程序的准确性，并看出针对本问题，Runge–Kutta 4 阶变步长数值积分方法在计算精度和速度上均好于 Newmark-β 法；

2）设计了方便工程应用的 GUI 界面，通过在典型工况下进行时域仿真，直观地反映出新型串联浮筒张力腿式系泊系统（Serbouys-TLP）对平台纵荡有良好的抑制效果，与 TLP 相比纵荡运动响应减少 32.83%；

3）考虑平台—张力筋腱—串联浮筒完全多体耦合效应后，与 AQWA 扩展张力筋腱直径作为浮筒几何外形的非完全耦合计算结果相比，在典型工况下 DUTMST 仿真程序计算的平台纵荡响应减小 3.43%，浮筒纵荡响应增大近三倍，表明在考虑完全多体耦合效应的情况下，串联浮筒对平台纵荡的抑制效果将更加显著。

参考文献：

[1]　冷单, 司志强. 我国海洋平台发展现状与前景分析[J]. 中国工业评论, 2016(9): 50-57.

[2]　吴家鸣. 不同类型张力腿平台的主要结构特征与技术特点[J]. 海洋科学, 2014(4): 101-108.

[3]　吴昊, 林焰. 张力腿平台系泊风险评估方法研究[J]. 船舶力学, 2016(5): 600-612.

[4]　CHANDRASEKARAN S, JAIN A K. Dynamic behaviour of square and triangular offshore tension leg platforms under regular wave loads[J]. Ocean Engineering, 2002, 29(3): 279-313.

[5]　黄佳, 肖龙飞, 谢文会, 等. 张力腿平台系泊系统特性研究[J]. 中国海上油气, 2013(3): 68-72.

[6]　祖巍, 马冬辉, 李彦丽, 等. 张力腿平台钻井设备模块准静力分析[J]. 船舶, 2018(1): 40-45.

[7]　刘龙, 董达善, 沈佳辉, 等. 深海张力腿非线性动力学分析[J]. 船舶工程, 2015(8): 94-97.

[8]　冯丽梅, 苏威, 闫发锁. 张力腿平台筋腱动力特性分析与校验[J]. 应用科技, 2017(4): 22-27.

[9]　闫发锁, 刘浩, 苏威, 等. 不同结构形式张力腿平台水动力参数比较分析[J]. 海岸工程, 2017(2): 1-8.

[10]　JOSEPH A, IDICHANDY V G, BHATTACHARYYA S K. Experimental and numerical study of coupled dynamic response of a mini tension leg platform[J]. Journal of Offshore Mechanics &Amp, 2004.

[11]　谷家扬, 吕海宁, 杨建民. 张力腿平台在随机波浪中的耦合运动响应研究[J]. 船舶力学, 2013(8): 888-900.

[12]　欧进萍, 马哲, 闫功伟, 等. 一种串联多浮筒的刚性钢管张力筋腱定位系统: 21[P]. 2016-07-13.

[13]　乔东生, 闫俊, 欧进萍. 深水锚泊线串联浮筒系统的动力特性分析[J]. 振动与冲击, 2013(15): 54-58.

[14]　樊天慧, 乔东生, 闫俊, 等. 锚泊静回复力刚度和阻尼水平对深水浮式平台运动响应的影响[J]. 中国造船, 2015(4): 8-16.

[15]　王志超. 新型串联浮筒张力腿式风力机水动力性能研究[D]. 大连: 大连理工大学, 2017.

[16]　陈秋臻. 浅谈Matlab及在船舶与海洋工程学习中的应用[J]. 现代工业经济和信息化, 2017(1): 107-108.

海洋系泊缆风险评价与设计方法研究

何　鑫，唐友刚，张若瑜，赵凤帅

（天津大学　水利工程仿真与安全国家重点实验室，天津 300350）

摘要： 悬链线系泊是海洋工程中常见的系泊形式之一，悬链线通常由钢缆和锚链等不同材质的分段串联而成。系泊钢缆简称系泊缆，在复杂的作业环境下，系泊缆一旦发生断裂，将带来系泊失效、油田停产等后果。本文综合考虑载荷、腐蚀、磨损等因素的共同作用，建立了系泊缆的可靠性分析模型。分析了不同参数的影响，求解了系泊结构服役周期内系泊线失效概率随时间变化的规律。结果表明，系泊线的腐蚀与磨损速率作为重要的参数，对系泊线失效概率有着显著影响。将失效概率作为系泊系统设计阶段的评价指标，与现有设计方法中常用的安全系数指标进行了对比。结果表明，与安全系数相比，失效概率是灵敏度更高的评价指标。选取了不同等级的风险接受准则，计算了系统的可靠服役寿命。根据系泊线的失效后果，给出了风险接受等级的确定方法。目前，海洋工程结构设计准则正在经历着由基于规范的设计过渡为基于风险的设计的转变。本文采用的海洋系泊线风险评估与设计方法，为基于风险的海洋结构物设计准则提供了参考。

关键词： 海洋工程；系泊；水动力；风险评估；可靠性；结构设计

1　海洋系泊线设计概述

悬链线式系泊[1]常用于几十到几百米水深，是海洋工程中应用范围最广的系泊形式之一。常见的复合型悬链线通常包含由不同规格的钢缆与锚链所组成的分段。系泊钢缆常见的形式有多股和螺旋股两种，由轧制的钢丝盘条经一次或多次捻制螺旋缠绕而成。在设计阶段，通常要求系泊线满足强度条件和疲劳条件。强度条件即系泊线的承载力要大于等于系泊线受到的载荷。按照规范要求，系泊线的强度条件应具有一定的安全系数。现行的船舶与海洋工程规范主要有 DNV 规范[2]，API 规范[3]，BV 规范[4]以及 CCS 规范[5]等，按照分析方法的不同，规范中所规定的安全系数通常为 1.0~2.5 不等。疲劳条件即系泊线的疲劳寿命要大于其服役寿命，并具有一定的安全系数。根据不同的规范要求，疲劳分析中的安全系数通常取 3.0。

实际工程中的失效案例[6]表明，即使系泊系统在设计阶段满足了强度条件与疲劳条件的要求，系泊线的断裂事故仍有可能发生。在历史失效案例中，钢缆的断裂事故占了很大的比重。因此，系泊缆断裂的风险评估在设计阶段应当受到足够的重视。研究表明，钢缆在海洋环境中受到的腐蚀与磨损作用，会削弱自身承载力，为系泊系统的可靠服役带来风险。在设计阶段，普遍采用的方式是按照系泊线直径缩减 0.1~0.2 mm 每年的腐蚀速率[7]，乘以服役年限，给出需要的腐蚀余量。然而，根据工程经验，这一直径缩减速率可能远远低估了实际海洋环境下系泊缆受到的腐蚀与磨损的影响。因此，系泊系统在设计阶段，如何能够充分地考虑直径缩减速率的影响，对系泊系统的安全具有重要意义。

近年来，随着人们安全意识的提高，避免生产中的风险发生成为设计阶段的重要课题。而船舶与海洋工程结构物的设计方法，也正由基于规范的设计，逐步发展为基于风险的设计。本文旨在提供一种海洋工程系泊缆的设计方法，将系泊缆受到的腐蚀与磨损等效为直径的缩减量，以考虑其对强度与疲劳的影响。将失效概率作为系泊系统设计阶段的评价指标，为基于风险的海洋结构物设计准则提供了参考。

2　基于风险的系泊缆设计分析方法

2.1　系泊缆强度分析方法

海洋工程浮式结构物与其系泊线构成一个耦合动力系统[8]，其动力控制方程[9]为

$$\left[m_{ji} + A_{ji}(\infty) \right] \ddot{x}_i(t) + \int r_{ji}(t - \tau) \, \dot{x}_i(t) \mathrm{d}\tau + D_{ji} \dot{x}_i(t) + c_{ji} x_i(t)$$
$$= F_{\mathrm{wa}\,j}^{(1)}(t) + F_{\mathrm{wa}\,j}^{(2)}(t) + F_{\mathrm{wi}\,j}(t) + F_{\mathrm{cu}\,j}(t) + F_{\mathrm{mooring}\,j}(t) \tag{1}$$

基金项目： 国家工信部海洋工程装备科研项目（G014614002）

式中：m_{ii} 为质量矩阵元素；$A_{ii}(\infty)$ 为频率趋向于无穷大时，附加质量矩阵元素；r_{ii} 为迟滞函数矩阵元素；D_{ii} 为线性阻尼矩阵元素；c_{ii} 为回复刚度矩阵元素；$F_{\text{wa }j}^{(1)}$ 为一阶波浪载荷；$F_{\text{wa }j}^{(2)}$ 为二阶波浪载荷；$F_{\text{wi }i}$ 为风载荷；$F_{\text{cu }i}$ 为流载荷；$F_{\text{mooring }j}$ 为系泊力。

其中，系泊力的计算方法包括动态计算方法与准静态计算方法。

动态分析方法[10]通常将系泊线离散成有限单元或集中质量单元，并考虑惯性力的作用，其控制方程如下：

$$f_N + f_\tau + (W - B) + \left(\frac{\mathrm{d}T}{\mathrm{d}s} + \frac{T}{\rho}n\right)\mathrm{d}s + m\ddot{r} = 0 \tag{2}$$

式中：f_N 和 f_τ 分别为流体法向力与切向力，$(W - B)$ 为单元的重力减去浮力，$\left(\dfrac{\mathrm{d}T}{\mathrm{d}s} + \dfrac{T}{\rho}n\right)\mathrm{d}s$ 为缆索微段两端张力之和，$m\ddot{r}$ 为缆索微段的惯性力。

2.2　系泊缆疲劳分析方法

系泊系统长期受到循环载荷作用，缆索横截面内产生循环应力，造成缆索的累积损伤。假设系泊系统在一年内会遇到 n 种不同的海况，缆索的年疲劳累积损伤[11]可以按照下式计算：

$$D = \sum_{i=1}^{n} D_i \tag{3}$$

式中：D 为年度累积损伤，D_i 为第 i 种海况下的年度损伤，进而可以表示为

$$D_i = \frac{\Omega}{a_D} = \frac{n_i}{a_D} E\left[S_i^{\,m}\right] \tag{4}$$

式中：n_i 为年度应力循环次数，S 为名义应力，即假设钢缆是一均质受拉杆件，应力表示为缆索受到的张力除以名义横截面积，a_D、m 为 S–N 曲线参数，可以按照表 1 进行取值。

表 1　S–N 曲线参数

	a_D	m
有档锚链	1.2×10^{11}	3.0
无档锚链	6.0×10^{10}	3.0
多股钢缆	3.4×10^{14}	4.0
螺旋股钢缆	1.7×10^{17}	4.8

2.3　腐蚀与磨损的影响

实际工程中，针对系泊钢缆，为了防止腐蚀与磨损的发生，一方面会对钢丝进行镀锌处理，来预防腐蚀，另一方面会采用保护套，防止钢缆与海底或其他结构发生磨损。但是，工程经验表明，这些措施的效果有时并不理想。即使采取了电化学防腐措施，在长期服役中，钢缆的腐蚀仍有可能会发生，而防止钢缆表面受到磨损的保护套有时可能会发生脱落，同时钢缆内部钢丝之间也有可能会发生磨损。

在计算钢缆名义应力时，通常将完整钢缆等效成具有一定名义横截面积的均质杆件，并假设在受到拉伸作用下内部应力是均匀分布的。腐蚀与磨损点的分布往往是随机的，损伤后的钢缆内部应力分布也是不均匀的。但是，根据损伤力学原理，我们仍可以将损伤钢缆等效成具有一定截面缩减量的均质受拉杆件，其抗拉强度与损伤钢缆相同。损伤钢缆的等效截面变化规律可以表示为

$$\tilde{A}(t) = A_0 f(t) \tag{5}$$

即将 t 时刻下的等效截面积表示为初始截面积乘以截面缩减系数。

2.4　断缆概率计算

系泊缆强度破断的安全裕度方程可以表示为

$$Z = R - S \geqslant 0 \tag{6}$$

式中：R 代表结构的承载力，即钢缆截面的许用应力，S 代表外载荷，即钢缆受到水动力载荷作用下截面的名义应力。

系泊缆疲劳破断的安全裕度方程可以表示为

$$Z = \ln\Delta + \ln a_D - m\ln B - \ln\Omega - \ln\Pi(t) \tag{7}$$

式中：Δ 为疲劳总损伤度随机变量，a_D、m 为 S–N 曲线参数，B 为疲劳应力修正系数随机变量，Ω 为疲劳应力因子，$\Pi(t)$ 为考虑截面缩减的修正系数，可表示为

$$\Pi(t) = \int_0^t f^m(\tau)\mathrm{d}\tau \tag{8}$$

3　内转塔型 FPSO 系泊断缆风险分析

3.1　模型概述

选取南海某内转塔型 FPSO 为研究对象，船体垂线间长 250 m，满载排水量 176 000 t，计算采用 DNV 旗下的 SESAM 水动力分析软件，船体及系泊系统的计算模型如图 1 所示

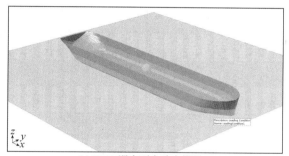
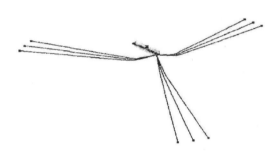

(a) FPSO 湿表面水动力模型　　　　　　　　　　(b) FPSO 及其系泊系统耦合模型

图 1　船体及系泊系统水动力计算模型

系泊缆采用螺旋股形式，公称直径 130 mm，许用应拉力为 1.17 GPa。考虑 FPSO 受到百年一遇的海况，环境参数如表 2 所示。

表 2　环境载荷

环境参数	单位	数值
有义波高	m	13.1
谱峰周期	s	14.9
谱峰系数		3.3
一小时平均风速	m/s	43
表面流速	m/s	1.78
浪向		130°
风向		152.5°
流向		130°

在疲劳计算中，考虑不同的作业海况及出现概率[12]如表 3。

表 3　疲劳计算工况

海况	波浪			每小时平均风速/（m·s⁻¹）	表面流速/（m·s⁻¹）	概率/（%）
	有义波高/m	谱峰周期/s	谱峰因子			
1	0.5	6.2	1	0.6	0.01	5.58
2	1	6.6	1	2.8	0.06	36.81
3	2	7.5	1	5.9	0.15	31.98

（续表）

海况	波浪			每小时平均风速/（m·s⁻¹）	表面流速/（m·s⁻¹）	概率/（%）
	有义波高/ m	谱峰周期/s	谱峰因子	每小时平均风速/（m·s⁻¹）	表面流速/（m·s⁻¹）	概率/（%）
4	3	8.4	1	8.9	0.24	15.97
5	4	8.9	1	11.3	0.32	5.77
6	5	8.9	2	12.9	0.4	2.31
7	6	9.9	2	15.3	0.49	1.16
8	7	10.8	2	19	0.61	0.3
9	8	11.6	2	24.5	1.08	0.11
10	9.2	12.4	3	29.6	1.75	0.009
11	11.5	13.7	3	36.2	2.06	0.000 7
12	12.7	14.6	3	38.8	2.24	0.000 3

3.2 系泊缆断裂概率

系泊钢缆腐蚀与磨损的发生机理是非常复杂的，在不同海域条件下，其腐蚀磨损演化规律也不尽相同。目前，对系泊缆腐蚀与磨损演化规律的研究还很不充分，相关的实测数据也较少。为了验证本文提出的分析方法，假设系泊缆直径缩减速率随时间线性变化，并取不同的数值。计算得到系泊缆强度与疲劳断裂的概率如图 2 所示。

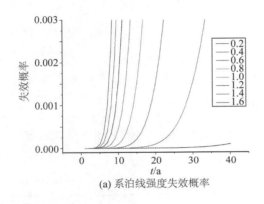
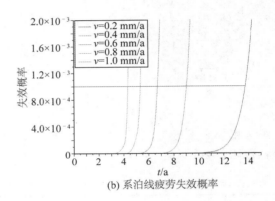

(a) 系泊线强度失效概率   (b) 系泊线疲劳失效概率

图 2   系泊线失效概率

3.3 风险接受准则

风险接受准则代表人们对风险的容忍程度。对于海洋工程中常见的风险事件，通常选取的风险接受概率取值一般为 $10^{-6} \sim 10^{-3}$。根据计算结果，选取的风险接受概率越小，意味着对风险的管控越严格，那么与之对应的维修周期也应越短，而且随着选取接受概率的不同，相应维修周期的变化非常显著。然而，到达相应的维修周期时，对应的安全系数变化却并不明显。结果如图 3 所示。

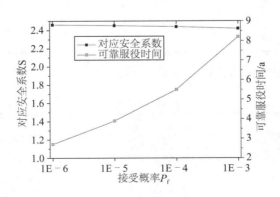

图 3   不同风险评价指标的比较

结果表明，将失效概率作为风险评价指标，其灵敏度是非常强的，而将安全系数作为风险评价指标，其灵敏性非常差。因此，可以看出，基于风险的设计方法，同基于规范的设计方法相比，具有相当的优势。

4　结　语

通过对系泊缆承载力的概率化分析，推导出系泊缆失效概率随时间变化的曲线。通过对风险接受准则，直径缩减速率等影响因素的对比分析，得出以下结论。

1）随着服役年限的增加，系泊系统的失效概率呈现加速上升的趋势。

2）不同的风险接受准则下，系泊系统可靠工作的年限不同，而从安全系数的角度则很难反映出这一差异，证明了基于风险的设计方法的优势。

3）直径缩减速率是影响系泊线失效概率变化速度的关键因素。然而，这一参数应如何选取，需要通过进一步的试验研究来确定。

本文提出的基于风险的设计方法，同传统的基于规范的设计方法相比，具有优势。随着近年来风险管理意识的不断增强，该方法可以适用于未来的海洋工程结构设计工作。

参考文献：

[1]　朱瑞景. 基于静力分析的悬链线建模与仿真研究[D]. 大连: 大连海事大学, 2013.

[2]　DET Norske Veritas. Position Mooring[S]. Norway, 2013.

[3]　American Petroleum Institution. Design and Analysis of Station keeping Systems for Floating Structures[S]. U.S. 2005.

[4]　BUREAU Veritas. Classification of mooring systems for permanent offshore units[S]. France, 2008.

[5]　中国船级社. 海上移动平台入级与建造规范[S]. 2005.

[6]　黄佳. 南海单点西泊系统故障分析[J]. 船海工程, 2015, 44(5): 88-92.

[7]　HOU H M. Time-dependent reliability analysis of mooring lines for fish cage under corrosion effect [J]. Aquacaltural Engineering, 2017, 77(2017): 42-52.

[8]　郑成荣. 深海系泊浮体的耦合分析及锚系的动力特性研究[D]. 上海:上海交通大学, 2012.

[9]　唐友刚. 海上风机半潜式基础概念设计与水动力性能分析[J]. 哈尔滨工程大学学报, 2014, 35(11): 1314-1319.

[10]　王兴刚. 深海浮式结构物与其系泊缆索的耦合动力分析[D]. 大连: 大连理工大学, 2011.

[11]　桂龙. 内转塔式 FPSO 动力响应特性研究[D]. 天津: 天津大学, 2013.

[12]　杜君峰. 腐蚀影响下深海平台系泊锚链疲劳损伤评估[J]. 船舶力学, 2018, 22(8): 985-992.

基于物理试验的软刚臂系泊系统铰结构
疲劳寿命研究

郭冲冲[1]，武文华[1]，吕柏呈[1]，于思源[1]，张延涛[2]

（1. 大连理工大学 工业装备结构分析国家重点实验室，辽宁 大连 116024; 2. 中海石油股份有限公司
天津分公司，天津 300000）

摘要：针对某软刚臂系泊系统铰结构疲劳磨损问题，建立了铰结构的运动接触模型，通过弹性力学分析了铰结构的接触应力分布规律，基于缩比模型试验分析了铰结构摩擦切应力和轴力关系，摩擦切应力与接触应力相互合成铰结构接触区域应力分布；利用现场原型监测应变数据计算得到现场服役铰结构的接触区域热点应力时程，引入到线弹性断裂力学，对比结构设计指标和规范等，计算了现场服役铰结构的疲劳寿命。

关键词：软刚臂系泊系统；缩比模型试验；原型监测；断裂力学；疲劳寿命

　　海上浮式生产储卸油装置（FPSO）在世界海洋石油开发中广泛应用，由于自身并没有动力系统，因此需要利用系泊系统实现对平台的海上系泊定位，从而保证安全生产作业。作为单点系泊系统的一种，软刚臂式单点系泊系统（SYMs）（见图 1）广泛应用于渤海油气开发中[1]。软刚臂系泊系统由系泊导管架、YOKE（系泊刚臂和压载舱）、系泊腿及系泊构架四部分组成，各部件之间由铰结构和调心推力滚子轴承连接，通过压载舱压载液重力达到系泊效果，将油气开发平台限定在相对固定区域。随着 FPSO 服役年限的延长，以及复杂恶劣海况的影响，软刚臂系泊系统铰结构的疲劳磨损现象时有发生，如图 2 所示，引起了广泛的关注。

图 1　FPSO 软刚臂单点系泊系统

图 2　铰结构疲劳磨损

　　国内外学者针对铰结构的设计校核、运动接触以及摩擦磨损等问题进行了系统的研究。张广阔等[2]根据工程机械的使用工况，总结了铰结构设计方法，并进行了强度校核，为同类型铰结构的设计提供帮助。尉立肖和刘才山[3]针对工程中常见的圆柱铰结构，建立了识别间隙铰处碰撞接触模式的运动学关系，基于 Hertz 接触刚度并考虑阻尼效应的影响建立法向接触模型，采用修正的库仑模型考虑关节处的摩擦作用。Flores 等[4]研究了含间隙旋转铰的描述方法和计算方法，建立了基于几何描述的接触条件和连续接触碰撞力模型。杨芳等[5]分析了含间隙铰结构不同接触力模型中阻尼系数和耗散能的计算方法及其优缺点，并以

基金项目：国家科技重大专项（2016ZX05028002-005）；国家自然科学基金（11572072）

作者简介：郭冲冲（1993–），男，山西运城人，硕士研究生，主要从事 FPSO 平台原型监测及系泊结构分析。E-mail: Guochongchong@mail.dlut.edu.cn

通信作者：武文华(1973–)，男，河北唐山人，博士，教授，大连理工大学运载工程与力学学部工程力学系，从事海洋工程结构力学相关研究。E-mail: lxyuhua@dlut.edu.cn

单球碰撞为例对比分析了各模型耗散能的大小。齐朝晖等[6]基于分布接触反力与点接触反力之间的等效关系，给出了几种典型铰内摩擦力计算模型，并通过数值算例验证了所提模型的正确性。王庚祥和刘宏昭[7]着重分析了多体系统动力学中铰结构磨损效应的研究进展，对常用的磨损模型进行了比较，详细地分析了 Archard 磨损模型的演变形式以及主要磨损参数。

　　本文针对软刚臂系泊系统铰结构在服役过程中出现的疲劳损伤问题，通过理论分析和缩比模型试验相结合的方法计算了铰结构接触区域应力分布规律，结果表明，接触区域应力与铰结构的法向轴力相关，因此利用原型监测应变数据计算系泊腿法向轴力，进而得到服役铰结构的热点应力时程；采用雨流计数法提取应力循环 $\Delta\sigma_i\_n_i$，代入疲劳断裂极限状态方程对铰结构疲劳寿命进行评估，计算结果表明，铰结构疲劳寿命与设计指标不相符，应密切关注铰结构的损伤行为，加强预防性维护，评估铰结构的服役年限，保证海洋平台的安全生产作业。

1　软刚臂系统铰结构接触区域应力分析

　　机械系统中约束两个物体之间相对运动，释放转动自由度的装置被称为铰结构，标准的铰结构由销轴和轴套两部分构成，如图 3 所示。图 4 给出了软刚臂系统系泊腿的连接形式。

图 3　铰结构模型　　　　　　　　　图 4　软刚臂系统系泊腿连接形式

　　针对铰结构的疲劳分析，需要铰内接触区域应力数据，因此进行铰内运动接触分析。在实际工况中，由于装配、加工误差、摩擦磨损等问题[8]，铰结构通常存在间隙，如图 5 所示，设 O_A、O_B 为轴套和销轴的中心，C_A、C_B 为轴套和销轴接触点的位置，e、α 为铰结构的偏心距和方位角，ω_A 为轴套的旋转角速度，δ 为侵入深度。

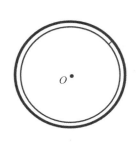
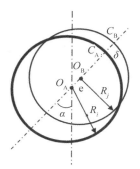
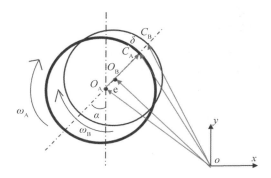

图 5　含间隙铰结构束模型示意

接触点的法向与切向向量表达式为

$$m = i\sin\alpha + j\cos\alpha$$
$$n = -i\cos\alpha + j\sin\alpha$$

（1）

式中：m 为接触点法向量，n 为接触点切向量，i、j 是直角坐标系 x 轴、y 轴上的单位向量。

两个接触点的位置矢量为

$$r_{C_A} = r_{O_A} + r_{O_A}^A$$
$$r_{C_B} = r_{O_B} + r_{O_B}^B$$

（2）

侵入深度为

$$\delta = r_{C_B} - r_{C_A} = r_{O_B} - r_{O_A} + r_{O_B}^B - r_{O_A}^A = e + r_{O_B}^B - r_{O_A}^A$$

（3）

铰结构的接触状态可通过 δ 正负判断：当 $\delta \geq 0$ 时,销轴和轴套相互接触；当 $\delta < 0$ 时，两者不接触。在接触状态下，销轴和轴套受到的力为

$$F_B = F_N m + F_T n$$

（4）

其中，F_N 为法向力，F_T 为由于摩擦产生的切向力。

铰结构法向力使接触表面产生垂直压入的接触应力 σ_N，切向力产生沿接触表面方向的切应力 τ_T，摩擦力的应力场与接触应力的应力场叠加，合成铰结构接触区域应力。其中，接触点的平面应力状态如图 6 所示。

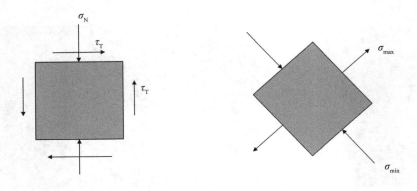

图 6　铰结构接触点平面应力状态

计算接触点的主应力：

$$\left.\begin{array}{c}\sigma_{max}\\ \sigma_{min}\end{array}\right\} = \frac{\sigma_N}{2} \pm \sqrt{\left(\frac{\sigma_N}{2}\right)^2 + \tau_T^2}$$

（5）

式中：σ_{max}、σ_{min} 分别是最大主应力与最小主应力，选取 σ_{max}、σ_{min} 绝对值最大的主应力作为铰结构接触区域的热点应力 $\sigma_热$。

1.1　铰结构接触应力计算

设轴套与销轴的半径分别为 R_i，R_j，厚度为 d，在未变形前两者是线接触的，施加法向力 F_N 后，因弹性变形而变为面接触，接触半宽为 b,则接触面积为 $S=2bd$。根据弹性力学分析，接触应力沿 x 轴按半椭圆规律分布[9]，如图 7 所示。

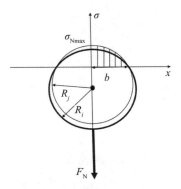

图 7　铰结构接触应力分布示意

铰结构接触应力表达式为

$$\sigma_{N} = \sigma_{N\max} \sqrt{1 - \frac{x^2}{b^2}} \qquad (6)$$

其中，

$$b = 1.52 \sqrt{\frac{F_N}{Ed}\left(\frac{R_i R_j}{R_i - R_j}\right)} \qquad (7)$$

式（7）中，E 为综合弹性模量，通常由轴套与销轴的弹性模量 E_i 和 E_j 按下式计算：

$$E = \frac{2E_i E_j}{E_i + E_j} \qquad (8)$$

在式（6）中接触中心（$x=0$）处，σ_N 达到最大值：

$$\sigma_{N\max} = 0.418 \sqrt{\frac{F_N E}{d}\left(\frac{R_i - R_j}{R_i R_j}\right)} \qquad (9)$$

由铰结构的接触应力分布规律，计算得到最大接触应力 $\sigma_{N\max}$，结果表明，最大接触应力与铰结构法向力、几何尺寸及材料属性有关，因此获取现场系泊腿法向轴力是计算铰结构接触应力的基础。

1.2　铰结构切应力试验研究

铰结构切向力的计算依赖于法向力与摩擦系数，考虑到现场铰结构摩擦系数测量的难点，设计一台连接结构摩擦磨损试验机，如图 8 所示，由作动系统、加载系统和测量控制系统三部分组成，通过测量控制系统对试验力的加载、试验时间、转动频率等参数进行设置，在电机的转动下铰结构试验件做周期性摆动，模拟现场铰结构的运动受力状态，同时试验机输出试验力、摩擦力、摩擦系数等原始数据。

图 8　连接结构摩擦磨损试验机

测试过程中，采用 1∶8 的铰结构缩比模型，铰结构切向摩擦力计算：

$$F_T = F_N \mu \qquad (10)$$

式中：μ 为铰结构摩擦系数，由试验机测得。

式（7）代入 $S=2bd$，可得

$$S = 3.04d \sqrt{\frac{F_N}{Ed}\left(\frac{R_i R_j}{R_i - R_j}\right)} \qquad (11)$$

假设摩擦切应力τ_T沿铰结构的接触表面均匀分布，则：

$$\tau_{\mathrm{T}} = \frac{F_{\mathrm{T}}}{S} = \frac{F_{\mathrm{N}}\mu}{3.04d\sqrt{\dfrac{F_{\mathrm{N}}}{Ed}\left(\dfrac{R_i R_j}{R_i - R_j}\right)}} \tag{12}$$

综合式（5）、式（9）、式（12）可知，铰结构的接触区域应力的计算取决于法向轴力 F_{N}、结构的几何尺寸与材料参数以及摩擦系数。由于铰结构的几何尺寸、材料参数可通过设计图纸查阅，摩擦系数 μ 由缩比模型试验机测得。因此，如果现场获取铰结构的法向轴力 F_{N} 的分布，则可以直接计算 $\sigma_{\text{热}}$ 的分布规律。

2　基于试测应变数据的铰结构疲劳寿命分析

2.1　铰结构应变在线监测

为了测得系泊腿的轴力变化，在铰结构的周围和系泊腿黏贴应变片，如图 9 所示，其中 2、4、6、7 四个测点沿轴向布置。图 10 给出了测点 2、4、6、7 在 30 s 的应变分布时程。

图 9　铰结构应变片安装　　　　　　　　图 10　测点应变时程

通过以上 4 个轴向测点的应变数据计算得到系泊腿的法向轴力：

$$F_{\mathrm{N}} = \frac{1}{4}(\varepsilon_2 + \varepsilon_4 + \varepsilon_6 + \varepsilon_7)E_i A_0 \tag{13}$$

式中：ε_2、ε_4、ε_6、ε_7 分别代表 4 个测点应变数据，A_0 为铰结构连接轴的横截面积。

将式（13）分别代入式（9）、式（12），计算 σ_{Nmax} 和 τ_{T}：

$$\begin{cases} \sigma_{\mathrm{Nmax}} = 0.418\sqrt{\dfrac{A_0 E^2}{4d(\varepsilon_2 + \varepsilon_4 + \varepsilon_6 + \varepsilon_7)}\left(\dfrac{R_i - R_j}{R_i R_j}\right)} \\[4mm] \tau_{\mathrm{T}} = \dfrac{E A_0 \mu}{4R_i \theta d(\varepsilon_2 + \varepsilon_4 + \varepsilon_6 + \varepsilon_7)} \end{cases} \tag{14}$$

将式（14）代入式（5）中即可求得接触区域热点应力：

$$\sigma_{\text{热}} = 0.209\sqrt{\dfrac{A_0 E^2}{4d(\varepsilon_2 + \varepsilon_4 + \varepsilon_6 + \varepsilon_7)}\left(\dfrac{R_i - R_j}{R_i R_j}\right)} + \sqrt{\dfrac{0.01092025 A_0 E^2}{d(\varepsilon_2 + \varepsilon_4 + \varepsilon_6 + \varepsilon_7)}\left(\dfrac{R_i - R_j}{R_i R_j}\right) + \dfrac{E^2 A_0^2 \mu^2}{16 R_i^2 \theta^2 d^2 (\varepsilon_2 + \varepsilon_4 + \varepsilon_6 + \varepsilon_7)^2}} \tag{15}$$

2.2　铰结构疲劳寿命计算

基于平台铰结构 1 个月应变监测数据，利用式（15）计算现场铰结构接触区域热点应力，并根据应力时程采用雨流计数法提取应力循环，其中应力幅按 5 MPa 为一级统计循环次数 n_i。通常认为低于 2 MPa 的应力幅对铰结构疲劳损伤或裂纹扩展的影响不大[10]，故设置 2 MPa 的"门槛值"去除小循环，计算得到应

力幅谱 $\Delta\sigma_i - n_i$（见表 1）。

表 1　热点工作应力幅谱

$\Delta\sigma_i$/MPa	n_i/次
5	2 805 030
10	308 430
15	165 330
20	40 020
25	2 190
30	60

利用热点应力幅及其循环次数，计算等效应力幅 $\Delta\sigma_e$[11]：

$$\Delta\sigma_e = \left[\sum \frac{n_i(\Delta\sigma_i)^m}{N_0} \right]^{\frac{1}{m}} \tag{16}$$

式中：m 为 S–N 曲线的斜率，m 取 3，N_0 为 10^7。

基于线弹性断裂力学[12]，描述疲劳裂纹扩展的模型 Paris 方程：

$$\frac{\mathrm{d}a}{\mathrm{d}N} = C(\Delta K)^n \tag{17}$$

式中：$\mathrm{d}a/\mathrm{d}N$ 为裂纹扩展速率，a 为裂纹尺寸，N 为应力循环次数；C 和 n 为裂纹增长系数；ΔK 为应力强度范围。其中，

$$\Delta K = K_{\max} - K_{\min} = Y\Delta\sigma\sqrt{\pi a} \tag{18}$$

式中：K 为裂纹处应力幅值；Y 为形状因子。将式（16）、式（18）代入到式（17）中，积分得

$$\int_{a_0}^{a_c} \frac{\mathrm{d}a}{(Y\sqrt{\pi a})^n} = \int_{N_1}^{N_2} C(\Delta\sigma)^n \mathrm{d}N = C(\Delta\sigma_e)^n(N_2 - N_1) \tag{19}$$

其中，a_0 是初始裂纹尺寸，a_c 是临界裂纹尺寸。

构建铰结构疲劳断裂极限状态方程的解析表达式，当 $N_1 = 0$ 时，式（19）改写为

$$\int_{a_0}^{a_c} \frac{\mathrm{d}a}{(Y\sqrt{\pi a})^n} - C(\Delta\sigma_e)^n \quad N \leqslant 0 \tag{20}$$

将式（20）移项并将等号左、右两边分别积分得

$$N = \frac{2}{(2-n)C\left(Y\Delta\sigma_e\sqrt{\pi}\right)^n} \left(a_c^{\frac{2-n}{2}} - a_0^{\frac{2-n}{2}} \right) \tag{21}$$

由于铰结构制造工艺、材料缺陷等因素影响，初始裂纹深度具有很大随机性，一般在 0.1~1 mm 之间，ABS 规范[13]推荐在 0.1~0.25 mm，DNV 规范[14]推荐为 0.5 mm，认为裂纹维修的临界尺寸 0.8 mm，取 $C=1.58\times10^{-11}$，$n=3$，$Y=1.12$ 代入式（21），N_y 为铰结构疲劳裂缝尺寸由初始裂纹扩展到临界裂纹时服役的年限，计算结果（见表 2）对比平台设计寿命的基准年限 30 年。

表 2　铰结构在不同 a_0 长度下的疲劳寿命 N_y

a_0/mm	a_c/mm	N_y/年
0.2	0.8	29.89
0.3	0.8	18.92
0.4	0.8	12.38
0.5	0.8	7.91

计算结果表明，铰结构在不同初始裂纹长度下的疲劳寿命均低于设计寿命基准年限，铰结构的疲劳寿

命设计偏危险，当初始裂纹深度为 0.2~0.5 mm 时，在设计基准年限内裂纹将扩展至 0.8 mm，从而引发结构断裂破坏。同时构件初始裂纹的尺寸对其疲劳寿命的影响较大，随着初始裂纹长度的增大，疲劳寿命显著降低。

3　结　语

1）FPSO 软刚臂系泊系统长期服役于复杂恶劣的海洋环境下，铰结构将出现疲劳损伤问题。本文考虑铰间间隙的实际情况，建立了铰结构的运动接触模型，通过弹性力学分析了铰结构的接触应力分布规律，基于缩比模型物理试验计算了铰结构摩擦切应力，利用摩擦切应力与接触应力相互合成铰结构接触区域热点应力，为铰结构的强度校核及疲劳研究提供分析基础。

2）利用原型监测应变数据计算获取现场铰结构的法向轴力，结合接触区域应力计算方法，得到服役铰结构的热点应力，从而引入到线弹性断裂力学理论，对平台服役铰结构疲劳寿命进行评估。研究表明，平台服役铰结构疲劳寿命不满足设计指标，应密切关注铰结构内部损伤情况，定期对铰结构进行无损探伤，及时将损伤消除在萌生阶段。

参考文献：

[1]　SUBRATA K C. Handbook of offshore engineering(I-II)[M]. Elsevier Science Ltd, 2005.

[2]　张广阔, 高爱红, 张小峰. 低速重载类销轴和轴套的设计[J]. 煤矿机械, 2012, 33(3): 21-22.

[3]　尉立肖, 刘才山. 圆柱铰间隙运动学分析及动力学仿真[J].北京大学学报（自然科学版）, 2005, 41(5): 679-687.

[4]　FLORES P, AMBR SIO J, CLARO J C P, et al. Dynamic behaviour of planar rigid multi-body systems including revolute joints with clearance[C]//Proceedings of the institution of mechanical engineers Part K: Journal of multi-body dynamics. 2007, 221(2): 161-174.

[5]　杨芳, 陈渭, 李培. 接触力模型对含间隙铰接副多体系统分析的影响[J]. 西安交通大学学报, 2017(11): 106-117.

[6]　齐朝晖, 罗晓明, 黄志浩. 多体系统中典型铰的摩擦力计算模型[J]. 动力学与控制学报, 2008, 6(4): 394-300.

[7]　王庚祥, 刘宏昭. 多体系统动力学中关节效应模型的研究进展[J]. 力学学报, 2015, 47(1): 31-50.

[8]　BAI Z F, ZHAO Y. A hybrid contact force model of revolute joint with clearance for planar mechanical systems[J]. International Journal of Non-Linear Mechanics, 2013, 48(48): 15-36.

[9]　束德林. 工程材料力学性能[M]. 北京: 机械工业出版社, 2016.

[10]　王金霞, 肖本林, 王鹏. 基于应变监测数据的钢桥面板疲劳寿命评估研究[J]. 世界桥梁, 2013(2): 58-61.

[11]　常大民, 江克斌. 桥梁结构可靠性分析与设计[M]. 北京: 中国铁道出版社, 1995.

[12]　陈伯真. 船舶及海洋工程结构疲劳可靠性分析[M]. 北京: 人民交通出版社, 1997.

[13]　ABS. Fatigue assessment of offshore structures[S]. 2003

[14]　DNV. Fatigue design of offshore structures[S]. 2005

主动式截断锚泊系统模型试验执行机构的模型参数辨识

孙玉博，乔东生，汤　威，闫　俊，周道成，李玉刚

（大连理工大学 海岸和近海工程国家重点实验室，辽宁 大连 116024）

摘要： 针对深水锚泊系统主动式截断模型试验中截断点处的运动，选取 Stewart 平台作为执行机构，实时追踪截断点处的运动。首先建立 Stewart 平台的运动学正反解模型，然后基于 MATLAB/Simulink 进行模型的仿真及验证，最后分别利用 MATLAB 系统辨识工具箱和 RBF 神经网络系统辨识方法，对驱动平台运动的 PMSM 电机进行模型参数辨识，比较两种方法对执行机构驱动电机模型辨识的优劣。

关键词： 主动截断；Stewart 平台；传递函数；系统辨识工具箱；RBF 神经网络系统辨识

　　我国深海油气资源储量丰富，为提高深海油气开采技术水平，在深水平台及其锚泊系统设计中一般均需要进行物理模型试验，以验证其可靠性。然而，受现有水池水深的限制，无法按常规缩尺比直接模拟上千米水深的深水平台锚泊系统[1-2]。因此，提出了将深水平台的锚泊系统截断以进行物理模型试验，称作截断模型试验方法（或混合模型试验方法），目前有两种方法：被动式截断与主动式截断[3]。本文的主要研究对象为主动式截断模型试验方法。

　　在主动式截断物理模型试验中，截断锚泊系统上部是物理模型，而下部用数学模型代替。其实施过程是在水池底部布置执行机构，利用执行机构带动截断点按照真实的响应进行实时运动。为使截断点按真实的响应运动，需将其连接在执行机构上以实时跟踪输入的运动信号，而其中的关键问题是如何选择并控制执行机构实现截断点实时高精度的运动跟踪目标[4]。

1　执行机构选择及运动学模型

1.1　执行机构选择

　　根据主动式截断试验的特点，本文选择 Stewart 平台作为执行机构，如图 1 所示，其具有如下优点：具有六个运动自由度，不仅可以完成深水平台截断锚泊系统试验，还可以用于未来的其他试验用途，如船模试验等；随着上部平台的牵连激励，锚泊系统截断点处的运动往往呈现出低频激励的特点，所以其响应时间能够满足采样定理；运动学推导简单，若已知上平台的角度和中点坐标则可以通过矢量叠加推导出六个支腿的端点坐标与长度；控制方法简单，因为六个支腿的驱动电机是相同的，所以只需要研究单个支腿的模型即可进行高精度的位姿控制；结构对称、刚度高、不易损坏。为了进行 Stewart 平台运动仿真，需要研究 Stewart 平台的运动学原理，包括运动学正解原理与运动学反解原理。

1.2　运动学原理

　　Stewart 平台运动学原理[5-6]研究的是上部运动平台位姿与六个支腿长度之间的关系。运动学反解原理是根据上部运动平台位姿求解六个支腿向量，从而得到六个支腿长度。运动学正解原理是根据六个支腿长度求解上部运动平台位姿。

1.2.1　运动学反解原理

　　Stewart 平台运动学反解原理是根据上部运动平台的位置与姿态，通过坐标转换与向量叠加求解六个支腿向量，进而得到六个支腿长度。如图 2 所示，以上部运动平台中心点 B_0 为原点建立动坐标系，以下部固定平台中心点 A_0 为原点建立静坐标系。

基金项目： 国家重点研发计划（2016YFE0200100）；国家自然科学基金（51490672，51761135011，51890915）；中央高校基本科研业务费专项资金

通信作者： 乔东生。E-mail: qiaods@dlut.edu.cn

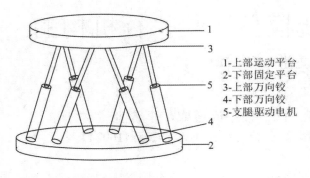

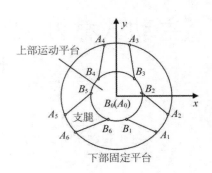

图 1   Stewart 平台示意   图 2   Stewart 平台俯视图

上部运动平台中心点 B_0 的位置用三维坐标 x、y、z 描述，姿态用空间角度 α、β、γ 进行描述。将动坐标系向静坐标系进行转换时需要按照空间角度求解旋转矩阵：

$$R = \begin{bmatrix} \cos\beta\cos\gamma & -\cos\alpha\sin\gamma + \sin\alpha\sin\beta\cos\gamma & \sin\alpha\sin\gamma + \cos\alpha\sin\beta\cos\gamma \\ \cos\beta\sin\gamma & \cos\alpha\cos\gamma + \sin\alpha\sin\beta\sin\gamma & -\sin\alpha\cos\gamma + \cos\alpha\sin\beta\sin\gamma \\ -\sin\beta & \sin\alpha\cos\beta & \cos\alpha\cos\beta \end{bmatrix} \qquad (1)$$

其中，α、β、γ 是上部运动平台的空间姿态角，R 是旋转矩阵。

还需根据 Stewart 平台参数求解上下平台铰点坐标矩阵：

$$B = \begin{bmatrix} B_1 & B_2 & B_3 & B_4 & B_5 & B_6 \end{bmatrix} \qquad (2)$$

$$A = \begin{bmatrix} A_1 & A_2 & A_3 & A_4 & A_5 & A_6 \end{bmatrix} \qquad (3)$$

其中，B 是上部运动平台各铰点在动坐标系中的坐标，$B_1 \sim B_6$ 是第 i 个支腿上平台铰点在运动坐标系中的坐标。A 是下部固定平台各铰点在静坐标系中的坐标，$A_1 \sim A_6$ 是第 i 个支腿下平台铰点在固定坐标系中的坐标。

设上部运动平台位姿向量为

$$P = \begin{bmatrix} x & y & z & \alpha & \beta & \gamma \end{bmatrix}^{\mathrm{T}} \qquad (4)$$

中心点 B_0 的位置向量为

$$c_p = \begin{bmatrix} x & y & z \end{bmatrix}^{\mathrm{T}} \qquad (5)$$

中心点 B_0 的位置矩阵为

$$C = \begin{bmatrix} c_p & c_p & c_p & c_p & c_p & c_p \end{bmatrix} \qquad (6)$$

其中，x，y，z 是上部运动平台中心点 B_0 在静坐标系中的三维坐标。

由此得到六个支腿向量及其长度为

$$L = C + RB - A = \begin{bmatrix} L_i \end{bmatrix} \qquad (7)$$

$$L_i = \begin{bmatrix} L_{ix} & L_{iy} & L_{iz} \end{bmatrix}^{\mathrm{T}} \qquad (8)$$

$$l_i^2 = \|L_i\|^2 = L_i^{\mathrm{T}} L_i \qquad (9)$$

其中，L 是六个支腿向量，L_i 是第 i 个支腿向量，L_{ix}，L_{iy}，L_{iz} 是 L_i 的三维坐标，l_i 是对 L_i 求二范数得到的第 i 个支腿长度，$i = 1 \sim 6$。

1.2.2   运动学正解原理

运动学正解原理是给定六个支腿长度，根据牛顿–拉夫逊法迭代求解上部运动平台的位姿。正解只在某一工作空间范围内存在唯一解，因此选择上一时刻的位姿作为迭代初值。假设已知六个支腿长度为 l_i，第 n 次迭代位姿向量为 P_n，根据前述的运动学反解原理（1）~（9）可求得对应的六个支腿向量为 L_i。则牛顿–拉夫逊法的变量及目标函数为

$$P_n = \begin{bmatrix} x & y & z & \alpha & \beta & \gamma \end{bmatrix}_n^{\mathrm{T}} \qquad (10)$$

$$h_i(P_n) = L_i^{\mathrm{T}} L_i - l_i^2 = 0 \qquad (11)$$

$$H(P_n) = \begin{bmatrix} h_1 & h_2 & h_3 & h_4 & h_5 & h_6 \end{bmatrix}^{\mathrm{T}} \qquad (12)$$

其中，$h_i(\boldsymbol{P}_n)$ 是第 i 个支腿的目标函数，$H(\boldsymbol{P}_n)$ 是目标函数组，$n=1,2,3,\cdots$。迭代方法为

$$\boldsymbol{P}_{n+1} = \boldsymbol{P}_n - \frac{\boldsymbol{H}(\boldsymbol{P}_n)}{\boldsymbol{H}'(\boldsymbol{P}_n)} \tag{13}$$

$$\Delta \boldsymbol{P}_n = -\frac{\boldsymbol{H}(\boldsymbol{P}_n)}{\boldsymbol{H}'(\boldsymbol{P}_n)} = -\boldsymbol{H}'(\boldsymbol{P}_n)^{-1}\boldsymbol{H}(\boldsymbol{P}_n) \tag{14}$$

$$\boldsymbol{H}'(\boldsymbol{P}_n) = \begin{bmatrix} \dfrac{\partial h_1}{\partial p_j} & \dfrac{\partial h_2}{\partial p_j} & \dfrac{\partial h_3}{\partial p_j} & \dfrac{\partial h_4}{\partial p_j} & \dfrac{\partial h_5}{\partial p_j} & \dfrac{\partial h_6}{\partial p_j} \end{bmatrix}^{\mathrm{T}} = \begin{bmatrix} \dfrac{\partial h_i}{\partial p_j} \end{bmatrix} \tag{15}$$

其中，P_{n+1} 是第 $n+1$ 次迭代的位姿向量，$\boldsymbol{H}'(\boldsymbol{P}_n)$ 是 $\boldsymbol{H}(\boldsymbol{P}_n)$ 对 $\boldsymbol{P}_n$ 求导得到的矩阵，p_j 是六个位姿，$j=1\sim6$。分别让目标函数组对位置向量与姿态向量进行求导：

$$\begin{bmatrix} \dfrac{\partial h_i}{\partial x} & \dfrac{\partial h_i}{\partial y} & \dfrac{\partial h_i}{\partial z} \end{bmatrix} = 2\begin{bmatrix} \dfrac{\partial(\boldsymbol{L}_i^{\mathrm{T}}\boldsymbol{L}_i)}{\partial x} & \dfrac{\partial(\boldsymbol{L}_i^{\mathrm{T}}\boldsymbol{L}_i)}{\partial y} & \dfrac{\partial(\boldsymbol{L}_i^{\mathrm{T}}\boldsymbol{L}_i)}{\partial z} \end{bmatrix} = 2\begin{bmatrix} L_{ix} & L_{iy} & L_{iz} \end{bmatrix} \tag{16}$$

$$\begin{bmatrix} \dfrac{\partial h_i}{\partial \alpha} & \dfrac{\partial h_i}{\partial \beta} & \dfrac{\partial h_i}{\partial \gamma} \end{bmatrix} = 2\begin{bmatrix} \boldsymbol{L}_i^{\mathrm{T}}\dfrac{\partial \boldsymbol{R}}{\partial \alpha}B_i & \boldsymbol{L}_i^{\mathrm{T}}\dfrac{\partial \boldsymbol{R}}{\partial \beta}B_i & \boldsymbol{L}_i^{\mathrm{T}}\dfrac{\partial \boldsymbol{R}}{\partial \gamma}B_i \end{bmatrix} \tag{17}$$

其中，B_i 是 $\boldsymbol{B}$ 矩阵的第 i 列，代表第 i 个支腿上平台铰点在运动坐标系中的坐标。

式（17）中旋转矩阵对姿态角的导数为

$$\frac{\partial \boldsymbol{R}}{\partial \alpha} = \begin{bmatrix} 0 & \sin\alpha\sin\gamma + \cos\alpha\sin\beta\cos\gamma & \cos\alpha\sin\gamma - \sin\alpha\sin\beta\cos\gamma \\ 0 & -\sin\alpha\cos\gamma + \cos\alpha\sin\beta\sin\gamma & -\cos\alpha\cos\gamma - \sin\alpha\sin\beta\sin\gamma \\ 0 & \cos\alpha\cos\beta & -\sin\alpha\cos\beta \end{bmatrix} \tag{18}$$

$$\frac{\partial \boldsymbol{R}}{\partial \beta} = \begin{bmatrix} -\sin\beta\cos\gamma & \sin\alpha\cos\beta\cos\gamma & \cos\alpha\cos\beta\cos\gamma \\ -\sin\beta\sin\gamma & \sin\alpha\cos\beta\sin\gamma & \cos\alpha\cos\beta\sin\gamma \\ -\cos\beta & -\sin\alpha\sin\beta & -\cos\alpha\sin\beta \end{bmatrix} \tag{19}$$

$$\frac{\partial \boldsymbol{R}}{\partial \gamma} = \begin{bmatrix} -\cos\beta\sin\gamma & -\cos\alpha\cos\gamma - \sin\alpha\sin\beta\sin\gamma & \sin\alpha\cos\gamma - \cos\alpha\sin\beta\sin\gamma \\ \cos\beta\cos\gamma & -\cos\alpha\sin\gamma + \sin\alpha\sin\beta\cos\gamma & \sin\alpha\sin\gamma + \cos\alpha\sin\beta\cos\gamma \\ 0 & 0 & 0 \end{bmatrix} \tag{20}$$

综上，可以得到 $\boldsymbol{H}'(\boldsymbol{P}_n)$，且 $\boldsymbol{H}'(\boldsymbol{P}_n)$ 第 i 行对应的是第 i 个支腿的目标函数对位姿 $\boldsymbol{P}_n$ 的导数。根据第 n 步位姿 P_n 和已知支腿长度 l_i，按照上述式（10）~（20）得到 $\boldsymbol{H}'(\boldsymbol{P}_n)$，从而得到下一步位姿 P_{n+1}，直到满足收敛条件。根据徐文辉[6]的研究结果，该方法最多需要 5 次迭代即可得到精确的正解结果。

1.3　平台运动学模型的 Simulink 建立与验证

根据上述推导，在 MATLAB/Simulink 里建立 Stewart 平台的运动学模型。只考虑运动学的正解与反解过程，假设信号传递过程中无运动跟踪误差，模型框图如图 3 所示，Simulink 模型图如图 4 所示。

图 3　Stewart 平台运动学模型

为了验证模型是否准确，在 Stewart 平台工作空间范围内输入某一随机波浪信号。锚链参数如表 1 所示，平台作业水深为 1 400 m，截断点为 700 m 水深处。利用锚泊系统运动响应计算，可以得到截断点在 x、y、z 三个方向上的运动响应时程，按照 1∶100 的缩尺比例处理后截断点运动信号如图 5 所示。将截断点运动信号作为 Stewart 平台的位姿输入信号，利用 Simulink 模型计算得到的三个方向运动跟踪误差如图 6 所示，表明了运动学模型的准确性。

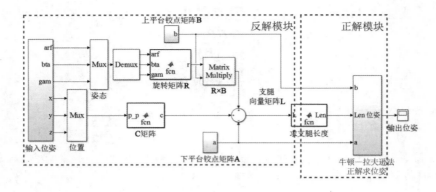

图 4　Stewart 平台 Simulink 模型

表 1　锚链参数

锚链特性	上段锚链	中段锚链	下段锚链
锚链类型	K4 无档锚链	钢索	K4 无档锚链
直径/m	0.095	0.100	0.095
长度/m	300	2 000	1 500
浮容重/（N·m^{-1}）	1597.4	393.34	1 597.4
轴向刚度/N	6.737 1E8	9.197 6E8	6.737 1E8
破断载荷/N	9.007 9E6	8.687 4E6	9.007 9E6

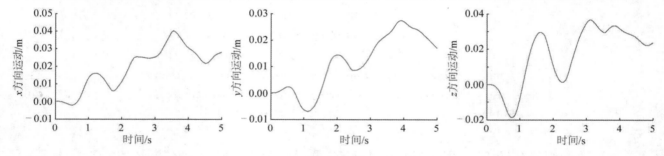

图 5　截断点处三个方向的运动时程

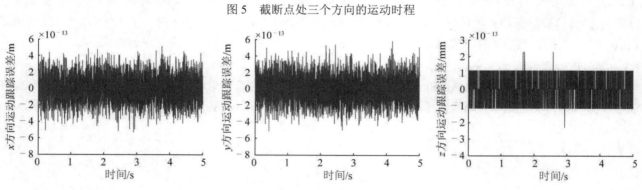

图 6　Stewart 平台位姿跟踪误差

2　系统辨识对象与方法

2.1　辨识对象

　　Stewart 平台的控制主要是针对其支腿驱动电机进行建模与控制。驱动电机的控制性能主要反映在其动态特性、鲁棒性、抗干扰性，并且由于六自由度平台在六个支腿所使用的电机是一致的，只需要让单支腿电机具有良好的控制性能。驱动电机的一般特性包含：传递函数、阶跃响应、超调量、时滞、稳态误差、非线性与时变性等。为了针对驱动电机设计控制算法，需要对驱动电机进行建模分析与系统辨识。

本文选取永磁同步电机（PSPM）作为六自由度平台的驱动电机，具体参数如表 2 所示。采用铰点空间控制策略，假设纯时滞相对于系统的惯性可以忽略，基于 MATLAB/Simulink 建立 PMSM 模型[7-9]，如图 7 所示。PMSM 的反馈控制方法为电压空间矢量控制结合电流环 PI 控制，电机的阶跃响应如图 8 所示。根据 Simulink 计算结果，阶跃响应稳定在输入信号 ±2% 误差之内所用调节时间为 $T_s = 15.45\ \text{ms}$。

表 2　PMSM 参数

参数名称	参数大小
额定负载转矩/（N·m^{-1}）	75.000
额定电流/A	23.000
额定转速/（r·min^{-1}）	1 500.0
转自转动惯量/（kg·m^{-2}）	0.025 2
定子电阻/Ω	0.331 0
绕组电感/mH	8.850 0
极对数	4.000 0
磁链/Wb	0.353 7
参考电压/V	300.00
转速输入/（rad·s^{-1}）	157.08
时间常数/s	0.000 4
电流环 PI 控制器	$K_P = 1\ 100, K_I = 7$

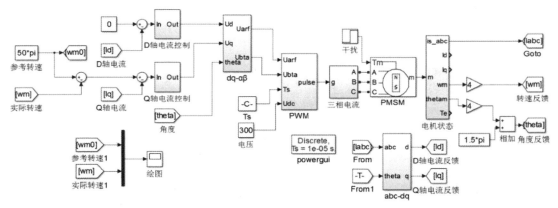

图 7　PMSM 的 Simulink 模型

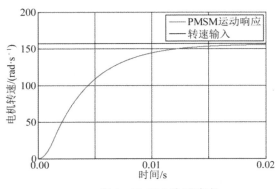

图 8　PMSM 阶跃响应

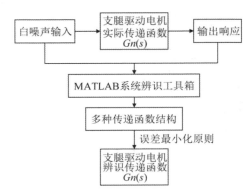

图 9　系统辨识工具箱进行辨识传递函数

2.2　系统辨识

分别选取 MATLAB 系统辨识工具箱和神经网络系统辨识来对 PMSM 进行辨识。

2.2.1　MATLAB 系统辨识工具箱

MATLAB 系统辨识工具箱（System Identification Toolbox）对线性模型的传递函数辨识精度较高且操作简单。使用系统辨识工具箱的流程如图 9 所示。针对建立的 PMSM 驱动电机模型，在进行系统辨识时，以白噪声信号作为辨识输入信号，采样时间为 2 ms，方差为 25π。经过对比不同结构传递函数的辨识精度，选择式（21）所示的传递函数，分子分母阶数分别为 0、2 时辨识精度最高，达到 94.7%，得到的结果为

$$G_n(s) = \frac{b_0}{a_0 + a_1 s + a_2 s^2} = \frac{1.828 \times 10^6}{1.827 \times 10^6 + 8\,509s + s^2} \tag{21}$$

其中，s 是微分算子，a_i、b_i 是待辨识参数，$G(s)$ 是 PMSM 实际模型，$G_n(s)$ 是 $G(s)$ 的辨识传递函数。

2.2.2　神经网络系统辨识

如果受控对象存在非线性与时变性，或者其模型结构只能用高阶传递函数描述，不但很难辨识，而且难于设计控制算法。而神经网络可以用简单的线性模型来模拟受控对象，辨识过程简单、辨识精度高。本文采用径向基（RBF）神经网络辨识方法，并按照梯度下降法将误差反向传播，对输出权值、节点中心、节点基宽参数进行迭代修正。采用 RBF 神经网络辨识法对受控对象模型进行辨识的过程如图 10 所示。为了能够体现受控对象的动态特性，RBF 神经网络的输入向量应该包括受控对象前几步的输入和输出数据：

$$\boldsymbol{X} = \begin{bmatrix} u(k) & u(k-1) & \cdots & u(k-p_1) & y(k-1) & y(k-2) & \cdots & y(k-p_2) \end{bmatrix}^{\mathrm{T}} \tag{22}$$

其中，p_1、p_2 分别是历史输入数据点数和历史输出数据点数。

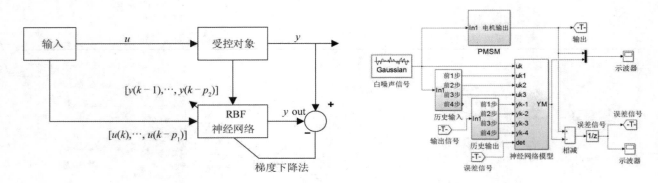

图 10　RBF 神经网络辨识法　　　　　　　　　图 11　RBF 神经网络辨识法 Simulink 模型

基于 MATLAB/Simulink 建立其模型辨识的过程，如图 11 所示。径向基节点数目对辨识的精度和速度没有太大影响，但节点数越多则适用频率范围越小，因此选择径向基节点数为 6，则基宽参数和网络权值都是 6 元向量；选择 $p_1 = 3$，$p_2 = 4$，网络输入向量由式（22）构成，因此输入向量为 8 元向量；$\eta = 0.25$，$\alpha = 0.01$，其余参数初值均为（0，1）范围内的随机数。测试输入白噪声信号，经过在线辨识得到的神经网络参数变化时程如图 12 至图 13 所示。可见随时间变化，通过神经网络辨识得到的模型参数在不断变化。原因在于每个时间步计算的神经网络输出与电机的输出误差都被用于进行参数校正，以提高神经网络模型对电机模型参数辨识的准确性。最终对 PMSM 的辨识效果如图 14 所示。

分别利用 MATLAB 系统辨识工具箱与 RBF 神经网络辨识法的辨识结果对比如图 14 所示。从图 14 中可以看出：转速的输入需要一个过程才能使 PMSM 原模型达到既定的转速输出；MATLAB 系统辨识工具箱与神经网络辨识所得到的输出结果都与 PMSM 原模型的输出较好地吻合，说明这两种方法都可以用来实现对执行机构驱动电机的模型参数辨识；经计算 MATLAB 系统辨识工具箱的结果与 PMSM 原模型之间的响应曲线各点方差和为 9.617×104，而 RBF 神经网络辨识法的方差和为 1.611×10^4，说明 RBF 神经网络辨识法更能贴近电机的真实输出过程，在此模型参数辨识过程中神经网络辨识的效果要比 MATLAB 系统辨识工具箱的效果要好；此外，可以发现在输入信号突变的过程中 RBF 神经网络辨识法会出现一点点的"尖刺"现象，这是因为在信号输入突变的过程中神经网络需要进行新的学习和训练过程。

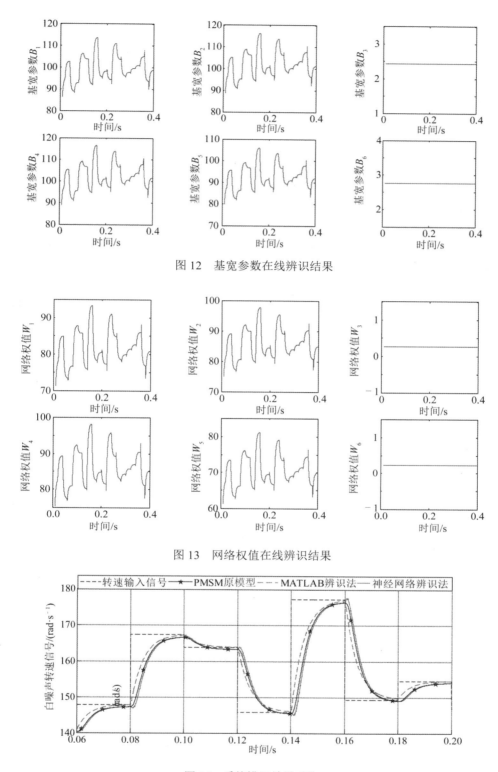

图 12　基宽参数在线辨识结果

图 13　网络权值在线辨识结果

图 14　系统辨识效果对比

3　结　语

本文探讨了锚泊系统主动式截断模型试验中，利用 Stewart 平台作为执行机构，实时追踪模拟截断点运动的运动学求解以及驱动电机模型参数辨识方法，具体如下：

1）选取了 Stewart 平台作为模拟截断点运动的执行机构，并利用 MATLAB/Simulink 进行了模型的运动学仿真与验证；

2）建立了驱动执行机构运动的 PSPM 电机仿真模型，建立了描述其输入信号与输出信号的传递函数关系；

3）分别利用 MATLAB 系统辨识工具箱和 RBF 神经网络系统辨识方法，对 PSPM 电机模型进行参数辨识，结果表明两种方法所得到的输出结果都与电机模型的输出较好地吻合，但采用神经网络辨识的误差更小，即更为贴近电机的真实输出，具有更好的系统辨识效果。

参考文献：

[1] 张火明, 杨建民, 肖龙飞. 深海海洋平台混合模型试验技术研究与进展[J]. 中国海洋平台, 2004, 19(5): 1-6.

[2] SAUDER T, SERENSEN A J, LARSEN K. Real-time hybrid model testing of a top tensioned riser: A numerical case study on interface time-delays and truncation ratio[C]// Proceedings of the 36th International Conference on Ocean, Offshore and Arctic Engineering, 2017.

[3] STANSBERG C T, ORMBERG H, ORITSLAND O. Challenges in deep water experiments: Hybrid approach[J]. Journal of Offshore Mechanics and Arctic Engineering, 2002, 124(2): 90-96.

[4] CAO Y, TAHCHIEV G. A Study on an active hybrid decomposed mooring system for model testing in ocean basin for offshore platforms[C]// Proceedings of the 32nd International Conference on Ocean, Offshore and Arctic Engineering, 2013.

[5] 刘晓昕. Stewart平台的MATLAB集成工具箱设计[D].哈尔滨:哈尔滨工业大学, 2007.

[6] 徐文辉. 六自由度Stewart平台运动学参数的计算和试验研究[D].哈尔滨: 哈尔滨工业大学, 2006.

[7] 王莉娜, 杨宗军. SIMULINK中PMSM模型的改进及在参数辨识中的应用[J]. 电机与控制学报, 2012, 16(7): 77-82.

[8] 付运涛. 六自由度平台电动作动筒控制研究[D]. 天津: 中国民航大学, 2011.

[9] CHEN L, YANG J, LOU J. An adaptive speed control method for permanent magnet synchronous motors[C]// Proceedings of the 19th International Conference on Electrical Machines and Systems, IEEE. 2016.

浸没式浮筒对系泊缆松弛–张紧特性的影响研究

王瑞华，张素侠，刘习军

（天津大学 机械工程学院，天津　300354）

摘要： 为了研究浸没式浮筒对悬链线系泊缆松弛–张紧特性的影响，本文基于集中质量法建立了下端锚固，上端做简谐运动的带浮筒悬链线系缆运动微分方程。运用 Newton-Raphson 法和 Howbolt 差分法，求解了系缆的运动特性和动张力值。通过与无浮筒悬链线系泊系统的对比，分析了几种不同参数的浮筒对系泊缆松弛–张紧现象及冲击放大系数两个方面的影响。结果表明，附加一定大小的浸没式浮筒能有效抑制系泊缆松弛–张紧现象的出现，并且减小系缆运动过程中动张力的冲击放大系数。但当附加浮筒的净浮力过大时，在极端海况下，会助长系泊缆上端出现松弛–张紧现象，进而影响系泊物的稳定性。

关键词： 浸没式浮筒；悬链线系泊系统；集中质量法；松弛–张紧；冲击放大系数

随着近海石油工业朝深海方向的迈进，平台作业水深不断增加，悬链线系泊缆的重力也逐渐增大，这影响了其水平方向的系泊效率，同时降低了平台的有效载荷，因此在工程实际应用中受到了极大的限制。

近年来国内外部分学者提出了一种新型的带浸没式浮筒的悬链线系泊系统，并对其进行了研究。Ghafari 等[1]使用三维绕射理论和 AQWA 软件的 Morison 方程模拟分析，研究了浮筒尺寸对半潜式平台运动幅度及系泊缆张力的影响。Mavrakos 等[2-3]运用时域和频域的方法，研究了浮筒特性（数量、尺寸和位置）对系泊线动态性能的影响。Ji 等[4]提出了一种新型的带重块的系泊系统，通过软件模拟，得到附加重块的系泊系统和原系统在平台 6 自由度运动响应以及缆绳有效张力等方面的结果。Yuan 等[5-6]在 Ji 等[4]提出的带重块的系泊系统上附加浮筒，并基于时域耦合分析方法对新系统进行了分析，对比了浮筒体积以及安装位置对平台运动响应、缆绳动张力的影响。Qiao 等[7]和 Yan 等[8]考虑南海 100 年一遇的海况，对半潜式平台的全局响应进行了时域数值模拟，研究了浮筒系统对系泊动张力和平台运动响应特性的影响。闫俊等[9]研究了新型深水串联浮筒对锚泊线阻尼特性的影响。

系缆在运动过程中，可能会出现局部张力瞬时为零的情况，即会出现松弛–张紧现象，进而产生冲击载荷。有试验结果表明，在系缆出现的冲击现象中，其最大动张力 T_{max} 可以达到预张力 T_c 的几倍到十几倍[10-11]。以上研究工作从平台运动特性、缆绳动张力、锚承受的竖向载荷、系缆阻尼特性等几个方面表明附加浮筒可以扩大悬链线系泊系统在深水和超深水中的应用，但未涉及附加浮筒对系泊缆可能出现的松弛–张紧现象及其引起的冲击载荷问题的影响。许多系泊缆断裂时，其外部载荷并未超过设计载荷，而是由于系缆出现松弛–张紧引发的疲劳问题和冲击载荷问题，造成了缆绳系统的破坏断裂[10-12]。因此研究附加浮筒对系泊缆松弛–张紧特性及其伴随的冲击现象的影响具有很重要的意义。

针对上述问题，在程楠[10]、唐友刚等[11]的研究基础上，基于集中质量法建立了下端锚固，上端做简谐运动的带浮筒悬链线系缆运动微分方程，运用 Newton-Raphson 法和 Howbolt 差分法，求解了系缆的运动特性和动张力值。通过与无浮筒系泊缆的对比，分析了附加浮筒对系缆松弛–张紧现象、冲击放大系数两个方面的影响。

1　带浮筒系缆的模型建立

系泊缆的离散模型及坐标系如图 1 所示，系缆下端点与海底锚相连，为坐标系的原点。将系泊缆等分为 n 段，系缆第 1 分段 S_1 的质量都集中在第 1 个节点 P_1 上，其他系缆分段质量都均分到两端的节点上。系缆第 i 分段为 S_i，其未拉伸前长度为 l_i，横截面积为 A_i。系缆各分段只可承受拉伸，拉伸刚度为 k_i，阻尼系数为 C_i[10-11]，当系泊缆为非均匀系统时，A_i、k_i、C_i 等参数为变量。系统最终简化成由 n 个节点（$P_1 \sim P_n$）和 n 段无质量弹簧与阻尼器组成的离散系统。假定平台做简谐运动，运动方程为 $X = x_f + A\sin(\omega t)$，式中：$x_f$ 为节点 P_n 静平衡位置的水平方向坐标值，A 为运动幅值，ω 为运动圆频率，水深为 d。

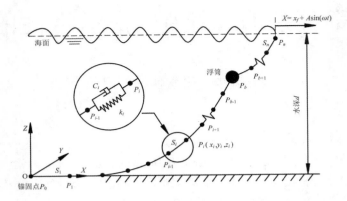

图 1　系泊缆的离散模型

假设浮筒为球形，忽略浮筒与系泊缆之间的耦合效应，浮筒安装在节点 P_b 处（需保证浮筒始终浸没在海面以下位置），浮筒受到的重力、浮力、流体拖曳力等都作用在节点 P_b。考虑系缆和浮筒的重力、浮力、流体拖曳力、附连水质量和惯性力，以及系缆的弹性伸长，根据牛顿第二定律建立各个节点的运动微分方程，除去浮筒安装点 P_b 外的系缆节点 P_i 的运动方程为[10,11]

$$\begin{bmatrix} m_i & 0 & 0 \\ 0 & m_i & 0 \\ 0 & 0 & m_i \end{bmatrix}\begin{bmatrix} \ddot{x}_i \\ \ddot{y}_i \\ \ddot{z}_i \end{bmatrix} + \frac{1}{2}e_i\begin{bmatrix} a_{nx} \\ a_{ny} \\ a_{nz} \end{bmatrix}_i + \frac{1}{2}e_{i+1}\begin{bmatrix} a_{nx} \\ a_{ny} \\ a_{nz} \end{bmatrix}_{i+1} = \begin{bmatrix} F_x \\ F_y \\ F_z \end{bmatrix}_i \tag{1}$$

式中：m_i 为节点 P_i 的质量。当 $i=1$ 时，$m_i=1.5m_l$；当 $i=2,\cdots,n-1$ 时，$m_i=m_l$；当 $i=n$ 时，$m_i=0.5m_l$。其中，m_l 为系缆分段质量。e_i 为系缆分段 S_i 的附连水质量，当系缆分段具有法向加速度时，才会产生附连水质量，其表达式为[10-11]

$$e_i = \rho c_i l_i A_i \tag{2}$$

其中，c_i 为附加质量系数，ρ 为海水密度。a_{nx}、a_{ny}、a_{nz} 分别为附连水质量的法向加速度在 X、Y、Z 方向上的分量。F_x、F_y、F_z 分别为作用在节点上的外力在 X、Y、Z 方向上的分量，包括节点两端系缆的重力、浮力、流体拖曳力以及缆绳张力。作用于系缆分段 S_i 的流体拖曳力用莫里森公式求得[10]：

$$\begin{cases} D_i^x = \dfrac{1}{2}\rho D_{sk}l_{i+1}c_x u_x |u_x| \\[2mm] D_i^y = \dfrac{1}{2}\rho D_{sk}l_{i+1}c_x u_y |u_y| \\[2mm] D_i^z = \dfrac{1}{2}\rho D_{sk}l_{i+1}c_x u_z |u_z| \end{cases} \tag{3}$$

在浮筒的安装位置节点 P_b 处，其运动方程为

$$\begin{bmatrix} m_l+m_b & 0 & 0 \\ 0 & m_l+m_b & 0 \\ 0 & 0 & m_l+m_b \end{bmatrix}\begin{bmatrix} \ddot{x}_b \\ \ddot{y}_b \\ \ddot{z}_b \end{bmatrix} + \frac{1}{2}e_b\begin{bmatrix} a_{nx} \\ a_{ny} \\ a_{nz} \end{bmatrix}_b + \frac{1}{2}e_{b+1}\begin{bmatrix} a_{nx} \\ a_{ny} \\ a_{nz} \end{bmatrix}_{b+1} = \begin{bmatrix} F_x+F_{bx} \\ F_y+F_{by} \\ F_z+F_{bz} \end{bmatrix}_b \tag{4}$$

式中：节点质量 m_i 包含有系缆分段质量 m_l 与浮筒质量 m_b，F_x、F_y、F_z 除了作用在节点两端系缆的重力、浮力、流体拖曳力以及缆绳张力以外，还包括浮筒的重力、浮力、流体拖曳力等。

由于系泊过程中钢缆的拉伸应变较小，系缆的载荷和应变关系可以简化成线性的；同时由于系泊缆只承受拉伸载荷而不承受压缩载荷，故系缆的松弛–张紧状态采用分段线性刚度表示。

作用在浮筒上的流体拖曳力 D_b 在 X、Z 方向上的分量可以表示为[2-3]

$$\begin{cases} D_b{}^x = \dfrac{1}{2} \rho_w c_b A_b V_r (U - \dot{x}_b) \\ D_b{}^z = \dfrac{1}{2} \rho_w c_b A_b V_r \dot{z}_b \end{cases} \tag{5}$$

式中：ρ_w 为海水密度，c_b 为浮筒的拖曳力系数，A_b 为浮筒的最大横截面积，U 为浮筒位置的海水流速。V_r 为浮筒与海流相对速度，其表达式为

$$V_r = \sqrt{(U - \dot{x}_b)^2 + \dot{z}_b^2} \tag{6}$$

2　数值求解

系缆一端与海底固连，另一端做简谐运动。边界条件表达式为

$$\begin{cases} x_0(t) = 0,\, y_0(t) = 0,\, z_0(t) = 0 \\ x_n(t) = x_f + A\sin(\omega t),\, y_n(t) = 0,\, z_n(t) = z_n^t \end{cases} \tag{7}$$

式中：x_f 为节点 P_n 静平衡位置的 X 方向坐标值，z_n^t 是节点 P_n 静平衡位置的 Z 方向坐标值，为一常数。

初始时刻的位移和速度为

$$\begin{cases} x_i(0) = \mathrm{x}_i^0,\, y_i(0) = \mathrm{y}_i^0,\, z_i(0) = \mathrm{z}_i^0 \\ \dot{x}_i(0) = \dot{x}_i^0,\, \dot{y}_i(0) = \dot{y}_i^0,\, \dot{z}_i(0) = \dot{z}_i^0 \end{cases} \tag{8}$$

式中：x_i^0、y_i^0、z_i^0 表示节点 P_i 在初始时刻的位移，由系缆静态构型确定。$\dot{x}_i^0$、$\dot{y}_i^0$、$\dot{z}_i^0$ 表示节点 P_i 在初始时刻的速度，假定各节点初始时刻静止，即速度值为 0。

系缆运动微分方程采用 Howbolt 差分法求解，Howbolt 差分法具有无条件稳定的优点，并且计算结果可靠[13-14]。在数值迭代计算中采用 Newton-Raphson 迭代法。Newton-Raphson 迭代法具有收敛速度快、收敛稳定、算法简洁的优点[15]。经过多次重复迭代，可算出每一时间步上的系缆各分段张力及系缆的构型，再通过 Howbolt 差分格式求得每个节点在任一时间步的速度与加速度[10-11]。

3　算例分析

以 Jip Spar 平台的系泊系统为参考[10-11]，系缆采用 4 组 12 根布置方式连接平台与海底，其中单根系泊缆参数经换算处理后见表 1。系缆分段数 n=100，每段长度 l=20 m。根据常规波浪频率范围以及平台在实际作业中的大致运动范围，系泊缆上端点水平运动的幅值和圆频率分别取 A=5~15 m，ω=0.5~1.3 rad/s。

浮筒的参数根据浮筒净浮力占水中单根系缆重力的比值来设置[2,7]。先拟定浮筒半径，再根据浮重比条件确定浮筒的质量，并保证所设计浮筒的质量与半径值符合参考文献[2]、[7]中的参考范围，具体浮筒参数设计见表 2。

表 1　系泊缆参数

名称	参数	名称	参数
作业水深 d	1 018 m	单位长质量 M	275 kg/m
系缆长 L	2 000 m	等效直径 d_{sk}	0.207 7m
分段数 n	100段	弹性刚度 EA	3.75×10^8N

表 2　浮筒类型及参数

浮筒类型	质量/t	半径/m	比值/（%）
浮筒 I	8.592	2.9	20
浮筒 II	10.112	3.3	30
浮筒 III	14.381	3.9	50

做以下三点假设：①安装不同参数的浮筒后海底锚始终不受竖向载荷；②浮筒始终浸没在海面以下，只受流而不受风和浪的作用；③忽略浮筒与系泊缆之间的耦合效应。

综合以上三点假设，浮筒的安装位置选为距离上端点 400 m 处的节点 P_{80}。

3.1 浮筒对松弛–张紧现象影响分析

系缆在运动过程中，若出现局部张力瞬时为零，则会出现松弛–张紧现象[10-11]。现以系缆分段 S_{40} 为例，当系缆不加浮筒，上端点运动幅值 A=12 m，运动圆频率 ω=0.8 rad/s 时，系缆分段 S_{40} 的张力时间历程曲线如图 2 所示。其在每个周期中最小张力值为 0N，即系缆分段 S_{40} 在每个周期都会出现松弛–张紧现象。

当上端点运动幅值 A=12 m，运动圆频率 ω=0.8 rad/s 时，带不同类型浮筒系缆的各分段最小张力值分布如图 3 所示。从图 3 可以看出，系缆不加浮筒与加浮筒 I、浮筒 II、浮筒 III 时出现松弛–张紧现象的缆绳分段数分别为 59 段（S_1~S_{59}）、39 段（S_1~S_{39}）、3 段（S_1~S_3）、0 段，即系缆所附加浮筒净浮力越大，出现松弛–张紧现象的可能性就越小，甚至可以避免出现松弛–张紧现象；并且系缆出现松弛–张紧现象的分段都在靠近下端点的部分，其原因是：系缆分段的预张力从连接上端点的 S_{100} 到连接下端点的 S_1 是逐渐减小的，缆绳预张力越小，松弛–张紧现象就越容易出现。

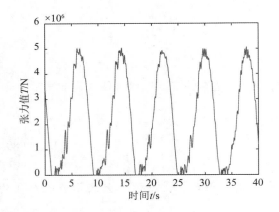

图 2　不带浮筒系缆分段 S_{40} 的张力时间历程

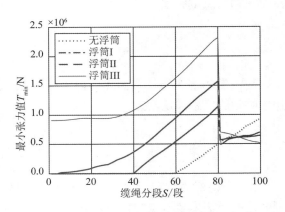

图 3　带不同类型浮筒系缆各分段最小张力值分布（A=12 m，ω=0.8 rad/s）

给定上端点运动幅值 A=12 m，计算得到带不同类型浮筒的系缆在多种运动圆频率下的松弛–张紧段数对比图，如图 4 所示。从图 4 可以看出，当运动圆频率为 0.5 rad/s 时，附加任何类型浮筒的系缆都不出现松弛–张紧现象；当运动圆频率大于 0.5 rad/s 时，系缆所附加浮筒的净浮力越大，出现松弛–张紧现象的缆绳段数越少，甚至可以避免出现松弛–张紧现象，例如，当运动圆频率为 0.7 rad/s 时，附加浮筒 I 的系缆出现松弛–张紧现象的段数比不加浮筒的系缆减少了 22 段，附加浮筒 II 与浮筒 III 的系缆则不出现松弛–张紧现象。

给定上端点运动频率 ω=1.0 rad/s，计算得到带不同类型浮筒的系缆在多种运动幅值下的松弛–张紧段数对比图，如图 5 所示。

由图 5 可以看出，当运动幅值为 5m 时，附加任何浮筒类型的系缆都不出现松弛–张紧现象。当运动幅值大于 5 m 时，系缆所附加的浮筒净浮力越大，出现松弛–张紧现象的缆绳段数越少，即出现松弛–张紧现象的可能性越小，甚至可以避免出现松弛–张紧现象。例如，当运动幅值为 10 m 时，附加浮筒 I 与浮筒 II 的系缆出现松弛–张紧现象的段数分别比不加浮筒的系缆减少了 15 段、27 段，附加浮筒 III 的系缆则不出现松弛–张紧现象。

存在一种特殊情况，即当上端点运动幅值 A=12 m，运动频率 ω=1.3 rad/s 时，附加浮筒 III 的系缆除了在靠近下端点的分段出现松弛–张紧现象外，其在靠近上端点的分段 S_{96} 到 S_{100} 也出现松弛–张紧现象，具体如图 6 所示。此现象发生的原因是系缆附加浮筒 III 时，其靠近上端点的系缆预张力因为浮筒净浮力太大而被过度减小，从而增加了其出现松弛–张紧的风险，当上端点运动幅值和频率都大的时候，松弛–张紧现象就容易出现。

靠近上端点的系缆出现松弛–张紧现象将增大其疲劳断裂的风险，主要是因为靠近上端点的系缆张力值相较其他位置更大。因此增大浮筒的浮重比，虽然能够更有效地减小缆绳出现松弛–张紧现象的可能性，但如果增加的浮筒浮重比过大，则靠近上端点的系缆有可能在极端海况下出现更具危害的松弛–张紧现象。

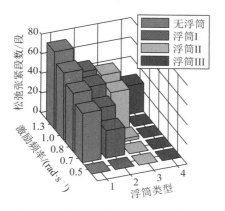

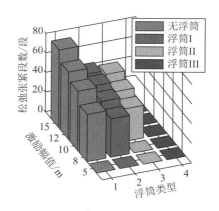

图 4　松弛–张紧段数对比（A=12 m）　　　　　　　　图 5　松弛–张紧段数对比（ω=1.0 rad/s）

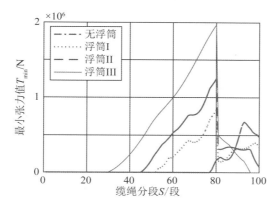

图 6　带不同类型浮筒系缆各分段最小张力值分布（A=12 m，ω=1.3 rad/s）

3.2　浮筒对冲击放大系数影响分析

系缆的最大动张力 $T_{\max}$ 与系缆静张力 T_c 的比值称为冲击放大系数，用 α 表示[10-11]，即：

$$\alpha = \frac{T_{\max}}{T_c} \tag{9}$$

为更加直观的表达系缆附加浮筒对于冲击放大系数的改变，现在定义无量纲系数：

$$\Delta\alpha = \alpha_b - \alpha_{nb} \tag{10}$$

式中：α_b 代表附加浮筒后系缆的冲击放大系数值，α_{nb} 代表无浮筒系缆的冲击放大系数值。只有当 $\Delta\alpha < 0$，浮筒才能有效减小系缆的冲击放大系数，减小系缆在实际工程中出现破断的风险，而且 $\Delta\alpha$ 值越小越好。

给定上端点运动幅值 A=12 m，计算得到附加浮筒 I、浮筒 II、浮筒 III 的系统上端点在多种运动频率的 $\Delta\alpha$ 值曲线，分别如图 7 至图 9 所示。

从图 7 可以看到，附加浮筒 I 的系统，当其上端点运动圆频率 ω=0.5 rad/s 时，浮筒安装位置以下的系缆分段（S_1 至 S_{80}）的 $\Delta\alpha$ 值存在部分大于 0 的情况，当运动圆频率大于 0.5 rad/s 时，其 $\Delta\alpha$ 值都小于 0，且运动频率越大，$\Delta\alpha$ 值越来越小。浮筒安装位置以上的系缆分段（S_{81} 至 S_{100}）的 $\Delta\alpha$ 值则在运动圆频率分别为 0.5 rad/s、0.7 rad/s、1.3 rad/s 时存在大于 0 的情况。因此附加浮筒 I 对系缆冲击放大系数的抑制效果不稳定，甚至存在增大系缆冲击放大系数的可能。

从图 8 和图 9 可以看到，当系缆附加浮筒 II、浮筒 III 时，在任意运动圆频率下，缆绳任意分段的 $\Delta\alpha$ 值都小于 0；且随着运动圆频率的增大，在总体趋势上其 $\Delta\alpha$ 值越小，即在海况越极端、上端点运动圆频率越大时，附加浮筒对冲击放大系数的抑制效果越好，能越有效的减小系缆在极端海况下发生破断的风险。因此附加浮筒 II 或者浮筒 III 对于系统冲击放大系数的抑制效果是很好的。

从图 7 至图 9 还可以看出，附加浮筒后，在缆绳分段 S 的趋势上，靠近下端点的 $\Delta\alpha$ 值比靠近上端点的 $\Delta\alpha$ 值要小，即附加浮筒对靠近下端点系缆分段冲击放大系数的抑制效果会比靠近上端点得更好。

给定上端点运动圆频率 $\omega=1.0$ rad/s，计算得到附加浮筒 I 的系缆在多种运动幅值下的 $\Delta\alpha$ 值曲线，如图 10 所示。从图 10 可以看到，缆绳任意分段的 $\Delta\alpha$ 值都小于 0，即附加浮筒有效减小了系缆冲击放大系数；在缆绳分段 S 的趋势上，靠近下端点系缆分段的 $\Delta\alpha$ 值比靠近上端点的 $\Delta\alpha$ 值要小。对于附加浮筒 II、浮筒 III 的系缆，给定上端点运动圆频率 $\omega=1.0$ rad/s，取多种运动幅值，计算得到的系缆 $\Delta\alpha$ 值曲线规律与图 8 相同，此处不再进行分析。

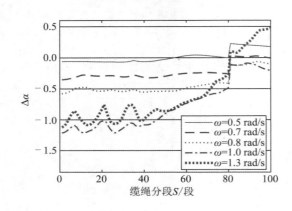

图 7　带浮筒 I 系泊缆各分段值分布（$A=12$ m）

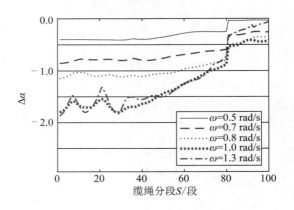

图 8　带浮筒 II 系泊缆各分段值分布（$A=12$ m）

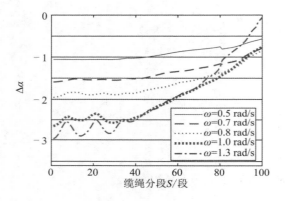

图 9　带浮筒 I 系泊缆各分段值分布（$A=12$ m）

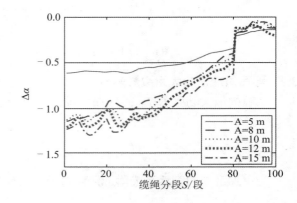

图 10　带浮筒 II 系泊缆各分段值分布（$\omega=1.0$ rad/s）

4　结　语

采用集中质量法建立了附加浮筒的悬链线系缆模型，计算了系缆上端点做不同幅值和频率的简谐运动时，系泊缆距离上端点 400 m 处附加三种不同大小浮筒后的运动特性和动张力值。通过与无浮筒悬链线系泊系统的对比，得出如下结论。

1）附加一定大小的浸没式浮筒能够有效减小系泊缆出现松弛–张紧现象的可能，甚至避免出现松弛–张紧现象。但是如果附加的浮筒的净浮力过大，在极端海况下有可能激发靠近上端点的系泊缆分段出现松弛–张紧现象，这种现象比靠近下端点的系缆分段出现松弛–张紧现象更具危害。

2）当附加的浮筒净浮力较小时（浮筒 I），对系缆冲击放大系数的抑制效果一般，甚至会微弱增强；当附加浮筒净浮力较大时（浮筒 II、浮筒 III），对系缆冲击放大系数的抑制效果显著，并且相比于靠近上端点的系缆分段，附加浮筒对于靠近下端点系缆分段的冲击放大系数抑制效果更好。

3）系泊缆上端点的运动幅值和频率越大，即海况越复杂时，附加浸没式浮筒对于系缆冲击放大系数的抑制效果越好，越能有效减小系缆出现破断的风险。

研究假设中，浮筒的关键参数为其浮重比（浮筒净浮力与单根入水系泊缆重力的比值），因此在其他同类型悬链线系泊系统中，只要附加的浮筒满足对应的浮重比值，以上结论同样成立。

参考文献：

[1]　GHAFARI H M. Parametric study of catenary mooring system on the dynamic response of the semi-submersible platform[J]. Ocean Engineering, 2018, 153: 310-332.

[2]　MAVRAKOS S A, CHATJIGEORGIOU J. Dynamic behaviour of deep water mooring lines with submerged buoys[J]. Compurers & Structures, 1997, 64(14): 819-835.

[3]　MAVRAKOS S A, PAPAZOGLOU V J, TRIANTAFYLLOU M S, et al. Deep water mooring dynamics [J]. Marines Structures, 1996, 9: 181-209.

[4]　JI C Y, YUAN Z M, CHEN M L. Study on a new mooring system integrating catenary with taut mooring[J].China Ocean Engineering (English Version), 2011, 25(3): 427-440.

[5]　YUAN Z, INCECIK A, JI C. Numerical study on a hybrid mooring system with clump weights and buoys[J]Ocean Engineering 2014, 88: 1-11.

[6]　YUAN Z, JI C, CHEN M, et al. Coupled analysis of floating structures with a new mooring system[J]. American Society of Mechanical Engineers, 2011: 489-496.

[7]　QIAO D, YAN J, OU J. Effects of mooring line with buoys system on the global responses of a semi-submersible platform[J]. Brodogradnja, 2014, 65(1): 79-96.

[8]　YAN J, QIAO D, FAN T, et al. Concept design of deep water catenary mooring lines with submerged buoy [C]// Proceedings of the Twelfth Pacific-Asia Offshore Mechanics Symposium, Gold Coast. Australia: International Society of Offshore and Polar Engineers, 2016.

[9]　闫俊, 乔东生, 樊天慧, 等. 新型深水串联浮筒锚泊线阻尼特性分析[J]. 中国造船, 2017, 58(2): 145-155.

[10]　程楠. 集中质量法在深海系泊冲击张力计算中的应用研究[D]. 天津: 天津大学，2008.

[11]　唐友刚, 张若瑜, 程楠, 等. 集中质量法计算深海系泊冲击张力[J]. 天津大学学报（自然科学与工程技术版）. 2009, 42(8): 695-701.

[12]　唐友刚, 易丛, 张素侠. 深海平台系缆形状和张力分析[J]. 海洋工程, 2007, 25(2): 9-14.

[13]　蔡承文, 黄纯明, 刘明杰. 结构动力学方程直接积分的一个无条件稳定方法[J]. 浙江大学学报, 1982(2): 4-17.

[14]　韩爱红, 钱晓军. 结构动力学方程的数值解法研究[J]. 低温建筑技术, 2015, 37(8): 81-83.

[15]　乔赫廷, 呼婧 王世杰, 等. 基于牛顿–拉夫逊的拉压不同模量问题的数值求解[J]. 计算力学学报, 2018, 35(2) : 202-207.

考虑缆索编制型式的钢制系缆拉伸扭转动力响应研究

赵凤帅 [1,2]，张若瑜 [1,2]，唐友刚 [1,2]，范子逸 [1,2]

（1. 天津大学 建筑工程学院，天津　300350；2. 天津大学 水利工程仿真与安全国家重点实验室，天津 300350）

摘要： 系泊缆索国内外已有若干计算模型，但其中的多数模型忽略了系缆的扭转作用。根据缆索编制型式，参考 Costello 弹性理论，建立了不同螺旋缆索拉伸–扭转模型，对缆索内力进行分析。基于非线性动力学理论，考虑风浪流作用和缆索自身弯曲拉伸扭转特性，建立缆索动力学方程组。研究了不同编制型式缆索扭转对于缆绳的影响规律，得出张力变化规律。分析了在轴向载荷作用下，缆索的扭转特性对张力的影响。建立了系泊系统计算模型，得出风浪流作用下的缆索动力响应。结果表明，相同轴向载荷下，不同结构缆索的响应不同，缆索内力与编制型式有关。与忽略扭转特性得出的张力相比，考虑缆索结构计算出来的张力更大。

关键词： 动力响应；系泊缆索；拉伸–扭转；编制型式

在系泊缆的使用过程中，会产生扭转作用。当纤维缆和钢缆连接在一起时，两者之间的连接处将旋转一定角度，以重新建立系统的扭矩平衡。周期性的旋转将对钢缆性能造成一系列的损害。有研究显示，在同样的周期性载荷作用下，与纯拉伸时相比，缆索耐久度会损失 95%[1]。为了避免出现这种拉伸–扭转疲劳问题，对系泊缆索的扭转特性研究是极为必要的。为了分析缆索的扭转特性，从而预测其疲劳寿命，对缆索结构的详细分析是必不可少的。

目前，国内外学者对于系泊缆索结构进行了卓有成效的研究。Garrett[2] 在经典细长杆理论基础上进一步探索，提出了三维弹性杆有限元模型，单元为线弹性，不承受扭转作用。此模型适用于柔性结构的小应变大变形静动力分析，可广泛应用于海洋工程中张力腿、立管和系缆等细长杆件计算，其优点在于模型的有限元方程是在整体坐标系下进行推导，因此较其他需要在迭代过程中频繁进行局部坐标系和整体坐标系转换的单元（如梁单元）更为简便。Zhu 和 Meguid[3] 在三维曲线梁理论的基础上发展出了新的曲线弹性梁单元，该单元适用于一些低张力缆索，如空中输油管线以及一些海洋低张力系缆，但是深海系缆在恶劣海况下通常会因平台剧烈的升沉运动而产生很高的张力，此时该单元则不再适用。肖越[4] 用三结点索单元模拟系缆，并通过迭代法逐步确定系缆的形状和其上的流体作用力。研究表明，非线性有限元法能较准确地描述泊系缆的非线性特性，并可以计算较轻系缆的非线性动力特性，而悬链线法则无法实现。唐友刚等[5] 基于细长杆理论，用杆单元建立系泊缆索模型，并考虑了缆索单元的几何非线性特性，改变其单元特性矩阵，并加载位移载荷，研究系缆在载荷作用下的内部张力。余龙和谭家华[6] 根据深水多成分系缆悬链线方程，结合设计中需要考虑各种材料的特征，提出多目标函数的多成分系缆优化模型。刘金沅[7] 利用有限元软件 ANSYS，对 R4 级系泊链钢制 92 mm 无档锚链进行拉伸和扭转载荷分析，得出大量数值模拟数据。

综上所述，国内外学者在研究系泊张力时，通常将缆索简化为杆、线单元进行计算，而这样的简化是基于截面均匀受力假定的。对于构造复杂的系泊缆索，截面均匀受力的假定存在一定问题。在拉伸–扭转耦合作用下，系泊缆之间相互缠绕、挤压更加复杂，其应力分布不均匀。因此，考虑不同编制结构的缆索本构关系及动力响应是十分重要的。

基金项目： 国家自然科学基金（51509185）

通信作者： 张若瑜。E-mail：zryu@163.com

1　计算理论与方法

1.1　螺旋缆索力学平衡方程

基于 Costello[8]弹性理论，对任意 i 层内螺旋钢丝的几何形状和受力情况做如下假设：①钢丝受到载荷作用后仍呈螺旋状态；②轴向拉力、弯曲曲率和挠率沿钢丝的轴线为一恒定值；③没有外部弯矩作用；④不考虑钢丝间的摩擦作用。

基于上述假设，作用于第 i 层螺旋钢丝上的载荷如图 1 所示。对螺旋钢丝进行受力分析，各载荷间的平衡方程可以表示为

$$-F_{bi}\overline{\varphi_i} + F_{ti}\overline{k_i'} + X_i = 0 \tag{1}$$

$$-M_{bi}\overline{\varphi_i} + M_{ti}\overline{k_i'} - F_{bi} = 0 \tag{2}$$

式中：M_{ti} 为第 i 层钢丝上 t 方向的扭转力矩；M_{bi} 为第 i 层钢丝 b 方向的弯矩；F_{bi} 为第 i 层钢丝 b 方向上的剪切力；F_{ti} 为第 i 层钢丝 t 方向的轴向拉力；$\overline{k_i'}$ 为缆索变形后的第 i 层钢丝 b 方向的曲率；$\overline{\varphi_i}$ 为缆索变形后的第 i 层钢丝单位长度扭转角；X_i 为作用于螺旋缆索中心线上的单位长度接触力。

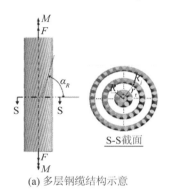
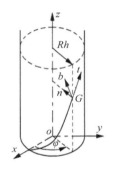

(a) 多层钢缆结构示意　　　　　　　　　　(b) 作用于螺旋钢丝上的力和力矩

图 1　缆索结构及作用力示意

1.2　螺旋缆索本构方程

多层钢缆结构型式如图 1 所示，根据其螺旋特征，可得

$$F_z = (EA)_1\,\varepsilon + \sum_2^n m_i\left(F_{ti}\sin\alpha_i + F_{bi}\cos\alpha_i\right) \tag{3}$$

$$M_z = (GJ)_1\,\varphi + \sum_2^n m_i\left(M_{ti}\sin\alpha_i + M_{bi}\cos\alpha_i + r_iF_{ti}\cos\alpha_i - r_iF_{bi}\sin\alpha_i\right) \tag{4}$$

式中：E 为钢丝弹性模量；G 为钢丝剪切模量；J 为钢丝惯性矩；A 为钢丝横截面积；α_i 为第 i 层钢丝的螺旋角；m_i 为第 i 层的钢丝数量；r_i 为第 i 层钢丝的螺旋半径；ε 为缆索整体轴向应变；φ 为缆索整体单位长度扭转角；F_z 为缆索整体轴向力；M_z 为缆索整体扭矩。

则螺旋缆索本构关系式为

$$\begin{bmatrix} F_z \\ M_z \end{bmatrix} = \begin{bmatrix} k_{\varepsilon\varepsilon} & k_{\varepsilon\varphi} \\ k_{\varphi\varepsilon} & k_{\varphi\varphi} \end{bmatrix} \begin{bmatrix} \varepsilon \\ \varphi \end{bmatrix} \tag{5}$$

式中：$k_{\varepsilon\varepsilon}$、$k_{\varepsilon\tau}$、$k_{\theta\tau}$、$k_{\tau\tau}$ 为与缆索结构相关的系数。

1.3　缆索内力计算

缆索的正应力和切应力为

$$\tau_i = GR_i\Delta\varphi_i \tag{6}$$

$$\sigma_i = ER_i\Delta k_i' + E\xi_i \quad (i = 1, 2, \cdots, n) \tag{7}$$

式中：$\Delta k'$ 为第 i 层钢丝 b 方向的曲率改变量；$\Delta\varphi_i$ 为第 i 层钢丝单位长度扭转角改变量；ξ_i 为第 i 层钢丝轴向应变；R_i 为第 i 层钢丝半径；σ_i 为正应力；τ_i 为切应力。

由钢缆几何结构可知，钢丝间接触的形式可以分为两种，即线接触和点接触。中心钢丝和第二层各螺旋钢丝间形成线接触[9-10]，假设所有钢丝的材料属性相同，利用赫兹理论[11-12]计算接触应力：

$$P_l = \sum_{j=2}^{n}\left(\frac{m_j X_j}{\sin\alpha_j}\right)\frac{\sin\alpha_2}{m_2} \tag{8}$$

$$\sigma_{max} = -\sqrt{\frac{P_l E(\rho_1 + \rho_2)}{2\pi\rho_1\rho_2(1-\upsilon^2)}} \tag{9}$$

式中：P_l 为接触线上单位长度接触力；σ_{max} 为最大接触应力；υ 为泊松比；ρ_1 为中心钢丝在接触线处的曲率半径；ρ_2 为第二层螺旋钢丝在接触线处的曲率半径。

外层的相邻螺旋钢丝会形成点接触[13]，考虑任意两相邻层 i-1 和 i 内螺旋钢丝间的接触状态，其接触点是不连续的网格状分布[14]，则钢丝间的最大接触应力为

$$P_i = \sum_{j=i}^{n}\frac{m_j X_j}{\sin\alpha_j}\left[\frac{2\pi(R_{i-1}+r_{i-1})\sin\alpha_i\sin\alpha_{i-1}}{m_i m_{i-1}\left|\sin(\alpha_i - \alpha_{i-1})\right|}\right] \tag{10}$$

$$\sigma_{max} = -C_\sigma\frac{bE(A+B)}{2(1-\upsilon^2)} \tag{11}$$

式中：P_i 为相邻钢丝点接触的接触力；b 为相邻钢丝之间椭圆形接触区域的半短轴长；C_σ 为比例系数；A 和 B 为与曲率半径有关的系数。

1.4　缆索动力学方程

考虑缆索所受风浪流外载荷，根据上文拉伸–扭转模型，建立缆索动力方程：

$$\frac{\partial Y}{\partial s} + M(Y)\frac{\partial Y}{\partial t} + P(Y) = 0 \tag{12}$$

式中：Y 为缆索的速度、拉伸弯曲扭转变形构成的向量，M 为与 Y 相对应的矩阵，P 为与 Y 相对应的向量。

2　缆索参数

2.1　几何参数

不同编制型式系缆各层索丝采用相同的材料，其相关参数见表 1 至表 4。

表 1　系缆相关参数

结构	缆索总直径/mm	弹性模量/GPa	泊松比
系缆	90	210	0.25

表 2　三层螺旋缆索（1×19）几何参数

索层序号	缆索数目	索丝直径/mm	捻角/(°)	捻向
1	1	18	—	—
2	6	18	7.12	右
3	12	18	11.5	左

表 3　四层螺旋缆索（1×37）几何参数

缆索层序号	缆索数目	索丝直径/mm	捻角/(°)	捻向
1	1	12.86	—	—
2	6	12.86	7.12	右
3	12	12.86	11.5	左
4	18	12.86	13.78	右

表 4　五层螺旋缆索（1×61）几何参数

缆索层序号	缆索数目	索丝直径/mm	捻角/(°)	捻向
1	1	10	—	—
2	6	10	7.12	右
3	12	10	11.50	左
4	18	10	13.78	右
5	24	10	15.06	左

2.2　系泊参数

本文采用考虑系泊缆拉伸–扭转–弯曲的非线性系泊动力分析方法，结合 OC3Spar 型浮式风力机系泊系统的设计参数[15]（见表 5）。

表 5　系泊系统参数

参数	数值
锚的深度（水深）/m	320
导缆孔相对水平面的深度/m	70.0
锚与平台中心线的距离/m	853.87
导缆孔与平台中心线的距离/m	5.2
系泊缆等效质量/（kg · m⁻¹）	77.706 6
系泊缆长度/m	902.2

3　缆索运动分析

3.1　五层螺旋缆索

本节以五层螺旋缆索为研究对象，预测其拉伸扭转力学性能。解析模型计算结果和谢桥漾[16]解析模型预测结果进行对比，平均轴向拉伸应变为 0.002 8 时的对比结果如图 2 所示。

两种解析模型计算得到的缆索各层应变呈现随着层数的增加逐渐减小的趋势，且减小幅度也基本一致。本文的解析模型与谢桥漾的解析模型计算结果的最主要区别在于缆索各层应变略小。造成这种现象的主要原因在于本解析模型考虑了缆索变形的几何形状和泊松效应。从总体上来看，本解析模型预测结果和谢桥漾解析模型的计算结果具有良好的一致性。

图 3 是轴向拉力 $F=1\ 000$ kN 时，本文中的解析模型与杆单元计算缆索受力的对比，解析模型计算出来的轴向应变比利用杆单元计算出来的结果大，最大误差达到 40%。这是因为用杆单元计算缆索受力，是基于截面均匀受力假定的。对于构造复杂、索丝呈螺旋线状的缆索，截面均匀受力的假定则存在一定问题。所以考虑缆索的结构型式是十分必要的。

99

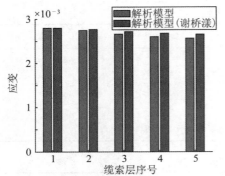

图 2　平均轴向应变为 0.002 8 时各层缆索的应变

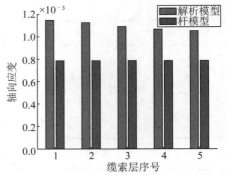

图 3　轴向拉力 F=1 000 kN 时的各层应变

3.2　编制型式的影响

不同编制型式螺旋缆索最大接触应力随平均轴向应变的变化如图 4 所示，可以看出，最大接触应力呈非线性变化，在较小的平均轴向应变时，最大接触应力会随着应变的增大而迅速增大，之后增大趋势变缓。这是因为，随着轴向应变的增大，钢丝间相互挤压，接触形式从线接触或点接触变为面接触。多层螺旋缆索的最大接触应力发生在第二层和第三层钢丝接触位置，缆索层数越多，钢丝之间的挤压作用越强，最大接触应力越大。

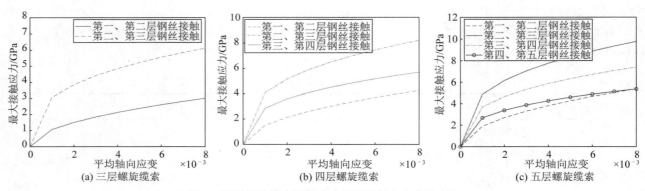

图 4　不同螺旋缆索接触应力随平均轴向应变的变化

不同缆索轴向力、扭矩随轴向应变的变化规律如图 5 所示，在相同外载荷条件下，不同层数螺旋缆索的轴向力、扭矩情况也不同。三层螺旋缆索的轴向力和扭矩最大，这是因为索丝左捻右捻的交互排列型式会降低缆索受到轴向载荷时的响应情况。随着应变的增大，三种螺旋缆索轴向力和扭矩都逐渐增大。

不同缆索轴向力、扭矩随单位长度扭转角变化规律如图 6 所示，在相同扭转条件下，不同层数螺旋缆索的轴向力、扭矩情况不同。三层螺旋缆索的轴向力最大，而扭矩最小。随着扭转角的增大，轴向力和扭矩都成线性增大。

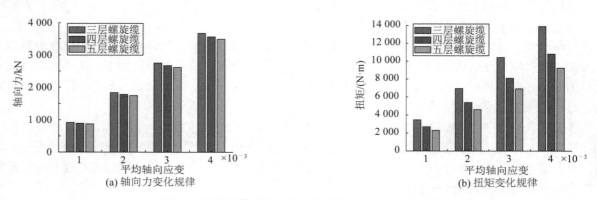

图 5　不同螺旋缆索轴向力、扭矩随轴向应变变化规律

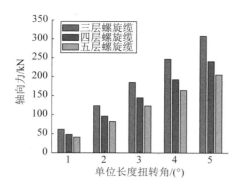 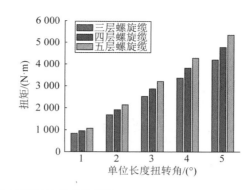

图 6　不同螺旋缆索轴向力、扭矩随单位长度扭转角变化规律

4　缆索动力特性

4.1　系泊缆的静态位形

以五层螺旋缆作为分析对象，分析编制型式对缆索系泊特性的影响。其静态位形如图 7 所示，静态位形时的张力沿缆长分布如图 8 所示。五层螺旋缆与忽略扭转特性计算出的静态位形基本一致，说明系泊静态位形受编制型式的影响很小。缆索张力值大于忽略扭转特性的模型，说明编制型式会影响缆索系泊的静态张力。

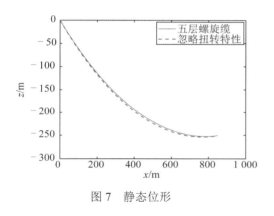 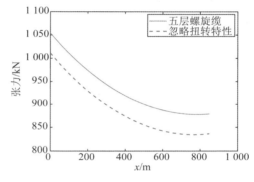

图 7　静态位形　　　　　　　　　　　　图 8　静态位形的张力沿缆长分布

4.2　编制型式对张力的影响

缆索顶部受到轴向激励（振幅 10 m，频率 0.1 rad/s），缆索上端点的运动如图 9 所示。五层螺旋缆的张力变化趋势与忽略扭转特性模型相似。缆索不同位置处运动响应规律如图 10 所示，随着位置不断靠近底端，最大张力值越来越小。从图中可以看出，相同位置处，与忽略扭转特性相比，考虑编制型式计算出的缆索张力值更大。

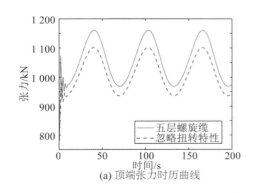 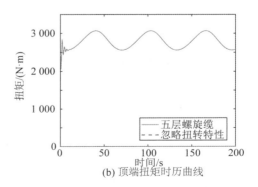

(a) 顶端张力时历曲线　　　　　　　　　　(b) 顶端扭矩时历曲线

图 9　缆索上端点运动响应规律

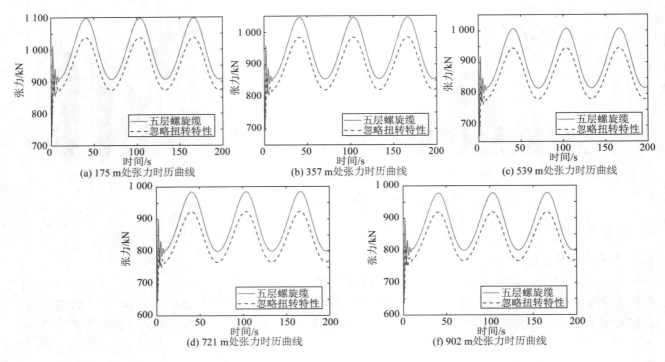

图 10　缆索不同位置处运动响应规律

　　图 11 显示了五层螺旋缆索不同位置张力的增大程度，最大的张力增加 6.6%，说明编制型式对缆索张力有着显著影响。

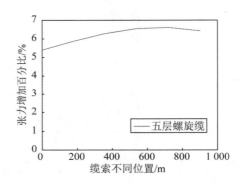

图 11　编制型式对缆索不同位置张力增大程度的影响

5　结　语

　　本文结合缆索具体编制型式，分析了缆索受力后的几何状态，建立了不同编制型式多层螺旋缆本构关系模型，并基于非线性动力学理论，考虑缆索自身拉伸弯曲扭转特性以及风浪流作用，建立缆索动力学方程组，提出了拉伸–弯曲–扭转共同作用下深海系泊缆的动力分析方法。主要结果如下。

　　1）缆索张力、扭矩会随着外载荷的增大而增大。相同扭转条件下，不同层数螺旋缆索的轴向力、扭矩情况不同。三层螺旋缆索的轴向力最大，而扭矩最小。相同轴向力条件下，不同层数的螺旋缆索的轴向力、扭矩情况不同。三层螺旋缆索的轴向力和扭矩最大。

　　2）解析模型计算出来的轴向应变比利用杆单元计算出来的结果大，说明对于构造复杂、索丝呈螺旋线状的缆索，截面均匀受力的假定存在一定问题。因此考虑缆索的具体结构型式是十分必要的。

　　3）编制型式会影响缆索最大接触应力的分布情况，对于不同编制型式系泊缆索，要针对具体结构进行接触应力的分析。

4）与忽略扭转特性得出的系泊张力相比，考虑编制型式的缆索结构计算出来的张力更大，说明在计算缆索张力时，编制型式的考虑是必不可少的。

因此在进行系泊缆索的拉伸–扭转分析时，具体的结构参数是十分重要的，不同的编制型式会影响轴向力和扭矩的计算结果。

参考文献：

[1] RIDGE I M L. Tension–torsion fatigue behaviour of wire ropes in offshore moorings[J]. Ocean Engineering, 2009, 36(9): 650-660.

[2] GARRETT D L. Dynamic analysis of slender rods[J]. Journal of Energy Resources Technology, 1982, 104(4): 302.

[3] ZHU Z H , MEGUID S A. Elastodynamic analysis of low tension cables using a new curved beam ele-ment[J]. International Journal of Solids and Structures, 2006, 43(6): 1490-1504.

[4] 肖越. 系泊系统时域非线性计算分析[D]. 大连: 大连理工大学, 2006.

[5] 唐友刚, 张若瑜, 刘利琴, 等. 深海系泊系统动张力有限元计算[J]. 海洋工程, 2009, 27(4): 10-15.

[6] 余龙, 谭家华. 深水多成分悬链线锚泊系统优化设计及应用研究[J]. 华东船舶工业学院学报(自然科学版), 2004, 18(5): 8-13.

[7] 刘金沅. 锚链腐蚀磨损累积损伤评估方法研究[D]. 大连: 大连理工大学, 2013.

[8] COSTELLO G A. Theory of wire rope[M]. America:Springer Verlag, 1997.

[9] KUMAR K, COCHRAN J E. Closed-form analysis for elastic deformations of multilayered strands [J]. Journal of Applied Mechanics, 1988, 54(4): 898-903-440.

[10] KUMAR K, BOTSIS J. Contact stresses in multilayered strands under tension and torsion[J]. Journal of Applied Mechanics, 2001, 68(3): 432-440.

[11] 孔祥安, 江晓禹, 金学松, 等. 固体接触力学[M]. 北京: 中国铁道出版社, 1999: 22-30.

[12] JOHNSON K L. Contact mechanics[M].England: Cambridge University Press, 1996

[13] PILKEY W D. Formulas for stress, strain, and structural matrices[D]. New Jersey: John Wiley & Sons, Inc., 2005

[14] 于春蕾. 单股钢丝绳力学性能高效数值模拟技术研究[D]. 秦皇岛: 燕山大学, 2017.

[15] JONKMAN J M. Definition of the floating system for phase IV of OC3 [R]. Golden, CO: National Renewable Energy Laboratory, 2010.

[16] 谢桥漾. Galfan 拉索应力分布规律研究[D]. 北京: 北京交通大学, 2016.

串列式弹性板的流固耦合特性研究

杨超然 [1]，郑　兴 [1]，马庆位 [2,1]，于子英 [1]，王　强 [1]，尤　一 [1]

（1. 哈尔滨工程大学 船舶工程学院，黑龙江 哈尔滨 150001；2. 伦敦城市大学 工程与数学科学学院，
英国 伦敦）

摘要： 弹性薄板的流固耦合研究在风力机叶片和机翼上有广泛的应用。本文基于非定常流动和弹性薄板振动理论，建立了弹性薄板的流固耦合特性模型。采用 OpenFOAM 扩展包 Foam-Extend 中的 icoFsiFoam 模拟风力机翼型简化模型–薄板。主要研究薄板在不同流动和不同攻角条件下的振动特性以及周围流场的特征。弹性板模型为机翼和海上风力机叶片等翼型的设计和优化提供了重要参考。

关键词： 流固耦合；弹性板；OpenFOAM；风力机；气弹性

流固耦合是一种相对较新的力学边缘分支，由流体力学和固体力学交汇形成。流体–结构相互作用（FSI）是一些可移动或可变形结构与内部或周围流体流动的相互作用。在相互作用中，在固体结构中诱导的应变使其移动，使得应变源减少，并且结构返回其先前状态仅用于重复该过程。FSI 现象在日常生活中无处不在，如飞行器机翼的颤动[1]、海洋中的帆船[2]、风力机的旋转叶片[3]、液体舱室的晃动和跳动的心脏[4]等。Liao 等[5]发现 FSI 可以帮助有效减少游泳阻力。 Sun 和 Tang[6]使用刚性板对果蝇扑翼周围的流动进行了数值分析，他们的结果与 Dickinson 等[7]的一致。Medjroubi 等[8]使用与移动参照系相关的光谱元素方法来研究第一次在振荡的二维 NACA0012 翼型上的黏性流动。Toomey 和 Eldredge[9]使用黏性涡旋粒子法和通过单个铰链连接到阻尼扭转弹簧的双组分机翼结构研究了襟翼飞行灵活性的影响。Lee 等[10]进行了流体–结构相互作用分析，以研究弹性对推进产生的影响，并通过优化板的弹性来提高推进效率。

在最近的研究中，对两块板块的研究很少。通过板的流体总是使其下游板的阻力和升力小于第一板。下游板的具体效果取决于两个因素，一个是雷诺数 Re，另一个是从第一个板到下游板的距离。虽然 Re 在大多数情况下是恒定的，但两者之间的距离仍会直接影响效率。因此，研究如何控制两个板之间的距离是有意义的。

本研究提出了两个不同速度的弹性板。弹性板模型采用 Jasak 和 Cardiff 等在 OpenFOAM 的 FOAM-Extend 社区中提供的求解器计算[11]。弹性板用作卡迪夫等实施的解散求解器的接触条件。在有限体积法（FVM）中，流体域被划分为由多边形面限定的有限数量的相邻多面体单元，其完全填充空间并且彼此不重叠。在 FVM 框架中，所有通用多面体单元以相同的一般方式离散化，其中单元的计算节点位于单元质心处。

1　基本理论

求解器的组合有多种方式，大多数 FSI 模拟的流体流动用有限体积（FV）求解器，用有限元（FE）求解器对结构进行分析，或者是第三方用于耦合的代码、数据插值和模拟管理。这种方式可能会限制耦合模式并在模型设置中产生问题。为了克服这个缺点，研究将完全在 FV 方法的背景下处理 FSI 建模。

1.1　动网格处理

在 FSI 中存在许多物理现象，计算网格的点被移动以跟随边界的形状变化。点运动的作用是适应边界运动并保持网格的有效性和质量守恒。由于连续方程的任意拉格朗日–欧拉（ALE）公式，它只能通过网格引起的离散化误差来解决问题，并且与问题的其余部分不一致[11]。 因此，可以以各种方式指定内部点运动，理想情况下无需用户交互。

网格变形问题可以在图 1 中看到，D 表示在某个时间 t 处具有其边界表面 S 的小域配置。在时间间隔期间，D 的形状将改变为新的配置 D'。D 和 D' 之间存在映射，使得 D 上的网格在 D' 上形成有效网格，控制体积的失真最小。

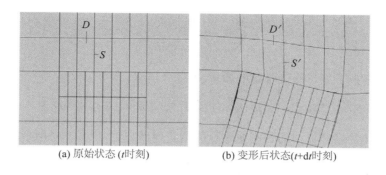

(a) 原始状态 (t时刻)　　　　　　　(b) 变形后状态(t+dt时刻)

图 1　网格变形前后对比

1.2　有限体积法计算固体部分

使用有限体积法（FVM）来实现结构部分的求解，如图 2 所示[12]。决定表面 S 界定的任意体积 V 中等温连续体的运动的质量守恒方程和线型动量守恒方程写为

$$\frac{\mathrm{d}}{\mathrm{d}t}\int_v \rho \mathrm{d}V + \int_s n \cdot \rho(v-v_s)\mathrm{d}S = 0 \tag{1}$$

$$\frac{\mathrm{d}}{\mathrm{d}t}\int_v \rho v \mathrm{d}V + \int_s n \cdot \rho(v-v_s)v\mathrm{d}S = \int_s n\sigma \mathrm{d}S + \int_v \rho f \mathrm{d}V \tag{2}$$

式中：n 是指向表面 S 的向外指向，ρ 是连续密度，v 是流体的速度，v_s 是表面的速度，σ 是柯西应力张量，f_b 是由此产生的体力。体积变化率与速度之间的关系由所谓的空间保守法（SCL）[4]定义：

$$\frac{\mathrm{d}}{\mathrm{d}t}\int_v \mathrm{d}V + \int_s n \cdot v_s \mathrm{d}S = 0 \tag{3}$$

该结构被认为是弹性和等温的。这种连续体的动态行为通常仅通过考虑拉格朗日公式中的线性动量守恒定律来描述：

$$\frac{\mathrm{D}}{\mathrm{D}t}\int_v \rho v \mathrm{d}V = \oint_s n \cdot \sigma \mathrm{d}S + \int_v \rho f_b \mathrm{d}V \tag{4}$$

方程（4）可以用初始（未变形）配置写成

$$\int_{v_0} \rho_0 \frac{\partial v}{\partial t}\mathrm{d}V_0 = \oint_{S_0} n_0 \cdot (\sum \cdot F^\mathrm{T})\mathrm{d}S_0 + \int_{v_0} \rho_0 f_b \mathrm{d}V_0 \tag{5}$$

式中：下标 0 表示与初始配置相关的量，u 是位移矢量，v 是速度，F 是变形梯度张量，将 F 定义为

$$F = I + (\nabla u)^\mathrm{T} \tag{6}$$

Σ 是第二个 Piola-Kirchhoff 应力张量，它通过以下表达式与 Cauchy 应力张量相关：

$$\sigma = \frac{1}{\det F} F \cdot \sum \cdot F^\mathrm{T} \tag{7}$$

位移矢量 u 将初始配置中的位置 r_0 与当前配置中的位置 r 相关联：

$$u = r - r_0 \tag{8}$$

式（5）表示线性动量守恒定律的拉格朗日总描述。在本文中，使用 St. Venant-Kirchhoff 材料的本构方程作为第二个 Piola-Kirchhoff 应力张量和 Green-Lagranian 应变张量之间的关系：

$$\sum = 2\mu E + \lambda tr(E)I \tag{9}$$

式中：μ 和 λ 被称为拉梅（Lame）系数，E 是 Green-Lagrangian 应变张量，被定义为

$$E = \frac{1}{2}[\nabla u + (\nabla u)^{\mathrm{T}} + \nabla u \cdot (\nabla u)^{\mathrm{T}}]$$ （10）

拉格朗日总描述的格拉格朗日应变张量的增量 δE 为

$$\delta E = \frac{1}{2}[\nabla \delta u + (\nabla \delta u)^{\mathrm{T}} + \nabla \delta u \cdot (\nabla \delta u)^{\mathrm{T}} + \nabla u \cdot (\nabla \delta u)^{\mathrm{T}} + \nabla \delta u \cdot (\nabla u)^{\mathrm{T}}]$$ （11）

更新的拉格朗日描述的格林拉格朗日应变张量的增量遵循方程（11），通过引入 $\nabla u = 0$ 得

$$\delta E_u = \frac{1}{2}[\nabla \delta u + (\nabla \delta u)^{\mathrm{T}} + \nabla \delta u \cdot (\nabla \delta u)^{\mathrm{T}}]$$ （12）

2　数学模型

弹性板放置在 $28D \times 16D$ 的二维计算域中，细节如图 3 所示，表明弹性板（D）的长度为 0.1 m，长度与厚度的比值为 100∶1，左边为入口，右边为出口，攻角设置为 15° 和 20°，弹性板放置在离入口 8D 处，距离顶壁 8D 处。顶壁和底壁都是对称的平面。

弹性板的特性参照 Lv 等[13]的设定，它是一种单一金属材料，其弹性模量（E）为 3.5 GPa，泊松比为 0.33，密度为 2 800 kg/m²，流体为在标准条件下空气。

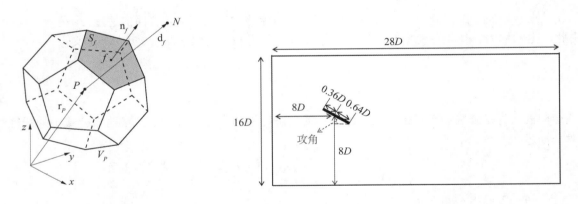

图 2　有限体积法示意　　　　　　　　　图 3　弹性板的流体域划分

所有网格由两部分组成，一部分是流体网格，另一部分是实心网格。网格由 ICEM-CFD 构成并生成。流体网格的详细信息如图 4 所示。结构部分网格如图 5 所示。

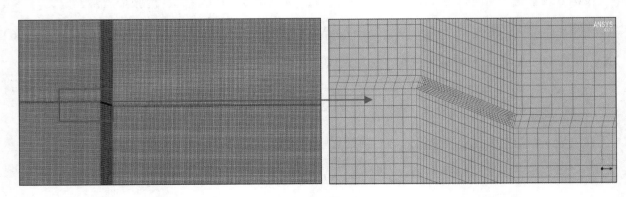

图 4　流体域的网格划分

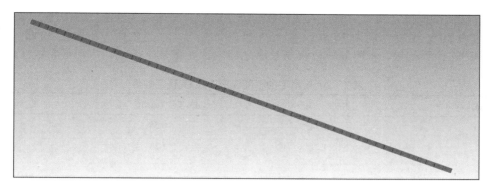

图 5　结构部分的网格划分

3　计算结果

3.1　数值模型的验证

为了避免网格数量对结果的影响，在 20 m/s 流速和 20°攻角下进行了一系列网格数的计算。流体阻力（F_x）被引入并定义为

$$F_x = \frac{1}{2} C \rho S u^2 \tag{13}$$

式中：C 是流体阻力系数，ρ 是流体密度，S 是接触面积，u 是自由流速度。当 $D=1$ m 时，网格独立性验证详细信息如表 1 所示。

表 1　网格独立性验证

事例	网格数量/（×10³）	流体阻力 F_x/N	误差/（%）
Case 1	3.7	72.34	6.10
Case 2	5.4	76.75	2.79
Case 3	6.5	78.89	1.06
Case 4	7.1	79.73	1.03
Case 5	15.1	80.38	—

图 6 为流体阻力分布，图 7 为流体阻力的误差分析。这表明当网格的数量增加时，流体阻力的差异开始稳定。考虑到计算效率和计算精度，当流体阻力的相对误差为 1.03%时，总计 71 000 个网格单元能得到足够准确的计算结果。

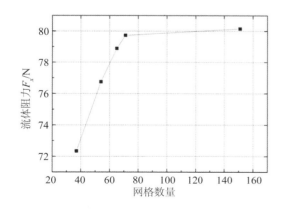

图 6　流体阻力分布

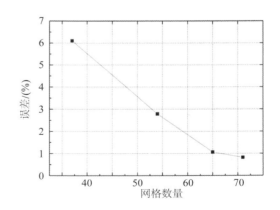

图 7　阻力的误差分析

为了检验算法的准确性，将计算偏差与 Lv 等[13]进行比较，结果与 Lv 等[13]的结果一致。

当流动攻角为 20°，速度分别为 10 m/s、15 m/s 和 20 m/s 时，计算平衡力矩偏差。通过比较计算结果和表 2 中 Lv 等[13]的计算结果，表明偏转位移与长度之比随速度增加而增加，并且是非线性地增加（表 2）。

表 2　20°攻角下的不同流速下位移/直径的值

流速/（m·s⁻¹）	本文/（×10⁻²）	Lv 等[13]/（×10⁻²）	误差/（%）
10	0.54	0.56	3.71
15	1.21	1.33	9.91
20	2.11	2.37	9.47

3.2　两个串列式弹性板的特征动力学

在日常生活中可以看到鸟儿飞行排成一列，骑自行车的人排成一列，这些现象都值得思考。本节将研究两块弹性薄板的特征动力学，如图 8 所示。当一个板位于另一个板的下游尾流时，它可能受到前板的影响，为了找到最小的升力系数 C_L 和阻力系数 C_D 的距离，计算了不同条件下的 C_L 和 C_D，距离分别为 2D、3D、4D 和 5D。

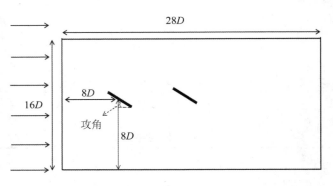

图 8　两个板的布置情况

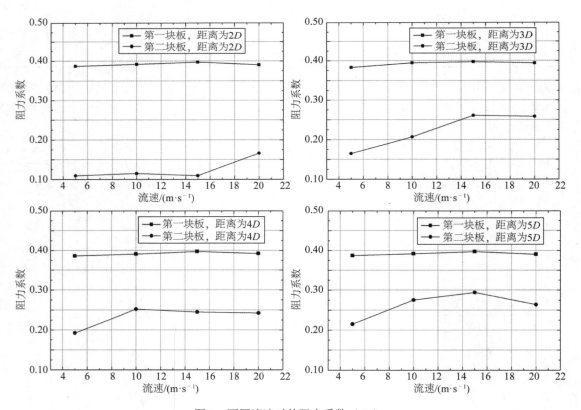

图 9　不同流速时的阻力系数（C_D）

通过计算得到图 9 和图 10 的结果，C_L 的趋势类似于 C_D，当流速低时，C_L 随着距离的增加而增加。当风速增加到 15 m/s 以上时，前板的尾涡很长，随着距离的增加，它会产生并且不会稳定增加。当两块板的距离不超过 2D 时，第二块弹性板的 C_L 和 C_D 几乎是第一块板的 1/4；但是随着距离增加到 3D、4D 和 5D 时，第二块板的 C_L 和 C_D 之比都会增加，而第一块板的 C_L 和 C_D 几乎没有变化，所以第二块板与第一块板的 C_L 之比和 C_D 之比都会增加。此外，随着风速增加，雷诺数 Re 增加，尾流涡旋波动很大。提升 C_D 的最小值也出现在第一块板和第二块板之间的距离中，当流速为 15 m/s 时，极小值出现在 4D 的距离处；当风速为 20 m/s 时，极大值出现在 5D 的距离处。

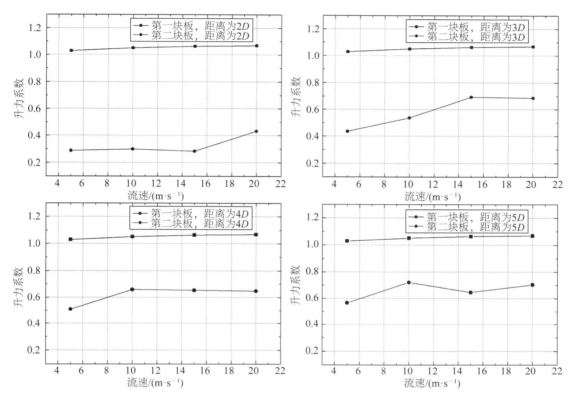

图 10　不同流速时的升力系数（C_L）

4　结　语

本文对一种弹性板的流固耦合进行分析，并采用有限体积法进行弹性板的流体和结构变形。为了验证所提出的方案，将结果与前人的研究结果进行了比较，并得出一致意见。此外，当两块板的距离不超过 2D 时，第二块弹性板的升力系数和阻力系数几乎是第一块板的 1/4；当距离为 3D、4D 和 5D 时，第二块板与第一块板的升力系数之比和阻力系数之比都会增加。当流速为 15 m/s 时，升阻力系数的极小值出现在 4D 的距离处；当风速为 20 m/s 时，极小值出现在 5D 的距离处。

参考文献：

[1] FARHAT C, VAN DER ZEEKRISTOFFER G, GEUZAINE P. Provably second-order time-accurate loosely-coupled solution algorithms for transient nonlinear computational aeroelasticity[J]. Computer Methods in Applied Mechanics and Engineering, 2006, 195(17/18): 1973-2001.

[2] GIL A J, ARRANZ C A, BONET J, HASSAN O. The Immersed Structural Potential Method for haemodynamic applications[J]. Journal of Computational Physics, 2010, 229(22): 8613-8641.

[3] FARHAT C, LESOINNE M, LRTALLEC P. Load and motion transfer algorithms for fluid/structure interaction problems with non-matching discrete interfaces: momentum and energy conservation, optimal discretization and application to

aeroelasticity[J]. Computer Methods in Applied Mechanics and Engineering, 1998, 157: 95-114.

[4]　ZHAO S Z, XU X Y, HUGHES A D, et al. Blood flow and vessel mechanics in a physiologically realistic model of a human carotid arterial bifurcation[J]. Journal of Biomechanics, 2010, 33(8): 975-984.

[5]　LIAO J C, BEAL D N, LAUDER G V, et al. The Kármán gait: Novel body kinematics of rainbow trout swimming in a vortex street[J]. Journal of Experimental Biology, 2003b, 206: 1059-1073.

[6]　SUN M, TANG J. Unsteady aerodynamics force generation by a model fruit fly wing in flapping motion[J]. Journal of Experimental Biology, 2002, 205: 55-70.

[7]　DICKINSON M H, LEHMANN F O, SANE S P. Wing rotation and the aerodynamic basis of insect flight[J]. Science 1999, 284: 1954-1960.

[8]　MEDJROUBI W, STOEVESANDT B, CARMO B, et al High-order numerical simulations of the flow around a heaving airfoil[J]. Comput Fluids, 2011, 51: 68-84.

[9]　TOOMEY J, ELDREDGE J D. Numerical and experimental study of the fluid dynamics of a flapping wing with low order flexibility[J]. Physics of Fluids, 2007, 75: 036702.

[10]　LEE J S, SHIN J H, LEE S H. Fluid–structure interaction of a flapping flexible plate in quiescent fluid[J]. Comput Fluids, 2012, 57: 124-137.

[11]　HROVOJE J, ZELJKO T. Dynamic mesh handling in OpenFOAM applied to fluid-structure interaction simulations[C]// European Conference on Computational Fluid Dynamics. Portugal: Lisbon, 2010.

[12]　JASAK H. OpenFOAM: Open source CFD in research and industry[J]. International Journal of Naval Architecture and Ocean Engineering, 2009, 1(2): 89-94.

[13]　LV K, ZHANG D, XIE Y H. Fluid-structure interaction for thin plate with different flow parameters[J]. Proceeding of the CSEE, 2011, 31(26): 76-82.

钝体绕流尾涡脱落的弹性分流板抑制模拟

杨志坚，赵西增，段松长

（浙江大学 海洋学院，浙江 舟山 316022）

摘要： 钝体绕流中尾涡脱落导致的涡激振动现象会引起结构疲劳损坏，分流板控制尾涡脱落已被证实是一种能有效抑涡的方式。采用 FDM-FEM（finite difference method- finite element method）模型来模拟该流固耦合问题。流场求解器方面，模型采用高阶紧致插值（CIP）方法保证对流项的高精度求解，采用有限元方法求解结构动力学方程，通过浸入边界法实现流体和固体求解器的耦合求解，利用一个流固耦合的基准算例验证模型的可靠性。重点关注弹性分流板自身特性，探究弹性分流板模态响应机制、弹性分流板尾迹接触点位置和截切作用。结果表明：弹性分流板动力响应取决于激励频率与结构固有频率的接近程度。弹性分流板尾迹接触点位置较靠前和截切作用导致其抑涡效果不如刚性分流板；可用压力云图解释弹性分流板的摆动机制。

关键词： 钝体绕流；弹性分流板；尾涡脱落；模态响应；CIP 方法

钝体绕流是流体力学研究较多的课题之一，当流体经过钝体时，在钝体后背面两侧会产生漩涡交替脱落，钝体受到的流体拖曳力会增加；且在垂直于来流方向上受到周期性升力，致使物体振动，导致结构物疲劳损伤。由于漩涡脱落在许多工程问题中具有重要的实际意义，抑制漩涡脱落的方法包括主动控制和被动控制，其中在钝体尾部加装分流板是有效的抑涡手段之一[1]。

近年来，研究人员开始关注弹性分流板在漩涡脱落调制和能量收集方面的应用。Lee 和 You[2]在特定分流板长度和弯曲刚度下，对分流板的材料和几何特性与涡脱特性之间的定量关系进行了初步探究，其研究表明一般情况下分流板的弹性不利于抑制漩涡脱落；弯曲形状由板长等结构尺寸决定，弯曲幅度由板的固有频率和弯曲刚度共同决定。Wu 等[3]了开展单个弹性体放置上下游位置及其距离情况下的抑涡效果的研究。Wang 等[4]研究在不同低雷诺数和弯曲刚度下，弹性薄板的最大变形位置与压电片发电量的关系。

固体发生变形造成流固耦合问题的进一步复杂化，前人对弹性分流板的研究相对较少，特别是弹性分流板自身特性。本文针对弹性分流板自身特性，探究弹性分流板弯曲形状的决定因素，分析弹性分流板抑涡效果不如刚性分流板的原因以及用压力云图解释弹性分流板的摆动机制。

1　数值模型

1.1　流场求解器

考虑流体为二维不可压缩的黏性流体，其控制方程由连续性方程和动量方程组成，矢量形式如下：

$$\nabla \cdot u = 0 \tag{1}$$

$$\frac{\partial u}{\partial t} + (u \cdot \nabla)u = -\frac{1}{\rho}\nabla p + \frac{\mu}{\rho}\nabla^2 u + F \tag{2}$$

式中：u 为流体速度，ρ 为流体密度，p 为压强，μ 为动力黏性系数，F 为质量力。

本文采用的 CIP 方法是采用网格点的变量值及其空间导数值构建一个三次多项式，用于插值并通过拉格朗日反演得到真实的网格内部信息[5]。因此，这种插值格式具有三阶精度，CIP 之所以能得到广泛的应用，得益于不增加参与插值的网格点个数的同时提高了插值精度[6]。

对于固–液相互作用问题，采用体积加权方案的多相流理论进行处理，如图 1 所示。

基金项目： 国家自然科学基金（51679212）；浙江省杰出青年基金项目（LR16E090002）；中央高校基本科研业务费专项资金（2018QNA4041）；浙江大学"仲英青年学者"

通信作者： 赵西增

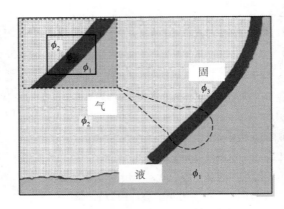

图 1　体积加权方案多相流理论

满足如下控制方程：

$$\frac{\partial \phi_m}{\partial t} + \vec{u} \cdot \nabla \phi_m = 0 \tag{3}$$

式中：$m=1$、2 和 3，分别代表液、气和固三相，在同一网格内满足条件 $\phi_1 + \phi_2 + \phi_3 = 1$。在式（4）中，$\lambda$ 是网格的属性参数，包括网格的密度 ρ，黏性系数 m 等，可通过简单的体积分数加权得到：

$$\lambda = \sum_{m=1}^{3} \phi_m \lambda_m \tag{4}$$

1.2　结构求解器

固体结构的动力响应分析采用有限元方法[7]，以位移为基本未知量的有限元法，待求解对象经过有限元离散、单元分析、系统组集和引入边界条件后，可得到运动控制方程，表达式如下：

$$[M]\{\ddot{S}\} + [C]\{\dot{S}\} + [K]\{S\} = \{F(t)\} \tag{5}$$

式中：$[M]$、$[C]$ 和 $[K]$ 分别代表固体结构离散后组合得到的系统质量矩阵、阻尼矩阵和刚度矩阵；$\{F(t)\}$ 是结构所受到的外部作用力，在动力响应问题中随时间变化；S 代表固体结构离散后单元节点的位移，其上标符号则分别代表节点的速度及加速度。

结构响应求解流程如下所示：

1）初始化流场，输入固体参数；

2）计算质量矩阵 $[M]$、阻尼矩阵 $[C]$ 和刚度矩阵 $[K]$；

3）计算单元的切线刚度矩阵；

4）计算结构所受的内力矩阵和表面压力矩阵；

5）计算结构的有效应力矩阵；

6）求解式（5）得结构的节点位移增量；

7）采用纽马克方法计算节点速度和加速度，如果是线性问题，返回步骤（2），进入下一时间步；

8）如果是非线性问题，采用牛顿-拉弗森方法迭代求解，直至收敛，返回步骤（2），进入下一时间步。

1.3　耦合流固求解器

通过浸入边界法实现流体和固体求解器的耦合求解。在动量方程中，浸入流体中的物体被认为是一种动量力，而不是一个真实的物体[8]。将动量力加到式（2），表征固体对流场的影响，如式（6）所示。

$$\frac{\partial u}{\partial t} + (u \cdot \nabla)u = -\frac{1}{\rho}\nabla p + \frac{\mu}{\rho}\nabla^2 u + F + F_B \tag{6}$$

式中：F_B 是动量力，表征固体对流场的影响。

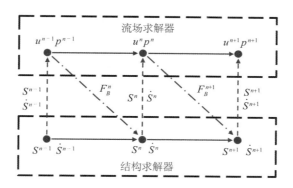

图 2　基于有限差分和有限元流固耦合方法流程

流场求解器和结构求解器二者耦合示意，如图 2 所示。固体求解器接收流场力通过有限元方法计算出固体表面速度，然后对通过体积函数流场做速度修正如式（7）所示：

$$U_i^{n+1} = u_{Bi}^{n+1} \cdot \phi_3 + u_i^{n+1} \cdot (1-\phi_3) \tag{7}$$

接着，将式（7）代入式（6），得动量力如式（8）所示。

$$F_B = \phi_3 \frac{u_{Bi}^{n+1} - u_i^{n+1}}{\Delta t} \tag{8}$$

把求得的动量力代回式（6），相当于把固体对流场的影响通过 N-S 方程发散出去，如式（9）所示。

$$\frac{\partial u}{\partial t} + (u \cdot \nabla)u = -\frac{1}{\rho}\nabla p + \frac{\mu}{\rho}\nabla^2 u + F + \phi_3 \frac{u_{Bi}^{n+1} - u_i^{n+1}}{\Delta t} \tag{9}$$

2　算例验证

2.1　计算域和参数设置

为了验证流体与结构求解器耦合实现的准确性，求解了带有弹性分流板的刚性圆柱的基准算例[9]。计算域如图 3 所示。

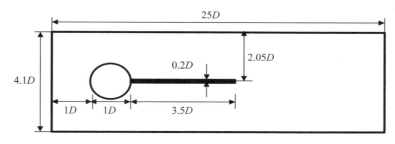

图 3　Turek 和 Hron 基准算例的计算域

参数设置如下：流体的黏度和密度分别为 1 kg/(m·s) 和 1 000 kg/m³，平均流速 U=1.0 m/s；固体的黏度和密度为 500 000 kg/(m·s) 和 10 000 kg/m³，泊松比为 v=0.35，弯曲刚度为 E=1.4 MPa；空气的黏度和密度为 1.23 kg/(m·s) 和 1.8×10^{-5} kg/m³。刚性圆柱的直径为 0.1 m，雷诺数为 100。

2.2　网格收敛性验证

为了验证网格的收敛性，采用 3 套网格进行网格收敛性验证，粗网格，中网格，细网格的最小网格分别为 $0.05D$、$0.02D$ 和 $0.01D$，对应的计算网格数为 309×84、461×162、700×272，所有网格的 CFL 数保持一致，时间步长分别为 0.005 s、0.002 s 和 0.000 1 s，图 4 为三套网格下分流板稳定时刻自由端扰度的时间历程。

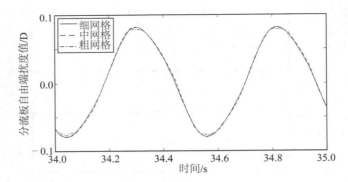

图 4　三套网格下分流板自由端扰度的时间历程曲线

从图 4 中可看出，中网格的计算结果和细网格十分接近，而粗网格的则略有差别，特别是在分流板扰度出现峰值的区域，粗网格的计算误差较大。故出于计算效率和精度的考虑，选用 0.02 D 的中网格和 0.002 s 作为算例验证的网格尺寸和时间步长设置。

2.3　基准算例验证

图 5 是分流板不同时刻弯曲形态对比，可以看出本文计算结果和文献[9]计算结果基本一致；图 6 是分流板自由端扰度时间历程图，可以看出本模型计算结果与文献[9]计算结果十分相近，这段验证了本模型的可靠性。

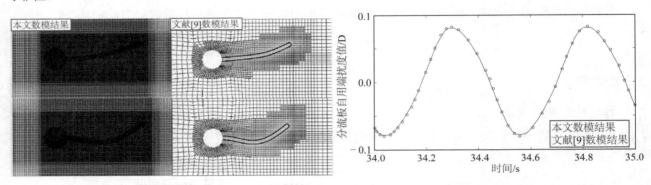

图 5　分流板不同时刻弯曲形态对比　　　　　　　图 6　分流板自由端扰度时间历程

3　计算结果与分析

3.1　计算域及其欧拉–伯努利梁

图 7 为本文的计算域设置，经过收敛性分析后，选取最小网格尺寸为 0.02D，时间步长为 0.002 s，网格数为 480×262。参数设置如下：流体的黏度和密度为 1 kg/（m·s）和 1 000 kg/m³，平均流速 U=1.0 m/s；固体的黏度和密度为 337 800 kg/（m·s）和 1 360 kg/m³，泊松比 v=0.48，弯曲刚度 E=1.0 MPAa；空气的黏度和密度为 1.23 kg/（m·s）和 1.8×10⁻⁵ kg/m³。刚性圆柱的直径为 0.1 m，雷诺数为 100。

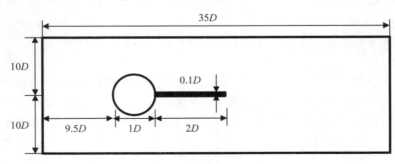

图 7　计算域的设置

本求解器的梁模型为欧拉–伯努利梁，仅考虑弯曲引起的变形，而不计剪切引起的变形及其转动惯量的影响。运用分离变量法，结合悬臂梁一端固定一端自由的边界条件，通过分析可求得均质、等截面悬臂梁的频率方程：

$$\cos(\beta l)\cosh(\beta l)+1=0 \qquad (11)$$

解得：当 $i=1$、2 和 3 时，$\beta_1=1.875$、$\beta_2=4.694$ 和 $\beta_3=7.855$。

当 $i \geqslant 3$ 时，$\beta_i l \approx (2i-1) \times \pi/2$（$i=3,4,\cdots$），各阶固有频率为

$$f_i = (\beta_i l)^2 \sqrt{\frac{EI}{\rho S l^4}} \qquad (i=1,2,\cdots) \qquad (12)$$

式中：l 为板长，β 为常数，E 为杨氏模量，I 为截面惯性矩。

同时，在研究钝体绕流时常用 St 数表述钝体的涡脱频率，公式如下：

$$St = \frac{f_s D}{U_\infty} \qquad (13)$$

式中：f_s 表示钝体所受的周期性升力的频率，可以对升力系数时间历程曲线做傅里叶变化求得。

3.2　模态响应机制

3.2.1　一阶模态响应

参数设置如下：流体的黏度和密度分别为 1 kg/（m·s）和 1 000 kg/m³，平均流速 $U=1.0$ m/s；固体的黏度和密度为 340 000 kg/（m·s）和 1 360 kg/m³，泊松比为 $\nu=0.48$，弯曲刚度 $E=1.0$ MPa；空气的黏度和密度分别为 1.23 kg/（m·s）和 1.8×10⁻⁵ kg/m³。刚性圆柱的直径为 0.1 m，雷诺数为 100。此工况设置下，由式（12）可以计算出结构的一阶固有频率和二阶固有频率分别为 $f_1=0.164$ 和 $f_2=0.256$；St 数由对升力系数时间历程曲线做傅里叶变化求得 f_s，再通过式（13）可以计算出 $St=0.166$。此时，St 数和梁的一阶固有频率接近，出现一阶模态的响应，如图 8 所示。

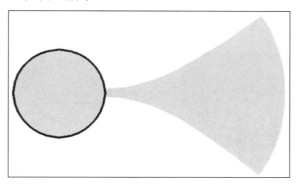

图 8　分流板一阶模态叠加

3.2.2　二阶模态响应

在一阶模态的参数设置下，只改变板的弯曲刚度 $E=0.42$ MPa，由式（13）可知此工况下外界激励频率没有改变 $St=0.166$。但是结构的弯曲刚度改变，由式（12）可知结构的各阶固有周期改变，此时，结构的一阶固有频率和二阶固有频率分别为 $f_1=0.106$ 和 $f_2=0.166$，St 数和结构的二阶固有频率接近，出现二阶模态的响应，如图 9 所示。

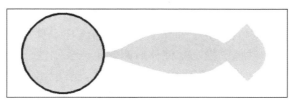

图 9　分流板二阶模态叠加

因此，结构出现不同模态的响应取决于结构所受外界激励频率与结构哪一阶的固有频率相接近。

3.3　尾迹接触点位置和截切作用

图 10 从上到下分别是无分流板、刚性分流板和弹性分流板的钝体绕流涡量图。从图 10 可以看出尾迹接触点（图 10 中黑色实心点）刚性分流板距离柱背后最远，涡脱数量最少；而无分流板的尾迹接触点最近，涡脱数量最多。钝体绕流中加上刚性分流板能有效阻隔延缓了尾迹的相互作用，抑制漩涡的脱落。在本文探究的工况下，弹性分流板由于摆动使得两侧尾迹提前相互接触，同时弹性板的摆动自由端接触尾迹，起到的截切作用加快了漩涡的分离脱落，导致其抑涡效果不如刚性分流板。

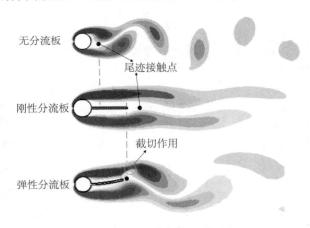

图 10　两侧尾迹接触点涡量对比

3.4　梁摆动机制

图 11 从左到右分别是弹性分流板向上和向下摆动的压力云图。从图 11 的左侧图可以看出，板向上摆动是由于板上方的压力区 a_1 减小，形成负压区，造成板上方的压力小于板下方的压力，板上下压力差的形成驱使板向上摆动。同样，从图 11 的右侧图可以看出，板向下摆动是由于板下方的压力区 a_2 减小，形成负压区，造成板下方的压力小于板上方的压力，驱使板向下摆动。

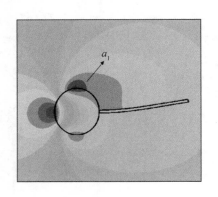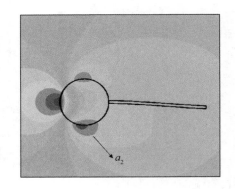

图 11　弹性分流板压力云

4　结　语

本文采用 FDM-FEM 模型来研究强非线性的流固耦合问题，研究了弹性分流板抑制钝体绕流中尾涡脱落问题，可以得出以下结论：

1）弹性分流板出现不同模态的响应取决于外界激励频率与结构本身各阶模态固有频率的接近程度。

2）本文工况下探究中，由于弹性体的摆动，钝体后两侧尾迹较刚性分流板提前接触相互作用，同时板自由端由于摆动接触尾迹，产生截切作用加快漩涡的分离脱落，表现出其抑涡效果不如刚性分流板。

3）钝体两侧产生周期性的压力差驱使板的周期性的摆动。

参考文献：

[1]　KWON K, CHOI H. Control of laminar vortex shedding behind a circular cylinder using splitter plates[J]. Physics of Fluids, 1996, 8(2): 479-486.

[2]　LEE J, YOU D. Study of vortex-shedding-induced vibration of a flexible splitter plate behind a cylinder[J]. Physics of Fluids, 2013, 25(11): 401-413.

[3]　WU J, SHU C, ZHAO N. Numerical study of flow control via the interaction between a circular cylinder and a flexible plate[J]. Journal of Fluids and Structures, 2014, 49: 594-613.

[4]　WANG H, ZHAI Q, ZHANG J. Numerical study of flow-induced vibration of a flexible plate behind a circular cylinder[J]. Ocean Engineering, 2018, 163: 419-430.

[5]　YABE T, XIAO T, UTSUMI T. The constrained interpolation profile method for multiphase analysis[J]. Journal of Computational Physics, 2006, 169(2): 556-593.

[6]　ZHAO X, GAO Y, CAO F, et al. Numerical modeling of wave interactions with coastal structures by a constrained interpolation profile/immersed boundary method[J]. Int. J. Numer. Methods Fluids, 2016, 81(5): 265-283.

[7]　LIAO K P, HU C H. A coupled FDM-FEM method for free surface flow interaction with thin elastic plate[J]. Journal of Marine Science and Technology, 2013, 18: 1-11.

[8]　PESKIN C S. The immersed boundary method[J]. Acta Numerica, 2002, 11: 479-517.

[9]　TUREK S, HRON J. Proposal for numerical benchmarking of fluid-structure interaction between an elastic object and laminar incompressible flow[M]. Fluid-Structure Interaction, Berlin, Heidelberg: Springer, 2006: 371-385.

波流作用下输流立管的水动力响应试验研究

陈志雄[1]，臧志鹏[1]，王　琼[2]

（1. 天津大学 水利工程仿真与安全国家重点实验室，天津 300072；2. 中国石油集团工程技术研究有限公司，天津 300451）

摘要： 在波流水槽中进行了一系列试验，研究输流立管在波流作用下的水动力响应（波、流以及波流组合情况下）。模型试验中立管底部固定，顶部通过万向节约束并可滑动。立管总长度为 1.2 m，水槽平均水位为 1.0 m，立管在水面上方的长度为 0.2 m。在横向和流向上，立管沿竖直方向分别布置六个光栅光纤应变采集点，其中一个位于水面以上，另外五个设置在水面以下。通过对测点应变历史曲线进行快速傅里叶分析（FFT），结果表明，流速、波高对输流立管的振幅和频率有显著影响。在波浪和水流共同作用下，输流立管振动的频率在流向上受波浪频率主导，在横向上则受流速主导并固定在自然频率附近。随着波高增大，流向振幅逐渐增大，而横向振幅逐渐减小。

关键词： 输流立管；波流共同作用；FFT 分析；振幅；频率

　　输流立管通常用于海洋油井的流体输送，随着油气勘探和生产向深水区扩展，立管在作业过程中可能承担各种载荷，包括海浪、水流、平台运动等。这些载荷可能对立管产生更加严重的动态响应。输流立管作为一种细长的单管结构，其基本振动周期一般为几秒，也接近于波的周期，这可能导致立管产生共振。此外，在海流作用下，立管很容易发生涡激振动，而当海流与波浪共同作用时，立管的振动将会非常复杂。研究者们更多地将目光集中在深海条件下立管的运动响应特性问题上，而外部水动力条件以海流为主，包括均匀流以及剪切流等，研究了立管的涡激振动等基本响应特性。Huse 等[1]、Chaplin 等[2]和 Huera-Huarte 等[3]对剪切流下柔性立管的涡激振动进行了试验研究，特别研究了立管轴力变化、振动模态以及质量比等因素。Xu 等[4]和 Han 等[5]则对倾斜柔性圆柱以及并排柔性圆柱进行了试验研究，研究了倾角的影响及涡激振动干涉问题。近些年来，随着一批陆架外缘区域油气资源的发现，比如我国南海陆丰（最大水深约 220 m）、番禺（水深约 100 m）等，传统的自升式导管架平台也得以广泛应用，而对应的立管结构受到的外部条件也变得复杂。该条件下立管受波浪、海流等外界水动力作用都比较明显，还同时受上部平台等的影响。对于此类问题研究者们开展了一些工作，在试验研究方面，Guo 和 Lou[6]、娄敏等[7]在水槽中进行了不同内流外流和顶部张力作用下的涡激振动响应试验，发现内流流速的增大使立管的固有频率降低，更容易发生涡激振动，立管的固有频率与输流成正比。理论研究方面，对立管的力学分析逐渐由静态分析发展到时域分析和频域分析。贾星兰和方华灿[8]从能量关系出发，导出了立管振动微分方程，并采用模态分析法分析了隔水管在波浪力作用下的动力响应。Pereira 等[9]通过时域分析求解涡流激励下的隔水管系统的横向运动，发现附体结构及几何参数对隔水管整体动力学行为有极大的影响。韩春节等[10]采用微元法，得到立管在不同载荷作用下的横向振动规律及其横向振动的固有频率的分布规律，进一步分析了各种因素对立管横向振动固有频率的影响。

　　综上所述，目前对于海洋立管的力学行为试验的研究多未考虑波浪的耦合作用。为考察实际工程中海洋输流立管在波流共同作用下的动力响应，本文通过模型试验对输液立管进行研究，分析其在波浪、海流及波流共同作用下的振动幅频响应。

1　试验方法

1.1　试验布置及工况设置

　　本试验应用的水槽长 50 m，宽 1 m，深 1.5 m，配有造波造流装置。造流范围为 0~0.25 m/s，波高范围为 0~0.2 m。试验原型水深为 100 m，确定几何比尺为 1∶100，采用重力相似原则。立管模型尺寸长 1.2 m，外径为 8 mm，内径为 6 mm，模型隔水导管选用 PVC 材料，测得其相关的材料特性参数，并依此计算了立管截面惯性矩及抗弯刚度等参数，见表 1。立管的下端固支于水槽底面，上端采用万向节约束且可自由滑动。试验中采用超声多普勒流速仪（ADV）进行流速测量，采用浪高仪进行波浪要素的测量。水槽试验布置如图 1 所示。试验中波浪和水流同向运动，试验条件见表 2。

表 1　隔水导管模型力学性能参数

特性参数	管长	管道外径	管道厚度	材料等级	截面惯性矩	弹性模量	材料密度	抗弯刚度
	L/m	D/m	d/m		I/m^4	$E/（N·m^{-2}）$	$\rho_0/（kg·m^{-3}）$	$EI/（N·m^{-2}）$
模型	1.2	0.008	0.001	PVC	$1.37×10^{-10}$	$2.82×10^9$	$1.20×10^3$	$3.86×10^{-1}$

表 2　模型试验条件

荷载条件	取值范围
水深 h/m	1.0
波高 H/m	0.04~0.12
周期 T/s	0.8~1.4
流速 $U/（m·s^{-1}）$	0.06~0.30

本研究中立管的运动响应采用光纤光栅应变传感器（FBG）进行测量，其通过外界物理参量对光纤布拉格（Bragg）波长的调制来获取传感信息。试验中沿立管长度方向以 20 cm 为间隔在 6 个位置布置应变传感器测点，编号分别为 1~6；同时沿立管周向表面以 90° 为间隔均匀布置 2 条传感器，编号分别为 IL 和 CF，其中 IL 代表顺流向，即波浪水流运动的方向；CF 代表横流向。应变传感器布置如图 2 所示。

图 1　试验装置布置示意

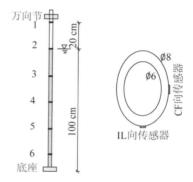

图 2　应变传感器布置示意

1.2　自然频率测量

在静水中做衰减试验，通过敲击立管水面附近处使立管做自由振动，通过测量应变变化，可以得到立管在静水中的自振频率，由于实际工程中输液立管的内部是充满传输液体的，因此在模型试验中立管内部是充满液体的。在这里将该液体简化为水，通过立管底部连接的小水泵向上输水，待管中充满水后夹住顶端橡皮管。通过衰减试验，得到立管历史应变曲线。试验中对立管进行多次敲击，对获得的立管自然频率取平均数，最终确定立管自然频率约为 2.9 Hz。

2　试验结果与分析

2.1　数据分析方法

通过光纤光栅传感器可以实时测量立管上相关测点处的应变变化过程。典型的流向（IL）和横向（CF）应变随时间的应变历程曲线如图 4 所示。图中分别显示了单独水流作用下（$U=0.12$ m/s）、单独波浪作用下（$T=1.2$ s，$H=0.08$ m）以及波流共同作用下（$U=0.12$ m/s，$T=1.2$ s，$H=0.08$ m），测点 3 处（静水面下 20 cm 处的测点）的应变历程曲线（由于测点 3 受波流作用都比较明显，因此下文分析中均以测点 3 为研究对象）。由图 3 可以观察到，立管在横向及流向同时进行着很明显的周期性振动。事实上，当立管振动发生时，一个周期振动可以看作具有简单频率的简单振动的叠加，傅里叶级数展开则是这一物理过程的数学描述[11]：

$$f(t) = \sum_{n=0}^{\infty} A_n \sin(nt + q) \tag{1}$$

式中：A_n 示振幅；n 表示角频；t 表示某一时刻；θ 表示初相角。通过对采集的应变信号进行 FFT 分析，可获得对应的响应幅值与响应频率[12]。

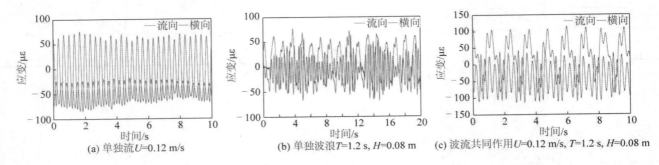

图 3　典型流向和横向应变时间历程曲线

图 4 为采集点 3 应变信号对应的幅频响应曲线。可以发现，单独水流作用下，U=0.12 m/s 时，立管发生涡激振动锁定现象，其横向振幅明显高于流向，且振动频率约为 3 Hz，与立管自振频率接近。单独波浪作用下，T=1.2 s，H=0.08 m 时，流向振幅明显，其振动频率约为 0.83 Hz，相当于波浪周期的倒数，即波频率；横向上自然频率附近亦有不小的振幅，说明波浪作用下，横向发生了较明显的涡激振动。波流共同作用下，U=0.12 m/s，T=1.2 s，H=0.08 m 时，立管横向和流向振幅都很大，振动频率在流向上由波频率主导，在横向上主频约为 3.3 Hz。可以看出，对于单独水流的情况，加入波浪后，横向主频对应的振幅减小；对于单独波浪情况，加入水流后，流向主频对应的振幅增大。前者是因为加入波浪后因波浪引起的水质点的速度叠加初始流速后，涡脱落频率远离立管自振频率，因此振幅有所减小；后者是因为加入的水流流速增大了对立管的拖曳力，因此幅值有所增大。

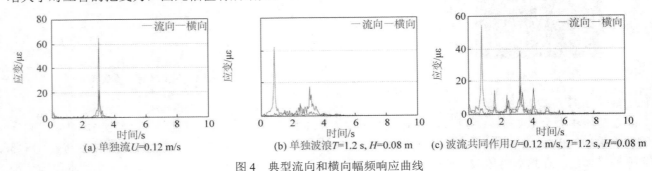

图 4　典型流向和横向幅频响应曲线

2.2　单独流速作用

为研究波流共同作用下立管的振动情况，本试验首先寻找单独流速作用下涡激振动发生锁定[13]时对应的流速。试验过程中，流速以 0.02 m/s 为梯度，从 0.06 m/s 到 0.30 m/s 逐级递增。通过对应变实践历程曲线进行 FFT 分析，最终获得各流速下对应的幅频响应曲线如图 5 所示。由图可知，随着流速增大，涡激振动的幅值一开始很小，当增大到 0.1~0.14 m/s 时，振幅发生剧增，此时涡脱落频率与立管自然频率接近，涡激振动发生锁定。继续增大流速，锁定现象消失，此时振幅会发生巨幅跌落。本试验主要研究立管一阶振动，最终选取 0.12 m/s 作为涡激振动发生锁定时对应的流速。

2.3　单独波浪作用

取波浪周期 T=1.2 s，获得立管随波高变化的幅频响应曲线如图 6 所示。由图可知，立管在横向和流向都有明显的振动响应。流向振动主频率为 0.83 Hz，与波浪频率一致[14]。随着波高增大，流向振幅发生明显增大，根据微幅波理论波浪动压力沿水深的分布公式[15]，将波浪按深水波进行分析，动压幅值随周期增大而减小，随波高增大而增大，分析结果与试验结论相符。横向在 2.5~3.5 Hz 的频率范围内，立管一直有较明显的振动响应，可知波浪作用下横向也会产生较明显的涡激振动。

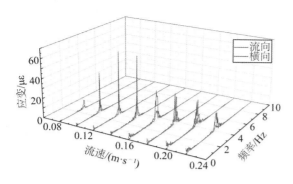 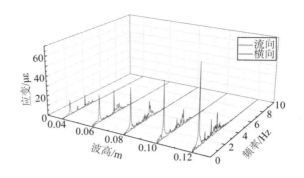

图 5　立管随流速变化的幅频响应曲线　　　　　图 6　立管随波高变化的幅频响应曲线

2.4　波流共同作用

波流共同作用下，立管的振动响应在流向和横向将分别受波浪与流速主导，同时波浪和流速也会分别对横向和流向振动产生影响。随着波高变化，横向和流向也将呈现不同规律。本部分将分别讨论固定流速变波高和固定波高变流速的情况下输流立管的动力响应。

2.4.1　流速固定，波高变化

首先在水槽中造 U=0.12 m/s 的均匀流（涡激振动锁定流速），待水流稳定后，再沿流向造波，获得立管随波高变化的幅频响应曲线，如图 7 所示。由图可知，波流共同作用下，流向依旧以波频率为主导频率，随着波高增大，振幅也逐渐增大，这与单独波浪作用下的规律相同。同时可以发现，相比于单独波浪作用条件下，其对应振幅都有所增大，这与图 4 分析的规律相同；横向上随着波高增大，主频振幅逐渐减小，主频率逐渐增大，其范围在 3~4 Hz，由于波速的增大导致涡脱落频率逐渐远离立管自然频率，因此涡激振动幅度呈减小趋势。

2.4.2　波高固定，流速变化

本节在波高 H=0.08 m，周期 T=1.2 s 的条件下开始造流，流速从 0.08 m/s 逐级增加至 0.22 m/s，立管幅频响应曲线如图 8 所示。由图可知，在流向上，主频振幅并不会随流速增加而变化，固定在波频率处，其对应的振幅一开始有所增加，而后则变化不大。这是因为水流对流向的拖曳力并不会因为流速的增大而逐渐增大[13]。同时值得注意的是，波流同向时，加入水流后，波浪会被拉长，波高会有所降低[16]，因此流向振幅相比于同等条件单独波浪情况下，幅值减小。经试验浪高仪测量结果发现，流速从 0.08 m/s 到 0.22 m/s 变化时，波高最大减小约 1 cm。这也解释了图 8 中开始阶段即使有流的作用，流向振幅仍比单独波浪（T= 1.2 s，H=0.08 m）作用下要小。流速为 0.08~0.12 m/s 时，横向涡激振动还比较明显，随着流速增大，振动模态逐渐复杂，没有明显的主导模态。

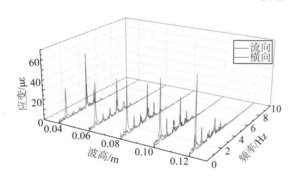 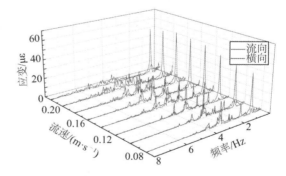

图 7　波流共同作用下立管随波高变化的幅频响应曲线　　　图 8　波流共同作用下立管随流速变化的幅频响应曲线

2.4.3　幅值分析

本节分别在波、流及波流共同作用下，对比其流向（IL）和横向（CF）的主频振幅。波浪周期 T= 1.2 s，波高从 0.04~0.12 m，流速 U=0.12 m/s，其结果如图 9 所示。可知波流共同作用下，随着波高增大，流向振动开始主导立管的振动，横向振动开始逐渐减弱。当波高为 0.06 m 时，流向和横向振幅强度接近，这种情况下，对于整体来说横向和流向振动强度都较小，对立管的疲劳损坏强度最弱。单独波浪作用下，考虑波流共同作用下波高约减小了 1 cm，图中相应波高对应的幅值均是换算后的波高（比图中波高小 1 cm），结果可以发现，波流共同作用下，由于流的拖曳力作用，流向振幅比单独波浪作用下要大，但随着波高逐渐增大，流的作用逐渐变得不明显，最后几乎没有。从图中还可以发现，相比于单独流的情况，加入波浪后，横向振幅减小，波浪的作用使得涡激振动减弱。

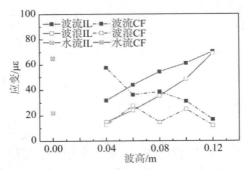

图 9　波、流及波流共同作用下立管横向和流向主频振幅变化曲线

3　结　语

本文考虑波浪海流及其共同作用，通过试验对工程中的输流立管进行水动力响应研究。试验过程中固定流速改变波高，结果表明，相比于单独波浪作用下，加入水流后，流向的振幅有所叠加，但随着波高增大，流的叠加作用逐渐减小。波流共同作用下，输流立管在横向和流向都会有明显的振动响应，随着波高增大，横向振幅逐渐减小，流向振幅逐渐增大，在波高为 0.06 m 的条件下，横向和流向振幅整体上较小，对立管疲劳损伤最小，这对于实际工程中通过对海洋环境分析来改善立管特性有着重要指导意义。

参考文献：

[1]　HUSE E, KLEIVEN G, NIELSEN F G. Large scale model testing of deep sea risers[C]//OTC, Houston Texas, 1998.

[2]　CHAPLIN J R, BEARMAN P W, HUERA HUARTE F J, et al. Laboratory measurements of vortex-induced vibrations of a vertical tension riser in a stepped current[J]. Journal of Fluids and Structures, 2005 , 21(1): 3-24.

[3]　HUERA-HUARTE F J, BANGASH Z A, GONZÁLEZ L M. Towing tank experiments on the vortex-induced vibrations of low mass ratio long flexible cylinders[J]. Journal of Fluids and Structures, 2014, 48: 81-92.

[4]　XU W H, MA Y X, HAO L, et al. Vortex-induced vibration of an inclined flexible cylinder with a small yaw angle[J]. Journal of Harbin Engineering University, 2017, 38(2): 195-200.

[5]　HAN Q, MA Y X, XU W H, et al. An experimental study on the hydrodynamic features of two side-by-side flexible cylinders undergoing flow-induced vibrations in a uniform flow[J]. Marine Structures, 2018, 61: 326-342.

[6]　GUO H Y, LOU M. Effect of internal flow on vortex-induced vibration of risers[J]. Journal of Fluids and Structures, 2008, 24: 496-504.

[7]　娄敏. 海洋输流立管涡激振动试验研究及数值模拟[D]. 青岛: 中国海洋大学, 2007.

[8]　贾星兰, 方华灿. 海洋钻井隔水管的动力响应[J]. 石油机械, 1995(8): 18-22.

[9]　PEREIRA P S D, MOROOKA C K, CHAMPI D F. Dynamics of a vertical riser with a subsurface buoy[C]// International Society of Offshore and Polar Engineers, 2006.

[10]　韩春杰, 陈明明, 闫铁. 深水环境下隔水管的横向自由振动分析[J]. 应用力学学报, 2012, 29(3):341-344.

[11]　周守为, 刘清友. 深水钻井隔水管系统力学行为理论及应用研究[M]. 北京: 科学出版社, 2016.

[12]　MAO L, LIU Q, ZHOU S, et al. Vortex-induced vibration mechanism of drilling riser under shear flow[J]. Petroleum Exploration & Development, 2015, 42(1): 112-118.

[13]　毛良杰. 深水钻井隔水管动力特性及涡激振动响应实验与理论研究[D]. 成都: 西南石油大学，2015.

[14]　LOU M, DONG W Y, GUO H Y. A vortex induced vibration of marine riser in waves[J]. Acta Oceanologica Sinica, 2011, 30(4): 96-101.

[15]　邹志利. 海岸动力学[M]. 北京: 人民交通出版社, 2009

[16]　吴梓鑫. 波流联合作用下海洋立管载荷与响应分析[D]. 镇江: 江苏科技大学, 2015

硬化弹簧支撑刚性圆柱涡激振动数值模拟研究

王恩浩，高喜峰，徐万海，吴昊恺

（天津大学 水利工程仿真与安全国家重点实验室，天津 300072）

摘要： 运用开源计算流体动力学程序 OpenFOAM 结合重叠网格技术对硬化弹簧支撑刚性圆柱涡激振动进行了数值模拟研究。研究发现随着硬化弹簧非线性强度的增大，圆柱的响应曲线向更高的雷诺数范围偏移。同时，圆柱振幅曲线从初始分支到最大振幅的过渡变得更加平滑。当采用等效约化速度呈现响应数据时，硬化弹簧支撑圆柱的振幅响应与线性弹簧支撑圆柱的振幅响应吻合程度较高。由于所考虑的雷诺数范围较低，圆柱尾迹泻涡模式以 2S 模式为主。当圆柱振幅较小时，旋涡为单排结构，而在振幅较大的上端分支出现双排涡街。强非线性硬化弹簧支撑圆柱涡激振动尾流在振幅较大时呈现无序状态。

关键词： 硬化弹簧；涡激振动；低雷诺数；流固耦合

涡激振动是造成结构物疲劳损伤的主要原因。由于涡激振动在实际工程中的重要性，近年来国内外学者对这种流固耦合现象开展了大量研究。目前，涡激振动相关研究多关注圆柱单自由度横流向的振动。当圆柱发生涡激振动时，会在一定的约化速度（$V_r=U_\infty/f_nD$，其中 U_∞ 为来流速度，f_n 为系统自然频率，D 为圆柱直径）范围内出现锁频现象[1-2]。对于高质量比[$m^*=4m/(\rho\pi D^2)$，其中 m 为圆柱单位长度质量，ρ 为流体密度]的圆柱，Bearman[3]在其综述中指出在锁频区域内，圆柱横流向振动频率（f_y）接近旋涡脱落频率（f_s），同时也接近系统的自然频率 f_n，使得 $f_y/f_n\approx1$。当质量阻尼比（$m^*\zeta$）较高时，圆柱涡激振动分为两个不同的分支，即初始分支和下端分支[4-5]。低质量阻尼比的圆柱涡激振动响应会出现大振幅的上端分支[5]。Khalak 和 Williamson[6]的研究表明，不同于高质量阻尼比圆柱发生锁频时 $f_y\approx f_n$，低质量阻尼比圆柱在锁频区域内振动频率较之于系统的自然频率有所偏移。关于圆柱单自由度涡激振动的数值研究多利用二维数值模型在低雷诺数（$Re=U_\infty D/v$，其中 v 为流体的运动黏度）下开展。Blackburn 和 Henderson[7]研究了 Re=250 时圆柱的横流向涡激振动。研究显示出锁频现象，且出现混沌响应。Leontini 等[8]研究了 Re=200 时圆柱横流向涡激振动的分支行为。数据表明，低雷诺数下圆柱涡激振动存在两个同步响应分支，分别对应高雷诺数下的上端分支和下端分支。作者还指出高雷诺数下涡激振动的分支行为并非是由三维效应的出现引起的。Ahn 和 Kallinderis[9]与 Placzek 等[10]分别对 Re=150 和 Re=100 时圆柱单自由度涡激振动进行了数值模拟。结果与他人的计算及试验结果吻合较好。也有一些学者对亚临界雷诺数下弹性支撑刚性圆柱的单自由度涡激振动进行了数值研究。Guilmineau 和 Queutey[11]与 Pan 等[12]利用二维 k-ω SST 湍流模型数值研究了圆柱单自由度涡激振动。二者均成功重现了初始分支和下端分支响应，但未能成功捕捉到模型试验中的上端分支。

上述研究中的流固耦合系统仅考虑线性弹簧支撑的圆柱，结构力由简单的弹簧-阻尼系统提供，即 $F_{struct}=-b\dot{y}-ky$，其中 b 为结构阻尼系数，k 为线性弹簧刚度，y 为圆柱横流向位移，顶圆点表示对时间的导数。近期研究人员对机械及流固系统的研究表明，非线性回复力既可以增大振幅，扩大系统发生稳定振动的参数范围，可潜在应用于振动能量汲取[13-16]；又可以减小振幅，用于振动抑制[17-19]。然而，关于非线性回复力作用下圆柱涡激振动的研究还很有限。Stappenbelt[20]利用模型试验研究了非线性弹簧支撑下刚性圆柱的单自由度与两自由度涡激振动。研究发现，在所考虑的参数范围内，非线性回复力具有减小涡激振动振幅的作用。Mackowski 和 Williamson[21]对线性及不同非线性弹簧支撑圆柱单自由度涡激振动开展了模型试验研究。结果表明，通过向系统提供适当的非线性回复力可以使基于涡激振动的能量汲取装置在更大的雷诺数范围内保持高效运行。Ma 等[22]研究了分段函数形式的非线性回复力作用下带有被动湍流控制的圆柱流致振动能量转换效率。数据显示，相比于线性弹簧的能量转换装置，非线性弹簧的能量转换装置拥有 76%的性能提升。Sun 等[23]开展了模型试验研究三次方形式的非线性回复力作用下流致振动能量转换装置的性能。研究发现对于强非线性系统，在涡激振动的上端分支和下端分支，装置的能量转换效率提升可达 100%。

基金项目： 中国博士后科学基金项目（2018M641652）

本文将利用二维流固耦合数值模拟的方法研究低雷诺数下硬化弹簧支撑刚性圆柱涡激振动，揭示硬化弹簧对圆柱的振幅响应、频率响应、流体力系数及泻涡模式的影响规律和机制。

1　数值计算方法

1.1　流体控制方程

圆柱周围流场利用二维非定常不可压缩 Navier-Stokes 方程求解。控制方程如下：

$$\frac{\partial u_i}{\partial x_i} = 0 \tag{1}$$

$$\frac{\partial u_i}{\partial t} + u_j \frac{\partial u_i}{\partial x_j} = -\frac{1}{\rho} \frac{\partial p}{\partial x_i} + \upsilon \frac{\partial^2 u_i}{\partial x_j \partial x_j} \tag{2}$$

式中：$x_1=x$，$x_2=y$ 表示笛卡儿坐标，u_i 为流体速度在 x_i 方向的分量，t 代表时间，p 表示压强，v 为流体的运动黏度。流体控制方程采用基于有限体积法的开源计算流体动力学程序 OpenFOAM 求解。瞬态项的离散运用二阶隐式向后欧拉格式，梯度、散度及拉普拉斯项的离散利用二阶高斯积分格式。应用 Issa[24] 提出的 PISO（pressure-implicit with splitting of operators）算法对离散后得到的压力速度耦合方程进行循环迭代求解。

计算边界条件的设定如下：圆柱表面采用无滑移边界条件，入口边界为 Dirichlet 边界条件，流向速度为常值而其他速度分量为零，出口边界处设置 Neumann 边界条件，速度沿流向的梯度为零，横向边界运用自由滑移边界条件；对于压力边界条件，出口处设置参考压力为零，其他各边界的压力梯度为零。本文采用重叠网格技术模拟硬化弹簧支撑刚性圆柱涡激振动。将外流场区域设置为背景网格，圆柱周围网格设置为子网格区域，各区域单独生成网格。子网格嵌套在背景网格中，经过挖洞处理，将洞单元排除在计算之外，重叠区域通过插值传递流场信息。重叠网格技术允许独立的网格之间无拘束的相对运动，因此，能够有效地避免圆柱大幅度运动造成的网格质量下降问题。为保证数值收敛，需满足 Courant-Friedrichs-Lewy（CFL）条件，即库朗特数 $Co \leqslant 0.5$，选定的时间步长为 $\Delta t = 0.005$。

1.2　结构动力学模型

硬化弹簧支撑的单自由度涡激振动系统的动力学特性可以由下式描述：

$$m\ddot{y} + b\dot{y} + ky + cy^3 = F_y \tag{3}$$

式中：c 代表硬化弹簧的非线性强度，F_y 为作用于圆柱表面的横流向流体力。运用二阶精度的 Newmark-β 法[25]对式（3）进行数值积分。由时间步 n 到 $n+1$ 的位移、速度、加速度之间的关系可表示为

$$m\dot{y}^{n+1} = \dot{y}^n + \Delta t \left[(1-\gamma)\ddot{y}^n + \gamma\ddot{y}^{n+1} \right] \tag{4}$$

$$y^{n+1} = y^n + \Delta t \dot{y}^n + \frac{\Delta t^2}{2} \left[(1-2\beta)\ddot{y}^n + 2\beta\ddot{y}^{n+1} \right] \tag{5}$$

式中：上角标代表对应的时间步。Δt 为时间步长。β 和 γ 为两实数参数，直接影响数值积分的准确性和稳定性。此处，$\beta=1/4$、$\gamma=1/2$。上述参数的选择对应梯形法则，拥有二阶精度且无条件稳定。

1.3　流固耦合

本研究中的流固耦合采用松耦合的策略，即在一个时间步中流场与结构物的动力响应依次求解[10]。流固耦合过程简要描述如下：①对流体控制方程进行求解，得到作用于圆柱表面的流体力；②在流体力作用下对结构动力学模型进行数值积分，获得圆柱的运动量；③根据圆柱的运动量，应用重叠网格技术更新流场网格；④推进至下一时间步，并在更新的网格上求解 Navier-Stokes 方程。重复上述流固耦合循环直至满足结束条件。

2　问题描述

对低雷诺数下硬化弹簧支撑刚性圆柱涡激振动进行二维数值模拟。圆柱直径 $D=0.01$ m，质量比 $m^*=2.546$，仅允许圆柱在横流向自由振动。所采用的雷诺数范围为 $Re=60\sim220$。在该雷诺数范围内，流场可以通过直接求解二维非定常不可压缩 Navier-Stokes 方程进行模拟。线性弹簧刚度 $k=0.39$ N/m，为使圆柱涡激振动响应最大化，将系统的阻尼系数设置为零（$b=0$）。此处，将硬化弹簧支撑圆柱模拟为非线性

强度为正（$c > 0$）的达芬振子。弹簧回复力随着弹簧伸长呈现非线性增长。可利用线性弹簧刚度与圆柱直径对非线性强度进行无量纲化（$\lambda = D/\sqrt{k/c}$），所考虑无量纲非线性强度范围为$\lambda = 0\sim4$。$\lambda = 0$对应线性弹簧支撑的情形。数值模拟所使用的计算域与网格如图1所示。

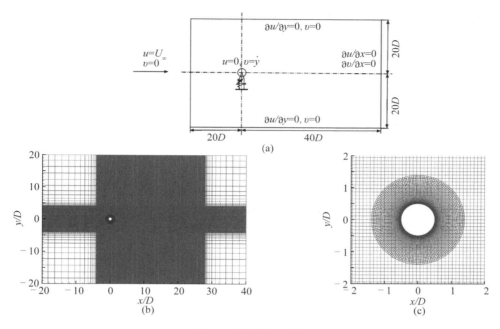

图1　计算域与网格

3　结果分析

硬化弹簧支撑下圆柱涡激振动的振幅（A_y/D）与频率（f_y/f_n）随雷诺数的变化如图2所示。根据圆柱的振幅响应可以看出，随着λ的增大，圆柱的振幅响应曲线整体向更高的雷诺数范围偏移，同时圆柱的振幅响应从初始分支到最大值的过渡也变得更加平滑。这对涡激振动能量汲取十分有利，意味着通过利用适当的硬化弹簧，可以使涡激振动能量转换装置在更大流速范围内保持高效运行。当λ从0增大到3，圆柱的最大振幅从0.6增大到0.64。而随着λ进一步增大到4，最大振幅出现少量的下降，下降至0.62。由此可见，在低雷诺数范围内，硬化弹簧非线性强度的变化对圆柱涡激振动最大振幅的影响很小。如图2（b）所示，对于硬化弹簧支撑的圆柱，其涡激振动频率随雷诺数的变化规律在初始激励分支和去同步分支内与线性弹簧支撑的圆柱的变化规律相同，振动频率与雷诺数呈线性关系。对于中等非线性强度（$\lambda = 1$），圆柱振动频率随雷诺数的变化规律与线性弹簧的情形类似。随着λ的逐渐增大，硬化弹簧支撑圆柱的频率响应开始偏离线性弹簧支撑圆柱的频率响应。由于硬化弹簧的自然频率随振幅变化，因此当使用线性弹簧的自然频率对圆柱涡激振动频率进行无量纲化时，非线性强度较强的硬化弹簧支撑圆柱的频率响应与经典涡激振动的锁频响应（$f_y/f_n \approx 1$）存在明显区别。

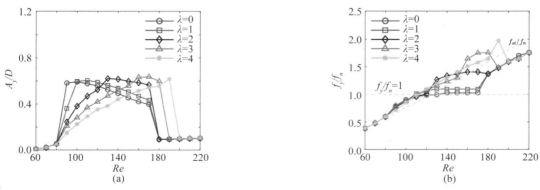

图2　圆柱涡激振动振幅及频率随雷诺数的变化

　　图 3 为流体力系数随雷诺数的变化。与振幅响应曲线类似，圆柱的平均拖曳力系数（$\overline{C}_D$）曲线、脉动拖曳力系数均方根（C'_D）曲线及脉动升力系数均方根（C'_L）曲线也随着 λ 的增大向更高的雷诺数范围移动。脉动拖曳力系数均方根曲线与平均拖曳力系数曲线的变化趋势类似。对于特定的 λ 值，平均拖曳力系数和脉动拖曳力系数均方根的最大值均出现在最大振幅所对应的雷诺数处。图 3（c）反映出脉动升力系数均方根的最大值随 λ 增大而有少量增加。根据 Dahl 等[26]，圆柱的振动频率可以用下式表述：

$$f_y = \sqrt{\frac{k}{m + m_{ea}}} \tag{6}$$

式中：m_{ea} 为有效附加质量。可以采用与质量系数同样的方法对有效附加质量进行无量纲化，即 $C_m = 4m_{ea}/\rho\pi D^2$。$C_m$ 代表流体力与圆柱加速度同相的部分。横流向有效附加质量系数（C_{my}）可以由下式计算[4,27]：

$$C_{my} = \frac{2U_\infty^2 C_{L1}\cos(\phi_y)}{\pi\left(\dfrac{A_y}{D}\right)D^2\left(2\pi f_y\right)^2} \tag{7}$$

其中 C_{L1} 和 ϕ_y 分别为升力系数的一阶谐波成分及其与横流向位移（y/D）的向位差。图 3（d）为有效附加质量系数随雷诺数的变化。$\lambda = 1$ 时有效附加质量系数曲线与线性弹簧支撑圆柱的有效附加质量系数曲线基本重合。随着 λ 的增大，有效附加质量系数曲线呈现非线性变化。

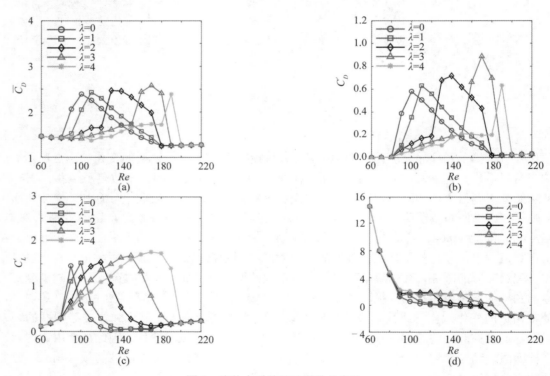

图 3　流体力系数随雷诺数的变化

　　由于标准约化速度的定义不再适用于硬化弹簧支撑的情形，因此之前的所有结果均以随雷诺数变化的形式呈现。为了可以应用线性涡激振动的相关知识解释非线性涡激振动所观察到的现象，需要将响应数据用一个类似于约化速度的无量纲参数表示。此处，提出等效约化速度的概念：

$$V_{r,equiv} = \frac{U_\infty}{f_n\left(\dfrac{A_y}{D}\right)D} \tag{8}$$

　　$f_n\left(A_y/D\right)$ 为每个振幅对应的硬化弹簧支撑圆柱系统的自然频率，通过图 4 可以看出，当圆柱振幅被表示为随等效约化速度变化的曲线时，硬化弹簧支撑圆柱的结果与线性弹簧支撑圆柱的结果吻合度较高。继而，研究了等效约化速度随雷诺数的变化。如图 5 所示，线性弹簧支撑圆柱的等效约化速度随雷诺数呈线性变化，而硬化弹簧支撑圆柱的等效约化速度在一定的雷诺数范围内呈非线性变化。因此，可以利用硬化弹簧支撑圆柱系统的这种特性来增大涡激振动能量转换装置高效运行的流速范围。

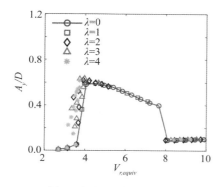

图 4　振幅随等效约化速度变化

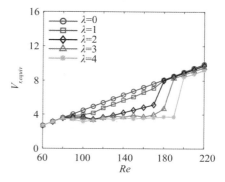

图 5　等效约化速度随雷诺数变化

图 6 比较了不同雷诺数下线性弹簧支撑圆柱与硬化弹簧支撑圆柱涡激振动的泻涡模式。

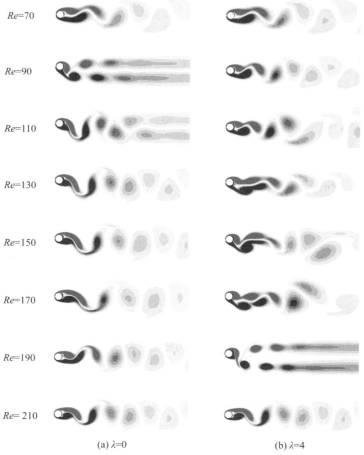

(a) λ=0　　　　　　　　　　(b) λ=4

图 6　不同雷诺数下圆柱的泻涡模式

对于线性弹簧支撑圆柱，在初始分支圆柱的尾迹为单排涡街。随着流速增大到上端分支附近，由于圆柱振幅增大，圆柱尾迹呈现双排涡街。随着雷诺数 Re 由 90 增大至 110，圆柱振幅出现小幅下降，双排涡街的形成被推迟至下游区域。当雷诺数继续增大，圆柱振幅进一步减小，圆柱尾迹重新恢复为单排涡街。对于硬化弹簧，圆柱的尾迹在初始激励分支同样呈现单排涡街。随着雷诺数的增大，圆柱尾迹出现无序成分。无序泻涡一直持续至 $Re = 170$。当到达上端分支，圆柱尾迹旋涡呈现双排涡街。随着雷诺数的进一步增大至去同步分支，圆柱尾迹恢复为单排涡街。由于本文所考虑雷诺数较低，圆柱泻涡模式主要为 2S 模式。

4 结 语

通过二维流固耦合数值模式的方式，量化了硬化弹簧对弹性支撑刚性圆柱单自由度横流向涡激振动的影响规律。结果表明，随着硬化弹簧非线性强度的增大，圆柱的响应曲线向更高的雷诺数范围移动；圆柱的振幅响应随雷诺数呈非线性变化。总体来说，圆柱的脉动拖曳力系数均方根曲线随雷诺数的变化趋势与平均拖曳力系数曲线随雷诺数的变化趋势相似。脉动升力系数的最大值随硬化弹簧非线性强度的增加有所增大。随着硬化弹簧非线性强度的增强，在一定雷诺数范围内，圆柱的有效附加质量系数与雷诺数呈现非线性关系。通过对等效约化速度的分析，当响应数据以等效约化速度表达时，硬化弹簧支撑圆柱的结果与线性弹簧支撑圆柱结果相吻合。硬化弹簧主要通过改变等效约化速度与雷诺数之间的关系影响非线性涡激振动的响应特性。在所考虑的低雷诺数范围内，圆柱泻涡以 2S 模式为主。当圆柱振幅较小时，圆柱尾迹为单排涡街。而振幅较大时，圆柱尾迹呈现双排涡街。当硬化弹簧非线性强度较大时，在特定雷诺数范围内，圆柱尾迹出现无序泻涡。

参考文献：

[1] BOURGUET R, KARNIADAKIS G E, TRIANTAFYLLOU M S. Lock-in of the vortex-induced vibrations of a long tensioned beam in shear flow [J]. Journal of Fluids and Structures, 2011, 27: 838-847.

[2] ZHAO M. Numerical simulation of vortex-induced vibration of a circualr cylinder in a spanwise shear flow [J]. Physics of Fluids, 2015, 27: 063101.

[3] BEARMAN P W. Vortex shedding from oscillating bluff bodies [J]. Annual Review of Fluid Mechanics, 1984, 16: 195-222.

[4] KHALAK A, WILLIAMSON C H K. Motions, forces and mode transitions in vortex-induced vibrations at low mass-damping [J]. Journal of Fluids and Structures, 1999, 13: 813-851.

[5] GOVARDHAN R, WILLIAMSON C H K. Modes of vortex formation and frequency response of a freely vibrating cylinder [J]. Journal of Fluid Mechanics, 2000, 420: 85-130.

[6] KHALAK A, WILLIAMSON C H K. Fluid forces and dynamics of a hydroelastic structure with very low mass and damping [J]. Journal of Fluids and Structures, 1997, 11: 973-982.

[7] BLACKBURN H, HENDERSON R. Lock-in behaviour in simulated vortex-induced vibration [J]. Experimental Thermal and Fluid Science, 1996, 12: 184-189.

[8] LEONTINI J S, THOMPSON M C, HOURIGAN K. The beginning of branching behaviour of vortex-induced vibration during two-dimensional flow [J]. Journal of Fluids and Structures, 2006, 22: 857-864.

[9] AHN H T, KALLINDERIS Y. Strongly coupled fluid/structure interactions with a geometrically conservative ALE scheme on general hybrid meshes [J]. Journal of Computational Physics, 2006, 219: 671-696.

[10] PLACZEK A, SIGRIST J, HAMDOUNI A. Numerical simulation of an oscillating cylinder in a cross-flow at low Reynolds number: Forced and free oscillations [J]. Computers and Fluids, 2009, 38: 80-100.

[11] GUILMINEAU E, QUEUTEY P. Numerical simualtion of vortex-induced vibration of a circular cylinder with low mass-damping in a turbulent flow [J]. Journal of Fluids and Structures, 2004, 19: 449-466.

[12] PAN Z, CUI W, MA Q. Numerial simulation of vortex-induced vibraiton of a circualr cylinder at low mass-damping using RANS code [J]. Journal of Fluids and Structures, 2007, 23: 23-37.

[13] BARTON D A W, BURROW S G, CLARE L R. Energy harvesting from vibrations with a nonlinaer oscillator [J]. Journal of Vibration and Acoustics, 2010, 132: 021009.

[14] GAMMAITONI L, NERI I, VOCCA H. Nonlinear oscillators for vibration energy harvesting [J]. Applied Physics Letters, 2009, 94: 164102.

[15] RAMESH K, MURUA J, GOPALARATHNAM A. Limit-cycle oscillations in unsteady flows dominated by intermittent leading-edge vortex shedding [J]. Journal of Fluids and Structures, 2015, 55: 84-105.

[16] WANG E, RAMESH K, KILLEN S, et al. On the nonlinear dynamics of self-sustained limit-cycle oscillations in a flapping-foil energy harvester [J]. Journal of Fluids and Structures, 2018, 83: 339-357.

[17] BERT C W, EGLE D M, WILKINS D J J. Optimal design of a non-linear dynamic absorber [J]. Journal of Sound and Vibration, 1990, 137: 347-352.

[18] LEE Y S, VAKAKIS A F, BERGMAN L A, et al. Passive nonlinear targeted energy transfer and its applications to vibration and absorption: a review [J]. Proceedings of the Institution of Mechanical Engineers, Part K: Journal of Multi-body Dynamics, 2008, 222: 77-134.

[19] GENDELMAN O V, VAKAKIS A F, BERGMAN L A, et al. Asymptotic analysis of passive nonlinear suppression of aeroelastic instabilities of a rigid wing in subsonic flow [J]. SIAM Journal on Applied Mathematics, 2010, 70: 1655-1677.

[20] STAPPENBELT B. The effect of nonlinear mooring stiffness on the vortex-induced motion of cylindrical structures [C]// Proceedings of the Twentieth (2010) International Offshore and Polar Engineering Conference. Beijing, China. 2010.

[21] MACKOWSKI A W, WILLIAMSON C H K. An experimental investigation of vortex-induced vibration with nonlinear restoring forces [J]. Physics of Fluids, 2013, 25: 087101.

[22] MA C, SUN H, NOWASKOWSKI G, et al. Nonlinear piecewise restoring force in hydrokinetic power conversion using flow induced motions of a single cylinder [J]. Ocean Engineering, 2016, 128: 1-12.

[23] SUN H, MA C, BERNITSAS M M. Hydrokinetic power conversion using flow-induced vibrations with cubic restoring force [J]. Energy, 2018, 153: 490-508.

[24] ISSA RI. Solution of the implicity discretised fluid flow equations by operator-splitting [J]. Journal of Computational Physics, 1986, 62: 40-65.

[25] NEWMARK N M. A method of computation for structural dynamics [J]. Journal of Engineering Mechanics, 1959, 85: 67-94.

[26] DAHL J M, HOVER F S, TRIANTAFYLLOU M S, et al. Dual resonance in vortex-induced vibrations at subcritical and supercritical Reynolds numbers [J]. Journal of Fluid Mechanics, 2010, 643: 395-424.

[27] JAUVTIS N, WILLIAMSON C H K. The effect of two degrees of freedom on vortex-induced vibration at low mass and damping [J]. Journal of Fluid Mechanics, 2004, 509: 23-62.

60°倾角倾斜柔性圆柱涡激振动特性研究

马烨璇，徐万海，张倩楠，李宇寒

（天津大学 水利工程仿真与安全国家重点实验室，天津 300072）

摘要： 海洋立管、海底管线、浮式平台系泊缆等柔性圆柱结构的涡激振动是造成其疲劳损伤的重要因素。目前，关于柔性圆柱涡激振动的研究大多针对于来流垂直圆柱轴线的情形。但实际工程中，圆柱轴向并不总是与来流方向垂直，常存在一定的倾斜角度。大倾角（倾斜角度大于 45°）情形下，倾斜柔性圆柱的涡激振动特性研究有待进一步开展。基于开展的 60°倾角倾斜柔性圆柱的涡激振动试验，逆向求解了圆柱的流体力，并将流体力分解得到升力系数和附加质量系数。通过分析倾斜柔性圆柱的响应位移、控制频率、升力系数和附加质量系数，研究了大倾角情形下倾斜柔性圆柱涡激振动的响应特性和流体力特性。结果表明：倾斜柔性圆柱的响应位移和升力系数高于垂直柔性圆柱的结果；相同控制模态下，倾斜柔性圆柱的控制频率略低；倾斜柔性圆柱的位移云图呈现显著的行波特性，位移均方根沿轴向呈非对称分布，升力系数沿轴向出现较为剧烈的变化。

关键词： 倾斜柔性圆柱；60°倾角；涡激振动；响应特性；流体力特性

海洋立管、海底管线、浮式平台系泊缆等柔性圆柱结构易在海流的作用下发生涡激振动。当结构后缘的漩涡泄放频率接近结构的固有频率时，"锁定"现象出现，结构响应位移显著增大，造成严重的疲劳损伤。目前，关于涡激振动的研究大多关注外界来流垂直圆柱轴线的情形，并取得了大量研究成果[1-2]。但实际工程中，来流方向并不总是与圆柱轴向垂直，通常存在一定的倾斜角度（a，来流方向与圆柱轴向法线方向的夹角）。较大的倾斜角度，会对圆柱的涡激振动特性产生显著影响。

为了简化问题，Hanson[3]和 Van Atta[4]提出"不相关原则"（IP）来描述倾斜圆柱绕流问题的漩涡脱落特性。IP 原则仅考虑垂直圆柱轴向的来流分量而忽略平行圆柱轴向的来流分量。研究表明，倾角增大到一定程度后，固定倾斜刚性圆柱后的漩涡脱落呈现较强的三维特性，由于平行于圆柱轴向的来流分量的影响，圆柱的平均阻力系数和升力系数大于 IP 原则的预报值，且具有较强的展向相关性[5-6]。在此基础上，一些学者研究了倾斜刚性圆柱的涡激振动特性。Franzini 等[7-8]开展了弹性支撑倾斜刚性圆柱单自由度和双自由度的涡激振动试验，结果表明：当倾斜角度大于等于 30°时，圆柱的响应位移随倾角的增大而减小；在"锁定"区域，圆柱的附加质量系数逐渐减小。Jain 和 Modarres-Sadeghi[9]试验研究了倾角 $a=0°\sim70°$时刚性圆柱的涡激振动特性，结果表明：倾角 $a=65°$和 70°时，IP 原则不适用。Lucor 和 Karniadakis[10]数值模拟了倾角 $a=60°$和 70°时刚性圆柱的涡激振动，结果表明：倾斜圆柱的平均阻力系数显著高于 IP 原则的预报值。柔性圆柱的涡激振动会激发高阶模态，伴随有多模态响应等特征，因此，倾斜柔性圆柱的涡激振动特性更为复杂。Bourguet 等[11]和 Bourguet 和 Triantafyllou[12]先后数值模拟了倾角 $a=60°$和 80°时的柔性圆柱涡激振动，结果表明：柔性圆柱顺流向平均位移较大时，平行圆柱轴向的来流分量会对圆柱的涡激振动产生较大影响；倾斜圆柱的平均阻力系数和升力系数较垂直圆柱略有增大；流体力系数的轴向分布也与垂直圆柱存在较大差异。Han 等[13]试验研究了倾角 $a=45°$时的柔性圆柱的涡激振动特性，结果表明：倾斜柔性圆柱的涡激振动仍会出现多模态响应。

大倾角（$a>45°$）情形下，倾斜柔性圆柱涡激振动的响应特性和流体力特性与垂直柔性圆柱相比存在较大差异，相关研究有待进一步开展。为了弥补倾斜柔性圆柱涡激振动研究的不足，本文开展的 60°倾角下倾斜柔性圆柱涡激振动试验，识别了倾斜柔性圆柱的升力系数和附加质量系数，分析了涡激振动的响应特性和流体力特性。相关研究成果可为海洋工程中柔性圆柱结构的设计提供一定的参考和借鉴。

基金项目： 国家自然科学基金（51679167）；国家自然科学基金创新研究群体科学基金（51621092）

通信作者： 徐万海(1981–)，男，副教授，硕士生导师，研究方向为涡激振动。E-mail: xuwanhai@tju.edu.cn

1 模型试验

　　模型试验在拖曳水池（137.0 m×7.0 m×3.3 m）中开展。如图 1 所示，横向支持架逆时针（俯视视角）旋转 60°，使柔性圆柱模型轴向法线与来流方向的夹角为 60°。为确保导流板所在平面与来流方向平行，通过角度板使导流板顺时针旋转 60°。横向支持架安装在拖车底部，导流板的上缘完全浸没于水中，柔性圆柱模型距离水面约为 1.0 m。拖车匀速前进模拟均匀来流，来流速度为 0.05~1.00 m/s，速度间隔为 0.05 m/s。柔性圆柱模型内芯为铜管，外部为硅胶管，参数如表 1 所示。铜管轴向均匀设置 7 个测点，各测点黏贴应变片用于测量结构的应变数据。外部硅胶管用于保护应变片和测量导线，并提供规则光滑的外表面。柔性圆柱模型一端通过万向联轴节固定于支撑板，另一端通过钢丝绳依次连接弹簧、张紧器和拉力传感器。分别测量了倾角 a=60°时倾斜柔性圆柱和垂直柔性圆柱（倾角 a=0°）的涡激振动响应，轴向预张力均设为 450N，采样时间为 50 s，采集频率为 100 Hz。拖车试验前分别进行了空气中和静水中的自由衰减试验，获得了柔性圆柱模型的固有频率和结构阻尼。

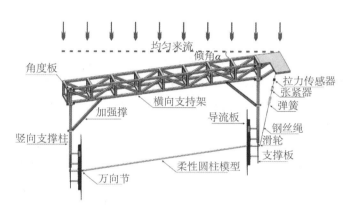

图 1　试验装置示意

表 1　柔性圆柱模型参数

物理量	参数
长度 L/ m	5.60
外径 D/ m	0.016
长径比 L/D	350
单位长度质量 m_s/（kg·m^{-1}）	0.382 1
质量比 $4m_s/(\pi\rho D^2)$	1.90
弯曲刚度 EI/ Nm^2	17.45
轴向预张力 T/ N	450

2　流体力计算方法

　　运用模态分解法将试验测量的应变信息转化为柔性圆柱的位移[14]。根据柔性圆柱涡激振动的响应位移，采用有限元模型逆向求解流体力合力，并通过最小二乘法将流体力分解为与速度同相位的力—升力和与加速度同相位的力—附加质量力[15]。简要说明柔性圆柱升力系数和附加质量系数的确定方法。

　　采用欧拉–伯努利梁模型描述柔性圆柱的振动：

$$EI\frac{\partial^4 y}{\partial z^4} - T\frac{\partial^2 y}{\partial z^2} + c\dot{y} + m_s\ddot{y} = f_y \tag{1}$$

式中：y 为横流向位移，z 为柔性圆柱的轴向坐标，c 为结构阻尼，f_y 为待求的涡激振动流体力。将式（1）转化为有限元形式：

$$M\ddot{Y} + C\dot{Y} + (K_E + K_G)Y = F_y \tag{2}$$

式中：M 为质量矩阵，C 为结构阻尼矩阵，K_E 为结构弯曲刚度矩阵，K_G 为由轴向力产生的刚度矩阵，F_y 为流体载荷矩阵。结构阻尼矩阵 C 采用瑞利阻尼形式，即：

$$C = \alpha M + \beta(K_E + K_G) \tag{3}$$

式中：α 和 β 为常系数，可由结构各阶模态的圆频率和阻尼比计算求解。

　　根据有限元方程（2）求解流体载荷矩阵 F_y，并从中求出流体力 f_y。分解 f_y 为与速度同相位的升力和与加速度同相位的附加质量力：

$$f_y = \frac{\rho D l}{2\sqrt{2}\dot{y}_{rms}} U^2 C_L \dot{y} - \frac{1}{4}\rho\pi D^2 l C_a \ddot{y} \tag{4}$$

式中：C_L 为升力系数，C_a 为附加质量系数，l 为结构单元长度，U 为来流速度。C_L 和 C_a 可通过最小二乘法[15]求得

$$C_L = \frac{2\sqrt{2}\dot{y}_{rms}}{\rho D l U^2}\frac{(S_2 S_5 - S_3 S_4)}{(S_2^{\ 2} - S_1 S_4)} \quad , \quad C_a = \frac{4}{\pi\rho D^2 l}\frac{(S_1 S_5 - S_2 S_3)}{(S_2^{\ 2} - S_1 S_4)} \tag{5}$$

式中：$S_1 = \sum_1^N \dot{y}^2$，$S_2 = \sum_1^N \dot{y}\cdot\ddot{y}$，$S_3 = \sum_1^N f_y\cdot\dot{y}$，$S_4 = \sum_1^N \ddot{y}^2$，$S_5 = \sum_1^N f_y\cdot\ddot{y}$。

　　为了便于与垂直圆柱的结果作对比，计算倾斜柔性圆柱流体力时的来流速度采用实际来流速度垂直圆柱轴线的分量，即 $U\cdot\cos a$。

3　结果分析

　　图 2 为倾斜柔性圆柱横流向最大响应位移均方根随等效约化速度的变化图。等效约化速度 $V_m = U\cos a/(f_1 D)$，其中 f_1 为柔性圆柱静水中的一阶固有频率。由位移均方根的变化趋势可以判断：随着等效约化速度的增大，倾斜柔性圆柱的振动可激发二阶模态。在各阶模态控制区，位移均方根随等效约化速度先增大后减小。在一阶模态和二阶模态的转化间歇，位移均方根出现极小值。一阶模态和二阶模态下，倾斜柔性圆柱的位移均方根极值分别为 1.41D 和 1.86D，均大于垂直柔性圆柱的结果。相比于垂直圆柱，倾斜柔性圆柱"锁定"区对应的等效约化速度范围更窄。出现上述差异的主要原因是平行于倾斜圆柱轴线的来流分量对涡激振动产生了重要影响。

　　图 3 为倾斜柔性圆柱横流向无量纲控制频率随等效约化速度的变化图。倾斜柔性圆柱的控制频率随等效约化速度的增大呈现近似线性的增长。在模态转化时，控制频率发生阶梯式的跳跃。上述现象与垂直柔性圆柱的结果类似。但在同一阶模态下，倾斜圆柱的控制频率略低于垂直圆柱的结果，尤其是控制模态为二阶时。倾斜圆柱进入二阶模态时对应的等效约化速度小于垂直圆柱的结果，表明倾斜柔性圆柱更容易激发高阶模态。

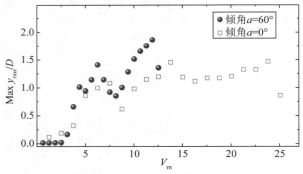

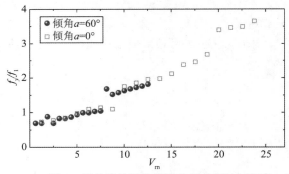

图 2　倾斜柔性圆柱横流向最大响应位移均方根　　　　　图 3　倾斜柔性圆柱横流向无量纲控制频率

　　图 4 为倾斜柔性圆柱升力系数的轴向平均值随等效约化速度的变化图。等效约化速度很小时，横流向涡激振动尚未激发，试验测量误差对流体力计算结果的影响较大，因此对等效约化速度很小时的结果不做分析。在模态控制区，倾斜柔性圆柱的升力系数先增大后减小。升力系数先于响应位移均方根取得极值，表明了涡激振动的自限制特性。虽然在二阶模态控制区，倾斜柔性圆柱的升力系数与响应位移均方根呈现了较为同步的变化，但升力系数的增速远小于响应位移均方根的增速，也能表明涡激振动的自限制特性。二阶模态时，倾斜圆柱的升力系数大于垂直圆柱，与响应位移均方根的结果一致。

　　图 5 为倾斜柔性圆柱附加质量系数的轴向平均值随等效约化速度的变化图。在模态控制区，倾斜柔性圆柱的附加质量系数随等效约化速度的增大而逐渐减小，与垂直圆柱的结果具有相同的变化趋势。对应于

控制频率随等效约化速度的变化，附加质量系数的变化体现了涡激振动的自激励特性。在"锁定"区，附加质量系数减小使结构的固有频率增大，确保漩涡脱落频率能在一定的流速范围内"锁定"在结构固有频率附近。

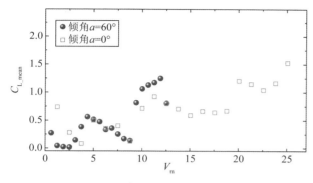

图 4　倾斜柔性圆柱升力系数的轴向平均值

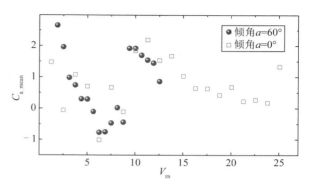

图 5　倾斜柔性圆柱附加质量系数的轴向平均值

　　图 6 和图 7 分别绘出了倾斜柔性圆柱和垂直柔性圆柱在等效约化速度为 11.28 时的位移云图、位移均方根和升力系数的轴向分布。等效约化速度为 11.28 时，倾斜柔性圆柱与垂直柔性圆柱的控制模态均为二阶。由位移云图可知，倾斜圆柱的振动呈现出明显的行波特性，而垂直圆柱的振动则为驻波形式。倾斜圆柱位移均方根的轴向分布并不对称，而垂直圆柱的位移均方根近似呈对称分布。垂直圆柱的升力系数分布与位移均方根的轴向分布类似。与垂直圆柱不同，倾斜圆柱的升力系数沿轴向呈现出较为剧烈的变化。整体来看，倾斜圆柱位移均方根大的位置，升力系数较小，位移均方根小的位置，升力系数较大，体现了涡激振动的自限制特性。

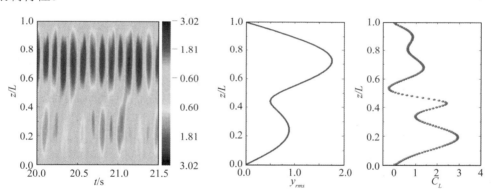

图 6　倾斜柔性圆柱位移云图、位移均方根和升力系数的轴向分布（V_{rn}=11.28）

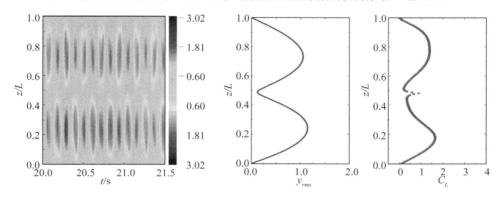

图 7　垂直柔性圆柱位移云图、位移均方根和升力系数的轴向分布（V_{rn}=11.28）

4　结　语

　　基于 60°倾角倾斜柔性圆柱涡激振动试验，重构了圆柱涡激振动的升力系数和附加质量系数，分析了倾斜柔性圆柱涡激振动的响应特性和流体力特性，得到以下结论：

1）一阶模态和二阶模态下，倾斜柔性圆柱的位移均方根极值均大于垂直柔性圆柱的结果，且倾斜柔性圆柱"锁定"区对应的等效约化速度范围较窄。相同控制模态下，倾斜柔性圆柱的控制频率略低于垂直柔性圆柱。相同等效约化速度下，倾斜柔性圆柱易激发高阶模态。

2）二阶模态下，倾斜柔性圆柱升力系数的轴向均值高于垂直圆柱的结果。升力系数先于响应位移均方根取得极值，体现了涡激振动的自限制特性。各阶控制模态下，倾斜柔性圆柱的附加质量系数随等效约化速度的增大而逐渐减小，体现了涡激振动的自激励特性。

3）倾斜柔性圆柱的位移云图呈现出显著的行波特性，位移均方根呈非对称分布，升力系数沿轴向出现较为剧烈的变化。位移均方根大的位置，升力系数较小；位移均方根小的位置，升力系数较大。

参考文献：

[1] WILLIAMSON C H K, GOVARDHAN R. A brief review of recent results in vortex-induced vibrations [J]. Journal of Wind Engineering and Industrial Aerodynamics, 2008, 96(6): 713-735.

[2] CHAPLIN J R, BEARMAN P W, HUARTE F J H, et al. Laboratory measurements of vortex-induced vibrations of a vertical tension riser in a stepped current [J]. Journal of Fluids and Structures, 2005, 21(1):3-24.

[3] HANSON A R. Vortex shedding from yawed cylinders [J]. AIAA Journal, 1966, 4(4):738-740.

[4] VAN ATTA C W. Experiments on vortex shedding from yawed circular cylinders [J]. AIAA Journal, 1968, 6(5):931-933.

[5] RAMBERG S E. The effects of yaw and finite length upon the vortex wakes of stationary and vibrating circular cylinders [J]. Journal of Fluid Mechanics, 1983, 128(1):81-107.

[6] ZHAO M, CHENG L, ZHOU T. Direct numerical simulation of three-dimensional flow past a yawed circular cylinder of infinite length [J]. Journal of Fluids and Structures, 2009, 25(5):831-847.

[7] FRANZINI G R, FUJARRA A L C, MENEGHINI J R, et al. Experimental investigation of vortex-induced vibration on rigid, smooth and inclined cylinders [J]. Journal of Fluids and Structures, 2009, 25(4): 742-750.

[8] FRANZINI G R, GONÇALVES R T, MENEGHINI J R, et al. One and two degrees-of-freedom Vortex-Induced Vibration experiments with yawed cylinders [J]. Journal of fluids and structures, 2013, 42: 401-420.

[9] JAIN A, MODARRES-SADEGHI Y. Vortex-induced vibrations of a flexibly-mounted inclined cylinder [J]. Journal of Fluids and Structures, 2013, 43: 28-40.

[10] LUCOR D, KARNIADAKIS G E. Effects of oblique inflow in vortex-induced vibrations [J]. Flow, Turbulence and Combustion, 2003, 71(1/2/3/4): 375-389.

[11] BOURGUET R, KARNIADAKIS G E, TRIANTAFYLLOU M S. On the validity of the independence principle applied to the vortex-induced vibrations of a flexible cylinder inclined at 60° [J]. Journal of fluids and structures, 2015, 53: 58-69.

[12] BOURGUET R, TRIANTAFYLLOU M S. Vortex-induced vibrations of a flexible cylinder at large inclination angle [J]. Philosophical Transactions of the Royal Society A: Mathematical, Physical and Engineering Sciences, 2015, 373(2033): 20140108.

[13] HAN Q, MA Y, XU W, et al. Dynamic characteristics of an inclined flexible cylinder undergoing vortex-induced vibrations[J]. Journal of Sound and Vibration, 2017, 394: 306-320.

[14] LIE H, KAASEN K E. Modal analysis of measurements from a large-scale VIV model test of a riser in linearly sheared flow [J]. Journal of fluids and structures, 2006, 22(4): 557-575.

[15] SONG L, FU S, CAO J, et al. An investigation into the hydrodynamics of a flexible riser undergoing vortex-induced vibration [J]. Journal of Fluids and Structures, 2016, 63: 325-350.

海洋立管内流密度波动的参激稳定性研究

高喜峰，谢武德，徐万海，白玉川

（天津大学 水利工程仿真与安全国家重点实验室，天津 300350）

摘要： 由于受到多相流和流体杂质的影响，海洋立管的管内流体可能出现密度波动的情况，从而对立管产生参数激励的作用。依据多相流的流型，采用数学模型描述管内流体的波动密度，经验证明该模型满足流体的连续性条件。基于牛顿第二定律，推导管内流体对管道结构的作用，进而得到立管振动的控制方程；对此方程采用 Galerkin 方法进行离散，根据 Floquet 理论对立管的稳定性进行判定。研究表明：管内流体密度的波动会使立管出现参数共振不稳定区域，共振包括简单参数共振和组合参数共振；流体密度波动的幅值越大，质量比（平均流体质量/管道结构质量）越大，管内流速越大，轴向力越小，不稳定区域越大，立管更容易失稳。

关键词： 流固耦合；密度波动；参激振动；稳定性

　　海洋立管具有高效性、经济性和快速性等优点，在油气资源的开采中得到了广泛的应用。海洋立管通常将海底的石油和天然气运输到海上平台上，其中也会掺杂着海水、泥土或者砂粒等多种杂质，进而造成流体的总密度在时间和空间上发生变化。管内流体密度的变化对立管结构具有重要的影响，因而需要进行深入的研究，以确保立管的安全和稳定。

　　输流管道作为一种典型的流固耦合作用，已经得到了广泛而深入的研究。Païdoussis[1]详细地介绍了简支、固支和悬臂管道的输流特性，分析了管道结构失稳的分岔类型及失稳时所对应的临界流速。Modarres-Sadeghi 等[2]构建了悬臂输流管道的三维振动理论模型，模拟了管道在失稳后的非线性动力响应，并考虑了外界弹簧和端部附加质量约束的影响。Dai 等[3]分析管内流场与管外流场联合作用下管道的振动特性，指出管内流场处于超临界区域时，管道的涡激振动响应会出现混沌现象。

　　管内输送的流体一般由泵进行供给，泵的不稳定性会使流体的流速发生变化，从而对管道结构造成参数激励的作用。Jin 和 Song[4]采用平均法计算了管内流速简谐变化对管道结构造成的简单参数共振和组合参数共振，并分析了多种因素对管道参数共振稳定性的影响。Łuczko 和 Czerwiński[5]开展了理论模拟和物理模型试验，探索了固定支撑柔性管道在参数共振时的三维非线性振动特性。

　　以往的研究大都将管内流体简化为单相流。近期，一些学者也开始考虑多相流的情况。Patel 和 Seyed[6]采用数学模型模拟了管内多相流的密度变化，研究了流体密度波动对悬链线立管的动力响应作用。Ortega 等[7]采用 Lagrangian 段塞流追踪模型模拟了气液两相段塞流对海洋立管的影响，分析了外界波浪和管内段塞流联合作用下立管的振动特性。Chatjigeorgiou[8]采用稳定的段塞流模型描述了悬链线立管内的段塞流，探索了段塞流对悬链线立管的影响。Zhu 等[9]在试验水槽中开展了管内输送气液两相流的物理模型试验，试验结果表明：气体和液体的不同配比和不同流速比对管道的运动具有重要的影响。Thorsen 等[10]研究了管内流体密度波动对海洋采矿管道涡激振动的影响，分析了管道的振动特性和疲劳寿命。

　　当管内流体的流速随时间发生变化时，管道会受到参数激励的作用。当流体的密度随时间发生变化时，管道也会受到参数激励的作用。而现阶段，对此方面的研究较少。本文采用数学模型模拟密度波动的流体，推导海洋立管振动的控制方程，基于 Floquet 理论对立管参激振动的稳定性进行判定，并开展了相关因素的影响性分析，以期为后续的学术研究和工程实际提供相应的理论基础。

1　理论模型

　　如图 1（a）所示，立管输送密度波动的流体。该立管竖直布置，两端简支，总长度为 L，忽略外界流

基金项目： 国家自然科学基金（51679167）；国家自然科学基金创新研究群体科学基金（51621092）

通讯作者： 谢武德（1989–），男，天津大学，博士研究生，研究方向为管内多相流。E-mail：woodxie@tju.edu.cn

场的影响，管内流体竖直向上运输。立管结构密度为ρ_s，横截面面积为A_s。管内流体为不可压缩流体，密度为$\rho_f(x,t)$，其随时间 t 和空间 x 发生变化，流体横截面面积为 A_f。立管的振动位移为 $y(x,t)$。

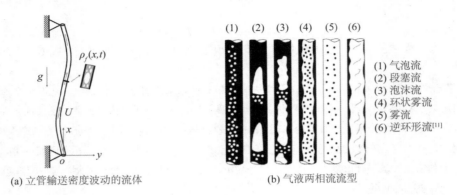

(a) 立管输送密度波动的流体　　　　　　(b) 气液两相流流型

图 1　立管输送密度波动的流体和气液两相流流型

当立管输送多相流时，其具有多种流型。例如气液两相流，如图 1（b）所示，有气泡流、段塞流、泡沫流、环状雾流、雾流和逆环形流等。对于不同的流型，总的流体密度会随时间和空间发生变化。另外，如果流体内含有杂质，其密度也会发生变化。根据 Patel 和 Seyed[6] 和 Bai 等[12] 的研究内容，管内流体密度的波动可表示为

$$\rho_f(x,t) = \overline{\rho}_f + \overline{\rho}_f \cdot \varepsilon \exp[\mathrm{i}(kx - \omega t + \theta)] \tag{1}$$

式中：$\overline{\rho}_f$ 为平均密度，ε（$|\varepsilon| \leq 1$）为密度波动的幅值，i 为虚数单位，k 为密度波动的波数（2π/波长），ω 为密度波动的频率（2π/波动周期），θ 为初始相位角。管内流体流动的流速 U 与密度波动的频率和波数有关，$U = \omega/k$。公式（1）表示管内流体密度的波动为常量与波动量之和，其应满足流体的连续性。从立管中截取微段，拆分为管道结构微段和流体微段，如图 2 所示。该微段内流体质量 m_f 的变化率为

$$\frac{\mathrm{D}(m_f)_{sys}}{\mathrm{D}t} = \frac{\mathrm{d}}{\mathrm{d}t}\iiint_{CV}\rho_f(x,t)\mathrm{d}V + \iint_{CS}\rho_f(x,t)\boldsymbol{U}\cdot\boldsymbol{n}\mathrm{d}A \tag{2}$$

式中：CV 和 $\mathrm{d}V$ 为控制体的体积和体积单元，CS 和 $\mathrm{d}A$ 为控制体的表面积和面积单元，$\boldsymbol{n}$ 为面积单元的外法线单位向量，$\boldsymbol{U}$ 为流体的合速度，$\boldsymbol{U} = U\mathbf{i} + U\dfrac{\partial y}{\partial x}\mathbf{j}$。将（1）式代入（2）式，化简得到

$$\frac{\mathrm{D}(m_f)_{sys}}{\mathrm{D}t} = A_f\overline{\rho}_f\varepsilon\frac{\omega}{k}\left\{\exp[\mathrm{i}(kx_1 - \omega t + \theta)] - \exp[\mathrm{i}(kx_2 - \omega t + \theta)]\right\}$$
$$+ A_f\overline{\rho}_f\varepsilon U\left\{\exp[\mathrm{i}(kx_2 - \omega t + \theta)] - \exp[\mathrm{i}(kx_1 - \omega t + \theta)]\right\} = 0 \tag{3}$$

因而，可以得知控制体内流体质量的变化率为零，满足流体的连续性条件。根据牛顿第二定律，控制体内流体受到的合外力为

$$\sum\boldsymbol{F} = \frac{\mathrm{d}}{\mathrm{d}t}\iiint_{CV}\rho_f(x,t)\boldsymbol{U}\mathrm{d}V + \iint_{CS}\rho_f(x,t)\boldsymbol{U}(\boldsymbol{U}\cdot n)\mathrm{d}A$$
$$+ \iiint_{CV}\left[\frac{\mathrm{d}^2\boldsymbol{R}}{\mathrm{d}t} + 2\boldsymbol{\Omega}\times\boldsymbol{U} + \boldsymbol{\Omega}\times(\boldsymbol{\Omega}\times\boldsymbol{r}) + \frac{\mathrm{d}\boldsymbol{\Omega}}{\mathrm{d}t}\times\boldsymbol{r}\right]\rho_f(x,t)\mathrm{d}V \tag{4}$$

式中：$\boldsymbol{R}$ 和 $\boldsymbol{\Omega}$ 分别为控制体中心的位移和角速度，$\boldsymbol{r}$ 为流体单元到控制体中心的径向距离。将式（1）代入式（4），考虑流体密度波动的实数项，忽略高阶项的影响，经推导得到

$$\sum\boldsymbol{F} = 0\mathbf{i} + A_f\overline{\rho}_f[1 + \varepsilon\cos(kx - \omega t + \theta)]\left(\frac{\partial}{\partial t} + U\frac{\partial}{\partial x}\right)^2 y\,\delta x\mathbf{j} \tag{5}$$

管道结构微段在水平方向上和竖直方向上的受力平衡为

$$F_t\frac{\partial y}{\partial x} + F_N + \frac{\partial}{\partial x}\left(N\frac{\partial y}{\partial x}\right) + \frac{\partial Q}{\partial x} - c_s\frac{\partial y}{\partial t} = A_s\rho_s\frac{\partial^2 y}{\partial t^2} \tag{6}$$

$$F_t - F_N \frac{\partial y}{\partial x} + \frac{\partial N}{\partial x} - A_s \rho_s g = 0 \tag{7}$$

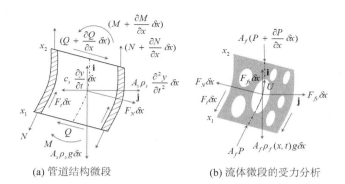

(a) 管道结构微段　　　　　　　　(b) 流体微段的受力分析

图 2　拆分为管道结构微段和流体微段

流体微段在水平方向上和竖直方向上的受力平衡为

$$-F_t \frac{\partial y}{\partial x} - F_N - A_f \frac{\partial}{\partial x}\left(P\frac{\partial y}{\partial x}\right) = A_f \overline{\rho}_f [1+\varepsilon\cos(kx-\omega t+\theta)]\left(\frac{\partial}{\partial t}+U\frac{\partial}{\partial x}\right)^2 y \tag{8}$$

$$-F_t + F_N \frac{\partial y}{\partial x} - A_f \frac{\partial P}{\partial x} - A_f \rho_f(x,t)g = 0 \tag{9}$$

综合式（7）和式（9），并沿管长进行积分得到：

$$N - A_f P = N_L - A_f P_L (1-2\upsilon) - \int_x^L \{A_s \rho_s + A_f \overline{\rho}_f [1+\varepsilon\cos(kx-\omega t+\theta)]\}g\mathrm{d}x \tag{10}$$

式中：N_L 和 P_L 分别为立管顶端的拉力和流体压强，υ 为泊松比。综合式（6）、式（8）和式（10），并考虑 Kelvin-Voigt 黏弹性阻尼的影响，立管振动的控制方程为

$$A_s \rho_s \frac{\partial^2 y}{\partial t^2} + c_s \frac{\partial y}{\partial t} + A_f \overline{\rho}_f [1+\varepsilon\cos(kx-\omega t+\theta)]\left(\frac{\partial}{\partial t}+U\frac{\partial}{\partial x}\right)^2 y$$

$$-\left\{N_L - A_f P_L(1-2\upsilon) - \int_x^L \{A_s \rho_s + A_f \overline{\rho}_f [1+\varepsilon\cos(kx-\omega t+\theta)]\}g\mathrm{d}x\right\}\frac{\partial^2 y}{\partial x^2} \tag{11}$$

$$-\{A_s \rho_s + A_f \overline{\rho}_f [1+\varepsilon\cos(kx-\omega t+\theta)]\}g\frac{\partial y}{\partial x} + \left(E+E^*\frac{\partial}{\partial t}\right)I\frac{\partial^4 y}{\partial x^4} = 0$$

引入无量纲参量：

$$\eta = \frac{y}{L}, \ \xi = \frac{x}{L}, \ \tau = \sqrt{\frac{EI}{A_s \rho_s}}\frac{t}{L^2}, \ c^* = \frac{c_s L^2}{\sqrt{A_s \rho_s EI}}$$

$$\beta = \frac{A_f \overline{\rho}_f}{A_s \rho_s}, \ k^* = kL, \ \omega^* = \omega L^2 \sqrt{\frac{A_s \rho_s}{EI}}, \ u = UL\sqrt{\frac{A_s \rho_s}{EI}}$$

$$\Gamma = [N_L - A_f P_L(1-2\upsilon)]\frac{L^2}{EI}, \ g^* = \frac{A_s \rho_s g L^3}{EI}, \ \alpha = \frac{E^*}{L^2}\sqrt{\frac{I}{A_s \rho_s E}}$$

立管振动方程转换为无量纲形式：

$$\frac{\partial^2 \eta}{\partial \tau^2} + c^*\frac{\partial \eta}{\partial \tau} + \beta[1+\varepsilon\cos(k^*\xi-\omega^*\tau+\theta)]\left(\frac{\partial}{\partial \tau}+u\frac{\partial}{\partial \xi}\right)^2 \eta - \left\{\Gamma - \int_\xi^1 \{1+\beta[1+\varepsilon\cos(k^*\xi-\omega^*\tau+\theta)]\}g^*\mathrm{d}\xi\right\}\frac{\partial^2 \eta}{\partial \xi^2}$$

$$-\{1+\beta[1+\varepsilon\cos(k^*\xi-\omega^*\tau+\theta)]\}g^*\frac{\partial \eta}{\partial \xi} + \left(1+\alpha\frac{\partial}{\partial \tau}\right)\frac{\partial^4 \eta}{\partial \xi^4} = 0 \tag{12}$$

立管两端简支，无量纲端部约束条件为

$$\eta(0,\tau)=0,\quad \frac{\partial^2\eta(0,\tau)}{\partial\xi^2}=0,\quad \eta(1,\tau)=0,\quad \frac{\partial^2\eta(1,\tau)}{\partial\xi^2}=0 \tag{13}$$

2　数值求解

立管并未受到外界载荷的作用，其振动方程显示，微分项的系数会随着时间的增长而发生变化。因此，该系统为参数激励系统。参数激励系统与外界载荷激励系统具有明显的不同，当参数激励频率满足一定条件时，系统发生失稳，进而造成严重的后果。可采用 Floquet 理论对此参激系统的稳定性进行判断。基于 Galerkin 方法，立管位移表示为

$$\eta(\xi,\tau)=\sum_{i=1}^{n}\varphi_i(\xi)q_i(\tau) \tag{14}$$

式中：$\varphi_i(\xi)$ 为模态函数，$q_i(\tau)$ 为对应的主坐标。立管两端简支，模态函数可取为 $\varphi_i(\xi)=\sin(i\pi x)$。将式（14）代入式（12）中，方程两侧同乘以 $\varphi_j(\xi)=\sin(j\pi x)$，并沿管长对 ξ 进行积分，可以得到

$$\sum_{i=1}^{n}\sum_{j=1}^{n}(m_{ij}^s+m_{ij}^f)\frac{\partial^2\eta_j}{\partial\tau^2}+\sum_{i=1}^{n}\sum_{j=1}^{n}(c_{ij}^s+c_{ij}^f)\frac{\partial\eta_j}{\partial\tau}+\sum_{i=1}^{n}\sum_{j=1}^{n}(k_{ij}^s+k_{ij}^f)\eta_j=0 \tag{15}$$

式中：

$$m_{ij}^s=\int_0^1\varphi_i\varphi_j\mathrm{d}\xi,\quad c_{ij}^s=\int_0^1\varphi_i c^*\varphi_j\mathrm{d}\xi$$

$$k_{ij}^s=\int_0^1\varphi_i\left\{-[\Gamma-g^*(1-\xi)]\frac{\partial^2\varphi_j}{\partial\xi^2}+g^*\frac{\partial\varphi_j}{\partial\xi}+\left(1+\alpha\frac{\partial}{\partial\tau}\right)\frac{\partial^4\varphi_j}{\partial\xi^4}\right\}\mathrm{d}\xi$$

$$m_{ij}^f=\int_0^1\varphi_i\beta[1+\varepsilon\cos(k^*\xi-\omega^*\tau+\theta)]\varphi_j\mathrm{d}\xi,\quad c_{ij}^f=\int_0^1\varphi_i 2u\beta[1+\varepsilon\cos(k^*\xi-\omega^*\tau+\theta)]\frac{\partial\varphi_j}{\partial\xi}\mathrm{d}\xi$$

$$k_{ij}^f=\int_0^1\varphi_i\left\{\begin{array}{l}\{\beta[1+\varepsilon\cos(k^*\xi-\omega^*\tau+\theta)]u^2+\int_\xi^1\beta[1+\varepsilon\cos(k^*\xi-\omega^*\tau+\theta)]g^*\mathrm{d}\xi\}\dfrac{\partial^2\varphi_j}{\partial\xi^2}\\ -\beta[1+\varepsilon\cos(k^*\xi-\omega^*\tau+\theta)]g^*\dfrac{\partial\varphi_j}{\partial\xi}\end{array}\right\}\mathrm{d}\xi$$

将该式表示为矩阵形式：

$$[\boldsymbol{M}_s+\boldsymbol{M}_f(\tau)]\frac{\partial^2\boldsymbol{\eta}}{\partial\tau^2}+[\boldsymbol{C}_s+\boldsymbol{C}_f(\tau)]\frac{\partial\boldsymbol{\eta}}{\partial\tau}+[\boldsymbol{K}_s+\boldsymbol{K}_f(\tau)]\boldsymbol{\eta}=0 \tag{16}$$

式中：$\boldsymbol{\eta}=[\eta_1,\eta_2,\dots,\eta_n]^\mathrm{T}$ 为主坐标位移向量；$\boldsymbol{M}_s$、$\boldsymbol{C}_s$ 和 $\boldsymbol{K}_s$ 分别为立管结构的质量矩阵、阻尼矩阵和刚度矩阵，对应的单元为 m_{ij}^s、c_{ij}^s 和 k_{ij}^s；$\boldsymbol{M}_f(\tau)$、$\boldsymbol{C}_f(\tau)$ 和 $\boldsymbol{K}_s(\tau)$ 分别为管内流体的质量矩阵、阻尼矩阵和刚度矩阵，对应的单元为 m_{ij}^f、c_{ij}^f 和 k_{ij}^f。引入 $\boldsymbol{Z}=[\boldsymbol{\eta}\ \partial\boldsymbol{\eta}/\partial\tau]^\mathrm{T}$，矩阵方程（16）能进一步转换为一阶形式：

$$\frac{\partial\boldsymbol{Z}}{\partial\tau}=\boldsymbol{A}(\tau)\boldsymbol{Z} \tag{17}$$

其中

$$\boldsymbol{A}(\tau)=\left[\begin{array}{c|c}0 & \boldsymbol{I}\\ \hline \dfrac{\boldsymbol{K}_s+\boldsymbol{K}_f(\tau)}{\boldsymbol{M}_s+\boldsymbol{M}_f(\tau)} & -\dfrac{\boldsymbol{C}_s+\boldsymbol{C}_f(\tau)}{\boldsymbol{M}_s+\boldsymbol{M}_f(\tau)}\end{array}\right]$$

根据公式（17），可以对输流立管的固有频率进行求解，即：求解矩阵 A（τ）的特征复频，其实部为固有频率，虚部为系统阻尼。依据 Floquet 理论，对公式（17）在时域上进行的数值积分，积分区间为 $\tau=$（0，$2\pi/\omega^*$），初始条件依次设置为[1, 0, 0, …]，[0, 1, 0, …]，… [0, 0, …, 1]，对应的积分结果 Z_1，Z_2，…，Z_{2n} 构成传递矩阵：

$$\boldsymbol{\Phi} = [\boldsymbol{Z}_1 \quad \boldsymbol{Z}_2 \quad \cdots \quad \boldsymbol{Z}_{2n}] \tag{18}$$

对传递矩阵 $\boldsymbol{\Phi}$ 的特征值进行求解。如果有一个特征值的绝对值大于 1，该系统处于不稳定状态；反之则该系统稳定。

3　稳定性分析

在对立管的参激稳定性进行分析时，无量纲参数可取为：$\beta=0.11$，$u=6$，$\Gamma=g^*=c^*=\alpha=0$[1]。此时，立管的前三阶固有频率为：$\Omega_1=7.19$，$\Omega_2=35.55$ 和 $\Omega_3=82.41$。管内流体密度波动的频率 ω^* 从 0 增长到 50，波动幅值 ε 从 0 增长到 1，立管的稳定性如图 3 所示。从图 3 中可以得知，随着流体密度波动频率的增加，立管出现了稳定区域和不稳定区域。不稳定区域发生在参数共振时，如：$\omega^*=1/2\Omega_1$，$2/3\Omega_1$，Ω_1，$2\Omega_1$，$1/2（\Omega_1+\Omega_2）$，Ω_2，（$\Omega_1+\Omega$）和 $1/2（\Omega_1+\Omega_3）$。参数共振可分为简单参数共振：$\omega^*=1/2\Omega_1$，$2/3\Omega_1$，Ω_1，$2\Omega_1$，Ω_2；和组合参数共振：$\omega^*=1/2（\Omega_1+\Omega_2）$，（$\Omega_1+\Omega_2$），$1/2（\Omega_1+\Omega_3）$。另外，随着流体密度波动幅值的增加，图 3 中的不稳定区域逐步变大，这表明立管更不稳定。

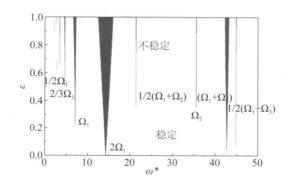

图 3　管内流体密度波动的稳定性

海洋立管可能输送不同的流体（油、气或水），管内流体质量与管道结构质量的比值将有所不同，进而对系统的稳定性造成影响。将质量比（平均流体质量/管道结构质量）依次设定为 $\beta=0.08$，0.11 和 0.15，对应的稳定性如图 4（a）所示。从图中可以得知，随着质量比 β 的增大，参数共振区域向左移动，不稳定区域变大，立管更容易失去其稳定性。

立管内部输送的流体可能具有不同的流速，其对立管稳定性的影响如图 4（b）所示，流速分别取值为 $u=5$、6 和 7。从图中可以获知，随着流速 u 的增大，参数共振区域向左移动，不稳定区域增大，立管系统更不稳定。

立管在安装或者服役的过程中可能受到不同的轴向力，轴向力对立管的稳定性会产生影响。将轴向力依次取为 $\Gamma=-3$、0 和 3，立管稳定性的变化如图 4（c）所示。随着轴向力的增加，参数共振区域向右移动，不稳定区域逐渐减小，立管系统更稳定。

海洋立管可由不同的材料构成，其具有不同的黏滞阻尼和黏弹性阻尼。黏滞阻尼和黏弹性阻尼对立管系统稳定性的影响如图 4（d）和 4（e）所示。图 4（d）显示随着黏滞阻尼的增大，参激共振区域并没有发生移动，而不稳定区域逐渐缩水，这表明立管系统更稳定。黏弹性阻尼对立管系统稳定性的影响具有相同的特点，如图 4（e）所示。

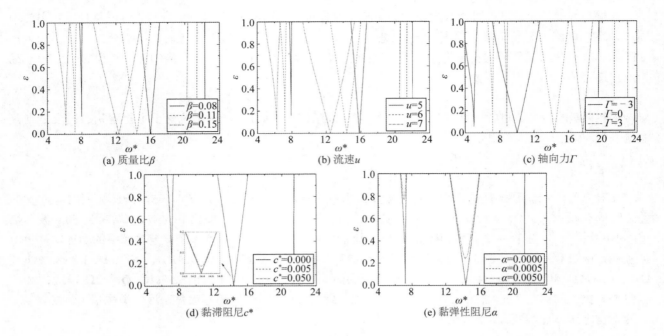

图 4　不同因素对立管稳定性的影响

4　结　语

在海洋工程中，由于多相流及流体杂质的影响，立管内部流体的密度会随时间和空间发生变化。采用数学模型模拟流体密度的波动，该模型满足流体的连续性；基于牛顿第二定律推导立管振动的控制方程，依据 Floquet 理论对立管参激振动的稳定性进行分析，得出以下结论：

1）管内流体密度的波动会对立管造成参数激励的作用，当密度波动频率满足一定条件时，会发生参数共振，包括简单参数共振和组合参数共振。随着流体密度波动幅值的增加，参数共振区域变宽，立管更不稳定。

2）质量比越大，管内流速越大，轴向力越小，黏滞阻尼和黏弹性阻尼越小，不稳定区域越大，立管更容易失稳。

参考文献：

[1]　PAÏDOUSSIS M P. Fluid-structure interactions, slender structures and axial flow[M]. second ed. California: Academic Press, 2014.

[2]　MODARRES-SADEGHI Y, SEMLER C, WADHAM-GAGNON M, et al. Dynamics of cantilevered pipes conveying fluid, Part 3: Three-dimensional dynamics in the presence of an end-mass[J]. Journal of Fluids and Structures, 2007, 23(4): 589-603.

[3]　DAI H L, WANG L, QIAN Q, et al. Vortex-induced vibrations of pipes conveying fluid in the subcritical and supercritical regimes[J]. Journal of Fluids and Structures, 2013, 39: 322-334.

[4]　JIN J D, SONG Z Y. Parametric resonances of supported pipes conveying pulsating fluid[J]. Journal of Fluids and Structures, 2005, 20(6): 763-783.

[5]　ŁUCZKO J, CZERWIŃSKI A. Nonlinear three-dimensional dynamics of flexible pipes conveying fluids[J]. Journal of Fluids and Structures, 2017, 70: 235-260.

[6]　PATEL M H, SEYED F B. Internal flow-induced behaviour of flexible risers[J]. Engineering Structures, 1989, 11(4): 266-280.

[7]　ORTEGA A, RIVERA A, LARSEN C M. Flexible riser response induced by combined slug flow and wave loads[C]//Proceedings of the ASME 32nd International Conference on Ocean, Offshore and Arctic Engineering. France, Nantes, 2013: 10891.

[8]　CHATJIGEORGIOU I K. Hydroelastic response of marine risers subjected to internal slug-flow[J]. Applied Ocean Research,

2017, 62: 1-17.

[9] ZHU H, GAO Y, ZHAO H. Experimental investigation on the flow-induced vibration of a free-hanging flexible riser by internal unstable hydrodynamic slug flow[J]. Ocean Engineering, 2018, 164: 488-507.

[10] THORSEN M J, CHALLABOTLA N R, SÆVIK S, et al. A numerical study on vortex-induced vibrations and the effect of slurry density variations on fatigue of ocean mining risers[J]. Ocean Engineering, 2019, 174: 1-13.

[11] KANEKO S, NAKAMURA T, INADA F, et al. Flow-induced vibrations, in Flow-induced Vibrations[M]. Second Edition. Oxford: Academic Press, 2014.

[12] BAI Y, XIE W, GAO X, et al. Dynamic analysis of a cantilevered pipe conveying fluid with density variation[J]. Journal of Fluids and Structures, 2018, 81: 638-655.

基于楔体入水的孤立波制造理论及其 SPH 验证

贺　铭 [1]，徐万海 [1]，高喜峰 [1]，任　冰 [2]

（1. 天津大学 水利工程仿真与安全国家重点实验室，天津 300350；2. 大连理工大学 海岸和近海工程国家重点实验室，辽宁 大连 116024）

摘要： 为研究海啸波对结构物的作用，现已发展了多种孤立波的数值和试验生成方法，但利用垂向冲击体制造孤立波的理论还不成熟。一种基于楔体浸没体积等于孤立波体积原理的冲击式造波理论遂被提出。首先推导了关联楔体浸没深度、楔角和生成波高的隐式方程组，并给出了孤立波波高受楔角的约束条件。接着使用光滑粒子流体动力学（SPH）方法建立了模拟楔体运动与波浪生成的数值模型。通过与文献中规则波试验结果的比较，验证了数值模型的可靠性，以及确定其最优空间分辨率。最后利用验证过的数值模型模拟了相对波高分别为 0.1 和 0.3 的孤立波的生成。与解析解比较发现，所生成的孤立波波形稳定，波高和水质点速度均较为准确。这一新型造波理论的提出，可缩短冲击体附近波面不稳定的范围，进而提升数值计算效率并节约试验场地空间。

关键词： 孤立波；楔体入水；造波理论；光滑粒子流体动力学

海啸是一种对海洋（岸）工程结构物破坏力巨大的自然灾害，通常可用孤立波来近似，因此如何在数值模拟和模型试验中准确制造孤立波是研究结构物所受极限荷载及所致动力响应的关键。现有孤立波制造方法大体分为两类：一类是利用重物自由落水[1]或水柱坍塌[2]等方式突然增加水体体积，从而激发一部分水团外涌形成孤立波。然而缺少理论依据的体积增加会形成不协调的造波边界，除产生主波峰外还伴有一系列跟随尾波，当尾波幅值过大或频率过多时甚至可能干扰孤立波形。此外，为生成指定波要素，需反复调节重物的释放高度或水柱体积，增加了研究工作的繁琐性；另一类是令推板造波机的运动速度等于孤立波水质点的深度平均水平速度[3-4]，即以理论速度边界条件生成波浪。相比前一方法所生成的孤立波形更加稳定，因此得到了比较广泛的应用。在一些深水波浪水池内（如爱荷华大学水利科学与工程研究院拖曳水池和大阪大学拖曳水池），出于提升造波效率和减弱波浪二次反射的考虑使用了垂向冲击式造波机。但受解析理论发展水平的限制[5]，冲击式造波机通常仅用于制造规则波和多频叠加的不规则波，如生成孤立波则同样面临着波形不稳定的困扰。为弥补这一不足，本文以简单的楔体为例，介绍一种基于冲击体浸没体积等于波浪体积原理的孤立波制造理论。

为检验所提出造波理论的可靠性，使用 SPH 方法进行数值模拟。SPH 方法是一种 Lagrangian 型的无网格数值方法，通过积分近似和粒子近似两步原理，将用偏微分方程组描述的流体运动转化为有限个粒子间的物理量叠加[6]。由于 SPH 方法在强非线性自由水面和大位移流固交界面处理上具有天然的优势，因此被越来越多的应用于海洋（岸）工程领域[7]。楔体入水与孤立波制造问题中，SPH 方法既能便捷地模拟出楔体固壁切入水体这一的过程，也能模拟出强非线性孤立波的传播现象，这正是本文选用 SPH 方法进行数值模拟的原因。

1　楔体入水与孤立波制造

1.1　理论推导

利用楔体制造孤立波时，初始时刻将楔体置于水面以上，并使其底部尖角高度与静水位齐平。随后以指定速度下降楔体，生成如图 1 所示的远离楔体传播的孤立波。这一过程中存在以下等量关系：

$$V_{s1} + V_{s2} = V_w \tag{1}$$

式中：V_{s1} 为孤立波波面与静水面间的体积；V_{s2} 为孤立波和楔体交界面与静水面间的体积；V_w 为楔体的浸没体积。

基金项目： 国家自然科学基金（51709201，51679167）；国家自然科学基金创新研究群体科学基金(51621092)；中国博士后科学基金（2017M621074）

通信作者： 高喜峰。E-mail: gaoxifeng@tju.edu.cn

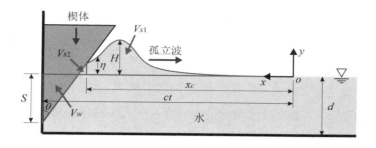

图 1　楔体浸没体积与孤立波体积间的等量关系

定义随孤立波匀速移动的直角坐标系 o-xy。原点 o 位于孤立波的最远端，x 轴指向楔体，y 轴垂直静水面向上。则 V_{s1} 可按下式计算：

$$V_{s1} = \int_0^{x_c} \eta(x)\,\mathrm{d}x \tag{2}$$

式中：x_c 为孤立波波面与楔体斜面交点的水平坐标；$\eta(x)$ 为孤立波的波面抬高，根据 Boussinesq 方程的一阶近似解，有

$$\eta(x) = H\operatorname{sech}^2(kx+\phi) \tag{3}$$

式中：H 为波高；$k = (3H/4d^3)^{1/2}$ 为有效波数，其中 d 为水深；ϕ 为波浪相位，其取值应使 $\eta(0)=0$。由于 sech 函数的周期趋于无限，理论上仅当 $\phi \to -\infty$ 时才满足 $\eta(0)=0$。但为使式（2）可积，将 sech 函数的周期限定为 2π，即取 $\phi = -\pi$。于是积分式（2）得到

$$V_{s1} = \int_0^{x_c} H\operatorname{sech}^2(kx-\pi)\,\mathrm{d}x = \frac{2H}{k\left(\mathrm{e}^{2\pi-2kx_c}+1\right)} \frac{2H}{k\left(\mathrm{e}^{2\pi}+1\right)} \tag{4}$$

V_{s2} 和 V_w 所表示的区域均为三角形，故有

$$V_{s2} = \frac{1}{2}\eta^2(x_c)\tan\theta = \frac{H^2}{2}\operatorname{sech}^4(kx_c-\pi)\tan\theta \tag{5}$$

$$V_w = \frac{1}{2}S^2\tan\theta \tag{6}$$

式中：θ 为楔角；S 为楔体浸没深度。

将式（4）至式（6）代入式（1），得

$$\frac{2H}{k\left(\mathrm{e}^{2\pi-2kx_c}+1\right)} - \frac{2H}{k\left(\mathrm{e}^{2\pi}+1\right)} + \frac{H^2}{2}\operatorname{sech}^4(kx_c-\pi)\tan\theta = \frac{1}{2}S^2\tan\theta \tag{7}$$

上式中含有 x_c 和 S 两个随时间 t 改变的物理量，因此需补充额外的关系式。依据图 1 中的几何关系建立

$$ct - x_c = \left[S + \eta(x_c)\right]\tan\theta \tag{8}$$

式中：$c = [g(d+H)]^{1/2}$ 为孤立波的传播速度，其中 g 为重力加速度。使用拟牛顿法和全选主元高斯消去法求解由式（7）和式（8）组成的隐式方程组，可得到为制造指定孤立波要素楔体在 t 时刻应下降的高度 S。

1.2　限制条件

利用楔体入水制造的孤立波受到三个限制条件的约束。首先，楔体最大浸没深度需小于水池深度，即

$$S_{\max} < d \tag{9}$$

孤立波发育完整后的体积为

$$V_{s1} = \int_0^{\infty} H \, \mathrm{sech}^2(kx - \pi) \mathrm{d}x = \frac{2H}{k} \frac{\mathrm{e}^{2\pi}}{\mathrm{e}^{2\pi} + 1} \approx \frac{2H}{k} \tag{10}$$

此时孤立波已脱离楔体，$V_{s2} = 0$、$V_{s1} = V_w$。令式（10）等于式（6），整理后代入式（9），得

$$L_1 \quad \frac{H}{d} < \frac{3}{64} \tan^2 \theta \tag{11}$$

其次，在图 2 所示坐标系下，孤立波波面的最大坡度 κ_2 应大于楔体的斜率 κ_1：

$$\kappa_1 < \kappa_2 \tag{12}$$

否则已生成并远离楔体的波峰可能受楔体的下压作用发生流体砰击现象，从而影响孤立波波形的稳定。式（12）中 κ_1 由下式计算：

$$\kappa_1 = \tan\left(\theta + \frac{\pi}{2}\right) = -\frac{1}{\tan \theta} \tag{13}$$

κ_2 取孤立波波面拐点处的坡度，确定波面拐点需令

$$\eta''(x) = \frac{2Hk^2 \left[\cosh(2kx - 2\pi) - 2\right]}{\cosh^4(kx - \pi)} = 0 \tag{14}$$

求解得

$$x_1 = \frac{2\pi + \cosh^{-1}(2)}{2k}, \quad x_2 = \frac{2\pi - \cosh^{-1}(2)}{2k} \tag{15}$$

显然，波面与楔体斜面不相容的情况只可能发生在 $x = x_1$ 处。此处波面坡度为

$$\kappa_2 = \eta'(x_1) = -\frac{2Hk \sinh(kx_1 - \pi)}{\cosh^3(kx_1 - \pi)} \approx -\sqrt{\frac{16}{27}} Hk \tag{16}$$

将式（13）和式（16）代入式（12），得

$$L_2 \quad \frac{H}{d} < \left(\frac{9}{4 \tan^2 \theta}\right)^{1/3} \tag{17}$$

最后，孤立波波高不能超过极限波高，即有

$$L_3 \quad \frac{H}{d} < \varepsilon \tag{18}$$

式中：$\varepsilon = 0.78$ 为 McCowan[8]提出的孤立波破碎临界条件。

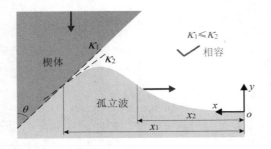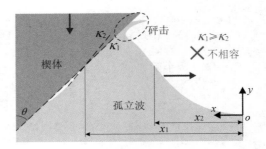

图 2　楔体斜面与孤立波波面间的相容关系

将式（11）、式（17）和式（18）表示的三个限制条件绘于图 3 中，其所围成的阴影区域标示出给定楔角下孤立波相对波高 H/d 的生成范围，亦指出为生成目标波高楔角的设置范围。

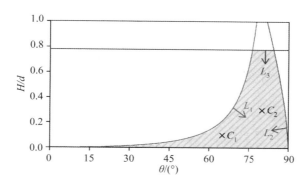

图 3　楔角与孤立波波高间的相互约束

2　数值模拟方法及试验验证

2.1　光滑粒子流体动力学方法

关于 SPH 方法的详细介绍可参见文献[9-10]，这里直接给出离散后的流体控制方程：

$$\begin{cases} \dfrac{\mathrm{d}\rho_i}{\mathrm{d}t} = \rho_i \sum_j \dfrac{m_j}{\rho_j} \boldsymbol{u}_{ij} \cdot \boldsymbol{\nabla} W_{ij} \\[2mm] \dfrac{\mathrm{d}\boldsymbol{u}_i}{\mathrm{d}t} = -\sum_j m_j \left(\dfrac{p_i}{\rho_i^2} + \dfrac{p_j}{\rho_j^2} + \Pi_{ij} \right) \boldsymbol{\nabla} W_{ij} + g \\[2mm] p_i = \dfrac{c_0^2 \rho_0}{\gamma} \left[\left(\dfrac{\rho_i}{\rho_0} \right)^{\gamma} - 1 \right] \\[2mm] \dfrac{\mathrm{d}\boldsymbol{r}_i}{\mathrm{d}t} = \boldsymbol{u}_i \end{cases} \tag{19}$$

式中：下标 i 和 j 分别为目标粒子及其支持域内的其他粒子；t 为时间；g 为重力加速度；ρ、m、p、$\boldsymbol{r}$ 和 $\boldsymbol{u}$ 分别为粒子的密度、质量、压强、位移和速度；$\rho_0 = 1\,000 \text{ kg/m}^3$ 为自由水面处的流体密度；$c_0 = 10\,(gd)^{1/2}$ 为数值声速，其中 d 为计算域水深；$\gamma = 7$ 为反映流体压缩性能的常数；W 为 Wendland 型核函数[11]；Π 为 Monaghan 型人工黏性[12]。

使用具有二阶精度的 Symplectic 方法[13]和可变时间步长[14]来积分式（19）。同时利用 Shepard 密度过滤法[15]来提升压力场的计算稳定性。

由于是一种 Lagrangian 型算法，SPH 方法的自由水面条件是自动满足的。对于固壁边界条件，本文选用了动力边壁粒子方法。简言之，在固壁边界上布置两排边壁粒子，它们与流体粒子一样参与式（19）中第 1、第 3 个方程的计算，但位置和速度保持不变（指数值水槽边壁粒子），或按照指定速度运动（指楔体边壁粒子）[16]。另外，为避免干湿交界面处因流固粒子间相对速度过大而导致的非物理性吸附或排斥现象，引入 Ren 等[17]的方法来修正边壁粒子的密度。

2.2　数值方法的试验验证

基于前述 SPH 方法，建立了图 4 所示的数值模型。通过模拟 Kashiwagi[18]的规则波生成试验并与试验结果相比较，来验证 SPH 方法在楔体造波研究中的可靠性。物理试验在 65 m 长、7 m 深的水池中进行。楔体初始浸没深度为 0.45 m，水线长 0.377 6 m，楔角为 40°，楔体运动由下式控制：

$$S(t) = \zeta S_0 \sin\left(\frac{2\pi}{T} t \right) \tag{20}$$

式中：ζ 为指数型缓冲函数；S_0 为楔体的垂荡幅值，取 $S_0 = 1.98 \text{ cm}$、3.73 cm 和 8.15 cm 三组工况，对应的楔体垂荡周期 T（亦是所生成规则波的周期）分别为 0.72 s、0.96 s 和 1.44 s。试验中沿波浪传播方向设置了四根浪高仪，但仅给出距水池上游边界 3.636 m 远处单根浪高仪采集的波面数据。

数值模拟在 4 m+1.5λ 长的数值波浪水槽中进行。出于对计算效率的考虑，水槽深度设为 0.5λ，虽小于物理试验中的 7 m 水深，但已满足深水波浪条件。需要说明的是在 $S_0 = 1.98 \text{ cm}$、$T = 0.72 \text{ s}$ 工况下，水槽深度设为 0.47 m，其大于 0.5λ 的原因是给楔体下降预留充足的空间。水槽上游设置与物理试验具有相同尺寸和运动模式的楔体，下游设置基于速度衰减原理的阻尼层[17]。距数值水池上游边界 3.636 m 处设置单根浪高仪 W_1。从物理试验结果（Kashiwagi[18]的图 4 至图 6）中得到三组工况下所生成规则波的波高 H，分别以 H/δ_p = 4、8 和 16 三种粒子分辨率开展数值计算工作，其中 δ_p 为初始粒子间距。

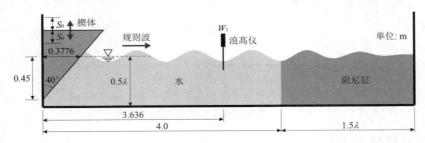

图 4　楔体制造规则波的数值模型设置

　　图 5 给出楔体位移和波面高度的数值模拟结果，并与 Kashiwagi[18]的实测数据相比较。左图中数值与实测楔体位移几乎一致，确保了数值模拟和物理试验中造波边界条件的相同。右图中，当 H/δ_p = 4 时，数值与实测波面吻合度不高。虽然波面曲线具有相同的相位和周期，但数值波高明显小于实测波高，且楔体垂荡周期越短该特征越明显。提升粒子分辨率至 H/δ_p = 8 时，数值波面得到显著改善，数值波高接近实测波高，数值波面也比较稳定。使用 H/δ_p = 16 分辨率时，数值波谷微弱下降，使得数值与实测波面更加吻合，但相比 H/δ_p = 8 时提升不大。

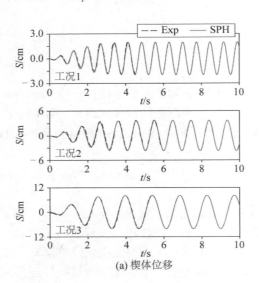
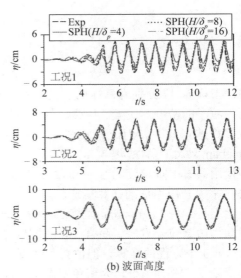

(a) 楔体位移　　　　　　　　　　　　　　　(b) 波面高度

图 5　数值结果与 Kashiwagi[18]试验结果的比较

　　进一步，图 6 定量比较了三种粒子分辨率下数值与实测波面的差别。RMSE 表示均方根误差，按下式计算：

$$RMSE = \sqrt{\frac{1}{N_d}\sum_{m=1}^{N_d}\left(\eta_{SPH,m}-\eta_{Exp,m}\right)^2} \tag{21}$$

式中：N_d 为计算误差时采样点的个数；m 为序列号。从图 6 可见，分辨率 H/δ_p 由 4 增大至 8 时，三组工况下波面 RMSE 平均减小 0.5 cm。H/δ_p 由 8 增大至 16 时，波面 RMSE 平均减小 0.08 cm，仅为前者的 16%，但却导致 4 倍以上的计算工作量。因此权衡数值精度和计算效率，后续数值模拟中采用 H/δ_p = 8 的粒子分辨率。

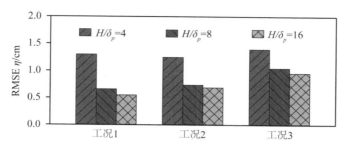

图6   不同粒子分辨率下数值与实测波面间的均方根误差

3   孤立波生成质量检验

3.1   数值模型设置

为检验基于楔体入水的孤立波制造理论，将图4所示并经过试验验证的数值模型改造为图7中的数值波浪水槽。此时水槽下游不再设置阻尼层，但水槽长度设为3λ，以确保所提取的孤立波数据不受水槽末端波浪反射的干扰。计算初始时刻楔体位于水面以上，随后依据式（7）和式（8）求得浸没深度时程数据下落。直角坐标系$o\text{-}xy$固定在水槽上游静水位处，x轴指向波浪传播方向。在$x = 0.5\lambda$、0.75λ、λ、1.25λ和1.5λ处设置$W_1{\sim}W_5$五根浪高仪，在$x = 0.75\lambda$、0.875λ、λ、1.125λ和1.25λ处沿水深布置$V_{1S}{\sim}V_{5S}$五组流速计，沿y轴方向相邻流速计的间距为0.05 m。计算工况选取图3中以符号C_1（$H = 0.05$ m、$\theta = 65°$、$d = 0.5$ m）和C_2（$H = 0.15$ m、$\theta = 80°$、$d = 0.5$ m）标示的两组，采用$H / \delta_p = 8$的粒子分辨率，所需粒子数量分别约为452 800和31 700个。

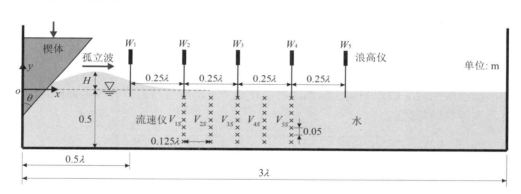

图7   楔体制造孤立波的数值模型设置

3.2   波面检验

在$t = 0 \sim 2T$范围，提取每$0.2T$时刻的自由水面粒子并绘于图8中。可以看到，采用所提出的楔体入水控制方法，孤立波在生成伊始便接近稳定，克服了利用重物自由落水[1]或水柱坍塌方法[2]制造孤立波所面临的因造波区域水面剧烈起伏而对波面形态的干扰。此外，孤立波传播过程中波高和周期均较稳定，也无显著的尾波跟随。

图9对$W_1{\sim}W_5$浪高仪采集的数值波面与Boussinesq一阶近似波面[式（3）]进行比较。总体来看，两组工况下孤立波波形稳定，且与解析解吻合良好。当$H = 0.05$ m、$\theta = 65°$时，孤立波生成后静水面有微小抬升。这是因为数值水槽长度有限，楔体入水后占据部分体积导致水面上壅，推测在试验室波浪水池内该现象可以忽略。当$H = 0.15$ m、$\theta = 80°$时，W_1浪高仪测得的数值波高偏大，但至W_2浪高仪处已降至预期值。W_2浪高仪距造波端仅有0.75λ，通常小于结构物至水槽上游的距离，因此这一波形不稳定区域不会影响孤立波与结构物相互作用的结果。另外，当$H = 0.15$ m、$\theta = 80°$时主波峰后有微幅尾波跟随，查验后发现是由于数值模型中固壁边界算法的局限性所致。

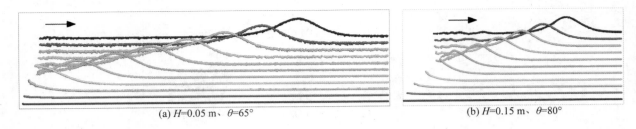

(a) H=0.05 m、θ=65°　　　　　　　　　　　(b) H=0.15 m、θ=80°

图 8　孤立波波形随时间变化过程

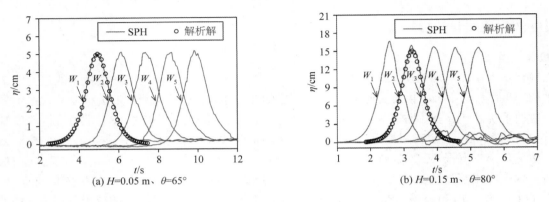

(a) H=0.05 m、θ=65°　　　　　　　　　　　(b) H=0.15 m、θ=80°

图 9　数值波面与 Boussinesq 一阶近似波面的比较

3.3　水质点速度检验

图 10 给出 $V_{1S}\sim V_{5S}$ 流速计采集的流体水平流速与 Boussinesq 二阶近似流速的比较结果。没有使用一阶近似流速是因为它沿水深固定不变，与数值结果存在本质区别。图中选取波峰传至 V_{3S} 流速计的时刻，对于 H = 0.05 m、θ = 65°工况为 t = 7.40 s，对于 H = 0.15 m、θ = 80°工况为 t = 3.93 s。可以看到，两组工况下数值结果均准确反映出孤立波水平流速沿水深的变化趋势，但数值结果分布较为离散，这是由流体湍流运动和数值计算误差共同导致的。

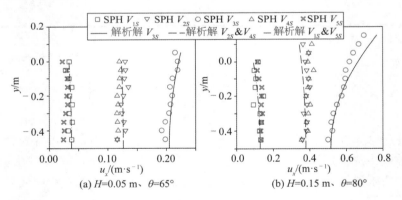

(a) H=0.05 m、θ=65°　　　　　　　　　　　(b) H=0.15 m、θ=80°

图 10　水平流速数值结果与 Boussinesq 二阶近似流速的比较

4　结　语

本研究提出了一种基于体积守恒原理的楔体入水式孤立波制造理论，同时给出楔角与孤立波波高间的相互约束条件。利用经过试验验证的 SPH 数值模型，检验了相对波高 H/d = 0.1 和 0.3 时的孤立波的生成质量。研究结果表明，使用本文方法生成的孤立波其波高和水质点水平流速均较为准确。在距造波端 $0.5\lambda\sim0.75\lambda$ 外（视楔体角度）波形已趋于稳定，且沿程变化较小，可为孤立波与结构物相互作用的数值模拟和物理试验节省大量空间。未来工作将进一步推导并验证基于半圆柱体入水的孤立波制造理论，以及从造波效率出发优化造波体的截面形状。

参考文献：

[1] YIM S C, YUK D, PANIZZO A, et al. Numerical simulations of wave generation by a vertical plunger usin RANS and SPH models[J]. J Waterw Port Coast, 2008, 134(3): 143-159.

[2] 王登婷, 王锦, 刘清君. 孤立波特性的实验室模拟[J]. 海洋工程, 2012, 30(2): 54-57.

[3] GORING D G. Tsunamis-the propagation of long waves onto a shelf[D]. California: California Institute of Technology, 1978.

[4] FARHADI A, ERSHADI H, EMDAD H, et al. Comparative study on the accuracy of solitary wave generations in an ISPH-based numerical wave flume[J]. Applied Ocean Research, 2016, 54: 115-136.

[5] HENDERSON D M, PATTERSON M S, SEGUR H. On the laboratory generation of two-dimensional, progressive, surface waves of nearly permanent form on deep water[J]. Journal of Fluid Mechanics, 2006, 559: 413-427.

[6] 强洪夫. 光滑粒子流体动力学新方法及应用[M]. 北京: 科学出版社, 2017.

[7] GOTOH H, KHAYYER A. On the state-of-the-art of particle methods for coastal and ocean engineering[J]. Coast Eng J, 2018, 60(1): 79-103.

[8] MCCOWAN J. On the highest wave of permanent type[J]. Lond Edinb Dubl Phil Mag, 1894, 38(233): 351-358.

[9] ZHANG A M, SUN P N, MING F R, et al. Smoothed particle hydrodynamics and its applications in fluid-structure interactions[J]. Journal of Hydrodynamics, 2017, 29(2): 187-216.

[10] LIU M, ZHANG Z. Smoothed particle hydrodynamics (SPH) for modeling fluid-structure interactions[J]. Sci China Phys Mech, 2019, 62(8): 984701.

[11] WENDLAND H. Piecewise polynomial, positive definite and compactly supported radial functions of minimal degree[J]. Adv Comput Math, 1995, 4(1): 389-396.

[12] MONAGHAN J J, KAJTAR J B. Leonardo da Vinci's turbulent tank in two dimensions[J]. Eur J Mech B-Fluid, 2014, 44: 1-9.

[13] CRESPO A J C, DOMÍNGUEZ J M, ROGERS B D, et al. DualSPHysics: Open-source parallel CFD solver based on Smoothed Particle Hydrodynamics (SPH) [J]. Comput Phys Commun, 2015, 187: 204-216.

[14] HE M, XU W, GAO X, et al. The layout of submerged horizontal plate breakwater (SHPB) with respect to the tidal-level variation[J]. Coast Eng J, 2018, 60(3): 280-298.

[15] COLAGROSSI A, LANDRINI M. Numerical simulation of interfacial flows by smoothed particle hydrodynamics[J]. J Comput Phys, 2003, 191(2): 448-475.

[16] CRESPO A J C, GÓMEZ-GESTEIRA M, DALRYMPLE R A. Boundary conditions generated by dynamic particles in SPH methods[J]. CMC-Comput Mater Con, 2007, 5(3): 173-184.

[17] REN B, HE M, DONG P, et al. Nonlinear simulations of wave-induced motions of a freely floating body using WCSPH method [J]. Apply Ocean Research, 2015, 50: 1-12.

[18] KASHIWAGI M. Full-nonlinear simulations of hydrodynamic forces on a heaving two-dimensional body[J]. J Soc Nav Archt Jpn, 1996, (180): 373-381.

两层流体中结构 "dead water" 阻力特性数值研究

张千千，勾　莹，孙经纬

（大连理工大学 海岸及近海工程国家重点实验室，辽宁 大连 116000）

摘要： 船舶航行到密度分层海水中时，会在密度跃层引起内波，从而导致航行阻力变大，这种情况被称为 "dead water" 现象。本文应用线性势流理论，采用高阶边界元方法，建立了两层流体中物体匀速运动的数学模型，用以求解物体所受的 "dead water" 阻力。该模型将流域分为上、下两个部分，在两个流域分别应用格林第二定理，建立两个边界积分方程组，并根据内界面上流体质点的速度连续条件和压强连续条件进行耦合，得到一个新的方程组，在时域内进行迭代求解。每一个时间步内，用四阶预报-校正算法更新该时刻内界面的波面和速度势。时间不断步进，直至得到稳定的结果。本文研究了三组不同吃水的方箱在不同速度下的 "dead water" 阻力特性，并将数值结果与试验结果进行对比，验证了数值方法的正确性。数值结果表明，在同一吃水条件下，阻力随速度的变化具有局部峰值，在内弗洛德数约为 0.758 时达到峰值。

关键词： 两层流体；"dead water" 阻力；时域边界元方法

科学研究表明，地球上各区域的海水，在垂直分布上均呈现有规律的宏观层次结构。一般来讲，海水有着温度随深度下降，密度随深度增加的特性。在这种层化海洋区域，通常存在威力较大的海洋内波活动[1]。在极地地区，由于冰川融化而形成的淡水层通常较浅，内波现象对船舶航行、冰川漂移等的影响也较为明显。因此，研究海洋内波对结构物的作用，具有重要的学术和工程应用价值。

"dead water" 现象最早由探险家 Nansen 于 1893—1896 年在北极探险时发现并进行描述。他搭乘的船在行进到一片冰川融化后形成的淡水海域中时，船速骤减，于是他将这片水域称为 "dead water"[2]。Bjerknes 认为是船的运动在淡、盐水交界面上产生的不可见的内波，使得船的阻力增大。他的学生 Ekman[3] 做了物理模型试验，直接观察到船舶运动所产生的内波。Hudimac[4] 采用渐进展开法研究了薄船在分层海洋的兴波问题。Miloh 等[5] 采用频域边界元方法研究了细长体（扁长椭球体）的 "dead water" 效应。Yeung 和 Nguyen[6] 详细论述了移动点源在分层海洋中的兴波问题。Grue[7] 深入研究了船型结构的非线性 "dead water" 阻力。

除了船舶之外，大型的海洋装备、海洋平台构件等结构物的拖航，极地冰川的漂移预测等，这些外形与船舶差异较大的结构的运动也需充分考虑 "dead water" 效应的影响。因此，本文建立了两层流体中箱型结构匀速运动的数学模型，以求解物体所受的 "dead water" 阻力。通过与试验数据比对验证数值模型的正确性，并分析箱型结构的 "dead water" 阻力特性和兴波特点。

1　两层流中拖航问题的线性边值问题

假设流体为理想流体，如图 1 所示。

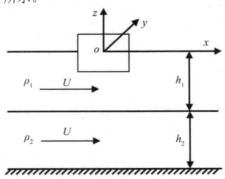

图 1　两层流中结构匀速运动模型示意

基金项目： 国家自然科学基金（51490672，51479026）

作者简介： 张千千（1993–），男，河南沁阳人，硕士研究生，主要研究领域为海洋工程流体力学。E-mail: zhangqian589@qq.com

通信作者： 勾莹。E-mail: gouying@dlut.edu.cn

上层流体的密度为 ρ_1，深度为 h_1；下层流体的密度为 ρ_2，深度为 h_2。设 xy 平面在未受扰动的自由面上，z 轴向上为正。浮体以速度 U 在上层流体中沿 x 轴负向运动。根据相对运动的原理，该问题可以等价为沿 x 轴正向的均匀流绕固定浮体产生的绕流问题。

上、下层流域中的流动均满足 Laplace 方程：

$$\nabla^2 \Phi_i = 0 \quad (i=1,2) \tag{1}$$

将上、下域内的速度势各自分解为均匀流速度势和扰动速度势：

$$\Phi_i = Ux + \phi_i \quad (i=1,2) \tag{2}$$

故有

$$\nabla^2 \Phi_i = 0 \Rightarrow \nabla^2 \phi_i = 0 \quad (i=1,2) \tag{3}$$

扰动速度势满足的边界条件有无穷远处的辐射条件：

$$\lim_{x \to \infty} |\nabla \phi_i| = 0 \quad (i=1,2) \tag{4}$$

水底不可穿透的刚性条件：

$$\frac{\partial \phi_2}{\partial n} = 0 \tag{5}$$

浮体表面 S_B 上的边界条件：

$$\frac{\partial \phi_1}{\partial n} = -U\cos(n,x) = -U_n \tag{6}$$

由于自由面 S_F 的波动较小可以忽略，因此采用刚盖假定，即满足不可穿透条件：

$$\frac{\partial \phi_1}{\partial n} = 0 \tag{7}$$

内界面 S_I 上的运动学、动力学和速度连续条件为

$$\frac{\partial \eta_2}{\partial t} + U\frac{\partial \eta_2}{\partial x} = \frac{\partial \phi_2}{\partial z} \tag{8}$$

$$\frac{\partial \varphi}{\partial t} = (1-\gamma)g\eta - U\frac{\partial \varphi}{\partial x} \tag{9}$$

$$\frac{\partial \phi_1}{\partial n} = -\frac{\partial \phi_2}{\partial n} \tag{10}$$

式中：$\varphi = \gamma\phi_1 - \phi_2$，$\gamma = \rho_1/\rho_2$。

初始时刻有：

$$\frac{\partial \phi_1}{\partial n} = 0, \quad \varphi = 0, \quad \eta = 0, \quad U = 0 \tag{11}$$

物体表面的压强可由伯努利方程求得

$$p = -\rho\left(\frac{\partial \phi_1}{\partial t} + U\frac{\partial \phi_1}{\partial x} + \frac{1}{2}|\nabla \phi_1|^2\right) \tag{12}$$

2　数值方法

采用高阶边界元法求解上述线性边值问题。根据格林第二定理，可得边界积分方程：

$$\alpha\phi_i\left(\vec{\xi}\right)=\iint_{S_i}\left[\phi_i\left(\vec{x}\right)\frac{\partial G_i\left(\vec{x},\vec{\xi}\right)}{\partial n}-G_i\left(\vec{x},\vec{\xi}\right)\frac{\partial\phi_i\left(\vec{x}\right)}{\partial n}\right]\mathrm{d}S_i \quad (i=1,2) \tag{13}$$

在上、下域中分别取 Rankine 源和其关于水面和水底的像作为格林函数：

$$G_1=-\frac{1}{4\pi}\left(\frac{1}{r}+\frac{1}{r_1}\right) \tag{14}$$

$$G_2=-\frac{1}{4\pi}\left(\frac{1}{r}+\frac{1}{r_2}\right) \tag{15}$$

其中，

$$\begin{aligned}
r&=\sqrt{(x-x_0)^2+(y-y_0)^2+(z-z_0)^2}\\
r_1&=\sqrt{(x-x_0)^2+(y-y_0)^2+(z+z_0)^2}\\
r_2&=\sqrt{(x-x_0)^2+(y-y_0)^2+(z+z_0+2h_1+2h_2)^2}
\end{aligned} \tag{16}$$

从而上、下域的边界积分方程可以分别写成如下形式：

$$\begin{bmatrix} a_{11} & a_{12}\\ a_{21} & a_{22}\end{bmatrix}\begin{bmatrix}\{\phi_1\}_{S_B}\\ \left\{\dfrac{\partial\phi_1}{\partial n}\right\}_{S_I}\end{bmatrix}=\begin{bmatrix} s_{11} & s_{12}\\ s_{21} & s_{22}\end{bmatrix}\begin{bmatrix}\left\{\dfrac{\partial\phi_1}{\partial n}\right\}_{S_B}\\ \{\phi_1\}_{S_I}\end{bmatrix} \tag{17}$$

$$[b]\left[\left\{\frac{\partial\phi_2}{\partial n}\right\}_{S_I}\right]=[t]\left[\{\phi_2\}_{S_I}\right] \tag{18}$$

由边界条件（10），可以将方程（17）、（18）两个方程合并成如下形式：

$$\begin{bmatrix} a_{11} & a_{12}+\dfrac{s_{12}}{\gamma}[t]^{-1}[b]\\ a_{21} & a_{22}+\dfrac{s_{22}}{\gamma}[t]^{-1}[b]\end{bmatrix}\begin{bmatrix}\{\phi_1\}_{S_B}\\ \left\{\dfrac{\partial\phi_1}{\partial n}\right\}_{S_I}\end{bmatrix}=\begin{bmatrix} s_{11} & \dfrac{1}{\gamma}s_{12}\\ s_{21} & \dfrac{1}{\gamma}s_{22}\end{bmatrix}\begin{bmatrix}\left\{\dfrac{\partial\phi_1}{\partial n}\right\}_{S_B}\\ \{\varphi\}_{S_I}\end{bmatrix} \tag{19}$$

由于积分边界不随时间变化，系数阵[a]、[s]、[b]和[t]只需在初始时刻组建一次。在随后的每个时间步里，用四阶 Adam-Bashford-Moulton 算法更新当前时刻内界面的波面高度η_2和速度势φ。其中，采用二阶单向迎风差分格式计算各物理量的空间导数[9]。通过求解方程组，可以得到物面的速度势和内界面处的速度势法向导数，然后通过伯努利方程求得物面的压强。压强沿物体湿表面在 x 方向积分即得"dead water"阻力。

3　数值结果和分析

计算中，上、下层水深均为 0.3 m，上层流体密度ρ_1=0.997 g/cm³，下层流体密度ρ_2= 1.024 g/cm³，上、下层密度比γ=0.974。拖航物体为方箱，箱子尺寸及拖航速度如表 1 所示。其中 L、W、d 分别表示箱子的长、宽和吃水深度。这些模型参数与 Gou 等[10]的试验完全相同。双层流体中的拖航阻力与单层流体中拖航阻力的差值即为"dead water"阻力。

表 1　箱子尺寸及拖航速度

组次	箱子尺寸			拖航速度
	L/m	W/m	d/m	/（m·s⁻¹）
1			0.24	
2	0.6	0.45	0.22	0.06；0.08；0.10；0.12；0.13；0.14；0.15；0.16；0.18；0.20；0.22；0.24。
3			0.20	

数值模拟利用对称性减少计算量，只需在一半物体和内水面上剖分计算网格。物面和内界面水域均采用矩形网格，经过网格收敛性分析，内界面水域网格在 x 方向约为 $-3L \sim 9.1L$，y 方向约为 $0 \sim 5.2L$，网格数为 78×16。其中，x 方向为 Δx 相等的均匀网格，y 方向为 Δy 按比例递增的不均匀网格，递增系数 $q=1.04$。物面网格数为 10（长度方向）×4（宽度方向）×4（深度方向）。

为避免初始效应，计算中使用了缓冲函数，使拖航速度从零开始平缓地增长至指定值：

$$U(t) = R_m(t) \cdot U, \quad R_m(t) = \begin{cases} \dfrac{1}{2}\left[1 - \cos\left(\dfrac{t}{t_0}\pi\right)\right] & (t \le t_0) \\ 1 & (t > t_0) \end{cases} \tag{20}$$

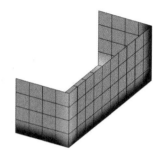

图 2　物面网格示意

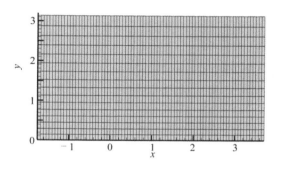

图 3　内界面水域网格示意

3.1　"dead water" 阻力及与试验的对比

为了验证本文的数值方法，将"dead water"阻力的数值结果与拖曳水槽中的试验结果进行对比，见图 4 至图 6。

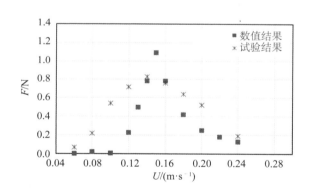

图 4　$d=0.2$ m 时"dead water"阻力随速度变化

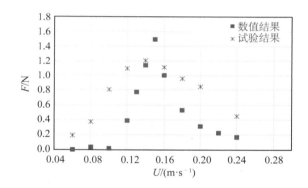

图 5　$d=0.22$ m 时"dead water"阻力随速度变化

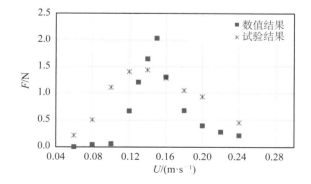

图 6　$d=0.24$ m 时"dead water"阻力随速度变化

可以看到，数值结果与试验结果有着相同的量级和变化趋势：相同吃水深度时，随着速度的增大，阻力先增大后减小，在某一速度时达到峰值；相同速度时，随着吃水深度增加，阻力也增大。但试验结果中阻力曲线的速度区间更大，而数值结果中阻力曲线的速度区间较窄，并在低速区和高速区都小于试验结果，在峰值处大于试验结果。试验与数值计算结果产生差异的原因主要有两方面：一方面数值模拟计算的是开阔水域，而试验是在拖曳水槽中完成的，池壁对绕流场有一定的阻碍作用，可能使得试验结果普遍大于数值模拟结果；另一方面数值模型模拟的是理想状态下的分层流动，并且采用的是线性势流理论，对实际流动做了简化处理。虽然两种方法存在差异，但从总体上来看，数值模拟方法还是具有较好的精度，可以用于拖航阻力的分析。

3.2　"dead water" 阻力系数

结合单层流中拖航阻力的分析方法，两层流中无因次化的 "dead water" 阻力系数计算公式为

$$C_d = F \Big/ \left(\frac{1}{2} S \rho U^2 \right) \tag{21}$$

式中：S 为箱型结构的湿表面积。

内弗罗德数 Fr 计算公式为

$$Fr = U / c_0 \tag{22}$$

c_0 为线性长波理论下内波的极限速度：

$$c_0^2 = \frac{g(1 - \gamma) h_1 h_2}{\gamma h_1 + h_2} \tag{23}$$

图 7 展示的是不同吃水深度下 "dead water" 阻力系数随内佛罗德数 Fr 的变化曲线。可以看到，相同吃水深度时，随着 Fr 的增大，阻力系数 C_d 总体上呈现先增大后减小的趋势，在 $Fr=0.758$ 附近阻力系数达到最大值。在 Miloh 等[5]关于细长体结构的研究中，C_d 的变化趋势与此类似，但是最大值出现在 $Fr=0.9$ 附近。原因可能在于方箱结构长宽比较大，达到 4：3，远超过细长体结构长宽比，结构的形阻较大，使得 C_d 在更小的 Fr 时就达到了最大值。

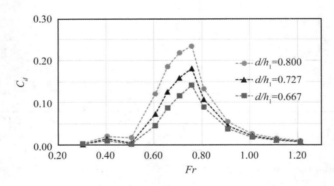

图 7　不同吃水深度下 "dead water" 阻力系数随 Fr 变化

3.3　内界面波形

三组不同吃水深度的内界面兴波特点相似，此处以吃水深度 d=0.2 m 组次为例进行说明。

3.3.1　Y=0 截面上的波形

图 8 展示了 Y=0 截面上，拖航速度分别为 0.12 m/s、0.14 m/s、0.15 m/s、0.16 m/s、0.18 m/s 和 0.20 m/s 时内界面的波形形态。可以看出，随着拖航速度的增大，内波的波长和波峰逐渐增大，波峰远离结构。Fr 约为 0.758 时，内波的波峰达到最大，此时的阻力系数 C_d 也达到最大。之后内波的波峰逐渐减小，波形趋于平坦。另外需要说明的是，此时可以观察到，内波的波峰 "穿过" 了结构，这是因为本文采用了摄动展开方法并应用泰勒展开方法将瞬时波面上的边界条件转化到了静水面上，Grue[7]的研究中也提及了这一问题。

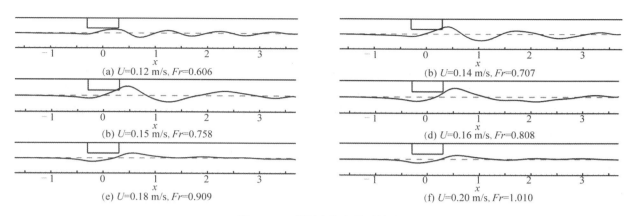

(a) U=0.12 m/s, Fr=0.606　　　　　　(b) U=0.14 m/s, Fr=0.707

(b) U=0.15 m/s, Fr=0.758　　　　　　(d) U=0.16 m/s, Fr=0.808

(e) U=0.18 m/s, Fr=0.909　　　　　　(f) U=0.20 m/s, Fr=1.010

图 8　Y=0 截面上的内界面波形

3.3.2　$z = -h1$ 平面上的波形

图 9 展示了 Fr 分别为 0.606、0.758 和 1.01 时内界面波面图和等高线图。Fr=0.606 时，横波和散波的波幅都较小，散波和横波几乎连在一起。Fr=0.758 时，横波和散波的波幅都得到显著增长，二者的波形都很明显。此时也恰好对应阻力系数最大的时候。Fr=1.01 时，横波已经消失不见，散波的波幅相对 Fr=0.758 时明显减小。此外，易于看到，随着 Fr 的增长，散波的波峰线与 x 轴的夹角逐渐变小，散波的波形越来越接近窄"V"字形。

将以上所述内界面波的变化过程与结构"dead water"阻力的变化过程结合分析可以发现，结构"dead water"阻力的增减变化过程基本上与横波的生长消失过程同步。众所周知，在单层流环境中，横波对船舶兴波阻力的贡献要远大于散波。因此本文认为，两层流环境中结构"dead water"阻力同样主要来源于横波。

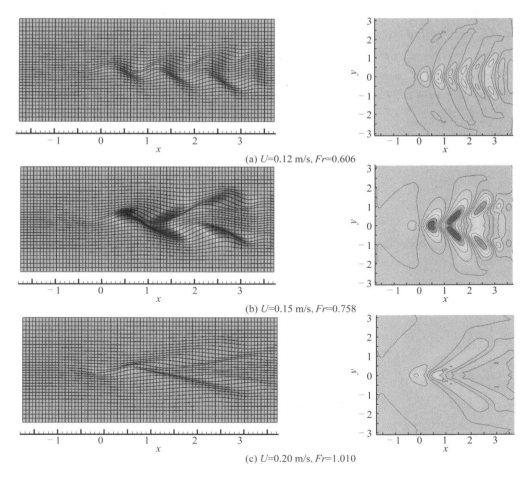

(a) U=0.12 m/s, Fr=0.606

(b) U=0.15 m/s, Fr=0.758

(c) U=0.20 m/s, Fr=1.010

图 9　不同拖航速度下的内界面波形

4　结　语

根据线性势流理论，建立计算两层流体中三维结构"dead water"阻力数值的模型，并计算了三组不同吃水的方箱在不同速度下所受的"dead water"阻力。根据计算结果，分析了阻力特性和兴波特点，并与试验结果和其他学者的研究进行对比，主要得出如下结论。

1）随着拖航速度的增大，阻力值在某一区间内迅速增大到最大值，而后迅速减小，在速度较低或者较高的时候趋于 0。在本文给定的三组算例中，结构的阻力随着吃水深度增加而增加。

2）对于本文的箱型结构，其"dead water"阻力达到最大值时 Fr 约为 0.758，小于临界佛罗德数 1.0。

3）随着拖航速度增大，内界面上的波形越接近窄"V"字形。

参考文献：

[1]　方欣华. 海洋内波基础和中国海内波[M]. 青岛: 中国海洋大学出版社, 2005.

[2]　NANSEN F. Farthest North: The epic adventure of a visionary explorer[M]. Skyhorse Publishing, 1897.

[3]　EKMAN V W. On dead water[J]//Nanson F. The Norwegian north polar expedition 1893–1896: Scientific Results. Longmans, Green, NewYork, 1906, 5: 1-152.

[4]　HUDIMAC A A. Ship waves in a stratified ocean[J]. Journal of Fluid Mechanics, 1961, 11(2): 229-243.

[5]　MILOH T, TULIN M P, ZILMAN G. Dead-water effects of a ship moving in stratifed seas[J]. Journal of Offshore Mechanics and Arctic Engineering, 1993, 115(2): 105-110.

[6]　YEUNG R W, NGUYEN T C. Waves generated by a moving source in a two-layer ocean of finite depth[J]. Journal of Engineering Mathematics, 1999, 35(1): 85-107.

[7]　GRUE J. Nonlinear dead water resistance at subcritical speed[J]. Physics of Fluids, 2015, 27: 082103.

[8]　李玉成, 滕斌. 波浪对海上建筑物的作用[M]. 第三版. 北京: 海洋出版社, 2015.

[9]　GUANGHUA H, MASASHI K. Time-domain analysis of steady ship-wave problem using higher-order BEM[C]// International Journal of Offshore and Polar Engineering, 2014: 1-10.

[10]　GOU Y, XU W, ZHANG X, et al. Experiment study on the towing resistance of a barge in a two-layer fluid[C]// 32th International Workshop on Water Waves and Floating Bodies, 2017.

用 MPS 方法数值模拟含多相流体的液舱晃荡

文　潇，万德成

（上海交通大学 船舶海洋与建筑工程学院海洋工程国家重点实验室 高新船舶与深海开发装备协同创新中心，上海 200240）

摘要： MPS 方法，即移动粒子半隐式方法，是一种适合于模拟剧烈带自由面大变形流体运动的无网格类数值方法，被广泛应用于剧烈液舱晃荡问题的研究中。但由于 MPS 方法发展时间较短，目前已有研究仍以单相流方法为主，忽略了空气部分对液舱晃荡的影响。当液舱运动足够剧烈时，晃荡过程中常伴随气液界面的翻卷和破碎，并进一步引起大量空气卷入，这时空气对晃荡会有较大影响，不应被忽略。并且，空气存在会对水体与结构物的砰击过程产生一定缓冲作用，进而影响砰击压力。因此，本研究对 MPS 方法进行扩展，通过引起一系列相界面处理方法以及新的压力泊松方程和压力梯度模型，自主开发了一套多相流 MPS 求解器，并利用该求解器对激励频率等于液舱一阶共振频率情况下的气液两相液舱晃荡进行了模拟。与单相流模拟结果进行对比后发现，现有多相流求解器成功地模拟了晃荡过程中空气的运动和卷入过程，并且多相流方法模拟的壁面砰击压力峰值与单相流结果相比明显减小，验证了空气对砰击过程的缓冲效应。本文还进一步分析了晃荡过程中的空气运动过程，结果表明晃荡波行进过程中会引起空气在液相自由面上方较大范围内的剧烈涡旋运动，同时，液相的溅射过程也会造成空气的剧烈运动。

关键词： MPS 方法；液舱晃荡；多相流；波浪破碎；气体卷入

液舱晃荡是指部分装载液舱由于船体运动而产生的内部液体大幅晃荡的现象。液舱晃荡会引起水体和结构间的剧烈砰击，导致船舶稳性损失，因此研究液体晃荡对近年来快速发展的 LNG（液化天然气）、LPG（液化石油气）等液货船的航行安全意义重大。由于液舱晃荡是一种强非线性的自由面流动问题，解析方法只适用于晃荡幅值极小的情况，当液舱运动频率与其共振频率接近时，晃荡幅值急剧增加，此时解析方法不再适用，数值方法成为更好的选择。

MPS 方法是最先由 Koshizuka 和 Oka[1]于 1996 年提出的一种拉格朗日粒子法，主要用于求解不可压缩流动问题。与传统网格类方法不同，在粒子法中，连续流体通过一系列相互作用的粒子来进行离散，这些粒子带有质量、动量、能量等物理量，并按拉格朗日描述法进行自由运动。由于粒子间不受类似网格法中网格间固定拓扑关系的限制，在处理大变形的自由面流动问题时不会出现网格畸变的问题，具有更大的灵活性，因此已被广泛应用于对液舱晃荡的研究中[2-6]。但由于原始 MPS 方法中只考虑了单相流情况，且发展时间较短，尚无比较完善的多相流 MPS 方法被提出，所以现有对液舱晃荡的研究中仍以单相流 MPS 为主，即将空气部分视作真空，不进行计算。这种方法虽然简化了数值方法，节省了计算时间，但忽略了空气对晃荡过程的影响。当液舱晃荡较为剧烈时，常伴随气液界面的翻卷和破碎，此过程中大量的空气被卷入水体，如果忽略空气影响，会使计算结果产生较大偏差。

综上所述，为了精确模拟剧烈液舱晃荡过程，有必要将 MPS 方法扩展至多相流问题，并开发一套完善的多相流 MPS 求解器。在这方面，已有学者开展研究并取得了一定成果。其中，第一个多相流 MPS 方法是由 Gotoh 和 Fredsøe[7]提出的，该方法通过计算固体和液体间的相互作用力实现了对固–液流动问题的模拟。Liu 等[8]提出了一种粒子法与网格法结合的 MPS-FVM 方法，用粒子代表密度较大的流体，密度较小的气体则用网格计算，通过粒子与网格间的插值实现气液相界面信息的传递。Shakibaeinia 和 Jin[9]基于弱可压缩的 MPS 方法，提出了适用于低密度比液–液两相流的多相流方法。该方法视多相流系统为具有多密

基金项目： 国家自然科学基金（51879159，51490675，11432009，51579145）；长江学者奖励计划（T2014099）；上海高校特聘教授（东方学者）岗位跟踪计划（2013022）；上海市优秀学术带头人计划（17XD1402300）；工信部数值水池创新专项课题（2016-23/09）

通信作者： 万德成。E-mail: dcwan@sjtu.edu.cn

度场和多黏度场的统一体系，各相同时求解，并采用密度光滑方法处理相界面附近的密度不连续，引入粒子间平均黏度处理黏度不连续。Khayyer 和 Gotoh[10]在他们之前提出的改进后 MPS 方法的基础上，通过将密度光滑格式从零阶扩展到一阶，实现了对高密度比多相流问题的模拟。该密度光滑格式在保持界面处密度变化清晰、提供连续密度场、减少非物理穿透等方面有极大提高，改善了数值稳定性，能成功模拟气液两相液舱晃荡问题。Kim 等[11]在他们的多相流 MPS 方法中引入了新的界面粒子追踪方法，浮力模型以及表面张力模型，成功模拟了低密度比三层不同液体的晃荡。Duan 等[12]通过引入相互作用密度的概念，开发了 MMPS-HD 和 MMPS-CA 两种多相流 MPS 求解器，前者取不同粒子密度的调和平均为相互作用密度，数值稳定性较好，但精度不够，后者取不同粒子密度的算术平均为相互作用密度，精度较好，但需要对泊松方程进行改进以提高稳定性。

　　本研究在原有 MPS 方法的基础上进行扩展，通过引入一系列相界面处理方法以及新的压力泊松方程和压力梯度模型，进行多相流 MPS 求解器的自主开发，并将该求解器应用于剧烈气液两相液舱晃荡问题的模拟中。通过与单相流 MPS 方法模拟结果进行对比，本文探讨了空气存在对晃荡过程产生的影响，包括晃荡形态和壁面砰击压力，并进一步分析晃荡过程中的空气运动特征。

1　多相流 MPS 方法

1.1　控制方程

　　本研究中，多相流 MPS 方法的控制方程采用拉格朗日描述下黏性不可压缩流体运动的控制方程，包括连续性方程和动量方程，可写成如下形式：

$$\frac{\mathrm{d}\rho}{\mathrm{d}t} = -\rho(\nabla \cdot V) = 0 \tag{1}$$

$$\rho\frac{\mathrm{d}V}{\mathrm{d}t} = -\nabla P + \mu\nabla^2 V + \boldsymbol{F}_B + \boldsymbol{F}_S \tag{2}$$

式中：V，t，ρ，P，μ，$\boldsymbol{F}_B$ 和 $\boldsymbol{F}_S$ 分别代表速度向量，时间，流体密度，压力，动力黏性系数，体积力以及表面张力。控制方程的左侧时间导数项以物质导数形式给出，因此减少了对流耗散。

1.2　粒子相互作用模型

　　在 MPS 方法中，控制方程根据给定作用域内的粒子相互作用进行离散，粒子相互模型包括梯度模型，散度模型以及拉普拉斯模型，形式如下：

$$<\nabla\phi>_i = \frac{D}{n^0}\sum_{j\neq i}\frac{\phi_j - \phi_i}{|r_j - r_i|^2}(r_j - r_i)\cdot W(|r_j - r_i|) \tag{3}$$

$$<\nabla\cdot\boldsymbol{\Phi}>_i = \frac{D}{n^0}\sum_{j\neq i}\frac{(\boldsymbol{\Phi}_j - \boldsymbol{\Phi}_i)\cdot(r_j - r_i)}{|r_j - r_i|^2}W(|r_j - r_i|) \tag{4}$$

$$<\nabla^2\phi>_i = \frac{2D}{n^0\lambda}\sum_{j\neq i}(\phi_j - \phi_i)\cdot W(|r_j - r_i|) \tag{5}$$

式中：ϕ 为任意标量，$\boldsymbol{\Phi}$ 为任意向量，D 为计算的空间维度，n^0 为初始粒子布置下的粒子数密度。由于式（5）的推导源于非定常扩散方程，为了保证数值结果与扩散方程的解析解一致，需要引入定义如下的参数 λ 进行修正：

$$\lambda = \frac{\sum_{j\neq i}W(|r_j - r_i|)\cdot|r_j - r_i|^2}{\sum_{j\neq i}W(|r_j - r_i|)} \tag{6}$$

1.3　核函数

　　粒子相互作用的权重通过核函数确定。本文选用 Zhang 等[13]推荐的核函数，与原始 MPS 方法中的核函数[1]相比，该核函数具有无奇点的特点，可保证计算的稳定性，形式如下：

$$W(r) = \begin{cases} \dfrac{r_e}{0.85r + 0.15r_e} - 1 & 0 \leqslant r < r_e \\ 0 & r_e \leqslant r \end{cases} \tag{7}$$

式中：r 为粒子间距，r_e 表示粒子相互作用域的半径。

1.4 密度光滑

多相流动中，相界面处存在密度的不连续过渡，本文通过对相界面附近粒子进行密度光滑，使相界面处密度场实现连续过渡，从而提高数值稳定性。密度光滑格式与 Shakibaeinia 和 Jin[9]等采用的相同，实质是对界面附近粒子进行空间平均，方程如下：

$$\langle \rho \rangle_i = \frac{\sum\limits_{j \in I} \rho_j W(r_{ij}, r_e)}{\sum\limits_{j \in I} W(r_{ij}, r_e)} \tag{8}$$

式中：I 包括粒子 i 及其所有的邻居粒子。

当多相流中不同流体间密度比较小时，通过式 8 的密度光滑格式就能实现稳定计算，但对于高密度比情况，仍可能出现数值不稳定现象。因为根据压力梯度模型，相互作用粒子间的作用力大小相同，但因粒子密度差异，使得较轻粒子的加速度远远大于较重粒子，引起较轻粒子的速度急剧变化。为提高数值稳定性，本文采用 Duan 等[12]提出的改进后的压力梯度模型，形式如下：

$$\left\langle \frac{1}{\rho} \nabla P \right\rangle_i = \frac{d}{n^0} \sum_{j \neq i} \frac{2(P_j - P_i)}{\rho_i + \rho_j} \frac{(\bm{r}_j - \bm{r}_i)}{|\bm{r}_j - \bm{r}_i|^2} W(r_{ij}, r_e) + \frac{d}{n^0} \sum_{j \neq i} \frac{(P_i - P_{i,\min})}{\rho_i} \frac{(\bm{r}_j - \bm{r}_i)}{|\bm{r}_j - \bm{r}_i|^2} W(r_{ij}, r_e) \tag{9}$$

式中：$P_{i,\min}$ 为粒子 i 的所有同相邻居粒子压力的最小值。方程右侧第一项为在原始压力梯度模型的基础上，通过除以相互作用粒子的算术平均，使不同粒子相互作用产生的加速度相同，从而实现了界面处的运动连续。第二项为粒子运动稳定项，该项始终使粒子向同相粒子分布较为稀疏的方向移动，使粒子分布更均匀，进一步提高数值计算的稳定性。

1.5 粒子相互作用黏度

与密度场类似，相界面处的黏度场同样存在不连续过渡。因此，本文进行黏度项计算时采用粒子相互作用黏度代替粒子的自身黏度。采用相互作用黏度后的黏度项计算公式如下：

$$\langle \mu \nabla^2 V \rangle_i = \frac{2D}{\lambda n^0} \sum_{j \neq i} \mu_{ij} (\bm{V}_j - \bm{V}_i) W(|\bm{r}_j - \bm{r}_i|) \tag{10}$$

式中：μ_{ij} 为相互作用黏度，Shakibaeinia 和 Jin[9]的数值测试表明，当粒子相互作用黏度取不同粒子黏度的调和平均数时，计算结果与理论解最接近，即：

$$\mu_{ij} = \frac{2\mu_j \mu_i}{\mu_j + \mu_i} \tag{11}$$

可以看出，当黏度相同的两个粒子相互作用时，μ_{ij} 变为粒子本身的黏度。

1.6 压力泊松方程

MPS 方法采用半隐式求解策略以保证流体不可压缩性。每一计算时间步可细分为两步：第一步，显式求解黏性力和体积力，并更新得到粒子的临时速度；第二步，隐式求解泊松方程得到压力场，并更新得到粒子的最终速度和位置。本文采用 Tanaka 和 Masunaga[14]提出的混合源项压力泊松方程，该方程中同时考虑了散度为零和粒子数密度不变这两类不可压缩条件，形式如下：

$$\langle \nabla^2 P^{n+1} \rangle_i = (1 - \gamma) \frac{\rho}{\Delta t} \nabla \cdot \bm{V}_i^* - \gamma \frac{\rho}{\Delta t^2} \frac{\langle n^* \rangle_i - n^0}{n^0} \tag{12}$$

式中：γ 为小于 1 的松弛系数。Lee 等[6]通过数值测试，认为 γ 取 0.01~0.05 时可以取得最好的数值稳定性，因此本文采用 $\gamma = 0.01$。

对于气液两相液舱晃荡问题，气相在巨大砰击压力下的可压缩性不可忽略。为对其加以考虑，本文在气相压力泊松方程中引入根据气体状态方程计算得到的可压缩项，因此气相压力泊松方程变为如下形式：

$$<\nabla^2 P^{n+1}>_i = (1-\gamma)\frac{\rho}{\Delta t}\nabla \cdot V_i^* - \gamma\frac{\rho}{\Delta t^2}\frac{<n^*>_i - n^0}{n^0} + \frac{1}{\rho \Delta t^2 C_{air}^{\ 2}}P_i^{n+1} \tag{13}$$

式中：C_{air} 为气体声速。

1.7　表面张力模型

表面张力对于相界面的光滑和稳定，防止不同相粒子的非物理穿透有重要作用。因此，虽然表面张力在液舱晃荡问题中并不占主导地位，但仍有必要加以考虑。本文采用 Brackbill 等[15]提出的连续表面张力模型，将表面张力视为界面粒子所受的一种体积力加以计算。表面张力的计算公式为

$$F_s = \sigma \kappa \nabla C \tag{14}$$

式中：σ 为流体自身性质决定的表面张力系数，κ 为界面曲率，C 为由粒子从属的相所决定的颜色函数，定义为

$$C_i = \begin{cases} 0 & \text{粒子 } i \text{ 属于指定的一相} \\ 1 & \text{粒子 } i \text{ 属于其他相} \end{cases} \tag{15}$$

可以看出，表面张力计算的关键在于曲率 κ 的计算。本文采用 Duan 等[16]提出的基于颜色函数等值线的曲率求解方法。该方法采用颜色函数的等值线近似表示相界面轮廓，利用下式对等值线在对象粒子处的曲率进行求解：

$$\kappa_i = \frac{y''}{\left(1 + y_i'\right)^{3/2}} = \frac{2f_{x,i}f_{y,i}f_{xy,i} - f_{x,i}^2 f_{yy,i} - f_{y,i}^2 f_{xx,i}}{\left(f_{x,i}^2 + f_{y,i}^2\right)} \tag{16}$$

式中：f 表示光滑后的颜色函数分布，下标 x、y 和 i 表示在粒子 i 处对 x 或 y 求偏导。

2　液舱晃荡数值模拟

2.1　计算模型

本节主要对二维矩形液舱晃荡进行计算。液舱的几何尺寸及气液相分布如图 1 所示，液舱长为 1.2 m，高为 0.6 m，舱内水深 0.12 m，对应充水率为 20%，舱内其他部分布满空气。右侧舱壁附近设置了 3 个测压点，位置如图 1 所示。液舱做受迫纵荡运动，运动方式如下：

$$x = A\sin(\omega t) \tag{17}$$

式中：A=0.06 m，为液舱运动幅值；ω= 2.795 s^{-1}，为液舱的一阶共振频率，由解析理论计算得到。由于一般情况下和船体固有频率接近的只有一阶共振频率，因此本文主要考虑一阶共振频率下的剧烈晃荡问题。

数值计算中，水的密度为 1×10^3 kg/m^2，动力黏度为 1×10^{-3} Pa·s，空气的密度为 1 kg/m^2，动力黏度为 1.5×10^{-5} Pa·s，表面张力系数为 7.27×10^{-3} N/m。为进行对比，同时采用单相流和多相流 MPS 方法进行计算。其中，单相流计算中忽略空气相，采用万德成教授课题组自主开发的单相流 MPS 求解器 MLParticle-SJTU 进行计算。

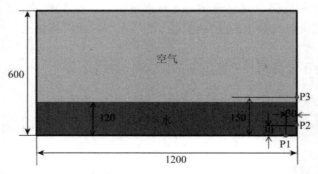

图 1　矩形液舱几何尺寸（单位：mm）

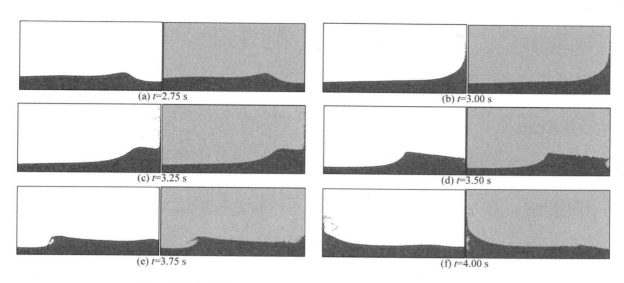

(a) t=2.75 s　　　　　　　　　　　　　(b) t=3.00 s

(c) t=3.25 s　　　　　　　　　　　　　(d) t=3.50 s

(e) t=3.75 s　　　　　　　　　　　　　(f) t=4.00 s

图 2　单相与多相 MPS 方法模拟结果对比（左：单相；右：多相）

2.2　晃荡过程对比

图 2 给出了单相流和多相流 MPS 方法计算得到的流场瞬间。

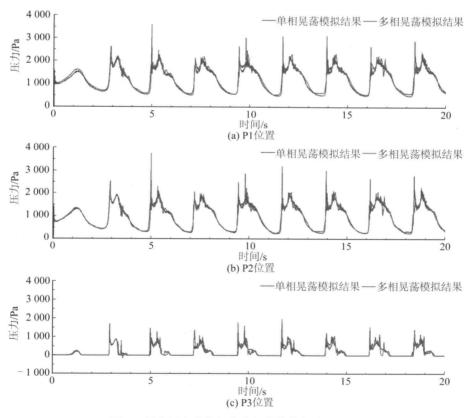

(a) P1 位置

(b) P2 位置

(c) P3 位置

图 3　砰击压力的单相和多相数值模拟结果对比

从图中可以看到，在晃荡初期（t=2.75 s，3 s，3.25 s），由于能量积累较少，晃荡波行进过程中没有出现波浪的翻卷破碎和空气卷入，因此单相和多相模拟的结果几乎完全吻合。随时间推进，两种方法结果开始出现明显差异。t=3.5 s 时，沿右侧壁面攀升的水头开始下降并重新落入水体，此时多相流模拟结果中可明显观察到因水头掉落带入的空气而形成的较大空腔，这在单相流模拟中没有观察到。t=3.75 s 时，晃荡波前进过程中发生了翻卷破碎，在波浪下方形成空腔，对于单相流模拟，该空腔视为真空，因此波浪前端迅速向下闭合，空腔较小；而多相流中，该空腔中为实际存在的空气，因此波浪前端向下闭合较慢，空腔较大。$t=4$ s 时，波浪与左侧壁面发生剧烈砰击，此时多相流模拟结果中观察到大量空气被卷入，这些空气处于水体与结构物之间，形成了一定厚度的"空气垫"，可对砰击现象起到明显缓冲作用。而在单相流模拟中，尽管砰击十分剧烈，但并未形成任何空腔。之后的晃荡过程与 $t=3.5$ s 到 $t=4$ s 过程类似，呈现出一定周期性。从晃荡过程对比可以看出，当前多相流 MPS 可以很好地捕捉气液两相液舱晃荡中的空气卷入现象，弥补单相流模拟中忽略空气效应带来的影响。

2.3　砰击压力对比

砰击压力的预测是判断晃荡问题中数值方法是否准确的一个重要环节。图 3 给出了单相流和多相流 MPS 方法计算得到的三个测压点的砰击压力历时变化曲线。可以看到，$t=4$ s 之前两种方法计算得到的三个点压力变化曲线基本相同，而 $t=4$ s 之后模拟结果差异明显。对于 P1 和 P2 点处的压力，多相流模拟的砰击压力峰值普遍小于单相流模拟结果。而 P3 点处多相流模拟的压力峰值则稍大于单相流模拟结果。这是因为 P1 和 P2 点位于砰击点附近及下方，受到直接砰击，空气缓冲效应明显。而空气存在又会使砰击过程整体上移，如图 2（f）所示，多相流模拟结果中的左侧水体明显高于单相流结果，因此对明显高于砰击点的 P3 来说，多相流模拟的砰击更剧烈，压力也更大。

图 4（a）给出了 P2 点处初期的压力曲线，由 2.2 节中的分析可知，此时晃荡不剧烈，单相与多相模拟的结果基本吻合。图 4（b）给出了 P2 点位置 $t=4$ s 之后的砰击压力曲线，与单相流结果相比，多相流计算的砰击压力开始快速上升的时刻更早，且砰击压力峰值明显减小。这是由于空气的存在使砰击过程在水体直接接触结构物之前就已开始，根据动量守恒，砰击过程持续时间越长，平均的砰击压力就越小，因此砰击过程得到了缓冲。

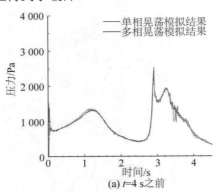
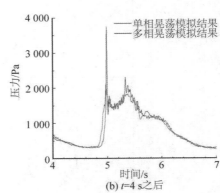

图 4　波浪破碎前后 P2 位置的砰击压力变化

2.4　晃荡过程中的空气运动

为进一步分析液舱晃荡过程中的空气运动过程，图 5 给出了不同时刻多相流 MPS 方法模拟的空气运动矢量图。在 $t=2.75$ s 波浪前进过程中，在波浪上方较大范围内可以观察到空气的剧烈涡旋运动，该涡旋运动在波浪与壁面砰击溅射时达到峰值（$t=3$ s）。随后，水体开始朝另一侧运动，并重新形成新的空气涡旋运动（$t=3.25$ s），并且在溅射流体的影响下，右侧壁面附近自上而下形成多个复杂但较小的涡旋运动（$t=3.5$ s）。随着波浪的翻卷破碎（$t=3.75$ s），波浪上方进一步扩大形成从空腔开始的大型涡旋结构，但该结构不稳定，在水体和结构物的砰击过程中（$t=4$ s）分裂成两部分，其中一部分随水体向上运动，另一部分则驻留在水体右侧。

3　结　语

本研究对 MPS 方法进行了扩展，自主开发了一套多相流 MPS 求解器，并将该求解器应用于对气液两相液舱晃荡问题的数值模拟中，并与单相流模拟结果进行了对比。对比结果显示现有多相流求解器能很好地捕捉液舱晃荡过程中空气的运动特征，模拟由于波浪破碎引起的空气卷入。通过压力对比发现在砰击点及以下部分，多相流方法模拟的壁面砰击压力峰值与单相流结果相比明显减小，验证了空气对砰击过程的缓冲效应。但对于高于砰击点的位置，由于砰击过程发生位置的提高，多相流方法模拟的壁面砰击压力峰值会更大。同时，该方法还可对晃荡过程中空气运动产生的复杂涡旋运动进行精确模拟。

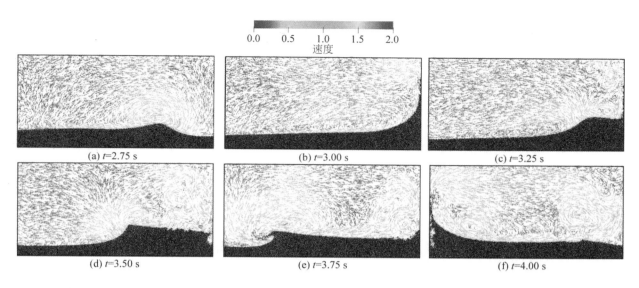

图 5　晃荡过程中气相的速度矢量分布

参考文献：

[1]　KOSHIZUKA S, OKA Y. Moving-particle semi-implicit method for fragmentation of incompressible fluid[J]. Nuclear Science and Engineering, 1996, 123(3): 421-434.

[2]　张雨新, 万德成. 用 MPS 方法数值模拟低充水液舱的晃荡[J]. 水动力学研究与进展(A 辑), 2012, 27(1): 100-107.

[3]　张雨新, 万德成, 日野孝则. MPS 方法数值模拟液舱晃荡问题[J]. 海洋工程, 2014, 32(4): 24-32.

[4]　杨亚强, 唐振远, 万德成. 基于 MPS 方法数值模拟三维 LNG 液舱的晃荡问题[J]. 水动力学研究与进展 A 辑, 2016, 31(6): 97-705.

[5]　杨亚强, 唐振远, 万德成. 基于 MPS 方法模拟带水平隔板的液舱晃荡[J]. 水动力学研究与进展(A 辑), 2015, 30(2): 146-153.

[6]　LEE B H, PARK J C, KIM M H, et al. Step-by-step improvement of MPS method in simulating violent free-surface motions and impact-loads[J]. Computer Methods in Applied Mechanics and Engineering, 2011, 200: 1113-1125.

[7]　GOTOH H, FREDSØE J. Lagrangian two-phase flow model of the settling behavior of fine sediment dumped into water[C]// Proc. ICCE, Sydney, 2000: 3906-3919.

[8]　LIU J, KOSHIZUKA S, OKA Y. A hybrid particle-mesh method for viscous, incompressible, multiphase flows[J]. Journal of Computational Physics, 2005, 202(1): 65-93.

[9]　SHAKIBAEINIA A, JIN Y C. MPS mesh-free particle method for multiphase flows[J]. Computer Methods in Applied Mechanics and Engineering, 2012, 229/230/231/232: 13-26.

[10]　KHAYYER A, GOTOH H. Enhancement of performance and stability of MPS mesh-free particle method for multiphase flows characterized by high density ratios[J]. Journal of Computational Physics, 2013, 242: 211-233.

[11]　KIM K S, KIM M H, PARK J C. Development of moving particle simulation method for multiliquid-layer sloshing[J]. Math Probl Eng, 2014, 1: 350165.

[12]　DUAN G, CHEN B, KOSHIZUKA S, et al. Stable multiphase moving particle semi-implicit method for incompressible interfacial flow[J]. Comput Methods Appl Mech Engrg, 2017, 318: 636-666.

[13]　ZHANG Y X, WAN D C. Apply MPS method to simulate liquid sloshing in LNG tank[C]// Proceedings of the Twenty-second International Offshore and Polar Engineering Conference, Rhodes, Greece, 2012: 381-391.

[14]　TANAKA M, MASUNAGA T. Stabilization and smoothing of pressure in MPS method by quasi-compressibility[J]. Journal of Computational Physics, 2010, 229(11): 4279-4290.

[15]　BRACKBILL J U, KOTHE D B, ZEMACH C. A continuum method for modeling surface tension[J]. Journal of Computational Physics, 1992, 100(2): 335-354.

[16]　DUAN G, KOSHIZUKA S, CHEN B. A contoured continuum surface force model for particle methods[J]. J Comput Phys, 2015, 298: 280-304.

船舶运动与液舱晃荡耦合影响的数值模拟分析

王云鹤，施泽航，姜胜超

（大连理工大学 船舶与海洋工程系，辽宁 大连 116024）

摘要： 航行在海上的液化天然气（LNG）船舶受到波浪的作用会发生摇晃，此时当 LNG 船舶液舱内的液体未完全充满整个舱室时，船舶的摇晃会激发液舱中液体的晃荡，而液舱中液体的晃荡反过来会影响船舶的整体运动，从而产生耦合影响。一方面，液舱内流体的剧烈晃荡会对舱室产生较大的冲击力，造成结构的破坏；另一方面，耦合作用会使船舶的整体运动响应更为复杂，甚至极有可能导致船舶倾覆。通过势流理论来分析船舶运动与液舱晃荡的耦合影响，计算出带有三个部分装载的棱柱形液舱的浮式生产储油（FPSO）船舶的整体运动响应情况。结果发现这种耦合影响在正横方向来浪时尤为明显。横摇幅值响应算子显示出明显的抑制摇晃的效果，耦合影响使得在靠近船舶运动共振频率处的横摇运动明显减弱并能够观察到频响曲线明显的双峰现象。此外，研究发现船舶装载液体的舱数对船舶横摇幅值响应算子有重要影响，尤其是在船舶运动的固有频率处。

关键词： 液舱晃荡；耦合分析；船舶运动；横摇幅值响应算子

每艘装有液体货物的船舶来说，都会受到船舶运动与液体晃荡之间的相互影响，这意味着船舶运动和液体的晃荡并不是独立存在的。因此，在研究船舶运动的实际响应情况以及考虑货损时，船舶运动与内部液体晃荡的耦合影响应予以充分考虑，这种耦合影响对船舶运动的整体响应至关重要。具体而言，如果当内部流体晃荡的固有频率接近船舶运动的固有频率时，这种耦合效果会加剧船舶运动进而产生严重影响。由于受到液舱的结构尺寸影响，上述耦合影响经常出现在 LNG 和 FPSO 船舶中。

关于耦合分析的许多数值模拟被相继展开，比如 Rognebakke 和 Faltinsen[1]，Newman[2]以及 Gou 等[3]。在这些研究中，外部波浪和内部晃荡流体均采用线性势流理论。根据 Rognebakkle 和 Faltinsen 的物理模型试验结果，发现尽管液舱中的液体产生剧烈晃荡，船舶的稳态运动仍然近乎线性并且与入射波的频率成正弦关系，这意味着晃荡力的高次谐波被系统过滤掉了。Kim[4]及 Nam 等[5]也在类似的物理模型试验中发现了上述内容。总体来讲，现阶段的研究表明在耦合分析中，船舶运动的线性假设正确合理。但是，由此推测晃荡流体也符合线性假设可能不够合理。

由于晃荡流体非线性的重要性，求解时域尤为重要。一个关于定向求解船舶运动的黏性数值波浪水槽受到了广泛关注，但同时需要较高的计算成本。如果考虑内部晃荡流体的耦合影响，则需要更多的计算时间。由于外部波浪荷载及船舶运动通过线性理论假设便可以达到令人满意的精度，因此本文将脉冲响应函数（IRF）应用于船舶运动问题的时域分析。在将频域求解转化到时域的过程中，脉冲响应函数方法相比直接求解模拟得更快。该方法最早被 Cummins[6]提出，而后 Ogilvie[7]给出了详细的描述。Lee 和 Newman[8]提出了用来修正截止频率误差的脉冲响应函数的解析形式。基于脉冲响应函数方法，能够在耦合分析中考虑内部流体晃荡的非线性效应。Lee 等[9]考虑了 LNG 船舶的液舱晃荡对 LNG 船舶整体运动的影响，研究了船舶运动与液体晃荡的耦合响应在不同装载条件下的明显变化规律。Kim 等[10]研究了内部晃荡流体的非线性耦合效应，分别模拟了液舱中装载部分液体的矩形驳船和矩形 ART 船舶，最终发现，晃荡流体的非线性在耦合运动响应的分析中尤为重要，并且船舶运动对波陡具有极强的敏感性。Jiang 等[11]进行了船舶运动响应和内部流体晃荡的耦合分析，研究带有两个部分装载液舱的 LNG–FPSO 船舶，数值研究还拓展到了对液舱内部冲击压力领域的研究。

除脉冲响应函数方法（IRF）外，Kim 等[10]采用时域面板法来模拟船舶运动的耦合问题，但上述研究都是基于不同装载条件下船舶排水量相同的这一特点。的确这更适合对于耦合效果进行分析，但却不符合实际工程中的情况。

研究采用基于频域的耦合模型，分析带有三个液舱的 FPSO 船舶，研究了船舶在不同装载条件下三种工况的船舶运动与内部流体晃荡的耦合响应问题。

1 数学模型

1.1 船舶运动响应

定义一个原点在自由水面上、z 轴垂直向上的笛卡儿坐标系 $X = (x, y, z)$，假设流体无黏且不可压缩，并认为流动是无旋的，则流体速度可以用满足拉普拉斯方程的速度势梯度 $\Phi(x, t)$ 来表示：

$$\frac{\partial^2 \Phi(x,t)}{\partial x^2} + \frac{\partial^2 \Phi(x,t)}{\partial z^2} = 0 \tag{1}$$

在谐波和线性波的背景下，速度势可以被离散成时间和空间两部分：

$$\Phi(x, t) = \mathrm{Re}[\phi(x)\mathrm{e}^{-\mathrm{i}\omega t}] \tag{2}$$

其中，$\mathrm{Re}[\Omega]$ 表示取函数 Ω 的实部部分，为波浪或船舶自身运动的固有频率，空间的复速度势可以被划分为入射势 ϕ_I 和散射势 ϕ_S，后者包括因物体不运动而产生的绕射势 ϕ_D 和物体运动引起的辐射势 ϕ_R，所以速度势可分解为

$$\phi = \phi_I + \phi_S \tag{3}$$

$$\phi_S = \phi_D + \phi_R \tag{4}$$

在线性假设下，单个刚体的运动可以写成：

$$\Xi = \mathrm{Re}[\xi \mathrm{e}^{-\mathrm{i}\omega t}] \tag{5}$$

式中：ξ 是用来定义三个平移及三个旋转这六个自由度的矢量，辐射势可以进一步划分为

$$\phi_R = \sum_{n=1}^{6} -\mathrm{i}\omega\xi_n\phi_n \quad (n = 1, 2, \cdots, 6) \tag{6}$$

其中，ξ_1、ξ_2、ξ_3 是物体三个横移运动的幅值，$(\xi_4、\xi_5、\xi_6) = (a_x、a_y、a_z)$ 是物体三个旋转运动的幅值，ϕ_n 为在第 n 个自由度上的单位物体速度的辐射势，进一步定义 $\phi_0 = \phi_I$，$\phi_7 = \phi_D$；则速度势可以被表示为

$$\phi = \phi_0 + \sum_{n=1}^{6} -\mathrm{i}\omega\xi_n\phi_n + \phi_7 \tag{7}$$

上述方程中未知的速度势 ϕ_n 在平均自由水面 S_F 和海床上满足通常的边界条件，在无穷远处，绕射势和辐射势满足平衡物面条件 S_B。

在数值模拟中，采用了自由表面的格林函数 $G(X, X_0)$：

$$G(X, X_0) = -\frac{1}{4\pi}\left\{ \frac{1}{r} + \frac{1}{r'} + 2\int_0^\infty \frac{(\mu+\nu)\mathrm{e}^{-\mu h}\cosh[\mu(z_0+h)]\cosh[\mu(z+h)]}{\mu\sin(\mu h) - \nu\cos(\mu h)} J_0(\mu R)\mathrm{d}\mu \right\} \tag{8}$$

式中：$\nu = \omega^2/g, X = (x, y, z)$ 是流域内点的坐标，$X_0 = (x_0, y_0, z_0)$ 为坐标原点，h 为水深，$R = \sqrt{(x-x_0)^2 + (y-y_0)^2}, r = \sqrt{R^2 + (z-z_0)^2}, r' = \sqrt{R^2 + (z+2h+z_0)^2}$，$J_0(\mu R)$ 表示第一类零阶贝塞尔函数，μ 是傅里叶变换的变量，可以引出常用的速度势 ϕ_n 的积分方程：

$$\alpha(x_0)\phi_n(x_0) + \iint_{S_B} \phi_n(x)\frac{\partial G(x, x_0)}{\partial n}\mathrm{d}S = \iint_{S_B} G(x, x_0)V_n(x)\mathrm{d}S \tag{9}$$

其中，$V_7(x) = -\partial\phi_0(x)/\partial n$ 是对于绕射势而言，$V_n(x) = n_n$ 表示第 n 个辐射势（n_n 表示广义法向量的第 n 个分量），自由项 $\alpha(x_0)$ 为立体角系数，该值随原点位置 X_0 而改变，能够根据几何特征求出该值。

Teng 和 Eatock[12] 采用高阶边界元方法对方程（9）进行了离散，得到了一组线性方程。物体表面的辐射势和绕射势可通过这一组线性方程来进行求解。通过伯努利方程和物体表面的波压积分可以求出激振力和水动力系数，写为

$$F = F_{\mathrm{ext}} + F_{\mathrm{hydro}} + F_{\mathrm{restor}} \tag{10}$$

式中：F_{ext}、F_{hydro}、F_{restor} 分别代表激振力、辐射力、恢复力，具体分别可表示为

$$F_{\text{ext}} = \mathrm{i}\omega\rho \iint_{S_B} (\phi_0 + \phi_7) \cdot \boldsymbol{n}\, \mathrm{d}S \tag{11}$$

$$F_{\text{hydro}} = \left(\omega^2 a_{ji} + \mathrm{i}\omega b_{ji}\right)\xi \tag{12}$$

$$F_{\text{restor}} = -[C]\xi \tag{13}$$

在方程（12）中，水动力学系数可以表示为

$$\omega^2 a_{ji} + \mathrm{i}\omega b_{ji} = \omega^2 \rho \iint_{S_B} \phi_j n_i\, \mathrm{d}S, \qquad (i,j = 1, 2, \cdots, 6) \tag{14}$$

式中：a_{ji} 表示附加质量，b_{ji} 表示辐射阻尼。

1.2　晃荡流体

采用常用的势流理论模型对舱内装载的部分液体的运动进行研究，在舱内无扰动的自由面的中心定义了固定的笛卡儿坐标系，与外部势流理论相似，该处的速度势同样可以基于六自由度运动进行分解：

$$\phi = \sum_{n=1}^{6} -\mathrm{i}\omega\xi_n\phi_n \quad (n = 1, 2, \cdots, 6) \tag{15}$$

式中：ϕ_n（n=1, 2, ···, 6）是关于液舱运动在第 j 个自由度的单位物体速度的速度势，应满足刚性罐和自由面的边界条件：

$$G(\boldsymbol{x}, \boldsymbol{x}_0) = -\frac{1}{4\pi r} \tag{16}$$

应用第二格林定理，可以得到一个边界积分方程：

$$\alpha(\boldsymbol{x}_0)\phi_n(\boldsymbol{x}_0) - \iint_S \phi_n(\boldsymbol{x})\frac{\partial G(\boldsymbol{x}, \boldsymbol{x}_0)}{\partial \boldsymbol{n}}\mathrm{d}S + \frac{\omega^2}{g}\iint_{S_f} G(\boldsymbol{x}, \boldsymbol{x}_0)\phi_n(\boldsymbol{x})\mathrm{d}S = -\iint_{S_b} n_n G(\boldsymbol{x}, \boldsymbol{x}_0)\mathrm{d}S \tag{17}$$

通过高阶边界元方法同样可以对边界积分方程（17）进行离散，通过求解相应的线性方程组可以得到速度势。

通过对压力 p 在瞬时湿润的舱面 S_T 上的积分能够求出作用于液舱上使其产生晃荡的力和力矩。

$$F = -\iint_{S_T} p\boldsymbol{n}\mathrm{d}S \tag{18}$$

通过对物体表面和自由液面应用摄动法和泰勒级数展开，可将晃荡力和力矩简化为

$$F = \left(\omega^2 a_{ji} - C_{ij}\right)\xi_j \tag{19}$$

式中：a_{ji} 由于在第 j 个自由度上的单位振幅引起第 i 个自由度上产生的附加质量，可以写为

$$a_{ji} = \rho \iint_{S_B} \phi_j n_i\, \mathrm{d}S \qquad (i, j = 1, 2, \cdots, 6) \tag{20}$$

恢复系数 C_{ij} 的表达式为下面的矩阵：

$$C_{ij} = -\rho g \begin{bmatrix} 0 & 0 & 0 & 0 & 0 & 0 \\ 0 & 0 & 0 & 0 & 0 & 0 \\ 0 & 0 & 0 & 0 & 0 & 0 \\ 0 & 0 & 0 & S_{22} & S_{12} & 0 \\ 0 & 0 & 0 & S_{21} & S_{11} & 0 \\ 0 & 0 & 0 & 0 & 0 & 0 \end{bmatrix} \tag{21}$$

$$S_{ij} = \iint_{S_F} x_i x_j \mathrm{d}S \qquad (i, j = 1, 2) \tag{22}$$

1.3　晃荡流体与船舶运动的耦合

根据刚体的动力平衡方程可以定义晃荡流体与船舶运动的耦合响应运动方程：

$$[M]\{\ddot{\xi}\} = \{F_{\text{ext}}\} + \{F_{\text{slosh}}\} \tag{23}$$

式中：M 代表包括舱内液体的船舶质量矩阵，将式（10）和（19）带入到式（23）中：

$$\left[-\omega^2 \left([M] + [A]_{\text{ext}} + [A]_{\text{slosh}} \right) - i\omega \left([B]_{\text{ext}} \right) + \left([C]_{\text{ext}} + [C]_{\text{slosh}} \right) \right]\{\xi\} = \{F_{\text{ext}}\} \tag{24}$$

式中：下标 ext 表示因外部激励而产生，下标 slosh 表示因舱内液体晃荡而产生。有两点需要特别强调，一是质量矩阵 M 包括舱内液体的质量，$[A]_{\text{slosh}}$ 为液舱中的流体运动产生的附加质量，不包括液舱中流体的质量。二是式（19）所得到的晃荡力是相对于液舱的固定坐标系而言，故应将其转换到船体固定坐标系中。

2 数值设置

研究考虑的是一种带有三个部分装载液舱的 FPSO 船舶。图 1 是船体的型线图，表 1 中包含了船舶的主要尺寸信息，表 2 包含的是液舱的主要尺寸信息。在试验中，只允许船舶在升沉、纵摇、横摇三个自由度方向上运动，并同时约束了船舶在另外三个自由度纵荡、横荡、首摇方向上的运动。如表 3 所示，数值模拟涉及 6 种工况，其中每两种工况对应一条吃水线。对于每条吃水线来说，在设置不同工况时保持船舶的转动半径不变。

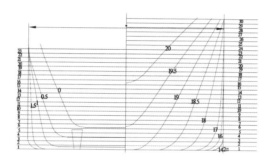

图 1   当前 FPSO 船舶的型线

表 1   FPSO 船舶的主要尺寸参数

参数	$T = 6.0$ m	$T = 8.0$ m	$T = 10.5$ m
长度 L/m		210.00	
宽度 B/m		32.8	
吃水 T/m	6.0	8.0	10.5
排水量 V/t	37 794	50 450	67 541
Kxx, Kyy/m	(11.11, 73.60)	(9.55, 66.44)	(8.89, 58.65)
GM/m	12.32	11.93	11.17
KG	109.77	109.72	109.66

表 2   液舱的主要尺寸参数

参数	液舱/m
l	25.0
b	28.0
h	18.5

表 3　装载工况

吃水/m	填充比/（%）	总质量/t	流体质量/t	质量比/（%）
6.0	20	37 794	8 219	21.75
	30	37 794	12 452	32.95
8.0	40	50 450	16 921	33.54
	50	50 450	21 272	42.16
10.5	60	67 541	25 623	37.94
	70	67 541	29 975	44.38

3　数值结果

3.1　不同装载下的耦合影响

数值模拟采用上述数值模型，研究目的是能够掌握在船舶耦合运动响应时，尤其是在共振条件下的基本的水动力特性。因此在研究中未加入人工阻尼。研究中的 FPSO 船舶的网格划分如图 2 所示。

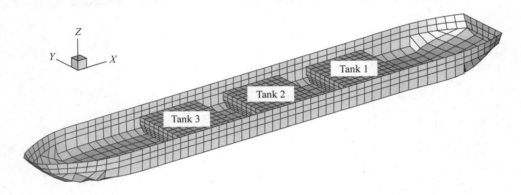

图 2　FPSO 船舶模型的网格划分

首先模拟 FPSO 船舶在第一条吃水线上的运动情况。如图 3、图 4 所示，两种装载工况分别为三舱 20% 和三舱 30%，考虑了 3 种不同的入射波方向。同空载比较而言，能够看出升沉和纵摇的幅值响应算子随工况的改变并未产生较大变化，由此可以看出船舶的耦合运动响应在升沉和纵摇方向上并无较大影响。

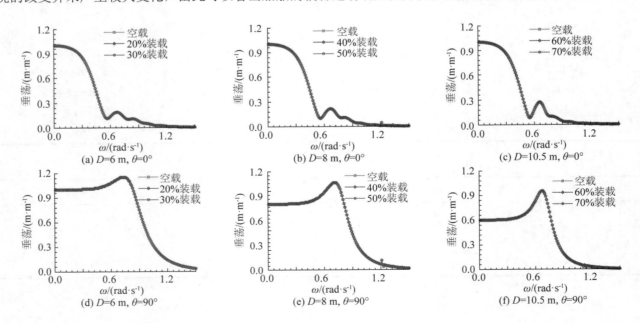

图 3　波浪激励下的升沉幅值响应因子比较

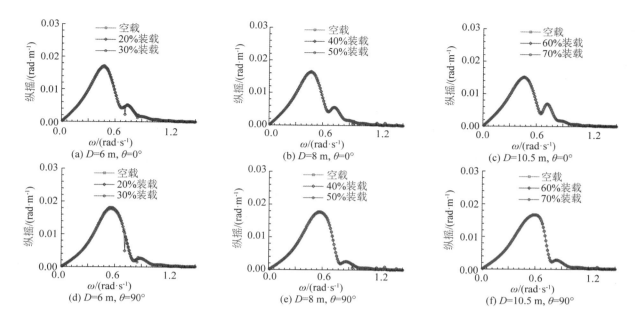

图 4　波浪激励下的纵摇幅值响应因子比较

接下来比较了在入射波 θ 为 90° 和 45° 条件下，不同装载工况下船舶的横摇幅值响应算子的变化情况。具体内容展示在图 5 中。同空舱装载比较而言，能够看出随着装载的增加，船舶自身的固有频率明显降低。另外能够看出，当舱内装有液体时，其运动响应曲线会出现明显的双峰现象，故可知第二个峰值是因舱内液体在共振时的剧烈晃荡而产生的。

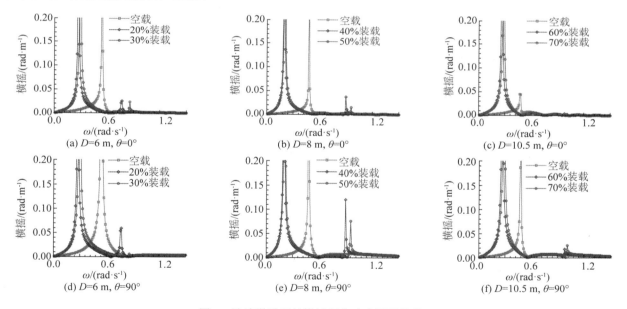

图 5　波浪激励下的横摇幅值响应因子比较

3.2　不同装载舱数下的耦合影响

本节考虑装载舱数不同对船舶与内部流体晃荡的耦合影响。如图 6 至图 8 所示，能够看出装载质量的变化或装载舱数的变化对于波浪激励下的横摇幅值响应算子会产生较为明显的影响。随着装载舱数的增加，一方面会使得船舶整体运动响应的固有频率降低，另一方面会使得舱内液体晃荡的固有频率增加。

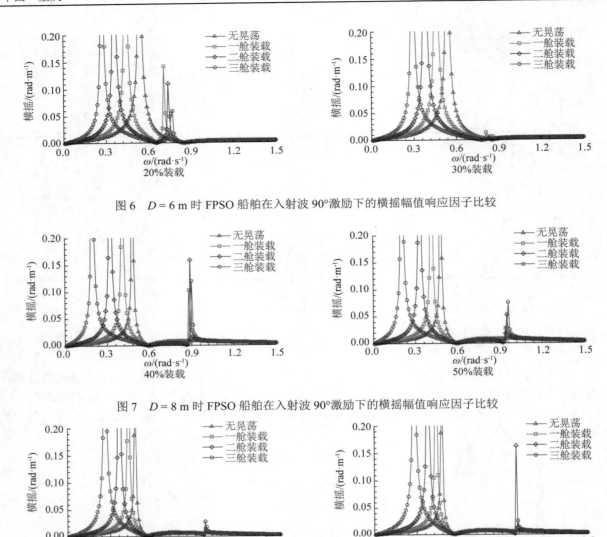

图 6　D = 6 m 时 FPSO 船舶在入射波 90°激励下的横摇幅值响应因子比较

图 7　D = 8 m 时 FPSO 船舶在入射波 90°激励下的横摇幅值响应因子比较

图 8　D = 10.5 m 时 FPSO 船舶在入射波 90°激励下的横摇幅值响应因子比较

4　结　语

运用势流理论分析了船舶运动与内部流体晃荡的耦合响应问题。对一艘带有三个液舱的 FPSO 船舶的自身运动与内部流体晃荡的耦合响应进行了模拟。在迎浪条件下，船舶的耦合运动影响在升沉和纵摇方向上相对较小；在横浪条件下，船舶的耦合运动在横摇方向上尤为明显。船舶运动与舱内液体晃荡的耦合运动响应对舱内装载液体的质量尤为敏感，尤其是在船舶自身运动的固有频率附近处。

参考文献：

[1]　ROGNEBAKKE O F, FALTINSEN O M. Coupling of sloshing and ship motions[J]. J. Ship Res., 2003, 47(3): 208-221.

[2]　NEWMAN J. Wave effects on vessels with internal tanks[C]// Proceedings of 20th Workshop on Water Waves and Floating Bodies, Spitsbergen, Norway, 2005.

[3]　GOU Y, KIM Y, KIM T Y. A numerical study on coupling between ship motions and sloshing in frequency and time domain[C]// Proceedings of 21th International Offshore and Polar Engineering Conference, Maui, Hawaii, USA, 2011: 158-164.

[4]　KIM Y. A numerical study on sloshing flows coupled with ship motion - the anti-rolling tank problem[J]. J. Ship Res., 2002, 46(1): 52-62.

[5]　NAM B W, KIM Y, KIM D Y, et al. Experimental and numerical studies on ship motion responses coupled with sloshing in

waves[J]. J. Ship Res., 2009, 53(2): 68-82.

[6] CUMMINS W E. The impulse response function and ship motions[C]// Proceedings of Symposium on Ship Theory, Hamburg, Germany, 1962.

[7] OGILVIE T F. Recent progress toward the understanding and prediction of ship motions[C]// Proceedings of Fifth Symposium on Naval Hydrodynamics, Bergen, Norway, 1964: 3-79.

[8] LEE C H, NEWMAN J N. Computation of wave effects using the panel method[M]//Chakrabarti, S. (editor). Numerical Modeling in Fluid-Structure Interaction. WIT Press, Southampton, 2005.

[9] LEE S J, KIM M H, KIM J W, et al. The effect of LNG-tank sloshing loads on the motions of LNG carriers[J]. Ocean Engineering, 2007, 34: 10-20.

[10] KIM Y, NAM B W, KIM D W, et al. Study on coupling effects of ship motion and sloshing[J]. Ocean Engineering, 2007, 34(16): 2176-2187.

[11] JIANG S C, TENG B, BAI W, et al. Numerical simulation of coupling effect between ship motion and liquid sloshing under wave action[J]. Ocean Engineering, 2015, 108: 140-154.

[12] TENG B, EATOCK T R. New higher-order boundary element methods for wave diffraction/radiation[J]. Applied Ocean Research, 1995, 17(2): 71-77.

基于 STAR-CCM+的液舱晃荡数值研究

徐　博，姜胜超，刘　浩，陆　炜

（大连理工大学，辽宁 大连 116024）

摘要：基于 CFD 软件 STAR-CCM+建立了一种二维黏性流体数值模型，研究矩形液舱在特定水平余弦激励下舱内液体的晃动问题。首先，针对二维无隔板液舱内液体晃动问题，分析液舱在两种不同工况下自由液面的波动情况，并将数值模拟结果与基于势流理论的 Faltinsen 线性解析解进行对比，验证了二维黏性流体数值模型分析液舱晃荡问题的可靠性。接着分析了不同激励振幅、不同激励频率下舱内液体自由液面的相对波高历时曲线。重点考察在长时间外部余弦激励下舱内自由液面的演化特征。

关键词：STAR-CCM+；二维数值模型；液舱晃荡；长时间激励

　　晃荡是指两种或两种以上互不相溶的流体（一般是液体与气体）在有限空间内的运动，其特点是存在可移动的自由表面。晃荡是一种常见的流体运动现象，通常发生在部分装满液体的液舱中。当外界激励的频率接近液舱内液体的固有频率或者激励的振幅非常大时，很容易引起液舱内液体的剧烈晃荡，进而对舱壁或者舱顶产生强烈的冲击压力，从而造成结构的破坏。晃荡具有很强的非线性，晃荡问题的模型试验以及数值模拟将具有很大的实用性，并对理论分析具有重要的指导意义。

　　液体晃荡问题的早期研究成果大部分是基于假定小幅度自由表面波动的线性理论，采用势流理论进行求解。Abramson[1]采用基于速度场的势流公式的线性理论，分析圆柱液舱和球形液舱、圆环和扇形分隔的液舱内的液体运动，同时进行了很多试验测试来验证数学模型，了解几何和物理变量对自由面振荡的影响。Faltinsen[2] 推导了二维矩形液舱内流体受到水平激励的线性解析解；Faltinsen[3] 使用多模态方法建立了矩形容器中流体晃荡问题的非线性解析解，并进一步由 Faltinsen 和 Timokha[4]开发到自适应多模态方法以模拟更强的非线性问题。Cho 和 Lee[5]模拟了二维矩形液舱在水平激励下大幅度晃荡问题。Wang 和 Khoo[6]使用完全非线性波理论研究了二维随机激励下流体非线性运动的水动力特征。Liu[7]采用 NEWTANK 数值模型去研究带破碎自由表面的三维非线性液体晃荡。结果表明当激励幅值较小时，数值解与解析解匹配较好，但是当激励幅值较大时，数值解与解析解偏离较大，但是与试验数据吻合较好。Lu[8]对液舱晃荡进行了长时间的数值模拟以得到稳定的数值结果，并对能量耗散机理进行了研究。

　　基于 CFD 软件 STAR-CCM+建立了一种二维黏性流体数值模型，研究无隔板矩形液舱在长时间特定水平余弦激励下舱内液体的晃动问题。

1　二维矩形液舱液体晃荡数学模型的建立

1.1　基本假定

　　假设流体为不可压缩的黏性流体，结构为刚性材料。流体与结构在接触面上法向不直接脱离，只沿切向滑动，即流体与结构在接触面上任意时刻法向位移都是相等。

1.2　控制方程

　　在不可压缩假定下，液舱内流体运动满足 Navier-stockes 方程

$$\frac{\partial \rho u_i}{\partial x_i} = 0 \tag{1}$$

$$\frac{\partial \rho u_i}{\partial t} + \frac{\partial \rho (u_j - u_j^m) u_i}{\partial x_j} = \rho f_i - \frac{\partial p}{\partial x_i} + \rho \upsilon \frac{\partial}{\partial x_j} \left(\frac{\partial u_i}{\partial x_j} + \frac{\partial u_j}{\partial x_i} \right) \tag{2}$$

式中：ρ 为流体密度，u_i 表示 i 方向的速度分量，t 为时间。f_i 表示单位体积流体所受到的体积力，文中仅为重力。

采用 VOF 方法对自由水面运动进行捕捉，定义流体相函数 φ，

$$\varphi = \begin{cases} \varphi = 0 & \text{空气中} \\ 0 < \varphi < 1 & \text{自由液面} \\ \varphi = 1 & \text{水中} \end{cases} \tag{3}$$

它满足的边界面方程为

$$\frac{\partial \varphi}{\partial t} + \left(u_i - u_i^m\right)\frac{\partial \varphi}{\partial x_i} = 0 \tag{4}$$

进而可确定两相流的密度及动力黏性系数分布，

$$\rho = \varphi\rho_w + (1-\varphi)\rho_a \quad , \mu = \varphi\mu_w + (1-\varphi)\mu_a \tag{5}$$

式中：下脚标 w 和 a 分别代表水和空气。在数据处理时，取 $\varphi = 0.5$ 等值线作为液体的自由水面。

2　STAR-CCM+数值模型验证

2.1　二维矩形液舱模型及液舱内液体晃荡固有频率分析

考虑水平余弦激励下液舱的横向运动，将其作为二维问题处理。采用的液舱模型尺寸为：$L=2a=1.0$ m，高 $H=1.0$ m，液舱内静止水深 $h=0.5$ m。

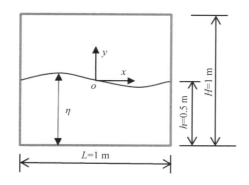

图 1　矩形液舱示意

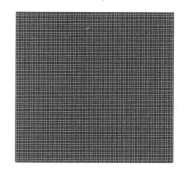

图 2　STAR-CCM+网格示意

当液舱所受外部激励频率接近舱内晃荡液体的固有频率时，舱内液体将会产生大幅晃荡现象。对于给定几何尺寸的液舱，晃荡液体的固有频率由液深决定。Abramson[1]给出了固有频率计算经验公式：

$$\omega_n = \sqrt{gk_n \tanh k_n d} \quad n = 0,1,2,\cdots, \quad k_n = (2n+1)\pi/L \tag{6}$$

原点位于液舱中心，静止水面处。

2.2　STAR-CCM+数值解与 Faltinsen 解析解的比较

Faltinsen[2]针对水平激励下二维矩形液舱内的液体晃荡，提出了一个基于势流理论的线性解析解，广泛地应用于各种数值模型的验证。

二维矩形液舱内静止水深为 h，液舱长度为 $2a$，遭受水平激励，所遭受的水平周期激励为 $u_e = -A\cos\omega t$，其中 u_e 为液舱激励速度函数，$A = b\omega$ 是速度幅值，b 是激励位移幅值，ω 是激励的圆频率。由速度势函数 ϕ，根据 Faltinsen 线性解析解，可得到自由液面位移 η：

$$\eta = \frac{1}{g}\frac{\partial \Phi}{\partial t}\bigg|_{z=0}$$

$$\eta = \frac{1}{g}\sum_{n=0}^{\infty}\sin\left[\frac{(2n+1)\pi}{2a}x\right]\cosh\left[\frac{(2n+1)\pi}{2a}h\right]\left(-A_n\omega_n\sin\omega_n - C_n\omega\sin\omega t\right) - \frac{1}{g}A\omega x\sin\omega t \tag{7}$$

$$\omega_n^2 = g \frac{(2n+1)\pi}{2a} \tanh\left[\frac{(2n+1)\pi}{2a}h\right]; \quad A_n = -C_n - \frac{K_n}{\omega}; \quad C_n = \frac{\omega K_n}{\omega_n^2 - \omega^2}$$

$$K_n = \frac{\omega A}{\cosh\left[\frac{(2n+1)\pi}{2a}h\right]} \frac{2}{a}\left[\frac{2a}{(2n+1)\pi}\right]^2 (-1)^n$$

采用右图所示的二维矩形液舱模型，根据液舱内液体晃荡固有频率分析得 ω_0=5.314 rad/s。

考虑以下两种工况来分析 x=0.5 m 处自由液面的波高历时曲线，并将数值模拟结果与理论解 Faltinsen 线性解析解进行了比较。

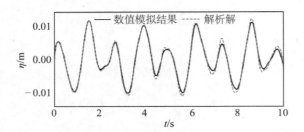

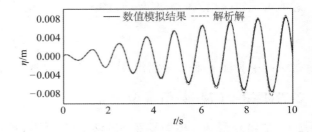

图 3　b=0.01 m，ω=0.5ω_0 时右侧舱壁处波高历时曲线　　　图 4　b=0.000 4 m，ω=0.95ω_0 时右侧舱壁处波高历时曲线

综上比较可知，在给定远离共振情况的外界激励频率 ω=0.5ω_0，位移激励振幅 b=0.01 m，和给定共振频率附近的 ω=0.95ω_0、位移激励振幅 b=0.000 4 m 两种工况下，采用 STAR-CCM+模型计算所得数值解与解析解吻合较好，说明液舱数值模型有效。

3　激励振幅对液体晃荡的影响

采用 2.1 节液舱模型，在外界激励频率 ω=0.5ω_0，ω=ω_0 时，考虑 b=0.002 m、0.003 m 和 0.004 m 不同位移振幅对液体晃荡的影响。图 5、图 6 为不同位移激励振幅下的自由液面相对波高（η/b）历时曲线对比图。

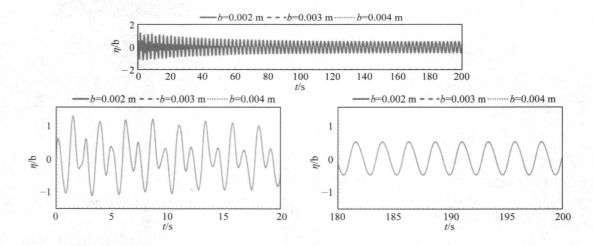

图 5　ω=0.5ω_0 时自由液面相对波高历时曲线

从图 5 可以看出，随着模拟时间的增加双峰变成单峰，波峰值在降低一定幅值后不再变化趋于稳定值，由 0~20 s、180~200 s 两图发现，小幅值激励时随着激励位移振幅的增大，三条曲线都比较吻合，周期相位没有发生变化，说明小幅值激励时舱内液体晃荡是近似线性的。

从图 6 中可以看出，随着激励位移振幅的增大，波峰变尖波谷变坦，而且在趋向于共振时，波高曲线的波峰幅值比波谷幅值大，并且整体向上偏离平衡位置，出现明显的非线性特征，而且随着激励时间的增加，相位发生偏移，周期略有增大。300 s 后，曲线波峰幅值趋于稳定，三条曲线保持相同的周期相位。

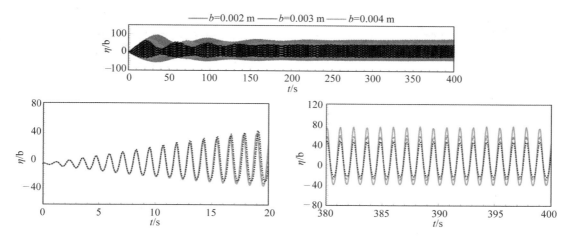

图 6　　$\omega = \omega_0$ 时自由液面相对波高历时曲线

4　激励频率对液体晃荡的影响

采用 2.1 节液舱模型，位移激励振幅 $b=0.003$ m，给定 5 个不同的激励频率来分析外界激励频率对舱内液体自由液面波高位移的影响。频率设置如下：① $\omega=0.5\omega_0$；② $\omega=0.8\omega_0$；③ $\omega=\omega_0$；④ $\omega=1.2\omega_0$；⑤ $\omega=1.5\omega_0$

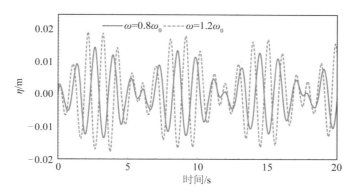

图 7　　$\omega=0.8\omega_0$，$\omega=1.2\omega_0$ 时波高历时曲线

从图 7 可以看出，舱内液体的自由液面波高历时曲线形成了一个个包络，这是因为晃荡波由两部分组成 $\eta = \eta_1 + \eta_2$ 其中 $\eta_1 = \dfrac{a}{g}\left(x\omega^2 + \sum\limits_{n=0}^{\infty} C_n \omega \sin k_n x\right)\sin \omega t$，$\eta_2 = -\dfrac{a}{g}\sum\limits_{n=0}^{\infty}\omega_n\left(C_n + \dfrac{H_n}{\omega^2}\right)\sin k_n x \sin \omega_n t$ 自由液面波高位移表达式由两部分组成：一部分是外界激励频率部分 η_1，受外界激励频率 ω 影响。另外一部分是晃荡液体的固有频率部分 η_2，受晃荡液体的固有频率 ω_0，ω_1，ω_2 影响，其中一阶固有频率贡献最大。所以，波高历时曲线中的包络主要由 ω 和 ω_0 组成，一个包络的周期[9] $T=\dfrac{2\pi}{\Delta\omega}=\dfrac{2\pi}{|\omega-\omega_0|}=5.92$ s。从图中可以看出，$\omega=0.8\omega_0$ 和 $\omega=1.2\omega_0$ 的波高历时曲线图非常相似，两者的包络图周期相同，且与公式计算得到的 $T=5.92$ s 很接近。同时，在相同的激励振幅下 $\omega=1.2\omega_0$ 自由液面波高略高于 $\omega=0.8\omega_0$ 时波高。

重点对液舱内自由液面晃荡进行了长时间的模拟，如图 8、图 9 所示，右舱壁自由液面波高历时曲线 150 s 后逐渐趋于稳定，将不同频率下稳定阶段波峰幅值做成如图 10 所示稳定阶段波高曲线图。

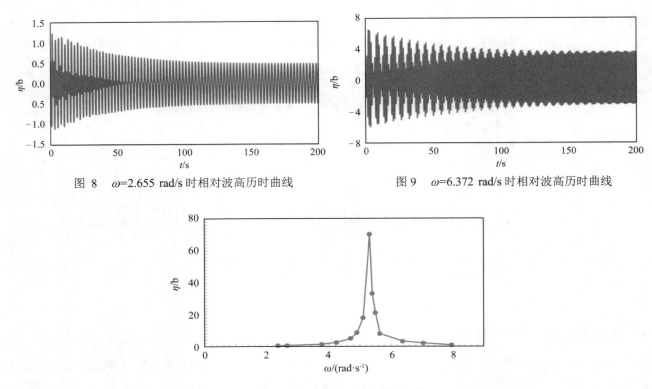

图 8 ω=2.655 rad/s 时相对波高历时曲线   图 9 ω=6.372 rad/s 时相对波高历时曲线

图 10   稳定阶段相对波高曲线

从图 10 中可以看出，当外界激励频率接近液舱内晃荡液体的一阶固有频率时，趋向于共振，所以波高幅值随时间推移不断增大，波高曲线的波峰幅值比波谷幅值大，并且整体向上偏离平衡位置，表现出非线性特征。通过对比各个频率下波高曲线达到稳定状态下的波高，在外界频率接近固有频率时，产生强烈的晃荡，晃荡幅度远大于其他频率。

5 结 语

基于 CFD 软件 STAR-CCM+ 建立了二维矩形液舱内黏性液体的液体晃荡模型，通过对长时间水平激励下矩形液舱的数值模拟，得到下述结论。

1）针对二维无隔板液舱内液体晃动问题，分析液舱在两种不同工况下自由液面的波动情况，并将数值模拟结果与基于势流理论的 Faltinsen 线性解析解进行对比，曲线吻合较好，验证二维数值模型分析液舱晃荡问题的可靠性。

2）ω=0.5ω_0 时，随着模拟时间的增加双峰变成单峰，最大相对波高在降低一定幅值后不再变化趋于稳定值，小幅值激励时随着激励位移振幅的增大，相对波高曲线都比较吻合，周期相位没有发生变化，说明小幅值激励时舱内液体晃荡是近似线性的；ω=ω_0 随着激励位移振幅的增大，波峰变尖波谷变坦，而且在趋向于共振时，波高曲线的波峰幅值比波谷幅值大，整体向上偏离平衡位置，非线性增强，而且随着激励时间的增加，相位发生偏移，周期略有增大。

3）以不同于液舱固有频率的频率进行激励时，自由液面会产生以 $T=\dfrac{2\pi}{\Delta\omega}$ 为周期的包络，当外界激励频率接近液舱内液体的固有频率时，趋向于共振，在共振频率处达到最大。

参考文献：

[1] ABRAMSON H N. The dynamic behavior of liquids in moving containers[J]. National Aeronautics and Space Administration, 1966.

[2] FALTINSEN O M. A numerical nonlinear method of sloshing in tanks with two-dimensional flow[J]. J. Ship Res., 1978, 22: 193-202.

[3]　FALTINSEN O M, ROGNEBAKKE O F, LUKOVSKY I A, et al. Multidimensional modal analysis of nonlinear sloshing in a rectangular tank with finite water depth[J]. J. Fluid Mech., 2000, 407: 201–234.

[4]　FALTINSEN O M, TIMOKHA A N. Adaptive multimodal approach to nonlinear sloshing in a rectangular tank[J]. J. Fluid Mech., 2001, 432: 167-200.

[5]　CHO J R, LEE H W. Numerical study on liquid sloshing in baffled tank by nonlinear finite element method[J]. Computer Methods in Applied Mechanics and Engineering, 2004, 193 (23/24/25/26): 2581-2598.

[6]　WANG C Z, KHOO B C. Finite element analysis of two-dimensional nonlinear sloshing problems in random excitations[J]. Ocean Eng., 2005, 32: 107-133.

[7]　LIU D, LIN P Z. A numerical study of three-dimensional liquid sloshing in tanks[J]. Journal of Computational Physics, 2007, 227(8): 3921-3939.

[8]　LU L, JIANG S C, ZHAO M, et al. Two-dimensional viscous numerical simulation of liquid sloshing in rectangular tank with/without baffles and comparison with potential flow solutions [J]. Ocean Engineering, 2015, 108: 662-667.

[9]　WU G X, MA Q W. Numerical simulation of sloshing waves in a 3D tank based on a finite element method[J]. Applied Ocean Research, 1998(20): 337-355

月池做纵荡和垂荡两种运动时数值解
与解析解的比较

周培昕 [1]，张洪生 [1]，陈　雯 [1]，邹扬智 [1,2]

（1. 上海海事大学 海洋科学与工程学院，上海 201306；2. 远景能源（江苏）有限公司，上海 200051）

摘要： 利用 Fluent 软件对矩形月池结构的强迫振荡运动进行了数值模拟，比较了纵荡和垂荡两种模态下不同开口宽度的数值计算结果与解析结果。月池在作纵荡运动时，无论是数值解还是解析解，都表明开口宽度对水动力系数的影响很小；在作垂荡运动时，数值解和解析解都表明底部开口宽度对垂荡运动引起的水动力系数有显著影响。当不同开口宽度的矩形月池结构在作纵荡或垂荡运动时，数值解和解析解得到的水动力系数随频率变化的趋势一致，但是极值的大小存在差别，数值解极值的绝对值比解析解要小。

关键词： 月池；数值模拟；附加质量；阻尼系数

在工程船和海洋平台中大多设有底部开口、海水内外相通的月池结构。研究月池内流体的水动力特性，可以为合理设计提供一定参考。黄磊等[1]基于线性势流理论建立了钻井船月池二维流体运动方程，利用 Galerkin 方法求得了月池内流体速度势，得到了月池对船舶的附加质量表达式；利用半解析解，研究了月池的水动力特性及月池参数对船舶水动力参数的影响。Zhou 等[2]运用分离变量法研究不同开口比例的矩形月池结构的波浪辐射和绕射问题，分析开口宽度对月池附加质量和阻尼系数等的影响。在文献[2]的基础上，Yang 等[3]进一步研究了波浪斜向入射条件下矩形月池的波浪辐射和绕射问题。刘利琴等[4]基于模型试验和数值模拟研究桁架式 Spar 平台垂荡、纵摇、月池内流体垂向振动的耦合运动；针对不考虑月池开口、月池开孔率为 30% 和 70% 这三种工况，分析月池内流体对平台运动的影响及耦合参数对平台和月池内流体运动的影响。邹康等[5]运用模型试验方法开展了月池的水动力特性及其对船舶运动的影响研究。姚震球等[6]基于三维势流理论，采用数值计算方法，用水动力分析软件 AQWA 对带月池的钻井船进行了水动力性能分析。宋文浩等[7]采用数值模拟与模型试验相结合的方法，研究月池开口对钻井船水动力性能的影响。

直墙的存在会影响波动特性，对月池内部流体的水动力系数也有影响。文献[8]~[10]基于线性势流理论进行了相关研究。Zheng 等[8]采用分离变量法推导了直墙前二维矩形浮体绕射辐射问题的解析表达式。Zhang 和 Zhou[9]采用分离变量法研究直墙前矩形月池的波浪辐射和绕射问题，分析不同开口位置和月池结构与直墙前距离对月池水动力特性的影响。Zhang 等[10]基于线性势流理论，通过分离变量法和特征函数展开法推导在波浪斜向入射条件下直墙前矩形月池辐射和绕射问题的解析解，研究底部开口宽度、波浪入射角度对矩形月池水动力特性的影响，以及直墙位置对波浪力的影响。

月池内部流体的运动较为复杂，针对二维问题中的纵荡和垂荡这两种运动模态，利用 Fluent 软件进行数值模拟。采用动网格技术来实现月池不同模态下的振荡运动，并将开口宽度不同的月池结构水动力系数的数值计算结果与解析结果进行比较。

1　理论模型简介

如图 1 所示，设一个宽度为 $2b$、底部中心开口宽度为 $2a$、吃水深度为 h_1 的月池结构漂浮在水深为 h 的无限水域中。在未受扰动的静水面上建立笛卡儿坐标系 $Oxyz$，坐标系原点位于未受扰动的静水面上月池开口中心处，平面 xOz 重合于静水面，铅直轴 Oy 向上为正，水平轴 Ox 向右为正。若矩形月池在 z 轴方向上无限长，则可将其简化为二维形式。

基金项目： 国家自然科学基金（51679132），上海市地方高校基地能力建设项目（17040501600）

通信作者： 张洪生，男，主要从事水波动力学和海岸/洋动力学研究。E-mail: hszhang@shmtu.edu.cn

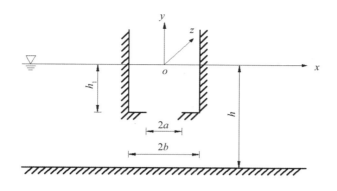

图 1　底部开口的月池结构示意

基于线性势流理论，在流体不可压缩、无黏，流场无旋的基本假定下，结合线性自由液面边界条件、海底边界条件和无穷远处辐射边界条件，并构造了合适的物面边界条件，采用分离变量法并通过合理的分区，文献[2]推导了二维矩形月池的绕射和辐射速度势的表达式，给出了附加质量、阻尼系数及波浪激励力的表达式。其中，附加质量 μ_{ij} 和阻尼系数 λ_{ij} 的无量纲表达式为

$$\mu_{ij} = \mathrm{Re}(\tau_{ij})/[2\rho h_1 \omega^2 bb^{(\delta_{3i}+\delta_{3j})}] \tag{1}$$

$$\lambda_{ij}/\omega = \mathrm{Im}(\tau_{ij})/[2\rho h_1 \omega^2 bb^{(\delta_{3i}+\delta_{3j})}] \tag{2}$$

式中：ω 为振荡圆频率；ρ 是密度；$i=1$、2 分别代表水平、铅直方向，$j=1$、2 分别代表纵荡、垂荡两种模态，τ_{ij} 是在模态 j 作单位振幅的运动时受到的 i 方向的辐射作用力；δ_{ij} 为 Kronecker 函数。

当具有月池结构的工程船靠岸或者停靠到海洋结构建筑物旁边，即矩形月池结构的一侧存在直墙时，水域为半无限水域。文献[9]和文献[10]分别推导了波浪正向和斜向入射条件下直墙前矩形月池辐射和绕射问题的解析解。

2　数值模型

可在一个二维数值波浪水槽中模拟矩形月池结构不同模态下的振荡运动。图 2 所示为数值模型，水槽的上部为空气，下部为水。利用 Fluent 软件进行数值模拟，数值模型的基本参数见表 1。

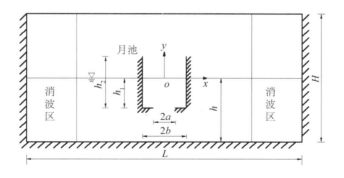

图 2　数值波浪水槽示意

表 1　数值模型基本参数（m）

	计算区域			月池模型尺寸		
L	H	h	b	h_1	h_2	
13.5	6.0	3.0	0.5	1.0	1.5	

在数值波浪水槽模型中，月池结构的壁面假定为固壁（wall）边界。当浮体发生强迫振荡运动时，为了消除振荡产生的波浪在水槽边壁引起的反射波的影响，在水槽的边界处通常要进行消波处理。水槽左右两侧分别设置消波区域，水槽的左右两侧和底部都设定为固壁（wall）边界，水槽的顶部设定为对称（symmetry）边界。

作用于月池结构的水动力需要通过动压力沿物面积分求得，不能通过 Fluent 软件直接计算得到，而要通过对该软件的二次开发来实现。将计算得到的月池受力曲线导入 Matlab 软件，并对其进行曲线拟合，这样可得到月池的水动力系数。

3　数值结果与解析结果的比较

为研究底部开口宽度对月池结构作纵荡和垂荡运动时水动力系数的影响，取 $h/h_1 = 3$，$b/h_1 = 0.5$，对 a/b 分别为 0.2、0.4、0.6 和 0.8 的情况进行数值模拟，并将数值解和解析解进行比较分析。

3.1　纵荡

图 3 所示为不同开口宽度的月池在作纵荡运动时水动力系数随频率的变化。由图 3（a）、图 3（c）、图 3（e）和图 3（g）附加质量随频率的变化可见，对于 a/b 分别为 0.2、0.4、0.6 和 0.8 的情况，数值解极值所对应的频率 $2kb$ 都是 3.08，这和解析解极值所对应的频率基本吻合，但极值的大小是有差别的。例如 a/b 取 0.6 时，附加质量的数值解的极大值为 9.15，而解析解的极大值为 15.65。数值解和解析解的整体变化趋势是一致的，但数值解极值的绝对值比解析解要小。引起差别的主要原因是在数值计算中使用了非线性的 $k-\varepsilon$ 模型。非线性的作用是加强波能传递，表现为最大波高减小，对波高的分布具有"光滑"的作用[11]。基于同样的原因，阻尼系数的数值解和解析解也有与附加质量相类似的表现。总体来说，无论是数值解还是解析解，都表明开口宽度对水动力系数的影响很小。

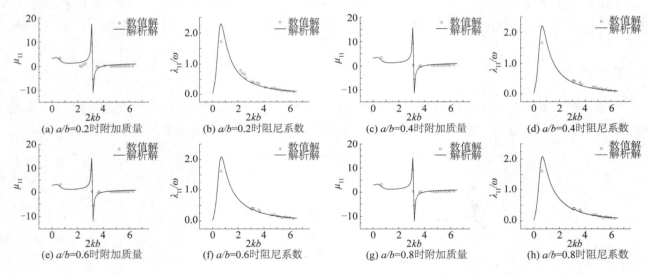

(a) a/b=0.2时附加质量　(b) a/b=0.2时阻尼系数　(c) a/b=0.4时附加质量　(d) a/b=0.4时阻尼系数

(e) a/b=0.6时附加质量　(f) a/b=0.6时阻尼系数　(g) a/b=0.8时附加质量　(h) a/b=0.8时阻尼系数

图 3　无直墙不同底部开口宽度时纵荡水动力系数的数值解与解析解的比较

3.2　垂荡

图 4 所示为垂荡运动引起的附加质量和阻尼系数随频率变化的数值解与解析解。基于与 3.1 同样的原因，月池作垂荡运动时附加质量和阻尼系数的数值解和解析解有与作纵荡运动时相类似的表现，只不过除极值点以外，数值解的阻尼系数总体比解析解的阻尼系数大。当开口宽度变大时，附加质量和阻尼系数的极值逐渐变小。这是由于随着 a/b 增大，月池结构底部趋向于完全敞开，此时流体对月池底部的作用力越来越小。总体来说，当 a/b 取不同值时，由垂荡运动引起的附加质量和阻尼系数有较大的变化，数值解和解析解结果都表明底部开口宽度对垂荡运动引起的水动力系数有显著的影响。

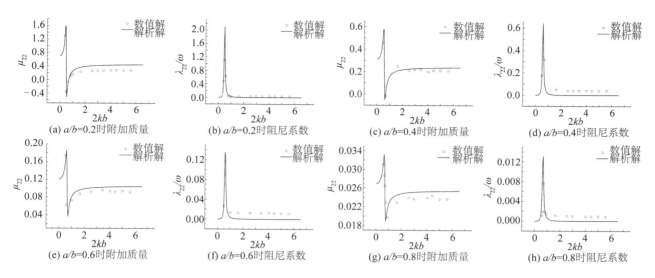

图 4　无直墙不同底部开口宽度时垂荡水动力系数的数值解与解析解的比较

4　结　语

利用 Fluent 软件对矩形月池的强迫振荡运动进行了数值模拟，将纵荡和垂荡两种模态下不同开口宽度的数值计算结果与解析结果进行了比较。月池在作纵荡运动时，无论是数值解还是解析解都表明开口宽度对水动力系数的影响很小；月池在作垂荡运动时，数值解和解析解的结果都表明底部开口宽度对水动力系数有显著的影响。

不同开口宽度的矩形月池作纵荡或垂荡运动时，水动力系数随频率的变化都表明，数值解和解析解两者的整体变化趋势一致，但是极值的大小存在差别，数值解极值的绝对值比解析解要小。引起差别的主要原因是，在数值计算中使用了 $k-\varepsilon$ 模型，而该模型为非线性模型。在纵荡模态下，在月池结构水动力系数随频率的变化曲线中，数值解和解析解两者整体上比较吻合；阻尼系数随频率的变化曲线中，当 $a/b=0.2$ 时，数值解和解析解两者整体上比较吻合，对于 $a/b=0.4$ 时非极值部分，数值解总体上要比解析解小，对于 $a/b=0.6$ 和 0.8 时非极值部分，数值解总体上要比解析解大。在垂荡模态下，在月池结构水动力系数随频率的变化曲线中非极值部分，数值解的附加质量总体上要比解析解的附加质量小，数值解的阻尼系数总体上要比解析解的阻尼系数大；阻尼系数随频率的变化曲线中，当 $a/b=0.2$、0.4 和 0.6 时数值解和解析解两者整体上比较吻合，但对于 $a/b=0.4$ 时非极值部分，数值解明显比解析解大。

研究结果还需要通过模型试验加以检验。但月池流动规律的深入认识成果可供月池结构设计参考。

参考文献:

[1] 黄磊, 刘利琴, 唐友刚. 水平激励下钻井船矩形月池的水动力特性研究[J]. 天津大学学报(自然科学与工程技术版), 2015, 11:1001-1008.

[2] ZHOU H W, WU G X, ZHANG H S. Wave radiation and diffraction by a two-dimensional floating rectangular body with an opening at its bottom [J]. Journal of Engineering Mathematics, 2013, 83(1):1-22.

[3] YANG X Y, ZHANG H S, LI H T. Wave radiation and diffraction by a floating rectangular structure with an opening at its bottom in oblique seas [J]. Journal of Hydrodynamics, 2017, 29(6):1054-1066.

[4] 刘利琴, 邱雨, 张永恒, 等. Spar 平台垂荡—纵摇与月池内流体垂向振动的耦合运动研究[J]. 振动与冲击, 2016, 35(19): 113-118, 131.

[5] 邹康, 桂满海, 罗良. 月池水动力特性及其对船舶运动的影响研究[J]. 船舶与海洋工程, 2017, 33(5): 59-63.

[6] 姚震球, 郭琦, 凌宏杰, 等. 带月池超深水钻井船的水动力特性[J]. 船舶工程, 2017, 39(12): 22-26.

[7] 宋文浩, 李欣, 童波. 波浪作用下月池开口对钻井船水动力的影响[J]. 船舶工程, 2018, 40(3): 15-20.

[8] ZHENG Y H, SHEN Y M, YOU Y G, et al. On the radiation and diffraction of water waves by a rectangular structure with a sidewall [J]. Ocean Engineering, 2004, 31(17): 2087-2104.

[9] ZHANG H S, ZHOU H W. Wave radiation and diffraction by a two-dimensional floating body with an opening near a side wall [J]. China Ocean Engineering, 2013, 27(4): 437-450.

[10] ZHANG H S, ZHENG B F, YANG X Y. Interaction of oblique waves and a rectangular structure with an opening near a vertical wall [J]. China Ocean Engineering, 2017, 31(2): 220-229.

[11] 张洪生, 丁平兴, 赵海虹. 一般曲线坐标系下波浪传播的数值模拟[J]. 海洋学报(中文版), 2003(1): 110-119.

破冰船直航状态破冰阻力计算方法研究

李　亮 [1,2]，王　伟 [1,2]，韩光淳，孟祥斌 [3]，马海冲 [3]

（1. 哈尔滨工业大学 结构工程灾变与控制教育部重点实验室，黑龙江 哈尔滨 150090；2. 哈尔滨工业大学 土木工程智能防灾减灾工业和信息化部重点实验室，黑龙江 哈尔滨 150090；3. 哈尔滨工业大学 土木工程学院，黑龙江 哈尔滨 150090）

摘要： 随着极地科学研究战略的提出，冰区船舶结构设计和航运性能分析引起了人们更多的重视，特别是对破冰船破冰阻力的研究尤其重要。基于弹性基础弹性板理论，利用半无限长弹性地基板与无限长弹性地基板的叠加组合，采用海冰 Mohr-coulomb 破坏准则，对现有的破冰船破冰阻力 Lindqvist 公式进行了修正，建立了破冰船直行状态破冰阻力计算模型。利用破冰阻力计算模型，将修正的 Lindqvist 公式计算结果和 Lindqvist 公式计算结果、试验结果进行了对比分析，验证了计算模型的有效性。同时，分析了海冰厚度和船艏倾角等参数对破冰阻力的影响规律。建立的破冰船破冰阻力计算模型，具有一定的实际应用价值，为以后破冰船结构设计提供参考。

关键词： 破冰船；破冰阻力；理论模型；船艏倾角；海冰冰厚

近年来，随着极区科学考察、油气资源开发和北极夏季通航的发展，冰区船舶结构设计和航运性能分析引起了较多重视。冰与船舶的相互作用是一个复杂的物理进程[1]。船舶在冰区海域航行时，船舶首先与冰层发生局部挤压，这种局部挤压力会随船舶的推进而增大，同时冰层与船体的接触区域也增大，冰层中的弯曲应力也逐渐增大，最终导致冰层发生弯曲断裂。断裂后的碎冰块开始向下翻转，直至与船身平行，碎冰块沿船体滑动，最终到达位置可能是船体两侧或者船体艉部[2]。海冰和船舶的相互作用中，破冰阻力的合理确定对船体的结构设计和安全航运有重要作用[3]。如何计算破冰阻力和判断破冰阻力的作用方式，直接影响船舶与结构物的安全等问题。

许多研究人员对冰区船舶的破冰过程进行了研究，建立了大量的经验公式和分析公式。Enkvist 等[4]讨论了水平破冰过程中的主要现象。Riska 等[5]基于波罗的海不同船型的多组实船试验建立了破冰阻力经验公式，考虑破冰阻力与冰厚、航速及船体几何尺寸之间的关系，但公式中没有考虑冰物理参数的影响。也有一些研究人员将水平冰壳相互作用过程分成了几个阶段，包括破冰、旋转、滑动和清除[6-12]。其中，Lindqvist[8]在总结实船测量和模型试验结果的基础上，提出了一种计算破冰阻力的方法。此方法不仅考虑了船体几何参数，同时考虑了冰物理参数对冰阻力的影响。对于冰区航行的船舶来说，其所受到的破冰阻力不仅与海冰的物理力学特性、破冰船的大小和破冰方式有关，还与海冰的破坏模式有复杂的联系。

因此，在 Lindqvist 公式[8]的基础上，考虑海冰的物理参数和破坏模式，对其中的弯曲阻力计算部分进行改进。将海上的平整冰层考虑成弹性地基上、沿破冰船前进方向的半无限长板和沿垂直于破冰船前进方向的无限长板的叠加组合，并采用 Mohr-coulomb 破坏准则，建立破冰船破冰弯曲阻力计算模型，从而得到修正的 Lindqvist 公式。基于破冰阻力计算模型，将修正的 Lindqvist 理论计算公式与 Lindqvist 公式计算公式、试验结果进行对比，验证修正方法的合理性，研究冰厚和船艏倾角对破冰阻力的影响规律。破冰阻力计算模型的建立可以为破冰船设计者提供理论计算参考。

1　修正的 Lindqvist 公式

1.1　Lindqvist 公式

Lindqvist[8]总结了大量实船测量和模型试验结果，提出了一种计算破冰阻力的方法。该方法将破冰阻

基金项目： 国家自然科学基金（51609054）；国家重点研发计划（2017YFC0703506）；哈尔滨工业大学科研创新基金（2017065）

力具体分为破冰力（包含破碎阻力和弯曲阻力）和依赖速度的浸深阻力，对不同成分的冰阻力分别进行经验评估。

$$R_{ice} = (R_c + R_b)\left(1 + 1.4\frac{V}{\sqrt{gh}}\right) + R_s\left(1 + 9.4\frac{V}{\sqrt{gL}}\right) \tag{1}$$

$$R_c = 0.5\sigma_b h^2 \frac{\tan\phi + \dfrac{\mu\cos\phi}{\cos\psi}}{1 - \dfrac{\mu\sin\phi}{\cos\psi}} \tag{2}$$

$$R_b = \frac{27}{64}\sigma_b B \frac{h^{1.5}}{\sqrt{\dfrac{E}{12(1-\nu^2)g\rho_w}}} \frac{\tan\psi + \mu\cos\phi}{\cos\psi\sin\alpha}\left(1 + \frac{1}{\cos\psi}\right) \tag{3}$$

$$R_s = (\rho_w - \rho_i)ghB\left[T\frac{B+T}{B+2T} + \mu\left(0.7L - \frac{T}{\tan\phi} - \frac{B}{4\tan\alpha} + T\cos\phi\cos\psi\sqrt{\frac{1}{\sin^2\phi} + \frac{1}{\tan^2\alpha}}\right)\right] \tag{4}$$

$$\psi = \arctan\left(\frac{\tan\phi}{\sin\alpha}\right) \tag{5}$$

式中：R_{ice} 为总阻力；R_c 为破碎阻力；R_b 为弯曲阻力；R_s 为浸深阻力；σ_b 为海冰的抗弯强度；h 为海冰厚度；μ 为摩擦系数；ϕ 为船艏倾角；α 为水线进水角；ψ 为外瓢角；g 为重力加速度；ρ_w 为海水密度；ρ_i 为海冰密度；E 为弹性模量；ν 为泊松比；B 为船宽；T 为吃水深度；L 为船长；V 为船速。

1.2　破冰弯曲阻力计算模型

1.2.1　模型的简化

Lindqvist 公式实质为经验统计计算公式，在计算破冰弯曲阻力时，仅是以弯曲应力达到抗弯强度为临界值，并没有从理论分析上确定海冰的破坏模式。因此，本文将冰层视为作用在弹性基础上的等厚度弹性板，以弹性基础反力描述流体对冰层的浮力。破冰船与冰相互作用过程中，会导致冰层发生弯曲破坏，在冰层中产生径向破坏和环向破坏。利用叠加原理，把弹性基础板看成两种弹性板叠加而成：一种是沿破冰船前进方向的半无限长弹性地基板，板中的弯曲破坏模拟环向破坏，半无限长弹性地基板的宽度等于船体的宽度；一种是垂直于破冰船前进方向的无限长弹性地基板，板中的弯曲破坏模拟径向破坏，无限长弹性地基板的宽度则取决于冰层径向裂缝的长度和冰层的断裂长度，冰的断裂长度可以采用冰的特征长度，因此无限长弹性地基板的宽度近似等于冰的特征长度。因此，破冰船对冰层的竖向分布荷载 P 可分解成荷载 P_1 和荷载 P_2，P_1 作用在半无限长弹性地基板的端部，P_2 作用在无限长弹性地基板的中间部位。计算模型如图 1 所示。则 P_1、P_2 和 P 有如下关系：

$$P = P_1 + P_2 \tag{6}$$

破冰船受到冰层的作用可以分解成沿着船艏表面的摩擦力 S 和垂于与船艏表面的作用力 N，而破冰船对冰的作用力可以在坐标原点处分解为水平力 H 和竖向力 P。这两类力存在着等效关系，可通过两者的力平衡关系得到

$$H = \zeta P \tag{7}$$

$$\zeta = \frac{\sin\phi + \mu\cos\phi}{\cos\phi - \mu\sin\phi} \tag{8}$$

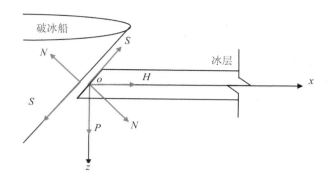

图 1　弯曲破冰阻力计算模型示意

1.2.2　半无限长弹性地基板

半无限长弹性地基板的宽度为 B，厚度为 h，沿着 x 轴的正方向延伸，竖向力 P_1 作用在半无限长弹性地基板的端部，即坐标 $x=0$ 处。本文将海水浮力看作弹性基础，则半无限长弹性地基板受力如图 2 所示。

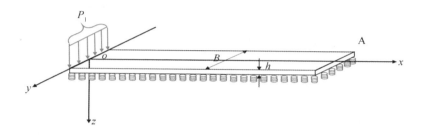

图 2　半无限长弹性地基板受力分析

半无限长弹性地基板端部受到竖向力作用下，它的挠度曲线通解表达式为

$$z_A = e^{\beta_A x}\left(A_1 \cos \beta_A x + A_2 \sin \beta_A x\right) + e^{-\beta_A x}\left(A_3 \cos \beta_A x + A_4 \sin \beta_A x\right) \tag{9}$$

其中，系数 β_A 的计算公式为

$$\beta_A = v\left(\frac{k}{4D}\right)^{\frac{1}{4}} \tag{10}$$

半无限长弹性地基板的弯矩与挠度曲线的关系方程式为

$$M = -D\frac{\mathrm{d}^2 z_A}{\mathrm{d}x^2} \tag{11}$$

式中：D 为板的抗弯刚度，计算公式为

$$D = \frac{Eh^3}{12\left(1-v^2\right)} \tag{12}$$

由于挠度及弯矩随着离载荷端的距离 x 的增加而趋于零，再加上半无限弹性地基板的端部初始条件，可得到作用在弹性基础上的半无限长板的挠度曲线表达式为

$$z_A = \frac{P_1 e^{-\beta_A x}\cos \beta_A x}{2\beta_A^{\,3} D} \tag{13}$$

进而可以得到板中弯矩大小的表达式为

$$M_A = -\frac{P_1}{\beta_A} e^{-\beta_A x} \sin \beta_A x \qquad (14)$$

1.2.3 无限长弹性地基板

无限长弹性地基板的宽度等于冰的特征长度 l_c，厚度为 h，沿着 y 轴的正负方向延伸。无限长弹性地基板受到竖向均布荷载 P_2 作用，荷载作用区域设为半圆形区域，荷载的宽度为 B。无限长弹性地基板受力如图 3 所示。其中，特征长度的计算公式为

$$l_c = \left(\frac{Eh^3}{12\rho_w g (1-v^2)} \right)^{\frac{1}{4}} \qquad (15)$$

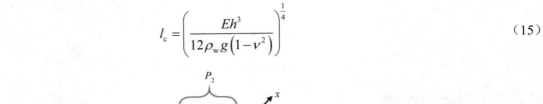
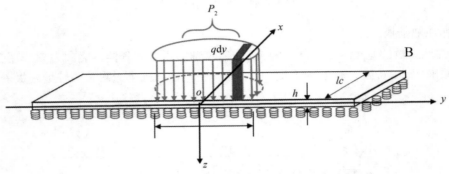

图 3　无限长弹性地基板受力分析

无限长弹性地基板是以板内 xoy 平面上的中间截面表示板的竖向挠度，并假设横截面各个点挠度相同。在荷载作用区域内取微条荷载 $q\mathrm{d}y$，得到微条荷载在 O 点所产生的挠度为

$$\mathrm{d}z = \frac{q\mathrm{d}y}{8\beta_B^3 D} e^{-\beta_B y} \left(\cos \beta_B y + \sin \beta_B y \right) \qquad (16)$$

式中：$q = \dfrac{P_2}{B}$；$\beta_B = \beta_A = v\left(\dfrac{k}{4D}\right)^{\frac{1}{4}}$。

通过积分可得到均匀分布在长度 B 上的载荷在坐标原点 O 处所产生的挠度为

$$z_{BO} = 2\int_0^{L/2} \frac{q\mathrm{d}y}{8\beta_B^3 D} e^{-\beta_B y} \left(\cos \beta_B y + \sin \beta_B y \right) = \frac{P_2}{4D\beta_B^4 L} \left(1 - e^{-\beta_B \frac{L}{2}} \cos \beta_B \frac{L}{2} \right) \qquad (17)$$

利用弯矩和挠度曲线的关系，可得

$$M_B = \frac{P_2}{2\beta_B^2 L} e^{-\beta_B \frac{L}{2}} \sin \beta_B \frac{L}{2} \qquad (18)$$

1.2.4 叠加组合

P_1 与 P_2 作用下，半无限长弹性地基板与无限长弹性地基板在坐标原点处产生的位移是相等的。P_1 与 P_2 的比例关系可由此来确定。

$$\frac{P_1}{P_2} = \frac{\left(1 - e^{-\beta_B \frac{L}{2}} \cos \beta_B \frac{L}{2} \right)}{2\beta_B L} = f \qquad (19)$$

1.3　Mohr-coulomb 破坏准则

破冰船与冰碰撞的过程中，海冰表现出复杂的力学行为和不同的屈服断裂模式。目前存在不同的力学失效模型描述海冰的失效（破坏）。早期经典的最大正应力准则、最大应变准则和应变能准则，也有基于

连续介质力学的线弹性 Von-mises 准则，在实际工程中应用比较多，但是这些准则不能描述真实的海冰特性（各向异性、抗拉和抗压能力不同）和断裂行为。一些研究者认为，Mohr-coulomb 准则可以合理描述海冰的失效，因为该准则具有压力相关特征，能够体现海冰抗拉强度和抗压强度的差别。本文采用 Mohr-Coulomb 破坏准则来模拟海冰的破坏过程。Mohr-Coulomb 破坏准则是正应力和切应力共同作用导致破坏的，并且可以用抗拉、抗压强度 f_t、f_c 和参数 m，以及最大主应力 σ_1 和最小主应力 σ_3 来表示

$$\sigma_3 = -f_c + m\sigma_1 \tag{20}$$

其中，参数 m 的计算公式为

$$m = f_c / f_t \tag{21}$$

破冰船与冰层相互作用过程中，冰层中的径向裂纹可以确定发生在无限长弹性地基板的中间部位，而环向裂缝的发生位置则是半无限长弹性地基板内产生最大弯矩的截面上，即 $x = \pi/(4\beta_A)$ 处。冰层下部位的微元体应力状态如图 4 所示。σ_A 表示在力矩 M_A 作用下的弯曲应力，σ_B 表示在力矩 M_B 作用下的弯曲应力，σ_H 表示在水平力 H 作用下的压应力。

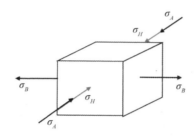

图 4　冰层下部分微元体应力状态

冰层下部微元体的主应力为

$$\sigma_1 = \frac{-\sigma_A - \sigma_H + \sigma_B}{2} + \frac{1}{2}\sqrt{\left(-\sigma_A - \sigma_H - \sigma_B\right)^2} = \sigma_B \tag{22}$$

$$\sigma_3 = \frac{-\sigma_A - \sigma_H + \sigma_B}{2} - \frac{1}{2}\sqrt{\left(-\sigma_A - \sigma_H - \sigma_B\right)^2} = -\sigma_A - \sigma_H \tag{23}$$

冰层下部破坏确定的竖直方向冰阻力为

$$P = \frac{f_c}{B_1 e^{-\frac{\pi}{4}} \sin\frac{\pi}{4} + B_2 + B_3} \tag{24}$$

式中：$B_1 = \dfrac{6f}{(f+1)Lh^2\beta_A}$，$B_2 = \dfrac{\zeta}{Lh}$，$B_3 = \dfrac{3me^{-\beta_B \frac{L}{2}} \sin\beta_B \frac{L}{2}}{(f+1)l_c h^2 \beta_B^2 L}$

2　破冰阻力计算模型验证

2.1　与现有计算公式对比

目前普遍公认的冰阻力计算公式有：Riska 公式、Jeong 公式、Lindqvist 公式等。利用 Zhou 等[13]试验中破冰船参数及表 1 中海冰参数，可以得到 4 种工况下修正的 Lindqvist 公式与上述 3 个公式计算结果的对比。计算结果如图 5 所示。

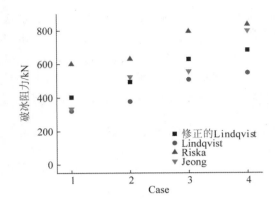

图 5　不同工况下各个公式的计算结果

由图 5 可知，Riska 公式的计算结果数值高于其他公式，修正的 Lindqvist 公式和 Jeong 公式计算结果位于三者之间，Lindqvist 公式计算结果是最小的。

2.2　与试验结果对比

为了进一步验证修正 Lindqvist 公式的合理性，将 Zhou 等[13]进行的试验结果作为参考尺度引入，如图 10 所示。Zhou 等进行了一系列模型试验，试验中的现象如图 6 至图 9 所示；4 种工况下参数见表 1。

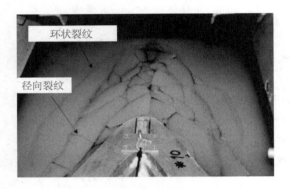

图 6　船艏区域的破冰模式

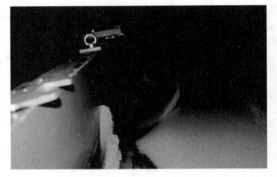

图 7　右舷破冰模式的后视图

图 8　左舷破冰模式的后视图

图 9　试验结束时形成的渠道

表 1　工况参数

冰层	序号	海冰厚度 h/m	海冰抗弯强度 σ_b/kPa	海冰抗压强度 f_c/kPa	弹性模量 E/MPa	船速 V/（m·s^{-1}）
I	1	0.77	724	1 748	929	0.2
	2	0.76	844	2 192	984	0.5
II	3	0.96	920	1 840	1 685	0.2
	4	0.95	912	1 862	1 701	0.5

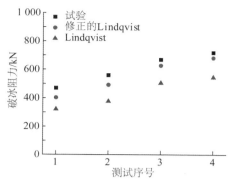

图 10　计算结果与试验结果对比

　　由图 10 可知，修正的 Lindqvist 公式计算结果与试验结果更加接近，而 Lindqvist 公式计算结果偏小。

3　参数分析

3.1　冰的厚度

　　海冰厚度对破冰船的航行安全和破冰性能产生直接影响。图 11 为破冰船破冰阻力随冰厚的变化关系曲线。海冰厚度 h 变化范围取 0.5~1.5 m，梯度 0.1 m；船速 V =0.5 m/s；船艏倾角 ϕ =30°；摩擦系数 μ=0.04[14]；海冰抗弯强度 σ_b =0.5 MPa；抗压强度 f_c =1.5 MPa；抗拉强度 f_t =0.5 MPa。由图 11 可知，两个公式的计算结果都随着海冰厚度的增加而增大。当 h<0.8 m 时，两个公式随 h 的变化速率基本一致；当 $h \geqslant 0.8$ m 时，修正的 Lindqvist 公式随 h 的变化速率明显大于 Lindqvist 公式，反映出对 h 的变化更加敏感，且冰厚的改变对破冰阻力的影响较大。

3.2　船艏倾角

　　图 12 是破冰船破冰阻力随船艏倾角的变化关系曲线。船艏倾角 ϕ 变化范围取 20°~35°，梯度 1°；船速 V =0.5 m/s；海冰厚度 h =1 m；摩擦系数 μ =0.04；海冰抗弯强度 σ_b =0.5 MPa；抗压强度 f_c =1.5 MPa；抗拉强度 f_t =0.5 MPa。由图 12 可知，随着船艏倾角 ϕ 的增大，破冰阻力也随之增大。两个公式计算结果随 ϕ 的变化速率基本一致，且 ϕ 的改变对破冰阻力大小的影响没有海冰厚度 h 明显。

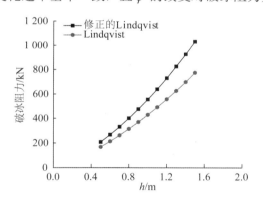

图 11　破冰阻力随海冰厚度的变化关系曲线

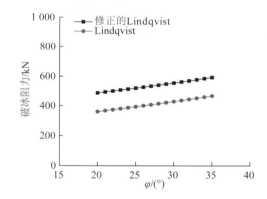

图 12　破冰阻力随船艏倾角的变化关系曲线

4　结　语

　　基于弹性基础弹性板理论，利用半无限长弹性地基板与无限长弹性地基板的叠加组合，采用海冰 Mohr-coulomb 破坏准则，对现有的破冰船破冰阻力 Lindqvist 公式进行了修正，建立了破冰船直行状态破冰阻力计算模型。利用破冰阻力计算模型，修正的 Lindqvist 公式计算结果和 Lindqvist 公式计算结果、试验结果进行了对比分析。结果表明，修正的 Lindqvist 公式的计算结果与试验结果更为接近，证明提出的破冰阻力 Lindqvist 公式修正模型适用于破冰船破冰荷载预报，另外，海冰冰厚和船艏倾角等参数明显影响破冰船破冰阻力变化。

参考文献：

[1] RAEDLUBBAD, SVEINUNGL SET. A numerical model for real-time simulation of ship–ice interaction[J]. Cold Regions Science and Technology, 2010, 65(2): 111-127.

[2] 黄焱, 关湃, 禹沐. 破冰船航行状态在海冰作用下的运动响应分析[J].数学的实践与认识, 2015, 45(2): 149-160.

[3] 季顺迎, 王帅霖, 刘璐. 极区船舶及海洋结构冰荷载的离散元分析[J].科技导报, 2017, 35(3): 72-80.

[4] ENKVIST E., VARSTA P, RISKA K. The ship-ice interaction[C]// Proceedings of the 5th International Conference onPort and Ocean Engineering under Arctic Conditions, 1979: 977-1002.

[5] RISKA K, WILHELMSON M, ENGLUND K, et al. Performance of merchant vessels in the Baltic[R]. Researchreport no 52. Espoo: Helsinki University of Technology, Ship Laboratory, Winter Navigation Research Board, 1997.

[6] Lewis J W, Edward Y. Methods for predicting icebreaking and ice resistance characteristics of icebreakers[J]. SNAME Transactions, 1970, 78: 213-249.

[7] KOTRAS T V, BAIRD A V, NAEGLE J N. Predicting ship performance in level ice[J]. Transactions of Society of Naval Architects and Marine Engineers (SNAME), 1983, 91: 329-349.

[8] LINDQVIST G. A straightforward method for calculation of ice resistance of ships[C]// Proceedings of the 10th International Conference on Port and Ocean Engineering under Arctic Conditions (POAC), 1989: 722-735.

[9] KEINONEN A J , BROWNE R, REVILL C, et al. Icebreaker characteristics synthesis, report TP 12812E[R].Ontario: The Transportation Development Centre, Transport Canada, 1996.

[10] SPENCER D, JONES S J. Model-scale/full-scale correlation in open water and ice for canadian coast guard "R Class" icebreakers[J]. Journal of Ship Research, 2001, 45(4): 249-261.

[11] VALANTO P. The resistance of ships in level ice[J]. SNAME Transactions, 2001, 109: 53-83.

[12] JEONG S Y, LEE C J, CHO S R. Ice resistance prediction for standard icebreaker model ship[C]// Proceedings of the Twentieth International Offshore and Polar Engineering Conference, 2010: 1300-1304.

[13] ZHOU L, RISKA K, R DIGER von B und P, et al. Experiments on level ice loading on an icebreaking tanker with different ice drift angles[J]. Cold Regions Science and Technology, 2013, 85: 79-93.

[14] ZHOU L, CHUANG Z J, JI C Y. Ice forces acting on towed ship in level ice with straight drift. Part I: Analysis of model test data[J]. International Journal of Naval Architecture and Ocean Engineering, 2018, 10(1): 60-68.

基于环向裂纹法的冰区船舶破冰载荷数值模拟

周　利[1]，刁　峰[2]，孙向东[3]，丁仕风[1]，朱亚洲[1]，宋　明[1]，韩　月[1]

（1. 江苏科技大学 船海学院，江苏 镇江 212003；2. 中国船舶科学研究中心，江苏 无锡 214082；3. 杭州和利时自动化有限公司，浙江 杭州 310018）

摘要： 冰区航行时，模拟海冰破坏形式、预报破冰载荷对于船舶安全具有重要作用。本文利用环向裂纹法，研究了船体型线角、冰摩擦系数与海冰失效的相互关系，分析了冰载荷各冰力分量的数学方法，提出了北极海冰失效模式的表达方法。并针对一艘冰区船舶开展数值模拟，给出破冰载荷的时历曲线，并与冰池试验结构进行了对比验证，吻合良好，可作为冰区船舶预报破冰载荷的技术参考。

关键词： 极地海冰；海冰失效模式；数值模拟；环向裂纹法；冰载荷

随着全球气候变暖，北极冰层逐年融化，人类对北极地区油气和矿产资源的关注不断升温。极地冰区的通航和科学考察、资源勘探都依靠破冰船开辟航道。因此，准确模拟破冰船的破冰载荷具有重要的理论和现实意义。

目前为止，国内外已经开展了大量的关于破冰过程的研究。Risk 等[1]提出了一些半经验半解析的预报模型，为早期的破冰船设计提供了有效的方法。Wang[2]提出了一种运动的海冰与固定锥形结构相互作用的算法，并对海冰的破坏过程进行了模拟。Su 等[3]对破冰船破冰过程的冰载荷进行了研究，模拟了整个破冰过程。王钰涵等[4]针对破冰船在直航情况下的连续破冰模式运动数值方法进行了研究，得到了破冰过程中的冰载荷时历曲线。但是，这些破冰过程的计算方法均仅考虑了冰体的弯曲失效，对于具有大坡度结构的破冰船来说，其在破冰过程中存在挤压失效，如果采用弯曲失效的假设来计算冰层对大坡度结构物的作用，将出现在垂直于冰层方向的分力过小甚至为负数的情况，导致冰层局部无法断裂，并会产生局部冰载荷随时间增大而无限变大的不合理现象，因此需要对现有方法进行进一步研究。

本文基于模型试验以及实船试验时观测到的破冰船破冰时的物理过程，对船体与冰层相互作用的过程进行分析，提出了不同结构坡度应采用不同的冰失效模式，并给出了建议的数值计算模型，模拟大坡度结构的连续破冰过程，针对一艘典型冰区船舶，详细研究分析了破冰载荷的时历曲线。

1　船–冰作用的力学模型

在平整冰与船体相互作用的过程中，冰块会承受竖直方向的拉压作用和水平方向的拉伸作用。在这两种应力的作用下，冰块会发生平行于接触面方向的环向裂纹或者垂直于接触面方向的径向裂纹。本文采用的方法基于环向裂纹物理现象，假定冰块在竖直方向上发生断裂，其接触表面是平的，接触面积可由接触长度和接触深度来确定。平整冰破碎后产生的浮冰的几何形状可假设为扇形，破冰扇形角度为 θ，破冰半径根据文献[2]给出的表达式计算：

$$R = C_l \cdot l \left(1.0 + C_V \cdot v_n^{\text{rel}}\right) \tag{1}$$

式中：v_n^{rel} 是船体及海冰离散点的相对法向破冰速度；C_V 和 C_l 是经验参数；l 为海冰的特征长度，表达式为

$$l = \left[\frac{E_i h_i^3}{12\left(1-\upsilon^2\right)\rho_w g}\right]^{1/4} \tag{2}$$

式中：E_i 为海冰的弹性模量，h 为冰层厚度，υ 为泊松比，ρ_w 为水密度，g 为重力加速度。

随着冰与结构接触面积的增加，挤压力逐渐减小。在弯曲破坏前，挤压的冰力产生于挤压的表面，并

垂直于挤压表面，对接触表面上产生的局部冰挤压力可以表示为

$$F_{cr} = \sigma_c \cdot A_c \tag{3}$$

式中：A_c 为接触面积，σ_c 为海冰挤压强度。

　　船体与冰的相对速度 v_n^{rel} 和 v_τ^{rel} 分别为 v^{rel} 沿船体接触点法向和切向方向的分量，而 $v_{n,1}^{rel}$ 和 $v_{n,2}^{rel}$ 分别为垂直面内沿船体接触面和垂直于接触面方向的分量，f_H 和 f_V 分别为水平和垂直方向上的摩擦力分量，垂直于船体表面的挤压冰力 F_{cr} 与摩擦力 f_V 的合力可以分解为水平分量 F_H 和垂直分量 F_V，由于冰体在弯曲破坏前没有垂向位移，所以 f_H 与相对速度分量 v_τ^{rel} 成正比，而 f_V 与相对速度分量 $v_{n,1}^{rel}$ 成比例，可以表达为[3]

$$f_H = \mu_i F_{cr} v_\tau^{rel} / \sqrt{\left(v_\tau^{rel}\right)^2 + \left(v_{n,1}^{rel}\right)^2}$$

$$f_V = \mu_i F_{cr} v_{n,1}^{rel} / \sqrt{\left(v_\tau^{rel}\right)^2 + \left(v_{n,1}^{rel}\right)^2} \tag{4}$$

$$F_H = F_{cr} \sin\varphi + f_V \cos\varphi$$

$$F_V = F_{cr} \cos\varphi - f_V \sin\varphi$$

式中：μ_i 为船体与海冰之间的摩擦系数，φ 是船体倾角。

2　型线角对海冰失效模式的影响分析

　　平整冰在破冰结构的作用下若发生弯曲失效，将形成一个开角为 θ 的冰楔，在冰楔的顶端受到垂直的载荷，依据文献[5]对海冰承载能力的估算式：

$$P_f = C_f \left(\frac{\theta}{\pi}\right)^2 \sigma_f h_i^2 \tag{5}$$

式中：σ_f 为海冰的弯曲强度，h_i 为海冰厚度，C_f 为经验参数。当平整冰破碎和摩擦力的垂直分量大于 P_f 时，冰楔将从弯曲形成的冰边缘裂开并折断，弯曲失效发生。

　　破冰船的首尾等破冰结构在与冰体相互作用的破冰过程中，考虑平整冰与船体破冰结构的二维相互作用，根据公式（4）可得

$$f_V = \mu_i F_{cr}$$

$$F_V = F_{cr} \cos\varphi - f_V \sin\varphi = F_{cr}(\cos\varphi - \mu_i \sin\varphi) \tag{6}$$

　　当船体结构的坡度角足够大的时候，作用在冰体上的力垂直分量 F_V 小至可以忽略。这意味着垂向冰力可能永远不会超过冰的弯曲极限，因此陡峭结构破冰时不会发生冰的弯曲破坏。然而，这是不现实的，在此前提下计算的冰力也是不准确的。依据公式（6），坡度角的极限值依赖于冰与结构相互作用的摩擦系数。当 $\cos\varphi - \mu_i \sin\varphi = 0$ 时，摩擦力系数与坡度极限角的关系如图 1 所示，当破冰结构的坡度角大于极限角度时，冰发生破碎失效；当破冰结构的坡度角小于极限角度时，冰体发生弯曲失效。

　　北极海冰与船体结构的摩擦系数处于 $0.05 \leqslant \mu_i \leqslant 0.15$[6]，由此依据图 1 的关系，可得极限角的范围为 $82° \leqslant \varphi \leqslant 87°$。保守起见，当坡度角大于 $82°$ 时，使用弯曲失效模式将不再合理，挤压破碎模式发生。

　　当挤压破碎模式发生时，根据 ISO/FDIS 19906[7]，在不考虑其他限制条件的情况下，连续作用在结构体上的脆性局部挤压力可以表示为

$$F_{cr} = p_G \cdot A_c \quad , \quad p_G = C_R \left(\frac{h}{h_1}\right)^n \left(\frac{L}{h}\right)^m , \quad C_R = \frac{2.8}{2.86}\sigma_c \tag{7}$$

式中：p_G 为整体平均冰压力；L 为投影到结构物上面的跨度（m）；h 为冰层厚度（m）；h_1 为 1 m 的参考冰厚；m 为经验系数，取 -0.16；n 为经验系数，当冰厚小于 1.0 m 时，$n = -0.50 + h/5$，当冰厚大于等于 1.0 m 时，$n = -0.30$；C_R 为冰的强度系数。

　　冰的失效模式受多种因素的影响，主要有结构物倾斜角度，冰厚，结构物宽度，冰-结构物相对速度等。不考虑结构物倾斜角度的情况下，Karna 和 Johmann[8]曾对在波的尼亚湾中的一个单桩竖直圆柱灯塔进行冰失效模式研究。他们总结到：当冰厚小于 0.15 m 时，发生弯曲断裂的可能性超过 80%，而当冰厚超过

0.35 m 时，发生挤压破环的可能性超过 70%。Timco[9]根据模型试验结果，总结了横宽比（结构宽度与冰厚之比）以及应变率（相对冰速与结构宽度之比）。本文主要以船体为研究对象，在其运动过程中，船体节点与冰体之间的相对速度，以及迎面与冰接触的宽度均是变量，因此，冰的失效模式仅仅考虑由结构物倾斜角度引起，与冰厚、冰速无关。

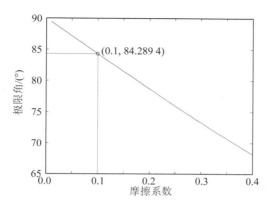

图 1　极限角与摩擦系数的关系曲线

3　数值模拟与分析对比

3.1　破冰过程数值模拟分析

本文以一艘具有破冰能力的舷侧结构加强的冰区液货船 MT Uikku 为研究对象。此船的主要尺度如表 1 所示，用于数值模拟的主要参数如表 2 所示。

表 1　MT Uikku号船舶主尺度

名称	数值
垂线间长L_{pp}/m	150.0
型宽B_{wl}/m	21.3
吃水T/m	9.5
船艏水线角 α /（°）	21
首柱倾角φ_0/（°）	30
方形系数C_B	0.72

表 2　数值模拟输入参数

名称	数值
冰厚 h_i/m	0.76
弯曲强度 σ_b / kPa	914
挤压强度 σ_c / kPa	2 075
弹性模量 E_i /MPa	914
船舶速度 V /（m·s^{-1}）	0.5
艏向角 ψ /°	90
海水密度 ρ_w /（kg·m^{-3}）	988.9
冰密度 ρ_i /（kg·m^{-3}）	905.8
摩擦系数 μ_i	0.04

在数值模拟中，船体以固定的速度和艏向在冰区中运动。初始的冰边界形状为预先设置好的航道，如图 2 所示。

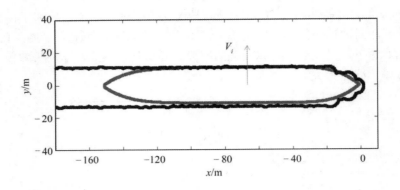

图 2　初始冰边界条件

　　通过数值模拟计算出来的横向冰力时历曲线如图 3 所示。为了更清楚地显示冰载荷的特点，500~520 s 之间的时历曲线被提取出来，如图 4 所示。由此图可以看出，冰载荷时历曲线具有一定的随机性，而且变化幅度较大。由于船体中部坡度较大，产生了挤压失效模式，随之而来的冰载荷峰值较高，在 16~20 MN 之间。在船艏和船尾部分，产生了弯曲失效模式，其冰载荷峰值较小，在 12~14 MN。图 5 显示了横向冰力的功率谱，可以看出冰力是宽频的，功率谱具有明显的峰值，在圆频率约为 4.6 rad/s 时达到最大。

　　由水平面内冰力引起的艏摇冰力矩时历曲线如图 6 所示。其相应的功率谱如图 7 所示。可见，艏摇冰力矩功率谱具有明显的双峰值，对应的圆频率为 2.4 rad/s 和 4.6 rad/s。在圆频率为后者时，峰值达到最大。此频率和横向冰力功率谱最大峰值对应的频率相同，合理地说明了此峰值主要是由横向冰力引起的。

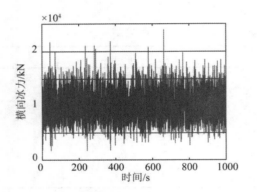

图 3　横向冰力时历曲线

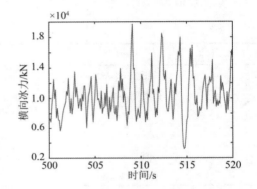

图 4　500~520 s 横向冰力时历

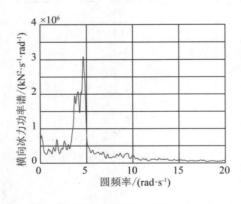

图 5　横向冰力功率谱

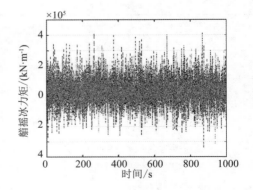

图 6　艏摇冰力矩时历

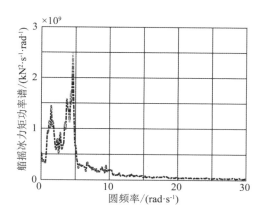

图 7　艏摇冰力矩功率谱

根据图3和图6，对横向冰力和艏摇冰力矩进行数值统计，它们的平均值和方差如表3所示。对横向冰力来说，方差远小于平均值，约为平均值的26%，而对艏摇冰力矩来说，方差远大于平均值，约为平均值的2.5倍。

表3　模拟冰载荷数值统计表

	横向冰力/kN	艏摇冰力矩/（kN·m⁻¹）
平均值	1.01×10^4	3.33×10^4
方差	2.67×10^3	8.49×10^4

3.2　冰池试验对比验证

MT Uikku号极地船舶冰水池模型试验在芬兰阿尔托大学开展。阿尔托大学冰水池实验室尺寸为 40 m×40 m×2.8 m，拥有两个拖车，主拖车长达40多米，横跨在冰池上，另有一个小型拖车，固定在主拖车上，可以沿着主拖车方向移动。船舶模型试验的缩尺比为1∶31.56，根据佛汝德相似法则，来制造符合要求的平整冰。如图8所示，船舶模型固定在小型拖车上，小型拖车以恒定速度 V 拖动船舶模型在整冰区中运动。在此过程中，利用六分力仪测量船舶受迫运动时所受到的动态冰载荷，并将此测量结果跟本文数值计算结果进行对比，如表4所示。

图 8　船舶冰水池模型试验过程

表4　数值模拟与模型试验测量结果对比（平均值±方差）

	数值方法	模型试验	误差
横向冰力 / kN	$(1.01 \pm 0.27) \times 10^4$	$(1.00 \pm 0.32) \times 10^4$	1.0%±17%
艏摇冰力矩/（kN·m⁻¹）	$(3.33 \pm 8.49) \times 10^4$	$(2.00 \pm 8.16) \times 10^4$	67%±4%

由表4可知，数值模拟的横向冰阻力与测量结果较为接近，对于由冰载荷引起的艏摇力矩来说，数值计算的平均值比模型试验结果偏大，而方差值较为接近，考虑到力矩平均值对于方差来说是小量，方差占主导地位，可以近似认为数值模拟结果是合理的，用此方法可以较为准确地预报冰载荷，特别是大倾角结构物所受到的冰载荷。

4　结　语

通过破冰船破冰结构与平整冰相互作用的力学分析，得到了影响冰体失效的冰载荷分量与破冰结构参数的表达关系，进而确认冰摩擦系数以及坡度角与冰体失效模式的关系，提出了一种根据船体结构坡度大小来确定冰体失效模式的方法，并给出了具体的数学模式。基于这种冰体失效模式，以一艘具有破冰能力的冰区液货船为研究对象，进行数值模拟，计算了船舶在一定的冰况条件和固定航速下所受到的水平面内的冰载荷，并对冰载荷数值模拟结果进行了谱分析和统计分析，与模型试验测量结果进行了对比。结果表明，此方法预报的冰载荷与冰池试验吻合度高，具有较好的应用价值。

参考文献：

[1] RISK K, PATEY M, KISHI S, et al. Influence of ice conditions on ship transit times in ice[C]//The International Conference on Port and Oocean Engineering under Arctic cConditions (POAC01), Ottawa, Ontario, Canda, 2001: 729-745

[2] WANG S. A dynamic model for breaking pattern of level ice by conical structures[D]. Finland: Department of Mechanical Engineering, Helsinki University of Technology, 2001.

[3] SU B, RISKA K, MOAN T. Numerical simulation of local ice loads in uniform and randomly varying ice conditions [J]. Cold Regions Science and Technology, 2011, 65:145-159.

[4] 王钰涵, 李辉, 任慧龙, 等. 连续破冰模式下破冰船的冰力研究[J]. 海洋工程，2013，31(4): 68-73.

[5] KERR A. The bearing capacity of floating ice plates subjected to static or quasi-static loads [J]. Journal of Glaciology, 1976, 17(76): 229-228.

[6] G W TIMCO, W F Weeks. A review of the engineering properties of sea ice [J]. Cold Regions Science and Technology, 2010, 60: 107-129.

[7] ISO/FDIS 19906. Petroleum and natural gas industries — Arctic offshore structures, International Standard[S]. International Standardization organization, Geneva, Switzerland, 2010.

[8] KARNA T, JOHMANN P. Field Observations of Ice Failure Models[C]// Proceedings of the 17th POAC Conference, Trondheim, Norway, 2003: 839-848.

[9] TIMCO G W. Scale effect in ice[J]. Proceeding of C-Core workshop, NRC Technical Memo, 1988, 144: 183-199.

采用分离涡模拟方法数值预报 JBC 船体伴流

王建华，万德成

（上海交通大学 船舶海洋与建筑工程学院 海洋工程国家重点实验室 高新船舶与深海开发装备协同创新中心，上海 200240）

摘要： 船体静水阻力是目前船舶水动力学中最为基础的研究之一，目前，基于流体动力学（CFD）方法进行船体阻力和兴波预报已经较为成熟，但是针对船体伴流，尤其是肥大船型尾部型线变化剧烈区域的伴流预报精度仍然不是很理想。本研究利用自主开发的 CFD 求解器 naoe-FOAM-SJTU，基于延迟模式的分离涡模拟 DDES 方法在模型尺度下对标准船模 JBC 的静水阻力问题进行数值预报。重点考察 DDES 方法对船体伴流的预报精度，并同传统的 RANS 方法进行对比分析，之后通过与东京 2015 年船舶水动力学 CFD 国际研讨会上提供的标准试验数据进行对比，分析不同数值方法对不同尾部截面处伴流的预报效果。结果表明采用 DDES 方法可以给出更为精确的尾部伴流，而传统的 RANS 方法预报出的尾部伴流更为粗糙和平滑。本数值模拟研究可以为肥大性船舶的尾部伴流预报提供建议。

关键词： 船尾伴流；DDES 方法；RANS 方法；naoe-FOAM-SJTU 求解器；船体阻力；肥大船型；分离涡

随着高性能计算机和数值方法的不断发展和完善，计算流体动力学（CFD）被越来越广泛地应用于船舶水动力学的研究当中。目前，采用 CFD 方法预报船舶阻力和兴波已经非常成熟，阻力预报误差一般可以保证在 3%以内，并且较为广泛地应用于船舶快速性的工程设计当中。但是针对船舶伴流的预报目前还存在较大的误差，也有很多学者开展了不同数值方法进行船体伴流的预报研究。东京 2015 年船舶水动力学 CFD 国际研讨会上给出了标准船模 Japan Bulk Carrier（JBC），并在 NMRI 开展了广泛的模型试验，提供了标准的 PIV 伴流数据，为不同 CFD 方法预报船体伴流的精度提供了可靠的数据支撑。

传统的船舶伴流预报方法为模型试验测量，早期可以通过毕托管进行定点的流速测量，目前已经有较为精确的 PIV 设备进行特定区域的尾部伴流测定，可以给出测量区域内的速度矢量场、涡量场等详细的流场数据。国际上很多船舶拖曳水池均做过相关的 PIV 伴流测量，包括日本的 NMRI，美国的 IIHR，荷兰的 MARIN，意大利的 INSEAN 等。Dong 等[1] 针对水面舰船在低速和高速下进行了伴流场的 PIV 测量，同时也考虑了兴波破碎问题。Longo 和 Stern[2] 对不同漂角下的船体伴流进行了研究，并分析了不同漂角的尾流变化特性。Olivieri 等[3] 对 DTMB5415 船模进行了多个航速下的模型试验，给出了不同截面处的详细伴流数据，包括三个方向的速度分布以及涡量分布，探究了尾部伴流的变化规律。

由于模型试验，尤其是采用 PIV 设备进行流场测量的成本较高，目前已经有很多学者开展了船体伴流的数值预报研究。本研究结合以往船体伴流的研究经验，采用基于开源 OpenFOAM 开发的 naoe-FOAM-SJTU 求解器[4]进行标准船模 JBC 的伴流数值预报研究。naoe-FOAM-SJTU 主要由三维数值造波与消波模块、六自由度运动模块、高雷诺数流动模拟模块和浮式结构物系泊系统模块组成。同时支持多种数值模拟方法，除了传统的雷诺平均 Nariver-Stokes 方程（RANS）方法，目前开发完成了分离涡模拟方法（DES）和延迟模式的分离涡模拟方法（DDES）。目前求解器已经能够处理各种复杂的船舶与海洋工程水动力学问题，并且在船舶水动力学，包括阻力、耐波、推进、操纵等方面[5-8]以及海洋工程领域，包括平台运动、上浪砰击、涡激运动、涡激振动等方面[9-11]进行了广泛的应用验证。

1　数值方法

文中分别采用 RANS 和 DDES 来模拟高雷诺数下的船体湍流流动问题，同时湍流模型采用双方程的

基金项目： 国家自然科学基金（51809169，51879159，51490675，11432009，51579145）；长江学者奖励计划（T2014099）；上海高校特聘教授（东方学者）岗位跟踪计划（2013022）；上海市优秀学术带头人计划（17XD1402300）；工信部数值水池创新专项课题（2016-23/09）

通信作者： 万德成。E-mail：dcwan@sjtu.edu.cn

SST $k-\omega$ 模型[12]。DDES 方法为改进的分离涡模拟方法，属于一种混合雷诺平均和大涡模拟（LES）的方法，远离壁面的自由剪切流动区域采用 LES 亚格子模型求解流动，而在靠近壁面的边界层区域内及其他区域采用 RANS 的 SST 湍流模型求解流动。这样既可以保证 LES 的求解精度，又可以通过减少近壁面处的边界层网格来降低计算量。DES 方法采用涡黏性假设计算亚格子应力，黏性系数通过一个辅助标量的传输方程的计算获得，并且在传输方程中引入了一个滤波尺度，由此实现不同流动尺度的求解。

对于两相不可压的黏性流体，经过时间平均（RANS）或空间过滤（DES/DDES）后的连续性方程和动量方程可以表示为

$$\frac{\partial \overline{u_i}}{\partial x_j}=0 \tag{1}$$

$$\frac{\partial \overline{u_i}}{\partial t}+\frac{\partial \overline{u_j u_i}}{\partial x_j}=-\frac{\partial \overline{P}}{\partial x_i}+\frac{\partial}{\partial x_j}\left[\nu\left(\frac{\partial \overline{u_i}}{\partial x_j}+\frac{\partial \overline{u_j}}{\partial x_i}\right)\right]-\frac{\partial \tau_{ij}}{\partial x_j} \tag{2}$$

式中：ν 为运动黏度，τ_{ij} 为亚格子应力张量。根据 Boussinesq 假设，τ_{ij} 可以表示为

$$\tau_{ij}=\frac{2}{3}\delta_{ij}k-2\nu_t S_{ij} \tag{3}$$

式中：$S_{ij}=\frac{1}{2}\left(\frac{\partial u_i}{\partial x_j}+\frac{\partial u_j}{\partial x_i}\right)$。

基于 SST 模型的 DES 方法将湍动能 k 方程中的耗散项乘以一系数 F_{DES}，得到新的湍动能 k 方程，同原来 SST 模型的特定湍流耗散率 ω 组成新的输运方程，可以表示为如下形式：

$$\frac{\partial k}{\partial t}+\frac{\partial\left(u_j k\right)}{\partial x_j}=\tilde{G}-\beta^* k\omega F_{DES}+\left[\left(\nu+\alpha_k \nu_t\right)\frac{\partial k}{\partial x_j}\right] \tag{4}$$

$$\frac{\partial \omega}{\partial t}+\frac{\partial\left(u_j \omega\right)}{\partial x_j}=\gamma S^2-\beta \omega^2+\frac{\partial}{\partial x_j}\left[\left(\nu+\alpha_\omega \nu_t\right)\frac{\partial \omega}{\partial x_j}\right]+\left(1-F_1\right)CD_{k\omega} \tag{5}$$

F_{DES} 可定义为

$$F_{\text{DES}}=\max\left[\frac{l_{\text{RANS}}}{C_{\text{DES}}\Delta}\left(1-F_S\right),1\right] \tag{6}$$

式中：$l_{\text{RANS}}=\sqrt{k}/\beta^*\omega$ 为计算得到的湍流长度尺度；$\Delta=\sqrt[3]{\Delta V}$ 为亚格子长度尺度；C_{DES} 为 DES 常数，本文取 0.61；F_S 为混合函数，可以是 F_1 或 F_2，文中取 F_2。上式中所有涉及的系数取值见文献[13]。

对于延迟的分离涡模拟方法，对湍流长度尺度 l_{DDES} 进行了重新定义：

$$l_{\text{DDES}}=l_{\text{RANS}}-f_d \max(0,l_{\text{RANS}}-C_{\text{DES}}\Delta) \tag{7}$$

式中：f_d 为经验的混合系数，由此可以避免由于避免网格布置不合理导致的假流动分离现象，具体的 DDES 方法实现可以参照文献[13]。自由面求解采用带有人工压缩项的 VOF 方法[14]，数值计算中的离散格式和线性方程组的求解则采用 OpenFOAM 中自带的数值方法。

2　计算模型

2.1　船体几何模型

选取东京 2015 年船舶水动力学 CFD 国际研讨会上采用的标准船模 JBC（图 1）为对象开展研究工作。船体的模型缩尺比为 1∶40，主要几何参数和物理参数见表 1。

图 1　JBC 船三维几何模型

表 1　标准船模 JBC 主尺度参数

参数	实际尺度	模型尺度
垂向间长 L_{pp}/m	280	7
水线长 L_{wl}/m	285	7.125
最大船宽 B/m	45	1.125
型深 D/m	25	0.625
吃水 T/m	16.5	0.412 5
排水量 ∇ / m^3	178 369.9	56.291
方形系数 C_B	0.858	0.858

2.2　计算网格

计算网格采用 OpenFOAM 中自带的网格生成工具 snappyHexMesh 进行划分，船体周围网格分布见图 2（a），对船体周围、自由面和尾流区[图 2（b）]进行了加密处理，由于本次计算中没有考虑船体运动，因此采用了半船计算域，总计算网格为 740 万，近壁面第一层的网格厚度控制在 $y^+ \approx 30$，采用了壁面函数。计算模型以均匀流场作为数值计算的初始条件，船舶航速为 U=1.179，对应于 Fr=0.142，Re=7.46×10^6。虽然本文中采用固定船模自由度，但是为便于分析比较，尽量减小数值模拟中的变量，采用了试验中稳定后的纵倾和升沉姿态，再进行数值计算。

数值计算中，边界条件的具体设置如下：

1）在入口边界上，采用均匀来流，据来航速设定入口流动速度；
2）出口边界压力出口条件；
3）船体模型表面，采用无滑移壁面条件；
4）计算与上边界，采用空气边界自由出入流条件；
5）在对称面上，满足对称条件。

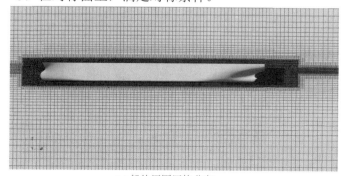

(a) 船体周围网格分布

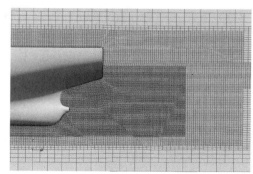

(b) 船尾网格布置

图 2　船体周围网格划分

3　计算结果与分析

文中所有数值计算均在上海交通大学船海计算水动力学研究中心（CMHL）的高性能计算集群进行，服务器型号为 IBM nx360M4，每个计算节点包含 2 块 Intel 至强 E5-2680V2 处理器，共 20 个计算核心，并且拥有 64 GB 的内存。当前数值模拟中共采用 60 个核心进行并行计算，时间步长设置为 1×10^{-3}，共完成了 60 s 时间的数值模拟，一个算例的计算所需要的总计算时间约为 56 个小时，对应的 CPU 计算时间为 3 364 核机时。

表 2 给出了阻力系数的对比，包括总阻力系数 C_t，黏性阻力系数 C_v 和压阻力系数 C_p。阻力的试验结果来自东京 2015 年船舶水动力学 CFD 国际研讨会上，船模试验在日本 NMRI 水池进行。当前采用 RANS 和 DDES 方法均可以很好的预报船模总阻力，DDES 方法得到的总阻力系数误差为 –0.65%。详细的网格收敛性验证工作已经发表在 CFD 国际研讨会上[7]。由于文中近壁面采用了壁面函数，同时 DES 方法中在近壁面流动中也是采用 RANS 方法，因此，两者在阻力计算中的差异性不大。

表 2　JBC 船舶阻力系数对比

阻力系数	EFD[15]	RANS	DDES
总阻力系数 C_t/（×10⁻³）	4.289	4.237	4.261
总阻力系数误差/（%）	—	–1.21	–0.65
黏性阻力系数 C_v/（×10⁻³）	—	3.251	3.260
压阻力系数 C_p/（×10⁻³）	—	0.986	1.001

本文主要目的是探讨 DDES 方法在预报船体尾流中的精度。因此，这里给出了在不同尾部截面处的伴流分布（图 3），三个截面位置分别为：S2（X/L=0.962 5）、S4（X/L=0.984 3）和 S7（X/L=1.0）。最左侧为试验 PIV 测量结果，中间一列为 RANS 模拟结果，右侧一列为 DDES 模拟结果。

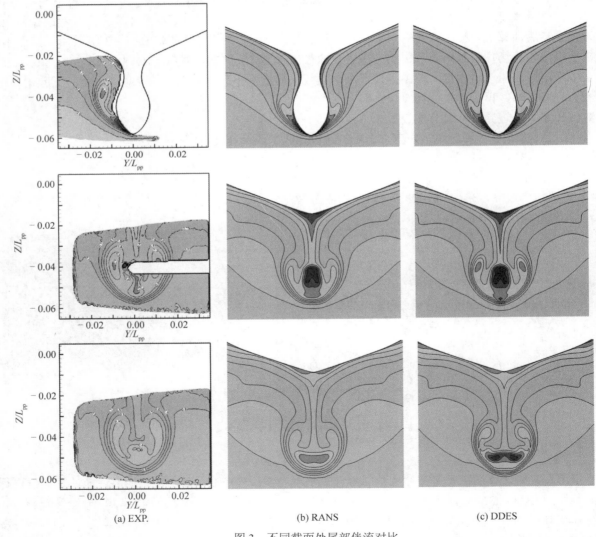

(a) EXP.　　　　　　　(b) RANS　　　　　　　(c) DDES

图 3　不同截面处尾部伴流对比

从 S2 截面伴流分布可以看出，试验中得到的船尾两侧的伴流较为复杂，而 RANS 和 DDES 方法均没有很好的模拟到两侧的流动状况，这部分的主要原因是当前采用的壁面函数以及近壁面网格尺度较为粗糙（$y+=30$）导致的。虽然两者同试验测量结果差别较大，但是 DDES 方法得到的尾部伴流更趋近于试验结果。这一点从 S4 和 S7 两个截面的模拟结果中可以明显看出来，S4 截面是螺旋桨的伴流区域，这个区域的伴流会影响螺旋桨的推进性能，从 DDES 模拟的结果可以看出桨轴两侧的尾流更趋近于试验结果，而 RANS 预报的伴流分布误差较大，尤其是在桨轴周围的涡流场部分。图 4 给出了 JBC 船舶尾部的三维涡结构的对比，图中采用 $Q=200$ 的等值线表征了尾部涡演化。从图中可以更为清晰的看出 DDES 方法预报得到了更为复杂的尾部流场，这一结果同图 3 中对应的尾部伴流分布相一致。由此可以得出采用 DDES 方法可以更为精确的预报出船舶尾流变化的结论。

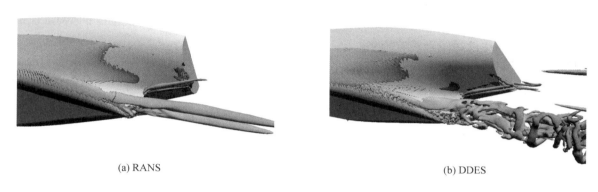

(a) RANS　　　　　　　　　　　　　　　　　(b) DDES

图 4　JBC 船舶尾部三维涡结构对比

4　结　语

利用自主开发的 CFD 求解器 naoe-FOAM-SJTU，分别基于 RANS 方法和 DDES 方法进行了标准船模 JBC 的静水阻力数值模拟，重点对尾部伴流进行了对比分析。通过阻力结果同试验结果的对比，验证了采用当前的计算手段，RANS 和 DDES 方法均可以给出精度较高的阻力预报结果，误差在 2%以内。而尾部伴流的预报结果方面，DDES 方法的表现更好，尤其是在桨盘面附近的伴流预报更为准确。

本文的数值模拟可以为船舶伴流的精确预报提供一定的参考，但是由于目前计算中考虑计算成本，仍然采用壁面函数来降低计算网格量，由此也带来了预报精度上的一定误差。后续仍需采用更为精确化的计算模型，比如考虑更为精细的网格，或者对分离涡模型进行进一步的改进。

参考文献：

[1] DONG R R, KATZ J, HUANG T T. On the structure of bow waves on a ship model[J]. Journal of Fluid Mechanics, 1997, 346: 77-115.

[2] LONGO J, STERN F. Effects of drift angle on model ship flow[J]. Experiments in Fluids, 2002, 32(5): 558-569.

[3] OLIVIERI A, PISTANI F, WILSON R, et al. Scars and vortices induced by ship bow and shoulder wave breaking[J]. Journal of Fluids Engineering, 2007, 129(11): 1445-1459.

[4] WANG J, ZHAO W, WAN D C. Development of naoe-FOAM-SJTU solver based on OpenFOAM for marine hydrodynamics [J]. Journal of Hydrodynamics, 2019, 31(1): 1-20.

[5] ZHA R, YE H, SHEN Z, et al. Numerical computations of resistance of high speed catamaran in calm water[J]. Journal of Hydrodynamics, 2015, 26(6):930-938.

[6] SHEN Z, WAN D C, RANS computations of added resistance and motions of a ship in head waves[J]. International Journal of Offshore Polar Engineering, 2013, 23(4): 264-271.

[7] WANG J, ZOU L, WAN D C. CFD simulations of free running ship under course keeping control[J]. Ocean Engineering, 2017, 141: 450-464.

[8] WANG J, WAN D C. CFD investigations of ship maneuvering in waves using Naoe-FOAM-SJTU solver[J]. Journal of Marine

Science and Application, 2018, 17: 1-16.

[9]   ZHAO W, ZOU L, WAN D C, et al. Numerical investigation of vortex-induced motions of a paired-column semi-submersible in Currents[J]. Ocean Engineering, 2018, 164: 272-283.

[10] FU B, ZOU L, WAN D C. Numerical study of vortex-induced vibrations of a flexible cylinder in an oscillatory flow[J]. Journal of Fluids and Structures, 2018, 77:170-181.

[11] 夏可，万德成. 岛礁附件浮式平台运动响应特性数值分析[J]. 海洋工程，2018, 36(3): 10-17.

[12] MENTER F R, KUNTZ M, LANGTRY R. Ten years of industrial experience with the SST turbulence model[J]. Turbulence, Heat and Mass Transfer, 2003, 4(1): 625-632.

[13] ZHAO W, WAN D C. Detached-eddy simulation of flow past tandem cylinders[J]. Applied Mathematics and Mechanics, 2016, 37（12）：1272-1281.

[14] BERBEROVIĆ E, VAN HINSBERG N, JAKIRLIĆ S, et al. Drop impact onto a liquid layer of finite thickness: Dynamics of the cavity evolution[J]. Physical Review E, 2009, 79(3): 36306.

[15] LARSSON L, STERN F, VISONNEAU M. Tokyo 2015, a CFD workshop on CFD in ship hydrodynamics[C]. Japan: Tokyo, 2015.

势流理论评估下三体船主体船型及片体间距优化

刘鑫旺，詹开宇，万德成

（上海交通大学 船舶海洋与建筑工程学院海洋工程国家重点实验室 高新船舶与深海开发装备协同创新中心，上海 200240）

摘要： 高速双体船的概念出现以来，人们已逐步认识到了其优异的性能，也开始进一步探索多体船的水动力特性，比如合适的片体间距会大大减小兴波阻力进而减小多体船的总阻力。本文以某三体船为研究对象，利用船型优化软件 OPTShip-SJTU，通过片体的间距布置以及主体首部的船型变换对该船在某一航速下的总阻力开展优化设计。水动力性能评估采用基于势流理论的静水阻力求解器 NMShip-SJTU，并在优化前进行了母型船阻力计算验证。为了减小计算量、降低优化过程总时长，依据优化拉丁方试验设计建立了克里金近似模型。通过单目标遗传算法，最终可得到优化船型，并对优化船型进行了 CFD 验证以确保优化结果的可靠性。结果表明，通过合理设计三体船主体船型及片体间距，减轻对体船的兴波干扰并显著改善其阻力性能，同时也展现了船型优化软件 OPTShip-SJTU 在多体船水动力性能优化方面的巨大潜力。

关键词： 三体船；片体布置；船型变换；阻力优化；OPTShip-SJTU

三体船通常由一个主体和两个侧体构成，合理的片体间距会在很大程度上改善其阻力及耐波性能，因而，其已成为一类重要的高性能船舶。为了寻求合理的片体布置，国内外学者开展了一系列模型试验及数值模拟工作[1]，但是仍存在一些问题。首先，模型试验及基于黏性流 CFD 的数值模拟代价昂贵，耗时较长，难以满足对船型优化的效率要求；其次，已有研究一般只考虑通过改变片体间距使船体兴波阻力减小进而进行兴波阻力的优化，未考虑到船型的变化和片体间距同时改变可能会使得兴波阻力进一步减小，进而更大幅度地减小三体船总阻力。因此，本文综合考虑三体船主体船型及片体间距的变化，实现对三体船在某中等航速下的总阻力优化。

1　船型优化软件模块介绍

1.1　船型优化软件总体框架

针对当今对各类船舶优异水动力性能的强烈追求，提高船舶能效水平、降低船舶能耗，使船舶适应于 EEDI 标准，对船体型线进行优化设计是非常有效的途径。我们自主开发了船型优化设计工具 OPTShip-SJTU，该软件集成了船型变换模块、水动力性能评估模块、近似模型构建和优化求解模块，可实现船型的自动优化设计。OPTShip-SJTU 软件框架如图 1 所示。

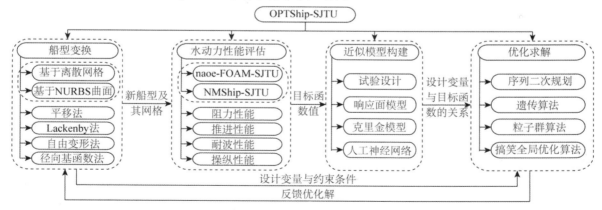

图 1　船型优化软件 OPTShip-SJTU 框架

基金项目： 国家自然科学基金（51879159，51490675，11432009，51579145）；长江学者奖励计划（T2014099）；上海高校特聘教授（东方学者）岗位跟踪计划（2013022）；上海市优秀学术带头人计划（17XD1402300）；工信部数值水池创新专项课题（2016-23/09）

通信作者： 万德成。E-mail: dcwan@sjtu.edu.cn

1.2　船型变换模块

船型变换模块是联系船舶水动力性能评估模块与优化求解模块的桥梁，是船型优化流程中的关键环节。常用的船型变换方法有平移法、径向基函数方法、自由变形方法等。下面对本文中使用的径向基函数方法原理做简单介绍。

径向基函数是指某种沿径向对称的标量函数，定义为空间中任意一点 X 到某中心点 X_j 之间的欧氏距离的函数，通常可写为

$$\phi\left(\left\|X-X_j\right\|\right) \qquad (j=1,2,\cdots,n) \tag{1}$$

在对船体 NURBS 曲面的控制点做变换时，取插值函数为

$$s(X)=\sum_{i=1}^{N}\lambda_j\phi\left(\left\|X-X_j\right\|\right)+p(X) \tag{2}$$

式中：X_j 表示 RBF 可动与固定控制点坐标，$s(X)$ 表示控制点 X 移动后坐标值，N 代表 RBF 可动与固定控制点总数，$p(X)$ 为仿射变换低阶多项式：

$$p(X)=c_1+c_2x+c_3y+c_4z \tag{3}$$

径向基函数 ϕ 具有多种形式，本文选取紧支撑 Wendland $\psi_{3,1}$ 径向基函数：

$$\phi(\|X\|)=\begin{cases}(1-\|X\|/r)^4(4\|X\|/r+1) & 0\leqslant\|X\|\leqslant r \\ 0 & \|X\|>r\end{cases} \tag{4}$$

式中：r 代表支撑半径。由公式（4）可知，当任意控制点 X 与中心点 X_j 的欧氏距离 $\|X-X_j\|$ 大于支撑半径 r 时，X_j 的移动对 X 不产生影响；反之，则会受到影响，且距离越小影响越大。

根据插值条件：

$$s(X_j)=f_j \qquad (j=1,2,\cdots,N) \tag{5}$$

以及附加条件：

$$\sum_{j=1}^{N}\lambda_j p(X_j)=0 \qquad (j=1,2,\cdots,N) \tag{6}$$

可得如下线性方程组：

$$\begin{pmatrix}M & q \\ q^{\mathrm{T}} & 0\end{pmatrix}\begin{pmatrix}\lambda \\ c\end{pmatrix}=\begin{pmatrix}f \\ 0\end{pmatrix} \tag{7}$$

式中：向量 $\lambda=[\lambda_1,\lambda_2,\cdots,\lambda_n]^{\mathrm{T}}$；$c=[c_1,c_2,c_3,c_4]^{\mathrm{T}}$；$f=[f_1,f_2,\cdots,f_N]^{\mathrm{T}}$；矩阵 $M_{ij}=\phi\left(\left\|X_i-X_j\right\|\right)$

$$i,j=1,2,\cdots,N；\quad q=\begin{bmatrix}1 & x_1 & y_1 & z_1 \\ 1 & x_2 & y_2 & z_2 \\ \vdots & \vdots & \vdots & \vdots \\ 1 & x_n & y_n & z_n\end{bmatrix}。$$

在实际应用径向基函数方法对船体 NURBS 控制点移动时，可以将船体 NURBS 控制点分为三种类型。

1）RBF 固定控制点：即在变形过程中其位置不发生移动的 NURBS 控制点，一般选择船体特征线附近的 NURBS 控制点，如船中纵剖面、设计水线面等。

2）RBF 移动控制点：其坐标是优化过程中的设计变量，通过移动这些可动控制点，实现船体曲面几何重构。

3）除 RBF 固定控制点和 RBF 可动控制点以外的其他船体 NURBS 控制点，它们的位移量根据式（2）计算得到。

该方法对局部曲面进行变形时涉及的设计变量较少，且变化灵活，设计变量直观，使变形易于控制。

1.3　水动力性能评估模块

水动力性能评估模块主要包含基于势流理论的 NMShip-SJTU 求解器及基于黏性流理论的 naoe-FOAM-SJTU 求解器。

NMShip-SJTU 求解器基于 Neumann-Michell（NM）理论，它是由 Noblesse 等[2]在 Neumann-Kelvin（NK）理论的基础上提出来的。NM 理论成功消去了 NK 理论中原有的沿船舶水线的积分项，将全部的计算转化为在船体湿表面上的积分。基于 NM 理论的阻力预报效率非常高，同时也具有较高的精度，因此非常适用于船型优化。

naoe-FOAM-SJTU 求解器基于黏性流 N-S 方程，是在开源 CFD 平台 OpenFOAM 基础上开发的，包括自主开发的三维数值造波与消波模块、船舶与海洋结构物六自由度运动模块和浮式结构物系泊系统模块等[3]。该求解器已成功应用于船舶阻力性能、耐波性能、推进性能及操纵性能等的预报，且预报结果与模型试验对比良好；采用并行技术，求解器可进行大规模并行计算，实现对湍流结构、波浪破碎等精细物理结构的模拟仿真。

为了验证 NMShip-SJTU 高效预报三体船总阻力的可靠性，对母型船在 Fr=0.1~0.5 下的总阻力进行了预报，其中兴波阻力系数根据 NM 理论进行评估，摩擦阻力系数采用 1957 年 ITTC 提出的公式（8）进行预报，两者相加并根据公式（9）得到势流方法预报的总阻力，并与 naoe-FOAM-SJTU 求解器预报的总阻力进行对比。

$$C_f = \frac{0.075}{\left(\lg \dfrac{UL_{主体}}{v} - 2 \right)^2} \cdot \frac{S_{主体}}{S_{总}} + \frac{0.075}{\left(\lg \dfrac{UL_{侧体}}{v} - 2 \right)^2} \cdot \frac{S_{侧体}}{S_{总}} \tag{8}$$

$$R_{t势流} = \left(C_w + C_f \right) \cdot \frac{1}{2} \rho U^2 S_{总} \tag{9}$$

两种方法的计算网格如图 2 所示。图 3 给出了两种方法预报的三体船在 Fr=0.3 下的自由面兴波对比图。图 4 给出了不同 Fr 数下的两种方法预报的总阻力，可以发现，两者误差基本都在 15%以内，中高航速下预报误差更小，说明可用 NMShip-SJTU 高效预报三体船总阻力，进而实现三体船主体船型及片体间距优化。

(a) NMShip-SJTU计算网格　　　　　　　　　　　(b) naoe-FOAM-SJTU计算网格

图 2　势流与黏流方法计算网格

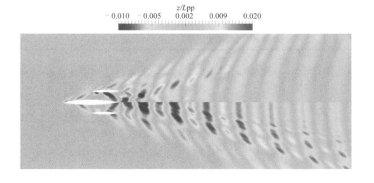

图 3　势流与黏流方法计算自由面兴波对比

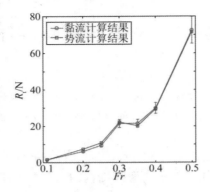

图 4　不同 Fr 下的势流与黏流方法总阻力预报值对比

1.4　近似模型构建模块

采用优化拉丁方试验设计来确定计算的各样本点。优化拉丁方试验设计方法采用正交性较好的初始解，优化时综合考虑拉丁方矩阵的正交性和均匀性来确定最终样本点对应的设计变量值。对试验设计中样本点进行水动力性能评估后，需利用近似模型得到水动力性能指标与优化设计变量的关系以减小优化过程总时长。Kriging 近似模型由南非的 Krige 于 1951 年首先提出，其基本原理可参考相应文献[4]。

1.5　优化求解模块

优化目标为三体船在 Fr=0.3（模型尺度下 U=1.8793 m/s）时的总阻力，故采用单目标遗传算法得到优化解，该算法实施流程可参考相应文献[5]。

2　三体船优化实例分析

使用的三体船主体和片体皆为 Wigley 船，其中主体船主尺度为 $L_{wl\pm}$=4 m，$B_{\pm}$=0.4 m，$T_{\pm}$= 0.25 m；两侧体船主尺度均为 $L_{wl\text{侧}}$=2 m，$B_{\text{侧}}$=0.2 m，$T_{\text{侧}}$=0.125 m。设计变量包括无因次化（$/L_{wl\pm}$）主体船首部可动控制点坐标及侧体与主体的横向 a、纵向间距 b，其定义如图 5 所示。

为了充分利用球艏抑制兴波的特点，对于无球鼻艏的 Wigley 主体船，首先利用径向基函数方法生成一球鼻艏，再进一步利用径向基函数方法进行局部变形，包含 P_1 点的 x, z 坐标及 P_2 点的 y 坐标共三个设计变量，如图 6 所示，以实现主体船艏部的船型变换。

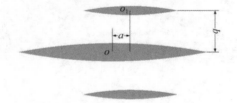

图 5　片体间距设计变量示意

图 6　主体艏部形状设计变量示意

该优化实例全部优化设计变量及对应的取值范围见表 1。

表 1　优化设计变量及其取值范围

变量类型	变量名称	取值范围
片体间距	a	[−0.25,0.5]
	b	[0.1,0.25]
主体艏部形状	$P1\_x$	[0.515,0.535]
	$P1\_z$	[−0.049, −0.0344]
	$P2\_y$	[0.005,0.031]

　　根据设计空间进行优化拉丁方设计，共选取了 80 个样本点进行计算，最终得到各个新三体船的总阻力。为了确保利用这些样本点构建的近似模型具有较高的精度，对构建的近似模型进行了去一交叉验证。通过图 7 可以看出，该近似模型精度较高，可用于优化求解模块。

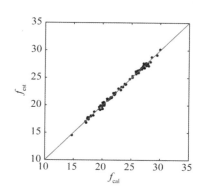

图 7　去一交叉验证

　　通过实施遗传算法，最终可以得到优化船型对应的设计变量值及对应的总阻力，如表 2 所示。

表 2　优化解对应的设计变量值

变量名称	a	b	$P1\_x$	$P1\_z$	$P2\_y$	R_t/N
优化解	0.5	0.141 18	0.515	−0.046 76	0.006 19	11.9

主体船的原始型线和优化型线、主体与片体相对位置对比分别如图 8、图 9 所示。

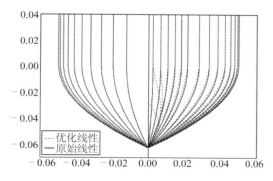

图 8　主体船的原始型线和优化型线对比

图 9　主体与片体相对位置对比

　　为了验证优化结果的可靠性，对优化后的三体船分别进行了势流和黏流方法的静水阻力计算，并分别与母型船在两种方法下的计算结果进行对比，自由面兴波对比分别如图 10 和图 11 所示。

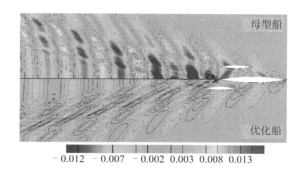

图 10　势流方法计算母型船与优化船自由面兴波对比

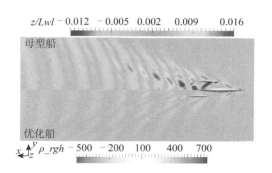

图 11　黏流方法计算母型船与优化船自由面兴波及船体表面压力对比

可以看出，兴波阻力的大幅下降导致自由面兴波（包括主体船的艏波系、主体与片体间的兴波干扰、三体船艉波系等）减小，并且由于兴波的降低导致船体表面高压与低压区也有相应的减小，使得压阻力也有一定降低，进而证明了优化效果是可靠的。

3　结　语

利用自主开发的船型优化软件 OPTShip-SJTU，通过对三体船主体船型及片体间距的优化，得到了阻力性能优异的三体船，其总阻力减小了 44%。结果表明，合理设计片体间距可以造成主体与片体间的有利兴波干扰；此外，对于无球鼻艏的船型，通过对船体 NURBS 曲面实施径向基函数方法的船型变换，可以生成一球艏，同时保证新船体计算网格的质量，进一步，通过调整球艏形状，可以利用其减小主船体兴波的特点，更大程度上减小三体船总阻力。通过势流与黏流方法计算结果的对比不难看到，利用势流理论求解器 NMShip-SJTU 可用于对船舶阻力的型线优化，在具有较高效率的同时，可保证得到的优化船型具有较为理想且可靠的优化效果。

参考文献：

[1] 王中, 卢晓平, 詹金林. 高速三体船的水动力学和船型研究新进展[J]. 船舶力学, 2011, 15(7): 813-826.

[2] NOBLESSE F, HUANG F, YANG C. The Neumann-Michell theory of ship waves[J]. Journal of Engineering Mathematics, 2013, 79(1): 51-71.

[3] SHEN Z, WAN D C, CARRICA P M. Dynamic overset grids in OpenFOAM with application to KCS self-propulsion and maneuvering[J]. Ocean Engineering, 2015, 108: 287-306.

[4] LIU X, WANG J, WAN D C. Hull form optimization design of KCS at full speed range based on resistance performance in calm water[C]// The 28th International Ocean and Polar Engineering Conference Sapporo, Japan, 2018: 626-632.

[5] DEB K, PRATAP A, AGARWAL S, et al. A fast and elitist multiobjective genetic algorithm: NSGA-II[J]. IEEE Transactions on Evolutionary Computation, 2002, 6(2): 182-197.

独立液货舱支撑结构温度场分析方法研究

丁仕风[1]，周　利[1]，赵云鹤[2]，周亚军[3]

（1. 江苏科技大学　江苏　镇江　212003；2. 中国石油天然气管道工程有限公司　河北　廊坊　065000；

3. 中国船级社上海规范研究所　上海　200135）

摘要：独立液货舱支撑结构是该型船的重要构件，起到连接船体结构和液货舱/灌的作用，实现力的传递、变形的传递、热的传递等功能。本文基于当前常见的独立液货舱（单罐和双耳罐）支撑结构设计形式，分析热传递过程的作用和方式，研究环境条件的传热模拟（空气对流），分别提出适用于独立液货舱支撑结构和甲板罐支撑结构的温度场分析方法，可作为液化天然气（LNG）运输船和 LNG 燃料动力船罐体支撑结构温度场分析的参考。

关键词：独立液货舱；甲板罐；支撑结构；温度场分析

1　独立液货舱支撑结构热系统分析

1.1　独立液货船

独立型液化气体船（见图 1）在液化气体船领域具有相当大的市场份额和发展前景，具有技术难度低、安全性能好、造价低等技术优势，可以满足支线液化气的运输需求，主要为中小型液化气体船。

(a) 独立液货舱及其支撑结构　　　　　　　　　　(b) 甲板罐及其支撑结构

图 1　独立液货舱船舶

独立液货舱支撑结构是该型船的重要构件，起到连接船体结构和液货舱的作用，实现力的传递、变形的传递、热的传递等功能。支撑结构的温度场[1-3]不但决定着结构材料选择，还将影响到局部热应力分布[4]，是开展独立液货舱设计的关键之一。考虑当前常见的独立液货舱应用场景——液舱/燃料罐，考虑单体罐和双耳罐的液舱形式，模拟船舶的热传递方式，研究建立独立液货舱支撑结构温度场分析方法，可作为中小型液化天然气（LNG）运输船和 LNG 燃料动力船设计独立液货舱支撑结构的技术参考[5]。

1.2　支撑结构传热分析

独立液货舱的支撑结构处于船体和独立液货舱之间，起到力的传递和热的传递两方面作用。按照温度从高温到低温传递的规律，其"独立液货舱–支撑结构–船体"之间发生的传热过程如图 2 所示，忽略结构之间的辐射换热因素。

以支撑结构为研究对象，其主要有三个方面的传热作用：船体对支撑结构的传导换热；环境对支撑结构的对流换热；罐体对支撑结构的传导换热。

其中船体结构的温度可以采用船体温度场分析方法得到，传导换热由模型自动完成；环境对支撑结构的对流换热需要采用热分析中的对流换热边界条件，设定相应的流体温度和对流系数来实现；独立液货舱

基金项目：国家自然科学基金（51809124，5181102016）；江苏省自然科学基金（BK20170576）；江苏省高等学校自然科学研究基金（17KJB580006）；上海交通大学海洋工程国家重点实验室研究基金（1704，1807）；工信部高技术船舶科研计划项目（2017-614）

处于液货温度，可以将液货舱结构设为固定温度边界条件或者相应的液体对流换热边界条件。

抓住以上传热过程中的要点，进行独立液货舱支撑结构的温度场计算分析，可以较准确的模拟独立液货舱支撑结构传热的基本规律，得到可靠的温度场计算结果。本文将以工程实践中遇到的两型船舶的独立液货舱支撑结构为研究对象，详细开展支撑结构温度场分析方法的研究。

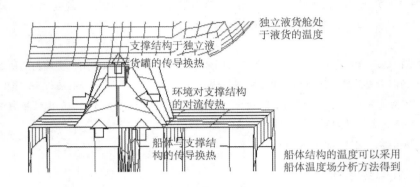

图 2　独立液货舱支撑结构热传递示意

2　独立液货舱支撑结构温度场有限元分析方法研究

2.1　结构模型化

本计算的目的是支撑结构的温度场，需建立完整的支撑结构模型。双耳液货罐和船体结构为其边界条件，考虑到传热边界条件的施加，模型纵向范围应包括支撑结构前后各 1 个强框间距，横向范围包括支撑结构全宽，垂向范围包括支撑结构全高，见图 3。

对于双耳液货罐、船体结构和支撑结构的建模方法，都是板壳结构，按照船体结构的建模方法，单元尺寸为骨材间距，单元类型为板梁模型；层压木结构起到热屏蔽的作用，模型中采用 6 面体单元进行建模。

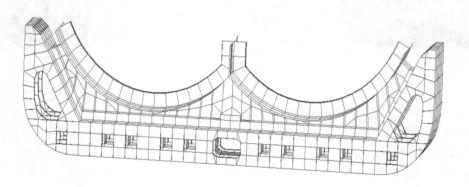

图 3　独立液货舱支撑结构温度场分析模型

2.2　温度边界条件模拟

根据以上分析，本计算中主要考虑 4 种类型的边界条件：液货舱模型的所有节点温度设为液货的温度；船体外板受到海水的对流换热；船体内部结构受到空气的对流换热；支撑结构受到空气的对流换热。

内部传导换热由程序自动实现，无需另行增加边界条件。

2.3　温度场分析结果

进行热力学分析，支撑结构的温度场分布计算结果见图 4。

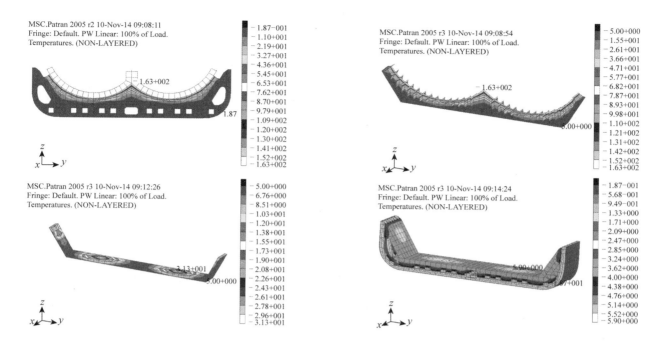

图 4　独立液货舱温度场分析结果

模型的温度场分析计算结果同前期分析情况相一致，船体结构温度场最高，通过支撑结构的热传递，液货舱的温度为液货温度。

支撑结构与液货舱接触的部位为液货的温度，在空气对流和热传导的同时作用下，支撑结构的温度迅速升高，形成较大的温度梯度，可见支撑结构起到了热屏蔽的关键作用。液货舱的温度场分布沿船宽方向对称，温度沿支撑结构形成较大的温度梯度，总体趋势呈线性变化，这与业界的经验认识相一致。有限元分析能更好的体现多种传热方式共同作用下的温度场分布特征，反映出温度场在支撑结构上的细节变化。

支撑液货舱的钢支撑结构在空气对流和热传导的作用下，温度从−163℃到−5℃迅速变化，形成较大的温度梯度，需要引起足够的重视：①可能会引起较大的热应力，对结构强度需要重点关注；②对结构钢级的影响较大，需要对材料选择进行重点关注。

层压木布置在支撑钢结构之下，其最低温度可达到−31.3℃，且距液货舱越近的部位温度越低，这与业界的常识认识相一致。有限元方法可以更好地反映温度在层压木上的分布规律，能更加形象说明热的传递特征。

船体结构与支撑结构之间发生热传导作用，由计算结果可见，船体结构的温度会有一定的降低，模型中船体结构的最低温度约为−5.9℃，随着远离支撑结构，温度迅速升高，达到环境温度。

液货舱结构的温度为液货温度，算例中为−163℃。

2.4　计算结果分析

独立液货舱的算例表明，本文采用的计算方法可靠，计算结果与业界当前的认识一致，该方法可以作为液货舱支撑结构温度场分析的计算方法。采用有限元计算方法，可以更加准确地模拟支撑结构温度场分布，反映"液货舱–支撑结构–船体"之间的温度传递规律。

从计算结果可见，支撑结构的温度场分布与其设计形式有重要关系，采用支撑结构的钢结构与罐体支撑接触，使钢结构处于较低的温度条件下，需要引起足够的重视；从温度场分布趋势来看，从简化计算的角度，也可以采用规范中的近似方法模拟结构的温度场分布。

3　甲板罐支撑结构温度场分析

3.1　结构模型化

本计算的目的是支撑结构的温度场，需建立完整的支撑结构的模型。甲板罐和船体结构为其边界条件，考虑到传热边界条件的施加，模型纵向范围应包括支撑结构前后各 1 个强框间距，横向范围包括支撑结构全宽，垂向范围包括支撑结构全高，见图 5。

对于甲板罐、船体结构和支撑结构的建模方法，都是板壳结构，按照船体结构的建模方法，单元尺寸为骨材间距，单元类型为板梁模型；层压木结构起到热屏蔽的作用，模型中采用 6 面体单元进行建模。

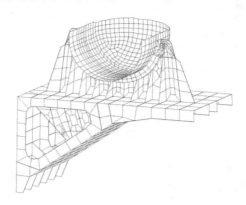

图 5　甲板罐温度场分析模型

3.2　温度边界条件模拟

根据以上分析，本计算中主要考虑 3 种类型的边界条件：

1）　甲板罐模型的所有节点温度设为液货的温度；

2）　船体结构受到空气的对流换热；

3）　支撑结构受到空气的对流换热。

内部传导换热由程序自动实现，无需另行增加边界条件。

3.3　温度场分析结果

进行热力学分析，支撑结构的温度场分布计算结果见图 6。

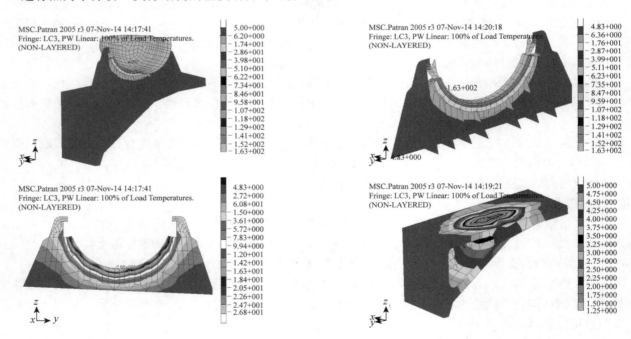

图 6　甲板罐温度场分析结果

模型的温度场分析计算结果同前期分析情况相一致，船体结构温度场最高，通过支撑结构的热传递，甲板罐的温度为液货温度。层压木起到关键热屏蔽的作用，层压木的温度变化梯度很大。

支撑结构起到重要的温度传递作用，支撑结构直接与甲板罐接触的部位温度达到-163℃，与船体结构接触的部位达到 4.83℃，接近环境温度 5℃。层压木起到热屏蔽的关键作用，层压木的温度变化梯度很大。

隐去支撑结构的层压木体单元结构，钢质支撑结构的最低温度达到-26.8℃，这与业界的经验数据相一致。支撑结构的温度部分受到肘板等局部构件的影响，但总体趋势呈线性变化，这与业界的经验认识相一致。可见有限元分析能更好地捕捉支撑结构在细节部位的温度场变化。

从局部放大云图来看，层压木起到主要热屏蔽的作用，层压木上温度变化梯度很大，肘板可以改变局部的温度场分布，提高相应位置的温度值，但影响范围和影响大小都很小。

层压木起到主要的热屏蔽作用，层压木中间的支撑钢板和层压木周围的固定钢板都将影响温度场分布，有限元分析有效地描述了该温度场分布细节。

船体结构与支撑结构之间发生热传导作用，由计算结果可见，船体结构的温度会有几度的降低，模型中船体结构的最低温度约为 1.25℃，随着远离支撑结构，温度迅速升高，达到环境温度。

甲板罐的温度为液货温度，算例中为-163℃。

3.4　结果分析

算例表明，本文采用的计算方法可靠，计算结果与业界当前认识一致，该方法可作为甲板罐支撑结构温度场分析的计算方法，可以更加准确的模拟支撑结构温度场分布，描述局部细节（如肘板、固定钢板、内部支撑钢板等）对支撑结构温度场分布的影响。

从温度场分析结果的趋势来看，与规范中采用近似方法模拟的温度分布相似，二者各有优缺点，规范体系中保留两种方法供用户选择是较为合适的：①有限元可以更加准确地模拟支撑结构的温度场分布，但需要有相应的计算工作量；②简化线性插值可以较为便捷地描述支撑结构的温度场分布趋势，但不能反映支撑结构温度场的细节变化。

4　结　语

本文建立了独立支撑结构温度场的分析方法，包括建模方法、模型范围、传热方式选择、边界条件设定等通过实船算例验证，具有可操作性。尽管支撑结构的形式多样，但其传热规律是有序可循的（遵循从船体到支撑结构再到液货舱的规律），温度场分析时可以将船体结构和液货舱作为支撑结构的热边界条件、同时也需要考虑支撑结构受到空气的对流换热影响。

算例结果表明，支撑结构的最低温度可达到-30℃左右，这与当前业界对该问题的一般认识相符，且与船舶规范中的线性插值温度分布趋势相一致，进一步验证了独立液货舱的温度场分析方法，可更加准确地模拟支撑结构的温度场分布趋势，是 LNG 运输船和 LNG 燃料动力船独立液货舱支撑结构温度场分析的技术参考。

参考文献：

[1]　章伟星，李科浚，周昊，等. 薄膜式 LNG 运输船温度场研究[J]. 天然气工业, 2005, 25(10): 110-112,16.

[2]　冯武文，周昊，赵军. 薄膜式液化天然气运输船船体温度分布的研究[J]. 造船技术, 2006(5): 17-19,16.

[3]　丁仕风，唐文勇，张圣坤. 大型液化天然气船温度场及温度应力研究[J]. 船舶工程, 2008, 30(5): 16-19.

[4]　CCS. 薄膜型液化天然气船检验指南[S]. 2015.

[5]　全国压力容器标准化技术委员会. 钢制压力容器国家标准（GB150-1998）[S]. 北京: 中国标准出版社, 1998.

波浪滑翔机位置保持控制策略研究

王　鹏，王道勇，田新亮

（上海交通大学 海洋工程国家重点实验室，上海 200240）

摘要： 波浪滑翔机是一种新型的水面无人自主航行器，由水面浮体、水下滑翔体和连接二者的脐带缆三部分组成。波浪滑翔机航行所需的能量完全由波浪能和太阳能提供，具有结构简单、成本低、理论上可实现无限续航的优点，近年来得到了广泛关注。由于波浪滑翔机在执行某些特定任务时，往往需要在海面上某一固定位置驻留。但由于波浪滑翔机在波浪中必须保持不断前进，属于欠驱动系统，对原位保持的控制技术提出了挑战。考虑到波浪滑翔机独有的结构和运动特点，本文提出了一种基于分区控制和限制圆理论的波浪滑翔机位置保持控制算法，并结合波浪滑翔机的动力学模型在不同工况下进行了数值模拟。模拟结果表明该算法可有效解决波浪滑翔机由于欠驱动性导致的定位困难的问题，实现波浪滑翔机的位置保持功能。

关键词： 波浪滑翔机；位置保持控制策略；数值模拟

21 世纪以来，海洋资源的开发成为世界范围内的研究热点，如何开发利用广阔海洋下蕴藏的丰富能源引起了人们的广泛关注。于是，各种先进的海洋勘测和开发设备应运而生。波浪滑翔机作为一种新型海洋航行器，完全依靠波浪能驱动，通过在水面浮体上安装太阳能板可以为通信、控制和数据采集提供能量，无需额外的能源，具有结构简单、成本低廉、续航能力强、清洁环保的优点。波浪滑翔机整体结构由三部分组成[1]，分别为水面浮体、水下滑翔体以及连接二者的脐带缆，如图 1 所示。

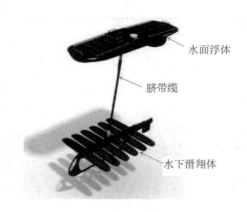

图 1　波浪滑翔机整体结构示意

波浪滑翔机作为一种无人航行器，其航向控制和路径追踪问题是人们关注的焦点。关于这一问题的研究已取得了一些进展。Liao 等[2]综合分析了波浪滑翔器的 4 种智能行为特性，基于脑基本功能联合区理论设计出波浪滑翔机的智能控制系统，并提出了一种航向控制 PD 算法。基于该控制系统，在造波水池完成了波浪滑翔机的航向控制、路径追踪试验。试验结果表明：在波浪力干扰下，波浪滑翔机仍具有较强的航向保持和航迹跟踪能力。史健等[3]针对波浪滑翔机运动控制问题，以 LPC2478 开发板为核心设计了嵌入式控制系统；基于高斯大地线算法和 PID 控制算法，设计了波浪滑翔机导航策略，实现了波浪滑翔机的视线跟踪。Liao 等[4]研究了"海洋漫步者号"波浪滑翔机的控制系统，基于一种改进的 S 面控制器设计了航向控制方法，用于补偿由于海洋环境干扰导致的舵角误差，并进行了水池试验和海上试验。试验结果表明，所设计的航向控制方法控制性能良好。Wang 等[5]讨论了具有航向信息融合的浮体自适应航向控制方法，提出了滑翔机所需航向的基本控制方法和改进后的控制方法。通过对水下滑翔体的直接航向控制，间接实现

基金项目： 国家自然科学基金（No.11632011）；工信部深水半潜式支持平台研发专项（"工信部联装函〔2016〕546 号"）

通信作者： 田新亮。E-mail：tianxinliang@sjtu.edu.cn

浮体的航向控制。仿真和海试结果表明，所提出的自适应航向控制方法显著提高了波浪滑翔机的航向控制性能。Wang 等[6]基于牛顿–欧拉方程建立了波浪滑翔机的四自由度动力学模型，考虑了水平面上的二阶波浪漫漂力和垂直方向上一阶波浪力的影响，并自行设计了 PID 控制器实现对舵角的控制。模拟结果表明，该动力学模型能够较好地描述波浪滑翔机的运动特性，且能有效实现对其航向的控制。之后，又考虑到波浪滑翔机的非线性、非时变性、欠驱动性等特性，开展了用于波浪滑翔机艏向控制的模糊自整定 PID 控制算法设计[7]，并针对其艏向控制性能与传统的 PID 控制算法进行了比较性模拟研究，验证了该控制算法的合理性与优越性。

　　针对波浪滑翔机的航向控制和路径跟踪问题，国内外学者都已进行了大量的研究；但涉及波浪滑翔机在有外界海洋环境干扰下的位置保持制导算法及性能的研究则不多见。事实上，波浪滑翔机在执行某些特定任务时，例如探测海洋鱼群或其他物种的生物分布、海底管道传感器数据采集以及军事防御任务等，往往需要在受到海洋环境干扰时在某一位置附近停留一段时间，需要对其位置保持控制策略开展研究。与此同时，由于波浪滑翔机独特的欠驱动性和弱机动性，难以像常规的海洋无人航行器一样保持较高的控制精度，因此对其位置保持功能的实现提出了挑战。本文针对此问题开展了研究，提出了一种基于分区控制和限制圆理论的位置保持制导算法。结合 Wang 等[6]提出的波浪滑翔机的动力学模型以及模糊自整定航向控制算法进行了位置保持模拟仿真，并在模拟中考虑了波浪作用的影响。模拟结果表明，所设计的位置保持制导算法能有效解决波浪滑翔机定位困难的问题，较好地实现了其位置保持的功能。

1　位置保持制导算法

　　为了使波浪滑翔机能够保持在某一固定位置附近航行，需要研究位置保持制导算法，根据目标点与当前波浪滑翔机所处位置计算期望航向，之后采用航向控制算法实现波浪滑翔机的位置保持。考虑到当波浪滑翔机靠近该位置时，期望航向会频繁变化。由于波浪滑翔机的弱机动性，其航向响应能力较弱，当期望航向在短时间内发生多次变化时无法对每一次变化都做出即时的响应，因此会导致系统的不稳定性。

　　为了解决这一问题，本文提出了基于分区控制和限制圆理论的位置保持制导算法。如图 2 所示，以位置保持点 P_d 为圆心作一个圆，该圆域称为限制圆区域。仿照坐标系象限划分方法，将限制圆划分为四个区域，分别为 I 区、II 区、III 区、IV 区。在限制圆区域内，将波浪滑翔机的期望航向 φ_d 根据其位置所在分区设置为定值，即在 I 区时的期望航向为 $-3\pi/4$，II 区为 $3\pi/4$，III 区为 $\pi/4$，IV 区为 $-\pi/4$。当波浪滑翔机在限制圆区域外时，根据其当前位置和位置保持点位置计算期望航向，再使用由王鹏[7]提出的模糊 PID 控制器根据当前航向和期望航向的差值计算所需舵角，使波浪滑翔机向位置保持点运动。当波浪滑翔机进入限制圆区域后期望航向不再发生改变；只有离开限制圆区域后，才会相应地改变期望航向。

　　该控制算法的优点在于，考虑到波浪滑翔机的弱机动性，大大地减少了它在位置保持点附近期望航向的改变次数，增加了波浪滑翔机航行稳定性，减小了不必要的能耗，从而将其运动区域限制在一定范围内，较好地实现位置保持的功能。

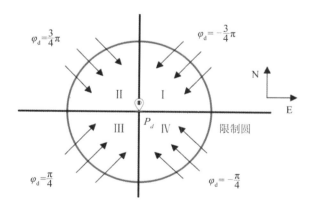

图 2　位置保持制导算法示意

2　运动模拟与讨论

2.1　模拟程序设计

基于第二小节中提出的位置保持控制算法，使用 Matlab 软件中的 Simulink 模块搭建时域模拟程序，程序逻辑如图 3 所示。根据波浪滑翔机当前位置坐标和期望位置保持点坐标计算期望航向，然后使用模糊 PID 控制器根据期望航向和当前实际航向计算所需舵角，实现波浪滑翔机的航向控制。当波浪滑翔机进入限制圆范围后，根据第二小节中提出的理论，依据其所在分区设定期望航向，使其运动区域大致保持在限制圆范围内，从而实现波浪滑翔机的位置保持。

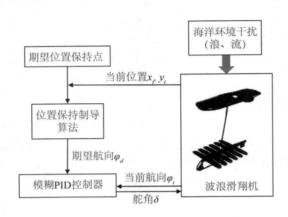

图 3　位置保持制导算法程序逻辑

2.2　模拟工况设计

波浪滑翔机的运动性能与海洋环境参数关系密切，包括海浪的有义波高、谱峰周期等。一般说来，波浪滑翔机所遭受波浪的有义波高越大，其获取的波浪能越多，航行速度越快，对其航向的控制也更为困难。因此，有必要研究所设计的位置保持算法在不同海况下的稳定性。表 1 给出了本文所选取的两种波浪参数。此外，还研究了限制圆的半径对于波浪滑翔机位置保持性能的影响，分别模拟了限制圆的半径在 5 m 和 10 m 时波浪滑翔机的运动轨迹，如表 1 所示。图 4 给出了工况 1 和工况 3 的海浪仿真图。

表 1　模拟所用的波浪参数及限制圆半径

工况	有义波高 H_s/m	谱峰周期 T_p/（rad·s^{-1}）	限制圆半径 r/m
1	0.8	1.0	5
2	0.8	1.0	10
3	1.5	0.84	10

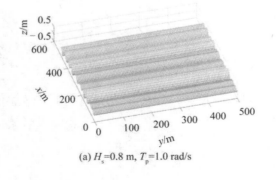

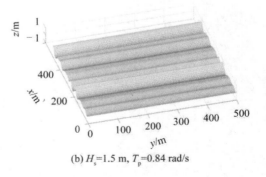

(a) H_s=0.8 m, T_p=1.0 rad/s　　　　　　　　(b) H_s=1.5 m, T_p=0.84 rad/s

图 4　工况 1 和工况 3 的海浪仿真

2.3　模拟结果与讨论

图 5 和图 6 分别给出了三种工况下波浪滑翔机的运动轨迹和舵角变化时历的模拟结果。图 5 中，黑色

实线代表波浪滑翔机的轨迹曲线，实线代表以期望位置保持点为圆心的限制圆轮廓。由于波浪滑翔机的弱机动性，在期望航向改变时往往无法实现即时的转向，而是在继续航行一定距离后才能成功转向，因此会出现运动轨迹超出限制圆区域的情况。图中使用虚线代表波浪滑翔机实际运动轨迹的最小包络圆。

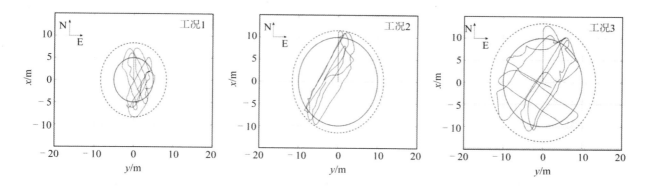

图 5   三种工况下波浪滑翔机的运动轨迹

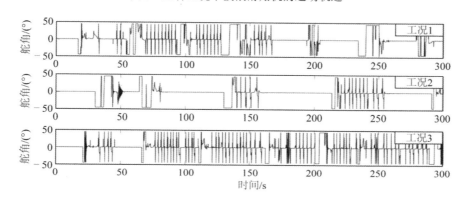

图 6   三种工况下波浪滑翔机的舵角变化时历

比较图 5 中波浪滑翔机在工况 1 和工况 2 下的运动轨迹可以发现，在相同的海况下，较大的限制圆其半径与包络线半径的差值更小。在工况 1 中，包络圆半径为 8.4 m，与限制圆半径差值为 3.4 m；工况 2 中，包络圆的半径为 11.6 m，与限制圆半径差值为 1.6 m。由此可知，限制圆半径越大，波浪滑翔机在限制圆区域的位置保持性能越好；但对于某一期望位置保持点来说，较小的限制圆保证了较好的位置保持性能。但从图 6 中可以看到，在模拟时域内工况 1 中波浪滑翔机的舵角变化次数明显多于工况 2，这意味着在位置保持的过程中将耗费更多的电能，这在实际应用中可能会导致不利的结果。因此，限制圆半径的取值应考虑实际工程的需要，在位置保持精度和能源耗费之间取得适当的平衡。

比较图 5 中波浪滑翔机在工况 2 和工况 3 下的运动轨迹可以发现，在限制圆半径相同时，波浪参数对于波浪滑翔机的位置保持性能有显著影响。在较大的波浪下，包络圆的半径更大，即波浪滑翔机更难以回到限制圆区域，位置保持性能有所下降。并且从图 6 中可以看出，工况 3 下的波浪滑翔机打舵次数也明显多于工况 2，说明在较大波浪中实现位置保持所耗费的能量更多。但总体来说，波浪滑翔机仍位于限制圆附近不远的区域内，证明所设计的位置保持算法稳定性较好。

3   结   语

本文提出了一种基于分区控制和限制圆理论的波浪滑翔机位置保持控制算法，并结合波浪滑翔机的动力学模型在不同工况下进行数值模拟，得出以下结论：

1）所提出的位置保持算法可将波浪滑翔机的运动区域限定在一定范围内，解决了其由于欠驱动性导致的定位困难问题，较好地实现了波浪滑翔机的位置保持功能；

2）较小的限制圆半径可提高波浪滑翔机位置保持的精度，但也会导致舵角频繁变化而耗费更多能源，因此限制圆半径应根据具体工程应用来确定，以取得位置保持精度和能源耗费之间的适当平衡；

　　3）波浪参数对波浪滑翔机的位置保持性能影响显著，有义波高较大的波浪会降低其位置保持的精度，并增加位置保持过程中的电能损耗。但总体来说，所设计的算法在波浪较大时仍然能较好地提高波浪滑翔机位置保持的性能。

参考文献：

[1]　廖煜雷，李晔，刘涛，等. 波浪滑翔器技术的回顾与展望[J]. 哈尔滨工程大学学报, 2016, 37(9): 1227-1236.

[2]　LIAO Y, WANG L, LI Y, et al. The intelligent control system and experiments for an unmanned wave glider[J]. PLoS ONE, 2016, 11(12): e0168792.

[3]　史健，龚威，齐占峰，等. 基于多传感器的波浪能滑翔器导航策略研究[J]. 传感器与微系统, 2014, 33(6): 23-26, 30.

[4]　LIAO Y L, LI Y M, WANG L F, ET AL. Heading control method and experiments for an unmanned wave glider[J]. Journal of Central South University, 2017, 24(11): 2504-2512.

[5]　WANG, L F, LI Y, LIAO Y L, ET AL. Adaptive heading control of unmanned wave glider with heading information fusion [J]. Control Engineering Practice, 2019, 85: 216-224.

[6]　WANG P, TIAN X L, LU W Y, ET AL. Dynamic modeling and simulations of the wave glider[J]. Applied Mathematical Modelling, 2019, 66: 77-96.

[7]　王鹏. 波浪滑翔机运动与控制研究[D]. 上海: 上海交通大学, 2019.

AUV 系统在深水油气井位优选中的应用

罗小桥 [1,2]，杨肖迪 [1,2]，张宁馨 [1,2]，徐　爽 [1,2]

（1. 中国石油集团工程技术研究有限公司，天津 300451；2. 中国石油天然气集团海洋工程重点实验室，天津 300451）

摘要： 使用水下机器人（AUV）系统搭载 Kongsberg EM 2040 多波束系统、Edgetech 2200 型侧扫声呐及浅地层剖面仪等设备在南海北部大陆坡海域进行了高分辨率的井位调查，获取了工区详细的水深、地形地貌及浅层地层的调查数据。结果显示，AUV 测量数据分辨率高，数据质量好，噪声小。

关键词： AUV 系统；深水油气；井场调查；地形地貌；南海陆坡

国际石油界早已形成共识：海洋油气特别是深海油气将是未来世界油气资源接替的重要来源[1]。深水油气开发多使用半潜式钻井作业平台，平台就位之前需要对目标井场进行高精度调查，查明作业海区水深及海底地形地貌特征，探明作业海区对钻井作业就位有影响的海底障碍物、海底岩石或砾石露头，已有海底电缆、管线和海底金属物体的分布和具体位置；评估井场区域的地形地貌和浅部地层中可能存在的浅层气、断层、塌陷和埋藏古河道等地质灾害，优选钻井井位，确保平台安全就位[2]。

水下机器人（AUV）系统可以搭载多波束、浅地层剖面仪和侧扫声呐，利用声学技术对海底和地层地质情况进行等高或等深模式的连续测量，具有高精度、高效率的特点，因此在国际深水油气开发井位优选中广泛使用[3]。本文以南海深水井场调查为例，通过对 AUV 系统作业的过程、方法、成果的探讨，总结 AUV 系统调查的经验，以提高对深水调查作业的认识。

1 AUV 系统的组成及工作原理

AUV 系统作为搭载平台，可集成的传感器主要包括：避碰声呐、深度传感器、姿态传感器、导航系统、应急自救系统、水面和水下通信设备以及甲板控制系统。

1.1 水面导航定位系统

水面导航定位系统由全球卫星定位系统（GPS）、行星定位差分全球定位系统（Starfix DGPS 系统）、Starfix 综合导航软件等部分组成。为确保调查船作业坐标准确，使用先进的 DGPS 定位设备，并保证岸台与船台连续提供和接收信号。导航定位连续工作、实时定位。导航系统储存多要素的资料、实时显示，供资料订正及处理使用，保证达到精度要求。

1.2 GAPS 水下声学定位系统

AUV 的水下声学定位系统使用便携式超短基线声学定位惯性导航系统（GAPS），它将高精度光纤陀螺惯性导航技术与水下声学定位结合在一起，并融入了 GPS 测量技术，系统可以同时追踪多个水下目标，这使得多用途的 GAPS 系统能最大限度的满足海面和水下定位及导航的要求[2]。

由于 GAPS 系统内置有一个高精度的光纤陀螺惯性导航装置，母船的方位、纵摇、横摇、升沉等姿态数据均有一体化的 GAPS 系统提供，各传感器之间的相对偏移量在出厂前已进行内部标定并固化在系统的内部程序中；因此，系统在现场无需进行标定。若刚性安装架的结构稳定，GAPS 系统还可以当做母船的罗经运动传感器，提供母船的方位、纵摇、横摇以及升沉数据。

1.3 多波束水深测量

Kongsberg EM 2040 多波束测深系统进行水深测量，系统由处理器单元、水下声呐发射阵和接收阵组成，其工作频率为 200~400 kHz。发射频率为 50 Hz，覆盖角为 140°，波束宽度为 1.5×0.75°；使用 AUV 上搭载的光纤罗经运动传感器对所有采集数据进行位置、艏向、纵摇和横摇补偿。

1.4 浅地层剖面调查

Edgetech 2200 型浅地层剖面仪系统进行浅地层剖面调查，该系统是一种高分辨率宽带调频（FM）浅地层剖面仪系统。系统发射一个线性扫频调制的脉冲，声反射信号由水听器线列阵接收，通过脉冲压缩滤波，由此获得海底浅层的高分辨率地层图像。作业频率为 2~16 kHz，发射频率为 3 Hz，脉冲长度为 5~20 ms，记录长度为 150 ms。

1.5　地貌调查

Edgetech 2200 侧扫声呐进行地貌调查，该侧扫声呐可以同时发射 2 种频率的线性调频脉冲。脉冲信号以一定间隔发射，通过数－模转换器（DAC）产生模拟信号。这些经过线性调频的信号通过功率放大器，从宽带换能器中发射出去。另一方面，接收到的声学反射信号又送回到数字信号处理器进行匹配滤波处理。作业频率为 75 kHz /410 kHz，发射频率为 2 Hz/10 Hz，脉冲长度为 14 ms/50 ms，扫描宽度为单侧 150 m。

AUV 系统能在水下等深或等高模式下实现全自动探测。AUV 系统可以贴近要观测的对象，以设定高度进行海底追踪，能够获取海底厘米级的微地形地貌探测数据。调查船到达工区，进行声速剖面测量，并将声速剖面测量结果导入 GAPS 声学定位系统。AUV 系统潜入水下 25 m 左右，测试通信系统是否正常。若无问题，发指令给 AUV 系统下潜。AUV 系统入水后、下潜前，启动控制室所有软件，确认所有传感器及搭载的声学系统（多波束、声呐、CTD 等）能正常工作。AUV 系统下潜到预定海底高度，进行 DVL 校准，如图 1 所示。

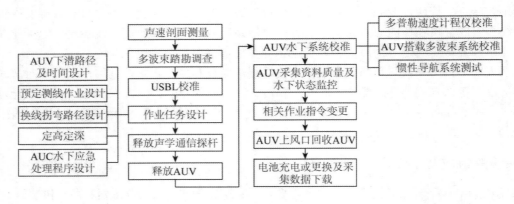

图 1　AUV 系统作业流程

所有设备均测试、校准完毕，且运行、数据通信良好后，AUV 系统便能实现完全自治的数据采集工作，所有通信、声呐、导航工作均由水下控制计算机完成；也可通过母船上的控制计算机随时传输新的指令给 AUV 系统的水下控制计算机，并在母船上监视 AUV 系统的水下状态；待 AUV 系统剩余电量小于15%时，根据天气情况准备回收 AUV；下载 AUV 数据，为 AUV 电池充电；数据下载并完成充电后，继续释放 AUV，重复以上步骤，直至完成所有测线作业。

2　调查实例

2.1　地质构造背景

南海北部陆缘盆地为西太平洋边缘沟－弧－盆体系的一部分，大致可以划分为两大地质演化阶段，即经历了由板内裂陷到边缘坳陷的演化。古生代晚期至中生代早期，印支－巽他古陆区和南海北部边缘与古特提斯海相通。中侏罗世至早白垩世早期，特提斯海封闭并向西收缩，太平洋板块向北驱动，促使库拉板块俯冲消亡于东亚大陆的东南侧，并导致大陆抬升，在东亚东南边缘发育巨型岩浆－火山岩带，从而在东南亚地区形成了安第斯型边缘。

在陆架和上陆坡之间的坡折线附近，由于地质构造、地貌类型和海底水动力条件比较复杂，滑坡体、流动沙波、大型侵蚀沟群、海底陡坎等各种不稳定地貌类型相当发育，是海底工程地质构造极不稳定的地区。本次井场周围水深约 1 300 m，位于南海北部陆缘，珠江口盆地珠二坳陷白云凹陷南侧，处在陆架到深海的陆坡位置，其南与南部神狐——一统暗沙隆起区相接，水深 900~1 500 m；海底地形总体呈东北高、西南低的斜坡形态，如图 2 所示。

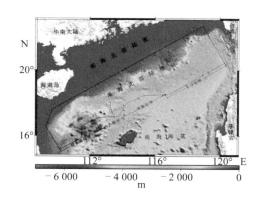

图 2　南海北部陆坡

2.2　数据处理与结果

2.2.1　定位数据处理

导航定位采用 DGPS 定位系统结合 GAPS 声学定位系统。DGPS 定位系统定位误差不超过±1.5 m，定位误差的主要来源为 GAPS 声学定位系统。在调查之前，对 GAPS 水下声学定位系统进行了严格的校准。综合系统定位的精度为±5 m。

AUV 除惯性测量部件外，还配备了 PHINS 系统，可运行一套基于卡尔曼滤波算法的自洽性导航算法。该算法联合多种外部传感器，精度大大高于常规导航方法。AUV 惯性导航系统的定位误差随航行距离而增大，积累量约为每次潜水后航行里程的 0.1%。长时间航行后，GAPS 声学定位系统会对其修正，并将定位数据实时融入采集的数据中。

2.2.2　多波束数据处理

AUV 搭载的 EM2040 多波束测深系统已融合位置、深度、姿态的数据。AUV 的深度在采集过程中从自身携带的压力传感器中获得。对于测深数据的潮位校正，将采用预报的潮位数据来完成水深图的订正和编制。用 Caris Hips and Sips 程序来处理最终的测深数据，测深数据处理的主要流程如下：

1）潮汐数据校正；
2）剔除导航和姿态数据的跳点和坏点；
3）去噪处理和编辑多波束水深数据；
4）建立数字地形模型；
5）输出最终结果。

对现场调查所取得的水深数据进行潮位订正、高程订正，以获得以海图基准面为基准的作业区水深数据。使用 AUV 采集的水深数据精度为±0.5%，处理后的多波束数据网格是 1.5 m×1.5 m。平均而言，发射波束抵达海底的间隔约为 1.5 m，相邻两个波束之间的距离约为 2.7 m。

2.2.3　侧扫声呐数据处理

海底地貌数据以 JSF 格式存储于 AUV 内置硬盘中。数据下载后，使用转化软件将记录的侧扫声呐数据转化为 XTF 格式。每条测线生成一个单独的包含定位数据的文件，使用 SonarWiz 5 软件对侧扫声呐数据进行处理。在 SonarWiz 5 软件中可以对每条测线进行质量控制和解释，生成 TIF 格式的地貌镶嵌图，输入到 AutoCAD 软件中并进行坐标配准；也可以将生成的 TIF 格式的地貌镶嵌图输入到 SMT 工作站中。最终，将海底地貌解释成果与地貌镶嵌图叠加到 AutoCAD 文件中。

地貌数据处理的主要流程如下：

1）回放数据，调节时变增益、灰度及对比度等；
2）海底跟踪调整：回放数据时检查海底跟踪情况，必要时进行人工干预；平滑航迹线；
3）斜距改正：根据实测或调整的拖鱼距离海底的垂直高度进行斜距改正，根据要求设置投影系统、图像分辨率等，使目标物清晰；
4）生成声呐镶嵌图：把调查区内所有的声呐图像依照其地理坐标相拼接，构成一幅完整的镶嵌图。

AUV 调查中的地貌数据质量良好，工作频率为低频 75 kHz 和高频 410 kHz，单侧扫宽为 150 m，AUV 距离海底高度 40 m 左右，保证相邻测线达到 100% 覆盖。

2.2.4 浅地层剖面处理

浅地层剖面数据以 JSF 格式存储于 AUV 内置硬盘中。数据下载后，使用转化软件将数据转化为 SEG-Y 格式。转化完成之后，使用航迹处理方法将 SEG-Y 文件中的航迹点进行平滑处理。处理后，将 SEG-Y 文件导入 SMT 工作站中用于解释。

在地层剖面上，经判读后划出声学反射界面，区分灾害地质类型，对声学反射界面进行量读，对灾害地质的类型、分布范围进行圈定，并读出它们的深度和方向。

圈闭各地层界面的标高和埋藏深度，确定各单元层厚度，推断各单元地层地质类型及其横向变化和工程地质特征，描述并评价可能存在的海底及海底以下各种灾害地质的类型、特征以及其对工程的影响。绘出各反射界面的等厚度图，地质剖面图，剖面纵视图及灾害地质类型图。

AUV 搭载浅地层剖面仪，采集的数据分辨率高，数据质量良好，有较小的噪声，AUV 采集的浅地层剖面数据中垂向分辨率小于 1.0 m。

2.3　结果分析

2.3.1　滑坡

南海北部陆缘局部区域由于坡度较陡，小型滑塌所在区域坡度为 7°~13°，这些区域属于海底不稳定区域。根据现有水深地形、地貌及浅地层剖面资料，这些区域曾经发生过块体搬运沉积，且有可能再次发生。小型滑塌 S1a 和 S1b，S1a 面积大约为 250 m×100 m，S1b 面积大约为 100 m×50 m。根据浅底层剖面及水深地形数据，小型滑塌的深度约为 0.8 m。分析推测沉积物的滑动方向为沿坡度较大的西南方向（约 200°），该处小型滑塌附近的海底坡度为 7°~11°，如图 3 和图 4 所示。

小型滑塌 S2 位于井场调查区域的西部，S2 面积大约为 250 m×300 m。根据浅底层剖面，小型滑塌的深度约为 1 m。分析推测该处沉积物的滑动方向为沿坡度较大的东向（约 90°）。根据坡度图，该处小型滑塌附近的海底坡度为 8°~12°，如图 5 和图 6 所示。

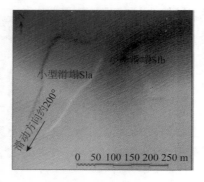

图 3　小型滑坡体多波束

图 4　小型滑坡体声呐

图 5　小型滑坡体多波束

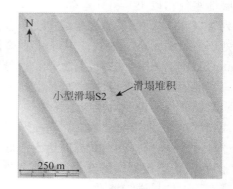

图 6　小型滑坡体声呐

2.3.2　浅层气识别

调查区高压和低温环境有利于天然气水合物的形成。天然气水合物的基底稳定区为阻止游离的气体在垂向上迁移而充当了屏障，导致游离气体在基底稳定区底部的集聚。在全球多处海区中，基底稳定区预示着似海底反射（BSR）。BSR 通常表现为中等到强的振幅，显示为负极性，且反射层位与海底平行并切断正常沉积的反射层；下方地层出现较弱振幅或振幅空白带，可能反映的是水合物稳定带和下方游离气的界面。BSR 主要标志着固态的甲烷天然气水合物（上，相对阻抗较高）和游离气体（下）的分界线，尽管它们的体积可能并不大，如图 7 所示。

天然气水合物类似于冰，为水和气的混合物，其中天然气分子被水分子的氢键框架包围。该物质能容纳沉积物 6 倍体积的天然气，仅在一定温度和压力条件下稳定。鉴于天然气水合物对稳定和压强敏感，在该处的钻井活动等产生的温度升高和压强减小可能会造成水合物分解，从而造成大量的气体释放。虽然天然气水合物与 BSR 并不具有一一对应的关系，但是 BSR 仍然是目前识别海洋天然气水合物最有效的地球物理标志。根据 BSR 的地震反射特征，在地震剖面上很多区域显示空白或弱反射，这些特征可能跟 BSR 或地层中含气有关。

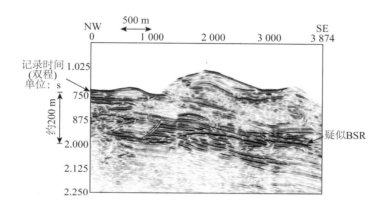

图 7　浅层气反射同相轴

2.3.3　海底冲沟

调查区域西北部发现 1 处海底冲沟区痕迹，冲沟宽为 0.6~6.0 m，深度为 0.4~0.9 m，冲沟近似 NNW–SSE 走向。海底冲沟区 1 往南呈收敛状，冲沟数量减少，冲沟宽度变窄，深度变浅，如图 8 和图 9 所示。

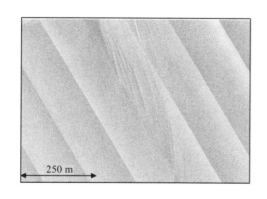

图 8　海底冲沟多波束

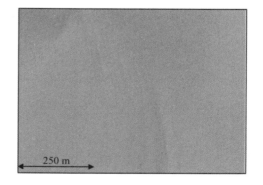

图 9　海底冲沟声呐

3　结　语

AUV 系统井场调查是探查、评估海底地形、浅层地质灾害的最直接有效的途径，高精度的地形地层数据是深水半潜式平台就位和优选井位的关键。通过本文研究得出几点认识。

1）AUV 系统是提高深水井场的海底精密地貌测量、海底障碍物探索、浅地层结构探测的综合调查技术，地形及浅地层数据的精度高，测量的作业效率也高。

2）可以考虑在AUV系统上集成海洋磁力测量设备，提高埋深金属物、障碍物空间分布情况的探测准确度。

3）考虑到设备安全，选择风浪在4级以下的海洋工况条件下作业，有利于布放和回收工作；并且AUV的航速不要超过4节，尤其是在流速大于3节以上的海底，保证测量数据的精度。

参考文献：

[1] 马伟锋, 胡震. AUV的研究现状与发展趋势[J]. 火力与指挥控制, 2008, 33 (6): 10-13.

[2] 李硕, 燕奎臣, 李一平, 等. 6000米AUV深海试验研究[J]. 海洋工程. 2007, 25(4): 1-6.

[3] 汤民强, 毕永良. 深海路由勘察中深拖与AUV的技术对比[J]. 海洋测绘. 2008, 28(6): 79-82.

基于喷水推进的水下清污机器人设计与轨迹跟踪

薛乃耀，王冬姣，叶家玮，刘　鲲

（华南理工大学，广东 广州 510000）

摘要：本文设计了一种新型水下清污机器人系统进行导管架平台清污作业，从而降低人员工作强度、提高工作效率。该机器人采用双抱臂结构作为工作定位系统，以解决传统真空吸附易失效的问题。利用清污作业的高压水射流用于喷水推进系统，降低了传统水下机器人的高压输电要求。在考虑水下机器人的非线性水动力分析结果基础上，建立了该系统的运动分析计算模型，并基于模型反馈线性化，分别建立了 PID 和 LQR 控制策略下的位姿控制系统。通过数值模拟分析了在海流作用条件下，无推力约束条件、有推力约束条件以及系统建模误差下，两种控制器的控制效果。结果表明相比传统 PID 控制器，反馈线性化 LQR 控制器能更好地实现控制目标。

关键词：ROV；喷水推进；运动控制；推力分配

海洋结构物上的海生附着物会产生腐蚀作用，海生物还会导致导管架等结构杆件直径增大和表面粗糙度增加，从而引起波浪和海流作用在导管架上的外载荷增加，这些额外载荷威胁油气平台的安全。相比于潜水员携带作业装备清洗的方式，作业型水下机器人（ROV）可以更好地在导管架平台等大深度和危险的环境中完成高强度、大负荷的作业，且水下工作时间长、操作方便。2015 年，王英飞[1]设计了采用三指磁吸附方式的导管架生物清洗机器人，分析了其吸附能力并校核了吸附机构强度，采用 ADAMS 分析了五自由度喷枪机构的运动和轨迹。2016 年，于丹丹[2]设计了采用压差吸附方式的水下钢结构清洗机器人，该机器人采用弧形板夹持机构辅助吸附，并具有两个四自由度清洗机械臂。同年，张建新等[3]设计了磁吸附步行式的水下清洗机器人，并对机器人在导管架平台上运动的步态进行仿真研究。

传统清污机器人多采用履带式以及真空吸附和磁吸附方式，在腐蚀污损的导管表面容易失效。因此，本文设计的清污机器人在顶部加入一双抱臂。该抱臂采用指关节结构，在清洗作业过程中，抱臂将会抱紧导管，为机械臂作业提供稳定工作环境。同时，考虑到 ROV 高压泵供水进行清污作业，且作业系统与推进系统不需要同时工作，可避免多个固定螺旋桨推进的形式，将高压水流用于喷水推进系统，降低高压电传输的要求，实现水下机器人系统的简化。

本文设计的水下机器人本体框架尺寸为 1.2 m×1 m×1 m，内部包括液压传动系统、水压–液压转换系统、控制阀和机箱。为保证能够灵活作业，采用 6 自由度机械臂搭载空化射流喷枪。通过水声定位系统，岸站和机载计算机可以得到 ROV 的位置等状态信息。在航行至目标位置附近后，ROV 通过定位系统和运动控制系统调整自身位姿，并张开抱臂夹紧导管，进行清洗作业。在抱臂开闭的过程中，ROV 需要保持自身位姿的准确，以免夹持失败或碰撞导管。

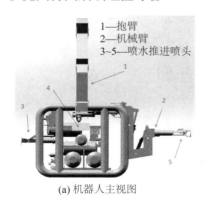

1—抱臂
2—机械臂
3~5—喷水推进喷头

(a) 机器人主视图　　　　　　　　(b) 机器人作业视图

图 1　抱臂水下机器人示意

1　水下机器人建模

1.1　水下清污机器人运动模型建立

在对 ROV 的运动建模中，可以把地面坐标系视为惯性坐标系。地面坐标系 $\{n\}=\left\{\overrightarrow{x_n},\overrightarrow{y_n},\overrightarrow{z_n}\right\}$ 的原点 o_n 可以选取海面或海中的任意一点，$\overrightarrow{x_n}$ 轴指向地理正北，$\overrightarrow{y_n}$ 轴指向地理正东，$\overrightarrow{z_n}$ 轴指向地心。同时，描述 ROV 的运动需要使用载体坐标系 $\{b\}=\left\{\overrightarrow{x_b},\overrightarrow{y_b},\overrightarrow{z_b}\right\}$。载体坐标系固连在 ROV 本体上，$\overrightarrow{x_b}$ 轴与 ROV 纵轴重合，$x_bo_bz_b$ 平面与 ROV 中纵面重合。对于矢量推进装置，设置推进器坐标系 $\{p\}=\left\{\overrightarrow{x_p},\overrightarrow{y_p},\overrightarrow{z_p}\right\}$，其与随体坐标系无相对转动，原点 $o_p=\{x_p,y_p,z_p\}$ 为推力作用点。考虑到 ROV 定位信标的安装位置，需要把声呐信标位置作为运动坐标系原点，假定运动坐标系与 ROV 重心不重合，$o_g=\{x_g,y_g,z_g\}$，此外，ROV 的浮心坐标为 $o_b=\{x_b,y_b,z_b\}$。根据 Fossen[4]推导的矩阵形式动力学方程，分离海流加速度的影响，可以得到 6 自由度水下机器人运动学和动力学方程如下：

$$\begin{cases}\dot{\eta}=J(\eta)v\\(M_{RB}+M_A)\dot{v}+C_{RB}(v)v+g(\eta)+C_A(v_r)v_r+D(v_r)v_r-M_A\dot{v}_c=\tau\end{cases}\tag{1}$$

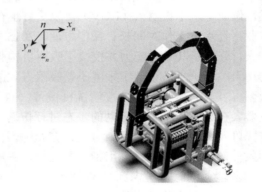

图 2　大地坐标系和随体坐标系示意

式中：$\dot{\eta}=[x,y,z,\phi,\theta,\psi]^T$ 及 $v=[u,v,w,p,q,r]^T$ 分别为 6 自由度运动的位姿矢量和速度矢量，$v_r=v-v_c$ 为随体坐标系下的相对速度，v_c 为随体坐标系下的海流速度。$J(\eta)$ 为随体坐标系到大地坐标系的转换矩阵，M_{RB} 为 ROV 惯性矩阵，M_A 为附加质量矩阵，$C_{RB}(v)v$ 为刚体科氏力，$g(\eta)$ 表示重力和浮力作用，$C_A(v_r)v_r$ 及 $D(v_r)v_r$ 为与速度相关的水动力，$-M_A\dot{v}_c$ 为海流加速度产生的水动力，τ 为推进系统输出的控制力。

本文设计的 ROV 的附加质量可通过 ANSYS-AQWA 计算得到。由于与速度相关的水动力计算周期长，获取困难，且在 ROV 位姿控制中需要考虑 6 自由度影响，本文参考了 Ramirezmacias 等[5]对开架式 ROV 的水动力计算数据和模型辨识的结果。

$$C_A(v_r)v_r+D(v_r)v_r=[X,Y,Z,K,M,N]^T\tag{2}$$

其中，

$$X=\left(X_{u|u|}|u|+X_{u|v|}|v|+X_{u|w|}|w|+X_{u|r|}|r|\right)u+X_{vr}vr\tag{3}$$

$$Y=\left(Y_{|u|v}|u|+Y_{v|v|}|v|+Y_{v|w|}|w|+Y_{v|r|}|r|\right)v+Y_{u|r|}u|r|\tag{4}$$

$$Z=\left(Z_{|u|w}|u|+Z_{|v|w}|v|+Z_{w|w|}|w|\right)w\tag{5}$$

$$K=K_pp+K_{p|p|}p|p|+\left(K_{vw}w+K_{v|w|}|w|\right)w\tag{6}$$

$$M = M_q q + M_{q|q|} q|q| + \left(M_{|u|w}|u| + M_{w|w|}|w|\right)w + M_{v|w|}v|w| +$$
$$M_{ab1}\left(u^2 - w^2\right)uw|\sin(\alpha/2)| + M_{ab2}|uw^2|\text{sign}(uw) \tag{7}$$

$$N = N_r r + N_{r|r|}|r|r + \left(N_{|u|v}|u| + N_{v|v|}|v| + N_{v|w|}|w| + N_{vr}r\right)v +$$
$$N_{ab1}\left(u^2 - v^2\right)uv|\sin(\beta/2)| + N_{ab2}|uv^2|\text{sign}(uv) + N_{|ur|}|ur|\text{sign}(ur) \tag{8}$$

上述水动阻尼可拆分为线性阻尼和非线性阻尼部分，以用于运动控制器设计。

$$C_A(v_r)v_r + D(v_r)v_r = D_L v - D_L v_c + D_n(v_r) \tag{9}$$

1.2　基于反馈线性化的最优运动控制器设计

水下清污机器人在导管架平台附近的作业，需要靠近导管结构，环境复杂，传统的 PID 控制方式对推进器推力输出要求较高，具有明显的超调现象，容易与平台的导管结构发生碰撞，损坏水下机器人。因而，本文基于反馈线性化方法，设计了最优控制方法，以达到无超调渐近跟踪。

根据 Fernandes 等[6]的推导，ROV 的运动和动力学方程可以写成以下线性时不变状态方程形式：

$$\begin{cases} \dot{z} = Az + B(c + \tau) \\ y = Cz \end{cases} \tag{10}$$

式中：$z = \left[\eta^T, v^T\right]^T$ 为状态向量，矩阵 A、B、C 分别为

$$A = \begin{bmatrix} 0 & I_{6\times6} \\ 0 & -(M_{RB} + M_A)^{-1} D_L \end{bmatrix} \tag{11}$$

$$B = \begin{bmatrix} 0 & 0 \\ 0 & -(M_{RB} + M_A)^{-1} \end{bmatrix}, \quad C = I_{12\times12} \tag{12}$$

c 为通过反馈线性化补偿的扰动力，使得

$$Bc = \begin{bmatrix} 0 \\ M_A \dot{v}_c + D_L v_c - D_n(v_r) - C_{RB}(v)v - g(\eta) \end{bmatrix} \tag{13}$$

补偿后得到线性时不变状态方程

$$\begin{cases} \dot{z} = Az + B\tau \\ y = Cz \end{cases} \tag{14}$$

在此基础上，Fernandes 设计了 MIMO PID 控制器以实现 ROV 的跟踪控制。对于位姿控制问题，根据 Fernandes 和 Donha[7]的研究结果，有最优控制满足

$$J = \lim_{T\to\infty} \int_0^T \left(z^T Q z + u^T R u\right) dt \tag{15}$$

控制律为

$$u = -Gx, \quad G = R^{-1} B^T z_\infty \tag{16}$$

z_∞ 满足代数黎卡提方程

$$A^T z_\infty + z_\infty A - z_\infty B R^{-1} B^T z_\infty + Q = 0 \tag{17}$$

2　运动控制系统仿真模型的建立

在 Matlab Simulink 中对 ROV 系统建立运动仿真系统如下：

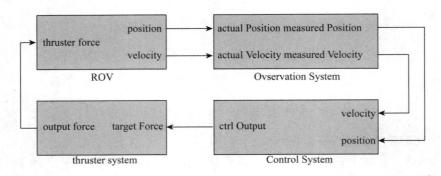

图 3　清污机器人 Simulink 仿真框图

仿真系统中输入的数据是在机器人样机的设计参数和已有数据的基础上，参考已有文献选择。其中 ROV 质量为 598 kg，重心位置为 $r_g = [0, 0, 0.5]^T$，浮心位置由 AQWA 得到，$r_b = [0, 0, 0.3662]^T$，推进器的坐标分别为 $o_{p1} = [-0.6, 0, 0.5]^T$，$o_{p2} = [0.6, 0, 0.4]^T$，$o_{p3} = [0, 0.5, 0]^T$，$o_{p4} = [0, -0.5, 0]^T$。对重心的惯性矩 $I_g = \text{diag}(202.391, 207.586, 110.867)$，ROV 的附加质量通过 AQWA 求得，结果如表 1 所示。与速度相关的水动力参考 Ramirezmacias 等对开架式 ROV 的数值仿真结果选取，数据如表 2 所示。一般认为海流为定常无旋流，仿真中设定海流速度为 0.35 m/s，在大地坐标系中与 $\overrightarrow{x_n}$ 成 45°夹角。

表 1　ROV 附加质量

方向	X	Y	Z	K	M	N
X	401.46	1.609 2	9.939 4	−0.227 49	−25.521	1.300 7
Y	1.726 4	1036.7	−0.166 81	256.16	−0.259 44	20.216
Z	9.774 1	−0.714 96	347.1	2.607 6	−9.869	0.908 16
K	−0.202 7	256.52	2.897 1	148.31	0.447 54	5.697 6
M	−25.457	−0.227 8	−9.901 5	0.443 89	116.05	0.768 51
N	1.215 9	20.235	0.870 15	5.687 3	0.781 48	109.3

表 2　ROV 与速度相关的水动力导数

$X_{u|u|}$	$X_{u|v|}$	$X_{u|w|}$	X_{vr}	$X_{u|r|}$	$Y_{|u|v}$	$Y_{v|v|}$	$Y_{v|w|}$	$Y_{u|r|}$
905.953	268.44	425.641	47.668	976.017	836.821	976.068	311.164	144.462

$Y_{v|r|}$	$Z_{|u|w}$	$Z_{|v|w}$	$Z_{w|w|}$	K_p	$K_{p|p|}$	K_{vw}	$K_{v|w|}$	M_q
1116.5	972.1	591.942	1197.2	4.8618	19.0702	48.195	10.8498	11.7825

$M_{q|q|}$	$M_{|u|w}$	$M_{w|w|}$	$M_{v|w|}$	M_{ab1}	M_{ab2}	N_r	$N_{r|r|}$	$N_{|u|v}$
19.3249	23.3427	32.9553	7.2802	-72.0396	129.8021	22.0505	13.1596	3.9292

$N_{v|v|}$	$N_{v|w|}$	N_{ab1}	N_{ab2}	N_{vr}	$N_{|ur|}$			
43.4842	25.4253	61.0599	74.7115	48.7493	13.8626			

整定 PID 控制参数分别为

$$\boldsymbol{K}_p = \begin{bmatrix} 1\,000, 2\,000, 10\,000, 4\,800, 4\,500, 4\,800 \end{bmatrix}$$

$$\boldsymbol{K}_I = \begin{bmatrix} 300, 300, 300, 800, 1\,000, 1\,500 \end{bmatrix}$$

$$\boldsymbol{K}_d = \begin{bmatrix} 800, 1\,200, 800, 500, 1\,500, 500 \end{bmatrix}$$

3　仿真结果分析

本文针对该新型水下清污机器人系统，基于反馈线性化的计算模型，分别建立了用于位姿保持的 PID 控制器和最优控制器，并分别分析了在海流作用条件下，两种控制器在无推力约束条件、有推力约束条件以及系统建模误差下，水下机器人的控制效果。设置 ROV 初始状态为大地坐标系原点。目标位姿的状态向量为 $\boldsymbol{z}_d = \begin{bmatrix} 2,2,2,30°,30°,22.5°,0,0,0,0,0,0 \end{bmatrix}^\mathsf{T}$。

3.1　无推力约束条件下的位姿控制结果

对于 PID 控制器和反馈线性化最优控制器，在无推力约束和建模偏差的情况下，两种控制策略条件下的位姿曲线如图 4、图 5 所示。由此仿真结果可知，在无约束无误差情况下，PID 控制器在轨迹跟踪控制中能取得极好的控制效果，而反馈线性化最优控制器由于模型线性化带来的建模偏差，在轨迹跟踪控制中会存在一定的稳态误差，但是误差能控制在 5% 以内，且期望的推进器推力输出小于 PID 控制器。

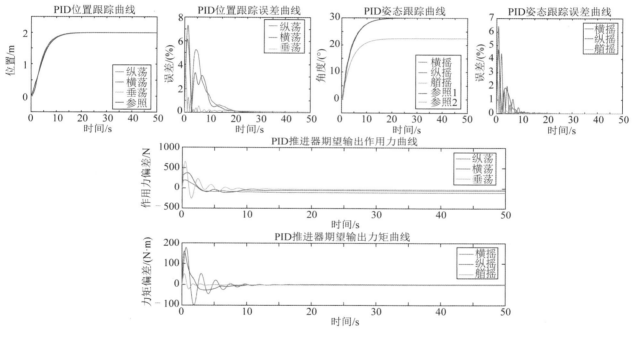

图 4　PID 位姿控制曲线

3.2　有推力约束条件下的位姿控制结果

在推进器存在推力约束的情况下，PID 控制无法在当前推力输出策略下实现轨迹跟踪控制，而反馈线性化最优控制器仍然保持一定的位姿控制能力。其原因在于 PID 控制为无模型参考的控制方法，控制力仅与 ROV 的状态误差相关。控制初期，ROV 的状态误差较大，PID 控制器产生的期望控制力较大，推进系统难以满足，因而某些自由度上的推力不足。水下机器人作为强耦合强非线性的多输入多输出系统，不同自由度间的耦合极其明显。当存在推力约束时，ROV 推进器产生的横荡和横摇推力偏差较大，且方向相反。由 ROV 的水动力表达式可知，横荡速度对各个自由度具有明显的耦合作用。横荡控制力的不足会影响控制器在其余自由度的控制效果，导致 PID 控制器逐渐失效。而反馈线性化 LQR 控制器的期望输出作用力小得多，控制器更容易满足要求。在控制初期，横荡和横摇控制力有较为明显的偏差，但是仍能保证控制效果，对于推力输出误差具有足够的抗扰能力。

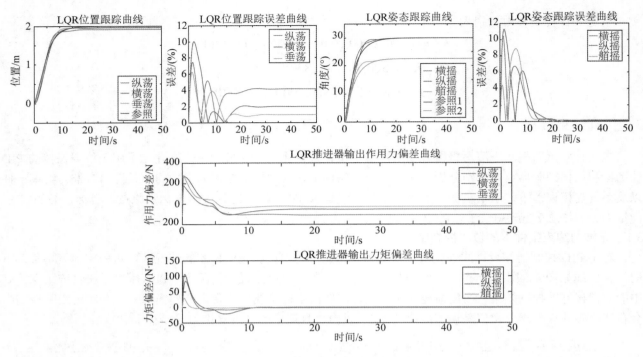

图 5　最优控制位姿状态曲线

3.3　考虑系统建模误差下的仿真分析

考虑到实际水动力计算和状态观测会存在一定的偏差，无法得到 ROV 完全准确的状态，因而在仿真中还需考虑观测误差和建模误差。在此情况下，反馈线性化最优控制的位姿控制仿真结果如下。在建模误差和观测误差存在的情况下，反馈线性化控制器到达稳态的时间稍微增加，某些自由度的超调量增加，但基本保持其控制性能，说明反馈线性化最优控制器对于建模误差和观测扰动有一定的抵抗能力。

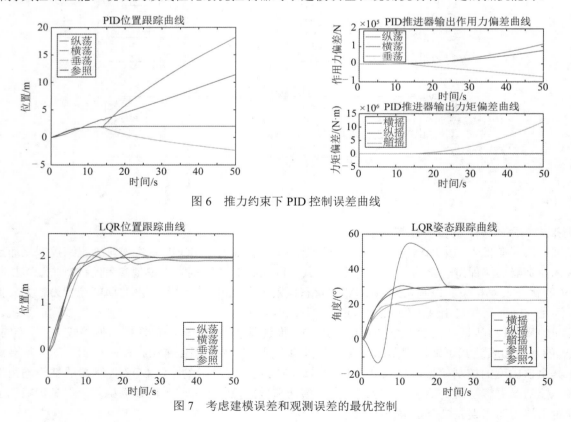

图 6　推力约束下 PID 控制误差曲线

图 7　考虑建模误差和观测误差的最优控制

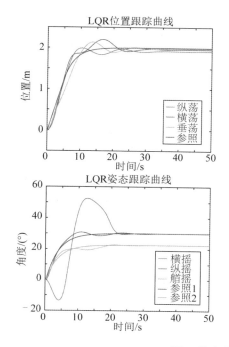
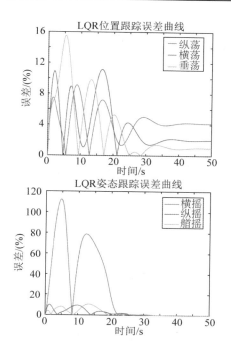

图 8　推力约束下反馈线性化最优控制曲线

4　结　语

本文设计了实现清污工作臂与喷水推进系统集成的水下清污机器人，并针对其推进系统设计了基于反馈线性化的最优控制器。仿真结果表明，该控制器能够在有一定建模误差的情况下，对 ROV 的运动进行控制。而且，在推进器推力输出受限的情况下，PID 控制器因推进系统输出不足而发散，无法实现位姿控制，反馈线性化 LQR 控制器能较好地实现控制目标。

参考文献：

[1]　王英飞. 海洋平台导管架海生物清洗机器人研究[D]. 天津：天津职业技术师范大学，2015.

[2]　于丹丹. 水下钢结构清洗机器人及运动特性研究[D]. 哈尔滨：哈尔滨工程大学，2016.

[3]　张建新，张兴会，王仲民，等. 海洋平台导管架清洗机器人步态研究[J]. 机械设计与制造，2017(4): 250-252.

[4]　FOSSEN T I. Handbook of marine craft hydrodynamics and motion control[J]. IEEE Control Systems, 2016, 36(1): 78-79.

[5]　RAMIREZMACIAS J A, BRONGERS P, RUA S, et al. Hydrodynamic modelling for the remotely operated vehicle Visor3 using CFD[J]. IFAC-PapersOnLine, 2016, 49(23): 187-192.

[6]　FERNANDES D D A, S RENSEN A J, PETTERSEN K Y, et al. Output feedback motion control system for observation class ROVs based on a high-gain state observer: Theoretical and experimental results[J]. Control Engineering Practice, 2015, 39: 90-102.

[7]　FERNANDES D D, DONHA D C. Optimal control system for a semi-autonomous underwater vehicle[J]. IFAC Proceedings Volumes, 2009, 42(18): 255-260.

新型浅吃水 Spar 型浮式风力机运动性能研究

曲晓奇[1,2]，唐友刚[1,2]，李　焱[1,2]，张靖晨[1,2]，黄俊辉[1,2]

（1. 天津大学　建筑工程学院，天津　300354；2. 天津大学　水利工程仿真与安全国家重点实验室，天津　300354）

摘要： 由于水深限制，传统的 Spar 型浮式风力机并不适用于我国沿海区域。为了推进浮式风力机在我国的实际应用，本文提出一种新型浅吃水 Spar 型浮式风力机。首先针对不同的设计参数，进行频域水动力分析，根据短期预报的结果，选出最优设计值。然后，分别研究该新型浅吃水浮式风力机在作业海况和生存海况下的运动性能，建立浮式风力机系统的气动–水动–系泊全耦合数值分析模型，基于叶素–动量理论计算风机系统的气动载荷，采用势流理论计算水动力载荷。从计算结果可以看出，无论是在作业海况还是生存海况，新型浅吃水 Spar 型浮式风力机都具有良好的运动性能，系缆张力满足设计要求，可以在给定水深内有效的支撑 5 MW 风力机的运行。

关键词： 浅吃水 Spar 型浮式基础；优化设计；耦合动力分析；生存海况

可再生清洁能源的开发利用是国内外当前科技领域的主题。海上风资源蕴藏量大、可再生、无污染，风电场建设周期短、见效快、维护量小，因此风能被誉为"蓝天白煤"，已经成为 21 世纪的重要能源形式之一[1]。与陆上风资源相比，海上风能具有风资源量大、风切变小、可以避免噪声和视觉污染以及节约陆地资源等优势[2]。发展海上风力发电装备，开发新型风电基础形式，是解决我国长期能源短缺、近期环境污染等重要问题的关键途径。

目前海上 Spar 型 5 MW 浮式风力机安装海域水深约 300 m，对于水深 50~70 m 的较浅水海域，传统 Spar 型浮式风力机摇摆剧烈，难以控制，这已经成为国内外 Spar 型浮式风力机推广应用的瓶颈和研究的热点问题。我国渤海、东海和南海大陆架均为大陆的延伸，经过多年冲刷大陆覆盖层逐渐形成，因此大陆架海底地貌较平坦，坡度小，水深变化不大，即使距离海岸线 20 km，水深也达不到 100 m，这一条件限制了国外大吃水 Spar 型浮式基础风力机在我国的推广应用。本文针对水深 70 m 较浅水海域，提出一种新型浅吃水 Spar 型浮式风力机。

1　新型浅吃水浮式风力机结构优化设计

1.1　新型浅吃水浮式风力机模型参数

本文模型的上部风机采用美国可再生能源实验室（NREL）开发的 5 MW 风机[3]，该风机的具体参数见表 1。其中塔柱部分结构参考 OC3-Hywind Spar 型浮式风力机的结构形式[4]。

浮式基础作为整个风机系统的支撑结构，其运动性能对风力机安全作业至关重要。目前常见的浮式风力机基础形式主要有 Spar 型，半潜型和 TLP 型等，其中 Spar 型浮式基础由于其结构形式简单、水线面小、重心低稳性好等优势得到国内外学者广泛关注和研究[5-7]。但是 Spar 型浮式基础对水深要求较大，在水深较浅的海域其摇摆稳定性将不能得到保障。Santiago 等[8]针对适用于 100 m 水深的 8 MW 浮式风力机设计了一种浅吃水 Spar 型浮式基础并对其在生存海况下的运动性能进行了研究。本文考虑我国海岸线的实际情况，针对 70 m 水深概念性地提出一种浅吃水 Spar 型浮式风力机。首先针对该结构形式的某些特征参数，在频域内进行运动响应分析，从而选出最优的结构参数。

新型 Spar 型浮式基础的结构形式如图 1 所示。该结构主要由三部分组成：上部圆台高 10 m，用于和塔架连接；中间 Spar 主体圆筒结构高度为 H，用于和底部沉箱结构连接；底部是直径为 D 的沉箱结构。其中 H 和 D 将作为下面结构优化设计的两个目标参数。沉箱结构上部为圆台型，底部设有一层外伸的阻尼板；沉箱结构内部外圈为主动压载水舱（含 6 个舱室），再向内为三个永久压载舱；结构中心由圆环形压载舱（外径为 12 m，内径为 6 m）和圆形器械舱（直径 6 m）组成。

基金项目： 国家自然科学基金（51879188，51479134）

表 1　NREL 5MW 风力机整体参数

项目	数值
风轮、轮毂直径/m	126，3
轮毂高度/m	90
切入、额定、切出风速/（m·s⁻¹）	3，11.4，25
额定转速/（r·min⁻¹）	12.1
风轮重量/kg	110 000
机舱重量/kg	240 000
塔柱重量/kg	249 718

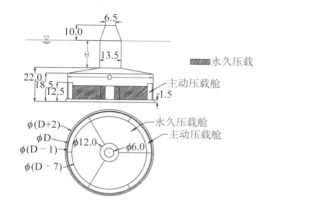

图 1　新型浅吃水 Spar 型浮式基础结构　　　　　图 2　新型浮式基础水动力模型

1.2　浅吃水 Spar 型浮式基础结构优化设计

针对上文中提到的两个优化设计参数：Spar 主体高度 H 和沉箱主体外部直径 D，对新型浅吃水 Spar 型浮式风力机在频域内的水动力性能进行研究，从而确定最终的结构尺寸。本文利用挪威船级社（DNV）开发的 SESAM 软件中的 HydroD 模块进行频域水动力分析。在获得平台运动的幅频响应函数 $RAO(\omega)$ 后，可根据给定的短期海浪谱 $S_{\mathrm{W}}(\omega)$，计算浮式基础的响应谱 $S_{\mathrm{R}}(\omega)$[9]：

$$S_{\mathrm{R}}(\omega)=RAO^2(\omega)S_{\mathrm{W}}(\omega) \tag{1}$$

进而计算该响应的单幅有义值：

$$R_{\mathrm{S}}=2\sqrt{m_0} \tag{2}$$

式中：m_0 为响应谱的零阶矩。

设置 Spar 主体高度从 14~22 m 变化，间隔 2 m；沉箱主体直径从 49~57 m 变化，间隔 2 m。给定海浪谱为 JONSWAP 谱，有义波高 6 m，谱峰周期 10 s，模拟时长 3 h，经过计算后得到的纵荡、垂荡和纵摇方向的短期响应如图 3 至图 5 所示。

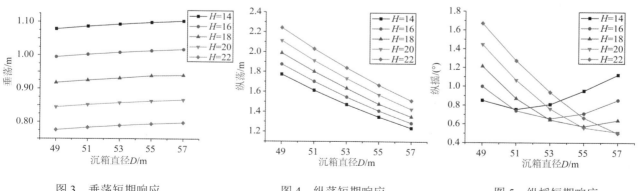

图 3　垂荡短期响应　　　　　图 4　纵荡短期响应　　　　　图 5　纵摇短期响应

从垂荡响应结果可以看出，H=14 m 和 H=16 m 的垂荡响应明显大于其他设计方案，所以排除。从纵荡响应可以看出，沉箱直径为 55 m 和 57 m 的结果要明显好于其他设计值，另外 H=22 m 和 H=20 m 的纵荡响应结果偏大。从纵摇的结果可以看出，H=18 m，D=55 m 以及 H=20 m，D=55 m 为最优设计值。考虑到 H=18 m 和 H=20 m 时，二者垂荡响应值接近，但是 H=18 m 的纵荡响应要优于 H=20 m，因此最终决定结构的设计参数为 Spar 主体高度 H=18 m，沉箱主体直径 D=55 m。

2　新型浅吃水浮式风力机耦合运动分析

根据上文中确定的新型浮式基础的相关参数，利用美国可再生能源实验室开发的浮式风力机数值模拟软件 FAST，对本文设计的新型浅吃水浮式风力机进行气动–水动–弹性–伺服耦合动力响应分析。风机系统整体吃水为 40 m，排水量约为 $5.16×10^7$ kg，其中浮式基础重量（含压载）约为 $5.08×10^7$ kg。为了达到设计吃水，浮式基础内部需要大量压载，从经济性和适用性等方面进行考虑，本文初步采用水泥作为永久固定压载，固定压载重量约为 $3.58×10^7$ kg。整个浮式风机系统的重心位于水面以下 32.73 m。

2.1　分析理论与方法

FAST 程序基于 Kane 动力学方程推导整个系统的运动控制方程，进而得到风力机和浮式基础的时域耦合非线性运动方程[10]：

$$M_{ij}(q,u,t)\ddot{q}_j = f_i(q,\dot{q},u,t) \tag{3}$$

式中：M_{ij} 为惯性质量矩阵，取决于系统各个自由度的位移 q，控制参数 u，以及时间 t；$\ddot{q}_j$ 为系统某个自由度 j 对时间的二次导数；f_i 是与自由度 i 有关的载荷函数，载荷函数非线性的依赖于各自由度的位移及其对时间的一阶导数，同时也与控制参数和时间有关。这里系统所受的载荷主要包括气动载荷、水动力载荷以及系泊载荷等。其中气动载荷基于叶素–动量理论由 FAST 的 AeroDyn 模块进行计算，波浪载荷则基于势流理论由 Wadam 和 FAST 的 HydroDyn 模块进行计算。

系泊载荷的计算则基于 FAST 中的 MoorDyn 模块，该模块基于集中质量模型计算系泊系统的动态载荷。本文浮式基础系泊系统布置如图 6 所示，系泊锚链的相关参数如表 2。

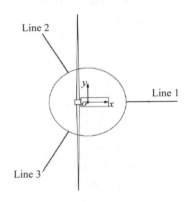

图 6　系泊系统布置示意

表 2　系泊系统相关参数

项目	数值
无档锚链直径	142 mm
级别	R4S
最小破断张力	20 008 kN
锚链长度	300 m
导缆孔位置	−25 m
锚泊点坐标	(317.5 m, 0, −70)
	(−158.75 m, 274.963, −70)
	(−158.75 m, −274.963, −70)

2.2　数值计算结果

2.2.1　固有特性

首先进行静水自由衰减测试，在测试中使风轮保持静止状态，给浮式基础一个初始位移，得到整个系统的自由衰减曲线，然后求出各自由度的固有周期。表 3 给出了浅吃水新型 Spar 型浮式风力机的纵荡、垂荡和纵摇自由度的固有周期。

表 3　新型浅吃水 Spar 型浮式风力机固有周期

自由度	固有周期/s
纵荡	105.0
垂荡	63.0
纵摇	26.3

2.2.2　不同浪向下浮式基础的幅频响应算子（RAO）

在某一特定频率规则波单位波高作用下，浮式结构物的运动响应幅值由 RAO 来表示，RAO 体现了浮式结构物的水动力性能。图 7 所示为不同波浪入射方向下浮式基础各个自由度的 RAO 曲线，波浪入射角间隔为 30°。从图中可以看出，不同波浪入射角下浮式基础各自由度的运动响应趋势基本一致。纵荡 RAO 在约 0.3 rad/s 处出现一个峰值对应纵摇固有频率，体现纵荡与纵摇的耦合作用。当波浪入射方向为 180°时，纵荡 RAO 最大，90°时最小。垂荡 RAO 的峰值对应垂荡运动的固有频率，波浪入射角度的变化对垂荡 RAO 几乎不产生影响。纵摇 RAO 的峰值对应了纵摇运动的固有周期，当波浪入射方向为 180°时，纵摇运动响应最大，90°时最小，这与纵荡 RAO 的趋势相一致。

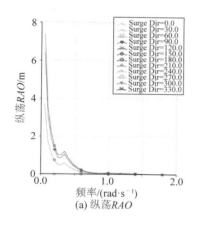
(a) 纵荡 RAO

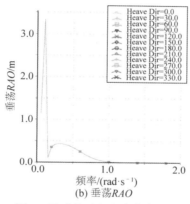
(b) 垂荡 RAO

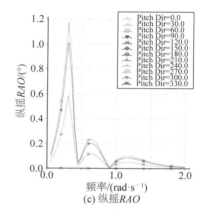
(c) 纵摇 RAO

图 7　浮式基础各个自由度 RAO

2.2.3　不同工况下基础运动对比

为验证本文提出的新型浮式基础在 70 m 水深的适用性，分别研究作业海况和生存海况两种工况下，风机系统的运动特性。根据我国某海域的环境条件参数[11]，设置两种工况：作业海况和生存海况。其中作业海况风速为 11.4 m/s，有义波高 2.1 m，谱峰周期 5.3 s；生存海况风速为 37.5 m/s，有义波高 11.1 m，谱峰周期 10 s。模拟时间为 4 800 s，去除前 1 200 s 的影响，对运动响应的结果进行统计。不同工况下浮式基础的运动响应统计值见表 4 和表 5。

从表中可以看出，在作业海况下，由于风的推力作用，浮式基础发生了一定程度的漂移，从而产生较大的纵荡运动，但是当其到达平衡位置后，仅产生了微幅的振荡。纵摇和首摇运动会对气动载荷产生较大影响，本文设计的新型浮式基础的纵摇均值为 3.030°，而首摇均值仅为–0.010°，可以满足风力机安全生产作业的需求。生存海况下浮式基础的运动响应均值全部小于作业海况，这主要是因为当风速超过上部风机的切出风速时，风机叶片会变成顺桨状态，此时风载荷仅为风的拖曳效应。图 8 给出了两种工况下，风轮推力的时间历程曲线的对比，可以看出，作业海况下风轮的推力远大于生存海况。对于系泊系统，整个模拟过程中系缆张力的最大值出现在三根锚链中的 2 号锚链。图 9 为两种工况下 2 号系缆张力的时间历程曲线对比，其中作业海况 2 号系缆的张力平均值为 $1.29×10^6$ N，张力最大值为 $1.42×10^6$ N；生存海况下 2 号系缆张力的平均值为 $9.89×10^5$ N，张力最大值为 $1.17×10^6$ N。从图中可以看出生存海况的系缆张力均值小于作业海况，由此可以发现气动载荷对系泊系统的影响要大于水动力载荷，这与文献[9]的研究结论一致。但是，生存海况下系缆的张力波动较大，对其疲劳寿命可能会有较大的影响。

表 4　作业海况下新型浮式基础运动响应

	纵荡/m	横荡/m	垂荡/m	横摇/(°)	纵摇/(°)	首摇/(°)
均值	4.099	−0.051	−0.123	0.171	3.030	−0.010
标准差	0.339	0.015	0.055	0.007	0.052	0.023
最大值	4.994	−0.004	0.011	0.199	3.207	0.067
最小值	3.198	−0.090	−0.257	0.143	2.851	−0.085

表 5　生存海况下新型浮式基础运动响应

	纵荡/m	横荡/m	垂荡/m	横摇/(°)	纵摇/(°)	首摇/(°)
均值	0.315	−0.012	0.067	0.014	0.199	0.159
标准差	0.672	0.056	0.568	0.043	0.472	0.255
最大值	2.825	0.122	2.063	0.149	1.793	0.697
最小值	−1.608	−0.145	−1.777	−0.139	−1.275	−0.417

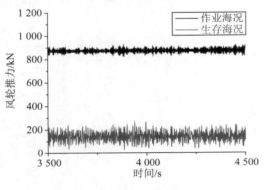　　　　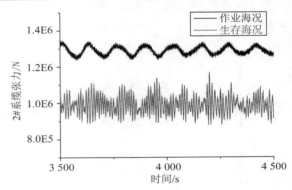

图 8　风轮推力时间历程　　　　　　　　　图 9　2 号系缆张力时间历程

图 10 为两种工况下，不同自由度的响应谱对比。

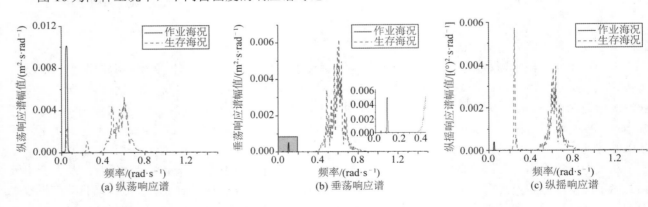

图 10　不同自由度响应谱

从图中可以看出，在作业海况，由于波高较小，浮式基础运动响应谱的幅值主要集中在各自由度固有周期附近，纵荡响应谱幅值对应的频率为 0.049 rad/s 即纵荡固有周期；垂荡响应谱出现两个峰值，分别对应 0.049 rad/s 和 0.10 rad/s，其中 0.10 rad/s 为垂荡固有周期，0.049 rad/s 与纵荡固有周期接近，可见垂荡运动与纵荡运动的耦合作用；纵摇运动的峰值在 0.049 rad/s 处，可见纵摇运动主要由纵荡所引起。作业海况下三个自由度的响应谱中，波浪载荷频率对应的幅值都较小。与作业海况相比，生存海况下波浪载荷占据主导地位，对应的响应谱的能量主要集中在波浪频率范围，浮式基础在平衡位置附近的振荡运动也增强，这与文献[12]的结论相一致。同时，纵荡和纵摇的响应谱在 0.246 rad/s 的峰值对应着纵摇运动固有频率，从表 5 的时域结果也可以看出，纵摇运动的标准差较大。可见在生存海况下激发了纵摇运动。为了减小生存海况下的纵摇运动，可以在后面的设计中考虑加入主动压载舱控制系统，进行减摇。

3　结　语

根据我国海域的实际情况，提出一种适用于浅水海域的新型 Spar 型浮式风力机基础。首先对不同结构参数进行了对比分析，最终确定出比较合理的设计方案。然后分别针对作业海况和生存海况对该风力机系统的运动性能进行了研究。结果表明，在作业海况下浮式基础的运动响应较小，可以满足安全生产作业。在生存海况下，由于叶片顺桨使得风轮推力减小，从而各自由度运动的均值小于作业海况，但是由于波浪载荷增加基础在平衡位置附近的振荡运动明显增加。在两种工况下，系泊系统的张力均小于破断张力并且具有一定的安全裕度。综上可知，本文设计的新型浮式基础可以有效支撑 5 MW 风力机安全作业，为我国风电产业的发展提供了更多的可能性。

参考文献：

[1]　于午铭. 于午铭风电论文集[M]. 北京: 中国电力出版社, 2007.

[2]　辛华龙. 中国海上风能开发研究展望[J]. 中国海洋大学学报(自然科学版), 2010, 40(6): 147-152.

[3]　JONKMAN J, BUTTERFIELD S, MUSIAL W, et al. Definition of a 5-MW reference wind turbine for offshore system development[R]. National Renewable Energy Lab. (NREL), Golden, CO (United States), 2009.

[4]　JONKMAN J. Definition of the floating system for phase IV of OC3[R]. National Renewable Energy Lab. (NREL), Golden, CO (United States), 2010.

[5]　李焱. Spar 型浮式风力机系统的动力响应特性研究[D]. 天津: 天津大学, 2018.

[6]　AHN H J, SHIN H. Model test & numerical simulation of OC3 spar type floating offshore wind turbine [J]. International Journal of Naval Architecture and Ocean Engineering, 2019, 11(1): 1-10.

[7]　周涛, 何炎平, 孟龙, 等. 新型 6MW 单柱浮式风力机耦合运动分析[J]. 浙江大学学报(工学版), 2018, 52(10): 33-42.

[8]　DE Guzmán S, MAR N D, BUENO P, et al. A reduced draft spar concept for large offshore wind turbines[C]//ASME 2018 37th International Conference on Ocean, Offshore and Arctic Engineering. American Society of Mechanical Engineers, 2018: V010T09A077-V010T09A077.

[9]　李嘉文. 新型海上风机浮式基础设计与风机系统耦合动力分析[D]. 天津: 天津大学, 2014.

[10]　JONKMAN J M. Dynamics modeling and loads analysis of an offshore floating wind turbine[R]. National Renewable Energy Lab. (NREL), Golden, CO (United States), 2007.

[11]　易乾, 李孙伟, 刘翊超, 等. 南海风浪条件下 Spar 式浮式风机平台的构型及参数[J]. 船舶工程, 2017(10):80-86.

[12]　曲晓奇, 唐友刚, 李焱, 等. 风浪异向时单点系泊浮式风力机运动性能分析[J]. 哈尔滨工程大学学报, 2018, 39(8): 1328-1336.

导管架式海上风机支撑结构优化设计研究

田晓洁，李道喜，刘贵杰，谢迎春，冷鼎鑫

（中国海洋大学，山东 青岛 266100）

摘要： 以 5 MW 海上风机典型导管架基础结构为研究对象，提出一种基于拓扑优化的导管架结构优化设计方法。首先确定导管架结构的优化区和非优化区，将海洋环境载荷施加到优化区域；然后利用结构拓扑优化的方法，在满足体积约束条件下，获得结构刚度最大化的桁架结构，并对优化后的结构进行模型重构。最后在结构刚度、强度、稳定性以及一阶固有频率的约束下，以体积最小化为优化目标，通过开展结构的形状优化和尺寸优化，确定导管架的最终形状和尺寸，获得轻量化的设计结果。

关键词： 风机基础；导管架；拓扑优化；轻量化

风能是一种无污染可再生的清洁能源。海上风电具有风速大、风速稳定、年发电时间长等优点，所以成为未来风能开发的主要方向。目前，海上风电能源的采集主要依靠海上风机完成，而导管架式基础结构则是未来大量采用的结构形式之一。美国、丹麦以及德国等依据海上风机设计建造积累的经验，形成了相应的海上风机基础设计标准。于春洁等[1]分析了现有的海上风机基础结构设计，并推荐 DNV 规范[2-3]作为国内海上风机基础结构设计的标准。对于海上风机支撑结构的设计研究，Lee 等[4]利用结构拓扑优化的方法对风机过渡段进行优化设计，以最小化柔度为目标，约束结构的体积，优化得到一个全新的拓扑结构。Gentils 等[5]通过遗传算法，以结构的总体质量为目标，以结构的固有频率、应力、变形、屈曲以及疲劳等为约束条件，优化风机支撑结构的直径以及壁厚。

对于导管架式海上风机基础结构，基于传统的方法进行设计，容易导致风机支撑结构冗余，结构比较笨重，材料消耗比较大，给风机基础结构的建造、运输带来不便。与此同时，针对传统导管架结构的形状优化以及尺寸优化，优化效果有限。因此，有必要针对典型导管架式海上风机基础结构开展拓扑优化、形状优化和尺寸优化结合的全体系优化设计研究。

1　海上风机支撑结构优化方法

对于结构优化，通常可以分为三个层次：拓扑优化、形状优化和尺寸优化，其中拓扑优化可以创造性提出初始化的优化设计，形状优化和尺寸优化则是在原有设计基础上进一步提高结构性能。首先采用拓扑优化的方法，以模型的最小柔度为目标，以模型的体积分数和最大位移为约束条件，优化得到最佳的传力路径；再对拓扑优化结果进行形状和尺寸优化确定最终结构。优化流程如图 1 所示。

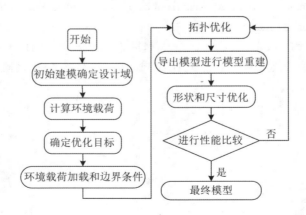

图 1　海上风机支撑结构优化设计流程

2　海上风机支撑结构优化模型的建立

参考的 5 MW 海上风机典型导管架基础，设计水深为 50 m，分为塔筒、过渡段以及导管架基础结构三部分。海上风机的塔筒结构，随着高度的增加，塔筒的外径和壁厚也逐渐减小，呈锥形分布。导管架基础结构包含四条支撑桩腿，四层 X 型结构（X-braces），一层泥线支撑结构。连接导管架结构以及风机塔架的结构是一个刚性的混凝土砌块。整个风机结构由打入海底 45 m 长的桩柱固定在海床上，导管架桩腿和桩柱通过灌入混凝土固定在一起。考虑到详细模型的复杂性及分析计算效率低下的问题，对模型进行了适当的简化，采用 6 倍桩径。海上风机支撑结构由两种材料组成，导管架及塔筒结构采用高强度钢[6]，塔筒和导管架中间的过渡部分采用混凝土[7]。塔筒和导管架基础结构的具体尺寸查阅文献[8-9]可得。建立模型如图 2 所示。

对模型所受到的边界条件进行分析。模型受到风、海流以及海浪等外界载荷的作用。基础支撑结构上方的涡轮机及叶片的重量，简化为集中质量点施加到塔筒结构上方。风机产生的风载以及塔筒所受的风载转移到简化塔筒结构上的质量点上，并附加力矩。极限环境工况以及施加在塔筒顶部载荷见表 1 所示。

表 1　极限环境工况及塔筒顶部载荷大小

极限工况[10]	大小	顶部载荷[11]	大小
波高/m	17.48	推力/kN	1 095
周期/s	10.87	弯矩/（kN·m）	49 963
流速/（m·s⁻¹）	1.2	扭矩/（kN·m）	7 876
风速/（m·s⁻¹）	42.73		

将风力载荷和波流载荷随高度变化的关系加载到初始模型上。对模型泥桩底端施加四个固定约束，模型的四个面进行对称约束；以模型的最小柔度为目标，约束模型的体积分数和最大位移。设置完以上优化约束，开始进行拓扑优化设计。具体载荷类型及分布如图 3 所示。

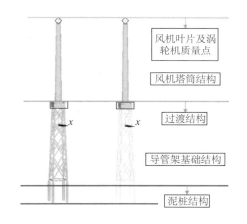
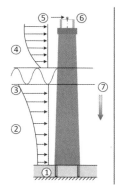

1：固定约束（土壤作用力）；
2：水流载荷；
3：波浪载荷；
4：作用在塔筒上的风力载荷
　1）作用在设计域的部分
　2）作用在海洋装备上的风载转化为集中力和力矩作用在设计红色区域；
5：涡轮机、叶片以及简化省略的塔筒质量，转化为等效质量点；
6：叶片转动产生的推力·扭矩以及弯矩；
7：结构模型重力。

图 2　海上风机支撑结构有限元模型　　　　　图 3　模型所受载荷类型及其分布

3　海上风机支撑结构的优化过程

3.1　导管架基础结构的拓扑优化设计

根据参考的风机结构，在原来导管架结构的部分构建连续体模型，整体结构的外形尺寸保持不变。连续体模型为中空结构，壁厚大小取为导管架结构壁厚的两倍左右，这样可以保证优化出的桁架结构中杆的尺寸刚度与钢管结构相当。为进一步保证求解的效率，通过简化模型以减少网格数量，将导管架上的塔筒结构缩短，在模型顶部质量点位置处施加载荷，通过塔筒将外界载荷传递到优化区域。风机支撑结构初始优化模型如图 4 所示。

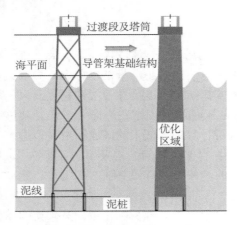

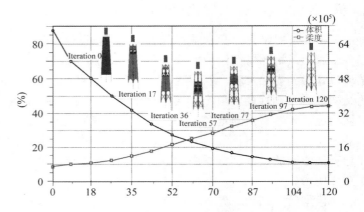

图 4　海上风机基础结构的拓扑优化区域　　　　　　图 5　海上风机支撑结构拓扑优化迭代过程

采用 HyperWorks 软件中的 OptiStruct 优化模块对模型进行拓扑优化。施加边界条件于连续体模型上，约束模型的体积，以最小柔度为优化目标。拓扑优化的过程如图 5 所示，经过 120 步的迭代，最终得到一个较为清晰的拓扑桁架结构。

对优化后的拓扑结构进行分析，可以发现，优化的设计结果依然是典型的海洋工程结构物的桩腿加 X 结构组成。设计结果由初始设计结构的四个连接紧密的 X 结构变为现在的五个 X 结构。对于底部的 X 结构，X 中间点的位置并不在两条线的交点处。相比于优化前的结构，优化后的结构实现了新的设计。

通过拓扑优化出来的海上风机结构物，传递力路径上各个杆件都是实体结构，而海洋工程结构物通常采用空心管结构，因此要对拓扑优化的结果进行模型重构。重构的模型参考初始优化结构杆件的尺寸，保证结构尺寸的一致性。重建后的管结构如图 6 所示。

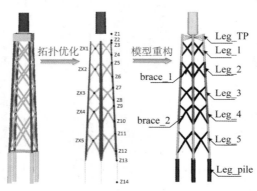

图 6　拓扑优化后结构模型重构

3.2　导管架基础结构的形状优化和尺寸优化

根据拓扑优化重构得到的结果，开展导管架基础结构的形状优化和尺寸优化。通过分析海上风机极限工况，编写 ANSYS 的命令流对导管架基础结构进行参数化建模，根据优化的目标和约束进行相应的静力学或动力学分析。然后将分析得到的结果输入到优化模块，声明优化参数，包括优化目标、优化约束以及设计变量。定义好上述参数之后，选择相应的优化算法执行优化求解。在对海上风机支撑结构进行设计时，要满足结构的固有频率、极限强度要求、刚度要求和稳定性要求。进而进行结构的形状优化和尺寸优化。

对结构进行拓扑优化，得到的优化结果可以反映结构最佳的传递力路径，但反映不出结构的最优位置，所以还通过优化进一步确定结构的最佳位置分布，在满足一定的体积约束的条件下，使结构的应力最小。形状优化得到结构需要设计的位置变量和变化范围，如表 2 所示。

经过形状优化，在得到各杆件结构的最佳分布的情况下，对杆件的外径和壁厚进行尺寸优化，以得到在应力、位移、稳定性以及频率等约束条件下最小体积的导管架结构。综合各迭代步的优化结果，各杆件尺寸优化的参数见表 3 所示，结构的外径减小，但导管架底部管结构的壁厚有所增大。

表 2 大范围形状设计变量及优化结果

设计变量	初始值/m	下限/m	上限/m	优化值
Z3	15.851	11.600	16.100	15.088
Z4	8.007	6.500	11.500	11.663
Z5	4.794	0.100	6.200	0.208
Z6	−4.029	−6.500	−0.000	−2.125
Z7	−8.897	−13.400	−6.600	−10.588
Z8	−17.699	−18.200	−13.500	−19.262
Z9	−19.375	−26.875	−18.300	−24.581
Z10	−30.132	−32.600	−27.000	−30.376
Z11	−34.044	−40.500	−32.700	−37.162
Z12	−46.614	−48.100	−40.600	−47.856
ZX1	12.291	10.800	16.800	13.482
ZX2	0.853	0	6.350	0.283
ZX3	−12.358	−18.850	−6.550	−15.659
ZX4	−23.244	−32.750	−18.950	−28.002
ZX5	−38.814	−49.300	−37.800	−45.519

表 3 尺寸设计变量

设计变量	初始值/m	下限/m	上限/m	优化值
D_tp	1.2	0.8	1.3	0.966
D_chord	0.8	0.3	0.9	0.352
T_tp	0.040	0.025	0.045	0.026
T_leg1	0.035	0.020	0.040	0.039
T_leg2	0.040	0.025	0.045	0.045
T_leg3	0.045	0.030	0.050	0.041
T_leg4	0.050	0.035	0.055	0.054
T_leg5	0.060	0.045	0.065	0.062
T_brace1	0.015	0.008	0.020	0.019
T_brace2	0.020	0.010	0.025	0.016

3.3 优化前后导管架结构性能对比分析

经过优化，海上风机导管架支撑结构的形状以及尺寸均发生了变化，从而导致结构性能发生变化。下面从结构的静态应力和位移、各阶频率等方面对优化前后的导管架结构进行对比分析。对优化前后的结构进行静态分析，结构优化前后施加的载荷工况相同。优化前后导管架结构的应力云图如图 7 所示。

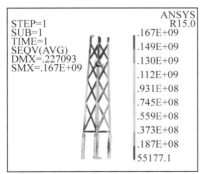

(a) 优化前结构应力云图

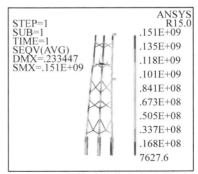

(b) 优化后结构应力云图

图 7 优化前后导管架结构的应力云图

相比优化前的导管架结构，优化后结构的应力有所减小，位移增大。但结构的体积大大减小，具体如表 4 所示。

表 4 海上风机导管架支撑结构应力和位移优化前后对比

项目	优化前	优化后	变化比例/（%）
最大应力/MPa	167	151	9.66（−）
最大位移/mm	227	233	2.60（+）
体积/m³	94.28	65.56	30.46（−）

根据固有频率的设计要求，一阶固有频率须在 0.222~0.311 Hz 之间，而高阶固有频率则应该大于 0.605 Hz。从优化前后两种结构的模态分析结果可以看出，两种结构都满足设计要求，且优化后的结果避开危险边界频率 0.311 Hz，相对来说更安全。海上风机优化前后的固有频率如表 5 所示。

表 5 海上风机优化前后的固有频率（Hz）

模态阶数	优化前	优化后
1	0.312 0	0.293 0
2	0.312 0	0.295 1
3	0.876 9	0.671 0
4	0.876 9	0.674 7
5	1.725 9	0.108 0

4 结 语

针对海上风机导管架基础结构笨重、设计效率低下的特点，本文通过结构的拓扑优化、形状优化和尺寸优化的方法，得到满足设计要求的轻量化结构。经过优化，结构最大应力减小了 9.66%，最大位移增大了 2.60%，结构的体积减小了 30.46%，结构的稳定性和固有频率均满足设计要求。综上，本文研究得到了一整套海上风机导管架基础结构优化设计方法，优化流程形式简单，并主要依靠计算机迭代求解，大大减少了设计人员的工作量，优化效率大大提高，具有重要的工程应用价值。

参考文献：

[1] 于春洁，沈晓鹏. 海上风机基础结构设计标准研究[J]. 中国石油和化工标准与质量，2013, 24: 51-53.

[2] DNV. Design of offshore steel structures, general (LRFD) method, Offshore standard DNV-OS-C101[S]. Det Norske Veritas AS, HØvik, Borway, 2011.

[3] DNV. Buckling strength of shells, recommended practice DNV-RP-C202[S]. Det Norske Veritas AS, Høvik, Norway, 2017.

[4] LEE Y S, GONZALEZ J, LEE J H, et al. Structural topology optimization of the transition piece for an offshore wind turbine with jacket foundation[J]. Renew Energy, 2016, 85: 1214-1225.

[5] GENTILS T, WANG L, KOLIOS A. Integrated structural optimization of offshore wind support structures based on finite element analysis and genetic algorithm[J]. Applied Energy, 2017, 199: 187-204.

[6] DNVGL. DNVGL-ST-0126: Support structures for wind turbines[S]. 2016.

[7] DENSIT. ducorit data sheet – Ultra High performance grout[S]. 2013.

[8] JONKMAN J, BUTTERELD S, MUSIAL W, et al. Definition of a 5-MW reference wind turbine for offshore system development[R]. National Renewable Energy Laboratory (NREL), 2009.

[9] FABIAN VORPAHL, WOJCIECH POPKO, DANIEL KAUFER. Description of a basic model of the "UpWind reference jacket" for code comparison in the OC4 project under IEA Wind Annex 30[R]. Technical Report, 2011.

[10] FISCHER T, DE VRIES W, SCHMIDT B. Upwind design basis (WP4: offshore foundations and support structures): K13 deep water site[R]. Germany, 2010: 94-116.

[11] LANIER M W. LWST Phase I project conceptual design study: Evaluation of design and construction approaches for economical hybrid steel/concrete wind turbine towers[R]. National Renewable Energy Lab., Golden, CO (US), 2005.

海上风机设计风速的不确定性分析

王　迪，王智峰，董　胜

（中国海洋大学 工程学院，山东 青岛 266100）

摘要： 海上风机极易受到多种海洋环境因素的损伤破坏。极端风速是影响海上风机结构安全性的关键因素之一。由于极值风速的重现值计算存在诸多不确定性，例如统计模型的种类、参数估计的方法、随机样本的抽取等，都会影响设计风速的取值，进而影响风机安全和建造成本，因此，海上风机设计风速的不确定性分析具有重要工程意义。采用广东某海域风速后报数据，对极值风速估计时存在的统计模型，参数估计方法以及资料样本等的不确定性进行计算分析，给出上述因素不确定性的具体数值，研究结果为海上风机的可靠性分析奠定了基础。

关键词： 海上风机；设计风速；统计模型；参数估计；不确定性分析

风能是近年来飞速发展的可再生新能源，海上风能具有平均风速高、风速稳定、距离负荷中心近、对环境的负面影响较小等诸多优势，已经在多个国家风靡起来[1-2]。由于暴露在恶劣的自然环境中，海上风机尤其容易受到多种海洋环境要素的干扰[3]，而极端风速作为影响风机结构安全性最关键的海洋环境要素，具有随机性与模糊性[4]。因此，如何利用有限的风速资料，合理推算极值风速是海上风机设计关注的重要问题[5]。

海洋环境要素（风力、波浪力、地震力、海流力、冰力等）的不确定性分析作为可靠度分析的一个重要组成部分，一直是国内外学者的研究热点。比如设计波高的不确定性研究是进行海岸和近海工程安全评估的重大问题，雷方辉等使用广东大鹏湾长期波高资料对设计波浪选取中的不确定性进行了分析[5]。极值风速推算的不确定性研究同样是海上风电建设关注的热点，Kwon 提出了一种基于蒙特卡罗的概率模型数值模拟方法作为不确定性分析极值风速的框架，能有效地预测不同平均周期和置信区间下的极值风速[6]。

针对极值风速计算存在的不确定性问题，基于 1988—2017 年的高时空分辨率的 CCMP 风场资料结合 Jelesnianski 台风模型对广东某海域风速进行后报，得到长期风速后报数据，对极值风速估计时存在的统计模型，参数估计方法，取样区间选取，随机样本的抽取等不确定性进行了系统分析和比较，选择合适的统计模型和参数估计方法，最终对极值风速计算的总体不确定性进行分析。

1　风速后报数据简介

CCMP 风场融合产品（Cross Calibrated Multi-Platform）是由美国宇航局物理海洋学数据分发存档中心（PO.DAAC）发布的一种高时空分辨率的多卫星融合风场资料。CCMP 风场产品以欧洲中期天气预报中心（ECMWF）的 ERA-Interim 再分析产品为背景模拟风场，利用变分分析法（VAM）融合了包括 SSM/I、TMI、AMSR-E 及 QuikSCAT 等卫星传感器在内的所有来自遥感卫星系统（RSS）的风场资料，以及传统的船舶、浮标观测资料。CCMP 风场具有时空间分辨率高、全球海洋覆盖能力广、时间序列长等特点[7-8]。

利用 CCMP 风场作为背景风场与 Jelesnianski 台风模型生成的台风风场以一定的权重系数相叠加构造模拟实际风况的风场，分析了广东某海域（115.028 095°N，22.164 450°E）风速的长期变化趋势，合成公式如下：

$$V_c = (1-e)V_m + eV_q \tag{1}$$

式中：V_m 为台风模型得到的风场，V_q 为背景风场，e 为权重系数。权重系数的计算如下：

基金项目： 国家自然科学基金委员会——山东省人民政府联合基金项目（U1706226）；国家自然科学基金（51779236）
作者简介： 王迪（1995–），男，硕士，研究方向为海洋工程环境与结构相互作用。E-mail：15666200557@163.com
通讯作者： 董胜。E-mail: dongsh@ouc.edu.cn

$$e = c^4 / \left(1 + c^4\right) \tag{2}$$

$$c = r / \left(10 \times R_m\right) \tag{3}$$

式中：r 是计算点距台风中心的距离，R_m 是最大风速半径。

为了验证重构模型对实际风况模拟的准确性，将实测数据与模型计算数据进行对比，模型模拟数据与实测数据对比如图1所示。从图1可见，构建的风况数值模型计算结果与实测数据吻合较好。通过数值后报，获得了1988—2017年的风速时程数据，从中抽出年极值序列开展统计分析。

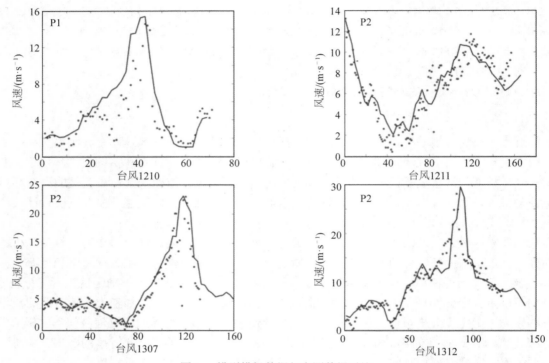

图1　模型模拟数据与实测数据对比

2　年极值法概率模型不确定性分析

在近海风机极限载荷的计算中，主要采用年最大值法和阈值法（POT）[9-10]，其中年最大值法是将年极值数据在一定适线准则下确定其线性，在此基础上统计外延，计算多年一遇极值，常见的极值模型有Weibull、Gumbel、GEV、对数正态、Person-Ⅲ等。年最大值法由于每年只取一个最大值作为样本，为了更大限度地利用现有资料，有学者提出了阈值法。阈值法考虑超过某个很大的值（阈值）的所有数据，用这些数据来建立模型。Pandey MD利用美国观测站实测风速资料采用阈值法建立统计模型，得到了较好的极值风速预测结果[11]。

阈值的选取是应用阈值法最关键的问题，阈值太大，超出量太少，估计量方差就较大；阈值太小，超出量分布与广义Pareto分布相差较大，估计量为有偏估计[12]。

分别用Weibull、Gumbel、GEV、对数正态、Person-Ⅲ五种分布，对广东某海域（1988—2017年）最大风速数据进行不同重现期的极值风速概率预测并进行K-S检验，通过对比分析，探讨基于不同概率分布模型应用年最大值法推算极值风速设计值所导致的不确定性问题。五种模型的分布函数如下。

1）Weibull分布模型

$$F(x) = 1 - \exp\left[-\left(\frac{x}{\beta}\right)^{\gamma}\right] \tag{4}$$

式中：$\beta > 0$ 为尺度参数，$\gamma > 0$ 为形状参数。

2）Gumbel 分布模型

$$F(x) = P\{X_{\max} < x\} = \exp\{-\exp[-A(x-B)]\} \tag{5}$$

式中：A，B 为待定参数。

3）皮尔逊 III 型分布模型

$$p(x > x_p) = \int_{x_p}^{\infty} f(x)\mathrm{d}x = \frac{\beta^{\alpha}}{\Gamma(\alpha)} \int_{x_p}^{\infty} (x-a_0)^{\alpha-1} e^{-\beta(x-a_0)} \mathrm{d}x \tag{6}$$

式中：a_0 为位置参数，且 $0 < a_0 < x_{\min}$；α 为形状参数；β 为尺度参数。

4）GEV 分布模型

$$F(x) = \exp\left\{-\left[1-k\left(\frac{x-\mu}{\alpha}\right)\right]^{1/k}\right\}, \quad 1-k\left(\frac{x-\mu}{\alpha}\right) > 0 \tag{7}$$

式中：μ 为位置参数；α 为尺度参数；k 为形状参数。

5）对数正态分布模型

$$F(x) = \frac{1}{\sigma\sqrt{2\pi}} \int_0^x \frac{1}{x} \exp\left[-(\ln x - \mu)^2 / 2\sigma^2\right] \mathrm{d}x \tag{8}$$

式中：μ 和 σ 为参数。

表 1　五种分布不同重现期风速及K-S检验结果

序列	资料长度/年	Weibull			Gumbel			Person-III		
		重现期风速/（m·s⁻¹）		K-S 检验	重现期风速/（m·s⁻¹）		K-S 检验	重现期风速/（m·s⁻¹）		K-S 检验
		50 年	100 年	p 值	50 年	100 年	p 值	50 年	100 年	p 值
1	30（1988—2017 年）	32.04	33.03	0.7	28.04	31.43	0.8	33.53	35.25	0.83
2	25（1993—2017 年）	32.63	33.62	0.86	28.61	32.06	0.89	34.01	35.62	0.81
3	20（1998—2017 年）	32.99	34.01	0.7	28.89	32.37	0.97	34.61	36.35	0.86

序列	资料长度/年	GEV			Lognoramal		
		重现期风速/（m·s⁻¹）		K-S 检验	重现期风速/（m·s⁻¹）		K-S 检验
		50 年	100 年	p 值	50 年	100 年	p 值
1	30（1988—2017 年）	33.83	35.72	0.93	33.57	35.41	0.93
2	25（1993—2017 年）	33.64	35.06	0.91	34.65	36.59	0.92
3	20（1998—2017 年）	34.62	36.41	0.95	34.76	36.69	0.96

表 1 列出了五种极值模型不同资料长度下不同重现期风速及K-S检验结果。从表 1 可以得出：①不同分布模型风速的重现期预测值都不相同；且同一模型，当资料长度改变时，预测结果也是存在明显差异。②K-S检验，一般p值大于 0.25 可以判断数据拟合较好，以上五种极值模型检验结果都比较好。③五种极值模型中，GEV和对数正态模型的预测结果偏大，Gumbel偏小，Weibull模型预测值处于中间，且资料长度改变时预测结果波动较小，能够较好地拟合极值风速。④引入COV值来表征不确定性变化幅度。COV=标准差/均值，由表 1 计算年极值不同概率模型的不确定性约为：COV=5.46%。

3　取样方法的不确定性分析

阈值法是利用极值理论预估极值风速时另一种取样方法，阈值法由于阈值选取的关系，取样的不确定性较大，阈值法常结合广义Pareto分布（GPD）对数据进行拟合[13]，其分布函数如下：

$$P(X < x | X > u) = 1 - \left[1 + \xi \frac{x}{\sigma + \xi(x-\mu)}\right]^{-\frac{1}{\xi}} \tag{9}$$

为研究阈值取样法带来的不确定性，选择广义Pareto分布模型，对30年日风速数据进行研究。

阈值法的关键在于选择合适的"阈"，史道济[12]给出选择阈值的常用方法：基于广义Pareto分布的平

均超出量函数 $e(u)$。

$$e(u)=E(X<x\mid X>u)=\frac{\sigma-\xi\mu}{1-\xi}+\frac{\xi}{1-\xi}u \tag{10}$$

式中：u 为阈值，ξ 为形状参数，σ 是尺度参数。

　　以阈值 u 为横轴，以平均超出量 $e(u)$ 为纵轴，作出平均剩余寿命图，当形状参数 ξ 稳定时，图形近似直线，因此可以把直线段所对应的横坐标，作为阈值可选范围。根据 30 年日风速数据作出平均剩余寿命图及相应的 95% 置信区间（图 2），直线段对应横坐标为[15,19]，作为阈值的初选范围。

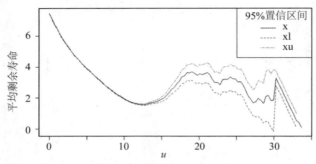

图 2　平均剩余生命图及 95% 置信区间

　　为了进一步确定阈值，在[15,19]内，均匀选取 100 个值，作出 ξ 和 σ 关于阈值 u 的图像见图 3。

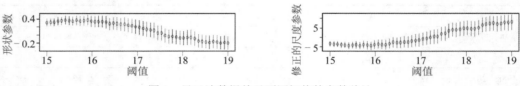

图 3　日风速数据关于不同阈值的参数估计

　　当阈值 u 小于 18 时，参数波动小，基本是稳定的，又考虑样本独立性，阈值初选为 18，并作出日风速数据 GPD 分布的概率、分位数、重现水平及密度函数诊断图，见图 4。

　　由图 4 知，$u=18$ 时与 GPD 分布拟合较好，为进一步分析，选取不同阈值时，所产生的模型参数估计的不确定性，作表 2，表中显示了不同阈值时模型参数估计及标准差（括号内），重现期估计值。由表 2 可知选定不同的阈值，同一资料，将产生不同的样本，并导致参数估计的不同，进而影响重现值的预估，导致不确定性的产生。因此选择合适的阈值，是使用 GPD 模型预估重现值的关键。选取不同阈值时所计算的不确定性 $COV=3.38\%$。

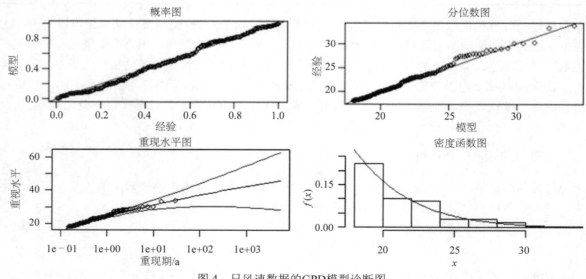

图 4　日风速数据的 GPD 模型诊断图

表 2　不同阈值时模型参数和重现值

阈值 u	样本数	超阈率	参数		重现值	
			σ	ξ	50 年	100 年
17.6	225	0.002 568 4	3.179 (0.355 1)	0.0226 (0.089 61)	37.77	40.31
17.8	205	0.002 341 0	3.48 (0.388 5)	−0.0346 (0.087 16)	36.18	38.13
18	190	0.002 168 9	3.649 (0.412 6)	−0.066 (0.086 88)	35.48	37.17
18.2	180	0.002 054 7	3.629 (0.426 5)	−0.0647 (0.091 01)	35.51	37.21

4　模型参数估计的不确定性分析

参数的估计方法有许多种，同一分布模型，采取不同的参数估计方法，得到的重现值也会有明显差异，表 3 对比了 Gumbel、Weibull、GEV 三种概率分布模型分别使用矩法、最小二乘法和极大似然法估计重现值所产生的差异。

表 3　三种参数估计方法预测结果比较

方法	Gumbel			Weibull			GEV		
	参数	50 年	100 年	参数	50 年	100 年	参数	50 年	100 年
矩法	0.278 2 20.833 1 —	28.14	31.53	5.734 24.763 —	31.45	32.36	−0.069 20.421 4.205	34.81	36.7
最小二乘法	0.227 1 20.676 7 —	27.98	31.35	5.031 24.416 —	32.02	33.08	−0.058 54 20.72 4.495 4	36.4	38.85
极大似然法	0.265 8 20.751 7 —	28.04	31.43	5.327 24.801 —	32.04	33.03	−0.085 20.925 3.886	33.83	35.71

注：Gumbel 分布参数依次为式（5）的 A 和 B；Weibull 分布参数依次为式（4）的 γ 和 β；GEV 分布参数依次为式（7）的 k, μ 和 α。

由表 3 可知，由于参数估计方法不同也会导致极值风速的预测产生不确定性。在参数计算方法中，史道济推荐极大似然法[12]，因参数估计方法不同引起的不确定性 COV=4.33%。

5　取样区间选择的不确定性

由表 1 可以发现，样本区间的选择，也会对预测结果产生很大影响，因此对原始资料采用不同分布以每 20 年，25 年的年极值分组，进行滑动取样，见图 5，观察其变化。并以 20 年，25 年取样，比较风速估计值的均值、标准差，COV 值，以分析由取样区间变化引起的不确定性，见表 4。由表 4 和图 5 可知，取样区间不同，估计值会有差异，随着取样数量的增加，不确定性逐渐减小。

表 4　不同样本长度及模型不确定性分析（100 年）

取样组		Weibull	Gumbel	P-III	GEV	Lognormal
20 年	均值	32.19	31.52	34.01	33.12	34.93
	COV	3.92%	2.15%	4.97%	7.07%	3.16%
25 年	均值	32.63	31.29	34.74	34.62	35.05
	COV	3.28%	1.47%	3.65%	4.59%	3.02%

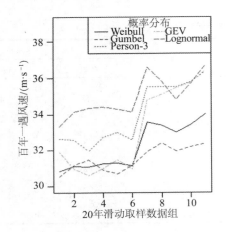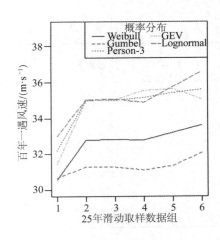

图5　不同样本长度下滑动取样对比

6　结　语

通过对广东某海域日风速后报数据的统计计算和分析，初步可以得到以下几点结论：

1）使用 CCMP 风场作为背景风场与 Jelesnianski 台风模型生成的台风风场以一定的权重系数相叠加构造模拟目标海域长期风况，经过与实测数据对比，具有很好的适用性，可以为海上风能发电，海上风能资源开发等工作提供基础环境数据。

2）由于存在统计模型、取样方法和区间、参数估计方法的不确定性，会导致极值风速的预测存在一定的风险。本文计算极值风速的总不确定性约为 $COV=\sqrt{COV_1+COV_2+\cdots+COV_n}=7.74\%$。

3）使用年极值法预测极值风速时，使用了五种极值模型，GEV 和对数正态模型的预测结果偏大，Gumbel 偏小，Weibull 模型预测值处于中间且波动较小，因此优先推荐 Weibull 模型。但在实际应用年极值法时，应该采用多种极值模型进行计算，充分比较，选择最适宜方案。

4）为减小工程设计中的不确定性，年极值法预测极值风速时应该尽可能多的使用环境要素样本，充分比较，选择合适的取样方法，最好不要少于 20 年，当资料年限较短时，阈值法对样本的利用更充分。

参考文献：

[1]　张海锋. 海上风力发电技术及研究[J]. 资源节约与环保, 2017(6): 15-16.

[2]　金伟晨, 徐晓丽. 海上风电产业"淘金热"[J]. 中国船检, 2017(6): 70-73, 106-107.

[3]　朱松晔, 朱子默, 柯世堂. 海上风机灾害分析及健康监测技术综述[J]. 南方能源建设, 2018, 5(2): 47-59.

[4]　方华灿, 高国华. 海洋环境载荷的不确定性分析[J]. 石油机械, 1994(9): 25-30, 65.

[5]　雷方辉, 谢波涛, 王俊勤. 海洋环境要素计算不确定性分析[J]. 海洋工程, 2012, 30(4): 109-117.

[6]　KWON S D. Uncertainty analysis of wind energy potential assessment[J]. Applied Energy, 2010, 87(3): 856-865.

[7]　高成志, 郑崇伟, 陈璇. 基于 CCMP 风场的中国近海风能资源的长期变化分析[J]. 海洋预报, 2017, 34(5): 27-35.

[8]　ANDERSEN R A, MORTON S L, SEXTON J P. CCMP - provasoli-guillard national center for culture of marine phytoplankton list of strains[J]. Journal of Phycology, 2004, 33(s6): 1-75.

[9]　李昕雪, 王迎光. 不同外推方法求解近海风机的极限载荷[J]. 上海交通大学学报, 2016, 50(6): 844-848.

[10]　夏一青, 王迎光. 应用统计外推求解近海风机面外叶根部弯矩最大值[J]. 上海交通大学学报, 2013, 47(12): 1968-1973.

[11]　PANDEY M D, VAN GELDER P H A J M, VRIJLING J K. The estimation of extreme quantiles of wind velocity using L-moments in the peaks-over-threshold approach[J]. Structural Safety, 2001, 23(2): 179-192.

[12]　史道济. 实用极值统计方法[M]. 天津: 天津科学技术出版社, 2006.

[13]　ROSS W H. A peaks-over-threshold analysis of extreme wind speeds[J]. Canadian Journal of Statistics, 1987, 15(4): 328-335.

海上浮式风机耦合运动响应的研究

王　强，廖康平，马庆位，郝红彬，杨超然

（哈尔滨工程大学，黑龙江 哈尔滨 150001）

摘要： 受陆地面积等多种因素的限制，近年来人们开始将目光转向海洋，海上浮式风机得到了快速发展，同时也得到了许多学者、研究机构和政府的关注并对其进行了相关的研究。经过多年的研究发现，浮式风机在海上运行时受波浪和风的联合作用，将会产生六自由度运动，浮式风机的运动不仅影响风机的发电效率，同时也对浮式风机结构的可靠性产生影响。因此，浮式风机运动响应的研究对于提高风机的发电效率和结构的可靠性具有重要意义。本文使用商业 CFD 软件 STAR-CCM+来模拟浮式风机在波浪下的运动。首先对浮式基础进行了自由衰减分析，从而确定浮式基础各个运动的固有周期，然后研究了浮式风机在波浪下的运动响应及其推力和功率随时间的变化。浮式风机在波浪下运动响应的研究，不仅对于提高风机的发电效率和结构的可靠性具有重要意义，同时还可用于指导浮式风机的相关设计。

关键词： CFD；浮式风机；运动响应

浮式风机的概念于 20 世纪 70 年代由 Heronemus 提出，由于当时技术的制约，直到 20 世纪 90 年代浮式风机才开始发展应用。海上浮式风机系统由系泊系统、支撑平台系统和风机系统三部分组成。风机在海上运行时，在风和浪的作用下会产生六自由度（纵荡、垂荡、横荡、纵摇、横摇、艏摇）运动。

浮式风机在风浪联合作用下的六自由度运动，将会影响风机的发电效率。其中纵荡和纵摇运动对浮式风机性能影响最大，会导致风机的推力和功率产生周期性波动，同时风机推力和功率的平均值会有所降低。同时，浮式风机的六自由度运动是其结构损坏的一个诱因。因此对浮式风机在波浪下的运动响应进行研究不仅可以提高浮式风机的发电效率，还可以提高浮式风机结构的可靠性。目前，关于浮式风机运动的相关研究也取得了一些进展。

Than 等[1]使用基于非定常叶素动量理论的传统数值方法和先进的计算流体动力学方法来模拟旋转叶片在纵摇和艏摇情况下的运动。结果表明，纵摇和艏摇运动下的旋转叶片和叶片尖端涡流之间存在流动相互作用的现象。他们计算了纵摇运动下叶片受到的气动力载荷，为了表明风机在纵摇运动下受气动力载荷变化的影响，还比较了每一个叶片受到的气动力载荷；Sean 等[2]使 CFD 软件 CFD Ship-Iowa V4.5 模拟了风机纵摇和纵荡运动下塔架和叶片相互作用对风机气动性能的影响。研究结果表明，与负的纵摇和纵荡运动相比，正的纵摇和纵荡运动对叶片和塔架相互作用的影响更大。观察到叶片和塔架相互作用的效应在塔架前方位角大约 30°处开始产生，并且在叶片通过塔架后旋转 40°方位角后结束。该方位角范围可以用作开发单个叶片变桨控制方案的第一个近似值，以试图减轻叶片塔架相互作用的效应。Sebastian 和 Lackner[3]模拟了浮式基础纵摇运动对风机气动性能的影响，研究表明由于来流通过风机旋转平面后变得不均匀，并伴随有风剪切和梯度，流动的偏斜，局部速度的快速变化以及旋转尾流之间的相互作用将对浮式风机的空气动力性能产生重要影响。

目前，关于浮式风机运动的模拟主要集中在给定运动下的模拟，而关于风浪的耦合模拟较少。本研究使用商业 CFD 软件 STAR-CCM+来模拟浮式风机在风浪联合作用下的运动响应。研究表明，波浪和风的联合作用对浮式风机的纵荡运动、纵摇运动以及垂荡运动影响较大。

1　数值模型

1.1　控制方程

在本研究中，基本的流动方程用的是积分型的 N-S 方程，应用分离流模型来求解流动方程。湍流模型使用的是 SST k-ω 湍流模型，压力速度修正使用的是 SIMPLE 算法，对流项使用的是二阶迎风格式，时间离散使用的是二阶中心差分[4]。除此之外，滑移网格技术被用于模拟叶片的旋转运动，与重叠网格技术相比，滑移网格在迭代过程中不需要对网格进行挖洞，因此可以大大提高计算效率[5]，整个浮式风机在波浪下的运动使用的是重叠网格技术[6]。

N-S 方程由连续性方程和动量方程构成[7]：

$$\frac{\mathrm{d}}{\mathrm{d}t}\int_V \rho \mathrm{d}V + \int_S \rho(\boldsymbol{v}-\boldsymbol{v}_b)\mathrm{d}S = 0 \tag{1}$$

$$\frac{\mathrm{d}}{\mathrm{d}t}\int_V \rho \mathrm{d}V + \int_S \rho(\boldsymbol{v}-\boldsymbol{v}_b)\otimes \boldsymbol{v}\mathrm{d}S = \int_S (T - p\boldsymbol{I})\mathrm{d}S + \int_V \rho b \mathrm{d}V \tag{2}$$

式中：ρ 是流体密度；V 是控制体；S 是控制体的表面积；$\boldsymbol{v}$ 是流体的速度矢量；$\boldsymbol{v}_b$ 是控制体表面的速度；t 是时间；T 是黏性应力张量；$\boldsymbol{I}$ 是单位矩阵；b 是物体所受的合力（包括重力、物体做旋转运动受到的力等）。黏性应力张量的定义如下式所示：

$$T = \mu_{\mathrm{eff}}\left[\nabla \boldsymbol{v} + \nabla \boldsymbol{v}^{\mathrm{T}} - \frac{2}{3}(\nabla \bullet \boldsymbol{v})\boldsymbol{I}\right] \tag{3}$$

式中：μ_{eff} 是流体的有效动力黏度。

1.2　计算域及网格划分

图 1 显示了浮式风机系统数值模拟的网格划分。整个计算域的长、宽、高分别为 1 550 m、360 m 和 540 m。上游边界距离平台中心 350 m，下游边界距离平台中心 1 550 m。由于浮式风机模型结构复杂，因此使用切割体网格技术来生成高质量的网格。叶片和平台周围创建网格加密区来捕捉其周围复杂的不稳定流动。整个平台、塔架和机舱近壁面生成 5 层边界层网格，边界层厚度为 0.1 m，增长率为 1.2。风机叶片和桨毂表面的最小网格尺寸为 0.02 m，最大网格尺寸为 0.2 m，边界层厚度为 0.03 m，边界层层数为 5 层，增长率为 1.2。图 1（b）为整个浮式风机模型周围细化的重叠网格区域，图 1（c）为叶片表面的网格拓扑结构。整个网格域分为三部分，即背景区域、机舱–塔架–平台构成的重叠网格区域以及桨毂–叶片构成的滑移网格区域。三个区域的网格数分别为 1 499 364、1 903 706 和 1 463 527。因此整个计算域的网格数量为 490 万。为了准确捕捉自由液面，在对自由液面网格进行加密时波高方向网格尺寸取波高的 1/20，波的传播方向网格尺寸取波长的 1/100。

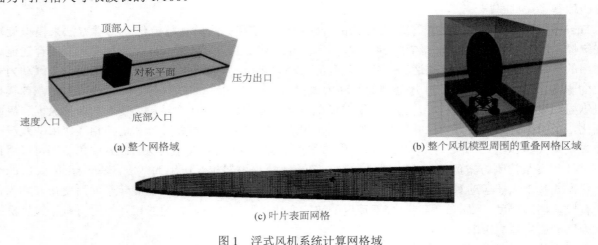

(a) 整个网格域　　　　　　　　　　　　　　　　(b) 整个风机模型周围的重叠网格区域

(c) 叶片表面网格

图 1　浮式风机系统计算网格域

1.3　边界条件

从图 1（a）可以看到浮式风机系统数值模拟时使用的边界条件。上游入口边界、底部和顶部边界设置为速度入口。浮式风机模型的几何表面设置为无滑移壁面条件，整个计算域的左右平面设置为对称边界条件，下游出口设置为压力出口边界条件。为了避免下游边界的波浪反射，在下游出口前方设置消波区，消波区长度取 2 倍波长[8]。

浮式风机系统耦合运动的模拟使用的是 DFBI 方法，其中来流风速设为 11 m/s；波高和波的周期分别为 7.58 m 和 12.1 s。风机叶片的转速为 11.89 rpm，即叶片旋转一周用时 5.046 s。时间步长取 0.025 s。该时间步长不仅能够很好地预测风机在风浪联合作用下的推力和功率，同时还满足 VOF 波对时间步长的要求[8]。

2　几何模型

2.1　NREL 5 MW 风机几何参数

模拟使用的风机为美国国家可再生能源实验室（NREL）设计的 5 MW 风机。该风机主要由叶片、桨毂、机舱和塔架构成[9]。风机叶片的相关参数见表 1。

表 1　风机叶片整体参数

参数	数值	参数	数值
风轮旋转方向	迎风型	桨毂距离水线面高度	90 m
风轮结构形式	三叶片	塔架顶部距离水线面高度	87.6 m
风轮的直径	126 m	叶片质量	1.645×10^4 kg
桨毂直径	3 m		

机舱主要用于安装风机发电所需的相关传动装置和控制装置，塔架是连接风机和浮式基础的主要构件，其对浮式系统的动力学特性有着重要的影响。塔架底部与浮式平台刚性连接，塔架顶部与机舱采用轴承连接，机舱和塔架的详细参数可参阅文献[10]。

2.2　浮式平台几何参数

浮式基础采用的是美国国家可再生能源实验室设计的 OC4-DeepCwind 半潜式平台，该平台由三个主体立柱和一个中心立柱组成，三个主体立柱用来提供系统所需要的浮力，一个中心立柱用来支撑风机。各组件之间通过桁架结构进行刚性连接，平台通过锚链固定在海上，锚链的相关参数见文献[10]。浮式基础的详细参数见表 2。

表 2　浮式基础整体参数

参数	数值	参数	数值
平台底部距离水线面的距离（总吃水）/m	20.0	重心位于水线面以下的位置（沿着平台中心线）/m	14.4
平台顶部距离水线面的距离/m	10.0	关于质心的横摇惯性矩/（kg·m²）	$8.011\,00 \times 10^9$
平台的质量（包括压载水）/kg	$1.344\,40 \times 10^7$	关于质心的纵摇惯性矩/（kg·m²）	$8.011\,00 \times 10^9$
排水体积/ m³	$1.398\,68 \times 10^4$	关于质心的艏摇惯性矩/（kg·m²）	$1.391\,00 \times 10^{10}$

3　结果分析

3.1　浮式基础自由衰减分析

在平台自由衰减分析中，静水波模型被加在入口边界条件中。在该模拟中，不考虑风和波浪的影响，空气密度为 1.225 kg/m³，水的密度为 1 025 kg/m³。

表 3 是不同方法得到的平台固有周期的对比，从表中可以看到艏摇的固有周期与试验值相比误差较大，但最大误差不超过 10%。通过与试验值的对比发现在误差允许的范围内，STAR-CCM+ 可以很好地模拟物体在流体中的运动。这意味着，STAR-CCM+ 可以用于浮式风机系统的耦合模拟。

表 3　半潜式平台六自由度运动固有周期（s）对比

运动状态	试验值[10]	FAST[10]	Simo[11]	本文	相对试验值的误差/（%）
纵荡	107	120	115.9	116	7.8
横荡	112	120	110.8	118.5	5.8
垂荡	17.5	17.7	17.1	17.55	0.28
纵摇	26.8	25	25.8	25.04	6.6
横摇	26.9	25	26	25.5	5.2
艏摇	82.3	75	80.2	74.5	9.5

3.2 浮式风机风浪耦合模拟

图 2 所示的是浮式风机在风浪联合作用下各自由度运动幅值随时间的变化。从图中可以看到，横摇、横荡和艏摇运动幅值较小，与其他三个自由度的运动相比可忽略。因此本文主要关注浮式风机的纵荡、纵摇和垂荡运动。观察图 2（a）可以发现纵荡运动的时历曲线出现了两个周期性波动，这一现象在纵荡运动前期表现的尤为明显，且随着时间的推移这一现象逐渐消失。从图 2（a）可以看到，在前 200 s 内，曲线波动的周期一个为 12 s，另一个为 98 s。其中周期为 12 s 的波动，其波动周期与波浪的周期相一致，因此该波动是由于波浪作用导致的；而周期为 98 s 的波动，其波动周期与平台纵荡运动的固有周期（表 3）相接近，且随着时间的推移该波动逐渐减弱直至消失。而纵摇运动并未出现这种双频现象，结合表 3 可知，垂荡和纵摇运动的固有周期与波浪周期在同一量级上，而纵荡运动的固有周期要远大于波浪的周期，因此浮式风机纵荡运动时历曲线出现双频现象的原因是浮式基础纵荡运动的固有周期与波浪周期相差太大，从而导致了浮式风机在波浪作用下其纵荡运动在初期出现了双频的现象。随着时间的推移，浮式风机在波浪下的运动逐渐稳定，因此纵荡运动双频现象逐渐减弱直至消失。观察图 2（c）可以看到，浮式风机的垂荡运动也出现了双频现象，由于浮式风机垂荡运动受波幅的影响较大，因此垂荡运动双频现象主要是由于波浪的反射造成的。

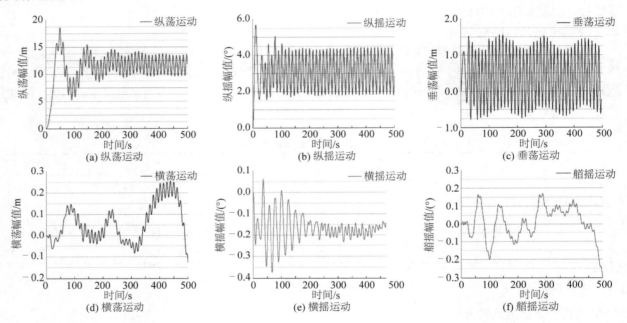

图 2 浮式风机六自由度运动时历曲线

图 3 是浮式风机在风浪联合作用下推力和扭矩随时间的变化情况情况。

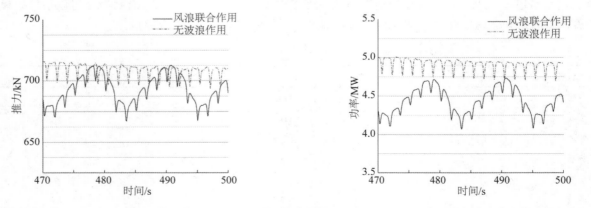

图 3 浮式风机推力和功率随时间的变化

从图中可以看到，推力和扭矩都出现了周期性波动，大的周期性波动是由于平台的六自由度运动导致的，小的周期性波动是由于叶片和塔架之间的相互作用导致的[12]。从图中可以看到，与无波浪作用相比，风浪联合作用下浮式风机的推力和功率的均值减小，同时叶片和塔架之间的相互作用出现了周期性变化。风浪联合作用下叶片和塔架之间的相互作用强度出现周期性变化是由于浮式风机的周期性纵荡和纵摇运动导致的，当风机做向前的纵荡和纵摇运动时，风机的相对风速增大，叶片和塔架之间的干扰增强，当风机做向后的纵荡和纵摇运动时，风机的相对风速减小，叶片和塔架之间的干扰减弱。因此风浪联合作用会导致浮式风机推力和功率的均值减小，同时使得叶片和塔架之间的相互作用出现周期性变化。

4　结　语

通过对浮式风机风浪耦合运动下的模拟我们能够得到如下结论：

1）风浪联合作用对浮式风机纵荡、纵摇以及垂荡运动影响较大，而对横荡、横摇以及艏摇运动的影响较小；

2）浮式风机纵荡运动时历曲线出现双频现象的原因是浮式基础纵荡运动的固有周期与波浪周期相差太大，从而导致了浮式风机在波浪作用下其纵荡运动在初期出现了双频的现象；

3）浮式风机的垂荡运动也出现了双频现象，由于浮式风机垂荡运动受波幅的影响较大，因此垂荡运动双频现象主要是由于波浪的反射作用造成的；

4）风浪联合作用会导致浮式风机推力和功率的均值减小，同时使得叶片和塔架之间的相互作用出现周期性变化。

参考文献：

[1] THAN T T, KIM D H, SONG J. Computational fluid dynamic analysis of a floating offshore wind turbine experiencing platform pitching motion[J]. Energies, 2014, 7(8): 5011-5026.

[2] SEAN Q, TAO X. An investigation of the blade tower interaction of a floating offshore wind turbine[C]//Proceedings of The 25th International Offshore(Ocean) and Polar Engineering Conference, 2015: 2-5.

[3] SEBASTIAN T, LACKNER M A. Characterization of the unsteady aerodynamics of offshore floating wind turbines[J]. Wind Energy, 2012, 16(3): 339-352.

[4] THAN T T, KIM D H. The coupled dynamic response computation for a semi-submersible platform of floating offshore wind turbine[J]. Journal of Wind Engineering and Industrial Aerodynamics, 2015, 147: 104-119.

[5] ABDULQADIR S A, IACOVIDES H, NASSER A. The physical modelling and aerodynamics of turbulent flows around horizontal axis wind turbines[J]. Energy, 2017, 119: 767-799.

[6] HADZIC H. Development and application of finite volume method for the computation of flows around moving bodies on unstructured Overlapping Grids[D]. Germany: Technical University Hamburg-Harburg, 2005.

[7] THAN T T, KIM D H. A CFD study into the influence of unsteady aerodynamic interference on wind turbine surge motion[J]. Renewable Energy, 2016, 90: 204-228.

[8] THANH T T, KIM D H. Fully coupled aero-hydrodynamic analysis of a semi-submersible FOWT using a dynamic fluid body interaction approach[J]. Renewable Energy, 2016, 92: 244-261.

[9] JONKMAN J, BUTTERFIELD S, MUSIAL W, et al. Definition of a 5-MW reference wind turbine for offshore system development[R]. National Renewable Energy Laboratory, 2009.

[10] JONKMAN J, BUTTERFIELD S, MUSIAL W, et al. Validation of a FAST semi-submersible floating wind turbine numerical model with DeepCwind test data[J]. Journal of Renewable and Sustainable Energy, 2013, 5(2):023116.

[11] MUZAFERIJA S, PERIC M. Computation of free surface flows using interfacetracking and interface-capturing methods[M]. Mahrenholtz O, Markiewicz M. Nonlinear Water Wave Interaction, Southampton: Computational Mechanics Publications, WIT Press, 1999.

[12] WANG Q, ZHOU H. Numerical simulation of wind turbine blade-tower interaction[J]. Journal of Marine Science and Technology, 2012, 11(3): 321-327.

基于致动线方法的串列浮式风机组气动性能研究

于子英[1]，郑 兴[1]，马庆位[2,1]，郝红彬[1]，杨超然[1]

（1. 哈尔滨工程大学，黑龙江 哈尔滨 150001；2. 伦敦城市大学 工程与数学科学学院，英国 伦敦）

摘要： 致动线方法，又称激励线方法，其核心思想是将叶片本身用其所受的一系列气动力作用点代替，这些气动力作为动量方程中的源项来体现风机叶片对流场的作用。该方法无需对叶片进行建模，无需划分边界层，由于气动力来源于试验结果，因而其求解速度快，计算精度较高，利于大型浮式风机的模拟。在 OpenFOAM 平台上使用软件包 turbinesFoam 对串列布置的大型浮式风机 NREL 5-MW 组进行模拟研究，使用大涡模拟的方法计算串列三台风机的气动性能，给出下游风机尾涡变化，并推广至风电场的规模，研究其规律，以期为相关领域提供参考。

关键词： 致动线；大涡模拟；NREL 5-MW；风机组；气动性能；风机叶片；尾涡

伴随着风电技术的发展，内陆风机逐渐转型为大型海上浮式风机，风场规模逐渐变大。在风电场中，上游风机将提取部分风能导致后方速度亏损，使下游风机产能降低[1]，且上游风机的尾流中存在复杂的涡结构，使得下游风机疲劳载荷增加[2-3]。传统对于风机尾流的研究主要使用计算流体力学（CFD）方法，该方法通过求解三维 Navier-Stokes（N-S）方程组，可以获得准确的流场信息。然而这种方法需要考虑叶片边界层以及叶片旋转所需动网格，使得网格数量较大，计算资源需求大。如果研究尾流的影响，还需要对风机后方区域网格进行加密，进一步增加了网格数量。该缺点在研究风电场问题时被进一步放大，风电场中风机数量多，为了研究风机之间的相互影响，还需对大部分尾流区域加密，这样会使求解计算时间大幅度增加，不利于科学研究。

致动线方法（ALM）是由 Sørensen 和 Shen[4]提出的，该方法采用体积力来替代叶片对流场的作用，省略了边界层网格以及动网格，大幅降低了网格数量，十分利于大型风电场的研究。钱耀如等[5]运用该方法结合大涡模拟对串列双风机尾流干扰进行了研究，分析了尾流速度场以及尾涡结构的分布；Jha 等[6]对该方法进行改进，研究了在大气边界层中串列风机的相互影响，分析了气动性能的变化以及尾流场的分布；Fleming 等[7]使用 SOWFA 中的致动线模块分析了不同仰角以及偏航角下的输出功率的变化规律；艾勇等[8]采用致动线模型研究了两风机之间复杂尾流干扰效应。

在 Yu 等[9]的研究基础上，本研究使用致动线结合大涡模拟的方法对均匀来风下的串列布置三台 NREL 5MW 风机的气动性能以及尾流场变化进行模拟研究，并推广至风电场的规模，对整个风场进行了简要分析。

1 致动线方法

在致动线方法中，真实叶片被一系列的体积力作用点所代替，这些体积力由当地攻角与升阻力系数所确定，首先将叶片划分为若干小段的叶素，每一叶素所受的升力 L 与阻力 D 分别由下式计算：

$$L = \frac{1}{2} C_l(\alpha) \rho U_{rel}^2 c dr \tag{1}$$

$$D = \frac{1}{2} C_d(\alpha) \rho U_{rel}^2 c dr \tag{2}$$

式中：$C_l(\alpha)$ 和 $C_d(\alpha)$ 分别为升阻力系数，它们由物理试验测量所得的；α 为当地攻角；U_{rel} 为叶素的相对速度；c 为该叶素的弦长；dr 为叶素宽度。

因此，该叶素所受气动力 f 可由上述升力 L 与阻力 D 向量表示为

$$f = (L, D) \tag{3}$$

在求得某一叶素的受力后，需要将其分布于网格点上，以考虑该力对流场的作用，同时为了避免奇异性，采用 Gaussian 光顺函数 η_ε 进行修正：

$$\eta_\varepsilon = \frac{1}{\varepsilon^3 \pi^{3/2}} \exp\left[-\left(\frac{d}{\varepsilon}\right)^2\right] \tag{4}$$

式中：ε 为光顺函数长度因子，本文取 2 倍的网格长度；d 为流场中某一点 (x, y, z) 距离致动线作用中心点的距离。

故作用于流场中的气动力，即动量方程中的体积力为

$$f_\varepsilon = f \otimes \eta_\varepsilon \tag{5}$$

将上述体积力带入到动量方程中，求解流场：

$$\frac{\partial V}{\partial t} + V \cdot \nabla V = -\frac{1}{\rho}\nabla p + \nu\nabla^2 V + f_\varepsilon \tag{6}$$

式中：V 为空气流速；ρ 为空气密度，本文取 1.225 kg/m³；ν 为流体的运动黏度，本文取 1.5×10^{-5} m²/s；f_ε 为体积力，在动量方程中作为源项。

此外，为了更为接近实际状况，还考虑了塔架与轮毂的作用，塔架与轮毂的处理方法与叶片相同，以体积力作源项作用于流场，二者使用圆柱对应的升阻力系数。

2　计算模型与计算参数设置

2.1　计算模型

使用美国国家可再生能源实验室（NREL）设计的 5 MW 风机[9]进行模拟研究，该风机的基本参数见表 1。

表 1　NREL 5 MW 风机基本参数

参数名称	数据
叶片数量	3
风轮直径/m	126
轮毂直径/m	3
塔架高度/m	90
额定功率/ MW	5
额定风速/（m·s⁻¹）	11.4
额定转速/（r·min⁻¹）	12.1

2.2　计算域划分与计算参数设置

本文计算域的划分如图 1 和图 2 所示，三台风机串列布置，依次为 Turbine 1，Turbine 2，Turbine 3，相邻两台风机之间的距离为 7 倍风轮直径。两侧壁面采用 cyclic 周期性边界条件，上下边界采用 slip 滑移边界条件。OpenFOAM 中采用有限体积算法求解不可压 N-S 方程，时间项采用 Euler 格式离散，对流项采用一阶与二阶混合的 Gauss liner upwind 格式离散，扩散项采用二阶 Gauss liner corrected 格式离散，采用 PIMPLE 算法（PISO 算法与 SIMPLE 算法相结合的算法）。有关风机叶片、塔架与轮毂的结构参数与气动数据参见文献[10]。计算风速取 8 m/s，此时功率系数较大，风机达到最佳工作状态。为了更清晰的显示出尾流造成的影响，将使用大涡模拟的方法，因此对整个尾流区域进行加密，最小网格尺寸约 1.5 m，网格总数约为 1 300 万。

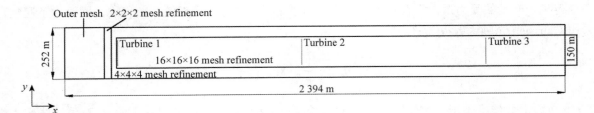

图 1   计算域俯视图

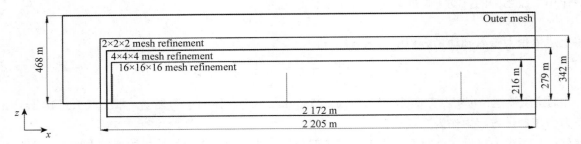

图 2   计算域侧视图

3   计算结果与分析

3.1   功率系数

关于风机产能的考察以输出功率的无量纲形式即功率系数体现，功率系数由式（7）定义为

$$C_P = \frac{P}{0.5\rho U_\infty^3 \pi R^2} \tag{7}$$

式中：P 为风机输出功率；U_∞ 为远方来流风速；R 为风轮半径。

图 3 给出了在模拟 150~200 s 之间三台风机的功率系数变化趋势，从图中可以清晰的看到，上游风机不受下游风机的影响，其自身输出功率达到稳定状态，而位于下游的两台风机：Turbine 2 与 Turbine 3 的输出功率受上游风机的尾流影响损失了约 60%，且当上游风机的尾流区域中的紊乱涡结构到达下游风机时，还会使得下游风机的输出功率极为不稳定。

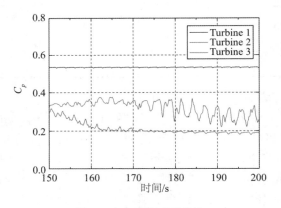

图 3   功率系数时历曲线

3.2   尾流速度场

为了进一步分析上游风机尾流场的影响，本节对尾流速度场进行分析。图 4 给出了尾流速度场的发展过程。从图中可知，在尾流发展初始阶段，三台风机之间尾流相互无影响，上下游风机尾流速度分布相近，可以清晰的观察到风机从来流中提取动量而引起的速度亏损现象。随着尾流逐渐向后发展，待上游风机产生的尾流发展到下游风机时，下游风机的尾流速度场产生明显的紊乱，使得下游风机提取的能量发生紊乱，严重影响下游风机产能。

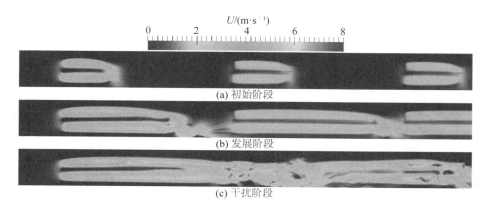

图 4　尾流速度场发展过程

3.3　尾流场涡结构

图 5 为尾涡结构发展过程以及对下游风机造成的影响，与尾流速度场相似，当上游风机尾流未发展到下游风机所在区域时，二者的尾涡结构相似，叶尖涡在旋转数周后，发展为涡面；当上游风机尾流发展到接近下游风机所在区域时，下游风机尾涡产生混乱，当其完全经过下游风机时，下游风机的尾涡发生混乱，叶尖涡提前脱落。从图 5（b）中可知，上游风机的尾涡结构较为规则，而下游两台风机的尾涡极为混乱，这将导致下游风机所受疲劳在和大幅度增加，严重影响自身寿命。

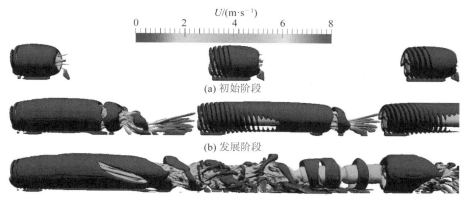

图 5　尾涡结构发展过程

3.4　多风机场尾流

在前文对串列三台风机的模拟研究基础之上，采用同样的模拟方法对多风机场进行研究。图 6 给出了多风机场的尾流速度场发展过程，图 7 给出了尾涡的结构发展过程，可见左右相邻风机之间的影响不大，对风机的影响主要来源于上游风机的尾流。还可观察到，上游风机自身性能以及尾流并不受下游风机的影响，可见在风电场中，除了位于前方的风机能够达到按照设计要求的工作状态，而其余所有风机均处于上游风机的尾流场中，无法达到设计状态。因此在进行数值模拟时，对于设计预定工况的研究意义不大，应多考虑在非正常运行的状态。

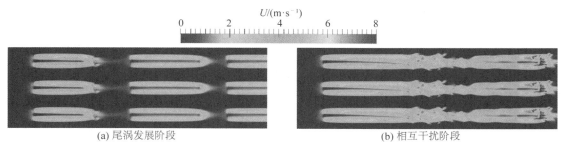

图 6　多风机场尾流速度场发展过程

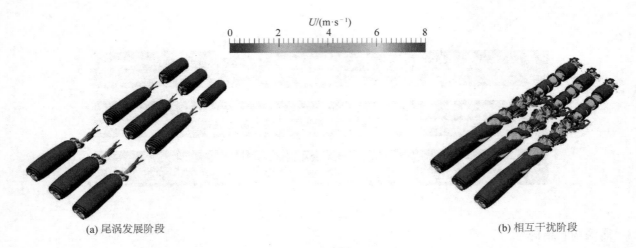

(a) 尾涡发展阶段   (b) 相互干扰阶段

图 7 多风机场尾涡结构发展过程

4 结 语

通过使用致动线方法与大涡模拟相结合，研究了串列布置的三台 NREL 5MW 风机的气动特性以及尾流分布，进而推广到风电场的规模，得到了具有较大意义的结论。

首先，致动线方法能够对多风机场进行模拟研究，解决了多风机场研究耗费计算资源的问题。其次，通过气动特性以及尾流分布研究发现，上游风机的尾流效应对下游风机的影响较大，使得下游风机的输出功率大幅度减少，下游风机尾流也变得极为不稳定，对整个风电场而言，这种现象将严重影响风电场的产能，在实际风场布置与决定控制策略时，应尽量减少尾流的影响。

参考文献：

[1] GAUMOND M, R THOR P E, OTT S, et al. Evaluation of the wind direction uncertainty and its impact on wake modeling at the Horns Rev offshore wind farm[J]. Wind Energy, 2014, 17:1169-1178.

[2] THOMSEN K, S RENSEN P. Fatigue loads for wind turbines operating in wakes[J]. Journal of Wind Engineering and Industrial Aerodynamics, 1999, 80: 121-136.

[3] VERMEER L J, S RENSEN J N, CRESPO A. Wind turbine wake aerodynamics[J]. Progress in Aerospace Sciences, 2003, 39: 467-510.

[4] Sørensen J N, Shen W Z. Numerical modeling of wind turbine wakes[J]. Journal of Fluids Engineering, 2002, 124: 393-399.

[5] 钱耀如, 王同光, 张震宇. 基于大涡模拟方法的风力机气动性能和尾流干扰研究[J]. 中国科学: 物理学 力学 天文学, 2016, 46: 124704.

[6] JHA P K, CHURCHFIELD M J, MORIARTY P J, et al. The effect of various actuator-linemodeling approaches on turbine-turbine interactions and wake-turbulence statistics in Atmospheric Boundary-Layer Flow[C]// Proceedings of the 32nd ASME Wind Energy Symposium, National Harbor, MD, USA, 2014.

[7] FLEMING P, GEBRAAD M O, LEE S, et al. Simulation comparison of wake mitigation control strategies for a two-turbine case[J]. Wind Energy, 2015, 18: 2135-2143.

[8] 艾勇, 程萍, 万德成. 基于致动浅模型的错列式两风机尾流场数值模拟[J]. 海洋工程, 2018, 36(1): 27-36.

[9] YU Z Y, ZHENG X, MA Q W. Study on actuator line modeling of two NREL 5-MW wind turbine wakes[J]. Applied Sciences, 2018, 8: 434.

[10] JONKMAN J, BUTTERFIELD S, MUSIAL W, et al. Definition of a 5-MW referencewind turbine for offshore system development[R]. National Renewable Energy Laboratory: Lakewood, CO, USA, 2009.

桁架式气垫驳船浮式风机支撑平台的初稳性及耐波性研究

郝红彬，郭志群，徐　力，马庆位

（哈尔滨工程大学 船舶工程学院 黑龙江 哈尔滨 150001）

摘要： 风能是一种清洁无污染、可持续利用的可再生能源，由于海上风资源储量丰富，风质量更好，风电开发必将从陆上逐渐走向海上，并且从浅海逐渐走向深海，风机的支撑基础也将从固定式逐渐转向漂浮式。张力腿型、单柱式、半潜型和驳船型是浮式风机的主要支撑形式，其中，驳船型对水深的适应性最好，而且其结构简单，有利于降低开发成本。但驳船型基础在波浪下的运动响应较大，为改善其耐波性，本文对驳船结构进行优化，设计了一种桁架式气垫驳船支撑平台。针对设计的新结构，简要分析了其初稳性，并使用 WAMIT 软件计算其在波浪下的运动响应，评估气垫对驳船平台耐波性的影响。

关键词： 浮式风机；气垫驳船；初稳性；耐波性

风能是一种清洁无污染、可持续利用的可再生能源，相比于陆上风能，海上风能储量更加丰富，风质量和年平均利用时长更高，且对人类生活影响更小。近年来，随着海上风电技术的日益成熟，海上风电并网装机总量逐年上升。目前海上风电开发主要集中在浅水海域，随着水深的增加，风速更大、风切变更小，因此未来海上风电的开发必然走向深水海域。

固定式和漂浮式是海上风电的两大支撑基础，固定式基础主要应用在浅水海域，其工程造价随水深的增加快速增长，一般认为，当水深超过 30~50 m 时，漂浮式基础的经济性将会超过固定式基础[1]。也有人建议，当水深超过 30 m 时就应当考虑漂浮式基础[2]。

海上风电的漂浮式基础有四种主要形式，分别为驳船型（Barge/Pontoon）、半潜型（Semi-submersible）、张力腿型（TLP）和单柱式（Spar）[3]。TLP 型和 Spar 型支撑基础都对水深有一定要求，TLP 型需要一定的水深适应潮差的影响，一般认为其应用的最小水深约为 70 m；Spar 型的主体吃水较深，其需求的最小水深约为 100 m，只有驳船型和半潜型支撑基础能够覆盖 30~70 m 水深的海域。与半潜型支撑基础相比，驳船型基础对水深的适应性更好，而且其结构更加简单，能够使用钢筋混凝土建造，既可以降低成本又可以克服海水腐蚀的问题。但驳船型基础的缺点是耐波性不好，在波浪作用下的运动响应较大。

对于这种气垫支撑的浮式结构，气垫和平台结构之间存在耦合关系，求解其稳性问题时需要先求解气垫内部气体状态，当平台倾角较小时，气垫和结构的耦合作用不明显，可以忽略。但是，在波浪作用下求解结构的运动响应时，气垫的引入大大增加了求解的难度。

1　桁架式气垫驳船浮式风机支撑平台结构设计

驳船型基础的耐波性可以通过运动阻尼器加以改善，常用的被动式阻尼器主要有：减摇水箱（ARTs）、协调水柱阻尼器（TLCDs）、协调质量阻尼器（TMDs）、开底缓冲水箱（OBTs）、升沉阻尼板（HBPs）等[4]。协调水柱阻尼器的工作原理与减摇水箱基本相同，在此把它们考虑为同一种阻尼器。开底缓冲水箱实际是通过在结构的底部和水面之间形成一定厚度的气垫，水通过气垫对结构物产生作用，因而也可称为气垫式缓冲器。

对于 ARTs（TLCDs）和 TMDs，Luo 等[5-6]研究分析了减摇水箱对于浮式水平轴风机运动的控制特性；Shadman 和 Akbarpour[7]对比分析了 V 型和 U 型协调水柱阻尼器对于浮式风机横摇运动控制的效果；Zeng 等[8]提出了一种 S 型 TLCDs，并详细分析了其对深水浮式平台运动的控制效果；Lackner 和 Rotea[9]将协调质量阻尼器应用于浮式风机，并对被动式 TMDs 控制参数进行了优化。研究结果显示，减摇水箱（含协调水柱阻尼器）和协调质量阻尼器可以减小横摇或纵摇运动响应，不能减小垂荡运动响应。OBTs 和 HBPs 既能减小横摇或纵摇运动响应，也能减小垂荡运动响应。HBPs 是当前发展比较成熟的运动控制阻尼器，已经成功应用于 WindFloat2MW 海上浮式风机示范电站的运动控制[10]。但是 HBPs 的造价较高，相对而言，OBTs 的经济性较好，更适合应用于驳船型浮式支撑平台，OBTs 和驳船平台构成了一个气垫支撑的浮式结构。

气垫支撑结构的概念最早出现在浮式海洋平台上[11]，有单气垫和多气垫支撑。单气垫支撑的浮式结构，由于其相对浮心位置固定，稳性较差[12]，将单气垫分隔成多气垫可以提高稳性，同时，增加气垫周围侧壁的厚度也可以提高稳性[13]。

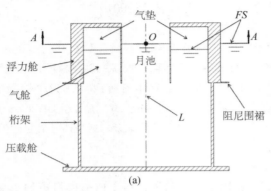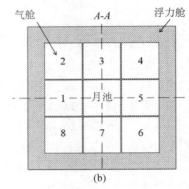

图 1　桁架式气垫驳船浮式平台示意

根据 OBTs 和驳船型平台的特点，本文对两者结构进行改进和组合，形成了如图 1（a）所示的桁架式气垫驳船浮式平台（ASTBP）。平台主要由顶部驳船主体、底部压载舱和中间连接桁架组成，顶部驳船主体包括浮力舱和气舱。浮力舱提供系统所需的浮力，增加结构的截面惯性矩，提高支撑平台的稳性，同时也可以增加结构的强度；浮力舱底部外侧设计了一圈阻尼围裙板，可以增加平台运动时的黏性阻尼，减小结构在波浪下的运动响应。气舱被分隔成多个小气室单元[图 1（b）]，气室舱壁和内部自由液面组成的密闭空气形成气垫，平台运动时起到空气缓冲弹簧的作用，进而减小平台的运动响应，此外，当气室内部气压大于外部气压时，还可为系统提供部分浮力。桁架连接驳船主体和底部压载舱，并且可以穿过驳船主体上下移动，这样可以根据工作水深调节系统的重心，当风机在较深的水域工作时，可以下调系统的重心，增加稳性，此外，平台在岸边的船坞内建造安装完成后向外拖航时，可以先把底部的压载上提，使平台能够顺利通过近岸的浅水区。压载舱布置在下方，既可以降低系统重心，提高系统稳性，又可以充当垂荡板的作用，减小系统的垂荡响应。对应于 NREL-5MW 的风机模型，该平台的主尺度参数见表 1。

表 1　桁架式气垫驳船浮式平台主尺度参数

参数	数值	参数	数值	参数	数值
浮力舱外边边长/m	31.6	气室边长/m	8.0	压载舱边长/m	32.0
浮力舱内边边长/m	24.4	浮力舱吃水/m	6.31	干舷高度/m	5.0
压载高度/m	0.81	气垫高度/m	5.0	总吃水/m	20.0
气室数量/个	8	轮毂高度/m	90	转子和机舱总质量/kg	350 000
塔架质量/kg	347 460	系统总质量/kg	3 455 000	系统总重心/m	0.0, 0.0, 1.54

2　理论分析

对于这种气垫支撑的浮式结构，气垫和平台结构之间存在耦合关系，求解其稳性问题时需要先求解气垫内部气体状态，当平台倾角较小时，气垫和结构的耦合作用不明显，可以忽略。但是，在波浪作用下求解结构的运动响应时，气垫的引入大大增加了求解的难度。

Pinkster 等[14]研究了方形气垫支撑结构，通过格林函数法和三维线性辐射/衍射理论预报其在波浪下的运动响应和气垫内部气压，结果与 Tabeta[15]的试验结果吻合良好。

另外也有很多研究基于势流理论，Lee 和 Newman[16-17]基于势流理论研究了超大型浮式气垫支撑平台在波浪中的波阻，气垫中自由表面的垂直运动用一系列生成的傅里叶模态表示，内部气体运动的影响由推导的空气动力学附加质量系数表示，其在 2016 年又做了进一步改进，用生成的傅里叶模态表示气垫内部振荡压力的变化，此改进已应用在 WAMIT 软件中。Ikoma 等[18]基于势流理论和压力分布法研究了气垫支撑的弹性浮体，结果显示气垫可以有效减少波浪漂移力和浮体的运动响应。针对气垫支撑的巨型浮体，Kessel[13]基于三维线性势流理论分析了其运动响应，结果表明，此方法能够准确求解浮体的运动状态，浮体的横摇和纵摇运动响应得到了改善，而且作用在结构上的波浪弯矩也显著降低。

2.1　初稳性分析

以迎浪方向为例，如图 2 所示，ASTPB 受到外部力矩 M_E 作用后，平台发生纵摇以获得恢复力矩 M_R 平衡 M_E，平衡后，设平台的纵摇角度为 θ。L 是 ASTBP 的中心线，在静水中，L 与水面的交点为 O 处自然浮动状态的自由表面相交。以 O 为原点建立如图 2 所示的体坐标系 $O\text{-}xyz$ 和水平坐标系 $O\text{-}x'y'z'$。

根据 ASTPB 恢复力矩的来源，M_R 可以被分解为气舱提供的部分 M_A 和结构提供的部分 M_S，其中，M_S 由浮力舱，压载舱和重力三部分提供，即：

$$M_R = M_A + M_S = M_A + M_{BT} + M_{bal} + M_g \tag{1}$$

在 $O\text{-}xyz$ 坐标系中，设系统的重心为 (x_g, y_g, z_g)，压载舱的几何中心 $(x_{bal}, y_{bal}, z_{bal})$，将其转换到 $O\text{-}x'y'z'$ 坐标下可以直接得到 M_{bal} 和 M_g：

$$M_g = -mgx_g{'} = -mg \cdot (x_g \cdot \cos\theta + z_g \cdot \sin\theta) \tag{2}$$

$$M_{bal} = \rho g V_{bal} x_{bal}{'} = \rho g V_{bal} \cdot (x_{bal} \cdot \cos\theta + z_{bal} \cdot \sin\theta) \tag{3}$$

式中：m 是系统总质量；g 是重力加速度；ρ 是海水密度；V_{bal} 是压载舱的排水体积。

平台静浮时，设第 i 个气室内气体的体积和压强分别为 V_{0i} 和 P_{0i}，经过外力矩的作用达到新的平衡位置之后，气室内气体的体积和压强分别为 V_i 和 P_i，此过程属于等温变化过程，根据等温气体状态方程 PV=const，气室内气体应当满足：

$$P_{0i}V_{0i} = P_i V_i \tag{4}$$

由于系统质量不会发生变化，系统的总浮力是固定的。系统的浮力一部分来源于结构排水，由于压载舱一直在水下，因此这一部分的浮力变化就是浮力舱部分的浮力变化，另一部分来自于气舱的气体排水，两者的变化量之和为零，即

$$\Delta F_A + \Delta F_{BT} = \sum_{i=1}^{n} \Delta F_i + \rho g \cdot \Delta V_{BT} = 0 \tag{5}$$

平台重新平衡后，设外部水线在 $O\text{-}x'y'z'$ 坐标系下的 z 坐标为 t，则

$$\Delta F_i = (P_i - P_a) \cdot c^2 / \cos\theta - (P_{0i} - P_a) \cdot c^2 \tag{6}$$

$$\Delta V_{BT} = (a^2 - b^2) \cdot t \tag{7}$$

式中：ΔF_A 和 ΔF_{BT} 是气舱和浮力舱提供的浮力变化，ΔF_i 是第 i 个气室提供的浮力变化，ΔV_{BT} 是浮力舱排水量变化，P_a 为标准大气压，a 和 b 是浮力舱的外部和内部长度，c 是气室边长。

联立式（4）和式（5），可以求得平台重新平衡后的浮态，即每个气室内部自由面的相对位置，进而可以求解气舱和浮力舱提供的恢复力矩 M_A 和 M_{BT}：

$$M_A = \sum_{i=1}^{n} F_i \cdot x_{iF}{'} = \sum_{i=1}^{n} [(P_i - P_a) \cdot c^2 / \cos\theta] \cdot x_{iF}{'} \tag{8}$$

$$M_{BT} = \rho g V_{BT} \cdot x_{BT}{'} = \rho g (a^2 - b^2)(d + t/\cos\theta) \cdot x_{BT}{'} \tag{9}$$

式中：$x_{iF}{'}$ 和 $x_{BT}{'}$ 是第 i 个气室和浮力舱提供的浮力作用中心在 $O\text{-}x'y'z'$ 坐标系下的横坐标。

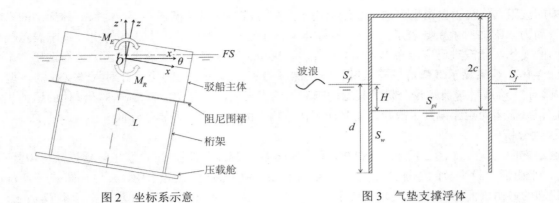

图 2   坐标系示意   图 3   气垫支撑浮体

2.2   气垫支撑结构运动响应分析

如图 3 所示，将气垫和刚体结构看作一个整体浮子，其中，气垫高度为 $2c$，结构吃水为 d，外部自由表面为 S_f，第 i 个气室内的自由表面为 S_{pi}，结构的湿表面为 S_w，水和浮子之间的边界即为

$$S_b = S_w + \sum_{i=1}^{n} S_{pi} \tag{10}$$

自由面上的速度势 Φ 应满足拉普拉斯方程：

$$\nabla^2 \Phi = 0 \tag{11}$$

$$\Phi = \mathrm{Re}(\phi e^{i\omega t}) \tag{12}$$

$$\phi = \phi_D + \phi_R \tag{13}$$

式中：Re 表示实部，ω 是入射波的频率，t 是时间，ϕ_D 和 ϕ_R 是衍射和辐射速度势。在湿表面上，根据 Newman 边界条件：

$$\phi_{jn} = n_j \tag{14}$$

$$\phi_{Dn} = 0 \tag{15}$$

式中：$(n_1, n_2, n_3) = \boldsymbol{n}$，$(n_4, n_5, n_6) = \boldsymbol{x} \times \boldsymbol{n}$，$\boldsymbol{x} = (x, y, z)$，单位矢量 $\boldsymbol{n}$ 垂直于固体边界并指向流体域。

在气室内部自由面 S_{pi} 上，Newman 边界条件不再适用，边界条件应为

$$\phi_z - K = i\omega\xi - \omega^2 / g = -(\frac{i\omega}{\rho g}) p_0(x, y) \tag{16}$$

$$p_0(x, y) = -\rho g \sum_{j=7}^{6+M_p} \xi_j n_j(x, y) \tag{17}$$

$$\phi_R = i\omega \sum_{j=1}^{6+M_p} \xi_j \phi_j \tag{18}$$

式中：ϕ_z 是速度势在 z 方向上的偏导数；ξ 是相对于内部自由表面平均位置的波高；K 是波数；g 是重力加速度。当 $j > 6$ 时，ξ_j 是具有长度尺寸的归一化系数，n_j 是对应的无量纲实函数，表示对应压力模式的空间依赖性。M_p 是压力模式的数量，表示压力分布，具体数量根据实际应用选择。

函数 n_j 也可以扩展应用到结构湿表面 S_w 上，即

$$n_j = 0 \begin{cases} \mathrm{on} \quad S_w \quad (j > 6) \\ \mathrm{on} \quad S_{pi} \quad (j \leqslant 6) \end{cases} \tag{19}$$

在边界 S_b 上，边界条件可以合并为

$$L\phi_j = n_j \begin{cases} \mathrm{on} \quad S_w \quad L = \dfrac{\partial}{\partial n} \\ \mathrm{on} \quad S_{pi} \quad L = \dfrac{\partial}{\partial n} - K = \dfrac{\partial}{\partial n} - \omega^2 / g \end{cases} \tag{20}$$

在 WAMIT 用户手册（2015）中，$(i, j) \leqslant 6$ 的静水恢复系数 C_{ij} 在 3.1 节中被定义。对于 $(i, j) \geqslant 7$，恢复系数定义为

$$C_{ij} = -\rho g \iint_{S_p} n_i n_j \mathrm{d}S \tag{21}$$

当 p_0 均匀时，$C_{77} = \rho g S_{pi}$。在绝热过程中，

$$p v^{\gamma} = P V^{\gamma} \tag{22}$$

$$C_{77}^a = \frac{-\rho g V}{\gamma (P_a / \rho g + H)} \tag{23}$$

式中：γ 是绝热指数；p 和 v 是气室内气体的瞬时压力和体积；P 和 V 是气室内气体的静压和体积；H 是气垫表面的浸没高度。详细信息见文献[17]。

3　数值结果分析

本文中的桁架式气垫驳船平台对应于 NREL-5MW 浮式风机模型，在额定风速下获得最大风载荷推力 800 kN，力的作用中心位于风机轮毂处。因此，风机支撑平台受到的最大风载荷力矩为

$$M_{\text{E-max}} = T_{\max} \cdot (H_{\text{hub}} + H_{\text{deck}}) = 7.6 \times 10^7 \ \text{N} \cdot \text{m} \tag{24}$$

对于海上风机，当平台纵摇角超过 10° 时，其发电效率会显著降低。因此，支撑平台在 10° 纵摇角时能够提供的恢复力矩需要大于最大风载荷力矩 $M_{\text{E-max}}$。对于本文中设计的桁架式气垫驳船支撑平台，其恢复力矩随纵摇角的变化如图 4 所示，平台纵摇角为 10° 时，总恢复力矩为 8.04×10^7 N·m，可以满足要求。

平台在波浪下的运动响应使用 WAMIT 程序计算，计算中忽略了风载荷的影响，只考虑平台在波浪作用下的运动。计算模型如图 5 所示，S_{pi} 为气室内部自由面，S_w 为结构湿表面。波浪为规则波，浪向为迎浪方向。平台的垂荡、纵荡和纵摇 RAO 如图 6 至图 8 所示，图中实线为桁架式气垫驳船平台的 RAO，虚线为相同尺度参数的无气垫平台。

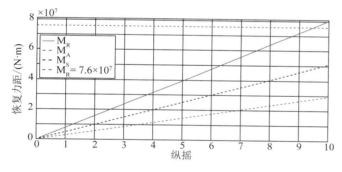

图 4　桁架式气垫驳船支撑平台恢复力矩

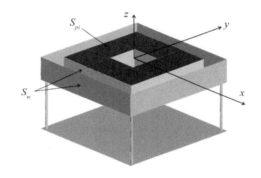

图 5　WAMIT 计算模型

图 6 为垂荡 RAO，当波浪周期小于 5 s 时，两种平台的垂荡都很小且接近于零，当波浪周期在 5~30 s 时，两者的垂荡 RAO 发生较大差异，波浪周期超过 30 s 时，二者垂荡 RAO 都趋于 1 m。

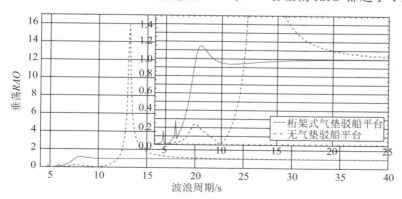

图 6　两种平台的垂荡 RAO

波浪周期为 5~30 s 时，随着波浪周期的增加，ASTBP 的垂荡 *RAO* 迅速增加，并在 8.1 s 时达到最大值，然后以较小的速度减小并在 11 s 时达到最小值，再以缓慢的速度增长并趋于 1 m。对于没有气垫的平台，其垂荡 *RAO* 在 7.6 s 时出现一个不太大的极大值，然后再线性减小并在 9.9 s 时达到最小值。之后，其垂荡 *RAO* 快速增长，13.2 s 时达到最大值，然后快速降低，变化率也逐渐减小，垂荡 *RAO* 逐渐趋于 1 m。

对比两种平台的垂荡 RAO，桁架式气垫驳船平台的共振周期较小，即气垫的存在降低了共振周期，由于海洋中常见的波浪周期在 6~12 s，因此，气垫的加入使平台的共振周期更加靠近波浪周期。但是，两种平台在共振周期时的运动响应有很大差别，气垫大大降低了平台在共振波浪作用下的运动响应，此外，桁架式气垫平台的共振区域更窄，从这个方面考虑，气垫对改善驳船平台的耐波性还是可以起到积极的作用，尤其是波浪周期在 12~22 s 的海况下。

图 7 是两种平台的纵荡 *RAO*，二者之间的一致性很好，无明显差别，说明气垫不影响平台的纵荡运动响应。图 8 是两种平台的纵摇 *RAO*，首先，两种平台的纵摇运动响应趋势相似但都不是很大，从绝对数值上来看，桁架式气垫驳船平台的纵摇 *RAO* 明显小于没有气垫的普通驳船平台，气垫可以有效减小平台的纵摇运动响应。

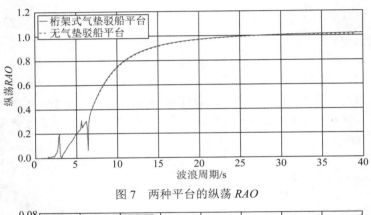

图 7　两种平台的纵荡 *RAO*

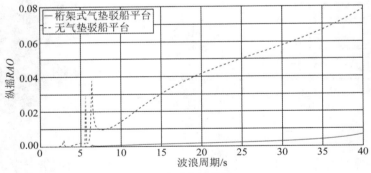

图 8　两种平台的纵摇 *RAO*

此外，值得注意的是，本文中使用的波浪为规则波，但桁架式气垫驳船平台的运动响应中却存在一些不连续点，类似于浮体在不规则波中的运动。这种现象是由于气舱被分割成多个小气室造成的，当波长不够长时，气室内部的兴波是不规则的，从而导致了运动响应的不连续，类似于 WAMIT 中不规则频率的问题。

4　结　语

为提高驳船型浮式风机支撑平台的耐波性，本文对开底缓冲水箱运动阻尼器进行了改进，并对驳船结构进行了优化，使两者结合，设计了一种桁架式气垫驳船平台。针对新设计的平台，简要分析了其初稳性，并使用 WAMIT 软件计算了其在波浪下的运动响应。根据计算结果，气垫可以有效减小平台的纵摇运动响应，对纵荡运动响应影响不大。此外，气垫降低了平台的垂荡响应共振周期，同时，气垫也大大减小了平台在共振周期波浪作用下的运动响应，也使平台运动响应的共振区域更窄，总的来说，气垫对改善驳船平台的耐波性是有效的。

参考文献:

[1] RODDIER D, CERMELLI C, AUBAULT A, et al. Wind float: A floating foundation for offshore wind turbines[J] Journal of Renewable and Sustainable Energy, 2010, 2(033104): 1-34.

[2] 周济福, 林毅峰. 海上风电工程结构与地基的关键力学问题[J]. 中国科学: 物理学 力学 天文学, 2013, 43(12): 1589-1601.

[3] WANG C M, UTSUNOMIYA T, WEE S C, et al. Research on floating wind turbines: a literature survey[J]. The IES Journal Part A: Civil & Structural Engineering, 2010, 3(4): 267-277.

[4] BORG M, UTRERA ORTIGADO E, COLLU M, et al. Passive damping systems for floating vertical axis wind turbines analysis[C]//Proceeding of European Wind Energy Conference. Vienna, Austria, EWEA, 2013, 3-7.

[5] LUO N, BOTTASSO C L, KARIMI H R, et al. Semiactive control for floating offshore wind turbines subject to aero-hydro dynamic loads[C]// International Conference on Renewable Energies and Power Quality (ICREPQ'11), Las Palmas de Gran Canaria (Spain), 2011: 13-15.

[6] LUO N, PACHECO L, VIDAL Y, et al. mart structural control strategies for offshore wind power generation with floating wind turbines[C]// Proceeding of International Conference on Renewable Energies and power Quality, Santiago de Compostela, Spain, 2012: 28-30.

[7] SHADMAN M, AKBARPOUR A. Comparative study of utilizing a new type V-shaped Tuned Liquid Column Damper and U-shaped Tuned Liquid Column Damper in floating wind turbines[C]// Proceedings of the ASME 31st International Conference on Ocean, Offshore and Arctic Engineering, Rio de Janeiro, Brazil, ASME, 2012: 1-6.

[8] ZENG X H, YU Y, ZHANG L, et al. A new energy-absorbing device for motion suppression in deep-sea floating platforms[J]. Energies, 2015, 8: 111-132.

[9] LACKNER M A, ROTEA M A. Structural control of floating wind turbines[J]. Mechatronics, 2011, 21: 704-719.

[10] CERMELLI C A, RODDIER D G, WEINSTEIN A. Implementation of a 2 MW floating wind turbine prototype offshore Portugal [C]// Proceeding of Offshore Technology Conference, 2012, 4: 2678.

[11] SEIDL L H. Development of an air stabilized platform[J]. University of Hawaii, Department of Ocean Engineering Technical Report Submitted to US Department of Commerce, Maritime Administration, 1980: 88.

[12] 别社安, 任增金, 李增志. 结构气浮的力学特性研究[J]. 应用力学学报, 2004, 21(1): 68-71.

[13] KESSEL J V. Air-cushion supported Mega-Floaters[D]. Delft: Delft University of Technology, 2010.

[14] PINKSTER J A, FAUZI A, INOUE Y, et al. The behaviour of large air cushion supported structures in waves[C]// Proceedings of the Second International Conference on Hydroelasticity in Marine Technology, Fukuoka, Japan, 1998: 497-505.

[15] TABETA S. Model experiments on barge type floating structures supported by air cushions[R]. Delft University of Technology, Ship Hydromechanics Laboratory Report 1125, 1998.

[16] LEE C H, NEWMAN J N. Wave effects on large floating structures with Air cushions[J]. Marine Struct, 2000, 13(4): 315-330.

[17] LEE C H, NEWMAN J N. An extended boundary integral equation for structures with oscillatory free-surface pressure[J]. International Journal of Offshore and Polar Engineering, 2016: 41-47.

[18] IKOMA T, MASUDA K, MAEDA H, et al. Hydroelastic behavior of air-supported flexible floating structures[C]// Proceedings of the 21st International Conference on OMAE'02, 2002: 745-752.

[19] WAMIT. WAMIT V7 user manual[M]. WAMIT, Inc, Chestnut Hill, MA, USA, 2015.

基于质量源项造波的海上风电基础波浪爬升数值模拟研究

陈伟毅 [1]，高洋洋 [1]，王　滨 [2]，张宝峰 [2]

（1. 浙江大学，浙江　舟山　316021；2. 中国电建集团华东勘测设计研究院有限公司，浙江　杭州　311122）

摘要： 波浪沿柱体爬升高度的准确预测对海上风电基础及平台设计极为重要，预测误差极易导致气隙设计不当，给海上风机的安全运行带来重大隐患。基于计算流体力学（CFD）开源软件 OpenFOAM，采用质量源项造波的方式开展不同波浪要素条件下波浪沿单圆柱爬升的三维数值模拟研究。研究表明，在设定的波浪条件下，单圆柱流场中的测点爬升高度与试验结果拟合较好，圆柱受力结果与莫里森（Morison）方程计算出的波浪力结果较为一致。随着波陡的增大，波浪爬升比最大值随之逐渐增大。OpenFOAM 运用质量源项造波的方式能够较为准确的预测波浪沿单圆柱的爬升高度。

关键字： OpenFOAM；三维数值水槽；质量源项造波；波浪沿圆柱爬升

　　圆柱支撑结构在海洋工程中有着广泛的应用，如超大直径单桩、多桩腿海上钻井平台以及海上风电导管架基础等。当入射波浪遇到柱体结构物时，柱体周围的自由波面将发生剧烈的变化，其中部分水体绕过立柱继续向前传播，而受立柱阻碍的另一部分水体将前进的动能转化为上升的势能，导致波浪沿立柱表面迅速向上攀升。若气隙高度选取不当，就可能出现波浪沿立柱爬升并抨击甲板底面的情况，若是碰到极端海况，甚至会有越浪的危险。因此，在海洋平台安全设计中，波浪沿圆柱的爬升高度为不可或缺的重要考量因素。

　　近年来，随着计算机计算效率的提高以及算法的不断改进，计算流体力学数值模拟的方法被众多学者所采用。Sun 等[1]运用基于势流理论的数模软件 DIFFRACT 及开源的 CFD 数模软件 OpenFOAM 研究单圆柱的波浪爬升与抨击受力问题，并将数模结果与于 MOERI 完成的标准试验结果进行对比，研究发现，考虑了流体黏性的开源 CFD 数模软件 OpenFOAM 的结果与试验结果较为接近。Cao 等[2-4]运用基于 OpenFOAM 开源软件上自开发的 naoe–FOAM–SJTU 求解器，研究了单圆柱与四圆柱在孤立波及二阶 Stokes 波作用下的波浪爬升问题。Jian 等[5]运用 DualSPHysics 光滑粒子法（SPH）模拟固定圆柱与振荡圆柱在规则波作用下的波浪爬升问题，并通过试验验证了模拟结果的精度，给出了一个用于预测最大爬升比的经验公式。但到目前为止，现有的大部分经验公式均存在对波浪爬升比过分高估或低估的问题，还无法进行高效精准的预测，给实际工程的前期设计带来极大难度。

　　数值造波有三种主要的方法，分别为仿物理造波法、边界输入造波法以及源函数造波法。其中，源函数造波法可细分为动量源项造波及质量源项造波。Lin 和 Liu[6]推导出了质量源项对应各波形的二维源方程表达式，其中包括线性规则波、不规则波、二阶 Stokes 波、五阶 Stokes 波以及孤立波。此后，Ha 等[7]将 Lin 和 Liu[6]的方法运用在三维 Navier-Stokes 方程中并造出了三维目标波。Robinson 和 Abdelmaksoud[8]研究了质量源的大小、形状以及在计算域中的位置对所造波效果的影响。就目前而言，现有的质量源项造波研究大多用于波高相对较小的数值模拟，对于大波高条件下的线性波造波模拟依旧存在一定难度。

　　在 OpenFOAM 提供的标准求解器 interFOAM 的基础上，通过进一步修改控制方程，添加源项，得到线性规则波，模拟了波浪沿海上风电单桩基础的爬升问题。

1　计算方法

1.1　控制方程

　　若不考虑黏性流体的压缩性，连续性方程和动量方程（Navier-Stokes 方程）在直角坐标系下可分别表示为

基金项目： 浙江省自然科学基金——华东院联合基金（LHZ19E090004）

$$\nabla \cdot \vec{u} = 0 \tag{1}$$

$$\frac{\partial \rho \vec{u}}{\partial t} + \nabla \cdot \left(\rho \vec{u} \vec{u} \right) - \nabla \cdot \mu \nabla \vec{u} - \rho \vec{g} = -\nabla p - \vec{f_\sigma} - \vec{F_s} \tag{2}$$

式中：$\vec{u}$ 代表速度；ρ 为密度；$\vec{g}$ 为重力加速度；$\vec{f_\sigma}$ 为表面张力，为了防止波浪在模拟水槽前后两端的壁面发生反射，从而影响入射波效果，在动量方程中添加了阻尼消波项 $\vec{F_s}$，并采用设置海绵层消波区的方式加以消波，形式选用线性阻尼的方式加以表达。

采用质量源项造波的方式进行数值造波，在连续性方程上添加一质量源。

$$\nabla \cdot \vec{u} = s(x, y, z, t) \tag{3}$$

其中，非零的质量源方程 $s(x, y, z, t)$ 只在源域 Ω 产生作用。当源域范围内产生质量变化时，因此时的重力为唯一的恢复力，源域上方便会随即产生相对应的液面波动，从而实现数值造波。从理论上而言，只要能合理的表示出源方程，任意目标波形均能通过质量源项造波方式获得，Lin 和 Liu[6] 假设所有质量的变化均体现在目标波的生成上，并得到源方程与目标波在源域上的二维对应关系，将其扩展至三维表达形式，如下所示。

$$\int^t \int_\Omega s(x, y, z, t) \mathrm{d}\Omega \mathrm{d}t = 2 \int_0^t C \eta(t) \mathrm{d}t \tag{4}$$

式中：C 为目标波的相速度，2 表示质量源产生两列方向相反分别朝向水槽前后方行进的水波。本文模拟的目标波为线性规则波，根据 Lin 和 Liu[6] 的推导，将线性波波面方程 $\eta = H\sin(\omega t)/2$ 代入式（4）可得线性波的源项，表达式如下：

$$s(t) = \frac{CH}{A_s} \sin(\omega t) \tag{5}$$

式中：A_s 为质量源在 X-Z 平面上的投影面积，且满足 $A_s = r_w \times r_h$，r_w 为质量源沿 X 轴方向的宽度，r_h 为质量源沿 Y 轴方向的高度。

1.2　计算模型

水槽尺寸如图 1 所示，水槽长 8λ（波长 λ=126.5 m），宽 2λ，水深 1λ，为防止波浪传播至末端发生反射影响数模结果，在水槽尾部添加了长度为 2λ 的消波阻尼区。由于质量源将向水槽前后两个方向发展出自由表面波，因此，为防止波浪传递至水槽前端的壁面发生反射影响入射波的效果，在水槽前部设置了长度为 1λ 的阻尼消波区。质量源的位置与大小如图 1（b）所示，根据 Robinson 和 Abdelmaksoud[8] 的建议，选取质量源距离静水面高度 h_a=0.25λ，源高度 r_h=0.025λ，源宽度 r_w=0.1λ。圆柱直径 D 为 16 m。

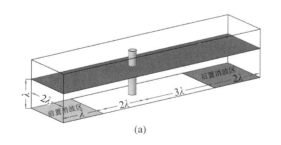
(a)

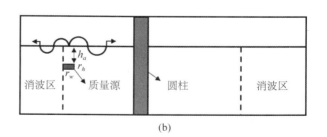
(b)

图 1　水槽示意

水槽的前端和末端对速度采用狄里克莱（Dirichlet）边界条件，设速度及压力为零。水槽两侧设为对称边界，流体不可穿透壁面，并且减小波浪反射的影响。水槽顶部采用压力入口边界条件，设置大气压力参考值。水槽底部采用无滑移固壁边界条件，圆柱体表面将压力的法向梯度设为零。

为了有效处理非稳态流场过程中的速度与压力耦合求解问题，采用 Issa 等[9] 提出的 PISO 算法对流场速度与压力进行耦合求解，通过一次预测两次修正从而获得较为准确的速度与压力。时间离散采用一阶隐式欧拉格式，梯度格式为高斯线性插值，动量方程中的对流项采用具有二阶精度的二阶迎风格式，黏性扩散项采用 Gauss linear corrected 格式，体积分数方程中的对流项采用 Gauss van Leer 格式，表面插值采用线性插值格式。

　　为了解并捕捉波浪与圆柱相互作用时的波浪爬升现象，每个圆柱附近均布设了 32 个波高计测点，圆柱附近波高计测点的布放示意图如图 2 所示，波高计每列测点距圆柱中心的距离依次为 8.05 m、9.47 m、12.75 m 及 16.0 m。

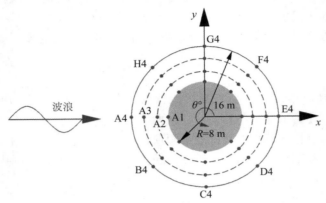

图 2　圆柱附近波高计布放示意

1.3　入射波条件与验证

　　入射波条件信息如表 1 所示，包含了波高 H，波陡 H/λ，KC 数（$KC=\pi A/R$），波长 λ，周期 T。如图 3 所示，本文选取了某一时刻下，波高为 7.9 m 时，沿空水槽长度分布的波面对比。在横坐标为 0 位置处，波面明显高于其余位置的波面，这是由于该处波面位于质量源上方，源强度大，产生幅度较大的波面变化，并分裂出两个波向前后方向传播。在图 3 上的 $-\lambda\sim0$ 以及 $5\sim7\lambda$ 内，波浪明显出现了衰减现象并最终趋于 0，这说明水槽前后阻尼区的消波作用显著，能有效避免壁面反射现象。

表 1　入射波条件

H/m	H/λ	KC	λ/m	T/s
2.53	1/50	0.497	126.5	9
4.22	1/30	0.829	126.5	9
5.06	1/25	0.994	126.5	9
7.9	1/16	1.551	126.5	9

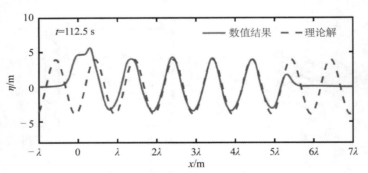

图 3　沿空水槽长度分布的波面对比

　　在开展波浪沿圆柱爬升模拟前，需首先验证入射波的准确性及稳定性，以确保后续模拟结果的可靠性。图 4 给出了四种入射波条件的波面变化时程曲线。波面变化时序测点的位置选在后续单圆柱波浪爬升模拟的圆柱中心，以确保波浪入射圆柱体时的波浪特性与目标波浪一致。从图上可看出，当 H=2.53 m、4.22 m 和 5.06 m 时，数模结果与理论结果曲线拟合效果良好。当 H=7.9 m 时，数模结果较理论结果而言，波峰更大，波谷更小，这是由于该数值求解过程考虑了水体的黏性，当波高较大时，波浪的非线性增强，波浪运动将由线性波形式逐渐向二阶 Stokes 波形式转变，出现波峰尖锐，波谷扁小的波浪特点。因此，若波高持续增大将不再适合以线性波形式进行模拟。而文中的四种波况对比验证结果良好，最大误差不超过 4.5%，且波形变化较为稳定，可继续开展相关模拟研究。

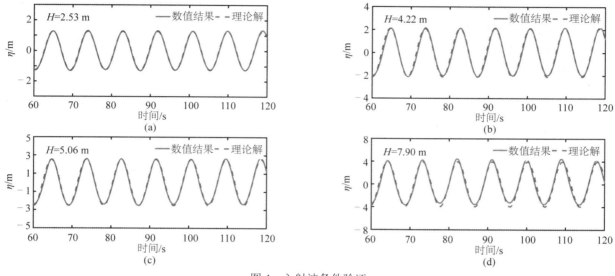

图 4　入射波条件验证

为确保数值模拟的计算效率与数值精度，开展完整单圆柱波浪爬升于 $H = 7.9$ m 条件下的网格敏感性分析，选择粗中细三套网格，以及沿圆柱一周设置不同的网格数目，设置条件如表 2 所示。图 5 为圆柱附近的波面时程曲线及圆柱受力时程曲线，图 5（a）、图 5（b）体现出三套网格对波面的捕捉精度较为一致，且均能捕捉到二次波峰现象。图 5（c）体现出三套网格的圆柱受力表现十分一致，且与莫里森（Morison）方程计算出的波浪力拟合较好。考虑到计算效率与精度，后续模拟选用中等网格设置进行研究。计算域全局网格与局部网格如图 6 所示，波浪运动范围及圆柱附近均进行了加密，以确保造波质量并精准捕捉圆柱表面的波浪爬升现象。同时，为保证质量源的造波质量强度，其所在位置也进行了加密。其余位置采用均匀过渡的稀疏网格，在不影响数值精度的前提下，提高计算效率，缩短数值耗时。此外，在水槽前部与后部的消波区采用更为稀疏的网格，加大数值耗散，减小波浪反射，增强消波区消波性能。

表 2　网格敏感性分析

网格	网格数/ (×10⁶)	环向节点数	$H/\Delta z$	$\lambda/\Delta x$	Δx_{min}, Δy_{min}
粗网格	1.33	80	10	40	0.005
中网格	1.67	120	10	40	0.005
细网格	2.01	160	10	40	0.005

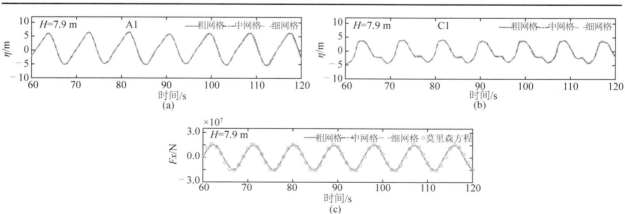

图 5　网格敏感性结果对比

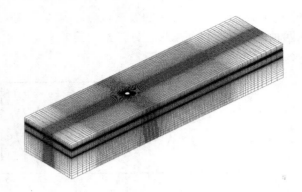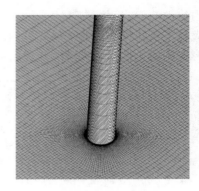

图 6　计算域的全局网格（左）与局部网格（右）

2　计算结果

　　波浪与圆柱的相互作用常造成水面抬升现象，这一现象在圆柱附近尤为显著。对每个测点的波面时程曲线进行分析，选取多个稳定周期内的波峰值进行平均并作为该测点的最大爬升高度 η，以爬升比 η/A 的形式来呈现结构物附近的水面抬升程度。图 7 为运用不同方法所得到的爬升比结果，r 表示测点到圆柱中心的距离。为方便结果分析，图 7 附上了边界元方法（BEM）、推板式数值造波法（PBM）及速度边界造波法（VBM）的结果作为参照。因相同对比条件设置的限制，只选取 H=4.22 m 和 H=7.9 m 在 A、B、C 列测点位置的爬升比进行对比验证。在 H=4.22 m 即波高较小的条件下，对于各测点采用不同方法所获得的爬升比数值较为一致，仅在 C 列测点位置的爬升比出现最大误差不超过 15% 的数值差异，这与 C 列测点位置出现了二次波峰现象有关。二次波峰现象为波浪与结构物相互作用时产生的一种非线性现象，运用数值研究手段时较难捕捉与模拟，这种差异在基于考虑了水体黏性的黏性流理论求解与基于理想流体的势流理论求解时尤为显著（Sun 等[1]）。在 H=7.9 m 即波高较大的条件下，对于各测点采用不同方法所获得的爬升比数值出现较大偏差，这是由于随着波高的增大，波浪非线性现象越发显著，这对波面的精准捕捉提出了较大挑战。但总体而言，质量源项造波方法（MSM）与 Nielsen[10] 试验所得的结果在趋势上较为一致，在数值误差上最大不超过 6%，展现出较高的模拟精度与较好的模拟效果。

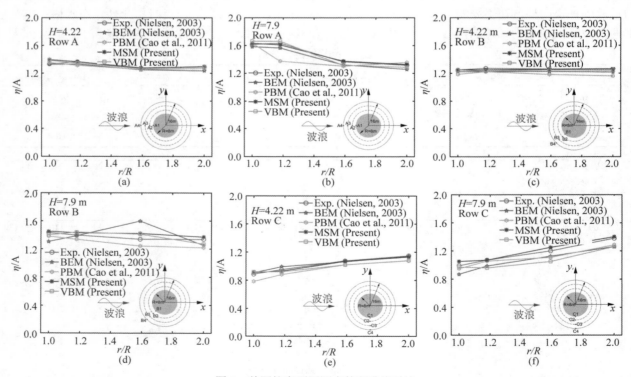

图 7　单圆柱在不同测点的爬升比对比

为进一步研究单圆柱附近流场的水面波动情况，沿圆柱一周并在距离圆柱中心不同位置处布设了波高计测点以获取水面波动信息。如图 8 所示，在同一个波高工况下，能明显看出爬升比最大值出现在圆柱表面的 180°位置即正对波浪入射处，爬升比最小值则出现在圆柱表面的 45°及 315°位置。值得注意的是，位于同一距离圆柱中心相同半径圆周上的爬升比最大值并不一定出现在距离圆柱最近的 Circle 1 上，当波高较大时（如 H=7.9 m），位于距离圆柱最远的 Circle 4 范围，其 0°（360°）位置的爬升比明显高于 Circle 4 在 180°位置上的数值，甚至逼近 Circle 1 在 180°位置的数值。此外，在同一个波高工况下，爬升比数值分布以 180°位置为轴，两侧对称分布，说明单圆柱两侧的波面变化较为一致。

图 9 和图 10 罗列了不同波陡条件下　在流场中出现的爬升比最大值 η_{max}/A 及圆柱沿顺浪向的最大受力 $F_x/\rho g r^2 A$ 的变化。通过观察可发现，随着波陡逐渐增加，流场中的爬升比最大值及圆柱受力均逐渐增大。爬升比最大值及圆柱受力的变化范围分别为 1.38～1.63 及 2.17～6.39。当 $H/\lambda > 1/30$ 时，爬升比最大值增幅显著。此外，相较而言，圆柱沿顺浪向的最大受力 $F_x/\rho g r^2 A$ 在现有波浪条件下更趋近于线性递增趋势。

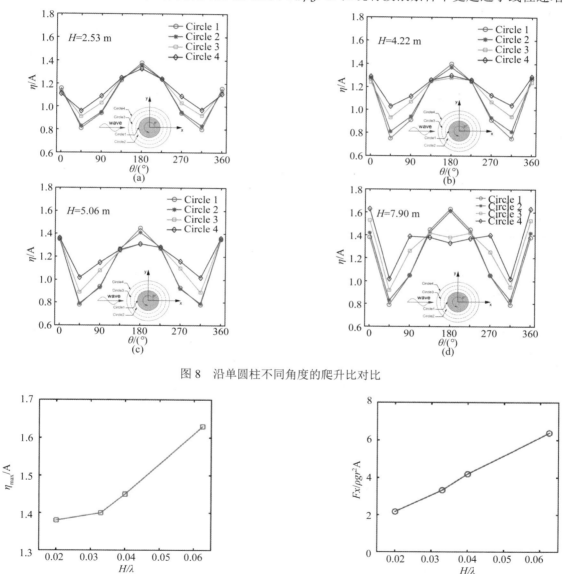

图 8　沿单圆柱不同角度的爬升比对比

图 9　爬升比最大值沿波陡变化　　　　　　图 10　圆柱最大受力沿波陡变化

3　结　语

本文通过开源 CFD 软件 OpenFOAM，采用基于质量源项造波的方式开展了不同波陡条件下，波浪沿单圆柱爬升的三维数值模拟，得到主要结论如下：

1）随着波高的增大，线性波的非线性效应逐渐显现，并向二阶 Stokes 波的形式转变，出现波峰增大，波谷渐缓的现象。

2）在文中波浪要素工况下，圆柱两侧的波面对称性极强，波浪沿圆柱爬升的最大值出现于正对波浪入射的圆柱表面。

3）随着波陡的增大，流场中的爬升比最大值及圆柱受力逐渐增大。

以上研究验证了质量源项造波在开源 CFD 软件 OpenFOAM 上操作的可行性与准确性，今后的研究可关注基于质量源项造波的波浪与复杂结构物之间的相互作用及作用机理。

参考文献：

[1] SUN L, ZANG J, CHEN L, et al. Regular waves onto a truncated circular column: A comparison of experiments and simulations[J]. Applied Ocean Research, 2016, 59: 650-662.

[2] CAO H J, ZHA J J, WAN D C. Numerical simulation of wave run-up around a vertical cylinder[C]// Proceedings of the Twenty-first International Offshore and Polar EngineeringConference (ISOPE), USA, Hawaii, 2011: 726-733.

[3] CAO H J, WAN D C. RANS-VOF solver for solitary wave run-up on a circular cylinder[J]. China Ocean Engineering, 2015, 29(2):183-196.

[4] CAO H J, WAN D C. Benchmark computations of wave run-up on single cylinder and four cylinders by naoe-FOAM-SJTU solver[J]. Applied Ocean Research, 2017, 65:327-337.

[5] JIAN W, CAO D, Lo E Y, et al. Wave runup on a surging vertical cylinder in regular waves[J]. Applied Ocean Research, 2017, 63:229-241.

[6] LIN P, LIU P L F. Internal wave-maker for navier-stokes equations models[J]. Journal of Waterway Port Coastal & Ocean Engineering, 1999, 125(4):207-215.

[7] HA T, LEE J W, Cho Y S. Internal wave maker for Navier-Stokes equations in a three-dimensional numerical model[J]. Journal of Coastal Research, 2011: 511-515.

[8] ROBINSON Perić, ABDELMAKSOUD M. Generation of free-surface waves by localized source terms in the continuity equation[J]. Ocean Engineering, 2015, 109:567-579.

[9] ISSA R I, GOSMAN A D, Watkins A P. The computation of compressible and incompressible recirculating flows by a non-iterative implicit scheme[J]. Journal of Computational Physics, 1986, 62(1):66-82.

[10] NIELSEN G F. Comparative study on airgap under floating platforms and run-up along platform columns[J]. Marine Structures, 2003, 16(2):97-134.

气浮筒型基础的运动特性理论及试验研究

刘宪庆 [1]，赵明阶 [1]，孙　涛 [2]

（1. 重庆交通大学 河海学院，重庆 400074; 2. 陆军勤务学院 军事设施系，重庆 401331）

摘要： 筒型基础因其易于建造、方便运输、可重复利用和土质适用性强等特点，是近年来海上能源开发领域广泛关注的热点之一。以某多筒型基础为研究对象，考虑筒内气体的可压缩性建立多筒型基础的摇荡运动方程，并结合静水中的模型试验对不同吃水下的摇荡运动特性进行了研究。研究结果表明：气浮筒型基础垂荡、横摇和纵摇运动的附加质量系数都大于船舶动力学中的建议值 1.2；不同吃水下，摇荡运动的附加质量随着吃水的增加呈减小的趋势；相同吃水下，垂荡运动的附加质量系数都小于摇荡运动的附加质量系数。

关键词： 筒型基础；运动方程；附加质量系数；阻尼系数；模型试验

　　随着国家开发海洋战略的深入推进，传统浮体如刚底平台、船舶结构等已经很难满足海上能源开发的需求，筒型基础具有良好的地质适应性、施工方便性（气浮拖航、负压下沉等施工工艺）、可重复使用性等优点[1-2]，在边际油田的开发[3]、防波堤基础[4]、人工岛基础[5]、海上风电资源利用[6-7]和战时抢修抢建平台等领域都已经有了应用。筒型基础在漂浮于水面上的过程中，其受力作用机理不同于传统浮体，传统浮体是刚性结构支撑于水弹簧上，而筒型基础是刚性结构支撑于筒内气体和筒底水体构成的气弹簧和水弹簧的串联弹簧上[8]。在筒型基础漂浮过程中，结构的附加质量系数和阻尼特性是评估结构运动响应的主要参数。

　　Chenu 等[9]的研究结果表明，气垫的存在降低了结构的稳性并且改变了结构的自振频率和附加质量，气浮结构挑战了公认的稳心高度在对具有内自由液面的漂浮船舶的评估；别社安等[8]研究了直径为 6.0 m 的三筒型基础结构气浮的浮态和运动特性，引进了气浮力折减系数来考虑气浮体的恢复力刚度系数和普通浮体的差异，通过试验和现场实测确定了筒型基础升沉运动的附加质量系数为 1.2，认为摇摆运动的附加水质量系数确定较为复杂，需要进一步的研究确定[10]；徐宝[11]以 JZ-93 筒型基础（直径为 6.0 m）为原型，进行了 1：10、1：15 和 1：20 比尺的模型试验，通过自由运动试验和拖航运动试验结合筒内压力变化，得到了结构的附加质量系数随着吃水的增加而增加，倾斜角和拖航点不会影响拖航的附加质量，拖航方向、拖航速度、波浪等因素都是影响附加质量系数的主要因素；张积乐[5]对 6 个 12.0 m 直径的筒型基础组成的人工岛基础气浮拖航进行了理论和试验研究，考虑气浮力折减系数对不同吃水下垂荡、纵摇运动的附加质量系数和阻尼系数进行了研究。

　　从以上研究成果可以看出，国内外对于筒型基础与运动相关的参数如附加质量、阻尼系数等的取值没有统一的标准。本文结合相关文献的研究成果，采用理论和模型试验相结合的方法对气浮筒型基础的垂荡、横摇和纵摇的附加质量系数和阻尼系数进行研究，以期为筒型基础的工程实践提供理论和试验支撑。

1　筒型基础运动特性理论分析

1.1　筒型基础的气浮作用机理

　　在没有波浪等外力载荷的作用的情况下，漂浮于水面上的筒型基础在重力和浮力作用下保持平衡。建立如图 1 所示的坐标系 $o\text{-}xyz$，坐标原点 o 位于筒中心静水面上，ox 轴以向右为正，oz 轴以向上为正，oy 根据右手螺旋法则确定。设筒型基础的直径为 D（由于一般筒型基础结构都是薄壁结构，其筒壁厚度可以忽略不计），基础的截面面积为 $A = \pi D^2 / 4$，高度为 H，吃水为 H_d，干舷高度为 H_f，结构重量为 M_s，内部气-水交界面为 S_{FI}，筒内外水面高度差为 H_w，筒内气柱高度为 $H_a = H_f + H_w$，筒外大气压为 P_a，筒内气压为 P_b，可以得到

$$M_s = F_b = \rho_w \cdot g \cdot H_w \cdot A \tag{1}$$

$$P_b = \rho_w \cdot g \cdot H_w + P_a \tag{2}$$

式中：ρ_w 为海水密度，$1.025\,\text{kg/m}^3$；g 为重力加速度，$9.8\,\text{m/s}^2$；F_b 为浮力，浮心点的坐标为 $(0, 0, -H_w/2)$。

当筒型基础结构由于外力扰动或结构振动等原因引起竖向运动 Δh 时，由于筒内气体的可压缩性，筒内气柱高度相对结构运动向上移动一段距离，假设上移距离为 $\vartheta\Delta h$，ϑ 为考虑空气压缩性的无因次参数[12]，取值为

$$\vartheta = \frac{\rho_w \cdot g \cdot H_a}{P_b + \rho_w \cdot g \cdot H_a} \tag{3}$$

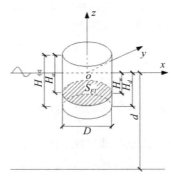

图 1　单筒型基础气浮态示意

1.2　筒型基础的摇荡运动方程

筒型基础在漂浮过程中，主要受到重力、浮力、惯性力、外荷载作用力（包括风、浪、流等荷载作用力以及施加的外荷载的作用力）、水的黏滞阻力等荷载。在这些荷载的作用下，筒型基础在空间上作沿 ox 轴、oy 轴、oz 轴的平动和绕 ox 轴、oy 轴、oz 轴的转动，由于在沿 ox 轴、oy 轴和绕 oz 轴三个自由度方向上结构没有回复力（矩），在实际的运动分析主要对沿 oz 轴垂荡运动和绕 ox 轴、oy 轴的摇摆运动进行分析研究。

1.2.1　筒型基础的垂荡运动方程

其运动方程可以表示为

$$M_{bz} \cdot \ddot{z} + N_z \cdot \dot{z} + C_z \cdot z = F_z \tag{4}$$

式中：M_{bz} 为结构作垂荡运动的质量，包括结构质量、筒内水体质量和附着于结构上的附加质量；N_z 为垂荡运动的阻尼系数；F_z 为外荷载竖向作用力；z 为结构的竖向位移，可以表示为气柱高度 H_a 的变化；C_z 为垂荡运动的恢复力刚度系数或弹簧系数，由定义可知，在结构沿着竖向运动移动 Δh 时，将会引起结构体积的变化 $A(1-\vartheta)\Delta h$，体积的变化将会引起结构的浮力的变化 $\rho_w \cdot g \cdot A(1-\vartheta)\Delta h$，可以得到

$$C_z = \frac{\partial F_b}{\partial z} = \frac{\partial F_b}{\partial h} = \rho_w \cdot g \cdot A \cdot (1-\vartheta) = \frac{C_a \cdot C_w}{C_w + C_a} \tag{5}$$

式中：C_w 为水弹簧的刚度，C_z 是筒内气弹簧的刚度和水弹簧的刚度的串联刚度，说明了筒型基础垂荡运动的刚度小于传统刚底浮体的刚度。

M_{bz} 包含结构质量、筒内水塞重量和附着于结构上的附加质量，可以得到

$$M_{bz} = \mu_z \cdot (M_s + M_w) \tag{6}$$

式中：μ_z 为筒型基础垂荡运动的附加质量系数。船舶动力学中和已有的研究建议值为 1.2，对于筒型基础结构是否适用必须通过理论、试验等方法进行验证。

1.2.2　筒型基础的摇摆运动方程

筒型基础的摇摆运动是由外荷载产生的摇摆力矩产生的，限于篇幅，只以结构绕 ox 轴的横摇运动为例建立其运动方程为

$$I_{bmx} \cdot \ddot{\theta}_x + N_{mx} \cdot \dot{\theta}_x + C_{mx} \cdot \theta_x = F_{mx} \tag{7}$$

式中：I_{bmx} 为结构作横摇运动的质量惯性矩；N_{mx} 为横摇运动的阻尼系数；F_{mx} 为引起结构横摇的绕 ox 轴的旋转的力矩；θ_x 为结构绕 ox 轴的横摇角；C_{mx} 为横摇运动的恢复力矩刚度系数，以多筒型基础结构为例，

当结构绕 ox 轴旋转角度 $\Delta\theta_x$ 时，各浮筒浮力变化将会引起回复力矩变化，可以得到

$$C_{mx} = \frac{\partial F_{bmx}}{\partial\theta_x} = \frac{\sum\limits_{i=1}^{I}\partial F_{bi}\cdot(y_{bi}-y_c)}{\partial\theta_x} \tag{8}$$

式中：y_{bi} 为第 i 个浮筒的浮力中心点的 y 坐标，y_c 为结构横摇中心点的 y 坐标，在摇摆角度不太大的情况下，$(y_{bi}-y_c)\partial\theta_x = \partial h$，式（8）变为

$$C_{mx} = \frac{\sum\limits_{i=1}^{I}\partial F_{bi}\cdot(y_{bi}-y_c)^2}{\partial h} = \sum\limits_{i=1}^{I}\rho_w\cdot g\cdot A_i\cdot(1-\vartheta)\cdot(y_{bi}-y_c)^2 \tag{9}$$

同垂荡运动类似，I_{bmx} 包含结构对横摇中心轴的质量惯性矩、筒内水体对横摇中心轴的质量惯性矩以及附着于结构上的附加质量对横摇中心轴的质量惯性矩。

$$I_{bmx} = \mu_{mx}\cdot(I_{smx}+I_{wmx}) \tag{10}$$

式中：μ_{mx} 为筒型基础横摇运动的附加质量系数。船舶动力学中建议值为 1.2，已有的研究所取得的建议值是基于模型试验得到且没有规律可言。

2　模型试验方案

2.1　试验模型及传感器布置

试验以某三筒型基础结构为原型，采用 1∶25 比例制作钢结构模型（原型结构筒的直径 10.0 m、筒的高度 6.25 m，筒与筒中心间的距离为 25.0 m），模型试验和原型试验结构的主要参数如表 1 所示。模型按照几何相似、重力相似和惯性力相似进行相似比尺设计，为满足结构的重量分布，在实际试验中通过施加配重来对结构进行压载。模型数据的测量采用 CS-VG-02A 型垂直陀螺仪，为防止传感器进水和保证测量数据的准确性，将传感器布置于结构顶端中心位置，如图 2 所示。

表 1　模型结构和原型结构主要参数

项目	原型	1∶25 模型
筒体直径/m	10.0	0.40
筒体高度/m	6.25	0.25
筒轴线间距离/m	25.0	1.00
筒体截面积/m	78.5	0.125 6
单筒质量/kg	91 406	5.85
上部结构质量/kg	26 562.5	1.70
结构总高度/m	7.50	0.30

表 2　模型试验组合

组合	吃水深度/m	水深/m	筒间距/m	结构运动方向
组合 1	0.16	0.30	0.60	沿 oz 轴平动
组合 2	0.18	0.30	0.60	沿 oz 轴平动
组合 3	0.20	0.30	0.60	沿 oz 轴平动
组合 4	0.16	0.30	0.60	绕 ox 轴转动
组合 5	0.18	0.30	0.60	绕 ox 轴转动
组合 6	0.20	0.30	0.60	绕 ox 轴转动
组合 7	0.16	0.30	0.60	绕 oy 轴转动
组合 8	0.18	0.30	0.60	绕 oy 轴转动
组合 9	0.20	0.30	0.60	绕 oy 轴转动

2.2　试验设计方法

　　试验采用多因素正交设计方法，采用正交组合表来进行试验组合设计，单个因素水平数设置为 3 个[13]。根据已有的研究成果和现场的试验条件，在筒间距不变的情况下，研究不同吃水下垂荡、横摇和纵摇的附加质量系数和阻尼系数，试验组合见表 2。为保持试验数据的准确可靠，对同一吃水下的垂荡、横摇和纵摇运动的数据都采用进行 3 次试验取平均值的方法获得。

3　试验结果分析

　　根据奈奎斯特采样定理（Nyquist Theorem），设置试验数据的采样频率为 200 Hz，采用开源串口调试软件获得试验数据后，采用 MATLAB 和 Origin 相结合的方法对数据进行处理，得到结构的平动自由度的加速度变化时程曲线和转动自由度的角度变化时程曲线。

图 2　试验模型及传感器布置

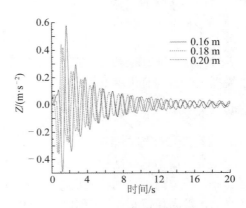

图 3　不同吃水垂荡加速度变化曲线

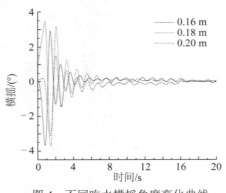

图 4　不同吃水横摇角度变化曲线

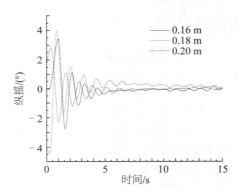

图 5　不同吃水纵摇角度变化曲线

　　图 3 至图 5 分别为不同吃水下将筒型基础下压或给予一定的摇摆角度让其自由摇荡时的垂荡加速度、横摇角和纵摇角的自由衰减的时程变化曲线。从图中可以看出，摇荡运动的振幅随时间呈指数衰减的形式且都是以基数为 0 变化的，可以根据船舶动力学的相关知识[14]确定结构的摇荡运动的阻尼周期 T_d、阻尼比和阻尼系数 N_i；在进行振幅读数时，取相隔若干个波峰序号的振幅比来计算对数衰减率 δ 和衰减系数 n，从图中可以看出，为了既满足精度又满足实际曲线的规律，垂荡运动取 5 个周期的波峰，横（纵）摇运动取 3 个周期的波峰。

3.1　垂荡运动附加质量和阻尼系数分析

　　表 3 为计算筒型基础在不同吃水下垂荡运动的附加质量系数和阻尼系数的主要参数。从表中可以看出，随着吃水的增加，结构有阻尼垂荡周期呈增加的趋势，附加质量系数呈减小的趋势，所得结论与文献[11]中的研究成果相矛盾，原因在于文献[11]在进行附加质量系数的计算时，只考虑了结构本身质量对附加质量系数的影响而没有考虑筒型基础内部水塞质量对附加质量系数的影响，若只考虑结构质量，则组合 1、组合 2 和组合 3 计算所得的附加质量系数 5.13、5.48、5.78，附加质量系数随着吃水的增加呈增加的趋势；

结构的阻尼系数随着吃水的增加呈增大的趋势，原因在于垂荡运动的阻尼比在 0.041~0.045 之间变化，变化趋势不明显，而结构内部水塞的重量随着吃水的增加而增加，从而导致结构阻尼系数增加。试验吃水下筒型基础结构的附加质量系数都大于船舶动力学和已有研究成果的建议值 1.2。

表 3 结构垂荡运动计算参数

组合	吃水深度/m	结构质量/kg	结构和内部水塞质量/kg	恢复力刚度系数 C_z/(kN·m^{-1})	有阻尼垂荡周期 T_d/s	附加质量系数	阻尼系数 N_i
组合 1	0.16	19.25	61.83	3 757.5	1.02	1.64	5.56
组合 2	0.18	19.25	69.55	3 762.8	1.05	1.53	5.70
组合 3	0.20	19.25	77.28	3 768.0	1.08	1.47	6.49

3.2 摇摆运动附加质量和阻尼系数分析

表 4 和表 5 分别为计算筒型基础结构在不同吃水下横摇、纵摇运动附加质量系数和阻尼系数的主要参数。从表 4 和表 5 可以看出，随着吃水的增加，结构的横摇周期和纵摇周期呈增加的趋势，原因是质量惯性矩随着吃水的增加发生变化的幅度大于恢复力刚度系数的变化幅度，而结构摇摆的附加质量系数成减小的趋势，附加质量系数都大于船舶动力学的建议值 1.2，取值 1.52~1.72，吃水大时取小值，反之亦反；组合 4 至组合 9 的阻尼比（又称衰减系数）分别为 0.119、0.118、0.107、0.115、0.101 和 0.103，随着吃水的增加呈下降趋势，取值在 0.1~0.12，而阻尼系数随着吃水的增加呈增加的趋势。

表 4 结构横摇运动计算参数

组合	吃水深度/m	结构质量/kg	结构和内部水塞质量/kg	质量惯性矩 I_{bmx}/(kg·m^4)	恢复力刚度系数 C_{mx}/(kN·m·rad^{-1})	有阻尼横摇周期 T_d/s	附加质量系数	阻尼系数 N_i
组合 4	0.16	19.25	61.83	11.13	623.8	1.11	1.72	2.64
组合 5	0.18	19.25	69.55	12.57	625.0	1.14	1.63	2.96
组合 6	0.20	19.25	77.28	14.05	626.3	1.18	1.55	3.01

表 5 结构纵摇运动计算参数

组合	吃水深度/m	结构质量/kg	结构和内部水塞质量/kg	质量惯性矩 I_{bmy}/(kg·m^4)	恢复力刚度系数 C_{my}/(kN·m·rad^{-1})	有阻尼纵摇周期 T_d/s	附加质量系数	阻尼系数 N_i
组合 7	0.16	19.25	61.83	11.15	623.8	1.11	1.72	2.56
组合 8	0.18	19.25	69.55	12.59	625.0	1.13	1.54	2.54
组合 9	0.20	19.25	77.28	14.07	626.3	1.17	1.52	2.90

4 结 语

通过单自由度有阻尼自由振动理论和模型试验相结合的方法对筒型基础静水下的摇荡运动特性进行了分析，得到如下结论：

1）引入考虑空气压缩性的无因次参数 ϑ，建立筒型基础摇荡运动方程能够满足工程应用的需要；

2）无论是垂荡运动还是横摇、纵摇运动，附加质量系数都大于船舶动力学的建议值 1.2，取值在 1.5~1.8 之间变化，吃水大取小值，吃水小取大值；

3）垂荡运动的附加质量系数和衰减系数小于摇摆运动的附加质量系数和衰减系数。

参考文献：

[1] 何炎平, 谭家华. 筒型基础的发展历史和典型用途[J]. 中国海洋平台, 2002(6): 10-14.

[2] 施晓春, 徐日庆, 龚晓楠, 等. 桶形基础发展概况[J]. 土木工程学报, 2000(4): 68-73.

[3] 栾文辉. 筒型基础平台气浮拖航研究[D]. 天津: 天津大学, 2005.

[4] 付海峰. 大直径圆筒结构充气浮运的浮态特性分析和试验研究[D]. 天津: 天津大学, 2001.

[5] 张积乐. 人工岛基础气浮拖航运动性能试验研究[D]. 天津: 天津大学, 2011.

[6] ZHANG P Y, DING H Y, LE C H. Towing characteristics of large-scale composite bucket foundation for offshore wind turbines[J]. Journal of Southeast University (English Edition), 2013(3): 300-304.

[7] ZHANG P Y, DING H Y, LE C H. Hydrodynamic motion of a large pre-stressed concrete bucket foundation for offshore wind turbines[J]. Journal of Renewable and Sustainable Energy, AIP, 5(6): 063126.

[8] 别社安, 徐艳杰, 王光纶. 气浮结构的浮态和运动特性分析与试验[J]. 清华大学学报（自然科学版）, 2001, 11: 123-126

[9] Chenu B, MorrisThomas M T, Thiagarajan K P. Some hydrodynamic characteristics of an air cushion supported concrete gravity structure[C]//15th Australasian Fluid Mechanics Conference, 2004.

[10] 别社安, 任增金, 李增志, 等. 结构气浮的力学特性研究[J]. 应用力学学报, 2004(1): 68-71.

[11] 徐宝. 筒型基础结构附加质量系数的模型试验研究[D]. 天津: 天津大学, 2006.

[12] 刘宪庆. 气浮筒型基础拖航稳性和动力响应研究[D]. 天津: 天津大学, 2012.

[13] 李忠献. 工程结构试验理论与技术[M]. 天津: 天津大学出版社, 2004.

[14] 刘应中. 船舶兴波阻力理论[M]. 北京: 国防工业出版社, 2003.

兼具波能转换与防波作用的双浮体混合装置的水动力性能研究

张恒铭，周斌珍，李佳慧，耿　敬，郑雄波

（哈尔滨工程大学 船舶工程学院，黑龙江 哈尔滨 150001）

摘要： 针对浮式防波堤与振荡浮子式波能装置集成的单浮体集成装置在低频范围内转换效率较低且防波性能较差的问题，本文应用 Star–CCM+ 软件建立二维数值波浪水槽模型，研究了两种形状的双浮体混合装置在最优 PTO 阻尼下的转换效率、透射系数、反射系数、耗散系数、垂向运动响应以及浮子间相对波高随频率的变化情况，并与其对应的单浮体集成装置的水动力性能进行了对比。结果表明，与单浮体集成装置相比，双浮体混合装置的发电性能和防波性能有所提高，尤其是在低频区域；浮子间波浪共振时，对波浪能装置形状对称的双浮体混合装置的发电性能有利，对波浪能装置形状不对称的双浮体混合装置的发电性能不利。

关键词： 浮式防波堤；振荡浮子式波能装置；发电性能；防波性能；单浮体集成系统；双浮体混合装置

在海洋蕴藏的可再生能源中，波浪能以其能量储备多、能量密度高、分布广泛等原因，已经成为各国争相研究的热点[1]，然而其发电成本较高，阻碍了波浪能利用技术的发展。将波浪能装置与浮式防波堤集成到一起是降低成本的有效途径，Madhi 等[2]和 Ning 等[3]对此进行了研究，分别研究了一种 Berkeley-Wedge 形集成装置和一种方箱形集成装置。然而单浮体集成装置在高频波中的防波性能和发电性能都比较差，因此，Ning 等[4]、Zhao 和 Ning[5]展开了双浮体型集成装置的研究，结果表明，双浮体装置的有效频率范围明显增大。

因此本文应用 Star–CCM+ 软件建立二维数值波浪水槽模型，研究了一种新型的三角加挡板型单浮体集成装置与浮式防波堤组成的双浮体混合装置和一种常见的方箱型双浮体混合装置的水动力性能，并与其对应的单浮体集成装置进行了对比。

1　数值模型的建立与验证

1.1　数值水槽模型的建立

建立的二维数值波浪水槽模型如图 1 所示。

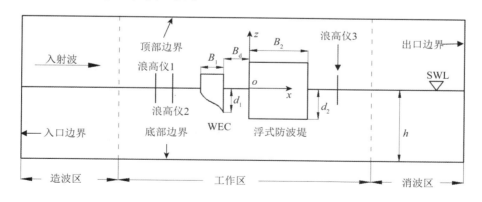

图 1　双浮体混合装置数值模型示意

水槽模型在 x 方向的总长度设置为 6 倍波长，共分三个区域：造波区、工作区和消波区，其中造波区

基金项目： 工信部高技术船舶专项第二期（201622）；国家自然科学基金——中英国际合作重点项目（51761135013）；中央高校基本科研业务费专项资金（GK2010260271）

和消波区都是 1.5 倍波长。模型 z 方向的高度设置为 2 倍水深，采用 VOF　（Volume of Fluid）[6]方法来捕捉空气和水交界处的自由表面。由于 Star–CCM+软件无法准确地模拟纯二维平面模型，因此模型在 y 方向的宽度设置为 0.01 m，并在前后两个侧面应用对称平面边界条件来保证模型的二维性。

模型的入口边界条件和出口边界条件都设置为速度入口，入口处的速度定义为五阶 VOF 波速度[7]，底部边界条件设置为壁面来模拟真实的水槽底部，顶部边界条件设置为压力出口，压力出口的压力定义为五阶 VOF 波静压[7]。双浮体混合装置由一个波浪能转换装置（WEC）和一个浮式防波堤组成，其中 WEC 仅做垂荡运动，而浮式防波堤的运动相对于 WEC 来说很小，因此浮式防波堤假定为静止不动的，双浮体混合装置相当于在相应的单浮体集成装置后面增加一个固定的方形浮式防波堤。在造波区和消波区，应用 VOF 波模型中波力消波[8]的方法进行消波，减少反射波对计算结果的影响，并减少计算区域的长度。

由于研究的重点是浮子的运动，在初步的研究中没有发现高阶湍流模型对浮子的运动有显著影响，因此文中采用层流模型进行模拟研究。

1.2　模型收敛性验证

为了研究所建数值模型的收敛性，取一个典型的三角加挡板形双浮体混合装置模型进行模拟。浮子宽度 B_1/h=0.167，吃水 d_1/h=0.267，浮子底部三部分的高度比为 $D_1:D_2:D_3$=2：11：3。浮式防波堤宽度 B_2/h=0.667，吃水 d_2/h=0.4。入射波高和浮子间距分别为 H_i/h=0.1667 和 B_d/h=0.0833。数值波浪水槽水深 h= 3.0 m。通过设置不同的时间步长和网格尺寸，得到五个模型，分别为模型 1，模型 2，模型 3，模型 4 和模型 5，模型具体的设置见表 1。

表 1　不同模型时间步长与网格尺寸设置

模型	时间步长	液面加密区网格尺寸
1	$\Delta t=T/500$	$\Delta z=H_i/20, \Delta x=H_i/10$
2	$\Delta t=T/1\,000$	$\Delta z=H_i/20, \Delta x=H_i/10$
3	$\Delta t=T/2\,000$	$\Delta z=H_i/20, \Delta x=H_i/10$
4	$\Delta t=T/1\,000$	$\Delta z=H_i/10, \Delta x=H_i/5$
5	$\Delta t=T/1\,000$	$\Delta z=H_i/40, \Delta x=H_i/20$

图 2 给出了具有不同时间步长和网格尺寸的模型的浮子运动响应ζ时间历程曲线对比。从图 2（a）可以看出，模型 2 和模型 3 的结果吻合良好，仅在峰值处有微小差异，且误差小于 5%。而模型 1 的结果不仅在峰值处与其他两模型的结果有一定差距，而且时间历程曲线存在超过 5%的相位差，因此说明时间步长 $\Delta t=T/1\,000$ 时，计算结果是收敛的。同理，由图 2（b）可知，网格尺寸为 $\Delta z=H_i/20$，$\Delta x=2\Delta z$ 时，模型计算结果满足收敛性要求。因此，在接下来的研究中，数值模型的时间步长和网格尺寸分别设置为 $\Delta t=T/1\,000$ 和 $\Delta z=H_i/20$，$\Delta x=2\Delta z$。

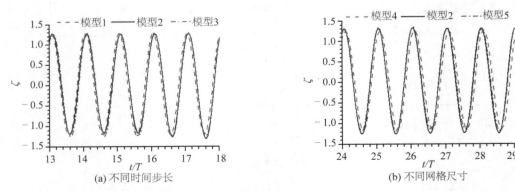

(a) 不同时间步长　　　　　　　　　　(b) 不同网格尺寸

图 2　三角加挡板形双浮体混合装置模型的时间步长与网格尺寸收敛性研究

1.3　模型的准确性验证

应用所建立的数值模型对 Zhao 和 Ning 论文中的双方箱试验模型进行了模拟，并与文中的试验结果进行了对比，验证所建数值模型的准确性。模型宽度 $a_1=a_2=0.6$ m，吃水 $d_1=d_2=0.125$ m，浮子间距 $s=0.2$ m，浮子纵向宽度 $D_1=0.78$ m。试验参数波幅 A、周期 T 和 PTO 阻尼力 F_{pto} 如表 2 所示，其中 F_{pto} 由 $\rho g a_1 d_1 D_1$ 进行无量纲化。图 3 给出了模拟所得的数值结果与 Zhao 和 Ning[5]论文中试验结果的对比图，可以看出，模拟结果与试验结果非常接近，总体趋势相同，两个结果之间的差异是由于试验装置本身存在的摩擦产生了额外的阻尼力导致。因此，通过与试验结果的对比验证了模型的准确性。

表 2　双方箱试验参数设置

T/s	1.17	1.22	1.27	1.33	1.4	1.5	1.6	1.7	1.89
A/m	0.04	0.06	0.06	0.07	0.07	0.07	0.07	0.07	0.07
F_{pto}	0.016 9	0.056 3	0.067 9	0.085 4	0.103 6	0.098 1	0.101 7	0.100 3	0.104 0

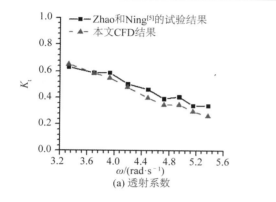
(a) 透射系数

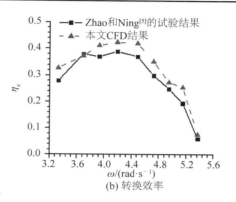
(b) 转换效率

图 3　本文 CFD 模拟结果与 Zhao 和 Ning[5]双方箱试验结果对比

2　装置性能相关系数计算

固有频率 ω_n 为使惯性力和恢复力相互抵消时物体的自然频率，其表达式[9]为 $\omega_n=\sqrt{(c_{pto}+c_z)/(m+a_z)}$，单个浮子的线性最优阻尼系数 b_{opt} 的表达式如下：

$$b_{opt}=\sqrt{\frac{\left[(m+a_z)\omega^2-(c_{pto}+c_z)\right]^2}{\omega^2}+b_z^2} \tag{1}$$

式中：a_z 和 b_z 分别为附加质量和辐射阻尼，$c_z=\rho g A_w$ 为恢复力系数，c_{pto} 为 PTO 系统的刚度系数，m 为浮体质量，ω 为波浪频率。

波浪能装换装置的发电性能通过转换效率 η_e 衡量，表达式[10]为 $\eta_e=E_p/E_w$，式中：E_p 为波能装置的平均波浪能转换速率，E_w 为入射波的平均能量流动速率。

当波能转换装置的浮子只做垂荡运动时，平均波浪能转换速率 E_p 的表达式为

$$E_p=\frac{1}{mT}\int_t^{t+mT}FV\mathrm{d}t=\frac{b_{pto}}{mT}\int_t^{t+mT}V^2\mathrm{d}t \tag{2}$$

式中：m 为波浪周期个数；T 为波浪周期；t 为时间；F 为浮子所受合外力；V 为浮子的运动速度。

线性波的平均能量流动速率 E_w 的表示式为

$$E_w=\frac{1}{16}\frac{\rho g H_i^2 \omega D_y}{k}\left(1+\frac{2kh}{\sinh 2kh}\right) \tag{3}$$

式中：ρ 为水密度；g 为重力加速度；H_i 为入射波高；h 为水深；D_y 为波浪能装置纵向宽度；k 为波数。

如图 1 所示，WEC 前 $x_1=-1$ m 和 $x_2=-1.6$ m 处放置两个浪高仪测量波面变化，应用两点法可将反射波波高 H_r 与入射波波高 H_i 分离。在 WEC 后 $x_3=0.8$ m 处放置一个浪高仪，可得到透射波高 H_t。反射系数和透射系数分别定义为 $K_r=H_r/H_i$ 和 $K_t=H_t/H_i$，耗散系数和运动响应分别定义为 $K_d=1-K_t^2-K_r^2-\eta_e$ 和 $\zeta=H_{RAO}/H_i$，其中 H_{RAO} 为浮子运动幅值。

3　双浮体混合装置水动力性能研究

为了研究双浮体混合装置的水动力性能，本文对三角加挡板形双浮体混合装置和方箱形双浮体混合装置进行了研究，并与对应的单浮体集成装置以及单个防波堤进行了对比。双浮体混合装置模型具体尺寸如图 4 所示，入射波高 0.5 m，浮子间距 B_d=0.25 m。

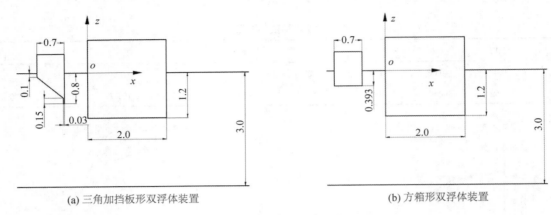

(a) 三角加挡板形双浮体装置　　　　　　　　　　　　(b) 方箱形双浮体装置

图 4　双浮体混合装置尺寸示意（单位：m）

图 5 和图 6 分别是不同模型在最优 PTO 阻尼下的转换效率η_e、透射系数 K_t、反射系数 K_r、耗散系数 K_d、垂向运动响应ζ和两个浮子间相对波高 H/H_i 随频率的变化。

由图 5（a）和图 6（a）可知，不同装置的透射系数都随着频率的增加而减小，其中单浮体集成装置的透射系数最大，而双浮体混合装置的透射系数最小，且三角加挡板形双浮体混合装置的透射系数与对应的单浮体集成装置相比最少减小了 86.3%，而方箱形的最多减小了 92.6%，说明双浮体混合装置的防波性能相对于单浮体集成装置来说有了很大提高。单个浮式防波堤的透射系数与双浮体混合装置相差较小，说明双浮体混合装置防波能力的提高与双浮体装置中的浮式防波堤的存在有很大关系，因为吃水为影响透射系数的至关重要的因素，而防波堤吃水较大。

对反射系数来说，单个浮式防波堤要远大于其他两种装置，最大反射系数达到 96%。在高频波作用下，双浮体混合装置与单浮体集成装置的反射系数相差较小，而在低频波作用下，双浮体混合装置的反射系数要高于单浮体集成装置，如图 5（b）和图 6（b）所示。这是由于与高频波相比，低频波有更多的波浪能透射过双浮体混合装置中波浪能转换装置，当遇到后面的浮式防波堤时会发生反射，反射回来的波浪能会再次被波浪能转换装置吸收利用一部分，其余的会再次透射过波浪能转换装置，因此双浮体混合装置在低频区的反射系数会大于单浮体集成装置，小于单个浮式防波堤装置。这也导致了在低频区双浮体混合装置的转换效率明显高于单浮体集成装置，如图 5（c）和图 6（c）所示，由于方箱形浮子为对称的，因此对由浮式防波堤反射回来的波浪能的吸收能力与对入射波的能量吸收能力一样，且方箱浮子吃水较浅，透射过去的波浪能更多，进而反射回来的也波浪能也更多，而三角加挡板形浮子是不对称的，且吃水较深，因此能够再次吸收的波浪能较少，所以方箱形双浮体混合装置在低频区的转换效率与相应的单浮体集成装置相比提高更多，最大提高了 3.1 倍，而三角加挡板形双浮体混合装置最大仅提高了 76.5%。在高频区及共振频率ω=3.65 rad/s 处，三角加挡板形双浮体混合装置与其对应的单浮体集成装置的转换效率基本相同，特别值得注意的是，在 2.79 rad/s<ω<3.65 rad/s 的频率范围内，三角加挡板形双浮体混合装置的转换效率会出现明显减小的趋势，且小于对应的单浮体集成装置的转换效率，而在高频区，方箱形双浮体混合装置的转换效率小于其对应的单浮体混合装置的转换效率。对比不同装置的垂向运动响应可得出与转换效率相似的规律，如图 5（d）和图 6（d）所示。对于耗散系数来说，装置吸收的波浪能越多，相应耗散掉的能量就会越少，如图 5（e）和图 6（e）以图 5（c）和图 6（c）所示。图 5（f）和图 6（f）给出了双浮体混合装置两浮子间相对波高以及其他两种装置在对应位置的相对波高，可以看出，双浮体混合装置浮子间相对波高明显大于单浮体集成装置，且分别在ω=2.79 rad/s 和ω=2.62 rad/s 处达到峰值，这是因为这两个频率下发生了窄隙共振现象[11]，导致了浮子间相对波高的增加。对于三角加挡板形双浮体混合装置，当浮子间相对

波高达到最大值时，对应的装置的耗散系数突然增大，同时转换效率、垂向运动响应和反射系数突然减小。而对于方箱形双浮体混合装置，浮子间相对波高达到最大值时，对应的装置的耗散系数略微增大，同时转换效率、垂向运动响应达到最大值，反射系数减小。这说明浮子间相对波高达到峰值，即浮子间波浪共振时，对波浪能装置形状对称的双浮体混合装置的发电性能是有利的，对波浪能装置形状不对称的双浮体混合装置的发电性能是不利的。

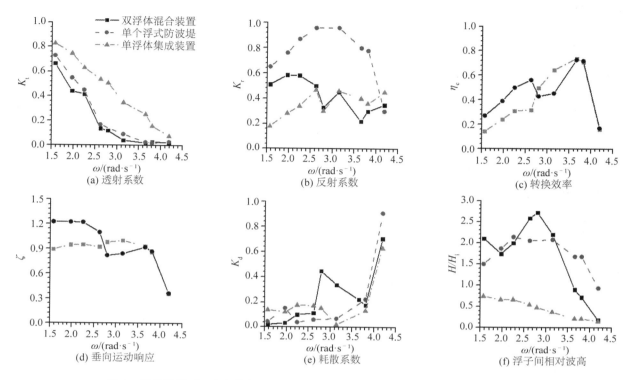

图 5　最优阻尼下三角加挡板形模型的 K_t、K_r、η_e、ζ、K_d 和 H/H_i 随频率 ω 的变化

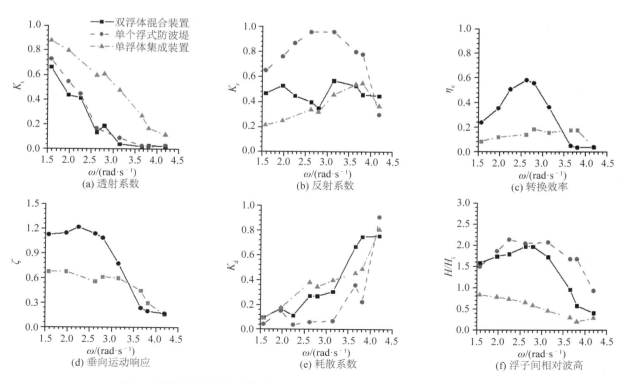

图 6　最优阻尼下方箱形模型的 K_t、K_r、η_e、ζ、K_d 和 H/H_i 随频率 ω 的变化

4　结　语

文中应用 Star–CCM+ 软件研究了三角加挡板形双浮体混合装置和方箱形双浮体混合装置在最优 PTO 阻尼下的转换效率 η_e、透射系数 K_t、反射系数 K_r、耗散系数 K_d、垂向运动响应 ζ 以及浮子间相对波高 H/H_i 随频率的变化情况，并与其对应的单浮体集成装置的水动力性能进行了对比，主要得出以下结论：

1）与单浮体集成装置相比，双浮体混合装置的发电性能和防波性能明显提高，尤其是对于方箱形双浮体混合装置，最大转换效率提高 3.1 倍，透射系数最大减小 92.6%；

2）浮子间波浪共振时，波浪能装置形状对称的双浮体混合装置的发电性能达到最优，而波浪能装置形状不对称的双浮体混合装置的发电性能明显降低。

参考文献：

[1] ISAACS J D, SEYMOUR R J. The ocean as a power resource[J]. International Journal of Environmental Studies, 1973, 4(3):201-205.

[2] MADHI F, MEGHAN E S, YEUNG R W. The berkeley wedge: An asymmetrical energy-capturing floating breakwater of high performance[J]. Marine Systems & Ocean Technology, 2014, 9(1): 5-16.

[3] NING D Z, ZHAO X L, GOTEMAN M, et al. Hydrodynamic performance of a pile-restrained WEC-type floating breakwater: An experimental study[J]. Renewable Energy, 2016, 95:531-541.

[4] NING D Z, ZHAO X L, ZHAO M, et al. Analytical investigation of hydrodynamic performance of a dual pontoon WEC-type breakwater[J]. Applied Ocean Research, 2017, 65:102-111.

[5] ZHAO X L, NING D Z. Experimental investigation of breakwater-type WEC composed of both stationary and floating pontoons[J]. Energy, 2018, 155:226-233.

[6] BILANDII R N, JAMEI S, ROSHAN F. Numerical simulation of vertical water impact of asymmetric wedges by using a finite volume method combined with a volume-of-fluid technique[J]. Ocean Engineering, 2018, 160:119-131.

[7] FENTON J D. A fifth-order stokes theory for steady waves[J]. Journal of Waterway Port, Coast Ocean Engineering, 1985, 111(2): 216-234.

[8] KIM J W, O'SULLIVAN J, READ A. Ringing analysis of a vertical cylinder by euler overlay method[C]//Proceedings of the ASME 2011 30th International Conference on Ocean, Offshore and Arctic Engineering. Rio de Janeiro, Brazil, 2012: 855-866.

[9] 孙士艳. 非线性规则波中波能转换装置的水动力特征与能量转化效率研究[D]. 哈尔滨: 哈尔滨工程大学, 2016.

[10] BUDAR K, FALNES J. A resonant point absorber of ocean-wave power[J]. Nature, 1975, 256 (5517):478-479.

[11] JIANG S C, BAI W, TANG G Q. Numerical simulation of wave resonance in the narrow gap between two non-identical boxes[J]. Ocean Engineering, 2018, 156:38-60.

桁架式波浪能发电平台基本水动力性能分析

耿宝磊[1]，金瑞佳[1]，何广华[2]，宋　薇[3]

（1. 交通运输部天津水运工程科学研究院　港口水工建筑技术国家工程实验室&工程泥沙交通行业重点实验室，天津　300456；2. 哈尔滨工业大学（威海）　船舶与海洋工程学院，山东　威海　264209；3. 珠海天岳科技有限公司，广州　珠海　519000）

摘要：针对一种桁架式波浪能发电平台进行基本水动力性能分析，在给定平台相关参数的基础上，首先计算得到平台的重心、浮心和稳心半径，进而在忽略桁架结构，仅考虑平台浮力块、阻尼箱等大尺度构件情况下，计算表明平台结构具有良好的透浪性；最后分析了发电浮子和液压装置的力学关系，并给出了不同海况、不同浮子尺寸条件下液压装置的受力和运动速度。

关键词：波浪能；平台；稳心；透浪性；波浪力

伴随着全球陆地化石能源日益枯竭和环境污染日趋加剧，有效利用清洁、可再生的海洋能源成为世界主要沿海国家能源战略的重要选择。"十三五"是我国海洋事业加快发展的重要时期，也是推动经济结构优化升级、转变经济发展方式的关键时期。开发高效能波浪能发电装备可以提高海洋可再生能源利用的核心竞争力，优化我国能源生产及消费结构，支撑国民经济及全社会的可持续发展。

我国波浪能开发利用技术研究始于20世纪70年代，80年代以来获得较快发展，如中科院广州能源所研制的用于航标灯的微型波浪能发电装置已形成系列产品。近年来，我国海洋能开发利用科技取得了长足进步，在科技部、国家自然科学基金委、中国科学院等相关科技计划和专项资金的支持下，尤其是2010年国家海洋局（现自然资源部）海洋能专项资金设立以后，有十几个研究所和高校先后开展了海洋能资源基础理论研究[1-2]、海洋能发电系统基础理论研究[3]、适合我国海洋环境特点的海洋能发电机组整机和关键零部件设计及制造[4]、海洋能发电场开发及运营[5]、海洋能发电场建设施工[6]、集成示范工程[7]等。据不完全统计，中国目前开发的波浪能装置39个，装机容量范围10 W~300 kW，其中100 kW以下装置31个，29个装置完成海试，100 kW以上装置8个，6个装置完成海试，装置大部分属于初级海试阶段。

2018年自然资源部海洋可再生能源资金支持项目《高可靠性海洋能供能装备应用示范》由珠海天岳科技有限公司、中国科学院电工研究所、交通运输部天津水运工程科学研究所联合体中标。该项目在前期10 kW海试样机研制和南海成功运行的基础上，将通过波浪能发电装置与储能、微型供电网络以及智能控制相结合，突破波浪能与发电系统耦合分析、平台及浮子系统设计优化、恶劣海况生存和连续稳定电能输出等关键技术，形成一套基于波浪能发电的海岛独立供电系统的研制和示范运行。研究对初步设计的发电平台基本水动力特性进行分析。

1　平台结构

平台主体为不锈钢桁架结构，总高 3.0 m，吃水 1.8 m，边长为 19.0 m，其主体示意图见图 1。平台除桁架结构外，还包括设备舱、阻尼箱、浮力块、发电系统的液压缸等装备，以及发电浮子结构等。此外，考虑储备浮力的需要，在桁架管内部填充不同密度材料，计算结构三心过程中需要考虑在内。对于浮块结构，水线以下部分提供浮力，水线以上部分储备浮力。

平台甲板表面覆盖高分子格栅并明显分割功能区，桁架出水部分涂鲜艳的防护涂料，保证其警示性和美观度。

基金项目：国家自然科学基金（51809133）；2018 年海洋可再生能源资金项目（GHME2018SF02）；中央级科研院所基本科研业务费资助项目（TKS180202，TKS180302）

作者简介：耿宝磊（1980–），男，河北衡水人，副研究员，主要从事波浪理论及波浪与结构物作用研究。E-mail：tksgengbaolei@163.com

通信作者：金瑞佳（1987–），男，江苏武进人，助理研究员，主要从事海岸工程研究。E-mail：492472669@qq.com

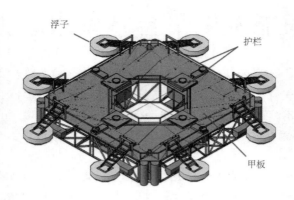

图 1　平台结构示意

2　结构稳性分析

对于平台结构而言，当稳心高于重心的时候，平台稳定；当稳心低于重心的时候，平台不稳定。稳心到重心的距离叫稳心高度。稳心高度越大，平台的稳定性越好。根据桁架管材的数量及平台重量，分别计算该平台的重心、浮心以及稳心。首先对重心进行计算，选取底层为基准面。平台重心计算见表 1。

表 1　平台重心计算

序号	结构	质量/kg	重心/m	质量×重心 / (kg·m)	填充重量/kg	填充重心/m	重量×重心（填充） / (kg·m)
1	底层桁架	7 500	0	0	4 687	0	0
2	中间桁架	6 300	1.5	9 450	2 462.4	0.9	2 216.16
					82.08	2.4	196.992
3	顶层桁架	5 200	3	15 600	175.85	3	527.55
4	设备舱	8 000	1.9	15 200	0	0	0
5	甲板格栅	5 000	3	15 000	0	0	0
6	阻尼箱	2 600	0	0	9 800	0	0
7	浮力块（水平）	1 040	1.35	1 404	0	0	0
8	浮力块（垂直）	1 040	1.5	1 560	0	0	0
9	浮子臂	4 000	3	12 000	0	0	0
10	液压缸	3 200	3	9 600	0	0	0
11	发电设备	5 600	1.9	10 640	0	0	0
12	限位设备	800	3	2 400	0	0	0
13	自维修设备	1 000	3	3 000	0	0	0
14	浮子臂支撑	4 000	3.75	15 000	0	0	0
15	甲板设备	2 000	3	6 000	0	0	0
16	合计	57 280	—	116 854	17 207.33	—	2 940.702

根据表 1，利用结构和填充物两部分计算结果，即总的力矩除以总质量，可得到平台结构的重心高度为 1.61 m。

浮心的定义为浮体或潜体水下部分体积的形心，因此该平台的浮心为桁架结构水下部分体积的形心，仍然选取底层为基准面，计算得到浮心高度为 0.96 m，计算过程见表 2。

表 2　结构浮心计算

序号	结构	排水质量/kg	排水质量重心/m	质量×重心/（kg·m）
1	底层桁架 1	2 471.358	0	0
	底层桁架 2	3 047.214	0	0
2	中间桁架	2 808.659	0.9	2 527.79
3	设备舱	20 000	1.4	28 000
4	阻尼箱	9 800	0	0
5	浮力块（水平）	17 360	1.35	23 436
6	浮力块（垂直）	10 416	0.9	9 374.4
7	总计	65 903.23	/	63 338.19

根据船舶相关知识，船舶在横倾ϕ角后，浮心自原来的位置 B 沿某一曲线移至 B_1，这时浮力的作用线垂直于 W_1L_1，并与原正浮时的浮力作用线（中线）相交于 M 点（见图 2）。当ϕ为小角度时，曲线 BB_1 可看作是圆弧的一段，M 点为曲线 BB_1 的圆心，而 $BM = B_1M$ 为曲线 BB_1 的半径。船舶在小角度倾斜过程中，可假定倾斜前后的浮力作用线均通过 M 点，因此，M 点称为横稳心（或初稳心），BM 称为横稳心半径（或初稳心半径）。

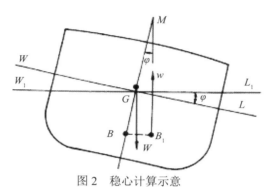

图 2　稳心计算示意

表 3　平台稳心计算

序号	结构	排水质量/kg	重心/m	质量×重心（垂直）/（kg·m）	偏心/m	质量×重心（水平）/（kg·m）
1	底层桁架 1	2 471.36	1.8	4 448.44	9.5	23 477.9
	底层桁架 2	3 047.21	1.8	5 484.99	9.5	28 948.53
2	中间桁架	2 808.66	0.9	2 527.79	9.5	26 682.26
3	设备舱中	10 000.00	0.3868	3 868.00	9.476	94 763.00
4	设备舱左	7 816.00	0.6245	4 881.09	4.348	33 987.09
5	设备舱右	2 184.00	0.179 8	392.68	14.555	31 787.03
6	阻尼箱	9 800.00	1.8	17 640.00	9.5	93 100.00
7	浮力块（水平最左侧 2）	4 340	1.311 1	5 690.17	−0.316 9	−1 375.35
	浮力块（水平左侧 2）	4 340	0.920 7	3 995.84	4.166 2	18 081.31
	浮力块（水平右侧 2）	2 565.40	0.219 7	563.62	14.785 8	37 931.49
8	浮力块（垂直左侧 4）	7 612.65	1.345 4	10 242.06	−0.320 1	−2 436.81
	浮力块（垂直右侧 4）	2 600.82	0.482 6	1 255.15	18.98	49 363.51
9	总计	56 985.28	—	60 989.84	—	434 309.98

将该平台倾斜 5°，通过计算每个水下结构物新的水下部分形心得到新的浮心 B_1，进而得到稳心及稳心半径，计算过程如表 3。表 3 中垂直方向选取水线为基准线，水平方向选取一侧作为基准线，即与平台中轴线距离为 9.50 m。计算得到新的重心 B_1 点垂向距离为 1.07 m（距离水线），水平距离为 7.62 m（距离平台边线）。设稳心半径为 R，满足下面关系，经过计算得到稳心半径为 22.56 m，说明该平台非常稳定。

$$\frac{9.50-7.62}{R-1.07}=\tan 5° \tag{1}$$

3 结构透浪性

发电平台四周设有多个浮子捕捉波浪能，结构透浪性能将影响不同方向浮子的工作效率。根据平台的初步设计尺寸，桁架直径为 0.16 m，设备舱迎浪宽度为 2.5 m，考虑项目实施海域波浪周期 6.0 s，可计算得到波长约为 39 m，进一步得到构件直径与波长比分别为 0.004 和 0.064，远小于 0.15，因此忽略桁架结构和设备舱对波浪场的影响，仅对浮力块、阻尼箱等大尺度结构进行网格划分。

采用大连理工大学港口、海岸及近海工程国家重点实验室波浪与结构作用时域程序 RADDUT 对平台在波浪场中的运动情况进行计算。假设平台静止，波浪入射周期 6 s，沿平台某一边正向入射，提取平台迎浪侧和背浪侧浮子中心点位置波高的无量纲值进行比较，图 3 是波高值的比较，图 4 是计算区域的波面情况。从计算结果可以看出，该平台结构具有良好的透浪性。

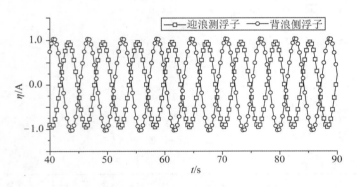

图 3 迎浪侧和背浪侧浮子中心点波高比较   图 4 计算区域的波面变化（$t = 60.0$ s）

4 浮子及液压系统作用力分析

平台附属浮子结构用于捕获波浪能，进而带动液压缸运动发电，图 5 是浮子与液压系统连接示意图。浮子在波浪作用下产生上下运动，通过杠杆原理带动液压装置做功，图 6 给出了杠杆两端力臂长度等参数。杠杆左端浮子所受波浪力包括水平力 F_x 和垂向力 F_z，杠杆倾角为 θ，分解后可得到沿杆方向的作用力 F_{nl} 和垂直于杆方向的作用力 F_{ql}。法向力 F_{nl} 由中间支座承担，杠杆右端切向力 F_{qr} 可根据杠杆原理求得。系统在运动过程中角速度相同，因此 $v_z\cos\theta/l_1=v_r/l_2$，其中 v_z 和 v_r 分别为浮子的垂向运动速度和液压装置的运动速度。

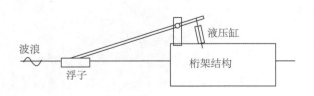

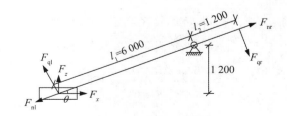

图 5 浮子与液压系统连接示意   图 6 作用力分解

分析采用 RADDUT 进行计算。计算中取浮子直径为 3.5 ~5.0 m，吃水 1.5 m，入射波浪波幅 1.0 m，波周期 4.0 ~ 6.0 s。在波浪往复作用下，右端液压装置受力也呈现周期性变化，取 F_{qr} 极值作为参考。当浮子固定时，F_{qr} 幅值最小；当浮子上下运动，且不考虑液压装置反力和阻尼时，F_{qr} 幅值最大。图 7 给出了不同浮子尺寸时液压装置的受力情况，表 4 给出了相关计算结果。

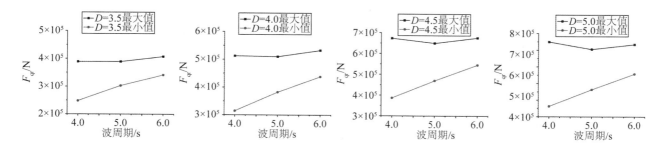

图 7　不同浮子直径时液压装置受力范围

表 4　液压装置受力及运动速度

组次	直径/m	周期/s	F_{qr} 最小 /N	F_{qr} 最大 /N	v_r 最大 / (m·s⁻¹)	组次	直径/m	周期/s	F_{qr} 最小 /N	F_{qr} 最大 /N	v_r 最大 / (m·s⁻¹)
1	3.5	4	248 131	388 988	0.397	7	4.5	4	386 676	672 963	0.416
2	3.5	5	302 804	389 154	0.266	8	4.5	5	469 550	649 461	0.269
3	3.5	6	341 250	407 319	0.212	9	4.5	6	545 172	675 046	0.213
4	4	4	314 531	512 538	0.402	10	5	4	462 811	849 500	0.427
5	4	5	382 259	510 051	0.267	11	5	5	563 517	805 669	0.269
6	4	6	438 055	532 731	0.212	12	5	6	657 673	834 711	0.213

5　结　语

对《高可靠性海洋能供能装备应用示范》项目初步设计的平台形式进行基本水动力性能分析，计算结果表明该平台具有良好的稳定性和透浪性，并给出了单个浮子可提供的最大波浪力等参数，后续将在此基础上对平台结构进一步优化，并开展更详细的计算分析。

参考文献：

[1]　郑崇伟，苏勤，刘铁军. 1988–2010 年中国海域波浪能资源模拟及优势区域划分[J]. 海洋学报（中文版），2013, 35(3): 104-111.

[2]　游亚戈，李伟，刘伟民，等. 海洋能发电技术的发展现状与前景[J]. 电力系统自动化，2010, 34(14): 1-12.

[3]　谢嘉，王世明，高中勇，等. 紧凑高效机电一体化海洋能发电系统的探究[J]. 电子设计工程，2015, 23(13): 161-164.

[4]　王项南，贾宁，夏海南，等. 我国海洋能发电装置的测试和评价[J]. 海洋开发与管理，2018 (6): 87-90.

[5]　吴迪，王芳，黄翠，等. 海洋能海上试验场运行管理分析研究[J]. 海洋技术学报，2017, 36(4): 100-104.

[6]　段春明，张帆，崔寒松，等. 海洋能发电场电力系统设计与分析[J]. 电力与能源，2017, (2): 65-73.

[7]　王静，韩林生，王鑫，等. 国家波浪能和潮流能试验场标准体系框架构建初探[J]. 标准科学，2016(5): 48-51.

基于HOBEM的孤立波砰击摆动式波浪能转换装置数值模拟研究

程　勇[1]，李　根[1]，嵇春艳[1]，翟钢军[2]

（1. 江苏科技大学 船舶与海洋工程学院, 镇江 212003；2. 大连理工大学 深海研究中心，大连 116024)

摘要： 通过基于完全非线性的时域高阶边界元法（HOBEM），建立了数值模型模拟孤立波砰击自由运动的摆动式波浪能转换装置（OWSC），以研究极端波浪对 OWSC 砰击的影响。采用混合欧拉–拉格朗日（MEL)法追踪实时变化的自由表面节点；通过细长射流内部速度势的线性变化假设与区域分解法处理砰击射流；采用辅助函数求解物面压力分布，以此进一步解耦摆板的运动方程；最后通过四阶龙格–库塔法更新下一时刻的边界条件。通过验证，分别证明了本模型能准确地模拟波浪砰击 OWSC 与极端波浪特征。通过对数值结果的分析，发现孤立波砰击 OWSC 的现象与规则波时有明显不同。

关键词： 高阶边界元法；完全非线性；摆动式波浪能转换装置；砰击压力；射流

　　摆动式波浪能转换装置（OWSC)被认为是一种具有良好发展前景的波浪能转换装置，其主要安装于 10~15 m 的浅水中。在波浪的不断激励下，装置的轻质摆板往复旋转，并带动底部的液压缸将高压水通过水管抽送至岸上的发电机。当 OWSC 处于恶劣或极端海况时，摆板将以高速撞击水面，并在其表面形成短暂但幅值极高的砰击压力。这一砰击事件对装置的安全性与寿命造成了极大威胁。

　　国外学者 Henry 等[1]最早对波浪砰击 OWSC 展开了研究，通过试验与数值模拟，他们发现这一砰击现象与常见的波浪撞击固定刚体问题有着本质不同。在此基础上，Wei 等[2]采用计算流体力学（CFD)方法对这一现象进行了数值研究。国外针对波浪砰击 OWSC 的数值研究[3-4]多数基于 CFD 方法，这类方法需要较高的计算资源与计算时间。基于势流理论的边界元法（BEM)则提供了波浪砰击 OWSC 的另一种求解方法。BEM 采用相应的形函数对计算区域边界离散，通过计算边界积分方程所得到的解更加精确，且计算效率更高。国内外采用 BEM 模拟波浪砰击 OWSC 的研究目前还很少。国内学者 Sun 等[5]首次采用一阶边界元法（FOBEM)模拟波浪砰击一强迫运动的摆板。在此基础上，Cheng 等[6]通过高阶边界元法（HOBEM)对波流共同作用下的砰击进行了模拟与研究。通过二阶形函数模拟具有强非线性的砰击射流，HOBEM 所得的结果比 FOBEM 更精确且效率更高。然而，由于以上基于 BEM 的研究没有将摆板的运动与流场间的耦合关系考虑在内，其相比真实的砰击现象仍有差距。

　　目前针对波浪砰击 OWSC 的研究仍基于周期波理论，而极端波浪的影响尚未被考虑在内。相比非线性周期波浪，极端波浪对海洋结构物的破坏更加严重，有关研究更具有实际意义。以孤立波为例的有关极端波浪与刚性结构物作用的有关研究中，大都将物体固定于流场中[7-8]。如前所述，波浪砰击 OWSC 与这一情况有着本质不同，而目前有关自由运动的浮体与孤立波相互作用的研究中，砰击现象考虑较少[9]，故其缺少处理砰击射流的有关数值方法。基于当前国内外关于波浪砰击 OWSC 研究的情况，本文通过 HOBEM 针对摆板在孤立波激励下发生砰击的现象进行数值模拟，以研究 OWSC 在极端波浪情况下发生砰击的机理。本方法也同样适用于船底高速撞击水面所发生的砰击现象。

1　数值模型

1.1　控制方程与边界条件

　　孤立波砰击 OWSC 的二维示意如图 1 所示。摆板设为一底部为半圆、顶部穿过水面、且绕原点自由旋转的矩形。波浪沿 x 轴正向传播；γ 为摆板旋转角度，并以逆时针方向为正；角速度 Ω 为 γ 对时间 t 的导数；h 为水深；B 为板厚。本文中，通过原点至静水面的距离 d、重力加速度 g 与水密度 ρ 对参数与计算结果无量纲化。

基金项目： 国家自然科学基金（51609109，51622902，51579122）；江苏省自然科学基金（BK20160556)

作者简介： 程勇，男，博士，副教授，主要从事波浪与海洋结构物相互作用研究。E-mail: chengyong@just.edu.cn

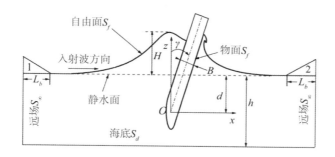

图 1　孤立波砰击 OWSC 计算示意

基于势流理论，流场中速度势函数 $\varphi(x, z, t)$ 满足拉普拉斯方程：

$$\nabla^2 \varphi = 0 \tag{1}$$

通过混合欧拉–拉格朗日法（MEL)追踪自由面 S_f 上的节点，因此，自由表面 S_f 所满足的边界条件可写为

$$\frac{\mathrm{D}\varphi}{\mathrm{D}t} = -\eta + \frac{1}{2}|\nabla\varphi|^2 - v_1(x)(\varphi - \varphi_I) - v_2(x)\varphi \tag{2}$$

$$\frac{\mathrm{D}\boldsymbol{X}}{\mathrm{D}t} = \nabla\varphi - v_1(x)(\eta - \eta_I) - v_2(x)\eta \tag{3}$$

式中：$\mathrm{D}/\mathrm{D}t = \partial/\partial t + \nabla\varphi \cdot \nabla$ 为物质导数；$\eta = z - 1$ 为波面高程；$\boldsymbol{X}$ 为流体质点的位置向量；$v_{1(2)}$ 为数值阻尼层[8]；φ_I 与 η_I 分别为孤立波的速度势与波面高程解析解[10]。

物体表面 S_b 满足不可穿透条件：

$$\frac{\partial \varphi}{\partial n} = (\boldsymbol{\Omega} \times \boldsymbol{r}) \cdot \boldsymbol{n} \tag{4}$$

式中：$\boldsymbol{r} = (x, z)$；$\boldsymbol{n} = (n_x, n_z)$ 为物体表面指向流域外的法向量。

流场底部 S_d 设为水平且满足不可穿透条件：

$$\frac{\partial \varphi}{\partial n} = 0 \tag{5}$$

初始条件设定如下以计算时域边值问题。

$$\varphi\big|_{t=0} = \varphi_I, \quad z\big|_{t=0} - 1 = \eta_I \tag{6}$$

1.2　高阶边界元法(HOBEM)

通过格林格式，以上边值问题可写为

$$\alpha(p_s)\varphi(p_s) = \int_\Gamma \left(\frac{\ln r_1 + \ln r_2}{2\pi} \frac{\partial \varphi(q_f)}{\partial n} - \frac{\varphi(q_f)}{2\pi} \frac{\partial(\ln r_1 + \ln r_2)}{\partial n} \right) \mathrm{d}\Gamma \tag{7}$$

式中：α 为固角系数；p_s 与 q_f 分别为源点与场点；r_1 与 r_2 为场点至源点与源点关于水底的镜像点的距离。通过二次形函数[8]离散计算边界 Γ 与边界上相应的物理量，将未知物理量，即自由面上的 φ_n 与物面上的 φ，移到等式左侧形成矩阵即可求解式（7）。

1.3　射流处理方法

当物面上出现极细的砰击射流时，计算产生病态矩阵，造成数值错误。本文将采用 Wu[11] 的方法获得稳定的压力分布。将射流内的速度势假定为线性变化，并对垂直于物面的法向求导：

$$\frac{\partial \varphi}{\partial n} = \frac{\partial}{\partial n}(A + B\xi + C\zeta) = B = (\boldsymbol{\Omega} \times \boldsymbol{r}) \cdot \boldsymbol{n} \tag{8}$$

射流单元 (z_k, z_{k+1}) 内沿物面高度 ζ 可表示为

$$\zeta = \zeta_k + \frac{\zeta_{k+1} - \zeta_k}{\xi_{k+1} - \xi_k}(\xi - \xi_k) \tag{9}$$

式中：ζ 为垂直物面的高度。

将式（9）代入式（8），可得系数 C 为

$$C = \frac{\varphi_{k+1} - \varphi_k - (\xi_{k+1} - \xi_k)(\mathbf{\Omega} \times \mathbf{r}) \cdot \mathbf{n}}{\zeta_{k+1} - \zeta_k} \tag{10}$$

将系数 B、C 带入式（8），并对垂直于液面的法向求导，即可得到射流处未知的 φn。

沿物面的法向作一直线，并与射流面交于一点，该点处的速度势 φ_{Sf} 已知，则物面上相应的速度势 φ 可写为：

$$\varphi = \varphi_{S_f} - \xi_{S_f}(\mathbf{\Omega} \times \mathbf{r}) \cdot \mathbf{n} \tag{11}$$

随着摆板的旋转，细长射流最终将再次落入主流域。此时由于重叠的计算域式（7）将不能被直接求解。本文采用区域分解法[5]，将主流域与射流域分割为两部分，且两个计算域在相交部分满足速度连续条件。因此式（7）可写以下矩阵形式：

$$\begin{bmatrix} A_{R^{s1}R^{s1}} & A_{R^{s1}S^{s1}} & & \\ A_{S^{1s}R^{s1}} & A_{S^{s1}S^{s1}} & & \\ & & A_{S^{s2}S^{s2}} & A_{S^{s2}R^{s2}} \\ & & A_{R^{s2}S^{s2}} & A_{R^{s2}R^{s2}} \end{bmatrix} \cdot \begin{bmatrix} \varphi_{R^{s1}} \\ \varphi_{S^{s1}} \\ \varphi_{R^{s2}} \end{bmatrix} = \begin{bmatrix} B_{R^{s1}R^{s1}} & B_{R^{s1}S^{s1}} & \\ B_{S^{s1}R^{s1}} & B_{S^{s1}S^{s1}} & \\ & -B_{S^{s2}S^{s2}} & B_{S^{s2}R^{s2}} \\ & -B_{R^{s2}S^{s2}} & B_{R^{s2}R^{s2}} \end{bmatrix} \cdot \begin{bmatrix} \varphi_{R^{s1}n} \\ \varphi_{S^{s1}n} \\ \varphi_{R^{s2}n} \end{bmatrix} \tag{12}$$

式中：A、B 为系数矩阵；s1 与 s2 分别代表主流域与射流域；下标 S 为交界处，R 代表剩余全部边界。同样地，将未知物理量移至等式左侧即可求解矩阵（12）。

1.4　摆板运动方程

通过弯矩 M，摆板运动方程可写为

$$M = -\int_{S_b} p(xn_z - zn_x)\mathrm{d}s + mz_c \sin\gamma = I\Omega' \tag{13}$$

式中：p 为压力分布；m 为摆板质量；z_c 为重心垂向坐标；I 为转动惯量；$\Omega' = \partial\Omega/\partial t$ 为摆板的角加速度。物面的压力分布通过伯努利方程可写为

$$p = -[\chi_1 - \Omega(x\frac{\partial\varphi}{\partial z} - z\frac{\partial\varphi}{\partial x}) + \Omega'\chi_2 + \frac{1}{2}|\nabla\varphi|^2 + \eta] \tag{14}$$

其中，辅助函数[12]χ_1 与 χ_2 满足以下条件。

边界 S_b 上：

$$\frac{\partial\chi_1}{\partial n} = 0, \quad \frac{\partial\chi_2}{\partial n} = xn_z - zn_x \tag{15}$$

边界 S_f 上：

$$\chi_1 = -\frac{1}{2}|\nabla\varphi|^2 - g\eta + \Omega(x\frac{\partial\varphi}{\partial z} - z\frac{\partial\varphi}{\partial x}), \quad \chi_2 = 0 \tag{16}$$

边界 S_d 上：

$$\frac{\partial\chi_1}{\partial n} = \Omega(-x\frac{\partial^2\varphi}{\partial x^2} - \frac{\partial\varphi}{\partial x}), \quad \frac{\partial\chi_2}{\partial n} = 0 \tag{17}$$

边界 S_∞ 上：

$$\frac{\partial\chi_1}{\partial n} = \frac{\partial^2\varphi_I}{\partial t\partial n} + \Omega\frac{\partial}{\partial n}[(x\frac{\partial\varphi_I}{\partial z} - z\frac{\partial\varphi_I}{\partial x})], \quad \frac{\partial\chi_2}{\partial n} = 0 \tag{18}$$

通过 HOBEM 求解出 χ_1 与 χ_2 后，将式（14）代入式（13）解耦求出 Ω'，最后通过四阶龙格–库塔法更新下一时刻的边界条件。

2 数值模型验证

2.1 周期波砰击 OWSC

首先验证本文的数值模型模拟波浪砰击 OWSC 的能力。为了方便对比试验[1]结果，本节中：①参数与结果均量纲化；②摆板旋转方向为逆时针时，γ 与 Ω 为负；③入射波为五阶斯托克斯波，波高为 0.1 m（无量纲化为 0.488），且其他参数均与试验保持一致。通过图 2 对比发现，HOBEM 计算结果与试验结果吻合较好，说明了本模型对波浪砰击 OWSC 模拟的正确性。

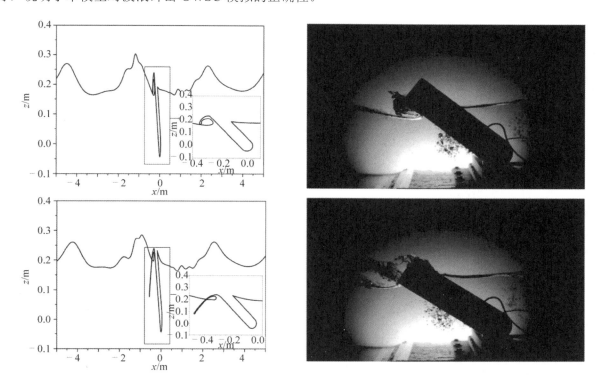

图 2　发生砰击时的自由面剖面与试验照片对比

2.2 孤立波的传播模拟

本文采用不均匀的网格离散计算边界，将最小网格 l_{min} 分布在物面以及物面与液面交点处，网格尺寸以固定比例 $\Lambda=1.01$ 逐渐放大，网格最大尺寸不超过 l_{max}。时间步 $\mathrm{d}t= l_{min}/（\mu V_{max}）$，其中，$l_{min}=0.03$；$V_{max}$ 为每一时刻波面节点的最大速度；$\mu=20$ 为一固定系数。由于孤立波面在传播时将受到 l_{max} 的影响，通过本小节的模拟，可以验证网格精度对强非线性波面的影响。最大网格尺寸 l_{max} 分别设为 1/10、2/10、3/10；波高 $H=0.7$。通过图 3 可以看出，当 $l_{max}=3/10$ 时，波高将随着传播略微衰减，而当 $l_{max}=1/10$、2/10 时的结果说明了 HOBEM 模型在模拟极值波浪特性方面的准确性。

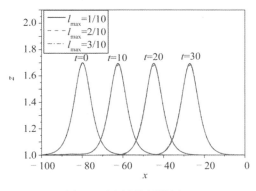

图 3　孤立波传播模拟

3 孤立波对 OWSC 砰击的影响

3.1 波高的影响

将水深 h 设为 1.5，波高 H 分别设为 0.1、0.3 与 0.5，以研究孤立波波高对 OWSC 砰击的影响。摆板的无量纲参数设为：板厚 $B=0.50$，重心垂向位置 $z_c=0.71$，质量 $m=0.19$，转动惯量 $I=0.22$。本文中的压力结果基于沿物面的长度 s 给出：$s=0$ 为摆板与中线的交点处，$s<0$ 为摆板向入射波的一面。在当前板厚的条件下，$s=-1.5$ 为摆板与液面交点附近，且根据以往研究[2]发现，此处砰击压力最显著。图 4 给出了摆板旋转角、角速度与摆板在液面交点附近处的压力时程。图 5 为摆板发生砰击时与到达最大向海角时的自由面剖面与物面的压力分布（图 4 表明当 $H=0.1$ 时没有发生压力突变，即没有发生砰击，故在图 5 中没有 $H=0.1$ 的相应结果)。

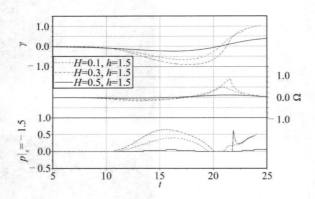

图 4　不同波高下，摆板旋转角、角速度与压力变化的时程

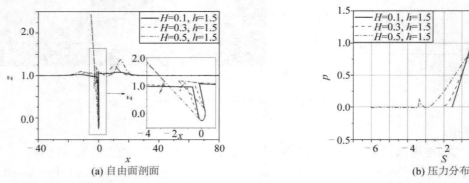

(a) 自由面剖面　　　　　　　　　　　　　　　(b) 压力分布

图 5　不同波高下，摆板位于最大向海角时的自由面剖面和物面的压力分布

以上结果表明，由于摆板运动与流体质点的水平加速度相关，所以当流体质点的水平加速度随着波高 H 增大时，摆板的运动幅度与速度逐渐增大，图 4 中的砰击压力的幅值也被显著放大。图 5 中，当 $H=0.5$ 时产生了极其细长的射流，这与周期波模拟的结果明显不同。这是由于孤立波与斯托克斯波流体质点运动方式不同所导致的。入射波为斯托克斯波的情况下，摆板发生砰击时恰好处于波谷处，摆板的运动反向与流体质点大致相同。而入射波为孤立波时，由于孤立波流体质点仅向右运动，发生砰击后摆板与质点的运动方向相反，故液体更不容易脱落形成下坠射流。图 5 (b)中摆板底部的压力分布出现了明显的减小，且随着 H 增大，这种减小更明显。这是由于摆板底部 $s=0$ 处左右法向不连续造成的。随着 Ω 的增大这一不连续进一步放大了相应位置的压力差异。这一现象与楔形体入水的研究中出现的现象类似[13]。

3.2 水深的影响

将波高设为 0.5，水深设为 1.5、2.0、3.0，其余参数与 3.1 节相同以研究水深对砰击的影响。图 6 表明，砰击压力幅值随着水深的增加而增加，但当水深增大到一定值时，砰击压力开始减小。这是由于虽然波能随着水深增加而增大，但透射系数会同时增大。在水深较深的情况下，能量转换效率更低，所以造成的砰击幅值压力反而减小（图 7）。目前的结果表明，在无因次水深为 2 左右时，砰击最明显。

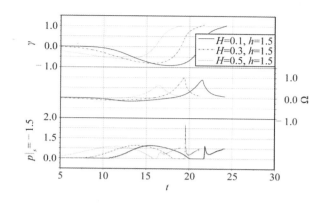

图 6　不同水深下，摆板旋转角、角速度与压力变化的时程

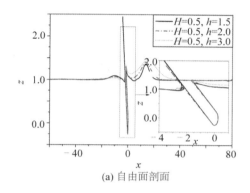

(a) 自由面剖面

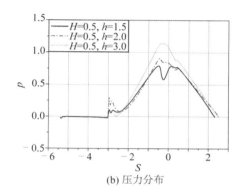

(b) 压力分布

图 7　不同水深下，摆板位于最大向海角时的自由面剖面和物面压力分布

4　结　语

本文通过建立一个完全非线性时域高阶边界元（HOBEM)模型，模拟了孤立波砰击自由运动的摆动式波浪能转换装置（OWSC)的现象。通过试验结果对比，验证了本模型模拟波浪砰击 OWSC 的能力；通过模拟孤立波传播，验证了本模型能准确模拟极端波浪特征。通过分析孤立波高对 OWSC 砰击的数值结果，发现：

1）孤立波对 OWSC 的砰击相比规则波更剧烈；

2）随着波高的增加，摆板的运动将更加剧烈，产生更明显的砰击压力幅值与砰击射流；

3）随着水深的增加，由于波能与透射系数变化规律相反，波浪产生的砰击压力不一定增大。

参考文献：

[1]　HENRY A, KIMMOUN O, NICHOLSON J, et al. A Two dimensional experimental investigation of slamming of an oscillating wave surge converter[C]// Proceedings of the Twenty-fourth International Ocean and Polar Engineering Conference. Busan, Korea; The International Society of Offshore and Polar Engineers. 2014: 296-305.

[2]　WEI Y, ABADIE T, HENRY A, et al. Wave interaction with an oscillating wave surge converter. Part II: Slamming[J]. Ocean Engineering, 2016, 113: 319-334.

[3]　FERRER P J M, QIAN L, CAUSON D M, et al. Numerical simulation of wave slamming on a flap-type oscillating wave energy device [C]// The Twenty-sixth (2016) International Ocean and Polar Engineering Conference. Rhodes, Greece; The International Society of Offshore and Polar Engineers. 2016: 65-71.

[4]　DIAS F, GHIDAGLIA J-M. Slamming: recent Pprogress in the evaluation of impact pressures[J]. Annual Review of Fluid Mechanics, 2017, 50: 243-273.

[5]　SUN S Y, SUN S L, REN H L, et al. Splash jet and slamming generated by a rotating flap[J]. Physics of Fluids, 2015, 27:

092107.

[6] CHENG Y, LI G, JI C Y, et al. Current effects on nonlinear wave slamming by an oscillating wave surge converter[J]. Engineering Analysis with Boundary Elements, 2018, 96: 150-168.

[7] ZHU H, LIN C, WANG L, et al. Numerical investigation of internal solitary waves of elevation type propagating on a uniform slope[J]. Physics of Fluids, 2018, 30: 116602.

[8] NING D Z, SU X J, ZHAO M. Numerical investigation of solitary wave action on two rectangular boxes with a narrow gap [J]. Acta Oceanologica Sinica, 2016, 35: 89-99.

[9] ZHOU B Z, WU G X, MENG Q C. Interactions of fully nonlinear solitary wave with a freely floating vertical cylinder [J]. Engineering Analysis with Boundary Elements, 2016, 69: 119-131.

[10] GRIMSHAW R. The solitary wave in water of variable depth. Part 2[J]. Journal of Fluid Mechanics, 1970, 46: 611-622.

[11] WU G X. Two-dimensional liquid column and liquid droplet impact on a solid wedge[J]. Quarterly Journal of Mechanics and Applied Mathematics, 2007, 60: 497-511.

[12] WU G X, EATOCK TAYLOR R. The coupled finite element and boundary element analysis of nonlinear interactions between waves and bodies[J]. Ocean Engineering, 2003, 30: 387-400.

[13] CHENG Y, JI C Y, OLEG G D, et al. Wave-current entry of an asymmetric wedge in 3DOF free motions[J]. Engineering Analysis with Boundary Elements, 2018, 91: 132-149.

基于黏性流理论的振荡水柱式波能转换装置
水动力特性的数值研究

纪巧玲，王　钰，成思齐

（山东科技大学，山东 青岛 266590）

摘要： 采用两相黏性流理论对固定式振荡水柱式（OWC）波能转换装置水动力特性问题进行了数值研究。数值模型基于两相流的 Navier-Stokes（N-S）方程，采用紧致差分格式（CIP）求解对流项和改进的 VOF 法求解自由面。通过与宁德志的物理模型试验结果做比较，验证数值模型计算的可靠性，然后，运用数值模型对装置内部振荡水柱的流场和涡量等水动力特性进行分析。

关键词： 振荡水柱；黏性流理论；两相流；N-S 方程；紧致差分格式

　　海洋面积占地球总面积的 71%，其中蕴藏着丰富的资源和能量。由于陆地空间和资源有限，人们逐渐将开发重点转移至海洋。以波浪能为代表的海洋能不仅能量巨大、分布广泛，且清洁环保，是一种备受关注的可再生能源。波浪能的利用方式与潮汐能和海流能相似，是将海水运动时所具有的能量转换为电能。其利用过程具体分为三步，首先是将分散的波浪能收集起来，再进行能量的传递，转化为有效的机械能，最后将机械能通过发电机装置转换为电能。目前世界上主要使用三种发电装置将波浪能转换为电能，分别是越浪式、运动式和振荡水柱式（OWC）。越浪式发电装置是先将波浪引入高处形成势能，在波浪由高到低运动时，势能转换为机械能，从而促使发电机产生电能，这种形式的发电装置需先将海水转移至高处，因此过程复杂且成本高。运动式发电装置是利用波浪的运动推动发电机中可活动部件的运动，可活动部件产生机械能进而促使发电机产生电能，这种装置虽简易可操控，但零部件的频繁活动容易导致发电机松动和损坏，降低使用寿命。OWC 发电装置相比于前两种形式，具有结构简单、建造成本低、装卸和维护简便及能量转换效率高等优势，并且由于机电部分在水面以上，不易受海水影响而腐蚀，因此成为了使用最广泛的一种能量转换装置，其水动力特性及能量转换效率也成为工程及科研人员的研究热点。OWC 装置的发电过程与越浪式和运动式相似，但能量收集方式略有不同，它是通过顶部开孔的空箱构成的振荡水柱气室，将波浪能转换为气室内气流的动能，气流的动能在透平的作用下转换为机械能，最后由发电机转换为电能。

　　对于 OWC 波能转换装置的水动力特性和能量转换效率的研究可以追溯到 20 世纪 80 年代，Evans[1] 推导了能量吸收效率的简单近似解析解。梁贤光等[2]在波浪水槽中对汕尾 100 kW 波力电站进行了缩尺模型的试验研究，其结果表明波浪周期、波高和气室结构对能量转换效率的影响较大。Ning 等[3]同样采用试验模拟的方法对固定式 OWC 波能转换装置的水动力特性进行研究，并总结了入射波振幅、气室宽度、开孔尺寸和海底底坡等参数对水动力效率的影响规律。在数值模拟方面，胡杭辉等[4]基于势流理论建立了二维完全非线性波作用下 OWC 装置的数值模型，总结了波高、装置吃水深度、气室宽度和墙体厚度对能量转换效率的影响。势流理论虽已发展较为成熟，但其假定流体无旋，因此仅适用于小波幅的情况，对于有明显涡现象的工况不适用，无法准确模拟波浪与 OWC 结构作用时发生的波浪破碎和自由面大变形等流动分离现象。为解决复杂工况下流体剧烈运动时的非线性自由面问题，许多学者使用边界元方法（BEM）来进行模拟。Koo 和 Kim[5]基于势流理论、BEM 和混合欧拉-拉格朗日方法建立了 OWC 装置的二维时域数值模型，通过在自由表面添加人工阻尼来模拟水柱振荡时引起的黏度损失，从而考虑到黏性效应对波浪作用的影响。他们的数值模拟结果得到了其他学者试验结果的验证，并得出水动力特性和能量吸收效率受入射波振幅影响大的结论。宁德志[6]和 Ning 等[7]基于 BEM 建立了二维时域的非线性数值波浪水槽模型，研究

基金项目： 山东省高等学校科技计划项目（J18KA198）；山东省自然科学基金（ZR2016EEB06）

通信作者： 纪巧玲（1984–），女，讲师，博士，硕士生导师，主要从事交通工程及近海工程研究。E-mail:jiqiaoling@126.com

了入射波要素、OWC 装置的吃水深度、气室宽度和前墙厚度对结构共振和能量转换效率的影响。Wang 等[8]通过试验和数值模拟对 OWC 结构的水动力特性进行了研究，其数值模拟采用 BEM 并引入人工黏性项建立了基于时域的非线性数值模型，分析在不同入射波振幅和周期作用下，波浪非线性和黏性与结构水动力之间的关系。除此之外，也有学者利用商用 CFD 软件包来实现波浪与结构作用过程的模拟。Luo 等[9]使用 Fluent 软件对非线性波作用下的固定式 OWC 系统的水动力和波能转换效率进行了数值模拟，并将结果与前人的试验和数值结果对比验证，总结出波高和 OWC 结构的吃水、壁厚对受力和能量捕获效率的影响规律。郑艳娜等[10]同样使用 Fluent 软件建立数值模型研究 OWC 结构的能量转换问题。通过对气室内水体的动能和涡量变化的研究，分析 OWC 结构能量捕获效率的影响因素。

在波浪与海洋结构相互作用的过程中，波浪的强非线性导致水气掺和涡旋现象的发生。在这个过程中往往发生能量的损失。根据 Koo 和 Kim[5]、He 等[11]的研究，能量的损失不仅存在于入射波接触 OWC 装置时，也存在于波浪在气室内晃荡的过程中。目前许多学者基于 N-S 方程来模拟水体剧烈运动时的流场特征及能量耗散原因。Colagrossi 等[12]使用 SPH 方法讨论了驻波问题中驻波振幅和雷诺数对黏性耗散和机械能的影响，并得出强涡场对黏滞阻尼和能量耗散影响巨大的结论。Elhanafi 等[13]基于雷诺平均纳维斯托克斯方程（RANS）建立二维模型模拟湍流状态下的流场运动变化，并研究波高和涡轮气动阻尼对水动力特性和能量转换的影响。根据计算结果，外加阻尼对能量转换时的损耗有着很大影响。

本文基于两相黏性流理论，以 N-S 方程为控制方程，采用半拉格朗日的 CIP 格式离散对流项，THINC 格式追踪自由液面，从而建立二维数值模型研究波浪与 OWC 装置间的流固耦合问题。通过模拟规则波作用下 OWC 装置内部及外部的液面高度、流场运动和气孔附近的压强，研究其压强分布的水动力特性。

1　数值方法

本文研究的振荡水柱式波能转置问题中涉及气液两相流问题，其中关键问题是气室内的气体是否需要考虑压缩性。而根据 Elhanafi 等[14-15]和 Wang 等[8]的研究，气室内的空气压缩性较小，可以忽略。因此，为简便起见，本文的数值模型考虑不可压缩两相流的运动，采用 N-S 方程描述流体的运动。该控制方程在二维直角笛卡儿坐标系中表示为

$$\frac{\partial u_i}{\partial x_i}=0 \tag{1}$$

$$\frac{\partial u_i}{\partial t}+u_i\frac{\partial u_i}{\partial u_j}=-\frac{1}{\rho}\frac{\partial \sigma_{ij}}{\partial x_j}+f_i \tag{2}$$

式中：u_i（$i=1,2$)分别表示速度在横纵坐标轴上的分量；$\sigma_{ij}=-p+2\mu S_{ij}$，$S_{ij}=\frac{1}{2}\left(\frac{\partial u_i}{\partial x_j}+\frac{\partial u_j}{\partial x_i}\right)$；$f_i$表示重力等体积力。

对上述控制方程对流项的求解采用高精度和高效率的紧致差分格式即 CIP，CIP 法是一种半拉格朗日的方法，由 Takewaki 等[16]提出并经过 Yabe 等[17]的发展，适用于双曲型偏微分方程的求解。该方法是利用多项式函数中的函数值及导数值，在计算网格内构造一个剖面，通过三次多项式插值来求解对流项。这种方法只需要两个点就可以得到插值函数，因此能在保证精度的前提下提高计算效率。对自由面的捕捉采用 THINC 格式，通过双曲正切函数计算流体体积函数的数值通量，弥补 CIP 法质量不守恒的缺点。具体计算过程参考 Ji 等[18]的文献。采用浸没边界法（IB）处理模型中的流固耦合问题。通过引入体积函数来表示气体、液体和固体。表示方法如下：

$$\phi_m(x,y,t)=\begin{cases}1 & (x,y)\in\Omega_m \\ 0 & 其他\end{cases} \tag{3}$$

$$\sum\phi_m=1 \quad (m=1,2,3) \tag{4}$$

式中：m_i（$i=1,2,3$)分别表示液体、气体和固体，Ω_m表示液体、气体或固体占据的计算区域，ϕ_m表示各相所占比值。

2　数值计算结果分析

2.1　数值模型验证

本文的数值模型根据 Wang 等[8]的物理模型试验来进行设计，目的是利用试验结果验证本模型数值模拟结果的正确性，从而进一步分析振荡水柱式波能装置的水动力特性。数值模型布置如图 1 所示。本文的数值波浪水槽长 35 m，水深 h=0.8 m，水槽前端设有造波板，后端设有消浪区。振荡水柱式波能装置距离造波板 30 m，装置壁厚 C=0.04 m，腔室宽 B=0.55 m，腔室高 h_c=0.2 m，前侧腔壁吃水深度 d=0.14 m。振荡水柱式波能装置的顶部开孔，直径 D=0.06 m，孔两侧各布置一个压力传感器。数值水槽中布置 5 个波高仪，其中位于气室前侧 2 个、气室室内 3 个，具体位置如图 1 所示。

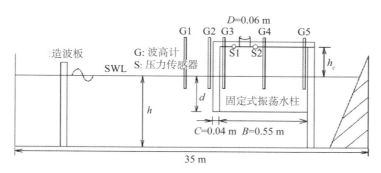

图 1　振荡水柱式波能装置的物理模型试验水槽布置

图 2（a）和图 2（b）所示分别为入射波振幅 A=0.03 m，周期 T 分别为 1.49 s 和 1.55 s 时的波面高度时程变化的计算结果比较。

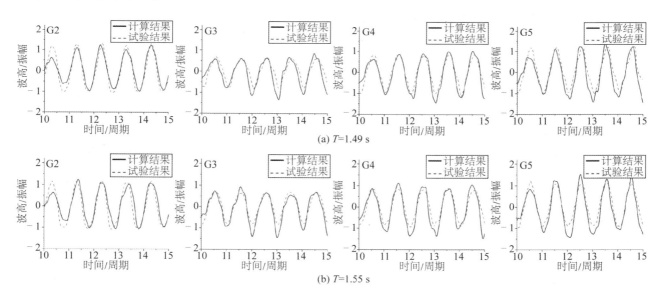

图 2　波面高度时程变化的数值计算结果与试验结果对比（A=0.03 m）

图中对时间和波高分别进行无量纲处理，其中横坐标用时间除以周期表示，纵坐标用波高除以振幅表示。根据图 2 可知，数值模拟结果与物理模型试验结果在波峰处吻合较好，而数学模型在波谷处的计算比模型试验结果略低。其中，装置内部的测点 G3、G4 和 G5 波高均小于装置外部的 G2 波高。这是由于在波浪与装置相互作用的过程中，部分波能被反射和消耗，只有部分波能被传递进装置中产生振荡水柱。同时从图中可以观察到，在装置内部测点的波高中，G3~G5 测点处的波高逐渐增大。其原因可能与装置前侧壁的消浪作用有关。随着测点位置的后移，透射作用增强，装置后壁的反射作用显著，导致测点 G5 的波高较高，高于入射波的波高。此外，Ning 等[3]指出物理模型试验得到的波高序列具有二次谐波的特点，图 2 中数值结果具有部分二次谐波，但规律性不明显。

2.2 水动力特性研究

本节采用以上数值模型计算了振荡水柱式波能装置周围的压强分布、速度场和涡量场，以进一步研究振荡水柱式波能装置的水动力特性。图 3 给出了入射波振幅 A=0.03 m，周期 T=1.55 s 时，一个周期内振荡水柱式波能装置附近的自由面和压强分布的变化过程。从图中可以看出，随着自由面的升沉，气室内的压强也经历一个升降的过程。具体的，气室内自由面位于低谷时，气室内的压强基本为负值，气压从自由面至气孔附近逐渐降低；随着气室内自由面的升高，气室内压强增加，逐渐转变为正压强；气室内自由面位于高峰时，气室内的压强达到最大；此后，随着气室内自由面的回落，气室内压强逐渐减小，再次转变为负值。

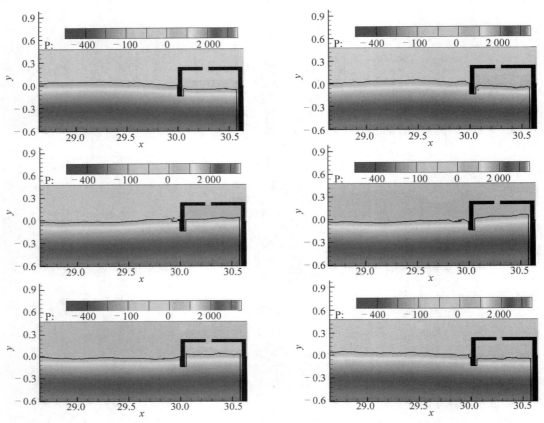

图 3　一个周期内装置周围的自由面和流场压强分布　（A=0.03 m, T=1.55 s）

图 4 给出了 A=0.03 m，T=1.55 s 时，振荡水柱式波能装置附近一个周期内的流场速度分布情况，由图可知，流场的速度在装置的向海侧、气室内和气孔处较大，并且随着装置内自由面的升沉，气孔附近的速度同时呈现顺时针和逆时针的运动方向。具体的，当装置内自由面下降时，在气孔左侧的速度表现为顺时针向下，气孔右侧的速度表现为逆时针向下；而当装置内自由面上升时，气孔左右两侧的速度方向则相反。此外，气室内自由面低于装置外时，内部的速度大于外部；随着气室内自由面的上升，装置外的流场速度明显增大。

图 5 给出了在 A=0.03 m，T=1.55 s 时，振荡水柱式波能装置附近一个周期内的自由面和涡量场分布情况，由图可知，装置的向海侧、气室内和气孔附近的涡量强度较大，且涡量呈成对出现的趋势。具体的，装置内自由面低于装置外时，在装置的向海侧一端存在一个较大的负涡量；此后随着装置内自由面的升高，该涡量的强度逐渐减小。而在气孔处，当装置内自由面低于装置外时，气孔处存在一个正的涡量；当此后随着装置内自由的升高，气孔处的涡量转变为负值。

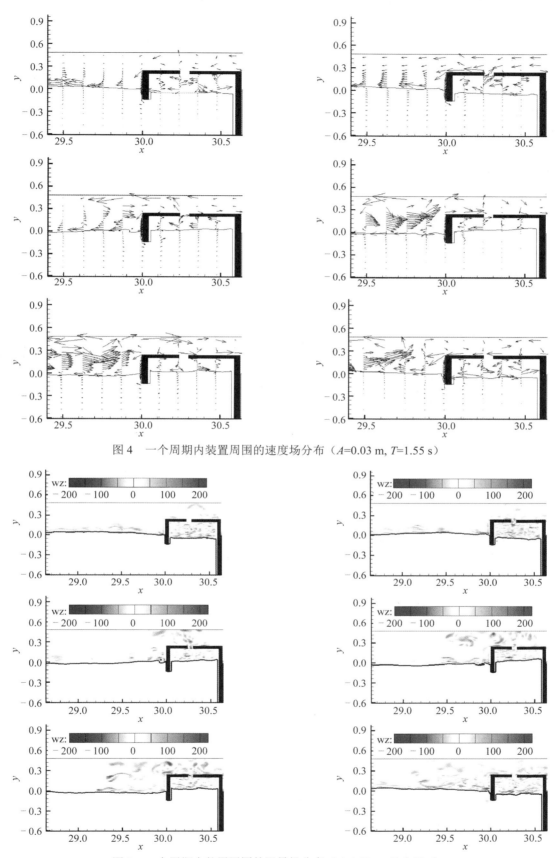

图 4　一个周期内装置周围的速度场分布（A=0.03 m, T=1.55 s）

图 5　一个周期内装置周围的涡量场分布（A=0.03 m, T=1.55 s）

3　结　语

本文基于两相黏性流理论的 N-S 方程建立数值模型，采用紧致差分格式（CIP）求解对流项和改进的 VOF 法求解自由面，并应用该数值模型对固定式振荡水柱波能转换装置的水动力特性进行研究。将数值计算的波面时程与宁德志试验结果比较发现，数学模型在波峰处的预测结果与试验较吻合，而在波谷处低估了波面。此外，数值计算的波面时程曲线表出现了部分二次谐波的特性，这与试验的结论一致。气室内的压强变化与自由面的升沉变化相一致，呈周期变化，且气孔周围压强变化较大。速度场和涡量场的变化相一致，气室内的流场变化较复杂；在气孔处存在一对相反的涡流，且其涡流方向随自由面的升沉变化呈周期性转化特征。

参考文献：

[1] EVANS D V. Oscillating water column wave-energy device[J]. Journal of the Institute of Mathematics and Its Applications, 1978, 22(4): 423-433.

[2] 梁贤光, 孙培亚, 游亚戈. 汕尾 100 kW 波力电站气室模型性能试验[J]. 海洋工程, 2003 (1): 113-116.

[3] NING D Z, WANG R Q, ZOU Q P, et al. An experimental investigation of hydrodynamics of a fixed OWC wave energy converter [J]. Applied Energy, 2016, 168: 636-648.

[4] 胡杭辉, 邓争志, 姚炎明. 离岸式振荡水柱波能装置的理论及数值研究[J]. 浙江大学学报(工学版), 2019, (2): 325-335.

[5] KOO W, KIM M H. Nonlinear time-domain simulation of a land-based oscillating water column[J]. Journal of Waterway, Port, Coastal and Ocean Engineering, 2010, 136(5): 276-285.

[6] 宁德志, 石进, 滕斌, 等. 岸式振荡水柱波能转换装置的数值模拟[J]. 哈尔滨工程大学学报, 2014, 35(7): 789-794.

[7] NING D Z, SHI J, ZOU Q P, et al. Investigation of hydrodynamic performance of an OWC (oscillating water column) wave energy device using a fully nonlinear HOBEM (higher-order boundary element method)[J]. Energy, 2015, 83: 177-188.

[8] WANG R Q, NING D Z, ZHANG C W, et al. Nonlinear and viscous effects on the hydrodynamic performance of a fixed OWC wave energy converter[J]. Coastal Engineering, 2018, 131: 42-50.

[9] LUO Y Y, NADER J R, COOPER P, et al. Nonlinear 2D analysis of the efficiency of fixed oscillating water column wave energy converters[J]. Journal of Renewable Energy, 2014, 64: 255-265.

[10] 郑艳娜, 赵勇, 张佳星. 振荡水柱防波堤气室能量转化的数值研究[J]. 大连大学学报, 2015, 36(3): 50-55.

[11] HE F, LI M J, HUANG Z H. An experimental study of pile-supported owc-type breakwaters: energy extraction and vortex-induced energy loss[J]. Energies, 2016, 9（7）: 540-554.

[12] COLAGROSSI A, BOUSCASSE B, MARRONE S. Energy-decomposition analysis for viscous free-surface flows[J]. Physical Reviews E, 2015, 92（5）: 053003-1-053003-13.

[13] ELHANAFI A, FLEMING A, MACFARLANE G, et al. Numerical energy balance analysis for an onshore oscillating water column-wave energy converter[J]. Energy, 2016, 116: 539-557.

[14] ELHANAFI A, MACFARLANE G, FLEMING A, et al. Investigations on 3D effects and correlation between wave height and lip submergence of an offshore stationary OWC wave energy converter[J]. Applied Ocean Research, 2017, 64: 203-216.

[15] ELHANAFI A, MACFARLANE G, FLEMING A, et al. Scaling and air compressibility effects on a three-dimensional offshore stationary OWC wave energy converter[J]. Applied Energy, 2017, 189: 1-20.

[16] TAKEWAKI H, NISHIGUCHI A, YABE T. Cubic interpolated pseudo-particle method (CIP) for solving hyperbolic-type equations[J]. Journal of Computational Physics, 1985, 61(2): 261-268.

[17] YABE T, XIAO F, UTSUMI T. The constrained interpolation profile method for multiphase analysis[J]. Journal of Computational Physics, 2001, 169(2): 556-593.

[18] JI Q L, DONG S, LUO X, et al. Wave transformation over submerged breakwaters by the constrained interpolation profile method[J]. Ocean Engineering, 2017, 136: 294-303.

耦合浮动式和固定式结构单元的多 OWC 波能装置系统的数值研究

王　辰，邓争志，王品捷，郭权势

（浙江大学 海洋学院 港口海岸与近海工程研究所，浙江 舟山 316021）

摘要：基于开源流体力学工具箱 OpenFOAM 和 waves2Foam，通过求解雷诺平均 Navier-Stokes 方程，数值探究了由靠岸固定的 OWC 装置和上下浮动的 OWC 装置组合形成的多 OWC 装置系统的水动力学特性。在规则波的作用下，通过采用经典的 VOF 方法来捕捉自由液面的位置。通过利用结合了 6 自由度求解器和 waveDyMFoam 工具箱的动网格技术，来模拟浮式结构物的上下运动，深入地研究了浮动式 OWC 装置的后墙吃水（d_2）变化以及装置间布置间距（ΔL）的变化对系统的水动力学特性，即对波浪能转换效率的影响进行了研究。结果表明，浮动式 OWC 装置的后墙吃水深度对前后 OWC 装置系统的波能提取效率会产生相反的影响；对于整个耦合系统而言，较小的装置布置间隔相较于大的间隔更能促进系统整体性能的提高，大的装置间隔在实际设计和建造时应当避免。

关键词：OpenFOAM；浮动式 OWC 装置；动网格；多 OWC 装置系统；装置间距

　　21 世纪是一个特殊的时代机遇与挑战并存，能源危机加上随之而来的环境恶化，激发了世界范围内对可再生能源开发和利用的兴趣[1]。在可再生能源的范围内，波浪能由于具有较高的能量密度分布和可忽略的环境影响，成为最受科研人员青睐的能源形式之一。

　　高效且经济可行的利用波浪能转换装置进行能量的提取的方法不仅形式多样而且相互间竞争性激烈[2]，在这其中，振荡水柱式波能转换装置（OWC）由于其简单的结构形式、高雅的运行原理以及高效的能量转换而处于领先地位。近年来，无论是从基于势流理论的解析形式推导[3-4]，还是依赖于计算机的数值模拟[5-6]，又或者是依据 Froud 相似准则的模型试验[7-8]，关于 OWC 装置性能方面的研究已经取得了实质性地进展与突破。

　　为了提高波浪能装置的竞争性，在较宽的波浪频率范围内尽可能多地提取波浪能，同时也为了加快产业化进程，出于功能多样化考虑的多气室OWC装置的构想更有研究价值。但是，在这一领域研究的例子还较少。例如，通过利用线性波理论，Rezanejad等[9]研究了安置于台阶式海底地形上的双气室OWC装置的水动力学特性；Elhanafi等[10]基于雷诺平均Navier-Stokes方程和VOF自由液面捕捉方法，利用商业软件Star CCM+数值研究了气室墙体的吃水深度、气室的长度以及空气透平对OWC 装置水动力学特性的影响，并将单气室与双气室的性能结果进行对比；Ning等[11]通过采用物理模型试验和高阶边界元数值模拟相结合的方式，研究了落地式双气室振荡水柱波能装置的气室宽度和墙体吃水的改变对装置的波能提取效率。

　　本文主要研究内容是数值探究由一个离岸浮动式 OWC 装置和岸式固定的 OWC 装置组合形成的多 OWC 装置系统的水动力学特性，每个子装置以及耦合形成的系统的波能提取能力，即能量转换效率是主要的关注点，并对前后 OWC 装置气室宽度比的变化、浮动式 OWC 装置的后墙吃水变化以及装置间布置间距的变化对系统的水动力学特性的影响进行了深入地研究。

1　数值模型

1.1　控制方程

　　不可压缩流体的质量守恒方程和耦合速度与压力的动量守恒方程可以描述为

$$\nabla \cdot \boldsymbol{U} = 0 \tag{1}$$

基金项目：国家自然科学基金（11702244）；港口航道泥沙交通行业重点实验室开放基金（Yn216006）
作者简介：王辰（1994–），男，江苏扬州，硕士，主要从事振荡水柱式波浪能转换研究。E-mail: cqhfwchen@zju.edu.cn
通信作者：邓争志，男，讲师，博士。E-mail: zzdeng@zju.edu.cn

$$\frac{\partial \rho \boldsymbol{U}}{\partial t} + \nabla \cdot (\rho \boldsymbol{U}\boldsymbol{U}) - \nabla \cdot (\mu_{\text{eff}} \nabla \boldsymbol{U}) = -\nabla p^* - g\boldsymbol{X} \cdot \nabla \rho + \nabla \boldsymbol{U} \cdot \nabla \mu_{\text{eff}} \tag{2}$$

式中：$\boldsymbol{U}$ 为笛卡儿坐标系中的速度矢量；ρ 为流场的密度；p^* 为动压力；g 为重力加速度；$\boldsymbol{X}$ 为笛卡儿坐标向量，μ_{eff} 为有效动力黏性系数。

对于多相流的数值模拟问题，为了精确地捕捉自由液面，必须在计算过程中考虑每个计算单元内的水和空气的体积分数。倘若将单元内水的体积分数用 Φ 来表示，在 OpenFOAM 中，Weller[12]引进了一个人工压缩项来提高解的精度，体积分数 Φ 满足对流：

$$\frac{\partial \Phi}{\partial t} + \nabla \cdot \boldsymbol{U}\Phi + \nabla \cdot U_r \Phi(1-\Phi) = 0 \tag{3}$$

式中：U_r 为水气界面的压缩速度。

1.2　数值消波方法

关于消波，若只在水槽右端设置消波区域，波浪遇到结构物反射会干扰造波区，常用的解决方法是将结构物布置距离造波区较远的位置。在 waves2Foam 中，为了能将结构物近距离地布置在造波区域附近，在水槽的两端均设置了松弛区[13]，但由于此处研究问题的特殊性，只需要在水槽的左侧设置一定长度的消波区。其中消波区松弛函数表达式如下。

$$\alpha_{\text{R}}(\chi_{\text{R}}) = 1 - \frac{\exp(\chi_{\text{R}}^{3.5}) - 1}{\exp(1) - 1} \qquad \chi_{\text{R}} \in [0,1] \tag{4}$$

式中：α_{R} 为松弛因子。

1.3　动网格技术

在处理边界形状变化的非定常问题中，常常需要使用动网格技术，尤其是对于变化的流–固界面问题。为了精确定位物体在外力作用下发生运动位移大小，需要利用 6DOF 求解器。6DOF 是指物体在空间具有六个自由度，即沿 x、y、z 三个直角坐标轴方向的移动自由度和绕这三个坐标轴的转动自由度，当求解 Navier-Stokes 方程和连续性方程时，通过对作用在物体上的力进行积分即可以求得物体的运动位移。

1.4　OWC 波能转换过程

对于 OWC 波能装置而言，无论是单气室或者多气室结构，也无论是固定式或者是浮式结构单元，在入射波作用下实现波浪能的转换与提取的动力过程是相似的，装置的波浪能转换效率的高低主要取决于气室内水柱的上下振动以及气室内外空气压差的大小。在一个完整的波浪周期 T 作用下，被 OWC 装置吸收的能量可以写成下面的式子：

$$E_{\text{OWC}} = \frac{Bw}{T} \int_{t}^{t+T} \Delta P(t) \dot{\eta}(t) \mathrm{d}t \tag{5}$$

式中：ΔP 表示气室内外空气压差；$\dot{\eta}$ 代表自由液面的垂直速度；w 是水槽的宽度；T 是入射波周期。

基于线性波理论，单位宽度范围内总的入射波波能大小为

$$P_{\text{inc}} = \frac{\rho g A_i^2 \omega}{4k} \left(1 + \frac{2kh}{\sinh 2kh}\right) \tag{6}$$

式中：ρ 是水的密度，g 是重力加速度，A_i 是入射波波幅，ω 是角频率，k 是波数。

因而，波浪能转换效率可按照下式进行计算。

$$\xi = \frac{E_{\text{OWC}}}{P_{\text{inc}} \cdot w} \tag{7}$$

对于多气室以及多装置耦合形成的系统总的波能总体转换效率，只需要按照式（7）依次计算单一装置的效率并求和，即可得到总的转换效率值。

2　模型验证

首先对耦合了六个自由度求解器和造波模块的动网格数值模型进行验证，如图 1 所示，考虑在总长度

为 8 倍波长的水槽中部布置一个在波浪力作用下可以上下浮动的方形物体，其中方形物体的淹没深度为自身结构尺寸的一半以使得初始为平衡状态，密度为 500 kg/m³，水槽左右两端各一倍波长范围内布置消波区来消除反射波的影响。通过监测方形物体在波浪作用下上下运动的幅值大小，以此来验证数值模型的精度和可行性。

如图 2 所示，给出了基于 waveDyMFoam-6DOF 求解器的数值结果与前人结果的对比情况，横坐标表示对波浪频率 ω 进行无量纲化，纵坐标表示对方形物体的运动振幅以入射波波幅进行无量纲化。总体上来说，此处的数值结果与 Maruo[14] 的解析结果、Koo 和 Kim[15] 以及 Luo 等[16] 的数值结果对比吻合度较高，与 Nojiri[17] 的试验结果在共振频率存在一定偏差，其余位置也吻合良好，这进一步说明了 waveDyMFoam-6DOF 动网格求解器在模拟浮式结构运动响应方面的可行性和正确性。

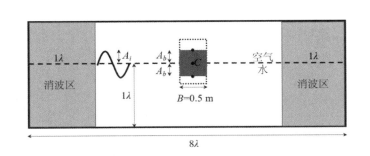

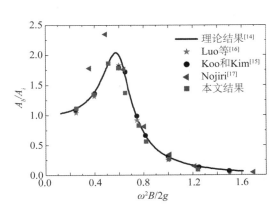

图 1　浮式结构模型示意　　　　　　　　　图 2　浮动方形物体的相对浮动位移对比结果

3　结果分析与讨论

本文对由浮动式波能装置和靠岸固定的波能装置形成的多 OWC 装置系统的水动力学性能进行探究。除了特别的说明，数值波浪水槽的总长度为 20 m，水深为 0.6 m，入射波高 H 为 0.02 m，前后波能装置的气室宽度 b_1 和 b_2 均为 0.15 m，测试的入射波周期 T 在 0.9~1.8 s 内变化。

关于系统各个装置的具体位置，后固定式波能装置的后墙与数值波浪水槽的右边界重合，两个装置的初始间距 ΔL 固定为 0.075 m，如图 3 所示，在数值波浪水槽水平方向沿程布置 9 根数值波浪检测仪来实时测量记录不同位置处的波面变化情况，四个压力探针（S_1~S_4）分别布置在气室内靠近开口的位置，以记录气室内外的空气压差变化情况。

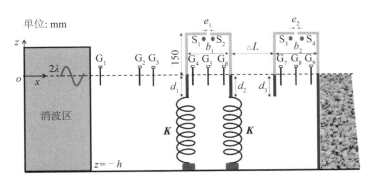

图 3　多 OWC 装置系统的模型示意

浮动式振荡水柱波能装置的上下起伏运动由一个假定弹性系数为 k 的弹簧施加弹簧力的锚系系统控制，这里定义一个无量纲的弹性系数 K，如式（8）所示：

$$K = \frac{k}{\rho g S_b} \tag{8}$$

式中：S_b 是弹簧与 OWC 底部相连接的面积；弹性系数 K 为 2。

3.1　浮动式 OWC 装置对后墙吃水深度 d_2 的影响

对于振荡水柱式波能装置而言，墙体吃水深度是一个可以有效地提高装置水动力学性能的参数。无论是浮动式 OWC 波能装置[18-19]，还是所有自由度都被限制的固定式波能装置[20-21]，前人开展的所有有关装置前墙吃水深度的研究结果都表明：相对较小的前墙吃水深度更有利于装置的高效能的达成。基于前人的经验与总结，这里不再对多装置系统的前浮动式 OWC 装置和后固定式 OWC 装置的前墙吃水深度（d_1 和 d_3）开展更多研究，而选择一个恒定值（$d_1=d_3=0.05$ m）来研究其他参数对装置性能的影响。为研究浮动式 OWC 装置的后墙吃水深度 d_2 对系统水动力学性能的影响，设计 4 种吃水深度 d_2，分别为 0.05 m，0.1 m，0.125 m，0.15 m。

后墙吃水深度 d_2 变化对前装置、后装置以及整个系统的波能提取效率的影响情况分别如图 4 所示。对于前浮动式 OWC 装置而言，增加后墙吃水能够显著地提高装置在中频特别是高频波段作用条件下的波能提取效率，而在低频波作用条件下影响较小。这里的结果与 Zhao 和 Ning[22]所得结论是一致的，即：对于非对称式前后墙吃水的 OWC 装置而言，后墙吃水越大的条件下，装置在波能吸收方面性能更佳，如图 4（b）所示，吃水深度 d_2 的变化导致后固定 OWC 装置的波能提取效率也发生了明显的改变。

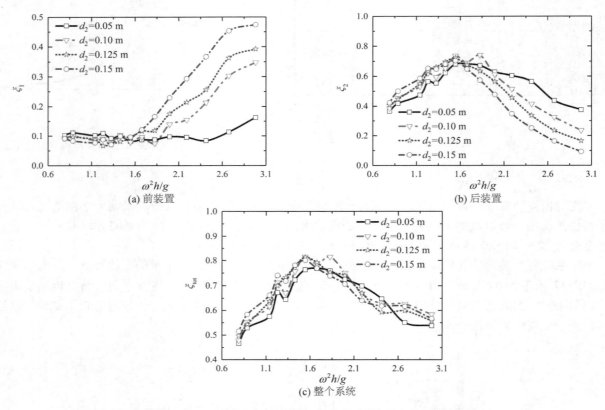

图 4　吃水深度 d_2 对前装置、后装置以及整个系统的波能提取效率的影响

尽管浮动式装置结构的后墙并未直接与后固定式装置相连，但是这里的后墙从所处的位置上来看更像是后 OWC 装置的前墙。较小的吃水深度 d_2 会显著地促进中频波段和高频波段波浪能转换效率的提高，但是不利于低频波也就是长波作用情况下能量的吸收。此外，提高能量转换性能特别是在短波条件下可以增强波浪能装置在中等海况条件下的竞争性[22]，图 4（b）给出的小吃水条件下的波能效率值在高频短波作用条件时的大幅提高的结果是值得振奋的。系统的总体提取效率遵循着后 OWC 装置的变化规律，仅仅在效率数值上存在区别。从图 4（c）给出的多装置的整体性能来看，最大吃水情况下的峰值效率促使我们选择吃水深度 $d_2=0.15$ m 作为接下来研究的最优配置。

3.2　浮动式和固定式装置间隔 ΔL 变化的影响

在这一小节中，保持装置的吃水 $d_1=d_3=0.05$ m，$d_2=0.15$ m，改变两个装置间的间隔 ΔL，来探究改变间距对两个 OWC 波能装置相干性影响的问题。以前装置气室宽度 b_1 为参照，总共设计了 8 种装置间隔。无量纲的相对间隔 $\Delta L/b_1$ 分别为 0.5、1、1.5、2、4、6、8 和 12。有必要对上述 8 组间隔进行分组处理，第一组间隔范围始终小于测试的入射波半波长甚至全波长范（即 $\Delta L/b_1$=0.5、1、1.5 和 2，后面称为小间距），另一组则是处于上述范围内的间距（即 $\Delta L/b_1$=4、6、8 和 12，后面称为大间距）。

　　首先，在小间距的情况下，OWC 装置间的间距变化对前 OWC 装置、后 OWC 装置以及整个系统波能转换效率的影响如图 5 所示。对于浮动式装置而言，小间距范围内增加装置间的间距会减弱装置在低频波作用范围内的波浪能提取效率，但是提高了在高频波作用条件下的装置性能。同时，装置间距的减小使得后固定装置的波能吸收效率几乎在整个频率范围内得到提高，这说明小的装置间距更有助于充分发挥后固定装置的水动力效用。后装置峰值效率随着间距的增大而左移说明了装置的间距除了影响装置相互作用的程度还会改变其共振条件。此外，系统的总波浪能转换效率几乎保留了后固定式装置的特性，除了在短波作用条件下。这是由于前浮动式装置对短波的吸收能力明显高于后装置造成的。

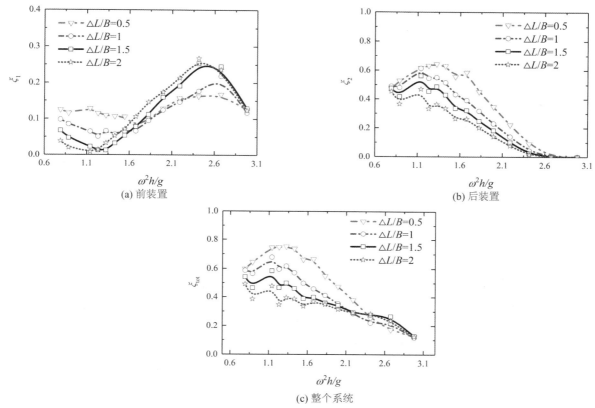

图 5　OWC 装置小间距 ΔL 对前装置、后装置以及整个系统的波能提取效率的影响

　　图 6 给出了大间距的情况下 OWC 装置间的间距变化对前 OWC 装置、后 OWC 装置以及整个系统的波能转换效率的影响情况。关于浮动式 OWC 装置的波能效率变化曲线，在随着无量纲参数 $\omega^2 g/h$ 的变化过程中，可以观察到存在多个峰值效率，特别是在相对间距 $\Delta L/b_1$=6，8 和 12 的条件下。在高频范围内出现的第一个峰值效率实际上与浮动式 OWC 装置自身有关，这可以从不同间距条件下浮动式 OWC 装置的效率曲线中该峰值出现的位置几乎一致得到验证。事实上，当浮动式装置与固定式装置的间距近似等于入射波波长的一半时，会发生典型的驻波现象[21]。尽管 Ning 等[21]曾建议在 OWC 装置工作过程中，这样的"静水"现象应尽力避免，但是这里该现象的发生却引起更高的波能吸收效率，因而效率曲线上可观察到第二个峰值。尽管后 OWC 装置是完全落地固定的，其水动力学性能依然受到极大的影响。由于装置间驻波的存在，后 OWC 装置的效率曲线同样可以观察到存在多个峰值效率。如图 6（c）所示，系统的总体波能转换效率几乎遵循着后固定装置的水力特性。

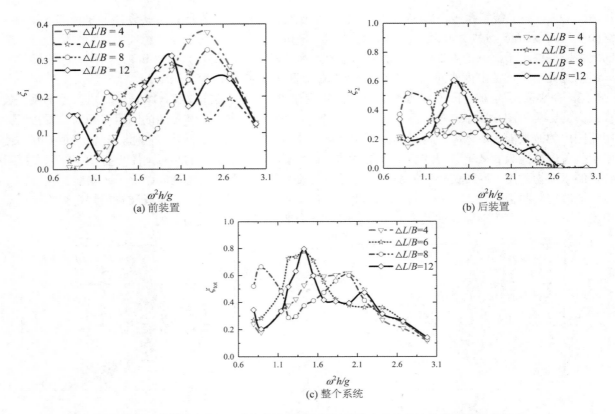

图 6　OWC 装置大间距ΔL 对前装置、后装置以及整个系统的波能提取效率的影响

4　结　语

基于开源流体力学工具箱 OpenFOAM 和 waves2Foam，数值探究了固定和上下浮动的 OWC 装置组合形成的多 OWC 装置系统的水动力学性能，深入地研究了浮动式 OWC 装置的后墙吃水深度（d_2）变化以及装置布置间距（ΔL）的变化对系统的水动力学特性，即对波浪能转换效率的影响。得出的主要结论如下。

1）浮动式 OWC 装置后墙吃水深度 d_2 的大小会显著影响前后装置的水动力特性，相对较小的吃水值会在中频和高频范围内提高后装置的性能，但是会减弱前装置的性能。

2）小的 OWC 装置布置间距更有助于多 OWC 装置系统的整体波能提取效率的提升，尽管大间距条件下前后 OWC 装置的波能效率曲线均存在多个峰值，但是系统整体性能的降低说明在实际设计和应用时应该尽量避免大的装置布置间距。

参考文献：

[1]　Liu Y, Li Y, He F, et al. Comparison study of tidal stream and wave energy technology development between China and some Western Countries[J]. Renewable and Sustainable Energy Reviews, 2017, 76: 701-716.

[2]　Liu C. A tunable resonant oscillating water column wave energy converter[J]. Ocean Engineering, 2016, 116: 82-89.

[3]　Evans D V. The oscillating water column wave-energy device[J]. IMA Journal of Applied Mathematics, 1978, 22(4): 423-433.

[4]　Sarmento A J N A, Falcão A F O. Wave generation by an oscillating surface-pressure and its application in wave-energy extraction[J]. Journal of Fluid Mechanics, 1985, 150: 467-485.

[5]　Hong D C, Hong S Y, Hong S W. Numerical study on the reverse drift force of floating BBDB wave energy absorbers[J]. Ocean Engineering, 2004, 31(10): 1257-1294.

[6]　Luo Y, Nader J R, Cooper P, et al. Nonlinear 2D analysis of the efficiency of fixed oscillating water column wave energy converters[J]. Renewable Energy, 2014, 64: 255-265.

[7]　Sarmento A. Wave flume experiments on two-dimensional oscillating water column wave energy devices[J]. Experiments in Fluids, 1992, 12(4/5): 286-292.

[8]　He F, Huang Z, Law W K. An experimental study of a floating breakwater with asymmetric pneumatic chambers for wave energy extraction[J]. Applied Energy, 2013, 106: 222-231.

[9]　Rezanejad K, Bhattacharjee J, Soares C G. Analytical and numerical study of dual-chamber oscillating water columns on stepped bottom[J]. Renewable Energy, 2015, 75: 272-282.

[10]　Elhanafi A, Macfarlane G, Ning D. Hydrodynamic performance of single-chamber and dual–chamber offshore–stationary Oscillating Water Column devices using CFD[J]. Applied Energy, 2018, 228: 82-96.

[11]　Ning D, Wang R, Chen L, et al. Experimental investigation of a land-based dual-chamber OWC wave energy converter[J]. Renewable and Sustainable Energy Reviews, 2019, 105: 48-60.

[12]　Weller H G. Derivation, modelling and solution of the conditionally averaged two-phase flow equations[R]. Technical Report TR/HGW, 102. Nabla Ltd., 2002.

[13]　Jacobsen N G, Fuhrman D R, Fredsøe J. A wave generation toolbox for the open-source CFD library: OpenFoam®[J]. International Journal for Numerical Methods in Fluids, 2012, 70(9): 1073-1088.

[14]　Maruo H. On the increase of the resistance of a ship in rough seas[J]. Journal of Zosen Kiokai, 1960, 1960(108): 5-13.

[15]　Koo W, Kim M H. Freely floating-body simulation by a 2D fully nonlinear numerical wave tank[J]. Ocean Engineering, 2004, 31(16): 2011-2046.

[16]　Luo Y, Wang Z, Peng G, et al. Numerical simulation of a heave-only floating OWC （oscillating water column） device[J]. Energy, 2014, 76: 799-806.

[17]　Nojiri N. Study on the drifting force on two-dimensional floating body in regular waves[J]. Transactions of the West-Japan Society of Naval Architects, 1980, 51: 131-152.

[18]　He F, Leng J, Zhao X. An experimental investigation into the wave power extraction of a floating box-type breakwater with dual pneumatic chambers[J]. Applied Ocean Research, 2017, 67: 21-30.

[19]　Ning D, Zhao X, Göteman M, et al. Hydrodynamic performance of a pile-restrained WEC-type floating breakwater: An experimental study[J]. Renewable Energy, 2016, 95: 531-541.

[20]　Elhanafi A, Macfarlane G, Fleming A, et al. Investigations on 3D effects and correlation between wave height and lip submergence of an offshore stationary OWC wave energy converter[J]. Applied Ocean Research, 2017, 64:203-216.

[21]　Ning D Z, Wang R Q, Zou Q P, et al. An experimental investigation of hydrodynamics of a fixed OWC wave energy converter[J]. Applied energy, 2016, 168: 636-648.

[22]　Zhao X, Ning D. Experimental investigation of breakwater-type WEC composed of both stationary and floating pontoons[J]. Energy, 2018, 155:226-233.

指数形海脊上俘获波的试验研究

于洪荃 [1,2]，王　岗 [1,2]，罗　朦 [2]，周　文 [2]，郑金海 [1,2]

（1. 河海大学 海岸灾害及防护教育部重点实验室，江苏 南京 210098；2. 河海大学 港口海岸与近海工程学院，江苏 南京 210098）

摘要： 一些越洋海啸的实测及模拟表明，海啸波的最大波高会在先驱波到达远场地区几小时甚至十几小时后出现。虽然已有学者通过数值模拟或理论研究证实海脊可以俘获海啸波，但鲜有相关的物理模型试验进一步证实这一特殊的物理现象。本文基于物理模型试验，研究了产生于脊顶的海啸在海脊地形上的传播变形过程。在证实海脊对海啸波具有俘获作用的同时，初步讨论海脊俘获波的传播变形情况以及海脊横截面上的波高分布。

关键词： 海啸；海脊；俘获波；物理模型试验

海啸，是指由海底地震、火山爆发、海底滑坡、塌陷以及大气事件所产生的具有超长波长的水波[1]，其中海底地震是激发海啸的最主要因素[2]。海啸通常以其巨大的破坏力给人们留下深刻印象。2004 年 12 月 26 日，印度尼西亚苏门答腊北部发生了 9.0 级特大地震，位列世界第四大地震，同时也引发了人类历史上最严重的海啸灾害[3]。此次地震导致 28.3 万人死亡，1.4 万人失踪，经济损失超过 100 亿美元。

海啸按其产生的源地与受灾海岸距离的远近可以分为越洋海啸（trans-oceanic tsunami）、区域海啸（regional tsunami）和局地海啸（local tsunami）[4]。由于越洋海啸通常波及数千千米之外的区域，在此过程中能量由震源向周边海域扩散，导致传播至远场的海啸通常都很小。但一些实测和数值模拟结果表明，越洋海啸会有迟于先驱波到达的较大海啸波出现在距震源较远的区域[5-10]。如 2004 年印度尼西亚海啸，其最大波高在先驱波到达南美洲后十余小时后出现；又如 2006 年千岛群岛海啸，最大波高比初到新奥尔良的海啸波迟了近两个小时。现有研究的基本共识是，海洋中的特殊地形，如海脊[11]、海岛[12]等对海啸具有引导、俘获和汇集的作用，使其在较远的区域仍有较大的能量。

早在 1968 年 Longuet-Higgins[13]就提出关于无限长矩形海脊上俘获波的解析理论。Buchwald[14]推导了两侧水深不等的矩形地形上俘获波的频散关系，并讨论各模态的角速度和波速随波数的变化情况。Shaw 和 Neu[15]给出了阶梯形海脊上的波面解析解和频散关系，并给出截止频率、相速度和群速度。最近，Xiong 等[16]基于线性浅水波方程，推导了抛物形海脊上俘获波的解析解和频散关系，并对其中的超越函数进行简化，给出俘获波的显式频散关系表达式，最后利用结果解释了 2011 年日本海啸的过程。王岗等[11]给出了双曲余弦形海脊上的波面表达式和频散关系。

海脊俘获波不仅得到了理论证明[13-16]，一些学者也通过数值模拟确认了这一特殊物理现象的存在[5,8]，然而鲜有物理模型试验研究这一问题。考虑到实际大洋中脊的地形剖面多为连续变化的，本文选用指数形海脊，研究脊顶发生海啸时海啸波在海脊地形上的传播变形情况。

1　试验布置

试验在一个长 51.6 m、宽 10 m 的封闭港池内进行，模型海脊布置于港池中心线。海脊在其延伸方向上保持不变，其截面方向上水深为指数形变化：

$$h = h_0 \exp\left(\gamma |x|\right) + h_1 \tag{1}$$

式中：$h_0 = 0.05$ m；地形参数 $\gamma = 1.195$ m^{-1}；海脊宽 3 m。此时脊顶水深 $h_0 + h_1 = 0.10$ m，海脊外水深为 0.35 m。

基金项目： 国家重点研发计划（2017YFC1404205）；国家自然科学基金面上项目（51579090）

通信作者： 王岗。E-mail：gangwang@hhu.edu.cn

试验通过气泵抽离水箱内的空气抬升水箱内的水位至 40 cm，再通过突然抽掉水箱顶盖，在自重作用下水体突然坍塌，以此模拟海啸的产生过程（图 1）。浪高仪如图 2 所示，测点 A 布置在距离港池前端 4 m 处，之后每隔 8 m 布置一个测点。同时，在测点 E 的横截面上沿海脊一侧每隔 0.3 m 布置一个测点，用以分析波面在横向上的分布情况。

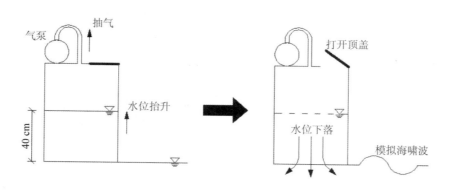

图 1　模拟海啸波生成示意

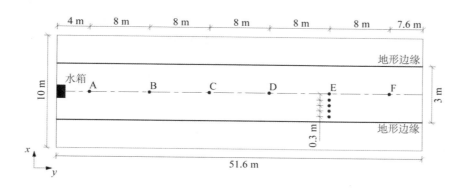

图 2　仪器布置示意

2　波面过程分析

每组试验重复三次，以保证试验的精确性。图 3 为脊顶各测点的历时曲线与其对应的小波谱。测点 A 显示在波浪生成的初期和俘获波未完全形成期间，能量主要分为两部分：一部分是随着最大波同时到达的各频段的波浪，频率主要分布于 0.2~1 Hz；另一部分是频率在 0.2~0.4 Hz 后期到达的波群，以相对较慢的速度传播。测点 B 显示最大波高出现的时间滞后于先驱波，认为是受海脊影响而产生的俘获波。该位置的波浪能量主要分为三部分：第一部分是先驱波的能量，频率分布范围在 0.2~0.3 Hz；第二部分是能量集中的前几个波高最大的俘获波，频率在 0.2~1 Hz；第三部分仍为 0.2~0.4 Hz 的俘获波，由于高频俘获波逐渐消失，导致此时能量较为集中在该频率范围之内。此后的 C~F 位置处所测波面变形有类似的情况，但由于距离海啸产生的距离较远，先驱波与俘获波逐渐分离出来。

试验结果表明海脊对波浪具有明显的俘获作用。由海啸源直接传播而至的先驱波通常较小，最大波高为由海脊引导而至的俘获波，且其主要集中于频率较小的范围内。此外，最大波高对应于不同频率波浪成分，表明这些不同成分的波浪以相同速度传播而至，其具有孤立波的性质。海啸波中的先驱波以波速 $c = (gh)^{1/2}$ 传播（其中 h=0.35 m 为海脊外水深）。由于试验港池的边壁反射的影响，各测点所测得的波面过程中均存在 f= 0.016 67 Hz 的固有频率。

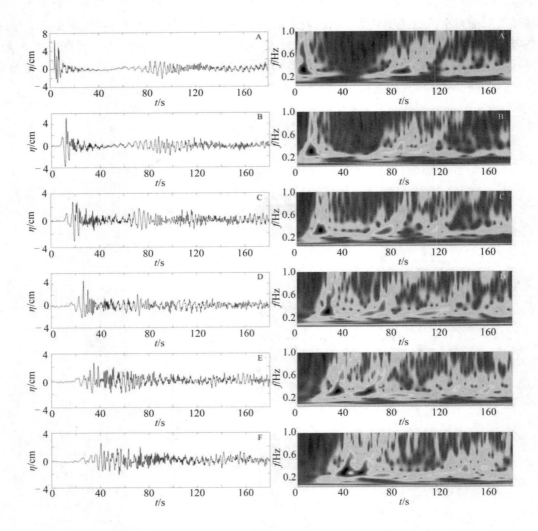

图 3　不同脊顶位置处波面过程及其对应的小波谱

3　波面在海脊横截面的分布情况

图 4 为截面 E 上的 5 个不同测点的最大振幅分布，其中 A_{max} 为脊顶处最大振幅，L 为海脊半宽。截面上的最大振幅出现在脊顶，且振幅随着水深的增加而减少，这与斜坡海滩上边缘波的 0 模态波幅分布类似。

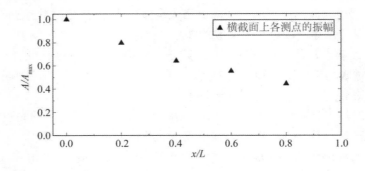

图 4　最大振幅在海脊横截面的分布

4　结　语

基于物理模型试验，本研究模拟了产生于海脊脊顶处的海啸在指数形海脊上的传播变形过程。模型试验证实了海脊对海啸波具有明显的俘获作用，其中对低频波浪的俘获作用尤为明显。俘获波滞后于先驱波到达各观测点，且其时间差会随着传播距离的增大而增大。通过小波谱分析表明，最大俘获波为包涵了不同频率的波浪成分且同时到达，这说明这部分俘获波具有明显孤立波的性质。在同一横截面上，最大振幅出现在脊顶，且振幅随着水深的增大而减小。这表明海脊会将大部分波能以俘获波的形式限制在海脊上。

参考文献：

[1]　CRAIG W. Surface water waves and tsunamis[J]. Journal of Dynamics and Differential Equations, 2006, 18(3): 525-549.

[2]　杨马陵, 魏柏林. 南海海域地震海啸潜在危险的探析[J].灾害学, 2005, 20(3): 41-47.

[3]　陈运泰, 杨智娴, 许力生. 海啸、地震海啸与海啸地震[J].物理, 2005, 34(12): 864-872.

[4]　姚远, 蔡树群, 王盛安. 海啸波数值模拟的研究现状[J].海洋科学进展, 2007, 25(4): 487-494.

[5]　KOWALIK Z, HORRILLO J, KNIGHT W, et al. Kuril islands tsunami of November 2006: 1. Impact at crescent city by distant scattering[J]. Journal of Geophysical Research, 2008, 113: 1020.

[6]　RABINOVICH A B, CANDELLA R, THOMSON R E. Energy decay of the 2004 sumatra tsunami in the world ocean[J]. Pure and Applied Geophysics, 2011, 168(11): 1919-1950.

[7]　RABINOVICH A B, WOODWORTH P L, TITOV V V. Deep-sea observations and modeling of the 2004 Sumatra tsunami in drake passage[J]. Geophysical Research Letters, 2011, 38: L16604-L16608.

[8]　TITOV V, RABINOVICH A B, MOFJELD H O, et al. The global reach of the 26 December 2004 Sumatra tsunami[J]. Science, 2005, 309(5743): 2045-2048.

[9]　WILSON R, ADMIRE A, BORRERO J, et al. Observations and impacts from the 2010 Chilean and 2011 Japanese tsunamis in California (USA)[J]. Pure and Applied Geophysics, 2013, 170(6/7/8): 1127-1147.

[10]　RABINOVICH A B, TITOV V V, MOORE C W, et al. The 2004 Sumatra tsunami in the Southeastern Pacific ocean: New global insight from observations and modeling[J]. Journal of Geophysical Research: Oceans, 2017, 122 (10): 7992-8019.

[11]　王岗, 胡见, 王培涛, 等. 双曲余弦海脊上海啸俘获波的解析与数值研究[J]. 海洋学报, 2018, 40(5): 15-23.

[12]　ZHENG J, XIONG M, WANG G. Trapping mechanism of submerged ridge on trans-oceanic tsunami propagation[J]. China Ocean Engineering, 2016, 30(2): 271-282.

[13]　LONGUET-HIGGINS M S. On the trapping of waves along a discontinuity of depth in a rotating ocean[J]. Journal of Fluid Mechanics, 1968, 31(3): 417-434.

[14]　BUCHWALD V T. Long waves on oceanic ridges[J]. Proceedings of the Royal Society of London. Series A, Mathematical and Physical Sciences, 1969, 308 (1494): 343-354.

[15]　SHAW R P, NEU W. Long-wave trapping by oceanic ridges[J]. Journal of Physical Oceanography, 1981, 11 (10): 1334-1344.

[16]　XIONG M, WANG G, ZHENG J, et al. Analytic arrival-time prediction method for the largest wave of tsunami trapped by parabolic oceanic ridges[J]. Journal of Earthquake and Tsunami, 2017, 11(1): 1740004.

台阶式 OWC 波能装置水动力性能的模拟研究

柯　颂，宁德志，刘　元，隋俊克

（大连理工大学 海岸和近海工程国家重点实验室，辽宁 大连 116024）

摘要： 为了探讨和改进台阶式振荡水柱式（OWC）波浪能转换装置水动力性能，采用基于时域高阶边界元法的完全非线性数值水槽模型模拟研究不同台阶条件对 OWC 装置水动力性能的影响。数值模型中自由水面满足完全非线性自由水面运动学和动力学边界条件，采用混合欧拉—拉格朗日方法追踪瞬时自由面流体质点，采用四阶 Runge–Kutta 法对下一时间步的波面和自由面速度势进行更新；采用域内源造波技术结合人工阻尼层来产生入射波浪和消除从结构反射回来的波浪。通过与已发表试验结果对比，验证本模型的准确性，进而通过改变台阶的几何尺寸来研究台阶式 OWC 波能装置的水动力性能。研究结果表明台阶长度对 OWC 水动力性能的影响与给定波长相关，而台阶厚度与 OWC 波能水动力效率正相关。

关键词： OWC；台阶；水动力效率；数值波浪水槽；高阶边界元

全球能源需求不断增长，但化石能源的使用而造成的环境污染严重，开发可再生的清洁能源也越来越受到世界各国的重视。波浪能是一种储量非常丰富的海洋能，且其具有可再生、分布广、易采集，清洁无污染等特点。为了开发利用波浪能，人们提出了许多波能转换装置，其中振荡水柱式（OWC）波能转换装置最受关注，也是公认最有前途的波浪能转换装置之一。与此同时，国内外学者在如何提高水动力效率的问题上已经做了许多研究。Rezanejad 等[1]介绍了一种新的双气室 OWC 装置，分析了该装置的性能，并证明通过在海底增加适当的台阶，可以大大提高初级的水动力转换效率，从而进一步提高装置的性能。从过去的研究中[2-5]可知，在 OWC 前墙入口处使用台阶（海港）或侧壁将使波浪由于折射、反射和绕射而集中，反过来将增加设备的有用功率提取的频率带宽。Rezanejad 等[6-7]介绍了一种新的 OWC 装置，它由两个相邻的气室组成。他们分析了该装置的性能，并证明通过在海底增加适当的台阶，可以大大提高初级效率，并进一步提高水动力性能。Rezanejad 和 Guedes[8]也研究表明，在阶梯式海底条件下，OWC 装置的性能有所提高。Rezanejad 等[9]用 CFD 方法对台阶式海底条件下 OWC 装置水动力性能进行了研究，进行了波浪槽试验，采用完全非线性雷诺平均 Navier-Stokes（RANS）方程，模拟波功率吸收和波结构相互作用。Ning 等[10]基于时域高阶边界元法，开发了二维完全非线性数值波槽，模拟研究了固定 OWC 波能转换装置的性能。

采用基于时域高阶边界元法的二维完全非线性数值水槽来模拟波浪与具有台阶的 OWC 波能装置相互作用，并与试验和 CFD 计算结果进行对比，进而研究台阶参数对台阶式 OWC 装置水动力性能的影响。

1　数值模型

数值模拟的台阶式振荡水柱（OWC）波浪能转换装置的示意如图 1 所示，水深 h，气孔宽度 e，前墙入水深度 d，前墙厚度 C，气室宽度 B，气室高度 hc，阻尼层长度为 L。台阶厚度用 a 表示，台阶长度用 b 表示。

在假定流体无黏、不可压缩和流动无旋的势流理论下，整个流域可用速度势来进行描述，进而可采用由 Ning 等[10]基于势流理论和时域高阶边界元法建立的二维完全非线性数值模型，在数值模型研究中，入射波是由强度依赖于入射波波速的内场源产生的。系数为 $\mu_1(x)$ 的阻尼层在数值水槽的左边界处，吸收来自 OWC 装置的反射波，如图 1 所示反射波可以通过内场源面，然后在入口阻尼层处被吸收，几乎没有再反射。由于域内造波源的出现，控制方程由拉普拉斯方程变为泊松方程。在以往研究中[11]，人工黏性阻尼系数 μ_2 将应用于 OWC 装置室内动态自由表面边界条件。

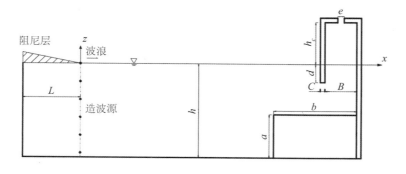

图 1　波浪与台阶式 OWC 波能转换装置相互作用示意

速度势也满足以下修正的完全非线性自由表面边界条件：

$$\begin{cases} \dfrac{\mathrm{d}X(x,z)}{\mathrm{d}t} = \nabla\phi - \mu_1(x)(X - X_0) \\ \dfrac{\mathrm{d}\phi}{\mathrm{d}t} = -g\eta + \dfrac{1}{2}|\nabla\phi|^2 - \dfrac{p}{\rho} - \mu_1(x)\phi - \mu_2\dfrac{\partial\phi}{\partial n} \end{cases} \qquad (1)$$

式中：$X_0 = (x_0, 0)$ 表示水质点的初始位置。

其中用于左端阻尼层的阻尼系数 $\mu_1(x)$ 可以表示为

$$\mu_1(x) = \begin{cases} \omega\left(\dfrac{x - x_1}{L}\right)^2 & x_1 - L < x < x_1 \\ 0 & x \geqslant x_1 \end{cases} \qquad (2)$$

式中：x_1 是阻尼层的起始位置。而用于等效气室前墙索所引起流动分离或涡旋效应对气室内自由水面黏性影响的阻尼系数 μ_2 的取值方法则详见 Ning 等[11]。

在 OWC 气室外部的自由水面上压强设为零（即大气压强），而在气室内部压强满足如下关系式：

$$p(t) = C_{\mathrm{dm}} U_{\mathrm{d}}(t) \qquad (3)$$

式中：C_{dm} 为线性阻尼系数；$U_{\mathrm{d}}(t)$ 表示气孔处的气体流速，可以由气室内单位时间气体体积变化速率求得。

在 OWC 装置的前、后墙，台阶及水槽底部和左侧边界均满足固壁边界条件。上述边值问题根据格林第二定理可以转换为边界积分方程进行求解，研究中采用高阶边界单元进行离散边界，采用混合欧拉—拉格朗日方法进行追踪自由水面水质点运动，关于水底镜像简单格林函数可以不用在水底进行网格剖分，四阶龙格库塔方法进行时间步进。详细的求解过程可以参考文献[10]。

该数值模型的平均波能流通量可按下式计算：

$$P_0 = \frac{1}{T}\int_t^{t+T} Q(t)p(t)\mathrm{d}t = \frac{1}{T}\int_t^{t+T} B\bar{\eta}(t)p(t)\mathrm{d}t = \frac{1}{T}\int_t^{t+T} C_{\mathrm{dm}}U_{\mathrm{d}}(t)AU_{\mathrm{d}}(t)\mathrm{d}t \qquad (4)$$

式中：$\bar{\eta}(t)$ 是室内自由表面平均垂向速度；B 是气室宽度；具体细节参见 Ning 等[10]。

现在需要算出理想情况下的平均波能流，按照线性波理论，入射波产生的单位宽度的平均波能流表达式为

$$P_1 = \frac{1}{4}\rho g A_{\mathrm{i}}^2 \frac{\omega}{k}\left(1 + \frac{2kh}{\sinh 2kh}\right) \qquad (5)$$

式中：A_{i} 是入射波的波幅。

因此可知水动力效率的计算式为

$$\xi = P_0 / P_1 \qquad (6)$$

2 数值结果及分析

2.1 模型验证

应用高阶边界元法进行研究之前需要进行数值计算模型验证。采用与 Ning 等[6]已发表论文中相同的模型设置，即水槽长度为 5 倍波长，左侧边界自由水面上布置 1.5 倍波长阻尼层。OWC 装置与 Rezanejad 等的试验设置[8]相同，静水深 0.42 m，气孔宽度 0.001 m，前墙吃水深度 0.08 m，前墙厚度 0.02 m，气室宽度 0.128 m，气室高度 0.296 m。经过网格和时间收敛性分析后，自由水面上每个波长长度布置 30 个网格，时间步长 $\Delta t = T/80$。入射波周期变化范围为 $T=1.0\sim2.8$ s，波高为 $H=0.02\sim0.04$ m。经过试错法并与试验数据对比，可得二次气动阻尼系数 C_{dm} 为 1.5，人工阻力系数 $\mu_2=0.57$，具体试算方法见 Ning 等[11]。

图 2 给出了在台阶厚度 $a=0.26$ m，台阶长度 $b=0.48$ m，周期 $T=1.0$ s 和波高 $H=0.02$ m 的波浪作用下气室内侧中心处波面时间历程及气室内压强变化时间历程，同时也给出了数值与试验结果的对比关系。从图中可以看出，在有限长度数值水槽内可以长时间模拟波浪与 OWC 装置相互作用过程，且数值与试验结果对比吻合良好，说明所建立模型的稳定性和准确性。

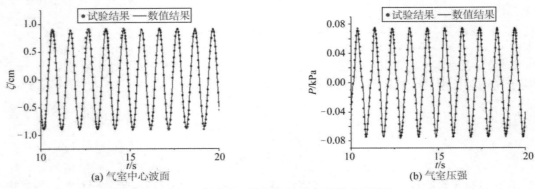

(a) 气室中心波面　　　　　　　　　　(b) 气室压强

图 2　气室中心波面和气室内压强时间历程

保持装置几何参数和波高不变，图 3 给出了 OWC 装置波能水动力效率随无量纲波数 kh 的变化关系，及与 Rezanejad 等[9]的试验结果和 CFD 数值结果的对比。由图中可以看出三种方法预测得到的共振频率相同，最大水动力波能转换效率可达到 0.65，同时本文数值结果比已发表 CFD 数值结果更接近试验值，进一步说明本方法的先进性。

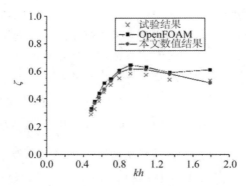

图 3　水动力效率随波数分布及三种方法之间的对比

2.2 台阶几何尺度的影响

台阶厚度和台阶长度是台阶的两个重要参数。在已验证的模型上，通过改变台阶厚度和长度来研究其对 OWC 装置水动力性能的影响。先保持相对台阶长度 $a/h=1$ 不变，分别模拟得到相对厚度 a/h 为 0.1，0.3，0.5，0.7 时气室内部中心处无量纲化波面峰值和气室内部无量纲压强峰值以及波能转换效率。其中波面和压强的峰值都是取 15 个对应周期稳定峰值的平均值。图 4 给出了波面峰值和压强峰值随无量纲化 kh 的变化关系。由图中可以看出，波面峰值随 kh 增大而减小并逐渐趋近同一值 0.8，这是因为台阶对高频短波作用很小，主要是气室前墙的反射作用。而在 kh 较小时波面有较大峰值可达入射波 2 倍以上，这时台阶和前墙都对低频长波起到很大的作用。随着台阶厚度的增大，波面峰值增大，主要归因于浅水效应。压强峰值变化可以看出存在一个明显的共振频率，且在共振频率上存在最大压强峰值；在当前计算范围内，随着台阶厚度的增大压强峰值增大，且共振频率向低频区域移动，共振频率上的压强峰值增大更为明显。

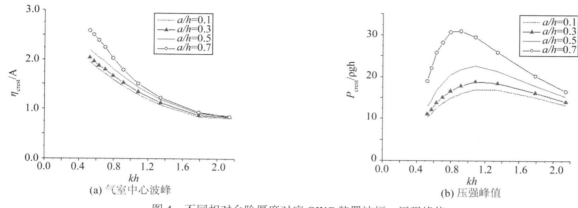

(a) 气室中心波峰　　　　　　　　　　　(b) 压强峰值

图 4　不同相对台阶厚度对应 OWC 装置波幅、压强峰值

　　在台阶长度不变情况下，图 5 给出了水动力转换效率随无量纲波数 kh 的变化关系。图中可看出在当前计算条件下，每一种台阶厚度下 OWC 水动力效率存在一个共振频率，且在高频区效率逐渐趋于稳定值。随着相对台阶厚度增大，共振频率向低频区移动，可由第三共振理论[1]进行解释；随台阶厚度增大，转换效率增大，共振频率上的增值更为明显，这是因为台阶厚度增大浅水作用增强，波面变化较快，气室内气体体积变化剧烈。

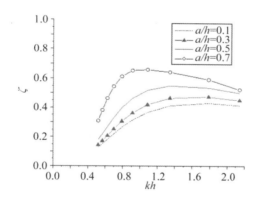

图 5　不同相对台阶厚度对应 OWC 装置水动力效率

　　保持相对台阶厚度 a/h=0.5 不变分别模拟出相对台阶长度为 b/h 为 0.2、0.6、1.0、1.4 时对应的 OWC 装置气室内部相对波面、气室内压强及波能转换效率。图 6 给出无量纲化波面峰值和压强峰值随波数 kh 的变化关系。图中可以看出，波幅峰值随着 kh 增大而减小并趋近同一值 0.8，且在低频区波面有较大峰值可达入射波 2 倍以上，这与图 5（a）相同。波面峰值随着台阶长度的关系则与波长有关，在低频区波长较长，波浪透射性能增强且气室内浅水效应明显，导致波面峰值越大。压强峰值则存在一个共振频率，且随着台阶长度增大共振频率向低频区移动，共振频率上的峰值随台阶长度增大而增大。从相对台阶长度为 1 和 1.4 可看出，在低频区台阶越长，则压强峰值越大；在高频区，台阶越长压强峰值越小。而当相对台阶长度为 0.2 时，压强峰值在任何区域处于最低，这是因为此时台阶长度过小，小于气室宽度，其作用近似于没有。

　　在相对台阶厚度不变的情况下，图 7 给出了 OWC 水动力转换效率与波数 kh 的关系。从图中可以看出，在当前计算范围下，每一种台阶厚度下 OWC 水动力效率存在一个共振频率，且共振频率向低频区移动，这可以由第三共振理论进行解释。共振频率上的峰值在相对台阶长度为 b/h=1 时最大。在低频区水动力效率与相对台阶长度成正比；在高频区与台阶相对长度成反比，这是因为高频区（此时短波受前墙反射作用增强）台阶越长，对长波的反射作用越强，降低了转换效率。

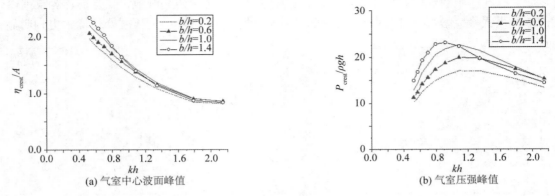

(a) 气室中心波面峰值　　　　　　　　　　　　(b) 气室压强峰值

图 6　不同相对台阶长度对应 OWC 气室内波幅、压强峰值随 kh 变化

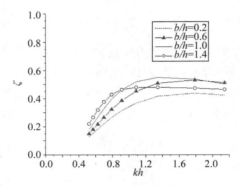

图 7　不同相对台阶长度对应 OWC 装置水动力效率分布

3　结　语

　　研究利用非线性时域高阶边界元模型与气体压强模型建立了台阶式 OWC 波能装置的完全非线性模型。研究发现，增大台阶长度可以减小共振频率，台阶长度增加会提高低频区的能量转换效率，降低高频区的转换效率；但台阶长度太大会减小共振频率附近的最大转换效率。增大台阶厚度会降低共振频率，增大能量转换效率。

参考文献：

[1]　REZANEJAD K, BHATTACHARJEE J, GUEDES S C. Stepped sea bottom effects on the efficiency of nearshore oscillating water column device[J]. Ocean Eng., 2013, 70: 25-38.

[2]　IKOMA T, OSAWA H, MASUDA K, et al. Expected values of wave power absorption around the Japanese islands using OWC types with projecting walls[C]// The Netherlands. Proc. of the 30th International Conference on Ocean, Offshore and Arctic Engineering, 2011: 573-580.

[3]　MALMO O, REITAN A. Wave-power absorption by an oscillating water column in a channel[J]. J. Fluid Mech., 1985. 158: 153-175.

[4]　MALMO O, REITAN A. Wave-power absorption by an oscillating water column in a reflecting wall[J]. Apply Ocean Research, 1986, 18: 42-48.

[5]　MALMO O, REITAN A. Wave-power absorption by a finite row of oscillating water columns in a reflecting wall[J]. Apply Ocean Research, 1986, 8: 105-109.

[6]　REZANEJAD K, BHATTACHARJEE J, GUEDES S C. Analytical and numerical study of dual-chamber oscillating water columns on stepped bottom[J]. Renew Energy, 2015, 75: 272-282.

[7] REZANEJAD K, BHATTACHARJEE J, GUEDES S C. Analytical and numerical study of nearshore multiple oscillating water columns[J]. J. Offshore Mech. Arctic Eng., 2016, 138(7): 021901.

[8] REZANEJAD K, GUEDES SOARES C. Enhancing the primary efficiency of an oscillating water column wave energy converter based on a dual-mass system analogy[J]. Renew Energy, 2018, 123: 730-747.

[9] REZANEJAD K, GADELHO J F M, GUEDES S C. Hydrodynamic analysis of an oscillating water column wave energy converter in the stepped bottom condition using CFD[J]. Renew Energy, 2019, 143: 1241-1259.

[10] NING D Z, SHI J, ZOU Q P, et al. Investigation of hydrodynamic performance of an OWC (oscillating water column) wave energy device using a fully nonlinear HOBEM (higher-order boundary element method)[J]. Energy, 2015, 83: 177-188.

[11] NING D Z, WANG R Q, ZOU Q P, et al. An experimental investigation of hydrodynamics of a fixed OWC wave energy converter[J]. Applied energy. 2016, 168: 636-648.

台阶形海脊俘获波的解析研究

许　洋 [1,2]，王　岗 [1,2]，周　文 [2]，罗　朦 [2]，郑金海 [1,2]

（1. 河海大学 海岸灾害及防护教育部重点实验室，江苏 南京 210098；2. 河海大学 港口海岸与近海工程学院，江苏 南京 210098）

摘要： 由于海脊对波浪具有俘获作用，可使海啸沿海脊传播至较远地区，且海脊形状与走向对海啸的传播有重要影响。本文基于势流理论并考虑边界处速度势和速度连续，建立了波浪在台阶形海脊上产生俘获波的解析理论。通过与现有理论比较，初步验证了本文所提理论的正确性。在此基础上，提出了波浪在台阶地形上的俘获条件，并进一步阐述了地形及波浪频率等要素对俘获波的影响。

关键词： 海啸；海脊；俘获波；台阶地形

　　沿海地区作为人类重要的生存和发展区域，一旦发生海洋灾害，将会产生巨大的财产损失和人员伤亡，因此海洋灾害一直是研究的重点问题之一。海啸是破坏性最强的海洋灾害之一，它是由海底地震、火山喷发、海底滑坡或气候变化产生的具有超长周期和波长的重力波[1]。海啸在深海中的传播速度可达 500~1 000 km/h。海啸在外海通常并不显著，但近岸水深变浅导致波高迅速增加，产生的巨浪可摧毁陆上的房屋建筑等，造成巨大损失。

　　由于大洋海脊对海啸波的影响，使得海啸不仅会给距离震源较近的地区带来灾害，同时也会影响至较远地区[2-5]。2004 年印度尼西亚海啸不仅对印度洋东部和中部造成严重影响，而且在西印度洋和其他较远海域的观测数据显示，海啸的最大波高在先导波到达之后的几小时到十几小时之后才到达，并造成了严重的影响。

　　对于海脊俘获波，Jones[2]首先从数学上证明了俘获波在顶部淹没的无限长海底山脊上的存在性。Longuet-Higgins[3]在线性浅水假定的基础上，给出了无限长台阶形海脊上俘获波的解析解。Buchwald[4]推导了两侧水深不等台阶形海脊上俘获波的色散关系。Miles[5]分别讨论了对称矩形海脊上奇、偶模态各自的色散关系并给出俘获波波面解析解，其中偶模态俘获波在现实中较为多见，常是激发港内 Helmholtz 振荡的重要原因。Mei[6]把海脊上俘获模态的推导过程类比于量子力学的一维有限深方势阱里的粒子运动。Shaw 和 Neu[7]给出了三角形海脊的波面公式以及色散关系。Xiong 等[8]推导了抛物形海脊上的俘获波的解析解，并且给出了色散关系。王岗等[9]推导了双曲余弦海脊上的解析解，并给出了色散关系。

　　由于俘获波的运动特性与地形密切相关，选择一个合适的地形在俘获波的理论研究中至关重要。实际海脊中存在比较陡峭、近似"悬崖"的地形，在此地形上的波浪反射比折射更加明显，此时俘获波主要是由于波浪的反射作用产生的。因此针对台阶地形，基于势流理论研究波浪在台阶地形上包含反射和透射的解析理论，并从全反射条件上提出俘获波的产生条件。

1　台阶形海脊上俘获波理论

　　现考察波浪在台阶地形上发生的反射与透射现象。如图 1 所示，取直角坐标系 $oxyz$，z 轴与台阶立面重合，y 轴在静水面上沿着台阶，x 轴在静水面上垂直于台阶。为方便，将水域分为三个区域：中间区域为 Ω_1、右边的区域为 Ω_2、左边的区域为 Ω_3。由于地形的对称性，这里取 $x \geqslant 0$ 研究。

基金项目： 国家重点研发计划（2017YFC1404205）；国家自然科学基金面上项目（51579090）
通信作者： 王岗。E-mail: gangwang@hhu.edu.cn

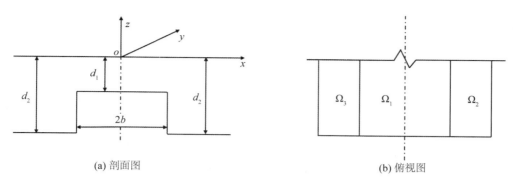

(a) 剖面图　　　　　　　　　　　　　　　　(b) 俯视图

图 1　台阶形海脊图

设入射波浪为从（0, 0, z)处出发，与 x 轴成 α 角传播。波浪频率为 ω，台阶中间的水深为 d_1，右侧的水深为 d_2，左侧的水深 d_2。波浪一部分能量将被反射回来，而另一部分能量则可能透射过去。Ω_1 区域上的速度势为

$$\phi_1 = -\frac{igA}{\omega} Z_0(k_0 z) \exp\left[ik_{0x}(x-b)\right] \exp(ik_{0y}y)$$
$$-\frac{igA}{\omega}\left\{R_0 \exp\left[-ik_{0x}(x-b)\right]Z_0(k_0 z) + \sum_{m=1}^{M} R_m \exp\left[k_{mx}(x-b)\right]Z_m(k_m z)\right\}\exp(ik_{0y}y) \tag{1}$$

式中：右边第一项为向右传播的入射波；第二项为向左传播的反射波；第三项为在 Ω_1 区域内随着离开台阶水平距离的增加而衰减的局部非传播波系，第二项和第三项相加为反射势。式中的 k_0、k_m、Z_0、Z_m 由下式确定：

$$\begin{cases} \omega^2 = gk_0 \tanh k_0 d_1 \\ \omega^2 = -gk_m \tan k_m d_1 \quad (m=1,2,\cdots,M) \\ Z_0(k_0 z) = \cosh k_0(z+d_1)/\cosh k_0 d_1 \\ Z_m(k_m z) = \cos k_m(z+d_1)/\cos k_m d_1 \\ k_0^2 = k_{0x}^2 + k_{0y}^2 \\ k_m^2 = k_{mx}^2 - k_{oy}^2 \quad (m=1,2,\cdots,M) \end{cases} \tag{2}$$

R_m（$m=0,1,2,\cdots,M$)是待定系数，反射系数 $K_r=|R_0|$。

$$\phi_2 = -\frac{igA}{\omega}\left\{T_0 \exp\left[i\lambda_{0x}(x-b)\right]Y_0(\lambda_0 z) + \sum_{n=1}^{N} T_n \exp\left[-\lambda_{nx}(x-b)\right]Y_n(\lambda_n z)\right\}\exp(ik_{0y}y) \tag{3}$$

式中的第一项为向右传播的推进波，第二项为 Ω_2 区域内随 x 增大而衰减的局部非传播波系。式中的 λ_0、λ_n、Y_0、Y_n 由下式确定：

$$\begin{cases} \omega^2 = g\lambda_0 \tanh \lambda_0 d_2 \\ \omega^2 = -g\lambda_n \tan \lambda_n d_2 \quad (n=1,2,\cdots,N) \\ Y_0(\lambda_0 z) = \cosh \lambda_0(z+d_2)/\cosh \lambda_0 d_2 \\ Y_n(\lambda_n z) = \cos \lambda_n(z+d_2)/\cos \lambda_n d_2 \\ \lambda_0^2 = \lambda_{0x}^2 + \lambda_{0y}^2 \\ \lambda_n^2 = \lambda_{nx}^2 - k_{oy}^2 \quad (n=1,2,\cdots,N) \end{cases} \tag{4}$$

T_n（$n=0,1,2,\cdots,N$)是待定系数，透射系数 $K_t=|T_0|$。

对于 $x=b$ 处，利用速度势连续和速度连续的边界条件进行求解。在 $x=b$ 处速度势是连续的，即：

$$\int_{-d_1}^{0} \phi_1 \mathrm{d}z = \int_{-d_2}^{0} \phi_2 \mathrm{d}z \tag{5}$$

在 $x=b$ 处 x 方向的速度是连续的，即：

$$\phi_{2x}=\begin{cases}\phi_{1x} & (-d_1\leqslant z\leqslant 0)\\ 0 & (-d_2\leqslant z<-d_1)\end{cases} \tag{6}$$

将式（2）和式（3）代入式（5）可以得到

$$T_0Y_0(\lambda_0z)+\sum_{n=1}^{N}T_nY_n(\lambda_nz)=\begin{cases}Z_0(k_0z)+\left[R_0Z_0(k_0z)+\sum_{m=1}^{M}R_mZ_m(k_mz)\right] & (-d_1\leqslant z\leqslant 0)\\ 0 & (-d_2\leqslant z<-d_1)\end{cases} \tag{7}$$

对于式（7），两边同时乘以垂向特征函数 $Y_n(\lambda_nz)$（$n=0,1,2,\cdots,N$），并且同时对 z 积分得到

$$\int_{-d_1}^{0}\left[Z_0(k_0z)+R_0Z_0(k_0z)+\sum_{m=1}^{M}R_mZ_m(k_mz)\right]Y_n(\lambda_nz)\mathrm{d}z=\int_{-d_2}^{0}\left[\sum_{n=0}^{N}T_nY_n^2(\lambda_nz)\right]\mathrm{d}z \tag{8}$$

当 $n=0$ 时，

$$\int_{-d_1}^{0}\left[Z_0(k_0z)+R_0Z_0(k_0z)+\sum_{m=1}^{M}R_mZ_m(k_mz)\right]Y_0(\lambda_0z)\mathrm{d}z=\int_{-d_2}^{0}T_0Y_0^2(\lambda_0z)\mathrm{d}z \tag{9}$$

当 $n=1,2,\cdots,N$ 时，

$$\int_{-d_1}^{0}\left[Z_0(k_0z)+R_0Z_0(k_0z)+\sum_{m=1}^{M}R_mZ_m(k_mz)\right]Y_n(\lambda_nz)\mathrm{d}z=\int_{-d_2}^{0}T_nY_n^2(\lambda_nz)\mathrm{d}z \tag{10}$$

由此可以得到一组线性方程：

$$\{f_n\}_{N+1}+\{A_{nm}\}_{(N+1)\times(M+1)}\{R_m\}_{M+1}=\{T_n\}_{N+1} \tag{11}$$

其中：

$$f_n=\int_{-d_1}^{0}Z_0(k_0z)Y_n(\lambda_nz)\mathrm{d}z\Big/\int_{-d_2}^{0}Y_n^2(\lambda_nz)\mathrm{d}z$$

$$A_{nm}=\int_{-d_1}^{0}Z_m(k_mz)Y_n(\lambda_nz)\mathrm{d}z\Big/\int_{-d_2}^{0}Y_n^2(\lambda_nz)\mathrm{d}z \tag{12}$$

对 ϕ_1 在 x 方向上求导可以得到 Ω_1 区域上 x 方向的速度为

$$\phi_{1x}=-\frac{\mathrm{i}gA}{\omega}ik_{0x}Z_0(k_0z)\exp\left[ik_{0x}(x-b)\right]\exp(i\lambda_{0y}y)$$
$$-\frac{\mathrm{i}gA}{\omega}\left\{(-ik_{0x})R_0\exp\left[-ik_{0x}(x-b)\right]Z_0(k_0z)+\sum_{m=1}^{M}k_{mx}R_m\exp\left[k_{mx}(x-b)\right]Z_m(k_mz)\right\}\exp(i\lambda_{0y}y) \tag{13}$$

对 ϕ_2 在 x 方向上求导可以得到 Ω_2 区域上 x 方向的速度为

$$\phi_{2x}=-\frac{\mathrm{i}gA}{\omega}\left\{i\lambda_{0x}T_0\exp\left[i\lambda_{0x}(x-b)\right]Y_0(\lambda_0z)-\sum_{n=1}^{N}\lambda_{nx}T_n\exp\left[-\lambda_n(x-b)\right]Y_n(\lambda_nz)\right\}\exp(i\lambda_{0y}y) \tag{14}$$

将式（13）和（14）代入式（6）可得

$$i\lambda_{0x}T_0Y_0(\lambda_0z)-\sum_{n=1}^{N}\lambda_{nx}T_nY_n(\lambda_nz)=\begin{cases}ik_{0x}Z_0(k_0z)(1-R_0)+\sum_{m=1}^{M}k_{mx}R_mZ_m(k_mz) & (-d_1\leqslant z\leqslant 0)\\ 0 & (-d_2\leqslant z<-d_1)\end{cases} \tag{15}$$

对于式（15），两边同时乘以垂向特征函数 $Z_m(k_mz)$（$m=0,1,2,\cdots,M$），并且在各自的区域上对 z 积分，然后相加得到

m=0 时，

$$\int_{-d_2}^0\left[i\lambda_{0x}T_0Y_0\left(\lambda_0z\right)-\sum_{n=1}^N\lambda_{nx}T_nY_n\left(\lambda_nz\right)\right]Z_0\left(k_0z\right)\mathrm{d}z=\int_{-d_1}^0\left[ik_{0x}Z_0^2\left(k_0z\right)\left(1-R_0\right)\right]\mathrm{d}z \tag{16}$$

m=1, 2, $\cdots$, M 时，

$$\int_{-d_2}^0\left[i\lambda_{0x}T_0Y_0\left(\lambda_0z\right)-\sum_{n=1}^N\lambda_{nx}T_nY_n\left(\lambda_nz\right)\right]Z_m\left(k_mz\right)\mathrm{d}z=\int_{-d_1}^0k_{mx}R_mZ_m^2\left(k_mz\right)\mathrm{d}z \tag{17}$$

由此可以得到另外一组方程组为

$$\left\{e_m\right\}_{M+1}+\left\{R_m\right\}_{M+1}=\left\{B_{mn}\right\}_{(M+1)\times(N+1)}\left\{T_n\right\}_{N+1} \tag{18}$$

$$e_0=-1, e_m=0 \quad (m=1,2,\cdots,M)$$
$$B_{00}=\frac{-\lambda_{0x}}{k_{0x}}\int_{-d_2}^0Y_0(\lambda_0z)Z_0(k_0z)\mathrm{d}z\Big/\int_{-d}^0Z_0^2(k_0z)\mathrm{d}z,$$
$$B_{0n}=\frac{-\mathrm{i}\lambda_{nx}}{k_{0x}}\int_{-d_2}^0Y_n(\lambda_nz)Z_0(k_0z)\mathrm{d}z\Big/\int_{-d_1}^0Z_0^2(k_0z)\mathrm{d}z, \tag{19}$$
$$B_{m0}=\frac{\mathrm{i}\lambda_{0x}}{k_{mx}}\int_{-d}^0Y_0(\lambda_0z)Z_m(k_mz)\mathrm{d}z\Big/\int_{-d_1}^0Z_m^2(k_mz)\mathrm{d}z,$$
$$B_{mn}=\frac{-\lambda_{nx}}{k_{mx}}\int_{-d_2}^0Y_n(\lambda_nz)Z_m(k_mz)\mathrm{d}z\Big/\int_{-d_1}^0Z_m^2(k_mz)\mathrm{d}z$$

联立式（11）和式（18），可以求得 R_m（m=0, 1, 2, $\cdots$, M）、T_n（n=0, 1, 2, $\cdots$, N）。其中反射系数 R_0 为

$$R_0=\frac{B_{0n}f_n-e_0}{1-B_{0n}A_{n0}} \tag{20}$$

由上式可以得出满足全反射的条件为

$$\lambda_0=k_0\sin\alpha \tag{21}$$

该式的物理意义是在区域 Ω_2 上只存在沿 y 方向的波数，x 方向上的波数为 0，即为发生了全反射。从式（21）中可以看出，当 $k_0<\lambda_0$ 时不会发生全反射，即波浪从深水向浅水传播时，不会发生全反射。特别是，当 $d_1=d_2$，即为平底地形时，如图 2 所示。

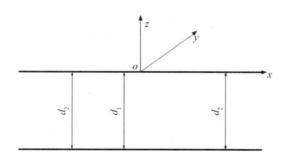

图 2　平底地形剖面

根据式（20）可得反射系数为

$$R_0=\frac{B_{0n}f_n-e_0}{1-B_{0n}A_{n0}} \tag{22}$$

由于 $d_1=d_2$，则 $\lambda_0=k_0$、Y_0（λ_0z）=Z_0（k_0z），所以反射系数的分子为

$$B_{0n}f_n - e_0 = 0 + \left\{ \left[\frac{-ik_{mx}}{k_{ox}} \int_{-d_2}^{0} Z_m(k_m z) Z_0(k_0 z) \mathrm{d}z \middle/ \int_{-d_1}^{0} Z_0^2(k_0 z) \mathrm{d}z \right] \times \left[\int_{-d_1}^{0} Z_0(k_0 z) Z_m(k_m z) \mathrm{d}z \middle/ \int_{-d_2}^{0} Z_m^2(\lambda_m z) \mathrm{d}z \right] \right\} \quad (23)$$

经计算虚数部分也为 0，所以 $B_{0n}f_n - e_0 = 0$。反射系数的分母为

$$1 - B_{0n}A_{n0} = 2 - \left\{ \left[\frac{-ik_{mx}}{k_{ox}} \int_{-d_2}^{0} Z_m(k_m z) Z_0(k_0 z) \mathrm{d}z \middle/ \int_{-d_1}^{0} Z_0^2(k_0 z) \mathrm{d}z \right] \times \left[\int_{-d_1}^{0} Z_0(k_0 z) Z_m(k_m z) \mathrm{d}z \middle/ \int_{-d_2}^{0} Z_m^2(k_m z) \mathrm{d}z \right] \right\} \neq 0 \quad (24)$$

最终化简可得 $R_0 = 0$。这表明本文所提出的解析理论可退化为行进波的解。

当 $d_2 = 0$ 时，即两侧为直立墙，如图 3 所示。

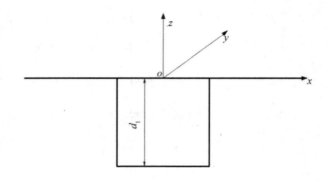

图 3　矩形凹陷地形剖面

对于式（20）的反射系数，由于 $d_2 = 0$，则 $\lambda_0 = 0$、$\lambda_n = 0$，所以 B_{00} 和 B_{0n} 都为 0，相应的 $B_{0n}f_{0n}$ 和 $B_{0n}A_{n0}$ 都为 0，最终得出 $R_0 = 1$。这表明本文所提理论可退化为直立壁前的驻波理论。

2　结果分析

取台阶地形宽 $2b = 50$ km，脊顶水深 $d_1 = 60$ m，外海水深 $d_2 = 4\,500$ m，波周期分别取 $T_1 = 1$ min、$T_2 = 2$ min 和 $T_3 = 5$ min。

由式（21）可以得到发生全反射时波浪的临界角分别为 $\alpha_1 = 14.85°$、$\alpha_2 = 7.42°$ 和 $\alpha_3 = 3.42°$，即当在该地形上时，不同周期波的入射角度大于对应的临界入射角即可发生全反射。

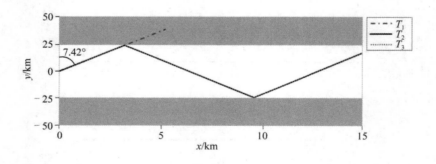

图 4　俘获波在台阶形海脊上的传播

当周期为 1 min、2 min 和 5 min 的波浪同时以角度 7.42° 传播，由图 4 可知，$T_1 = 1$ min 的波浪将传出海脊，而 $T_2 = 2$ min 和 $T_3 = 5$ min 的波浪都会在海脊边界处发生全反射，使其在台阶地形上往复运动而不传出，即产生所谓的俘获波。

3　结　语

基于势流理论提出了台阶地形上俘获波的解析解。通过求解反射系数、透射系数以及局部非传播项系数，最终可得俘获波的反射势和透射势的方程以及波面方程。该解析理论同样可以退化为行进波和直立壁前的驻波，间接验证了研究所提之理论，进一步得到了台阶上波浪发生全反射的关系式以确定俘获波产生的条件，并举例说明了这一现象。

参考文献：

[1]　王培涛, 于福江, 赵联大, 等. 越洋海啸的数值模拟及其对我国的影响分析[J]. 海洋学报, 2012, 34(2): 39-47.

[2]　JONES D S. The eigenvalues of $2u + \lambda u=0$ when the boundary conditions are given on semi-infinite domains[J]. Mathematical Proceedings of the Cambridge Philosophical Society, 1953, 49(4): 668-684.

[3]　LONGUET-HIGGINS M S. On the trapping of waves along a discontinuity of depth in a rotating ocean[J]. Journal of Fluid Mechanics, 1968, 31(3): 417-434.

[4]　BUCHWALD V T. Long waves on oceanic ridges [J]. Proceedings of the Royal Society of London Series a-Mathematical and Physical Sciences, 1969, 308(1494): 343-354.

[5]　MILES J W. Kelvin waves on oceanic boundaries[J]. Journal of Fluid Mechanics, 2006, 55(1): 113-127.

[6]　MEI C C. The applied dynamics of ocean surface waves[J]. Ocean Engineering, 1984, 11(3): 321-321.

[7]　SHAW R P, NEU W. Long-wave trapping by oceanic ridges[J]. Journal of Physical Oceanography, 1981, 11(10): 1334-1344.

[8]　XIONG M J, ZHENG J H, WANG G. Analytic solutions for tsunami waves trapped by parabolic-profile submerged ridge[C]// Proceedings of the Eleventh ISOPE Pacific/Asia Offshore Mechanics Symposium. Shanghai, China: International Society of Offshore and Polar Engineers. 2014.

[9]　王岗, 胡见, 王培涛, 等. 双曲余弦海脊上海啸俘获波的解析与数值研究[J]. 海洋学报, 2018, 40(5): 15-23.

基于边界特性的 SAR 影像南海海洋内波检测算法研究

郑应刚，李晓恋，张洪生

（上海海事大学 海洋科学与工程学院，上海 201306）

摘要： 海洋内波在海洋活动中扮演重要角色。海洋内波的研究对我国海洋科学的理论研究、海洋资源的保护、开发和利用以及海洋军事科学的发展等均具有重要的意义。为了及时发现海洋内波以进一步研究其传播过程，基于合成孔径雷达 SAR 影像内波明暗条纹的边界特性进行海洋内波的检测算法研究具有十分重要的意义。提出了一种集成的海洋内波检测算法：列分离邻域处理与 Canny 算子边缘检测算法，再通过阈值和标准差的参数变化进行 Canny 检测。将这种算法应用于南海区域发生的历史海洋内波以验证算法的鲁棒性和适用性，结果发现可较好地识别出海洋内波并判定其发生的位置。同时分析了基于 Lee 滤波方法对 Canny 检测的影响。

关键词： 海洋内波；SAR；边界跟踪法；Canny

海洋内波是稳定层化的海洋深处的一种波动现象，通常是由于海底的扰动使得水体发生波动。内波的研究方法包括实测资料、试验[1]、数值模拟[2]、理论研究[3]以及遥感图像分析法[4]等。随着卫星遥感技术的快速发展，遥感观测逐渐成为海洋观测的一种重要手段。任何改变海表面粗糙程度的海洋现象或特征都可以成像于 SAR 遥感图像。利用海洋内波对海面微尺度波的调制机制，通过发射和接收电磁波信息对所发生的内波进行遥感成像[5]。SAR 内波遥感图像研究主要分为两个方面：一是提取内波的参数信息并进行反演；二是对图像中内波信息进行检测识别。

在参数信息反演研究方面，针对以前 SAR 图像中进行内波参数提取方法的不足，李海艳等[6]采用非线性方法，即根据非线性内波 Kdv 方程的频散关系，结合半日潮假定，提取 SAR 内波振幅以及跃层深度；刘冰清[7]对南海北部内波的时空传播特征进行了遥感研究，对南海北部内孤立波波速进行了反演，并分析了南海不同特征内波在时间和空间上的传播特征。在内波信息检测识别的研究方面，R'odenas 和 Garello[8]利用小波变换对 SAR 遥感图像中海洋内波进行检测和识别，使用二维小波变换方法很好地检测了卫星图像中的内波信息；陈捷等[9]进一步利用二维连续小波变换对海洋 SAR 图像进行滑动窗扫描，自动找出含有海洋内波的图像区域，并通过椭圆归一化 Radon 变换提取参数，提出了 SAR 图像中的海洋内波参数自动提取方法。

鉴于以往研究中对 SAR 图像中的海洋内波检测方法较少，提出了新的海洋内波识别方法。方法建立在海洋内波成像机制的基础上，通过对海洋内波 SAR 图像明暗条纹边界特性及背景信息进行分析，构建边界检测和跟踪算法对图像中内波进行检测与识别。

1 研究区域和数据来源

截至目前，欧空局、加拿大、德国空间局及意大利等国家和地区的 ERS、Radarsat、Envisat、TerraSAR-X 和 COSMO-Skymed 等星载、机载 SAR 传感器获得了世界各海区大量的海洋内波遥感图像，为海洋内波研究提供了丰富的资料[5]。我国周边海域，尤其南海海域是海洋内波多发区[10]。南海北部的内波不仅以孤立波的形式出现，而且还以内潮波的形式存在。

针对南海地区 2006 年 8 月 15 日 14 时 11 分发生的海洋内波，其中心经纬度为 21°N、116°E，其位置见图 1，选取了来自欧空局 Envisat ASAR 卫星的 SAR 图像，见图 2。

基金项目： 国家自然科学基金（51679132），上海市地方高校基地能力建设项目（17040501600）

联系作者： 张洪生，男，主要从事水波动力学和海岸/洋动力学研究。E-mail: hszhang@shmtu.edu.cn

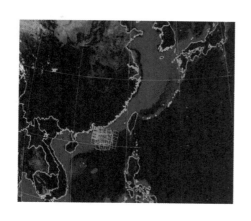

图 1　研究区域卫星图

图 2　未经处理的海洋内波 SAR 影像

2　研究方法流程及预处理

2.1　研究方法流程

对海洋内波 SAR 影像的处理流程：边缘检测算法，由列分离邻域和 Canny 算子组成。处理流程如图 3 所示。

2.2　滤波预处理

由于合成孔径雷达的相干成像机理固有特性，使得 SAR 图像产生相干斑噪声。这给图像分割和目标检测等后期处理增加了难度。因此必须首先进行噪声抑制。

采用 Lee 滤波，其中滤波处理采用了 3×3 的窗口，对原始图像进行 Lee 滤波处理后的结果见图 4。

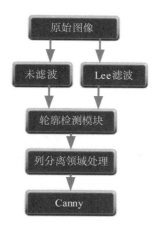

图 3　海洋内波 SAR 影像边缘检测流程

图 4　海洋内波 SAR 图像滤波预处理结果

3　图像处理方法

3.1　列分离邻域处理

图像处理中列分离邻域法就是将矩阵进行分块处理，块的大小形状统一，文中取 5×5 的子块，分块时不够的元素用 0 补充。将每一个块作为一列元素即 25×1，并计算该列平均值；将该列所有值用其平均值代替，随后遍历所有列。这样在一定程度上简化了图像中复杂的灰度值，当遍历完成后再进行重构还原。这样做的优点是把一副大尺寸的图像分次调入内存处理，从而增强了算法的适用性，避免了图像过大难以处理的问题。

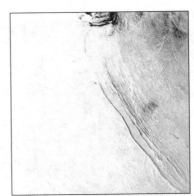

(a) 未滤波的列分离领域处理图像　　　　　　　　　　　　　(b) 滤波后的列分离领域处理图像

图 5　海洋内波 SAR 图像列分离邻域处理结果

3.2　Canny 算子法

Canny 算子边缘检测的对象是列分离邻域处理后的图像。在边缘检测的算法中，Canny 算子提取的边缘效果较好，具有较好的去噪能力和较高的检测精度，但其算法耗时长。其他边缘提取算子，如 Roberts、Sobel、Prewitt 和 Log 算子等，虽算法耗时短，但边缘提取效果相对较差。Canny 算子的实现步骤包括高斯模糊、计算图像梯度、非最大值信号压制处理和双阈值边缘连接处理。

图 6 为各算子识别对比图。从图 6 可见 Canny 检测效果较好，轮廓更加清晰。因此使用 Canny 算子。

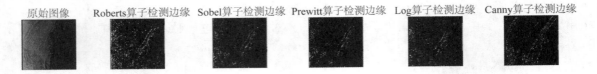

图 6　边缘提取算子对比

对图 5 进行 Canny 算子边缘检测处理后的结果对应图 7。由图 7 可见，通过 Canny 算子边缘检测处理后，可以识别出图像中海洋内波的大体轮廓，如图中线条所示。

(a) 未滤波的 Canny 检测图像　　　　　　　　　　　　　(b) 滤波后的 Canny 检测图像

图 7　海洋内波 SAR 图像 Canny 算子边缘检测结果

将上述两种 Canny 检测结果附加到原始图像上的效果，如图 8 所示。

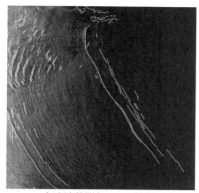 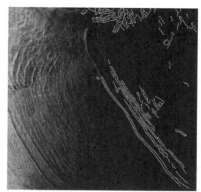

(a) 未滤波的附加Canny检测图像　　　　　　　　　(b) 滤波图像附加Canny检测图像

图 8　原始图像附加 Canny 算子边缘检测结果

4　结　语

根据内波对表面波进行调制的原理，使得利用电磁波来对海洋内波进行检测成为可能。根据海洋内波在电磁波成像机制下呈现出明暗条纹的特性，从图像灰度值入手，运用边缘检测集成算法来处理，先进行列分离邻域处理，然后进行 Canny 算子检测，列分离邻域处理的目的是为了使图像中复杂的灰度值以块为单位均匀化，以有利于 Canny 算子检测；而对原始图像进行 Lee 滤波导致边缘损失严重，从而滤波后的 Canny 效果不如原始图像的 Canny 效果好。

通过上述方法的处理，Canny 算子检测能够识别出 SAR 遥感图像中海洋内波大体轮廓。一方面可分析出内波最明显的区域，得到该区域具体的地理位置信息，另一方面可分析出内波所覆盖的范围，得到内波分布的大致经纬度范围。检测方法具有较好的适用性和准确性，是一种有效的 SAR 图像目标识别方法。但仍存在因背景信息的干扰使得部分内波未被完全检测出来的问题，同时该算法中一些参数需要人为设置，因此如何改进优化使得参数自适应，将是下一步要研究的内容。

参考文献：

[1] SUTHERLAND B R, LINDEN P F. Internal wave excitation by a vertically oscillating elliptical cylinder[J]. Physics of Fluids, 2002, 14: 721-731.

[2] VORONOVICH A G. Strong solitary internal waves in a 2.5-layer model[J]. Journal of Fluid Mechanics, 2003, 474: 85-94.

[3] 李海艳, 杜涛. 两层模式下内波 Kdv 方程的频散关系[J]. 水动力学研究与进展, 2005, 20: 673-679.

[4] 林珲, 范开国, 申辉, 等. 星载 SAR 海洋内波遥感研究进展[J]. 地球物理学进展, 2010, 25: 1081-1091.

[5] 范开国. 合成孔径雷达海洋内波遥感探测技术与应用[M]. 北京: 海洋出版社, 2017.

[6] 李海艳, 何宜军, 杜涛, 等. 从内波 SAR 图像中提取跃层深度和内波振幅的非线性方法[J]. 海洋环境科学, 2007, 26: 583-586.

[7] 刘冰清. 南海北部内波时空传播特征的遥感研究[D]. 上海: 上海海洋大学, 2015.

[8] R´ODENAS J A, GARELLO R. Internal wave detection and location in SAR images using wavelet transform[C]// IEEE Transactions on Geoscience and Remote Sensing IEEE, 1998: 1494-1507.

[9] 陈捷, 陈标, 陶荣华, 等. SAR 图像海洋内波参数自动提取方法[J]. 海洋技术学报, 2014, 33: 20-27.

[10] SHEN H, HE Y J. Study internal waves in north west of south China sea by satellite images[C]// IEEE Transactions on Geoscience and Remote Sensing Symposium, 2005: 2539-2542.

南海北部海洋分层对厄尔尼诺和拉尼娜事件的响应

袁　瑞，王统泽，张洪生

（上海海事大学 海洋科学与工程学院，上海 201306）

摘要： 海洋中较强的层结特征是发生海洋内波的必要条件，基于 HYCOM 计算的南海北部多年温盐数据，分析了该区域海洋分层年际尺度的时空分布特征。结合 ONI 指数，分析在厄尔尼诺和拉尼娜事件分别发生时南海北部海洋分层对该事件的响应。

关键词： 海洋分层；南海北部；浮力频率；HYCOM；内波

海洋层结指海水的密度、温度、盐度等要素随深度分布的层次结构[1-2]。如果海洋要素随深度的变化很小，几乎呈垂直均匀状态时，称为均匀层，而如果海洋要素随深度的变化很大，呈现出阶跃特征时，称为跃层。海洋内波是一种发生在海洋内部的中尺度现象，广泛存在于海洋中，是海洋动力学中重要的组成部分；是密度稳定层化的海水内部的一种波动，能将大、中尺度运动过程的能量传递给小尺度运动过程；是在海水密度稳定分层的海洋内部，沿密度跃层传播的一种波动。海洋内波的产生应具备两个条件：一是海水密度稳定分层，二是要有扰动能源，即稳定层结和扰动源是海洋内波发生的必要条件[3]。密度跃层是指海水密度在沿深度方向上突然变大的水层，是海洋内波发生的先决条件。

南海是我国南部边缘海，位于季风区，自然海域面积约 $3.5×10^6$ km²，广阔的海域和较大的水深为风生流的形成和发展提供了有利条件。北半球太平洋上的北赤道海流由东向西流动，形成的西边界流经巴士海峡进入南海北部，夏季流速约 1.5 节，宽 30～60 海里；冬季流速大于 2 节，宽 70 海里[4]。西边界流的强度变化直接影响了南海北部的水温和盐度，进而影响海水分层。而厄尔尼诺和拉尼娜事件则会对南海的海流强度产生一定的影响。在厄尔尼诺现象发生期间，赤道东太平洋的海温异常升高，由于洋流和季风的影响，南海水域海温增高，在厄尔尼诺发展至盛期后，南海的增温达到了最强；而在拉尼娜现象发生期间，情况正好相反，南海水域海温降低[5]。在厄尔尼诺年，黑潮的流速减弱、流量减小，黑潮更加容易入侵南海，导致南海北部盐度增大；而在拉尼娜年，情况相反，黑潮的流速增强、流量增大，不利于黑潮入侵南海，导致南海北部盐度减小[6]。厄尔尼诺/拉尼娜现象对南海的温度和盐度都有影响，对海水密度也会有所影响，海洋层次结构也可能会发生变化，文中研究了南海北部海域海洋分层对厄尔尼诺/拉尼娜现象的响应。

1　研究区域及研究方法

1.1　研究区域

图 1 为南海海域的水深图，平均水深达 1 212m，最大深度为 5 559 m，其中虚线区域（19°—22°N，114°—119°E）是海洋内波频繁发生的区域，也是本文重点关注的区域。

1.2 数据来源

文中使用的数据为混合坐标海洋模型（Hybrid Coordinate Ocean Model，HYCOM）模式逐日海洋温度、盐度再分析数据。空间分辨率为 1/12（°）×1/12（°），时间分辨率为 1 d，垂直分辨率为从海表面 5 m 至底层 5000 m，总共 33 层。选用的 HYCOM 模式数据时间跨度为 10 年（2008—2017 年），水平范围为 10°—25°N，105°—125°E，垂向范围从 0 到 33 层。

1.3 数据验证

采用 MODIS 的海表面温度（SST）数据验证 HYCOM 数据的准确性。图 2 为 2010 年 10 月的海表面温度分布图，其中，图 2（a）是 HYCOM 数据的，图 2（b）是 MODIS 数据的。从图 2 可以看出，HYCOM 数据和 MODIS 数据反映的南海海表面温度的分布特征大致相同。

基金项目： 国家自然科学基金（51679132）；上海市地方高校基地能力建设项目（17040501600）

通信作者： 张洪生(1967–)，男，教授，主要从事水波动力学和海岸/洋动力学研究。E-mail: hszhang@shmtu.edu.cn

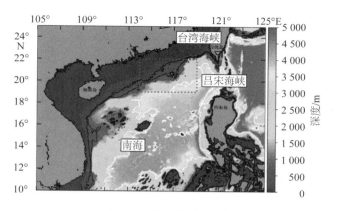

图 1　南海海域水深图

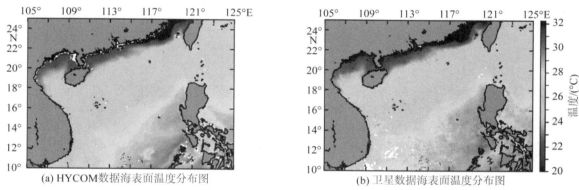

(a) HYCOM数据海表面温度分布图　　　　(b) 卫星数据海表面温度分布图

图 2　2010 年 12 月海表面温度分布

2　结果分析

图 3 为 2007—2017 年 ONI 指数的月值。从图 3 可以看出，2010 年 6 月至 2012 年 5 月的 ONI 指数基本低于 –0.5，具备发生拉尼娜现象的条件，在 2010 年秋季（9—11 月）拉尼娜现象达到鼎盛；而 2014 年 6 月至 2016 年 5 月的 ONI 指数大致高于 0.5，具备发生厄尔尼诺现象的条件，2015 年更是全年都处于厄尔尼诺现象之中，在 2015 年秋季厄尔尼诺现象同样达到鼎盛期，强度达到最强。

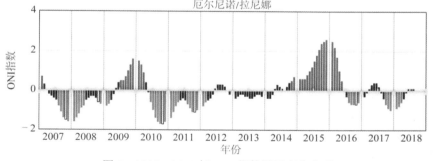

图 3　2007—2018 年 ONI 指数逐月变化序列

2010 年 6 月至 2012 年 5 月拉尼娜事件的强度较大，将这 24 个月份分成两组 12 个月，即 2010 年 6 月至 2011 年 5 月和 2011 年 6 月至 2012 年 5 月，将这两组 12 个月的垂向最大浮力频率数据做平均绘制成分布图，并与 2008—2017 年的平均垂向最大浮力频率数据做差值计算，将结果数据绘制成差值分布图。2014 年 6 月至 2016 年 5 月的厄尔尼诺现象的强度比较大，同样将 2014 年 6 月至 2015 年 5 月和 2015 年 6 月至 2016 年 5 月的垂向最大浮力频率数据绘制成分布图，并与 2008—2017 年平均垂向最大浮力频率数据做差值计算，将结果数据绘制成差值分布图。

图 4（a）和图 5（a）为 2010 年 6 月至 2011 年 5 月和 2011 年 6 月至 2012 年 5 月的垂向最大浮力频率

分布图。这两组都是拉尼娜现象发生强度较大的 12 个月；图 4（b）和图 5（b）为这两组 12 个月的数据与 2008—2017 年的平均垂向最大浮力频率的差值图，从图 5 和图 6 可见，南海海域内除了近岸海域，大部分区域的两组 12 个月的垂向最大浮力频率要小于十年的平均值。

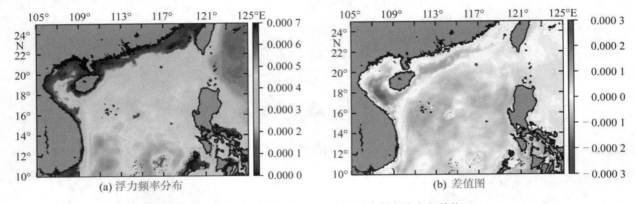

图 4　2010 年 6 月至 2011 年 5 月浮力频率分布和差值

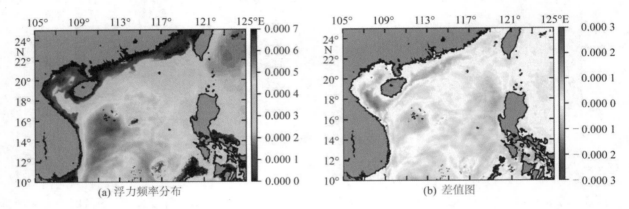

图 5　2011 年 6 月至 2012 年 5 月浮力频率分布和差值

图 6（a）和图 7（a）为 2014 年 6 月至 2015 年 5 月和 2015 年 6 月至 2016 年 5 月的垂向最大浮力频率分布图。这两组都是厄尔尼诺现象发生强度较大的 12 个月；图 6（b）和图 7（b）为这两组 12 个月的数据与 2008—2017 年的平均垂向最大浮力频率的差值图。从图 7 和图 8 可见，南海海域内大部分区域 2014 年 6 月至 2015 年 5 月和 2015 年 6 月至 2016 年 5 月的垂向最大浮力频率要明显大于十年的平均值，尤其是吕宋海峡和台湾海峡附近，要比平均值大。

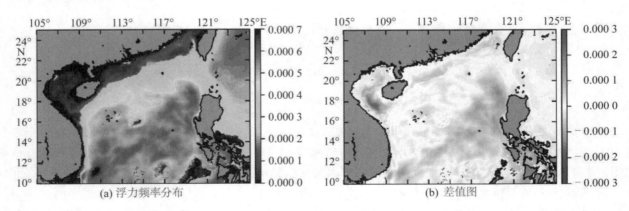

图 6　2014 年 6 月至 2015 年 5 月浮力频率分布和差值

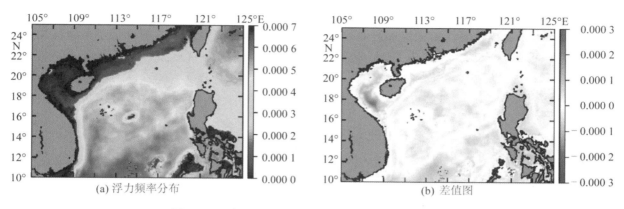

(a) 浮力频率分布　　　　　　　　　　　　　(b) 差值图

图 7　2015 年 6 月至 2016 年 5 月浮力频率分布和差值

3　讨　论

2011 年发生拉尼娜事件，最大浮力频率小于平均值，海洋分层现象不够明显；2015 年发生厄尔尼诺事件，最大浮力频率大于平均值，海洋分层明显，层结稳定。南海海域内波频发的时间是每年夏季，本文收集了 2011 年和 2015 年 6—9 月的卫星图片资料（图 8，图 9），其中 2011 年夏季显示内波的卫片共 6 张；2015 年夏季显示内波的卫片共 15 张。在厄尔尼诺发生的时间，最大浮力频率比平均值要大，层结现象更加明显，内波也更加容易发生；而在拉尼娜现象发生的期间，最大浮力频率要小于平均值，内波发生频率也低。在今后的工作中可用大尺度的海洋模型研究厄尔尼诺事件影响内波发生的具体动力机制。

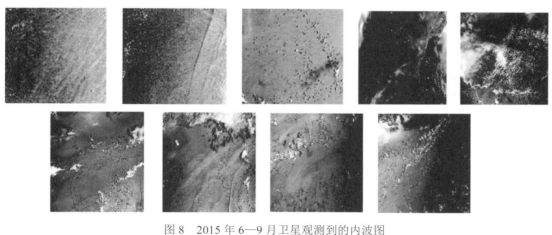

图 8　2015 年 6—9 月卫星观测到的内波图

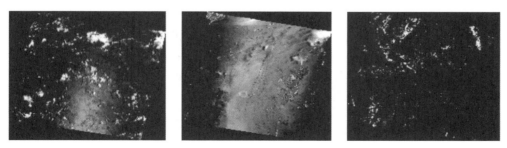

图 9　2011 年 6—9 月卫星观测到的内波图

4　结　语

南海位于季风区，温度、盐度等易受季风、环流的影响，有明显的季节性变化，密度也随之发生变化，对密度跃层也会有所影响。厄尔尼诺和拉尼娜事件对南海的水温、盐度有较大影响，因此海洋分层现象也会有所变化。海洋内波发生的先决条件就是海洋的稳定层结，在层结明显的密度跃层处，海洋内波更容易发生。浮力频率可以描述海洋的稳定性，通过对厄尔尼诺和拉尼娜现象发生时间段的最大浮力频率与2008—2017 年的平均最大浮力频率做差值，发现在南海范围内，拉尼娜现象发生的时间段，最大浮力频率要小于平均值，海洋分层现象不够明显，而在厄尔尼诺现象发生的时间段，赤道东太平洋的海温异常升高，大洋环流使得南海海域水温也升高，温度、盐度发生变化，此时的最大浮力频率要大于平均值，层结现象更加明显。

参考文献：

[1]　方欣华, 杜涛. 海洋内波基础和中国海内波[M]. 青岛: 中国海洋大学出版社, 2005: 1-10.

[2]　JOHN M, HELEN J, RICHARD K, et al. Can eddies set ocean stratification[J].Journal of Physical Oceanography, 2002, 32(1): 26-38.

[3]　ALPERS W. Theory of radar imaging of internal waves[J]. Nature, 1985, 314(6008): 245-247.

[4]　林凡彩, 倪寿洪.南海水文环境特点及对潜艇的影响[C]//气象海洋环境与船舶航行安全论文集. 大连: 大连海事大学: 2010: 309-312

[5]　黄卓, 徐海明,杜岩, 等. 厄尔尼诺期间和后期南海海面温度的两次显著增暖过程[J]. 热带海洋学报, 2009. 28(5): 49-55.

[6]　杨龙奇, 许东峰, 徐鸣泉, 等. 黑潮入侵南海的强弱与太平洋年代际变化及厄尔尼诺—南方涛动现象的关系[J]. 海洋学报, 2014, 36(7): 17-26.

基于物料转运与人员安全的 FPSO 改装设计研究

周　伟，王天宇，王　平

（大连中远海运重工有限公司，辽宁 大连 116113）

摘要：以 FPSO 改装项目的逃生通道、维修空间和转运空间的布置与设计为研究对象，详细分析规范规则要求，对大舱区域、甲板区域和机舱区域进行分项分析；研究以上各区域以通道空间为先导建模设计方法的合理性与有效性，为 FPSO 改装设计提供有效参考。

关键词：FPSO 改装；逃生通道；转运空间；先导性建模

尽管国际油价起起伏伏，但是 FPSO 作为采油中枢产品，一直以来都是海上油田不可或缺的设备之一；随着油价的企稳，FPSO 市场也随之逐渐升温。

SBM、MODEC、BW Offshore 和 Bumi Armada 四家主要的 FPSO 运营商控制了全球 60％以上的运营租赁设施。MODEC 和 SBM 主导高端 FPSO 的供应，为巴西国油提供了大部分的租赁 FPSO。尽管这两家公司在工程、制造和管理高端设备方面都具有丰富经验，但他们也一直面临其他运营商的强大竞争威胁。

这种竞争威胁不仅仅表现在成本上，更表现于设计上。受最近几年的海难影响，全球船舶与海洋工程建造领域目前的设计、建造都趋向于保守，FPSO 的设计、建造也呈现出整体化、模块化和安全化的趋势。而且，由于过去几年巴西国油在海洋工程市场上的限制，包括 MODEC 在内的众多运营商也更加迎合巴西国油，进而更多地符合当局的规范要求；而巴西当局的规范也如同其他国家一样，更注重安全。

在船舶设计日趋成熟的今天，整个 FPSO 各系统、设备的设计并非难事，尤其是对于具有丰富经验的 FPSO 运营商；轮机、管系、电气以及结构方面的设计有规可循，有据可依；而作为辅助功能的维修、物料转运、人员通行安全则在设计中处于劣势甚至被动地位；而船员和管理人员在今时今日却更加注重安全；因此，前些年被忽略的物料转运和人员通行安全就逐渐成为困扰生产设计的主要因素之一。

大连中远海运重工有限公司设计建造的 MODEC MV30 FPSO 改装项目，船东在模型审查时，提出的实际意见数量统计如表 1。

表 1　模型审查意见统计

区域	通行安全	物料转运	其他	总计
机舱	76（44.2%）	12（6.9%）	84（48.9%）	172
其他区域	120（21.4%）	28（5.0%）	412（73.6%）	560

通过表中数据可以看出，在实船的设计过程中，船东方对通行安全的意见相对较多，机舱占比达到 44.2%，其他区域占比达到 21.4%；而对于物料转运的意见在机舱占比达 6.9%，其他区域占比达 5.0%；这说明无论是通行安全还是物料转运设计，在生产设计期间占据了极其重要的位置，它们在模型建立–实船建造过程中，又极易被忽视，从而导致问题众多。

通过以上实例，可以详细的分析物料转运和人员通行安全的设计、建模方案，研究在设计建模阶段开展先导性建模虚拟转运和通行空间对整船设计的影响，进而从一个新的角度确立物料转运和人员通行安全在设计建模时的重要性。

1　物料转运及脱险通道规范要求

目前业界对于 FPSO 尚未出台单独的规范规则，脱险通道一般参照 SOLAS、MODU CODE、FSS[1]、船级社规范以及船舶属地当局的规范规则（法规）来设计；而针对物料转运也只是参照 NORSOK 等规范规则；规范规则的具体要求如下：

作者简介：周伟（1985–），男，高级工程师，从事船舶舾装设计

表 2　不同规范规则和某型 FPSO 船东对脱险通道的设计要求对比

规范规则	斜梯宽度（最小值）	脱险通道宽度（最小值）	脱险通道高度（最小值）	端走廊（最大值）
NORSOK C-002/S-001[2]	1 200 mm	1 000 mm 超过 50 人使用 1 500 mm	2 300 mm	5 000 mm
ABS MODU CODE	700 mm	700 mm	1 900 mm	7 000 mm
DNV OS-A101/E402	800 mm	主通道 1 000 mm 次要通道 700 mm	1 900 mm	7 000 mm
ABS HAB[3]	915 mm	915 mm	—	—
ABS ERGO[4]	1 120 mm	1 120 mm	2 130 mm	—
NR12	600 mm	1 200 mm	—	—
某型 FPSO	1 200 mm	主甲板 1 500 mm 主甲板生活区 1 200 mm	主甲板 2 400 mm 机舱生活区 2 200 mm	—

在 NORSOK L002 第 4.4 节中要求，所有管系的设计必须远离入孔、出入口、检查点、小舱口盖、吊杆、吊梁、仪器仪表的维修区域、落水区、通道和应急逃生通道；并且所有的管系、管件、阀门扳手、检修口或其他设备不得延伸到逃生区域。同时在第 4.6.1 节中也规定：在正常或应急情况下，所有阀门都可以通过甲板或平台到达。

在 NORSOK S002 第 4.3.6 节中，对设备的操作和维修通道提出了以下要求。

1）设备操作和维护的通道要求应该被定义并形成文档，以便作为工程的输入信息，具体要求需要参见第 5.1.2 节。

2）在选择通道类型时，应该考虑此处的通行频率（每天、每周、每年或更少）以及在紧急情况下通行的需要。建议采用 3 步法进行确认：首先识别所有需要通道的设备所属区域和系统以及其 Tag No.；其次确定通行频率和是否需要紧急通行；最后确定通道形式。

3）对于无需永久通道的设备，应当在设计时标明临时通道。

在 NORSOK S002 第 5.1.2 节中，也明确提出，应为所有需要启动、正常操作、关闭或应急操作的设备提供永久性的通道，包括接线盒、泛光灯、照明装置、马达、阀门、仪器仪表、紧急停止开关、气体/烟雾探测器等。同时需要根据使用频率和关键性来评估永久通道的必要性。通道的设计应当满足设备的维护要求。

在 NORSOK S002 第 5.2.1 节中，也明确提出，工作场所的设计应使人员不会承受过度的工作负荷，以至于有损伤肌肉骨骼的风险。在需要使用推车的物料转运通道，通道上不能有踏步和门槛。在提升或运输超过 25 kg 物品的情况下，应有足够的空间供起重和运输装置使用。对于质量为 25~200 kg 的设备/物体，应提供足够的起重和运输装置（永久性或临时性的，例如单臂起重机、A 字架、钢轨夹持器等）的使用空间。当需要搬运的设备/物品大于 200 kg 时，应该布置永久性吊运设备，例如吊耳、吊梁。

2　大舱区域

FPSO 改装项目上，由于功能性需求，压载舱和货舱有时会改为生产水舱、OFF SPEC 舱等；而且由于功能性需求，原本的大舱室可能会被分割成新的小舱室，而由于一些规范、规则要求，将通道、甲板、维修需求的设计综合到了一起，使得整个设计过程繁杂而艰难。

本船将原有油轮左舷的压载舱再次分隔，由原本的 5 个压载舱分割成 9 个压载舱（见图 1）；而这 9 个压载舱，船级社则认为是新的舱室，需要满足 PMA 要求，增加 PMA 检验通道。在实际设计过程中，在每个肋位上都有横向的框架，人员从船底部通行时可以通过横框架上的入孔。根据 PMA 的设置要求，舷部折角以下部分，从舱底到折角的垂向距离为 6 m 及以上时，应在折角线以下 1.6~3 m 的范围内设 1 个纵向连续通道，该通道两端设有直梯，以达到舱底，也可以在不高于横向框架开孔下缘以下 1.2 m 的地方设置纵向连续永久通道；而本船实际情况是：舷侧加强需要保证足够强度以满足立管系统的强度要求，因此新加的横向框架上以及原有框架上不允许新开人孔，这就意味着每 4 道横向框架就组成一个相对封闭的空间，如果按上述要求设计连续通道，并增加直梯，那么每 4 道横向框架之间就要增加一小段通道和 2 个直梯，不仅增加设计难度，而且将极大的增加空船重量，而实际使用意义也并不大；而在原船舷侧 1.6~3 m 的位置上，正好有一道贯穿整船的纵向 T 型梁，宽度达到了 1 000 mm，足以满足永久检验通道的设计要求；因此本船在新增压载舱的永久检验通道设计方案如下：每 2 个横向框架之间距基 5 670 mm 的 T 型梁上外围设计增加栏杆，从舱底设置 1 个直梯通向此 T 型梁，在有舱内上下通道的位置增加平台通向此 T 型梁，这样的设计满足检验要求，同时保证了设计最简便、重量最低的要求。同时，此种设计还避开了舱内救生通道的设置位置，满足受伤人员的吊运出舱无遮挡要求，见图 2。

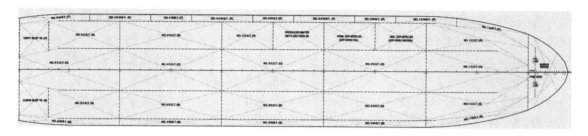

图 1　改装后分舱布置

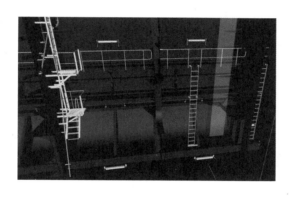

图 2　永久检验通道设置模型

而对于 FPSO 改装船，其舱内的梯道，也会根据甲板及内部设备的布置进行修改。一般油轮舱内通道的设计基本都是按照舱室对角线最优进行设计的，但是对于 FPSO 来讲，由于舱内和甲板面上的设备布置相对普通油轮要复杂得多，所有通道在满足人员通行的前提下，还需要避开其他设备，并且舱内通道的修改设计还必须在尽量短的时间内完成，以保证舱内油漆工程按节点完成，从而保证整个项目进度。通常情况下，FPSO 改装项目的详细设计开始时间和项目进厂（开航至改装厂进行维修改装工作）时间几乎并行，而作用并不重要的舾装图纸，舱内梯道修改设计一般都会由改装厂完成，同时需要的设计输入信息包括：主甲板布置图、甲板模块底座布置图、牺牲阳极布置图、管支架布置图、甲板管系综合布置图、系泊布置图、货油泵布置图、雷达测深布置图、加热盘管布置图以及其他可能涉及的管系、舾装、电气综合布置图；如果等到所有的设计输入图纸退审认可并最终成为工作图后再进行梯道的设计，那梯道修改的设计图纸开始时间将需要推迟 6~10 个月，这个时候舱内工程已经处于基本结束的状态，根本无法满足工程节点要求。

因此，舱内梯道的设计必然是重复性的、具有一定修改量；在设计初期，本船考虑到以往船舶的设计经验，开创式的将原船模型进行了完整的恢复，为修改设计提供一个良好的基础平台；这样一来，整个设计界面将由二维平面上升到三维立体，将原本复杂的平面设计变为较直观的立体设计；对于多专业干涉设计具有极大的益处；同时，也使得原本专业之间不通的专业知识加以形象化，可以更直观地引导不同专业的设计。而先期恢复的通道能够起到引导设计的作用，为轮机管系专业在设计时，提供更为明确的设计参考，避免了盲目走管、舱内设备盲目布置，直接推进了专业间协同并行设计，不仅能够降低整个设计周期，同时降低了设计负荷，随之降低了整船的设计建造成本。

3　甲板区域

FPSO 甲板上的布置与普通船舶相比，具有设备多、管线多、种类杂、通道折、操作限的特点。设备多，顾名思义就是甲板上需要布置的设备比较多，包括系泊设备、吊运设备、输油设备、测量设备、透气设备等，不仅设备种类多，数量也多，每个舱室都需要配备实现完整功能的独立设备，每个舱室的甲板面上也需要根据实船设计需要配置相关的配套设备，独立设备与配套设备之间的相对位置布置，同样占据着甲板上有限的空间。与 VLCC 相比，FPSO 甲板上的管线是其数倍，而其中的货油管线和消防管线则需要设计极为庞大的管支架以满足止动点所需的强大应力。更为繁复的则是甲板管线每隔最大 2 m 的管线支架，占据着从艏至艉、从左舷到右舷的各处空间；而各种各样的设备、管线之间有些需要足够的维修空间，有些需要足够的操作空间，还有一些需要足够的安全空间，而且不同种类的设备管线又不能联合布置，更增大了甲板布置的难度；而为了完整地实现所有设备的功能，并保证在有限的空间内布置左右舷各 1 条宽度为 1 500 mm，高度为 2 400 mm 的通道，那么这 2 条通道只能见缝插针的布置在设备与管线之间。

这两条通道是整条船从艏至艉最重要的逃生通道，同时还需兼顾物料转运功能；在实船运营过程中，这两条通道就是保证人员通行安全的措施之首。但由于上述的甲板布置的复杂性，这两条通道从设计伊始就成为繁复冗杂且多变的设计因素之一；以往船舶在设计过程有统计的大修改就达到了 13 次，而其他细节性的修改难以估算，不下百余次。正是由于这种复杂的修改以及后期的不确定性，这两条逃生通道有可能在完工之后变成一条线路曲折的通道，而过度曲折的通道显然不利于逃生，也不利于物料转运。因此，船中的 PipeRack 做成了框架式的结构，通常会有一条宽阔而通畅的通道在 PipeRack 中间，而且在框架与各模块的连接处也做了特殊设计，能够保证人员及物料无障碍的在 PipeRack 与各模块之间通行。但是，这条位于船中的通道，经过了太多危险区域，而且位于甲板之上大约 5~6 m，如果 FPSO 上发生危险，那么这条通道就会因为太过危险而无法成为一条逃生通道；而位于左右舷的两条通道则会因为过度的曲折而造成逃生阻塞。同时，由于主甲板逃生通道的设计过多的给管系、电气、轮机等专业"让路"，一旦发生危险，造成逃生通道阻塞，可能没有其他空间足以让人员通行，从而导致更危险的状况发生。因此，在目前的设计上，尽管看起来有足够大的逃生通道，但是由于设计之初就没有合理且完善的考虑，只是靠在设计进行时的修改，将会为后期的设计结果造成不可估量的损害。

在本船的设计上，依托 AM 三维模型设计软件，将逃生通道在设计初期就建立在左右两舷避开结构及总布置图舾装件的位置上，并采用实体化设计，同时通知管系、电气、轮机等相关专业，确保各专业对逃生通道的认知从可随意修改转变到必须固定从而保证安全。在这种以目标为导向的坚持性设计完成后，最终的逃生通道在船中段几乎是完全呈一条直线的，只是在船首和船尾线型区域由于船体的收窄以及必要设备的布置而出现曲折的状况，但是这种状况即便是在普通船舶的设计中也难以避免；平直段的逃生通道约有 197 m，完全能够保证人员在任何区域发生事故时得以顺利逃生。

4　机舱区域

FPSO 的机舱与普通船舶一样是一个相对独立的空间，但是由于甲板和生活区作为主要功能区间而布置了过多的模块、设备和舱室，从而导致其他辅机不得不全部布置在机舱以及尾部区域。由于 FPSO 属于一种超大型的海上工程设施，其辅助设备设施要满足全船性的功能要求，设备的选型也显得尤为庞大，比如二氧化碳消防系统，普通船舶顶多是 4~6 组（框架每侧为一组）钢瓶，而本船则需要布置 12 组才能满足全船二氧化碳消防的需求，因此二氧化碳间所占用的面积相比普通船舶扩大了 1 倍；机舱及尾部区域所布置的其他设备也同样如此，导致了整个机舱和尾部区域布置紧凑；设备过多的同时通风量也随之增大，机舱内部的通风管道更是遍布整个机舱，而且尺寸也非常巨大，占据着大部分的天棚空间。

过于紧凑的设备布置以及舱室布置，也直接影响了机舱逃生通道和维修空间的布置。根据以往改装船舶经验，本船在设计初期也采用了和主甲板一样的设计方式，就是在模型建立的初期同时复原原船机舱逃生通道，保持原船逃生通道与其他设备的独立性；在结构修改和新加舱室处，提前规划逃生通道，保证逃生主路径先于其他专业布置；随着设计的深入，这种主动式的布置设计，既为逃生通道保持了很好的畅通性也为其他专业的设计提供了基准参考，避免了管线布置的盲目；尽管机舱布置复杂，但逃生通道依然畅通有效，避免了反复修改。

而对于机舱布置，除了应有的逃生通道和维修空间外，机舱内的设备均要求吊运维修，每个设备都设计了吊运方案，这就导致每层甲板以及机修间都布置了吊梁以保证设备能够从任一层甲板吊运至机修间，而且能够出舱修理；不仅如此，每个设备起吊到吊梁通路上均布置了吊耳，以保证所有区域的设备都能够顺利出舱维修。尽管在设计之初就知道设备倒运的必要性，但是在实际设计时，由于专业分工的认知以及个人能力的不同，往往有意无意的都会忽视设备倒运的设计，将设备倒运的设计放到了设备及管线布置设计之后，从而导致后期修改不断[5]。

最主要的问题有以下几个方面：吊耳与通风管道的干涉；吊耳与电缆托架及电缆的干涉；吊耳与管系及支架的干涉；设备距离结构过远，吊耳悬空的问题；空间局促，吊耳框架需要设计成旋转形式等。其中吊耳与电缆、电缆支架、管系、管系支架之间的干涉在常规船上也时有发生，而由于 FPSO 机舱管线众多，干涉的地方也较多，但大多数干涉都比较容易解决，通常就是设计框架式的吊耳支撑即可，只是数量上较多。而风道在设计初期并没有考虑自身的大小和走向问题，而且是滞后设计建模，此时模型里的空间已经被管系、电气、舾装等占据，风道只能曲折通行，或者在特殊处做变径处理，还会导致其他专业模型修改，不仅浪费工时，更增加了风道的制作成本。机舱位于船舶尾部，此处线型收窄，舷侧的船体结构一般都有斜度，直接影响了设备的布置；尽管一些设备布置在舷侧靠近外板的位置，但是由于船体线型的影响，在其上方的附近就没有船体结构提供吊耳支撑，而反顶设置吊耳则太高，人员无法操作，只能做成悬臂梁的形式，既浪费成本又容易对操作人员造成伤害（悬臂梁在一些位置只有采用旋转的方式才能将设备吊运至通道上，而旋转的悬臂梁只能靠手动操作）；还有一些设备距离船体结构太远，悬臂梁无法设计，只能就近设计一个小型的吊杆。

5 结 语

随着船舶生产设计三维建模的逐渐深入，并且更加细致化、合理化和有效化，以往设计中所轻易忽视的设计因素完全可以使用三维建模软件进行可视化处理，以往二维设计中无法进行干涉检查的因素（逃生通道、维修空间和转运空间等无形因素与管线支架等有形因素之间的干涉），在设计阶段就可以完全显现出来，进而采用合理的方式进行处理。无论是逃生通道、维修空间还是转运空间，在规范和规则中都给出了明确的要求；以往 FPSO 改装船舶在设计时屡屡因为设计初期不重视而导致后期反复修改；而本船在设计之初，依托于三维建模软件对可以清晰确认的空间进行先期建模，有效地避免了无形空间因素的干涉，为后续 FPSO 改装项目提供了设计经验。

同时，以先期的逃生通道、维修空间和转运空间为基础，相关专业也能够更好的布置管线、设备、支架等，具有更好的导向性。同时，这种全三维数字化设计形成了详细设计与生产设计模型数据的无缝对接，实现了船舶详细设计与生产设计业务与系统的集成协同；实践了我国《推进船舶总装建造智能化转型行动计划（2019—2021 年）》。

参考文献：

[1] 付俊明. 船舶脱险通道若干问题探讨[J]. 船海工程, 2010(4): 48-50.

[2] 王秉权, 宋宇, 孙福. 基于不同行业标准及船级社的脱险通道的设计研究[J]. 技术探讨, 2015(8): 30-33.

[3] 乔欢欢, 苏罗青, 李应波. 30万t级深水FPSO生活模块单元室外通道设计[J]. 船海工程, 2017(5):70-78.

[4] American Bureau of Shipping. Guide for ergonomic notations[S]. Houston, TX, 2015.

[5] 关双会. 海洋修井机安全通道设置探讨[J]. 石油工程建设, 2016, 42(1): 42-45.

基于有限元方法的水下全电采油树闸阀
设计与分析

刘　鹏，魏晓璇，刘永红，黄智前

（中国石油大学（华东），山东 青岛 266580）

摘要：通过对水下全电采油树闸阀系统的使用工况进行分析，结合现有的水下采油树结构，在保证阀门使用性能的情况下，对闸阀系统进行具体的结构设计和受力分析，根据实际工况及相关设计计算公式完成了阀体、阀盖、填料函、阀杆和闸板的结构设计、材料选择以及校核。在此基础上，创新提出了卡块连接的高效机械连接方式，使用 ANSYS 软件，利用有限元方法对法兰连接、接箍连接和卡块连接三种机械连接方式进行了模拟仿真计算对比，确定了卡块为阀体阀盖的机械连接方案。并对所设计的执行机构进行了极端工况受载分析，通过分析确定本文设计的闸阀结构满足使用要求和安全需要。

关键词：水下全电采油树；闸阀；结构设计；有限元

水下采油树其设备本质是安装在井口装置上的阀门组[1]。它提供了井下设备之间的可控接头，这些井下设备包括：跨接管、脐带缆、管汇等。阀门主要用于完成生产油液的测试、操作、关断以及节流等[2]。1967 年，美国 FMC 公司开发出首套水下采油树设备，并在墨西哥湾 20 m 水深成功运行[3]。到目前为止，世界各大石油巨头公司正在加紧研发水下全电采油树，相比传统全液压、电液复合采油树，全电采油树没有液压系统的泄漏，具有明显的环境优势；除去液压管线，有明显的深水优势；以及电控系统的反应迅速等优势。

水下全电采油树本体结构是全电阀门及其执行器的综合体[4]。解决全电采油树的设计制造关键在于解决全电阀门及执行的设计制造问题。因此水下阀门及执行器设计技术也随之开始发展。有关水下闸阀的文献资料最早见于 20 世纪 80 年代美国 FMC 公司的专利，专利号 US4650151。FMC 公司是世界领先的水下生产系统制造和供应商，他们使用知名和工业认证的 VG300 阀们系统标准，所有重要阀门都由 ROV 操作，液动执行器驱动。Cameron 公司研发出 O-RING 系列水下闸阀，主要由驱动装置和闸体组成，该系列水下闸阀最大试验水深可达 4 000 m，介质最大工作压力约 100 MPa。LEDEEN 水下采油树阀门系列主要设计水深在 50~300 m 范围之内，高压油液驱动阀门打开动作；卸载高压油液，压缩弹簧推动阀门关闭[5]。Cameron 公司的 DC 系列电动执行器服务于该公司设计的水下直流全电采油树，表现出良好的性能。设计失效安全保护机制，紧急情况下，阀门将在弹簧力作用下安全关闭，阀门设有 ROV 接口，在发生故障或者维修的情况下，通过 ROV 机器人完成阀门打开动作。

阀门组件在采油树系统中用量大，技术含量高，其性能优劣直接关系到水下生产系统的可靠性和安全性。因此，研究掌握智能化深水全电采油树阀门以及其执行机构的相关技术，对解决全电采油树的关键技术至关重要。

1　水下全电采油树闸阀系统总体设计方案

考虑到闸阀系统各部分工作条件以及工作载荷的不同，并参考关于腐蚀材料等级 IOS 的明确标准[6]，所得闸阀系统各部分工况及选材概括如表 1 所示。

除以上各部件对材料的特殊要求以外，根据行业标准及相关需求，通过结合现有较为成熟的水下电液采油树结构及工作条件，现将该水下全电采油树电控闸阀系统的工作条件及有关重要工作性能或者参数总结如表 2 所示[7]。

结合行业设计标准以及功能设计要求整理设计思路如图 1 所示。

表 1　阀门系统各构件的选材分析

选材类别	适用对象	性能特点	具体选择
耐压材料	阀体、壳体以及连接法兰等	耐高压，铸造工艺性良好，一定的抗腐蚀性能	12Cr2MoV
耐腐蚀材料	用于阀体、壳体等的内外暴露面	良好的耐腐蚀性能且可喷涂	聚四氟乙烯
高强度材料	阀杆、闸板、金属接触件等	高强高韧及相当的耐磨性	Inconel 718
密封材料	阀体与海水环境的静密封、涉及液体的运动部件动密封	耐腐蚀，一定的耐热性及良好的抗变形能力	橡胶、聚四氟乙烯

表 2　阀门系统工作性能及参数

额定工作水深/m	额定工作压力/MPa	额定阀口直径/mm	额定生产温度范围/℃	材料防腐蚀等级	驱动方式	电驱动打开阀门时间/s	电驱动关闭阀门时间/s	无电驱动时阀门关闭时间/s
1 500	69	130	−18~121	EE	电驱动	10~20	5~20	15

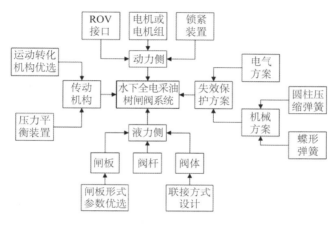

图 1　闸阀系统整体设计思路

2　闸阀关键零部件结构设计

2.1　闸板形式初选

闸板形式大致可分为三类：平板闸阀、中空直板闸阀和楔式闸阀。

其中平板闸阀又称平板刀阀，由一块单板组成，结构简单，成本低。其在关闭或打开过程中四周都围有填料和橡胶，要使填料或者密封处不发生泄露则必须用摩擦系数小的材料进行压紧，以减轻动力侧负担。

中空板式闸阀是板式闸阀的变体，其在平板下方开一个与阀体通径尺寸相同的孔，当闸板落到下限位时，闸板同阀座的密封面相配合，在流质压力下实现密封。这种闸阀比楔形结构简单，不必加工复杂的闸板及楔形面，也不必控制磨损余量。

楔式闸板的密封面与阀座成一定楔角，关闭时除介质提供压紧力以外，还由阀杆推力提供部分压紧力。由于楔角的存在，其密封面与阀座能够自动压紧配合，更有利于提供均匀的密封力。综合考虑上述闸板形式的优缺点，结合全电闸阀的实际工况，在不考虑加工成本以及加工工艺等因素的情况下，选择楔式闸板进行结构设计计算。

2.2　闸板构件及阀体机构的设计计算

由于闸板在接触到原油时，其中夹带的沙砾在油井高压驱动下会对闸板和阀体内部产生严重冲蚀，而原油中部分酸性气体腐蚀性甚至强于海水，因此对材料的耐腐蚀性也有较高要求。同时，闸板在下落过程中受高压原油冲击及液流冲刷，对其结构强度刚度也提出较高要求。根据表 1 的初选结果，闸板材料初选镍基合金 Inconel 718，机械性能见表 3。

表 3　Inconel 718 合金在常温下的机械性能

合金牌号	抗拉强度 N/mm²	屈服强度 N/mm²	布氏硬度 HB
Inconel 718	965	550	≥363

闸板与阀杆头部相配的 T 形槽尺寸以及与阀体导轨相配的导轨尺寸都按照标准选定。由于阀杆采用了 T 形槽连接设计，线性力传递时不会在阀杆上叠加弯矩[8]。闸板主要抗压部件为中间薄板，厚度 S 按照式（1）检验设计根部的弯曲应力（MPa）：

$$\sigma_{\mathrm{w}} = \frac{3}{4} \times \frac{PR_{\mathrm{B}}^2}{(S_{\mathrm{B}} - C)^2} \leqslant [\sigma_{\mathrm{w}}] \tag{1}$$

式中：R_{B} 为中间薄板根部半径（mm），$R_{\mathrm{B}} = d_{\mathrm{B}} / 2$；$C$ 为附加裕量（mm）；$[\sigma_{\mathrm{w}}]$ 为闸板材料的许用弯曲应力为 165 MPa。附加裕量 C 取 2~3 mm，代入以上数据得 38 mm。

由工况可知，闸板主要受管道内介质对其的上返力，根据管道公称通径 130 mm，闸板密封面内径 130 mm，宽度 10 mm，密封方式为单面强制密封。介质上返力计算如式（2）和式（3）所示：

$$Q' = 0.7Q_{\mathrm{MF}} + 0.3Q_{\mathrm{MJ}} - Q_{\mathrm{G}} \tag{2}$$

$$Q'' = 0.7Q_{\mathrm{MF}} + 0.4Q_{\mathrm{MJ}} + Q_{\mathrm{G}} \tag{3}$$

式中：Q'、Q'' 分别为关闭和开启时，介质对闸板的上返力；Q_{MF} 为介质必须的密封力；Q_{MJ} 为介质静压力。其计算公式如式（4）和式（5）所示：

$$Q_{\mathrm{MF}} = \pi (D_{\mathrm{MN}} + b_{\mathrm{M}})^2 b_{\mathrm{M}} q_{\mathrm{MF}} \tag{4}$$

$$Q_{\mathrm{MJ}} = \frac{\pi}{4} D_{\mathrm{MN}}^2 P \tag{5}$$

式中：D_{MN} 是密封表面内径；b_{M} 是密封表面宽度；q_{MF} 是密封表面的必须比压；P 是介质静压。查阅钢的必须比压表，用插值法选出钢的必须比压为 72.50 MPa。

将数值带入计算式中，可得 $Q_{\mathrm{MF}} = 44.64$ kN，$Q_{\mathrm{MJ}} = 915.8$ kN，忽略闸板重力 Q_{G}，得到介质上返力 $Q' = 209.56$ kN，$Q'' = 300.9$ kN。

进一步地，闸板总的关闭和打开力见式（6）、式（7）所示：

$$Q'_{\mathrm{FZ}} = Q' + Q_{\mathrm{P}} + Q_{\mathrm{T}} \tag{6}$$

$$Q''_{\mathrm{FZ}} = Q'' + Q_{\mathrm{T}} - Q_{\mathrm{P}} \tag{7}$$

式中：Q_{P} 是因介质产生的轴向力；Q_{T} 是阀杆与填料之间的摩擦力。Q_{P} 计算如式（8）所示：

$$Q_{\mathrm{P}} = \frac{\pi}{4} d_{\mathrm{F}}^2 P \tag{8}$$

式中：d_{F} 是阀杆直径，初选为 50 mm，数值代入计算得 Q_{P} 为 135.5 kN。

填料函的尺寸与摩擦受力紧密相关，其密封结构示意如图 2 所示。

填料函的关键几何参数包括高度 H 和宽度 S，根据基本选取原则，对于压力较高或者重要密封，高度不超过宽度 10 倍[9]，而宽度按照式（9）计算。

$$\sqrt{d_{\mathrm{F}}} \leqslant S \leqslant 1.6 d_{\mathrm{F}} \tag{9}$$

经试验证明填料的纵向压力 P_y 始终大于填料的横向压力 P_x，暂用式（10）表示。

$$P_y = nP_x \tag{10}$$

式中：阀杆直径初选为 50 mm；比例系数 n 值依照闸阀设计手册中的软质填料系数表选取取 1.5[10]，则填料高度计算为 50 ~ 60 mm，取 60 mm。摩擦力 Q_{T} 如式（11）所示：

$$Q_{\mathrm{T}} = \pi d_{\mathrm{F}} \mu_{\mathrm{T}} H P \tag{11}$$

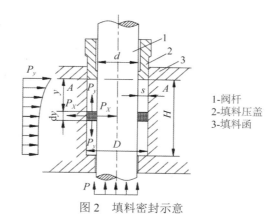

1-阀杆
2-填料压盖
3-填料函

图 2　填料密封示意

材料为石墨和聚四氟乙烯时，μ_T 取 0.05。代入数据得 $Q_T \approx 32$ kN。将 Q_T、Q_P 数值代入式（6）、式（7）中计算得总关闭力 Q'_{FZ} 和总的打开力 Q''_{FZ} 分别为 376 kN 和 198 kN。

由于设备在完全失去动力时依靠失效保护系统完全关闭油道，根据相关标准规定，至少需要 16 kN 的额外压紧力。则失效保护系统需要提供的压紧力为 392 kN。相应地，动力系统在打开过程中需要提供的动力大小为 590 kN，经计算截面应力与 Inconel 材料的屈服极限进行比较，满足安全要求。

阀体的基本尺寸由石油管道标准和闸板进行约束，根据钢圆形阀体壁厚公式（12）：

$$S'_B = \frac{PD_m}{2.3[\sigma_L] - P} + C \tag{12}$$

式中：S'_B 为计算厚度（mm），P 是计算压力（MPa）；D_m 是计算内径（mm）；$[\sigma_L]$ 是许用拉应力（MPa）；C 是附加裕量（mm）；其中计算压力为 69 MPa，计算内径为油道内径 130 mm。

综合考虑海底水压、流道高压、海水及流道内流体的腐蚀工况，材料选择 12Cr2MoV。其许用应力取 157 MPa，所得数据代入式（12），计算得阀体壁厚约为 31 mm。由于楔形闸阀的阀体内腔形状较为复杂，采用铸造工艺较为合理。依据 ASME-2012 工艺管道规范，选取铸造系数 0.8。因此最终实际计算壁厚约为 38 mm。

2.3　阀体与阀盖连接机构的设计优选

阀体与阀盖间连接方式直接关系到其连接性能、整体尺寸等，是整个阀体结构中的关键。下文考虑了三种较为合理的设计方案，分别是法兰连接、接箍连接及卡块连接。并对这三种连接方式的具体结构进行设计，结合工况比较了三种结构的优缺点并完成优选。

2.3.1　法兰连接

根据 API Spect 6A-2010 内法兰标准，阀体选用 8 枚 30 mm 直径螺栓。为了针对阀体连接结构受力情况和变形情况进行分析，将阀体结构做一定简化，保留连接部分结构模型并导入 ANSYS 中进行受力分析。

首先设置阀体阀盖结构和螺栓的材料，并划分网格。由于分析对象是装配体，本着不影响计算精度的原则，定义各个部件之间的接触类型时尽量采用线型接触算法。由于螺栓预紧力属于较特殊的边界条件，需依照 10.9 级高强摩擦型螺栓进行设计。参照 GB 50017-2003 可知高强度螺栓的预紧力与性能等级和公称直径的关系如表 4 所示。

表 4　高强螺栓的预紧力（kN）

螺栓的性能等级	螺栓的公称直径/mm					
	M16	M20	M22	M24	M27	M30
8.8 级	80	125	150	175	230	280
10.9 级	100	155	190	225	290	355

综上所述，法兰连接结构的边界条件设置如图 3 至图 6 所示，主要包括固定约束、螺栓预紧力、海水压力以及内部油压[11]。

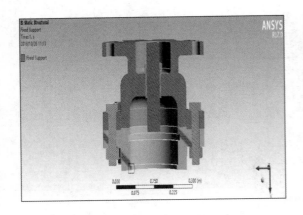

图 3　固定约束

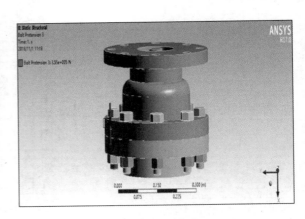

图 4　螺栓预紧力载荷

图 5　海水压力载荷

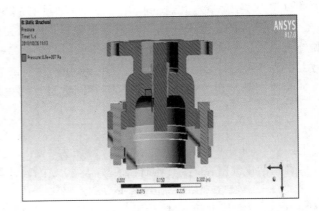

图 6　内部油压载荷

通过 ANSYS 静力学求解器对有限元模型进行解算，变形结果见图 7，应力结果见图 8。

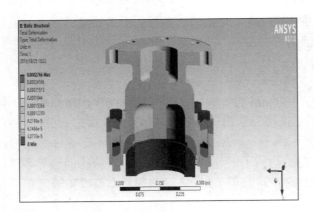

图 7　法兰连接结构变形分布

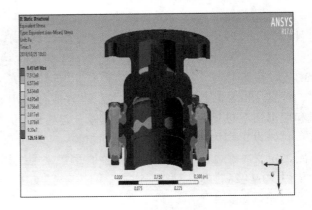

图 8　法兰连接机构应力分布

从应力及变形云图的分析中可知：最大应力出现在螺栓根部应力集中处，最大值可达 845 MPa；最大变形则达到 0.277 mm，出现在螺栓中部。

2.3.2　接箍连接

接箍连接方式采用两个环形接箍夹紧阀体阀盖，用四颗螺栓进行锁紧。接箍与阀体阀盖的接触面为楔形平面以传递螺栓锁紧力，将螺栓横向锁紧力转为阀体阀盖的纵向压紧力。由于接箍与海水接触表面积较大，在水压作用下向内压紧，提高连接性能，结构示意见图 9。

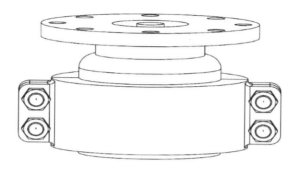

图 9　接箍连接结构示意

接箍连接的边界条件包括固定约束、海水压力和内部油压，具体设置步骤与法兰连接方式类似，在此不做赘述。通过 ANSYS 解算，应力结果如图 10 所示，变形结果如图 11 所示。

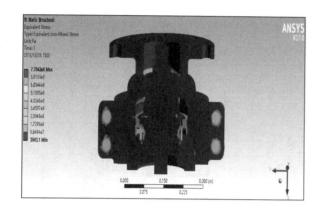 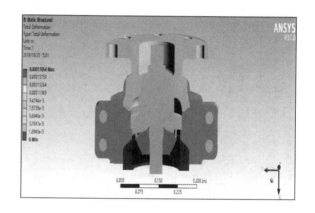

图 10　接箍连接机构应力分布   图 11　接箍连接机构变形分布

从应力及变形云图的分析中可知：最大应力同样出现在螺栓截面部分应力集中处，最大值为 778 MPa；最大变形则达到 0.171 mm，出现在填料函与阀体接触部分。

2.3.3　卡块连接

以上两种连接方式均为外部连接，连接性能有限。并由于以上连接方式的受力主体均为螺栓，将不可避免的出现应力集中，影响结构整体安全性能。而卡块连接的设计可以克服以上缺点，除了能够完全实现性能需求以外，还可以进一步缩小机构整体尺寸，其中法兰连接的最大径向尺寸为 400 mm，接箍连接的最大径向尺寸为 480 mm，而卡块连接的最大径向尺寸仅为 360 mm。

其结构原理如下：卡块连接机构包括卡块、支护螺栓和连接螺钉；卡块共有十个，均布在阀盖的齿槽中；卡块由支护螺栓进行定位，连接螺钉穿过中空支护螺栓与卡块进行连接，支护螺栓与阀体之间通过螺纹连接；当向外旋转支护螺栓时，支护螺栓带动连接螺钉带动卡块向外撤出卡槽，实现拆卸；当向内旋转支护螺栓时，支护螺栓向内压紧卡块进入卡槽，实现锁紧；卡块总成能够实现阀体阀盖之间的快速连接、锁紧和拆卸，并且以更紧凑的体积提供更大的连接力。整个连接机构及卡块细节示意见图 12。

卡块连接结构的整体受力情况与法兰连接结构及接箍连接结构类似，边界条件的设置此处不再赘述。通过 ANSYS 静力学求解器解算，变形结果见图 13，应力结果见图 14。

通过以上计算结果易知，卡块连接机构的最大应力值为 267 MPa，且整个结构无明显应力集中现象。最大变形出现在填料函与阀体的接触部分，这部分结构直接受到油压因此产生较大变形，最大变形值为 0.087 mm。通过对三种连接机构的结构进行仿真计算，分析其计算结果得到三种结构的最大变形和应力分布，如表 5 所示。

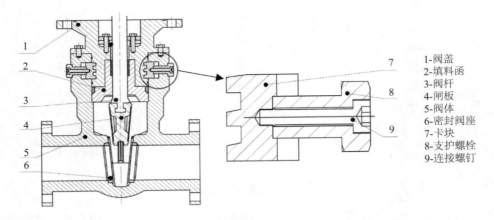

1-阀盖
2-填料函
3-阀杆
4-闸板
5-阀体
6-密封阀座
7-卡块
8-支护螺栓
9-连接螺钉

图 12 　卡块连接机构及卡块细节示意

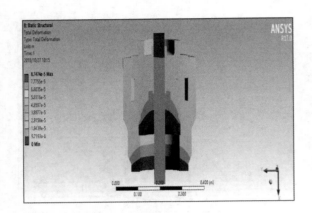

图 13 　卡块连接机构变形分布 　　　　　　图 14 　卡块连接机构应力分布

表 5 　三种连接机构最大变形和最大应力

连接形式	最大变形/mm	最大应力/MPa
法兰连接	0.277	845
接箍连接	0.171	778
卡块连接	0.087	267

　　从计算结果来看，不管是应力还是变形，卡块连接方式都明显优于法兰连接和接箍连接方式，因此在设计中优先考虑。

3 结 语

　　介绍了水下采油树阀门系统的组成，对各个阀门的功能和工作参数进行了总结。查阅相关国际生产与设计标准，确定了以 1 500 m 水深下的采油树生产主阀为设计目标，并以相应的工况作为设计依据。

　　明确了液力侧和电力驱动侧分开设计，单独调试的设计思想。将液力侧设计分为三个主要部分：闸板、阀杆和阀体。根据实际工况及相关设计计算公式完成了阀体、阀盖、填料函、阀杆和闸板的结构设计、材料选择以及校核。创新提出了卡块连接的高效机械连接方式，并且使用软件 ANSYS Workbench 对法兰连接、接箍连接和卡块连接三种机械连接方式进行模拟仿真计算对比，确定卡块为阀体阀盖的机械连接方案。并对所设计的执行机构进行了极端工况受载分析，通过分析确定设计的闸阀结构满足使用要求和安全需要。

参考文献：

[1]　LAFITTE J L, PERROT M, LESGENT J, et al. Dalia subsea production system, presentation and challenges[C]// Offshore Technology Conference, 2007.

[2]　THEOBALD M. Autonomous control system (SPARCS) for low cost subsea production systems[M]. Subsea International' 93. Springer Netherlands, 1993: 125-148.

[3]　宋琳, 杨树耕, 刘宝珑. 水下油气生产系统技术及基础设备发展与研究[D]. 天津: 天津大学, 2013.

[4]　朱高磊, 赵宏林, 段梦兰, 等. 水下采油树控制模块设计要素分析[J]. 石油矿场机械, 2013, 42(10): 1-6.

[5]　潘灵永, 高文金, 刘广春, 等. 水下闸阀在水下生产系统中的应用研究[J]. 石油机械, 2014, 42(7): 45-48.

[6]　Xu X, Li S, Gong L, et al. Study on seals of subsea production gate valves[J]. International Journal of Computer Applications in Technology, 2018, 58(1): 29-36.

[7]　秦蕊, 罗晓兰, 李清平, 等. 深海水下采油树结构及强度计算[J]. 海洋工程, 2011, 29(2): 25-31.

[8]　Zakirnichnaya M M, Kulsharipov I M. Wedge gate valves selected during technological pipeline systems designing service life assessment[J]. Procedia Engineering, 2017, 206: 1831-1838.

[9]　秦蕊, 谷玉洪, 罗晓兰, 等. 水下采油树设计影响参数分析[J]. 海洋工程, 2012, 30(2): 116-122.

[10]　莱昂斯, 袁玉求, 张洪文, 译. 阀门技术手册[M]. 北京: 机械工业出版社, 1991.

[11]　ZAKIRNICHNAYA M M, KULSHARIPOV I M. Wedge gate valves selecting essentials in pipeline systems designing based on permissible operation parameters[J]. IOP Conference Series: Earth and Environmental Science, 2017, 87(8): 082055.

[12]　刘少波, 闫嘉钰, 吴巧梅, 等. 深海闸阀阀杆受力分析[J]. 宁夏工程技术, 2014, 13(3): 231-233.

基于多阶段相关性性能退化的剩余寿命预测方法

邵筱焱，蔡宝平，刘永红，孔祥地，杨　超，范红艳，孙秀涛，郝科科

（中国石油大学（华东），山东　青岛，266580）

摘要： 在动态的复杂环境中，系统的故障通常由多组件退化导致，但多组件间存在的相互影响往往是被忽略的，因为组件间的相关性通常是模糊的，难以描述的。本文通过使用动态贝叶斯网络（DBN）考虑组件间的相互依赖性，通过将退化过程划分退化等级来建立相关性模型，为系统提供剩余使用寿命（RUL）估计方法。根据理论物理模型，建立了相同组件间的相互作用模型，解决了数据不足的问题。通过整合这些退化过程模型来建立 RUL 估计模型。RUL 值是通过使用性能的故障阈值计算从检测点和预测的故障点之间的时间差获得的。本文以水下采油树电液复合控制系统为例，讨论了该方法的可行性。

关键词： 相关性；动态贝叶斯网络；多阶段；剩余使用寿命

寿命预测作为预测与健康管理（PHM）的重要组成部分，为系统或组件的健康管理提供了理论支持与决策依据。视情维修（CBM）是指在设备出现了明显的劣化后实施的维修，而状态的劣化是由被监测的机器状态参数变化反映出来的，健康预测是完成 CBM 的首要任务，视情维修的健康预测最主要的参数就是基于传感器监测的状态参数计算系统或组件的 RUL[1]。

RUL 可以定义为系统或组件在故障发生前的生命周期。RUL 的计算往往借助于从当前时刻预测系统的性能指标（可靠性、可用性等），并设定失效阈值来确定失效时间从而确定剩余寿命。RUL 预测方法主要有三类：基于模型驱动、基于数据驱动和模型–数据混合驱动的方法。基于模型驱动的方法通过描述物理模型的损伤增长或性能退化的过程来估计 RUL，对于简单系统的物理模型是容易得到的，其退化关系也是容易描述的，然而对于很多的复杂系统是无法直接得到其退化的物理模型，所以模型驱动的方法对复杂系统的适应性不强[2]。基于数据驱动的方法是通过状态监测的数据获取未来性能的变化趋势，随着传感器技术、数据采集和处理等技术的快速发展，数据变得更容易获得，基于数据驱动的预测实际应用中更加有吸引力[3]。混合驱动是结合监测数据和物理模型实现的 RUL 预测。Piero 等[4]针对不同的可用信息，使用粒子滤波和经验模型的方式预测 RUL；Cheng 等[5]采用增强粒子滤波方法估算轴承的 RUL，解决了粒子多样性低引起的粒子贫化问题；Li 等[6]提出了一种基于集合学习的 RUL 估计方法，用于研究时间退化对系统估计精度的影响。

在实际的生产中，系统遭受的冲击的频率与强度存在着巨大的随机性，人们通过观测记录历史数据能估计出概率分布，这应当考虑进 RUL 的计算中。当系统结构较为复杂时存在着大量的随机参数，通过传统算法往往不能直观表达数据间的相互关系，难于理解。在传统的数据分析中，当一个问题的因果关系干扰较多时，系统就无法做出精确的预测。此外，传统预测方法不善于利用领域知识库和加入观测信息，使得在预测过程中参数的额外变化无法加入到预测模型中。贝叶斯网络是用来表示变量间连接概率的图形模式，它提供了一种表示因果信息的方法，是由节点、有向弧线和条件概率分布组成的有向非循环网络。贝叶斯网络（BN）给出了信任函数在数学上的计算方法，具有稳固的数学基础，同时它还刻画了信任度与证据的一致性，以及信任度随证据而变化的增量学习特性，语义清晰、可理解性强，有助于利用数据间的因果关系进行预测分析，尤其是动态贝叶斯网络非常适合于预测。很多 RUL 预测工作已经围绕贝叶斯网络展开。Arzaghi 等[7]开发了一种基于动态贝叶斯网络的方法来描述由点蚀和腐蚀引起的疲劳退化来估算高强度钢管的 RUL；Iamsumang 等[8]使用混合 DBN 来模拟具有连续变量的退化过程，并开发了用于复杂工程系统的 RUL 估计的监测和学习算法。

对于可靠性等退化过程的分析往往只考虑组件的功能结构框图中相连组件的影响关系，而对不直接相连的组件假设性能退化的独立。而独立性仅是相关性的一个特例，忽略了相关性对模型的退化速度造成的影响[9]。实际工况下，不管是随着时间的自然退化（疲劳）或是在相同的外部冲击下，即使相同的两个组件，其退化速率也会有差异。而不同的退化程度导致其工作压力分配不均，使得系统的性能退化过程中各

个组件的退化在相关性的作用下也会对其他组件产生影响，最终所有组件的性能退化共同导致了系统的整体退化。

目前尚未有考虑不确定性与相关性的影响进行剩余寿命预测的研究。本文提出了一种基于动态贝叶斯网络的分阶段退化过程中组件在相关性影响下的剩余使用寿命预测方法。文章以水下采油树为例，根据不同退化等级下各个组件的相互作用预测系统的退化过程，计算多组件系统的剩余寿命。

本文结构如下：第二章介绍了基于多阶段相关性性能退化剩余寿命预测方法；第三部分以电液复合控制水下采油树为例进行了研究，讨论和分析得到的结果；第四部分总结了全文。

1　基于多阶段相关性性能退化剩余寿命预测方法

基于多阶段的相关性性能退化下的剩余寿命预测框图如图1所示，其具体计算过程可以分为以下几步。

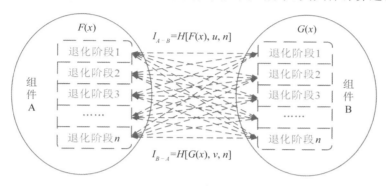

图1　多阶段的相关性性能退化

1）建立组件性能退化的物理模型。通过经验公式描述退化过程或根据大量历史数据拟合建立多组件的性能退化模型 $F(x)$，$G(x)$ 等。

2）划分退化等级，建立相关性影响函数。从功能性入手将性能退化分 n 个退化阶段，然后根据系统特性和功能寻找与退化阶段相关的影响因子 u 和 v，建立退化模型、退化阶段和影响因子相关的相互作用函数 $I_{A\text{-}B}$ 与 $I_{B\text{-}A}$。

3）建立系统各个组件性能结构模型。以可靠性为例。

① 串联系统。由 n 个单元组成的串联系统如图2，当 n 个单元都正常工作时，系统才正常工作，换句话说，当系统任一单元失效时，就引起系统失效。

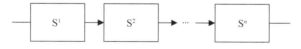

图2　串联系统

令第 i 个单元的寿命为 X_i，其可靠度为 $R_i(t)=P(X_i>t)$　$i=1,2,\cdots,n$，且它们相互独立。串联系统的可靠度函数为

$$R(t)=\prod_{i=1}^{n}R_i(t) \tag{1}$$

即串联系统的可靠度是组成该系统的各独立单元可靠度的乘积。

② 并联系统。并联系统如图3所示，表示当 n 个单元都失效时，系统才失效，换句话说，当系统的任一单元正常工作时，系统正常工作。

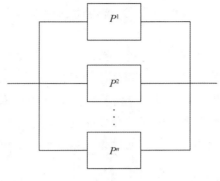

图 3　并联系统

令第 i 个单元的寿命为 X_i，其可靠度为 $R_i(t) = P(X_i > t)$　$i = 1, 2, \cdots, n$，且它们相互独立。

并联系统的可靠度函数为

$$R(t) = 1 - \prod_{i=1}^{n} [1 - R_i(t)] \tag{2}$$

4）建立动态贝叶斯网络模型。确定变量分布，实现变量的离散化，同时参照系统结构建立结构模型，参数模型的重点在于获取条件概率表（CPT），对于一些模糊的因果关系，一般是通过专家经验或通过之前传感器得到数据分析得到，对于有确定因果联系的节点，其条件概率表往往用标准的数值表示。另外如果节点间有确定的公式，也可以将公式转化成条件概率表。建立静态网络后设定时间片大小将静态扩展为动态贝叶斯网络，实现性能退化预测，为剩余使用寿命计算提供数据基础。

5）剩余寿命计算。系统 RUL 基于估计的动态性能计算。如果性能代表结构可靠性或可用性，它通常会随着时间而减少。RUL 由故障阈值 A_{th} 确定，即临界值，由系统的实际物理故障机制决定。设系统实际性能为 A，即认为当 $A \leqslant A_{th}$ 时系统发生故障，则系统的寿命可被定义为

$$T = \inf\{t : A(t) \leqslant A_{th} | A(0) > A_{th}\} \tag{3}$$

2　多阶段相关性下的水下采油树剩余寿命预测

随着全球化进程的不断加快，与日俱增的原油消耗量，使得陆上以及水下的原油开采难以满足当前的使用需求。采油树给井下和其他跨界管、管汇等生产设备之间提供可控接口。水下采油树系统包含了各种各样的阀门，这些阀门用于对产出的石油、天然气和其他井下液体进行测试、操作、关断和节流。水下控制系统主要是对安装在采油树、管汇上的阀门和节流器等进行控制。水下控制系统实现水上和水下之间数据的接收和传送，通过对温度、压力等数据的监测，使人们了解水下生产系统的运行情况。对于一个典型的电液复合控制的采油树，其主要的控制设备包括：供电单元、液压动力单元、主控站、脐带缆、水下控制模块等。图 4 是一个典型的电液复合控制的采油树系统。

主控站（MCS）通过以太网将数据传递给液压动力单元（HPU）和电力动力单元（EPU），可编程逻辑控制器（PLC）将信号处理用以控制高低压泵，将液压回路中的高压低压液体通过脐带缆输送到水下。EPU 通过耦合器将通讯信号与不间断电源（UPS）提供的电压信号整合，通过脐带缆输送到水下控制模块（SCM）。其中，为了提高系统的可靠性，HPU 配有两个相同的高压泵和低压泵，水下控制模块配有完全相同的两个控制箱：A 箱和 B 箱。水下部分中，通过水下分配单元（SDU）将电压、液压、通讯信号分配给各个单元。水上主控站通过水下控制模块与液压分配单元联合控制电磁换向阀，用以实现对管汇中的阀门的开断进行控制。

2.1　控制系统相关性分析

水下电子嵌入式控制系统安装在水密的模块内，其作用为响应控制终端（SCM）的命令，对水下管路和阀门进行控制，同时 A、B 控制箱可以采集水下温度、压力传感器等的参数反馈到控制终端。本案例中，A 箱和 B 箱为并联结构共同控制电磁换向阀。电子控制系统整体性能退化符合指数退化模型[10]，其失效率

可表示为

$$F_e = 1 - e^{-dt} \tag{4}$$

式中：d 决定了退化速度，假设 A、B 箱分别以 $F_{ea} = 1 - e^{-d_a t}$ 和 $F_{eb} = 1 - e^{-d_b t}$ 的指数模型退化，由于 A 箱的退化对 B 箱的退化产生影响，而同时 B 箱的退化也会对 A 箱的退化产生影响，故下面只对一个情况加以说明。A 箱在退化的过程根据退化程度分为五个等级，根据文献[11]结合典型电子系统历史退化数据可得出 A 箱的退化对 B 箱的失效率的影响。

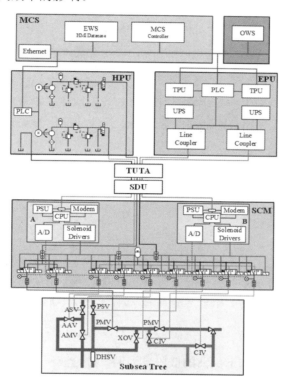

图 4　水下采油树电液控制系统结构

$$F_{eb}(t) = (1 + a)^{j_a} F_{eb}(t - 1) \tag{5}$$

式中：a 为退化相关系数，由系统决定；j_a 为其退化等级，A、B 箱退化的参数如表 1 所示。

表 1　电控系统相关性退化参数

变量名称	概率分布	均值	标准差
d_a	正态分布	0.2	0.05
d_b	正态分布	0.3	0.05
j_a	（0, 1.5, 2, 2.5, 3）	—	—
a	常数	0.05	—

根据表 1 中所给数据可以得出电控系统 A、B 箱的失效率曲线如图 5 所示。从图 5 可以看出，当不考虑相关性影响即假设二者退化相互独立的条件下，二者的失效率随指数增长且 B 箱的失效率增长的更快。当考虑了相关性的影响后可以看出 A 箱和 B 箱失效速率都有一定的增加，此外从图中可以看出 A 箱的失效变化的加速度更大一些，这是因为 B 箱的退化所处的等级更高一些，对 A 箱的退化产生了更为显著的影响。

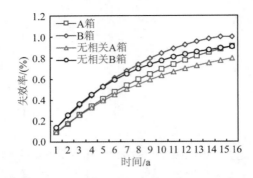

图 5　有无相关性影响下 A、B 箱失效率变化

2.2　液压系统相关性分析

液压动力单元是一种设计用于供应可生物降解的水基液压油或矿物液压油的装置，液压控制回路主要包括油箱、高低压泵回路、调压回路、回油回路等，液压元件的退化服从威布尔退化的过程[12]，其失效率概率密度函数为

$$W(t,k,\lambda,\theta)=\frac{k}{\lambda}\left[\left(\frac{t-\theta}{\lambda}\right)^{k-1}e^{-\left(\frac{t-\theta}{\lambda}\right)^{k}}\right]$$

（6）

液压系统失效率累积分布函数为

$$F_{h}(t,k,\lambda)=1-e^{-\left(\frac{t}{\lambda}\right)^{k}}$$

（7）

此处定义一个退化影响系数 $r（t）$，$r（t）$ 是一个与退化等级相关的参量，分为五个等级用于表示液压系统在退化过程中的相关作用，泵 1 和泵 2 分别服从 λ_1、k_1 和 λ_2、k_2 的威布尔退化，其相互作用可表示为

$$F_{h}(t,k,\lambda)=1-e^{-\left(\frac{t}{\lambda}\right)^{k\cdot r(t)}}$$

（8）

本文以两个并联结构，同时为水下供油的低压泵为例，讨论液压系统的相关性问题，表 2 提供了液压系统退化的相关参数，建立动态贝叶斯网络可得出两液压泵的故障率变化曲线如图 6 所示，可以看出在考虑了相关性的影响下，泵 1 和泵 2 的退化速率均比无相关作用下退化速率更快。

表 2　液压系统相关性退化参数

变量名称	概率分布	均值	标准差
λ_1	正态分布	2	0.1
k_1	正态分布	3	0.2
λ_2	正态分布	1.9	0.1
k_2	正态分布	2.1	0.2
$r（t）$	（1,1.2,1.5,1.8,2.5）	—	—

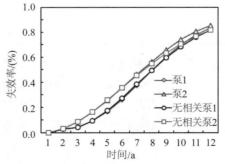

图 6　有无相关性影响下低压泵 1 和泵 2 的失效率变化

2.3　电磁换向阀相关性建模

电液复合换向阀存在液压和控制系统的共同影响，该退化模型可以假设为服从 Gamma 过程的退化，假定 $\{d(t), t \geq 0\}$ 为一个随机 Gamma 过程，其特点如下：

① $d（0）=0$；

② 对于任意的 $\tau > t \geq 0$，增量 $d(\tau) - d(t)$ 服从 Gamma 分布，即：

$$d(\tau) - d(t) \sim Ga[\alpha(\tau) - \alpha(t), \beta] \tag{9}$$

③ $d(t)$ 是一个独立增量过程，即对于任意 $t_1 < t_2 < \cdots < t_n (n > 2)$，各增量 $d(t_2) - d(t_1), \cdots, d(t_n) - d(t_{n-1})$ 相互独立。

通过历史数据和专家经验的学习，可以模拟出电控系统和液控系统的退化等级对电磁换向阀退化的联合影响 $\beta = f[j_a, r(t)]$，改变 Gamma 过程的尺度参数来表征电控系统与液控系统的退化对其失效率的影响，此案例中是由横向代表的电控系统退化等级与纵向代表的液压系统退化等级组成的 5×5 的矩阵。Gamma 过程中 $\alpha=1$，β 的取值取决于如下矩阵：

$$\begin{pmatrix} 0.01 & 0.03 & 0.03 & 0.05 & 0.05 \\ 0.01 & 0.03 & 0.03 & 0.05 & 0.07 \\ 0.01 & 0.03 & 0.05 & 0.05 & 0.07 \\ 0.01 & 0.05 & 0.05 & 0.07 & 0.1 \\ 0.03 & 0.05 & 0.07 & 0.1 & 0.1 \end{pmatrix}$$

2.4　系统可靠性和剩余寿命计算

根据系统串并联结构可以得出系统的可靠性曲线如图 7 所示。可以看出在无相关性影响下，系统的可靠性在第 1 年到第 3 年退化缓慢，在中期可靠性降低的较为明显，可靠性在第 8 年左右达到了 50%；考虑相关性影响下的可靠性在开始同样变化缓慢，在第 3 年到第 8 年的过程中下降速度最快，可靠性在第 7 年左右降低到 50%，且整体可靠性都低于无相关性影响下的可靠性。设定失效阈值为一个均值为 0.2，方差为 0.05 的正态分布函数，可以得出系统的剩余寿命概率分布如图 8 所示，无相关性影响下系统的寿命 10.5 年到 11.5 年之间概率最高，而考虑到相关性影响的寿命在 9.25 年到 9.5 年之间的概率最高，达到了 15% 左右，两者存在较大差异，这也说明了在实际生产中考虑相关性影响的重要性。

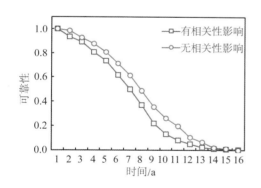

图 7　系统可靠性变化趋势

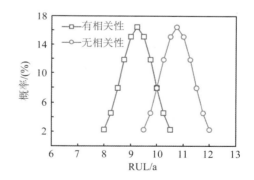

图 8　系统剩余寿命概率分布

3　结　语

本文提出了一种基于动态贝叶斯网络的分阶段退化过程中组件相关性影响下的剩余使用寿命预测方法，并以水下采油树电控液控系统为案例对此方法进行了应用，根据组件的不同退化等级，建立相关性影响物理模型，利用动态贝叶斯网络扩展计算多组件系统的剩余使用寿命。结果表明考虑相关性影响下整个系统的剩余使用寿命相比于传统的预测寿命更短，在工程中应更重视复杂系统中组件间的相互影响关系，使寿命预测的结果更加准确。

参考文献：

[1] LEI Y, LI N, GUO L, et al. Machinery health prognostics: A systematic review from data acquisition to RUL prediction[J]. Mech. Syst. Signal Process., 2018, 104: 799-834.

[2] CUI Y, SHI J, WANG Z. Quantum assimilation-based state-of-health assessment and remaining useful life estimation for electronic systems[J]. IEEE Trans. Ind. Electron., 2016, 63(4): 2379-2390.

[3] XIA M, LI T, SHU T, et al. A two-stage approach for the remaining useful life prediction of bearings using deep neural networks[J]. IEEE Trans. Ind. Informat., 2018.

[4] BARALDI P, CADINI F, MANGILI F, et al. Model-based and data-driven prognostics under different available information, Probab[J]. Eng. Mech., 2013, 32: 66-79.

[5] CHENG F, QU L, QIAO W, et al. Enhanced particle filtering for bearing remaining useful life prediction of wind turbine drivetrain gearboxes[J]. IEEE Trans. Ind. Electron., 2018, 66(6): 4738-4748.

[6] LI Z, WU D, HU C, et al. An ensemble learning-based prognostic approach with degradation-dependent weights for remaining useful life prediction, Reliab[J]. Eng. Syst. Saf., 2018, 184: 110-122.

[7] ARZAGHI E, ABBASSI R, GARANIYA V, et al. Developing a dynamic model for pitting and corrosion-fatigue damage of subsea pipelines[J]. Ocean Eng., 2018, 150: 391-396.

[8] IAMSUMANG C, MOSLEH A, MODARRES M. Monitoring and learning algorithms for dynamic hybrid Bayesian network in on-line system health management applications[J]. Reliab. Eng. Syst. Saf., 2018, 178: 118-129.

[9] 邓川, 唐家银, 等. 相关性失效下二终端网络系统可靠性评估模型[J]. 统计与决策, 2019, 35(1): 5-9.

[10] 姜海龙, 陈金萌, 周祥龙, 等. 某工程船供电系统可靠性仿真分析[J]. 船电技术, 2018, 38(11): 23-27.

[11] 高文科, 张志胜, 刘飐, 等. 故障相关的两部件并联系统可靠性建模及动态更换策略[J]. 计算机集成制造系统, 2015, 21(2): 510-518.

[12] HAFSA W, CHEBEL-MORELLO B, VARNIER C, et al. Prognostics of health status of multi-component systems with degradation interactions[C]// IEEE International Conference on Industrial Engineering & Systems Management, 2015.

新型可持续复合板在浮式结构中应用概念设计

吴香国 [1,2]，陶晓坤 [3]，杨　明 [3]，邢书瑄 [4]，张瑞红 [3]

（1. 哈尔滨工业大学 结构工程灾变与控制教育部重点实验室，黑龙江 哈尔滨 150090；2. 哈尔滨工业大学 土木工程智能防灾减灾工业和信息化部重点实验室，黑龙江 哈尔滨 150090；3. 河北建材职业技术学院，河北 秦皇岛 066004；4. 秦皇岛市政建材集团有限公司，河北 秦皇岛 066000）

摘要： 为了发展可持续、长寿命化的海洋浮式结构，在分析我国深远海海洋浮式结构装备现状和结构材料应用发展现状的基础上，原创性地提出了基于超高性能水泥基复合材料的复合浮式结构模块（UHPC-EPS），并对该复合结构的总体概念进行了介绍，回顾了超高性能水泥基复合材料研究与应用发展，对该新型复合结构模块的应用领域进行了可行性分析与展望。本文为创新可持续型浮式结构提供了参考。

关键词： 浮式结构；超高性能水泥基复合材料；FRP；概念设计；可持续工程结构

　　离岸工程装备制造业是国家战略性新兴产业的重要组成部分，是高端装备制造业的重点方向。大力发展海洋工程装备，对加快装备制造业结构调整和转型升级、抢占未来经济科技竞争的制高点、推动海洋资源开发和海洋经济发展、支撑我国建设海洋强国目标实现具有十分重要的意义。在过去的几十年里，国内外发展了多种用途的浮式结构物，如石油和天然气开采、居住和商业、漂浮式风力发电、海洋维权执法保障等。工程实践表明，最可行、最经济的深远海海洋装备型式为浮式结构。

　　国际上，浮式结构物在深海油气资源开发方面已经应用发展了多年。但是浮式结构物在深远海其他功能平台方面的发展，在国际上也是近些年的事情，如消波堤浮式平台、各类保障性平台、超大型浮式基地等。目前，全球海洋空间的应用还很有限，浮式平台在深远海空间发展应用方面处于刚刚开始，拥有巨大的发展空间。在传统的浮式结构物设计中，主要以钢结构和混凝土结构为主，特别是在我国基本都是钢结构型式。相比钢结构而言，混凝土材料耐久性好，材料来源丰富，价格十分低廉，生产工艺也相对简单，可以根据浮式平台的设计需要，易于实现各种复杂成型。在国外，已经有多个混凝土浮式平台工程实践。特别是随着大型、超大型浮式平台在保障平台、海洋基地等特大工程中的设计和建造，混凝土浮式平台越发表现出其优势。自 20 世纪 90 年代以来，我国土木工程建筑呈现飞跃发展，目前不论是在设计能力、材料制备、建造安装等各个方面，我国的混凝土结构制造能力已经跃居世界前列。我国海域辽阔，深远海资源丰富，为了加快深远海海洋装备制造步伐，国内众多学者呼吁有必要加快推进包括新型混凝土材料在内的新型浮式结构物的研发。

1　新型海洋工程结构混凝土材料研究进展

　　普通混凝土强度/重量比较低，因此普通混凝土浮式结构物自重较大。近年来，世界混凝土材料科技发展取得了较大突破，其中，超高性能水泥基复合材料（UHPC）被广泛认为是混凝土材料的最新进展。UHPC 具有较高的力学性能，其抗压强度可以达到 200 MPa，其抗折强度可以达到 30 MPa，单轴拉伸强度可以达到 15 MPa[1-5]。此外 UHPC 具有较高的抗剪、疲劳强度[6]。UHPC 具有致密实的特征，具有非常高的耐久性能，不论是抗氯盐侵蚀能力、抗渗性能，还是抗碳化能力，都较高性能混凝土实现了较大飞跃[7-9]。UHPC 特别适合于海洋环境等严酷工况条件下的特种工程结构。

　　近年来发展的新型工程材料纤维增强树脂基复合材料（FRP）具有较高的力学性能和较强的抗腐蚀能力，是海工混凝土结构配筋的理想筋材。

　　聚苯乙烯泡沫材料，如膨胀聚苯乙烯（EPS）具有较低的密度和较高的憎水能力。将 EPS 与 UHPC 复合，将形成具有较高漂浮可靠性的新型浮式模块，具有可持续特征的新型浮式结构平台设计概念，采用 FRP 筋 UHPC 作为该浮式平台的结构构件，采用 EPS 类材料作为内部填充材料，具有较高耐久性能和较高的漂浮可靠性。

基金项目： 河北省重点研发计划高新技术共性关键技术攻关与应用示范专项（18214903D）；黑龙江省科技成果转化引导资金（黑财指（教）〔2012〕825 号）

1.1　UHPC 在海洋工程中的应用材料性能研究现状

20 世纪 90 年代，由法国工程师首先成功研发出了 UHPC，它具有高强、高工作性和高耐久性的特征，被认为是继高性能混凝土之后，混凝土材料的最新进展。在此之后，发达国家对 UHPC 开展了大量广泛的研究和应用，实现了 UHPC 的抗压强度从传统的 80 MPa 提高到 140 MPa、200 MPa，其中美国研究机构已经研发出了抗压强度高达 400 MPa 的 UHPC。在美洲，主要的研究单位代表有美国密歇根大学、美国高速公路管理局研究机构（FHWA）、加拿大多伦多大学等。在欧洲，主要的研究单位有德国的斯图加特大学、荷兰的代尔夫特大学、法国的拉法基混凝土集团下属企业研究机构。在澳洲，主要研究单位有澳大利亚新南威尔士大学。在亚洲，除了我国之外的主要研究单位有日本东京大学、新加坡国立大学、韩国首尔大学、韩国金乌国立工科大学和韩国建设技术研究院（KICT）等。目前，UHPC 在各国各领域学术称谓有所差异，如在材料研究领域，叫超高性能纤维改性水泥基复合材料（UHPFRCC）；在结构研究领域，叫超高性能纤维改性混凝土（UHPFRC）、超高性能混凝土（UHPC、UPC）、活性粉末混凝土（RPC）等，其中 RPC 是法国拉法基混凝土公司的工业产品，此后学术界沿用至今。

关于 UHPC 材料的基本力学性能、耐久性能、工作性能、制备工艺，国际上各国学者开展了大量研究工作，积累了大量研究成果。目前，美国 FHWA、法国土木工程师协会、日本 JCI 相继颁布了 UHPC 应用技术规程和国家产品标准。

在海洋环境耦合作用下的 UHPC 循环作用性能，新型筋材在 UHPC 的锚固性能、锚固疲劳性能，海洋环境耦合作用下的新型筋材 UHPC 基本构件的短期受力性能和长期受力性能等，是 UHPC 工程结构在海洋工程应用的关键科学问题，从目前查阅的文献来看，国际上在这方面开展的工作还很有限。

我国关于 UHPC 材料性能研究始于 20 世纪 90 年代，但从 21 世纪初开始成为研究热点，从材料细观性能到材料宏观力学性能、从材料制备工艺到材料配合比优化设计，我国高校和研究所开展了大量研究工作，积累了大量研究成果。中国混凝土与水泥制品协会于 2018 年颁布了《超高性能混凝土基本性能与试验方法》（T/CBMF37-2018/T/CCPA7-2018）[10]，为 UHPC 材料性能的标准统一提供了依据。正在编写中的《超高性能混凝土结构设计技术规程》将为我国 UHPC 基本构件在工业与民用建筑、桥梁结构、水工结构中的应用设计提供依据。

1.2　FRP 筋 UHPC 结构物应用现状

纤维增强复合材料（FRP）是由纤维材料与基体材料按一定比例混合并经过一定工艺复合形成的高性能新型材料。国外从 20 世纪 70 年代开始将 FRP 筋应用于土木工程基础设施结构；国际上开展了 FRP 筋普通混凝土和预应力混凝土结构应用研究，并成为可持续土木工程基础设施的研究热点。关于 FRP 筋增强 UHPC 结构件和 FRP-UHPC 结构性能方面的研究还刚刚起步，与这方面的研究工作类似的还有 FRP 片材增强混凝土结构和 UHPC 结构研究。

近年来，FRP 以其高强、轻质、耐腐蚀等优点，开始在我国土木与建筑工程结构中得到应用，并受到工程界的广泛关注。关于 FRP 筋材，我国在这方面的研究起步较晚，但是发展较快，目前国内已经具有相当数量的企业从事 FRP 棒材生产制造。将抗腐蚀性能很强的 FRP 筋与耐久性能很高的 UHPC 复合，形成先进工程结构，即 FRP 筋 UHPC 结构，在海洋工程结构中具有显著的应用潜力。但目前的研究工作集中在 FRP 筋普通混凝土构件性能、FRP 预应力筋混凝土构件性能方面，尚未见到有关 FRP 筋增强 UHPC 方面的研究工作。

1.3　混凝土和 UHPC 浮式结构物性能研究现状

目前，我国关于浮式混凝土结构的研究应用工作很有限，已见报道的文献更少。我国南京水利水电科学研究所于 1962 年设计研制了两段总长为 134 m，钢筋混凝土浮箱宽 10 m、型深 3 m、吃水 1.5 m，设计波高 2.2 m 的浮式导航防波堤用于丹江口水库。1994 年福建水口水电站设计修建了总长为 143 m 的钢筋混凝土导航浮堤。2014 年，天津大学研究人员开展了大型浮式混凝土结构的研探和分析讨论，提出了一种大型浮式混凝土结构的概念，并从工程技术和设计应用领域角度，讨论分析了我国发展大型浮式混凝土结构的优点以及待解决问题。

研究认为，从制造工艺角度，我国过去二十余年的土木建筑工程发展，使得我国在土木工程建筑技术人员的经验和水平、材料物质方面具有较强的综合实力。基于我国发达的土木工程混凝土结构发展技术水平和资源条件，尽管有大量技术细节需要研究和关键技术有待解决，我国对大型浮式混凝土结构的研发还是有技术基础的。本文提出的 UHPC-EPS 复合模块是着眼于可持续的发展战略的先进混凝土结构浮式平台的设计概念。将具有超高强和高耐久性的 UHPC 与 EPS 填充材相结合，采用高抗腐蚀性的 FRP 筋材增强，形成的在深远海大型浮式平台用的 UHPC-EPS 浮式模块具有耐久、经济、维护低廉、结构可靠性高的先进浮式平台类型。

1.4 超大型浮式结构物研究现状

我国经过多年的努力，在大型、超大型浮式结构物（VLFS）水弹性响应、系泊技术等的设计理论和工程实践技术方面，开展了大量研究工作，积累了大量研究成果。VLFS 结构总体设计采用模块化方案，拖运到深远海，采用柔性连接构造，组装成整体。目前主要存在两种结构形式，即箱式和半潜式。相比之下，半潜式水动力性能更佳，更适宜在较为恶劣的远洋环境作业生存。在建造材料方面，目前主要采用焊接形式的钢结构 VLFS，钢结构浮式结构物存在以下不足。首先，在海水环境下，钢材存在防腐问题。一般需要采用表面涂层和阴极保护等严酷环境下的防腐等耐久性能防护措施，增加了建造成本和后期维护成本。其次，钢结构造价高，其建造成本以数十亿美元计量，因此对于海洋国土面积幅员辽阔的我国而言，采用传统的结构概念体系开发建设，显得并不经济。

事实上，除了传统的钢结构 VLFS 建造技术，还可以采用混凝土结构形式，大量安装在北海的重力式混凝土平台就是很好的例证，而且混凝土自身防腐，预应力处理对其抗疲劳十分有效，特别是在浸没在水中的结构，在预制构件的接头处加涂环氧树脂可以保证其水密性。过去，混凝土浮式平台结构应用推广步伐缓慢的主要原因是混凝土的强度/重量比较低，导致结构自重较大。随着 UHPC、FRP 的材料与结构技术的研究和应用，这一问题有望取得突破。为了发展具有高耐久、高可靠、经济性的新型深海浮式结构物，本文提出了超高性能混凝土复合结构设计的概念，通过对其材料与结构性能关键技术的研究，为结构优化设计和应用可行性研究奠定科学基础。

2 UHPC-EPS 复合箱型浮式平台

浮式结构物一般由三部分组成，即上部建筑、浮式本体和系泊系统，其中，漂浮本体有箱型和筒型等若干种，浮式本体如果采用混凝土类材料，就形成了混凝土浮式本体。混凝土浮式结构在国际海洋工程中应用已经不是一个崭新的话题。国际混凝土浮式结构的应用实践表明，混凝土浮式结构具有较高的服役寿命、较小的后期维护。具有可持续特征的 UHPC-EPS 复合箱型浮式平台，由于其具有较高的耐久性能（不需防腐处理）、低廉的造价成本、方便的建造工艺，这类新型浮式平台将会特别适合我国。

2.1 典型 UHPC-EPS 浮式平台概念设计初步研究方案

通过调研分析，考察深远海维权执法浮式平台的服役特征，根据相应建筑结构荷载规范和船舶结构荷载规范，确定各类荷载的取值及其分项系数。通过有限元建模分析，完成 UHPC-EPS 复合箱型浮式平台选型评定，完成建造方案的初步设计。本研究前期提出的深远海综合保障 UHPC-EPS 保障平台示意图如图 1 所示。

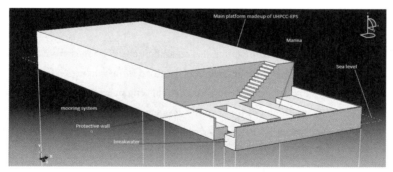

图 1　深远海综合保证 UHPC-EPS 保障平台示意

2.2 UHPC-EPS 箱型模块选型及其概念设计

本文提出的 UHPC-EPS 浮式模块单元的型式采用箱型模块，概念设计如图 2 所示，这里根据调研分析，选取海洋维权执法保障平台为典型浮式平台，进行平台使用功能设计和平面布局，分析荷载分布，调整方案型式。通过对该箱型单元的静态受力性能的有限元模拟分析，调整局部构造设计。

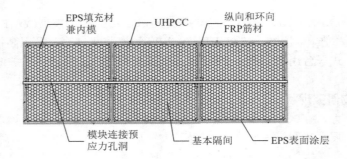

图 2　UHPC-EPS 箱型模块单元初步概念设计

3　结　语

本文提出了具有可持续特征的新一代深远海浮式平台。前期研究工作表明，总体具有先进性，模块、模块连接件和结构总体的耐久性能实现的风险性较低。基于有限元分析的模块单元将同模块静力结构试验和水动力性能试验结果对比验证，降低了模块方案论证失效的风险。

同钢结构浮式平台相比，在同等设计参数情况下，由于 UHPC 材料价格优势、建造工艺优势、海上维护成本等综合优势，同比造价将降低 30%~50%，这对于我国浮式平台装备具有重大的经济效益。

由于 UHPC 优异的材料性能，我国应该尽快占领具有战略性意义的先进海洋装备技术制高点。UHPC–EPS 新型浮式平台的较低造价，有望实现用有限的国家海洋装备投资发挥更大的投资效益，必将会全面加快我国海洋装备的建设步伐。

从近期来看，UHPC-EPS 新型浮式平台可以结合国家海洋装备发展战略和总体计划，定位在海洋维权执法平台等各类保障性平台、定位在各类浮式消波堤建造，以及近海交通设施，如浮桥箱体，此外还有各类海洋浮式住宅、浮式文体娱乐设施、浮式旅游基地等。中远期，UHPC-EPS 浮式平台的研制，将为我国 VLFS 积累经验，满足国家发展自主研发的 VLFS 海洋各类基地、VLFS 海洋机场等战略需求。

参考文献：

[1]　RICHARD P, CHEYREZY M. Composition of reactive powder concretes[J]. Cement and Concrete Research, 1995, 25(7): 1501-1511.

[2]　FEYLESSOUFI A, VILLIERAS F, MICHOT L J, et al. Water environment and nanostructural network in a reactive powder concrete[J]. Cement & Concrete Composites, 1996, 18(1): 23-29.

[3]　DUGAT J, ROUX N, Bernier G. Mechanical properties of reactive powder concretes[J]. Materials and Structures, 1996, 29(188): 233-240.

[4]　DENARIE E, BRÜHWILER E. Structural rehabilitations with ultra high performance fFibre reinforced concretes[J]. International Journal for Restoration of Buildings and Monuments, Aedificatio Publishers Freiburg Germany, 2006, 12(5/6): 453-467.

[5]　SAMARIS-D22. Full scale application of UHPFRC for the rehabilitation of bridges from the lab to the field[R]. European Project 5th FWP.SAMARIS Sustainable and Advance Materials for Road Infrastructures, 2005.

[6]　LEPECH M, LI V C. Durability and long term performance of engineered cementitious composite[C]//Proceeding of International Workshop on HPFRCC in Structural Applications. Bagneux: RILEM Publications SARL, 2005: 23-26.

[7]　LI V C, LEPECH M. Crack resistant concrete material for transportation construction[R]. Michigan: University of Michigan, 2004.

[8]　WU X G, XU S L. Ultra high performance cementitious hybrid and flexural analysis of the UHPC-NC hybrid structure with full shear connection[J]. Key Engineering Materials, 2009, 405: 69-74.

[9]　吴香国，韩相默，徐世烺. 超高性能水泥基复合材料弯拉作用下虚拟应变硬化机制分析[J]. 复合材料学报, 2008, 25(2): 129-134.

[10]　中国建筑材料协会. 超高性能混凝土基本性能与试验方法(T/CBMF37-2018/T/CCPA7-2018)[S]. 北京: 中国建材工业出版社, 2018.

海洋石油水下防喷器组供电与控制系统宏观弹性评估方法研究

张妍平，蔡宝平，刘永红，赵　祎，邵筱焱，高春坦，李文超

（中国石油大学（华东），山东 青岛 266580）

摘要： 本文提出了一种新的弹性评估方法，基于相同的失效机理，将加速模型映射为贝叶斯模型来得到电子元器件在外在冲击作用下的失效率，通过贝叶斯网络，有效地解决了这一过程中存在的不确定性问题；通过动态贝叶斯网络模拟可靠性退化与恢复过程，使弹性评估的定量化结果更加准确。本文通过海洋石油水下防喷器组供电与控制系统这一实际案例，详细说明了弹性评估的建模过程，得到了不同情况下的可靠性退化以及恢复曲线，完成了对于水下防喷器组供电与控制系统的弹性评估。本文提出的弹性评估方法适用于电子系统，更为直观和准确的表现出了电子组件的失效率、电子系统的可靠性变化以及弹性值，具有良好的工程实用性。

关键词： 弹性；水下防喷器组；电子系统；贝叶斯网络

弹性这一概念最初来源于生态学领域，随后在经济学、心理学和社会学领域得到了应用。近年来，弹性理论在工程学领域也受到了关注，主要用于电网系统、交通系统、通信系统等领域的基础设施评估。一般来说，弹性是指工程系统在遭受到未被预料的干扰或事件之后做出反应并恢复原有状态的能力。目前，在如何对弹性进行评估和提高系统弹性等方面，针对不同工程系统，国内外学者设计开发了不同的弹性指标，应用于弹性的评估和设计方面。例如，Gupta 等[1]提出了一种智能电网预警系统的主动停电预测模型，使用该模型主动预测级联故障可以帮助提高智能电网的弹性；Farraj 等[2]提出了一个基于存储的多智能体监管框架，利用 ESS 的增长，以提高智能电网的弹性；Ji 等[3]提出了基于数据分析的电网弹性建模及相关指标；Feng 等[4]提出了一种新的基于系统元结构的弹性设计方法，从弹性角度出发，对大系统进行结构设计。

贝叶斯网络是一个有向无环图，其节点代表系统变量，有向弧线代表变量之间的直接依赖关系。贝叶斯网络可以从定性和定量两个层面来理解。在定性层面，它用一个有向无环图描述了变量之间的依赖和独立关系；在定量层面，它用条件分布概率描述了变量对其父节点的依赖关系。贝叶斯理论具有稳固的数学基础，通过概率的权重来描述数据间的相关性，解决了数据间的相互关系，可理解性强，可以广泛的用于各个领域。例如，Liu 和 Callies[5]通过贝叶斯网络描述了使用化学分散剂来对抗石油泄漏的影响；John 等[6]使用贝叶斯网络对海港系统进行风险评估，提高海港系统的弹性；Mensah 和 Duenas-Osorio[7]使用贝叶斯网络对受飓风事件影响的电力系统进行了高效弹性评估；Yodo 和 Wang[8]在文章中提到，使用贝叶斯网络方法，可以以概率方式定量分析和测量系统的弹性。对于随时间变化的动态系统，静态贝叶斯网络是不能直接适用的，动态贝叶斯网络是对于普通贝叶斯网络在时间领域的扩展，即在原来的网络结构上加入时间属性的约束，可以用来解决动态系统的建模问题。贝叶斯网络的应用领域大多数是对电网等基础设施进行建模分析，很少用于海洋石油装备领域。此外，在对弹性进行评估的时候，很多人采用的方法是对弹性进行定性评估，缺乏对弹性进行准确的定量评估。因为在对弹性进行定量评估的时候，需要考虑的因素有很多，这个过程中存在大量的不确定性问题。

海洋石油开发是当今世界的重要能源工业之一，由于工作环境恶劣，海洋石油的开采工作较陆上石油开采作业具有更多的风险。海洋平台作为完成海洋石油开采的重要工具，其弹性问题一直备受关注。海洋平台在工作中如果遭受到外来冲击，引起其中组件失效的因素往往不是单一的，大多数情况下是在多个因素下的共同作用。在外在冲击作用以及维修措施下，平台的可靠性随时间不断变化，所以动态网络更能准确的表示这一过程。由于动态贝叶斯网络可以更好地解决不确定性问题，成为了实时评估系统可靠性的有效工具。本文将利用动态贝叶斯网络评估系统可靠性随时间变化规律，最终对整个系统的弹性做出有效的评估。

本文结构如下：第一节介绍了弹性评估的理论和方法，包括加速模型的贝叶斯映射、失效时间的耦合、弹性计算等内容；第二节以海洋石油水下防喷器组供电与控制系统为例，针对实际情况，对海洋石油水下防喷器组供电与控制系统进行建模并分析；第三节对本文进行总结。

1 宏观弹性建模方法

本文提出了一种针对海洋石油水下防喷器组供电与控制系统的弹性评估新方法，适用于电子系统。本文中假设在遭受外在冲击后，所有的元器件都开始退化，导致整个系统的可靠性下降。系统可靠性退化通常由多个因素引起，并不只是单一因素，并且该过程受到高度不确定性的影响。在采取维修措施之后，是对所有的组件进行维修，使整个系统的可靠性逐渐恢复。本文所做的弹性评估是宏观意义上的，是一种通用的方法，并不针对某一个或某一种特定的系统。从图1可知，弹性评估的方法为以下几步。

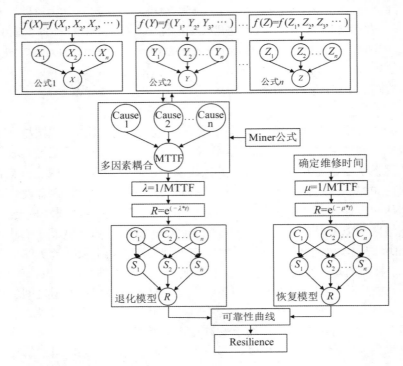

图 1 弹性评估方法

1）确定冲击类别和强度。经查阅资料可知，对于电子元器件的失效时间的影响因素主要有温度、湿度、振动和电应力四种。在相同的失效机理下，可以将电子元器件在外在冲击作用下的可靠性退化过程等效为电子元器件在加速试验中的可靠性退化过程，用加速模型来定量描述电子元器件的可靠性退化过程。当海洋平台遭受到外界冲击之后，确定冲击的种类之后，才能确定对电子元器件的失效时间的影响因素；确定冲击的强度之后，才能确定加速模型中变量的取值范围。

2）计算电子元器件的失效率。将电子元器件的加速退化模型映射为贝叶斯网络，确定电子元器件在单一因素影响下的失效时间和分布概率。在加速试验中，试验元件通常是受单一应力影响，但实际上，电子元器件在外在冲击影响下会受到多重应力耦合作用下的影响。用 Miner 公式对多重应力下的元件的失效时间进行耦合，通过贝叶斯网络建立电子元器件在多重应力影响下的失效率计算模型，得到电子元器件在多重应力作用下的失效时间及概率。通过权重法计算元件的失效率。

3）海洋石油水下防喷器组供电与控制系统的退化过程贝叶斯网络建模。海洋石油水下防喷器组供电与控制系统的贝叶斯网络建模分为两部分：结构建模和参数建模。海洋石油水下防喷器组供电与控制系统的贝叶斯网络包括组件节点、中间节点和可靠度节点，组件节点表示了对海洋平台可靠性产生影响的关键组件；中间节点表示了组件节点之间的连接关系，例如串联、并联和投票表决等，这种关系由中间节点的CPT 表示；可靠度节点表示了整个平台的可靠性的结果。在参数建模中，海洋石油水下防喷器组供电与控制系统贝叶斯模型的父节点的值是确定的，这些先验概率的值往往可以通过专家经验和历史数据得到。条件转移概率表是贝叶斯网络进行推理的重要基础，通过条件转移概率表，可以表示节点间的串并联关系、可以表示不同时间片的组件的变化规律。在本文中，对于有确定因果关系的节点，其条件转移概率表使用标准的数值确定；对于动态网络中节点的变化关系，本文将指数退化公式转化成 CPT 进行推理，公式中失效率的值由步骤 2）确定。

4）海洋石油水下防喷器组供电与控制系统的维修过程贝叶斯网络建模。海洋石油水下防喷器组供电与控制系统的弹性评估的贝叶斯网络分为两部分：退化过程子网络和维修过程子网络。可靠性退化的过程体现了系统抵抗外来冲击的能力，可靠性恢复子网络体现了在维修措施下系统的恢复能力。防喷器组供电与控制系统的维修过程贝叶斯网络建模与步骤 3）是相同的。

5）弹性计算。通过贝叶斯网络，可以得到海洋石油水下防喷器组供电与控制系统在遭受冲击以及采取维修措施后，可靠性随时间变化的关系。通过贝叶斯网络的运行结果，可以画出可靠性退化以及恢复曲线。但是从图中无法直观表示出系统的弹性值，通过计算面积比，得到系统的具体弹性值，计算方法具体如下：在计算弹性值时，取维修措施完成的那一刻可靠性点分别向 x 轴、y 轴做垂线，曲线与两条垂线围成的面积称为 A_1，曲线与 x 轴和 y 轴围成的面积称为 A_2，A_1 与 A_2 的和即为总面积。A_2 的面积与总面积的比值就是所求的弹性值。A_2 的面积越大，代表着系统的弹性值越高。用 MATLAB 对该区域的面积进行求解，最终可得弹性值。

2　水下防喷器组供电与控制系统宏观弹性

2.1　水下防喷器组供电与控制系统介绍

海洋平台在工作过程中，随着元器件的自然退化过程，其可靠性会逐步下降，但是这是一个非常缓慢的过程。但是，当平台遭受到外来冲击后，系统可靠性会迅速下降。假设冲击是瞬时的，只在冲击的那一刻对平台产生影响，随后海洋平台的各个系统在此基础上加速退化。本文是在冲击开始发生到维修结束的这一段时间内，对海洋石油水下防喷器组供电与控制系统进行弹性评估。

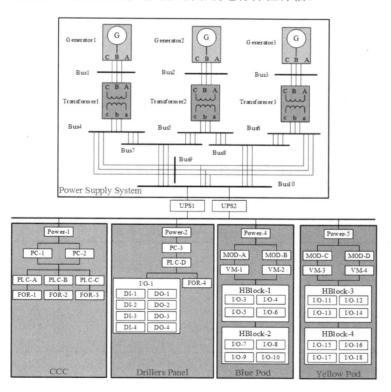

图 2　水下防喷器组供电与控制系统

海洋石油水下防喷器组供电与控制系统如图 2 所示。供电系统为九总线供电系统，其中包括发电机、变压器、总线等，供电系统为 3oo1 系统，大大增加了系统的可靠性。电控系统由中央控制单元、司钻面板、黄蓝箱水下电子模块以及光电缆组成。中央控制单元包括一个电压转换模块、两台工业计算机 PC、三台可编程控制器 PLC 以及三个光电转换器。三台可编程控制器执行 3-2-1-0 表决，可以认为是三模冗余并联子系统。队长面板包括一个电压转换模块、一台可编程控制器 PLC、一个 I/O 模块，即数字量输入 DI 子系统和数字量输出 DO 子系统，一个光电转换模块。黄蓝箱可以认为是一种两冗余的电控系统，该系统包括一个变压器、两个光电转换模块、两个 VersaMax 机架和两个串联的 H-Block 模块。

2.2　水下防喷器组供电与控制系统宏观弹性建模

以不同种类冲击下的系统弹性评估为例，说明水下防喷器组供电与控制系统宏观弹性建模过程。

步骤一：确定冲击类别和强度

假设海洋平台在正常的使用过程中，会遭受台风、雷电、地震和井喷等的不同种类的冲击的影响。对水下防喷器组供电及控制系统中电子元器件的影响因素及其分布如表 1 所示。

表 1　不同种类冲击下的案例说明

	冲击种类	说明
scenario1	台风冲击	振动应力：Normal （0.002 4, 0.000 1)
scenario2	雷电冲击	电应力：Normal （5, 0.8)
scenario3	地震冲击	温度：Normal（373, 10) 振动应力：Normal （0.002 4, 0.000 1)
scenario4	井喷	温度：Normal（373, 10) 湿度：Normal （0.42, 0.000 1)

步骤二：计算电子元器件的失效率

① scenario1 中电子元器件的失效率计算。

在计算振动对于电子元器件失效时间的影响时，工程上常用的是 Coffin-Manson 疲劳模型[9-10]，其中决定电子元器件寿命的是元件的形变量，公式中各个参数的取值如表 2 所示。

$$\frac{\Delta \varepsilon_p}{2} \approx \varepsilon_f (2N_f)^{-\beta_{CM}} \tag{1}$$

式中：$\Delta \varepsilon_p$ 是应力的应变范围，ε_f 是疲劳系数经验值，N_f 是电子元件的生命周期，即失效时间，$-\beta_{CM}$ 是常数。$-\beta_{CM}$ 的取值范围为 $-0.7 \sim -0.5$，在本文建模过程中，取 $-\beta_{CM} = -0.6$。

$$\varepsilon_f = \frac{\sigma_f'}{E} \tag{2}$$

式中：σ_f' 是疲劳强度系数，E 是弹性模量。

$$\Delta \varepsilon_p = C \times \frac{\sigma_f'}{E} (N_f)^{-n} \tag{3}$$

表 2　Coffin-Manson 模型参数

参数	取值
$\Delta \varepsilon_p$	Normal （0.002 4, 0.000 4)
C	3.5
σ_f'	45
E	12 455
n	0.12

经贝叶斯推理运算，得到水下防喷器组供电与控制系统中电子元器件的失效时间分布。通过权重法，计算出水下防喷器组供电与控制系统中电子元器件在振动影响下的失效率为 0.023。

② scenario2 中电子元器件的失效率计算。

研究电应力对产品寿命的影响，常用的模型是逆幂律模型[11]，公式中各个参数的取值如表 3 所示。

$$L = L_0 V^{-n}$$

式中：L 是失效时间；L_0 是常数；n 是指数；V 是电应力。

表 3　逆幂律模型参数

参数	取值
L_0	100
V	Normal （5, 0.8）
n	0.35

经贝叶斯推理运算，得到水下防喷器组供电与控制系统中电子元器件的失效时间分布如图所示。通过权重法，计算出水下防喷器组供电与控制系统中电子元器件在振动影响下的失效率为 0.017。

③ scenario3 中电子元器件的失效率计算。

目前在工程中应用最广泛的计算元件的失效率与温度变化之间的关系的方法是由 Arrhenius 提出的经验公式[12]，即 Arrhenius 公式，其形式为

$$\frac{1}{t} = A\mathrm{e}^{-Ea/KT} \tag{4}$$

式中：t 是元件的失效前时间；A 是指数前因子；Ea 是激活能；K 是玻尔兹曼常数；T 是绝对温度。

根据上述公式可以得到经过冲击后，在外在环境温度发生变化时电子元器件的失效时间。将该物理模型映射成为贝叶斯模型，通过贝叶斯网络，可以得到冲击后的电子元器件的失效率时间的概率分布。

在该物理模型中，A、Ea、K 为常数，绝对温度 T 服从指数分布，公式中各个参数的取值如表 4 所示。

表 4　Arrhenius 模型参数

参数	取值
A	28.82
Ea	28.8
K	0.008 314
T	Normal （373,10）

在地震影响下，水下防喷器组受到温度和振动的影响，振动对于防喷器组的失效率建模工程与 scenario1 是相同的。

考虑到应力之间的相互影响关系，通过 Miner 公式[13]对单应力影响下得到的失效时间进行耦合，得到电子元器件在多应力作用下的失效率为 0.046 5。

④ scenario4 中电子元器件的失效率计算。

采用 Peck 模型[14]来描述湿度变化对于电子元器件的影响。

$$T_{\text{to-failure}} = (RH)^n \cdot \exp(Ea / kt) \tag{5}$$

式中：$T_{\text{to-failure}}$ 是失效前时间；RH 是相对湿度；Ea 是激活能；k 是玻尔兹曼常数；t 是绝对温度；n 是常数，公式中各个参数的取值如表 5 所示。根据 Peck 公式，可以得到电子元器件受湿度变化影响的失效时间。参考 Peck 公式，将其转化成贝叶斯网络。

表 5　Peck 模型参数

参数	取值
RH	Normal （0.42, 0.000 1）
Ea	28.8
k	0.008 314
t	323
n	−3

在井喷影响下，水下防喷器组受到温度、湿度和振动的影响，温度和振动对于防喷器组的失效率建模工程与 scenario3 是相同的。考虑到应力之间的相互影响关系，通过 Miner 公式对单应力影响下得到的失效时间进行耦合，得到电子元器件在多应力作用下的失效率为 0.058 4。

步骤三：海洋石油水下防喷器组供电与控制系统的退化过程贝叶斯网络建模

整个的水下防喷器组的供电及控制系统中元器件种类和数目很多，难以将整个系统完全进行建模，本文将对水下防喷器组供电系统和控制系统中的关键元件进行贝叶斯网络建模，建立的动态贝叶斯模型如图 3 所示。其中 G 表示发电机，T 表示变压器，E 为中间节点，不代表任何组件，A 表示供电系统；V 表示 VersaMax 机架，V-B 为中间节点，HB 为 H 桥模块，BP 为蓝箱水下电子模块，YP 为黄箱水下电子模块，X 表示水下控制系统；PC 表示 PC 机，PLC 表示可编程控制器，CCC 为中央控制单元，I/O 表示 IO/DO 转换模块，DP 表示司钻面板，S 表示水上控制系统；U 表示 UPS，即不间断电源。

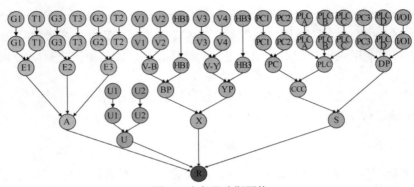

图 3   动态贝叶斯网络

将步骤二中得到的电子元器件的失效率分别代入贝叶斯模型中，得到海洋石油水下防喷器组供电与控制系统的可靠性退化模型。

步骤四：海洋石油水下防喷器组供电与控制系统的恢复过程贝叶斯网络建模

确定对于水下防喷器组的维修策略为：在冲击后 48 h 对防喷器开始维修，从冲击发生开始到维修前的一段时间称为反应时间。电子系统的维修过程成马尔可夫过程，可靠性变化规律为

$$R = e^{-\mu t} \tag{6}$$

式中：μ 是电子元器件的维修率，$\mu = 1/MTTR$。其中，$MTTR$ 为组件的平均维修时间。

通过查阅资料，供电系统的维修时间一般为 20 h，水上控制系统的维修时间一般为 15 h，水下控制系统的维修时间一般为 72 h。由此，可以分别确定水下防喷器组各个系统组件的维修率。以此为背景，建立供电系统和控制系统的可靠性恢复模型。

步骤五：弹性计算

通过水下防喷器组供电和控制系统的可靠性退化以及恢复曲线，计算曲线与坐标轴围成的面积与总面积的比值，得到不同状况下系统的弹性值。

2.3 结果和讨论：不同种类冲击下的系统的弹性评估

由 2.2 节中的建模过程，得到的可靠性变化曲线以及不同种类的冲击下防喷器组供电与控制系统的弹性值如图 4 和图 5 所示。

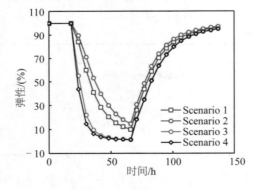

图 4   不同种类冲击作用下的可靠性变化曲线

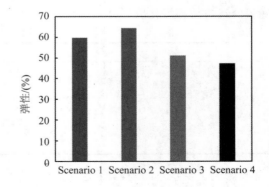

图 5   不同种类冲击作用下的系统的弹性值

scenario1 和 scenario2 只受到一种因素影响，scenario3 受到两种因素的影响，scenario4 则受到了 3 种因素的影响。从图中可以看出，在相同的维修条件下，对水下防喷器组供电与控制系统的影响因素越多，可靠性下降的越快，平台的弹性值越低。

3　结　语

本文提出了一种新的弹性评估方法，将电子元器件的退化模型映射成贝叶斯网络，通过贝叶斯网络得出电子元器件的失效率分布，使用权重法计算出元件的具体失效率，将失效率代入动态贝叶斯网络，利用动态贝叶斯网络的贝叶斯推理和时间延伸，直观的展现出系统的可靠性退化过程。本文针对水下防喷器组供电与控制系统，对影响其可靠性的几点因素进行建模分析，分析单因素、多因素下不同的可靠性变化关系。结果表明，多因素影响下的弹性要低于单因素下的弹性值。本文提出的是一种宏观意义上的弹性评估方法，通过贝叶斯网络有效地解决了弹性评估过程中存在的大量不确定性问题，通过加速模型到贝叶斯网络的映射，有效的解决了弹性评估过程中的定量化问题，对于以后的实际工程应用中的弹性评估问题有一定的帮助。

参考文献：

[1]　GUPTA S, KAMBLI R, WAGH S, et al, Support-Vector-Machine-Based proactive cascade prediction in smart grid using probabilistic framework[J]. IEEE Trans. Ind. Electron., 2015, 62(4): 2478-2486.

[2]　FARRAJ A, HAMMAD E, KUNDUR D. A storage-based multiagent regulation framework for smart grid resilience[J]. IEEE Trans. Ind. Inf., 2018, 14(9): 3859-3869.

[3]　JI C, WEI Y, POOR H V. Resilience of energy infrastructure and services_ modeling, data analytics, and metrics[C]// Proc. IEEE., 2017.

[4]　FENG Q, XIU J, FAN D, et al. Resilience design method based on meta-structure: A case study of offshore wind farm[J]. Reliab. Eng. Syst. Saf., 2019, 186: 232-244.

[5]　LIU Z, CALLIES U. Implications of using chemical dispersants to combat oil spills in the German Bight - Depiction by means of a Bayesian network[J]. Environ. Pollut., 2019, 609-620.

[6]　JOHN A, YANG Z, RIAHI R, et al. A risk assessment approach to improve the resilience of a seaport system using Bayesian networks[J]. Ocean Eng., 2016, 111: 136-147.

[7]　MENSAH A F, DUENAS-OSORIO L. Efficient resilience assessment framework for electric power systems affected by hurricane events[J]. J. Struct. Eng., 2016, 142(8).

[8]　YODO N, Wang P. Resilience allocation for early stage design of complex engineered systems[J]. J. Mech. Des., Trans. ASME, 2016, 138(9).

[9]　SURESH S. Fatigue of materials[M]. Cambridge : Cambridge University Press, 2004.

[10]　HAPPONEN T, RITVONEN T, KORHONEN P, et al. Modeling the lifetime of printed silver conductors in cyclic bending with the Coffin–Manson relation[J]. IEEE Trans. Device Mater. Reliab., 2016, 16(1): 25-29.

[11]　CAVALLINI A, FABIANI D, MONTANARI G C. Power electronics and electrical insulation systems - Part 2: Life modeling for insulation design[J]. IEEE Electr. Insul. Mag., 2010, 26(4): 33-39.

[12]　HERN NDEZ-L PEZ A M, AGUILAR-GARIB J A, GUILLEMET-FRITSCH S, et al. Reliability of X7R multilayer ceramic capacitors during High Accelerated Life Testing (HALT)[J]. Mater., 2018, 11(10).

[13]　CHEN N, WANg G, SOARES C G. Palmgren–Miner's rule and fracture mechanics-based inspection planning[J]. Eng. Fract. Mech., 2011, 78(18): 3166-3182.

[14]　PECK D S. Comprehensive model for humidity testing correlation[C]//Annu. Proc. Reliabil. Phys. Conf., 1986: 44-50.

极区海底管道冰凿击灾害数值模拟研究

王　懿，王伟超，张　玉，徐　帆，张方方

（中国石油大学（北京），北京　102249）

摘要： 当极区冰山在风浪流的作用下靠近海岸线时，会出现冰山底部凿击海床的现象，从而对极区埋设的海底管道产生危害。针对极地海底管道的冰凿击灾害问题，基于耦合欧拉-拉格朗日方法建立了冰-管-土耦合作用三维数值模型。研究了冰凿击载荷下土壤变形情况及海底埋设管道在土壤中的变形机理，发现了冰凿击过程中由于管道周围土体绕流使得管道变形呈现一个先增大后减小的变化规律，并分析了土体强度变化对土壤和管道变形的影响规律，为我国极地油气资源开发管道安全保障提供了理论支持。

关键词： 极地海底管道；冰凿击；耦合欧拉-拉格朗日；管道变形；土体强度对于管道应变的影响规律呈现非线性

1　极区冰凿击现象及其研究现状

极区的洋底蕴藏着约占全球储量四分之一的石油和天然气资源，被认为是世界上油气资源开发潜力最大的地区。但由于气候条件恶劣、生态环境脆弱、经济发展形态单一和地区偏远等诸多原因，使得开采困难。随着全球气候变暖加速，北极海冰日渐消融，大规模开发北极地区庞大的油气资源成为可能，北极地区的战略地位日益凸显，世界各国对北极资源特别是油气资源的开发也随之升温。我国政府发表的《中国的北极政策》白皮书提出了坚持"尊重、合作、共赢和可持续"四项基本原则，为我国当前和今后一段时期参与北极事务提供了纲领性文件。虽然中国石油天然气集团有限公司参与的亚马尔项目标志着我国在极地油气资源开发走出了关键性一步，但我国整体上仍缺乏极区油气资源开发相关关键技术的研究，在海底管道冰凿击灾害研究领域更是空白。

1.1　冰凿击现象及其对埋设管道的影响

北极地区海上的冰特征一般分为两类，冰脊和冰山。冰脊由海冰覆盖物形成，而冰山是从冰川或冰盖上分离出来的大冰块，并漂浮于海洋。冰山进入水域后，大约90%的部分浸入水中（称之为"冰龙骨"），其余部分（称之为"冰帆"）漂浮于水面上[1]。当冰山在风浪流的作用下进入浅海区域或靠近海岸线时，就会出现冰山凿击海床的情况，如图1所示。

冰凿击海床过程一般分为三个阶段：①初始与海床接触阶段；②冰龙骨贯入土壤阶段；③冰凿击沟槽形成阶段。由于极地特殊的冰凿击现象，并且海底管道一般长达数千米，在这些区域进行海洋油气开发时，海底管道有可能遭受冰凿击破坏，因此一般需要对管道进行挖沟填埋来保证其运行期间的安全性。但即使是埋设的管道也会由于冰凿击引起的土体大变形而发生较大位移（图2），从而产生局部应力集中和结构破坏。

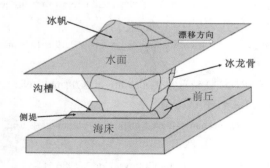

图1　冰山凿击海床现象示意

图2　冰山凿击海底管道示意

基金项目： 国家重点研发计划（2016YFC0303708）；深水油气管线关键技术与装备北京市重点实验室开放基金（BIPT2018005）

1.2　海底管道冰凿击响应分析方法

目前仅有极少数的项目涉及极区冰凿击现象的探测研究，包括冰山着陆海床和冲刷动力学研究（DIGS）、波弗特海的北极星项目、伊利湖的千禧计划项目和鄂霍次克海的库页岛项目等[2-6]，但其提供的探测数据极少，主要是针对冰凿击沟槽形状和沟槽深度的观测。通过观测发现，沟槽宽度一般为几米，极端情况下会达到数十米，沟槽深度一般不超过 1 m，极端情况下可以达到 5 m。

国外许多机构和学者进行了相应的试验研究[7-11]和数值模拟[12-16]，其中由针对挑战性环境的智能解决方案机构 C-Core 主导的"PRISE"冰压头凿击海床项目研究较为深入，该团队做了大量土工离心机试验，并得到了 PRISE 土体变形经验公式[17-18]，也称作"PRISE 冰–土作用模型"，如图 3 所示。

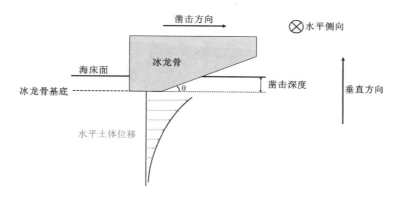

图 3　PRISE 冰–土作用模型

在 PRISE 经验公式中，当达到稳态冰凿击后，冰龙骨基底以下凿击三维坐标系原点处的最大水平土壤位移为

$$u(0,0,0) = 0.6\sqrt{BG_D} \tag{1}$$

推荐的垂直方向土壤变形公式如下：

$$v(0,0,0) = G_D$$
$$v(0,0,z)/G_D = e^{-z/3G_D} \tag{2}$$

式中：z 为指冰山凿击的垂直方向；B 和 G_D 分别为凿击宽度和凿击深度。

采用大型有限元软件 ABAQUS，基于耦合欧拉–拉格朗日方法（CEL）建立了冰凿击过程中冰–土–管相互作用的耦合模型，研究了极地冰山凿击过程中海床土体和埋地管线的力学响应情况，以及关键参数的影响规律，旨在为冰凿击区域的管道设计和施工提供理论基础。

2　冰–土–管耦合作用 CEL 模型的建立

由于冰凿击过程是一个涉及冰山底部、土壤介质和管道等多方面之间相互作用的复杂非线性问题，且冰凿击过程中还存在土壤大变形问题，因此本文采用 CEL 方法模拟，其中对于结构物等刚性大的物体采用拉格朗日法描述；对于土体等容易产生大变形的物体，则使用欧拉方法描述；对于两者之间的接触耦合边界问题，则使用欧拉体积分数来进行计算和描述。CEL 算法中欧拉材料可以流过网格，因此材料和网格完全脱离，从而很好地解决了土壤大变形数值模拟问题。

2.1　管道和土壤材料本构模型

对于冰凿击地区的海底管道，由于土体大变形导致管道产生较大的位移和变形，因此必须考虑材料的非线性。而理想的线弹性模型无法准确描述管材进入塑性后的力学响应情况，与冰凿击导致的管道变形特征不符，因此不考虑线弹性模型。双折线模型和三折线模型是分段的线性模型，其对于材料的弹性和塑性力学特征区分明显，能够从一定程度上模拟材料的非线性行为，但其通常应用于解析方法当中。Ramberg-Osgood 模型是固体力学中描述材料在屈服点附近的应力–应变关系的一个理论模型，利用其作为管道材料的本构模型，能够较为真实的反映钢材在塑性阶段的变形行为。

利用 Mohr-Coulomb 模型来描述海床土的应力应变关系，选取不排水剪切强度 $Su=30$ kPa 的均匀黏土，弹性模量假定为 6 MPa 来模拟中等塑性黏土。由于冰凿击过程中速度较快，所以假定土体变形为不排水条件。将泊松比设为 v=0.499，来模拟海床黏土的不排水行为，土重度为 16 kN/m³。假定冰–土切向摩擦系数 μ=1.0（黏滑条件）。

2.2　冰–土–管耦合模型

由于冰凿击过程是关于凿击中心面对称的，因此选择冰龙骨、海底管道和海床土计算区域的 1/2 对称部分建立有限元模型以提高计算效率，如图 4 所示。根据前期调研国外现场勘测记录的冰凿击沟槽遗迹，选择冰龙骨凿击深度为 2 m，冰龙骨凿击宽度为 5 m 建立冰山模型，基底攻击角度选择 15°。将冰龙骨看成刚体，并对其用八节点拉格朗日缩减积分单元（C3D8R）进行网格划分。

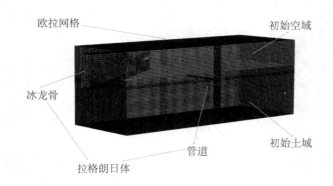

图 4　冰–土–管耦合作用模型

选取欧拉域的长×宽×高为 80 m×60 m×40 m。其中初始空域高度为 10 m，其余为初始土域区域，并被离散为八节点欧拉单元（EC3D8R），其可以用来模拟大变形，具有类似于流体的性质。土壤模型选择 Mohr-Coulomb 模型，土壤的不排水抗剪强度随深度的变化设置为 $Su=kz$，其中，k 为土壤不排水抗剪强度随深度的变化梯度。

对管道采用三维建模，并用线性缩减积分壳单元 S4R 进行离散。管道外径为 0.610 m，径厚比为 24，埋管间隙深度为 0.5 m，管道材料选择为 X60 钢，杨氏模量 210 GPa，泊松比为 0.3。

采用通用接触模拟冰龙骨、欧拉土和管道之间的接触，法向指定硬接触，允许接触后分离，切向采用基于罚函数的接触方法。

3　冰凿击过程中土壤变形规律

通过模拟发现，在沟槽形成过程中，冰龙骨首先贯入海床之中一定的深度，随后开始在水平方向进行凿击，形成一定深度的沟槽，如图 5 所示。凿击开始后，在冰龙骨的前方和两侧有土堆产生。随着凿击过程的继续进行，土堆高度趋于稳定。此时，冰凿击过程达到稳定状态。当冰龙骨接近示踪粒子时，土体位移不断增大，直至稳定。冰龙骨完全通过示踪粒子后，土体产生极其微小的回弹。土体位移随着土深度的增加逐渐减小，并且沿凿击对称面向冰龙骨两侧的水平土体位移呈衰减趋势。

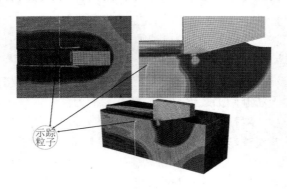

图 5　沟槽形成过程示意

由计算结果可知，土体强度变化对冰凿击所形成的土体位移有一定影响，如图 6 所示。随着土体强度的增加，水平和垂直土体位移均有衰减的趋势，但位移的变化量越来越小。并且土体变形的扰动深度也逐渐减小，这主要是因为土体强度越大，冰山凿击阻力越大。

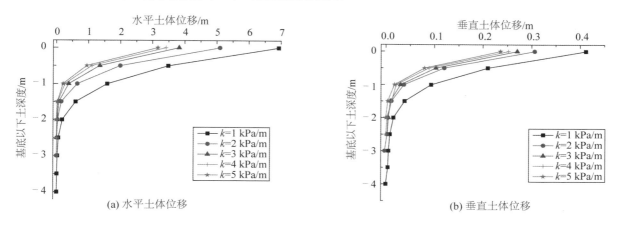

(a) 水平土体位移　　　　　　　　　　　　　　(b) 垂直土体位移

图 6　不同土体强度对土体位移的影响

4　冰凿击过程中管道响应情况

冰凿击过程中，设冰龙骨基底与初始管道水平距离为 a，则在冰凿击不同时刻，管道的变形过程示意如图 7 所示。

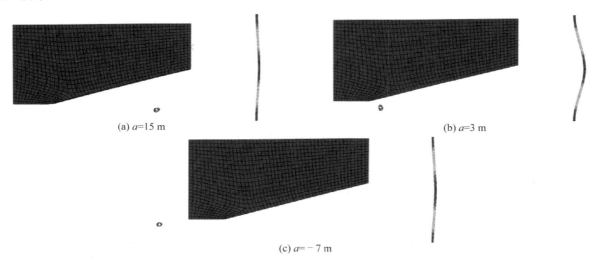

(a) a=15 m　　　　　　　　　　　　　(b) a=3 m

(c) a=−7 m

图 7　管道变形过程示意

由图 7 可以看出，当冰山距离管道较远时，管道周围的土体受扰动较小，管道变形不明显。当冰凿击进入稳态后，随着冰龙骨基底靠近管道，土体变形较大，导致管道产生明显的局部变形。当冰龙骨基底中心即将到达管道上方时，管道变形达到最大。随着凿击过程继续进行，管道在土体的反向挤压作用下开始产生回弹。因此在冰凿击过程中，管道的位移、应力和应变先增大后减小。

当土体强度变化率从 1 kPa/m 到 5 kPa/m 增加时，管道的最大轴向应变分别为 0.85%、1.06%、0.94%、1.04%、1.08%。由图 8 可以看出，当土体强度增加时，土体位移与管土非线性作用的联合影响导致管道应变呈现一定的非线性。

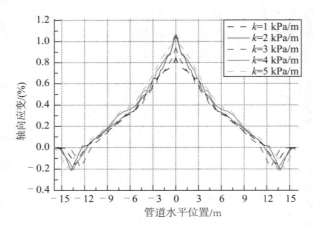

图 8　不同土体强度下的管道轴向应变分布

5　结　语

海底管道是极地海洋油气开发的重要装置，为保证海底管道在运行期间的安全性，必须对极地特殊的冰凿击载荷影响下的管道响应进行评估。基于有限元法建立了冰–土–管耦合作用模型，研究极地冰山凿击过程中海床土体和埋地管线的应变情况，其主要结论如下：

1）基于 CEL 方法能很好的模拟冰凿击过程中海床沟槽形成过程中的土壤大变形问题；

2）冰凿击过程中由于冰–土–管三者之间的耦合作用，管道周围的土体产生了绕流，从而使得管道变形呈现一个先增大后减小变化规律；

3）土体强度对于管道应变的影响规律呈现非线性，其中冰山底部凿击区域的应变最大。

参考文献：

[1] PHILLIPS R, BARRETT J. Ice keel-seabed interaction: numerical modelling for sands[C]// The Port and Ocean Engineering under Arctic Conditions, Montreal, 2011.

[2] HODGSON G J, LEVER J H, WOODWORTH-LYNAS C M, et al. The dynamics of iceberg grounding and scouring （DIGS） experiment and repetitive mapping of the eastern Canadian continental shelf[R]. Volume 1-the Field Experiment. Ottawa: Environmental Studies Research Funds, 1988.

[3] LEVER J H, BASS D W, LEWIS C F M., KLEIN K, et al. Iceberg/seabed interaction events observed during the DIGS experiment[J]. Journal of Offshore Mechanics and Arctic Engineering, 1991, 113(1).

[4] WOODWORTH-LYANS C M, JOSENHANS H W, BAEEUR J V, et al. The physical processes of seabed disturbance during iceberg grounding and scouring[J]. Continental Shelf Research, 1991, 11(8): 939-961.

[5] LEVER J H. Assessment of millennium pipeline project, Lake erie crossing: Ice scour, sediment sampling, and turbidity modeling[R]. US Army Corps of Engineers, Engineer Research and Development Center, 2000.

[6] KENNY S, PALMER A C, BEEN K. Design challenges for offshore pipelines in arctic environments. Proceedings Offshore Oil and Gas in Arctic and Cold Waters, 2007, 15.

[7] CHARI T R, GREEN H P. Iceberg scour studies in medium dense sands[C]//The Proceedings of the 6th International Conference on Port and Ocean Engineering under Arctic Conditions, Quebec City, Canada. 1981.

[8] BARRETTE P D, SUDOM D. Ice-soil-pipeline interaction during seabed gouging in physical tests[R]. Database Analysis and Outstanding Issues, 2014.

[9] VIKSE N, GUDMSTAD O T, NYSTROM P, et al. Small scale model tests on sSubgouge soil deformations[C]//The 26th International Conference on Offshore Mechanics and Arctic Engineering, San Diego, 2007.

[10] PAYLIN M J, LACH P R, POOROOSHASB F, et al. Preliminary results of physical model tests of ice scour[C]//The 11th International Conference on Port and Ocean Engineering under Arctic Conditions, St. John's, Canada, 1991.

[11] LACH P R. Centrifuge modeling of large soil deformation due to ice scour[M]. Memorial University of Newfoundland, 1996.

[12] KONUK I, YU S, GRACIE R. A 3-dimensional continuum ALE model for ice scour-study of trench effects[C]//The Proceedings of the 24th International Conference on Offshore Mechanics and Arctic Engineering, Halkidiki, Greece, 2005.

[13] YANG Q S, POOROOSHASB H B, LACH P R. Centrifuge modeling and numerical simulation of ice scour[J]. Soils and foundations , 1996, 36(1): 85.

[14] EVGIN E, FU Z. Numerical analysis of soil response to ice scouring[C]//The 27th International Conference on Offshore Mechanics and Arctic Engineering, 2008.

[15] SAYED M, TIMCO G W. A numerical model of iceberg scour[J]. Cold Regions Science and Technology, 2009, 55(1): 103-110.

[16] NOBAHAR A, KENNY S, KING T, et al. Analysis and design of buried pipelines for ice gouging hazard: a probabilistic approach[J]. Journal of Offshore Mechanics and Arctic Engineering, 2007, 129.

[17] LANAN G A, ENNIS J O, EGGER P S, et al. Northstar offshore arctic pipeline design and construction[C]//Proceedings of the Offshore Technology Conference, 2001.

[18] LANAN G A , COWIN T G, JOHNSTON D K. Alaskan beaufort sea pipeline design, installation and operation[C]//Proceedings of the Arctic Technology Conference, 2011.

海上风电单桩局部冲刷及防护试验研究

张　磊[1]，林　烁[2]，薛　艳[3]，刘欣昊[1]

（1. 南京水利科学研究院 港口航道泥沙工程交通部重点实验室，江苏 南京 210029；2. 上海临港海上风力发电有限公司，上海 200021；3. 南京信息工程大学，江苏 南京 210044）

摘要：海上风电桩基周围底床的稳定是风电桩基结构安全的保障。通过风电单桩局部动床冲刷试验及局部冲刷防护模型试验，研究海上风电单桩结构海域泥沙冲刷及其防护问题。局部冲刷试验结果表明，单桩整个冲刷形状似"勺"，单桩背水面的中轴线附近为淤积区。冲刷最深处一般在单桩结构迎流面及桩两侧，紧贴桩基。极端低水位条件下，冲刷深度–2.00 m 以上范围最远在单桩中心约 5.50 m 半径周围。横向约 10.00 m，纵向约 7.00 m。极端高水位冲刷深度–1.00 m 最远约为 12.50 m。防护试验结果表明，设计单桩防冲方案能有效防护基桩冲刷。

关键词：海上风电；单桩；局部冲刷；防护

近海波浪和水流两种海洋动力对海洋工程影响很大，更是海上风电基础局部冲刷的主要影响因素。波流共同作用下局部冲刷研究认为[1-2]，波浪与水流共同作用和水流单独作用建筑物冲刷形态大致相同，波浪作用非冲刷主要动力，其冲深比单独水流的冲深值略大。潮流波浪造成风电桩基底床局部冲刷，进而影响风电桩基结构的稳定[3-4]。因此，对风电桩基进行冲刷及防护研究具有重要意义。

在海洋工程实践及国内、外研究中，最为常见的海底结构物防冲刷措施有消能减冲和护底抗冲两种[5]。消能减冲的措施之一是在基础上、下游设置防护桩群，折减流速，将冲刷坑位置前移，从而减小基础范围内的冲刷深度。护底抗冲措施是利用抛石、沙枕、沙袋、软体排等结构对桥墩基础及周围进行防护。本次设计防护措施即为护底抗冲措施。

通过正态物理模型对海上风电桩基局部冲刷情况及防护问题进行研究，在风电桩基局部冲刷的基础上进行防冲方案验证，为风电桩基冲刷防护提供技术支撑。

1　海域自然条件

1.1　潮汐和潮流

海上风电厂址拟选址长江口南港支航道南侧。因受长江水流带来泥沙淤积的影响，滩面表层主要为淤泥，海底滩面高程在–5.00～–7.20 m。该海域的潮汐主要受东海前进潮波控制，以 M_2 分潮起支配作用，潮型为非正规半日潮。极端高水位为 3.87 m，极端低水位为–2.75 m。

海域潮流运动的基本形态为每天二涨二落，潮波是以前进波为主的变态潮波。实测大潮流速垂线最大为 1.38 m/s，海域可能最大流速为 1.60 m/s。工程区处波浪强浪向在 NE－S 向，其中 NE 向最大，极端高水位条件，50 年一遇平均波高 3.90 m，波周期 9.51 s。

1.2　底质条件

现场土层采样资料得到海床表层第一层为新近淤积的灰色淤泥，厚度为0.50～2.90 m，平均厚度1.27 m，土质软，土层薄，含云母碎屑，粉沙及贝壳，抗冲性弱，风电场工程基础建成后为首要冲刷掉的土层；第三层为灰色淤泥质粉质黏土，厚度为3.50～6.80 m，平均厚度5.19 m，含云母碎屑，夹1～3 mm厚的粉沙，个别达5～6 mm，偶见贝壳，局部为粉质黏土，干强度中等，韧性中等；第四层为灰色淤泥质黏土，厚度为6.30～13.10 m，平均厚度8.38 m，含云母碎屑，夹1～2 mm厚的粉沙，偶见贝壳，局部为粉质黏土，干强度中等，韧性中等。

根据土层力学性质参数分析，土层越深抗冲性越强，由于第一层土层较薄，我们以第三层、第四层作为试验土层。

2　模型设计及试验方法

2.1　模型设计

考虑单桩尺寸要求，模型为几何正态模型，按照Froude相似准则设计模型[6]，模型主要考虑海域海床冲刷防护问题，所以模型重点需满足水流运动和泥沙块石起动相似要求。

模型设计主要满足水流运动相似，即：$\lambda_v = \lambda_h^{1/2}$。起动流速公式用[7] $v = 1.51\sqrt{(S-1)gd}\left(\dfrac{h}{d}\right)^{1/6}$。式中：$S$ 为泥沙容重（kg/m³）；d 为泥沙中值粒径（m）；h 为水深（m）；g 为重力加速度（m/s²）。

浅层的淤泥质粉质黏土抗冲能力较强，起动流速较大，冲蚀的土样不是以单个颗粒形式运动，而是以片状形式被剥离，随着流速增大，表层薄弱部分被不断冲蚀。由于该层土中含少量贝壳、粉沙，土质不均。考虑工程长期安全，取第三层淤泥质粉质黏土和第四层淤泥质黏土的代表黏聚力 9 kpa 作为试验参数。由黏性土抗冲等效粒径与黏聚力关系[10]，$d = 0.34c^{5/2}$，抗冲等效粒径选为 0.87 mm，$\gamma_s = 2.65\ t/m^3$。

如试验采用煤粉作模型沙，其 $\gamma_s = 1.35\ t/m^3$，中值粒径 $d_{50}=0.25$ mm。模型比尺选定为 1：50，具体模型尺情况见表 1。

表 1　模型比尺

比尺名称	符号	比尺
垂直比尺	λ_h	50
水平比尺	λ_l	50
流速比尺	λ_u	7.07

2.2　试验过程与条件

试验在室内水槽中进行，水槽长 32.00 m，宽 5.00 m，高 1.20 m。水槽一端为生潮系统及推板式造波机，安装水泵，可产生水流。在试验前进行水流流速、波浪、水位率定试验，然后进行波流作用下局部冲刷试验。模型流量通过混流泵及尾门控制，模型水位由测针测量。

2.3　试验条件

圆柱桩基直径为 6.00 m，试验流速为 1.60 m/s，水深为 10.00 m。

3　冲刷试验

图 1 为在波流作用下极端低潮位情况下冲刷形态等值线图及其照片。冲刷形态显示在波流共同作用下，单桩冲刷坑主要在单桩迎流面及桩两侧，背流、浪面地带冲刷略小于桩前面及两侧，整个冲刷形状似"勺"。单桩背水面的中轴线上附近为淤积区。冲刷最深处一般在单桩结构两侧，紧贴桩基。

极端低水位条件下，冲刷深度−2.00 m（深度从床面向下）以上范围最远在单桩中心约 5.50 m 半径周围。横向约 10.00 m，纵向约 7.00 m。

根据吴跃亮等[8]极端高水位条件冲刷研究，单桩最大冲刷深度为 5.10 m，冲刷深度−1.00 m 最远约为 12.50 m。

上述冲刷特征表明单桩结构冲刷范围单桩冲刷坑主要在单桩迎流面及桩两侧，最大冲刷深度为 5.10 m。如此规模的冲坑和冲刷区域对风电单桩基础稳定是有影响的，因而必须对单桩冲刷区域进行工程防护。

(a) 地形形态

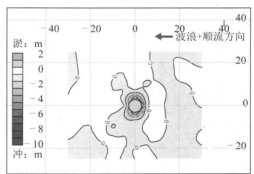

(b) 地形等值线图

图 1　动床冲刷情况示意

4　防护试验

4.1　防护方案

为保护单桩周围的安全，设计单桩防冲刷方案见图 2。各种防护材料中袋装砂贴着单桩周围，在块石与基桩之间起缓冲作用，联锁块软体排与块石之间为袋装级配石。

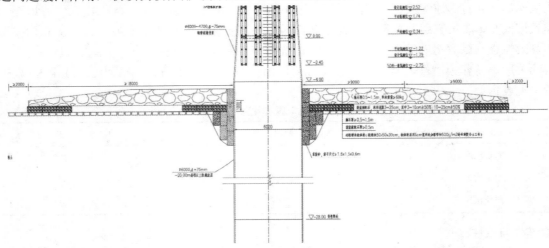

图 2　单桩防冲刷设计方案

防冲刷方案涉及的材料及尺寸：①块石单块重量大于 60 kg，抛石厚大于 0.50～1.50 m。②袋装砂，袋子尺寸大于 1.60 m×1.60 m×0.60 m；袋装级配石，粒径范围 3～25 cm，其中 3～10 cm 占 50%，10～25 cm 占 50%，袋装级配石厚大于 0.50 m。③砼联锁块软体排，砼联锁块 50 cm×50 cm×30 cm，软体排采用 5 cm 宽丙纶加筋带和 500 g/m² 的针刺复合土工布。

防护范围：设计防护范围最小为单桩外围 20.00 m。

4.2　设计方案冲刷验证试验

防冲刷试验是在冲刷坑形成条件下进行的，模型防护范围根据前面冲刷试验情况采用最远−1.00 m 冲刷范围，即单桩外围 12.50 m，模型中范围为 0.25 m。模型试验中土工布厚约 2.0 mm，袋装沙按装满 46% 左右重的沙，块石选用 0.48 g、1.30 g、2.65 g、21.2 g、169.6 g 五种重量，前四种碎石厚度均为 20.0 mm，169.6 g 碎石厚度约为 40.0 mm。

图 3 为设计防冲方案冲刷后单桩周围情况。从试验过程及试验结果来看，冲刷前后防冲各层材料未发生明显移动，0.48 g、1.30 g、2.65 g、21.20 g、169.60 g 碎石均未发生明显移动、翻滚，防冲方案整体稳定。防冲设计方案建设后能有效防护基桩进一步冲刷。

(a) 块石重量：0.48 g，1.30 g　　　　　　　　　(b) 块石重量：1.30 g，2.65 g

图 3　防冲方案冲刷后情况

总体认为，单桩防冲设计方案能有效防护基桩冲刷，模型中单桩外围 12.5 m 防护范围已经有很好的效果。

5　结　语

利用正态物理模型手段，对海上风电单桩局部冲刷和防护情况进行试验研究，得出如下结论：

1）单桩整个冲刷形状似"勺"，单桩背水面的中轴线上附近为淤积区。冲刷最深处一般在单桩结构迎流面及桩两侧，紧贴桩基。

2）极端低水位条件下，冲刷深度−2.00 m 以上范围最远在单桩中心约 5.50 m 半径周围。横向约 10.00 m，纵向约 7.00 m。极端高水位冲刷深度−1.00 m 最远约为 12.50 m。

3）单桩防冲设计方案能有效防护基桩冲刷，模型中单桩外围 12.5 m 防护范围已经有很好的效果。

参考文献：

[1]　EADIE R W, HERBICH J B. Scour about a single, cylindrical pile due to combined random waves and current[C]//Proc 20th International Conference on Coastal Engineering, ASCE Taibei, 1986

[2]　张磊, 佘小建, 崔峥, 等. 水流和波浪对局部冲刷影响模型试验研究[C]//中国海洋工程学会. 第十八届中国海洋（岸）工程学术讨论会论文集. 北京: 海洋出版社, 2017.

[3]　何耘, 纪平, 袁珏. 电厂排水口消力池优化试验研究[J]. 水利水电技术, 2005, 6(33): 1-4.

[4]　刘顺宽. 用模型延伸法进行丹东电厂排水口冲刷形态及防护的试验研究[J]. 港口工程, 1996, 2: 25-29 .

[5]　高正荣, 黄建维, 卢中一. 长江河口跨海大桥桥承局部冲刷及防护研究[M]. 北京: 海洋出版社, 2005.

[6]　左东启. 模型试验的理论和方法[M]. 北京: 水利电力出版社, 1984.

[7]　毛昶熙, 周名德, 柴恭纯. 闸坝工程水力学与设计管理[M]. 北京: 水利电力出版社, 1995.

[8]　吴跃亮, 方海鹏, 张磊. 波流作用下单桩结构局部冲刷试验研究[J]. 江苏水利, 2016, 10: 14-17.

海岸动力及海岸工程

变化地形上波浪传播模拟的二维 BEM 模型

滕　斌，侯志莹

（大连理工大学 海岸和近海工程国家重点实验室，辽宁 大连 116024）

摘要：波浪在海岸上的传播分析对海岸工程设计十分重要。目前这方面的分析模型主要有基于长波理论、缓坡理论的分析方法，分段匹配的特征函数展开方法和直接数值分析方法。本文基于简单格林函数提出了一个高效的边界元分析方法。该方法将流域分割为距离变化地形较远的上游流域、下游流域和变化地形周围的中间流域。在上、下游流域对速度势做特征展开，中间流域采用边界元方法离散，最后三个区域解联立求解。对方程组的系数矩阵做了进一步分解，主要部分与波浪频率无关，从而可以快速多频率的模拟。应用该方法研究了对称和非对称二维沟槽和浅滩在地形倾斜和直壁变化情况下的波浪反射问题，在缓坡条件下本方法的结果与缓坡解析解吻合的很好。

关键词：变化地形；速度势；边界元方法；反射系数

变化海底地形是海岸工程问题的基本特征，波浪在变化地形上传播的研究有着重要的理论意义和实际工程意义，其研究在海岸工程领域得到了人们的关注。变化地形上波浪传播问题的研究主要有三种分析方法：分段近似、斜坡理论和数值方法。

对于波浪关于非对称矩形沟槽的斜向入射衍射问题，Kirby 和 Dalrymple[1]将流域分割成三个不同水深的区域，在每个流域上做笛卡儿坐标下的特征展开，利用垂直交界面处速度和速度势连续的匹配条件，构造联立线性方程组以确定展开系数。Bender 和 Dean[2]应用这一方法，将连续变化的海底采用阶梯海底替代，在每个台阶上对速度势做笛卡儿坐标下的特征展开，从而建立了分段近似法。斜坡理论可以进一步分为浅水下的长波理论和有限水深下的缓坡理论。对于浅水下长波问题的求解，Xie 等[3]研究了海底地形为中间呈矩形两侧呈幂函数变化时线性长波的反射问题，根据第一类和第二类贝塞尔函数给出了封闭形式的解析解。对于有限水深下波浪在斜坡上的传播问题，一般采用缓坡方程（MSE）（Berkhoff[4]，Booij[5]）或修正缓坡方程（MMSE）（Chamberlain 和 Porter[6]）求解。缓坡方程一般只能求得数值解，对于一些特殊的海底地形，一些学者求得了解析解，如：Jung 等[7]、Jung 和 Lee[8]将缓坡方程的隐式系数用最小二乘法得到的多项式近似，然后用幂级数求解由缓坡方程变换而来的二阶常微分方程；Liu 等[9]、Xie 和 Liu[10]以及 Liu 和 Zhou[11]以显式修正缓坡方程（EMMSE）为基础，建立了二维分段光滑地形下的解析解。对于数值方法，Bender 和 Dean[2]采用差分方法研究了浅水波在斜坡的传播问题。Davies 和 Heathershaw[12]采用富氏变换方法研究了水波在局部周期起伏海底上的 Bragge 反射问题。

本文基于简单格林函数，提出了一个分析波浪在两个不同水深间任意形状海岸上传播的二维频域边界元方法。该方法不受海底坡度的限制，可以准确模拟海底地形变化，且几个主要的系数矩阵与入射波浪频率无关，这样可以快速计算多个频率下的波浪传播问题。应用本方法研究了波浪在对称和非对称二维沟槽和斜坡地形上的波浪传播和反射问题。计算结果表明，对于缓坡情况本方法结果与基于缓坡方程的解析结果非常吻合，陡坡和直壁海底仍适用。

1　基本理论

1.1　研究的问题和求解方法

考虑规则波浪在左、右水深分别为 h_1 和 h_2，中间深度变化海滩上的传播问题（见图 1）。将整个流域划分为三个区域 D_L、D_M、D_R，在左、右区域对速度势做特征展开，中间区域上采用边界元方法建立方程，最后三个区域的解联立求解。设 S_F 为自由水面，S_D 为海底，S_L 为上游辐射边界，S_R 为下游辐射边界，b 为

基金项目：国家自然科学基金（51879039，51490672）
作者简介：滕斌。E-mail: bteng@dlut.edu.cn

中间变化地形的底宽。坐标系 Oxz 的 x 轴在平均水面上，z 轴垂直向上为正。

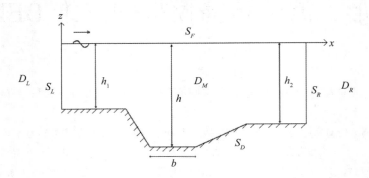

图 1 波浪传播示意

假定流体为无黏、不可压缩的理想流体，运动无旋，有势函数存在且满足 Laplace 方程。对于线性周期性运动的波动问题，可分离出时间因子，将速度势表示为

$$\Phi = \mathrm{Re}[\phi\, e^{-\mathrm{i}\omega t}] \tag{1}$$

在左边流域，速度势 ϕ_1 可分解为入射势和反射势：

$$\phi_1 = \phi_\mathrm{I} + \phi_\mathrm{R} \tag{2}$$

其中入射势为

$$\phi_\mathrm{I} = -\frac{\mathrm{i}gA}{\omega}\frac{\cosh[k_1(z+h_1)]}{\cosh k_1 h_1}e^{\mathrm{i}k_1 x} \tag{3}$$

式中：A 为入射波浪幅值；ω 为波浪角频率；k_1 为水深 h_1 处的波数，满足色散关系 $\omega^2 = gk_1\tanh k_1 h_1$。当左端立面距离变化地形较远时，反射势可近似写为

$$\phi_\mathrm{R} = -\frac{\mathrm{i}gA}{\omega}R\frac{\cosh k_1(z+h)}{\cosh k_1 h_1}e^{-\mathrm{i}k_1 x} = R\varphi_1(x,z) \tag{4}$$

式中：R 为待定的复反射系数。

在右边流域，速度势 ϕ_2 为透射势。当右端立面距离变化地形较远时，透射势可近似写为

$$\phi_\mathrm{T} = -\frac{\mathrm{i}gA}{\omega}T\frac{\cosh k_2(z+h_2)}{\cosh k_2 h_2}e^{\mathrm{i}k_2 x} = T\varphi_2(x,z) \tag{5}$$

式中：T 为待定的复透射系数，k_2 为水深 h_2 处的波数，满足色散关系 $\omega^2 = gk_2\tanh k_2 h_2$。

1.2　边界条件

在线性近似下，速度势满足下述边界条件。

自由水面条件：

$$\frac{\partial\phi}{\partial z} = \frac{\omega^2}{g}\phi \tag{6}$$

海底条件：

$$\frac{\partial\phi}{\partial n} = 0 \tag{7}$$

上游立面条件（与变水深海底距离较远处）：

$$\frac{\partial\phi_\mathrm{R}}{\partial x} = -\mathrm{i}k_1\phi_\mathrm{R} \tag{8}$$

下游立面条件（与变水深海底距离较远处）：

$$\frac{\partial\phi_\mathrm{T}}{\partial x} = \mathrm{i}k_2\phi_\mathrm{T} \tag{9}$$

1.3 积分方程

选取二维 Rankine 源和它关于海底的镜像作为格林函数

$$G(x;x_0) = \frac{1}{2\pi}\ln(r) \tag{10}$$

式中：$r = \sqrt{(x-x_0)^2 + (z-z_0)^2}$。在中间流域 D_M 上对格林函数和速度势应用格林第二定理，可以得到下述的积分方程：

$$\alpha\phi(x_0) = \int_{S_F+S_D+S_R+S_L}\left[\frac{\partial G(x;x_0)}{\partial n}\phi(x) - G(x;x_0)\frac{\partial\phi(x)}{\partial n}\right]ds \tag{11}$$

式中：x_0 为源点，x 为场点，α 为固角系数。带入水面、海底和左右立面的边界条件后，建立的积分方程为

$$\alpha\phi(x_0) - \int_{S_D+S_F}\frac{\partial G(x;x_0)}{\partial n}\phi(x)ds + \frac{\omega^2}{g}\int_{S_F}G(x;x_0)\phi(x)\,ds - R\int_{S_L}\varphi_1(x)[\frac{\partial G(x;x_0)}{\partial n} - ik_1 G(x;x_0)]\,ds$$

$$-T\int_{S_R}\varphi_2(x)[\frac{\partial G(x;x_0)}{\partial n} - ik_2 G(x;x_0)]ds = \int_{S_L}[\frac{\partial G(x;x_0)}{\partial n} + ik_1 G(x;x_0)]\phi_I(x)ds \tag{12}$$

上述积分方程可采用数值方法进行求解。将流域边界采用单元离散，基于等参元的概念，将每个单元变换成局部坐标（-1，1）下的标准单元，在单元内引入形状函数，采用四点高斯积分公式，积分方程可离散为

$$\alpha\phi(x_0) - \sum_{n=1}^{N_D+N_F}\sum_{i=1}^{4}\sum_{k=1}^{3}\frac{\partial G}{\partial n}h_k^i(\xi)\phi_n^k|J_i|W_i + \frac{\omega^2}{g}\sum_{n=1}^{N_F}\sum_{i=1}^{4}\sum_{k=1}^{3}Gh_k^i(\xi)\phi_n^k|J_i|W_i$$

$$-R\sum_{n=1}^{N_L}\sum_{i=1}^{4}\left(\frac{\partial G}{\partial n} - ik_1 G\right)\varphi_1|J_i|W_i - T\sum_{n=1}^{N_U}\sum_{i=1}^{4}\left(\frac{\partial G}{\partial n} - ik_2 G\right)\varphi_2|J_i|W_i = \sum_{n=1}^{N_L}\sum_{i=1}^{3}(\frac{\partial G}{\partial n} + ik_1 G)\phi_I|J_i|W_i \tag{13}$$

式中：ϕ_n^k 为第 n 个单元第 k 个节点处的复速度势；$|J_i|$ 为 Jacobian 变换行列式；W_i 为高斯积分的权函数。

组装后可得到如下的线性方程组：

$$[A]_{(N+2)\times(N+2)}\begin{Bmatrix}\{\phi\}_N \\ R \\ T\end{Bmatrix} = \{B\}_{(N+2)} \tag{14}$$

式中：N 为水面和海底上总的节点个数。

为了加快数值计算，将左端矩阵做进一步分解，这样上述线性方程组可以写为

$$\left[[A_1]_{(N+2)\times N} + \frac{\omega^2}{g}[A_2]_{(N+2)\times N} \quad [A_3(k)]_{(N+2)\times 2}\right]_{(N+2)\times(N+2)}\begin{Bmatrix}\{\phi\}_N \\ R \\ T\end{Bmatrix}_{N+2} = \{B(k)\}_N \tag{15}$$

式中：矩阵 $[A_1]$ 由固角系数、海底和自由水面积分构成，与波浪频率无关；矩阵 $[A_2]$ 由自由水面积分构成，也与波浪频率无关。若连续计算多个频率下的波浪传播问题，$[A_1]$ 阵和 $[A_2]$ 阵只需建立一次。$[A_3(k)]$ 阵和 $\{B(k)\}$ 阵由左、右立面积分构成，是波浪频率的函数，但由于左右立面尺度相对较小，计算耗时很少。

1.4 反射系数

定义左、右立面处反射和透射波浪的高度与入射波浪高度之比为反射系数和透射系数，分别为：$K_r = |R|$ 和 $K_t = |T|$。根据波能流守恒定理，当局部地形的左、右水深不同时，反射系数和透射系数满足下述关系：

$$K_r^2 + K_t^2 C_{g2}/C_{g1} = 1 \tag{16}$$

式中：C_{gi} 是水深 h_i 中的波浪群速度。

2 算例分析

2.1 结果验证

Xie 和 Liu[10]基于显示修正缓坡方程建立了变水深问题的解析解，并验证了模型的精确性，本文采用 Xie 和 Liu 的算例做模型验证。

图 2 为对称地形（左右水深和斜率相同）的结果对比。图 2（a）~2（d）的地形变化斜率分别为 0.2、0.5、0.2、1[（a）$h_1 = h_2 = 3$ m，$h = 5$ m，$b = 40$ m；（b）$h_1 = h_2 = 3$ m，$h = 2$ m，$b = 28$ m；（c）$h_1 = h_2 = 2$ m，$h = 4$ m，$b = 20$ m；（d）$h_1 = h_2 = 2$ m，$h = 4$ m，$b = 28$ m]，横坐标 $K_1 = k_1 h_1$。从图中可以看到，对于图 2（a）和图 2（c）坡度较缓的算例，本文计算结果与 Xie 和 Liu 的结果吻合的非常好，而对于图 2（b）和图 2（d）坡度较陡的算例，本文计算结果与 Xie 和 Liu 的结果总体上吻合较好，但在数值上存在一定的偏差。其原因是 Xie 和 Liu 的方法是基于修正缓坡方程的解析解，其结果精度必然受到坡度的限制。图中的反射系数随波浪频率呈振荡变化，其包络线的幅值随波浪频率的增大而减小。

图 3 为非对称地形（左右水深或斜率不相同）的结果比对。图 3（a）为变化地形两侧水深不同，但斜坡斜率相同，均为 0.2（$h_1 = 2$ m，$h_2 = 3$ m，$h = 4$ m，$b = 30$ m）；图 3（b）为变化地形两侧水深相同，但斜坡斜率不同，分别为 1 和 0.1（$h_1 = h_2 = 2$ m，$h = 4$ m，$b = 18$ m，）。图 3（a）中本文结果与 Xie 和 Liu[10]的结果吻合的很好，而图 3（b）有一定的偏差。

2.2 直壁地形的反射系数

上述验证表明本文建立的 BEM 模型可应用于计算波浪在任意变化地形上的传播问题，以下基于本模型计算了几个直壁地形的算例。图 4（a）、图 4（b）分别为对称和非对称直壁沟槽地形；图 4（c）为非对称直壁凸起地形；图 4（d）为分段台阶地形[（a）$h_1 = h_2 = 2$ m，$h = 4$ m；（b）$h_1 = 3$ m，$h_2 = 2$ m，$h = 4$ m；（c）$h_1 = 5$ m，$h_2 = 3$ m，$h = 2$ m；（d）$h_1 = 5$ m，$h_2 = 2$ m，$h = 3$ m]。中间变化地形的底宽都为 $b = 10$ m，横坐标 $K_1 = k_1 h_1$。从图中可以再次看到，反射系数随波浪频率呈振荡变化，其包络线的幅值随波浪频率的增大而减小。另外，当波数趋近于 0 时，反射系数并不趋近于 0。

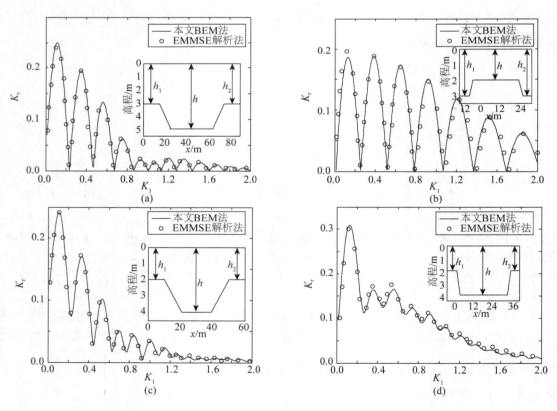

图 2 对称沟槽（浅滩）的反射系数

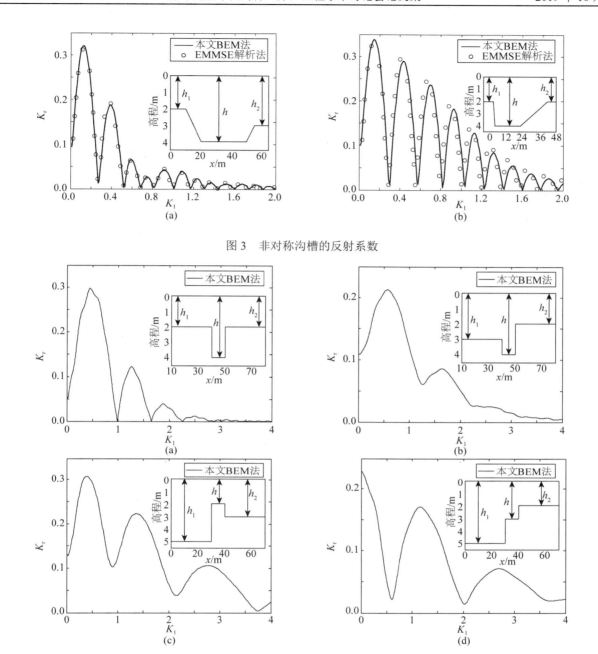

图 3 非对称沟槽的反射系数

图 4 直壁地形的反射系数

3 结 语

　　基于简单格林函数，提出了一个波浪在不同水深间任意形状海岸上传播的二维频域边界元方法。应用该模型研究了二维对称及非对称变化地形上波浪传播和反射问题。该模型可以精确描述海底地形变化，不受坡度条件限制，既可以分析缓慢地形变化问题，也可分析陡坡和直壁的问题，能够解决的变水深问题更为广泛，优于分段特征展开匹配法和缓坡理论的结果。另外，本文方法中的几个主要系数矩阵与入射波浪频率无关，无需每次准备，这样可以连续计算多个频率下的波浪传播过程，计算耗时少。本文方法为分析波浪在变化地形上传播的二维问题提供了一个新的选择。

参考文献：

[1] KIRBY J T, DALRYMPLE R A. Propagation of obliquely incident water waves over a trench[J]. Journal of Fluid Mechanics, 1983, 133: 47-63.

[2]　BENDER C J, DEAN R G. Wave transformation by two-dimensional bathymetric anomalies with sloped transitions[J]. Coastal Engineering, 2003, 50(1/2): 61-84.

[3]　XIE J J, LIU H W, LIN P. Analytical solution for long-wave reflection by a rectangular obstacle with two scour trenches[J]. Journal of Engineering Mechanics, 2011, 137(12): 919-930.

[4]　BERKHOFF J C W. Computation of combined refraction-diffraction[C]//13th International Conference on Coastal Engineering, 1972: 471-490.

[5]　BOOIJ N. A note on the accuracy of the mild-slope equation[J]. Coastal Engineering, 1983, 7(3): 191-203.

[6]　CHAMBERLAIN P G, PORTER D. The modified mild-slope equation[J]. Journal of Fluid Mechanics, 1995, 291: 393-407.

[7]　JUNG T H, SUH K D, LEE S O, et al. Linear wave reflection by trench with various shapes[J]. Ocean Engineering, 2008, 35(11/12): 1226-1234.

[8]　JUNG T H, LEE S O. Semianalytical one-dimensional solution for linear wave reflection over varying topography[J]. Journal of Coastal Research, 2012, 28(1A): 73-79.

[9]　LIU H W, YANG J, LIN P. An analytic solution to the modified mild-slope equation for wave propagation over one-dimensional piecewise smooth topographies[J]. Wave Motion, 2012, 49(3): 445-460.

[10]　XIE J J, LIU H W. Analytical study for linear wave transformation by a trapezoidal breakwater or channel[J]. Ocean Engineering, 2013, 64: 49-59.

[11]　LIU H W, ZHOU X M. Explicit modified mild-slope equation for wave scattering by piecewise monotonic and piecewise smooth bathymetries[J]. Journal of Engineering Mathematics, 2014, 87(1): 29-45.

[12]　DAVIES A G, HEATHERSHAW A D. Surface-wave propagation over sinusoidally varying topography[J]. Journal of Fluid Mechanics, 1984, 144: 419-443.

导数限制器对非静压模型波浪模拟的影响

曹向明，时　健，郑金海，张　弛，张继生

（河海大学 港口海岸与近海工程学院，江苏　南京　210024）

摘要：近年来，随着计算能力的提升，非静压模型开始成为河口海岸数值模拟的研究热点。一般非静压模型的求解都基于雷诺平均的 Navier-Stokes 方程，采用 Godunov 型有限体积法对控制方程进行离散。为保证模型在急变水流附近的稳定性，通常需要配合使用导数限制器。不同的导数限制器具有不同的数值特性，相应地会导致不同程度的数值耗散，尤其在波浪发生破碎的情况下，由于现有模型难以对破波点附近的能量耗散作特殊处理，导数限制器导致的数值耗散与实际波浪破碎过程中导致的物理耗散之间的关系尚不明确，因而导数限制器的选取很可能影响波浪破碎的模拟精度。本文基于开源非静压模型 NHWAVE，分别配置了 minmod、superbee 和 van Leer 限制器，比较了三种导数限制器在波浪传播以及波浪破碎模拟中的表现。对于波浪传播模拟，选择 van Leer 限制器能够更好地保证模型准确性；对于波浪破碎模拟，选取 minmod 限制器可以使模型在保证一定精确度的前提下，获得更为实际的波面形态。superbee 限制器对于卷破波在破碎之前的波面预测效果较好。

关键词：非静压模型；波浪破碎；导数限制器；数值耗散；模型准确性

　　波浪是重要的近岸水动力因素。数值模拟方法是研究近岸波浪传播变形的重要手段，近年来，随着计算机硬件和数值方法的进步，基于雷诺平均 Navier-Stokes 方程（RANS）求解近岸的水波运动逐渐成为可能，非静压模型就是其中一类。目前非静压模型对波浪破碎的模拟还存在争议。研究表明，SWASH 在破波带内需关闭非静压项，否则需大幅增加垂向网格数量，而非静压模型 NHWAVE 对波浪破碎的模拟无需增加垂向网格数，也无需关闭非静压项[1-2]。这说明非静压模型中对于急变水流处的数值处理方式还值得研究，在采用 Godunov 型有限体积法离散的模型中，急变水流附近导数限制器引入的数值耗散很可能是总能量耗散的重要组成部分[3]。本文基于开源非静压模型 NHWAVE，分别配置了 minmod，superbee 和 van Leer 限制器，比较了三种导数限制器在波浪传播以及波浪破碎模拟中的表现。

1　NHWAVE 模型介绍

1.1　基于 σ 坐标的控制方程

　　NHWAVE 的控制方程为三维不可压缩的 Navier-Stokes 方程，σ 坐标下的质量守恒和动量守恒方程为

$$\frac{\partial D}{\partial t}+\frac{\partial Du}{\partial x}+\frac{\partial Dv}{\partial y}+\frac{\partial \omega}{\partial \sigma}=0 \tag{1}$$

$$\frac{\partial \boldsymbol{U}}{\partial t}+\frac{\partial \boldsymbol{F}}{\partial x}+\frac{\partial \boldsymbol{G}}{\partial y}+\frac{\partial \boldsymbol{H}}{\partial \sigma}=\boldsymbol{S}_h+\boldsymbol{S}_p+\boldsymbol{S}_\tau \tag{2}$$

式中：$\boldsymbol{U}=\left(Du,Dv,D\omega\right)^{\mathrm{T}}$，$\boldsymbol{F}=\begin{pmatrix} Duu+\dfrac{1}{2}g\eta^2+gh\eta \\ Duv \\ Du\omega \end{pmatrix}$，$\boldsymbol{G}=\begin{pmatrix} Duv \\ Dvv+\dfrac{1}{2}g\eta^2+gh\eta \\ Dvw \end{pmatrix}$，$\boldsymbol{H}=\begin{pmatrix} u\omega \\ v\omega \\ w\omega \end{pmatrix}$，$\boldsymbol{S}_h=\begin{pmatrix} g\eta\dfrac{\partial h}{\partial x} \\ g\eta\dfrac{\partial h}{\partial y} \\ 0 \end{pmatrix}$，

$\boldsymbol{S}_p=\begin{pmatrix} -\dfrac{D}{\rho}(\dfrac{\partial p}{\partial x}+\dfrac{\partial p}{\partial \sigma}\dfrac{\partial \sigma}{\partial x_*}) \\ -\dfrac{D}{\rho}(\dfrac{\partial p}{\partial y}+\dfrac{\partial p}{\partial \sigma}\dfrac{\partial \sigma}{\partial y_*}) \\ -\dfrac{1}{\rho}\dfrac{\partial p}{\partial \sigma} \end{pmatrix}$，$\boldsymbol{S}_\tau=\begin{pmatrix} DS_{\tau x} \\ DS_{\tau y} \\ DS_{\tau z} \end{pmatrix}$。

式中： $D=h+\eta$ 为总水深， η 为水位， h 为静水深； u、 v、 w 为沿 x、 y、 z 方向流速； ω 为 σ 坐标下垂向流速； S_h 为底摩阻； S_p 为动压梯度； S_τ 为紊流扩散项； g 为重力加速度； i、 j、 k 为 x、 y、 z 方向的单位向量。

1.2 空间离散

采用二阶 Godunov 型有限体积法对质量守恒和动量守恒方程进行离散。速度变量设置在网格中心，动压值设置在网格表面，可以精确描述自由表面处的压力值。由于求解各通量值需要变量在网格边界的值，而模型中流速值设置在网格中央。因此，需要首先确定网格边界的流速值，表达式如下：

$$U = U_i + (x - x_i)\Delta U_i \tag{3}$$

式中： ΔU_i 表示梯度，计算公式如下：

$$\Delta U_i = \varphi(R_i), R_i = \frac{U_{i+1} - U_i}{U_i - U_{i-1}} \tag{4}$$

式中： φ 表示导数限制器。

本研究中配置了三种导数限制器，分别是 minmod、superbee 和 van Leer。公式如下：

minmod limiter： $\varphi(R) = \min\left(\dfrac{2}{1+R}, \dfrac{2R}{1+R}\right)$

superbee limiter： $\varphi(R) = \min\left[\max\left(\dfrac{2}{R+1}, \dfrac{2R}{R+1}\right), \dfrac{4}{R+1}, \dfrac{4R}{R+1}\right]$

van Leer limiter： $\varphi(R) = \dfrac{4R}{(R+1)^2}$

2 平底海床上孤立波传播模拟

2.1 模型设置

为了研究导数限制器对波浪传播的影响以及导数限制器长时间模拟的数值稳定性，对孤立波在平底海床上的传播进行了模拟。模拟区域全长 500 m，水深 1 m，孤立波波高为 0.2 m，总模拟时长为 100s。波浪由左侧边界入射，水位和流速由完全非线性方程的精确解给出。为了对比水平向网格尺度对结果的影响，垂向分层均取为 3 层，采用了一组不同的水平网格尺度（0.5 m，0.2 m，0.1 m，0.05 m）。

2.2 结果分析

图 1 比较了不同网格尺度下理论值与导数限制器计算值。可以看出，网格尺度对孤立波波高和相速度有较大的影响。随着网格变得精细，三种导数限制器的计算值与理论值的误差逐渐变小。图 1（c）中，网格尺度为 0.1 m 时，minmod 和 superbee 的计算值均收敛于理论值，而 minmod 的计算值仍明显小于理论值，这说明 van Leer 和 superbee 的收敛速度比 minmod 快。这说明图 1（a）中，当网格较粗的时候，minmod 和 van Leer 计算得到的波高远远小于理论波高，分别比理论值小 76.5% 和 40.7%，相速度也明显滞后于理论值；而 superbee 计算得到的波高较理论值大出 64.7%，相速度也大于理论相速度。这种结果与不同导数限制器的耗散特性有关，minmod 是三个导数限制器中耗散性最强的，在网格尺寸相同的情况下，其计算的波高和相速度是最小的。与 van Leer 和 minmod 不同，superbee 会增大流场梯度，属于抗耗散的导数限制器，因此在网格尺度相同的情况下，其计算的波高和相速度均会大于其他两种导数限制器的计算值。对于孤立波传播的算例，van Leer 的耗散率在三种导数限制器中居中，适用网格尺度范围较广，相速度准确率很高，波高也较为准确，具有较好的数值稳定性，适合长时间的波浪传播模拟。

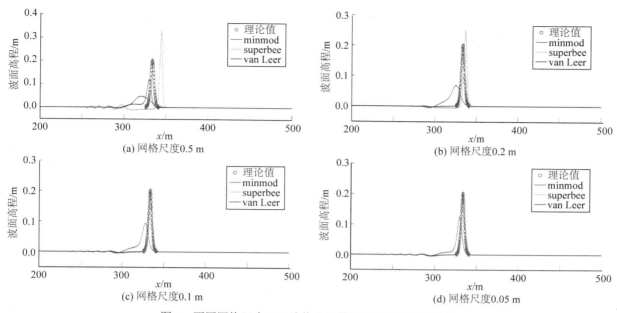

图 1　不同网格尺度下理论值和导数限制器计算值的比较

3　均匀斜坡上波浪破碎模拟

3.1　模型设置

为了研究导数限制器的选择对波浪破碎过程以及紊动动能演化的影响，对于 Ting 和 Kirby[4]的试验进行了模拟。模拟区域全长 22 m，其中恒定水深区域长 4 m，水深为 0.4 m。斜坡坡度为 1:35。入射波为周期 5 s，波高 0.125 m 的椭圆余弦波，其在斜坡上的破碎形式为卷破。实际试验中破波点位置在 x_b= 14.15 m 处，破波点处水深为 0.156 m。试验设置如图 2 所示。

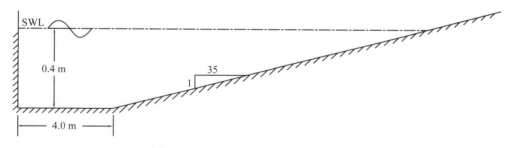

图 2　Ting 和 Kirby[4]试验设置示意

该算例设置了 $k-\varepsilon$ 模型[5]，用以计算波浪破碎过程中的紊动动能和能量耗散率[2]。水平方向网格尺寸为 0.025 m，垂向分层为 8 层。入射波由 Lin 和 Liu[6]提出的内部造波方法给出，并在计算域左侧设置海绵层以吸收造波点源产生的反射波。

3.2　结果分析

图 3 比较了不同导数限制器计算的增减水值与实测值。可以看出，在波浪破碎后，superbee 预测的增水值明显小于实测值，也小于 minmod 和 van Leer 的计算值。minmod 和 van Leer 预测的增水值大致相当，van Leer 的预测值与实测值更为接近。三种导数限制器在波浪破碎前预测的减水值有明显差别，其中与实测值吻合度最高的是 superbee 的结果，minmod 极大低估了波浪减水，而 van Leer 则对减水值略有高估。这种结果主要是受导数限制器的耗散特性影响。superbee 作为抗耗散性较强的限制器，其会增大流速梯度，使得流场分布更为剧烈。在本算例中，由于波浪在斜坡上以卷破波的形式发生破碎，这种破碎形式相比其他形式更为剧烈，相应的波浪破碎前的流速变化也更为急剧。因此 superbee 的耗散特性能够较好地描述卷破波在破碎前的情况。由于波浪破碎时会引起强烈的能量耗散，superbee 引入的数值耗散极小，因此其难

以较好地描述破碎后的波浪。而 minmod 作为三者中耗散性最强的限制器，即使在对减水预测误差较大的情况下，仍能较好地预测增水值，这与其引入的数值耗散是分不开的。而卷破波破碎时会产生极大的紊动耗散，波能迅速减小，minmod 能够较好地描述在波浪破碎后波能减小的现象。

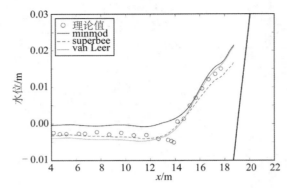

图 3　实测增水与不同导数限制器计算增水值的比较

4　结　语

孤立波传播的算例表明，水平向网格尺度对导数限制器结果的精度有较大影响，网格越精细，导数限制器的耗散特性对结果的影响越小。van Leer 限制器的稳定性和准确性在长时间的数值模拟中具有非常明显的优势，能较好地保证模型的精度。波浪破碎的算例表明，为取得较好的模拟结果，选用的导数限制器的耗散特性需要较好地反应实际波浪破碎过程中的物理耗散特性。对卷破波的情况而言，波浪破碎前的流场特性与 superbee 的耗散特性具有较强的对应性，而波浪破碎后的流场特性以及波浪破碎引起的能量耗散与 minmod 的耗散特性具有较好的对应关系。

参考文献：

[1]　MA G, SHI F, KIRBY J T. Shock-capturing non-hydrostatic model for fully dispersive surface wave processes[J]. Ocean Modelling, 2012, 43/44: 22-35

[2]　SHI J, SHI F, KIRBY J T, et al. Pressure decimation and interpolation (PDI) method for a baroclinic non-hydrostatic model[J]. Ocean Modelling, 2015, 96: 265-279.

[3]　KIRBY J T. Boussinesq models and their application to coastal processes across a wide range of scales[J]. Journal of Waterway, Port, Coastal, and Ocean Engineering, 2016, 142(6): 03116005.

[4]　Ting F C K , Kirby J T . Dynamics of surf-zone turbulence in a strong plunging breaker[J]. Coastal Engineering, 1995, 24(3):177-204.

[5]　LIN P, LIU P L F. A numerical study of breaking waves in the surf zone[J]. Journal of Fluid Mechanics, 1998, 359: 239-264.

[6]　LIN P, LIU P L F. Internal wave-maker for navier-stokes equations models[J]. Journal of Waterway Port Coastal and Ocean Engineering, 1999, 125(4): 207-215.

多孔海床上波浪与固定方箱相互作用的解析研究

邝庆文，宁德志，张崇伟

（大连理工大学 海岸和近海工程国家重点实验室，辽宁 大连 116024）

摘要：在以往对波浪与结构物相互作用的研究中，大多数将海底考虑为不可渗透边界，而没有考虑流体在海床内部的运动。本文将波浪、结构物和多孔海床三者结合到一起，基于线性势流理论，运用特征函数展开法对多孔海床上波浪与固定方箱的相互作用进行研究。在波浪与结构物的交界面上根据速度势和速度连续的匹配条件求解出波浪的反射系数和透射系数，并求出作用在方箱上的波浪力。结果表明，完全饱和海床的土体剪切模量和方箱吃水对波浪的反射、透射系数以及垂向波浪力都有一定的影响。当海床土体剪切模量较小且方箱吃水很大的时候，有可能会发生全反射，作用在方箱上的垂向波浪力随着波浪频率的增加而迅速减小。

关键词：多孔海床；势流理论；特征函数展开；土体剪切模量

在过去的几十年中，基于海床为刚性和不透水的假设，对波浪与结构物的相互作用做了大量的理论和试验研究，取得了一系列的科学成果。随着海岸工程和海洋工程的发展，对于可渗透海床上波浪与结构物相互作用的研究也越来越广泛。Putnam[1]、Reid 和 Kajiura[2]假设海床是刚性不变形且孔隙水不可压缩，根据 Darcy 渗透定律结合上部流体与海床交界面上的速度和压强连续，推导出可渗透海底边界条件，对波浪在砂质海床上的传播进行了研究。Corvaro 等[3]和 Freyermuth 等[4]对波浪在渗透海床上传播时的衰减分别进行了试验和数值研究，试验观测到波浪的衰减最大可达到 20%~30%，并且通过数值分析发现土体的孔隙率和平均颗粒直径对波浪的衰减有很大的影响。Tsai 等[5]运用修正后含有多孔介质参数的缓坡方程对可渗海床上波浪与透空式潜堤的相互作用进行了数值研究，发现波浪在可渗透海底条件下会一直衰减而在不可渗透海底条件下则不会，并且海床的摩擦系数越大，波浪衰减越大。同时，海床土体的孔隙率和海床厚度对波浪的衰减也会有一定的影响。Behera 等[6]分别在单层和双层流体系统中，对斜向入射波与漂浮的弹性板在可渗海床上的相互作用进行了研究，其对于可渗海底边界条件的处理简化为一个与多孔效应参数有关的式子，而没有考虑流体在海床内部的运动，当该参数为实数时，有可能会发生零反射，当该参数为复数时，则会有能量耗散。

然而，考虑实际的海床具有可变形性和渗透性，基于上述研究还是不够的。在波浪的作用下，会引起海床内部的运动响应，例如孔隙水压强、土体位移和土体液化[7]。本文考虑海床内部的运动响应，根据 Yamamoto-Madsen 多孔海床模型[8]结合线性动压强公式推导出海底边界条件，基于线性势流理论，将速度势分解成对称势和反对称势，运用特征函数展开法研究多孔海床上波浪与固定方箱的相互作用问题，求解出波浪的反射、透射系数以及作用在方箱上的波浪力，并与已有的解析结果进行对比，分析在较小的饱和海床土体剪切模量的作用下，方箱吃水对波浪的反射系数、透射系数和方箱上垂向波浪力的影响。

1　理论模型

考虑多孔海床上波浪与固定方箱相互作用的问题，如图 1 所示。该模型分为两部分，上部分是流体和固定方箱，下部分为多孔海床。其中，h 为水深，B 为方箱半宽，T 为方箱吃水，$S=h-T$，并将流体的左半区域沿 $x=-B$ 分成 $\Omega 1$（$x<-B$）和 $\Omega 2$（$-B<x<0$）两个区域。基于线性势流理论，假定上部流体无黏、不可压缩，流体运动无旋且是线性周期性运动，则对于流体在区域 1 和 2 中的速度势可以表示为

$$\Phi_j(x,z,t) = \mathrm{Re}[\phi_j(x,z)\mathrm{e}^{-i\omega t}] \qquad (j=1,2) \qquad\qquad (1)$$

式中：ω 是波浪运动的角频率；ϕ 表示只取决于空间坐标的复速度势，满足拉普拉斯方程。

基金项目：国家重点研发计划项目（2016YFE0200100)）

对于 Ω1 区域，由线性化的自由表面条件可知，在 $z=0$ 处有

$$\frac{\partial \phi_1}{\partial z} = \frac{\omega^2 \phi_1}{g} \tag{2}$$

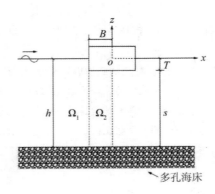

图 1　多孔海床上波浪与固定方箱模型

由 Yamamoto-Madsen 多孔海床模型[8]可知，对于无限厚度的海床，在竖直方向上土体的运动速度为

$$v = \frac{-\mathrm{i}\omega p}{2G}\left\{\left[C_0^\infty - \frac{1+2\lambda}{k}C_1^\infty + C_1^\infty(z+h)\right]\mathrm{e}^{k(z+h)} + \frac{\delta}{k}C_2^\infty \mathrm{e}^{\delta(z+h)}\right\} \tag{3}$$

其中：

$$C_0^\infty = \frac{-\lambda[\mu(\delta-k)^2 - \delta(\delta-2k)]}{k(\delta-k)(\delta-\delta\mu+k\mu+k\lambda)} \tag{4}$$

$$C_1^\infty = \frac{\delta-\delta\mu+k\mu}{\delta-\delta\mu+k\mu+k\lambda} \tag{5}$$

$$C_2^\infty = \frac{k\lambda}{(\delta-k)(\delta-\delta\mu+k\mu+k\lambda)} \tag{6}$$

$$\delta^2 = k^2\frac{k_x}{k_z} - \frac{\mathrm{i}\omega\gamma_w}{k_z}\left[n\beta + \frac{1-2\mu}{2G(1-\mu)}\right] \tag{7}$$

$$\lambda = \frac{(1-2\mu)\left[k^2\left(1-\dfrac{k_x}{k_z}\right) + \dfrac{\mathrm{i}\omega\gamma_w n\beta}{k_z}\right]}{k^2\left(1-\dfrac{k_x}{k_z}\right) + \dfrac{\mathrm{i}\omega\gamma_w}{k_z}\left(n\beta + \dfrac{1-2\mu}{G}\right)} \tag{8}$$

式中：G 为土体的剪切模量；k 为波数；p 为波浪作用在海床上的动压强；k_x 为海床水平方向的渗透系数；k_z 为海床竖直方向的渗透系数；γ_w 为水的比重；n 为土体孔隙率；β 为孔隙流体的压缩系数；μ 为泊松比。

对于完全饱和海床，$\lambda=0$，相应的，$C_0^\infty = 0$，$C_1^\infty = 1$，$C_2^\infty = 0$。那么，对于 Ω1 区域，在 $z=-h$ 处有

$$\frac{\partial \phi_1}{\partial z} = -\frac{\rho\omega^2}{2Gk_0}\phi_1 \tag{9}$$

式中：ρ 为水的密度；k_0 为 Ω1 区域内速度势的特征值，且满足

$$k_0 \sinh k_0 h - \frac{\rho\omega^2}{2Gk_0}\cosh k_0 h = \frac{\omega^2}{g}\left(\cosh k_0 h - \frac{\rho\omega^2}{2Gk_0^2}\sinh k_0 h\right) \tag{10}$$

在 $x=-B$，$-T \leqslant z \leqslant 0$ 上有

$$\frac{\partial \phi_1}{\partial x} = 0 \tag{11}$$

在 $x=-\infty$ 上有

$$\frac{\partial \phi_1}{\partial x} = -\mathrm{i}k_0 \phi_1 \tag{12}$$

对于 $\Omega2$ 区域，在 $z=-T$，$-B \leqslant x \leqslant 0$ 上有

$$\frac{\partial \phi_2}{\partial z} = 0 \tag{13}$$

在 $z=-h$ 处有

$$\frac{\partial \phi_2}{\partial z} = -\frac{\rho \omega^2}{2G\lambda_0} \phi_2 \tag{14}$$

式中：λ_0 为 $\Omega2$ 区域内速度势的特征值，且满足

$$\tanh S\lambda_0 = \frac{\rho \omega^2}{2G\lambda_0^2} \tag{15}$$

2 解析求解

本文先将速度势分解成为对称势 ϕ^s 和反对称势 ϕ^a 两部分，在 $\Omega1$ 区域内的对称势为

$$\phi_1^s(x,z) = \frac{-\mathrm{i}gA}{\omega}\left\{\left[\mathrm{e}^{\mathrm{i}k_0(x+B)} + A_0^s \mathrm{e}^{-\mathrm{i}k_0(x+B)}\right]Z_0(k_0z) + \sum_{m=1}^{\infty} A_m^s \mathrm{e}^{k_m(x+B)}Z_m(k_mz)\right\} \tag{16}$$

式中：A 为入射波浪波幅；A_0^s 和 A_m^s 为待定系数；且有

$$Z_0(k_0z) = \frac{\cosh[k_0(z+h)] - \dfrac{\rho\omega^2}{2Gk_0^2}\sinh[k_0(z+h)]}{\cosh(k_0h) - \dfrac{\rho\omega^2}{2Gk_0^2}\sinh(k_0h)} \tag{17}$$

$$Z_m(k_mz) = \frac{\cos[k_m(z+h)] - \dfrac{\rho\omega^2}{2Gk_0k_m}\sin[k_m(z+h)]}{\cos(k_mh) - \dfrac{\rho\omega^2}{2Gk_0k_m}\sin(k_mh)} \qquad (m=1,2,3,\cdots) \tag{18}$$

式中：特征值 k_m 满足

$$-k_m\sin(k_mh) - \frac{\rho\omega^2}{2Gk_0}\cos(k_mh) = \frac{\omega^2}{g}\left[\cos(k_mh) - \frac{\rho\omega^2}{2Gk_0k_m}\sin(k_mh)\right] \tag{19}$$

$\Omega2$ 区域内的对称势为

$$\phi_2^s(x,z) = \frac{-\mathrm{i}gA}{\omega}\left[B_0^s \frac{\cos\lambda_0x}{\cos\lambda_0B}Y_0(\lambda_0z) + \sum_{n=1}^{\infty}B_n^s\frac{\cosh\lambda_nx}{\cosh\lambda_nB}Y_n(\lambda_nz)\right] \tag{20}$$

式中：B_0^s 和 B_n^s 为待定系数；且有

$$Y_0(\lambda_0z) = \frac{\sqrt{2}}{2}\left\{\cosh[\lambda_0(z+h)] - \frac{\rho\omega^2}{2G\lambda_0^2}\sinh[\lambda_0(z+h)]\right\} \tag{21}$$

$$Y_n(\lambda_nz) = \cos[\lambda_n(z+h)] - \frac{\rho\omega^2}{2G\lambda_0\lambda_n}\sin[\lambda_n(z+h)] \qquad (n=1,2,3,\cdots) \tag{22}$$

式中：特征值 λ_n 满足

$$\tan S\lambda_n = -\frac{\rho\omega^2}{2G\lambda_0} \tag{23}$$

然后利用垂向特征函数 $Z_m(k_m z)$ 和 $Y_n(\lambda_n z)$ 的正交性，在 $x=-B$ 处进行速度势和速度匹配，对 $\Omega1$ 和 $\Omega2$ 上速度势分别取 $M+1$ 和 $N+1$ 项近似，可建立两个线性方程组

$$\{f_n\}_{N+1} + [a_{nm}]_{(N+1)(M+1)}\{A_m^s\}_{M+1} = \{B_n^s\}_{N+1} \tag{24}$$

$$\{e_m\}_{M+1} + \{A_m^s\}_{M+1} = [b_{mn}]_{(M+1)(N+1)}\{B_n^s\}_{N+1} \tag{25}$$

在 $\Omega1$ 区域内的反对称势为

$$\phi_1^a(x,z) = \frac{-igA}{\omega}\left\{\left[(e^{ik_0(x+B)} + A_0^a e^{-ik_0(x+B)}]Z_0(k_0 z) + \sum_{m=1}^{\infty} A_m^a e^{k_m(x+B)}Z_m(k_m z)\right\} \tag{26}$$

式中：A_0^a 和 A_m^a 是待定系数。

在 $\Omega2$ 区域的反对称势为

$$\phi_2^a(x,z) = \frac{-igA}{\omega}\left[B_0^a\frac{\sin\lambda_0 x}{\sin\lambda_0 B}Y_0(\lambda_0 z) + \sum_{n=1}^{\infty}B_n^a\frac{\sinh(\lambda_n x)}{\sinh(\lambda_n B)}Y_n(\lambda_n z)\right] \tag{27}$$

式中：B_0^a 和 B_n^a 是待定系数。

同理可得另外两个线性方程组

$$\{c_n\}_{N+1} + [d_{nm}]_{(N+1)(M+1)}\{A_m^s\}_{M+1} = \{B_n^s\}_{N+1} \tag{28}$$

$$\{e_m\}_{M+1} + \{A_m^s\}_{M+1} = [l_{mn}]_{(M+1)(N+1)}\{B_n^s\}_{N+1} \tag{29}$$

最后联立线性方程组（24）、方程组（25）和方程组（28）、方程组（29）可分别求得展开式系数 A_m^s、B_n^s 和 A_m^a、B_n^a。对称解和反对称解叠加后可得到总的反射系数为

$$K_r = (A_m^s + A_m^a)/2 \tag{30}$$

透射系数为

$$K_t = (A_n^s - A_n^a)/2 \tag{31}$$

3　计算结果与讨论

3.1　模型收敛性验证

为了验证该模型的收敛性，这里取 $\rho=1\,023$ kg/m³，$G=4.8\times10^9$ N/m²，$g=9.8$ m/s²，$B=h=10$ m，$T/h=0.25$。如无其他具体说明，则本文均是按照以上数据进行验证和计算的。图 2 是取不同的 M 和 N 值所对应的波浪的反射系数，可以看出，在 $M=N=20$ 时，波浪的反射系数就不再有变化，说明本模型是收敛的。

3.2　模型准确性验证

从淤泥到黏土到非常密实的沙，土体剪切模量大致为 $4.8\times10^5\sim4.8\times10^8$ N/m²[9]。为了验证本文的正确性，取土体剪切模量为 4.8×10^9 N/m²，此时近似于把海床当做刚体处理，即不考虑海床内部的运动响应。由图 3

可知，该模型下波浪的反射系数与李玉成和滕斌[10]的解析结果基本吻合，验证了本模型的准确性。

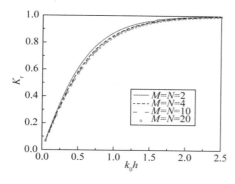 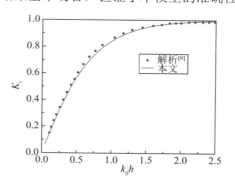

图 2   波浪与方箱作用下的反射系数   图 3 本文与解析[10]的结果对比

3.3   土体剪切模量对波浪反射系数的影响

图 4 为土体剪切模量 G 对波浪反射系数的影响。计算结果表明，波浪与方箱作用下的反射系数随着波数的增大而增大，土体剪切模量 G 的值越大反射系数越大，不同 G 值对应的反射系数最大差值可达 0.1，当 G 值超过 4.8×10^6 N/m² 时，反射系数无明显变化且接近于把海床当做刚体处理的结果。这是因为海床土体剪切模量越大，构成海床的多孔介质越密实，从而引起海床的动态响应就越小，对波浪的影响就越小。

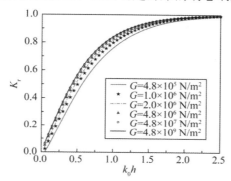

图 4   土体剪切模量对波浪反射系数的影响

3.4   吃水对波浪反射系数和透射系数的影响

为了研究多孔海床上方箱吃水对波浪反射和透射系数的影响，这里取土体剪切模量为 2.0×10^6 N/m²。由图 5 可以看出，在低频区，波浪反射系数较小，而在高频区的反射系数较大，透射系数相反，这是因为长波透射性能强。方箱的吃水越大，反射系数越大，透射系数越小，当达到 3/4 水深吃水时，则很容易发生全反射。由于海床土体的剪切模量较小，海床内部的运动响应较大，竖直方向上的土体位移较大，当方向吃水很大的时候，波浪不仅受到了箱体的阻挡，还受到了下部海床的挤压，所以波浪很有可能会发生全反射。

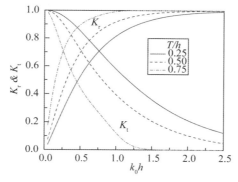

图 5   箱体吃水对波浪反射、透射系数的影响

3.5 吃水对垂向波浪力的影响

垂向波浪力的计算公式为

$$F_z = \mathrm{i}\omega\rho \int_{-B}^{0} \phi^s(x, -T)\mathrm{d}x \tag{32}$$

为了研究多孔海床上方箱吃水对方箱上的垂向波浪力的影响，取土体剪切模量为 $2.0\times10^6\,\mathrm{N/m^2}$。图 6 表明，在低频区，吃水越大，垂向波浪力越大，在高频区，吃水越大，垂向波浪力越小，当达到 3/4 水深吃水时，随着波数的增加，垂向波浪力减小得越迅速，这可能是因为当波浪频率逐渐增大且海床土体剪切模量较小的时候，海床内部土体运动幅度会越来越大，对波浪影响较大，使得波浪作用在方箱上的垂向波浪力会迅速减小。

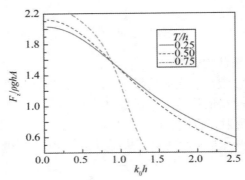

图 6　吃水对方箱上垂向波浪力的影响

4　结　语

本文根据 Yamamoto-Madsen 多孔海床模型，考虑海床内部的运动响应对波浪和结构物的影响，结合线性动压强公式推导出海底边界条件，基于线性势流理论，运用特征函数展开法研究多孔海床上波浪与固定方箱相互作用的问题，求解出波浪与方箱作用下的反射系数和透射系数以及作用在方箱上的垂向波浪力，并将求解出的结果与已有的解析结果进行对比，分析完全饱和海床的土体剪切模量和吃水对波浪的反射、透射系数和垂向波浪力的影响。

计算结果表明，海床的土体剪切模量越大，波浪的反射系数越大，当土体剪切模量超过 $4.8\times10^6\,\mathrm{N/m^2}$ 时，波浪的反射系数将无明显变化，即此时海床的内部运动响应对波浪和结构物基本上无影响。另外，当海床土体剪切模量较小时，吃水越大，波浪的反射系数越大，透射系数越小，并且在方箱吃水很深的时候，很有可能会发生全反射；方箱上的垂向波浪力随着波浪频率的增大而逐渐减小，但当方箱吃水很深的时候，垂向波浪随着波浪频率的增大而迅速减小，说明此时海床内部的运动响应对波浪和结构物的影响较大。

以上结果说明，多孔海床内部的运动响应对波浪与结构物的相互作用存在一定的影响。实际上，波浪作为多孔海床的外荷载，它们三者之间是相互作用相互影响的。因此，在研究波浪与结构物相互作用的问题上，有的时候需要考虑海床内部运动响应的影响。

参考文献：

[1]　PUTNAM J A. Loss of wave energy due to percolation in a permeable sea bottom[M]. American Geophysical Union,1949: 349-356.

[2]　REID R O, KAJIURA K. On the wave damping of gravity waves over a permeable sea bed[M]. American Geophysical Union,1957: 662-666.

[3]　CORVARO S, MANCINELLI A, BROCCHINI M, et al. On the wave damping due to a permeable seabed[J]. Coastal Engineering, 2010.

[4]　FREYERMUTH A T, BROCCHINI M, CORVARO S, et al. Wave attenuation over porous seabeds: A numerical study[J]. Ocean Modelling, 2017.

[5]　TASI C P, CHEN H B, LEE F C. Wave transformation over submerged permeable breakwater on porous bottom[J]. Ocean

Engineering, 2006.

[6]　BEHERA H, NG C O, SAHOO T. Oblique wave scattering by a floating elastic plate over a porous bed in single and two-layer fluid system[J]. Ocean Engineering, 2018.

[7]　JENG D S. Porous Models for Wave-Seabed Interactions[M]. Berlin: Spring, 2013.

[8]　JENG D S. Mechanics of Wave-Seabed-Structure interactions: Modelling, processes and applications[M]. Shanghai: SJTUP, 2018.

[9]　邱大洪, 孙昭晨. 波浪渗流力学[M]. 北京：国防工业出版社, 2006.

[10]　李玉成, 滕斌. 波浪对海上建筑物的作用[M]. 北京：海洋出版社, 2015.

窄缝共振条件下固定方箱所受波浪力的数值研究

高俊亮 [1,2]，何志伟 [1]，王　洋 [3]，臧　军 [2]，陈　强 [2]，丁浩宇 [2]，王　岗 [4]

（1. 江苏科技大学 船舶与海洋工程学院，江苏 镇江 212003；2. Department of Architecture and Civil Engineering, University of Bath, BA2 7AY, U.K.；3. 中国船级社江苏分社建造海工处，江苏 南京 210000；4. 河海大学 港口海岸与近海工程学院，江苏 南京 210098）

摘要：基于 OpenFOAM，利用二维数值波浪水槽，对固定方箱与垂直墙间窄缝共振条件下的波浪力进行了数值研究。箱壁系统承受不同频率和高度的正弦入射波并讨论垂直墙前不同坡度坡面对波浪力的影响。本文主要研究地形变化对波浪荷载的影响，包括水平波浪力和垂直波浪力。结果表明：最大水平波浪力和最大垂直波浪力出现的频率均随地形坡度 S 的增大而减小，且所有这些频率均与流体的共振频率有不同程度的偏离。

关键词：流体共振；狭窄缝隙；地形效应；波浪载荷；OpenFOAM

　　近几年来，多层海洋结构的研究及其广泛的应用，引起了全球沿海和近海工程领域的广泛关注。例如，在液化天然气的生产过程中，浮动液化天然气平台（FLNG）和液化天然气运输船（LNGC）通常是并排摆放的，它们的间距往往很小以便于天然气从 FLNG 转移到 LNGC[1-2]。广泛应用于港口的大型底置沉箱间的距离也较小[3-4]。在一定的波浪条件下，可能会引起这些窄缝内的流体剧烈振荡，这种现象常被称为"窄缝共振"。窄缝共振可导致海洋结构上的水动力载荷比单独作用在该结构上的水动力载荷要大很多[3,5]，导致并排系泊船舶的过度运动[6]，也可能导致波浪漫到码头、船舶的甲板或海洋平台上[7]。这些由窄缝共振引起的水动力问题，极大地影响了装卸效率，甚至严重威胁到工程的安全。因此，为了提高与窄缝共振有关的工程作业的效率和安全性，必须进行更多的相关研究，以进一步提高对窄缝共振问题的认识。

　　虽然目前对于窄缝共振存在大量的研究，但大多数研究都集中在多个固定/浮动结构所形成的窄缝内部流体共振以及相应的波浪力对这些结构的影响[1,4,8-9]，对停泊在码头前的大型船舶与码头之间的窄缝内流体共振的研究较少。Wang 和 Zou[10]利用物理模型试验和数值模拟研究了在浅水中固定的船舶截面与坐底式垂直码头之间窄缝内的流体共振。Tan 等[11]结合半解析分析和物理试验，研究了由固定方箱和垂直墙之间形成的窄缝内流体共振所涉及的能量耗散。在所有这些研究中，在垂直码头（或垂直墙）前的海床总是被假定为平坦的，没有考虑地形变化对窄缝共振的影响。由于港口内的地形通常是不均匀的，码头前的水深在大多数情况下往往变化不定[12]，Gao 等[7]首次研究了地形变化对固定方箱与垂直墙间窄缝共振的影响，系统研究了流体共振条件下箱壁系统的流体共振频率、窄缝内的共振波高和反射系数。数值模拟表明，这些参数都与垂直墙前的地形变化密切相关，预计地形变化对波浪荷载的影响将是显著的。这即是本文的研究内容。

1　数值模型

　　水和空气的不可压缩两相流的质量守恒方程和动量守恒方程可以表示为

$$\frac{\partial \rho}{\partial t} + \nabla \cdot (\rho \boldsymbol{u}) = 0 \tag{1}$$

$$\frac{\partial \rho \boldsymbol{u}}{\partial t} + \nabla \cdot (\rho \boldsymbol{u} \boldsymbol{u}^{\mathrm{T}}) = -\nabla p - (g \cdot \boldsymbol{x}) \nabla \rho + \nabla \cdot (\mu \nabla \boldsymbol{u}) + \sigma_t k_\alpha \nabla \alpha \tag{2}$$

基金项目：国家重点研发计划（2017YFC1404200）；国家自然科学基金（51609108）；江苏省政府留学奖学金（资助高俊亮博士赴英国巴斯大学作访学研究）；英国工程与自然科学研究理事会（EPSRC）ResIn 中英联合项目（EP/R007519/1）；英国皇家工程院 UK-CIAPP 项目（UKCIAPP/73）

式中：$\nabla = \left(\dfrac{\partial}{\partial x}, \dfrac{\partial}{\partial y}, \dfrac{\partial}{\partial z}\right)$ 是梯度算子，$\boldsymbol{u}=(u,v,w)$ 是速度矢量，$\boldsymbol{x}=(x,y,z)$ 是笛卡儿坐标向量，ρ、p 和 g 分别表示流体密度、流体压力和重力加速度。μ、σ_t 和 k_α 分别表示流体动力黏度、表面张力系数和表面曲率。α 表示计算单元中水的体积分数，为 1 时是水，为 0 时是空气，在这之间的数值是水与空气都有。以上方程同时对水和空气进行了求解。α 的分布通过以下对流方程得出：

$$\frac{\partial \alpha}{\partial t} + \nabla \cdot (\alpha \boldsymbol{u}) + \nabla \cdot \left[\alpha(1-\alpha)\boldsymbol{u}_r\right] = 0 \tag{3}$$

式中：$\boldsymbol{u}_r = \boldsymbol{u}_{\text{water}} - \boldsymbol{u}_{\text{air}}$ 是空气和水之间的相对速度。通过 α，任何流体属性的空间变化 φ（例如，流体密度 ρ 和动力黏度 μ）均可通过空气和水的属性的加权平均来表示：

$$\varphi = (1-\alpha)\varphi_{\text{air}} + \alpha\varphi_{\text{water}} \tag{4}$$

下标"air"和"water"分别是指与空气和水对应的流体性质。

采用有限体积法（FVM）求解控制方程（1）、（2）和对流方程（3）。利用 PISO 算法求解速度—压力耦合问题。梯度用基于单元中心到单元面线性插值的高斯积分方法近似。时间导数采用一阶欧拉格式求解。采用高斯对流格式对散度项进行离散。

在每一时间步内，一旦式（1）～（3）被求解，则结构物上所受的波浪力可通过以下积分公式求得：

$$\boldsymbol{F} = \int_\Omega \left[p\boldsymbol{n} + \mu(\partial \boldsymbol{u}_\tau/\partial \boldsymbol{n})\right]\mathrm{d}s \tag{5}$$

式中：$\boldsymbol{F}$ 为波浪力矢量；$\boldsymbol{n}$ 是单位法向量；$\boldsymbol{u}_\tau$ 是切向速度分量；$\mathrm{d}s$ 是湿表面 Ω 上的表面面积微分。

2　数值模型的验证

Wang 和 Zou[10]进行了一组物理模型试验，研究了船舶截面与垂直码头间窄缝内的流体共振现象。在试验中测量了不同位置的自由水面高度和船舶截面上的波浪力。物理模型试验布置如图 1 所示。

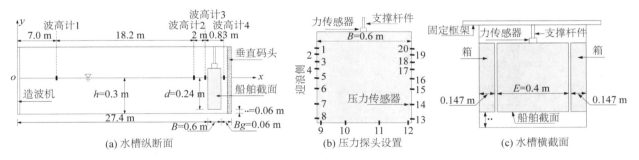

(a) 水槽纵断面　　　　　(b) 压力探头设置　　　　　(c) 水槽横截面

图 1　Wang 和 Zou[10]的物理试验设置

在物理试验中，造波机分别生成了椭圆余弦波和正弦波，并对四组算例（椭圆余弦波和正弦波各两组）进行了研究。本节仅对正弦波入射的两组算例，即 Wang 和 Zou[10]中的算例 2 和 4，使用数值模型进行了模拟。表 1 给出了这两组算例中所使用的入射波参数。

表 1　Wang 和 Zou[10]在算例 2 和算例 4 中使用的入射波参数

算例	波形	波高 H_0/m	H_0/h	波周期 T/s	$T\sqrt{g/h}$
2	正弦波	0.06	0.2	3	17.1
4	正弦波	0.06	0.2	5	28.5

图 2 为算例 2 和算例 4 中船舶截面上波浪力的试验和数值模拟结果对比。结果表明，数值模型预测的水平波浪力和垂直波浪力与试验数据吻合较好。并且在所有的波高计数据中，数值模型预测的自由面

高程也与试验数据吻合良好，由于空间的限制，本文没有给出相关结果。

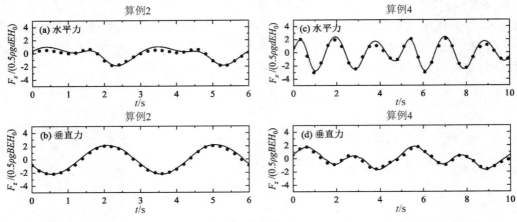

图 2　船舶截面所受波浪力的时间历程曲线

3　研究内容

本文中使用的二维数值波浪水槽的定义示意图如图 3 所示。波浪水槽长 14.0 m，高 0.8 m。波浪水槽在 y 轴方向的宽度为 W=0.1 m，对应一个计算单元。在波浪入射边界处，速度定义为输入正弦波的速度，压力梯度设置为零。在波浪入射边界处设置松弛区，吸收箱壁系统的反射波。在水槽的上部，边界条件设定为"atmosphere"；而在水槽的右侧和底部边界以及固定箱体的墙壁处，采用"no-slip"边界条件。对于二维问题，将三维墙体的边界条件设置为"empty"。入射波频率 ω 的范围是 2.514~5.586 rad/s；无量纲波数 kh 的范围是 0.6~1.7（k=$2\pi/L$ 表示波数，L 表示入射波长）。数值模拟中考虑了五种不同的波高，分别为 H_0=0.005 m、0.024 m、0.050 m、0.075 m 和 0.100 m。

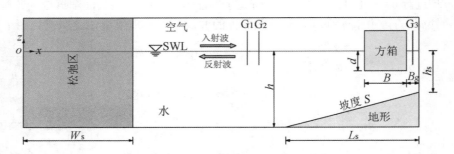

图 3　数值波浪水槽的示意图及几何参数的定义

如前所述，本文的研究是 Gao 等[7]的数值研究的延伸。对于图 3 所描述的模型，Gao 等[7]系统地研究了地形变化对流体共振频率、窄缝共振波浪高度和箱壁系统反射系数的影响。本文进一步研究了地形变化对作用在箱体上的波浪荷载（包括水平波浪力和垂直波浪力）的影响。

3.1　水平波浪力

图 4 为不同地形和入射波高下水平波浪力相对于入射波频率的变化情况。图中竖向虚线从左至右分别为 S=0.113 地形的流体共振频率 $(kh)_{Hg}$ 和最大水平波浪力出现频率 $(kh)_{Fx}$。Gao 等[7]给出了这些地形和入射波高度下 $(kh)_{Hg}$ 的值。可以直观地从这个图中看出两个明显的现象。首先，对于本文所考虑的所有入射波高，最大水平波浪力发生的频率 $(kh)_{Fx}$ 总是随着地形坡度 S 的增加而减小。为了更好地反映这一现象，图 5 进一步说明了 $(kh)_{Fx}$ 相对于地形坡度的变化。结果表明，$(kh)_{Fx}$ 值随地形坡度的增大而逐渐减小，这与 Gao 等[7]的流体共振频率相对于斜率的变化趋势相似，说明窄缝内波场对箱体上的水平波浪力有主导作用。其次，对于 S=0.113 的地形，无论入射波高是小还是大，最大水平力出现的频率 $(kh)_{Fx}$ 与流体共振频率 $(kh)_{Hg}$ 都存在明显的偏差。事实上，对于其他的地形，类似的现象也是可以观察到的。为了更直观、更全面地显示这一现象，图 6 显示了 $(kh)_{Fx}$ 和 $(kh)_{Hg}$ 在所有情况下

的差异。可以看出，在绝大多数情况下，$(kh)_{Fx}$ 的值总是大于 $(kh)_{Hg}$；只在两种情况下 $(kh)_{Fx}$ 和 $(kh)_{Hg}$ 相等。

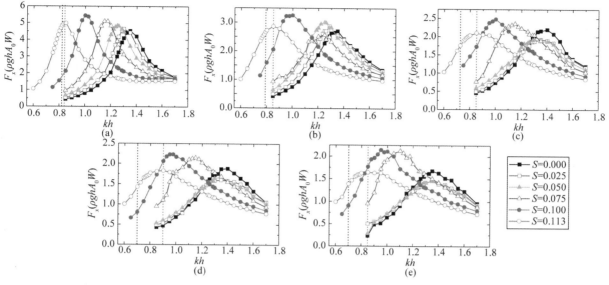

图 4　不同地形和入射波高条件下水平波浪力随入射波频率的变化

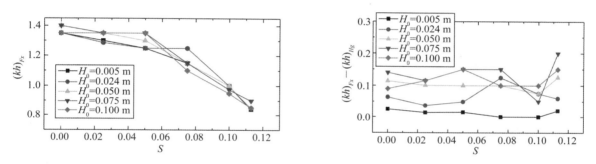

图 5　最大水平波浪力的发生频率 $(kh)_{Fx}$ 相对于地形坡度 S 的变化　　图 6　$(kh)_{Fx}$ 和 $(kh)_{Hg}$ 在所有情况下的差异

3.2　垂直波浪力

图 7 为不同地形和入射波高度下垂直波浪力随波频的变化情况。

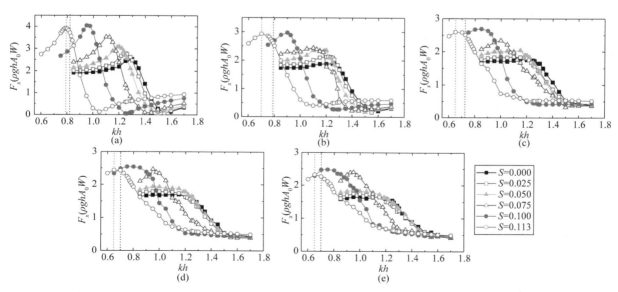

图 7　不同地形和入射波高条件下垂直波浪力随入射波频率的变化

图中竖向虚线从左至右分别为 S=0.113 地形的流体共振频率（kh）$_{Hg}$ 和最大垂直波浪力出现的频率（kh）$_{Fz}$。从图中可以直观地观察到两个明显的现象。首先，对于所有情况下的入射波高，最大垂直波浪力出现的频率（kh）$_{Fz}$ 总是随着地形坡度 S 的增加而减小。为了更好地表示这一现象，图 8 进一步给出了（kh）$_{Fz}$ 随地形坡度 S 的变化。与频率（kh）$_{Fx}$ 相似，（kh）$_{Fz}$ 的大小也随着地形坡度 S 的增加而逐渐减小。这表明窄缝内波场对垂直波浪力也有很大的影响。其次，对于 S=0.113，与（kh）$_{Fx}$ 相似，无论入射波高是小还是大，最大垂直波浪力出现的频率（kh）$_{Fz}$ 与流体共振频率（kh）$_{Hg}$ 之间都存在明显的偏差。对于其他地形，也可以观察到类似的现象。然而，当入射波高相对较大时，地形坡度相对较小时[见图 7（c）至图 7（e）]，与（kh）$_{Fx}$ 不同，（kh）$_{Fz}$ 往往大于（kh）$_{Hg}$，相对于（kh）$_{Hg}$，（kh）$_{Fz}$ 较小。为了更全面地说明这一现象，图 9 进一步展示了（kh）$_{Fz}$ 和（kh）$_{Hg}$ 在所有情况下的差异。结果表明，（kh）$_{Fz}$－（kh）$_{Hg}$ 的值总是为负值，说明在本文所考虑的所有地形和入射波高中，（kh）$_{Fz}$ 的值总是小于（kh）$_{Hg}$ 的对应值。

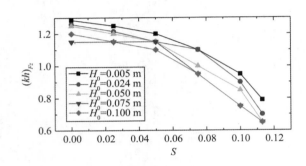 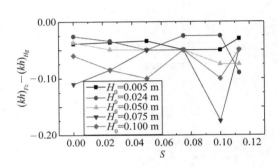

图 8　最大垂直波浪力的发生频率（kh）$_{Fx}$ 相对于地形坡度 S 的变化　图 9　在所有情况下的（kh）$_{Fz}$ 和（kh）$_{Hg}$ 的差异

4　结　语

利用基于 CFD 的 OpenFOAM，研究了不同波高正弦波作用下方箱与垂直墙窄缝共振过程中方箱上的波浪载荷。与以往的研究相比，本文首次研究了地形变化对窄缝共振过程中波浪载荷的影响。根据 Wang 和 Zou[10]的试验数据，首次验证了该数值模型能够准确地预测箱壁系统的波浪高度和波浪荷载。然后，系统地研究了地形变化对波浪荷载的影响，包括水平波浪力和垂直波浪力。本研究为大型船舶在码头前靠泊所形成的窄缝共振问题所涉及的水动力特性提供了依据。

从本研究的结果可以得出以下结论：

1）对于本文所考虑的所有入射波高，最大水平波浪力和最大垂直波浪力出现的所有频率[即（kh）$_{Fx}$ 和（kh）$_{Fz}$]均随地形坡度 S 的增加而减小。这些现象与 Gao 等[7]中展示的流体共振频率[即（kh）$_{Hg}$]相对于斜率的变化类似，表明窄缝内流体共振对作用在箱体上的波浪载荷有主导作用。

2）由于受方箱左侧波浪场的调制，（kh）$_{Fx}$ 和（kh）$_{Fz}$ 的所有值都与流体共振频率（kh）$_{Hg}$ 有不同程度的偏差。对于（kh）$_{Fx}$，绝大多数情况下它们都要大于相应的（kh）$_{Hg}$ 的值，只在两种情况下它们与（kh）$_{Hg}$ 相等。对于（kh）$_{Fz}$，所有这些值均小于相应的（kh）$_{Hg}$ 的值。

以上结论仅适用于给定的几何布局（包括箱体的尺寸和吃水、窄缝宽度和水深）以及本文所研究的地形坡度和入射波高的范围。

参考文献：

[1]　FENG X, BAI W. Hydrodynamic analysis of marine multibody systems by a nonlinear coupled model[J]. Journal of Fluids and Structures, 2017, 70: 72-101.

[2]　ZHAO W, PAN Z, LIN F, et al, Efthymiou M. Estimation of gap resonance relevant to side-by-side offloading[J]. Ocean Engineering, 2018, 153: 1-9.

[3]　MIAO G, SAITOH T, ISHIDA H. Water wave interaction of twin large scale caissons with a small gap between[J]. Coastal Engineering Journal, 2001, 43: 39-58.

[4]　ZHU D T, WANG X G, LIU Q J. Conditions and phase shift of fluid resonance in narrow gaps of bottom mounted caissons[J]. China Ocean Engineering, 2017, 31: 724-735.

[5]　ZHU R, MIAO G, YOU Y. Influence of gaps between 3-D multiple floating structures on wave forces[J]. Journal of Hydrodynamics, Ser B, 2005, 17: 141-147.

[6]　CHUA KH, MELLO P D, MALTA E, et al. Irregular seas model experiments on side-by-side barges[C]// Proceedings of the Twenty-eighth (2018) International Ocean and Polar Engineering Conference. Sapporo, Japan, 2018: 1180-1189.

[7]　GAO J, HE Z, ZANG J, et al. Topographic effects on wave resonance in the narrow gap between fixed box and vertical wall[J]. Ocean Engineering, 2019, 180: 97-107.

[8]　GAO J, ZANG J, CHEN L, et al. On hydrodynamic characteristics of gap resonance between two fixed bodies in close proximity[J]. Ocean Engineering, 2019, 173: 28-44.

[9]　LU L, TENG B, SUN L, et al. Modelling of multi-bodies in close proximity under water waves—Fluid forces on floating bodies[J]. Ocean Engineering, 2011, 38: 1403-1416.

[10]　WANG D G, ZOU Z L. Study of non-linear wave motions and wave forces on ship sections against vertical quay in a harbor[J]. Ocean Engineering, 2007, 34: 1245-1256.

[11]　TAN L, LU L, LIU Y, et al. Dissipative effects of resonant waves in confined space formed by floating box in front of vertical wall[C]// Proceedings of the Eleventh ISOPE Pacific/Asia Offshore Mechanics Symposium. Shanghai, China, 2014.

[12]　GAO J, JI C, LIU Y, et al. Numerical study on transient harbor oscillations induced by solitary waves[J]. Ocean Engineering. 2016, 126: 467-480.

波浪作用下近水面水平圆柱的水动力系数研究

毛鸿飞 [1,2]，滕　斌 [2]

（1. 广东海洋大学 海洋工程学院，广东　湛江　524088；2. 大连理工大学 海岸和近海国家重点实验室，
辽宁　大连　116024）

摘要： 为了研究大波幅非线性波浪作用下近水面水平圆柱上波浪力和水动力系数的特征，本文基于黏性流理论和有限体积方法开发了数值波浪水槽模型，分析了入射波波幅和波频率对波浪力特征的影响，提出了可以考虑圆柱完全暴露于空气情况的改进 Morison 方程，通过大量的数据拟合得到了水动力系数，并给出了参考值。研究发现，圆柱上波浪力随波幅和频率增大逐渐增大，而由于浮力占重要比例，正垂向力受波频率的影响并不显著；所得惯性力系数和速度力系数最大值相比淹没圆柱在线性波浪作用下的水动力系数较大。

关键词： 水平圆柱；波浪力；改进 Morison 方程；水动力系数

在海洋工程中，水平圆柱结构的应用非常广泛，如海上输油管线等和海上采油平台导管架等。为保证近水面水平圆柱结构安全，避免坍塌和疲劳破坏，需对其在波浪作用下的受力特征进行研究，在设计阶段对波浪力进行准确预测。早期对近水面水平圆柱上的波浪力和水动力系数的研究大多采用物理试验方法和 Morison 方程预测方法[1]。Dixon 等[2]和 Easson 等[3]先后对小幅波浪作用下部分淹没水平圆柱上的波浪力和水动力系数开展了物理试验研究，根据波面与圆柱截面的几何关系推导出圆柱淹没体积和速度投影面积的表达式，提出了考虑了惯性力、速度力和浮力的改进 Morison 方程，结合试验数据在垂向方向拟合水动力系数，结果表明，惯性力系数小于 2.0，速度力系数分散性较强。Chaplin[4]对近水面淹没水平圆柱上的波浪力开展了物理试验研究，发现惯性力系数随着波幅增大的变化趋势为先减小后增大，并认为是有旋流动产生升力以及边界层分离影响。Contento 和 Codiglia[5]对淹没水平圆柱上的波浪力开展了物理试验研究，考察低 Kc 数下圆柱淹没深度对波浪力的影响，研究表明，淹没深度对波浪力的高倍频分量影响较显著。

随着计算机技术和计算流体动力学（CFD）的发展，对近水面水平圆柱上的波浪力的数值模拟研究也相继开展。Guerber 等[6-7]基于势流理论，采用边界元方法建立了二维数值水槽模型，并对非线性波浪作用下近水面淹没水平圆柱上的波浪力进行计算，获得了波浪力及其高倍频分量。Hu 等[8]基于黏性流理论建立了数值水槽模型，并对线性波浪作用下半淹没水平圆柱上的波浪力进行了数值计算，其数值结果与前人的试验数据吻合较好。Westphalen 等[9]应用基于黏性流理论并分别采用四种数值方法所建立的水槽模型，对线性波浪作用下半淹没水平圆柱上的波浪力进行了数值计算，得到的数值结果与前人的试验数据总体上吻合较好。Bai 等[10]基于势流理论，采用边界元方法建立了完全非线性三维数值水槽模型，计算了近水面淹没水平圆柱上波浪力。Chen 等[11]应用基于黏性流理论所建立的二维数值水槽模型，对部分淹没水平圆柱和方柱上的波浪力进行了数值计算，并分析了水平和垂向波浪力的特征，结果表明，入射波波长较长时，对应的惯性力较小，其波浪力数值结果相比较 Dixon 等[2]的试验结果较大。Teng 等[12]基于黏性流理论，采用有限体积方法建立了数值水槽模型，对近水面淹没水平圆柱上的波浪力开展了数值模拟研究，并解释了黏性流与势流理论下惯性力之间差距随着波幅增大而逐渐增大的原因。姚晓杰等[13]研究了波浪要素对水平固定圆柱杆件水动力系数的影响。

上述对波浪作用下近水面水平圆柱上波浪力的研究尚未系统考察大幅波浪下圆柱所受波浪力的特征，改进 Morison 方程对波浪力的预测无法考虑大幅波浪下圆柱完全暴露于空气中的情况，对水动力系数的拟合仅在垂向单一方向。本文基于黏性流理论，采用有限体积方法建立数值波浪水槽模型，并应用该模型，针对上述前人研究的局限性，对大幅非线性波浪作用下近水面水平圆柱上的波浪力特征和水动力系数进行数值计算研究。首先，通过与物理试验数据的对比验证数值模型的准确性。其次，通过不同入射波波幅和波频率下波浪力对比，分析波浪参数对波浪力特征的影响。最后，提出考虑大幅波浪作用下，圆柱完全暴

露于空气中情况的改进的 Morison 方程，在水平和垂向方向对水动力系数联立求解，获得其参考值。

1　数值方法

1.1　控制方程

数值模型以 Navier-Stokes 方程为控制方程。对于不可压缩黏性流体的流动问题，连续性方程和动量守恒方程分别表示为如下张量形式：

$$\frac{\partial \rho u_i}{\partial x_i} = 0 \tag{1}$$

$$\frac{\partial \rho u_i}{\partial t} + \frac{\partial \rho u_i u_j}{\partial x_j} = -\frac{\partial p}{\partial x_i} + \mu \frac{\partial}{\partial x_j}\left(\frac{\partial u_i}{\partial x_j} + \frac{\partial u_j}{\partial x_i}\right) + \rho g \tag{2}$$

式中：u_i 为流体质点速度在 i 方向上的分量；t 为时间；p 为流体压强；ρ 为流体的密度；μ 为流体黏性系数；g 为重力加速度。

1.2　自由面处理方法

数值模型采用 VOF 方法对自由表面进行捕捉。α 为每个计算单元的体积分数，其表示为

$$\alpha = \begin{cases} 0 & \text{气相} \\ 0 \sim 1 & \text{自由面} \\ 1 & \text{液相} \end{cases} \tag{3}$$

计算单元密度和黏性系数表示为

$$\rho = \alpha \rho_w + (1-\alpha)\rho_a \tag{4}$$

$$\mu = \alpha \mu_w + (1-\alpha)\mu_a \tag{5}$$

式中：下标 w 和 a 分别表示液相和气相。将界面方程定义为

$$\frac{\partial \alpha}{\partial t} + \frac{u_i \partial \alpha}{\partial x_i} + \frac{u_i^r \partial[\alpha(1-\alpha)]}{\partial x_i} = 0 \tag{6}$$

式中：$u_i^r \partial[\alpha(1-\alpha)]/\partial x_i$ 为人工压缩项；u_i^r 为相对压缩速度。由于系数 $\alpha(1-\alpha)$ 的存在，人工压缩项仅存在于自由表面区域内，该项的引入可以提高数值稳定性和界面分辨率[14]。

1.3　边界条件

数值波浪水槽模型边界的定义如图 1 所示。

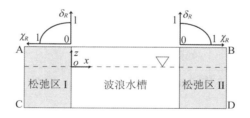

图 1　水槽边界和松弛区示意

采用速度边界法造波，波浪生成边界（AC）为速度入口边界，其速度条件按对应的波浪理论给出，压强条件为 $\partial p^*/\partial n = 0$（$p^* = p - \rho g h$ 为动态压强，其中，h 为液相中某点到自由面的垂向距离）。消波边界（BD）为不可滑移边界，初始速度和压强条件为 $u_i = 0$，$\partial p^*/\partial n = 0$。水槽的底边界（CD）为不可渗透的固体边界，边界条件为不可滑移边界条件，初始速度和压强条件分别为 $u_i = 0$，$\partial p^*/\partial n = 0$。水槽顶边界（AB）为气相边界，边界条件为可自由进出边界条件，初始速度和压强条件分别为 $\partial u_i/\partial n = 0$，$p^* = 0$。当水槽中结构物固定不动时，物面边界条件为不可滑移边界条件，初始速度和压强条件分别为 $u_i = 0$，$\partial p^*/\partial n = 0$。

为了使数值水槽模型的造波和消波功能得以实现，结合波浪生成功能和消除功能的松弛区用于模型中，即采用松弛方法实现造波和消波[15]。在松弛区内，根据解析形式对数值求解过程进行修正。如图 1 所示，松弛区 I 设置在水槽前端，其功能是协助生成波浪和吸收从结构物反射回的波浪；松弛区 II 设置在水

槽末端，其功能是消除消波边界的波浪反射影响。对松弛区内流体物理量进行计算，首先定义松弛函数：

$$\delta_R = 1 - \frac{e^{\chi_R^{3.5}} - 1}{e - 1} \qquad \chi_R \in (0, 1) \tag{7}$$

式中：δ_R 和 χ_R 均为松弛函数。松弛区 I 和 II 内的速度、压强和体积分数分别为

$$\begin{cases} \boldsymbol{u}_r = \delta_R \boldsymbol{u}_c + (1 - \delta_R) \boldsymbol{u}_a \\ p_r = \delta_R p_c + (1 - \delta_R) p_a \\ \alpha_r = \delta_R \alpha_c + (1 - \delta_R) \alpha_a \end{cases} \tag{8}$$

式中：$\boldsymbol{u}$ 为速度矢量，下标 r、c 和 a 分别表示对应物理量的目标值、计算值和解析值（松弛区 I），在消波区（松弛区 II）内，$u_a = 0$，$p_a = \rho g h$，α_a 为静水条件下定义值。

1.4　流体作用力

结构物上的流体作用力通过下式进行计算，

$$F = F_P + F_v = -\int p n \, \mathrm{d} s + \int \tau s \, \mathrm{d} s \tag{9}$$

式中：F_P 和 F_v 分别为压力和黏性切力对流体作用力的贡献，n 为单位法向量，s 为单位切向量，作用在物面的剪切应力为 $\tau = \mu \mathrm{d} v_s / \mathrm{d} n$，$v_s$ 为切向速度，为法向速度梯度。

2　数值验证

参考 Chaplin[4] 的物理试验，对淹没水平圆柱上的波浪力进行数值验证，计算设置如图 2 所示。圆柱的淹没深度 $s = 0.255$ m，圆柱半径 $r = 0.051$ m，水深 $d = 0.80$ m。采用 Fenton 提出的五阶 Stokes 理论[16] 造波，入射波周期 $T = 1.20$ s，波幅 $A = 1.68 \sim 10.15$ cm。圆柱位置距离造波区 1.65L（L 为波长），距离消波区 4L。造波区和消波区的长度分别为 2.5L 和 3L。

将波浪力数值结果与物理试验数据进行对比，波浪力幅值随波幅变化如图 3 所示。可见，本数值结果和前人试验结果吻合较好，证明模型对水平圆柱上波浪力的计算有较好的准确性。无量纲波浪力随波幅增大呈现先减小再增大的趋势，其原因为：小波幅下，由于为零环量产生的升力与惯性力相反，且升力的比例随着波幅增大而增大；较大波幅下，涡旋脱落造成的边界层分离使升力的比例随着波幅增大而减小[12]。

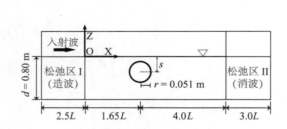

图 2　波浪作用于淹没水平圆柱计算域示意

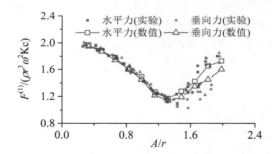

图 3　波浪力随 A/r 变化情况

3　近水面水平圆柱上波浪力数值计算

3.1　计算参数

数值计算中，圆柱在水平方向上的位置以及造波区和消波区设置与验证算例（图 2）相同，圆柱半径为 $r = 0.051$ m，水深为 $d = 1.785$ m。考虑水平圆柱轴心位于静水面以及水面以上的情况，为了与淹没水平圆柱问题区分，这里将轴心与静水面距离定义为 S。入射波波幅和圆柱垂向位置分别用无量纲形式 A/r 和 S/r 表示。计算将考察不同入射波幅、频率和圆柱垂向位置下的波浪力特征：入射波幅为 $A/r = 0.25 \sim 6.00$，取值间隔为 0.25；入射波无量纲频率为 $kr = 0.05$、0.10、0.15、0.20、0.30 和 0.40（k 为波数）；圆柱垂向位置为 $S/r = 0.00 \sim 5.50$ 取值间隔为 0.50，即考虑了圆柱在初始时刻完全暴露于空气中的情况。

3.2　波浪力数值结果和特征分析

当波幅较大，波谷经过时，水平圆柱在一段时间内完全暴露于空气中，所受波浪力为零，此时讨论波浪力的幅值、均值和高倍频分量无法准确描述波浪力特征。因此，以正负极值来描述波浪力大小，并通过对 10~20 个周期内的极值求平均值获得。为了便于分析，波浪力的无量纲形式为 $F/(\rho g r^2)$。

以 $S/r = 0.00$、0.50 和 0.10 工况为例，考察入射波波幅和频率对波浪力的影响，不同波浪频率下，波浪力随波幅变化情况如图 4 所示。总体上，随着波幅的增大，无量纲波浪力均呈现逐渐增大的趋势，这是因为波浪场中的流体加速度和速度均与波幅成正比例。对于正垂向力，在部分波幅较大工况下，随着波幅增大，波浪力增大的速率突然加快，如 $S/r = 0.00$，$kr = 0.05$，$A/r = 4.50 \sim 6.00$ 和 $S/r = 0.50$，$kr = 0.10$，$A/r = 2.50 \sim 3.00$。这是因为当波幅较大时，流体运动速度达到一定程度，圆柱会受到波浪的冲击作用，在其中一些工况下，冲击力大于惯性力和速度力，即冲击力在波浪力中起主导作用，此以 $S/r = 0.00$，$kr = 0.05$，$A/r = 5.75$ 工况的正垂向力为例，如图 5 所示。

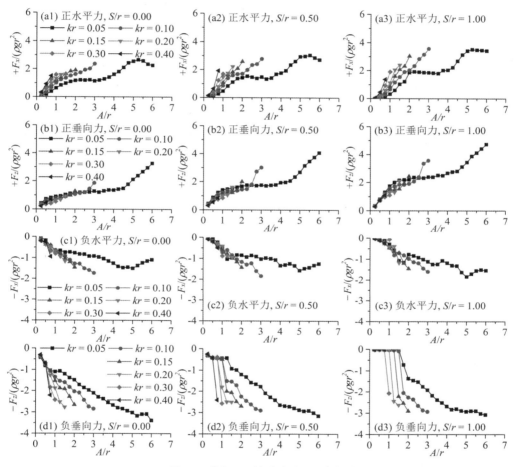

图 4　不同 kr 下波浪力随 A/r 变化情况

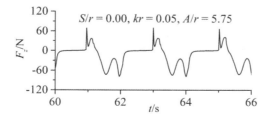

图 5　波浪力和冲击力的时间历程

正水平力、负水平力和负垂向力均符合 kr 越大，波浪力越大的特征，这是因为波浪场中流体速度和加速度分别与角频率和角频率的平方成正比。对于正垂向力，则呈现出不同 kr 下波浪力比较接近，甚至在部分工况下有 kr 较小时波浪力较大的特征。这是由于当圆柱垂向位置较低且波浪频率较小时，水面比较平缓，浮力对正垂向波浪力的贡献比例相对较大。

4　改进的 Morison 方程和水动力系数拟合

4.1　改进的 Morison 方程

采用 Morison 方程对部分淹没水平圆柱上波浪力预测，需将传统 Morison 方程中速度投影面积和圆柱淹没体积项进行改进，Dixon[1]和 Easson 等[2]相继提出了改进的 Morison 方程形式。但前人改进的方程无法考虑大波幅下圆柱完全暴露于空气中的情况，不适用于本文所研究的内容。针对近水面水平圆柱在大幅入射波作用下的波浪力预测，本文提出了改进的 Morison 方程，其形式为

$$F_x = F_{ix} + F_{dx} = C_m \rho V(t) \frac{\partial u_x}{\partial t} + \frac{1}{2} C_d \rho A_x(t) u^2 \tag{10}$$

$$F_z = F_{iz} + F_{dz} + F_b = C_m \rho V(t) \frac{\partial u_z}{\partial t} + \frac{1}{2} C_d \rho A_z(t) u^2 + \rho g \left[V(t) - V_0 \right] \tag{11}$$

式中：F 为总波浪力，F_i 为惯性力，F_d 为速度力，F_b 为浮力，C_m 和 C_d 分别为惯性力系数和速度力系数，$V(t)$ 和 V_0 分别为圆柱在任意时刻和初始时刻的淹没体积，$A(t)$ 为任意时刻圆柱淹没部分的速度投影面积，u 和 $\partial u/\partial t$ 分别为在无圆柱干扰下，圆柱轴心位置的流体速度和加速度，下标 x 和 z 分别表示水平和垂向分量。将大幅波浪作用于近水面水平圆柱的几何关系进行简化，如图 6 所示。由于圆柱直径远小于入射波波长，将圆柱附近的水面简化为水平线（AB）。图中，$\eta(t)$ 为任意时刻的自由面高度，z_b 为自由面至圆柱底部的垂向距离，θ 为圆柱被自由面截取的圆心角。物理量的几何关系表达式为

$$\eta(t) = A \cos(\omega t) \tag{12}$$

$$z_b = \eta(t) - S + r = r - r \cos(\theta/2) \tag{13}$$

$$\theta = 2 \arccos \left\{ \left[S - \eta(t) \right]/r \right\} \tag{14}$$

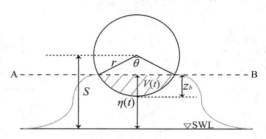

图 6　圆柱和波面的简化几何关系

为了考虑波幅较大情况下，波谷经过时，圆柱完全暴露于空气中的状态，以分段函数形式表达任意时刻的圆柱淹没体积和速度投影面积，表达式为

$$V(t) = \begin{cases} 0 & \eta(t) < S - r \\ r^2(\theta - \sin\theta)/2 & S - r \leqslant \eta(t) \leqslant S + r \\ \pi r^2 & \eta(t) > S + r \end{cases} \tag{15}$$

$$A_x(t) = \begin{cases} 0 & \eta(t) < S - r \\ r - r \cos(\theta/2) & S - r \leqslant \eta(t) \leqslant S + r \\ 2r & \eta(t) > S + r \end{cases} \tag{16}$$

$$A_z(t) = \begin{cases} 0 & \eta(t) < S - r \\ 2r \sin(\theta/2) & S - r \leqslant \eta(t) \leqslant S \\ 2r & \eta(t) > S \end{cases} \tag{17}$$

4.2 水动力系数

为了准确的对水动力系数进行拟合，需要排除冲击力对拟合过程的影响，先将波浪力数值结果中的冲击力数据删除，再使用数据拟合方法补齐波浪力完整数据，使时间历程连续不间断。将式（15）至式（17）带入改进的 Morison 方程，即式（10）和式（11），并结合波浪力数值结果，采用最小二乘法对水平和垂向方程组联立求解，方程组为

$$\begin{bmatrix} V(t)_1 \left(\dfrac{\partial u_x}{\partial t} \right)_1 & A_x(t)_1 u_1^2 \\ \vdots & \vdots \\ V(t)_n \left(\dfrac{\partial u_x}{\partial t} \right)_n & A_x(t)_n u_n^2 \\ V(t)_1 \left(\dfrac{\partial u_z}{\partial t} \right)_1 & A_z(t)_1 u_1^2 \\ \vdots & \vdots \\ V(t)_n \left(\dfrac{\partial u_z}{\partial t} \right)_n & A_z(t)_n u_n^2 \end{bmatrix} \begin{bmatrix} C_m \\ C_d \end{bmatrix} = \begin{bmatrix} \dfrac{F_{x1}}{\rho} \\ \vdots \\ \dfrac{F_{xn}}{\rho} \\ \dfrac{F_{z1}}{\rho} - g\left[V(t)_1 - V_0 \right] \\ \vdots \\ \dfrac{F_{zn}}{\rho} - g\left[V(t)_n - V_0 \right] \end{bmatrix} \qquad (18)$$

水动力系数的相关研究中，常使用 Kc 数、Re 数和 Stokes 频率参数 β 作为重要的特征参数。对于深水条件下，波浪作用于近水面水平圆柱问题，Kc 数、Re 数和参数 β 可分别表示为

$$Kc = \frac{UT}{2r} = \frac{\pi A}{r} e^{kS} \qquad (19)$$

式中：U 为水质点流速。

$$Re = \frac{2Ur}{\upsilon} = \frac{2A\omega r}{\upsilon} e^{kS} \qquad (20)$$

$$\beta = \frac{Re}{Kc} = \frac{2\omega r^2}{\pi \upsilon} \qquad (21)$$

图 7 为水动力系数随 Kc 数的分布情况，以及系数和 Re 数、参数 β 的关系。随着 Kc 数增大，惯性力系数总体上逐渐减小，而速度力系数逐渐增大；随着 Re 数增大，惯性力系数逐渐减小，而速度力系数逐渐增大；随着参数 β 增大，惯性力系数变化范围不大，而速度力系数逐渐减小。本文所研究范围内，惯性力系数和速度力系数的最大值分别为 $C_m = 2.20$ 和 $C_d = 2.54$，大于淹没圆柱在线性波浪作用下的水动力系数参考值，即 $C_m = 1.2$，$C_d = 2.0$。

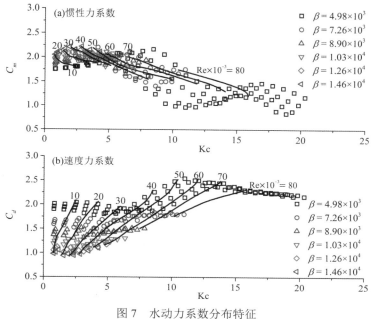

图 7　水动力系数分布特征

5 结 语

基于黏性流理论，采用有限体积方法建立数值波浪水槽模型，并应用该模型对大幅非线性波浪作用下近水面水平圆柱上的波浪力进行计算和分析；以分段函数形式表达圆柱淹没体积和速度投影面积，提出了可以考虑圆柱完全暴露于空气情况的改进Morison方程；通过大量的数据拟合获得了水动力系数，并给出了系数参考值。研究发现，波浪力总体上呈现随波幅增大而逐渐增大的趋势；水平力和负垂向力体现出随波浪频率增大而逐渐增大的特点，而受浮力的影响，正垂向力受频率的影响并不显著；近水面水平圆柱在大幅波浪作用下的水动力系数最大值相比淹没圆柱在线性波浪作用下的系数参考值较大，本文研究范围内所获得的最大系数参考值为 $C_m = 2.20$ 和 $C_d = 2.54$。

参考文献：

[1] MORISON J R. The force exerted by surface waves on piles[J]. Petroleum Transaction, American Institute of Mining, Metallurgical and Petroleum Engineers, 1950, 189: 149-154.

[2] DIXON A G, GREATED C A, SALTER S H. Wave forces on partially submerged cylinders[J]. Journal of the Waterway Port Coastal and Ocean Division, 1979, 105(4): 421-438.

[3] EASSON W J, GREATED C A, DURANNI T S. Force spectra from partially submerged circular cylinders in random seas [J]. Journal of Waterway, Port, Coastal and Ocean Engineering, 1985, 111(5): 856-879.

[4] CHAPLIN J R. Non-linear forces on a horizontal cylinder beneath waves[J]. Journal of Fluid Mechanics, 1984, 147: 449-464.

[5] CONTENTO G, CODIGLIA R. Non-linear free surface induced pressure on a submerged horizontal circular cylinder at low Keulegan-Carpenters numbers[J]. Applied Ocean Research, 2001, 23: 175-185.

[6] GUERBER E, BENOIT M, GRILLI S T, et al. Modeling of fully nonlinear wave interactions with moving submerged structures [C]// Proceedings of the International Offshore and Polar Engineering Conference. 2010, 529-536.

[7] GUERBER E, BENOIT M, GRILLI S T, et al. A fully nonlinear implicit model for wave interactions with submerged structures in forced or free motion[C]// Proceedings of the Twentieth(2010) International Offshore and Polar Engineering Conference. China: Beijing, 2012: 1151-1163.

[8] HU Z Z, CAUSON D M, MINGHAM C G, et al. Numerical simulation of floating bodies in extreme free surface waves[J]. Natural Hazards and Earth System Sciences, 2011, 11: 519-527.

[9] WESTPHALEN J, GREAVES D M, RABY A, et al. Investigation of wave-structure interaction using state of the art cfd techniques[J]. Open Journal of Fluid Dynamics, 2014, 4: 18-43.

[10] BAI W, HANNAN M A, ANG K K. Numerical simulation of fully nonlinear wave interaction with submerged structures: Fixed or subjected to constrained motion[J]. Journal of Fluids and Structures, 2014, 49: 34-553.

[11] CHEN B, LU L, GREATED C A, et al. Investigation of wave forces on partially submerged horizontal cylinders by numerical simulation[J]. Ocean Engineering, 2015, 107: 23-31.

[12] TENG B, MAO H F, LU L. Viscous effects on wave forces on a submerged horizontal circular cylinder[J]. China Ocean Engineering, 2018, 32(3): 245-255.

[13] 姚晓杰, 桂福坤, 孟昂, 等. 波浪要素对水平圆柱杆件水动力系数影响研究[J]. 海洋工程, 2016, 34(1): 80-87.

[14] WELLER H G, TABOR G, JASAK H, et al. A tensorial approach to computational continuum mechanics using object oriented techniques[J]. Journal of Computational Physics, 1998, 12(6): 620-631.

[15] JACOBSEN N G, FUHRMAN D R, FREDS E J. A wave generation toolbox for the open-source CFD library: OpenFOAM[J]. International Journal for Numerical Methods in Fluids, 2012, 70: 1073-1088.

[16] FENTON J D. A fifth-order Stokes theory for steady waves[J]. Journal of Waterway, Port, Coastal and Ocean Engineering, 1985, 111: 216-234.

波浪与多排开孔挡板防波堤相互作用的理论研究

李爱军，刘　勇

（中国海洋大学 山东省海洋工程重点实验室，山东 青岛 266100）

摘要： 通过理论解析的研究方法，对斜向入射波与多排开孔挡板防波堤的相互作用进行研究。采用多项 Galerkin 方法将开孔挡板两侧的压力差展开成以切比雪夫多项式表示的级数解，从而正确模拟开孔挡板端点处流体速度的平方根奇异性。选取不同的级数截断项进行计算，验证了解析解的收敛性。通过算例分析，研究挡板数目、结构的总宽度、波浪入射角度等相关因素对防波堤反射、透射和能量损失系数的影响。研究表明：开孔挡板吃水越深，消波效果越显著；开孔挡板数目为 3～4、结构总相对宽度 $B/L \approx 0.25 \sim 0.35$ 时，防波堤消波效果显著。

关键词： 斜向入射波；开孔板；多项 Galerkin 方法；反射系数；透射系数；能量损失系数

　　海岸工程中，直立挡板因其结构简单、建造方便、造价低廉等优点常被用作简单的防波堤。这类防波堤对防止海岸侵蚀、保护近岸活动等方面具有重要作用。

　　对于直立挡板的研究可追溯到 1947 年，Ursell[1] 对无限水深中波浪对直立薄板的反射和透射问题进行了研究。Evans[2] 基于势流理论对波浪与水底直立挡板相互作用进行了分析，分别得到一阶和二阶波浪力的表达式。Abul-Azm[3] 和 Losada 等[4] 通过传统的匹配特征函数展开法分别建立了正向入射和斜向入射波浪对各类直立挡板作用的理论模型。Porter 和 Evans[5] 利用多项 Galerkin 法分析了波浪对各类直立实体挡板的作用，通过计算出反射和透射系数的上下限，得到了高精度理论解。与实体挡板相比，开孔挡板所承受的波浪力较小，其安全性更高。Li 等[6] 通过多项 Galerkin 法研究了正向入射波与两类单排开孔挡板相互作用，给出了问题的精确解，并分析了主要因素对结构水动力系数的影响规律。Thuck[7] 对深水中开孔薄板进行了研究。Macaskill[8] 在 Thuck[7] 的研究基础上，分析了有限水深中开孔挡板对波浪传播的影响。Lee 和 Chwang[9] 通过特征函数匹配法和最小二乘法分别研究了有限水深下波浪与四类不同结构开孔挡板的相互作用，他们认为之所以有能量耗散是因为挡板开有小孔，开孔挡板所受波浪力比实体挡板更小。近年，Gayen 和 Mondal[10] 研究了正向入射波浪与淹没于水中倾斜开孔板相互作用下的反射和透射问题。

　　以上所述均是关于单排和双排直立实体挡板或开孔挡板的研究。但是，对于三排甚至更多排直立开孔挡板水动力特性的研究鲜有报道。因此，利用多项 Galerkin 方法建立斜向入射波与任意排直立开孔挡板防波堤相互作用的理论模型，正确模拟开孔挡板下端点处流体速度的平方根奇异性，得出问题的理论解。通过计算防波堤的反射系数验证了结果的收敛性。经算例分析，研究开孔挡板数目、结构的总宽度、波浪入射角度等相关因素对防波堤水动力特性的影响，分析结果可为实际工程设计提供参考依据。

1　边值问题

　　图 1 给出波浪与多排开孔挡板防波堤相互作用的理想化示意图。如图所示，N 个直立挡板均是出水开孔挡板，且开孔均匀，挡板的吃水深度为 a_j（$j = 1,2,\cdots,N$），相邻挡板间距为 b_j（$j = 1,2,\cdots,N-1$），迎浪面和背浪面两板之间的距离为 B，水深为 h。建立笛卡儿坐标系，使坐标原点位于静水面和第 1 块开孔挡板的交界处，x 轴正方向水平向右，z 轴正方向竖直向上，各开孔挡板与 z 轴的垂直距离为 l_j（$j = 1,2,\cdots,N$）。

　　假定开孔挡板厚度远小于入射波波长，故其厚度可忽略不计。为便于研究，将整个水域分为 $N+1$ 个区域，假定流体是无旋且不可压缩的理想流体，对于圆频率为 ω 的小振幅正弦波以角度 θ 入射，每个区域波浪速度势可表示为

$$\Phi_j(x,y,z,t) = \mathrm{Re}\left\{ -\frac{\mathrm{i}gA}{\omega} \phi_j(x,z) \mathrm{e}^{\mathrm{i}k_{0y}y} \mathrm{e}^{-\mathrm{i}\omega t} \right\} \tag{1}$$

式中：Re 表示取实部；$\mathrm{i} = \sqrt{-1}$；g 为重力加速度；A 为入射波振幅；ϕ_j 为子区域 j 内的空间速度势；k_{0y} 为波数 k_0 在 y 方向的分量，满足 $k_{0y} = k_0 \sin\theta$。各区域速度势均满足修正亥姆霍兹方程：

$$\frac{\partial^2 \phi_j(x,z)}{\partial x^2} + \frac{\partial^2 \phi_j(x,z)}{\partial z^2} - k_{0y}^2 \phi_j = 0 \qquad (j = 0,1,2,\cdots,N) \tag{2}$$

另外，速度势也满足自由水面条件、水底条件及远场条件：

$$\frac{\partial \phi_j}{\partial z} = K\phi_j, \ \ K = \omega^2/g, \ z = 0 \qquad (j = 0,1,2,\cdots,N) \tag{3}$$

$$\frac{\partial \phi_j}{\partial z} = 0, \quad z = -h \qquad (j = 0,1,2,\cdots,N) \tag{4}$$

$$\lim_{x \to -\infty} \left(\frac{\partial}{\partial x} + \mathrm{i}\,k_{0x} \right)(\phi_0 - \phi_1) = 0 \tag{5}$$

$$\lim_{x \to +\infty} \left(\frac{\partial \phi_N}{\partial x} - \mathrm{i}\,k_{0x} \phi_N \right) = 0 \tag{6}$$

式中：k_{0x} 是波数 k_0 在 x 方向的分量，满足 $k_{0x} = k_0 \cos\theta$；ϕ_1 是入射波的速度势：

$$\phi_1 = \frac{\cosh k_0(z+h)}{\cosh k_0 h} \mathrm{e}^{\mathrm{i} k_{0x} x} \tag{7}$$

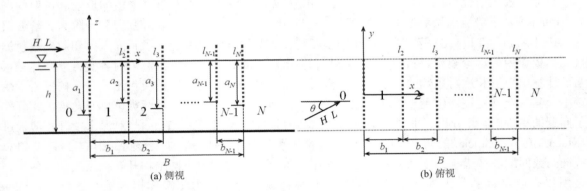

图 1　波浪与多排开孔挡板防波堤相互作用的理想化示意

除了满足以上条件外，在各区域的交界面上，速度势需要满足以下边界条件：

$$\frac{\partial \phi_j}{\partial x} = \frac{\partial \phi_{j+1}}{\partial x}, \ x = l_{j+1} \qquad (-h \leqslant z \leqslant 0, \ j = 0,1,2,\cdots,N-1) \tag{8}$$

$$\phi_j = \phi_{j+1}, \ x = l_{j+1} \qquad (-h \leqslant z \leqslant -a_{j+1}, \ j = 0,1,2,\cdots,N-1) \tag{9}$$

$$\frac{\partial \phi_j}{\partial x} = \mathrm{i} k_0 G_{j+1}(\phi_j - \phi_{j+1}) \qquad (x = l_{j+1}, \ -a_{j+1} \leqslant z \leqslant 0, \ j = 0,1,2,\cdots,N-1) \tag{10}$$

式中：G_j 是第 j 个开孔挡板的复孔隙影响参数[11]。G_j 的取值与开孔挡板开孔率、开孔挡板厚度等密切关系，当 $|G_j|$ 等于零时，挡板不开孔；当 $|G_j|$ 趋于无穷大时，挡板不存在。式（8）表示通过开孔挡板的流体水平速度是连续的；公式（10）表示通过开孔挡板的流体水平速度与开孔挡板两侧的动水压力差成正比关系。另外，在开孔挡板的下端点处，流体速度具有平方根奇异性[参见文献[12]，公式（2.85）；文献 13，公式（1e）]：

$$|\nabla\phi| = o(r^{-1/2}) \quad r \to 0 \tag{11}$$

式中：r 表示流体质点到开孔挡板下端点的距离。

2　解析解

通过变量分离，满足控制方程（2）和边界条件（3）～（6）的速度势级数解可表示为

$$\phi_1 = \mathrm{e}^{\mathrm{i}k_{0x}x} Z_0(z) + R_0\, \mathrm{e}^{-\mathrm{i}k_{0x}x} Z_0(z) + \sum_{m=1}^{\infty} R_m \mathrm{e}^{k_{mx}x} Z_m(z) \tag{12}$$

$$\phi_j = A_{j,0} \cos k_{0x}(x - s_j) Z_0(z) + \sum_{m=1}^{\infty} A_{j,m} \frac{\cosh k_{mx}(x - s_j)}{\cosh(k_{mx} b_j / 2)} Z_m(z)$$
$$+ B_{j,0} \sin k_{0x}(x - s_j) Z_0(z) + \sum_{m=1}^{\infty} B_{j,m} \frac{\sinh k_{mx}(x - s_j)}{\cosh(k_{mx} b_j / 2)} Z_m(z) \quad \left(j = 1,\ 2,\ \cdots,\ N-1 \right) \tag{13}$$

$$\phi_N = T_0\, \mathrm{e}^{\mathrm{i}k_{0x}(x - l_N)} Z_0(z) + \sum_{m=1}^{\infty} T_m \mathrm{e}^{-k_{mx}(x - l_N)} Z_m(z) \tag{14}$$

式中：R_m、$A_{j,m}$、$B_{j,m}$ 和 T_m 为待定系数；$k_{mx}^2 = k_m^2 + k_{0y}^2$ $(m \geq 1)$；k_m 为正实数，满足色散方程：

$$K = k_0 \tanh k_0 h = -k_m \tan k_m h \quad (m = 1, 2, \cdots) \tag{15}$$

$s_j = (l_j + l_{j+1}) / 2$。式（12）至式（14）中的特征函数 $Z_m(z)$ 可表示为

$$Z_m(z) = \begin{cases} \cosh k_0(z + h) / (\cosh k_0 h) & (m = 0) \\ \cos k_m(z + h) / (\cos k_m h) & (m = 1, 2, \cdots) \end{cases} \tag{16}$$

将速度势表达式（12）至式（14）代入式（8）中得到新的表达式，然后在新表达式等号两边同时乘以特征函数 $Z_n(z)$，并且沿整个水深对 z 积分，利用特征函数的正交性，最后可得

$$\kappa_n R_n + \beta_{1,n} A_{1,n} - \alpha_{1,n} B_{1,n} = \gamma_n \tag{17a}$$

$$\beta_{j,n} A_{j,n} + \alpha_{j,n} B_{j,n} + \beta_{j+1,n} A_{j+1,n} - \alpha_{j+1,n} B_{j+1,n} = 0 \quad (j = 1, 2, \cdots, N-2) \tag{17b}$$

$$\beta_{N-1,n} A_{N-1,n} + \alpha_{N-1,n} B_{N-1,n} + \kappa_n T_n = 0 \tag{17c}$$

式中：$\beta_{j,0} = -\sin(k_{0x} b_j / 2)$，$\beta_{j,n} = \tanh(k_{nx} b_j / 2)$ $(n \geq 1)$；$\alpha_{j,0} = \cos(k_{0x} b_j / 2)$，$\alpha_{j,n} = 1$ $(n \geq 1)$；$\kappa_0 = -\mathrm{i}$，$\kappa_n = 1$ $(n \geq 1)$；$\gamma_0 = -\mathrm{i}$，$\gamma_n = 0$ $(n \geq 1)$。

在所有开孔挡板的下端点处，流体速度均具有平方根奇异性，为了正确模拟奇异性，参照 Porter 和 Evans[5] 文章中的公式（2.49）和公式（2.52），可将各开孔挡板两侧的动水压力差展开成级数解形式，表示为

$$\left. (\phi_j - \phi_{j+1}) \right|_{x = l_{j+1}} = \sum_{s=0}^{\infty} C_{j+1,s}\, p_{j+1,s}(z) \quad \left(-a_{j+1} \leqslant z \leqslant 0 \right) \tag{18}$$

式中：$C_{j+1,s}$ $(j = 0, 1, 2, \cdots, N-1)$ 是待定系数，$p_{j+1,s}(z)$ 由下式确定

$$\hat{p}_{j+1,s}(z) = p_{j+1,s}(z) - K \int_{-a}^{z} p_{j+1,s}(\tau)\mathrm{d}\tau \tag{19a}$$

$$\hat{p}_{j+1,s}(z) = \frac{2(-1)^s \sqrt{a_{j+1}^2 - z^2}}{\pi(2s+1)a_{j+1}h} U_{2s}(-z / a_{j+1}) \quad \left(-a_{j+1} \leqslant z \leqslant 0 \right) \tag{19b}$$

式中：$U_n(x) = \sin\left[(n+1)\arccos x\right] / \sin(\arccos x)$ 是第二类 n 阶切比雪夫多项式。

将速度势表达式代入式（9）和式（18），然后在新得到的表达式等号两边同时乘以特征函数 $Z_n(z)$，并沿整个水深对 z 积分，可得

$$-R_n + \alpha_{1,n} A_{1,n} - \chi_{1,n} B_{1,n} + \sum_{s=0}^{\infty} C_{1,s} \frac{F_{1,sn}}{N_n} = \delta_{n0} \tag{20a}$$

$$-\alpha_{j,n} A_{j,n} - \chi_{j,n} B_{j,n} + \alpha_{j+1,n} A_{j+1,n} - \chi_{j+1,n} B_{j+1,n} + \sum_{s=0}^{\infty} C_{j+1,s} \frac{F_{j+1,sn}}{N_n} = 0 \quad (j = 1, 2, \cdots, N-2) \tag{20b}$$

$$-\alpha_{N-1,n}A_{N-1,n} - \chi_{N-1,n}B_{N-1,n} + T_n + \sum_{s=0}^{\infty}C_{N,s}\frac{F_{N,sn}}{N_n} = 0 \tag{20c}$$

式中：$\delta_{nm} = 1(m=n)$，$\delta_{nm} = 0(m \neq n)$；$N_n = \int_{-h}^{0}Z_n^2(z)\mathrm{d}z$；$\chi_{j,0} = \sin(k_{0x}b_j/2)$，$\chi_{j,n} = \tanh(k_{nx}b_j/2)$ $(n \geqslant 1)$；

$$F_{j,sn} = \int_{-a_j}^{0}p_{j,s}(z)Z_n(z)\mathrm{d}z = \begin{cases} (-1)^s I_{2s+1}(k_0 a_j)/(k_0 h) & (n=0) \\ J_{2s+1}(k_n a_j)/(k_n h) & (n=1,2,\cdots) \end{cases} \tag{21}$$

式中：J_n 和 I_n 分别是第一类 n 阶贝塞尔函数和第一类 n 阶修正贝塞尔函数。

将速度势表达式代入（10），然后在新得到的式子等号两边同时乘以 $p_{j,s}(z)$，并沿着开孔挡板对 z 积分，可得

$$\sum_{m=0}^{\infty}[\tilde{k}_{mx}R_m - \vartheta_1(R_m - \alpha_{1,m}A_{1,m} + \chi_{1,m}B_{1,m})]F_{1,sm} = (\tilde{k}_{0x} + \vartheta_1)F_{1,s0} \tag{22a}$$

$$\sum_{m=0}^{\infty}\begin{bmatrix} k_{mx}(\beta_{j,m}A_{j,m} + \alpha_{j,m}B_{j,m}) - \\ \vartheta_{j+1}(\alpha_{j,m}A_{j,m} + \chi_{j,m}B_{j,m} - \alpha_{j+1,m}A_{j+1,m} + \chi_{j+1,m}B_{j+1,m}) \end{bmatrix}F_{j+1,sm} = 0 \quad (j=1,2,\cdots,N-2) \tag{22b}$$

$$\sum_{m=0}^{\infty}[k_{mx}(\beta_{N-1,m}A_{N-1,m} + \alpha_{N-1,m}B_{N-1,m}) - \vartheta_N(\alpha_{N-1,m}A_{N-1,m} + \chi_{N-1,m}B_{N-1,m} - T_m)]F_{N,sm} = 0 \tag{22c}$$

式中：$\tilde{k}_{0x} = -\mathrm{i}k_{0x}$，$\tilde{k}_{mx} = k_{mx}$ $(m \geqslant 1)$；$\vartheta_j = \mathrm{i}k_0 G_j$。

联立方程组（17）、方程组（20）和方程组（22），并截断 n 和 m 至 M 项、s 至 S 项，可求得待定系数，从而得到各区域的速度势。速度势确定后，即可得到结构的反射系数、透射系数以及能量损失系数分别为

$$K_R = |R_0| \tag{23}$$

$$K_T = |T_0| \tag{24}$$

$$K_L = 1 - (K_R^2 + K_T^2) \tag{25}$$

3　收敛性验证

为了检验级数解的收敛性，表 1 和表 2 分别给出多排开孔挡板防波堤反射系数随截断数 M 和 S 的变化情况，计算条件为：$N=3$，$k_0h = 1.2$，$B/h = 0.8$，$\theta = \pi/6$，$b_j = B/2 = 0.4h$ $(j=1,2)$，$G_j = 1.0$ $(j=1,2,3)$。从两个表中可以看出，反射系数随截断项数的增大而逐渐趋于收敛，当 $M=100$ 和 $S=6$ 时的计算结果可以满足工程设计的需要，故在下文计算中，M 和 S 的值分别取 100 和 6。

表 1　多排开孔挡板防波堤反射系数随截断数 M 的变化（$S=4$）

截断数 M	$a_j/h = 0.1$	$a_j/h = 0.3$	$a_j/h = 0.5$	$a_j/h = 0.6$	$a_j/h = 0.8$
20	0.094 69	0.191 14	0.287 95	0.321 86	0.371 40
40	0.043 04	0.185 71	0.285 86	0.320 37	0.370 51
60	0.037 96	0.184 62	0.285 35	0.320 00	0.370 27
80	0.036 82	0.184 17	0.285 13	0.319 83	0.370 17
100	0.036 33	0.183 93	0.285 02	0.319 75	0.370 11
120	0.036 06	0.183 79	0.284 92	0.319 68	0.370 07

4　算例与讨论

图 2 给出多排开孔挡板防波堤的反射、透射和能量损失系数在不同数量开孔板下，随着入射波波数 k_0h 的变化规律，计算条件为：$B/h = 1.2$，$\theta = \pi/6$，$a_j/h = 0.8$ $(j=1,2,\cdots,N)$，$b_j = B/(N-1)$ $(j=1,2,\cdots,N-1)$，$G_j = 1.0$ $(j=1,2,\cdots,N)$，开孔板的数目分别为 $N=2$、3、4、5。从图中可以看出，当 $N=2$ 时，防波堤的反射、透射及能量损失系数随着波数 k_0h 逐渐增大而多次出现峰值，$k_0h \approx 1.5$ 时，防波堤同时有着较低的

反射系数和透射系数；当开孔挡板的数目逐渐增加时，防波堤的反射、透射及能量损失系数随 k_0h 增大多次出现峰值的现象逐渐消失，显然，当 $N>2$ 时，反射系数和能量损失系数随开孔挡板数目增加基本呈现增加趋势，透射系数随开孔挡板数目增加而降低。综合考虑，开孔板数目 $N=3\sim4$ 时，防波堤具有好的消波效果，如果继续增加开孔挡板，消波效果提升有限，但是工程费用不断增加。

表 2　多排开孔挡板防波堤反射系数随截断数 S 的变化（$M=100$）

截断数 S	$a_j/h=0.1$	$a_j/h=0.3$	$a_j/h=0.5$	$a_j/h=0.6$	$a_j/h=0.8$
0	0.035 86	0.183 41	0.282 81	0.316 63	0.365 11
1	0.035 90	0.183 82	0.284 97	0.319 71	0.369 99
2	0.035 98	0.183 85	0.284 97	0.319 72	0.370 10
3	0.036 12	0.183 88	0.284 98	0.319 73	0.370 10
4	0.036 33	0.183 93	0.285 00	0.319 74	0.370 11
5	0.036 63	0.184 00	0.285 02	0.319 75	0.370 11
6	0.037 07	0.184 10	0.285 05	0.319 77	0.370 12
7	0.037 66	0.184 20	0.285 09	0.319 79	0.370 13

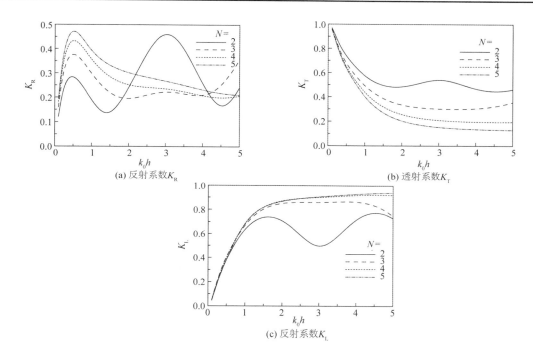

图 2　多排开孔挡板防波堤的反射系数、透射系数和能量损失系数随波数 k_0h 的变化

图 3 给出不同数目的开孔挡板防波堤的反射、透射系数和能量损失系数随着迎浪面和背浪面两板之间距离 B/L 的变化规律，计算条件为：$k_0h=1.2$，$\theta=\pi/6$，$a_j/h=0.8$（$j=1,2,\cdots,N$），$b_j=B/(N-1)$（$j=1,2,\cdots,N-1$），$G_j=1.0$（$j=1,2,\cdots,N$），开孔挡板的数目分别为 $N=2$、3、4、5。从图中可以看出，当 $N=2$ 时，防波堤的反射、透射及能量损失系数均随 B/L 的增大而出现波动，继续增加挡板的数量，波动现象逐渐变得不明显；注意 $B/L=0.25\sim0.35$ 时，防波堤有较低的反射和透射系数、较大的能量损失系数，因此实际工程设计时可优先考虑防波堤总宽度 B/L 取 $0.25\sim0.35$。从图中可再次说明，综合消波性能和工程造价，开孔挡板数目 $N=3\sim4$ 是比较合理的选择。

图 4 给出多排开孔挡板防波堤的反射、透射系数和能量损失系数在不同挡板吃水深度 a_j/h 下，随着入射波波数 k_0h 的变化规律，计算条件为：$B/h=1.2$，$\theta=\pi/6$，$b_j=B/(N-1)$（$j=1,2,\cdots,N-1$），$G_j=1.0$（$j=1,2,\cdots,N$），开孔挡板的数目 $N=4$。a_j/h 的值分别取 0.4、0.6 和 0.8。从图中可以看出，反射系数随入射波波数 k_0h 增大先迅速增大至峰值，然后下降，之后再次增大至峰值，当 k_0h 很大时，反射系数出现微小波动；透射和能量损失系数分别随 k_0h 增大而下降和增加，变化的速度均由急到缓，最后均在同一波数

趋于常数。注意到吃水深的多排开孔挡板防波堤有较大的反射和能量损失系数及较小的透射系数，因此，在不考虑其他条件前提下，工程设计可优先考虑增大挡板的吃水深度。

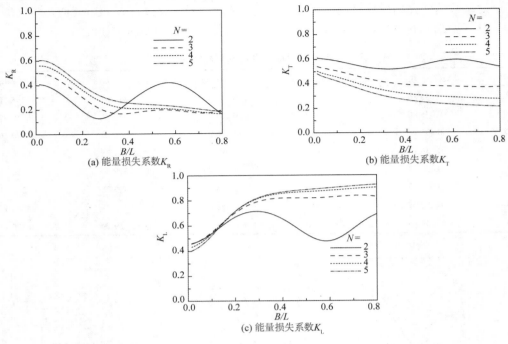

图 3　多排开孔挡板防波堤的反射系数、透射系数和能量损失系数随 B/L 的变化

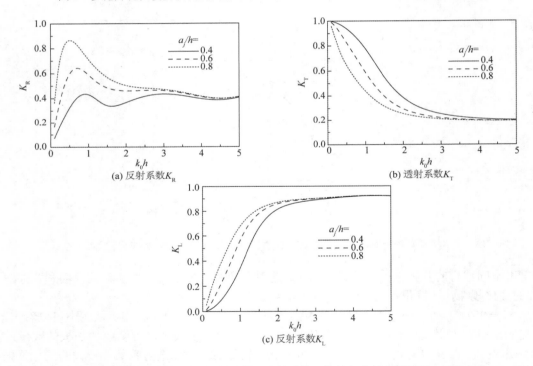

图 4　多排开孔挡板防波堤的反射系数、透射系数和能量损失系数随波数 k_0h 的变化

图 5 给出多排开孔挡板防波堤的反射、透射和能量损失系数随孔隙影响参数的变化规律，计算条件为：$B/h = 1.2$，$a_j/h = 0.6$，$\theta = \pi/6$，$b_j = B/(N-1)$（$j = 1, 2, \cdots, N-1$），开孔挡板的数目 $N = 4$。从图中可以看到，防波堤的反射系数随 G_j（从 0.5 到 3.0）的增大而逐渐降低。当 $k_0h > 1.0$ 时，防波堤的透射系数随 G_j 的增大而增大，而能量损失系数却降低。注意当 G_j 等于零，即挡板不开孔时，防波堤的能量损失系数为零。

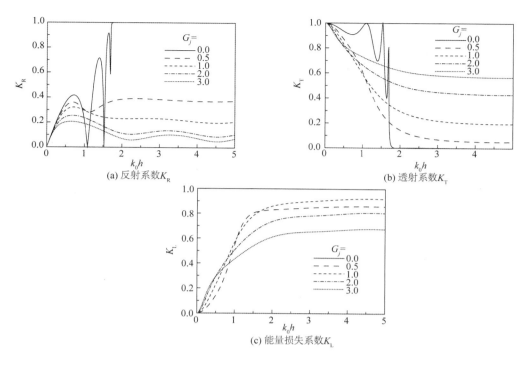

图 5　多排开孔挡板防波堤的反射系数、透射系数和能量损失系数随孔隙影响系数的变化

　　图 6 给出多排开孔挡板防波堤的反射、透射和能量损失系数随着波浪入射角度 θ 的变化规律，计算条件为：$B/h = 1.2$，$a_j/h = 0.8$（$j = 1, 2, \cdots, N$），$b_j = B/(N-1)$（$j = 1, 2, \cdots, N-1$），$G_j = 1.0$（$j = 1, 2, \cdots, N$），开孔挡板的数目为 $N = 4$，入射波数分别为 $k_0 h = 1.2$ 和 2.0。图中，$\theta = 0$ 表示波浪是正向入射，$\theta = \pi/2$ 表示波浪传播方向与开孔挡板所在平面是平行的。从图中可以看出，防波堤的反射系数随着入射角 θ 增加先微幅下降后增大、最后快速下降至最小值，防波堤的透射和能量损失系数分别随着入射角 θ 增加呈递增和递减趋势。

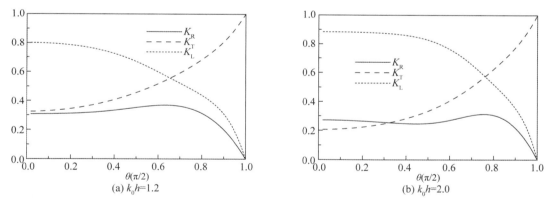

图 6　多排开孔挡板防波堤的反射系数、透射系数和能量损失系数随入射角度 θ 的变化

5　结　语

　　采用多项 Galerkin 方法建立了斜向入射波与多排开孔挡板防波堤相互作用的解析解。方法有效模拟了开孔挡板下端点处流体速度的平方根奇异性。计算了防波堤的反射、透射和能量损失系数。计算结果收敛速度快，截断项 $M = 100$、$S = 6$ 能使计算结果满足工程分析需求。算例分析发现：实际工程设计中，开孔挡板的数目 $N = 3 \sim 4$、防波堤总宽度 $B/L \approx 0.25 \sim 0.35$ 是合理选择；开孔挡板吃水深度越大，消波效果越显著。

参考文献：

[1] URSELL F. The effect of a fixed vertical barrier on surface waves in deep water[C]//Proceedings of the Cambridge Philosophical Society, 1947, 43(3): 374-382.

[2] EVANS D V. Diffraction of water waves by submerged vertical plate[J]. Journal of Fluid Mechanics, 2006, 40(3): 443–451.

[3] LOSADA I J, LOSADA, M A, ROLDAN A J, 1992. Propagation of oblique incident waves past rigid vertical thin barriers. Applied Ocean Research, 1970, 14: 191-199.

[4] ABUL-AZM A G. Wave diffraction through submerged breakwaters[J]. Journal of Waterway, Port, Coastal, and Ocean Engineering, 1993, 119(6): 587-605.

[5] PORTER R, EVANS D V. Complementary approximations to wave scattering by vertical barriers[J]. Journal of Fluid Mechanics, 1995, 294: 155-180.

[6] LI A J, LIU Y, LI, H J. Accurate solutions to water wave scattering by vertical thin porous barriers[J]. Mathematical Problems in Engineering, 2015: doi10.1155/2015/2015/.

[7] THUCK E O. Matching problems involving flow through small holes[J]. Advances in Applied Mechanics, 1975, 15: 89-158.

[8] MACASKILL C. Reflexion of water waves by a permeable barrier[J]. Journal of Fluid Mechanics, 1979, 95: 141-157.

[9] LEE M M, CHWANG A T. Scattering and radiation of water waves by permeable porous barriers[J]. Physics of Fluids, 2000, 12(1): 54-65.

[10] GAYEN R, MONDAL A. A hypersingular integral equation approach to the porous plate problem[J]. Applied Ocean Research, 2014, 46: 70-78.

[11] YU X P. Diffraction of water waves by porous breakwaters[J]. Journal of Waterway, Port, Coastal, and Ocean Engineering, 1995, 121(6): 275-282.

[12] LINTON C M, MCIVER P. Handbook of Mathematical Techniques for Wave/Structure Interactions[M]. Chapman & Hall/CRC, Boca Raton, Fla, USA, 2001.

[13] EVANS D V, PETER M A. Asymptotic reflection of linear water waves by submerged horizontal porous plates[J]. Journal of Engineering Mathematics, 2011, 69(2/3): 135-154.

框架–多孔介质浮式防波堤长波消波性能试验研究

李岩汀 [1,2]，徐绩青 [3]，杨成渝 [3]，王登婷 [2]

（1. 天津大学 建筑工程学院，天津 300350; 2. 南京水利科学研究院，江苏 南京 210029; 3. 重庆交通大学 河海学院，重庆 400074）

摘要： 提出一种框架–多孔材料的浮式防波堤。通过二维物理模型试验，研究了该种结构形式的防波堤对不同周期和波高波浪的消波性能，以及不同层数多孔材料的布置方案对防波堤消波性能的影响。给出各种工况下波浪透射系数与波陡的拟合关系式，给出不同周期下多孔材料的布置方案建议，可为工程实践提供参考。

关键词： 框架–多孔材料浮式防波堤；长周期波；波浪透射系数；试验研究

随着我国海洋资源开发领域的不断扩大和深入，水运工程施工已经从近海岸走向了外海深水域。但是恶劣的海况，特别是涌浪，会严重影响船机设备和人员安全，限制可施工作业天数，造成工期延长，成本大幅增加。目前，往往只能在合适的水文气象条件下作业或者更新船机设备。

浮式防波堤是被系泊系统约束漂浮于水面，对港内结构或海岸起到掩护作用的防浪设施。与传统底座式防波堤相比具有造价低廉、无需地基处理、制造施工快捷、易移动等优点，很适合作为施工期临时的消浪设施。但在实际应用中，结构的耐用性、缆绳系泊力大小、结构是否简单以及作为临时工程造价是否合理等因素也制约着浮式防波堤大规模投入使用。且浮式防波堤对长周期波的消能作用表现得更为乏力，也限制了其实际工程应用。

目前浮式防波堤的结构型式主要可分为浮箱式、浮筒式和浮筏式三种，以及这些结构的组合型式。浮箱式防波堤 [1-3] 利用迎波面反射入射波来衰减透射波，是最常见的浮式防波堤结构，一般为钢筋混凝土制成的长方体结构。箱式浮堤消波效果主要取决于浮箱的挡水面积以及堤宽与波长之比（w/L），浮堤的入水深度越大，对波浪的反射作用越强，透射系数越小；浮堤堤宽越大，干扰附近水体的区域越大，透射系数越小。浮筒式防波堤 [4-5] 在材料、消波机理及特点方面，都类似于浮箱式；防波堤在消波性能上，对波能的吸收能力略强于箱式结构，常见的结构形式多为框架结构。浮筏式防波堤 [6-7] 主要是利用浮体与水体之间的摩擦作用，使水面附近的波能耗散在这些平面结构上，属典型的摩擦型浮防堤，组成材料也是多种多样，如混凝土十字箱、贮水尼龙袋、空心预应力混凝土梁、废旧轮胎等。从消波机理的观点，浮式防波堤还可分为反射型、反射和波浪破碎型及摩擦型三种。

对于浮式防波堤，系泊系统是不可或缺的组成部分。而消波能力与系泊系统往往相互制约，尤其对浮箱式防波堤更是如此，浮箱尺度越大，消波性能越好，但系泊力也随之增加。此外，对于不透水防波堤，尤其在长波作用下，掩护水域内还可能由于能量集聚产生谐振响应，对港内设施及生产活动带来极其不利的影响。而多孔透水结构能有效减弱上述不利影响，目前对透水防波堤的应用更多地以堆石堤的形式存在。学者们也逐渐研究了一些浮式透水防波堤结构的消波性能 [8-9]。

目前的浮式防波堤结构对短波，即 $L/w<4$，掩护效果还比较好，但对长波，$L/w>6$，波浪的透过率仍然很高。对于通常的防波堤，要使透射系数降到 0.5 以下，就要求 $w/L \geqslant 0.3$ [8,10]。对长波来说，就对防波堤堤身宽度提出了很高的要求，防波堤的造价、安装与控制难度也将增加。若遇到长周期的灾害性波浪时，浮式防波堤不但无法起到防浪效果，还可能由于系泊系统使得自身安全也受到较大威胁。现阶段改善浮式防波堤对长周期波消波性能的措施主要是增加防波堤在高度和宽度两个方向的尺寸，使得施工难度大，造价剧增，且浮式防波堤的优点也愈加削弱。目前尚没有一种既能有效衰减长周期波又符合工程实践要求的浮式防波堤，因此还需从消浪效果的可靠性、设备装置的经济性、结构及锚系设备的安全性等方面对浮式防波堤进行更广泛和深入的研究。

1　物理模型试验

1.1　试验设备及测量仪器

本次试验在重庆交通大学水利水运工程教育部重点实验室的长 30 m、宽 0.5 m、深 1.0 m 的波浪水槽中进行。推板式造波机可造波要素 T=0.5~2.5 s，H=0.015~0.15 m 的波浪。

试验中采用 3 支波高传感器（NHWM−8，波高量程 0.001~0.300 m，精度 0.5%级）。

采用重庆交通大学研制的 JDHG−II−16DS 多功能测量系统、江苏东华测试技术股份有限公司生产的 DH5923 动态信号采集分析系统。主要设备精度均为 0.25%级，灵敏度 10 mV，线性度误差 0.25%，测量系统综合控制精度 1.0%级（有环境噪声时）。

1.2　防波堤模型设计及整体布置

试验模型按照几何比尺为 1∶40 进行设计。气囊−框架−多孔介质材料浮式防波堤模型的框架采用外径 8 mm、内径 6 mm 的 PVC 塑料硬管，塑料接头，外径 8.5 cm 的气囊，多孔介质材料采用孔隙率 80%的无纺土工布进行模拟。进行断面模型试验对应的消波装置占满整个水槽。防波堤模型设计如图 1 所示，图 2 为制作的模型。

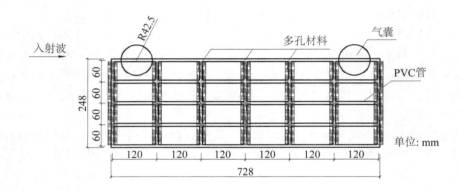

图 1　气囊−框架−多孔材料的浮式防波堤试验模型，布置 8 层多孔材料

图 2　气囊−框架−多孔材料的浮式防波堤试验模型，布置 6 层多孔材料

试验测量内容主要包括入射波要素和透射波要素，试验中采用波浪透射系数（透射波高与入射波高之比）K_t 作为消波性能的主要衡量指标。

断面模型试验整体布置方案如图 3 所示。防波堤顶层与静水面平齐，尼龙缆模拟原型 50 mm 的尼龙缆，试验中仅考虑由模型的浮力所产生的预张力。试验过程中由于部分工况的特殊性需要作出如下说明：波高传感器布置在消波装置前约 2 m 处，但对于短周期波，消波装置前可能产生立波或部分立波，在这种情况下须调整传感器 CH2 的位置。

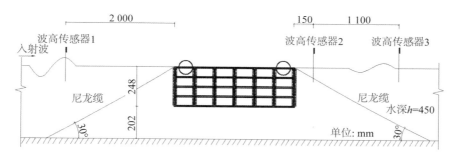

图 3　断面模型试验方案布置

1.3　试验工况

试验对不同周期 T、不同入射波高 H 和不同多孔材料层数 n 的条件下消波装置的消波效率进行了研究，组合试验工况如表 11 所示。图 4 列出了不同多孔材料的布置方案。由于在小型水槽中长时间造波，波浪反射严重，因此需待波高稳定后采集，采集时长 20 s（大于 10 个周期），对每种工况重复三次试验取平均值。

表 1　试验工况

试验参数	试验内容	对应原型
水深/m	0.45	18
周期/s	0.80、0.98、1.26、1.55、1.85	5.06、6.20、7.97、9.80、11.70
波高	1～10 cm 之间取 7 个不同波高	0.4～4 m
多孔材料层数	3层、4层、5层、6层、7层、8层	

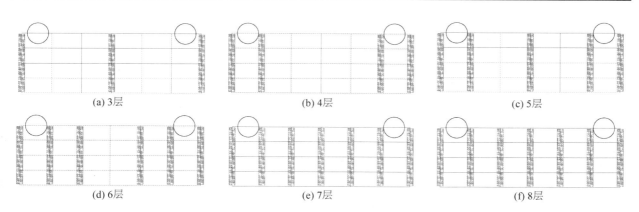

(a) 3层　　　　　　　　　　(b) 4层　　　　　　　　　　(c) 5层

(d) 6层　　　　　　　　　　(e) 7层　　　　　　　　　　(f) 8层

图 4　不同层数多孔介质材料布置方案

2　试验结果分析与讨论

2.1　透射系数与波陡的关系

通过对试验数据的整理和初步分析，堤后 1.25 m（原型堤后 50 m）处的波浪透射系数普遍大于堤后 0.15 m 处的透射系数，因此从最不利的角度出发，以下对堤后 1.25 m 处的试验结果进行详细分析。主要分析入射波波陡 $s = H_i/L_i$ 和多孔介质布置层数 n 对波浪透射系数 K_t 的影响。并给出不同层数多孔介质和不同周期时的波浪透射系数拟合关系式。拟合公式的一般关系式为

$$K_t = \alpha \ln(s + \beta) + \gamma \qquad (1)$$

式中：K_t 为透射系数；α、β 和 γ 为拟合常数。由于实测数据点数有限，拟合关系仅在试验点附近范围内有效。

图 4（a）到 4（f）分别给出了布置 3~8 层多孔材料时的试验结果及拟合关系。可以看出负对数函数能够很好地拟合透射系数与波陡的关系，且当波陡或波高较大时，这种防波堤的消波效果更加明显。

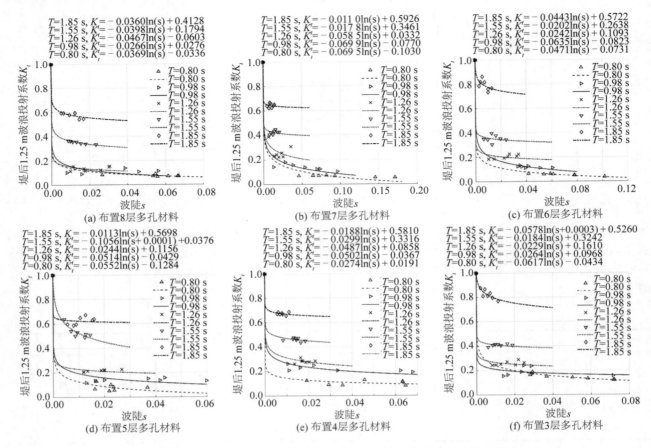

图 5　分别布置 3~8 层多孔材料时堤后 1.25 m 处透射系数与波陡的关系

2.2　透射系数与多孔材料层数的关系

图 5 给出了波陡为 0.015 时布置不同层数多孔材料对各个周期波的消波效果，其他波陡的情况与此相似。

当周期较短，即 $T \leqslant 0.98$ s（原型周期不超过 6.20 s）时。波透射系数在 0.25 以下；布置 3 层多孔材料基本可以达到较好的消波效果；布置 4~6 层时，消波效果相近；布置 7 层时反而不理想；布置 8 层时消波效果相当好，但成本很高；通过比较 3 层、4 层和 5 层的试验结果，以及比较 5 层和 6 层的试验结果，可以看出，在中间层布置多孔材料的消波效果更为明显。

当周期较长，$T \leqslant 1.55$ s（原型周期 9.80 s）。多孔材料的层数与透射系数之间的关系更为复杂，波透射系数可以达到 0.5 以下；布置 3 层、5 层（图 5）、6 层、8 层的消波效果较好，布置 4 层、5 层（图 6）、7 层的消波效果较差。

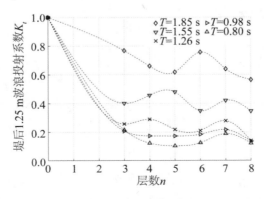

图 6　波陡为 0.015 时布置不同层数多孔材料的波浪透射系数

当周期为 1.85 s，原型周期达到 11.70 s 时。消波效果较差，其中布置 3 层和 6 层时效果最差，布置 4 层、5 层、8 层时效果较好；要使透射系数达到 0.6 以下，则必须布置 8 层多孔材料。

整体来看各种框架–多孔材料浮式防波堤对较短周期波浪的消波效果非常好，对较长周期波的消波效果较差。不建议采用布置 7 层的方案，从各个周期的消波效果来看，它都不是最理想的方案。

3　结　语

本文提出了一种新的框架–多孔材料浮式防波堤，这种消波装置便于现场模块拼装和再利用，可用于海上施工的临时消波设施。试验研究了这种防波堤的消波性能，分析了波浪透射系数与波陡和多孔材料层数的关系。讨论了针对不同周期波浪的情况下，较为优良的防波堤多孔材料布置方案。不建议采用 7 层多孔材料的方案，需结合当地波浪的周期特性选择合理经济的方案。

参考文献：

[1] 沈雨生, 潘军宁, 周益人, 等. 双浮箱式浮式防波堤消浪性能试验研究[J]. 海洋工程, 2018, 36(1): 47-54.

[2] 杨彪, 陈智杰, 王国玉. 等. 双浮箱-双水平板式浮式防波堤试验研究[J]. 水动力学研究与进展(A 辑), 2014, 29(1): 40-49.

[3] COX J C, STANGLAND J. Designing floating wave attenuators for long period waves[C]//Proceedings of Ports'13: 13th Triennial International Conference, America, Washington, 2013: 706-715.

[4] 田永进. 柔性多浮筒防波堤水动力特性试验研究[D]. 大连: 大连理工大学, 2016.

[5] 宋嘉昕. 橡胶浮筒防波堤在工程中的应用研究[D]. 大连: 大连理工大学, 2017.

[6] 吴维登, 钟瑚穗, 黄俊. 钢管-轮胎浮式防波堤消波的几个影响因子[J]. 河海大学学报(自然科学版), 2002, 30(5): 79-82.

[7] HEGDE A V, KAMATH K, MAGADUM A S. Performance characteristics of horizontal interlaced multilayer moored floating pipe breakwater[J]. Journal of Waterway, Port, Coastal and Ocean Engineering[J]. 2007, 133(4): 275-285.

[8] 王环宇. 多孔浮式防波堤的实验研究与数值模拟[D]. 大连: 大连理工大学, 2010.

[9] 胡文清, 詹杰民, 苏维洵, 等. 两种多孔浮式结构水面消波性能的试验和数值模拟[J]. 水动力学研究与进展(A 辑), 2018, 33(01): 81-88.

[10] MANI J S. Design of Y-frame Floating Breakwater[J]. Journal of Waterway, Port, Coastal and Ocean Engineering, 1991, 117(2): 105-119.

方箱–垂直板浮式防波堤水动力特性研究

王世林，于定勇，谢雨嘉，黄东燕，赵建豪

（中国海洋大学 工程学院，山东 青岛 266100）

摘要： 采用数值模拟的方法，在 workbench aqwa 中建立了方箱–垂直板式浮式防波堤的数值模型，并与物模试验结果对比来验证该模型的可靠性，用该模型模拟了规则波作用下浮箱的运动响应和锚链受力，研究了入射波高、吃水深度及锚链刚度改变时浮堤的透射系数、运动响应和锚链受力的规律。结果表明：增加垂直板数量、增大锚链刚度或增大入射波高均会使透射系数减小；入射波高、浮堤吃水及锚链刚度变化时，浮堤垂荡响应较横荡响应变化更加明显；张紧系泊对浮堤的约束能力较好，锚链受力也更大；浮堤的运动响应与锚链受力在浮堤自振周期附近出现极大值，但整体变化趋势均随着波浪周期的增加而增大。研究结果可为箱型浮式防波堤应用时的选型及相关设计提供参考。

关键词： 浮式防波堤；数值模拟；透射系数；运动响应；锚链受力

相较于传统坐底式防波堤，箱型浮式防波堤由多个单元体相互连接而成，可以根据需要调整设施长度和布置形式，易于安置和拆除，能够灵活的适应掩护水域的消浪需求；浮堤采用锚链锚固，底部透水，在保持水体交换方面有着明显优势。因此，浮式防波堤在近海的海洋牧场建设、应急抢险等方面均有一定应用需求。

由于浮式防波堤的诸多优点和应用价值，学者们采用数值模拟或者物理模型试验对其结构形式、锚固系统、透射系数计算等方面开展了诸多研究。徐晓黎等[1]对双排可调浮箱式防波堤在规则波作用下的消浪效果开展模型试验研究，研究了前后箱净间距和后排箱吃水深度对波浪透射系数的影响，同时重点分析了波浪透射系数与前后箱间净距等因素之间的变化规律。向美焘[2]建立基于势流理论的边界元数值模型和基于黏性流理论的流固耦合数值模型，研究了方箱浮式防波堤的运动规律和波浪压力场、消浪、流场等水动力特性，初步探究并改进了方箱浮式防波堤的消浪机理。Williams 和 Abul-azm[3]将两个矩形截面的柱形浮体通过上部的刚性甲板连接，采用数值方法研究了双浮箱的水动力特性。Mani[4]在传统浮箱底部安装了一排等间距的圆柱，通过试验研究了波浪参数、相对水深、宽度以及圆柱之间间距比等参数对消浪性能的影响，研究表明，这种结构在降低相对宽度 0.15 的情况下能实现小于 0.5 的透射系数。基于现有研究可以发现，浮堤结构形式的改进是研究的重点，但对浮堤的运动响应及锚链受力研究较少。

本文通过 workbench aqwa 建立方箱–垂直板浮堤的数值模型，研究垂直板数量、浮箱吃水深度、锚链刚度等对浮堤透射系数、运动响应和锚链受力的影响，为浮式防波堤的结构设计和堤身安全提供参考。

1 数值模型的建立及验证

考虑到浮堤受波浪作用时结构受力的均匀性，采用对称锚链布置，在 workbench aqwa 中建立数值模型，如图 1 所示。

为了保证数值模拟的可信度，选取侯勇和孙大洋[5]的物模试验结果进行数值模型的验证，其试验水深 $d=0.4$ m，波浪周期 $T=0.7\sim1.55$ s，锚链长 69.2 cm，刚度 18 N/cm。本文取其中波高 $H=0.07$ m、模型吃水 $s=0.135$ m 的工况进行验证，相对吃水 $s/d=0.337\,5$、相对堤宽 $W/L=0.110\sim0.394$。对比结果如图 2 所示。

基金项目： 国家自然科学基金（51739010）

作者简介： 王世林（1994–），男，硕士研究生，主要从事海岸及近海工程研究。E-mail：15764289321@163.com

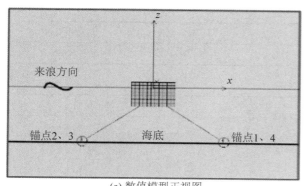

(a) 数值模型正视图

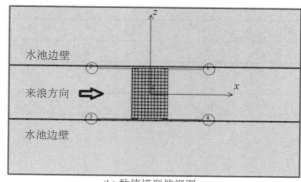

(b) 数值模型俯视图

图 1　数值模型示意

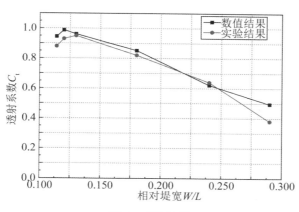

图 2　对比结果

由图 2 可以看出，数值结果和试验结果有着相同的趋势，仅在相对堤宽较大时数值结果略高于试验结果，这是因为所建立的数值模型完全基于势流理论，不考虑黏性作用，只考虑波浪经过模型时的辐射和衍射，实际情况下波浪和结构物之间的相互作用导致的能量耗散也会引起透射波高的减小，因此所建立的数值模型是可行的。

2　方箱–垂直板式浮式防波堤透射系数的数值模拟

在实际工程应用中，系泊系统多选用悬链式，悬链线系泊时，锚泊系统主要通过其自重作为力约束上部结构在入射波作用下的运动[6]，文中的数值模型水深设为 12 m，锚链长度为 48 m，锚泊半径 46 m，单浮箱模型尺寸为 12 m×9 m×5 m，垂直板浮箱则是在迎浪面和被浪面上延长了垂直方向上的高度，延长高度为 1.2 m，同时，为增加浮箱强度，浮箱内部设置了隔墙，如图 3 所示。

单浮箱

浮箱–垂直板

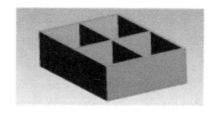

纵横隔墙设置

图 3　垂直板模型示意

除以锚链刚度为变量时以外，所有锚链参数均采用参数如表 1 所示的锚链，波浪要素如表 2 所示。

表 1　锚链参数设置

等效直径/m	刚度 EA/N	干重/（kg·m⁻¹）	湿重/（kg·m⁻¹）	破断强度/N	等效面积/m²
0.107	$8.50×10^8$	197.8	171.9	6.65E6	0.009

表 2　数值模拟工况

模型垂直板数（块）	周期 T/s	波高 H/m	吃水 d/m
0	3.56	0.8	3.6
	4.38		
2	5.35	1.2	
3	6.4		4
	7.47	2	
4	8.27		

2.1　不同垂直板数量对浮堤透射系数的影响

取垂直板数量为 0，2，3，4 块的模型进行研究，入射波高为 0.8 m，模型吃水为 3.6 m，图 4 为不同垂直板数量模型的透射系数 C_t 随周期变化的曲线。

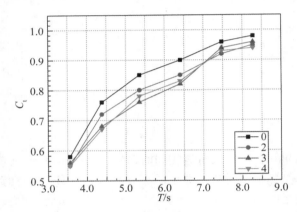

图 4　不同垂直板数量模型透射系数随周期的变化

当垂直板数量增加时，透射系数有所减小。在方箱式浮堤下部伸出两块垂直板时，透射系数减小了约 0.08，但是垂直板为 3 块和 4 块时的透射系数与垂直板为 2 块时差距较小。由于波浪作用于浮堤时，浮堤在入射波浪的作用下做有规律的运动，尤其在长周期时试验中可观察到较大的幅度的运动，入射波从浮堤的底部透过，增加垂直板增加了模型对于入射波的反射面积，故相对于单浮堤来说，垂直板的增加对于长周期波浪作用下的透射系数减小较为显著效果。垂直板数量的增加对于消浪性能的提升是有限的，由于波浪的能量沿水深递减，故当垂直板从 2 块增加到 3 块和 4 块时，对透射系数的影响较小，在实际工程中，增加垂直板可以增加下部能量的耗散，对垂直板的布置安插可适当调整。

2.2　不同吃水深度对浮堤透射系数的影响

为研究不同吃水深度对透射系数的影响，以前后有两块垂直板的 π 型浮堤为例，吃水为 3.6 m 和 4 m，入射波高为 0.8 m 和 1.2 m。图 5 为不同入射波高条件下透射系数随周期的变化。由图 5 可以看出，在波高为 0.8 m 时，在较短周期波浪作用下，吃水深度为 4 m 的模型透射系数比 3.6 m 时减小了约 0.02，在较长周期波浪作用下，吃水深度增加，透射系数减小了约 0.04；在波高为 1.2 m 时，在周期较短时，透射系数变化相差不大，在周期为 7.47 s 时，透射系数减小了约 0.05。总体来说，增加吃水深度增加了浮堤对入射波浪的反射面积，能够一定程度上减小透射波高，且在较长周期下，吃水深度的影响更为明显，在波高较大时，吃水深度增加，透射系数的减小幅度较大。

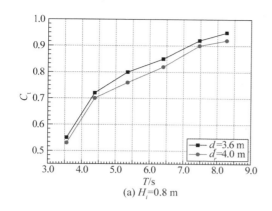 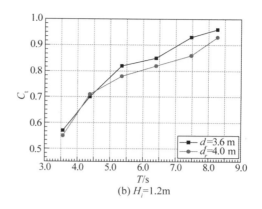

(a) H_i=0.8 m　　　　　　　　　　　　　　　　　(b) H_i=1.2m

图 5　不同吃水深度模型透射系数随周期变化

2.3　不同锚链刚度对浮堤透射系数的影响

对 n 型方箱–垂直板式防波堤进行不同锚链刚度条件下的数值模拟，其他工况参数保持不变，锚链刚度设置为 $8.50×10^8$ N/m 和 $1.14×10^9$ N/m，数值计算结果如图 6 所示。

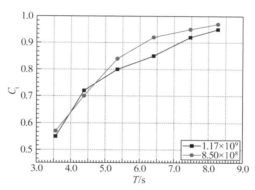

图 6　不同锚链刚度下模型透射系数随周期的变化

周期较大时，锚链刚度大则透射系数较小，且在周期为 6.4 s 时透射系数的减小较为明显，原因是锚链刚度的增加使其对浮堤上部的约束增强，浮堤的运动响应减小，一定程度上减小了波浪透射。

3　方箱–垂直板式浮堤运动响应及锚链受力的数值模拟

浮式防波堤除了考虑其消浪性能以外，通常还要考虑其运动响应和锚链受力，在时域内通过数值模拟计算方箱–垂直板式浮堤在垂直方向规则波作用下的运动响应和锚链受力。

3.1　典型计算结果时历曲线

吃水深度为 3.6 m，入射波高为 0.8 m，锚链刚度为 $8.50×10^8$ N 的工况下，对 T=3.56 s 和 T=8.27 s 所得到的结果进行对比分析。以浮堤的横荡为例，图 7 分别给出模型在周期为 3.56 s 和 8.27 s 时的横荡响应历时曲线。

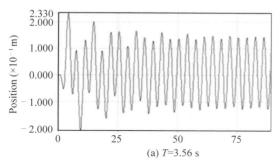 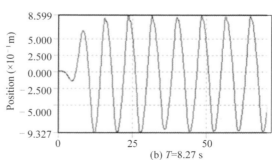

(a) T=3.56 s　　　　　　　　　　　　　　　　　(b) T=8.27 s

图 7　不同入射波周期下的横荡响应历时曲线

由图 7 可知，模型在周期为 3.56 s 和 8.27 s 时，模型的横荡值在波浪作用一段时间后都呈现出稳定的周期性变化，且周期较长时达到稳定所需的时间较短，最大幅值和稳定后的幅值之间的差距较小。取稳定后横荡响应的负向幅值和正向幅值之和的平均值作为参考，在该工况下，T=3.56 s 的横荡的平均幅值约为 0.135 m，T=8.27 s 的横荡的平均幅值约为 0.896 m，后者明显大于前者，说明在周期较长波作用下，浮堤的运动响应更为剧烈。

图 8 和图 9 分别为模型在周期为 3.56 s 和 8.27 s 时迎浪面及被浪面锚链张力随时间的变化曲线。可以看出，在波浪作用一段时间以后，由于锚链的弹性拉伸，锚链张力出现周期性的变化，同周期波浪作用下迎浪面锚链受力明显大于背浪面锚链受力，这与董华洋[7]所得规律一致；当周期增加时，两侧锚链的张力均大幅增加，并且锚链所受力的峰值更加密集与明显。因此在下文的分析中主要考虑迎浪面锚链张力。

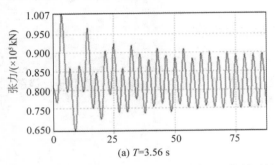

(a) T=3.56 s

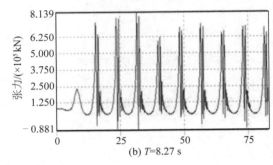

(b) T=8.27 s

图 8　不同入射波周期下浮堤迎浪面锚链张力

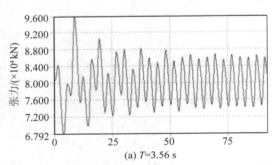

(a) T=3.56 s

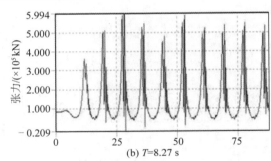

(b) T=8.27 s

图 9　不同入射波周期浮堤下背浪面锚链张力

在下文中通过数值模拟计算了在 6 个周期下不同工况设置的时域结果，对垂荡和横荡正向和负向的幅值取平均值，锚链受力取稳定以后的最大值，研究不同周期下不同工况的运动响应和锚链受力。

3.2　不同入射波高作用下的运动响应和锚链受力

为研究不同波高对浮堤的影响，在其他参数保持相同的情况下，对波高分别为 0.8 m、1.2 m、2 m 的情况进行了数值研究。图 10 和图 11 为不同波高下的浮箱的横荡和垂荡运动响应。

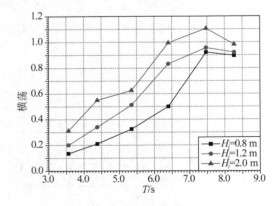

图 10　不同波高下的横荡响应

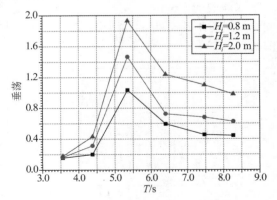

图 11　不同波高下的垂荡响应

由图 10 和图 11 可看出，浮堤的横荡和垂荡整体趋势上都随着波高的增加而增加，垂荡响应在周期较小时，随波高增加的幅度较小，在波高大于 5.35 s 以后，增加的幅度变大。在周期 T=7.47 s 时的横荡与 T=5.35 s 时的垂荡出现了峰值，这是因为此时的入射波周期与浮堤的横荡或垂荡的自振周期极为接近，使得瞬时浮堤的运动达到极值，在不同工况下，浮堤运动响应与锚链受力都有着相似的规律。因此，在海洋工程浮堤的设计中，应尽量使浮堤的自振周期避开波浪周期，以免引起共振导致浮堤受损。

表 3 为不同波高下迎浪面锚链张力随周期的变化，由表 3 可知，随着波高的增加，锚链张力增加；随着周期的增加，锚链张力在横荡或垂荡的自振周期附近均出现极值；波高对锚链缆张力的影响较大，在长周期大波高作用下浮堤锚链张力大幅增加。

表 3　不同入射波高下的锚链受力（kN）

周期 T/s	H_i=0.8 m	H_i=1.2 m	H_i=2.0 m
3.56	82.5	85.2	105
4.38	85.0	91.4	120
5.35	93.6	132	500
6.40	86	620	1 870
7.47	439	742	2 500
8.27	345	460	2 000

3.3　不同吃水深度下的运动响应和锚链受力

在以往对浮堤的研究中发现，浮堤的相对吃水深度（即吃水深度 d_r 与水深 d 的比值，d_r/d）越大，其消浪性能越好[8]，为探讨不同吃水深度对运动响应和锚链受力的影响，在入射波 H_i=0.8 m 作用下，对吃水深度分别为 3.6 m、4 m 的模型进行数值模拟，图 12 和图 13 为不同吃水深度下两个模型的运动响应。

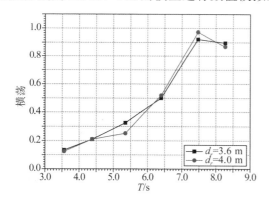

图 12　不同吃水深度下的横荡响应

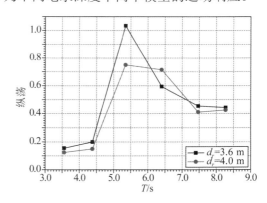

图 13　不同吃水深度下的垂荡响应

由图 12、图 13 可知，在水深不变，吃水深度增加的情况下，方箱–垂直板式浮堤的横荡和垂荡所受影响程度不同。吃水深度增加对横荡的影响较小，在不同周期横荡值有所差异，但整体上变化不大；对于垂荡来说，吃水深度增加，整体上垂荡值减小，在浮堤固有周期附近减小更加明显。

由表 4 可以看出，当周期 T<6.40 s 时，吃水深度为 4 m 时的锚链张力比 3.6 m 时减小了约 10 kN，且锚链受力随周期的增加变化较小；当周期 T≥6.40 s 时，吃水深度为 4 m 时的张力比 3.6 m 时增加了约 100 kN，周期 T<6.40 s 时，吃水深度增加，锚链的受力减小，当周期 T≥6.40 s，吃水深度增加，锚链的受力增大。在长周期下，增加吃水深度会减小模型的垂荡运动响应，但是增加了锚链受力。

表 4   不同吃水深度下的锚链受力（kN）

周期 T/s	d_r=3.6 m	d_r=4.0 m
3.56	82.5	72
4.38	85.0	75.3
5.35	93.6	75
6.40	86	105
7.47	439	532
8.27	345	483

3.4   不同锚链设置下的运动响应和锚链受力

为研究不同锚链设置对运动响应和锚链受力的影响，设置了不同刚度的钢链悬链线锚泊 A、B，以及采用聚酯纤维材料 C 的锚泊绳的张紧式锚泊，具体锚链设置对比见表 5。

表 5   不同锚链设置主要参数

锚链	直径/m	刚度/N	湿重/（kg·m⁻¹）	半径/m	长度/m
A	0.10	$8.50×10^8$	171.9	46	48
B	0.14	$1.73×10^9$	79.5	46	48
C	0.12	$1.14×10^9$	2.9	12	14.5

通过数值模拟得到锚链设置下的锚链张力和运动响应，见图 14、图 15。由两图可知，在所研究的周期范围内，以浮堤的垂荡自振周期为界，变化趋势表现出以下规律：①在周期较短的波浪作用时，两种锚泊方式的横荡和垂荡运动响应值相差不大，并且刚度大的悬链系泊响应值更小；②在周期较大波浪作用下，悬链系泊的横荡和垂荡响应随周期的变化趋势相同且锚链刚度大运动响应小；③张紧系泊的垂荡响应在固有周期附近处值明显小于悬链系泊，在固有周期以后，垂荡值先减小后增加。总体上来说，锚链刚度增大可以减小悬链系泊的运动响应，张紧系泊的运动响应整体上小于悬链系泊。

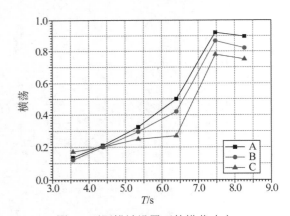

图 14   不同锚链设置下的横荡响应

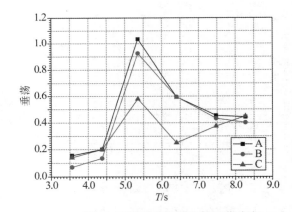

图 15   不同锚链设置下的垂荡响应

不同锚链系泊设置下的锚链受力见表 6，可以看出，三种锚链设置下锚链受力均出现先增大后减小再增大的情况，当周期 T<7.47 s 时，刚度较大，水下质量较轻的锚链受力较小，但当周期为 7.47 s 和 8.27 s 时，大刚度锚链受力较大。在垂荡的固有周期附近，三个锚链设置下的锚链受力均是研究范围内的极值。张紧式锚泊的锚链受力在横荡和纵荡的固有周期附近增大，锚链受力明显大于悬链式系泊，锚链张力最大值达 1 000 kN。总体上来说，锚链刚度的增加对浮堤的约束也随之增加，在短周期时其锚链受力较小，但随波浪周期增大，其锚链受力随之增加；张紧系泊下的锚链受力远大于悬链系泊。

表 6　不同锚链设置下的锚链张力（kN）随周期的变化

周期 T/s	A	B	C
3.56	82.5	43.5	125
4.38	85.0	51	250
5.35	93.6	86	500
6.40	86	63	424
7.47	439	750	1 000
8.27	345	450	750

4　结　语

通过数值模拟对不同工况设置下的方箱–垂直板式浮箱的波浪透射系数、运动响应和锚链受力进行了研究，得到结论如下：

1）在波浪透射系数方面，波浪周期增加，浮堤的透射系数变大，增加浮堤底部垂直板数量、增加吃水深度和加大锚链刚度均会使得透射系数减小；

2）波浪周期增大时，浮堤的运动响应和锚链受力的变化趋势均表现出增大趋势，且两者在波浪周期与浮堤固有周期接近时出现了极大值；

3）增大入射波高、减小吃水深度以及增大浮堤的锚链刚度会使浮堤的锚链受力增大，但同时浮堤的横荡响应与垂荡响应也相应有所减小，在选择张紧系泊时，系泊绳对浮堤的运动响应的约束更明显，同时系泊绳的受力也较大。

参考文献：

[1]　徐晓黎，李怡，孙晓莉，等. 双排可调节浮箱式防波堤消浪特性试验研究[J]. 港工技术, 2017, 54(2): 28-33.

[2]　向美焘. 矩形方箱浮式防波堤水动力特性数值模拟研究[D]. 重庆：重庆交通大学, 2016.

[3]　WILLIAMS A N，ABUL-AZM A G. Dual pontoon floating breakwater[J]. Ocean Engineering, 1997, 24(5): 465-478

[4]　MANI J S. Design of Y-frame floating breakwater[J]. Journal of Waterway，Port，Coastal，and Ocean Engineering，2014，117(2)：105-119

[5]　侯勇，孙大洋. 规则波作用下矩形浮式防波堤的消浪性能试验研究[J]. 水运工程, 2013(5): 41-44.

[6]　张伟，程勇，马哲，等. 浮式方箱的 AQWA 数值模拟研究[J]. 港工技术, 2011, 48(3): 4-6.

[7]　董华洋.浮箱–水平板式浮防波堤水动力特性研究[D]. 大连：大连理工大学, 2009.

[8]　NORIMI M, MD.ATAUR R. Performance of submerged floating breakwater supported by perforated plates under wave action and its dynamics[J]. Civil Engineering in the Oceans VI, 2006: 329-334

基于 OpenFOAM 的开孔板式透空堤水动力特性数值模拟

李　钦[1]，李雪艳[1,2]，王　庆[1]，战　超[1]

（1. 鲁东大学 海岸研究所，山东 烟台 264025；2. 河海大学 海岸灾害及防护教育部重点实验室，江苏 南京 210098）

摘要：基于 OpenFOAM 自主开发了推板造波求解器，采用动网格技术模拟推板的移动，采用 VOF 方法追踪流体自由表面，通过在水槽末端设置海绵层克服水槽壁端的波浪反射，基于 Navier–Stokes 方程建立了波浪与板式透空堤相互作用的数值波浪水槽。通过与无孔板式透空堤试验结果的对比，验证了所建数值模型的可靠性。通过对波浪与开孔板式透空堤相互作用数值计算结果的讨论可知，开孔板式透空堤对波浪的透射与反射系数较无孔板式透空堤均低，可见在板式透空堤上开孔可显著提高结构的消浪性能。

关键词：OpenFOAM；数值模型；板式透空堤；水动力特性

随着计算机应用效率和信息化水平的提高，应用计算机编程和可视化软件开展波浪与结构物相互作用的研究与日增多。采用数值模型开展研究，可以弥补物理模型试验的诸多缺点，诸如：受场地限制、材料消耗费用高、时间周期长等。

OpenFOAM 作为一款在 CFD 领域的开源软件，其诸多优点得到专家学者的青睐。Jacobsen 等[1]基于该软件开发了数值波浪水槽程序包 wave2foam，该程序使用速度入口造波，采取添加松弛区的方式消除水槽中的二次反射波，效果良好；Pable[2]首次开发了可以模拟推板造波机的数值波浪水槽，可以基本实现与物理模型实验室近似的造波效果。在黏性数值水池的消波处理上，Troch 和 Rouck[3]在他们开发的 VOFbreak 中也采用了主动吸收式消波技术，适用于规则波和不规则波。查晶晶[4]利用 interDyMFoam 求解器，依据试验造波理论编写边界条件，进行线性波的造波试验，并取得了良好效果。王东旭[5]对其程序进行了优化，建立了主动吸收式水槽，并优化了推板慢漂问题。随着 OpenFOAM 开源软件代码的不断优化，越来越多的数值模拟案例以该软件为载体开展海洋工程研究。管宁[6]根据 interFoam 求解器，模拟圆柱周围波浪运动，证明其数值模拟的计算可行性。王飞[7]基于 VOF 方法，通过建立三维波浪数值水槽，以新型圆弧护面透空式防波堤消浪特性开展数值模拟，验证结果同实测数据吻合良好。

透空式防波堤因其具有有利于水体自由交换、节省材料、施工简便等优点，近年来，受到专家学者的关注。唐海贵[8]运用数值解析方法研究一个位于自由水面下的水平、刚性薄板的水动力特性，对水平板式防波堤数值模拟进行了分析。吴瑶瑶[9]利用 Fluent 软件通过了相对潜深、入射波周期、相对波高、相对板宽和结构型式对透射系数的影响，对弧板式透空堤消浪性能进行研究。卢超[10]对前人关于板式开孔防波堤水动力特性及受力进行了总结。蔡郁[11]考虑了防波堤的开孔率，着力研究明基床上开孔沉箱波浪反射系数对结构物作用的影响，其研究具有较高的参考价值。OpenFOAM-4.1 版本中已植入了动网格技术[12]的两相流求解器 interDyMFoam，以该求解器为载体，开展波浪与无孔板式与开孔板式透空堤相互作用的研究。本文通过与物理模型试验结果的对比，验证所建数值模型的准确性，并探讨了开孔板式透空堤的消浪性能。

基金项目：国家重点研发课题（2017YFC0505902）；NSFC-山东联合基金项目（U1706220）；国家自然科学基金（51709140，41471005）；水沙科学与水灾害防治湖南省重点实验室开放基金项目（2016SS02）；海岸灾害及防护教育部重点实验室开放研究基金项目(201703)

作者简介：李钦（1994–），男，江苏连云港人，硕士研究生，主要从事波浪与海洋结构物相互作用研究。E-mail: 1250312808@qq.com

通信作者：李雪艳。E-mail: yanzi03@126.com

1　数值模型建立

1.1　控制方程

基于开源计算流体力学程序 OpenFOAM 的源代码，在二相流体不可压缩的假定条件下，使用体积平均雷诺平均 Navier–Stokes（varans）方程，采用动量源方法，建立数值水槽，并将绘制好的结构物以*.stl 文件代码形式植入到运算包中，最终建立无孔、开孔板式透空堤数值模型，从而开展网格的搭建、加密、运算和后处理等研究工作，其控制方程表达如下。

连续性方程：

$$\frac{\partial u}{\partial x}+u\frac{\partial v}{\partial y}+v\frac{\partial w}{\partial z}=0 \tag{1}$$

动量方程：

$$\begin{cases} \rho\left(\dfrac{\partial u}{\partial t}+u\dfrac{\partial u}{\partial x}+v\dfrac{\partial u}{\partial y}+w\dfrac{\partial u}{\partial z}\right)=-\dfrac{\partial p}{\partial z}+\mu\left(\dfrac{\partial^2 u}{\partial x^2}+\dfrac{\partial^2 u}{\partial y^2}+\dfrac{\partial^2 u}{\partial z^2}\right) \\[2mm] \rho\left(\dfrac{\partial v}{\partial t}+u\dfrac{\partial v}{\partial x}+v\dfrac{\partial v}{\partial y}+w\dfrac{\partial v}{\partial z}\right)=-\dfrac{\partial p}{\partial z}+\mu\left(\dfrac{\partial^2 v}{\partial x^2}+\dfrac{\partial^2 v}{\partial y^2}+\dfrac{\partial^2 v}{\partial z^2}\right) \\[2mm] \rho\left(\dfrac{\partial w}{\partial t}+u\dfrac{\partial w}{\partial x}+v\dfrac{\partial w}{\partial y}+w\dfrac{\partial w}{\partial z}\right)=-\dfrac{\partial p}{\partial z}+\mu\left(\dfrac{\partial^2 w}{\partial x^2}+\dfrac{\partial^2 w}{\partial y^2}+\dfrac{\partial^2 w}{\partial z^2}\right)+\rho g_z \end{cases} \tag{2}$$

式中：u、v 和 w 分别为 x、y、z 方向上的速度分量；ρ 为密度；t 为时间；p 为压强；g 为重力加速度；μ 为运动黏度。以 CFD 法中层流态 laminar 计算模型进行计算。

1.2　自由表面追踪方法

对于自由表面追踪采取流体体积函数法（VOF），将其相体积分数定义为 α，表示液体体积分数，为了方便提取自由表面数据和得到波面历时曲线，只研究空气和水两种流体，在建立运动方程时，自由表面处以混合流体处理，该混合流体密度 ρ 和动力黏度系数 μ 可表示为

$$\begin{cases} \rho=\alpha\rho_w+(1-\alpha)\rho_a \\ \mu=\alpha\mu_w+(1-\alpha)\mu_a \end{cases} \tag{3}$$

式中：ρ_w 和 ρ_a 分别为水和空气的密度；μ_w 和 μ_a 分别为水和空气的动力黏度系数。

$$\frac{\mathrm{d}\alpha}{\mathrm{d}t}=\frac{\partial\alpha}{\partial t}+u\cdot\nabla\alpha=S_\alpha \tag{4}$$

$$\nabla=\left(\frac{\partial}{\partial x},\frac{\partial}{z}\right)^{\mathrm{T}} \tag{5}$$

式中：t 为时间；∇ 为梯度算子；x 为水平方向坐标；z 为深度方向坐标；u 为速度向量；S_α 为体积分数源项。

1.3　造波与消波方法

对于数值造波，采用推板造波的方法，OpenFOAM 在组织架构上充分利用了 C++的抽象分层思想，以二相流动网格求解器 interDyMFoam 和为基础，这里的数值造波是基于试验造波理论，通过设定边界的运动来模拟推板造波机的工作机理，即在数值水槽的造波入口处采用动网格模拟推板造波过程，根据源造波理论，通过在计算域内设置的造波源可分别向源区域两边同时生成两列方向相反的波，本文参考王东旭[5] 的主动吸收方法，并将其优化后的 tuibanwaveGenerationDic 字典植入求解器内，可据此修改水深、波高和周期，从而实现数值内的推板造波。

为了避免水池右端墙面处的波浪反射，采用阻尼消波技术，在动量方程中加入阻尼项。在 CFD 开源代码中，一般在求解器内添加阻尼项以达到消波效果，本文所采用的 interDyMFoam 求解器即采用海绵层阻尼消波。海绵层阻尼消波的原理是通过在特定的计算区域设定阻尼项来达到削弱传入该区域波动的目

的，在有限的计算区域内模拟无限远处域的情况，从而实现波浪能量传递到水槽末端消除其波能，削弱其波浪反射对结构物的作用。在该求解器内使用 theta 字典对消波区段进行定义，并链接到 interDyMFoam 求解器程序文件 UEqu.H 内，在该字典下可以定义消波区的长度、位置和消波边界等参数。

1.4　网格剖分方法

OpenFOAM 使用有限体积法对模型采取三维网格划分，即将计算区域划分为网格，并使每一个网格点周围有一个互不重复的控制体积；将待解微分方程对每一个控制体积积分，从而得出一组离散方程。本文搭建的数值水槽模型采用结构化网格，它的生成直接利用 interDyMFoam 动网格求解器中自带的 blockMesh 文件。为了提高波面的捕捉精度，可利用 snappyHexMesh 对波面处的网格做垂向加密，而远离波面网格逐渐变稀，为了反映结构物附件的波面变化情况，可对结构物作单独加密处理。

2　无孔板式堤水动力特性结果验证

基于物理模型试验的方案，构建基于 interDyMFoam 的三维数值水槽。数值水槽的长×宽×高分别为 12 m×0.8 m×0.8 m，板式透空堤的外部尺寸同物理模型试验所用的外部尺寸一致，长×宽×高为 0.48 m×0.8 m×0.01 m，其距离造波板 6.3 m。为了提高计算效率和计算精确度，在自由表面和结构物附近加密网格，根据波浪要素的变化划分网格尺寸，单元网格尺度为 0.1 m×0.02 m×0.02 m，加密后网格尺度为 0.025 m×0.005 m×0.005 m，网格如图 1 所示。

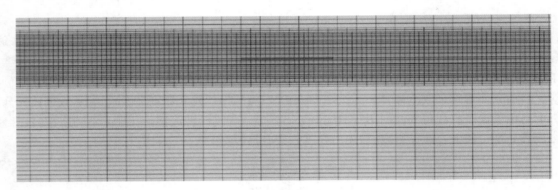

图 1　无孔板局部网格剖分示意

此外，在该模型内沿波浪传播方向中心线布设三根浪高仪，使用 Goda 两点法分离透射和反射波浪，计算透射和反射系数；数值水槽入口设置为波浪生成边界，并调用推板造波命令，在其参数内修改波高、水深、周期等要素；数值水槽底部设定为壁面无滑移边界，数值水槽出口设置消波边界，采用阻尼消波法进行消波，其数值模型布置如图 2 所示。

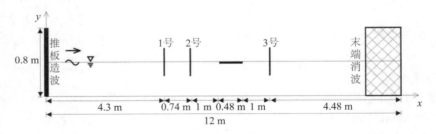

图 2　板式透空堤数值模型示意

2.1　波浪历时曲线比较

数值计算完毕后，根据事先布设浪高仪的位置，提取单位时间步长 0.05 s 的数据结果，通过结构物前后的波浪历时曲线同物理模型试验对应的波浪历时曲线进行验证，算例给出水深 d=0.6 m，波高 H=0.06 m，周期 T=1.2 s、1.6 s 时，结构物前后的波面曲线验证结果如图 3 和图 4 所示。

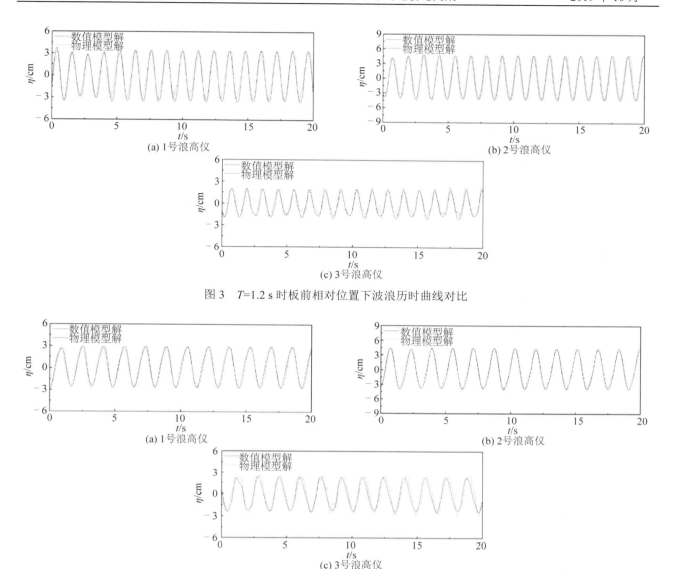

图 3　T=1.2 s 时板前相对位置下波浪历时曲线对比

图 4　T=1.6 s 时板前相对位置下波浪历时曲线对比

　　从图中可以看出，本文建立的数值模型得到的计算结果与实测数据吻合良好，但物理模型试验中的波浪历时曲线有一定的不稳定性，这可能是由于瞬时情况下水面不平稳及多种线路在水体附近缠绕影响波浪传播所导致的，另外，该工况下计算透射系数 K_t=0.62、反射系数 K_r=0.49，实测透射系数 K_t=0.63、反射系数 K_r=0.46，数据吻合良好，表明该模型能够用于板式防波堤消浪特性及附近流场结构的计算分析。

2.2　透射与反射系数比较

　　据数值模型定义的 sampleDict 字典定义堤后 1 号数值浪高仪提取的波浪时间过程线，由计算分析处理得到透射波高，进而求出透射系数 K_t。透射系数是指波浪透过防波堤后经过反射叠加后有效波高与入射波高的比值，可采用如下形式表示。

$$K_t = \frac{H_t}{H_i} \tag{6}$$

式中：H_t 为透射后波高与经建筑物反射波高叠加的有效波高；H_i 为防波堤前入射波高。

　　反射系数是指波浪冲击防波堤后经过反射叠加后有效波高与入射波高的比值，测得的波面过程线，同样使用 sampleDict 字典定义堤前 2 号、3 号数值浪高仪提取波浪时间过程线，由 Goda 和 Suzuki[13]两点法分离出反射波高与入射波高，由计算分析处理得到反射波高，进而求出反射系数 K_r，可采用如下形式表示。

$$K_r = \frac{H_r}{H_i} \tag{7}$$

式中：H_r 为经过防波堤反射后有效波高；H_i 为防波堤前入射波高。

选取周期 T=1.2 s、1.6 s 时，将数值计算所得的透射系数 K_t、反射系数 K_r 分别与试验解做对比，结果见表 1。

表 1　透射与反射系数比较

T/s	K_t		K_r	
	数值解	试验解	数值解	试验解
1.2	0.62	0.63	0.49	0.46
1.6	0.79	0.78	0.31	0.29

由表可知，在周期 T=1.2 s、1.6 s 时，数值计算所得的透射系数 K_t 与反射系数 K_r 同试验解数据吻合良好，表明该模型能够用于板式防波堤水动力特性的研究。

3　开孔板式堤水动力特性结果

由于当前数值模型试验可普遍用来计算无孔封闭板式结构物的数值模拟及运算处理，本文在其无孔板的基础上进行开孔处理，设计出开孔板式防波堤，并对其进行水动力特性的数值研究。

由于上面无孔板式防波堤的数值模型结果同物理模型试验结果吻合良好，故本文在该板式防波堤的基础上进行开孔处理，板的尺寸保持不变，在板上开 6 个等长的方形孔，其孔边长为 0.1 m，间距 0.12 m，布设位置如图 5 所示。

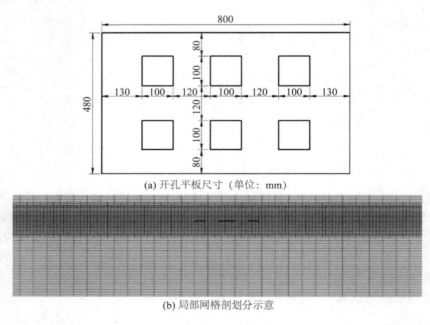

(a) 开孔平板尺寸（单位：mm）

(b) 局部网格剖划分示意

图 5　开孔板–水槽模型示意

此外，开孔板防波堤数值模型布设的网格尺寸、结构物位置、波浪要素及数值浪高仪布设位置同无孔板布设位置一致。

3.1　透射系数

通过计算，提取开孔板防波堤的计算输出结果，选取周期 T=1.2 s、1.6 s，波高 H=0.08 m、0.08 m、0.10 m 时的堤后的有效波高，并计算其透射系数与无孔板作对比，给出两种不同周期下的透射系数。

由图 6 可知，开孔板的透射系数比无孔板透射系数要低，可知其在相同条件下开孔板消浪效果要比无孔板效果好，其中，T=1.2 s 和 T=1.6 s 时，开孔板的透射系数均随波高的升格缓慢增大，而无孔板在波高为 0.08 m 处透射系数最小，出现这种情况的原因可能是板开孔的孔径较大。此外，不论平板是否开孔，波浪周期 T=1.2 s 时的透射系数比 T=1.6 s 时要低，反映了周期越小，消浪效果越好。

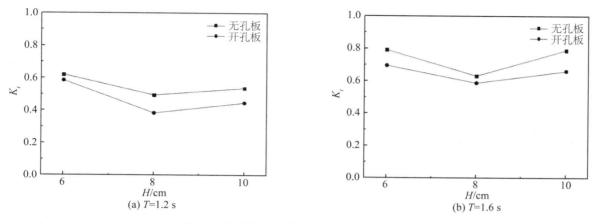

图 6　开孔板与无孔板式透空堤透射系数比较

3.2　反射系数

同样工况下，在堤后对应 2 号、3 号数值浪高仪位置分离出反射波高与入射波高，计算其反射系数并与无孔板作对比，给出两种不同周期下的反射系数如图 7 所示。

由图 7 可知，开孔板的反射系数比无孔板的反射系数低，可知在相同条件下，开孔板可反射较少的波浪，说明波浪传递至开孔板后可消除更多的波浪能，对于开孔板，波浪周期 T=1.6 s 时的反射系数比 T=1.2 s 时要低，说明 T=1.6 s 周期下开孔板式防波堤消能更多。

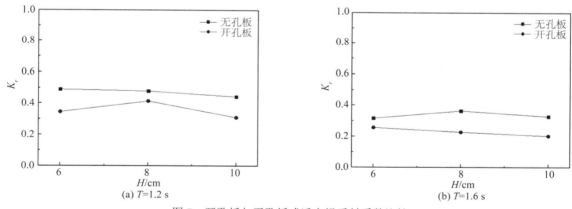

图 7　开孔板与无孔板式透空堤反射系数比较

4　结　语

本文基于 OpenFOAM 的动网格求解器计算在一定工况下无孔板式防波堤的数值结果，并与物理模型试验做对比；在此基础上设计出开孔板式防波堤，以通过其波浪透射系数及反射系数来比较其消浪特性，从而证明其求解器可用于进行开孔板的数值水动力特性研究，并得出以下相关结论：

1）通过比较无孔板防波堤的波浪历时曲线和透射系数、反射系数，发现与同工况下的物理模型试验吻合良好，说明可以利用 interDyMFoam 动网格求解器进行板式防波堤的数值模拟；

2）取开孔板式防波堤进行计算试验，并同无孔板式防波堤做对比，在 T=1.2 s 及 1.6 s 时，不同波高下开孔板防波堤的透射系数及反射系数均比无孔板低，说明无孔板式防波堤消浪性能偏好，且消耗的波浪能较大，其防浪效果更好。

参考文献：

[1]　JACOBSEN N G, FUHRMAN D R, Fredsøe J. A wave generation toolbox for the open-source CFD library:OpenFoam®[J].

International Journal for Numerical Methods in Fluids, 2012, 70(9): 1073-1088.

[2]　PABLO H . Application of computational fluid dynamicsto wave action on structures [D]. Spain: University of Cantabria, 2015.

[3]　TROCH P, ROUCK J D. An active wave generating-absorbing boundary conditionfor VOF type numerical model[J]. Coastal Engineering, 1999, 38: 223-247

[4]　查晶晶. 用 OpenFOAM 实现数值水池造波和消波[J]. 海洋工程, 2011, 29(3): 1-12.

[5]　王东旭. 基于 interDyMFoam 的主动吸收式数值波浪水槽研究[C]//中国海洋工程学会. 第十八届中国海洋（岸）工程学术讨论会论文集. 北京: 海洋出版社, 2015: 89-95.

[6]　管宁. 基于 OpenFOAM 的三维源函数造波数值波浪水槽的建立与应用[C]//中国海洋工程学会. 第十七届中国海洋（岸）工程学术讨论会论文集. 北京: 海洋出版社, 2015. 11: 266-271.

[7]　王飞. 新型防波堤消浪特性数值模型的建立与验证[J]. 珠江水运, 2018. 14(7): 89-90.

[8]　唐海贵. 潜型水平板水动力特性的数值研究[J]. 海洋通报, 2002(1): 1-8.

[9]　吴瑶瑶. 弧板式透空堤消浪性能影响因素数值研究[J]. 海洋工程, 2019, 37(2): 59-67.

[10]　卢超. 板式开孔防波堤水动力特性及受力研究综述[J]. 中国水运, 2018(7): 159-160.

[11]　蔡郁. 开孔率对明基床上开孔沉箱波浪反射系数影响的数值研究[J]. 海洋工程, 2018(5): 1005-9865.

[12]　JASAK H, TUKOVIC Z. Dynamic mesh handling in OpenFOAM applied to fluid-structure interaction simulations[C]// Presented at the V European Con ference on Computational Fluid Dynamics. 2010.

[13]　GODA Y, SUZUKI Y. Estimation of incident and reflected waves in random wave experiments[C]// The 15th International Conference on Coastal Engineering. New York, ASCE. 1976: 214-232.

单弧板式透空堤水动力特性的物模研究

张俊斌[1]　李雪艳[1,2]　王　庆[1]　战　超[1]　路大卫[1]　孙　艳[1]

（1. 鲁东大学 海岸研究所，山东 烟台 264025；2. 河海大学 海岸灾害及防护教育部重点实验室，
江苏 南京 210098）

摘要：本文提出了一种由单弧形板构成的新型消浪结构，并探究其在规则波作用下的水动力特性。通过物理模型试验，分析了不同波高、周期以及潜深情况下，防波堤结构对波浪的透射系数、反射系数的变化趋势，并讨论了防波堤结构周围的瞬时流场变化。试验结果表明，单弧板式透空堤出水时的透射系数，在 $H=6\text{ cm}$ 和 $H=10\text{ cm}$ 情况下都明显小于入水以及与水面齐平的情况。由此可以得出结论，在本次试验范围内，相同的波高情况下，不同潜深对防波堤的消浪效果有明显影响，潜深越小，消浪效果越好。

关键词：单弧板；反射系数；透空堤；透射系数

　　随着社会的发展和科技的不断进步以及运输的需要，船舶趋向大型化，因此，对码头港口的要求也越来越高。港口码头的泊位水深不断增加，对防波堤的要求也就越高，目前常用的防波堤类型主要为斜坡式防波堤和直立式防波堤，这两种类型的防波堤具有很好的消浪效果。但随着水深的不断加大，防波堤用料也越多，越深施工越困难。另外，这一类防波堤完全阻断了水面以下水体的流通，承受了较大的水阻力，对港内水质保证和生态环境有不利的影响，对结构物的要求较高。因此，提出了一种新的消浪结构即透空式防波堤，因其具有对地基要求较低，施工比较方便，造价低廉和环境友好等优点而得到了广大专家学者的关注。透空式防波堤是一类下部透空、上部连续的挡浪结构，是使堤前波浪的能量大部分不能向堤后传播的防波堤。

　　关于板式防波堤消浪性能研究，前人已做了大量的理论、试验和数值模拟工作。沈雨生等[1]基于物理试验水槽得出了浮式防波堤的消浪效果。王科和许旺[2-3]应用边界元方法研究了竖直单板和平板的消浪性能及消波机理。王晶等[4]和程永舟等[5]提出了一种新型透空格栅板式防波堤，并根据物理模型试验结果讨论了其消浪特性。王国玉等[6]分析了相对水深、相对板宽和相对板高对多层平板式防波堤消减波浪力的作用，结果表明在一定范围内，增加水平板数量可以提高消浪性能。上述研究主要针对水平板、垂直板式防波堤消浪性能开展。近几年，潘春昌等[7]和Wang等[8]受半圆型防波堤启发，提出了一种新型弧板式透空堤结构，并开展了一系列模型试验，指出了弧板式透空堤的消波效果优于平板式透空堤。王科等[9]基于波浪绕射和辐射理论，采用边界元方法对弧板式透空堤的消浪效果进行了研究，指出当潜深与波高的比为0.05时，上弧板式防波堤的消浪效果比平板式防波堤提升约50%。该研究仅考虑了单层弧板式透空堤在静水面下方的消浪情况，而没有考虑其不同入水深度时的消浪效果。

　　因此，本文在探讨不同潜深对弧板式防波堤的消浪效果的同时，讨论了入射波周期、相对板宽对弧板式透空堤消浪特性的影响。

1　物理试验设置

1.1　试验设备与仪器

　　单弧板透空堤试验主要在波流水槽系统中进行，波浪水槽造波系统由天津港湾工程研究院有限公司制造，如图 1 所示，水槽尺寸长 60.0 m、宽 2.0 m、深 1.8 m，最大工作水深 1.5 m。采用伺服电机驱动的推

基金项目：国家重点研发课题（2017YFC0505902）；NSFC-山东联合基金项目（U1706220）；国家自然科学基金（51709140，41471005）；水沙科学与水灾害防治湖南省重点实验室开放基金项目（2016SS02）；海岸灾害及防护教育部重点实验室开放研究基金项目（201703）

作者简介：张俊斌（1996–），男，硕士研究生，从事波浪与海洋结构物相互作用研究。E-mail：732422414@qq.com

通信作者：李雪艳（1982–），女，博士，讲师，主要从事波浪与结构物相互作用研究。E-mail：yanzi03@126.com

板式造波机，造波方法为推板造波，推波板宽 2.0 m。单弧板式透空堤布置在水槽试验段通过浪高仪等测试仪器来测其波高，进而进行各种系数的计算。水槽内采用两点法布置，共设有三根浪高仪，标号分别为 1 号、2 号、3 号，如图 2 所示。

图 1   波流水槽系统

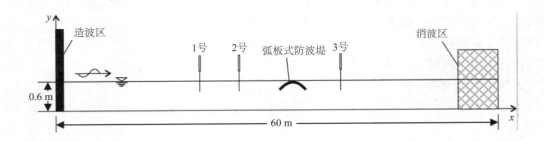

图 2   板式透空堤模型示意

1.2   模型设计

试验模型为单层圆弧板透空式防波堤，其模型断面如图 3 所示，圆弧板拱高为 0.10 m，沿波浪传播方向模型宽度为 0.45 m，板厚均为 0.01 m，且透空堤的弧板使用有机玻璃制作，模型可拆卸，在试验进行时，将圆弧板的四角开孔，由焊接在水槽底部的螺杆穿过，上下由螺母固定，构成透空式结构，此处为 0.10 m 弧度板的模型设计图。

图 3   单弧板结构模型示意

1.3   试验工况

模型试验采用规则波浪，涉及的参数主要有水深、周期、波高以及潜深。采用 0.6 m 水深，弧板高度为 0.1 m，波高分别取 0.06 m、0.1 m，周期取 1.2 s、1.4 s、1.6 s、1.8 s、2.0 s，潜深为-0.03 m、0 m、0.03 m，如表 1。

表 1　主体试验工况

水深/m	板高度/m	波高/m	周期/s	潜深/m
			1.2	
			1.4	−0.03
0.6	0.10	0.06	1.6	0
		0.10	1.8	0.03
			2.0	

2　试验结果验证

分别验证 0.4 m 水深，0.91 s、1.1 s、1.28 s、1.46 s 周期、0.05 m 板间距、0 m 潜深的双平板的消浪情况，并与文献[7]中得到的透射系数对比，表 2 为试验与文献[7]中 16 种工况的对比情况。

表 2　双平板透射系数的对比

d	W/L	透射系数（H=0.04）			透射系数（H=0.08）		
		Kt（文献[7]）	Kt（试验）	差值百分数/（%）	Kt（文献[7]）	Kt（试验）	差值百分数/（%）
	0.18	0.74	0.72	−2.7	0.67	0.7	+4.4
0.4	0.21	0.63	0.68	+7.9	0.63	0.66	+4.7
	0.27	0.53	0.5	+5	0.48	0.5	+4.1
	0.36	0.37	0.39	+5.4	0.34	0.32	−5.9

由表 2 可知，试验数据与文献[7]的数据误差基本控制在 0.7%以内，因此，该试验水槽的造波效果良好，可以进行试验。

3　试验结果分析与讨论

3.1　波面高程变化

图 4 分别为水深 d=0.6 m、周期 T=1.4 s、波高 H=0.1 m 时 1 号、2 号、3 号浪高仪的波浪历时曲线，从图中可以看出，在波浪未经过结构物时，波浪比较稳定，波高基本维持在 10 cm 左右，并未出现明显的变化，当波浪经过结构物时，波高具有明显的变化，在 t=30 s 后波浪也基本趋于稳定，但此时波高只有 4 cm 左右，由此可见，单弧板防波堤具有良好的消浪效果。

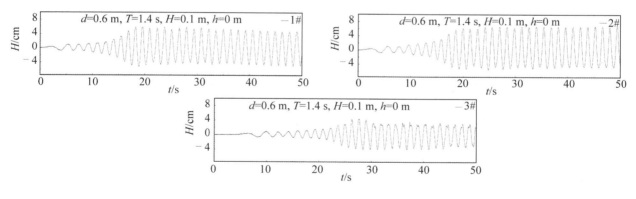

图 4　不同位置处波浪历时曲线

3.2　透射系数

对于单弧板透空式防波堤结构，物理模型试验中主要讨论了不同波高以及不同的潜深在不同周期下对结构物消浪效果的影响。图 5 给出了波高为 6 cm、8 cm 时，弧板式透空堤对波浪的透射系数随潜深和相对板宽的变化。结果表明，潜深和相对板宽对透射系数影响较为显著。对于同一潜深，在 H=6 cm 时，透射系数随着相对板宽呈先增大后减小的趋势，透射系数最大在相对板宽为 0.13 时。对于波高 H=10 cm 时，透射系数也基本呈现先增大后减小的趋势，不过透射系数最大是在相对板宽为 0.11 时。同时，从图中还可以看出，潜深为 3 cm 时，透射系数最大，潜深为 –3 cm 时，透射系数最小，潜深为 0 cm 时，透射系数居中。由此可以得出，潜深为 3 cm 时消浪效果最差，潜深为 –3 cm 时消浪效果最好。

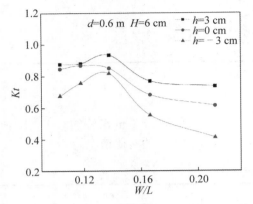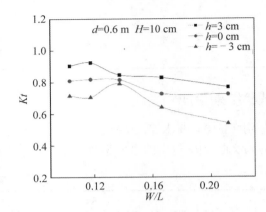

图 5　不同潜深和相对板宽下的透射系数

3.3　反射系数

图 6 给出了圆弧板透空式防波堤模型在不同潜深条件下对波浪的反射系数的影响的试验结果。可以看出，在 H=6 cm 的情况下，潜深为 3 cm 时反射系数随相对板宽的增大呈先增大后减小的趋势。在潜深为 0 cm 以及 –3 cm 时，其反射系数比较接近，呈先减小后升高的趋势。在 H=10 cm 的情况下，三种潜深下的反射系数均呈先减小后增大的趋势，且在相对板宽为 0.11 时反射系数最小。由此还可以看出，在波高 H=10 cm 时，潜深为 –3 cm 时反射系数最大，3 cm 时反射系数最小，0 cm 居中。

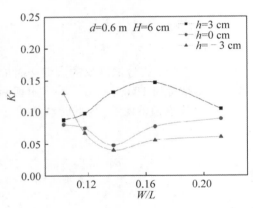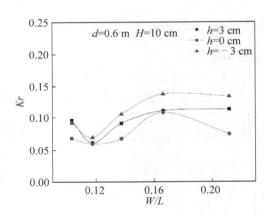

图 6　不同潜深和相对板宽条件下的反射系数

3.4　流场

图 7 给出了水深 d=60 cm、入射波周期 T=1.2 s、波高 H=10 cm、潜深 h= –0.03 cm 时，试验得到的单弧板式透空堤结构附近各个瞬时的流场。由图 7 所示各个瞬时的流场变化趋势可以看出，在一个波浪周期内，在 $0T$ 时，单层弧板周围的水体较为平静，此时，水体处于弧板周围最低处。在 $0.25T$ 时，单层弧板迎浪向处水体明显高于背浪向，水体越过结构物的过程具有明显消波效果。在 $0.5T$ 以及 $0.75T$ 时，波浪已经完全越过结构物，此时水体基本完全回落，强烈冲击槽内水面，水花四溅，然后水体逐渐趋于平静，即将进入下一个周期。

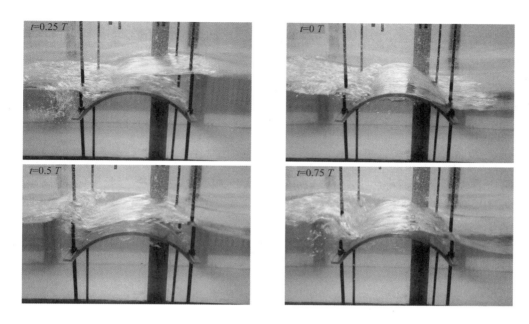

图 7　试验流场

4　结　语

本文通过物理模型试验讨论了潜深、入射波周期、波高、相对板宽对透射系数的影响。在本次试验范围内得到的主要结论如下。

1）潜深和相对板宽对透射系数影响较为显著。相同潜深情况下，H=6 cm 和 10 cm 时，透射系数随着相对板宽均呈先增大后减小的趋势。H=6 cm 时，相对板宽 W/L=0.13 时，透射系数最大为 0.93。H=10 cm 时，相对板宽 W/L=0.11 时透射系数最大为 0.92。

2）潜深为 3 cm 时消浪效果最差，潜深为–3 cm 时消浪效果最好。潜深为 3 cm 时，透射系数最大为 0.93，潜深为–3 cm 时，透射系数最小为 0.41，潜深为 0 cm 时，透射系数居中。因此，在三种潜深条件下，波高一定，潜深为–3 cm 时消波效果最好，0 cm 次之，3 cm 最差。

参考文献：

[1]　沈雨生, 潘军宁, 周宜人, 等. 双浮箱式浮式防波堤消浪性能试验研究[J]. 海洋工程, 2018, 36(1): 47-54.

[2]　王科, 许旺. 平板及立板型防波堤透射及反射系数研究[J]. 船舶力学, 2010, 14(5): 487- 494.

[3]　王科, 许旺, 张志强. 近自由水面水平板式防波堤消波特性及消波机理研究[J]. 船舶力学, 2010, 14(4):362- 371.

[4]　王晶, 程永舟, 杨小桦, 等. 新型透空板式防波堤消浪效果试验研究[J]. 船舶力学, 2015, 19(1-2): 86- 94.

[5]　程永舟, 杨小桦, 黄筱云, 等. 新型透空格栅板式防波堤消浪性能试验[J]. 水利水电科技进展, 2016, 36(2): 30-34.

[6]　王国玉, 刘丹, 任冰, 等. 多层水平板衰减波浪的影响因素分析[J]. 水利水电科技进展, 2011, 31(1): 33-36.

[7]　潘春昌, 王国玉, 任冰, 等. 圆弧板透空式防波堤消波性能试验研究[J]. 海洋工程, 2014, 32(4): 33-40.

[8]　WANG G Y, REN B, WANG Y X. Experimental study on hydrodynamic performance of arc plate breakwater[J]. Ocean Engineering, 2016, 111: 593-601.

[9]　王科, 施鹏飞, 陈彧超, 等. 水下上弧形板结构的水动力特性研究[J]. 船舶力学, 2016, 20(5): 549-557.

多层交叉透空管筏式防波堤试验研究

宋瑞银 [1], 吴烨卿 [1,2], 马　肖 [1,3], 吴映江 [1,2], 陈凯翔 [1,4], 蔡泽林 [1,4]

（1. 浙江大学 宁波理工学院，浙江 宁波 315100；2. 宁波大学，浙江 宁波 315211；3.浙江大学，浙江 杭州 310058; 4. 浙江科技学院，浙江 杭州 310023）

摘要： 针对开放式养殖海域中风浪大、养殖鱼群缺乏安全防护的问题，提出了一种多层交叉透空管筏式防波堤，该防波堤通过交叉管摩擦耗散碎波来实现消波功能，同时显著减小防波堤的锚系力。通过模型设计、造波池模型试验，研究了波浪周期、波高、筏体封孔率等因素对防波堤透射系数和锚系力的影响规律。结果表明：该防波堤对短周期波浪的消波效果较好，消波率可达到 50%，波浪周期越短，锚系力也越小；透射系数相对稳定条件下，筏体封孔率越小，防波堤锚系力减小。

关键词： 筏式防波堤；多层交叉透空管；消波系数；锚系力

随着陆地资源的不断消耗，深海网箱养殖是一个必然趋势。为了克服强风、急流、巨浪等极端恶劣环境，深水网箱养殖需要增强抗风、抗流、抗浪的性能和增加养殖鱼群的安全性。在迎浪方向设置防波堤来阻断波浪的冲击力是一种极为有效的提高网箱耐用性的方法[1-2]。相比于固定式防波堤，浮式防波堤适用范围广，对海流、洋流影响较小[3-6]，因此浮式防波堤拥有相当的实际价值。近年来，学者们相继开展了许多关于新型浮式防波堤的研究。Sannasiraj 等[7]主要研究了不同锚泊方式对浮筒式浮式防波堤的影响，他们进行了试验并深入的理论研究了其运动规律和锚系力的变化。Williams[8]在 1996 年通过理论计算研究了双浮箱式浮式防波堤，为其提供了一定的理论依据。Cheng 等[9]研究的一种新型浮式防波堤由 PVC 管组成，采用凹状菱形管，数据表明随着相对宽度不断变长，透射系数将逐渐减小。Hegde 等[10]研制了由三层 PVC 管水平交错排列的浮式防波堤，他们通过物理模型试验对波浪的损耗进行了研究。通过建立数值水槽以及物理模型试验，Ji 等[11-12]对几种新型浮筒式防波堤进行了深入研究，对于长周期和大波高的情况，双浮筒防波堤相比传统防波消波性能更好。而金凤等[13]设计了多级带孔薄膜浮式防波堤，该防波堤由框架结构、水平和垂直的开孔薄膜组成，研究表明，该浮式防波堤对短波消波效果好，但对长波效果较差。锚链系统通常用于浮式防波堤的固定，结构简单、安全可靠、经济性好[14-15]。

浮式防波堤本身的安全性也是值得研究的课题，其中最关键的一环是防波堤的锚系的强度问题。本文从降低锚系拉力的方面入手，设计了一种多层交叉透空管筏式防波堤，旨在通过物理模型试验来研究其消波效果以及锚链受力情况，以期为实际工程应用提供参考。

1 多层交叉透空管筏式防波堤工作原理

柔性浮式防波堤由消波主浮体及锚链系统组成。消波主浮体由箱体或浮排组成，具有一定的吃水深度，同时与固定的锚链连接并漂浮在水面上。其消波原理是通过反射消浪、不同波列之间的干涉效应、流体絮乱来实现。锚链系统用于浮式防波堤的固定，结构简单、实用可靠，波浪对锚链系统做功，将波浪能转换成锚链系统动能，也起到消减波浪能的作用。本文设计的柔性防波堤（图 1），采用多层交叉透空管式结构，相对于传统防波堤通过反射消浪来实现消波功能，多层交叉透空管筏式防波堤通过交叉管摩擦耗散碎波来实现消波的功能，其主要工作原理是：波浪与主筏体之间相对纵向及横向运动，主筏体将吸收大部分波浪并反射；波浪通过迎浪管进入主筏体内腔，部分波浪在管内腔通过摩擦耗散碎波，进一步实现波浪的消减。传统防波堤将吸收的波浪能全部作用于锚链，筏体式柔性浮式防波能将波浪能转换为机械能，有效减小作用在锚链上的力，提高浮式防波堤的安全性。

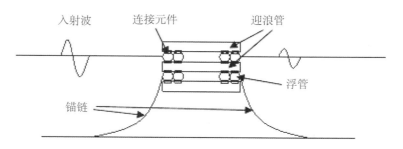

图 1　多层交叉透空管筏式防波堤结构

波浪透射系数 H_t 是体现柔性防波堤消浪性能的重要参数，其值越大（小），消浪效果越差（佳）。其公式为

$$K_t = \frac{H_t}{H_i} \tag{1}$$

式中：H_t 为堤后透射波高；H_i 为堤前入射波高。多层交叉透空管筏式防波堤堤前和堤后波高由波高仪测得。由此可见，透射系数越小，防波堤消波效果越好。

考虑到防浪堤整体结构的稳定性，锚泊系统一般采用呈发散状的多链锚泊系统，且锚链的分布具有对称性。当浮体处在锚链分布的中心处位置时，整个系统的回复力为零，各个锚链受到的力称作预张力。从系统中力的分析考虑，为了方便计算，假定在整个锚泊定位系统中，每根锚链都汇交于一点。通过分析不同工况下的锚系力，可以验证多层交叉透空管筏式防波堤对锚系力和系泊系统安全性的影响。

2　试验设计

2.1　试验模型

依据相似准则以及水动力学理论，设计提出的一种新型筏体式柔性防波堤，主要由浮力系统（浮管和泡沫）、消浪系统（迎浪管）、连接结构和锚链系统组成，如图 2 所示。

图 2　筏体式浮式防波堤模型

浮力系统通过两边堵管的 PVC 管和泡沫管组成，其主浮力由密封 PVC 管提供。由于模型应用于两壁距离为 600 mm 的水槽内，设计框架宽为 500 mm，初步选定筏体尺寸为 500 mm×360 mm，为了提供相应的浮力以及必须的碎浪效果，同时为了兼顾市场上的管材类型，最终确定筏体的主要材料为外径为 40 mm 的 PVC 管，第一层为碎浪管，共 8 根，每根长 300 mm，第二层为浮力管，共 4 根，每根长 500 mm，第三层为碎浪管，共 6 根，每根长 300 mm，第四层为浮力管，共 4 根，每根长 450 mm，第五层为碎浪管，共 4 根，每根长 300 mm，总计 5 层。由于本次模型设计用于初步测试，因此选用塑料扎带来实现连接。锚链系统包括固定框架、锚链和筏体连接环，固定框架由铝型材组成，通过组装使其成为一个 1500 mm×500 mm×500 mm 的框架。

多层交叉透空管筏式防波堤主要通过交叉管摩擦耗散碎波来进行消波。为了研究多层交叉透空管筏式防波堤管内摩擦耗散碎波对防波堤消波效果和锚系力的影响，首先引入封孔率的概念，封孔率是指由 PVC 管组成的筏体堵住 PVC 管口的多少，本文设计了 9 种不同封孔率的防波堤模型，如表 1 所示，并分别进行了试验测试。

表 1　9 种不同防波堤模型的试验方案

方案号	1	2	3	4	5	6	7	8	9
迎浪封孔率/%	0	2	0	33	0	44	0	56	0
背浪封孔率/%	0	0	22	0	33	0	44	0	56

2.2　试验测试系统

多层交叉透空管筏式防波堤模型的试验测试在实验室内进行，所用造波池如图 3 所示。

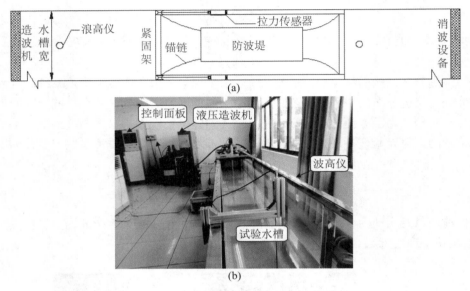

图 3　试验测试系统

本次试验中主要运用的试验设备包括造波仪、波高仪和锚系力测量装置。造波池一端为造波机，另一端为消波装置，造波仪主要运用直线液压缸推动挡块实现水面势差的原理，具体如图 3 所示。水池中央放置多层交叉透空管筏式防波堤模型，防波堤前、后 1 m 处分别布置 1 个浪高仪。4 条锚链关于防波堤对称分布，防波堤前端锚链绕过紧固架的滑轮，连接至锚链顶部的拉力传感器上，后端锚链直接连接至紧固架底部。

3　试验测试

为了测试多层交叉透空管筏式防波堤的消波效果，采用实验室造波水池造出 9 种不同波高和周期的规则波（表 2），并且在这些规则波的作用下对多层交叉透空管筏式防波堤模型分别进行试验测试，波高分别 80 mm、100 mm、120 mm，周期 T 分别为 2.5、1.25、0.9 s。对于每种波工况，重复试验 3 次，取 3 次试验结果的平均值记录。

采用拉力传感器（型号 LCS-S7）测量堤前 2 个锚链的拉力，采用波高仪（型号 YWH200-DXX）实现对水面波高变化的测量并使用与其配套的软件直接实现对波的制图与数据保存。

表 2　9 种试验规则波参数

工况	1	2	3	4	5	6	7	8	9
波高/mm	80	80	80	100	100	100	120	120	120
周期/s	2.5	1.25	0.9	2.5	1.25	0.9	2.5	1.25	0.9

4 试验结果分析

4.1 入射波周期、波高和筏体封孔率对投射系数的影响

由图4可知，透射系数与周期之间存在着比较明显的规律，在不同波高下，随着波浪周期的减小，透射系数逐渐变小，即消波效果越好，且最佳消波率达到50%。说明多层交叉透空管筏式防波堤对短周期波的消波效果较好；随着波浪周期的减小，防波堤消波效果增加。

图5给出了多层交叉透空管筏式防波堤模型的透射系数随波高变化的试验曲线。由图可知，在长周期波条件下，消浪效果几乎并不存在，甚至由于系统误差的存在，导致出现后透射系数大于1的现象。而在其他两组较短周期波的条件下，入射波高增大，透射系数也随之增大，但变化效果不明显。由此表明，在短周期波作用下，多层交叉透空管筏式防波堤对波高变化具有较强的适应性。但综合图5和图6分析可知，筏体封孔率并未发现明显消波效果的相应规律。

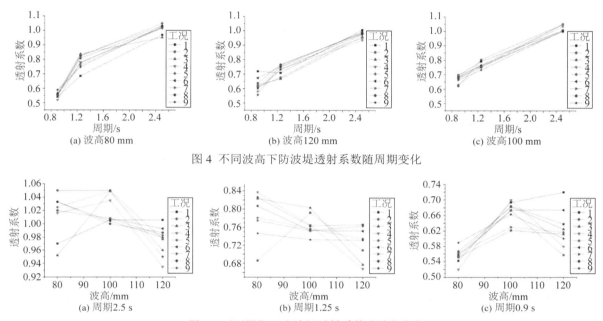

图4 不同波高下防波堤透射系数随周期变化

图5 不同周期下防波堤透射系数随波高变化

4.2 入射波周期、波高和筏体封孔率对锚系力的影响

图6给出了多层交叉透空管筏式防波堤模型的锚系力随周期变化的试验曲线。由图7可知，锚系力与周期之间没有明显的规律，这主要由于波浪周期与筏体固有频率存在着一定差距，导致其受力不具备线性关系（即当周期较小时，筏体无法对波的变化做出较大的响应，其受力有所减小，而在周期较大时，则会出现响应较大的现象），此外，当筏体不再对波有较大的响应之后，筏体受力随周期的减小而减小。

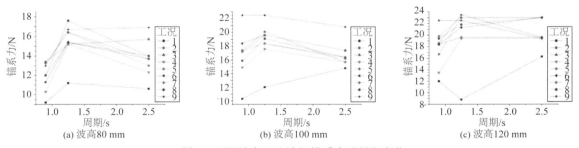

图6 不同波高下防波堤锚系力随周期变化

图7给出了多层交叉透空管筏式防波堤模型的锚系力随波高变化的试验曲线。由图可知，在长周期波中，锚系力随波高的增大而增大，这与上文所述筏体与波浪的响应现象相符。由于筏体对于长周期波具有较高的响应程度，而波高的不同意味着浮体上下波动的强度不同，因此锚系力随波高的增大而增大，而在

短周期波中，由于筏体响应程度低，其锚系力变化不明显。整体上锚系力随着筏体封孔率的增加而增大，且背浪封孔的锚系力值普遍大于迎浪封孔的锚系力。

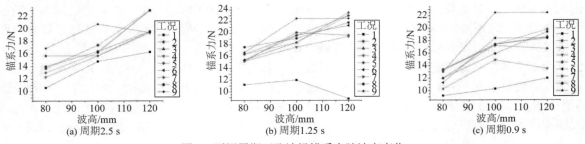

图 7   不同周期下防波堤锚系力随波高变化

5　结　语

本文在实验室条件下，对多层交叉透空管筏式防波堤的消波性能及其锚系力进行了试验测试，研究结果总结如下：

1）在同一波高条件下，透射系数随着周期的减小而减小，其消波率最高可达到 50%，而锚系力也随之减小；

2）在同一周期波条件下，当波浪为长周期波时，锚系力随着波高的增大而增大，而消波效果基本不存在；当波浪为短周期波时，锚系力基本保持不变，不会随波高的变化出现巨大的改变；

3）在同一波浪环境中，无论是迎浪封孔还是背浪封孔，锚系力随着筏体封孔率的增加而增大，迎浪封孔锚系力的值明显低于背浪封孔。

参考文献：

[1] LOUKOGEORGAKI E, YAGCI O, AKSEL M, et al. 3D experimental investigation of the structural response and the effectiveness of a moored floating breakwater with flexible connected modules [J]. Coastal Engineering, 2014, 5(8): 164-180.

[2] 史丹, 刘佳骏. 我国海洋能源开发现状与政策建议[J]. 中国能源, 2013, 35(9): 6-11.

[3] 任喜峰, 孙昭晨, 梁书秀. 基于 SPH 方法的明基床开孔沉箱数值模拟研究[J]. 水道港口, 2018, 39(4):410-415.

[4] 杨会利, 陈汉宝, 刘海成. 一种新型应急型浮式防波堤消浪特性研究[J]. 水道港口, 2018, 39(2): 139-143.

[5] 刘海成, 曹玉芬, 陈汉宝. 新型浮式防波堤消浪效果试验研究[J]. 水利科技与经济, 2014, 20(1): 19-23.

[6] 厉福伟. 浮子形状对振荡浮子式波浪发电装置发电效率影响[J]. 哈尔滨: 哈尔滨工业大学, 2011.

[7] SANNASIRAJ S A, SUNDAR V, SUNDARAVADIVELU R. Mooring forces and motion responses of pontoon-type floating breakwaters[J]. Ocean Engineering, 1998, 25(1): 27-48.

[8] WILLIAMS A N. Floating Membrane Breakwater[J]. Journal of Offshore Mechanics and Arctic Engineering, 1996, 118: 46-52.

[9] CHENG X F. A Kind of Floating Breakwater Sheltering Deep Water Aquaculture[J]. Applied Mechanics and Materials, 2014, 580/582/583: 2170-2176.

[10] HEGDE A V, KAMATH K, MAGADUM A S. Performance Characteristics of Horizontal Interlaced Multilayer Moored Floating Pipe Breakwater[J]. Journal of Waterway, Port, Coastal and Ocean Engineering, 2007, 133(4): 275-285.

[11] JI C Y, CHENG Y, YANG K, et al. Numerical and experimental investigation of hydrodynamic performance of a cylindrical dual pontoon-net floating breakwater[J]. Coastal Engineering, 2017, 129: 1-16.

[12] JI C Y, CHEN X, CUI J, et al. Experimental study of a new type of floating breakwater [J]. Ocean Engineering, 2015, 105: 295-303.

[13] 金凤, 乔正, 张俭, 等. 级带孔薄膜浮式防波堤[J]. 中国水运, 2014, 14(2): 365-366.

[14] SOLEIMANI K, Ketabdari, Khorasani F. Feasibility study on tidal and wave energy conversion in Iranian seas [J]. Sustainable Energy Technologies and Assessments, 2015, 11(9): 21-24.

[15] 侯勇, 王永学, 董华洋, 等. 浮式防波堤的锚泊系统[J]. 中国海洋平台, 2008, 23(5): 32-35.

不同波浪作用下特种防波堤对岸滩剖面
变化影响分析

肖　宇 [1,2]，陈　杰 [2,3]

（1. 湖南省水运建设投资集团有限公司，湖南　长沙　410011；2. 长沙理工大学　水利工程学院，湖南　长沙　410114；3. 水沙科学与水灾害防治湖南省重点实验室，湖南　长沙　410114）

摘要： 基于波浪水槽试验，对挡板在后侧的挡板式防波堤分别在规则波和孤立波作用下对沙质岸滩剖面变化的影响进行对比研究。试验采用 1/10 和 1/20 的组合坡进行试验，并分别选取规则波模拟常浪，选取孤立波模拟海啸波，作为两组试验的入射波，考虑挡板在后侧的特种防波堤，并采用不设置防波堤时的岸滩演变作为对照组进行对比试验。试验结果表明：在设置挡板式防波堤后，静水面附近水域岸滩剖面在规则波作用下，最大淤积点高度、最深冲刷坑深度等数据下降幅度更大，且最大淤积点及最深冲刷点向波浪传播方向移动距离更大；在挡板式防波堤附近水域岸滩剖面在孤立波作用影响更小。在规则波作用下，岸滩呈波形淤积，并出现窄深型冲刷坑；在孤立波作用下，岸滩有一处断层式淤积，出现一处宽浅型冲刷坑。由此可知：挡板式防波堤具有保护岸滩、阻碍波浪传播的作用，且在规则波作用下对岸滩的保护作用更加明显。

关键词： 挡板式防波堤；规则波；孤立波；岸滩演变

　　波浪对近岸地区各类建筑物具有较强的破坏作用，如何防止波浪对滨海城市各类建筑物的侵蚀、如何减小海浪对滨海各类建筑的淘刷已成为海岸工程急需解决的问题[1-2]。

　　大量现场调研表明，常浪和海啸波均会引起岸滩冲刷，很多近岸建筑物因波浪引起的建筑物局部冲刷而坍塌或损毁[3-4]，但两者对岸滩的影响截然不同。目前已有大量学者对海啸波作用下各类建筑物的局部冲刷规律进行了研究。陈杰等[5]对孤立波作用下直立堤的局部冲刷规律进行了研究；陈杰等[6]对海啸波作用下近岸房屋的局部冲刷规律进行了研究；陈杰等[7]对海啸波作用下潜堤的局部冲刷规律进行了研究，但在规则波作用下，对沿海建筑物的局部冲刷规律研究相对较少。肖宇等[8]进行了挡板式防波堤在规则波作用下对岸滩变化影响的研究，但并没有将挡板式防波堤在海啸波作用下对岸滩变化影响进行研究。同时，目前把挡板式防波堤在常浪和海啸波作用下岸滩演变规律进行对比的研究更加罕见。

　　拟基于波浪水槽试验，开展挡板式防波堤在规则波、孤立波影响下对岸滩剖面变化进行对比的试验，得到挡板式防波堤在常浪与海啸波作用下对岸滩不同影响，为利用防波堤保护岸滩提供有力的科学依据。

1　试验简介

　　试验在长沙理工大学水利工程试验中心的波浪水槽（长 4.0 m、宽 0.5 m、高 0.8 m）内进行，如图 1 所示，以岸坡起点为坐标原点，与水槽底侧平行方向为 x 轴，以波浪传播方向为正方向，与水槽底侧垂直方向为 y 轴，垂直向上方向为正方向。

　　在蒋昌波等[9-10]和陈杰等[11-12]的研究基础上，同时考虑试验设备条件的限制，将海岸地形简化为用 1:10 与 1：20 的组合坡，并在试验水深 0.35 m 处变坡。试验模型沙为通过人工筛分得到的无黏性模型沙，对细沙进行随机取样，筛分试验结果为平均中值粒径 $d_{50}=0.37$，平均不均匀系数 $C_u=d_{60}/d_{10}=2.82$，平均曲率系数为 $C_c=d_{30}^2/d_{10}d_{60}=1.12$。

基金项目： 国家自然科学基金重点项目（51839002）；湖南省自然科学基金项目（2018JJ3546）；湖南省教育厅科学研究项目重点项目资助（18A123）

作者简介： 肖宇（1992–），男，湖南长沙人，硕士研究生，助理工程师，主要从事水运工程研究与管理工作。E-mail：814957056@qq.com

通信作者： 陈杰。E-mail：Chenjie166@163.com

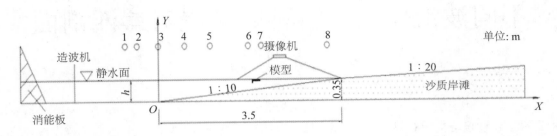

图 1　试验布置

根据肖宇等[8]的研究成果，在规则波作用下，挡板在后侧的防波堤对岸滩的保护作用最好。故本试验采用挡板在防波堤后侧的挡板式防波堤模型进行试验研究，模型尺寸如下：防波堤面板长 0.5 m，宽 0.2 m，厚 0.03 m，挡板长 0.5 m，宽 0.02 m，高 0.04 m，防波堤模型如图 2 所示。考虑到实际情况及试验仪器限制，试验水深设定为 0.35 m，选取规则波作为入射波，模拟常浪，选取孤立波作为入射波，模拟海啸波，入射波高约为 6 cm、9 cm 和 12 cm，试验工况如表 1 所示。

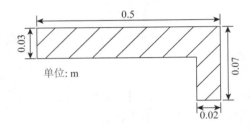

图 2　挡板式防波堤试验模型

本试验测量波高共使用两种仪器：6 个浪高仪和 2 个超声波水位计。其中，浪高仪采样频率为 50 Hz，采集误差为 0.4%，超声波水位计测量精度为 0.1 mm，采集频率为 20 Hz。此外，地形测量使用测量精度为 1 mm，垂直误差小于 0.3 mm 的地形测量仪。在试验开始前对各试验仪器进行重复性验证以确保试验顺利进行。

在预备试验中发现，当规则波作用 30 min 后，沙质岸滩基本稳定；当孤立波作用了 6 个波后，沙质岸滩基本稳定，故试验采用规则波作用 30 min 后的地形和孤立波作用 6 个波后的地形进行分析，可以达到较为准确的数据。

表 1　试验工况

序号	有无防波堤	波浪类型	防波堤位置 x/m	入射波高 H/cm	波浪平均周期/s
1	无	规则波	1.8~2.0	6.08	1
2	无	规则波	1.8~2.0	9.28	1
3	无	规则波	1.8~2.0	12.06	1
4	有	规则波	1.8~2.0	6.04	1
5	有	规则波	1.8~2.0	8.91	1
6	有	规则波	1.8~2.0	11.86	1
7	无	孤立波	1.8~2.0	6.09	—
8	无	孤立波	1.8~2.0	9.14	—
9	无	孤立波	1.8~2.0	12.04	—
10	有	孤立波	1.8~2.0	6.04	—
11	有	孤立波	1.8~2.0	9.17	—
12	有	孤立波	1.8~2.0	12.20	—

本试验先进行挡板式防波堤在规则波作用下岸滩演变影响的研究，再进行其在孤立波作用下岸滩演变影响的研究。首先将斜坡铺好整平，然后向水槽内注水，当水槽灌满水后进行原始地形测量和防波堤模型安装。浸泡沙质斜坡 12 h 后，将水位缓慢降低至 0.35 m。待水面平静后造规则波，并测量数据。待水面再

次平静后，再进行下一次造波，造波总时长为30 min，试验结束后测量最终地形。每完成一组试验，应把试验用的沙子先充分搅动，使之互相混合均匀，再重新铺设斜坡，重复上述步骤，直至完成规则波试验。待水面充分平静后开始造孤立波，同时测量波高数据。待水面再次平静后，再进行下一次造波，一共进行6个波的逐个作用，然后测量最终地形。每一组试验完成后，应把试验用的沙子先充分搅动，使之互相混合均匀，再重新铺坡，重复上述步骤，直至完成孤立波试验。

2　试验结果分析

设置挡板式防波堤的岸滩变化试验结果如图3所示。从图3中可以看出，经规则波作用后形成的岸滩与经孤立波作用后的岸滩有明显不同。规则波作用后的岸滩变化以淤积为主，大部分变化在静水面以下，最终地形呈波浪状起伏，冲刷坑较孤立波冲刷后的岸滩更深更窄，岸滩变化范围约200 cm；孤立波作用后的岸滩变化以冲刷为主，大部分冲刷在静水面以上，淤积均在静水面以下，最终地形成断层式淤积，并有明显的宽浅型冲刷坑，且有一处明显的断层式淤积，岸滩变化范围约250 cm。设置防波堤后，规则波与孤立波作用后的沙质岸滩剖面在静水面附近的冲刷和淤积土体体积均明显下降，最大淤积点高度及最深冲刷坑深度均下降，且最大淤积点及最深冲刷点均向波浪传播方向移动；但在已设置防波堤的附近水域会产生泥沙冲淤现象，规则波作用后的岸滩更加明显，孤立波作用后的岸滩几乎没有，而无防波堤的岸滩不会出现类似现象。

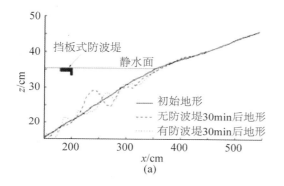 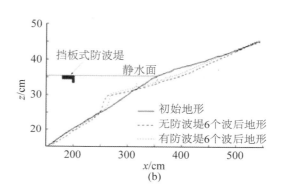

图3　防波堤影响下岸滩剖面演变试验结果

同一波形不同入射波高情况下岸滩冲刷影响因素如图4所示，不同波形同一入射波高情况下岸滩冲刷影响因素如图5所示，其中y轴相对高度是由规则波作用30 min后及孤立波作用6个波后的得到的地形值减去原始地形值表示，y坐标0值代表初始床面。

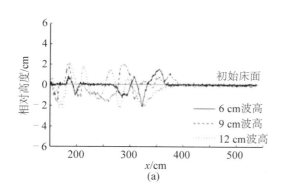 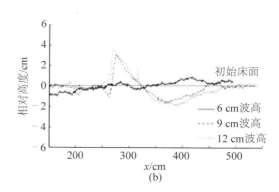

图4　波高对岸滩冲刷影响

从图4中可以看出：规则波作用后，岸滩最大淤积点分别为1.8 cm、2 cm、2 cm，最深冲刷点分别为2 cm、1.8 cm、2 cm；孤立波作用后，岸滩最大淤积点分别为0.8 cm、3.8 cm、4 cm，最深冲刷点分别为0.8 cm、

1.8 cm、2 cm。规则波作用后，岸滩最大淤积点及最深冲刷点的影响较小，但明显冲淤土体体积随波高的增大而增大；孤立波作用后，岸滩随最大淤积点和最深冲刷点均随着波高的增大而增大，同时发现模型在波高为6 cm时，对初始床面影响较小，很好的保护了初始床面。

无论规则波还是孤立波，波高越大，势能越大，当到达近岸区域时，波高由于地形原因，迅速下降，大量势能转化为动能，使水流流速增大，产生波浪爬坡。能量越高则爬坡能力越强，冲淤区域越广，冲淤程度越明显。反之，波高越小，对岸滩的影响越小，在有防波堤的情况下，甚至可能对岸滩几乎没有影响。

从图5中可以看出：在不同波形波浪的作用下，岸滩在挡板式防波堤附近均有冲淤现象，其中规则波对岸滩的影响更大；岸滩在静水面附近水域的淤积形态出现较大差别，规则波作用后的岸滩剖面出现波形冲淤，而孤立波作用后的岸滩剖面有一个断层式淤积和一个较大的冲刷坑。两者相比较，孤立波对岸滩影响范围更广，淤积更高，冲刷更深，对岸滩的影响更大。

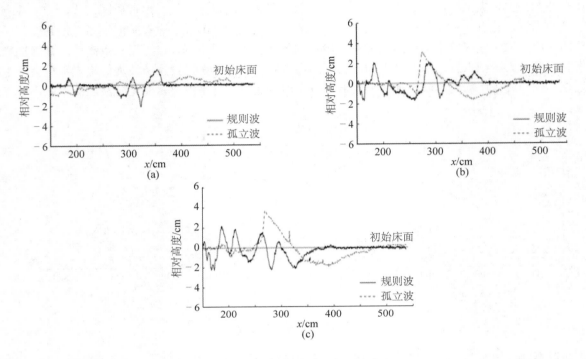

图5   波形对岸滩冲刷影响

在规则波作用下，波浪在 1.9 m 处出现破碎，破碎类型为卷破波，波浪达到最大高度为 0.43 m。波峰卷曲呈舌状，向下、向后翻卷投入水中，这一过程给水体较大冲击力，能量大量耗散，水体出现紊动现象和产生旋转和气泡。由于水流挟沙力的存在，使得泥沙出现悬浮状态，并随水流向岸边移动，由于水体的动能在向波浪传播方向前进时有大量能量转化为热能和势能，使行进速度急剧下降，水流裹挟的泥沙因流速下降产生沉降，同时发生水跃的区域岸滩出现了较大的冲刷，最终水体爬到 3.92 m。接下来规则波反复冲刷岸滩，使静水面区域发生较大淤积，破碎点出现冲刷坑。挡板式防波堤可以有效破波，同时也可以有效反射部分被反射回来的反射波能量，使在防波堤前后侧水面出现紊动和漩涡，使流速下降，一部分由水流裹挟的泥沙大量淤积在防波堤之后，由此出现了挡板式防波堤后侧单峰独立的现象。同时在防波堤前部由于防波堤对入射波的阻挡也同时出现了少量淤积。入射波有一部分传播到防波堤下方，由于防波堤再次反射了返回来的水流进入此区域后，防波堤挡板的影响，会形成小型的环流，使得波浪经过最大淤积处时，发生了冲刷作用，导致防波堤下侧产生冲刷。

在孤立波作用下，波浪在1.85 m处破碎，破碎类型为卷破波，波浪达到的最大高度为0.44 m。波峰卷曲呈舌状，向下、向后翻卷投入水中。较大冲击力使能量耗散、水体紊动、产生旋转和气泡，泥沙悬浮于水体并随水流向岸移动。注意到在孤立波传播至最大爬高6.80 m处对岸滩影响不大，之后势能转化为动能，行进速度急剧上升，对岸滩产生较大冲刷，再与传播而来的波浪发生碰撞，能量耗散，流速下降，产生淤积。孤立波连续进行6次对岸滩的冲刷后，静水面附近区域产生一处断层式淤积，并产生一个宽浅型冲刷坑。波浪遇到防波堤时，会出现破波现象，使水体紊乱，防波堤可以反射部分入射波，但由于挟带泥沙较少，故在防波堤前侧地形变化较小。由于有大量能量越过防波堤遇到岸滩，再次反射回来时，遇到防波提又形成一次反射，此时在挡板前方会形成小型环流，对挡板后侧形成窄深型冲刷坑，由于防波堤后侧流速下降，泥沙沉降，在冲刷坑后侧产生淤积；由于挡板设置在后侧，本应流速下降的区域形成了小型环流，在两者的双重作用下，冲刷坑深度减小，淤积量极小。

综上所述，设置防波堤可以有效减小波浪对岸滩的影响，对岸滩有良好的保护作用，但在防波堤附近水域会产生新的淤积；随着波高的逐渐增大，波浪对岸滩的破坏作用逐渐增强；在规则波作用下，挡板式防波堤能起到更好的保护作用，但防波堤自身对岸滩的影响相对较大。

3　讨　论

不同波形作用下岸滩的冲刷及淤积土体体积变化情况如图 6 和图 7 所示。

根据图 6 和图 7 的结果可以得到，挡板式防波堤在经过不同波形的波浪作用后，规则波作用影响后的岸滩引起的土体冲刷或淤积程度较孤立波作用后的岸滩更低，即防波堤在规则波作用下能起到更好的保护岸滩的效果。

根据试验结果，在规则波 H=6 cm 时，冲刷土体体积为 0.21 m³，淤积土体体积为 0.2 m³；在规则波 H=9 cm 时，冲刷土体体积为 0.44 m³，淤积土体体积为 0.35 m³；在规则波 H=12 cm 时，冲刷土体体积为 0.65 m³，淤积土体体积为 0.41 m³；在孤立波 H=6 cm 时，冲刷土体体积为 0.3 m³，淤积土体体积为 0.28 m³；在孤立波 H=9 cm 时，冲刷土体体积为 0.44 m³，淤积土体体积为 0.39 m³；在孤立波 H=12 cm 时，冲刷土体体积为 0.83 m³，淤积土体体积为 0.65 m³。以上数据说明，两种波形波高从 6 cm 增加到 9 cm，冲刷土体体积分别增加了 0.23 m³、0.14 m³，淤积土体体积分别增加了 0.15 m³、0.11 m³；在两种波形波高从 9 cm 增加到 12 cm，冲刷土体体积分别增加了 0.21 m³、0.39 m³，淤积土体体积增加 0.06 m³、0.26 m³。由此说明，规则波波高在增长的过程中，冲淤土体体积变化增量随波高增大而减小，孤立波波高在增长的过程中，冲淤土体体积变化增量随波高增大而增大。

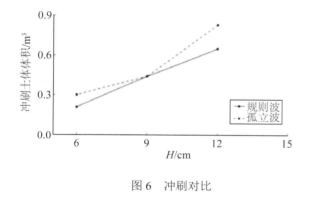 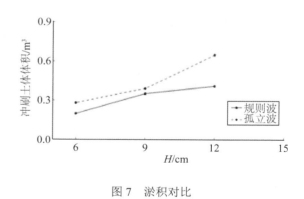

图 6　冲刷对比　　　　　　　　　　　　　　　　图 7　淤积对比

图 8 中给出了在不同波形的波浪作用下，波浪最大爬高的汇总结果。从图 8 中可以看出，波浪最大爬高 R 随着入射波波高 H 的增大，呈线性增长趋势。无防波堤的情况比有防波堤的情况最大爬高普遍要大，这说明波浪在经过防波堤时，产生较大能量耗散，波浪发生破碎，导致了无防波堤的爬高比有防波堤爬高大的现象。从图 7 观察，对照组及试验组，都是规则波爬高值更小。由此可得，在规则波作用下，防波堤对保护岸滩有良好的效果。在有防波堤的情况下，由于受到不同波形作用的影响，波浪在经过防波堤时产生的能量耗散不同，波浪最大爬高值对照组，衰减程度不同，从图观察，规则波试验组与对照组 $R\sim H$ 曲线斜率相近，即两者增长率相近，防波堤难以失效，孤立波试验组 $R\sim H$ 曲线斜率远大于对照组，故虽在 6 cm 波高时，孤立波爬高试验组远低于对照组，但由于试验组增长率远高于对照组，防波堤在波高过高的情况下容易失效。

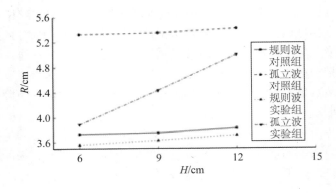

图8　爬高对比

4　结　语

在波浪水槽试验基础上，对在规则波或孤立波作用下，挡板式防波堤对岸滩演变的影响开展研究。采用规则波模拟常浪，采用孤立波模拟海啸波，考虑防波堤挡板在后侧的挡板式防波堤型式，并采用未设置防波堤的情况作为对照组。试验研究结果表明：以无防波堤的情况作为对照，设置挡板式防波堤后，在静水面附近水域岸滩剖面的各项数据均有所下降，最大淤积点及最深冲刷点向波浪传播方向移动，其中在规则波作用下对岸滩的影响较小；在挡板式防波堤附近水域，孤立波对岸滩的影响更小。在规则波作用下，岸滩呈波形淤积，并出现窄深型冲刷坑；在孤立波作用下，岸滩有一处断层式淤积，出现一处宽浅型冲刷坑。根据试验现象可得：防波堤对波浪的传播具有阻碍作用，对于岸滩具有保护作用。在规则波作用下能更大程度的减小波浪对岸滩的影响，对岸滩的保护作用更明显。

参考文献：

[1]　蒋昌波，杨武，陈杰，等. 孤立波作用下沿海路基冲刷实验研究[J]. 海洋工程, 2014, 32(5): 34-39.

[2]　陈杰，蒋昌波，邓斌，等. 海啸波作用下岸滩演变与床沙组成变化研究综述[J]. 水科学进展, 2013, 24(05): 750-758.

[3]　YEH H，LI W, 2008. Tsunami scour and sedimentation [C]// Four International Conference on Scour and Erosion 2008. Tokyo: The Japanese Geotechnical Society, 2008: 95-106.

[4]　FRANCIS M J，YEH H. Tsunami inundation scour of roadways, bridges and foundations [R]. Oakland:Earthquake Engineering Research Institute, 2006.

[5]　陈杰，段自豪，等. 直立式防波堤口门区海啸局部冲刷规律实验研究[J]. 海洋通报, 2017, 36(4): 475-480.

[6]　陈杰，段自豪，蒋昌波，等. 海啸波引起的近岸房屋局部冲刷试验[J]. 水利水电科技进展, 2017, 37(1): 33-37+78.

[7]　陈杰，肖桂振，等. 潜堤对海啸波作用下岸滩剖面变化影响的试验[J]. 长沙理工大学学报(自然科学版), 2014, 11(3): 58-64.

[8]　肖宇，陈杰，等. 挡板式防波堤影响下的沙质岸滩剖面变化实验[J]. 交通科学与工程, 2016, 32(1): 72-76.

[9]　蒋昌波，陈杰，等. 海啸波作用下泥沙运动:Ⅰ.岸滩剖面变化分析[J]. 水科学进展, 2012, 23(5): 665-672.

[10]　蒋昌波，陈杰，等. 海啸波作用下泥沙运动:Ⅱ.床沙组成变化分析[J]. 水科学进展, 2012, 23(6): 802-807.

[11]　陈杰，蒋昌波，等. 海啸波作用下泥沙运动:Ⅳ.建筑物局部冲刷[J]. 水科学进展,2013, 24(6) : 832-837.

[12]　陈杰，管喆，蒋昌波. 海啸波作用下泥沙运动：Ⅴ. 红树林影响下的岸滩变化[J]. 水科学进展, 2016, 27(2): 206-213.

透空式进海路波浪力特性的数值模拟研究

陈永焜，Domenico D. Meringolo，刘　勇

（中国海洋大学 海岸与海洋工程研究所，山东 青岛，266100）

摘要：本文基于弱压缩的光滑粒子流体动力学方法（SPH），建立无反射数值波浪水槽，研究波浪作用下透空式进海路的受力特性。通过与物理模型试验数据对比，验证数值波浪水槽的合理性。通过分析透空式进海路附近的流场特性，深入理解透空式进海路的波浪力特性。分析结果表明：作用在透空式进海路上的波浪力主要为动压力和冲击压力，动压力明显小于冲击压力，冲击压力持续时间很短。

关键词：δ-SPH 方法；透空式进海路；波浪力；弱压缩

我国滩浅海油资源十分丰富，在滩浅地区开采石油可以采用"滩海陆岸平台+进海路"的模式。"滩海陆岸平台"是相对于人工岛而言的一种人工建造的砂石平台，通过"进海路"与陆地相连。以往的进海路多采用不透水结构，会阻断水体交换，对近岸环境造成负面影响。为了降低工程建设对近岸环境的不利影响，可采用透空式进海路结构。但是，波浪对透空式进海路的作用机理比较复杂，进海路上部结构的波浪荷载计算方法不足，给工程设计造成较大困难。

许多学者对透空式结构的波浪力特性进行了研究。Wagner[1]理论分析了水平板上的波浪力，推导出了水平板底部各点的波浪冲击压强计算公式。谷本胜利等[2]基于势流理论分析了水平板的波浪浮托力，同时考虑了空气层的影响，提出浮托力等于静水压力和冲击压力之和。合田良实[3]通过物理模型试验研究了栈桥面板所受波浪浮托力，提出栈桥面板所受的浮托力属于冲击荷载，作用区域为 0.25 倍波长，且压强均匀分布。过达和蔡保华[4]对几种不同类型的面板波浪浮托力进行了试验研究，给出了波浪浮托力的相对压强值的基本表达形式。周益人等[5-8]通过物理模型试验研究发现：总浮托力最大值与冲击压强的最大值存在相位差，其压强分布包括均布型和局部冲击型两种。任冰[9]运用改进的 VOF 方法，数值模拟了随机波对开边界码头面板的冲击作用，数值模拟结果与模型试验结果符合较好。张齐焰[10]考虑气液二相流，基于 RANS-VOF 模型建立了二维数值波浪水槽，模拟了非线性波对透空结构物的冲击作用，揭示了板下空气的"逃逸"方式。Sun 等[11]采用改进的光滑粒子流体动力学（SPH）方法对波浪与透空式水平板的相互作用进行了数值模拟。

以上研究工作主要考虑透空式薄板结构的波浪浮托力。但是，透空式进海路的上部结构具有较大的厚度，必须同时考虑波浪浮托力和水平波浪力。本文利用 SPH 方法，研究波浪与透空式进海路的相互作用，分析透空式进海路上部结构附近的流场特性，深入理解透空式进海路的波浪浮托力和水平波浪力特性，为工程设计提供参考依据。

1　数值模型

采用有黏可压流体的 Navier–Stokes 方程作为控制方程：

$$\frac{\mathrm{d}\rho}{\mathrm{d}t} = -\frac{1}{\rho}\nabla \cdot u \tag{1}$$

$$\frac{\mathrm{d}u}{\mathrm{d}t} = -\frac{1}{\rho}\nabla\rho + \frac{1}{\rho}\nabla \cdot \tau + g \tag{2}$$

式中：d/dt 表示时间导数；ρ、u、p、g 分别为流体的密度、速度、压强和重力加速度；τ 为剪切应力；$(\nabla \cdot \tau)/\rho$ 表示流体的黏性项。

对式（1）和式（2）进行离散，同时为了稳定算法，利用人工黏性代替流体真正的黏性[12]，得到

$$\frac{\mathrm{d}\rho_i}{\mathrm{d}t} = \sum_j m_j (u_i - u_j) \cdot \nabla_i W_j (r_i) \tag{3}$$

$$\frac{\mathrm{d}u_i}{\mathrm{d}t} = g - \sum_j m_j (\frac{p_i}{\rho_i^2} + \frac{p_j}{\rho_j^2}) \nabla_i W_j (r_i) + \mu \sum_j \frac{m_j}{\rho_i \rho_j} \pi_{ij} \nabla_i W_j (r_i) \tag{4}$$

式中：$\mu = \alpha c_0 \rho h / 8$，$\alpha$ 的取值范围为 $0.01\sim0.05$；c_0 表示声速；π_{ij} 可表示为

$$\pi_{ij} = \frac{8(u_j - u_i) \cdot (r_j - r_i)}{\left\| r_j - r_i \right\|^2} \tag{5}$$

为避免弱可压缩 SPH 模型中流固冲击问题所引起的压力振荡现象，本文采用 Antuono 等[13]提出的 δ–SPH 模型，在连续性方程（3）中引入人工耗散项，得控制方程为

$$\frac{\mathrm{d}\rho_i}{\mathrm{d}t} = \sum_j m_j (u_i - u_j) \bullet \nabla_i W_j (r_i) + 2\delta c_0 \sum_j \psi_{ij} \frac{(r_j - r_i) \cdot \nabla_i W_j (r_i)}{\left\| r_j - r_i \right\|^2} \tag{6}$$

$$\frac{\mathrm{d}u_i}{\mathrm{d}t} = g - \sum_j m_j (\frac{p_i}{\rho_i^2} + \frac{p_j}{\rho_j^2}) \nabla_i W_j (r_i) + \mu \sum_j \frac{m_j}{\rho_i \rho_j} \pi_{ij} \nabla_i W_j (r_i) \tag{7}$$

其中，

$$\psi_{ij} = (\rho_j - \rho_i) - \frac{1}{2} \left[\langle \nabla \rho \rangle_i^L + \langle \nabla \rho \rangle_j^L \right] \cdot (r_j - r_i) \tag{8}$$

δ 表征耗散项的量级，取值范围为

$$\frac{\alpha^3}{27} < \delta < \frac{9}{2\pi^2} \left(\frac{\alpha}{2} + \frac{3}{2\pi} \right) \tag{9}$$

ψ_{ij} 中的 $\langle \nabla \rho \rangle_i^L$ 表示重整化密度梯度：

$$\langle \nabla \rho \rangle_i^L = \sum_j (\rho_j - \rho_i) L_i \nabla_i W_j (r_i) V_j \tag{10}$$

$$L = \left[\sum_j (r_j - r_i) \otimes \nabla_i W_j (r_i) V_j \right]^{-1} \tag{11}$$

在 δ–SPH 方法中，将流体视为弱可压缩介质，压力和密度之间的关系通过以下状态方程显式求解：

$$p = B \left[\left(\frac{\rho}{\rho_0} \right)^\gamma - 1 \right] \tag{12}$$

式中：ρ_0 表示流体的初始密度；在水动力学模拟中，γ 通常取常数 7；$B = c_0^2 \rho_0 / \gamma$。

假定流体具有弱可压缩性，数值结果会受到声波的影响。为保证数值结果的准确性，需要消除声波造成的影响。Meringolo 等[14]指出当马赫数趋近于 0 时，可以认为数值模拟所得压强 $p = p_1 + p_2$，其中 p_1 表示不可压缩流体的压强，p_2 表示声波的压强。当前声速 $c_0 = 50$ m/s，马赫数趋于 0，满足上述情况。为消除声波的影响，采用小波变换对波浪力进行滤波处理。

2　数值模型验证

为研究透空式进海路与波浪的相互作用，建立如图 1 所示的无反射数值波浪水槽，在水槽两侧各布置一长度为 1.2 倍波长的阻尼消波层，距水槽左壁 1.6 倍波长处布置一长度为 1 倍波长的源造波区域。为验证数值模型的合理性，在中国海洋大学工程学院的波浪水槽中开展透空式进海路波浪力特性的物理模型试验，并将数值模拟结果与物理模型试验结果进行对比验证。图 1 中 L 表示波长；B 表示进海路宽度，共两种，分别为 0.24 m 和 0.40 m；d 表示水深。图 2 和图 3 为数值压力传感器布置方式。

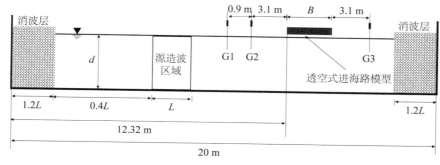

图 1　数值波浪水槽示意

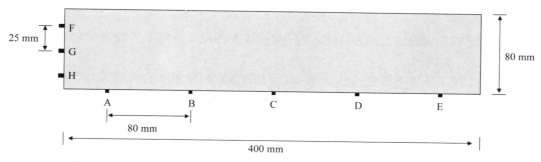

图 2　透空式进海路数值压力传感器布置示意（宽度 $B = 0.40$ m）

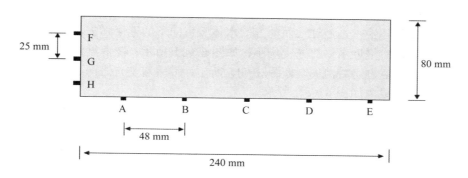

图 3　透空式进海路数值压力传感器布置示意（宽度 $B = 0.24$ m）

定义工况 1 为透空式进海路宽度 $B = 0.24$ m，水深 $d = 0.46$ m，波高 $H = 0.12$ m，周期 $T = 1.6$ s；工况 2 为透空式进海路宽度 $B = 0.40$ m，水深 $d = 0.40$ m，波高 $H = 0.06$ m，周期 $T = 1.6$ s。图 4 给出了工况 1 中 A 和 H 两个测点压强的数值模拟结果与模型试验结果的对比。图 5 给出了工况 2 中 B 和 H 两个测点压强的数值模拟结果与模型试验结果的对比。由图 4 和图 5 可以看出，基于 δ–SPH 方法的数值模拟结果与物理模型试验结果符合良好，验证了数值波浪水槽的合理性。

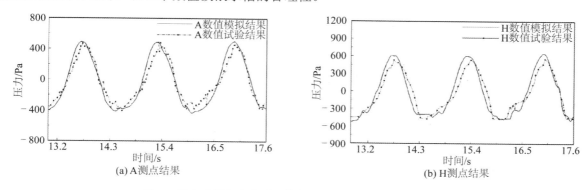

(a) A 测点结果　　　　　　　　　　　　　(b) H 测点结果

图 4　透空式进海路点压强数值与试验结果对比（工况 1）

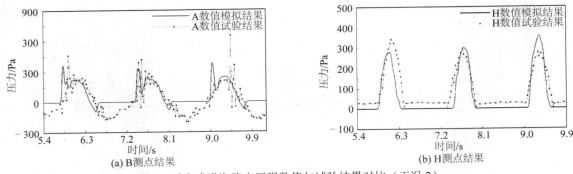

图 5　透空式进海路点压强数值与试验结果对比（工况 2）

3　流场特性分析

为深入理解透空式进海路的波浪力特性，基于工况 1 和工况 2 条件下的数值模拟结果分析透空式进海路附近的流场特性。

由图 4 可知，工况 1 条件下透空式进海路的底面和迎浪面所受波浪力的形式为动压力。选取图 4 中一个周期内（14.4~16.0 s）的流场矢量图为研究对象，对透空式进海路附近的流场特性进行分析。图 6 为工况 1 条件下的流场矢量图。由图 6 可知，当波浪开始与透空式进海路相互作用时，透空式进海路下方水体沿波浪传播方向的相反方向运动，但是透空式进海路后方自由液面附近的水体有一个向上的速度，因此在透空式进海路后端下方出现一个涡旋，如图 6（a）所示；随着波浪靠近透空式进海路，涡旋消失，透空式进海路迎浪面前方水体的垂直向上速度增大，波浪沿着迎浪面爬高，迎浪面处的波浪水平速度为 0，底面的波浪垂向速度为 0，此时透空式进海路几乎同时受到最大水平波浪力和浮托力，如图 6（b）所示；随后在透空式进海路顶部发生越浪，之后迎浪面前方的水体竖直向下的速度增大，波面下降，并在透空式进海路后方形成一个涡旋，涡旋附近水体的速度场小，如图 6（c）所示；随着迎浪面前方波面继续下降，透空式进海路上方出现越浪，后方涡旋消失，如图 6（d）所示；最后透空式进海路后方波面下降，前方波面上升，一个波浪作用周期完成，如图 6（e）所示。

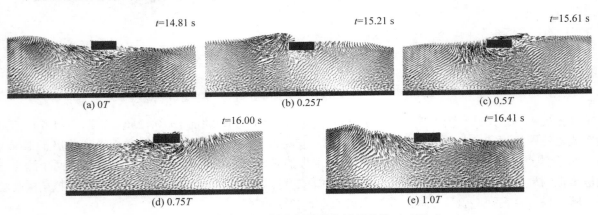

图 6　透空式进海路周围流场的数值模拟结果（工况 1）

由图 5 可知，工况 2 条件下透空式进海路底面所受波浪力的形式为动压力和冲击压力，迎浪面所受波浪力的形式为动压力。选取图 5 中一个周期（7.1~8.7 s）的流场矢量图为研究对象，对透空式进海路附近的流场特性进行分析。图 7 为工况 2 条件下的流场矢量图。由图可知，当波浪开始与透空式进海路相互作用时，波面上升，此时自由液面的垂向速度分量不断增大，如图 7（a）所示；随后自由液面与板开始接触，透空式进海路底面受到冲击压强作用，冲击压强在很短的时间内达到最大值然后消失，此时透空式进海路下方的自由液面的垂向速度分量趋近于 0，如图 7（b）所示；此后透空式进海路两侧水体继续上升，与透空式进海路的接触面增大，透空式进海路开始受到动压强作用，底面和迎浪面的动压力几乎同时达到最大值，底面所受的最大动压强值小于所受的冲击压强最大值，然后透空式进海路附近的自由液面开始下降，部分测点显示出负压值，如图 7（c）所示；随后波面继续下降，水体完全离开透空式进海路，各测点处的压力值为 0，如图 7（d）所示；最后波面再度开始上升，一个波浪作用周期完成，如图 7（e）所示。

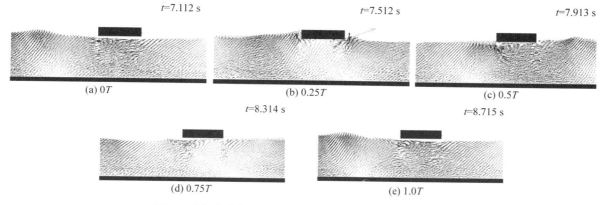

图 7　透空式进海路周围流场的数值模拟结果（工况 2）

4　结　语

基于 δ-SPH 方法，建立无反射数值波浪水槽，模拟分析了波浪对透空式进海路结构的作用。通过对比分析数值模拟结果与物理模型试验结果，发现两者符合良好，证实了数值波浪水槽的合理性。通过分析透空式进海路附近的流场特性，研究了波浪对透空式进海路的作用机理。分析发现：透空式进海路底面所受波浪力的形式为动压力和冲击压力，迎浪面所受波浪力的形式为动压力；透空式进海路底面和迎浪面所受的动压力几乎同时达到最大值；透空式进海路底面所受动压力最大值明显小于冲击压力最大值，且冲击压力最大值早于动压力最大值出现；冲击压力持续时间很短。

参考文献：

[1]　WAGNER H. Phenomena associated with impacts and sliding on liquid surfaces[J]. Z. Angew. Math. Mech, 1932, 12(4): 193-215.

[2]　谷本勝利，高橋重雄，和泉田芳和.水平版に働く揚圧力に関する研究[C]// 海岸工学講演会論文集, 1987, 25: 352-356.

[3]　合田良実.构造物に动く波力[C]// 年度水工学に关する夏期研修会议义集, 日本：东京, 1967.

[4]　过达，蔡保华. 透空式建筑物面板波浪上托力计算[J].河海大学学报自然科学版, 1980, (1): 16-35.

[5]　周益人，陈国平，黄海龙，等. 透空式水平板波浪上托力冲击压强试验研究[J]. 海洋工程, 2004, 22(3): 30-40.

[6]　周益人，陈国平，黄海龙，等. 透空式水平板波浪上托力分布[J]. 海洋工程, 2003, 21(4): 41-47.

[7]　周益人，陈国平，王登婷. 透空式水平板波浪上托力计算方法[J]. 海洋工程, 2004, 22(2): 26-30.

[8]　周益人，陈国平，黄海龙，等. 透空式水平板波浪总上托力试验研究[J]. 海洋工程, 2004, 22(4): 43-50.

[9]　任冰.随机波浪对不同接岸型式码头上部结构的冲击作用研究[D]. 大连：大连理工大学, 2003.

[10]　张齐焰. 非线性波浪冲击透空结构数值模拟[D]. 杭州：浙江大学, 2003.

[11]　SUN J, LIANG S, SUN Z, et al. Simulation of wave impact on a horizontal deck based on SPH method[J]. Journal of Marine Science and Application, 2010, 9(4): 372-379.

[12]　MONAGHAN J J, GINGOLD R A. Shock simulation by the particle method SPH[J]. Journal of Computational Physics, 1983, 52: 374-389.

[13]　ANTUONO M, COLAGROSSI A, MARRONE S, et al. Free-surface flows solved by means of SPH schemes with numerical diffusive terms[J]. Computer Physics Communications, 2010, 181:532-549.

[14]　MERINGOLO D D, COLAGROSSI A, MARRONE S, ARITODEMO F. On the filtering of acoustic components in weakly-compressible SPH simulations[J]. Journal of Fluids and Structures, 2017, 70:1-23.

多向波作用下群墩结构上爬高的试验研究

季新然 [1, 2, 3]，王道儒 [1]

（1. 海南省海洋与渔业科学院，海南 海口 571226；2. 海南大学 土木与建筑工程学院，海南 海口 570228；3. 大连理工大学 海岸和近海工程国家重点实验室，辽宁 大连 116024）

摘要： 实际海域中波浪是多向不规则波浪，波浪的方向分布宽度对作用在结构物上的波浪荷载具有显著的影响。为了研究方向分布对群墩结构上波浪爬高的影响规律，基于物理模型试验模拟了多向不规则波浪与群墩结构的相互作用。试验结果表明，波浪的方向分布对结构上的爬高影响较大，对于前排墩柱而言，墩柱迎浪面处的爬高随着方向分布集中度参数 s 的增大而逐渐增大，但是对于背浪面却相反；后排墩柱迎浪面和背浪面处的爬高随着 s 的减小而增大。因此在实际的工程设计中，若是忽略了波浪方向分布，则可能造成高估或低估波浪爬高后果。

关键词： 多向波；爬高；群墩；物理模型试验；方向分布

　　大尺度墩柱及群墩结构是近海及海洋工程中常用的结构形式，其尺度较大，一般认为其构件直径 D 与波长 λ 的比值 $D/\lambda \geqslant 0.15$。海上平台上部结构、离岸式墩式码头建筑物、跨海大桥的桥墩、海上风电场的基础等，都是由一组墩柱组成的，超大型浮式结构或作为海岸带防护措施的群墩结构往往包括几百甚至上千个墩柱。

　　波浪与墩柱及群墩相互作用时，需要考虑波浪绕射作用的影响。MacCamy 和 Fuchs[1]、Linton 和 Evans[2] 基于势流理论得到了波浪与墩柱及群墩作用时波浪力的解析解。Niedzwecki 和 Duggal[3] 通过一系列试验对规则波与随机波浪入射时触底圆柱和截断圆柱上的爬高进行了研究，并给出了计算圆柱上最大爬高的半经验公式。Akyildiz[4] 试验研究了不规则波浪与大尺度墩柱作用时墩柱周围压力分布情况，与计算结果进行对比时发现在自由液面以下的压力比较吻合，在自由液面附近处的压力相差较大。

　　规则波和单向不规则波与墩柱及群墩的作用已有了一定的研究，而实际的海洋中是多向不规则波浪，由于多向波传播的复杂性，关于多向不规则波浪与大尺度群墩作用的研究并不多见。季新然等[5] 采用多向波的造波方法，利用传递函数建立了计算多向不规则波浪与大尺度墩柱作用的方法，通过系统的计算分析发现波浪的方向分布对墩柱所受波浪荷载有明显的影响，尤其是对横向力。Ji 等[6] 在水池中开展了多向波与大尺度墩柱作用的试验研究，结果表明墩柱所受的横向力随着波浪分布宽度的变大而增大，在实际的工程设计中如果忽略了波浪的方向性，可能会低估实际的波浪荷载。

　　已有的研究成果均表明波浪的方向分布对结构所受波浪荷载均有明显的影响，为了研究多向不规则波浪作用下群墩结构中墩柱所受波浪荷载随方向分布的变化情况，针对不同方向分布宽度的多向不规则波浪与群墩结构的相互作用进行了物理模型试验研究，研究成果可为工程设计和数值模型验证提供依据。

1　试验布置及波浪参数

　　为了研究波浪的方向分布对群墩中墩柱所受波浪荷载的影响，对多向不规则波浪与四墩柱方阵群墩的相互作用进行了试验研究。试验在大连理工大学海岸和近海工程国家重点实验室的综合水池中进行。水池长 55 m，宽 34 m，最大水深 0.7 m。水池的一侧配有多向不规则造波机，其余的三侧布置消浪设施以避免波浪反射影响。在试验中水深 $d = 0.5$ m。

　　群墩布置如图 1 所示，群墩由等直径 $D = 0.4$ m 圆柱组成，圆柱高 0.85 m（避免波浪越过圆柱顶端），柱心距 $L = 1.5D$、$2.0D$ 和 $3.0D$。由于该布置关于主波向对称，因此只在墩柱 1 和墩柱 4 表面上各布置了 8 个浪高仪以测量墩柱表面上的多向不规则波浪爬高。浪高仪与主波向的夹角 α 定义如图 1 所示，分别为 0°

基金项目： 国家自然科学基金青年基金项目(51709069)；海南省自然科学基金面上项目(517058)；海南省科研院所技术开发专项(2019)

（迎浪面）、45°、90°、135°、180°（背浪面）、225°、270°和 315°，浪高仪距圆柱表面 0.5 cm。同时在沿波浪主波向（正向）方向布置一系列浪高仪用于观测群墩结构内部波浪情况。图 2 为浪高仪在圆柱周围布置情况及波浪与群墩作用示意图。

在试验中，频谱 $S(f)$ 采用 Goda[7]建议的改进的 JONSWAP 谱：

$$S(f) = \beta_J H_{1/3}^2 T_{1/3}^{-4} f^{-5} \exp\left[-1.25(T_p f)^{-4}\right] \times \gamma^{\exp\left[-(T_p f-1)^2/2\sigma^2\right]} \tag{1}$$

式中：$H_{1/3}$ 和 $T_{1/3}$ 分别为有效波高和有效周期；T_p 为波浪的谱峰周期；峰高因子 γ 取为 3.3。

试验中的多向不规则波浪的方向分布函数采用 Longuet-Higgins 等[8]提出的光易型方向函数，

$$G(f,\theta) = \left[\int_{\theta_{\min}}^{\theta_{\max}} \cos^{2s}\left(\frac{\theta-\theta_0}{2}\right) d\theta\right]^{-1} \cos^{2s}\left(\frac{\theta-\theta_0}{2}\right) \tag{2}$$

式中：s 是方向分布集中度参数，s 越大，波浪的方向分布宽度越窄，越接近单向波；θ_0 为多向不规则波浪传播的主波向。

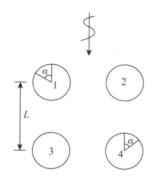

图 1　试验中四墩柱方阵布置及浪高仪与主波向夹角 α 定义示意

图 2　浪高仪绕墩柱表面的布置情况

表 1 为试验中所采用的波浪参数。波浪的有效波高 $H_{1/3}$ 为 0.04 m，谱峰周期 T_p 分别为 0.9 s、1.0 s，对应的相对尺度 $k_p a$（a 为墩柱半径）为 1.01 和 0.83。在试验过程中设定多向不规则波浪的分布范围为[−90°，90°]，方向分布集中度参数 s 分别为 5、10、20、40、80 和 200（接近单向不规则波浪），墩柱直径 D 与谱峰周期对应波长 λ_p 的比值为 0.32 和 0.26。在对波面的时间过程线进行数据采集时，采集间隔为 0.02 s，采集次数为 8 192 次。试验时每种工况均重复 3 次，以避免偶然因素的影响，保证试验结果的有效性。

表 1　多向不规则波浪与群墩作用时的试验波浪参数

$H_{1/3}$/m	T_p/s	$k_p a$	D/λ_p	s
0.04	0.9	1.01	0.32	5、10、20、40、80、200
0.04	1.0	0.83	0.26	5、10、20、40、80、200

2　数据处理

波浪爬高是波浪沿建筑物表面在垂直方向上的爬升高度，在工程设计中是一个重要的参数。它的设计合理与否影响着海上建筑物是否可以正常工作。为了更合理、更清楚地表达波浪的爬高，本文采用以下的无因次表达式来描述作用在大尺度墩柱上的波浪爬高：

$$R = \frac{A - A_0}{A_0} \tag{3}$$

式中：A_0 为在模型放置前某测点处的有效波浪幅值；A 为在模型放置后对应测点处的有效波浪幅值。

在这里需要说明的是，由于波浪的有效值更稳定可靠，所以本文中采用有效值来研究探讨波浪方向分布对作用在大尺度墩柱上的多向不规则波浪爬高的影响。事实上，波浪爬高的各统计特征值之间是具有一定关系的，并且可以相互换算。

3　多向波浪爬高分析

3.1　绕圆柱周围

图 3 所示为在不同方向分布集中度参数 s 的多向不规则波浪作用下，前排墩柱和后排墩柱上的波浪爬高情况。从图中可以看出，前排墩柱对后排墩柱具有掩护作用，作用在前排墩柱上的爬高大于后排墩柱。随着柱心距 L 的增大，墩柱之间的影响逐渐减小，当 $L=3.0D$ 时，前、后两排墩柱上的爬高基本一致，且方向分布集中度参数的影响与单墩的类似。当 L 较小时，波浪的方向分布对前、后排墩柱的影响是不同的。对于前排墩柱来说，墩柱迎浪面处的爬高随着 s 的增大而逐渐增大，但是对于背浪面却相反；后排墩柱迎浪面和背浪面处的爬高随着方向分布的变化基本是一致的，即随着方向分布集中度参数 s 的减小而增大，这与前排墩柱的变化趋势是不同的，因此在工程设计中应考虑方向分布的影响，以免低估或高估真实海况下的波浪荷载。

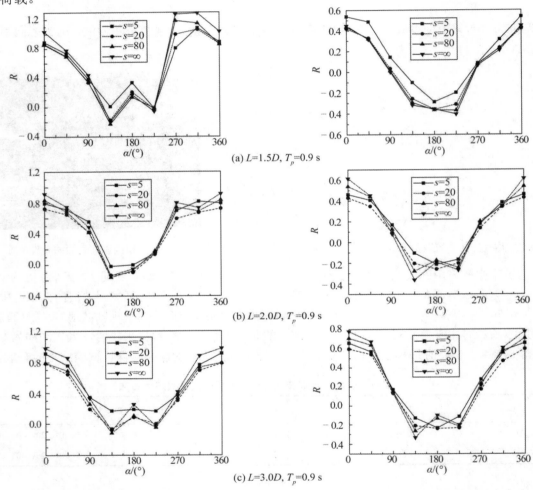

图 3　不同方向分布集中度参数 s 时，作用在四墩柱方阵群墩结构上的爬高情况（左侧为前排墩柱，右侧为后排墩柱）

3.2　沿中心线

图 4 为对于 $L=1.5D$ 的群墩结构，周期为 0.9 s 和 1.0 s，不同方向分布集中度参数时，主波向中心线上波浪爬高的分布情况。从图中可以看出方向分布集中度参数对群墩结构前部和后部影响较为明显，且对前、后部分的影响规律相反。对于多向不规则波浪来说，方向分布集中度参数 s 越大，波浪越接近单向不规则波浪。波浪与群墩结构作用时，受波浪绕射的影响，前侧部分波浪会增大，且 s 越大，波浪的方向分布越趋近于主波向，波浪越接近正向入射，爬高越大；对于后侧部分，s 越小，波浪的方向分布越宽，组成波中包含的斜向波浪越多，爬高越大。在实际的工程设计中，若是单纯的依据单向不规则波浪作为设计波浪，则会高估前侧波浪爬高值且低估后侧爬高。

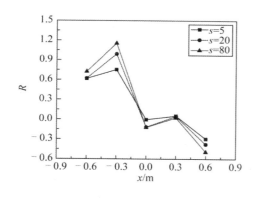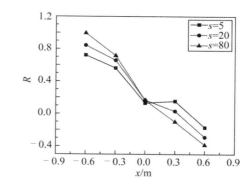

图 4　不同方向分布集中度参数 s 时，波浪爬高沿主波向中心线上的分布情况（$L=1.5D$）

4　结　语

基于物理模型试验，对多向不规则波浪作用下群墩结构上的爬高进行了研究。试验结果表明，波浪的方向分布对群墩结构上的爬高影响较大，且不同位置处的影响规律并不一致。对于前排墩柱而言，墩柱迎浪面处的爬高随着 s 的增大而逐渐增大，但是背浪面却相反；后排墩柱迎浪面和背浪面处的爬高随着方向分布集中度参数 s 的减小而增大。因此在实际的工程设计中，若是忽略了波浪方向分布，则可能造成高估或低估波浪爬高的后果。

参考文献：

[1]　MACCAMY R C, FUCHS R A. Wave forces on piles: a diffraction theory[M]. Washington D C: US Army Beach Erosion Board, Technical Memorandum, 1954, 69: 1-17.

[2]　LINTON C M, EVANS D V. The interaction of waves with arrays of vertical circular cylinders[J]. Journal of Fluid Mechanics, 1990, 215:549- 569.

[3]　NIEDZWECKI J M, DUGGAL A S. Wave runup and forces on cylinders in regular and random waves[J]. Journal of Waterway, Port, Coastal, and Ocean Engineering, 1992, 118(6): 615-634.

[4]　AKYILDIZ H. Experimental investigation of pressure distribution on a cylinder due to the wave diffraction in a finite water depth [J]. Ocean Engineering, 2002, 29(9): 1119-1132.

[5]　季新然，柳淑学，李金宣，等. 多向不规则波浪作用下大尺度墩柱上爬高的数值研究[J]. 工程力学, 2014, 31(10): 248-256.

[6]　JI X, LIU S, LI J, et al. Experimental investigation of the interaction of multidirectional irregular waves with a large cylinder [J]. Ocean Engineering, 2015, 93(1): 64-73.

[7]　GODA Y. A comparative review on the functional forms of directional wave spectrum [J]. Coastal Engineering Journal, 1999, 41(1): 1-20.

[8]　LONGUET-HIGGINS M S, CARTWRIGHT D E, SMITH N D. Observations of the directional spectrum of sea waves using the motions of floating buoy [C]// Ocean Wave Spectra. New Jersey, US, 1961: 111-132.

床面粗糙度对孤立波爬高影响的试验研究

吴丹红，刘海江

（浙江大学 建筑工程学院，浙江 杭州 310058）

摘要： 孤立波在斜坡上的爬高已有大量的研究成果，但床面粗糙度对孤立波爬高的影响和其内在的物理机理仍需进一步探究。为进一步阐明两者关系，选用坡度为 10°及 45°的斜坡模型在波流水槽中开展孤立波爬坡的物理模型试验。斜坡模型以纵向中心线为界，两侧分别为光滑不锈钢床面和粗糙砂纸床面，利用高速相机和波高仪记录相同来波、不同床面粗糙度条件下孤立波爬坡过程和最大爬高的差异。试验结果表明：对于坡度为 10°的斜坡模型，床面粗糙度对孤立波的最大爬高有一定的影响，且随着来波波高增大，对最大爬高阻碍作用变大；对于坡度为 45°的斜坡模型，斜坡坡度对孤立波爬高的影响大于底面摩阻，不同粗糙床面上的孤立波爬高过程几乎一致。

关键词： 孤立波；波前区域；爬高；坡度；床面粗糙度

波浪在近岸的爬坡过程与岸滩保护和防波堤等海岸结构物设计等密切相关。作为海岸工程的经典问题，孤立波在斜坡上的爬高已有大量的研究成果。Synolakis[1]基于非线性浅水方程结合试验结果推导给出了非破碎孤立波爬高的理论解。Gjevik 和 Pederesen[2]、Zelt[3]、Briggs 等[4]、Li 和 Raichlen[5]、Jensen 等[6]和 Hsiao 等[7]也先后进行了较为系统的孤立波爬高试验，给出了不同形式的孤立波爬高经验公式，适用范围逐渐变广。Lu 等[8]通过试验研究发现非破碎涌波具有孤立波的水动力特性后，进一步探究了非破碎涌波和破碎涌波的爬坡特征差异。

然而，在现有的孤立波爬高公式中，关于床面粗糙度对孤立波爬高的影响和其内在的物理机理仍需进一步探究。一般模型认为床面粗糙度会降低孤立波的最大爬高，进而通过引入底面摩阻系数对控制方程进行修正。但 Baldock 等[9]的研究表明波浪在沿斜坡上爬过程中，由于底面边界层作用，波前区域内的表层水体不断前涌并翻滚到最前端，呈履带式向前滚动上爬。上述波浪爬坡特征表明传统的非线性浅水方程（假设水平流速在垂直方向上均匀分布且不考虑垂向速度）并不能准确描述真实的波浪爬坡过程，通过简单地引入摩阻修正也不能在物理机制上准确刻画底面摩阻对水体爬坡过程的影响。为进一步探析床面粗糙度与孤立波爬高的关系，通过物理模型试验，从最大爬高、波面时间序列、爬坡形态三方面具体分析了孤立波沿斜面爬坡过程的时空特征，进一步探究了其机理机制。

1 试验装置

试验于 35.0 m×0.6 m×0.8 m 波流水槽中进行，如图 1 所示。试验分别对坡度为 10°及 45°的斜坡模型进行了孤立波爬高试验。试验以电机伺服推板式造波机进行造波，设计水深为 0.2 m，孤立波的波高分别为 0.04 m、0.06 m、0.08 m、0.10m，每组波高重复试验 3 次，最大爬高取平均值。斜坡坡脚距推波板中心线 21 m，以斜坡的纵向中心线为界，两侧分别为光滑不锈钢床面和粗糙砂纸床面。试验共布置 3 个波高仪（测量精度 0.3%×500 mm，采样频率 100 Hz），1 号波高仪距离推波板 10 m，用来记录来波条件，2 号、3 号波高仪分别布置在不锈钢面板及砂纸面板坡脚处。试验过程中，同时布置 1 号、2 号两台高速摄像机分别从上方和侧面记录孤立波的爬高过程（采样频率 50 Hz）。

2 结果及分析

图 2 为孤立波沿斜坡上爬示意图，以静水位与斜坡面交点为坐标原点，沿水平和竖直方向建立 x，z 坐标轴，h 表示初始水深，H 代表波高，η 为波面，β 为坡度，以孤立波爬高最高点距离静水位的竖直距离为最大爬高 R。Grilli 等[10]基于数值计算提出了孤立波破碎指标 S 来判断孤立波破碎形态[见式（1）]。当

基金项目： 国家自然科学基金（11632012, 51761135015）；浙江省自然科学基金（LZ19E090001）

$S > 0.37$ 时，孤立波不破碎。在本试验工况下，孤立波均为非破碎波，且这一理论判断结果与试验观察现象一致。

$$S = 1.521 \tan\beta \big/ \sqrt{H/h} \rightarrow \begin{cases} 0.37 < S，\text{不破碎} \\ 0.3 < S < 0.37，\text{激破波} \\ 0.025 < S < 0.3，\text{卷破波} \\ S < 0.025，\text{崩破波} \end{cases} \qquad (1)$$

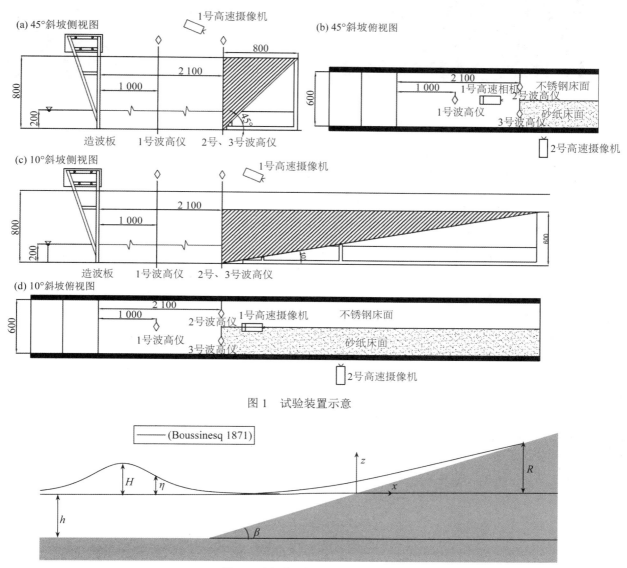

图 1   试验装置示意

图 2   孤立波沿斜坡上爬示意

2.1 最大爬高

在试验中，1 号高速摄像机记录了在同一来波条件下孤立波沿光滑不锈钢床面和粗糙砂纸床面的爬高过程，可用图像法确定其最大爬高。在 10° 斜坡条件下，孤立波在不锈钢板面的最大爬高大于在砂纸面上的最大爬高，且随着波高的增大，最大爬高差距增大。然而在 45° 斜坡条件下，孤立波在两种不同床面粗糙度下几乎以同一速度向上推进，最大爬高几乎一致。

图 3 为孤立波相对波高 H/h 为 0.4 时，高速相机记录的最大爬高时刻图像。此时，在 10° 斜坡条件下，孤立波在钢板面最大爬高为 0.269 m，在砂纸面的最大爬高为 0.215 m，相比于钢板面爬高减小了 20%。然

而，在 45°斜坡条件下，两者爬高均为 0.202 m。可见，当坡度为 10°时，不同粗糙度对孤立波最大爬高影响显著，而当坡度增大到 45°时，床面粗糙度对孤立波最大爬高的影响可忽略。

 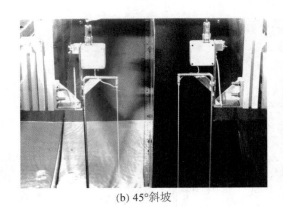

(a) 10°斜坡　　　　　　　　　　　　　　　　(b) 45°斜坡

图 3　10°及 45°斜坡最大爬高对比（h=0.2 m, H=0.08 m）

图 4 为不同波高条件下 10°斜坡及 45°斜坡最大爬高与理论爬高的对比情况。因本试验工况为非破碎孤立波，故采用 Synolakis（1987）的理论公式[1]，见式（2）。

$$\frac{R}{h} = 2.831(\cot \beta)^{1/2} \left(\frac{H}{h}\right)^{5/4} \tag{2}$$

这一理论公式并没有考虑底面摩阻对孤立波最大爬高的影响，仅考虑了坡度（β）和来波条件（H/h）的影响，故在图 4 中，在光滑和粗糙床面上孤立波最大爬高理论值相同。但实际上，当斜坡坡度为 10°时，理论值大于实测值，且两者之间的差异随着波高增加而增加，钢板面平均相对误差达 51%，而砂纸面平均相对误差则达 85%。而当斜坡坡度为 45°时，孤立波沿不同粗糙度床面最大爬高相同，理论值略小于实测值，平均相对误差为−12%。

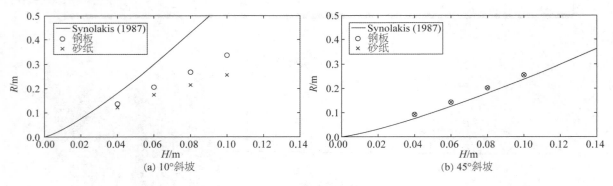

(a) 10°斜坡　　　　　　　　　　　　　　　　(b) 45°斜坡

图 4　10°及 45°斜坡实测最大爬高与理论值的对比

2.2　波面时间序列

图 5 和图 6 分别为 10°及 45°斜坡 1 号、2 号、3 号波高仪所测波面时间序列情况。点线为 1 号波高仪所测来波条件，实线为不锈钢板侧坡脚处 2 号波高仪记录值，虚线为砂纸侧坡脚处 3 号波高仪记录值，以 1 号波高仪记录入射波波高峰值时刻为 0 时刻。

由图可知，坡脚处波高先增后减，入射波高越大、传播速度越快，坡脚处最大波面峰值时刻越小，最大波高增大。从摄像机记录视频来看，在同一来波条件下，孤立波在 45°斜坡上沿不同粗糙床面爬高过程几乎一致，此时两侧坡脚处波高仪历时曲线也几乎重合。然而，孤立波在 10°斜坡沿不同粗糙床面最大爬高有所不同，但砂纸和钢板坡脚处波高历时曲线几乎重合。这说明在缓坡时，底面摩阻虽对最大爬高影响明显，但对坡脚处水动力影响十分微弱。

在入射波波高相同时，如图 5（c）和图 6（c）所示，入射孤立波相对波高 H/h 均为 0.4，但不同坡度斜坡坡脚处波面峰值有所差异。10°斜坡坡脚最大波高与来波波高相近，比值约为 1，而 45°斜坡由于坡度较大，反射作用增强，波面峰值大于来波，且比值随着来波波高增大而逐渐减小。在来波波高为 0.04 m 时，10°斜坡坡脚波面峰值为来波波高的 1.01 倍，而 45°斜坡坡脚波面峰值则为来波波高的 1.50 倍。

坡脚处波面历时以峰值为界，前后波面变化情况呈现非对称性。随着波高增大，10°斜坡的非对称性变化较小，45°斜坡的非对称性则显著增强。这是由于陡坡对孤立波运动阻碍作用更为明显，在回落过程中引起的水流扰动更大。

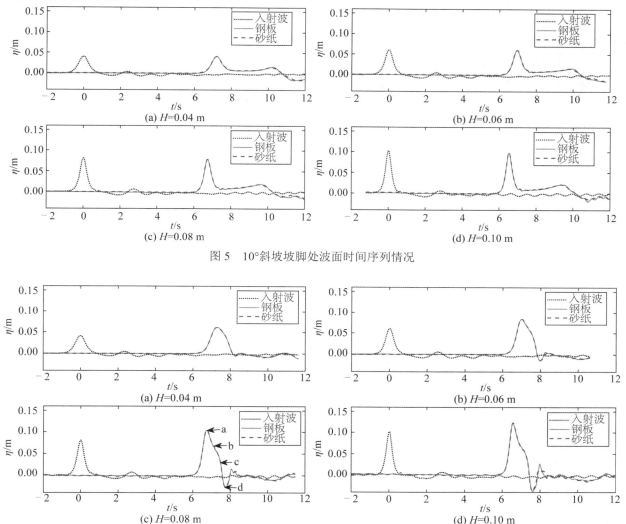

图 5　10°斜坡坡脚处波面时间序列情况

图 6　45°斜坡坡脚处波面时间序列情况

2.3　爬坡形态

图 7 为孤立波相对波高 H/h 为 0.4 时，沿 45°粗糙砂纸床面爬坡过程中几个代表时刻的波面形态。图 7（a）至图 7（d）分别对应图 6（c）中的 a，b，c，d 时刻，即 t=6.73 s、7.11 s、7.49 、7.75 s。a 时刻坡脚波高达到峰值，孤立波处于上爬阶段。b 时刻孤立波爬坡至最高点，R=0.202 m，波面呈下凹状。a、c 时刻分别早于、晚于 b 时刻 0.38 s。c 时刻已处于回流状态，且回流并未结束，波前区域翻滚现象明显。d 时刻对应坡脚波高达最低点，且低于静水位，通过侧面高速相机记录图 7（d）可知，此时已处于二次爬坡阶段。

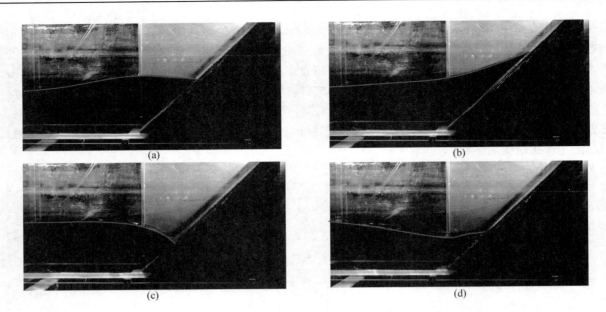

图 7　粗糙砂纸床面孤立波爬坡历时形态（45°斜坡，h=0.2 m，H=0.08 m）

再对同一相对波高（H/h=0.4）下，孤立波沿 10°斜坡爬坡至最高点（R=0.215 m）的波面形态进行分析，如图 8 所示。由图可知，孤立波沿 10°斜坡上爬至最高点时，波前水体只有薄薄一层，但运动距离较长。可计算在同一最大爬高 R 下，孤立波沿 10°斜坡爬坡时的岸线移动距离（$R/\sin\beta$）为 45°斜坡的 4.07倍。加之波前区域水体较薄，故底面摩阻对水体运动的阻碍作用显著，从而降低了最大爬高。

对于 45°斜坡爬坡过程，摩阻作用可能不变，但此时坡度影响更大，摩阻的相对影响变小。若认为波前区域水体呈履带式向前滚动上爬，则在坡度较大时，水体滚动越剧烈，床面粗糙度虽有增加，但相比滚动程度，其影响较小，故不同粗糙度下爬高相近，但波前区域具体的运动形态还需进一步探究。

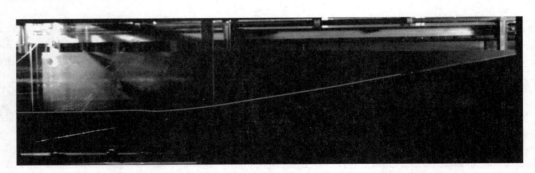

图 8　孤立波沿 10°斜坡砂纸面爬高至最高点时刻形态（h=0.2 m，H=0.08 m）

3　结　语

本文对孤立波在 10°和 45°斜坡上不同粗糙床面下的爬高过程进行了波浪水槽试验，采用波高仪和高速摄像机记录波面时间序列及孤立波爬高过程，探究了床面粗糙度对孤立波爬高的具体影响和其内在的机理机制。试验结果表明：孤立波在 10°斜坡上受底面摩阻影响较大，来波在粗糙砂纸床面上的最大爬高小于在光滑不锈钢床面上的最大爬高，且随着入射波波高增大，最大爬高差异增大。当孤立波达到最大爬高时刻时，波前区域仅有一层薄薄的水体。坡度增大时，底面摩阻对孤立波爬坡过程的影响逐渐减弱，试验表明孤立波在 45°斜坡上沿光滑不锈钢床面和粗糙砂纸床面的爬坡过程和最大爬高几乎一致。

参考文献：

[1]　SYNOLAKIS C E. The runup of solitary waves[J]. Journal of Fluid Mechanics, 1987, 185: 523-545.

[2]　GJEVIK B, Pedersen G. Run-up of long waves on an inclined plane[J]. Mechanics and Applied Mathematics, 1981: 23418.

[3]　ZELT J A. The run-up of nonbreaking and breaking solitary waves[J]. Coastal Engineering, 1991, 15(3): 205-246.

[4]　BRIGGS M J, SYNOLAKIS C E, HARKINS G S, et al. Large scale three-dimensional laboratory measurements of tsunami inundation[M]. Netherland: Springer Netherlands, 1995.

[5]　LI Y, RAICHLEN F. Energy balance model for breaking solitary wave runup[J]. Journal of Waterway, Port, Coastal, and Ocean Engineering, 2003, 129(2): 47-59.

[6]　JENSEN A, PEDERSEN G K, WOOD D J. An experimental study of wave run-up at a steep beach[J]. Journal of Fluid Mechanics, 2003, 486: 161-188.

[7]　HSIAO S C, HSU T W, LIN T C, CHANG Y H. On the evolution and run-up of breaking solitary waves on a mild sloping beach[J]. Coastal Engineering, 2008, 55 (12): 975-988.

[8]　LU S, LIU H, DENG X. An experimental study of the run-up process of breaking bores generated by dam-break under dry- and wet-bed conditions[J]. Journal of Earthquake and Tsunami, 2018:1840005.

[9]　BALDOCK T E, GRAYSON R, TORR B, et al. Flow convergence at the tip and edges of a viscous swash front — experimental and analytical modeling[J]. Coastal Engineering, 2014, 88(4): 123-130.

[10]　GRILLI S T, SVENDSEN I A, SUBRAMANYA R. Breaking criterion and characteristics for solitary waves on slopes[J]. Journal of Waterway, Port, Coastal, and Ocean Engineering, 1997, 123(3): 102-112.

岛礁地形上波浪破碎位置试验研究

刘清君 [1,2,3]，孙天霆 [1,3]，王登婷 [1,3]

（1. 南京水利科学研究院，江苏 南京 210024；2. 河海大学 港口海岸及近海工程学院；江苏 南京 210098；3. 河海大学 港口航道泥沙工程交通行业重点实验室，江苏 南京 210024）

摘要： 通过系列模型试验，研究了不同坡度、水深、波高、周期作用下的岛礁或岸礁陡坡地形上的波浪破碎点位置；分析了破碎点相对距离（S/H_0）随波陡（H_0/L_0）、礁坪相对水深（h_r/H_0）以及前坡坡度（$m=\tan\alpha$）的变化规律。在此基础上，对原有公式进行了改进，并对比了改进公式计算值与 Gourlay 试验值，两者吻合较好。相对于原公式，改进后的公式更方便于应用。本文研究成果可为岛礁陡坡地形上护岸工程设计提供指导，也可为数学模型计算提供验证对比。

关键词： 岛礁地形；波浪破碎；破碎点位置；模型试验

近期，作者从事一个岛礁上的护岸工程的稳定性研究工作，该护岸类型为斜坡式抛石护岸。试验过程中发现，波浪破碎位置以及破碎点与护岸坡脚之间的宽度对护面块石的稳定性至关重要。若大浪在坡脚前沿一定距离外破碎，则破波水体没有对斜坡护面形成直接冲击，护面块石处于稳定状态，相反，若大浪在坡脚附近破碎，则破波水体直接冲击斜坡护面，护面块石在冲击水体和坡面上的回落水体作用下发生滚落。

对于波浪在岛礁或岸礁地形上的破碎位置，Gourlay[1]认为礁坪上水深 $\bar{\eta}_r + h_r$（其中 $\bar{\eta}_r$ 为礁坪上最大增水，h_r 为礁坪上静水位水深）是影响破碎点的关键因素，当相对水深 $(\bar{\eta}_r + h_r)/H_0 > 1.0$ 时，波浪在礁坪上破碎；当 $(\bar{\eta}_r + h_r)/H_0 < 0.7$ 时，波浪在礁面斜坡上破碎。之后，任冰等[2]通过试验研究，认为当 $0.7 < (\bar{\eta}_r + h_r)/H_0 < 0.8$ 时，对于入射波高较小的情况，波浪仍在礁面斜坡上破碎。Yao 等[3]通过概化的模型试验研究认为，当 $1.2 \leqslant h_r/H_0 < 2.8$ 时，波浪在礁坪上破碎，当 $h_r/H_0 < 1.2$ 时，波浪在礁面斜坡上破碎。以上对破碎点位置的判断，还比较粗略，对于工程应用而言需要对破碎点位置进行精细化预测，尤其对于在礁坪上发生破碎的波浪。

张庆河等[4]采用台阶式的概化地形，给出了台阶地形上破碎点位置的计算公式，但该公式没有反应前坡坡度和波陡对破碎点的影响。之后，诸裕良等[5]将其推广至复合坡度地形。刘清君[6]通过开展系列模型研究提出了破碎点位置计算公式，建立了破碎点位置与礁面坡度、波陡以及礁坪水深之间的关系，但该公式中礁坪相对水深采用 h_r/h，h 为礁坪前水深，该参数容易受试验模型高度的影响，同时实际应用中水深 h 的取值标准不易统一，为此本文在原有成果的基础上，对该公式进行优化，以使计算公式更为合理，更便于工程应用。

1　试验设计

试验在南京水利科学研究院波浪水槽中进行，水槽长 60 m、宽 1.8 m、高 1.6 m。试验中将岛礁地形概化为一定坡度的斜坡与水平平台相连接的组合模型，如图 1 所示。Gourlay[1]、任冰等[2]、Yao 等[3]、Quiroga 和 Cheung[7]、柳淑学等[8]均采用此类形式的概化模型。本次试验斜坡分为 1/5、1/3 和 1/1.5 三种。斜坡坡顶距造波板 30 m，前坡坡脚与造波板的距离随前坡不同的坡度有所变化；斜坡后，水平平台高 0.76 m，长度 5.0 m。斜坡和水平平台表面均由水泥抹平。

试验考虑三种不同水深，即斜坡前水深 h 分别为 1.0 m、0.92 m 和 0.82 m，与之对应的礁坪上水深 h_r 分别为 0.24 m、0.16 m 和 0.06 m。每种水深下考虑 13 组不同的波况条件，波高范围为 0.04~0.15 cm、周期变化范围 1.0~3.0 s。试验波浪参数如表 1 所示。

基金项目： 国家重点研发计划资助（2018YFC0407503）；国家自然科学基金面上项目（51579156）；南京水利科学研究院中央级公益性科研院所基本科研业务费专项资金重大项目（Y218006）、重点项目（Y218005）

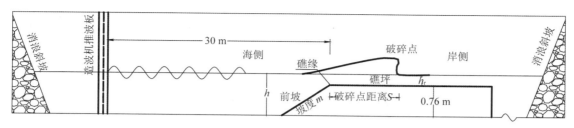

图 1　试验水槽布置示意

表 1　试验波浪参数

序号	平均波高 H/m	平均周期 T/s	序号	平均波高 H/m	平均周期 T/s
1	0.15	1.5	8		1.0
2	0.13	1.5	9		1.5
3		1.0	10	0.07	2.0
4		1.5	11		2.5
5	0.10	2.0	12		3.0
6		2.5	13	0.04	1.5
7		3.0			

为减少试验水深带来的限制，并方便于与其他研究者成果之间的对比，本文在试验结果分析中，将入射波浪要素换算成深水波浪要素。采用微幅波理论对入射波高 H 和波长 L 换算为等效深水波高 H_0[9]和深水波长 L_0。

$$H_0 = \frac{H}{\sqrt{\dfrac{2\cosh^2\left(2\pi h/L\right)}{4\pi h/L + \sinh\left(4\pi h/L\right)}}} \tag{1}$$

$$L_0 = \frac{gT^2}{2\pi} \tag{2}$$

试验过程中对水槽试验区域进行全程录像。破波点位置通过现场量取并记录，然后再与试验录像回放进行对比和校正。为与以往研究成果进行对比，本文中有关破碎点的定义基本与大部分已有文献保持一致，即破碎点为波浪开始破碎的位置，对于卷破波，当波峰前沿面接近垂直时即认为起始破碎，对于崩破波，当波峰出现白色浪花时即认为起始破碎。

2　试验结果分析

考虑影响岛礁或岸礁地形上波浪破碎位置的主要因素，波高、波长（周期）、坡前水深、礁坪水深、前坡坡度等，建立破碎点位置与各因素之间的关系：

$$\frac{S}{H_0} = f\left(\frac{H_0}{L_0}, \frac{h_r}{H_0}, \tan\alpha\right) \tag{3}$$

式中：S 为波浪破碎点与礁缘之间的距离，当波浪破碎点位于礁缘后侧时（岸侧）S 取正值，当破碎点位于礁缘前侧时（海侧）S 取负值。h_r 为礁坪水深，α 为外坡与水平面的夹角（为方便描述，令 $m = \tan\alpha$）。

2.1　破碎点相对距离 S/H_0 随深水波陡 H_0/L_0 的变化

破碎点相对距离 S/H_0 随波陡 H_0/L_0 的变化如图 2 所示。由图 2 可知，在同一礁坪相对水深和前坡坡度条件下，破碎点相对距离随波陡的增大而减小，减小的幅度随波陡的增加而逐渐变缓，当波陡到达一定程度时，破碎点相对距离趋于稳定。从试验数据的散点关系图来看，两者之间近似呈幂函数的关系。此外由此图还可知，前坡坡度 m 对破碎点相对距离与波陡之间的关系也存在着一定影响。

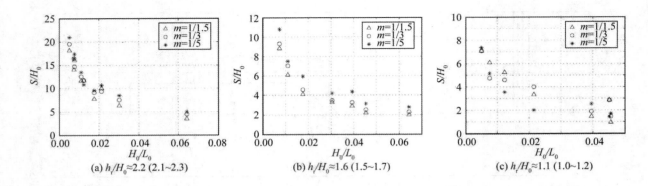

(a) $h_r/H_0 \approx 2.2$ (2.1~2.3)　　　　(b) $h_r/H_0 \approx 1.6$ (1.5~1.7)　　　　(c) $h_r/H_0 \approx 1.1$ (1.0~1.2)

图 2　破碎点相对位置随深水波陡的变化

2.2　破碎点相对距离 S/H_0 随礁坪相对水深 h_r/H_0 的变化

破碎点相对距离 S/H_0 随礁坪相对水深 h_r/H_0 的变化关系如图 3 所示。其中，图 3（a）为波陡 $H_0/L_0 = 0.007$ 条件下，前坡坡度分别为 1/1.5、1/3 和 1/5 时，破碎点相对距离随礁坪相对水深的变化。以图中前坡坡度 1/5 的情况为例，当礁坪相对水深为 0.8 时，破碎点相对距离为 3.97；当礁坪相对水深达到 1.6 时，破碎点相对距离达到 10.77；随着相对水深的进一步增大，当礁坪相对水深达到 2.3 时，破碎点相对距离达到 16.48。破碎点相对距离与礁坪相对水深，两者之间基本呈一定比例增加。图 3（b）至图 3（d）分别为不同波陡条件下，破碎点相对距离与礁坪相对水深的变化关系，其变化规律与图 3（a）的规律基本一致。故由此可知，在同一波陡和前坡坡度条件下，破碎点相对距离随礁坪相对水深的增大而增加，两者之间近似符合线性关系。

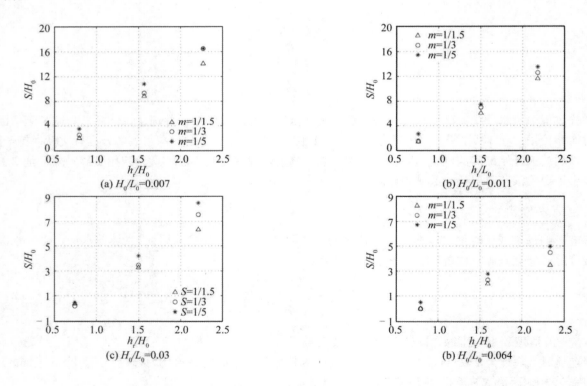

(a) $H_0/L_0 = 0.007$　　　　(b) $H_0/L_0 = 0.011$

(c) $H_0/L_0 = 0.03$　　　　(b) $H_0/L_0 = 0.064$

图 3　破碎点相对距离随礁坪相对水深的变化

2.3　破碎点相对距离 S/H_0 随斜坡坡度 m 的变化

破碎点相对距离随前坡坡度的变化关系如图 4 所示，在同一波陡和相对水深条件下，破碎点相对距离随前坡坡度 m 的增大而减小，但总体变化幅度并不大，两者之间呈非线性关系。故由此可知，前坡坡度对破碎点相对位置存在一定影响，但影响幅度不大。

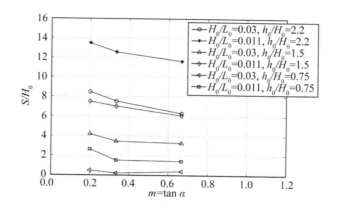

图 4　破碎点相对距离随前坡坡度的变化

2.4　破碎点相对距离 S/H_0 计算公式

根据上述分析，破碎点相对距离与波陡、礁坪相对水深和外坡坡度有关，随波陡的增大而减小，两者之间呈幂函数的关系；随礁坪相对水深的增加而增加，两者之间呈线性关系；随外坡坡度的增大而减小，两者呈非线性关系。建立如式（4）所示的破碎点相对距离 S/H_0 的计算公式：

$$\frac{S}{H_0} = m^{-a}\left(\frac{H_0}{L_0}\right)^{-b}\frac{h_r}{H_0} + c \tag{4}$$

其中，a、b 和 c 为待定系数。

根据本次试验数据，对公式（4）进行拟合，得到系数 a、b 和 c 分别为 0.1、0.41 和 –2.4。公式（4）的计算值与试验值的对比情况如图 5 所示。图 5 中横坐标为试验值 S/H_0，纵坐标为计算值 S/H_0。由图 5 可知公式（4）计算值与试验值符合较好。两者相关系数 $R^2=0.97$。

需要说明的是，公式（4）的适用范围为：$0.005<H_0/L_0\leqslant 0.045$，$0.8\leqslant h_r/H_0\leqslant 2.3$。

3　本文公式计算值与 Gourlay[10] 试验值的对比

为检验本文关于破碎点位置计算公式的准确性，对 Gourlay[10] 的试验数据进行了整理，并将采用本文公式的计算值与 Gourlay[10] 试验值进行对比。Gourlay[10] 的试验值以及本文计算值如表 2 所示。图 6 显示了计算值与试验值的对比情况。由表 2 和图 6 可知，本文公式的破碎点计算值与 Gourlay[10] 试验值较为接近，两种吻合较好。

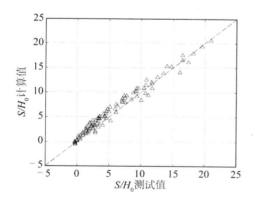

图 5　试验值与计算值的对比

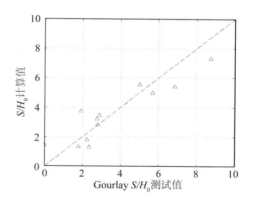

图 6　本文公式计算值与 Gourlay[10] 试验值的对比

表 2　Gourlay[10]破碎点试验值与本文计算值

礁前水深 h/m	礁坪顶部水深 h_r/m	波高 H_0/m	周期 T/s	波长 L_0/m	坡度/m	破碎点距礁坪前缘的距离 S/m	试验值 S/H_0	本文公式计算值 S/H_0
8.0	5.1	3.61	6.8	72	1/4.5	10	2.77	3.21
8.0	5.1	3.45	6.62	68	1/4.5	10	2.90	3.45
6.0	3.1	3.39	6.75	71	1/4.5	8	2.36	1.30
6.0	3.1	3.35	6.66	69	1/4.5	6	1.79	1.32
6.0	3.1	3.03	5.81	53	1/4.5	0	0.00	1.44
6.0	3.1	2.07	5.36	45	1/4.5	4	1.93	3.74
6.7	3.8	3.57	6.7	70	1/4.5	8	2.24	1.79
6.7	3.8	2.84	5.9	54	1/4.5	8	2.82	2.82
6.7	3.8	2.11	5.4	46	1/4.5	12	5.69	4.98
8	5.1	2.63	5.9	54	4.5	18	6.84	5.40
6	3.1	1.6	4.69	34	4.5	8	5.00	5.52
6.7	3.8	1.6	4.69	34	4.5	14	8.75	7.31

4　结　语

　　岛礁陡坡地形上破碎点位置对护岸工程稳定性影响至关重要。通过系列模型试验，研究了不同坡度、水深、波高、周期作用下的岛礁陡坡地形上的波浪破碎位置。研究表明破碎点相对距离（S/H_0）随波陡（H_0/L_0）的增大而减小，随礁坪相对水深（h_r/H_0）的增大而增加，随前坡坡度（$\tan\alpha$）的增大而减小。在此基础上，对原有公式进行了改进，并对比了改进公式计算值与 Gourlay 试验值，两者吻合较好。相对于原公式，改进后的公式更方便于应用。

　　本次试验采用规则波，下阶段将对不规则波的破碎特性进行研究。相对于规则波，不规则波的破碎点位置和卷破点位置应为一区域范围。

参考文献：

[1]　GOURLAY M R. Wave set-up on coral reefs. 1. Set-up and wave-generated flow on an idealised two dimensional horizontal reef[J]. Coastal Engineering, 1996, 27(3/4): 161-193.

[2]　任冰, 唐洁, 王国玉, 等. 规则波在岛礁地形上传播变化特性的试验[J]. 科学通报, 2018, 63(Z1): 590-600.

[3]　YAO Y, HUANG Z, MONISMITH S G, et al. Characteristics of monochromatic waves breaking over fringing reefs[J]. Journal of Coastal Research, 2013, 286(1): 94-104.

[4]　张庆河, 刘海青, 赵子丹. 波浪在台阶地形上的破碎[J]. 天津大学学报（自然科学与工程技术版）, 1999(2): 204-207.

[5]　诸裕良, 宗刘俊, 赵红军, 等. 复合坡度珊瑚礁地形上波浪破碎的试验研究[J]. 水科学进展, 2018, 29(5): 113-123.

[6]　刘清君. 岛礁陡坡地形上波浪破碎试验研究[J]. 水运工程, 2018(12): 42-45.

[7]　QUIROGA P D, CHEUNg K F. Laboratory study of solitary-wave transformation over bed-form roughness on fringing reefs[J]. Coastal Engineering, 2013, 80:35-48.

[8]　柳淑学, 刘宁, 李金宣, 等. 波浪在珊瑚礁地形上破碎特性试验研究[J]. 海洋工程, 2015, 33(2): 42-49.

[9]　HEDGES T S, KIRKG Z M S. An experimental study of the transformation zone of plunging breakers[J]. Coastal Engineering, 1980, 4(4): 319-333.

[10]　GOURLAY M R. Wave transformation on a coral reef[J]. Coastal Engineering, 1994, 23(1/2): 17-42.

波浪作用下人工沙滩滩面变形试验研究

孙天霆，王登婷，刘清君，黄　哲，邹春蕾

（南京水利科学研究院 港口航道泥沙工程交通行业重点实验室，江苏 南京 210029）

摘要： 随着沿海地区人工沙滩建设的日渐增多，对人工沙滩剖面滩面变形进行研究具有非常重要的现实意义。受工程测量的影响，人工沙滩剖面在波浪作用下的滩面变形难以预测。针对这个问题，采用物理模型试验的方法，测量了受潜堤挡沙坝及护岸限制的人工沙滩剖面在定常水位、变水位及其不同重现期波浪作用下，沙滩在波浪连续作用最长到 72 h 后的滩面变形情况。对定常水位及变水位条件下的滩面变形特点进行了对比分析，验证了初始岸滩坡度 1∶20 的适用性，为相关人工沙滩工程设计提供科学参考依据。

关键词： 人工沙滩；潜堤；滩面变形；剖面形态；模型试验

我国沿海天然沙滩区段相对较少，一些条件较好的海湾由于沙源不足或其他原因很难形成天然沙滩，但可通过建设人工沙滩的方式来实现。人工沙滩的建设一直是海岸工程中的一个复杂问题，原海滩剖面形态是海岸组成物质与海岸动力长期相互作用形成的一种相对稳定形态，在其基础上建造的人工沙滩，对环境变化较为敏感，形成的新岸滩剖面在海岸动力作用下很难达到稳定。对于选址较好的海湾，其人工沙滩的冲淤变形主要由横向输沙引起，因此人工沙滩剖面的横向输沙是关系岸滩剖面稳定的重要工程问题。

关于人工沙滩稳定性方面的研究，Fenneman[1]提出了海滩平衡剖面的概念，认为当存在一个使波浪等水动力因素充分作用的条件时，最终可以形成一个平衡的海滩剖面。Bruun[2]通过对加利福尼亚的米森海湾和北海的丹尼斯海岸的岸坡进行调查研究，得出了海岸平衡剖面的表达式：

$$f(x) = -Ax^m \tag{1}$$

Bodge[3]采用边缘波理论对沙滩平衡剖面进行分析，提出了指数型剖面模型：

$$f(x) = -B(1 - e^{-kx+C}) \tag{2}$$

Lee[4]通过对科氏力效应进行分析，建立了对数方程形式的动力解析模型：

$$f(x) = -\frac{1}{D}\ln(\frac{x}{F} + 1) \tag{3}$$

式中： $f(x)$ 为水底基床相对于平均水平面的高程， x 为距岸线的距离，其余参数为经验系数。

早期的海滩剖面分类仅以波陡作为判数[5-6]。随后，人们在海滩剖面的判数中加入泥沙中值粒径、泥沙容重、波高等参数，其组合形式各不相同，但大多数仍属于经验或半经验性质。在实际工程中，人工沙滩的设计往往还会采取一些工程措施，例如在沙滩底部低水位以下建设潜堤（挡沙坝）来缩短沙滩剖面并消减波浪，在沙滩顶部建设斜坡或直立式岸滩防护结构等。这些结构会影响波浪的传播，使沙滩剖面的变化形态更为复杂，且更难以通过公式进行预测。因此近年来，学者们常通过数值模拟或物理模型试验方法对波浪作用下人工沙滩的滩面变形情况进行研究。

张琳琳[7]采用 XBeach 横向剖面演变模型对不同补滩剖面稳定性进行数值模拟，研究了某海滩修复工程中影响海滩剖面稳定性的设计参数。黄哲等[8]通过物理模型试验，对人工沙滩剖面在不同水位及波浪条件下的形态变化进行了试验研究，并应用平衡剖面模型对相对稳定的剖面进行计算比较，认为当波浪受结构物影响较小时，可以形成均衡沙滩剖面。朱旺平等[9]探究了不同级配的沙滩滩面在波浪外动力作用下的变化规律。谭忠华等[10]基于波浪泥沙物理模型，对不同水位条件、不同重现期波浪作用以及单坡和复坡两种不同坡度沙滩坡面的冲淤变形及稳定性进行了试验研究，讨论了外海波要素与冲刷部位及冲刷程度的关系。

基金项目： 国家重点研发计划项目（2016YFC1402002）；国家自然科学基金面上项目（51579156）；南京水利科学研究院中央级公益性科研院所基本科研业务费专项资金重大项目（Y218006）、重点项目（Y218005）

作者简介： 孙天霆（1992–），男，山东青岛人，博士，主要从事波浪及其与建筑物相互作用方面研究。E-mail: qdsfstt@126.com

采用物理模型试验的方法，测量了受潜堤挡沙坝及护岸限制的人工沙滩剖面在定常水位、变水位及其不同重现期波浪作用下，沙滩在波浪连续作用最长到 72 小时后的滩面变形情况，验证了初始岸滩坡度 1∶20 的适用性，为相关人工沙滩工程设计提供了科学参考依据。

1　试验条件

1.1　试验断面及波要素

试验的人工沙滩断面如图 1 所示。在远岸处低水位以下设有离岸潜堤（挡沙坝），沙滩剖面坡度为 1∶20。断面潜堤顶高程为–2.5 m，堤心填石及人工沙的顶部高程分别为 +1.0 m 和 +3.0 m，人工沙滩总宽度（斜坡段及滩肩段）约为 230 m，末端设直立式挡墙。

图 1　人工沙滩断面（高程: m，尺寸: mm）

试验水位（85 国家高程）取设计高水位 3.12 m、平均高水位 2.74 m、平均水位 0.4 m 以及平均低水位 –1.93 m。波浪重现期取不同水位对应的 50 年一遇、10 年一遇以及 2 年一遇波要素，具体见表 1。

表 1　试验波浪要素

水位	重现期	$H_{1\%}$/m	$H_{4\%}$/m	$H_{5\%}$/m	$H_{13\%}$/m	$\overline{H}$/m	$\overline{T}$/s	L/m
设计高水位	10 年一遇	4.6	4.0	3.9	3.4	2.3	8.4	69.9
	2 年一遇	3.0	2.5	2.5	2.1	1.4	7.9	65.0
平均高水位	50 年一遇	4.8	4.8	4.8	4.8	3.5	10.9	92.0
	10 年一遇	4.5	3.9	3.8	3.4	2.3	8.4	68.6
	2 年一遇	2.9	2.5	2.4	2.1	1.3	7.9	63.8
平均水位	50 年一遇	3.1	3.1	3.1	3.1	2.3	10.9	75.7
	10 年一遇	3.1	3.1	3.1	3.1	2.3	8.4	57.1
	2 年一遇	2.7	2.4	2.3	2.0	1.4	7.9	53.3
平均低水位	50 年一遇	2.0	2.0	2.0	2.0	1.4	10.9	60.8
	10 年一遇	2.0	2.0	2.0	2.0	1.4	8.4	46.2
	2 年一遇	2.0	2.0	2.0	2.0	1.4	7.9	43.3

1.2　试验设备

人工沙滩工程波浪断面物理模型试验在南京水利科学研究院河港研究所长波浪水槽中进行。该水槽长 175 m、宽 1.2 m、深 1.8 m，可同时产生波浪、水流和风。水槽的工作段分割成 0.6 m 和 0.6 m 两部分，一部分用来安放模型断面和进行模型试验，另一部分用于扩散造波板的二次反射波。水槽的一端配有南京水利科学研究院生产的推板式不规则波造波机，由计算机自动控制产生所要求模拟的波浪要素。该造波系统可根据需要产生规则波和不同谱型的不规则波。

2　模型设计

2.1　波浪模拟

波浪按重力相似准则模拟，不规则波波谱采用 JONSWAP 谱，谱密度函数为

$$S(f) = \frac{\alpha g^2}{(2\pi)^4} \frac{1}{f^5} \exp[-1.25(\frac{f_p}{f})^4] \cdot r^{\exp\left[-\frac{(f-f_p)^2}{2\sigma^2 f_p^2}\right]}$$

$$\text{（4）}$$

式中：α 为无因次常数；f_p 为谱峰频率；r 为谱峰升高因子，取 3.3；σ 为峰形参数量，$f \leqslant f_p$ 时，$\sigma = 0.07$，$f > f_p$ 时，$\sigma = 0.09$。

　　将按模型比尺换算后的特征波要素输入计算机，产生造波讯号，控制造波机产生相应的规则波和不规则波序列。模型试验中波高和周期模拟值与设计值的误差控制在 ±2% 以内。

2.2　泥沙运动模拟

　　本文重点研究近岸区，特别是破波区岸滩冲淤变化，为此需要考虑波浪条件下岸滩破波区附近水域泥沙运动相似要求。

2.2.1　波浪条件下泥沙起动相似

Bagnold 公式为

$$u_{mc} = 32.7 \left(\frac{\gamma_s - \gamma}{\gamma} \right)^{2/3} d_{50}^{0.433} T^{1/3} \tag{5}$$

式中：u_{mc} 为波浪底部水质点最大速度，T 为波浪周期。

　　应用前面已得到的一些相似关系式，可以推导得

$$\lambda_d = \left(\lambda_h^{1/3} \lambda_{\frac{\gamma_s - \gamma}{\gamma}}^{-2/3} \right)^{2.31} \tag{6}$$

2.2.2　碎波区内岸滩剖面冲淤趋势相似

　　根据服部昌太郎公式[11]：

$$\frac{H_b}{L_o} tg\beta \Big/ \frac{\omega}{gT} = \text{const} \tag{7}$$

可导得泥沙沉降速度比尺：

$$\lambda_\omega = \lambda_u \frac{\lambda_H}{\lambda_l} \tag{8}$$

当波高比尺 λ_H 等于水深比尺 λ_h 时，可得

$$\lambda_\omega = \lambda_u \frac{\lambda_h}{\lambda_l} \tag{9}$$

在正态模型中 $\lambda_l = \lambda_h$，即

$$\lambda_\omega = \lambda_u = \lambda_h^{1/2} \tag{10}$$

　　由于本研究着重于近岸区岸滩剖面的稳定性，破波区岸滩剖面的冲淤趋势相似要求尤为重要，应尽量满足波浪条件下泥沙沉降相似的要求[式 10]。

2.2.3　破波掀沙相似

　　在破波区内，由破碎波引起的平均水体含沙量为

$$S = K \frac{\rho_s \rho}{\rho_s - \rho} g \frac{H_b^2}{8A} \cdot \frac{C_{gb}}{\omega} \cos a_b \tag{11}$$

式中：A 为碎波区内过水断面积。由上式可导得

$$\lambda_s = \frac{\lambda_{\rho_s}}{\lambda_{\frac{\rho_s - \rho}{\rho}}} \cdot \frac{\lambda_H^2}{\lambda_h^{1/2} \lambda_l \lambda_\omega} \tag{12}$$

考虑到 $\lambda_\omega = \lambda_u \frac{\lambda_H}{\lambda_l}$，可得

$$\lambda_s = \frac{\lambda_{\rho_s}}{\lambda_{\frac{\rho_s - \rho}{\rho}}} \cdot \frac{\lambda_H}{\lambda_h} \tag{13}$$

2.2.4　冲淤时间相似

　　根据输沙连续方程，可得满足泥沙冲淤时间相似的冲淤时间比尺：

$$\lambda_{t_2} = \frac{\lambda \gamma_o}{\lambda_s} \lambda_t \tag{14}$$

式中：λ_t 为水流时间比尺。

2.3 模型沙的选择

在模型沙设计时，首先按泥沙起动相似要求[式（6）]，由现场岸滩底质中值粒径计算出不同容重模型沙的粒径。然后根据冲淤部位相似的要求[式（10）]算得沉速比尺 λ_ω，再由张瑞瑾沉速公式计算出不同容重泥沙的对应粒径。最后根据两方面计算结果的比较，确定模型沙的种类和粒径。

本模型选择颗粒密度容重 $\gamma_s = 1.36 g/cm^3$ 的煤屑作为模型沙，其干容重约为 $0.7 g/cm^3$。经过综合比较，选择模型沙的中值粒径为 0.23mm。试验遵照《波浪模型试验规程（JTJ/T234–2001）》[12]相关规定，根据模型砂的选取、设计水位、波浪要素、试验断面及试验设备条件等因素，几何比尺取为 1∶25，模型主要比尺见表 2。

泥沙的沉降速度采用张瑞瑾公式计算：

$$\omega = \left[\left(13.95 \frac{\nu}{d} \right)^2 + 1.09 \frac{\gamma_s - \gamma}{\gamma} gd \right]^{1/2} - 13.95 \frac{\nu}{d} \tag{15}$$

式中：ν 为水的运动黏滞系数。

表 2 模型主要比尺情况

比尺名称	符号	计算值	采用值
几何比尺	λ_l	—	25
波长比尺	λ_L	—	25
波高比尺	λ_H	—	25
波速比尺	λ_C	5	5
波周期比尺	λ_T	5	5
轨迹速度比尺	λ_{Um}	5	5
泥沙颗粒容重比尺	$\lambda_{\gamma s}$		1.95
泥沙干容重比尺	λ_{ro}	—	1.95
泥沙粒径比尺	λ_d	1.14	1.14
泥沙沉速比尺	λ_w	5	5.02
含沙量比尺	λ_S	0.43	—
冲淤时间比尺	λ_{t2}	23	24

2.4 试验方法

试验前首先对原岸滩断面采用小波进行试验，使沙滩剖面达到要求的密实程度，然后进行岸滩变形试验。试验组次包括以下内容。

1）定常水位试验：在设计高水位 3.12 m 和平均水位 0.4 m、10 年一遇和 2 年一遇波浪分别作用下，当波浪累积作用时间相当于原型 24 h、48 h 和 72 h 后，人工沙滩冲淤变形后的断面形式。

2）变水位试验：平均高水位 2.74 m、平均水位 0.4 m 和平均低水位 –1.93 m 作用时间之比为 1∶2∶1，50 年一遇、10 年一遇和 2 年一遇波浪分别作用下，当波浪累积作用时间相当于原型 24 h、48 h 和 72 h 后，人工沙滩冲淤变形后的断面形式。

3 试验结果分析

3.1 定常水位试验

定常水位条件下，人工沙滩滩面变形情况以及滩面总体侵蚀量见图 2 和表 3。

设计高水位 3.12 m 略高于滩肩滩面高程 3.0 m。在设计高水位+10 年一遇波浪作用下，由于波高较大，人工沙滩底面泥沙运动剧烈，底部水体浑浊。当波浪作用 24 h 后，由于波浪经过潜堤后发生破碎，因此在潜堤后附近形成明显沙坝；在沙坝前方即潜堤与滩面交界处有明显冲刷，形成沙沟；在沙坝后方至滩肩处均有较大范围冲刷；在潜堤后 160 m 至岸线坡处，则出现明显的泥沙堆积。当波浪作用 48~72 h 后，沙坝向离岸侧移动，但高度变化不明显；沙坝后方冲刷深度继续增加，岸线处泥沙堆积有所增加。

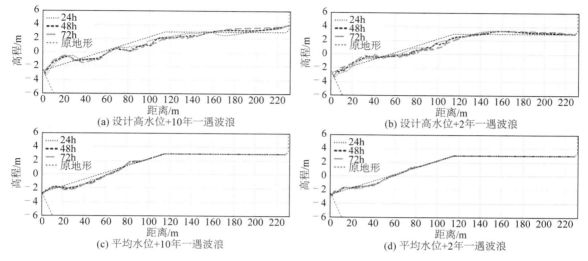

图 2　定常水位条件下滩面变形情况

表 3　定常水位人工沙滩滩面变形情况及每延米侵蚀、淤积量

试验水位	波浪重现期	作用时间/h	沙坝距潜堤距离/m	沙坝高度/cm	最大冲刷位置距潜堤距离/m	最大冲刷深度/cm	侵蚀量 / (m³·m⁻¹)	淤积量 / (m³·m⁻¹)	净侵蚀量 / (m³·m⁻¹)
设计高水位	10 年一遇	24	20	100	95	85	68.0	45.2	22.8
		48	19	103	100	115	85.5	54.8	30.7
		72	17	113	107	135	95.8	58.1	37.6
	2 年一遇	24	35	51	90	80	47.4	29.9	17.5
		48	33	70	88	95	54.9	34.0	20.9
		72	31	98	100	130	68.0	42.8	25.2
平均水位	10 年一遇	24	11	30	32	68	25.0	3.9	21.1
		48	11	35	37	95	31.6	6.3	25.3
		72	10	20	45	95	38.7	5.3	33.4
	2 年一遇	24	12	47	43	55	15.5	5.9	9.6
		48	11	35	42	55	12.7	4.8	7.9
		72	10	35	39	67	15.0	4.7	10.3

在设计高水位+2 年一遇波浪作用下，试验现象与 10 年一遇波浪作用类似。在浅水区，泥沙在波浪作用下已发生起动悬浮，并在底床面上随波浪来回移动。当波浪作用 24 h 后，在潜堤后方沙坝初步形成，但高度较小；在沙坝后方至滩肩处均有较大范围冲刷，但平均冲刷深度不大；在潜堤后方 130 m 至岸线附近发生淤积。当波浪作用 48~72 h 后，在潜堤后方形成明显沙坝，较 10 年一遇波浪沙坝高度明显降低，在沙坝后方至滩肩 130 m 处均有较大范围冲刷，而在潜堤后方 130 m 至岸线附近则继续发生淤积。

平均水位试验现象与设计高水位试验现象类似，平均水位 0.4 m 位于人工沙滩中间位置。在平均水位+10 年一遇波浪作用下，当波浪作用 24 h 后，在潜堤后方发生淤积，这是由于水位较低且滩面较高，波浪在经过潜堤后大部分即发生破碎；同时在潜堤后方 20~80 m 区域内发生冲刷；在潜堤后方 78 m 以后，静水位上方出现泥沙堆积，高度约为 20 cm；90 m 后波浪基本作用不到，滩面无变化。当波浪作用 48~72 h 后，潜堤后方淤积位置及高度基本不变，冲刷范围略有增大，同时后方泥沙堆积高度增加，位置向近岸侧移动；94 m 后波浪基本作用不到，滩面无变化。在平均水位+2 年一遇波浪作用下，潜堤后方冲刷范围较

10 年一遇波浪作用有所减小，静水位上方泥沙堆积高度略有减小，稳定滩面范围有所增大。

3.2　变水位试验

变水位条件下（平均高水位 2.74 m、平均水位 0.4 m 和平均低水位–1.93 m 作用时间之比为 1∶2∶1），人工沙滩滩面变形情况以及滩面总体侵蚀量见图 3 和表 4。

在 50 年一遇波浪作用下，由于波高较大，人工沙滩底面泥沙运动剧烈，底部水体浑浊。由于水位变动，不同水位下破波点位置不同，导致沙滩整体均发生冲刷，冲刷范围较大，冲刷程度趋于平均，且无明显沙坝形成。当波浪作用 24 h 后，在潜堤后方 15 m 至滩肩 148 m 区域内均发生冲刷，冲刷范围较大；在潜堤后方 150 m 后至岸线处，出现明显的泥沙堆积。当波浪作用 48 h 后，潜堤后方冲刷范围及冲刷深度基本不变，岸线处泥沙堆积略有增加。当波浪作用 72 h 后，潜堤后方冲刷范围基本不变，冲刷深度继续增加。

在 10 年一遇波浪作用下，较 50 年一遇波浪略有减小，波浪仍在不同位置发生破碎，导致沙滩整体均发生冲刷，冲刷范围较大，冲刷程度趋于平均，但潜堤后方形成小型沙坝。在 2 年一遇波浪作用下，波浪在不同水位不同位置发生破碎，导致沙滩整体均发生冲刷，冲刷范围较大，潜堤后方形成明显沙坝。当波浪作用 24 h 后，在潜堤后方 82 m 附近，由于不同水位的冲刷和回淤作用，该处沙滩冲刷不明显，基本保持冲淤平衡。当波浪作用 48~72 h 后，沙坝高度略有增加，潜堤后方冲刷范围及冲刷深度基本保持不变，滩肩后部及岸线处泥沙堆积继续略有增加。

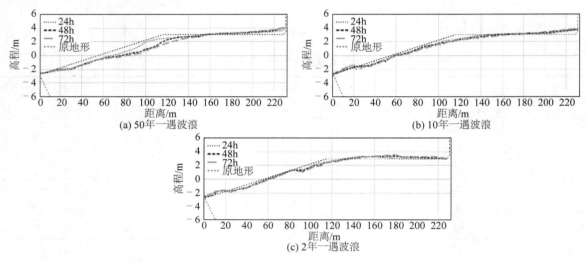

(a) 50 年一遇波浪　　(b) 10 年一遇波浪

(c) 2 年一遇波浪

图 3　变水位条件下滩面变形情况

表 4　变水位人工沙滩滩面变形情况及每延米侵蚀、淤积量

试验水位	波浪重现期	作用时间/h	沙坝距潜堤距离/m	沙坝高度/cm	最大冲刷位置距潜堤距离/m	最大冲刷深度/cm	侵蚀量/（m³·m⁻¹）	淤积量/（m³·m⁻¹）	净侵蚀量/（m³·m⁻¹）
变水位	50 年一遇	24	—	—	89	73	64.3	19.9	44.4
		48	—	—	95	145	107.3	26.0	81.3
		72	—	—	96	165	125.0	28.8	96.2
	10 年一遇	24	17	45	115	66	42.6	22.2	20.4
		48	18	16	113	82	50.3	21.9	28.4
		72	15	37	103	92	65.2	27.7	37.5
	2 年一遇	24	10	38	93	50	30.9	14.2	16.7
		48	10	38	93	69	37.8	16.2	21.6
		72	10	47	96	85	47.8	20.0	27.8

4　结　语

通过对某人工沙滩工程段典型断面进行模拟，测量了不同水位、不同重现期波浪作用下，沙滩在波浪连续作用最长到 72 h 后滩面变形情况。得到以下主要结论：

1）人工沙滩断面在定常水位条件及不同重现期波浪作用下，由于水位不变，波浪破碎点位置较为集中，滩面在相对固定的位置发生冲刷，并在冲刷位置前后发生不同程度的淤积，形成沙坝；在变水位条件下，由于水位变动，不同水位下破波点位置不同，导致沙滩发生冲刷的范围变大，冲刷程度趋于平均，且无明显沙坝形成。

2）定常水位条件、波浪累积作用时间相当于原型 72 h 后，在设计高水位 3.12m+10 年一遇波浪作用下，人工沙滩断面每延米净侵蚀量为 37.6 m^3/m，最大冲刷深度为 1.35 m；在设计高水位 3.12 m+2 年一遇作用下，人工沙滩断面每延米净侵蚀量为 25.2 m^3/m，最大冲刷深度为 1.30 m。

3）变水位条件、波浪累积作用时间相当于原型 72 h 后，在 50 年一遇波浪作用下，人工沙滩断面每延米净侵蚀量为 96.2 m^3/m，最大冲刷深度为 1.65 m；在 10 年一遇波浪作用下，人工沙滩断面每延米净侵蚀量为 39.6 m^3/m，最大冲刷深度为 0.95 m；在 2 年一遇波浪作用下，人工沙滩断面每延米净侵蚀量为 27.8 m^3/m，最大冲刷深度为 0.85 m。

综上所述，人工沙滩断面在定常水位及变水位条件及不同重现期波浪作用下，滩面变形情况有所不同。在变水位条件下，人工沙滩断面发生冲刷的范围较大，每延米净侵蚀量大于相应的定常水位条件，但最大冲刷深度较小。当波浪累积作用时间相当于原型 72 h 后，不同工况人工沙滩滩面最大冲刷深度均小于 2 m，堤心填石未漏出，因此原设计断面合理。

参考文献：

[1]　FENNEMAn N M. Development of the profile of equilibrium of the subaqueous shore terrace[J]. The Journal of Geology, 1902, 10（1）: 1-32.

[2]　BRUUN. Coast erosion and the development on beach profile[M]. Beach Erosion Board Technical Memorandum 44, 1954.

[3]　BODGE K R. Representing equilibrium beach profiles with an exponential expression[J]. Journal of Coastal Research, 1992, 8（1）: 47-55.

[4]　LEE Z F. The submarine equilibrium profile: A Physical Model[J]. Journal of Coastal Research, 1994, 10（1）: 1-17.

[5]　董凤舞. 沙质海岸岸滩类型判数的探讨[J]. 泥沙研究, 1981（1）: 54-61.

[6]　IWAGAKI Y, NODA H. Laboratory study of scale effects in two-dimensional beach processes [C]//Proceedings of the 8th Conference on Coastal Engineering, 1963: 194-210.

[7]　张琳琳. 人工养滩平衡剖面及其演变的数值模拟[D]. 天津: 天津大学, 2014.

[8]　黄哲, 琚烈红, 冯卫兵. 波浪作用下人工沙滩剖面横向输沙试验研究[J]. 水运工程, 2018(3): 28-34.

[9]　朱旺平, 郑建国, 许国辉, 等. 波浪作用下级配泥沙海滩滩面变化试验研究[J]. 海洋地质与第四纪地质, 2018, 38（5）: 205-214.

[10]　谭忠华, 刘海成, 陈汉宝, 等. 人工沙滩在堤后次生波作用下的稳定性试验[J]. 水运工程, 2019（1）: 35-41.

[11]　徐啸. 二维沙质海滩的类型和冲淤判数[J]. 海洋工程, 1988（1）: 53-64.

[12]　波浪模型试验规程（JTJ/T 234–2001）[S]. 北京: 人民交通出版社, 2001.

基于 SPH 方法的波浪与沙滩相互作用数值模拟研究

倪兴也 [1,2]，黄世昌 [2]，冯卫兵 [1]

（1. 河海大学，江苏 南京 210098；2. 浙江省水利河口研究院，浙江 杭州 310020）

摘要：波浪在沙滩上的翻卷、破碎和爬高过程涉及复杂的水沙相互作用，传统的泥沙冲淤数值模型并不适合用来处理这种强非线性的物理过程。本文基于光滑粒子流体动力学（Smoothed Particle Hydrodynamics，SPH）方法，通过粒子泥沙浓度判断粒子对应的物质属性，采用不同的本构模型分别描述挟沙水体、近底层高浓度底沙和海床，充分考虑强非线性水动力条件下泥沙的起动、对流、扩散、沉降和落淤，以及底床沉积物的屈服和流变运动，建立了一套新型的水沙耦合模型。本文模拟了极端波浪与沙滩的相互作用过程，研究了非线性波浪的翻卷、反弹和爬高过程对滩面泥沙起动和输运的影响机制，揭示了沙滩上的水沙运动时空分布特征。

关键词：光滑粒子流体动力学；波浪；沙滩；泥沙冲淤；非线性；耦合模型

全世界有 3/4 的城市坐落在沿海地区，40%以上的人口生活在离海岸线不到 60 千米的区域，海岸带是很多国家和地区的经济发动机，承担着交通运输、资源开发、能源保障、国防军事等多方面重大责任。我国海岸线曲折漫长，大陆架宽阔，入海河流含沙量大，形成了较高比例的沙质或淤泥质海岸。近数十年来，受到温室效应的影响，全球变暖导致两极冰川加速融化，海平面逐渐上升，台风、风暴潮等极端天气事件及其次生灾害在数量上和强度上都有了上升的趋势。这些极端天气事件给海洋水体输入了巨大的动能，期间产生的波浪和水流与常规状态相比存在着较大的量级差异和独特的时空分布特征。

传统的河口海岸水动力泥沙耦合模型[1, 2]一般以潮流波浪水动力数值模型为基础，耦合了悬移质对流扩散方程和推移质输运方程，从而实现了适用于较大空间尺度的泥沙冲淤数值模拟。由于此类模型无法有效处理波浪翻卷、破碎等复杂的自由表面，且采用的泥沙起扬和淤积公式并不适用于强非线性的水动力环境，因此无法用来模拟波浪与沙滩的相互作用。

本文采用一种新兴的无网格数值方法，即 SPH 方法[3]，来模拟上述复杂的水沙相互作用过程。自 Monaghan[4]在 1994 年首次使用弱可压 SPH 方法（Weakly-Comprehensible SPH，WCSPH）模拟波浪在斜坡上爬高和翻卷，已有越来越多的学者使用 SPH 方法来研究近岸地区复杂的水力学现象[5-8]。SPH 方法作为一种纯拉格朗日形式的无网格数值方法，在捕捉不同相物质交界面方面有着先天的优势，无需采用任何追踪技术，即可自动识别任何扭曲、破碎的交界面，且得到的交界面锋利无锯齿。从某种程度上看，SPH 方法比传统网格方法更适合于模拟剧烈冲淤的情况。

近十年来，已有一些学者在这方面开展了一些初步的工作：2007 年，Zou[9]在 SPH 水动力模型的基础上引入泥沙浓度的对流扩散方程，实现了悬沙输运的模拟，采用冲刷率方程和沉降率方程模拟泥沙的冲刷和落淤过程，进而描述底床变化。Krištof 等[10]在泥沙浓度的对流扩散方程基础上提出了"Donor-Acceptor"机制以修正泥沙浓度的对流项计算，并将模型应用于模拟河槽冲蚀。Rao 等[11]基于 SPH 水动力模型模拟了漫坝水流的运动，利用原型物模试验率定半经验半理论的侵蚀公式参数，通过扣除水沙交界面上固壁粒子的质量来模拟堤坝后坡泥沙被冲蚀的过程；不过他们的模型未考虑悬沙和泥沙落淤的机制。上述研究工作在处理床面变化的时候基本仍沿袭网格法的思路，即通过泥沙垂向通量方程计算底床边界的高程变化。

最近几年，学界对无网格法泥沙冲淤问题的研究重点集中在水沙二相流模型，即将水体和泥沙视为互不相溶的两种介质，分别采用传统的牛顿流体模型和流变模型进行描述。上述水沙二相流模型被应用于处理以推移质为主、水流流速和底床变形较大的泥沙冲淤问题，如溃坝水流对床面的冲蚀问题[12-16]、水库闸下冲刷问题[17]和船舶螺旋桨搅动水流对底床的冲淤影响[18]等。这种处理方法充分利用了 SPH 方法自身的拉格朗日特性，可以同时得到清晰的水体自由表面边界和水沙分界面。但由于二相流模型中的泥沙粒子在起扬后以普通流体粒子处理，既无法准确反映水沙掺混的效果，也没能考虑泥沙沉降的物理机制，因此前人采用的水沙二相流模型在处理不可忽略悬沙输运作用的问题时会出现较大的误差，特别是在长历时模拟中，这些误差会在泥沙的反复"起扬–落淤–再起扬"过程中逐渐累积放大，最终导致底床形变模拟失真。

　　为解决上述问题，本文将体积含沙浓度引入 SPH 水动力数值模型，利用不同的控制方程分别描述挟沙水体、高浓度底沙和未屈服土体，实现了不同水沙混合物之间的耦合计算。本文第二节主要介绍 SPH 水沙耦合模型的基本假设、控制方程和模型细节。第三节将利用模型复演波浪与沙质海滩的相互作用，揭示沙滩上的水沙运动时空分布特征。第四节是结语。

1　SPH 水沙耦合模型

1.1　SPH 方法简介

　　SPH 方法的核心思想是将研究对象离散为有限个粒子组成的系统。该粒子系统不仅具有直观的物质属性，即密度、速度、压强等宏观物理量，还兼具计算节点的功能。通过使用光滑函数对节点邻域内的所有粒子进行加权累加，可以用来计算系统任意位置 r 的场函数 $f(r)$ [式（1）]及其导数 $\nabla \cdot f(r)$ [式（2）]，详细的理论细节和公式推导请参见 Liu 和 Liu[19]、Danis 等[20]的工作。

$$\langle f(r_i)\rangle = \sum_{j=1}^{N}\frac{m_j}{\rho_j}f(r_j)W_{ij} \tag{1}$$

$$\langle \nabla \cdot f(r_i)\rangle = \sum_{j=1}^{N}\frac{m_j}{\rho_j}f(r_j)\nabla_i W_{ij} \tag{2}$$

式中：f 表示系统任意场函数，下标 i 和 j 分别表示中心粒子和邻域粒子，m 和 ρ 表示粒子的质量和密度；光滑函数（如图 1 所示）$W_{ij}=W(r_i-r_j, h)$，表示粒子 j 对粒子 i 的影响权重，h 为光滑函数的光滑长度，κh 则为光滑函数的光滑半径。

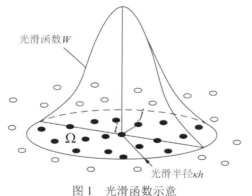

图 1　光滑函数示意

1.2　基本假设

　　在传统 SPH 水动力模型[21]基础上，本文将粒子（计算节点）视为某种特殊溶液，并引入溶质的体积浓度变量 C，表示溶质占溶液的体积百分比。假设溶质和溶剂均不可压缩，且"溶质与溶剂的掺混过程不引起溶质与溶剂体积的变化"。对于水沙混合物而言，溶质为泥沙颗粒，溶剂为水，溶液则为水沙混合物。无论是悬沙还是底床沉积物，上述假设均基本成立，混合物的密度 ρ_{mix} 可以按下式计算：

$$\rho_{\text{mix}} = \rho_C C + \rho_0(1-C) \tag{3}$$

式中：ρ_C 和 ρ_0 分别表示溶质和溶剂的密度。通过赋予粒子不同的体积浓度，可以表示同种物质的浓度连续变化，或不同种的物质相。

　　在 SPH 方法框架下，普通溶质在水体中的对流扩散运动由溶质附着的计算节点（即流体粒子，溶质的载体）的对流运动和溶质在计算节点之间因浓度差引起的扩散运动叠加得到。其中的对流运动完全由动量方程控制，而在拉格朗日的扩散方程不再体现。另外，若要模拟悬沙运动，还要考虑因溶质和溶液密度差引起的扩散运动（即重力因素导致的泥沙沉降运动，具体表现为溶质和溶剂的上下分离）。因此，拉格朗日形式的溶质对流扩散方程可以写为

$$\frac{DC}{Dt} = -\omega_s \nabla C + \varepsilon_d \nabla^2 C + Q_s \tag{4}$$

式中：Q_s 为泥沙源项；ω_s 为泥沙沉速，Iroyuki 等[22]建议采用 Rubey[23]的沉速公式。

泥沙浓度的对流扩散方程[式（4）]右侧第一项，$-\omega_s \nabla C$，表示泥沙沉降引起的计算节点的浓度变化。这种泥沙浓度变化并不是由计算节点间的浓度差产生的，而是外力（重力）作用的结果。本文采用改进的"Donor-Acceptor"机制[10]来处理泥沙沉降项。

泥沙浓度的对流扩散方程[式（4）]右侧第二项，$\varepsilon_d \nabla^2 C$，表示泥沙受水体紊动产生的浓度扩散。对于运动不甚剧烈的水体，泥沙以沉降为主，而紊动扩散效应相对较弱；对于处于强非线性运动的水体及其水沙交界面，泥沙的紊动扩散效应可能比常规值增大 1~2 个数量级，有时甚至能抗衡重力引起的沉降作用。ε_d 为悬沙扩散系数，有 $\varepsilon_d = v_t/Sc$。其中，Sc 为紊流 Schmidt 数，一般取 $Sc = 1.0$。本文采用大涡模拟计算紊流涡黏系数，有 $\upsilon_t = (C_s \Delta)^2 |S|$，Smagorinsky 常数 C_s 取 0.12，Δ 为粒子初始间距。

SPH 方法中的拉普拉斯算子一般不直接用核函数的二阶导数计算，而是采用差分近似法[24, 25]以提高计算精度和稳定性，则本文中泥沙浓度场 C 的二阶导数有：

$$\nabla^2 C_i = \sum_{j=1}^{N} \frac{2m_j}{\rho_j} \left(C_i - C_j \right) \frac{\mathbf{r}_{ij} \cdot \nabla_i W_{ij}}{|\mathbf{r}_{ij}|^2 + \eta^2} \tag{5}$$

式中：η 一般取 $0.01h$，以防止分母为零。

1.3　控制方程

将SPH水沙耦合模型的动量方程统一写为张量形式：

$$\frac{Du_\alpha}{Dt} = \frac{1}{\rho} \frac{\partial \boldsymbol{\sigma}_{\alpha\beta}}{\partial x_\beta} + g_\alpha \tag{6}$$

式中：u 为粒子速度，ρ 为粒子密度，g 为重力加速度，$\boldsymbol{\sigma}$ 为全应力张量，有

$$\boldsymbol{\sigma}_{\alpha\beta} = -P\delta_{\alpha\beta} + 2\mu_{\text{eff}} \dot{\varepsilon}_{\alpha\beta} \tag{7}$$

式中：P 为各向同性压强，$\dot{\boldsymbol{\varepsilon}}_{\alpha\beta}$ 表示流体应变张量，μ_{eff} 为表观动力黏性系数，δ 为克罗内克函数，$\delta_{\alpha\beta} = \{1\ \alpha=\beta;$ $0\ \alpha\neq\beta\}$。本文根据粒子的泥沙浓度判断水沙混合物的属性，并对不同运动状态的物质采用不同的控制方程计算应力张量$\boldsymbol{\sigma}$。

1.3.1　挟沙水体

本文采用经典的牛顿流体模型描述含沙浓度较低的挟沙水体，表观动力黏性系数μ_{eff}由动力黏性系数μ_{dynamic}和紊动黏性系数μ_{turb}线性叠加得到。令$\mu_{\text{fluid}}=\mu_{\text{eff}}$，$\mu_{\text{turb}}$由基于大涡模拟（LES）的亚粒子紊流模型（SPS）计算得到。SPH水沙耦合模型对牛顿流体的处理与传统SPH水动力模型在本质上是完全一致的，本文不再赘述。

1.3.2　高浓度底沙

近底层高浓度底沙的运动形式与上层的挟沙水体存在较大差别，本文视其为非牛顿流体，并用Herschel-Bulkley-Papanastasiou 流变模型[14, 26]（HBP）进行描述，等效黏性系数$\mu_{\text{eff}}=\mu_{\text{soil}}$，写为

$$\mu_{\text{soil}} = \frac{\tau_y}{\sqrt{4\,II_{\text{E}}}} \left[1 - \exp\left(-m\sqrt{II_{\text{E}}}\right) \right] + \mu_0 \left(\sqrt{4\,II_{\text{E}}}\right)^{n-1} \tag{8}$$

式中：m 和 n 为自定义的流态指数（flow behavior index）。II_{E} 为应变的第二不变量（second invariant）。流变模型中的屈服应力τ_y按下式计算：

$$\tau_y = c \cos\varphi + P_{\text{eff}} \sin\varphi \tag{9}$$

式中：c 和 φ 分别为泥沙的凝聚力系数（cohesion coefficient）和内摩擦角（internal fiction angle）。P_{eff} 为土体有效压强，假设水沙混合物处于饱和状态，则有效压强可由全压强 P_{total} 减去孔隙水压强 P_{pw} 得到。

1.3.3　未屈服土体

受到较弱水流剪切强度或较深处的饱和土体，处于未屈服状态。本文模型将其加速度赋零，以保持静止。

1.3.4　水沙混合物状态的判别

底床附近的土体在静止状态和流变状态之间的切换由 Drucker-Prager（DP）屈服准则[27]判定：

$$-\alpha P_{\text{eff}} + \kappa < 2\mu_{\text{yield}}\sqrt{II_{\text{E}}} \tag{10}$$

式中：屈服参数 α 和 κ 分别由下式得到，其中的 c 和 φ 即为前文提到的泥沙凝聚力系数和内摩擦角。

$$\begin{cases} \alpha = -\dfrac{2\sqrt{3}\sin\varphi}{3-\sin\varphi} \\[3mm] \kappa = \dfrac{2\sqrt{3}c\cos\varphi}{3-\sin\varphi} \end{cases} \tag{11}$$

为实现挟沙水体与流变土体之间的过渡，本文将泥沙相对浓度 C/C_{max} 位于（0.3, 0.6）区间内的水沙混合物视为边界层[28]，用 Chézy 黏性[18, 29]进行描述：

$$\mu_{\text{Chezy}} = \frac{\rho_{\text{mix}} C_f \left(u_\alpha u_\alpha\right)}{\sqrt{4\dot{\varepsilon}_{\alpha\beta}\dot{\varepsilon}_{\alpha\beta}}} \tag{12}$$

式中：Fraccarollo 和 Capart[29]建议系数 C_f 取 0.007~0.03，Ulrich 等[18]认为最终结果对该系数取值不敏感，建议取 $C_f=0.01$。C_{max} 表示饱和的水沙粒子所能达到的最大泥沙体积浓度。该数值与泥沙的孔隙率 n 有关，$C_{\text{max}}=1-n$。

最后，参照 Ulrich 等[18]对不同浓度水沙混合物的分类区间，本文给出不同状态下表观动力黏性系数 μ_{eff} 的计算公式，并用线性插值实现不同分类区间之间的光滑过渡：

$$\mu_{\text{eff}} = \begin{cases} \mu_{\text{fluid}} & C/C_{\text{max}} \in [0, 0.01) \\[2mm] \mu_{\text{fluid}} + \dfrac{\mu_{\text{Chezy}} - \mu_{\text{fluid}}}{0.3-0.01}\left(C/C_{\text{max}} - 0.01\right) & C/C_{\text{max}} \in [0.01, 0.3) \\[2mm] \mu_{\text{Chezy}} & C/C_{\text{max}} \in [0.3, 0.6) \\[2mm] \mu_{\text{Chezy}} + \dfrac{\mu_{\text{soil}} - \mu_{\text{Chezy}}}{0.99-0.6}\left(C/C_{\text{max}} - 0.6\right) & C/C_{\text{max}} \in [0.6, 0.99) \\[2mm] \mu_{\text{soil}} & C/C_{\text{max}} \in [0.99, 1] \end{cases} \tag{13}$$

2　波浪与沙滩相互作用

在风暴盛行季节，极端波浪传播至近岸地区，直接卷破在沙滩上，冲击滩面引起大量的泥沙悬浮并向离岸方向输送，将沙滩逐渐塑造成为风暴剖面。这一复杂水沙相互作用过程不仅包括强非线性的水体运动，还涉及悬沙、高浓度床沙和沙滩底床等不同特性的水沙混合物之间的相互转化。相比传统水沙冲淤模型，SPH 水沙耦合模型更适合于处理这种极端波浪作用下的沙滩冲淤变化。

建立数值波浪水槽如图 2 所示，其中坡度 1:6 的沙滩铺设在水槽的最右端，滩前向海侧平铺沙质底床 2.0 m，深度为 0.1 m。沙滩上沙粒密度 $\rho_C=2\,650$ kg/m³，中值粒径 $d_{50}=0.1$ mm，孔隙率 $n=0.3$，黏性系数 $c=0$，内摩擦角 $\varphi=31.8°$，则泥沙沉速 $\omega_s=0.008\,4$ m/s，饱和水沙混合物体密度 $\rho_{\text{mix}}=\rho_C(1-n)+\rho_0 n = 2\,155$ kg/m³。水槽最左端的无反射开边界输入二阶规则波，入射波高 $H=0.2$ m，波周期 $T=1.5$ s。造波边界开启主动消波[21]，防止来自沙滩的反射波在水槽最左端形成二次反射。计算分辨率取 0.01 m，模拟时长 180 s。

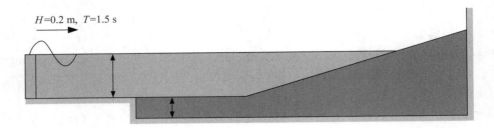

图2　波浪作用下的沙滩冲淤数值模拟地形布置

　　波浪与沙滩相互作用初期（$t<20$ s），沙滩剖面的变化可以忽略，基本仍保持初始时刻 1∶6 的斜坡地形。图3展示了一个周期内水沙相互作用的三个典型时刻，图中不同灰度表示不同的含沙体积浓度，斜坡部分表示沙滩（饱和水沙混合物），斜坡上方为波浪水体，白色部分表示高浓度的床沙以及被裹挟进入上层水体的悬浮泥沙。

　　首先水体在波浪爬高过程中逐渐前倾，同时裹挟大量底沙进入上层水体[图3（a）中实线圆圈]；水舌随后卷破，对滩面施加巨大冲击力，底沙进一步被搅动，并伴随着反弹腾起的蘑菇状水舌[图3（b）中虚线圆圈]迅速向岸侧输送；随着前部水舌继续破碎、爬高，泥沙[图3（c）中虚线圆圈]被推往沙滩更高处，同时部分波浪水体[图3（c）中实线圆圈]开始沿沙滩下泄，将大量泥沙带离海岸；最前方的水舌在重力和摩擦作用下停止爬高，转而回撤，未能及时沉降的悬沙随之被带向海侧，并与下一个周期的上爬水体顶冲、混合，进入新周期的"波浪翻卷–反弹–爬高"过程。

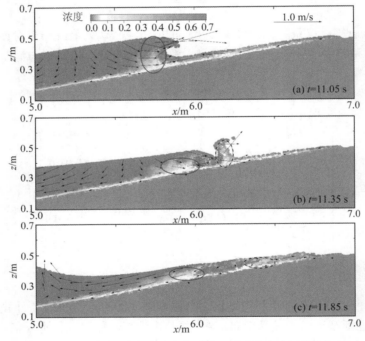

图3　极端波浪在沙滩上的翻卷、反弹和爬高过程

　　定义断面的瞬时体积输沙率 $Q=(Q_x, Q_z)$，其中水平向和垂向上的瞬时体积输沙率分量分别按下式积分得到，单位为 m³/（m·s）。

$$\begin{cases} Q_x = \int_{bed}^{surface} C(z) \cdot u(z)\,\mathrm{d}z \\ Q_z = \int_{bed}^{surface} C(z) \cdot w(z)\,\mathrm{d}z \end{cases} \tag{14}$$

式中：$C(z)$、$u(z)$ 和 $w(z)$ 分别为断面上的泥沙体积浓度、水平流速和垂向流速的垂向分布函数。根据本文对三种不同状态的水沙混合物的定义，即挟沙水体（悬沙）–高浓度含沙水体（床沙）–饱和水沙混合物（底床），取自由水面为式（13）的积分上限，取泥沙体积浓度 $C=0.3C_{max}$ 处为积分下限，即可得到任一断面在任一时刻的瞬时悬沙输沙率。类似的，瞬时床沙输沙率计算公式中积分上限为悬沙–床沙交界面（$C=0.3C_{max}$），积分下限为床沙–底床交界面[$C=C_{max}$，实际计算中取 $C=0.99C_{max}$，以便与式（12）中的数值模型假设保持一致]。将悬沙输沙率与床沙输沙率相加，可以得到断面瞬时全沙输沙率。

图 4 至图 6 分别展示了三个典型时刻（$t=11.05$ s，11.35 s 和 11.85 s）悬沙和床沙的瞬时体积输沙率在沙滩上的沿程分布。

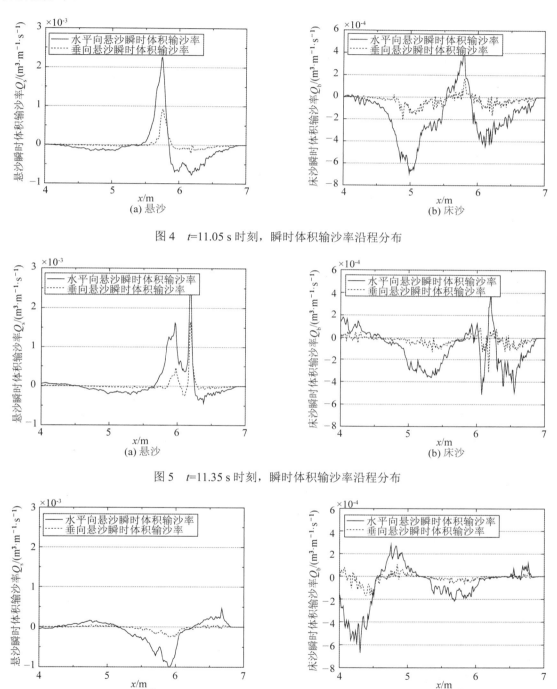

图 4　$t=11.05$ s 时刻，瞬时体积输沙率沿程分布

图 5　$t=11.35$ s 时刻，瞬时体积输沙率沿程分布

图 6　$t=11.85$ s 时刻，瞬时体积输沙率沿程分布

由图 4 至图 6 可以对比分析得到三点结论：

1）在波浪卷破之前，水体中悬浮泥沙的垂向输沙相比水平向输沙几乎可以忽略，而在波浪卷破后，垂向输沙强度迅速增大，峰值达到水平向的 28.5%~39.4%。

2）波浪卷破之后，会给悬沙和床沙的正向输送带来明显的峰值，然后由在沙滩上反弹形成的蘑菇状水舌带来第二个峰值。

3）在这种高强度水沙相互作用情况下，大量泥沙被搅动悬浮于水体之中，悬沙的瞬时输沙强度要比床沙大接近一个数量级。

3　结　语

基于 SPH 方法建立了适用于模拟强非线性局部冲淤的水沙耦合模型，分别采用牛顿流体模型、非牛顿流体模型和静止土体模型描述挟沙水体、近底层高浓度含沙层和底床，模拟了规则波与沙滩的相互作用，复演了波浪水体在沙滩上的翻卷、反弹和爬高等复杂运动，以及在此过程中沙滩上泥沙的起扬、输运和沉降，有助于进一步研究极端水动力条件下泥沙的运动规律和分布特征。

参考文献：

[1]　吴伦宇. 基于 FVCOM 的浪、流、泥沙模型耦合及应用[D]. 青岛：中国海洋大学, 2010.

[2]　王平. 非结构波流耦合模型及近岸物质输运应用研究[D]. 大连：大连理工大学, 2014.

[3]　MONAGHAN J J. Smoothed particle hydrodynamics[J]. Reports on Progress in Physics, 2005, 68(8): 1703-1759.

[4]　MONAGHAN J J. Simulating free surface flows with SPH[J]. Journal of Computational Physics, 1994, 110(2): 399-406.

[5]　林鹏智, 刘鑫. 光滑粒子水动力学在水利与海洋工程中的应用研究进展[J]. 水利水电科技进展, 2015(5): 36-46.

[6]　SHADLOO M S, OGER G, TOUZÉ D Le. Smoothed particle hydrodynamics method for fluid flows, towards industrial applications: Motivations, current state, and challenges[J]. Computers & Fluids, 2016, 136: 11-34.

[7]　DAMIEN V, BENEDICT D. ROGERS. Smoothed particle hydrodynamics (SPH) for free-surface flows: past, present and future[J]. Journal of Hydraulic Research, 2016(1): 1-26.

[8]　REN BI, WEN H J, DONG P, et al. Improved SPH simulation of wave motions and turbulent flows through porous media[J]. Coastal Engineering, 2016, 107: 14-27.

[9]　ZOU S. Coastal sediment transport simulation by smoothed particle hydrodynamics[D]. United States–Maryland: The Johns Hopkins University, 2007.

[10]　KRIŠTOF P, BENEŠ B, KŘIV NEK J, et al. Hydraulic erosion using smoothed particle hydrodynamics: Computer Graphics Forum, 2009[C]// Wiley Online Library.

[11]　RAO X, LI L, AMINI F, et al. Smoothed particle hydrodynamics modeling of combined wave and surge overtopping and hydraulic erosion of an articulated concrete block-strengthened levee system[J]. Journal of Coastal Research, 2012:1500-1511.

[12]　OMIDVAR P, NIKEGHBALI P. Simulation of violent water flows over a movable bed using smoothed particle hydrodynamics[J]. Journal of Marine Science and Technology, 2016:1-18.

[13]　FU L, JIN Y C. Improved multiphase lagrangian method for simulating sediment transport in dam-break flows[J]. Journal of Hydraulic Engineering, 2016, 142(6): 4016005.

[14]　FOURTAKAS G., ROGERS.B. D. Modelling multi-phase liquid-sediment scour and resuspension induced by rapid flows using Smoothed Particle Hydrodynamics (SPH) accelerated with a Graphics Processing Unit (GPU)[J]. Advances in Water Resources, 2016, 92: 186-199.

[15]　SHAKIBAEINIA A, JIN Y C. A mesh-free particle model for simulation of mobile-bed dam break[J]. Advances in Water Resources, 2011, 34(6): 794-807.

[16]　RAN Q, TONG J, SHAO S, et al. Incompressible SPH scour model for movable bed dam break flows[J]. Advances in Water Resources, 2015, 82: 39-50.

[17]　MANENTI S, SIBILLA S, GALLATI M, et al. SPH Simulation of sediment flushing induced by a rapid water flow[J]. Journal of Hydraulic Engineering, 2011, 138(3): 272-284.

[18]　ULRICH C, LEONARDI M, Rung T. Multi-physics SPH simulation of complex marine-engineering hydrodynamic problems[J]. Ocean Engineering, 2013, 64: 109-121.

[19] LIU G R, LIU M B. Smoothed particle hydrodynamics: A meshfree particle method[M]. World Scientific Publishing Company, 2003.

[20] DANIS M E, ORHAN M, ECDER A. ISPH modelling of transient natural convection[J]. International Journal of Computational Fluid Dynamics, 2013, 27(1): 15-31.

[21] 倪兴也. SPH 数值波浪水槽的改进及应用[D]. 南京: 河海大学, 2016.

[22] IROYUKI I H, HITOSHI G, TOMOYA T, et al. MPS-based simulation of scouring due to submerged vertical jet with sub-particle-scale suspended sediment model[J]. Journal of Japan Society of Civil Engineers, Ser. B2 (Coastal Engineering), 2015, 71: 19-24.

[23] RUBEY W W. Settling velocities of gravel, sand and silt particles[J]. American Journal of Science, 1933,25:325-338.

[24] PAUL W. Cleary. Modelling confined multi-material heat and mass flows using SPH[J]. Applied Mathematical Modelling, 1998,22(12):981-993.

[25] PAUL W C, JOSEPH J M. Conduction modelling using smoothed particle hydrodynamics[J]. Journal of Computational Physics, 1999,148(1): 227-264.

[26] TASOS C. Papanastasiou. Flows of Materials with Yield[J]. Journal of Rheology, 1987,31(5):385-404.

[27] BUI H H, FUKAGAWA R, SAKO K, et al. Lagrangian meshfree particles method (SPH) for large deformation and failure flows of geomaterial using elastic–plastic soil constitutive model[J]. International Journal for Numerical and Analytical Methods in Geomechanics, 2008, 32(12): 1537-1570.

[28] FIDELIA N N, KENNETH C W. Motion of contact-load particles at high shear stress[J]. Journal of Hydraulic Engineering, 1992,118(12):1670-1684.

[29] FRACCAROLLO L, CAPART H. Riemann wave description of erosional dam-break flows[J]. Journal of Fluid Mechanics, 2002,461:183-228.

沙质海岸岸滩演变三维数学模型研究

纪　超 [1, 2]，张庆河 [1]，姜　奇 [3]

（1. 天津大学 水利工程仿真与安全国家重点实验室，天津 300350；2. 交通运输部天津水运工程科学研究所，天津 300456；3. 中交第一航务工程勘察设计院有限公司，天津 300222）

摘要： 建立了非结构化网格三维水动力—波浪—泥沙—岸滩演变数学模型。模型采用考虑坡度影响的新型三维辐射应力公式描述波浪对水流的作用。悬移质输沙采用三维对流扩散方程进行求解，推移质输沙的计算则充分考虑了波浪速度不对称性、加速度不对称性和底坡的影响。地形演变计算考虑悬移质冲刷和淤积通量以及推移质输沙率影响，并实现了波流动力、泥沙与地形演变过程的耦合模拟。通过沙坝迁移和防波堤掩护下岸线演变两个算例对建立的模型进行了验证，结果表明模型可以较好地模拟横向和沿岸两个方向的泥沙输运和岸滩变化。

关键词： 耦合模型；非黏性泥沙；岸滩演变；非结构化网格

　　沙质海岸具有丰富的自然资源和优美的海滩自然风光，是发展旅游的理想场所。然而，受自然环境和人类活动等因素的影响，全球范围内约有 70%的沙质海岸正遭受侵蚀[1]，这不仅影响旅游业的发展，还威胁着沿岸设施的安全[2]。为进一步实现合理的海岸防护，发展充分反映近岸动力与泥沙运动过程的数学模型、对沙质海岸岸滩演变进行模拟研究，具有重要的理论意义和应用价值。

　　海岸岸滩演变模型主要可分为三种[3]：海岸岸线模型（Coastline model）、海岸剖面模型（Coastal profile model）和海岸区域模型（Coastal area model）。海岸岸线模型[4-5]一般基于简单的假设仅对沿岸方向泥沙输运进行计算，拥有计算快的优点，适用于长期的海岸线演变模拟，而模型本身过于简化，且存在岸滩剖面不变的假定与实际不符、缺少对泥沙输运过程的物理描述、难以适用于复杂地形情况等问题。海岸剖面模型[6-7]大多为向、离岸方向的一维模型或二维模型，主要对近岸剖面变化进行模拟预测。此类模型在精确模拟近岸岸滩剖面变化方面有一定的优势，其局限性体现在模型忽略了沿岸输沙和沿岸岸线变化，在沿岸和横向泥沙输运均较为重要的情况下无法给出合理的结果。海岸区域模型可以求解沿岸和横向两个方向的泥沙输运和地形变化，早期大多为平面二维模型[8-9]和准三维模型[10]。近年来，计算机性能的提升和并行技术的发展为使用全三维岸滩演变模型模拟现场尺度的地形变化创造了条件，学者们建立了基于动力过程的三维泥沙输运和岸滩演变模型[11-12]。目前来看，三维岸滩演变模型的数量还较少且大多是基于结构化网格建立的。另一方面，现有模型中使用的波流耦合理论还较不完善，难以对近岸波流相互作用进行准确描述。因此，基于非结构化网格建立能够较为全面描述水沙动力机制的沙质海岸岸滩演变三维数值模型具重要意义。

1　模型建立

1.1　模型框架

　　首先基于 FVCOM 水动力模型和 SWAN 波浪模型发展一个波流实时耦合模型，水动力和波浪模型的数据交换利用 MCT 耦合器实现。在耦合系统中，FVCOM 向 SWAN 提供水位和垂向平均流速，SWAN 则向 FVCOM 提供波浪要素，包括有效波高、波向、谱峰周期、波长、破波率、底部水质点最大轨道速度、底部波周期。FVCOM 与 SWAN 使用相同的非结构化网格。两个模型各自运行，每相隔特定的时间交换一次数据，该时间间隔由用户指定，一般与计算资源和算例的时空尺度有关。具体耦合方法可参见 Chen 等[13]的论文。

　　在波流耦合模型的基础上，进一步建立非黏性泥沙输运模型。泥沙输运根据相关波浪要素和流场进行计算，主要包含悬移质运动和推移质运动两部分。在计算泥沙模型后，悬移质的淤积通量和冲刷通量，以及推移质的输沙率将传给地形演变模型，用来确定地形的变化。同时，地形更新也会反馈给波浪模型、水动力模型以及泥沙模型，从而影响波、流、泥沙的计算。整个耦合模型系统结构框架见图 1。

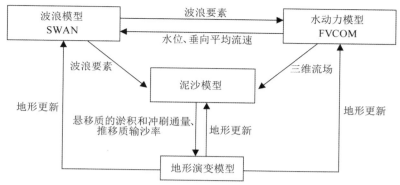

图 1　波浪–水流–泥沙全耦合模型结构框架

1.2　水动力模型

FVCOM[14-15]是由美国马萨诸塞大学海洋科技研究院和伍兹霍尔海洋研究所联合开发的海洋模型，目前已广泛应用于国内外海岸、河口水动力的研究[16-17]。模型的连续性方程和动量方程可以表示为

$$\frac{\partial \eta}{\partial t} + \frac{\partial Du}{\partial x} + \frac{\partial Dv}{\partial y} + \frac{\partial w_\varsigma}{\partial \varsigma} = 0 \tag{1}$$

$$\frac{\partial uD}{\partial t} + \frac{\partial u^2 D}{\partial x} + \frac{\partial uvD}{\partial y} + \frac{\partial uw_\varsigma}{\partial \varsigma} - fvD = -gD\frac{\partial \eta}{\partial x} - \frac{D}{\rho_0}\frac{\partial p_a}{\partial x} - \frac{gD}{\rho_0}\left(\int_\varsigma^0 D\frac{\partial \rho}{\partial x}\,\mathrm{d}\varsigma - \frac{\partial D}{\partial x}\int_\varsigma^0 \varsigma\frac{\partial \rho}{\partial \varsigma}\,\mathrm{d}\varsigma\right)$$
$$+ \frac{1}{D}\frac{\partial}{\partial \varsigma}\left(K_m\frac{\partial u}{\partial \varsigma}\right) + DF_x - \frac{\partial(DS_{xx})}{\partial x} - \frac{\partial(DS_{xy})}{\partial y} + \frac{\partial S_{px}}{\partial \varsigma} - \frac{\partial(DR_{xx})}{\partial x} - \frac{\partial(DR_{xy})}{\partial y} \tag{2}$$

$$\frac{\partial vD}{\partial t} + \frac{\partial uvD}{\partial x} + \frac{\partial v^2 D}{\partial y} + \frac{\partial vw_\varsigma}{\partial \varsigma} + fuD = -gD\frac{\partial \eta}{\partial y} - \frac{D}{\rho_0}\frac{\partial p_a}{\partial y} - \frac{gD}{\rho_0}\left(\int_\varsigma^0 D\frac{\partial \rho}{\partial y}\,\mathrm{d}\varsigma - \frac{\partial D}{\partial y}\int_\varsigma^0 \varsigma\frac{\partial \rho}{\partial \varsigma}\,\mathrm{d}\varsigma\right)$$
$$+ \frac{1}{D}\frac{\partial}{\partial \varsigma}\left(K_m\frac{\partial v}{\partial \varsigma}\right) + DF_y - \frac{\partial(DS_{yx})}{\partial x} - \frac{\partial(DS_{yy})}{\partial y} + \frac{\partial S_{py}}{\partial \varsigma} - \frac{\partial(DR_{yx})}{\partial x} - \frac{\partial(DR_{yy})}{\partial y} \tag{3}$$

式中：D 为总水深；η 为自由表面高度；$\varsigma = (z - \eta)/D$ 为垂向坐标；u、v 和 w_ς 分别为 x、y 和 ς 方向的速度分量；t 为时间；f 为科氏力系数；g 为重力加速度；ρ 为总密度；ρ_0 为参考密度；p_a 为海表面处大气压；K_m 为垂向涡黏系数，由 MY-2.5 紊流模型[18]计算；R_{xx}、R_{xv}、R_{vx} 和 R_{vv} 为波面水滚项，采用 Svendsen[19] 的公式进行计算；S_{xx}、S_{xv}、S_{vx} 和 S_{vv} 为水平辐射应力项，S_{px} 和 S_{pv} 为垂向辐射应力项。本文采用 Ji 等[20] 的新型公式对三维辐射应力进行计算，该公式基于拉格朗日波浪解推导，充分考虑了海底坡度影响，较好地解决了 Ardhuin 等[21-22]提出的关于底坡算例的问题，同时也被证实能够准确地模拟各种近岸波生流现象[23]。

1.3　波浪模型

采用 SWAN[24]对波浪场进行计算。SWAN 模型是由荷兰代尔夫特大学研发的基于波作用谱平衡方程的第三代海浪模型，可以使用结构化、非结构化和正交曲线网格进行计算。模型可以模拟波浪的多种物理过程，包括波浪传播、浅水变形、波浪折射、反射、绕射、波浪破碎、波波相互作用等。

1.4　泥沙模型

1.4.1　悬移质输沙

采用包含源、汇项的三维对流扩散方程对悬移质运动进行计算：

$$\frac{\partial cD}{\partial t} + \frac{\partial ucD}{\partial x} + \frac{\partial vcD}{\partial y} + \frac{\partial(w - w_s)c}{\partial \varsigma} = D\frac{\partial}{\partial x}\left(A_h\frac{\partial c}{\partial x}\right) + D\frac{\partial}{\partial y}\left(A_h\frac{\partial c}{\partial y}\right) + \frac{1}{D}\frac{\partial}{\partial \varsigma}\left(K_{h,s}\frac{\partial c}{\partial \varsigma}\right) + DS \tag{4}$$

式中：c 表示泥沙浓度；A_h 表示水平扩散系数；$K_{h,s}$ 为泥沙的垂向扩散系数，采用 van Rijn[25]的方法其中包含波浪的影响；w_s 为泥沙沉速，采用 van Rijn[25-26]的公式进行计算；S 表示源、汇项。模型中，悬移质与床面之间的泥沙交换以源、汇项的形式体现，冲刷、淤积通量采用 Lesser 等[12]、van Rijn[25]的"参考浓度"方法进行计算。

1.4.2 推移质输沙

本模型中，波流共同作用下的推移质输沙采用 Buttolph 等[8]的公式计算：

$$q_{bcw} = a_n \rho_s \sqrt{(s-1)gd_{50}^3} \sqrt{\theta_{cur}} \theta_{cw} \exp\left(-b_n \frac{\theta_{cr}}{\theta_{cw,max}}\right) \tag{5}$$

式中：a_n 和 b_n 为经验系数；ρ_s 为泥沙密度；s 为泥沙相对密度；d_{50} 为泥沙中值粒径；θ_{cur} 表示仅水流作用下的 Shields 参数；θ_{cw} 和 $\theta_{cw,max}$ 分别表示波流共同作用下的周期平均和周期内最大的 Shields 参数，可以按照 Camenen 和 Larson[27]的公式计算；θ_{cr} 为临界 Shields 参数，根据 Soulsby[28]的公式计算。式（5）假定波浪为正弦波，忽略了波浪非对称性对泥沙的输运作用。波浪仅对底部切应力起作用，从而影响泥沙起动的计算。

波浪不对称性输沙由 Dong 等[29]的半周期模式计算：

$$q_{bw} = a_{wn} \rho_s \sqrt{(s-1)gd_{50}^3} \frac{\sqrt{\theta_c} T_c (\Omega_c + 2\beta_c \Omega') - \sqrt{\theta_t} T_t (\Omega_t + 2\beta_t \Omega'_c)}{T} \tag{6}$$

式中：a_{wn} 为经验系数；下标 c 或者 t 表示波峰或波谷半周期内的变量；T 为波浪周期；T_c 和 T_t 分别为波峰和波谷半周期，且有 $T_c + T_t = T$；θ_c 和 θ_t 分别表示波峰半周期和波谷半周期的 Shields 参数；β_c 和 β_t 分别表示波峰和波谷半周期内的无量纲前倾系数；Ω_c 和 Ω_t 表示由这半个周期的有效速度挟带和输运泥沙导致的无量纲输沙率，Ω'_c 和 Ω'_t 则表示由上半个周期作用导致运动的泥沙贡献的无量纲输沙率。相关参数的具体计算方法详见 Dong 等[29]的论文，近底水质点运动（例如波峰、波谷半周期的底部轨道速度等）则利用 Elfrink 等[30]的经验方法进行求解。最终的总推移质输沙率由式（5）和式（6）两部分输沙率相加得到，同时模型根据 Warner 等[31]的方法建立，在推移质输沙率计算中包含了底部坡度的影响。

1.5 地形演变模型

参照 Warner 等[31]的层状模型对泥沙底床进行描述，地形变化是悬移质运动导致的变化和推移质运动导致的变化之和，控制方程可以表示为

$$\rho_s (1 - p_{or}) \frac{\partial z_b}{\partial t} + f_{mor} \left(\frac{\partial q_{b,x}}{\partial x} + \frac{\partial q_{b,y}}{\partial y} + E - D\right) = 0 \tag{7}$$

式中：z_b 表示床面高程；p_{or} 为床面孔隙率；f_{mor} 为地形加速因子，在每一计算时间步均乘以推移质输沙率和悬移质冲刷淤积通量；$q_{b,x}$ 和 $q_{b,y}$ 分别为 x 和 y 方向的推移质输沙率；E 和 D 分别为悬移质的冲刷通量和淤积通量。由方程（7）计算得到的地形变化将会反馈给水动力模型、波浪模型和泥沙模型，实现波浪、水流、泥沙与地形演变的全耦合过程。

2 模型验证

2.1 沙坝迁移

沙坝迁移是近岸岸滩变化的重要行为，这里采用本文模型对 CROSSTEX 试验[32]进行模拟。试验分为 OG 和 MG 两个组次，其中，试验 OG 为强浪作用下的岸滩侵蚀和沙坝离岸迁移，试验 MG 为较弱波浪作用下的岸滩恢复及沙坝向岸迁移过程。两组试验条件见表 1，具体的试验布置可参见 Guannel[33]的论文。

图 2 给出了试验 OG 的均方根波高、增减水以及垂向平均流速分布比较。其中，圆圈表示实测值，实线表示模型计算结果。可以看到整体上模型结果与实测吻合较好。破波点出现在 $x \approx 60\ m$ 处，水深平均的流速为离岸方向，其最大值出现在破波点后。模型模拟的波浪增水略大于实测值，但总体趋势与数据较为

一致。图 3 为试验 OG 实测地形剖面与模拟的地形剖面比较。由于初始沙坝处近底流速较大，泥沙起悬并在底部离岸流的作用下向外海方向输移，在沙坝的向海侧淤积，从而形成了沙坝离岸迁移现象。在迁移过程中，较大波浪产生的底部离岸流对泥沙输运起到了更为主要的作用。从图 3 中可以看到，模型较好地模拟了地形剖面变化和沙坝离岸迁移的现象。

图 4 给出了试验 MG 的均方根波高、增减水和垂向平均流速实测值与模拟值的对比。该试验组次的波高相比 OG 试验明显要小，在沙坝上方波浪也无明显破碎。在 $x>75$ m 后波高下降较为明显，因此在该区域波浪增水也较为明显，同时出现了相对较大的离岸流动。总体来说，模型的模拟结果与实测值吻合很好。图 5 给出了试验 MG 在 11.25 h 后模拟的岸滩剖面和实测值对比。可以看到模型较好地模拟了沙坝向岸迁移现象，这说明本文所建立的模型能够合理地反映近岸波浪非线性导致的泥沙向岸输运。总的来说，OG 和 MG 两个试验的模拟表明模型可以较好地计算岸滩剖面在不同波浪条件下的响应机制，模拟出与实测数据较为接近的剖面变化特征。

表 1　CROSSTEX 试验两个组次的试验条件

试验组次	均方根波高/m	谱峰周期/s	中值粒径/mm	持续时间/h
OG	0.42	4.0	0.22	3.5
MG	0.21	8.0	0.22	11.25

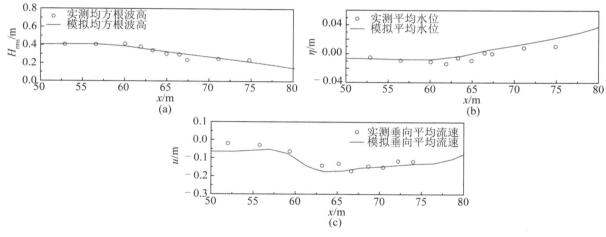

图 2　试验 OG 均方根波高、平均水位和垂向平均流速分布比较

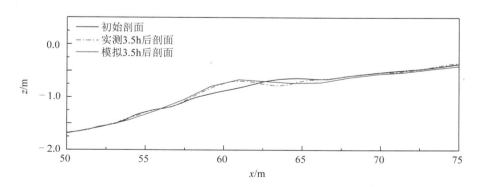

图 3　试验 OG 模拟和实测地形剖面比较

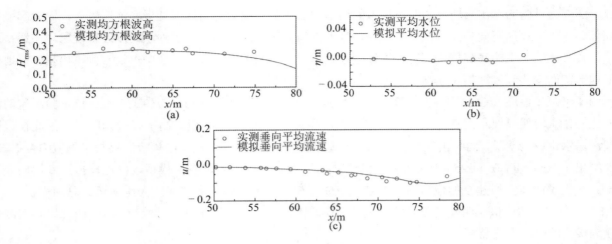

图4　试验 MG 均方根波高、平均水位和垂向平均流速分布比较

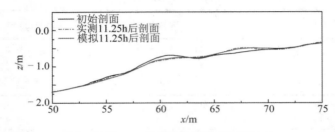

图5　试验 MG 模拟和实测地形剖面比较

2.2　防波堤掩护下的岸线变化

参考 Sakashita 等[34]的试验，模拟防波堤掩护下的岸线变化，测试模型计算沿岸输沙为主的岸线演变能力。试验在长 11.0 m，宽 6.5 m 的水池中进行，试验布置见图6。斜坡由两部分组分，近岸的部分坡度为 1：20，靠海的部分坡度为 1：10。图中防波堤右侧虚线框中铺上 4.0 cm 厚的沙，泥沙中值粒径为 0.3 mm。防波堤由两块 1.0 m 长的金属板拼成，其中第一块与岸线垂向放置，第二块则与岸线成 45°。波浪斜向入射，波向与垂向方向成 20°，入射波高为 0.04 m，周期为 1.0 s。试验时间为 10 h。

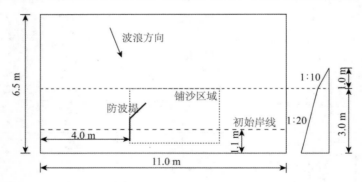

图6　防波堤试验布置

物理模型试验中防波堤为金属板，而在数值模拟中将防波堤设置一定宽度，以便划分网格，当主要研究铺沙区域的岸线变化时，这种处理对模拟结果的影响不大。模型模拟的初始时刻（指波浪和水流稳定但地形还没有变化时）和 10 h 后的波高等值线分布见图7和图8。其中，x 表示向、离岸方向坐标，y 表示沿岸方向坐标。可以看到，在初始时刻，防波堤右侧区域受其掩护作用，波浪主要以绕射方式传播进掩护区，波高明显较小。在模拟计算 10 h 后，防波堤附近的波高分布与初始时刻有着较为明显的差异，近岸的波高梯度有一定程度的增大，这主要是由掩护区域水深变化造成的。波高为 0 的等值线在 $y \approx 5.3$ m 左侧，相比初始时刻向外海方向移动，而在 $y \approx 5.3$ m 右侧则向陆地方向移动。

模型模拟的初始时刻和 10 h 之后的防波堤附近流场分布见图9和图10。可以看到，初始时刻波浪斜向入射产生整体上从左向右的沿岸流。防波堤对波浪和水流的掩护使得在掩护区域形成一个顺时针方向的环流。在 $y \approx 5.3$ m 左侧近岸的流速为从右向左方向，而在 $y \approx 5.3$ m 右侧则基本为从左向右的流动。在模型模拟 10 h 后，防波堤掩护区的环流形态发生一定的变化，且流速要比初始时刻小，这一流场变化主要也是由近岸地形变化造成的。

　　图 11 为模型计算 10 h 后岸线和实测数据比较。如图所示，在防波堤掩护区模拟岸线与实测的淤积现象较为一致，岸线向外海方向移动。$y \approx 5$ m 的右侧近岸则主要表现为冲刷，在 y 为 5~6 m 区域，模型结果与实测冲刷较为吻合，而在 $y \approx 6$ m 的右侧，实测数据表现为较为明显的侵蚀，而模拟结果的冲刷量则相对较少。在 Sakashita 等[34]的论文中并未具体说明物模试验中铺沙区域与其右侧如何过渡。本文在模型计算中，为防止出现水深突变，将 $y = 8$ m 右侧的水深设置为与铺沙区域相同，这可能是造成 $y \approx 6$ m 右侧冲刷较小的原因。鉴于本试验主要研究防波堤掩护区的冲淤，可以认为模型能合理地描述防波堤掩护下的岸线变化。

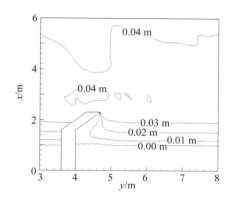

图 7　初始时刻波高等值线分布

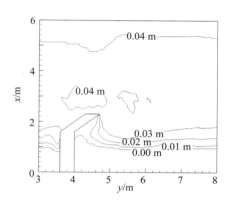

图 8　模拟 10 h 后波高等值线分布

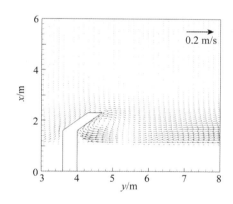

图 9　初始时刻防波堤附近流场分布

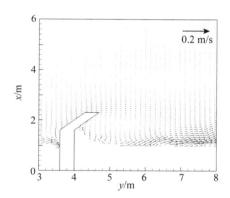

图 10　模拟 10 h 后防波堤附近流场分布

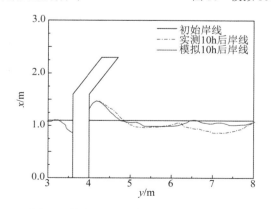

图 11　模拟 10 h 后岸线与实测数据比较

3　结　语

本文建立了一个非结构化网格三维水动力–波浪–泥沙–岸滩演变数学模型。模型包含了考虑坡度影响的新型三维辐射应力，用于描述波浪对水流的作用。悬移质输沙采用三维对流扩散方程进行求解，引入参考浓度方法计算冲淤通量，悬移质与床面泥沙交换以源、汇项的形式加到对流扩散方程中。推移质输沙计算充分考虑了波浪速度不对称性、加速度不对称性和底坡的影响。地形演变模型基于底床层状结构模式建立，通过泥沙模型计算的悬移质冲淤通量和推移质输沙率来计算地形演变，地形变化结果也会实时反馈给水动力模型、波浪模型和泥沙模型，从而影响各个子模型的计算，实现波流动力、泥沙输运与地形演变的耦合。

通过沙坝迁移和防波堤掩护下的岸线演变两个算例验证了建立的三维泥沙输运和岸滩演变模型。结果表明，所建立的模型既可以合理地模拟泥沙向、离岸输运和岸滩剖面变化，又能够较好地计算以沿岸输沙为主的岸线变化。

参考文献：

[1] 赵多苍. 沙质海滩侵蚀与近岸人工沙坝防护技术研究[D]. 青岛: 中国海洋大学, 2014.

[2] 黄少敏, 罗章仁. 海南岛沙质海岸侵蚀的初步研究[J]. 广州大学学报（自然科学版）, 2003, 2(5): 449-454.

[3] de VRIEND H J, ZYSERMAN J, NICHOLSON J, et al. Medium-term 2DH coastal area modelling[J]. Coastal Engineering, 1993, 21(1/2/3): 193-224.

[4] HANSON H. Genesis-A generalized shoreline change numerical model[J]. Journal of Coastal Research, 1989: 1-27.

[5] van RIJN L C. Principles of Coastal Morphology[M]. Amsterdam: Aqua Publications, 1998.

[6] van RIJN L C. Cross-shore sand transport and bed composition[C]//. Proceedings of the Conference on Coastal Dynamics '97, Plymouth, ASCE, 1997: 88-98.

[7] 张弛. 沙质海岸横向输运动力机制与数值模拟[M]. 南京：河海大学出版社, 2010.

[8] BUTTOLPH A M, REED C W, KRAUS N C, et al. Two-dimensional depth-averaged circulation model CMS-M2D: Version 3.0, Report 2, sediment transport and morphology change[R]. Technical Report ERDC/CHL TR-06-9. Vicksburg, MS: Coastal and Hydraulics Laboratory, U.S. Army Engineer Research and Development Center, 2006.

[9] ROELVINK D, RENIERS A, van DONGEREN A P, et al. Modelling storm impacts on beaches, dunes and barrier islands[J]. Coastal Engineering, 2009, 56(11/12): 1133-1152.

[10] DING Y, WANG S S Y, JIA Y. Development and validation of a quasi-three-dimensional coastal area morphological model[J]. Journal of Waterway, Port, Coastal, and Ocean Engineering, 2006, 132(6): 462-476.

[11] Blumberg. A primer for ECOMSED version 1.4, Users Manual[R]. Mahwah, New Jersey: HydroQual, Inc., 2004.

[12] LESSER G R, ROELVINK J A, van KESTER J, et al. Development and validation of a three-dimensional morphological model[J]. Coastal Engineering, 2004, 51(8/9): 883-915.

[13] CHEN T, ZHANG Q, WU Y, JI C, et al. Development of a wave-current model through coupling of FVCOM and SWAN[J]. Ocean Engineering, 2018, 164: 443-454.

[14] CHEN C, LIU H, BEARDSLEY R C. An unstructured grid, finite-volume, three-dimensional, primitive equations ocean model: Application to coastal ocean and estuaries[J]. Journal of Atmospheric and Oceanic Technology, 2003, 20(1): 159-186.

[15] CHEN C, HUANG H, BEARDSLEY R C, et al. A finite volume numerical approach for coastal ocean circulation studies: Comparisons with finite difference models[J]. Journal of Geophysical Research: Oceans, 2007, 112: C03018.

[16] GE J, SHEN F, GUO W, et al. Estimation of critical shear stress for erosion in the Changjiang Estuary: A synergy research of observation, GOCI sensing and modeling[J]. Journal of Geophysical Research: Oceans, 2015, 120(12): 8439-8465.

[17] CHEN C, GAO G, ZHANG Y, et al. Circulation in the Arctic Ocean: Results from a high-resolution coupled ice-sea nested Global-FVCOM and Arctic-FVCOM system[J]. Progress in Oceanography, 2016, 141: 60-80.

[18] MELLOR G, YAMADA T. Development of a turbulence closure model for geophysical fluid problems[J]. Reviews of Geophysics, 1982, 20(4): 851-875.

[19] SVENDSEN I A. Wave heights and set-up in a surf zone[J]. Coastal Engineering, 1984, 8(4): 303-329.

[20] JI C, ZHANG Q, WU Y. Derivation of three-dimensional radiation stress based on Lagrangian solutions of progressive waves[J]. Journal of Physical Oceanography, 2017, 47(11): 2829-2842.

[21] ARDHUIN F, JENKINS A D, BELIBASSAKIS K A. Comments on "The three-dimensional current and surface wave equations"[J]. Journal of Physical Oceanography, 2008, 38(6): 1340-1350.

[22] ARDHUIN F, SUZUKI N, MCWILLIAMS J C, et al. Comments on "A combined derivation of the integrated and vertically resolved, coupled wave-current equations"[J]. Journal of Physical Oceanography, 2017, 47(9): 2377-2385.

[23] JI C, ZHANG Q, WU Y. A comparison study of three-dimensional radiation stress formulations[J]. Journal of Coastal Engineering, 2019, 61(2): 224-240.

[24] BOOIJ N, RIS R C, HOLTHUIJSEN L H. A third-generation wave model for coastal regions: 1. Model description and validation[J]. Journal of Geophysical Research: Oceans, 1999, 104(C4): 7649-7666.

[25] van RIJN L C. Unified view of sediment transport by currents and waves. II: Suspended transport[J]. Journal of Hydraulic Engineering, 2007, 133(6): 668-689.

[26] van RIJN L C. Principles of sediment transport in rivers, estuaries and coastal seas[M]. Amsterdam: Aqua Publications, 1993.

[27] CAMENEN B, LARSON M. A general formula for non-cohesive bed load sediment transport[J]. Estuarine, Coastal and Shelf Science, 2005, 63(1/2): 249-260.

[28] SOULSBY R. Dynamics of marine sands: A manual for practical applications[M]. London: Thomas Telford Publications, 1997.

[29] DONG L P, SATO S, LIU H. A sheetflow sediment transport model for skewed-asymmetric waves combined with strong opposite currents[J]. Coastal Engineering, 2013, 71: 87-101.

[30] ELFRINK B, HANES D M, RUESSINK B G. Parameterization and simulation of near bed orbital velocities under irregular waves in shallow water[J]. Coastal Engineering, 2006, 53(11): 915-927.

[31] WARNER J C, SHERWOOD C R, SIGNELL R P, et al. Development of a three-dimensional, regional, coupled wave, current, and sediment-transport model[J]. Computers & Geosciences, 2008, 34(10): 1284-1306.

[32] MADDUX T B, COWEN E A, FOSTER D L, et al. The cross-shore sediment transport experiment (CROSSTEX)[C]// Proceedings of the 30th International Conference on Coastal Engineering, San Diego, ASCE, 2006: 2547-2558.

[33] GUANNEL G E. Observations of cross-shore sediment transport and formulation of the undertow[D]. Corvallis, OR: Oregon State University, 2009.

[34] SAKASHITA T, SATO S, TAJIMA Y. Alongshore extension of beach erosion around a large-scale structure[C]// Proceedings of the Coastal Sediments '11, Miami. Florida: ASCE, 2011: 952-964.

沙质海岸港口工程上下游岸线演变速率对波浪入射角的响应关系

王宁舸 [1]，孙林云 [1]，孙　波 [1]，宋丽佳 [2]

（1. 南京水利科学研究院，江苏　南京　210029；2. 中国船舶重工集团公司第七二四研究所，江苏　南京　211153）

摘要： 以毛里塔尼亚 A 港工程为例，采用基于"一线理论"的岸线演变数学模型，研究了沙质海岸港口工程上下游岸线演变速率对波浪入射角的响应关系。研究表明，相同沿岸输沙条件下，港口工程上下游岸线进退变化速率对入射波向角较敏感，岸线演变速率随波向角的增大而增大。

关键词： 沙质海岸，岸线演变速率，波浪入射角，响应关系

波浪是沙质海岸泥沙运动的主要动力条件，随着波浪向近岸传播变形，往往形成向岸水体质量输移、沿岸流以及底部回流等近岸波生流系统，并驱动泥沙形成向岸–离岸的横向泥沙运动和沿岸输沙[1-3]。一般而言，横向泥沙运动主要引起岸滩短期演变或称季节性变化，泥沙在近岸区来回搬运，岸滩在"风暴剖面"和"常浪剖面"间交替转变，从较长时间看对海岸线平均位置影响不大[1]。沿岸输沙是引起岸滩长期演变的主要因素，表现为海岸线长期前进或后退，历时可达数年、数十年乃至百年以上[1]。

20 世纪 50 年代，法国学者 Pelnard–Considere[4]首先提出了"一线理论"，可用来计算波浪作用下平直沙质海岸的岸线变化。该理论假定，岸滩在长期演变过程中其剖面形态基本保持不变，即不考虑横向泥沙运动的影响，认为沿岸输沙是控制岸线长期演变的关键，岸滩整体平行淤积前进或冲刷后退，故岸滩冲淤变化可用岸线进退变化来近似表示。一线理论采用泥沙运动连续方程来描述岸滩演变。

$$\frac{\partial y}{\partial t} = -\frac{1}{d}\frac{\partial Q}{\partial x} \tag{1}$$

式中：x 为沿岸方向坐标；y 为岸线距离 x 轴的位置；Q 为沿岸输沙率；t 为岸滩演变时间；d 为岸滩变形高度，为泥沙运动上界高度和下界水深之和，即发生泥沙输移及岸滩变形的水深范围。因一线理论高效简洁的表达形式，该理论得到广泛应用，成为计算岸线演变的有效手段之一。

一线理论泥沙运动连续方程表明，沿岸输沙率沿程变化是决定沙质海岸岸线演变速率的因素之一，而上游沿岸输沙量值以及波向角（波浪入射方向与岸线法线的夹角）是影响沿岸输沙率沿程变化的主要条件。本文采用基于一线理论的岸线演变数学模型，以毛里塔尼亚 A 港工程为例，重点研究沙质海岸岸线演变速率对波浪入射角的响应关系。

1　区域概况

A 港位于毛里塔尼亚友谊港以南 175 km 的沙质海岸，岸线大致呈 12°–192°N 走向，港口工程地理位置示意如图 1 所示。A 港口工程拟建设挖入式港池，采用防浪挡沙堤掩护进出航道。防浪挡沙堤堤长初步设计为 630 m，对上游来沙进行挡沙防护。下游采用 150 m 直型丁坝，对下游岸滩进行冲刷防护。A 港港口工程初步设计方案见图 1。

A 港工程海域面向开敞大西洋，沿岸波浪较强。外海大浪方向一般出现在 WNW–NNW 向范围内，这三个方向的波浪出现频率合计约为 87%。港区海域波高 H_s 在 1.0~2.0 m 之间的频率为 74%，2.0~3.0 m 的波高出现频率为 11%。港区海域潮汐潮流弱，多年平均潮差不足 1.0 m，近岸平均流速不足 0.1 m/s。

港区海域近岸泥沙中值粒径为 0.23 mm，泥沙运动以波浪作用下的沿岸输沙为主要特征，沿岸输沙率约 1×10⁶ m³/a，方向总体为自北向南。近岸水下地形较陡，平均坡度约 1/50，泥沙运动上界高度和下界水

基金项目： 水利部黄河泥沙重点实验室开放课题基金项目"渤海湾大规模围垦的中长期地形反馈"

深分别约+3 m 和−12 m。

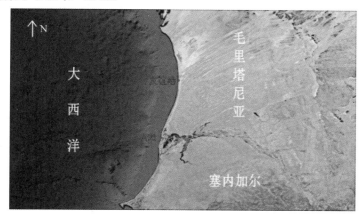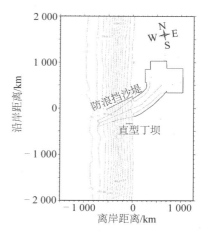

图 1　毛里塔尼亚 A 港工程位置及拟建工程示意

2　岸线演变模型建立与验证

2.1　模型理论

本文采用 LITPACK 岸线模型系统进行计算研究。LITPACK[5]是由丹麦 DHI 公司设计开发的非黏性泥沙运动与沙质海岸岸滩演变模拟综合软件包，其中 LITLINE 模块用以计算海岸线演变，在模型中考虑了源汇项，沿岸输沙率按推移质和悬移质分别计算，波浪场的计算考虑了近岸波浪折射、绕射、浅水变形以及波浪破碎和底摩阻引起的波能损失。模型基本理论如下。

1）根据质量守恒原理，沿岸输沙平衡方程为

$$\frac{\partial y_c}{\partial t} = -\frac{1}{h_{act}}\frac{\partial Q}{\partial x} + \frac{Q_{sou}}{h_{act}\Delta x} \tag{2}$$

式中：y_c 为岸线位置（以基线为准）；t 为时间；Q 为沿岸输沙率；x 为基线上沿岸方向坐标；Q_{sou} 为沙源或汇，模型中不考虑；h_{act} 为岸滩剖面上泥沙运动的有效水深范围，由平均海平面以上的上界高度 h_{beach}、平均海平面以下的下界水深 D_{act} 和可能存在的沙丘高度 h_{dune} 三部分组成，模型中未考虑 h_{dune}。

2）沿岸输沙率的计算包括推移质和悬移质运动，本模型以悬移质运动为主。主要计算方程为

$$Q = Q_b + Q_s \tag{3}$$

$$Q_b = \int_0^{y_{act}} \Phi_b \cdot \sqrt{(s-1)gd_{50}^3}\,\mathrm{d}y \tag{4}$$

$$Q_s = \frac{1}{T}\int_0^{y_{act}}\int_0^T\int_{2d_{50}}^D uc\,\mathrm{d}z\mathrm{d}t\mathrm{d}y \tag{5}$$

式中：Q_b、Q_s 分别为推移质和悬移质输沙率；y_{act} 泥沙运动下界水深范围的离岸方向距离；Φ_b 为无量纲推移质输沙率；s 为泥沙相对密度；g 为重力加速度；d_{50} 为泥沙中值粒径；y、z 分别为基线法向和垂向方向坐标；T 为波浪周期；D 为水深；u 为沿岸流与潮流共同作用下流速，模型中不考虑潮流作用；c 为泥沙体积含沙量。

3）无建筑物或不受建筑物影响的较远区域，波浪场的计算考虑近岸波浪折射、浅水变形以及波浪破碎和底摩阻引起的波能损失。

波浪传递至破波点主要发生折射和浅水变形，控制方程为

$$\sin(\alpha_2) = \frac{L_2}{L_1}\sin(\alpha_1) \tag{6}$$

$$h_2 = h_1\sqrt{\frac{\cos\alpha_1[1+2k_1D_1/\sinh(2k_1D_1)]\tanh(k_1D_1)}{\cos\alpha_2[1+2k_2D_2/\sinh(2k_2D_2)]\tanh(k_2D_2)}} \tag{7}$$

$$h_{br} / D = 0.8 \tag{8}$$

波浪破碎和底摩阻引起的波浪损失计算方程为

$$\frac{\mathrm{d}}{\mathrm{d}y}(E_f \cos\alpha) = D_{br} + D_{bf} \tag{9}$$

$$D_{br} = \frac{\rho g q_b H_m^3}{4TD} \tag{10}$$

$$D_{bf} = \frac{2}{3\pi}\rho f_w U_m^3 \tag{11}$$

式中：h 为波高；α 为波浪入射角；L 为波长；D 为水深；k 为波数；下标"1"和"2"代表波浪传播计算中不同的点位；E_f 为波能流；D_{br} 为波浪破碎引起的能力损失；D_{bf} 为底摩阻引起的波能损失；ρ 为水的密度；q_b 为破碎波分数；H_m 为最大波高；T 为平均周期；f_w 为波浪摩擦系数；U_w 为底部波浪水质点运动轨迹速度的幅值。

模型中计算波浪破碎引起的沿岸流，其主要控制方程为

$$-\frac{\mathrm{d}S_{xy}}{\mathrm{d}x} - \tau b + \frac{\mathrm{d}}{\mathrm{d}x}(\rho Eh\frac{\mathrm{d}V}{\mathrm{d}x}) = 0 \tag{12}$$

式中：S_{xy} 为沿岸方向动量通量；τ_b 为底部切应力；E 为断面方向动量交换系数；V 为沿岸流流速。

4）有防波堤、丁坝等建筑物影响时，建筑物下游掩护区及掩护区外的有限范围考虑波浪绕射。绕射计算采用不同的波浪绕射系数与绕射角度之间的曲线关系，方法详见文献[6-7]。模型对防波堤、码头等突堤式建筑物下游的波浪绕射计算即采用上述方法。

2.2　模型验证

由于 A 港海域尚无可用的岸线演变验证资料，鉴于友谊港海域与研究区域水动力与泥沙运动特性相似，采用友谊港上下游多年岸线演变过程作为验证资料，其验证参数为 A 港海域岸线演变模型的建立提供参照。

2.2.1　模型范围及计算参数

友谊港岸线演变验证模型计算范围，自港口工程为起点，上游至 10 km，下游至 15 km，离岸方向至 −15 m 水深。岸线和建筑物的位置以基线为坐标轴，由垂直于基线方向的距离确定。基线与岸线大致平行，计算网格步长为 40 m。友谊港岸线演变验证基本参数见表 1。

表 1　友谊港岸线演变验证基本参数

基本参数		数值
初始岸线地形		2000 年 11 月友谊港上下游实测岸线及剖面
计算时间	初始时间	2000 年 11 月 1 日
	结束时间	2016 年 5 月 1 日
代表波	$H_{1/10}$ 波高/m	1.10
	波周期/s	10.8
	波向/(°)	296（入射波向角 26）
封闭水深	上界高度/m	+3
	下界水深/m	−4~−8
泥沙特性	密度/(kg·m⁻³)	2 650
	中值粒径/mm	0.25
	孔隙率	0.4
	沉速/(m·s⁻¹)	0.033
输沙率	上下游边界位置/(×10⁴ m³·a⁻¹)	100
	防波堤位置/(×10⁴ m³·a⁻¹)	0
空间步长/m		40

根据友谊港长期波浪观测资料，NNW、NW、WNW 和 W 向的波浪在波高大小和出现频率上均占绝对优势。对这 4 个波向 $H_{1/10} \geq 0.55$ m 的波浪，采用波浪能量加权方法统计，得到 $H_{1/10}$ 代表波高为 1.10 m，代表波周期为 10.8 s，合成波向为 296°（波向角为 26°），作用频率为 93.47%[8]，以此作为友谊港岸线演变验证模型的波浪输入条件。

根据友谊港泥沙运动与地形地貌条件，岸线计算以 +3 m 为上界高度。考虑到岸滩冲淤形态变化对水下泥沙运动范围的影响，下界水深取 −4~−8 m。其中，上游"淤积型岸滩"取较大值，下游"冲刷型岸滩"取较小值。泥沙中值粒径为 0.25 mm，沉速为 0.033 m/s。经试算，友谊港上下游较远处岸线不受防波堤工程影响，其沿岸输沙率保持在 1×10^6 m³/a 左右，方向为自北向南，与以往的研究成果[9-11]基本一致。友谊港岸线演变验证模型的各项参数设置情况见表 1。

2.2.2　验证结果

友谊港上下游多年岸线演变验证结果见图 2。验证时段内，上游岸线呈累积性淤积过程，最大淤积点位于防波堤堤身处，计算得到的最大淤积幅度约 243 m，多年平均淤积幅度约 15 m。在不同的建筑物布置阶段，下游岸线演变趋势有所不同。至 2011 年，即丁坝 2 建设之前，下游最大冲刷点大致位于经防波堤绕射后波向与岸线的交点，2000—2011 年期间计算的最大冲刷幅度约 252 m，平均年冲刷幅度约 23 m。丁坝 2 建设后，丁坝 2 与丁坝 1 间岸线冲刷速率减小，岸线趋于稳定。最大冲刷点转移至丁坝 2 下游，其初期冲刷较快，年平均冲刷速率约 50 m。总体来看，建立的岸线模型基本复演了友谊港上下游岸线整体变化过程，表明模型各项参数选取合适，可为 A 港海域岸线演变模型的建立提供参照。

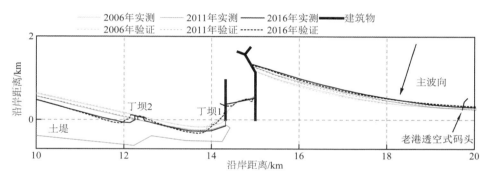

图 2　友谊港上下游岸线多年演变验证局部放大示意

3　波浪入射角对岸线演变速率的影响

3.1　A 港岸线模型计算参数

A 港港区海域的自然条件与友谊港总体相近，在断面地形、泥沙特性等方面略有差异。在友谊港岸线演变验证模型基础上，对部分参数设置作调整，以符合 A 港海域实际情况。A 港海域岸线演变模型计算参数基本情况见表 2。

表 2　A 港海域岸线演变模型基本参数

基本参数		数值
初始岸线地形		2016 年 6 月 A 港海域上下游实测水深地形
预报时间		10 年
封闭水深	上界高度/m	+3
	下界水深/m	−8~−12
泥沙特性	密度/（kg·m⁻³）	2650
	中值粒径/mm	0.23
	孔隙率	0.4
	沉速/（m·s⁻¹）	0.03
输沙率	上下游边界/（×10⁴ m³·a⁻¹）	100
	防波堤/（×10⁴ m³·a⁻¹）	0
空间步长/m		40

由于 A 港海域波浪观测资料缺乏，尚难以准确确定该海域代表波浪要素。根据以往研究成果，A 港海域多年年均沿岸输沙率基本能够确定，约 $1×10^6$ m³/a，量值与友谊港相当。对于 A 港海域代表波要素，可通过对比 A 港海域与友谊港海域泥沙运动下界水深以及对岸线走向进行定性分析。对比分析表明，A 港泥沙运动下界水深较友谊港略深，故 A 港海域波浪动力可能略强于友谊港海域。与此同时，A 港海域岸线法线方向更偏向于北向，故 A 港海域代表波向角可能略小于友谊港。因此可定性判断，A 港海域代表波高 $H_{1/10}$ 可能大于 1.10 m，而代表波向角可能小于 26°。根据波能流法沿岸输沙计算原理 $[I_l=K(Ecn)_b\cos\alpha_b\sin\alpha_b]$[12-13]，沿岸输沙率与近岸破波波能和破波波向角有关，不同波高、波向角的适当组合可以得到相同的沿岸输沙计算结果。综合上述分析，研究以 $1×10^6$ m³/a 的沿岸输沙率为率定标准，假设了 14°、19°和 26°共三种波向角，并各自组合适当的波高条件。通过 A 港上下游 10 年岸线演变计算对比，定性分析相同沿岸输沙率条件下，入射波向角对沙质海岸岸线演变速率的影响。假设波要素方案见表 3。模型计算中，将 A 港下游丁坝设置为向陆域方向延伸足够长。

表 3　A 港海域岸线演变模型波况方案设置

波况	设置参数	数值
波况 1	$H_{1/10}$ 波高/m	1.4
	波周期/s	10.8
	入射波向角/(°)	14
波况 2	$H_{1/10}$ 波高/m	1.27
	波周期/s	10.8
	入射波向角/(°)	19
波况 3	$H_{1/10}$ 波高/m	1.16
	波周期/s	10.8
	入射波向角/(°)	26

3.2　计算结果

A 港上下游各 5 km 范围岸线不同年份变化过程见图 3 至图 5。A 港上游最大淤积点和下游最大冲刷点的岸线进退变化过程见图 6 和图 7。计算结果表明，最大淤积点位于 A 港防浪挡沙堤堤身轴线上，最大冲刷点位于丁坝沿岸线向下游 150~200 m 左右位置。岸线初期变化较快，随着时间推移，岸线演变速率均有减小趋势。

对比三种波况计算结果，相同沿岸输沙率条件下，随着入射波向角的变化，岸线演变速率差别较大。波况 1 入射波向角较小，沿防浪挡沙堤堤身轴线方向，10 年内上游岸线最大前进距离不足 400 m，年均前进距离约 38 m/a，上游淤积范围主要在 3.5 km 内；垂直于岸线方向，10 年内丁坝下游岸线最大后退距离约 320 m，年均后退距离约 32 m/a，下游冲刷范围主要在 2.5 km 内。

波况 2 入射波向角适中，沿防浪挡沙堤堤身轴线方向，10 年内上游岸线最大前进距离达 500 m，年均前进距离约 50 m/a，上游淤积范围主要在 4 km 内；垂直于岸线方向，10 年内丁坝下游岸线最大后退距离约 415 m，年均后退距离约 41 m/a，下游冲刷范围主要在 3 km 内。

波况 3 入射波向角最大，沿防浪挡沙堤堤身轴线方向，10 年内上游岸线最大前进距离超过 600 m，年均前进距离超过 60 m/a，上游淤积范围主要在 4 km 内；垂直于岸线方向，10 年内丁坝下游岸线最大后退距离约 530 m，年均后退距离约 53 m/a，下游冲刷范围主要在 3 km 内。

以上对比分析表明，沙质海岸建设港口工程条件下，上下游岸线演变速率对入射波向角比较敏感。相同沿岸输沙率条件下，入射波向角越大，上游岸线前进与下游岸线后退速率越大，上下游冲淤范围存在缩小的趋势，岸线形态存在差异。因此，合理确定研究区域代表波的波浪入射方向是准确预报岸线演变的关键之一。

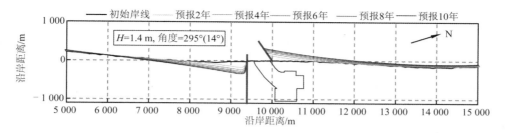

图 3　波况 1 条件下 A 港上下游岸线不同年份预报

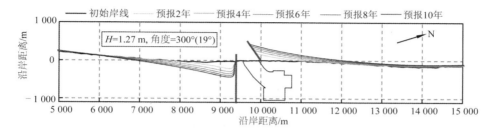

图 4　波况 2 条件下 A 港上下游岸线不同年份预报

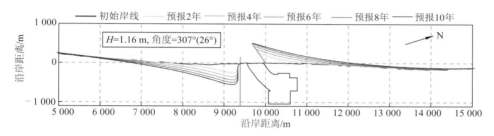

图 5　波况 3 条件下 A 港上下游岸线不同年份预报

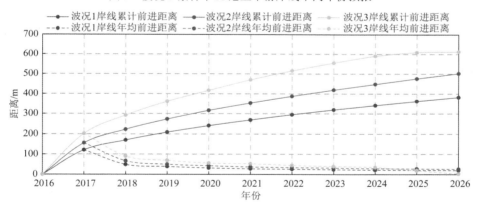

图 6　三种波况条件下 A 港上游最大淤积点岸线前进距离逐年变化过程

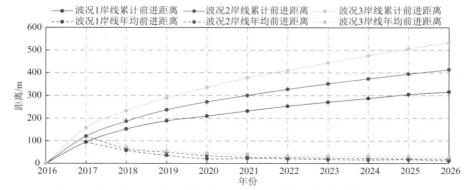

图 7　三种波况条件下 A 港下游最大冲刷点岸线后退距离逐年变化过程

4　结　语

　　本文以毛里塔尼亚 A 港工程为例，采用基于"一线理论"的岸线演变数学模型，研究了沙质海岸港口工程上下游岸线演变速率对波浪入射角的响应关系。

　　研究表明，相同沿岸输沙条件下，港口工程上下游岸线进退变化速率对入射波向角较敏感，岸线演变速率随波向角的增大而增大。因此，在进行沙质海岸岸线演变研究或具体工程应用时，除掌握研究区域水下地形、海床底质以及沿岸输沙率等条件外，还需较准确掌握近岸波浪情况，其中波向角的确定是准确预测岸线演变速率的关键因素之一，这涉及相关海岸工程（如港口工程）的运营年限和上下游冲淤防护，应加以重视。

参考文献：

[1]　邹志利, 严以新. 海岸动力学[M]. 北京: 人民交通出版社, 2009.

[2]　SHEPARD F P, INMAN D L. Nearshore water circulation related to bottom topography and wave refraction[J]. Transation American Geophysical Union, 1950, 31(2): 196-212.

[3]　MEADOWS G A. The dependent fluctuation in longshore currents[C]// Proceedings 15th ICCE. 2015: 660-680.

[4]　PELNARD-CONSIDERE R. Essai de theorie de l' evolution des forms de rivage en plage de sable et de galets[C]// Fourth Jounees de l' Hydraulique, les Energies de la MerAnnual Congress, Question III, Rapport1. Paris, France Societe Hydro technique de France, 1965: 289-298. (in France)

[5]　DHI. LITPACK, an integrated modeling system for littoral processes and coastline kinetics, short introduction and turorial[R]. DHI, 2014.

[6]　GODA Y, TAKAYAMA T, SUZUKI Y. Diffraction diagrams for directional random waves[C]//Proceedings of the 16th Coastal Engineering Conference, ASCE. 1978, 1: 628-650.

[7]　KRAUS N C. Estimate of breaking wave height behind structures[J]. Journal of Waterway, Port Coastal and Ocean Engineering. 1984: 110.

[8]　孙波, 王秀中, 孙林云. 毛里塔尼亚友谊港岸线演变及防护工程[J]. 水利水运工程学报, 2015(6): 94-100.

[9]　孙林云, 潘军宁, 邢复, 等. 砂质海岸突堤式建筑物下游岸线变形数学模型[J]. 海洋学报(中文版), 2001(5): 121-129.

[10]　XIE S L, LIU T F. Long-term variation of longshore sediment transport[J]. Coastal Engineering, 1987, 11(2): 131-140.

[11]　SUN B, WANG X Z, SUN L Y, et al. Physical modeling oflongshore transport at Friendship Port in Mauritania[C]// PENCHEV V, PINTP F T. Application of Physical Modeling to Port and Coastal Protection (Proceedings of 5th International Conference Coastlab 14). Verna, Bulgaria, 2014: 206-211.

[12]　KOMAR P D, INMAN D L. Longshore sand transport on beaches[J]. Journal of Geophysical Research, 1970, 75(30): 5914-5927.

[13]　孙林云. 沙质海岸破波带沿岸输沙率问题的研究[D]. 南京: 南京水利科学研究院, 1992.

第十九届中国海洋（岸）工程学术讨论会论文集

DI SHIJIU JIE ZHONGGUO HAIYANG (AN) GONGCHENG

XUESHU TAOLUNHUI LUNWENJI

（下）

中国 海洋工程学会 编

海洋出版社

2019 年·北京

目　次

主题报告

深水及近海工程

海岸动力及海岸工程

4

河口工程及水沙运动

海岸动力及海岸工程

（续）

椭圆余弦波作用下沙纹床面切应力特征

刘　诚 [1,2]，刘晓建 [1,2]，刘绪杰 [3]

（1. 珠江水利委员会 珠江水利科学研究院，广东 广州 510611；2. 水利部珠江河口动力学及伴生过程调控重点实验室，广东 广州 510611；3. 河海大学 港口海岸与近海工程学院，江苏 南京 210098）

摘要： 采用 OpenFOAM 开源程序包建立数值波浪水槽，对椭圆余弦波作用下沙纹床面切应力特性进行研究。结果表明，一个波周期内涡动首先产生于沙纹背浪侧，并沿背水坡抬升至沙纹峰以上，继而向上游移动，上溯至最大位置后，在下一个波周期影响下转向下游移动直至完全耗散；椭圆余弦波作用下，近底层水体会对沙纹峰迎浪侧和背浪侧的床沙施加一个方向相反的较大作用力，且迎水坡上切应力的波动频率大于背水坡；研究工况范围内（$\lambda/a=1.2\sim2.0$）床面切应力变化未产生明显的差异，不同相位时刻的正负极值切应力均呈现先减小后增加的趋势，约在 $\omega t = 240°$ 附近时刻出现极小值。

关键词： 沙纹；波浪；OpenFOAM；水体涡动；床面切应力

　　沙纹广泛存在于海岸带，是受近底动力过程制约的最小床面形态。一般而言，沙纹断面形态呈三角形，两侧的斜坡平缓且关于沙纹峰对称。与平坦底床相比，沙纹峰处的水流流动分离和背水坡的涡动脱落影响着边界层的发展以及切应力的变化，进而对河床演变和泥沙运输产生较大的影响 [1]。因此有必要对沙纹床面切应力特征进行详细探讨。

　　针对沙纹床面附近动力特征，国内外学者分别基于物理试验和数值模拟开展了大量研究。波浪沿沙纹床面传播过程中，底床周围水体的紊动会改变床面阻力和波浪衰减特性，且其引起的底层扫水（sweep）会加速床面掀沙 [2]。Ayrton [3] 研究了波浪作用下沙纹床面附近的紊动，细致描述了紊动的形成、发展及其与沙纹几何形态的关系；Liu 等 [4] 采用 DPTV 试验研究了重力波作用下沙纹床面的边界层流动；Shen 等 [5] 基于浸入边界法对沙纹床面附近的振荡流动进行数值研究，分析了雷诺数和 KC 数对床面附近流动特性的影响。此外，由于紊动是水体高速旋转时形成的螺旋形动力形态，其运动过程中会改变床面切应力分布特征。床面切应力是影响泥沙运动的重要物理量，它既可以决定推移质的输运，又可以决定悬移质的底部边界条件。对此，Toit 和 Sleath [6] 对沙纹床面绕流进行了详细的试验研究，测量了光滑和粗糙床面的近底流速分布，并指出沙纹底层形成的紊动会显著增强切应力；蒋昌波等 [7] 探讨了波浪作用下沙纹床面切应力随时间和空间的变化特征及其与紊动的关系；Bhaganagar 和 Hsu [8] 采用浸入边界法（IBM）分别模拟了二维和三维沙纹床面上水体的流动特征，研究发现二维和三维床面情况下模型的湍流高阶统计量存在较大差异，三维床面的切应力较二维显著增大；Blondeaux 和 Vittori [9] 基于 RANS 方程对孤立波影响下的底部边界层进行模拟研究，指出底部切应力存在两个极大值，并阐述了影响切应力极大值的参数条件；张向东等 [10] 通过物理试验对固定沙纹床面附近的水流特性进行研究，讨论了时均流速、雷诺应力等紊流相关特性；最近，Hamidouche 等 [11] 采用物理试验对固定单沙纹附近的水动力特性进行研究，指出紊动水体流态特征会显著影响床面剪切应力变化。

　　实际情况下，近岸区域多为波谷平缓、波峰尖锐的浅水非线性波，故波谷历时较波峰长，因此一个波周期内质量平均输运速度与规则波有所差异，会促使底沙产生一个逆水流方向的运动 [12]。然而由于侧重点不同，现有研究较少关注相关波况下的床面切应力响应特征。为了弥补现有研究的不足，本文基于三维不可压缩 Navier-Stokes 方程，利用 OpenFOAM 开源代码中两相流求解器 IHFOAM 建立了三维数值波浪水槽模型。OpenFOAM 作为 CFD 开源程序包，以其易扩展性、并行计算的稳定高效和先进的求解方法等特点在计算流体力学领域得到了广泛的应用，近年来也开始应用于波浪动力及流固耦合作用等问题。具体而言，本文拟采用椭圆余弦波近似描述波浪在浅水中的运动形态及特征，使用 k-ε 两方程湍流模型捕捉湍流特性，并运用修正的流体体积函数输运方程（VOF, volume of fluid）追踪自由液面。通过数值模拟方法分析沙纹床面切应力特征等，为进一步探究波浪作用沙纹演化及泥沙运输等问题提供相关理论依据。

1 数学模型介绍

1.1 控制方程

三维波浪数学模型基于三维连续不可压缩 RANS 方程求解 k-ε 湍流模型，模拟非定常不可压缩黏性流体的流动。其控制方程为

连续性方程：

$$\nabla \cdot \boldsymbol{u} = 0 \tag{1}$$

动量方程：

$$\frac{\partial \rho \boldsymbol{u}}{\partial t} + \nabla \cdot \left[\rho \boldsymbol{u} \boldsymbol{u}^{\mathrm{T}} \right] = -\nabla p^* - g \cdot \boldsymbol{x} \nabla \rho + \nabla \cdot \left[\mu \nabla \boldsymbol{u} + \rho \tau \right] + \sigma_T \kappa_\gamma \nabla \gamma \tag{2}$$

式中：$\boldsymbol{u} = (u, v, w)$ 为流速矢量；$\boldsymbol{x} = (x, y, z)$ 为笛卡儿坐标系位置矢量；∇ 为散度 $(\partial / \partial x, \partial / \partial y, \partial / \partial z)^{\mathrm{T}}$；$\rho$ 为流体密度；p^* 为动水压强；g 为重力加速度；方程（2）右边最后一项为表面张力项，其中 σ_T 为表面张力系数；20℃时为 $0.074 \, \mathrm{kg/s^2}$；κ_γ 为表面曲率；γ 为跟踪流体的指标函数；τ 为湍流（雷诺）应力张量

$$\tau = \frac{2}{\rho} \mu_t \boldsymbol{S} - \frac{2}{3} k \boldsymbol{I} \tag{3}$$

式中：μ_t 为涡黏系数；$\boldsymbol{S} = \left(\nabla \boldsymbol{u} + (\nabla \boldsymbol{u})^{\mathrm{T}} \right) / 2$ 为应变率张量；$\boldsymbol{I}$ 为克罗奈克（Kronecker）函数；k 为湍流动能。

$$k = \frac{1}{2} \overline{\boldsymbol{u} \cdot \boldsymbol{u}^{\mathrm{T}}} \tag{4}$$

$$\varepsilon = \frac{C_\mu^{0.75} k^{1.5}}{l} \tag{5}$$

式中：ε 为湍流动能耗散率；$C_\mu = 0.09$ 为标准 k-ε 模型中的无量纲系数；l 为湍流长度尺度。湍动能 k 和湍流耗散率 ε 的输运方程：

$$\frac{\partial k}{\partial t} + \nabla (k \boldsymbol{u}) = \nabla \left(\frac{v_t}{\sigma_k} \nabla k \right) + 2 \frac{v_t}{\rho} |\nabla \boldsymbol{u}|^2 - \varepsilon \tag{6}$$

$$\frac{\partial \varepsilon}{\partial t} + \nabla (\varepsilon \boldsymbol{u}) = \nabla \left(\frac{v_t}{\sigma_\varepsilon} \nabla \varepsilon \right) + 2 C_{1\varepsilon} v_t |\nabla \boldsymbol{u}|^2 \frac{\varepsilon}{k} - C_{2\varepsilon} \frac{\varepsilon^2}{k} \tag{7}$$

式中：v_t 为湍流运动黏性系数；$C_{1\varepsilon}$、$C_{2\varepsilon}$、σ_k 和 σ_ε 均为经验系数，分别为 1.44、1.92、1 和 1.3。

1.2 自由液面模拟方法

本文采用修正的流体体积函数（VOF 方法）捕捉自由液面运动，在自由液面的处理上引入体积分数 α 描述流场中气相和液相的分布，定义 $\alpha = 1$ 为液相，$\alpha = 0$ 为气相，气液交界面处于 α 为 0~1 之间。为确保交界面附近方程解自动满足有界性，模型在传统体积输运方程中加入了人工压缩项，有效避免气液交界面模糊的问题，且对界面外部的流场不产生影响，具体方程为

$$\frac{\partial \alpha}{\partial t} + \nabla \cdot \boldsymbol{u} \alpha + \nabla \cdot \boldsymbol{u}_r \alpha (1 - \alpha) = 0 \tag{8}$$

式中：方程左边最后一项为人工压缩项，其中 $\boldsymbol{u}_r$（$|\boldsymbol{u}_r| = \min[c_\alpha |\boldsymbol{u}|, \max |\boldsymbol{u}|]$）为压缩界面的速度场，根据界面过渡区流场对系数 c_a 进行调整，使压缩效果作用于界面的法向方向。

1.3 求解方法

控制方程中分别采用有限体积法和欧拉格式对空间和时间离散，运用 PIMPLE 算法对方程进行求解，其中动量方程对流项采用 Gauss linear Upwind 格式，压力梯度项采用 Gauss linear 离散格式，拉普拉斯项采用 Gauss linear corrected 离散格式。方程（8）中的对流项采用 MUSCL（multidimensional universal limiter for explicit solution）格式，人工压缩项采用 Gauss interface Compression 格式。

1.4 边界条件

本文采用 Higuera 等[13]提出的 IHFOAM 求解器，该求解器支持基于大多数波浪理论的数值波的生成，其中入口造波边界采用 Svendsen 等[14]提出的椭圆余弦波理论。

波长 L 及椭圆参数 m 的关系为

$$\frac{c^2}{gh} = 1 + \frac{H}{mh}\left(2 - m - 3\frac{E_m}{K_m}\right) \tag{9}$$

$$\frac{HL^2}{h^3} = \frac{16}{3}mK_m^2 \tag{10}$$

$$c = \frac{L}{T} \tag{11}$$

式中：K_m 和 E_m 分别为与 m 相关的第一类、第二类完全椭圆积分，方程（11）用于计算误差；c 为波速；h 为水深；H 为波高；T 为波周期。

波面高程 η：

$$\eta = H\left\{\frac{1}{m}\left(1 - \frac{E_m}{K_m}\right) - 1 + cn^2\left[2K_m\left(\frac{x}{L} - \frac{t}{T}\right)\Big|_m\right]\right\} \tag{12}$$

流速水平分量 u 和垂直分量 w：

$$u = c\frac{\eta}{h} - c\left(\frac{\eta^2}{h^2} + \frac{\overline{\eta^2}}{h^2}\right) + \frac{1}{2}ch\left(\frac{1}{3} - \frac{z^2}{h^2}\right)\eta_{xx} \tag{13}$$

$$w = -cz\left[\frac{\eta_x}{h}\left(1 - \frac{2\eta}{h}\right) + \frac{1}{6}h\left(1 - \frac{z^2}{h^2}\right)\eta_{xxx}\right] \tag{14}$$

式中：cn 为雅可比椭圆函数；η_x、η_{xx}、η_{xxx} 分别表示波面高程 η 对 x 的一阶、二阶、三阶导数；$\overline{\eta^2}$ 表示一个波周期内波面高程平方的时均值。

此外，数值计算域两侧边界采用周期性边界，底面设置为固壁无滑移边界，顶面为自由进出流边界条件，出口处使用主动式消波法消波，该方法克服了传统消波法（如松弛区消波法）增大计算域的缺点，从而有效提高了计算效率。

2 模型验证

采用 Fredsøe 等[15]的试验对本研究中建立的三维数值波浪模型进行验证，模型布置如图 1（a）所示：以波浪传播方向为 x 轴，水槽横断面为 y 轴，水深方向为 z 轴，其中 $x=0$ 为入口造波边界，$y=0$ 为水槽正面，$z=0$ 为水槽底面。波浪计算条件水深 $h=0.42$ m，波高 $H=0.13$ m，周期 $T=0.25$ s，底层流速 $U_m=0.229$ m/s。数值模型中沙纹尺寸与 Fredsøe 等[15]的试验中沙纹断面一致，该断面对实际沙纹特征具有一定的代表意义，具体断面尺寸见图 1b，其中沙纹长 $\lambda = 22$ cm，沙纹峰高 $\eta = 3.5$ cm。

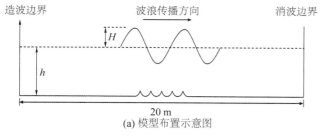
(a) 模型布置示意图

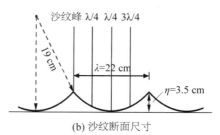
(b) 沙纹断面尺寸

图 1 模型布置

图 2 给出了本模型的具体网格划分。模型采用结构化网格，在保证计算稳定和合理捕捉水动力参数的前提下，为了节省计算资源对 x 方向和 z 方向网格进行分段局部加密，其中沙纹、自由液面和沙纹峰等核心计算区域的最小网格尺寸分别达到了 1 mm、2 mm 和 1.5 mm。沙纹两侧与平底水槽采用相同尺寸的网格均匀衔接（$d_x = 5$ mm）。y 方向采用恒定网格尺度 $d_y = 5$ mm，共设置了 10 层网格。模型的计算采用自适应时间步长，以保证克朗数 c_r（$c_r = \Delta t \times \max(|\Delta u|) / \min(|\Delta x|)$，其中 $\min(|\Delta x|)$ 和 $\max(|\Delta u|)$ 分别为最小网格尺

寸和最大流速）小于 1。

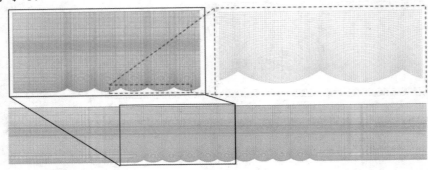

图 2　计算域网格划分

　　图 3 和图 4 分别给出了沙纹各断面处的流速验证结果和沙纹峰以上 1 cm 处流速历时过程验证结果，可以看出本研究的数值模拟结果与 Fredsøe 等[15]的试验数据吻合较好，表明该数值模型具有较好的精度和可靠性，可用于波浪作用下沙纹床面附近流动特性的研究。此外，进一步缩小模型网格尺度，计算结果并未有明显改善，故本文采用当前网格设置进行后文的分析和讨论。

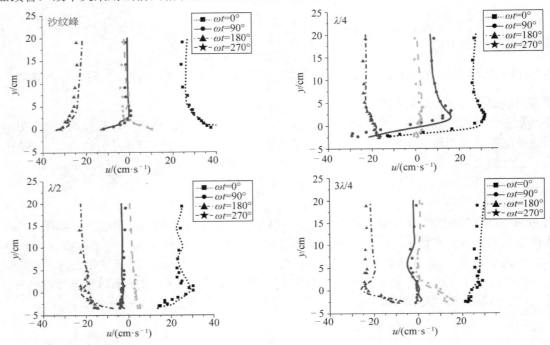

图 3　沙纹各断面各相位时的流速验证

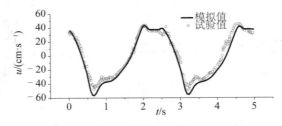

图 4　沙纹峰以上 1 cm 处流速历时

3　工况设置及结果分析

　　本研究中数值模型采用的沙纹断面尺度同验证工况相同，即沙纹长 $\lambda = 22$ cm，沙纹峰高 $\eta = 3.5$ cm。Nelson 等[16]归纳了前人现场尺度和实验室尺度的研究成果，指出实际情况下沙纹的形态特征与波况直接相关。根据其研究结果可知，现场尺度下波况的水深 h 为 0.2~1.1 m、周期 T 为 2.2~12 s、近底层水流流速 U_m 为 0.156~0.591 m/s 时，可促使底床泥沙运动并形成本研究中的沙纹特征。结合 Nelson 等[16]的研究结果及当前沙纹尺度，本文共设置了 5 组波况，均位于 Nelson 等[16]给出的水动力特征参数的范围内，具体参数见表 1，其中 a 为水质点运动轨迹的最大振幅。

表 1　波浪参数条件

组次	H/m	T/s	h/m	U_m/ (m·s⁻¹)	a/m	λ/a
1	0.13	4.0	0.4	0.29	0.18	1.2
2	0.15	3.0	0.4	0.33	0.16	1.4
3	0.13	3.0	0.4	0.29	0.14	1.6
4	0.13	3.0	0.5	0.26	0.12	1.8
5	0.13	2.5	0.4	0.28	0.11	2.0

3.1　水体瞬时涡动过程

本文将波浪波峰经过某一沙纹峰（即 $x=9.89$ m）的时刻作为一个周期的起始时刻（$\omega t = 0°$），图 5 给出了典型工况下（组次 3）一个完整波周期内的涡流场变化过程。从图中可以看出，$\omega t = 0°$ 时刻，水流在沙纹波峰后发生分离，并在背浪侧生成一个强度较大的涡；$\omega t = 60°$ 时刻，沙纹附近流速减小，此时旋涡强度明显减弱，但涡核位置有所升高、呈现向上游运动的趋势，且影响范围增大；$\omega t = 120°$ 时刻，流场发生反向，涡流越过沙纹峰向上游运动，此时正负涡出现分离、脱落，其中正涡继续向上游发展，而负涡主要集中在沙纹迎浪侧；在反向流的持续作用下（约为 $\omega t = 180°~270°$ 时刻），正负涡继续向上游发展，其中正涡沿水深方向升高、负涡扩散且分布范围增大，此时正负涡强度均有所减弱；随着反向流流速减小（$\omega t = 300°$ 时刻），正负涡强度明显减弱，并逐渐消失。而在下一个波周期内，该强度较弱的涡旋将在初始顺向流的影响下转向下游运动（约为下一波周期的 $\omega t = 0°~60°$ 时刻），直至完全耗散。

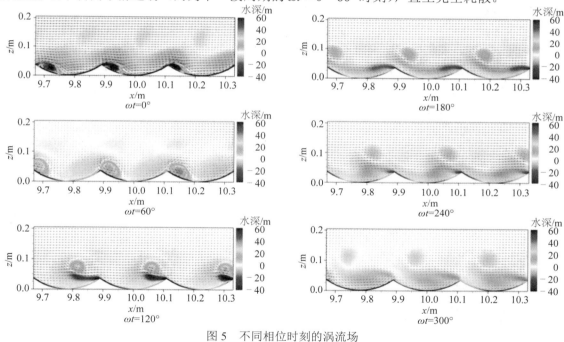

图 5　不同相位时刻的涡流场

3.2　切应力瞬时特征

床面涡流的瞬时动力特征将直接影响切应力变化，进而改变床面推移质和悬移质泥沙输运。底部切应力可由 $\tau = \rho u_*^2$ 来确定，其中 u_* 为摩阻流速，ρ 为水体密度，是一个常量，因此可直接采用 u_*^2 来量化切应力变化特征。图 6 给出了不同相位时刻沙纹床面切应力的分布情况，相位初始时刻的选取原则同前。从图中可以看出初始相位时刻（$\omega t = 0°$），床面切应力主要集中在沙纹峰及其背水坡处，且在波峰经过位置处切应力明显增大（如 $x=9.89$ m 附近，正负仅代表方向）；随着波浪向前进一步传播（$\omega t = 60°~120°$），切应力也随之改变；而当波谷经过时（$\omega t = 180°$），床面切应力具有较小值，且在后续时刻（$\omega t = 240°~300°$）未有明显改变；但在 $\omega t = 300°$ 时刻，初始波峰位置上游（如 $x=9.0 \sim 9.4$ m）已出现较大切应力，这与下一个周期波对原有动力场造成一定的影响有关。

从结果可以看出，在整个周期内近底层水体均对沙纹峰附近床沙施加一个方向相反的切应力，且该值较沙纹谷处明显增大，这主要由于沙纹峰处水体紊动较为强烈，极易形成小尺度涡动（见图 5，$\omega t = 0°$），这些涡动将对沙纹波峰及两侧边坡附近区域产生小范围的冲刷。根据结果，进一步可以看出迎水坡上切应力的波动频率较背水坡剧烈，极易造成泥沙的起动，而背水坡上大尺度水体的紊动和小尺度涡体较为显著，有利于水体能量的传递，能够有效促进悬沙迁移。

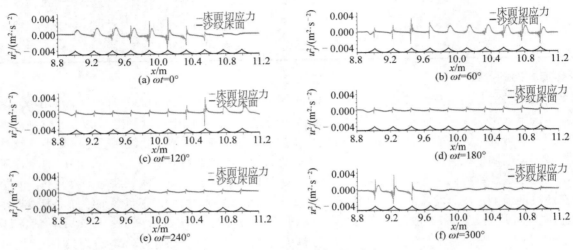

图 6　不同相位时刻的床面切应力

3.3　切应力变化规律

图 7 给出了不同工况下的床面切应力变化情况，从图中可以看出同一相位时刻，不同工况下床面切应力变化未产生明显差异，表明研究工况范围内（$\lambda/a=1.2 \sim 2.0$）水体紊动具有相似的变化趋势。为进一步了解椭圆余弦波传播过程中的床面切应力变化，图 8（a）和图 8（b）分别给出了不同相位时刻的正负极值切应力，并给出了相应的趋势线。从图中可以看出，初始状态时刻（约为 $\omega t = 0°$）切应力较大，随着相位的增加明显减小；在 $\omega t = 240°$ 附近时刻，出现极小值；随后（$\omega t = 300°$），在下一个波的影响下切应力又逐渐增大。

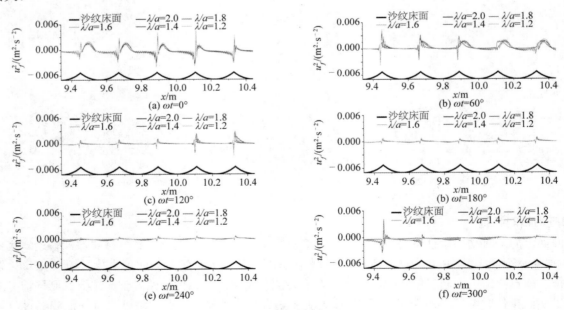

图 7　不同工况下床面切应力瞬时特征

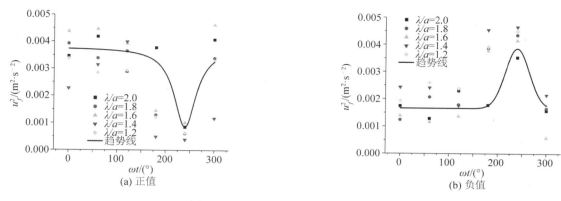

图 8　不同工况下床面切应力极大值

4　结　语

本文利用 OpenFOAM 开源程序包建立基于 k-ε 湍流模型的三维波浪水槽模型，采用 VOF 方法追踪自由液面，对波浪作用下沙纹床面附近的切应力特征进行计算分析。模型采用结构化网格，其中底部边界处进行加密处理，并与外层网格均匀衔接，该模型能够合理捕捉沙纹床面附近的水流流动特征。主要结论如下：

1）一个波周期内涡流首先产生于沙纹背浪侧，并沿背水坡抬升至沙纹峰以上，受反向水流的影响继而向上游运动。在下一个波周期的影响下，涡流上溯至最大位置后，转向下游移动直至完全耗散；

2）近底层水体会对沙纹峰附近的床沙施加一个方向相反的作用力，且该值较沙纹谷处明显增大，这主要由于沙纹峰处水体紊动较为强烈，极易形成小尺度涡动，这些涡动将在沙纹波峰及两侧边坡附近区域产生小范围的冲刷；

3）迎水坡上切应力的波动频率较背水坡剧烈，极易造成泥沙的起动，而背水坡上大尺度水体的紊动和小尺度涡体较为显著，有利于水体能量的传递，能够有效促进悬沙迁移；

4）研究工况范围内（λ/a=1.2~2.0）水体紊动具有相似的变化趋势，床面切应力变化未产生明显的差异。对于不同相位时刻的正负极值切应力，随着波浪作用过程均呈现先减小后增加的趋势，约在 $\omega t = 240^\circ$ 附近时刻出现极小值。

参考文献：

[1]　钱宁，万兆惠. 泥沙运动力学[M]. 北京: 科学出版社，1986.

[2]　邹志利，严以新. 海岸动力学[M]. 北京:人民交通出版社，2009.

[3]　AYRTON H. The origin and growth of the ripple mark[J]. Proceedings of the Royal Society of London, 1910, A84: 285-310.

[4]　LIU P L F, ALBANAA K A, COWEN E A. Water wave induced boundary layer flows above a ripple bed[M]// PIV And Water Waves, 2004: 81-117.

[5]　SHEN L, CHAN E S. Numerical simulation of oscillatory flows over a rippled bed by immersed boundary method[J]. Applied Ocean Research, 2013, 43: 27-36.

[6]　TOIT C G D, SLEATH J F A. Velocity measurements close to rippled beds in oscillatory flow[J]. Journal of Fluid Mechanics, 1981, 112(112): 71-96.

[7]　蒋昌波，白玉川，赵子丹，等. 波浪作用下沙纹床面底层流动特性研究[J]. 水科学进展，2003, 14(03): 333-340.

[8]　BHAGANAGAR K, HSU T J. Direct numerical simulations of flow over two-dimensional and three-dimensional ripples and implication to sediment transport: Steady flow [J]. Coastal Engineering, 2008, 56(3): 320-331.

[9]　BLONDEAUX P, VITTORI G. RANS modelling of the turbulent boundary layer under a solitary wave [J]. Coastal Engineering, 2012, 60:1-10.

[10]　张向东，杨军，厉凯，等. 沙纹床面水流特性研究[J]. 科技创新与应用，2013(23): 3-4.

[11]　HAMIDOUCHE S, CALLUAUD D, PINEAU G. Study of instantaneous flow behind a single fixed ripple [J]. Journal of

Hydro-environment Research, 2018, 19: 117-127.

[12] 白玉川, 许栋. 明渠沙纹床面湍流结构实验研究 [J]. 水动力学研究与进展 A 辑, 2007 (03): 278-285.

[13] HIGUERA P, LARA J L, LOSADA I J. Realistic wave generation and active wave absorption for Navier–Stokes models: Application to OpenFOAM® [J]. Coastal Engineering, 2013, 71: 102-118.

[14] SVENDSEN I A. Introduction to Nearshore Hydrodynamics [M]. World Scientific, 2006.

[15] FREDSØE J, ANDERSEN K H, SUMER B M. Wave plus current over a ripple-covered bed [J]. Coastal Engineering, 1999, 38(4): 177-221.

[16] NELSON T R, VOULGARIS G, TRAYKOVSKI P. Predicting wave-induced ripple equilibrium geometry [J]. Journal of Geophysical Research Oceans, 2013, 118(6): 3202-3220.

海南沙质岸滩对防沙堤工程的响应研究
——以铺前湾为例

王世俊[1]，罗　杰[1]，李志强[2]

（1. 珠江水利科学研究院，广东　广州　510611；2. 广东海洋大学　海洋工程学院，广东　湛江　524088）

摘要： 铺前湾是波浪动力改造南渡江废弃三角洲形成的波控弧形海岸，近期开发强度较大，其中道孟河口防沙堤工程位于弧形海岸的切线段。根据铺前湾波浪、潮流、泥沙资料，综合分析铺前湾海域水沙特性，并应用弧形岸线理论，分析铺前湾海岸对防沙堤工程的响应。结果表明，铺前湾海床泥沙输运趋势呈顺时针环流形式。铺前湾北侧近深槽区域泥沙具有明显的向东输运趋势，而近岸区域以偏西向输运为主，中部细颗粒泥沙沉积区泥沙输运趋势不明显，短堤方案对岸滩冲淤范围和幅度均小于长堤方案。岸滩对防沙堤工程的响应，与防沙堤走向密切相关；当防沙堤走向与波峰线呈直角相交时，泥沙以横向搬运为主，堤根附近淤积量较小；当防沙堤走向与波向线逆时针锐角相交时，上波侧方向堤根处淤积减缓，甚至冲刷；当防沙堤走向与波向线顺时针锐角相交时，上波侧淤积加剧，而下波侧侵蚀。铺前湾对防沙堤工程的响应形态，宜结合淤积速率与岸线终极平衡形态来综合考虑。

关键词： 弧形海岸；工程响应；铺前湾；防沙堤

　　铺前湾属于琼雷凹陷的组成部分，近 2 000 年来南渡江泥沙在海口湾东部堆积，形成了西部三角洲。南渡江三角洲的向海凸出，分隔了原本连在一起的海湾，形成了海口湾和铺前湾，奠定了海峡南岸的现代动力地貌格局[1]。铺前湾是波浪动力改造废弃南渡江三角洲形成的沙质弧形海岸[2-3]。东部废弃三角洲海岸现已无陆域河流泥沙供给，海岸在波浪作用下表现为净的侵蚀后退。自然状态下的铺前湾水动力特征、地貌特征已有诸多研究成果，但因铺前湾如意岛开发、万达城旅游开发及南海观音世界和平岛围填海项目的实施，在大规模人为活动综合影响下铺前湾岸滩响应的研究成果较少。

　　海口万达湾项目选址在铺前湾切线段道孟河口处，在道孟河口修建防波堤以保证口内水域水体交换和水位的相对稳定。防沙堤势必引起海岸的调整，为分析铺前湾海岸对防沙堤布置方案的响应，主要通过现场调查取样、岸线平衡形态模拟及综合分析方法，开展了以下几个方面的研究：①铺前湾水域及岸滩泥沙采样颗分分析；②岸滩泥沙输运特征研究；③岸滩形态调查分析；④防沙堤平面布置方案及工程影响分析。在上述分析研究的基础上，探讨防沙堤方案布置与岸滩响应模式，以及防沙堤淤积年限问题。

1　基础资料

　　1）水文资料包括：①秀英海洋站 1998—2008 年、东寨港实测 2008 年潮汐资料；②2012 年 2 月 10 船同步实测海流资料，2015 年 10 月工程附近潮汐、海流观测资料；③波浪资料为白沙门站（110°10′N，20°04′E，1984 年 5 月至 1985 年 4 月）波浪资料。

　　2）泥沙资料包括：①2009 年铺前湾海域 100 站表层泥沙颗分资料；②2010 年 11 月 22 站表层沉积物采样分析资料；③2012、2015 年同步水文观测期悬沙浓度及级配资料。

　　3）地形资料：①航保部出版的铺前湾 2004、2009、2010、2014 年海图（1:25 000）；②2017 年 2 月道孟河口段实测地形图；③2017 年 1 月工程附近 16 个断面岸滩剖面测量（dm-01 至 dm-16）。

基金项目： 国家自然科学基金项目（41676079）
作者简介： 王世俊（1974—），男，博士，高级工程师，主要从事河口海岸动力地貌与工程响应研究

2　结果分析

2.1　泥沙特性及输运趋势分析

2009 年 11 月采样分析结果显示，铺前湾表层泥沙共分为 12 类，其中以粉砂质沙分布最广（图 1），其次为中、细沙，工程附近近岸为粉砂质沙，北侧外缘、铺前湾东侧近岸则为沙砾，分选较差。表层泥沙分区明显，呈条带状分布，白沙浅滩北侧以沙砾及砾沙为主，显示侵蚀环境；白沙浅滩以南铺前湾外缘则为中细沙及细中沙为主，铺前湾西侧直线岸段近岸泥沙偏细，以细粉砂为主，而外缘则为含砾沙等粗颗粒物质。铺前湾中部大部分区域以粉砂质沙占优，间有中细沙分布。东寨港以东近岸呈 NE–SW 向分布有中细沙分布。

从沉积物粒度参数特征来看，表层泥沙中值粒径在 –2~7ϕ 之间，粒径分布范围很广，反映铺前湾泥沙运动的复杂性。湾中部以 3~4ϕ 为主。近岸泥沙颗粒较中部粗。铺前湾海底表层沉积物的中值粒径等值线分布与沉积物类型分布关系密切，在铺前湾海底等值线较稀疏，在该湾的东、西两侧和近岸等值偏低，以小于 3ϕ 为主，而在湾的中部有一片大于 3ϕ 的沉积区，但该湾整体是较粗的沉积区，处在水动力作用较强的高能沉积环境中；特别是东寨港西部地区，中值粒径的 ϕ 值均在 3~6 之间，是细粒沉积物淤积区，处在水动力作用稍弱的低能沉积环境中。铺前湾海底表层沉积物中值粒径等值线分布特征跟铺前湾的海底地形和水动力特征吻合。

应用泥沙输运趋势模型[4]，以铺前湾 122 个表层泥沙采样分析参数，计算得到铺前湾海域泥沙输运趋势如图 2 所示。从图中可以看出，铺前湾海床泥沙输运趋势呈顺时针环流形式。铺前湾北侧近深槽区域泥沙具有明显的向东输运趋势，而近岸区域以偏西向输运为主，中部细颗粒泥沙沉积区泥沙输运趋势不明显。结合铺前湾海域水动力特点，因北侧受强劲东向潮流作用，泥沙向东输运趋势显著；近岸部分则受风浪及潮流影响，向西输运趋势明显。

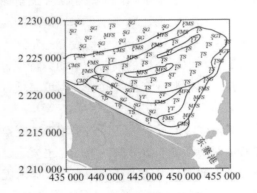

图 1　铺前湾沉积物类型分布

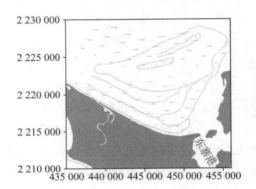

图 2　铺前湾海域泥沙输运趋势

2.2　岸滩地貌特征与剖面调查分析

铺前湾的地貌形态、沉积物分布和泥沙运移均具有典型弧线海岸特征，其遮蔽带的海滩（或潮滩）宽广，坡度平缓，由此往切线方向，海滩宽度迅速变窄，海滩坡度增大，愈往切线末端，滩肩愈明显。海滩和水下浅滩（–5 m 以浅）沉积物以沙质为主，铺前湾中段为粗沙，西段为中细沙（有明显交错层理），东段为细沙或沙砾（与当地岬礁侵蚀有关）；岸滩和浅滩的泥沙运动均自海湾遮蔽段和切线连接处向海湾东西两端运动。两海湾海滩后缘都有沿岸沙堤和沙丘发育，其高度为 2~7 m，其切线段沙堤高度较大。2017 年 1 月 19 日铺前湾岸滩考察显示，自西向东，坝顶高程逐渐降低；西侧断面有低位滩肩发育，前坡坡度较大；河口区因经常受洪水冲决影响，岸滩较窄；东侧滩面逐渐变宽，坡度变缓，沙坝顶高程降低。

从实测剖面形态来看，道孟河口西侧剖面低位滩肩明显，往东岸滩剖面展开，低位滩肩逐渐尖灭，高潮位以上滩面坡度平缓（图 3）。与华南弧形海岸典型反射型海滩剖面特性吻合。

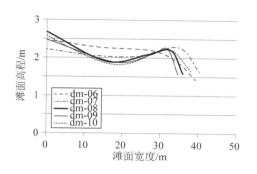
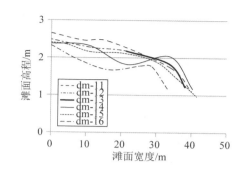

图3 铺前湾道孟河口出口段岸滩剖面形态（2017 年 1 月）

2.3 岸线平衡形态分析

铺前湾附近为 NNE 向波浪的遮蔽带，通过这一优势浪向的绕射和折射，形成弧形滨线；而东营海岸因受优势波浪的直射，它们改造南渡江早期三角洲前缘的废弃障壁海岸，发育成弧形海岸的切线段。由于此切线段已经历了近 4 000 年的波浪塑造，因此整个铺前湾的弧形海岸已接近平衡状态。

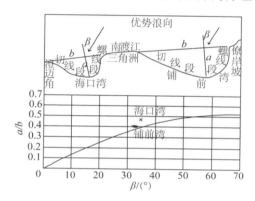

图4 铺前湾与海口湾弧形岸线形态分布[2]

从1984年至今，铺前湾除西侧南渡江口附近岸滩有明显变化外，工程附近岸线相对稳定，岸线变化主要局限在东营港、道孟河口等局部区域。2010年和2014年海图岸线配图比较如图5所示，从图上来看，拟建万达湾附近岸线相对稳定，略有后退。

应用MEPBAY软件拟合铺前湾岸线特征如图6所示，铺前湾主浪向为NE向30°，铺前湾切线段发育非常标准，过渡段凹入度略大，遮蔽段则因基岩抗侵蚀能力强，弧形岸段不发育。道孟河口处于弧形岸线的切线段，岸线平直。

图5 铺前湾岸线变化过程海图比较   图6 铺前湾弧形岸线状态拟合

2.4 铺前湾岸线响应分析

道孟河出口防沙堤布置需在满足道孟河口行洪条件的前提下，既能有效阻挡沿岸输沙、保持口门开敞，又要对口内水域具有良好的掩护功能，满足湾内相对平静的水域环境要求。基于上述约束条件，防沙堤平面布置方案主要考虑以下三个方面的内容：①防沙堤间距；②堤头水深；③防沙堤对岸滩的影响。形成的平面布置方案如图 7 所示。长堤方案以道孟河口东侧规划边线为起点，与岸线呈 95°夹角（垂直于 NNE 向波峰线）向海延伸至−4 m，而后向西北延伸至−5 m；西防波堤亦与原岸线走向呈 95°夹角向 NE 向延伸至−3 m 等深线附近，东、西防波堤堤脚间距约 265 m，堤头间距 203 m。短堤方案以道孟河口东侧规划边线为起点，与岸线呈 95°夹角（垂直于 NNE 向波峰线）向海延伸至−3 m，而后向西北延伸至−4 m；西防波堤与原岸线垂直，延伸至−2 m 等深线附近，东、西防波堤堤脚间距约 220 m，堤头间距 203 m。

　　以工程前同样的入射波条件，适当考虑 NE 波向变化范围，拟合长堤方案后铺前湾岸滩调整后的平衡形态，从拟合结果来看，东防沙堤根部略有淤积，冲淤调整范围纵向在 969~1 220 m 左右，总体淤积宽度不大。西侧防沙堤堤后亦有一定的淤积，垂直方向淤积宽度（125 m）远大于东防波堤（26 m），纵向冲淤影响距离（1 168~1 425 m）亦大于东侧（969~1 220 m）。短堤方案平衡岸线，东防沙堤根部淤积较少（28.9 m），东侧岸线后退，泥沙向东输运，纵向调整范围 710~916 m。西侧防沙堤堤后有一定的淤积，垂直方向淤积宽度 70~90 m，纵向冲淤影响距离 865~1 122 m。从岸线纵向调整范围及横向调整宽度来看，总体上短堤方案岸线调整范围略小于长堤方案。

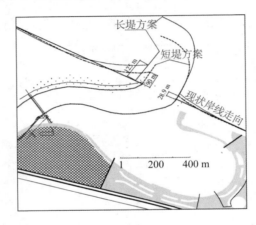

图 7　道孟河口防沙堤平面布置及岸滩冲淤平衡形态

3　讨　论

3.1　防沙堤与岸夹角对于岸滩响应的影响

　　波浪作用下的泥沙输运主要发生在破波带以内，波浪模拟计算结果显示，NNE 向浪作用下，波高 1 m、周期为 4 s 的浪，破碎带宽度为 60~110 m；当波高增大到 2 m、周期为 5 s 时，破碎带宽度为 90~180 m；当波高增大到 3 m、周期为 6 s 时，破碎带宽度为 210~310 m；对于实测最大波浪 N 向浪波高 3.5 m、周期 6.5 s 时，破波带宽度为 260~370 m。从防沙堤布置来看，防沙堤长度大于大浪破波带宽度，基本能满足防沙要求。

　　东侧防沙堤走向主要结合工程区域波浪特征，综合考虑对岸滩的影响。并借鉴海南省同类项目实施效果，海南省近期建成的类似项目平面布置方案如图 8 所示。

　　主防沙堤长度大致在 400 m 范围以内。从主防沙堤走向来看，当防沙堤走向与波向线逆时针锐角相交时，堤与岸滩衔接段泥沙淤积较少（清水湾游艇码头防沙堤）、基本不淤积（万宁老爷海），甚至呈侵蚀状态（石梅湾游艇码头防沙堤）；与岸滩正交的防沙堤湾顶大多呈淤积状态（大洲岛旅游码头防沙堤），但因弧形海岸切线段泥沙以横向搬运为主，湾顶泥沙淤积较少（陵水富力湾游艇码头防沙堤），甚至不淤积（万宁小海）。当防沙堤走向与波向线顺时针锐角相交时，上波侧淤积加剧，而下波侧侵蚀[6]。

　　从道孟河口防沙堤引起的岸滩平衡形态来看，短堤方案引起的海岸调整范围和幅度均小于长堤方案，东防波堤堤脚处甚至不淤积；主要是因为短防沙堤与岸线呈钝角相交时，切线段常浪作用下泥沙以横向搬运为主，而防沙堤的反射作用，使得近岸泥沙发生部分反向输沙。

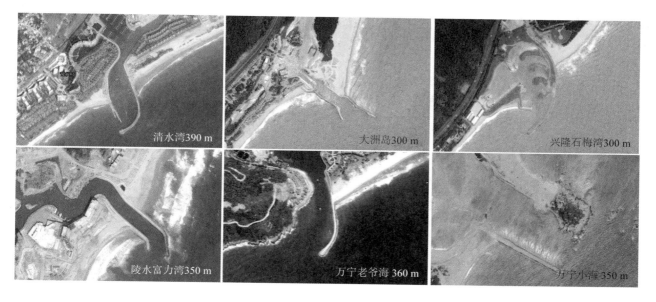

图 8　海南省周边防沙堤布置及淤积现状

3.2　岸滩平衡的响应时间问题

对于受沿岸输沙影响较大的工程区，其淤积的发展不仅受悬沙淤积影响，还与工程修建后的岸线演变有关。由于防沙堤将对海岸的沿岸输沙形成阻隔，防波堤前岸线将在新的边界条件下进行调整以适应新的动力环境。《海港水文规范（JTS 145–2–2013）》附录 N 推荐了沙质海岸凸堤式建筑物上游岸线演变预报计算方法[5]，使用该方法，计算的道孟河口防沙堤淤积形态如图 9 所示。

与弧形海岸平衡理论预测平衡岸线相比较，规范推荐方法计算所得淤积范围远大于平衡岸线形态。究其原因，是由于规范推荐方法考虑计算边界上有源源不断的沿岸输沙，这在沙质弧形海岸切线段中并不存在。沙质弧形海岸的发育是在无外来沙源补充情况下，岸滩适应波浪动力而形成，在防沙堤工程影响下，其调整速度非常快，而调整的范围和幅度受防沙堤走向、长度及常浪多年平均波长有关。相关工程实际表明，海南省内近岸工程影响下岸线调整范围（包括淤积段和侵蚀段）大致在年大波 5~8 倍波长范围内。对于沙质弧形岸线，采用平衡岸线理论所得的岸滩调整估算更切合实际。

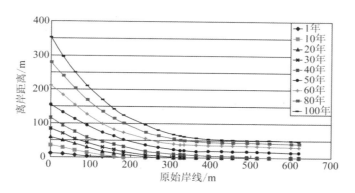

图 9　防波堤至排水口岸滩演变预估

4　结　语

1）铺前湾是在雷琼拗陷的地质背景下，波浪改造南渡江废弃三角洲形成的沙质弧形海岸，西侧切线岸段呈侵蚀后退趋势。岸滩泥沙以中沙为主，北侧海域泥沙向东输运趋势显著；近岸部分则受风浪及潮流影响，向西输运趋势明显。

2）对工程的响应：当防沙堤走向与波峰线呈直角相交时，泥沙以横向搬运为主，堤根附近淤积量较小；当防沙堤走向与波向线逆时针锐角相交时，上波侧方向堤根处淤积减缓，甚至冲刷；当防沙堤走向与波向线顺时针锐角相交时，上波侧淤积加剧，而下波侧侵蚀。因此，当沿岸输沙较为丰富时，防沙堤走向以适当向下波侧方向偏转一定角度为宜。

3）防沙堤使用年限不仅与强波向、波高、周期及潮流流速有关，还与防沙堤走向密切相关，现阶段估算防沙堤使用年限的方法，其前提是海岸沿岸供沙持续不断，因此，过于保守；而对于大多数基本平衡的沙质弧线海岸，切线段沿岸输沙强度不大，岸线通过局部调整适应工程影响下的动力变化，趋向于终极平衡态。因此，在防波堤使用年限论证上，应结合淤积速率与岸线终极平衡形态来综合考虑。

参考文献：

[1]　王颖, 朱大奎. 海南岛西北部火山海岸的研究[J]. 地理学报, 1990, 45(3): 321-330.

[2]　王文介. 琼东北浪控海岸的发育[J]. 海洋学报, 1995, 17(3): 65-71.

[3]　王宝灿, 陈沈良, 龚文平, 等. 海南岛港湾海岸的形成与演变[M]. 北京, 海洋出版社, 2006: 51-70.

[4]　GAO S, COLLINS M. Analysis of grain size trends for defining gnetse dimenttrans port pattern sinmarine environments [J]. Journal of Coastal Research, 1994, 10: 70-78.

[5]　中华人民共和国交通运输部. 海港水文规范（JTS 145-2-2013）[S]. 2013: 208-214.

[6]　珠江水利科学研究院. 海口万达湾岸线演变趋势研究[R]. 2017.

深圳大铲湾口门附近海床演变对妈湾通道影响分析

蔡　鑫[1]，应　强[2]，辛文杰[2]

（1. 深圳市交通公用设施建设中心，广东 深圳，518000；2. 南京水利科学研究院 水文水资源与水利工程科学国家重点实验室，江苏 南京，210024）

摘要： 妈湾跨海工程采用隧道方案，通道沿线的海床冲淤变化和规划航道开挖后的泥沙回淤强度都会对盾构隧道结构的卸载作用产生影响。本文对通道所在的大铲湾口门附近海床进行演变分析。大铲湾为伶仃洋东侧中部的次一级海湾，长期以来大铲湾一直处于缓慢淤积的状态。近期由于围垦、养殖和港口建设等人类活动的增多加快了湾内浅滩的淤积速率。大铲湾湾口及湾内流向以往复流为主，但流向随涨落潮较为复杂，湾口处的实测平均流速小于 0.5 m/s，为口外流速的一半左右。湾口处含沙量分别为 0.55~0.090 kg/m³。湾口淤积的泥沙主要是随潮流由伶仃洋携带而来，洪季淤积量较大，枯季则较小；妈湾通道大铲湾口门沿线现状海床高程下，滩地年均变化在±0.03 m 左右，大铲湾突堤一侧港池如开挖至−18 m，开挖初期年回淤厚度 1.0~1.5m，其间可能存在浮泥及台风或其他因素的影响；随着挖槽的稳定，年回淤厚度可逐年减少到 0.25 m 左右。回淤厚度还与具体的水沙条件和港池的维护方式有关。

关键词： 妈湾通道；伶仃洋；三滩两槽；海床演变；泥沙

1　妈湾通道工程

为适应城市发展需要，减小西部港区疏港交通对前海环境的影响，深圳市提出了新建妈湾通道，实现前海交通"客货分离"。工程南起月亮湾大道，北至沿江高速前海湾收费站，分为前海段、海域段和大铲湾段，其中海域段 1.1 km，采用深埋隧道方式穿越，见图 1。

在海域段 1.1 km 中，大铲湾港区设计中的大突堤侧码头前沿停泊水域宽度为 112 m，进港航道宽度为 650 m，航道规划底高程为−18.0 m，见图 2。

通道沿线的海床冲淤变化和规划航道开挖后的泥沙回淤强度都会对盾构隧道结构的卸载作用产生影响。由于深水段覆土浅，泥水压力和开挖面稳定很难控制，稍有不慎，就有可能发生泥水劈裂，导致泥水喷发到海底，引发塌陷和海水倒灌等重大事故。为达到工程安全、经济的目的，需进行妈湾跨海通道附近的海床演变分析[1]。

图 1　隧道场地位置

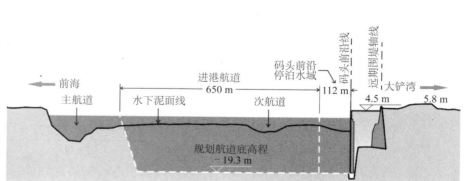

图 2　前海湾规划航道剖面示意

2　水文泥沙特征

2.1　动力特征

前海湾及其附近水域位于东槽矾石水道至暗士墩水道的过渡地段。其中暗士墩水道的深槽尾闾一直嵌入到大铲岛与东、西孖洲之间峡口，矾石深槽则由诸岛西侧通过。海区处于伶仃洋最大浑浊带南缘，滩槽

通信作者：应强（1963–）。男，博士，主要从事河口海岸工程研究。E-mail: qying@nhri.con

冲淤演变主要受川鼻水道–矾石水道来水来沙和暗士墩水道盐水上溯的控制或影响。洪季时径流动力起主导作用，枯季时潮流起主导作用。洪水期附近海域地处盐水楔活动区，上游河口浑水挟带陆域来沙，在细颗粒泥沙絮凝和盐水入侵异重流双重作用下，暗士顿水道与矾石水道之间过渡段产生泥沙阻滞、过滤和沉积现象，这是前海湾及其附近海域洪季发生淤积的主要原因[2]。

2.2　潮流

大铲湾附近的潮流表现出明显的往复流特性，见图 3，大小铲岛水域各条垂线涨潮流北偏西、落潮流南偏东，潮流流向与岸线基本平行。洪季大小潮最大流速超过 1 m/s，枯季大潮涨落潮最大流速在 1 m/s 左右，涨潮大于落潮。妈湾通道所处的 4 号、5 号测点，大潮最大测点流速分别为 0.44 m/s、0.36 m/s；最大垂线平均流速分别为 0.39 m/s、0.30 m/s。可见妈湾通道的流速约为大铲湾口外流速的一半左右[3-4]。

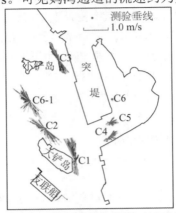

图 3　枯季大潮涨落潮流速矢量图（2018 年 3 月）

2.3　含沙量

伶仃洋东部水域的含沙量较低，其分布洪水期落潮略大于涨潮，枯水期涨潮略大于落潮；含沙量的高低与潮流强弱相关，洪水期通常在潮流落急阶段含沙量增大，枯水期最大含沙量往往在落憩转涨时发生；大潮含沙量大，小潮含沙量小，浅滩水浑，深槽水清。图 3 中 6 个测点的含沙量随时间分布见图 4，由图可见，测点含沙量分布在 0.009～0.254 kg/m³ 之间，垂线平均含沙量分布在 0.022～0.215 kg/m³ 之间。最小含沙量为 0.009 kg/m³，出现在 C5 垂线表层；最大含沙量为 0.254 kg/m³，出现在 C3 垂线的底层。妈湾通道所在断面的 4 号、5 号测点，测量所得的涨潮平均含沙量分别为 0.06、0.09 kg/m³，落潮平均含沙量分别为 0.05 kg/m³、0.09 kg/m³，两者相差不大[3]。

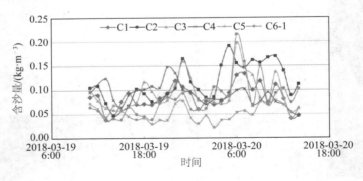

图 4　大潮平均含沙量过程

2.4　悬沙粒径

悬移质粒度分析的水样取样在测验开始时第一个潮的落急、落憩、涨急、涨憩时进行，取样 4 次，各测次间悬沙的中值粒径为 0.004～0.009 mm，各垂线悬移质中值粒径无论是在涨潮期还是落潮期，均无明显差异[3]。

2.5　底沙粒径

采集使用锥式采样器抓取，除了 6 条测流垂线，另外还布了 30 个取样点，测量表明：36 个点的底质样品的中值粒径为 0.005～0.015 mm，6 个测点的悬沙和底沙粒径见表 1，比较发现，各测点的悬沙和底沙的中值粒径在 0.005～0.008 mm 之间，对于同一测点，悬沙的粒径等于或略少于底沙的粒径，两者之间可进行泥沙交换[3]。

表 1　6 个测点悬沙与底沙中值粒径统计

类别	C1	C2	C3	C4	C5	C6–1
悬沙/mm	0.007	0.006	0.006	0.007	0.005	0.007
底沙/mm	0.008	0.005	0.006	0.007	0.007	0.008

2.6　盐度

各垂线的盐度都随着潮位的涨落变化而变化，涨潮时，盐度增大，落潮时，盐度减小。盐度垂线分布具有表层少、底层大的特征，但表底层变化不大，变化范围为 18.8～26.7，平均值在 22 左右[3]。

3　地形变化特征

3.1　湾内

图 5 为 1907 年以来，大铲湾附近岸线变化。1907 年时前海（大铲湾）岸线紧靠南头街，西乡附近的居民点靠近其北部小山岗的坡麓，岸线比 1988 年的岸线向海深入约 3 km，当时海湾面积约 48.35 km²，以后泥沙淤积和围垦滩涂使海湾面迅速减小而且速度愈来愈快。其中 1950 年约 38.33 km²，1978 年约 31.9 km²，1988 年约 24.79 km²，1999 年约 16.18 km²，2002 年约 13.12 km²。纳潮水域面积急剧减少使得进出前海的潮量大幅下降，湾内水动力明显减弱；加之，2004—2007 年大铲湾港区大突堤的建设，使得前海湾口从 5 km 缩窄至 1 km，导致湾内水域变成相对封闭的港池，海床淤积态势明显增强。截至 2011 年，前海湾水域面积仅约 6 km²，仅为 1907 年水域面积的 12.4%[5]。

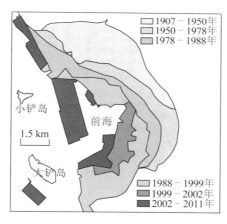

图 5　前海湾海岸线变化

3.2　湾外

大铲湾港区周边海区 2002—2009 年冲淤地形比较表明，小铲岛周边海区整体呈轻微冲刷态势，7 年间冲刷深度多在 0.5 m 以内，而大铲岛、孖洲西北侧的涨潮流尾流区，发育成狭长的淤积带，靠近岛屿附近最大淤积厚度超过 1 m，蛇口至大铲湾沿岸海床下切幅度较大，是受大铲湾港区开发与深圳西部港区公共航道建设的影响所至[图 6（a）]。大铲湾港区周边海区 2009—2011 年冲淤分析表明，大铲湾内呈微淤状态。湾外除机场福永码头航道内略有冲刷外，小铲岛至深圳机场之间的海区整体呈轻微淤积态势，海床淤厚多在 0.5 m 以内。通道两侧在 2002—2009 年水深较大的地方，这两年回淤较大，中间冲淤变化不大[图 6（b）]。

图 6（c）为 2011—2016 年间地形变化，从图中可以看出，大铲湾突堤外侧，地形以不变或略趋淤积为主，淤积厚度大多在 0.5 m 以内（图中地形变深达 5 m 以上的几块区域，应是局部采砂所致[6]）。

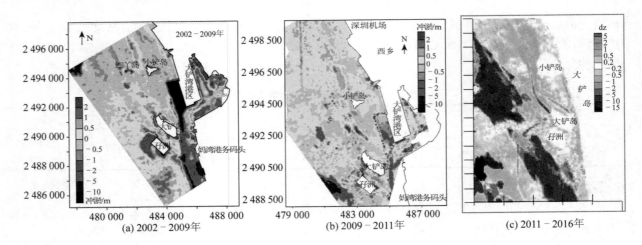

(a) 2002－2009年　　　　(b) 2009－2011年　　　　(c) 2011－2016年

图 6　前海湾周边海区 2002—2009 年冲淤分布

4　回淤分析

4.1　现状河床回淤分析

图 7 为大铲湾建设前后，妈湾通道沿线海床变化。由图可见，大铲湾突堤建设前的 2002 年海床，床面地形变化不大，大多都在 0 m 左右，大铲湾突堤建设时，海床需开挖至–18 m 以下。可以推测，妈湾通道断面，大铲湾一侧突堤刚建成时，堤外海床高程应在–18 m 左右。随后泥沙回淤，在 2009 年地形图上最深点只有–6.3 m；妈湾一侧，受进出湾内航道开挖和维护的影响，水深也有较大的变化。到 2017 年，突堤一侧的水深明显减小，最深处高程为–2.6 m，在水深变浅的同时，宽度增大；妈湾一侧地形在大铲湾突堤建设前后也相差甚大，相对来说，在 400~600 m 的区域变化相对少些，2002—2017 年间，500 m 位置处的变化在 0~0.5 m 之间，年均在 0.03~0.04 m 之间。

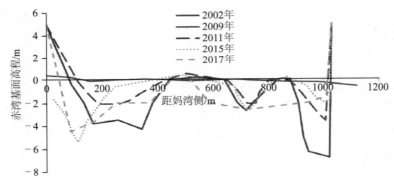

图 7　妈湾通道大铲湾沿线海床地形变化

4.2　航道规划底高程为–18 m 回淤分析

妈湾通道大铲湾侧回淤分析。大铲湾突堤建设后的 2009 年地形上，在港池一侧有一水深较大的深槽，深槽的最大水深–6.3 m，到 2011 年，此处深槽水深仍较大，最大水深–3.6 m，每年平均淤积 1.35 m；2015 年为–1.99 m，年均淤积 0.4 m；2017 年为–1.5 m，年均淤积 0.25 m；由图可见，年均淤积量有逐年减少的趋势，以 2009—2017 年的淤积厚度计算年均淤积，则年均淤厚为 0.6 m。

港珠澳大桥，深中通道的研究表明：当水深较大时，挖槽内的回厚强度并不随水深的增加而增大，故可预见，大铲湾侧航道规划底高程为–18 m 时的淤积量较–6.3 m 有所增加，但不会相差太大，作为估计，开挖初期年回淤厚度 1.0~1.5 m，其间可能存在浮泥及台风或其他因素的影响；随着挖槽的稳定，年回淤厚度可逐年减少到 0.25 m 左右。实际上，港池内淤高到一定高程后，必须进行疏浚，以保证通航安全，且在港池回淤物中，可能存在比重较轻的浮泥。

5 结 语

妈湾通道位于大铲湾湾口，水流以往复流为主，泥沙主要来自伶仃洋水体挟带的泥沙，泥沙可与床面泥沙交换，由于流速较小，呈淤积性海床，现状条件下，滩地年均变化在±0.03 m 左右，且洪季径流挟沙量大，通道区淤积量也较大，枯季则较小。大铲湾突堤一侧港池如开挖至−18 m，开挖初期年回淤厚度为1.0~1.5 m，其间可能存在浮泥及台风或其他因素的影响；随着挖槽的稳定，年回淤厚度可逐年减少到0.25 m 左右。回淤厚度还与具体的水沙条件和港池的维护方式有关，具体可参考相关模型试验成果。

参考文献：

[1] 应强, 辛文杰. 妈湾跨海通道（月亮湾大道-沿江高速）工程（妈湾跨海通道沿线滩槽演变及冲淤分析研究）妈湾跨海通道沿线滩槽演变分析报告[R]. 南京: 南京水利科学研究院, 2019.

[2] 李春初, 雷亚平, 何为,等. 珠江河口演变规律及治理利用问题[J]. 泥沙研究. 2006(3): 44-51.

[3] 辛文杰, 韦立新. 妈湾跨海通道（月亮湾大道–沿江高速）工程（妈湾跨海通道沿线滩槽演变及冲淤分析研究）工程海域水文测验报告[R]. 南京: 南京水利科学研究院, 长江委水文局长江下游水文水资源勘测局, 2019.

[4] 华东师范大学河口海岸研究所, 中山大学河口海岸研究所. 大铲湾滩槽稳定性和淤积趋势研究[R]. 2003.

[5] 莫思平, 王志力, 季荣耀. 宝安中心区滨海地带水环境规划研究[R]. 南京: 南京水利科学研究院, 2014.

[6] 辛文杰, 应强, 何杰. 深圳至中山跨江通道工程沉管隧道基槽回淤观测试验专题研究水沙环境分析[R]. 南京: 南京水利科学研究院, 2017.

深圳大铲湾内港池回淤对妈湾跨海通道影响的
数值模拟研究

蔡　鑫[1]，何　杰[2]，辛文杰[2]

（1. 深圳市交通公用设施建设中心，广东 深圳，518000；2. 南京水利科学研究院 水文水资源与水利工程科学国家重点实验室，江苏 南京，210024）

摘要： 妈湾跨海通道以盾构隧道形式下穿前海湾湾口，隧道上方覆盖层厚度的变化对隧道荷载设计至关重要。前海湾湾口位于深圳大铲湾港区的港池规划水域，底标高将由目前的－3.0 m 开挖至－18.0 m。研究采用潮流泥沙数学模型，在对前海湾近期实测水文资料验证的基础上模拟了内港池开挖后的水沙运动变化和通道沿程的泥沙回淤强度。研究结果表明：前海湾湾口水域的水流呈"东涨、西落"的往复流形式，流速普遍较弱；湾口区域泥沙回淤呈"北多南少"的分布趋势；通道北段最大淤强 0.80 m/a，沿线平均淤强为 0.40 m/a，通道泥沙淤积厚度呈逐年减小的特点。结合港区定期维护疏浚情况考虑，妈湾跨海通道沿线海床的泥沙回淤不会出现大幅淤积的情况。

关键词： 妈湾跨海通道；深圳大铲湾；湾口；回淤；数值模拟

大铲湾港区位于珠江口东岸矾石水道东南部、大铲湾湾口北岸，行政归属深圳市宝安区。大铲湾港区东接前海深港现代服务业合作区，南近蛇口、赤湾港，北接深圳宝安国际机场，毗邻香港，背靠华南及珠三角经济腹地，港区所处位置的水深、波浪、交通等条件得天独厚，具有建设深水良港的优越条件。大铲湾港区是深圳港"十五"期间新开发建设的集装箱港区，主要由深圳市大铲湾港口投资发展有限公司负责开发建设。根据《大铲湾港区集装箱码头规划调整方案》及《深圳港总体规划》，大铲湾港区由大突堤和顺岸段两部分组成，港池水域分为外港池和内港池两部分[1]。大铲湾港一期码头和港池于 2008 年建成并投产，大铲湾湾口宽度由 5 km 缩窄到 1 km，湾内水域面积约 6 km²。按照港区建设的相关规划，前海湾湾口以及靠近大突堤侧水域将会开挖至－18.0 m（当地理基）形成内港池水域。

妈湾跨海通道工程位于深圳市南山半岛西部、珠江入海口东岸，隔内伶仃洋与珠海、中山相望，拟建工程南段起于妈湾大道与月亮湾大道立交，沿前海片区妈湾大道敷设；北段沿大铲湾港区金港大道敷设，止于沿江高速大铲湾立交，线路全长约 7.3 km，其中分隔南北两岸的前海湾海域宽约 1.1 km，通道线位如图 1 所示。前海湾湾口平均水深为 3 m 左右，内港池开挖后通道沿线水深达到 18 m（图 2）。

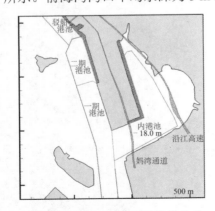

图 1　大铲湾港区规划与妈湾通道线位关系

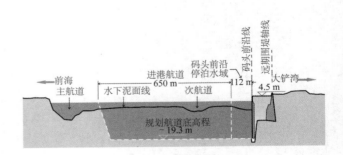

图 2　前海湾湾口规划港池剖面示意

妈湾跨海通道采用隧道工程下传前海湾湾口水域，通道沿线的海床冲淤变化和规划内港池开挖后的泥沙回淤强度都会对盾构隧道结构的卸载作用产生影响。一般由于深水段覆土浅，泥水压力和开挖面稳定很

通信作者：何杰（1979–），男。E-mail: jhe@nhri.com

难控制，稍有不慎，就有可能发生泥水劈裂，导致泥水喷发到海底，引发塌陷和海水倒灌等重大事故。为达到工程经济性目的，隧道覆土厚度应尽可能小，但同时又必须保证隧道工程安全，因此很有必要开展跨海通道沿线海床稳定性分析和航道开挖后回淤过程模拟研究，预测工程区域的海床变化、航槽回淤速率以及维护性疏浚的规模与频次，为隧道的竖向设计提供依据。本研究将采用潮流泥沙数学模型模拟大铲港内港池开挖后的水流泥沙运动和泥沙回淤情况，预测通道沿线的泥沙回淤强度以及中长期泥沙回淤厚度，为妈湾跨海通道的隧道荷载设计提供依据。

1 数值模拟计算

1.1 水沙控制方程

大铲湾港池所在的伶仃洋海域水面宽阔，岸线曲折，采用三角形网格对计算域进行网格剖分，水沙控制方程采用有限体积法进行离散求解。在笛卡儿直角坐标系下，根据静压和势流假定，沿垂向平均的二维潮流悬沙基本方程采用向量形式可表述如下：

$$\frac{\partial U}{\partial t} + \nabla E = S + \nabla E^d \tag{1}$$

式中：$U = (d, du, dv, ds)^\mathrm{T}$；$d$ 为全水深（$d = h + \zeta$，h 为水平面以下水深，ζ 为水面波动或潮位）。

对流项表示为 $E = (F, G)$，其中

$$F = \begin{pmatrix} du \\ du^2 + gh^2/2 \\ duv \\ dus \end{pmatrix}, \quad G = \begin{pmatrix} dv \\ duv \\ dv^2 + gh^2/2 \\ dvs \end{pmatrix} \tag{2}$$

式中：u、v 和 s 分别表示 x、y 方向的流速和水体含沙量。

水流和泥沙运动方程的紊动扩散项表示为 $E^d = (F^d, G^d)$，其中

$$F^d = \begin{pmatrix} 0 \\ \varepsilon_x d\partial u/\partial x \\ \varepsilon_x d\partial v/\partial x \\ K_x d\partial s/\partial x \end{pmatrix}, \quad G^d = \begin{pmatrix} 0 \\ \varepsilon_y d\partial u/\partial y \\ \varepsilon_y d\partial v/\partial y \\ K_y d\partial s/\partial y \end{pmatrix} \tag{3}$$

式中：ε_x、ε_y 分别为 x、y 方向的水流涡黏系数，这里取各向同性，即 $\varepsilon_x = \varepsilon_y = \varepsilon$，可表示为 $\varepsilon = kdU_*$，其中，U_* 为摩阻流速，表示为 $U_* = \dfrac{n\sqrt{g(u^2 + v^2)}}{d^{1/6}}$。$K_x$、$K_y$ 则为 x、y 方向的泥沙紊动扩散项系数，根据 Eider 经验公式有：

$$\begin{cases} K_x = 5.93\sqrt{gn}|du|/d^{1/6} \\ K_y = 5.93\sqrt{gn}|dv|/d^{1/6} \end{cases} \tag{4}$$

源项 S 表示如下：

$$S = S_0 + S_f = \begin{pmatrix} 0 \\ S_{0x} + S_{fx} + fv \\ S_{0y} + S_{fy} - fu \\ -Fs \end{pmatrix} \tag{5}$$

式中：S_{ox}、S_{oy} 分别是 x、y 方向的倾斜效应项即河床底部高程变化，$S_{0x} = -gd\,\partial z_b/x$，$S_{0y} = -gd\,\partial z_b/y$，$z_b$ 为河床底面高程；S_{fx}、S_{fy} 是 x、y 方向的底摩擦效应项，$S_{fx} = -\dfrac{gn^2 u\sqrt{u^2 + v^2}}{d^{1/3}}$，$S_{fy} = -\dfrac{gn^2 v\sqrt{u^2 + v^2}}{d^{1/3}}$，其中 n 为曼宁系数；f 为柯氏系数，$f = 2\omega\sin\Phi$，ω 表示地转速度，Φ 为当地地理纬度；Fs 为床面冲淤函数可用下式表示：

$$Fs = -\alpha\omega(\beta_1 \cdot s_* - \beta_2 \cdot s) \tag{6}$$

$$\beta_1 = \begin{cases} 1 & (u \geq u_c) \\ 0 & (u < u_c) \end{cases}, \beta_2 = \begin{cases} 1 & (u \geq u_f) \\ 0 & (u < u_f) \end{cases}$$

式中：α 为泥沙的沉降机率；ω 为泥沙沉速；s_* 为水流挟沙率；u_c 为泥沙起动流速；u_f 为泥沙悬浮流速。

$$s_* = 0.07 \frac{u^2}{g\omega(h+\zeta)} \tag{7}$$

$$\omega = \omega_0 k_f \frac{1 + 4.6s^{0.6}}{1 + 0.06u^{0.75}} \tag{8}$$

$$u_c = \left(\frac{H}{d}\right)^{0.14} \left(17.6 \frac{\gamma_s - \gamma}{\gamma} d + 6.05 \times 10^{-7} \frac{10 + H}{d^{0.72}}\right)^{1/2} \tag{9}$$

$$u_f = 0.812d^{0.4}\omega^{0.2}H^{0.2} \tag{10}$$

$$\gamma_0 = 1\,750 d_{50}^{0.183} \tag{11}$$

床面糙率采用下式表示：

$$n = n_0 + n' \tag{12}$$

式中：n_0 指沙粒糙率，与床沙质粒径有关，n' 表示附加糙率，与海床的相对起伏度变化对应，一种简单的表达式为

$$n' = \frac{k_n}{(h+\zeta)} \qquad (h+\zeta \geq 0.5 \text{ m}) \tag{13}$$

式中：k_n 的取值范围一般为 0.01~0.02，根据不同的水下地形可选择相应的 k_n 值。

1.2　计算方法

本文采用有限体积法对水沙方程进行离散求解，实质是以单元为对象进行水量、动量和沙量的平衡，物理意义清楚，可以准确地满足积分方程的守恒，计算结果精度较高，且能处理含间断或陡梯度的流动。计算区域采用非结构网格（三角形或四边形）进行剖分，将单一的网格单元作为控制元，物理变量配置在每个单元的中心。将第 i 号控制元记为 Ω_i，在 Ω_i 上对向量式的基本方程组（1）进行积分，并利用 Green 公式将面积分化为线积分，得

$$\frac{\partial}{\partial t} \int_{\Omega_i} U \mathrm{d}\Omega_i + \oint_{\partial\Omega_i} (E \cdot \vec{n}_i - E^d \cdot \vec{n}_i) \mathrm{d}l = \int_{\Omega_i} S \mathrm{d}\Omega_i \tag{14}$$

其中，$\mathrm{d}\Omega_i$ 是面积分微元，$\mathrm{d}l$ 是线积分微元，$\vec{n}_i = (n_{ix}, n_{iy}) = (\cos\theta, \sin\theta)$，$n_{ix}$、$n_{iy}$ 分别代表第 i 号控制元边界单位外法向向量 x、y 方向的分量。

沿单元边界线积分可以表示为三角形各边积分之和

$$\oint_{\partial\Omega_i} (E \cdot \vec{n}_i - E^d \cdot \vec{n}_i) \mathrm{d}l = \sum_{k=1}^{3} (E_k \cdot n_k - E_k^d \cdot n_k) \cdot l_k \tag{15}$$

式中：k 表示三角形单元边的序号，$E_k \cdot n_k$ 和 $E_k^d \cdot n_k$ 分别表示第 k 条边的对流项和紊动项的外法线数值通量，l_k 为三角形第 k 条边的边长。

式（14）的求解主要分为三个部分：一是对流项的数值通量求解，二是紊动项的求解，三是源项中底坡项的处理。对流项基面数值通量的求解格式有多种，这里采用 Roe 格式的近似 Riemann 解[2]。浅水方程的紊动黏性项采用单元交界面的平均值进行估算[3]，底坡源项采用特征分解法处理[4]。

1.3　模型设计

深圳大铲湾处在伶仃洋的东岸，伶仃洋海域水面宽阔。此次建立的数学模型计算范围覆盖整个伶仃洋河口湾，模型北起虎门口，南至大万山岛以南 5 km 处，西边界设在珠海的炮台山，东边界止于香港汲水门[5]。模型覆盖范围东西向 51 km，南北向 108 km，控制面积 3 877 km²。前海湾水域网格剖分效果如图 3 所示。大范围水域采用较大尺寸网格剖分，大铲湾水域则采用进行网格进行剖分。模型共有 9 个开边界控制，伶仃洋南部开阔海域采用潮位控制，东侧香港汲水门，西侧磨刀门水道，北端的虎门水道，焦门水道

和洪奇门水道以及横门水道则采用流量过程控制方式。模型水深采用 2007 年新测伶仃洋大范围水域
1：30 000（珠江基面高程）和 2009 年 6 月份实测深圳大小铲岛港区规划水下地形图插值得到。工程区大
铲湾港池水域则采用 2010 年年初港池疏浚后的测图水深。

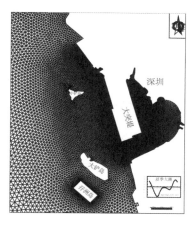

图 3　前海湾水域网格剖分效果示意

1.4　大铲湾港池回淤检验

对海床地形的冲淤验证是泥沙数学模型中的一项重要内容。大铲湾一期港池回淤分析表明，一期港池
回淤分布具有"北端多、南端少，码头前沿多、回旋水域少"的特点[6]。由表 1 的统计结果可以看出，距
离码头较远处断面 SK100 在将近一年时间内淤积了 0.97 m，港池中间断面 SK350 淤积了 1.29 m，码头前
沿断面 SK600 则淤积了 2.59 m，2009 年一期港池汛期 2 个月淤厚和非汛期 5 个月的淤厚为 1.33 m。二维
潮流泥沙数学模型模拟验证表明，断面 SK100、SK350 和 SK600 淤积厚度分别为 1.08 m、1.33 m 和 1.95 m，
在相应时间内港池淤厚为 0.99 m，验证计算与实测误差在 30% 以内，符合交通运输部颁布的"海岸与河口
潮流泥沙模拟技术规程"的要求。图 4 为模型模拟的工程水域淤强分布，泥沙回淤主要发生在大铲湾一期
港池水域。从港池泥沙回淤分布的模拟结果来看，港池回淤分布具有"北多南少、东高西低"的特点，这
与港池实际的回淤分布比较相似。总体来看，模型模拟结果与港池适航水深变化比较相近，这表明该数学
模型对大铲湾一期港池泥沙回淤的模拟已达到交通部《海岸与河口潮流泥沙模拟技术规程》的精度要求。

表 1　大铲湾一期港池冲淤（m）验证统计

时间段	断面 SK100	断面 SK350	断面 SK600
2008 年 11 月 28 日至 2009 年 8 月 20 日	0.68	0.73	1.48
2009 年 9 月 20 日至 2009 年 12 月 2 日	0.29	0.56	1.11
实测值	0.97	1.29	2.59
计算值	1.08	1.33	1.95

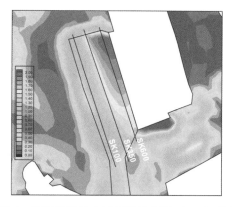

图 4　模型模拟的大铲湾港池回淤（m/a）分布

2 模拟成果分析

2.1 潮流流态

现状条件下，妈湾跨海通道沿程流速呈往复流形式，涨潮流自西向东，落潮流自东向西，流速方向与湾口走向基本一致，如图 5 所示。涨潮期间，通道北段流速略大于南段；落潮期间，是通道南段流速略大于北段。通道沿程涨潮最大流速的平均值为 0.48 m/s、平均流速为 0.19 m/s，落潮最大流速的平均值为 0.52 m/s、平均流速为 0.21 m/s。随着通道区域大铲湾内港池的开挖，通道沿线流速分布仍呈往复流的运动趋势。通道区域水深增加后，沿线的流速均有所减弱。通道沿程涨潮最大流速的平均值为 0.18 m/s、平均流速为 0.08 m/s，落潮最大流速的平均值为 0.24 m/s、平均流速为 0.09 m/s。流速分布表现为涨潮期间通道北段大于南段，落潮期间通道北段小于南段。

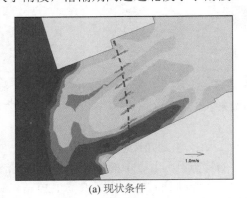

（a）现状条件 　　　　　　　　　　　　　　（b）内港池形成后

图 5　妈湾通道沿程水域流矢量分布

2.2 通道沿程回淤分布

根据图 6 显示的妈湾通道沿线的海床冲淤情况可以看出，跨海通道沿线海床在现状条件下以淤积为主，淤积部位主要出现在两个深槽部位，最大淤强为 0.36 m/a，全线平均淤强为 0.19 m/a；随着大铲湾内港池的形成，妈湾通道沿线仍以淤积为主，淤积分布呈"北多南少"的趋势，北段最大淤厚 0.80 m，南段最小淤厚为 0.09 m，通道沿线平均淤强为 0.40 m/a。

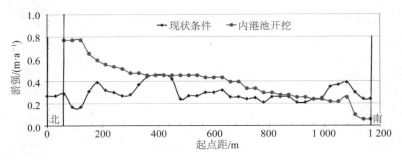

图 6　妈湾通道沿线海床淤积分布

从图 7 给出的妈湾通道 3 年期间的沿线底标高变化情况可以看出，内港池开挖后，通道沿线地形随时间不断淤高，淤积分布呈"北多南少"的趋势，通道沿线第一年平均淤高 0.40 m，第二年平均淤高 0.32 m，第三年平均淤高 0.24 m，淤积幅度也呈逐年减小的趋势。

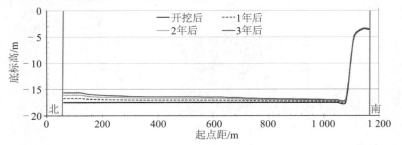

图 7　内港池开挖后妈湾通道沿线底标高变化

3 结 语

前海湾湾口水域的水流呈"东涨西落"的往复流形式，流速普遍较弱；随着内港池和航道的开挖，湾口水域往复流的运动趋势没有改变，相应的垂线平均流速会随着水深的增加而有所减弱。大铲湾内港池形成后，湾口区域泥沙回淤呈"北多南少"的分布趋势；通道北段最大淤强 0.80 m/a，沿线平均淤强为 0.40 m/a。通道沿线第一年平均淤厚 0.40 m，第二年 0.32 m，第三年仅为 0.24 m，淤积厚度逐年减小。并且，港池每年都会进行定期的维护疏浚。综合考虑，通道沿线海床的泥沙回淤厚度不会增加太多，亦不会出现大幅淤积的情况。

参考文献：

[1] 深圳市人民政府. 深圳港总体规划[S]. 2012.

[2] ROE P L. Approximate Riemann solvers, parameter vectors, and difference schemes[J]. Journal of Computational Physics, 1997, 135: 250-258.

[3] 何杰, 辛文杰. 含有紊动黏性项浅水方程的数值求解[J]. 水利水运工程学报, 2010, 9: 95-100.

[4] 何杰, 徐志扬, 辛文杰. 浅水方程 Roe 型格式的平衡性[J]. 河海大学学报（自然科学版）, 2009, 8: 450-456.

[5] 何杰, 贾雨少, 辛文杰. 珠江三角洲河网及河口整体二维水流数学模型[C]//中国海洋工程学会. 第十八届中国海洋（岸）工程学术讨论会论文集. 北京：海洋出版社, 2017: 1350-1355.

[6] 何杰, 辛文杰, 徐群. 深圳大铲湾港区泥沙输移规律研究[C]//中国海洋工程学会. 第十六届中国海洋（岸）工程学术讨论会论文集. 北京：海洋出版社, 2013: 1226-1231.

锦尚港海域大风天泥沙骤淤特征及成因研究

李　昶，陆永军，左利钦，黄廷杰

（南京水利科学研究院 水文水资源及水利工程科学国家重点实验室，江苏 南京 210029）

摘要：泉州湾锦尚港海域在台风、地震引起的特殊天气条件下会发生严重的泥沙淤积。本文根据三角架定点观测和水文测验资料，分析不同水文条件下的含沙量变化特征以及形成条件。结果表明，泥沙运动与风浪天气关系密切，在小风天气下观测海域含沙量较小，特殊天气条件（台风、地震引起的大风天）下，且持续作用时，含沙量持续增大，相对小风天气增幅达到3~6倍左右；研究海域含沙量明显变化的临界波高约为0.7 m。含沙量除受波高、流速影响外，还在很大程度上受流向与波浪传播方向的夹角，以及床面泥沙特性的影响。床面泥沙特性在风浪过程中不断变化造成了仅考虑动力条件的挟沙力与实际含沙量的较大差别。泉州湾锦尚港海域的骤淤特征、骤淤形成条件以及适航水深技术，可为其他淤泥质海港的骤淤研究提供参考。

关键词：泥沙骤淤；特殊天气；淤泥质海港；锦尚港

在极端天气条件下，波浪作为河口海岸地区水流、泥沙运动的重要动力，能够引起高浓度含沙水体在潮流或密度流的驱动下对港池航道产生骤淤[1]，进而增大港口航道回淤量。因此，研究港口泥沙骤淤特征对海港建设及运营管理具有重要意义[2]。近些年，众多学者对开敞式港口航道发生强淤、骤淤的原因进行了大量研究，高进[3]通过遥感影像和数值模拟研究认为大风形成的堤头漩涡输沙是造成航道骤淤的重要原因；刘家驹[4]认为水动力因素（波浪、潮流等）、泥沙因素（泥沙组成、含沙量大小等）和工程环境因素是引起近岸浅水海域的航道港池泥沙淤积的主要原因；曹祖德和杨树森[5]在分析洋口港航道骤淤时，认为其发生骤淤现象需具备持续强浪动力条件、丰富沙源及淤积环境三个条件；徐福敏和张长宽[6]研究了关于台风浪对长江深水航道骤淤的影响。此外，也有众多研究根据物理模型与数学模型来复演或计算台风浪等条件下港口航道骤淤问题，如白玉川等[1]从理论上对波浪挟沙能力及航道骤淤机理进行相关研究；孙林云等[7]利用物理模型模拟了京唐港风暴潮航道骤淤，并提出相应的工程措施；窦国仁[8]建立了波流共同作用下水流挟沙力公式，并根据众多港口海域实测资料加以验证；Zuo 等[9]通过实测资料及波流共同作用下的二维泥沙数学模型研究了强潮河口泥沙回淤规律；李寿千等[10]研究了波流边界层紊动结构及泥沙起动问题；黄华聪等[11]和贾晓等[12]分别从台风路径特征的数值验证和台风要素敏感性分析角度分析了影响长江口深水航道骤淤的非常态天气过程。

近年来，我国有关港口航道泥沙骤淤的研究区域比较有局限性，主要集中在莱州湾、辽东湾、长江口、珠江口等主要深水航道地区，有关泉州湾附近海域海港的研究相对较少。目前，泉州湾有关泥沙淤积的研究主要从悬浮泥沙来源[13]、围填海工程带来相应淤积情况[14]等方面开展，而有关大风天等极端天气条件下海港泥沙骤淤特征的研究相对较少。为此，本文依据长时间现场观测资料，分析风浪影响下泉州湾锦尚港海域泥沙骤淤特征，并对其影响因素加以分析。

1 研究区域与方法

1.1 研究区域及采样

福建石狮鸿山热电厂位于福建省石狮市鸿山镇境内南部海滨，西距石狮市区约 15 km，北距泉州湾南口的祥芝角约 5 km，南距深沪湾约 10 km，东侧和南侧濒临台湾海峡，鸿山电厂所在的锦尚湾为半月形海湾，面向东南向开敞，东北西南向长约 2.5 km，西北东南向宽约 1 km，面积约 2 km²，自然岸线长约 4.5 km，如图 1 所示。锦尚湾近岸地貌以平缓沙滩为主，基岩海岸分布在海湾南北端部，海湾中部、口门水域密布高低、大小不一的礁群。口门附近最大水深为 10~12 m，直接受外海波浪影响。岸边多为砂质岸滩，浅海湾区分布有多个礁石群，区内分布有大片的礁盘、暗礁，水文测验表明，锦尚湾外海区海床表层沉积物以黏土质粉砂为主，但海湾附近局部工程码头附近沉积物以中粗砂为主，指示了近岸海域较强的波浪作用。

2012 年和 2016 年实测水文资料表明，锦尚湾内水域潮流作用较弱，但受 S—ESE—SE 向和 NE—ENE—E 向波浪影响，泥沙向湾底运移。避风港海域由于火成岩喷发造陆，水下礁石密布，口门处东西两礁盘高程分别为 4 m 和 6 m，礁石间形成浅水潮流通道。

在鸿山热电厂码头航道周边布置了 25 个采样点，采用抓斗进行表层采样，其中 9 号、13 号、17 号、18 号、19 号、20 号、21 号点采用重力取样器进行了柱状采样，如图 1 所示。

图1   研究区域及采样点

1.2   水动力观测

观测点位于锦尚湾，鸿山码头掉头圆和华锦码头进港航道之间，尽量避开船舶影响（图 1）。2018 年 10 月 21 日至 12 月 11 日采用定点投放三角架的形式，布设了 AWAC（浪龙）、ADCP（声学多普勒流速剖面仪）、OBS-3A（悬沙盐度温度测量仪）、ADV（声学多普勒流速仪）等（图 2），开展了连续不同水文条件下的潮流、波浪、含沙量等过程观测。三角架第一层：离底 0.2~0.46 m，布置一个 ADV 和一个 OBS。ADV 离底 0.46 m，用于近底高频流速测量及波浪轨迹速度的测量，分析近底紊动场。OBS 离底 0.2 m，主要用于观测底部含沙量过程。第二层：离底 0.8 m，布置一个 OBS，用于观测该高度处含沙量过程；第三层：离底 1.35~1.40 m，布置 ADCP、AWAC 和 OBS。ADCP 俯视底床，用于观测近底处瞬时流速剖面。AWAC 仰视水面，用于观测波浪要素及瞬时流速剖面。OBS 用于观测离底 1.4 m 处含沙量过程。一个潮位仪，用于观测潮位过程。ADV 频率设为 8Hz，ADCP 采样频率为 1Hz，AWAC 采样频率为 1Hz，流速、波高、含沙量采样间隔为 0.5 h。2018 年 11 月 9 日，将支架取回查验数据，又重新投放，判断整个系统是否运行正常，重新投放后观测到 2018 年 12 月 11 日。

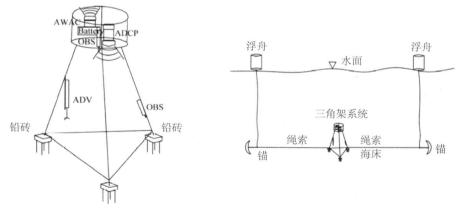

图2   现场观测系统[9]

2   沉积物、含沙量特征

2.1   表层沉积物粒度特征

图 3 为锦尚湾鸿山电池港池航道的表层沉积物组分含量分布，可以看出，采样区以粉砂为主，大部分占 67%~82%，尤其以内侧区域含量最高，靠近西侧进港航道的个别点 5 号（砂含量 100%）和 16 号（砂含量 53%）以砂为主。黏土含量大部分为 15%~28%，外海进港航道部分黏土含量相对较大，砂含量大部

分为 1%~11%。锦尚湾从海岸形态上为沙质海岸，细颗粒泥沙沉积物主要来自于北侧的泉州湾，总体泥沙较细，以粉砂为主，同时黏土含量达到 15%~28%，从底质组成看基本应呈现黏性沙的运动特性。但局部区域存在零星礁石，有砂存在，呈点状分布。

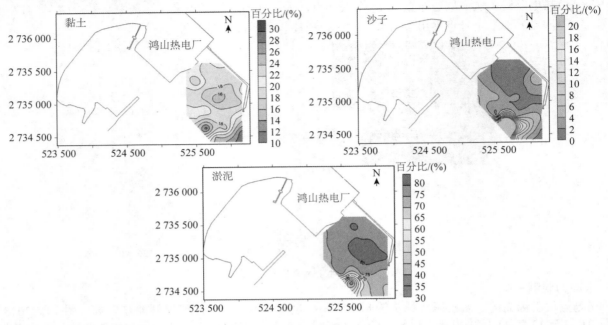

图 3　表层沉积物组分含量分布

2.2　柱状沉积物粒度特征

根据采集的 9 个柱状样资料进行垂向沉积物粒度分析，如图 4 所示。

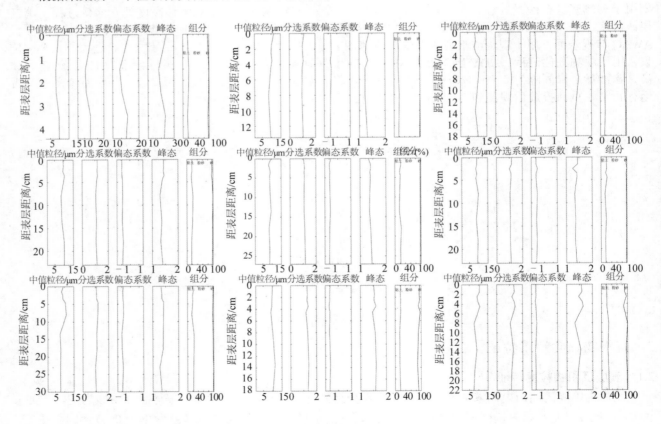

图4　柱状样沉积物粒度参数

9 个钻孔分别为 9 号、13 号、14 号、17 号、18 号、19 号、20 号、21 号、22 号。总体来看，各柱样岩性变化小，呈灰褐色，组分中以粉砂为主（7~22 号样品分别为 77.4%、81.4%、79.8%、77.9%、76.9%、77.9%、77.0%、71.3%、70.2%），其次是黏土（7~22 号样品分别为 19.9%、17.9%、16.6%、19.2%、20.5%、19.5%、21.1%、20.1%、22.9%，）与砂（7~22 号样品分别为 2.7%、0.7%、3.6%、2.9%、2.6%、2.5%、1.9%、8.6%、6.9%）。各柱状样中值粒径介于 7.4~11.4 μm 之间，沉积物颗粒较细；分选系数介于 0.97~1.26 之间，沉积物分选较差；偏态介于 −1.06~ −0.93 之间，为负偏，表明沉积物总体偏细；峰态介于 1.22~1.64 之间，说明柱状样分布频率为中等。

2.3　特殊天气条件下含沙量特征

10 月 30 日前后，2018 年第 26 号台风"玉兔"进入我国南海，对广东、福建沿海海域造成较强影响，风力达到 10 级以上，10 月 30 日 11 时 54 分泉州气象局发布台风黄色预警。根据国家海洋预报中心数据显示，台风期间，福建南部近岸海域出现 2~3.4 m 的中浪和大浪，这也对此次锦尚港海域观测产生一定影响，最大有效波高达 1.2 m，但由于距离较远，影响有限。

图 5 为观测期内距底各层（0.20 m、0.80 m、1.45 m）悬沙浓度变化与有效波高（$H_{1/3}$）的关系。其中，由于设备及电池原因，离底 0.2 m 有效数据日期为 10 月 21—26 日、11 月 9 日至 12 月 1 日，离底 0.8 m 全系列数据有效，离底 1.4 m 有效数据日期为 10 月 21—29 日、11 月 9 日至 12 月 11 日。

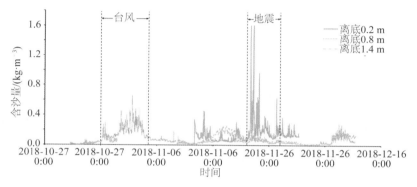

图5　观测期内含沙量变化过程

10 月 27 日 0:00 至 10 月 29 日 5:30，出现峰值达到 1.18 m 的波浪过程，从含沙量过程来看，含沙量也经历了相同的变化过程，离底 1.4 m 处平均含沙量约为 0.29 kg/m³。随后继续出现持续时期为 2018 年 10 月 29 日 5:30 至 11 月 5 日 0:30，为 2018 年第 26 号台风"玉兔"带来较大的一个波浪过程，在 10 月 30 日 15:30 达到峰值（1.20 m），含沙量也经历了相似的变化过程，峰值稍有滞后，离底 0.8 m 处含沙量在 11 月 1 日 15:20 达到约 0.66 kg/m³。

11 月 26 日在台湾海峡位于澎湖县府西方 101.9 km 海域发生 6.1 级地震，地震前后带来的风浪过程在图 5 中有所显示，11 月 22 日 10:00 至 11 月 24 日 11:30 经历一次较长的风浪过程，有效波高为 0.5~1.0 m，周期为 4.6~8.7 s。从图中可以看出，在平常天气条件下，各层水体悬沙浓度相差不大，但是在地震带来风浪的特殊情况下，离底 0.2 m 处含沙量（含沙量峰值为 1.61 kg/m³，平均含沙量为 0.41 kg/m³）明显大于上层水体（离底 0.8 m 处 OBS 测得的含沙量峰值为 0.17 kg/m³，平均含沙量为 0.10 kg/m³；离底 1.4 m 处 OBS 测得的含沙量峰值为 0.14 kg/m³，平均含沙量为 0.07 kg/m³）。

3　含沙量主要影响因素分析

依据水动力学原理可知，当波浪和水流等动力产生的切应力小于泥沙颗粒起动所需的临界起动切应力时，泥沙保持在底床上；当该切应力大于临界切应力时，泥沙颗粒起动并悬扬，水体中的含沙量增加；当动力条件再次减弱，切应力小于泥沙的临界淤积切应力时泥沙落淤，水体含沙量逐渐减小。

3.1　波浪因素

根据 AWAC 波浪数据，图 6 给出了观测期内特征波高、特征波高对应周期以及平均波向的变化过程，可以看出，在 10 月 30 日前后的台风时期，$H_{1/3}$、$H_{1/10}$ 波高及其对应周期 $T_{1/3}$、$T_{1/10}$ 要明显高于其他时段，该时期 $H_{1/3}$、$H_{1/10}$ 波高峰值达到 1.6 m，对应周期大于 9 s，平均波向介于 120.5°~151.2° 之间，主要为 SSW 方向。

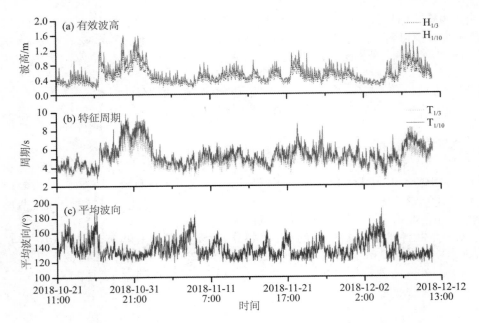

图6　观测期内特征波高、特征波高对应周期、平均波向的变化

如图 7 所示，含沙量的变化过程与有效波高的变化具有较好的对应关系，波高较小时水动力不足以扰动底部泥沙，根据唐存本公式和窦国仁公式计算（表 1），12 m 水深需要的起动流速在 0.9~1.0 m/s 左右，观测海域潮流流速一般小于 0.5~0.6 m/s，不足以起动，含沙量很小，一般小于 0.1 kg/m³；波高较大且持续作用时，波浪可产生较大的剪切力，含沙量主要受波浪掀沙影响，含沙量较大。根据一般的含沙量分布规律，近底含沙量大，往水面含沙量逐渐减小。离底越近，含沙量的变化过程与有效波高一致程度相对越高。

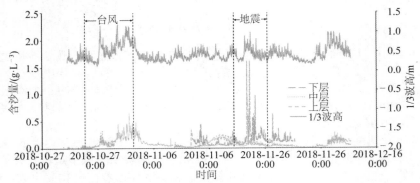

图7　观测期内有效波高、含沙量变化过程

表1　测点泥沙起动流速（m/s）

水深	5 m	8 m	10 m	12 m
唐存本公式	0.81	0.87	0.90	0.93
窦国仁公式	0.75	0.89	0.97	1.05

注：以中值粒径 0.01 mm 计算。

图 8 是部分观测时期内垂向不同层流速、流向变化过程，可以看出，在台风时期内（10 月 30 日前后），距底 2.36 m 层水体流速可以达到 0.5 m/s，大于台风后的平常天气条件时期（多小于 0.30 m/s），距底 5.36 m 水层流速总体小于 0.20 m/s，台风前个别时期可以达到 0.30 m/s，距底 11.36 m 的表层水体流速基本介于 0.15~0.51 m/s 之间，从垂向上来看，在台风时期内，各层水体流速差异不大，说明该时期水体较为混匀，也进一步说明水体流速剖面分层特性使泥沙能够较充分悬扬，从而减少港池区域的泥沙回淤。此外，与台风之前的平常天气条件相比（图 9），各层水体含沙量变化略慢于水体流速的变化，但是总体变化过程较一致。

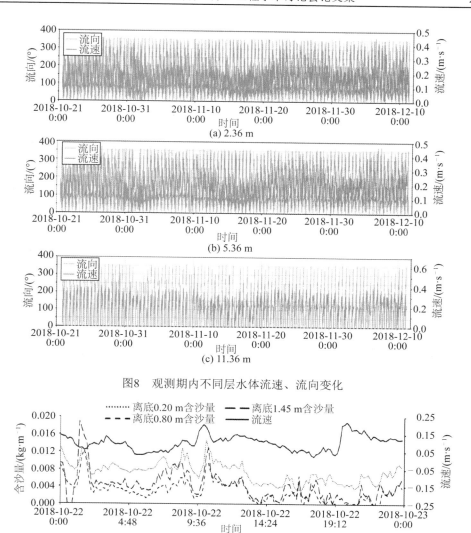

图8　观测期内不同层水体流速、流向变化

图9　一个潮周期内流速与各层含沙量变化

3.2　波流系动

流速剖面受波流共同作用，以 10 月 30 日（台风期间）一个潮周期过程为例，给出流速垂线剖面示意图，10 月 30 日有效波高达 1.2 m。Zuo 等[9]根据渤海湾曹妃甸西北海域 ADCP 精细流速观测资料，给出了波流环境中三层流速分布模式：底部的对数层、中间的过渡层（近似逆对数分布）、上部的对数层，认为近底受高频的波浪振动影响，相对恒定的水流则在较大水深范围内形成以水流为主导的边界层，二者相互产生非线性影响。

$$u(z)=\begin{cases}\dfrac{u_{*w}}{\kappa}\ln\dfrac{z}{z_0}, & \text{近底层} \\[2mm] -\dfrac{u_{*t}}{\kappa}\ln\dfrac{z}{z_1}, & \text{过渡层} \\[2mm] \dfrac{u_{*c}}{\kappa}\ln\dfrac{z}{z_a}, & \text{上部层}\end{cases} \tag{1}$$

式中：u 为距离床面高度 z 处的流速；u_* 为摩阻流速；k 为卡门常数取为 0.4，z_0、z_1、z_a 为粗糙长度。

图 10 为观测期内在台风"玉兔"的影响下，10 月 30 日一个潮周期内涨潮落潮时垂向流速剖面。总体来看，涨潮、落潮时流速剖面呈现分层结构，与式（1）的符合情况良好。落急时，离底床约 1.91 m 高度处流速存在一个凸起点，流速呈对数分布；距底床 1.91~2.41 m 内为过渡层，受到上层水流和波浪混合影响，基本呈逆对数形式；距底床 2.41 m 以上主要为潮流，近表层受到风成流等影响分布形式较为复杂。涨

潮与落潮相似，距底床约 0.91 m 以下为对数分布，距底约 2.91 m 以上又基本恢复为近对数分布。根据潮流仪观测结果，在 15:10 和 21:30 两个时刻分别达到涨憩和落憩，涨憩时，流速垂向剖面也呈现分层结构，总体呈现出自底层向上先增加至距底约 1.41~3.91 m 范围的流速较大值区域后，又逐渐向水面减小的规律；而在落憩时，流速出现整体呈现明显的自底层向水面流速逐渐增加的趋势。10 月 30 日分别在 8:50 和 21:30 达到落急，在 2:30 和 15:10 达到涨急。总体来看，在落急和涨急前后流速垂向剖面呈现分层特性。

根据流速剖面可知，底部波控层流速梯度很大，表现出高剪切的特点，这与泥沙运动息息相关。底部的波浪控制层和上部的潮流控制层大部分时段内均满足对数分布，因而可采用对数流速剖面法根据实测流速剖面计算剪切力和摩阻流速。脉动强度是脉动流速的均方根，表示脉动流速的有效值。图 11 给出了观测期内脉动强度的变化过程。可以看出，脉动流速的大小与平均流速的大小成一定的比例关系，平均流速较大时，相应时刻的脉动流速也较大；平均流速较小时，相应时刻的脉动流速也较小。紊动能表示紊动变化过程的快慢，图 12 给出了紊动动能过程。可以看出，各向综合产生紊动能呈周期性变化，介于 0.000 16~0.002 03 m²/s² 之间，但是主要集中在 0.000 5~0.001 0 m²/s² 之间。底部剪切力远大于雷诺应力，这说明在波浪控制层，水流高频振动造成的流速梯度是剪切力的主要原因，脉动已不是主要因素。Sleath[15] 通过水槽试验研究发现，在总的剪切力中紊动项仅占 10% 左右，是可忽略的小量，这与观测资料中反映的定性规律一致。而在潮流控制层，剪切力和雷诺应力为同一量级，表明脉动是造成潮流摩阻的重要原因。

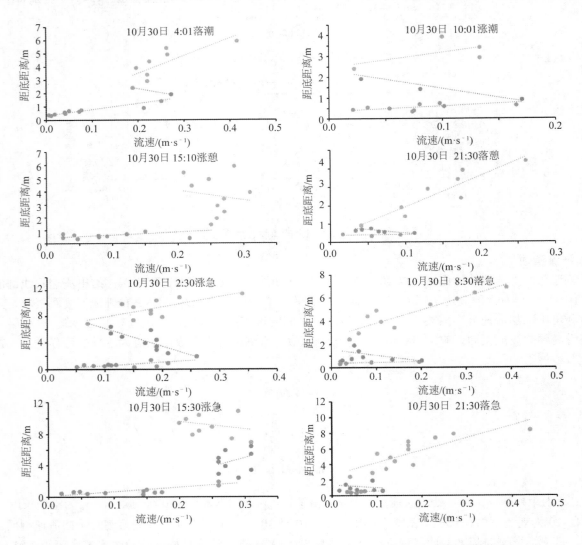

图10　一个潮周期内涨潮落潮时的流速垂向分布（10月30日，点为实测，线为对数拟合）

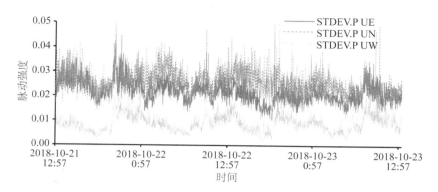

图11　观测期内E、N、W方向上脉动强度

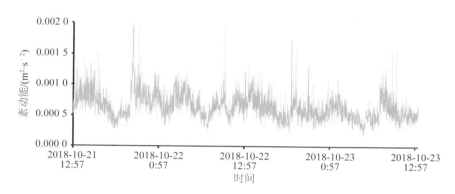

图12　观测期内紊动能变化过程

4　结　语

1）通过采集泥沙样品分析，该区域沉积物以粉砂为主，组分占67%~82%，尤其以内侧区域含量最高，黏土含量大部分为15%~28%，外海进港航道部分黏土含量相对较大，含沙量大部分为1%~11%。锦尚湾从海岸形态上为沙质海岸，细颗粒泥沙沉积物主要来自于北侧的泉州湾，总体泥沙较细，以粉砂为主，从底质组成看基本应呈现黏性沙的运动特性，但局部区域存在零星礁石，有砂存在，呈点状分布。

2）本海区潮流动力较弱，潮流作用不会造成泥沙大规模悬浮，风浪是造成滩面泥沙悬浮的主要动力因素。在正常潮流作用下或小风天气下（四五级风以下，波高0.5 m以下），含沙量很小，峰值一般小于0.1 kg/m³，平均含沙量仅为0.03 kg/m³；六七级风天气条件下，且持续作用时，含沙量持续增大，测得的含沙量峰值为1.67 kg/m³，风浪作用时段内平均含沙量为0.12~0.28 kg/m³，较小风天气增幅达3~6倍。含沙量明显变化的有效波高为0.5 m左右。

3）含沙量除受波高和流速影响外，还在很大程度上受流向与波浪传播方向的夹角的影响。当向岸风的大风速时段发生在涨潮期间，更需要考虑大风浪对含沙量的影响。

参考文献：

[1]　白玉川，张彬，张胤祺，等. 波浪挟沙能力及航道骤淤机理的研究[J]. 水利学报，2007, 38(6): 646-653.

[2]　庞启秀，杨华. 台电煤港泥沙骤淤特征和形成条件研究[J]. 泥沙研究，2012(2): 34-40.

[3]　高进. 黄骅港外航道大风骤淤的机理及其整治[J]. 科技导报，2005(1): 29-31.

[4]　刘家驹. 粉沙淤泥质海岸的航道淤积[J]. 水利水运工程学报，2004(1): 6-11.

[5]　曹祖德，杨树森. 洋口港航道骤淤的可能性分析[J]. 水道港口，2006, 27(1): 9-13.

[6]　徐福敏，张长宽. 台风浪对长江口深水航道骤淤的影响研究[J]. 水动力学研究与进展，2004, 19(2): 137-143.

[7]　孙林云，孙波，刘建军，等. 京唐港粉沙质海岸风暴潮骤淤及整治工程措施物理模型试验[J]. 中国港湾建设，2010(S1): 28-31.

[8]　窦国仁. 潮流和波浪的挟沙能力[J]. 科学通报，1995, 40(5): 443-446.

[9]　ZUO L Q, LU Y J, WANG Y P, et al. Field observation and analysis of wave-current-sediment movement in Caofeidian sea area in the Bohai Bay, China[J]. China Ocean Engineering, 2014, 28(3): 331-348.

[10]　李寿千, 陆永军, 左利钦, 等. 波浪及波流边界层泥沙起动规律[J]. 水科学进展, 2014, 25(1): 106-114.

[11]　黄华聪, 贾晓, 路川藤. 影响长江口深水航道骤淤的非常态天气过程: I: 台风的路径特征及数值验证[J]. 河海大学学报 (自然科学版), 2017, 45(5) : 432-438.

[12]　贾晓, 路川藤, 黄华聪. 影响长江口深水航道骤淤的非常态天气过程: II: 台风要素敏感性分析及典型台风路劲[J]. 河海 大学学报(自然科学版), 2017, 45(5): 439-444.

[13]　李朝新, 刘焱光, 刘振夏, 等. 泉州湾泥沙运移与冲淤变化[J]. 海洋科学进展, 2008, 26(1): 26-34.

[14]　陈彬, 王金坑, 张玉生, 等. 泉州湾围海工程对海洋环境的影响[J]. 台湾海峡, 2004, 23(2): 192-198.

[15]　SLEATH J F. Velocity and shear stresses in wave-current flows [J]. Journal of Geophysical Research: Oceans (1978-2012), 1991, 96(C8): 15237-15244.

风暴条件下人工沙坝地貌形态演变试验研究

李　元，张　弛，蔡　钰，杨昊烨，王泽明

（河海大学，江苏　南京　210098）

摘要： 近岸人工沙坝养滩是沙质海岸整治修复的一种重要手段。以往的大量研究集中于人工沙坝的遮蔽效应，其物理机制已较为清晰，实际工程效果也得到了较多认识。人工沙坝自身的形态演变与养滩效果和周期紧密相关，但目前研究相对较少。在波浪水槽中开展了物模试验，考虑了不同冲淤特征的背景地形和不同设计参数的人工沙坝。试验中观测到人工沙坝在风暴条件下向岸移动的现象，伴随着沙坝形态衰减和向海侧坡度逐渐变缓。试验数据分析结果表明，人工沙坝的遮蔽效应是动态的，与其形态的衰减程度有关。人工沙坝坝顶水深越浅，其消浪能力越强，对后方掩护区的遮蔽效应越显著。

关键词： 人工沙坝；物模试验；波浪破碎；地貌响应；泥沙运动

近岸人工沙坝养滩具有低成本、高效率、对海滩活动和自然景观的影响小、养护周期长等优点，是逐渐兴起和最具发展潜力的沙质海岸整治修复方法[1-2]。人工沙坝的养滩功能主要体现在"遮蔽"和"喂养"两个效应。"遮蔽"效应指的是人工沙坝引起波浪提前破碎和能量耗散，从而减弱后方掩护区的波高和输沙能力，达到抑制海岸侵蚀的目的。"喂养效应"是指通过合理的设计，使人工沙坝在波浪的作用下向岸移动，并逐渐填补到滩面上，从而达到养护海滩的目的。然而，目前的研究成果大多集中于人工沙坝初始状态下的"遮蔽效应"，对人工沙坝自身的地貌形态演变规律及其对养滩效果的影响认识仍有不足。

沙坝向离岸运动的物理机制一直是海岸动力学研究的热点问题[3-4]，目前广泛认可的观点是：波浪非线性和边界层时均余流是引起常浪条件下沙坝向岸移动的主要动力机制[5-6]，其作用特性取决于沙坝上方波浪非线性的演化；破波带内的底部离岸流是引起风暴条件下沙坝离岸运动的主要动力机制，其流速剖面受破波水滚剪切应力和水体紊动强度所影响[7-9]。近年来，沙坝在移动过程中的地貌形态变化逐渐成为了研究热点。Nielsen 和 Shimamoto[10]通过分析水槽试验数据发现沙坝高程与潮位存在同步关系。Eichentopf[11]等人发现在大浪条件下，沙坝的高程与其位置之间存在相应的函数关系。此外，他们观测到沙坝在常浪季节向岸移动的过程中，出现衰减和不衰减两种形态演变模式。Cheng 和 Wang[12]采用四年的实测剖面数据，探讨了沙坝高度和沙坝离岸距离的动态平衡，指出坝顶水深是影响迁移方向的重要因素，沙坝不对称性与移动方向相关，向岸移动会导致向海侧坡度平缓而向岸侧坡度变陡，离岸移动则相反。

然而，已有的沙坝形态演变研究成果大多来自于天然沙坝，对于人工沙坝地貌形态演变规律的研究还存在着不足。由于人工沙坝的地形特征与天然沙坝存在较大的差异，人工沙坝与当地水动力条件并不匹配。因此，人工沙坝的演化过程中有复杂的波浪、水流以及泥沙输运和重分布等复杂的物理过程。此外，人工沙坝的形态演变也会改变海岸的整体响应特征，这种影响在风暴季节下更为明显。本文通过一系列的物理模型试验，研究风暴季节下人工沙坝自身地貌形态演变规律，并分析初始剖面类型和人工沙坝设计参数的影响。

1　物模试验

试验在长 50 m，宽 0.5 m 的波浪水槽中进行，水槽的一端配有推板式造波机，可造出最大有效波高 0.2 m，谱峰周期 0.5~3 s 的不规则波。试验中离岸段的静水深为 0.6 m，沙质底床由中值粒径为 0.23 mm 的天然沙组成。本试验不针对某一特定的原型海岸，根据 Dean[13]提出的无量纲剖面冲淤判数来给出试验和原型海岸之间的相关性。

试验分为两个阶段进行，第一阶段将 1：20 的初始均匀斜坡在不同波浪条件的作用下逐渐形成稳定的沙坝剖面和滩肩剖面。第二阶段在前一阶段形成的稳定剖面上的不同位置铺设人工沙坝，并施加代表风暴条件的波浪作用（与第一阶段形成沙坝剖面的波浪条件一致）。初始平衡剖面塑造组次如表 1 所示，人工沙坝演变的试验组次如表 2 所示。

表 1　初始平衡剖面塑造组次

ID	初始剖面	H_s/m	T_p/ s
IRE02	均匀斜坡	0.05	2.0
IRE04	均匀斜坡	0.15	1.5

表 2　人工沙坝演变试验组次

ID	初始剖面	H_s/m	T_p/ s	坝顶水深/m
IRRV04	IRE02	0.15	1.5	0.11
IRRV05	IRE02	0.15	1.5	0.08
IRRV06	IRE02	0.15	1.5	0.06
IRRV07	IRE02	0.15	1.5	0.12
IRR07	IRE04	0.15	1.5	0.12
IRR08	IRE04	0.15	1.5	0.22

图 1　试验仪器布置

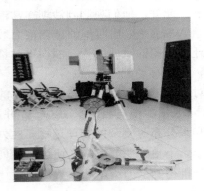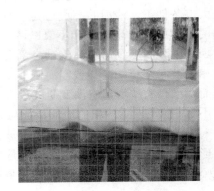

图 2　三维激光地形扫描仪（左）和水槽边壁网格（右）

　　本次试验中的人工沙坝为三角形沙坝，两侧的坡度比（相对于初始均匀斜坡）约为 1∶1，不同组次的填沙量大致保持相等。如图 1 所示，浪高仪通过桁架沿程布置在试验段上方，并在沙坝附近加密，采样频率为 50 Hz。流速通过剖面小威龙 ADV-profiler 测量，测量范围是仪器探头下 5~8 cm，采样频率为 100 Hz。泥沙悬浮浓度由红外后向散射仪 OBS-3+测量。在人工沙坝的坝顶和沙坝两侧，各有一台 ADV，一台波高仪和一台 OBS-3+同步测量。采用 Trimble 公司生产的三维激光扫描仪（Trimble CX scan configuration）配合水槽两侧玻璃上的正方形均匀网格测量地形（图 2）。试验总体布置如图 3 所示。

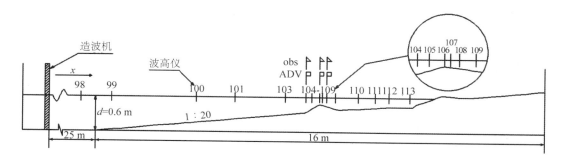

图 3　试验总体布置

2　试验结果

初始滩肩地形上的人工沙坝演变过程如图 4 所示。在大浪的作用下，人工沙坝逐渐向岸移动，向海侧坡度逐渐变缓，前滩冲刷的泥沙堆积到后滩上，剖面的净输沙率向岸。人工沙坝对后方滩肩的遮蔽效应与人工沙坝本身形态衰减程度有关，当人工沙坝刚开始衰减时，后方滩肩冲刷不明显，甚至出现了轻微的淤积[如图 4（d）所示]。当人工沙坝显著衰减时，后方滩肩遭受到了显著的冲刷，滩肩上的泥沙大量流失，滩肩坡度变缓。人工沙坝的遮蔽效应与其坝顶水深有关，坝顶水深越浅，人工沙坝遮蔽效应越显著。图 4（d）中的人工沙坝坝顶水深明显小于图 4（a），图 4（a）中的沙坝在风暴作用 0.67 小时后已逐渐失去对滩肩的遮蔽作用，滩肩大量侵蚀；而图 4（d）中的沙坝在风暴作用 1.5 小时后对后方滩肩的遮蔽效应依然显著，此时滩肩几乎没有被侵蚀。这是因为，人工沙坝的坝顶水深越浅，其消浪能力越强，对滩肩的遮蔽效应也就越明显。

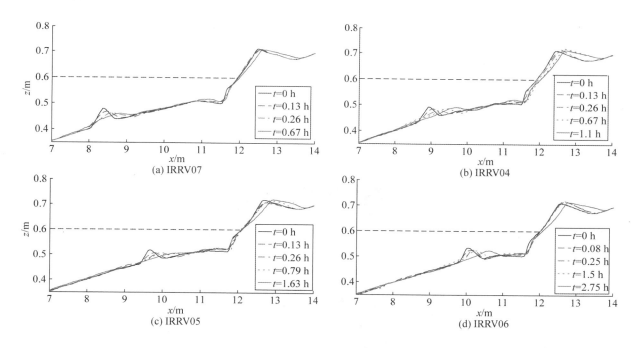

图 4　滩肩地形上人工沙坝的演变过程

相比较于初始滩肩地形上的情况，初始沙坝剖面上的岸滩变形较为缓和（如图 5 所示）。当人工沙坝布置在外沙坝向岸侧时，随着波浪的作用，人工沙坝的高程降低，两侧的坡度逐渐变缓，有向岸移动的趋势，最终耗散并填补在外沙坝的向岸侧边坡。而外沙坝的坝顶宽度得到了拓宽，内侧的坡度变缓，而外侧的坡度则保持不变。由于人工沙坝的存在，使得较大的波浪提前破碎，减小了到达内沙坝的波能，从而降低了此处的输沙能力。内沙坝逐渐向岸移动，外侧的坡度逐渐减小，内侧的坡度逐渐增大。滩肩得到了显著的淤涨，并被不断抬高，前滩的坡度逐渐变陡。

当人工沙坝铺设在外沙坝向海侧时，人工沙坝向海侧坡度逐渐变缓，沙坝形态逐渐耗散。耗散的泥沙堆积在外沙坝的向海侧，显著地拓宽并且抬高了外沙坝。在大浪的持续作用下，增长后的外沙坝逐渐向岸移动，坝顶高程几乎保持不变。此时外沙坝对后方掩护区有明显的遮蔽作用，使得后方的内沙坝逐渐向岸移动，后方的滩肩得到了淤涨。

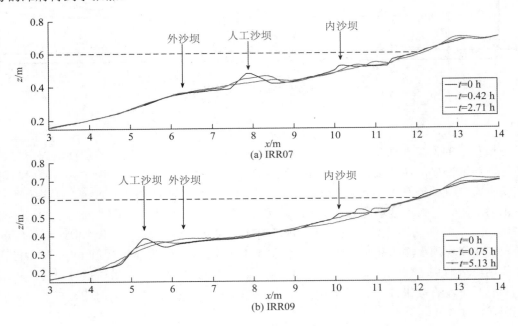

图5　沙坝剖面上人工沙坝的地貌形态演变

与天然沙坝不同，本试验中的大浪作用引起人工沙坝逐渐向岸移动，向海侧坡度逐渐变缓，沙坝形态逐渐衰减。由于人工沙坝的外侧坡度较陡，陡坡上的水深变化较为剧烈，使波形的变化加快。波浪浅化过程的时间被缩短，浅化的速率变快。此时，波浪的波峰变陡，与缓坡上的波浪破碎过程相比，时间和空间尺度都更短。这就导致了波浪破碎形式从崩破波到卷破波的转变[14]。因为卷破波涡旋紊动作用较强，破碎紊动传递到底床的速度较快，导致了紊动传递到底床的时刻与波峰时刻是相位接近的，使得大量悬扬的泥沙向岸输运[15-16]。通过试验中录制的地形变化视频可以发现，风暴季节下人工沙坝上方的波浪破碎以卷破波为主（如图6所示），尤其在波浪刚开始作用的时刻。

图6　人工沙坝上方的卷破波

3　结　语

通过初步分析风暴作用下人工沙坝和整体海滩的地貌形态演变规律，可以得到以下结论：

1）人工沙坝在风暴条件的作用下可能会出现向岸移动的趋势，向海侧的坡度逐渐变缓，沙坝形态逐渐衰减。这是因为虽然风暴条件下波浪深水波陡大，但因为人工沙坝坡度较陡，使得波浪破碎以卷破波为主，对泥沙起到重要的向岸输送作用，整体剖面输沙率为向岸方向，沙坝向岸移动，前滩泥沙被侵蚀推送堆积到后滩上。

2）在大浪持续作用下，人工沙坝自身的演变过程会对其防护功能产生影响。随着人工沙坝形态逐渐消散，其遮蔽效应逐渐减弱，岸滩变形速率逐渐增大，即人工沙坝的遮蔽效应是动态的。

3）人工沙坝的遮蔽效应与坝顶水深有关，坝顶水深越小，其消浪能力越强，对后方滩肩的遮蔽效应更为显著。

参考文献：

[1] 吴建, 拾兵. 近岸补沙养护海滩研究综述[J].海洋科学, 2011, 35(8): 108-112.

[2] VAN Duin M J P, WIERSMA N R, WALSTRA D J R, et al. Nourishing the shoreface: observations and hindcasting of the Egmond case, The Netherlands[J]. Coastal Engineering, 2016, 111: 23-38.

[3] 尹晶. 海岸沙坝运动的试验与数值模拟研究[D]. 大连：大连理工大学, 2012.

[4] 张展. 沙质海岸横向泥沙输运动力机制与数值模拟[M]. 南京：河海大学出版社, 2010.

[5] HSU T J, ELGAR S, GUZA R T. Wave-induced sediment transport and onshore sandbar migration[J]. Coastal Engineering, 2006, 53: 817-824.

[6] FERNANDEZ-MORA A, CALVETE, D, FALQUES A, et al. Onshore sandbar migration in the surf zone: New insights into the wave-induced sediment transport mechanisms[J]. Geophysical Research Letters, 2015, 42: 2869-2877.

[7] 张弛, 郑金海, 王义刚. 波浪作用下沙坝剖面形成过程的数值模拟[J]. 水科学进展, 2012, 23(1): 104-109.

[8] ZHENG J H, ZHANG C, DEMIRBILEK Z, et al. Numerical study of sandbar migration under wave-undertow interaction[J]. Journal of Waterway, Port, Coastal and Ocean Engineering, 2014, 140(2): 146-159.

[9] 张弛, 王义刚, 郑金海. 波生流垂向结构研究综述[J]. 水科学进展, 2009, 20(5): 739-746.

[10] NIELSEN P, SHIMAMOTO T. Bar response to tides under regular waves[J]. Coastal Engineering, 2015, 106: 1-3.

[11] EICHENTOPF S, C CERES I , ALSINA J M. Breaker bar morphodynamics under erosive and accretive wave conditions in large-scale experiments[J] Coastal Engineering, 2018, 138: 36-48.

[12] CHENG J, WANG P. Dynamic equilibrium of sandbar position and height along a low wave energy micro-tidal coast[J]. Continental Shelf Research, 2018, 165: 120-136.

[13] DEAN R G. Heuristic models of sand transport in the surf zone[C]// In Engineering Dynamics of the Coastal Zone: First Australian Conference on Coastal Engineering. 1973: 208-214.

[14] ZHANG C, ZHANG Q Y, ZHENG J H, et al. Parameterization of nearshore wave front slope[J]. Coastal Engineering, 2017, 127: 80-87.

[15] TING F C K, KIRBY J T. Dynamics of surf-zone turbulence in a strong plunging breaker[J]. Coastal Engineering, 1995, 24: 177-204.

[16] AAGAARD T, HUGHES M G, RUESSINK G. Field observation of turbulence, sand suspension, and cross-shore transport under spilling and plunging breakers[J]. Journal of Geophysical Research: Earth Surface, 2018, 123(11): 2844-2862.

围垦工程对象山港纳潮量与泥沙淤积的影响

范红霞，王建中，朱立俊

（南京水利科学研究院 水文水资源与水利工程科学国家重点实验室，江苏 南京 210029）

摘要： 象山港位于浙江省宁波市，海洋渔业资源丰富，历史上进行过多次不同规模的围填海工程，对其海洋动力与生态环境产生了破坏。2010 年后象山港内围垦活动遭到严格控制，采用数学模型计算和物理模型试验研究的技术手段，对 2010 年后 3 起围填海工程引起的水动力与泥沙淤积影响进行评估，发现 3 项工程的实施将减弱象山港口门 3%~4% 的进落潮量，同时亦将引起不同程度的泥沙淤积。

关键词： 象山港；围垦工程；水动力；纳潮量；泥沙淤积

　　随着经济的高速发展，人类对土地资源的需求迅速增加，向海洋要地不可避免，于是出现了愈来愈多的围填海工程。围填海工程在提供大量土地的同时，也产生了各种工程、环境和生态问题，在半封闭港湾内的围垦工程对湾内水动力与泥沙运动的影响尤其敏感。较小规模的围填海工程对海湾内纳潮量、流场及泥沙淤积影响不大，但较长时间内较多工程的累积性影响却比较明显。

　　象山港位于宁波市东南部，东临大目洋，是一个由东北向西南深入内陆的狭长型半封闭海湾，其位置见图 1，全港纵深 60 km 以上，一般水深 10~15 m，水域总面积 563.3 km²。象山港岸线曲折、海底地形复杂、港内潮滩发育、拥有丰富的自然资源，是重要的渔业生产基地和优良的深水港。20 世纪 60 年代以来，象山港内实施了大量的围填海工程，相关资料显示[1-6]：2003 年前，围垦面积 42 km²；2003—2010 年，围垦面积 35 km²。1963—2010 年期间的围垦活动使得象山港口门（口门位置见图 1）大潮纳潮量减少 12.7%，其中 1963—2003 年减少 8.9%，2003—2010 年减少 3.8%。2011—2012 年期间，象山中底部与西沪港内曾有 3 项围垦工程相继开展研究论证工作[7-9]，采用数学模型计算和物理模型试验研究相结合的研究手段[10-12]，采用当时最新研究资料，对这些工程实施后引起的象山港水动力变化及泥沙淤积情况进行了研究。

图 1　象山港海域形势

1　自然条件

1.1　潮汐与潮流

　　象山港为强潮浅水半日潮海湾，外海潮波原为前进波性质，自口门传入后，受地形及边界的反射作用，逐渐由前进波转为驻波性质，浅海分潮影响显著。

基金项目： 国家重点研发计划（2018YFC0407803）；南京水利科学研究院基金项目（Y218012）

作者简介： 范红霞（1981–），女，江苏阜宁人，高级工程师，主要从事河流海岸动力学研究。E-mail：hxfan@nhri.cn

据 2011 年 7 月 22 日至 8 月 21 日水文测验资料（测验布置见图 2），平均涨潮历时长于落潮历时，潮差从港口往港底逐渐增大，象山港口处的蒲门站月平均潮差为 2.89 m，在接近港底的强蛟站月平均潮差为 3.80 m；强蛟站实测最高、最低潮位分别为 4.28 m 和 –2.13 m；蒲门站相应为 2.81 m 和 –2.02 m。

象山港湾内水流运动以往复流形式为主，涨、落潮流方向与海床等深线方向基本一致。落潮流动力明显强于涨潮流，如象山港大桥附近大潮期的涨、落潮垂线平均流速分别为 0.42 m/s、0.66 m/s。象山港口门、中部悬山附近深槽、港底黄墩港口门的涨潮最大垂线平均依次为 1.20 m/s、0.91 m/s、0.81 m/s，表明潮流动力沿程逐渐衰减。

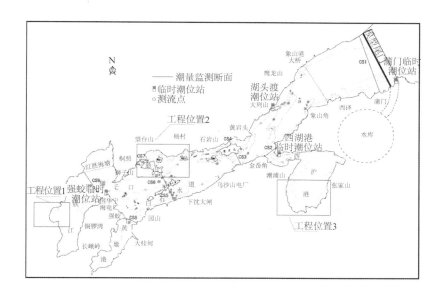

图 2　水文测验布置

1.2　波浪

象山港湾口外有六横岛等岛屿掩护，外海波浪对湾内影响较小，湾内波浪主要来自象山港的风成浪。根据相关风成浪计算成果，港内中下部百年一遇最大波高为 1.76~1.88 m。

1.3　泥沙

象山港悬沙主要来源于流域输沙、海域供沙及邻近滩槽的泥沙交换，水体含沙量呈口门向港底逐渐减小趋势，象山港平均含沙量 0.032 8~0.098 9 kg/m³，大、小潮的平均含沙量分别为 0.077 4 kg/m³、0.048 2 kg/m³。象山港悬沙中值粒径为 6.02 μm，海床底质分为三类：黏土质粉砂、含贝壳黏土质粉砂、贝壳砂。

2　围垦工程概况

2010 年后，象山港内规模较大的围垦类工程有象山港底部的西店围垦工程、象山港中部悬山附近的奉化避风锚地工程及西沪港底墙头镇的大米草生态环境治理工程。以下分别称为工程 1、工程 2 及工程 3。

工程 1 为西店围垦工程，主要任务是增加西店镇的土地资源和提高防洪潮能力，由海堤、水闸及排涝河道构成。海堤全长 2 355 m、围区面积 2.8 km²，工程平面布置见图 3。

工程 2 为奉化避风锚地工程，是一项综合开发工程，位于奉化市莼湖镇象山港北侧，东至南沙山岛、西至悬山岛、南至象山港南侧航道、北至现有海岸线，水域面积 5.7 km²。涉海工程主要由南堤、西堤、东堤、两座纳排闸和一座船闸组成，其中海堤总长 3 515 m，纳排闸总宽 80 m，工程平面布置见图 4。

工程 3 为西沪港大米草修复综合开发工程，工程目的是挖除西沪港 13 处比较集中的大米草，修复西沪港生态环境，为了堆放大米草，港底墙头镇围垦面积为 4.056 km²。工程布置包括大米草区疏浚（至底高程 –1.0 m）、海堤（总长 3 480 m）及水闸设施。工程平面布置见图 5。

图 3　工程 1 平面布置

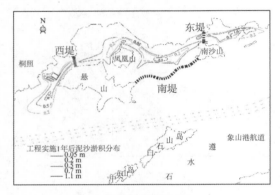

图 4　工程 2 平面布置

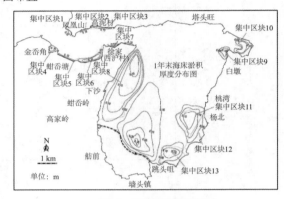

图 5　工程 3 平面布置

3　模型建立与验证

3.1　数学模型概况

3.1.1　范围及网格剖分

　　为研究象山港口门处水动力变化，同时为物理模型提供边界条件，采用 Mike21 Fm 水动力模块建立了象山港海域大范围平面二维潮流数学模型，模型范围见图 6，东西长 90 km、南北长 60 km，网格节点数78 343 个，网格单元数 151 604，最大网格 300 m，最小网格 10 m，共计 5 条开边界。

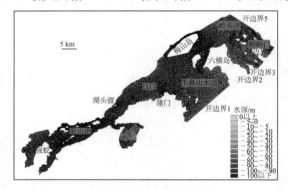

图 6　数学模型范围及开边界设置

3.1.2　控制方程

　　水流连续方程

$$\frac{\partial \zeta}{\partial t} + \frac{\partial [(h+\zeta)U_x]}{\partial x} + \frac{\partial [(h+\zeta)U_y]}{\partial y} = 0 \qquad (1)$$

水流运动方程

$$\frac{\partial U_x}{\partial t} + U_x\frac{\partial U_x}{\partial x} + U_y\frac{\partial U_x}{\partial y} = fU_y - g\frac{\partial \zeta}{\partial x} - \frac{\tau_x}{\rho(h+\zeta)} + N_x\left(\frac{\partial \breve{U}_x}{\partial x^2} + \frac{\partial \breve{U}_x}{\partial y^2}\right) \tag{2}$$

$$\frac{\partial U_y}{\partial t} + U_x\frac{\partial U_y}{\partial x} + U_y\frac{\partial U_y}{\partial y} = -fU_x - g\frac{\partial \zeta}{\partial y} - \frac{\tau_y}{\rho(h+\zeta)} + N_y\left(\frac{\partial \breve{U}_y}{\partial x^2} + \frac{\partial \breve{U}_y}{\partial y^2}\right) \tag{3}$$

3.1.3　定解条件及求解方法

1）边界条件。

边界条件可分为两类：开边界和闭边界。闭边界流体不可穿透岸壁；外海开边界，采用潮位过程。

由于计算工程区附近滩地复杂，潮滩淹没和露滩频繁，为了准确模拟计算区域潮流形态，模型闭边界采用干湿判别动边界处理技术。

2）求解方法。

模型采用非结构网格中心网格有限体积法求解。

3.1.4　模型验证

采用2011年8月15—16日实测大潮资料，包括4个临时潮位站潮位过程、13条定点垂线流速与流向过程（测站与测点布置见图2），并对数学模型进行水动力验证。潮位验证见图7，流速、流向过程验证见图8（考虑到文章篇幅及测点位置，只列出了部分测流点验证图）。

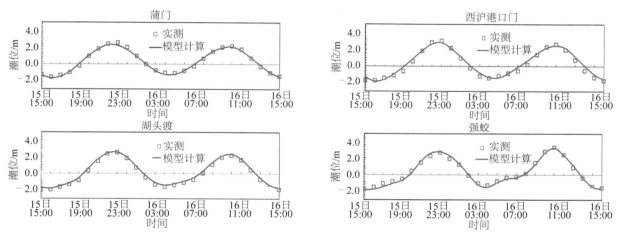

图7　数学模型潮位过程验证对比

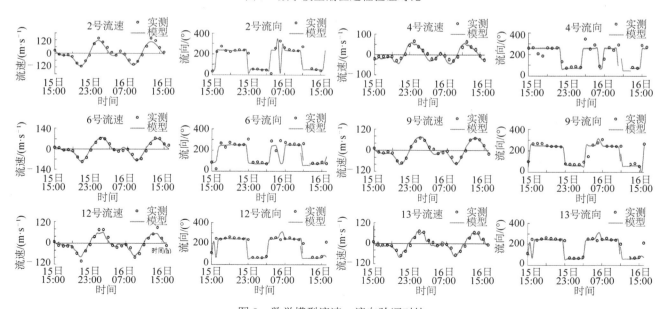

图8　数学模型流速、流向验证对比

3.2 物理模型概况

3.2.1 物理模型设计

为了研究拟建工程对附近海域潮流场变化及因回流和缓流引起的悬沙淤积情况，采用潮汐水流定床与悬沙淤积动床物理模型试验的技术手段。模型设计除满足潮汐水流运动相似外，还满足悬沙运动相似。模型范围自象山港口门至港底，如图 2 所示，海域长约 65 km。模型主要比尺为：水平比尺 λ_L=900，垂直比尺 λ_H=125，水流时间比尺 λ_{t1}=80.5，流速比尺 λ_v=11.18，粒径比尺 λ_d=0.4，含沙量和冲淤时间比尺分别为 λ_S=0.3、λ_{t2}=680。

模型选沙时考虑细颗粒泥沙的絮凝影响。工程区附近海域悬沙的中值粒径 d_{50} 为 0.005 2~0.006 2 mm，依据泥沙运动相似准则得到 λ_d = 0.4，配制 γ_S = 1.16 t/m³，d_{50} 为 0.062 mm 的木粉作为悬沙淤积试验的模型沙。

3.2.2 模型验证

模型采用 2011 年 7 月最新实测 1:10 000 地形资料制作，应用象山港海域 2011 年 8 月实测大、中、小潮潮位和流速及流向过程进行验证，并对 2011 年 9 月至 2009 年 9 月间工程区附近的海床进行泥沙淤积验证，验证结果见文献[7]。

验证结果表明，潮位和流速、流向变化过程与实测基本一致；模拟工程区西侧悬山附近两年间海床淤积量误差为 20.8%。可见，模型能较好地复演工程区附近海域潮流泥沙运动。

4 围垦工程对象山港纳潮量及泥沙淤积影响

运用潮流数学模型，在典型大潮条件下研究了单个工程及 3 个工程后象山港水动力变化情况；通过动床物理模型试验研究了各单个工程实施后象山港海域泥沙淤积情况。考虑工程引起的最不利影响，工程 2 中水闸选择常年关闭模式，工程 3 中亦不考虑大米草挖除引起的正面影响。

4.1 工程对潮量的影响

研究统计了各单项及 3 个工程后象山港口门（蒲门）及各重要支港口门（西沪港、黄墩港、铁江港）潮量变化情况，具体见表 1 和表 2。

表 1　工程后象山港与西沪港口门断面潮量（×10⁸ m³）变化

工况	CS1（象山港口门）		CS2（西沪港口门）	
	进潮量	落潮量	进潮量	落潮量
工程前	14.333 3	13.313 4	1.741 1	1.682 2
单工程 1 后	14.234 8	13.203 7	1.741 4	1.681 1
变幅	−0.098 4（−0.69%）	−0.098 4（−0.82%）	+0.000 3（+0.02%）	−0.001 1（−0.07%）
单工程 2 后	14.220 7	13.192 7	1.637 8	1.577 5
变幅	（−0.112 5）−0.79%	−0.120 7（−0.91%）	−0.103 4（−5.94%）	−0.104 7（−6.22%）
单工程 3 后	14.077 1	13.041 3	1.739 5	1.679 1
变幅	（−0.256 2）−1.79%	−0.256 2（−2.04%）	−0.001 6（−0.09%）	−0.003 1（−0.19%）
3 项工程组合后	13.864	12.801 9	1.636 4	1.573 3
变幅	（−0.469 0）−3.27%	−0.503 6（−3.77%）	−0.104 7（−6.02%）	−0.108 9（−6.48%）

由表 1 可见，各工况条件下，象山港口门断面进、落潮量均呈现减少的趋势，且落潮量减幅大于进潮量；随着围垦规模的增加减幅增加，工程位置的影响则不明显；典型大潮时工程 1 至工程 3 实施后单潮进潮量减幅在−0.69%~−1.79%，3 项工程全部实施后累计减幅为−3.27%，进潮量减少 0.469×10⁸ m³；各单项工程后落潮量减幅−0.82%~−2.04%，3 项工程累计减幅−3.77%，落潮量减少 0.512×10⁸ m³；落潮量减幅大于进潮量减幅，不利于落潮泥沙的带出。

观察各工况下西沪港、黄墩港与铁江港进、落潮量变化情况，工程后仅西沪港口门在工程 1 实施后进潮量微弱增加，其余进、落潮量均呈不同幅度减少之势，各支港潮量变幅不仅与工程规模有关，与工程位置的关系更加敏感。如当位于西沪港港底的单项工程 2 实施后，西沪港口门进、落潮量减幅达

−5.94%~−6.22%（不考虑挖除大米草的补偿影响），而其他两项工程的影响在 1%以内；对铁江港口门断面，当位于其内的工程 1 实施后，进、落潮流减幅达−5.58%~−5.89%，远离其的西沪港围垦工程 2 实施后，减幅仅在−0.01%~−0.06%；对于黄墩港断面，西店围垦和奉化围垦造成的潮量损失在−0.11%~−0.22%之间，西沪港围垦工程 2 对其潮量变化基本无影响。

表 2　工程后黄墩港与铁江港潮量（×10^8 m³）变化

工况	CS8（黄墩港）		CS9（铁江港）	
	进潮量	落潮量	进潮量	落潮量
工程前	0.644 0	0.621 6	1.557 3	1.502 6
单工程 1 后	0.643 2	0.620 9	1.470 4	1.414 1
变幅	−0.000 8（−0.13%）	−0.000 7（−0.11%）	−0.086 9（−5.58%）	−0.088 6（−5.89%）
单工程 2 后	0.644 0	0.621 6	1.557 0	−1.501 7
变幅	0（0）	0（0）	−0.000 2（−0.01%）	−0.000 9（−0.06%）
单工程 3 后	0.642 8	0.620 2	1.554 4	−1.498 0
变幅	−0.001 2（−0.19%）	−0.001 4（−0.22%）	0.002 9（−0.18%）	−0.004 6（−0.30%）
3 项工程组合后	0.642 0	0.619 5	1.467 3	1.408 4
变幅	−0.002 0（−0.32%）	−0.002 1（−0.33%）	−0.090 0（−5.78%）	−0.094 0（−6.26%）

4.2　工程对泥沙淤积的影响

运用悬沙淤积物理模型，对 3 个单项工程各自引起的泥沙淤积问题进行试验研究，结果表明：各单项工程实施后，新建海堤外局部水域出现较明显的泥沙淤积，其余海域也有轻微的泥沙淤积。

1）西店围垦工程实施后，泥沙淤积部位主要集中在拟建围堤前沿，5 年后淤厚 0.1 m 的最大影响范围为 1 400 m×5 500 m，因淤积而致铁江港的海床容积减小 0.70%，整个象山港的海床容积减小 0.02%。象山港航道年均淤积强度与工程前基本接近，航道内海床仍处于正常的自然冲淤基本平衡而略微淤积的状态。

2）西沪港生态环境修复工程后（物理模型试验方案中 13 块大米草集中区疏浚至底高程−1.0 m），堤前出现明显的泥沙淤积现象，淤积主要发生在工程初期，5 年末平均淤积厚度 0.26 m，最大淤积部位位于堤前高涂和水底涂间的潮沟内，而西沪港口门段基本没有泥沙淤积产生，大米草挖除区有一定的泥沙回淤。

3）奉化避风锚地工程实施后（物理模型试验时考虑了南、北两水闸运行），东堤外 3.4 km 与西堤外 2.1 km 为泥沙累积性淤积区；工程后内湖海床呈单向累积性淤积，年淤积量在 4.9×10^4 m³；象山港航道年均淤厚为 0.036 m，其淤积强度与自然年基本接近。

5　结　语

多年来象山港内的围填海工程导致象山港纳潮量不断减小，2003—2010 年口门处大潮纳潮量减幅达 3.8%。对 2011—2012 年间三项围填海工程对象山港进落潮量与泥沙淤积影响开展研究，表明 3 项工程的实施将进一步减小大潮纳潮量 3.27%、落潮量 3.77%，减弱了象山港水动力的同时也将引起港内泥沙淤积。其中工程 3 项目已经实施，其引起的进落潮量减幅在 2%左右，建议采取补偿措施减少其负面影响。作为生态环境敏感的重点保护区，应严格禁止在象山港内实施围填海工程，并开展已有不利影响修复措施研究工作。

参考文献：

[1] 毛翰宣，张亦飞，宁顺理，等. 象山港海湾资源开发累积生态效应的解释结构分析[J]. 海洋环境科学, 2013, 32(1): 99-103.

[2] 曾相明，管卫兵，潘冲. 象山港多年围填海工程对水动力影响的累积效应[J]. 海洋学研究, 2011, 29(1): 73-83.

[3] 包孝彩，阮伟，黄志扬，等. 北海铁山港区围垦与航道工程对铁山湾潮流动力的影响[J]. 中国港湾建设, 2010(1): 7-10.

[4] 张照举，张永良，余锡平. 象山港大桥建设对湾内潮流特性的影响[J]. 水运工程, 2005(11): 1-4.

[5] 周鸿权，李伯根. 象山港航道冲淤变化初步分析[J]. 海洋通报, 2007, 26(4): 34-41.

[6]　田林, 周超, 张谨, 等. 浙江省半封闭型海湾多浅段航道乘潮通航保证率计算若干问题的探讨[J]. 水运工程, 2003(7): 33-35.

[7]　王建中, 范红霞, 朱立俊. 象山港避风锚地工程潮流泥沙模型试验研究[J]. 海洋工程, 2014, 32(6): 68-75.

[8]　范红霞, 王建中, 朱立俊. 象山县西沪港海洋生态环境修复工程物理模型试验研究[J]. 海洋开发与管理, 2015(3): 86-90.

[9]　王建中, 范红霞, 朱立俊. 宁波市宁海西店新城围填海工程物理模型试验研究报告[R]. 南京：南京水利科学研究院, 2012.

[10]　陈永平, 马启南, 杜德军, 等. 黄茅海内治导线对潮汐要素影响的试验研究[J]. 海洋工程, 2002, 20(2): 32-37.

[11]　董凤武, 徐敏福, 郭瑞祥. 锦州港潮流悬沙淤积模型试验研究[J]. 海洋工程, 1994, 12(1): 69-80.

[12]　徐雪峰, 羊天柱. 三门湾多个围垦工程的整体影响数学模型研究[J]. 海洋学研究, 2006, 24(增刊): 50-59.

围油栏动力特性大比尺物理模型试验研究

金瑞佳 [1,2]，陈松贵 [1]，耿宝磊 [1]

（1. 交通运输部天津水运工程科学研究院，天津 滨海新区 300456；2. 中国海洋大学 工程学院，山东 青岛 266100）

摘要：针对围油栏动力特性，进行了模型比尺为 1∶1 的规则波、水流与围油栏相互作用的物理模型试验。利用拉力传感器和电磁式位移测试系统，对围油栏的受力和不同浮子的运动响应进行了测量，研究了不同环境因素（周期、波高、流速）对围油栏动力特性的影响。试验结果表明，只考虑波浪的情况下，波高是影响围油栏受力的主要因素，波浪周期影响不敏感。在波流组合的情况下，水流流速是影响围油栏受力最主要的因素，波高其次，波浪周期最小。围油栏不同位置的浮子水平运动特征不同，但各个浮子的运动响应幅值均对波高较为敏感，基本同波高呈线性关系。同时，水流抑制了各个浮子的水平运动，但使其升沉运动更为剧烈。

关键词：围油栏；大比尺水槽试验；波浪力；运动响应

石油资源是主要利用的能源之一，其需求量也不断增长，与此同时海上溢油事故发生的次数也不断增长，不仅造成了巨大的资源浪费而且严重污染了海洋生态环境。围油栏是溢油应急处置的基本要素，可对溢油进行有效围控和集中、溢油导流并防止潜在溢油，减少对海洋环境的影响。我国的围油栏设计标准中一直没有对围油栏的抗风抗浪性、随波性、拦油能力等指标提出具体的测试方法，使我国的围油栏设计滞后。因此，利用大比尺波浪水槽物理模型试验对围油栏的综合性能指标进行测试，对提升我国围油栏开发设计水平有着重大的研究意义。

为了深入研究围油栏的水动力特性以及拦油效果，很多学者开展了物理模型试验研究和数值模拟研究。Ventikos 等[1]研究了围油栏浮子形状对其拦油性能的影响。Delvigne 等[2]采用物理模型试验研究某一重油的拦油失效问题，并发现了低黏度油的反射现象。李绍武等[3]进行了波流作用下浮子式围油栏运动响应研究。由于围油栏物理模型试验较复杂，因此更多学者开展数值模拟研究。Goodman 等[4]通过数值模拟方法研究了水平均匀流作用下的围油栏三种失效模式，并与 Delvigne 等[2]的试验结果进行比较，得到了不同黏度的油滴在不同水流速度作用下油滴扩散的机理。宁成浩[5]利用不可压缩油水两相流数学模型，模拟了不同黏度油品的拦油失效过程。封星[6]基于 N-S 方程和 VOF 法针对不同海况下的围油栏拦油失效进行预测，分析不同海况时油品参数和围油栏栏深与拦油失效速度之间的关系。张博[7]应用 FLUNT 对围油栏的拦油特性和结构优化进行了数值研究，发现围油栏的形状和大小对拦油效果影响很大，尺寸的增加和结构的复杂化也会提高拦油效果。上述学者大部分针对围油栏的拦油性能进行研究，而且大多基于二维模型分析，而实际海洋中，由于围油栏中两个相邻浮体的水动力特性不完全一致，因此进行三维水动力分析就显得尤为重要。基于上述背景，进行了围油栏三维水动力大比尺物理模型试验，分析了在不同波浪工况下和波浪–水流联合作用下的围油栏水动力特性，为实际工程及三维数学模型的建立提供了有效的试验数据。第二部分介绍了试验的设置以及工况的选取，第三部分详细分析了试验结果，得到了围油栏在不同环境下的受力情况以及不同位置浮子的运动响应情况，第四部分对试验进行总结。

1 试验设置

该试验在交通运输部天津水运工程科学研究院大比尺波浪水槽中完成（后文简称"大水槽"）。试验围油栏总长 18.69 m，共 11 节，每节浮子长 1.35 m，连接段长 0.32 m。如图 1 所示。围油栏在水槽中呈 U 形布置，两端通过拉力传感器（图 2 中条框）固定在水槽边壁上。围油栏距离造波板 260 m，在围油栏不同浮子上布置六分量传感器（图 2 中圆圈），具体在水槽中布置如图 2 所示。

图 1　水槽中使用的原型围油栏

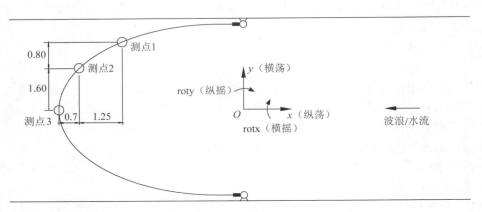

图 2　水槽中固定围油栏布置型式

试验中，结合试验所研究问题的性质和试验设备能力，决定采用比尺 $\lambda=1$ 的原型物模型试验。试验水深为 3.0 m，入射波浪采用规则波，周期为 4.0~7.0 s，间隔 1.0 s，波高 0.2 m、0.4 m 和 0.6 m，表层流速 0.1 m/s、0.2 m/s 和 0.3 m/s。分别进行了纯波浪作用下和波浪、水流联合作用下围油栏受力分析和不同浮子运动响应分析，具体工况如表 1 和表 2 所示。

表 1　波浪组次

组次	周期/s	波高/m	波长/m	组次	周期/s	波高/m	波长/m
W1-1	4	0.2	15.59	W3-1	6	0.2	24.45
W1-2	4	0.4	15.59	W3-2	6	0.4	24.45
W1-3	4	0.6	15.59	W3-3	6	0.6	24.45
W2-1	5	0.2	20.07	W4-1	7	0.2	28.82
W2-2	5	0.4	20.07	W4-2	7	0.4	28.82
W2-3	5	0.6	20.07	W4-3	7	0.6	28.82

表 2　水流组次

组次	C1	C2	C3
流速/（m·s⁻¹）	0.1	0.2	0.3

2　试验结果分析

2.1　围油栏受力分析

试验中，将两个水下拉力传感器测得的拉力结果相加，得到围油栏在环境荷载下的受力情况。规则波作用下的围油栏受力分析可以为静止在实际海域中的拖船在纯波浪情况下拖曳围油栏提供数据参考，而波浪–水流联合作用下的围油栏受力分析还可以为行进在实际海域中的拖船拖曳围油栏提供数据参考。首先分析围油栏在规则波作用下的受力情况，测试结果如图 3 所示。

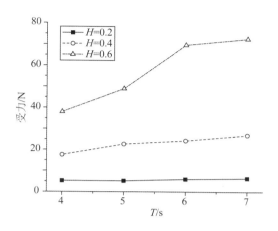

图 3　规则波作用下围油栏受力情况

由图 3 看出，随着入射波高的增大，围油栏的受力明显增大，而随着波浪周期的变大，围油栏受力增大并不明显。试验结果表明，围油栏受力对波高较为敏感，但是仍要考虑长周期波浪的影响，接下来分析围油栏在波流共同作用下的受力情况，测试结果如图 4 所示。

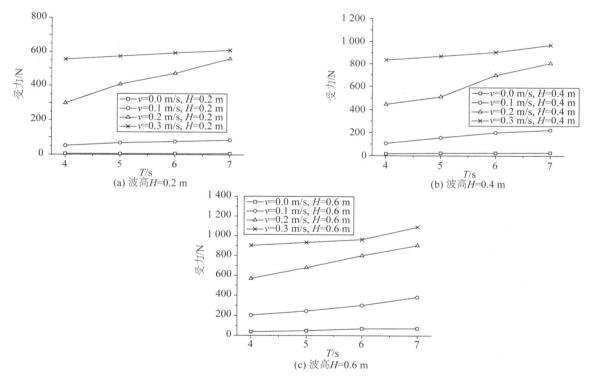

图 4　波浪、水流联合作用下围油栏受力情况

由图 4 可以看出，在相同波高、周期的情况下，围油栏的受力随着水流流速的增大明显增大，基本与水流流速成平方关系。在同一流速情况下，围油栏受力随着波高和周期的增大而增大，但远没有流速影响大。经对比分析可得，在各个环境荷载中，围油栏对水流流速最为敏感，波高其次，波浪周期最不敏感。因此，围油栏在水流作用下或者围油栏被拖船拖拽时期，要特别考虑其缆绳的受力。

2.2　围油栏浮子运动响应分析

　　试验中，对围油栏不同浮子的运动响应进行了测量，其中测点 1 紧贴水槽壁浮子中央，测点 3 位于围油栏正中间浮子中央，测点 2 居于测点 1 和测点 3 之间，测量结果如图 5 至图 8 所示。图 5 为纯波浪作用下各浮子的位移情况。

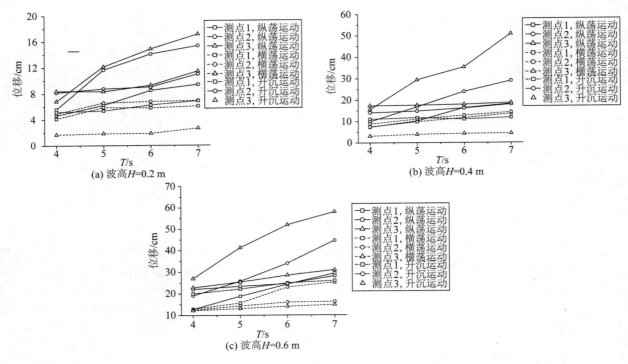

图 5　纯波浪作用下围油栏上各浮子位移幅值

　　从图 5 看出，相同的波高，随着周期的增大，纵荡变化幅度比较大，横荡和升沉变化不明显，说明纵荡运动相对横荡运动和升沉运动对波浪周期更为敏感。在相同的波高和周期条件下，整体而言中间浮子的纵荡运动远大于横荡运动，而两侧的浮子纵荡运动和横荡运动相差不大，因此垂直波浪方向围油栏浮子要重点关注其沿波浪方向运动，而其他浮子的各方向运动均需要关注。同时，试验结果表明，各个浮子的运动响应幅值对波高较为敏感，基本同波高呈线性关系。

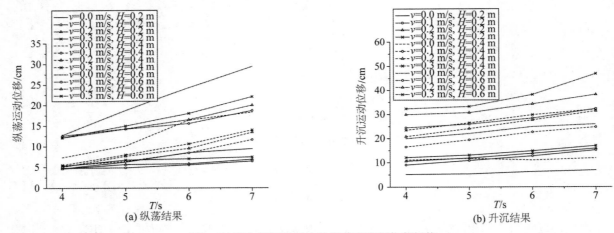

图 6　波流作用下浮子 1 的纵荡和升沉位移幅值

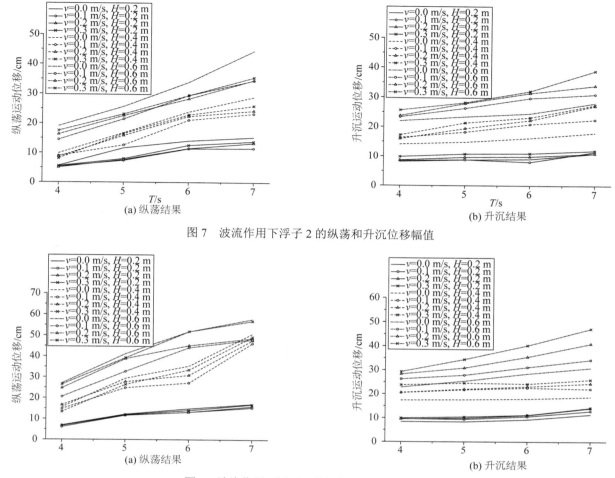

图 7　波流作用下浮子 2 的纵荡和升沉位移幅值

图 8　波流作用下浮子 3 的纵荡和升沉位移幅值

由图 6 至图 8 看出，相同的波高和流速，随着周期的增大，浮子的纵运动荡幅值变化比浮子的升沉幅值变化大。说明周期对各个浮子的水平运动有促进效果，而对各个浮子的升沉运动影响比较小。对相同的波高和周期，有水流的情况下，浮子的纵荡运动幅值小于无水流情况下的幅值，而有水流情况下的升沉运动幅值大于无水流情况下的幅值，说明水流对各个浮子的水平运动起到了抑制作用，而各个浮子在水流的作用下升沉运动更加剧烈。对于相同的流速和周期，波高越大，纵荡和升沉的位移幅值都变大。说明波高对各个浮子水平运动和升沉运动都有促进作用。综上所述，波高是影响各个浮子水平运动和升沉运动的主要因素。

3　结　语

通过大比例尺水槽试验研究了围油栏受力和不同浮子的运动响应，分析了不同因素对二者的影响，得到以下结论：

1）在相同波高、周期的情况下，围油栏的受力随着水流流速的增大明显增大，基本与水流流速成平方关系。在同一流速情况下，围油栏受力随着波高和周期的增大而增大，但远没有流速影响大。经对比分析可得，在各个环境荷载中，围油栏对水流流速最为敏感，波高其次，波浪周期最不敏感。因此，在水流作用下的围油栏受力或者围油栏被拖船拖拽时期要考虑其受力情况。

2）相同的波高，随着周期的增大，纵荡变化幅度比较大，横荡和升沉变化不明显，说明纵荡运动相对横荡运动和升沉运动对波浪周期更为敏感。在相同的波高和周期条件下，整体而言中间浮子的纵荡运动远大于横荡运动，而两侧的浮子纵荡运动和横荡运动相差不大，因此垂直波浪方向围油栏浮子要重点关注其沿波浪方向运动，而其他浮子的各方向运动均需要关注。同时，试验结果表明，各个浮子的运动响应幅值对波高较为敏感，基本同波高呈线性关系。

　　3）浮子的纵荡运动幅值在有水流的情况下小于无水流情况下的值，而升沉运动幅值在有水流情况下大于无水流情况下的值，说明水流对各个浮子的水平运动起到了抑制作用，而对升沉运动起到了促进作用。但对于某一流速情况下的各个浮子的运动响应特征，与纯波浪作用下的运动响应特征相似。

参考文献：

[1] VENTIKOS N P, VERGETIS E, PSARAFTIS H N, et al. A high-level synthesis of oil spill response equipment and countermeasures [J]. Journal of hazardous materials, 2004, 107(1-2): 51-58.

[2] DELVIGNE G A. Barrier failure by critical accumulation of viscous oil [C]// Proceedings of the International Oil Spill Conference. America: American Petroleum Institute, 1989: 143-148.

[3] 李绍武, 郑德梅, 时洋, 等. 波流作用下浮子式围油栏的运动响应实验研究[J]. 水道港口, 2017, 38(1):20-25.

[4] GOODMAN R, BROWN H, AN C F, et al. Dynamic modelling of oil boom failure using computational fluid dynamics [J]. Spill Science & Technology Bulletin, 1996, 3(4): 213-216.

[5] 宁成浩. 拦油栅失效的数值模拟研究[D]. 北京：北京化工大学, 2002.

[6] 封星. 围油栏拦油数值实验平台及拦油失效研究[D]. 大连：大连海事大学, 2011.

[7] 张博. 围油栏拦油及受力特性数值模拟研究[D]. 大连：大连海事大学, 2013.

新海港挡流导堤建设方案比选研究

康苏海，吕　彪

（交通运输部天津水运工程科学研究所，天津 300456）

摘要： 为改善海口港新海港区口门区航道通航水流条件，减小急流时段航道横向流速，拟在新海港区口门外建设挡流导堤。对挡流导堤不同建设方案前后的区域流场采用二维潮流数学模型进行模拟，分析不同平面布置方案下口门区流场变化，着重比较工程前后航道横向流速大小变化，考察挡流导堤建设对口门区水域的掩护作用，综合比较挡流效果与导堤建设的性价比，给出平面布置推荐方案。针对推荐方案，采用波流耦合潮流泥沙数学模型对口门区泥沙冲淤进行模拟计算，预测挡流导堤建设后局部泥沙冲淤强度。研究结果表明，建设南挡流导堤对改善新海港口门区航道水流条件效果显著；受掩护的口门区水动力条件减弱有利于泥沙沉降，造成泥沙淤积，由于当地海区水体含沙量较小，口门区泥沙淤积并不严重。

关键词： 水流条件；航道条件；导流堤；泥沙淤积；港口航道

海口港新海港区位于海南省海口市澄迈湾东海岸粤海铁路轮渡南港码头北防波堤北侧，是为解决秀英港与海口市发展的港城矛盾而建设的承担琼州海峡客滚船运输业务的港区，港区内码头一期、二期工程已建成并投入运营。港区利用南港北防波堤，同时为遮挡北向浪，建设了北防波堤，两堤掩护形成新海港区，如图 1 所示。

图 1　新海港区周边环境示意

受南港北防波堤挑流影响，东向急流时刻新海港区防波堤口门区海域流速较大且流向基本与航道垂直，航道横向流速较大，对进出港船舶通航造成不利影响，已发生了船舶触碰北防波堤堤头浅水区搁浅事故。为改善防波堤口门区航道水流条件，解决口门区涨落潮急流时刻流速过大对船舶进出港造成的通航风险，海南港航控股有限公司拟在南港北防波堤和新海港北防波堤堤头建设导流堤，对现有急流区形成掩护，降低局部海区流速，从而达到安全通航的目的[1]。

通过数学模型对于不同导流堤平面布置方案的工程效果，包括挡流效果、口门区泥沙冲淤等情况进行研究，确定性价比最高的作为推荐方案。

1　水动力现状

为配合本研究，2016 年 11 月 13—19 日进行了大、小两个潮型的同步水文测量，工程区附近海域共布设 3 个验潮站（$T_1 \sim T_3$）、5 个潮流测站（A~E），站点分布见图 1。

从实测潮位过程来看，该海域潮汐属不正规全日混合潮。大潮期间，一个太阴日中有一个高潮和一个低潮，而且潮差较大；小潮期间，一个太阴日有两个高潮和两个低潮，而且潮差很小，日不等现象明显。大、小潮期间，最大潮差分别为 2.91 m、1.27 m，平均潮差分别为 2.82 m、0.77 m。

各测站潮流基本呈现往复流特点，流向基本平行于岸线走向；实测涨、落潮平均流速分别为 0.52 m/s 和 0.38 m/s，涨潮流速大于落潮流速，其比值为 1.37，外海海域水流强度大于近岸水流强度，且由北向南依次减小；各层实测最大流速，涨潮段为 1.82 m/s，流向 76°，落潮段为 1.50 m/s，流向 253°；垂线平均最大流速涨潮段为 1.72 m/s，流向 57°，落潮段为 1.23 m/s，流向 250°[1]。

大潮东、西向急流时刻是两个流向下新海港口门区流速最大时刻，对船舶进出新海港最为不利。图 2 给出了这两个时刻的现状流场并叠加了分级流速分布。可以看出，东向急流时刻，工程附近海区流向基本为 NE，由于南港防波堤挡流作用，其口门处流向变为 NW 向；南港北防波堤堤头与新海防波堤堤头连线流速为 0.50 m/s；新海港北防波堤堤头附近流速变化剧烈，离堤不远处流速即可达到 1.2 m/s，显示口门处流速变化梯度较大，加上流向与航道走向基本垂直，横向流速较大，不利于船舶的通航安全。反观西向急流时刻，由于天尾角掩护，口门区流速小于 0.5 m/s，因此导流堤建设应主要考虑对东向急流的掩护[2-3]。

(a) 现状条件下东向急流时刻流速分布   (b) 现状条件下西向急流时刻流速分布

图 2 现状条件下东向和西向急流时刻流速分布

根据新海海洋站（–10.0 m 水深处）实测波浪资料统计，本海区常浪向和次常浪向分别为 ENE 和 NE，频率分别占 19.95% 和 14.13%，强浪向为 W 向。最大波高 $H_{1/10}$=3.8 m，最大周期为 7.5 s，全年平均波高 $H_{1/10}$=0.8 m，平均周期为 3.5 s。1991 年 8 月和 1996 年 9 月 20 日期间，因受 9111 号和 9618 号热带气旋的影响，本站实测到最大波高分别为 6.2 m 和 5.4 m，最大周期分别为 7.4 s 和 7.5 s。

2 模型建立及验证

2.1 模型建立

对导流堤建设前后的局部流场变化分析通过 DHI Mike 21 二维潮流数学模型进行，Mike 21 水动力模块能够考虑潮流、径流、风等因素，在业界广为认可并得到广泛应用，本研究采用 DHI Mike 21 FM 模块进行数值模拟研究，它采用非结构化网格离散地形，可准确捕捉复杂边界。

新海港区位于琼州海峡南岸偏西部，琼州海峡受东、西两种不同潮型控制，内部潮流较为复杂，因此水动力模型包含整个琼州海峡是较为合理的选择，这可以避免对过于复杂的边界潮位的调试，模型计算域及网格划分如图 3 所示。

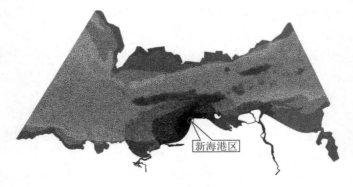

图 3 模型计算域及网格划分

　　模型建立采用琼州海峡海图、琼州海峡东半部海图、琼州海峡西半部海图、澄迈湾 2012 年 7 月实测水深资料、工程港池及附近 2016 年实测地形图。所有被采用的水深数据统一到当地理论最低潮面作为起算基面。

2.2　模型验证

　　利用大、小两个潮型的水文资料对模型进行验证，验证成果表明，所有潮位测站计算误差均控制在 10 cm 以内；潮段平均流速大小误差满足±10%的精度要求；平均流向与实测保持一致，符合《海岸与河口潮流泥沙模拟技术规程》要求。潮位选择大潮给出三个测站的验证结果，见图 4。对口门外断面 A、B 两条垂线及其他两断面的近岸垂线给出大潮流速流向验证结果，如图 5 所示。

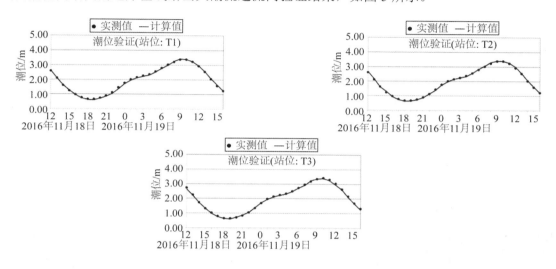

图 4　潮位验证结果

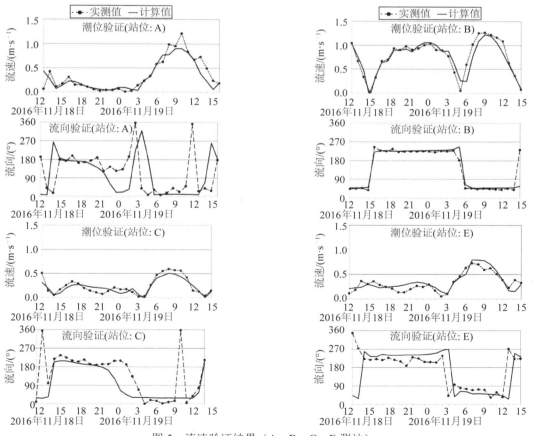

图 5　流速验证结果（A、B、C、E 测站）

3　工程设计及效果

挡流导堤平面设计考虑以下限制条件：①保护范围为新海港口门以外 400 m，如图 1 所示；②挡流导堤头部向西不得伸入现有航道边线内；③南挡流导堤紧邻粤海铁北防波堤，考虑权属问题分为与现有防波堤相连的接堤方式和与现有防波堤分开的离堤方式两种布置型式；④导堤结构采用出水实心堤。基于上述原则，进行了多组次平面方案设计，包括布置于南港北防波堤堤头附近的南挡流堤、布置于新海港北防波堤堤头的北挡流堤以及两者同时存在的南北组合挡流堤[4-5]。

不同建设方案对口门区水流均有一定的掩护作用。总体而言，南挡流堤主要掩护琼州海峡东向流引起的口门区偏北向水流；北挡流堤主要掩护琼州海峡西向流引起的口门区偏南向水流，对口门区北向流阻挡作用不大；南北组合挡流堤在减弱口门急流区流速的同时，使新海北防波堤附近的偏北向流明显减弱，进一步增大了口门掩护区域的面积，但小范围的水流条件改善与建设北挡流堤的投入不成比例，北挡流堤不宜建设。

根据掩护效果及权属综合考虑，推荐离堤方式布置的南导流堤方案。本方案导流堤起始位置位于南港北防波堤堤头回退 90 m，离堤 60 m 处，长度 400 m，走向 288°，开口处底高程 0 m。图 6 为工程后东、西急流时刻的流速分布图[6]。由图看出：东向急流时刻航道轴线转弯位置、北侧航道边线转弯位置处流速值均在 0.5 m/s 以下，满足保护指标要求；由挡流导堤与南港北防波堤之间的间隙进入新海港池的潮流量较少，0.5 m/s 流速等值线影响范围显著变小（等值线伸入港池约 400 m），远未达三期码头泊位处；由于口门内外的水动力强度差异较大，口门区存在环流，有利于泥沙落淤。西向急流时刻口门区的水流没有因本方案的实施而导致流速增大，整个受保护海区的流速普遍小于 0.5 m/s，满足保护指标要求。

(a) 推荐方案下东向急流时刻流速分布

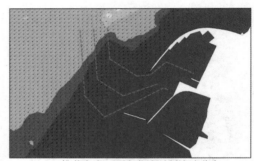
(b) 推荐方案下西向急流时刻流速分布

图 6　推荐方案下东向、西向急流时刻流速分布

考虑到口门区环流的存在可能导致泥沙落淤，导致航道大幅淤强增加，针对推荐方案采用波浪潮流耦合下的二维数学模型对挡流导堤建设后新海港口门区泥沙冲淤进行模拟计算，计算结果表明：新海港北防波堤堤头与挡流导堤西侧堤头连线两侧约 130 m 宽度的条形范围内淤积厚度最大，达 0.2 m；条形范围向港池内方向淤积厚度逐渐降低，到设计三期回旋圆中心位置处淤积厚度降低为 0.1 m；条形范围向港池外淤积厚度迅速降低并转变为冲刷状态，冲刷强度先增加后减小直至平衡状态。总体统计结果，挡流导堤建设会使口门处发生泥沙淤积，最大年淤积强度 0.2 m，年淤积量约 7.3×10^4 m³。

4　结　语

通过数值模拟计算表明，推荐方案建设对口门区水流掩护效果满足要求；挡流导堤长度较短，建设成本较低；与粤海铁北防波堤离堤布置权属清楚。东向流时段虽有潮流通过离堤间隙进入港池，但流速不大，影响范围有限，不会对港池船舶作业产生影响。泥沙冲淤模拟计算表明，推荐方案挡流导堤建设后口门处最大年淤积强度 0.2 m，年淤积量约 7.3×10^4 m³，淤积量不大。

受限于计算模式，本研究各方案导堤均作为非透水构筑物处理。如施工方案采用透水构筑物模式，则挡水效果及对目标海区的流速减小幅度等与本研究结论会存在一定差异，但有可能满足对口门区掩护的要求。透水结构具有对水环境影响小、建造成本低的优势。建议针对透水导堤结构型式做进一步的研究，论证其可行性。

参考文献：

[1] 康苏海, 刘臣. 海口港新海港区汽车客货滚装码头三期工程二维潮流泥沙数学模型试验研究报告[R]. 天津:交通运输部天津水运工程科学研究所, 2018.

[2] DHI Water & Environment .MIKE 21 User Guide [M]. Denmark :DHI Water & Environment, 2002.

[3] 刘守国. 福建省诏安县赤石湾中心渔港工程防波堤及导流堤布置[J]. 福建交通科技, 2018(4): 152-154.

[4] 余春辉, 范洪浩, 郑星伟. 小溪滩水利枢纽导流堤方案水力学数值模拟[J]. 交通科学与工程, 2017(4): 51-56.

[5] 蔡丽婧. 基于流场数值模拟的导流堤加固方案优化设计[J]. 水科学与工程技术, 2015(3): 49-51.

[6] 左志刚. 黄骅港综合港区深水航道水动力数值模拟研究[J]. 水道港口, 2018(3): 260-263.

江苏沿海大规模围垦对寒潮大风浪的影响

潘锡山 [1,2]，左健忠 [1]，韩　雪 [1]，魏　巍 [3]，王少朋 [4]，孙忠滨 [5]

（1. 江苏省海涂研究中心，江苏　南京　210036；2. 港口航道泥沙工程交通行业重点实验室　江苏　南京 210029；3. 滨海县海洋环境监测站，江苏　盐城　224500；4. 国家海洋信息中心，天津　300171；5. 南京水利科学研究院，江苏　南京　210098）

摘要： 以江苏围垦规划为例，利用 SWAN 自嵌套模型，在东海大范围模拟结果准确的前提下，对江苏沿海大规模围垦前后的寒潮大风浪进行模拟，并提取围垦周边海域特征点处的有效波高进行对比分析，研究结果表明大规模围垦对围垦区附近海域的寒潮大风浪有很大影响，对于提高围垦后拟建近海工程的安全性具有重要意义。

关键词： 江苏海域；大规模围垦；寒潮大风浪；SWAN

江苏沿海海岸线长约 954 km，江苏地区独特的地形地貌孕育了大量的滩涂资源。根据 2008 年江苏近海海洋综合调查与评价（国家 908 专项江苏部分），未围滩涂面积超过 5 000 km²，约占全国总量的 1/4 [1-2]。江苏省相应地提出了《江苏沿海滩涂围垦开发利用规划》，同时滩涂围垦带来的诸多问题也被提上了研究日程。

大规模滩涂围垦工程的实施会改变沿海地区的海岸地貌，对海岸带环境产生影响，进而引起水动力环境和冲淤环境的变化，给人类带来大量土地及经济利益的同时，也会对自然环境造成一定的影响 [3-4]。寒潮大风是对江苏沿海海域影响较大的灾害性极端天气之一，是一种大规模的冷空气移动过程。寒潮大风通常伴随着大幅降温、大风以及大浪等现象，由于寒潮持续时间较长，由寒潮大风引起的风浪成长较为充分，严重威胁沿海地区人们的生命财产安全和近海工程设施 [5]。因此，开展大规模围垦对寒潮大风浪影响的研究有重要的现实意义。利用 SWAN 海浪数值模式建立东海风浪模型，对寒潮大风天气下江苏沿海围垦规划前后的波浪场进行模拟，重点研究围垦工程实施前后近岸海区波高的变化情况，分析大规模围垦工程对波浪场的影响。

1　SWAN 模型介绍

SWAN 模式 [6] 以二维动谱密度 $N(\sigma,\theta)$ 来描述随机波浪场，$N(\sigma,\theta)$ 与二维能谱密度 $E(\sigma,\theta)$ 的关系为 $N(\sigma,\theta)=E(\sigma,\theta)/\sigma$，其中 σ 为频率，θ 为波向。

在笛卡儿坐标系下，动谱平衡方程表示为

$$\frac{\partial}{\partial t}N+\frac{\partial}{\partial x}c_xN+\frac{\partial}{\partial y}c_yN+\frac{\partial}{\partial \sigma}c_\sigma N+\frac{\partial}{\partial \theta}c_\theta N=\frac{S_{\text{total}}}{\sigma}$$

式中：左边第一项表示 N 随时间的变化率，第二、三项表示 N 在空间 x、y 方向上的传播，第四项为水深和水流的变化引起的相对频率的变化，第五项即由水深和水流引起的折射（c_x、c_y、c_σ、c_θ 分别表示在 x、y、σ、θ 空间的波浪传播速度）；方程右边 S_{total} 是以能谱密度表示的源汇项合理地模拟复杂的潮流、地形、风场环境下的波浪场。SWAN 模型全面考虑波浪浅化、反射、折射、底摩擦、破碎及波浪非线性效应等，模型采用全隐式有限差分格式，无条件稳定，该模型已成功应用于海岸、河口及近海水域的波浪预报 [7-15]，文中使用的版本为 SWAN 40.91。

2　参数选取及计算条件

利用 SWAN 模式对 2008 年 12 月 20—22 日期间的寒潮大风浪进行数值模拟。寒潮大风风场数据来源

基金项目： 国家重点研发计划（2017YFC1404203）；港口航道泥沙工程交通行业重点实验室开放基金（Yn918003）；海岸灾害及防护教育部重点实验室开放研究基金；江苏省自然科学基金青年基金项目（BK20180803，BK20170871）；国家科技支撑计划项目（2013BAB04B03）

于 CCMP 卫星遥感海面风场资料，中国的近海计算范围为 20.4–41.9°N，117.1–131.4°E。模型采用非结构三角网格，网格数 70 147，节点数 35 814，方向分为 36 段，分辨率为 10°。模拟时间为 2008 年 12 月 17 日 0 时到 12 月 26 日 18 时，模拟时间步长取 600 s。模拟结果以 Jason-1 轨道数据作为验证。大范围波浪数学模型计算区域如图 1 所示。寒潮大风发生期间，卫星正处于 cycle 256 周期，轨道 T127、T138、T153 分别于 22 日 21 时、23 日 8 时和 23 日 13 时左右经过模拟区域上空（如图 2 所示）。

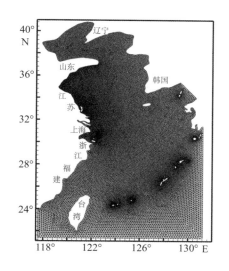

图 1　中国近海计算区域网格剖分

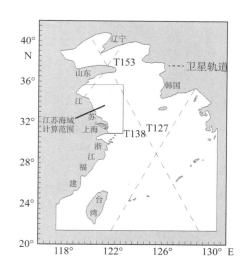

图 2　寒潮大风期间 Jason-1 卫星地面轨迹

为进一步验证模拟结果的准确性，在寒潮大风浪模型中以波浪站实测数据对模拟波高加以验证。响水波浪测站位于江苏沿海废黄河口附近，浮标处水深大约 8 m，每小时采集一次数据，该浮标记录了寒潮大风期间测波点附近的波要素过程。将寒潮大风发生期间的模拟结果与响水站实测有效波高进行对比分析，结果如图 4 所示。由图 3 和图 4 的验证结果可知，利用 SWAN 模型计算的有效波高具有较好的准确性，即建立的大范围数学模型能够较好地反映寒潮大风期间东海的波浪场分布情况，可为小范围寒潮大风浪模拟提供可靠的波谱边界。

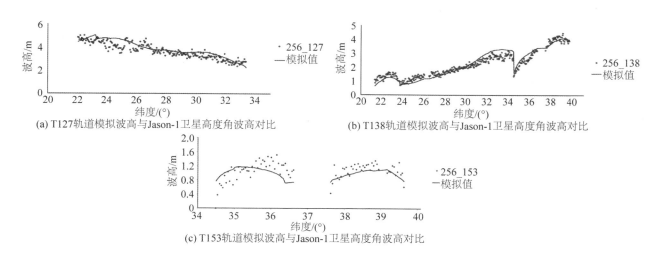

(a) T127 轨道模拟波高与 Jason-1 卫星高度角波高对比　　　(b) T138 轨道模拟波高与 Jason-1 卫星高度角波高对比

(c) T153 轨道模拟波高与 Jason-1 卫星高度角波高对比

图 3　不同轨道模拟波高与 Jason-1 卫星高度角波高对比

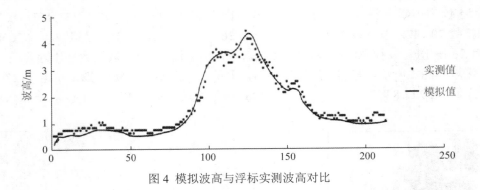

图 4　模拟波高与浮标实测波高对比

3　江苏沿海滩涂围垦规划对寒潮大风浪场的影响

为研究寒潮大风天气下规模围垦对近海波浪场的影响，以江苏海域大规模滩涂围垦规划工程为背景，在东海寒潮大风浪模拟准确的基础上，采用 SWAN 模型自嵌套，对江苏沿海规模围垦前、后的波浪场分别进行计算。

小范围研究区域范围较江苏沿海稍大（29.5-35.8°N，119.1-124.3°E），模型采用与岸线吻合度较高的无结构三角网格，网格节点数 48 172 个，网格单元数 94 814 个，网格间距从外海到近岸逐渐减小。为了能够更好地刻画围垦区域，并对江苏近岸海域进行网格加密，网格间距最小为 500 m，不仅节约了计算时间，也可充分提高江苏沿海区域的模拟精度，模拟区域的网格剖分如图 5 所示。

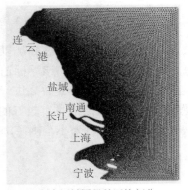

(a) 研究区域围垦前网格剖分

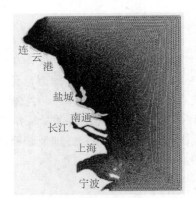

(b) 研究区域围垦后网格剖分

图 5　模拟区域的网格剖分

为了充分研究规模围垦规划工程对江苏海域台风浪的影响特征，在江苏沿海滩涂围垦周边海域选取了一系列特征点，如图 6 所示。

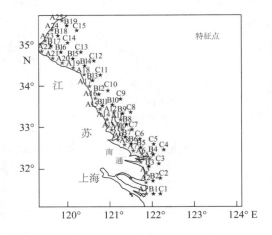

图 6　规模围垦后周边海域特征点分布

特征点分布疏密程度与围垦面积呈正相关，围垦面积越大，特征点布设越密集，围垦面积越小，特征点越稀疏。根据特征点与围垦区的距离大小，将特征点分为三层，A1~A25 为第一层，主要分布在距围垦区较近的近岸海域；B1~B19 为第二层，距围垦区较第一层稍远；C1~C15 为第三层，分布在最外围海域。

由于模拟时刻较多，没有必要对每个时刻进行逐个分析，为能够较完整地刻画规模围垦对寒潮大风浪的影响，研究从模拟结果中选出三个具有典型性的时刻作为分析对象。典型时刻包括寒潮大风对研究区域开始产生影响的时刻、影响最大的时刻以及影响即将消失的时刻。典型时刻的寒潮大风波浪场分布如图 7 所示。由各典型时刻的寒潮大风波浪场可知，寒潮大风在 21 日 22 时左右对江苏围垦海区整体影响最大。为进一步分析江苏沿海规模滩涂围垦对台风浪的影响，根据模型计算结果，分别提取 21 日 22 时围垦前、后波浪特征站位的波高数据，并进行统计分析，如表 1 所示。

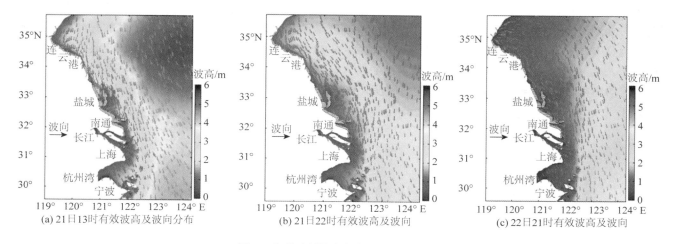

(a) 21日13时有效波高及波向分布　　　(b) 21日22时有效波高及波向　　　(c) 22日21时有效波高及波向

图 7　典型时刻的寒潮大风波浪场分布

表 1　21 日 22 时围垦前、后各特征站位波高变化

特征站位	H_S/m		变化量/m	变化率/（%）	特征站位	H_S/m		变化量/m	变化率/（%）
	围垦前	围垦后				围垦前	围垦后		
A1	1.03	0.94	−0.09	−8.72	B6	1.57	1.58	0.01	0.45
A2	0.93	0.94	0.01	0.91	B7	1.14	0.92	−0.22	−19.5
A3	1.15	1.10	−0.05	−4.57	B8	1.04	1.06	0.02	1.77
A4	1.16	0.78	−0.38	−32.9	B9	2.01	1.95	−0.05	−2.64
A5	2.19	2.14	−0.04	−2.00	B10	2.24	2.19	−0.04	−1.98
A6	2.10	2.16	0.06	2.99	B11	2.09	2.11	0.02	1.15
A7	1.51	1.50	−0.02	−1.18	B12	2.18	2.18	0.00	0.20
A8	1.14	1.01	−0.12	−10.9	B13	2.18	2.15	−0.03	−1.57
A9	0.92	0.71	−0.21	−22.7	B14	2.20	2.19	−0.01	−0.48
A10	1.15	1.05	−0.11	−9.34	B15	1.82	1.86	0.04	1.97
A11	1.42	1.49	0.07	4.88	B16	1.77	1.80	0.02	1.35
A12	1.18	1.18	0.00	0.07	B17	1.39	1.43	0.04	2.55
A13	1.01	0.98	−0.03	−2.55	B18	1.38	1.38	0.00	0.23
A14	1.64	1.71	0.07	4.23	B19	1.30	1.30	−0.01	−0.46
A15	1.73	1.72	−0.01	−0.59	C1	1.65	1.64	−0.01	−0.48
A16	1.63	1.55	−0.08	−4.96	C2	2.33	2.31	−0.02	−0.78
A17	1.78	1.74	−0.03	−1.86	C3	2.50	2.50	0.00	0.07
A18	1.97	1.95	−0.02	−1.05	C4	3.18	3.18	0.00	−0.06
A19	1.49	1.54	0.05	3.15	C5	2.83	2.84	0.02	0.58
A20	1.18	1.28	0.10	8.30	C6	2.12	2.12	−0.01	−0.41
A21	1.21	1.27	0.07	5.58	C7	1.58	1.57	−0.01	−0.61
A22	0.89	0.88	−0.01	−0.84	C8	2.43	2.43	0.00	−0.07
A23	0.96	0.93	−0.03	−3.53	C9	2.69	2.71	0.02	0.70
A24	0.83	0.82	−0.01	−0.96	C10	2.58	2.60	0.01	0.50
A25	0.58	0.59	0.01	1.74	C11	2.49	2.47	−0.01	−0.60

特征站位	H_S/m		变化量/m	变化率/（%）	特征站位	H_S/m		变化量/m	变化率/（%）
	围垦前	围垦后				围垦前	围垦后		
B1	1.09	1.03	−0.06	−5.43	C12	2.70	2.66	−0.04	−1.37
B2	1.44	1.50	0.06	3.92	C13	2.39	2.40	0.02	0.74
B3	1.63	1.47	−0.17	−10.2	C14	1.90	1.91	0.00	0.26
B4	2.63	2.65	0.02	0.81	C15	1.85	1.84	−0.01	−0.42
B5	2.11	2.14	0.02	1.09					

　　由图 7 可知，在寒潮大风发生期间，随着时间的变化，除海州湾海域外，江苏近岸海域波向并没有太大变化，大致呈 NNW 向。海州湾海域波向则随时间的推移有明显变化，22 日 7 时左右波浪约为 NNE 向，与海州湾北部海岸接近垂直，对该海区有很大影响，波高有一定程度的增加，但由于海州湾海域水深较浅，且滩涂围垦面积较小，波高增量有限（如 A19~A21 及 B15~B17）。江苏中南部垦区，尤其是冷家沙垦区及东沙与高泥垦区，对风浪的传播影响较大，垦区南部海域波高普遍有所减小，距垦区较近的海域受垦区掩护作用显著，波高大幅度降低，特征点 A4 降幅达 −32.98%，特征点 A9 降幅达 22.69%。波浪可不受阻挡直接传入垦区形成的湾内，湾内发生反射，特征点 A13 波高有所增大。为了更直观地表示滩涂围垦对寒潮大风浪的影响，将围垦前、后特征点处的波高变化，将特征站位从 A1 至 C15 依次编号为 1 至 59 号并绘制了图 8。

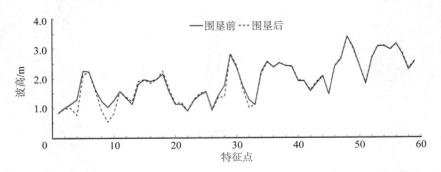

图 8　各特征站位围垦前后波高变化

4　结　语

　　围垦带来社会和经济效益的同时，也会导致一系列不可逆转的负面影响，沿海滩涂围垦导致的海洋环境变化对沿海地区的经济社会发展具有重要意义。以江苏大规模滩涂围垦规划为背景，采用数值模拟的方法，对大规模滩涂围垦导致的寒潮大风浪场变化进行了分析。波浪场变化较大海域主要集中在江苏中南部海域，这是由于该海域的围垦区面积较大，对波浪场影响较显著。东沙、高泥及冷家沙垦区南部海域由于受到掩护作用，波高降幅较大，降幅最大可达 30% 左右；江苏北部海域由于围垦范围较小，波浪场变化不明显，变化幅度不显著。

参考文献：

[1]　王建, 徐敏, 等. 江苏省海岸滩涂及其利用潜力[M]. 北京: 海洋出版社, 2012.

[2]　徐敏, 李培英, 等. 淤长型潮滩适宜围填规模研究—以江苏省为例[M]. 北京: 科学出版社, 2012.

[3]　王义刚, 王超, 宋志尧. 福建铁基湾围垦对三沙湾内深水航道的影响研究[J]. 河海大学学报:自然科学版, 2002, 30(6): 99-103.

[4]　陈导信, 陈木永, 张弛. 围垦工程对温州近海及河口水动力的影响[J]. 河海大学学报:自然科学报, 2009, 37(4): 457-463.

[5]　张进峰, 石志超, 项勇. 寒潮大风浪中船舶失速数值计算[J]. 大连海事大学学报, 2014, 40(2): 1-4.

[6]　XU F, ZHANG C, TAO J. Mechanism and application of a third generation wave model SWAN for shallow water[J]. Advances In Water Science, 2004, 15(4): 538-542.

[7]　李绍武, 梁超, 庄茜. SWAN 风浪成长模型在近海设计波浪要素推算中的应用[J]. 港工技术, 2012, 49(2): 1-7.

[8] 王道龙. SWAN 近岸海浪模式在辽东湾的应用[J]. 海洋科学进展, 2010, 28(3):1-6.

[9] 张宏伟. SWAN 波浪模型在黄河三角洲海域的应用[J]. 水运工程, 2008(12): 1-5.

[10] GORMAN R M, NEILSON C G. Modeling shallow water wave generation and transformation in an intertidal estuary[J]. Coastal Engineering, 1999, 36: 197-217.

[11] PADILLA-HEMANDEZ R, MONBALIU J. Energy balance of wind waves as a function of the bottom friction formulation[J]. Coastal Engineering, 2001, 43: 131-148.

[12] WORNOM S F, WELSH D J S, BEDFORD K W. On coupling the SWAN and WAM wave models for accurate nearshore wave predictions[J]. Coastal Engineering Journal, 2001, 43(3): 161-201.

[13] WORNOM S F，ALLARD R, BEDFORD K W. An MPI quasi time-accurate approach for nearshore wave prediction using the SWAN code Part I: applications to wave hindcasts[J].Coastal Engineering Journal, 2002, 44(3): 257-280.

[14] ROGERS W E, KAIHATU J M, PETIT H A H, et al. Diffusion reduction in an arbitrary scale third generation wind wave model[J]. Ocean Engineering, 2002, 29: 1357-1390.

[15] LIN W Q, SANFORD L P, SUTTLES S E. Wave measurement and modeling in Chesapeake Bay[J]. Continental Shelf Research, 2002, 22: 2673-2686.

江苏沿海某海堤局部失稳机理分析

黄　哲[1]，徐修林[2]，王红川[1]，王登婷[1]

（1. 南京水利科学研究院，江苏　南京　210029　2. 连云港市赣榆区水利局，江苏　连云港　222100）

摘要： 针对江苏沿海某海堤局部失稳的问题，首先通过现场观测对失稳原因进行初步分析，然后利用数学模型对港区防波堤建成前后海堤所在海域波况变化情况进行对比计算，同时采用物理模型试验对"温比亚"台风期间台风浪对海堤的作用过程进行复演，结合三种研究手段分析得到的破坏原因，分别提出相应的海堤修复方案。

关键词： 局部失稳；现场观测；江苏沿海；海堤；局部失稳；机理分析；修复方案

江苏沿海某海堤多兴建于 20 世纪六七十年代，防护工程严重不足，设计标准偏低，沿线病险涵闸老化失修，带病运行，严重影响防汛抢险和正常管理工作，直接威胁到该市工农业生产和人民群众生命财产安全。

针对以上问题，当地于 2006 年组织开展了海堤达标建设工程[1]，工程旨在提高海堤的防洪防潮标准，减少因台风对生态环境造成的灾难性破坏，改善沿海生态环保，促进地方经济发展。

该区段海堤堤顶设计标准按照：堤顶高程=50 年一遇高潮位+10 级风浪爬高+安全超高，其中 50 年一遇高潮位+4.60 m，10 级风浪爬高 2.00 m，安全超高 1.00 m，计算得到的该区段海堤堤顶高程+7.60 m。

建成后的海堤断面见图 1，具体如下：+1.94~2.94 m 设梯形齿墙，上顶宽 0.5 m，下底宽 1.0 m，+2.94~3.94 m 为 1:3 灌砌块石护坡，护坡厚度为 0.40 m；护坡内侧+3.94 m 以上设一级消浪拱，拱顶高程为+4.94 m，基础底高程为+3.14 m；+4.94~6.30 m 为 1:3 灌砌块石护坡，护坡厚度为 0.40 m，堤顶设二级消浪拱，拱顶高程为+7.60 m，基础底高程为+5.50 m；护坡上部设冒水孔，护坡砌石以下铺设 15 cm 厚砂石垫层，垫层下铺设 400 g/m² 土工布。

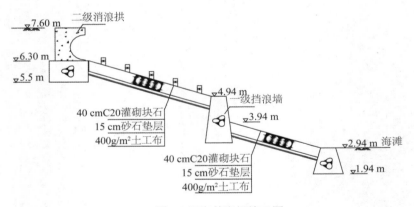

图 1　沿海某海堤施工图

然而该区段海堤在重建后又经历了多次损坏与修复，其中 2017 年春季与 2018 年夏季再次遭遇了不同程度的破坏。

通过现场观测、数学模型及物模试验的方法，本文对该海堤局部失稳机理进行分析，以期为海堤的修复和加固提供科学依据。文中高程系统为废黄河基面。

1　现场观测

于 2018 年第 18 号台风"温比亚"登录前后，课题组分别对失稳段海堤进行现场观测。

基金项目： 国家重点研发计划资助（2018YFC0407503）；国家自然科学基金面上项目（51579156）；南京水利科学研究院中央级公益性科研院所基本科研业务费专项资金重大项目（Y218006）、重点项目（Y218005）、青年项目（Y219012）

初次观测现场照片见图 2。图 2（a）中可见堤脚位置梯形齿墙存在局部不均匀沉降；图 2（b）中可见一级消浪拱迎浪面浆砌块石见出现缝隙；图 2（c）和图 2（d）中可见，部分区段梯形齿墙外部水泥砂浆护面脱落，内部浆砌块石直接暴露于波浪作用之下，且一级斜坡护面出现断裂。

第二次现场观测照片见图 3。对比图 3 与图 2（d）可以看出，该区段海堤存在进一步的损坏，梯形齿墙水泥抹面脱落，内部块石发生位移，台风前一级斜坡上部的裂纹发展为护面整体断裂，一级消浪拱出现不均匀沉降导致失稳，二级斜坡整体坍塌。

结合收集到的现场资料，可以初步分析得到引起该段海堤破坏的原因有以下几点。

1）部分区段底部镇脚前沿淘刷严重。

部分区段海堤镇脚顶高程原本与原海床面齐平，冲刷发生后，沙滩的滩面高程要低于镇脚顶部，海床对镇脚的掩护作用减弱，导致镇脚直接暴露于波浪作用之下；并且局部出现严重的堤脚侵蚀，引起镇脚处浆砌块石的失稳，进而导致海堤上部结构破坏。

2）堤身不均匀沉降。

因堤身不均匀沉降，导致镇脚浆砌块石间的砂浆脱落，在波浪反复作用下，浆砌块石发生松动，部分块石发生位移，进而导致镇脚、消浪拱以及护面等部位发生不均匀沉降或坍塌。而一旦斜坡面任一部位发生断裂，波浪作用会引起堤心沙土填筑物的进一步淘刷，加剧海堤的破坏。

3）台风浪影响。

2018 年 8 月 17 日第 18 号台风"温比亚"作用下，海堤部分区段遭到破坏。

台风期间，附近海域测得的最高潮位+3.04 m，高于设计高潮位+2.62 m，同时略高于海堤镇脚顶高程+2.94 m，台风浪能够直接作用到海堤一级斜坡位置，部分大波能够越过一级消浪拱并作用到二级斜坡上。图 2（d）表明，由于破坏段海堤此前已存在安全隐患，所以在此次台风引起的增水及台风浪共同作用下，该段海堤最终发生破坏。

4）部分区段二级斜坡未分段施工。

由"温比亚"台风中发生破坏的海堤段航拍照片（图 3）可以看出，部分区段二级斜坡施工过程中未进行分段浇筑，且未留有伸缩缝，一旦堤身发生不均匀沉降，护面出现裂缝后，在波浪的持续作用下会导致护面整体破坏失稳；而其余未发生明显破坏区段的浇筑宽度一般在 10 m 左右，两段护面之间留有伸缩缝，仅出现局部的裂缝。

(a)　　　　　　　　　　　　　　　　(b)

(c)　　　　　　　　　　　　　　　　(d)

图 2　第一次现场观测照片

图 3　第二次现场观测照片

2　数学模型

失稳段海堤北侧修建有港区防波堤，本节通过数学模型计算的手段，研究港区防波堤建成后对海堤所在海域波况的影响。防波堤、海堤的平面布置示意图及波浪数模测算点位置见图 4。

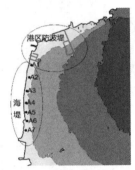

图 4　港区防波堤平面布置

本文收集了工程海域的风速、波浪资料，分析确定工程海域外海不同方向的深水波浪要素和设计风速，根据工程区所在地理位置建立近岸波浪传播变形数学模型，推算外海波浪向近岸的传播过程，得出破坏段海堤所在水域的波浪分布，确定港区北侧防波堤工程建设前后海堤沿线不同控制点位置的设计波浪要素。

外海波浪传入近岸浅水地区时，受多种因素的影响，将产生一系列复杂的变化：由于地形变化的影响，将产生折射及浅水变形现象；遇到岛屿、防波堤等障碍物时，波浪能绕过障碍物，传播至受障碍物掩护的水域，产生波浪绕射现象。在本文确定深水波浪要素后，采用波浪折射、绕射联合计算的高阶非线性抛物型方程数学模型模拟波浪由外海向工程区的传播，得出工程附近大范围水域的波浪场。

表 1 列出了港区防波堤修建前后失稳段海堤所在海域（A5 点）50 年一遇+设计高水位下的波浪要素。

表 1　港区防波堤修建前后破坏段海堤所在海域波浪要素

工况		50 年一遇+设计高水位							
		$H_{1\%}$/m	$H_{4\%}$/m	$H_{5\%}$/m	$H_{13\%}$/m	$\bar{H}$/m	$\bar{T}$/s	L/m	偏角/(°)
NNE	前	3.01	2.83	2.83	2.66	1.95	8.80	55.4	-8.1
	后	3.01	2.83	2.83	2.66	1.95	8.80	55.4	-17.5
NE	前	3.01	2.83	2.83	2.66	1.95	8.76	55.1	-20.0
	后	3.01	2.83	2.83	2.66	1.95	8.76	55.1	-20.1
ENE	前	3.01	2.83	2.83	2.66	1.95	8.78	55.2	-0.3
	后	3.01	2.83	2.83	2.66	1.95	8.78	55.2	-0.3
E	前	3.01	2.83	2.83	2.66	1.95	8.76	55.1	11.4
	后	3.01	2.83	2.83	2.66	1.95	8.76	55.1	11.4
ESE	前	3.01	2.83	2.83	2.66	1.95	8.74	55.0	14.0
	后	3.01	2.83	2.83	2.66	1.95	8.74	55.0	14.0

对比港区防波堤建设前后 A5 点 NNE-ESE 向波浪要素变化情况可以看出，防波堤建设后对工程区域的波高和周期影响不大，但对该区域的波向产生了一定程度的影响，其中 NNE 方向的波浪发生偏转角度

最大，致使原本斜向作用的波浪转变为偏正向作用，沙滩前沿垂直于堤轴线布置的丁坝对波浪的消减作用明显减弱，由此可见在防波堤修建后，波浪对海堤作用动力增强。

3　物理模型试验

本节通过物理模型试验的手段，对破坏段海堤典型断面进行了模拟，复演了温比亚台风作用时，波浪在沙滩上部传播与变形情况，观测了波浪与海堤断面相互作用。

3.1　试验概况

由于现有海堤自 2006 年建成后经过多次的损坏与修复，海堤前地形也由于冲淤发生了一定变化，因此本试验断面以现场测量结果为准，具体见图 5。

试验所在区域的海堤为复式斜坡堤，堤顶高程+7.60 m，一级斜坡与二级斜坡均采用 40 cm 厚 C20 灌砌块石，坡度为 1:3；两级斜坡之间设有一级消浪拱，一级消浪拱顶高程为+4.94 m；二级斜坡顶部接二级消浪拱底座，底座上部为反弧结构；堤脚外海侧沙滩顶高程+2.55 m，岸滩剖面平均坡度 1:7。

本研究选用的试验水位共两个，其中低水位+2.62 m，相应的试验波浪要素为 $H_{1\%}$=1.31 m，$H_{13\%}$=1.16 m，$\overline{T}$=8.8 s；高水位为"温比亚"台风期间的最高水位，为+3.04 m，相应的试验波浪要素为 $H_{1\%}$=1.98 m，$H_{13\%}$=1.84 m，$\overline{T}$=8.8 s[2]。

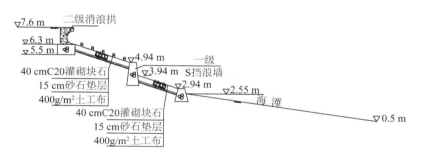

图 5 试验断面图

3.2　仪器设备及试验方法

本次波浪断面物理模型试验在波浪长水槽中进行，水槽长 175 m、宽 1.2 m、高 1.5 m，并配有风、波、流设备。水槽的两端配有消浪缓坡，在一端配有不规则波造波机，该造波系统可根据需要产生规则波及不同谱型的不规则波。

波浪要素采用电阻式波高仪测量，由计算机自动采集和处理。

3.3　模型设计

试验采用正态模型，按照 Froude 数相似律设计[3]。综合试验水位、场地条件及规范要求等内容，模型的几何比取为 1:15；波浪按重力相似准则模拟，不规则波波谱采用 JONSWAP 谱。

3.4　试验结果及分析

低水位+2.62 m，低于镇脚的顶高程+2.94 m，破坏段海堤典型断面在该水位及相应波浪作用下，波浪作用到海堤后，对堤脚、一级斜坡及镇脚前部沙滩形成淘刷，对海堤上部结构影响相对较小。

低水位及相应波浪作用下，一级、二级消浪拱顶部均未测得越浪。

高水位+3.04 m，该水位下波浪直接冲击到一级消浪的迎浪面并发生破碎，破碎后的水体沿直立面爬升并向上部运动，试验测得的最大溅水高度相当于原型 10~15 m，回落水体主要作用到一级斜坡、一级消浪拱及二级斜坡下部（图 6），不规则波列中的大波越过一级消浪拱并沿二级斜坡爬高，在作用到二级消浪拱后被上部反弧结构反挑至外海侧，个别大波能越过二级消浪拱顶部，作用到堤后。

高水位及相应波浪作用下，个别大波越过一级消浪拱后沿二级斜坡上爬，作用到二级消浪拱，当爬升至二级消浪拱反弧位置后，水体均被反挑至外海侧，无波浪直接越过二级消浪拱顶部，因此在二级消浪拱顶部收集到的水体主要来自于波浪作用到一级消浪拱后形成的溅浪，约为 0.001 0 m³/（s·m）。

物理模型试验中镇脚、一级斜坡、一级消浪拱与二级斜坡等受波浪作用持续时间较长或受力较为集中，由"温比亚"台风后现场主要破坏情况可以看出，这些部位在实际工程中也存在较为严重破坏。

结合现场破坏情况与试验现象可以进一步得出破坏原因包括：

1）日常中、低水位时由于堤脚的冲刷使得镇脚前部无沙滩掩护，直接受到波浪侵蚀发生破坏，并进一步造成堤心泥沙的淘刷；

2）高水水位时，由于局部波能集中，波浪对一级消浪拱造成冲击，形成溅浪，回落的水体作用到一级斜坡、消浪拱与二级斜坡，加之日常低水位冲刷造成的堤心淘刷后，这些部位更易发生损坏。

图 6 试验照片

4 结 语

结合现场观测、数学模型、物模试验可以得到，海堤破坏的主要原因有：

1）堤身不均匀沉降；

2）护面未分段施工；

3）港区防波堤建成后，工程区波浪动力增强；

4）台风浪作用下极端的水位及波浪条件引起的波能集中；

5）堤脚沙滩及堤心沙石的日常淘刷。

根据试验现象及破坏机理，针对破坏段海堤修复提出的主要建议包括：

1）修复施工阶段，现浇混凝土板护面沿堤轴线方向宽度不宜超过 5 m，面板内应配设钢筋网片。

2）混凝土板护面下部垫层需采用碎石垫层及土工布，避免因局部损坏而引起的堤心淘刷。

3）施工时需保证堤脚部位的施工质量，并需满足强度要求，避免堤脚淘刷。

4）施工结束后，需加强对现场海堤的监测。如发现堤脚发生较为严重的淘刷、堤身局部有裂缝等情况应及时补沙或对堤身进行修复，避免极端天气条件下海堤破坏的加剧。

参考文献：

[1] 连云港赣榆县 2006 年度加快海堤重点堤段达标建设初步设计报告[R]. 赣榆区水利局, 2006.

[2] 连云港港 30 万吨级航道一期工程波浪要素推算报告[R]. 南京水利科学研究院, 2009.

[3] 南京水利科学研究院. 波浪模型试验规程[S]. 北京：人民交通出版社, 2001.

杭州湾北岸金丝娘桥港—金汇港岸段
近岸水深条件分析

杨超平，袁文昊

（中交上海航道勘察设计研究院有限公司，上海 200120）

摘要：杭州湾北岸上海管辖岸段长度约 106 km，是区域港口建设的宝贵资源。随着人们对岸滩资源开发利用需求的增大，该岸段正受到越来越多的关注。近年来，由于区域水沙条件的改变，岸滩地形也随之调整，研究根据杭州湾北岸金丝娘桥港—金汇港岸段最新水下地形测量资料，结合区域水沙条件状况，对该岸段码头区域的水深条件进行了分析，为该段岸线资源的合理利用提供了科学依据。

关键词：杭州湾北岸；水深条件；岸线资源

1　研究区岸段总体地形特点

杭州湾北岸是长江三角洲南翼的组成部分，岸线基本为东西走向，东端的南汇咀人工半岛工程和西端的金山上海石化围垦工程形成了两个"人工节点"，整个杭州湾北岸岸线呈微弯内凹的弧形海岸形态。根据茅志昌等[1]的研究，该弧形岸段在涨、落潮转流过程中，低流速历时较长，水流动力较弱，有利于泥沙淤积。与杭州湾"北冲南淤"的总体格局不同，该岸段较弱的水流动力加上长江入海泥沙补给，滩涂向外淤涨延伸。近年来，在若干圈围工程实施以后，岸线逐渐趋于稳定[2]。

2　杭州湾潮流特性

杭州湾为强潮海湾，金山沿岸水域潮汐类型属非正规半日浅海潮，根据实测水文资料，研究区平均涨潮历时在 5 h 25 min 左右，平均落潮历时在 7 h 左右，大潮平均潮差 5.1 m，小潮平均潮差 1.7 m。潮流基本呈东西向的往复流形式，涨潮流流向在 236°~267°之间，落潮流流向在 66°~82°。水域涨潮流占明显优势，大潮期间涨潮流速为 1.6 m/s、落潮流速为 1.3 m/s，小潮期间，涨潮流速为 1.1 m/s、落潮流速为 0.9 m/s，大潮涨、落潮流速差较小潮明显。从空间分布特征上来看，流速总体表现为近岸流速小、离岸流速大的特征。

3　杭州湾泥沙特性

3.1　悬沙特征

杭州湾泥沙多来自口外，即长江入海泥沙和海域再悬浮泥沙的输入。1950—2000 年期间，长江年均入海泥沙量为 $4.33×10^8$ t，2003 年三峡封坝以后，流域来沙减少为 $1.4×10^8$ t。钱塘江年均输沙量 $658×10^4$ t，仅为长江年均输沙量的 4.7%，且大部分落淤在澉浦以上；曹娥江和甬江年均输沙量仅 $165×10^4$ t。因此，杭州湾的泥沙主要受长江口输沙影响。

从含沙量的平面分布来看，杭州湾海域总体具有湾顶含沙量低、湾口含沙量高的分布特征。杭州湾水域中的悬沙变化和分布主要受控于潮流、波浪和泥沙来源等诸多因素。一般来说，当潮差大、水体紊动强度大、水流挟沙力强、泥沙来源充足时，水体含沙量将增大。在潮周期内的含沙量变化特征一般是涨潮含沙量大于落潮含沙量。

3.2　底质

杭州湾的底质中有黏土质粉砂、粉砂、细砂、细砂质粉砂、粉砂质细砂和黏土–粉砂–细砂六类。杭州湾河床质粒径从湾口向湾顶逐渐变粗，并具有南、北深槽较粗、湾中部与滩地较细的特点。研究区底质以细砂质粉砂和粉砂质细砂为主。

4　杭州湾地形演变分析

4.1　杭州湾北岸岸线变迁

　　历史上杭州湾的演变以北冲南淤为特征：南岸持续淤涨；北岸在涨潮流和东南向强浪作用下，岸线侵蚀。在长江三角洲南部有数条近南北向的贝壳沙堤，代表了3000年前的古海岸线，反映了柘林以西的杭州湾北岸早在距今3000年前已经成陆。随着长江流域来沙的增加，长江三角洲迅速向海推进。公元4世纪，海岸线约在盛桥–周浦–钱桥–王盘山–澉浦一线，岸线呈弧形向东南方向突出。公元1052—1054年，杭州湾北岸修筑了第一条海塘——瀚海塘，使杭州湾北岸岸线进入人工控制时期。此后奉贤、南汇滩涂仍不断外涨，先后修筑了钦公塘、彭公塘。1949年后，杭州湾北岸东部滩涂不断外涨，相继修建了人民塘、盐海塘、漕泾塘、胡桥塘、团结塘、金汇西塘和金汇中塘等海塘。近年来，在杭州湾北岸又相继实施了华电灰坝东滩促淤工程、碧海金沙工程、柘林塘南滩促淤工程、上海化工区圈围工程和金山石化圈围工程。总体而言，杭州湾北岸海岸线在人工控制下，逐步趋于稳定。

4.2　杭州湾北岸近期冲淤变化

　　根据2002年、2011年和2016年杭州湾海图资料，对杭州湾北岸2002年以来的地形冲淤变化进行了分析。

　　2002—2011年期间，杭州湾北岸岸段以金汇港为界，东西两侧的冲淤状况呈不同的变化规律，金汇港以东岸段水域总体呈冲刷态势，冲刷幅度在0.2~1 m之间，仅近岸处局部有1~2 m的淤积；金汇港以西岸段呈淤积态势，淤积幅度多在1~3 m，局部可达3~6 m（图1）。

　　2011—2016年期间，除岸线前沿处于冲刷外，杭州湾北岸海床总体处于淤积态势。其中金汇港岸段以东海域已由2002—2011年期间的冲刷为主，转为冲淤平衡，局部海床还出现了0.2~0.6 m的小幅淤积；金汇港以西岸段则继续呈淤积态势，淤积幅度在1~2 m，较东侧岸段的淤积幅度大（图2）。

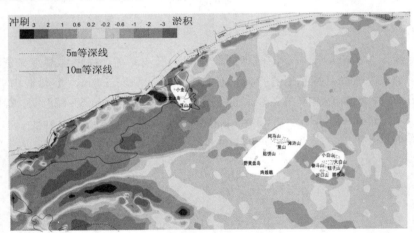

图1　杭州湾北岸地形冲淤变化（2002—2011年）

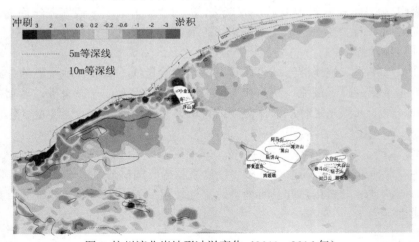

图2　杭州湾北岸地形冲淤变化（2011—2016年）

近15年来，杭州湾北岸的海床演变表明，在长江流域来沙减少的背景下，杭州湾水沙输移的平衡被打破，海床出现了新的调整，北侧岸滩出现冲刷，但冲刷范围仅在金汇港以东岸段，金汇港以西岸段仍以淤积态势为主。2011年以后，杭州湾海床调整幅度已有所减弱，东侧岸段由原先的冲刷态势逐步变为冲淤平衡，局部水域的海床还转为小幅淤积[3]。

5　金丝娘桥港—金汇港岸段水下地形监测结果

5.1　地形现状分析

根据2017年7月在金丝娘桥港—金汇港岸段实测水深资料，在城市沙滩以东岸段，由于处于内凹弧形岸段处，边滩淤涨，水深多在10 m以内，深槽离岸多在1.5 km外，在城市沙滩圈围区外侧，由于处在凸岸矶头处，水深增深明显，深槽基本紧贴岸线且深槽水深较深，最大水深可达40 m左右（图3）。

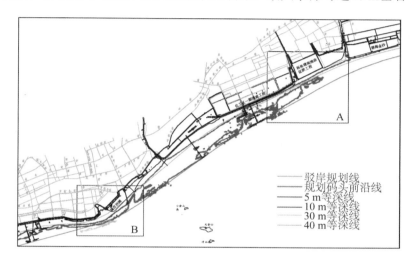

图 3　金丝娘桥港—金汇港岸段 2017 年地形现状

5.2　港线资源的开发与利用

结合《杭州湾北岸金丝娘桥—南汇咀水域规划线修订研究报告》中划定的驳岸规划线和规划码头线的位置，分析了两条规划线的沿程水深变化[4]。

从驳岸规划线沿线水深变化来看，自碧海金沙向西至场港附近，水深缓慢增加，从6 m增加至8.8 m，自场港前沿至孚宝码头，水深又缓慢减小，从8.8 m减小至5.3 m；孚宝码头附近局部水深增加，水深在7.8 m左右，自起点距13~23 km处，水深缓慢增加，从2 m左右加深至5 m左右；在城市沙滩附近（起点距23.5~28 km段），驳岸规划线所在位置水深已小于0 m；自城市沙滩至金丝娘桥港，水深在0~2 m之间波动。

从规划码头前沿线水深变化来看，自起点距0~11 km（孚宝码头以东）段，水深变化较小，基本稳定在7~9m；孚宝码头附近水深波动较大，水深变化在5.4~13.6 m之间波动；起点距13~23 km段除局部水深可达14 m左右以外，其余岸段水深在10 m左右；在起点距23.3~23.9 km段，水深可达20 m左右；城市沙滩附近岸段（起点距24~27 km段）水深大幅减小，在4~9 m之间；在城市沙滩以西岸段，水深较深且波动幅度也较大，水深变化在12~24 m之间。

从以上分析可以看出，研究区岸段沿程水深变化较大，各段岸段的水深资源可利用性差异较大，因此将监测岸段进一步划分为金汇港、化工区、龙泉港、城市沙滩及金山石化五个次级岸段，各段码头前沿水深在 4.0~24.4 m 不等，5 m 等深线离岸约 60~800 m，10 m 等深线多在 400 m 开外，局部测区的 10 m 等深线位置已超出监测范围（表 1）。

表 1　监测岸段水深资源可利用性情况

分段	长度/km	码头前沿水深/m	等深线离岸距离
金汇港岸段	8.2	7~8.1	5 m 等深线：60~300 m
			10 m 等深线：多位于监测区外侧
化工区岸段	11.2	5.4~14.5	5 m 等深线：150~795 m
			10 m 等深线：450~1 800 m
龙泉港岸段	3.2	8.8~10.8	5 m 等深线：650 m
			10 m 等深线：1 600 m
城市沙滩岸段	4.1	4.0~19.6	5 m 等深线：120~370 m
			10 m 等深线：160~650 m
金山石化岸段	6.1	8.6~24.4	5 m 等深线：300~800 m
			10 m 等深线：430~1 300 m

6　结　语

1）监测岸段位于杭州湾北岸弧形岸线凹部，岸线在人工控制作用下逐步趋于稳定。2002 年以来，长江来沙减少导致杭州湾北岸东侧水域冲刷，近期地形调整减弱，杭州湾北岸东侧海床朝着冲淤平衡的稳定态势发展。

2）金丝娘桥港—金汇港岸段近岸水深总体表现为东侧水深较浅、深槽离岸较远，西侧水深较深，深槽贴近岸线的特点。根据规划码头前沿水深的沿程变化，监测岸段可划分为金汇港、化工区、龙泉港、城市沙滩及金山石化五个具有不同水深资源的次级岸段加以开发利用。

参考文献：

[1]　茅志昌, 郭建强, 赵常青. 杭州湾北岸金汇潮滩冲淤分析[J]. 海洋湖沼通报, 2006（4）：9-16.

[2]　中交上海航道勘察设计研究院有限公司. 上海港岸线水下地形跟踪监测分析（2012年）[R]. 2012. 10.

[3]　中交上海航道勘察设计研究院有限公司. 2017年上海港岸线水深及水下地形监测分析报告[R]. 2017. 10.

[4]　中交上海航道勘察设计研究院有限公司. 杭州湾北岸金丝娘桥—南汇咀水域规划线修订研究报告[R]. 2005. 8.

长江口及其邻近海域风浪场的
数值模拟与特征分析

耿浩博 [1]，张洪生 [1]，洪扬斌 [1,2]，胡国栋 [3]

（1. 上海海事大学 海洋科学与工程学院，上海 201306；2. 浙江省嵊州市水利水电局，浙江 嵊州 312499；
3. 长江水利委员会长江口水文水资源勘测局，上海 200136）

摘要： 通过 WAVEWATCH III 和 SWAN 模型嵌套数值模拟了长江口及其邻近海域连续 28 年的风浪场。为了在保证计算精度的同时提高计算效率，通过比较台风和寒潮期间的显著波高，进行了敏感性分析，从而选取了合适的计算范围和计算网格大小。选取了三个具有代表性的点位进行风场和风浪场的特征统计分析。风浪特性分析的结果既体现了季节的影响，又体现了地形的影响。

关键词： 风浪场；风场；海浪模型；长江口；统计分析

长江口及其邻近海域的风浪特性较为复杂。众多学者对风浪场的数值模拟进行了大量研究[1-4]，但是在长江口及其邻近海域，主要是对台风期间的风浪场进行模拟[5-7]，或者是以包含长江口在内的整个东海为计算对象进行大范围的风浪场数值模拟[8-10]。就作者所知，迄今为止还没有针对整个长江口水域进行过多年连续的风浪场计算和特征分析。

以 CCMP 风场和 ECMWF 风场为外强迫，利用 ETOPO1 地形数据，通过 WW3 和 SWAN 模型嵌套，模拟了长江口及其邻近海域从 1988 年 1 月到 2015 年 12 月总计 28 年的风浪场；并选取了三个具有代表性的点位进行风浪特征的统计分析，得到了长江口及其邻近海域的风场和风浪场特征。

1 模型设置

计算前需要先确定模型的计算范围和网格大小。如果计算范围过小，则不能充分考虑到外海传播过来的风浪，使结果失真；如果计算范围过大则会浪费计算资源[11-12]。网格大小的选取也要在保证计算精度的前提下提高效率。以 2010 年 10 月 15 日 00:00 至 31 日 00:00 之间（期间发生了 13 号台风"鲇鱼"）点 A（31°22′58.80″N，122°45′18.02″E）的显著波高为计算对象，经过对边界范围和网格大小的敏感性分析，最终确定 WW3 模型的计算范围为 22°–39°N、119°–135°E，SWAN 模型计算范围为 30°–33°N、121°–124°E；WW3 模型的网格大小为 6′×6′，SWAN 模型的网格大小为 2′×2′。模型参数设定为建议的默认值。

2 代表性站点的风浪特性统计与分析

选取了三个具有代表性的点位。1 号点坐标为（31°08′02.86″N，122°24′03.70″E），位于鸡骨礁附近。鸡骨礁坐标为（31°11′N，122°23′E），位于长江口北槽导堤出口附近，岛上建有测波站。2 号点坐标为（31°25′30.23″N，122°15′10.51″E），位于佘山岛附近。佘山岛坐标为（31°25′N，122°14′E），位于长江口北港出口附近，岛上建有助航设备和中国最早的沿海灯塔之一。3 号点坐标为（30°48′54.02″N，122°09′10.80″E），位于大戢山附近。大戢山坐标为（30°49′N，122°10′E），位于长江口与杭州湾交汇处，岛上建有综合助航保障设施和中国最早的沿海灯塔之一。图 1 为三个点位的位置示意图，图中 表示潮位站。

基金项目： 国家自然科学基金（51679132），上海市地方高校基地能力建设项目（17040501600）
通信作者： 张洪生，男，主要从事水波动力学和海岸/洋动力学研究。E-mail:hszhang@shmtu.edu.cn

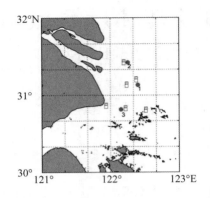

图 1　三个代表性点位位置示意

2.1　风场特性统计与分析

利用 CCMP 风场和 ECMWF 风场数据，分别对三个代表点位总计 28 年的风场数据按 16 个方向进行统计分析。1 号点、2 号点和 3 号点多年平均风速分别为 5.5 m/s、5.4 m/s 和 5.2 m/s，长江口靠近外海海域的年平均风速更大（1 号点更靠近外海且无岛屿掩护）；三点在秋冬两季的平均风速都比春夏两季的大，大于 6 级的风主要出现在秋冬两季，常风向及大风向在 NW–NE 向。图 2 为 1 号点的多年风玫瑰图。由图 2 可见，1 号点位多年平均 N 向出现频率最高，而 WSW–W 方向出现的频率最小。风向的季节性变化明显，冬季盛行偏北风，风向主要分布在 NW–NE 之间；夏季盛行偏南风，风向主要分布在 SE–S 之间；春秋两季为南北风向转换季节，春季风向主要分布在 E–SE 之间；秋季风向主要分布在 N–NE 之间。三点距离较近，因此它们的风向特征基本一致。

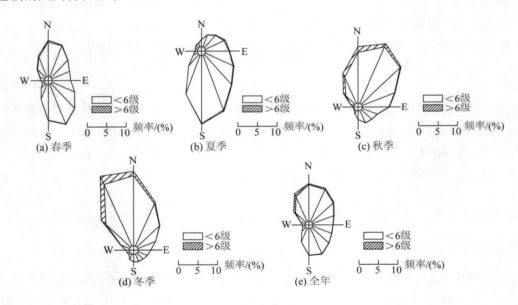

图 2　1 号点多年风玫瑰图

2.2　波高和波向的联合分布

对三个点的 $H_{1/10}$ 波高按 16 个方向进行划分波级，按全年、各月和各季度分别进行统计。表 1~3 分别为 1 号点、2 号点和 3 号点的多年波高与波向联合分布表。限于篇幅文中仅列出了全年的统计结果。1 号点靠近外海，风速较大，水深较深，因此波高明显大于其他两个点。$H_{1/10}$ 波高主要分布在 1.5 m 以下的波级，且小于 1.2 m 的各个波级分布较为平均；2 号点 $H_{1/10}$ 波高主要分布在 1.2 m 以下的波级，仅有不到 2.0% 的波高超过 1.5 m；3 号点东侧有绿华山、花鸟山等岛屿掩护，因此在三个点中波高最小。$H_{1/10}$ 波高主要分布在 0.9 m 以下的波级。三个点的浪向主要分布在 N–S 向之间（右半区），常浪向均为 NE 向，频率分别为 15.6%、15.0% 和 16.0%。

表 1　1 号点多年波高与波向联合分布（全年，%）

波高/m	波向																累计
	N	NNE	NE	ENE	E	ESE	SE	SSE	S	SSW	SW	WSW	W	WNW	NW	NNW	
$H_{1/10}\leq0.5$	0.8	1.3	1.8	1.8	1.7	2.0	2.0	1.7	1.4	0.8	0.4	0.3	0.2	0.3	0.4	0.6	17.5
$0.5<H_{1/10}\leq0.7$	1.0	2.2	2.9	2.4	2.1	2.0	1.9	2.1	1.7	0.8	0.2	0.2	0.1	0.2	0.3	0.5	20.6
$0.7<H_{1/10}\leq0.9$	1.3	2.5	3.2	2.5	1.9	1.4	1.3	1.6	1.3	0.5	0.1	0.1	0.1	0.2	0.3	0.6	18.9
$0.9<H_{1/10}\leq1.2$	2.1	3.7	3.7	2.7	1.8	1.1	1.0	1.4	0.8	0.2	—	—	0.1	0.1	0.3	0.9	19.9
$1.2<H_{1/10}\leq1.5$	1.6	2.5	2.0	1.6	1.1	0.5	0.4	0.5	0.3	—	—	—	—	0.1	0.2	0.8	11.6
$1.5<H_{1/10}\leq1.9$	1.4	1.8	1.2	0.8	0.5	0.2	0.2	0.2	—	—	—	—	—	—	0.1	0.6	7.0
$H_{1/10}>1.9$	0.7	1.2	0.8	0.6	0.5	0.2	0.1	—	—	—	—	—	—	—	0.1	0.3	4.5
累计	8.9	15.2	15.6	12.4	9.6	7.4	6.9	7.5	5.5	2.3	0.7	0.6	0.5	0.9	1.7	4.3	100

表 2　2 号点多年波高与波向联合分布（全年，%）

波高/m	波向																累计
	N	NNE	NE	ENE	E	ESE	SE	SSE	S	SSW	SW	WSW	W	WNW	NW	NNW	
$H_{1/10}\leq0.5$	1.4	2.3	3.7	4.0	3.4	3.6	3.4	3.0	2.3	1.3	0.7	0.4	0.2	0.5	0.7	1.0	31.9
$0.5<H_{1/10}\leq0.7$	1.8	3.0	4.3	3.9	3.3	2.5	2.5	2.7	1.7	0.6	0.2	0.2	0.1	0.3	0.5	1.0	28.6
$0.7<H_{1/10}\leq0.9$	2.0	3.0	3.0	2.7	2.1	1.3	1.3	1.6	0.6	0.1	—	—	—	0.1	0.4	1.1	19.3
$0.9<H_{1/10}\leq1.2$	1.9	2.6	2.4	1.9	1.3	0.7	0.7	0.7	0.2	—	—	—	—	0.1	0.2	1.0	13.7
$1.2<H_{1/10}\leq1.5$	0.7	1.1	1.0	0.7	0.4	0.2	0.2	0.1	—	—	—	–	—	—	0.1	0.3	4.6
$1.5<H_{1/10}\leq1.9$	0.1	0.3	0.6	0.4	0.2	0.1	—	—	—	—	—	—	—	—	—	—	1.7
$H_{1/10}>1.9$	—	—	—	0.1	0.1	—	—	—	—	—	—	—	—	—	—	—	0.2
累计	7.9	12.3	15.0	13.5	10.8	8.4	8.1	8.1	4.8	2.0	0.9	0.6	0.3	1.0	1.9	4.4	100

表 3　3 号点多年波高与波向联合分布（全年，%）

波高/m	波向																累计
	N	NNE	NE	ENE	E	ESE	SE	SSE	S	SSW	SW	WSW	W	WNW	NW	NNW	
$H_{1/10}\leq0.5$	2.4	4.2	7.5	7.1	5.1	4.4	4.2	4.3	4.1	2.3	1.1	0.7	0.4	0.7	1.1	1.7	51.1
$0.5<H_{1/10}\leq0.7$	2.7	3.9	4.3	3.4	1.8	1.4	1.7	2.6	2.0	0.6	0.1	0.1	0.1	0.2	0.7	1.7	27.3
$0.7<H_{1/10}\leq0.9$	2.1	2.7	2.3	1.2	0.5	0.4	0.5	1.0	0.5	0.1	—	—	—	—	0.3	1.3	12.8
$0.9<H_{1/10}\leq1.2$	1.3	1.7	1.3	0.5	0.2	0.2	0.2	0.3	0.1	—	—	—	—	—	0.2	0.9	6.8
$1.2<H_{1/10}\leq1.5$	0.2	0.5	0.4	0.2	0.1	0.1	0.1	—	—	—	—	—	—	—	—	0.1	1.7
$1.5<H_{1/10}\leq1.9$	—	0.1	0.1	0.1	—	—	—	—	—	—	—	—	—	—	—	—	0.3
$H_{1/10}>1.9$	—	—	—	—	—	—	—	—	—	—	—	—	—	—	—	—	
累计	8.7	13.0	16.0	12.5	7.7	6.4	6.6	8.2	6.6	3.0	1.2	0.7	0.5	1.0	2.3	5.7	100

　　图 3 为 1 号点的多年各级波高玫瑰图。由图 3 可见波高季节性变化明显，秋冬两季小尺度波高出现的频率小于其他月份，这是由于秋冬两季盛行偏北风，偏北风风速大。就多年平均而言，浪向主要位于 N–S 连线的右侧，季节性变化与风向略有不同。春季主要分布在 NNE–SSE 之间；夏季主要分布在 NE–S 之间；秋季主要分布在 NNE–ENE 之间；冬季集中分布在 NNW–NE 之间。虽然夏季 SSW 向和冬季 NW 到 NNW 向风的出现频率较大，但是相应方向浪的出现频率明显偏低；虽然春季 E 向风的出现频率较低，但 E 向浪的出现频率较高。这些不同都体现了地形对风浪场的影响。

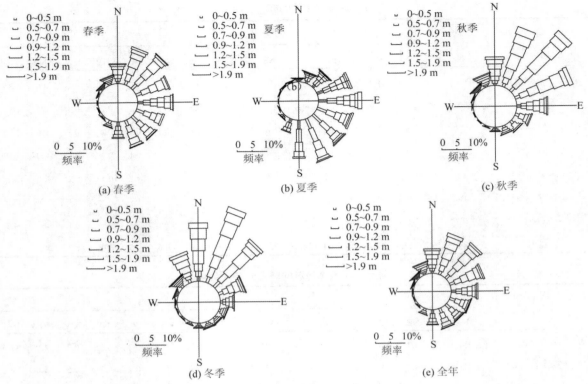

图 3　1 号点多年各级波高玫瑰图

2.3　波高和周期的联合分布

限于篇幅，只列出多年平均波高和波周期的统计结果。表 4 为三个点的多年平均波高（$\overline{H}_{1/10}$）和波周期（$\overline{T}$）的统计。1 号点的多年平均波高为 0.9 m，波周期主要分布在 $T \leqslant 4$ s 区间，多年平均波周期为 2.6 s，其波高和波周期都比其他两个点大；2 号点多年平均波高为 0.7 m，波周期主要分布在 $T \leqslant 3$ s 区间，多年平均波周期为 2.2 s；3 号点多年平均波高为 0.5 m，波周期主要分布在 $T \leqslant 3$ s 区间，年平均波周期为 1.8 s。在三个点中 3 号点波浪尺度最小。根据以往的经验采用第三代海浪数值模型计算的周期往往偏小，因此实际的波周期应当略大于计算结果[13]。三个点的波高与波周期都有秋冬两季大、春夏两季小的特点，这与前文对波浪季节性分析的结论是一致的。

表 4　各点波高与波周期平均值的统计

月份	1 号点		2 号点		3 号点	
	$\overline{H}_{1/10}$/m	$\overline{T}$/s	$\overline{H}_{1/10}$/m	$\overline{T}$/s	$\overline{H}_{1/10}$/m	$\overline{T}$/s
1	1.0	2.6	0.7	2.2	0.6	2.0
2	1.0	2.6	0.7	2.2	0.6	1.9
3	0.9	2.6	0.7	2.2	0.6	1.9
4	0.8	2.4	0.6	2.1	0.5	1.8
5	0.7	2.3	0.6	2.1	0.4	1.6
6	0.7	2.4	0.6	2.1	0.4	1.6
7	0.8	2.4	0.6	2.1	0.5	1.7
8	0.9	2.6	0.7	2.3	0.5	1.8
9	1.1	2.8	0.8	2.4	0.6	1.9
10	1.1	2.8	0.8	2.4	0.6	2.0
11	1.0	2.7	0.7	2.3	0.6	1.9
12	1.0	2.7	0.7	2.3	0.6	2.0
全年	0.9	2.6	0.7	2.2	0.5	1.8

3　结　语

以 CCMP 风场和 ECMWF 风场为外强迫，利用 ETOPO1 地形数据，采用 WW3 和 SWAN 模型嵌套的方法计算了长江口及其邻近海域连续 28 年的风浪场，并对所选的三个具有代表性的点位做了风场和风浪场特性统计分析。

就风场特性而言，三点距离较近，因此它们的风向特征基本一致。三点常风向均为 N 向，WSW–W 向风出现的频率最小。季节性变化明显，冬季盛行偏北风；夏季盛行偏南风；春秋两季为南北风向转换季节，春季南北风分布均衡；秋季多东北向风。秋冬两季风速较大。

1 号点靠近外海，风速较大，水深较深，因此波高明显大于其他两个点。3 号点东侧有绿华山、花鸟山等岛屿掩护，因此在三个点中波高最小。三点常浪向均为 NE，频率都占 15%以上，W 向浪出现的频率最小，均不足 1%，这是风场和地形共同影响的结果。季节性变化明显，春季主要分布在 NNE–SSE 之间；夏季主要分布在 E–S 之间；秋季主要分布在 NNE–ENE 之间；冬季集中分布在 NNW–NE 之间。波高与波周期的季节性变化与风速变化类似，在秋冬季较大，主要由于此时盛行风速较大的偏北风。

综上所述，风浪场计算统计分析的结果不仅体现了风场的作用，而且体现了地理位置的影响，因而本文的风浪计算分析结果是合理的。但风浪场的数值模拟是一个复杂的问题，研究内容还可以继续进一步深化。一方面应当收集计算海域的风浪实测资料，对现有的计算结果加以检验和修正，使结果更加符合实际；另一方面，影响风浪的因素有很多，在后续工作中可以考虑潮位、潮流和风暴潮等因素，并同时考虑采用加入长江口航道、导堤等结构物后的地形数据，以获得更为精确的结果。

参考文献：

[1]　TOLMAN H L. User manual and system documentation of WAVEWATCH III version3.14[M/OL]. NOAA, 2009[2011-10-27]. http://polar.ncep.noaa.gov/mmab/ papers/tn276/MMA B _276.pdf.

[2]　The SWAN team. SWAN Scientific and Technical Documentation[R]. The Netherlands: Delft University of Technology，2018.

[3]　XU Y, BI F, SONG J B, et al. The temporal and spatial variations in the Pacific wind and wave fields for the period 2002–2011[J]. Acta Oceanol. Sin., 2017, 36(3): 26-36.

[4]　张洪生, 戴甦, 张怡. 太湖风浪场的计算与比较[J]. 海洋工程, 2012, 30(4): 68-81.

[5]　孔丛颖, 史剑, 李瑞杰, 等. 基于 WAVEWATCH 对台风"海马"和"米雷"台风浪的数值模拟[J]. 海洋环境科学, 2013, 32(3):419-423.

[6]　徐福敏, 黄云峰, 宋志尧. 东中国海至长江口海域台风浪特性的数值模拟研究[J]. 水动力学研究与进展, 2008, 23(6): 604-611.

[7]　胡克林, 丁平兴, 朱首贤, 等. 长江口附近海域台风浪的数值模拟——以鹿沙台风和森拉克台风为例[J]. 海洋学报, 2004, 26(5): 23-33.

[8]　徐丽丽, 肖文军, 石少华, 等. WAVEWATCH III和SWAN模型嵌套技术在业务化海浪预报系统中的应用及检验[J]. 海洋通报, 2015(3): 283-294.

[9]　周科, 朱志夏, 杨洋. 西北太平洋海浪数值模拟[J]. 浙江大学学报（理学版）, 2009, 36(5): 603-608.

[10]　徐艳清, 尹宝树. 东中国海海浪数值模式的研究[J]. 海洋科学, 2005, 29(6): 42-46.

[11]　张洪生, 岳文翰, 王真祥, 等. SWAN 模型模拟风浪场侧边界失真范围研究[J]. 海洋工程, 2014, 32(6): 91-97.

[12]　ZHANG H S, ZHAO J C, LI P H, et al. The change characteristics of the calculated wind wave fields near lateral boundaries with SWAN model[J]. Acta Oceanol. Sin., 2016, 35(1): 96–105.

[13]　张洪生, 辜俊波, 王海龙, 等. 利用 WAVEWATCH 和 SWAN 嵌套计算珠江口附近海域的风浪场[J]. 热带海洋学报, 2013, 32(1): 8-17.

磨石溪排洪闸调整对漳州核电北护岸防护工程影响数值模拟

崔　峥，佘小建，张　磊，徐　啸，毛　宁

（南京水利科学研究院 河流海岸研究所，江苏 南京 210024）

摘要： 磨石溪河道调整出海口处需新建一排洪闸，闸口斜对漳州核电厂北护岸近岸段，该闸排洪时可能对北护岸稳定性有一定的影响。采用二维潮流泥沙数学模型，验证了物理模型关于漳州核电排水口冲刷结果，在此基础上计算了磨石溪排洪闸行洪冲刷范围和冲刷深度，提出了减少冲刷影响的防护措施，确保北护岸防护工程的安全。

关键词： 漳州核电；磨石溪；数学模型；排洪；冲刷；防护工程

漳州核电厂址位于福建省东山湾西安刺仔尾处，位置如图 1 所示，工程规划建设 6 台百万千瓦级核电机组，堆型按 AP1000 考虑，一期工程先建设 2 台机组。图 2 为漳州核电平面布置图[1-4]。

 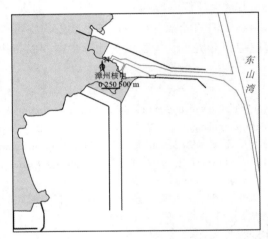

图1　漳州核电厂位置示意　　　　　　图2　漳州核电厂总平面布置示意

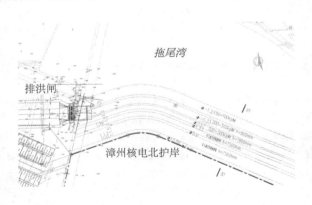

图 3　漳州核电北护岸与磨石溪排洪闸布置示意

随着漳州核电工程的实施，厂址占用了北侧磨石溪下游及南山支流河道，拟重新调整磨石溪出海河道及排洪闸位置，调整的排洪闸门布置在核电工程北护岸附近拖尾湾处（图3），磨石溪排洪时，洪水可能对北护岸工程防护有一定影响，通过二维潮流泥沙数学模型，计算磨石溪行洪时闸门外冲刷范围和冲刷深度

作者简介：崔峥（1970–），男，安徽肥东人，高级工程师，主要从事河口、海岸动力泥沙研究，E-mail: zcui@nhri.cn

以及对漳州核电北护岸影响，根据计算结果提出减小冲刷措施，为漳州核电北护岸防护工程提供依据。

1　工程水文概况

1.1　潮位

东山湾内海域潮汐基本上为正规半日潮，根据刺仔尾站实测潮位资料统计，平均潮差 2.52 m（85 高程，下同），最高潮位 3.15 m，最低潮位−1.88 m，涨潮历时比落潮历时长 30～40 min。

1.2　潮流

根据 2013 年水文测验资料分析，漳州核电海域 7 号站垂线夏季大潮涨、落潮平均流速为 0.40 m/s、0.45 m/s，最大流速 0.70 m/s、0.68 m/s。

1.3　悬沙

东山湾含沙量较小，夏季全潮垂线平均含沙量大潮0.039~0.079 kg/m³、中潮0.037~0.098 kg/m³，小潮0.036~0.055 kg/m³；漳州核电海域7号站夏季大、中、小潮平均含沙量分别为0.053 kg/m³、0.055 kg/m³、0.043 kg/m³，冬季分别为0.087 kg/m³、0.075 kg/m³、0.042 kg/m³，涨落潮含沙量基本相当。水文测验期间悬沙中值粒径d_{50}介于0.008 5~0.017 9 mm之间。

1.4　底质特征

图4为漳州核电厂址附近底质中值粒径分布。可以看出，磨石溪排洪闸出口外海床底质中值粒径为0.008~0.082 mm，近岸处相对较粗。

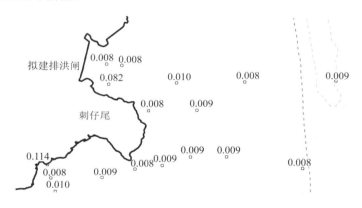

图4　漳州核电厂址附近底质d_{50}（mm）分布

1.5　柱状取样

根据海床柱状取样，漳州核电北侧护岸区域淤泥厚度在 4.0~16.0 m 之间，其中排洪闸外拖尾湾大堤内厚度一般小于 10.0 m，大堤外向外海厚度逐渐增大。北ⅠB区与厂前区相接的地段地理沉积环境相对复杂，位于拖尾湾冲沟开口与海域交界部位，冲洪积及海积交互，使得该过渡地段淤泥层中夹有较多砂层透镜体，尤其靠近西侧场地的单一砂层厚度能达到 1.6~2.2 m，根据其粒径大小，本次勘察在该地段的②1 淤泥中分出两个亚层，分别为②1-1 粉细砂和②1-2 中粗砂，如图 5 所示。

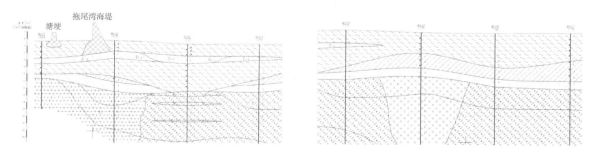

图 5　北护岸近排洪口处地质剖面

1.6　磨石溪来水情况

磨石溪为独立入海的小河流，发源于云霄县双山北麓、鸡笼山东侧一带，自西北向东南流经上黑坑、白石坑、崎岭坪、火烧炬岭、过大埔山与峰燕大山的峡谷，于东坑尾山西侧流入五谷王水库，出五谷王水库后继而流经油车村、南山村、宅后村，于宅后村附近汇入宅后支流和南山支流后，经新建的出海口水闸汇入东山湾。磨石溪现状全流域面积 7.89 km²，河长 6.67 km，河道坡降 12.8‰；规划后磨石溪全流域面积 7.42 km²，主河道长 6.18 km，河道坡降 14.8‰。

本流域为山溪性流域，较大洪水均由台风暴雨所造成，洪水具有洪峰流量大、涨水历时短、突发性强等特点，洪水过程一般以单峰为主，一次洪水过程历时为1 d左右。磨石溪出海口水闸工程设计洪水标准为20年一遇，校核洪水标准为50年一遇，对应流量分别为92.8 m³/s和118 m³/s，见表1。

表1　磨石溪出海口设计洪水流量

	$P=2\%$	$P=5\%$	$P=10\%$	$P=50\%$
洪水流量/（m³·s⁻¹）	118.0	92.8	74.3	34.0

2　二维潮流泥沙数学模型

计算在大范围数学模型中进行，模型范围包括诏安湾、东山湾、浮头湾等，口门位于宫口—六鳌附近，水域面积约 1 680 km²。模型计算区域离散采用非结构三角形网格，口门区网格尺度为 1.5 km，至东山湾口网格逐渐减小至 100 m。由于磨石溪排洪口正对漳州核电北护岸，模型通过网格加密，准确模拟排洪口、消能池外及北护岸护坡段，其中漳州核电取排水区域网格 15~20 m，漳州核电北护坡及现状岸线大堤护坡最小网格 2~5 m，最小网格 1 m，计算单元数 81 963 个。图6 为数学模型整体范围及局部放大图。

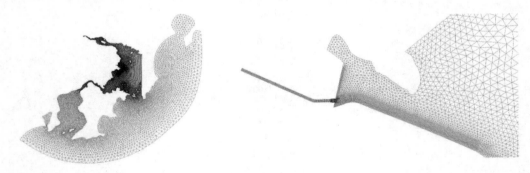

图 6　大范围数学模型网格及排洪口局部计算网格

图7 为2013 年9 月东山湾海域夏季水文测验潮位及垂线布置图，其中潮位站5 个，垂线13 条，模型对本次水文测验进行了潮位及流速流向进行了验证，验证情况良好。

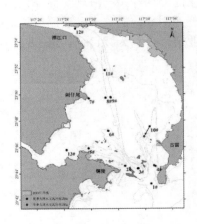

图 7　2013 年 9 月东山湾海域水文测验潮位站及垂线布置

模型主要计算参数：通过模拟率定，糙率为0.015~0.03；最小计算时间步长0.05 s，最大5 s；根据地勘资料，研究海域滩面底质大多为淤泥，厚度超过10 m。本次主要研究排水口冲刷问题，根据土力学特性以及对物模排水口冲刷深度验证结果，床面临界冲刷切应力取1.0 N/m²，临界淤积切应力取0.1 N/m²，沉速取0.000 45 m/s。

工程区附近无地形冲刷验证资料，漳州核电排水口曾在物理模型中进行过动床试验研究，该成果已通过专家评审，核电厂排水口与磨石溪排洪口的动力条件和底质条件相似，数模中计算了物模试验中相同的试验工况，将排水口处冲刷结果与物模成果对比验证，并将最后采用的计算参数用于磨石溪排洪闸行洪计算。物模试验中核电4台取水时排水口冲刷形态见图8，平衡后排水口处最大冲刷深度为4.0 m。图9为泥沙数模中核电排水口最后冲刷形态，可以看出总体分布与物模较为一致，最大冲刷深度4.2 m。

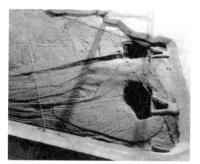 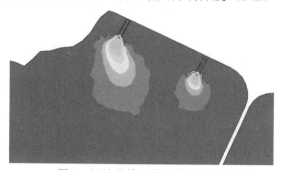

图8　漳州核电物模动床试验排水口冲刷形态　　　　　图9　泥沙数模计算中排水口冲刷分布

3　计算成果

3.1　计算条件

漳州核电厂址占用现有磨石溪下游河道，设计单位对磨石溪排洪出海口布置进行了调整。改造后的排洪口正对核电厂北护岸，磨石溪排水尤其是行洪时水流可能会对北护岸结构造成一定的影响，针对调整后的磨石溪排洪口的布置，数学模型进行了核电厂北护岸建成排洪口水流计算和海床冲淤计算。

根据要求，磨石溪出海口排洪流量分别按设计洪水20年一遇流量92.8 m³/s和校核洪水50年一遇流量118 m³/s计算。

磨石溪排洪口前海域为大片浅滩，泥面平均高程–0.5 m左右，低潮时露滩。排洪闸室段长度8.0 m，闸室规模为3孔–4.5 m×3.9 m（宽×高），排洪闸采用潜孔式泄流，平底闸形式，闸底槛高程–0.50 m，闸墩顶高程4.70 m，箱涵宽度为16.3 m（过流净宽15.3 m）。水闸上游设铺盖，下游布置消力池，消力池后接防冲槽段。排洪闸闸口与拖尾湾海堤斜交，出口斜对北护岸一段。电厂北护岸海侧坡度采用1∶1.5，护岸堤心石采用1~500 kg开山石，开山石与垫层块石之间设置一层1 m厚的10~100 kg块石。护岸海侧采用4t扭王字人工块体护面。4t扭王字人工块体下面依次铺设200~300 kg块石（厚度为900 mm）和10~100 kg块石（厚度为1 000 mm）。坡脚设置4层200~300 kg块石，顶宽5 m，护底块石采用200~300 kg块石，厚度为900 mm。

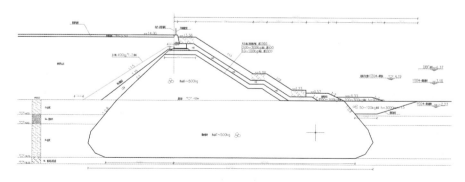

图10　电厂北护岸B1-B1断面

3.2　水流计算结果

现状条件下，排洪口前潮流流速很小，平均流速在 0.05 m/s 以内。电厂护岸建成后，磨石溪行洪时，涨落、潮水流均流向湾外因排洪口对着北护岸斜坡堤，洪水出排洪口后受到护岸阻挡后向北偏，然后沿拖尾湾与电厂北护岸之间海域流向外海，北护岸紧靠排洪口弯段流速相对较大，拐弯后北护岸外流速明显减小。图 11 为 20 年一遇洪水流量条件下，北护岸建成后磨石溪排洪口水域最大流速（m/s）分布情况,洪水通过排洪口后流速迅速减小，大流速集中在排水口局部，在北护岸一段与对岸口门较窄处流速也相对较大，20 年一遇条件下最大流速达 3.79 m/s, 50 年一遇条件下最大流速达 4.20 m/s。护岸外侧局部流速也达到 4 m/s 左右，因此护岸防护区外局部可能会出现较为明显的冲刷。

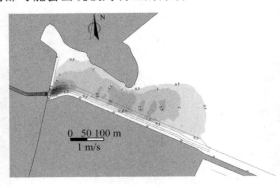

图 11　20 年一遇洪水条件下排洪口及北护岸前海域最大流速（m/s）分布

3.3　排洪口冲刷计算及分析

根据地形验证结果，模型对不同工况磨石溪排洪闸行洪后海床冲淤进行了计算。由于排洪闸外消力池、现状大堤护岸、漳州核电北护岸外护坡均已经进行了防护，因而模型中设定这些区域底床为不可冲，另外排洪明渠底也设定为不可冲护底，具体范围见图 12。为保证排洪闸口出流流速，本次洪水采用开边界提供，开边界设置在距离闸门 340 m 以上的排洪明渠汇流口下游附近。模型分别计算了 20 年一遇和 50 年一遇洪水连续排放情况下岸滩最大冲刷情况。

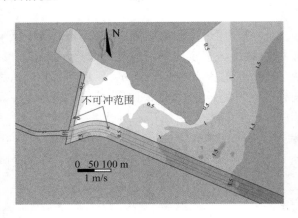

图 12　数模计算中海床防护范围

图 13 为漳州核电北护岸形成后，行洪流量 50 年一遇情况下，磨石溪防洪闸行洪后排水口外部海床最终冲刷深度。可以看出，电厂北护岸建成后，受到核电北护岸影响，主流北偏，且护岸外 42 m 均用块石进行防护，不会发生冲刷，最后的冲刷带形态为沿北护岸最外侧护底向外延伸呈长条分布，越往外，冲刷深度越小，最大冲刷带（冲刷大于 5 m）位于距离岸线大堤 25~100 m 范围，紧贴北护护底外缘，最大冲深超过 10 m，其中冲深 5 m 范围距岸 130 m 左右，冲深 4 m 范围距岸 260 m 左右，冲深 3 m、2 m、1 m、0.5 m 范围距岸分别为长 340 m、450 m、570 m、620 m，冲刷宽 0.5 m 范围最宽约 63 m 左右。计算发现，连续行洪 7 h 排水口外冲刷深度和范围达到最终冲刷深度和范围的 90% 左右，也就是说，排水口外海床能

够很快达到较大冲刷深度和范围。

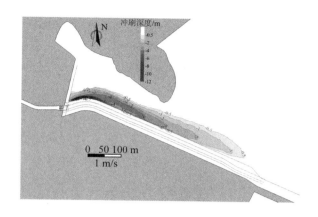

图 13　磨石溪行洪后排洪口及电厂北护岸附近海床最大冲刷深度（m）（50 年一遇）

北护岸建成后，排洪口前形成一定范围防护，但北护岸形成后出口断面缩窄，洪水经过北护岸后会形成较强的沿堤流，也会造成护岸防护区外出现一定的冲刷，冲刷进一步发展，沿护岸外未防护区域形成较长的冲刷带。防止和减小北护岸外冲刷的措施包括：①进一步加大护岸的防护范围；②适当增加排洪口外消力池的范围和深度，减小出口流速。

3.4　增加防护范围后冲刷计算

根据模型计算冲刷结果，设计单位增加了北护岸外的海床防护范围，图 14 为调整后的北护岸一段外防护范围，其中 B1-B1 断面段防护范围约 60 m，B2-B2 段防护范围为 40 m 左右，B5-B5 断面处防护范围为 20 m，防护面顶高程在现有床面基础上，B1-B1 段降低 0.85 m，B2-B2 段降低 0.5 m。

图 15 为漳州核电北护岸海床防护范围增加后，磨石溪防洪闸行洪 50 年一遇洪水后排水口外部海床最终冲刷深度，50 年一遇洪水条件下，电厂北护岸建成、防护范围增加后，靠近防护区边缘冲刷较小，一般不超过 1 m，主要的冲刷区位于北侧近岸处，最大冲刷深度 3.5 m，由于该冲刷深度仅发生在持续大洪水、低潮位时，发生几率较低，不会出现较严重后果，且核电建成后，该片海域属于回淤区域，故不需要对岸线进行特别防护。

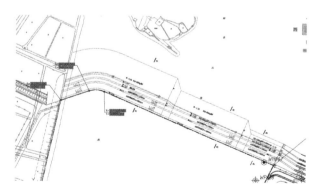

图 14　北护岸一段防护范围调整后布置

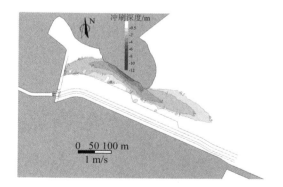

图 15　北护岸防护范围增加后，磨石溪行洪排水口外海床最后冲刷深度（m）分布（50 年一遇）

4　结　语

1）水流计算表明，磨石溪排洪口正对北护岸斜坡堤，洪水出闸口后受到北护岸阻挡后向北偏，然后流向外海，在排洪口前北护岸弯段流速较大，拐弯后北护岸前流速明显减小。20 年、50 年一遇洪水条件下，北护岸最大流速分别为 3.79 m/s、4.20 m/s，护岸外侧局部流速达 4 m/s 左右，护岸防护区外局部可能出现一定程度冲刷。

2）20 年一遇洪水条件下，冲刷带形态为沿北护岸最外侧护底向外延伸的长条分布，最大冲刷带（冲刷大于 5 m）位于距离岸线大堤 25~100 m 范围，紧贴北护护底外缘，最大冲深 8 m，位于距岸 30~35 m 范围，其中冲深 4 m 最远距离岸线 120~165 m，与北护岸建成前比较，冲刷范围有所增加。50 年一遇洪水条件下，排水口外冲刷深度和冲刷范围都有所增加，局部最大冲深超过 10 m。

3）为防止和减小北护岸外冲刷，可进一步加大护岸的防护范围，适当增加排洪口外消力池的范围和深度，减小出口流速等。

4）北护岸防护范围增加后，磨石溪排洪情况下，防护区范围及毗邻区不会出现较明显的冲刷，防护范围能够满足北护岸安全要求。

参考文献：

[1]　中国海湾志编纂委员会. 中国海湾志（第八分册，福建省南部海湾）[M]. 北京：海洋出版社，1993.

[2]　云霄县磨石溪（核电段）防洪排涝工程初步设计报告（送审稿）[R]. 福建安澜水利水电勘察设计院有限公司，2016.

[3]　福建漳州核电厂海床及岸滩稳定性和取排水工程泥沙冲淤演变补充物理模型试验成果报告[R]. 南京水利科学研究院，2015.

[4]　漳州核电厂海工工程磨石溪闸口流场及泥沙冲刷数学模型计算成果[R]. 南京水利科学研究院，2017.

静水条件下抛泥堆积体形态特征研究

罗小峰 [1,2]，韩　政 [3]，路川藤 [1,2]，张功瑾 [1,2]，丁　伟 [4]

（1. 南京水利科学研究院，江苏　南京　210029；2.水文水资源与水利工程科学国家重点实验室　江苏　南京　210029；3.中交疏浚（集团）股份有限公司，上海　200000；4.河海大学，江苏　南京　210098）

摘要： 随着疏浚行业的发展，疏浚船抛泥作业面临精准量化的更高要求。利用边长为 1.2 m 的立方体水箱，概化抛泥装置，研究抛泥后的水下堆积体形状与水深、泥沙粒径的关系。研究发现，随着水深的增大，泥沙堆积体的厚度逐渐减小，范围逐渐增大，边坡呈减小趋势；当水深大于 50 cm 时，泥沙堆积体呈圆锥形，当水深小于 50 cm 时，泥沙堆积体呈火山锥形态；相同水深条件下，随着泥沙粒径的减小，堆积体范围增大，厚度减小，边坡趋缓；水深较浅时，随着泥沙粒径的减小，"火山锥"锥口的深度相对增大；当泥沙下降速度较快且水深相对较深时，堆积体边坡坡度随粒径变化幅度较小。

关键词： 抛泥；堆积体；　泥沙沉降；　静水试验

随着港口、航道、农田水利及沿海城市的发展，疏浚作业领域也得到了较大程度的延伸。疏浚泥沙被输送至目的地后，根据疏浚目的、泥沙特性及可利用程度进行进一步处置，包括吹填陆域、岸滩养护、海上弃置、陆上弃置、隔离弃置等。疏浚泥沙处置是疏浚工程的最后阶段，处置位置不同，其对环境的影响不同：若采用水下处置，在水动力作用下，细颗粒泥沙将向四周不同程度扩散和运动；若采用陆上处置，如吹填陆域、岸滩养护，其主要污染主要来自于泥水分离过程中的余水排放和溢流；此外，如若没有采取相应的保护措施，陆上处理疏浚泥沙也将可能对处置点附近地下水水质带来负面影响。

抛泥过程就是重力作用下高密度泥沙云团下沉及环境水体紊动作用下再悬浮泥沙云团的被动扩散与输移[1]。静水中的泥沙颗粒团在浮力和拖曳力共同作用下的扩散率比初始阶段(热流相似阶段)的扩散率要小[2-3]。云团进入水体后，在浮力、重力、阻力和横流紊动的综合作用下发生对流扩散[4]；其中横流是产生泥沙对流运输的主要动力，横流的紊动作用，加强了泥沙颗粒团与水体的混合作用，并且破坏了其在静水中的双漩涡结构[5]，因此大大增加了垂向前锋位置和纵向扩散宽度。关于泥沙团的沉降扩散过程，大部分学者[6-10]关注的重点在于泥沙团自入水至下降到水底过程中的泥沙团运动状态。

对于静水中抛泥形成的堆积体研究较少，章军军[11]采用成像分析法，分析泥沙云团的面积、相对特征扩散度、前锋扩展速度、平均浓度等特征要素，但未研究堆积体的形状。抛泥后的泥沙堆积体形状受多因素综合影响，如水深、泥沙粒径、地形、潮流、波浪、抛泥方式、泥舱孔径等，机理复杂，模拟难度大。本研究通过边长为1.2 m的立方体水箱，概化抛泥装置，简化试验条件，静水条件下初步讨论了抛泥后的泥沙堆积体形状水深、粒径的关系。

1　试验条件

试验在长、宽、高均为 1.2 m 的水箱中进行，水箱由 15 mm 厚的耐压有机玻璃板制成，如图 1 所示。抛泥装置泥舱为漏斗形状，上部长 10 cm、宽 10 cm、高 8 cm，下部为四面锥，容积 867 cm³，孔径 0.8 cm，如图 2 所示。模型试验泥沙选用原型沙，中值粒径分别为 0.25 mm、0.4 mm 和 0.7 mm。为研究不同水深条件下堆积体的形态特征，试验水深分别选取 30 cm、50 cm、70 cm 和 90 cm。堆积体地形测量采用激光测距仪和测针组合（图 3）的方式。

图 1　试验水箱示意　　　　　　图 2　试验储泥舱示意　　　　　图 3　地形测量设备

2　堆积体形态

泥沙自泥舱舱口下降至水中后，泥沙是以泥沙团的形式运动，而非单颗粒泥沙，泥沙团的大小与泥舱舱径有关，泥沙团的沉降速度明显大于单颗粒泥沙（水深为90 cm，粒径为0.4 mm时，泥沙团自水面至水底沉降时间约为 6 s）。泥沙团以螺旋轨迹下降，且越往水体深处，泥沙扩散的范围越大，如图4所示。当水深较深时，泥沙扩散范围大，所以泥沙堆积体的范围也较大，反之，泥沙堆积体范围小。当水深较浅时，泥沙团对底部堆积体的冲击作用较大，致使堆积体顶部呈现出"锥口"，形似火山锥，此时堆积体的边坡较大，如图5所示。

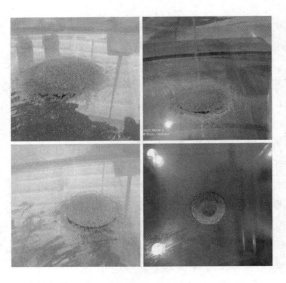

图 4　泥沙下降过程　　　　　图 5　泥沙堆积体形状（水深 90 cm、70 cm、50 cm、30 cm）

以粒径0.7 mm为例，不同水深条件下，抛泥堆积体的平面形态及三维形态如图6至图9所示。随着水深的增大，泥沙堆积体的高度逐渐减小，堆积体的范围逐渐增大。当水深大于50 cm时，泥沙堆积体呈圆锥形，当水深小于50 cm时，泥沙堆积体呈火山锥形态。

泥沙粒径不同时，颗粒沉速不同，相同水深时，当粒径较细时，水流紊动造成的泥沙扩散范围更大。相同水深条件下，随着中值粒径的减小，堆积体范围变大，而堆积体高度变矮。水深较浅时，随着中值粒径的减小，"火山锥"锥口的深度相对增大。

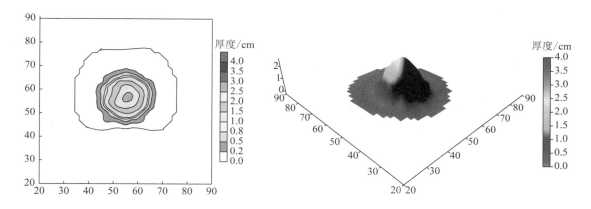

图 6 粒径 0.7 mm+水深 90 cm

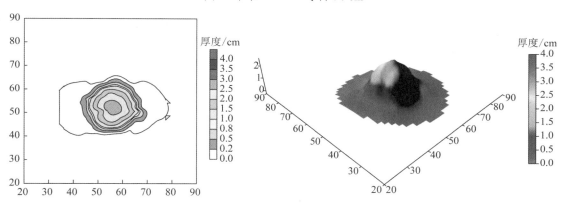

图 7 粒径 0.7 mm+水深 70 cm

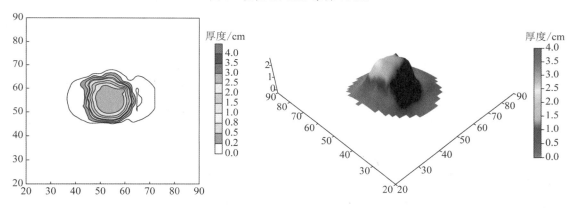

图 8 粒径 0.7 mm+水深 50 cm

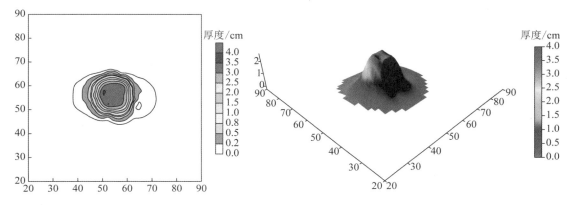

图 9 粒径 0.7 mm+水深 30 cm

3 堆积体边坡

当泥舱的泥沙进入水中后，对于同一种粒径的泥沙，水深越浅，泥沙扩散范围越小，当泥舱容积不变时，抛泥形成的堆积体边坡越陡，且堆积体边坡随着水深的减小呈加速增大状态，如图10所示。泥沙粒径越粗，泥沙团沉降速度越快，堆积体边坡越陡，如图11所示。水深为30 cm时，堆积体边坡明显大于其他水深，主要因为水深为30 cm时，泥沙堆积体呈明显的火山锥形态，且堆积体范围小。从图10可以看出，不同水深情况下，泥沙堆积体边坡差异较大，如泥沙粒径为0.25 mm时，水深30 cm时，边坡为1: 2.4，水深为90 cm时，边坡为1: 18，相差约7.5倍。

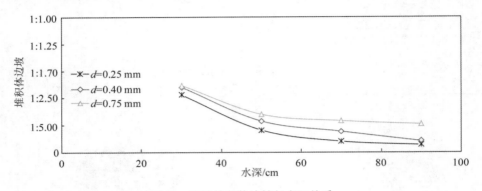

图 10 泥沙堆积体边坡与水深关系

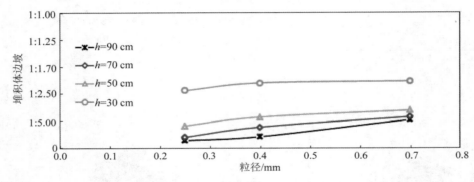

图 11 泥沙堆积体边坡与泥沙粒径关系

4 堆积体高度

当泥舱容积不变时，泥沙堆积体高度与边坡呈正比，即水深越浅，堆积体高度越高，水深越深，堆积体高度越矮，泥沙粒径越粗，堆积体高度越高，泥沙粒径越细，堆积体高度越矮，如图 12 至图 13 所示。

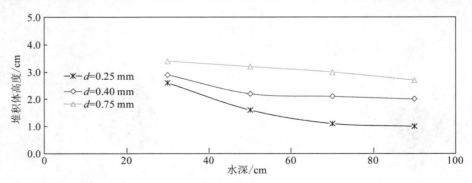

图 12 泥沙堆积体最大高度与水深关系

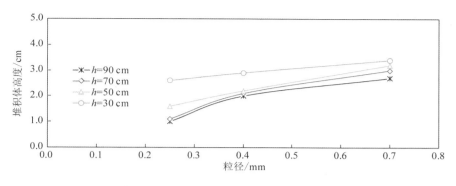

图 13　泥沙堆积体最大高度与粒径关系

当水深较浅时，不同粒径泥沙堆积体高度较为接近，如水深为 30 cm，泥沙粒径为 0.25 mm 时，堆积高度为 2.6 cm，泥沙粒径为 0.75 mm 时，堆积高度为 3.4 cm，相差 0.8 cm，而水深为 90 cm，二者相差约 1.6 cm，主要因为水深浅时，堆积体范围集中，且堆积体呈"火山锥"形态，堆积体边坡较为接近，致使堆积体高度差异较小，如图 12 所示。对于细颗粒泥沙粒径，堆积体高度随水深变化较大，如泥沙粒径为 0.25 mm 时，不同水深堆积体高度最大差异约 1.5 cm，而泥沙粒径为 0.75 mm 时，二者相差 0.7 cm，主要因为粒径粗时，泥沙团下降速度快，边坡陡，如图 13 所示。

5　结　语

本文基于静水条件，研究了抛泥形成的泥沙堆积体形态与水深和粒径的关系，主要结论如下：

1）抛泥的泥沙以泥沙团的形式运动，泥沙团的大小与泥舱舱径有关，泥沙团的沉降速度远大于单颗粒泥沙，泥沙团下降过程中受水体紊动影响，越往水体深处，泥沙扩散的范围越大。

2）随着水深的增大，泥沙堆积体的高度减小，范围增大，边坡趋缓。当水深大于 50 cm 时，堆积体呈圆锥形，水深小于 50 cm 时，泥沙堆积体呈火山锥形。

3）相同水深条件下，随着泥沙粒径的减小，堆积体范围增大，高度较小，坡度趋缓。泥沙粒径不变时，堆积体边坡随着水深的减小呈加速增大趋势；泥沙粒径越小，堆积体高度随水深变化越大。

参考文献：

[1]　KOH R C Y, CHANG, Y C. Mathematical model for barged ocean disposal of waste[R]. Technical Series EPA 660/2-73/029, US Environmental Protection Agency, Washington, DC.,1973

[2]　NAKASUJI K , TAMAI M , MUROTA A .Dynamic behaviors of sand clouds in water[C]//International Conference on Physics Modeling of Transport and Dispersion. 1990.

[3]　BÜHLER J, PAPANTONIOU D A.Swarms of coarse particles falling through a fluid[C]//Lee Cheung. Environmental Hydraulics.Balkema Rotterdam 1, 1991: 35.

[4]　顾杰, 黄静, 李志伟. 瞬时排放泥沙颗粒团在横流中对流扩散特性的实验研究[J]. 水科学进展, 2008(4): 483-488.

[5]　王道增, 樊靖郁. 两相横射流的颗粒沉降和流场特性实验研究[C]//中国力学学会学术大会, 2009 论文摘要集. 2009.

[6]　吴加学, 张叔英. 长江口泥沙输移扩散与沉降过程高分辨率声学现场观测[J]. 地球学报, 2003, 24(z1): 252-257.

[7]　ECKER RM, et al. Coastal Engineering, 1976, 2: 1-189 .

[8]　黄河宁, 王锡侯, 韩康. 碱渣海洋倾倒的模拟实验研究[J]. 海洋通报, 1987 (6): 29-35.

[9]　马福喜, 李志伟. 大涡模拟水环境中污染物团的运动规律[J]. 水利学报, 2002, 33(9): 0055-0060.

[10]　程伟平, 毛根海, 章军军. 抛泥过程中泥沙云团运动的双流体大涡模拟与试验研究[J]. 水力发电学报, 2006, 25(3): 112-117.

[11]　章军军, 毛根海, 程伟平, 等. 静水中抛泥所形成的泥沙云团运动特征试验研究[J].水力发电学报, 2005, 24(3): 52-55.

连云港徐圩港区台风天三维风–浪–流耦合数值模拟研究

熊梦婕，张金善，章卫胜

（南京水利科学研究院，江苏 南京 210029）

摘要： 建立二重嵌套的三维波流耦合数学模型，以台风"韦帕"（Wipha）作为典型气象过程，分析了连云港 30 万吨级航道口门及沿程的波流耦合流场分布情况。研究表明，持续的横向大风作用对 30 万吨级航道内的水流特征有较大影响。台风"韦帕"期间，海域在一个小潮涨落潮过程内持续遭受 15 m/s 的 NNW 向大风作用，使得潮流失去原有的旋转流特性，30 万吨级航道沿程持续遭受超过 0.3 m/s 的横流作用约 7 h。横向水流从浅滩进入航道后，表、中、底层流速均发生显著减小，降幅在 30%~50%。由于口门导堤对 SE 方向风吹流的挑流作用，横流在进港口门位置处形成一个大范围顺时针涨潮回流，易导致口外悬沙在口门位置发生淤积。

关键词： 连云港；航道；台风；数值模拟；风–浪–流耦合

　　连云港为典型的淤泥质海岸，在正常天气条件下，掀沙动力以潮流为主，由于海域潮流动力较弱，滩面泥沙中值粒径为 0.002~0.004 mm、黏结力较大、不易起动，水体含沙量低[1]，对航道淤积的影响较小。而在大风天气条件下，波浪成为主要掀沙动力，海域含沙量较正常天气时有显著增大，使航道有发生骤淤的可能性[2]。同时，大风天气下的水流结构具有较强的三维特性，如表、中、底层的流速和含沙量存在垂向差异，有必要采用三维波、流耦合的数学模型对连云港海域在台风天的流场情况进行计算。

　　建立二重嵌套的连云港三维波流双向耦合集成数学模型，利用典型台风过程"韦帕"的实测波浪、潮流资料对模型进行验证，研究连云港海域破波及大浪条件下波流耦合水流分布特征，分析耦合水流对连云港徐圩港区 30 万吨级航道口门及沿程的影响。

1　风–浪–流耦合数值模式的建立与验证

1.1　数值模型的建立

　　为保证风暴潮流、台风浪的模拟精度，模型采用东海大范围模型嵌套海州湾地区局部小范围模型。大范围模型包含整个东海海域，采用平面二维浅水方程模型 ADCIRC 与波浪谱方程模型 SWAN 进行双向耦合计算[3-4]，为小范围模型提供风暴潮位、海浪边界条件。海州湾地区的小范围模型采用三维静压海洋环流模型 FVCOM 与无结构波浪谱方程模型 SWAVE 进行双向耦合计算[5-6]。ADCIRC 模型涵盖整个渤海湾、黄海和东海大部分区域，开边界的网格分辨率为 0.2°左右；江苏近海最高网格分辨率控制在 100m 左右。ADCIRC 与 SWAN 模型的耦合时长为 300 s。波浪计算的频率范围选在 0.031~0.548 Hz 之间，按照对数分布形式分为 40 个频率步长。FVCOM 模型涵盖整个海州湾区域，开边界两端分别取在日照北部海岸和江苏滨海，工程后航道内的网格分辨率为 50 m 左右，垂向分为 10 层进行计算。图 1 给出了嵌套模型的范围和网格分布情况。

1.2　数值模型的验证

　　选取历史上对连云港地区影响较大的 2007 年第 13 号台风"韦帕"期间的风、浪、流实测资料对模型的准确性进行验证。风速和气压过程由中尺度气象模式 WRF 模型[7-8]模拟得到。图 2、图 3 分别给出了台风期间徐圩海岸–5 m 等深线上的水位、波要素和分层流速、流向的验证情况。模型的计算值与现场实测值吻合良好，表明该模型能够较好地模拟徐圩港区在台风期间的水流和波浪条件。

基金项目： 连云港 30 万吨级航道二期工程科技示范工程专题（2018Y03）

通信作者： 张金善。E-mail: jszhang@nhri.cn

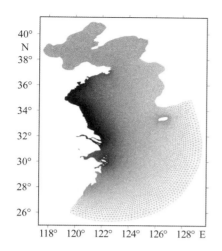 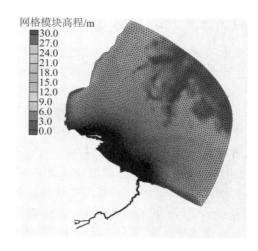

图 1　嵌套模型的网格分布

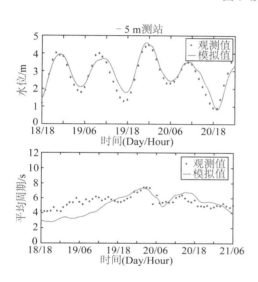 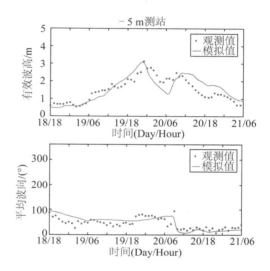

图 2　"韦帕"台风期间的水位、波高、周期、波向验证

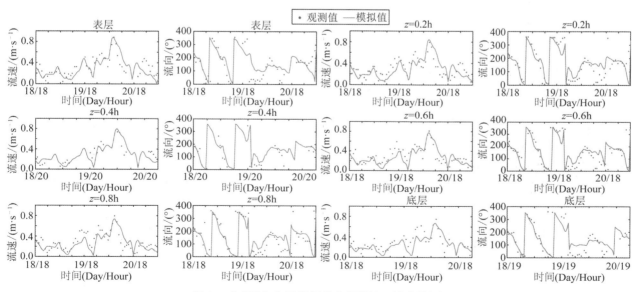

图 3　"韦帕"台风期间的分层流速、流向验证

2　台风期间连云港 30 万吨航道的水流特征分析

2.1　海域耦合水流分布特征

图 4 给出了航道北侧浅滩上 8 m 水深处一点的风、水位和表、中、底层流速流向过程曲线。由于工程海域位于台风路径的西北侧，"韦帕"气旋于 9 月 20 日 5 时由陆上经灌南县穿出前后均保持 NNE 的前进方向，故台风经过时海域风向会发生大幅度的偏转。海域的风矢在 9 月 20 日 6 时左右发生显著转向，由 SE 向转为 NNW 向，随后风向没有发生大的改变。风速在台风过境前后 2 日内基本保持在 10 m/s 以上，风速在 20 日 6 时后显著增大，7—12 时内保持在较高值 20 m/s 附近，19 时以后风速下降至 15 m/s 以下。

从水位变化曲线中可以看出，海域在 5—10 时为涨潮过程，11—18 时为落潮过程，高于 15 m/s 的 NNW 向风速高值持续作用于一个涨潮和落潮过程内。强劲的 NNW 向大风改变了海域原有的潮流流速和流向。纯天文潮流情况下，外海水流表现为典型的逆时针旋转流，"韦帕"台风处于小潮期间，天文潮流的流速不大，外海–8 m 水深处的平均天文潮流速仅为 0.2 m/s 左右。台风"韦帕"经过时，海域水流在 NNW 向大风持续作用的一个涨落潮周期内（5~18 时）基本维持在 SE 向，表、中、底层的水流均受风应力影响显著；19 时之后水流从底层开始逐渐恢复旋转流特性。海域流速在 9 时左右达到最大值，此时口门附近局部的表层流速接近 1.5 m/s、中层流速超过 1 m/s，流场如图 5 所示。台风经过时，30 万吨级航道沿程持续遭受 SE 方向的横流作用约 10 h，且风暴流速较大，对航道水深的维护十分不利。对比表、中、底层流场可以发现，因风应力直接作用于海表，表层流场受风的影响最大、流向趋于向风作用方向偏离，底层流场受风影响最小。海域流速在垂向上基本呈现出表层大、中层次之、底层最小的分布规律。

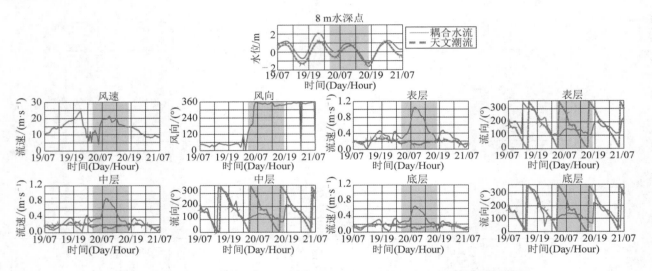

图 4　"韦帕"台风期间的 8 m 水深点处的风速、水位和表、中、底层流速过程

注：阴影部分表示台风影响较大的时间段

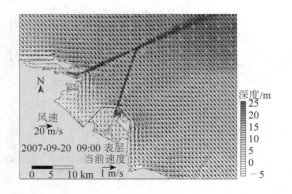
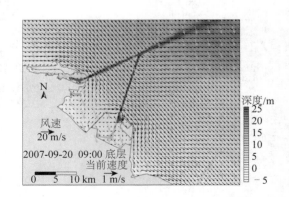

图 5　台风期间的海域表层和底层风场、流场分布（2007 年 9 月 20 日 9 时）

2.2　航道沿程及口门处的水流分布特征

图 6 以 2007 年 9 月 20 日 9 时为代表，给出了"韦帕"台风期间，航道沿程附近的表层、中层、底层横流流速分布情况。可以看出，航道沿程的横流流速由表层向底层逐渐减小。航道内由于水深较大，当流速较大的横向水流从外侧浅滩进入航道后，流速发生显著减小，除口门区域外，航道沿程的横流表层流速从浅滩上的 0.7~0.9 m/s 左右下降至航道内的 0.5~0.6 m/s 左右，底层流速从浅滩上的 0.5~0.7 m/s 左右下降至航道内的 0.3~0.4 m/s 左右，不利于航道水深的维护。受到导堤的挑流作用，进港口门附近的横流流速较其他区域有比较明显的增大，浅滩上的最大表层横流流速可达到 1.5 m/s 以上、底层横流流速可达到 1.0 m/s 左右。

图 7 给出了"韦帕"台风期间口门及港池局部的表层、底层流场。在 20 日 9 时，较强的风吹流由西北向东南跨越航道，部分水流进入港内并在口门处形成顺时针回流，回流的流态、范围和流速在表层、底层上差别不大。

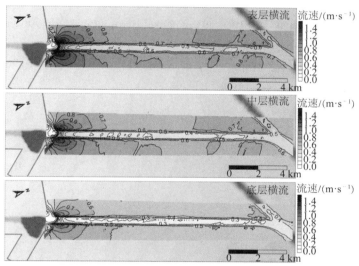

图 6　"韦帕"台风期间，航道沿程表层、中层、底层横流流速分布（2007 年 9 月 20 日 9 时）

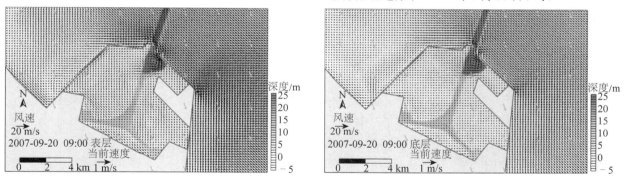

图 7　"韦帕"台风期间口门及港池局部的表层和底层流场（2007 年 9 月 20 日 9 时）

3　结　语

建立二重嵌套的三维波流耦合数学模型，以台风"韦帕"作为典型气象过程，分析了连云港 30 万吨级航道口门及沿程的波流耦合流场分布情况。研究表明，持续的横向大风作用对 30 万吨级航道内的水流特征有较大影响。台风"韦帕"期间，海域在一个小潮涨落潮过程内持续遭受 15 m/s 的 NNW 向大风作用，使得潮流失去原有的旋转流特性，流向维持在 SE 方向，30 万吨级航道沿程持续遭受超过 0.3 m/s 的横流作用约 7 h。另外，台风期间，横向水流从浅滩进入航道后，表层、中层、底层流速均发生显著减小，降幅在 30%~50%。由于口门导堤对 SE 方向风吹流的挑流作用，口门附近浅滩上的表层横流超过 1.5 m/s、底层横流超过 1.0 m/s，横流在进港口门位置处形成一个大范围顺时针涨潮回流，易于导致口外悬沙在口门位置发生淤积。

参考文献：

[1]　张玮, 刘杰, 肖天葆, 等. 连云港外航道沿程含沙量计算研究[J]. 水道港口, 2017(2): 115-119.

[2]　谢军, 丁琦, 曹慧江, 等. "韦帕"台风连云港海域三维潮流、泥沙数值模拟[J]. 水运工程, 2016(11): 34-40.

[3]　LUETTICH R A, WESTERINK J J, Scheffner N W. ADCIRC: An advanced three-dimensional circulation model for shelves, coasts, and estuaries. Report 1. Theory and methodology of ADCIRC-2DDI and ADCIRC-3DL[M]. 1992.

[4]　ZIJLEMA M. Computation of wind-wave spectra in coastal waters with SWAN on unstructured grids[J]. Coastal Engineering, 2010, 57(3): 267-277.

[5]　CHEN C, HUANG H, Beardsley R C, et al. A finite volume numerical approach for coastal ocean circulation studies: Comparisons with finite difference models[J]. Journal of Geophysical Research Oceans, 2007, 112(C03018).

[6]　QI J, CHEN C, BEARDSLEY R C, et al. An unstructured-grid finite-volume surface wave model (FVCOM-SWAVE): Implementation, validations and applications[J]. Ocean Modelling, 2009, 28(1): 153-166.

[7]　DAVIS C, WANG W, CHEN S S, et al. Prediction of Landfalling Hurricanes with the Advanced Hurricane WRF Model[J]. Monthly Weather Review, 2008, 136(6): 1990-2005.

[8]　POTTY J, RAJU P V S, MOHANTY U C. Performance of nested WRF model in typhoon simulations over West Pacific and South China Sea[J]. Natural Hazards, 2012, 63(3): 1451-1470.

强风暴条件下孟加拉国超级大坝越浪影响与分析

于　滨，张　维，赵　旭，谭忠华

（交通运输部天津水运工程科学研究院 港口水工建筑技术国家工程实验室&工程泥沙交通行业重点实验室，天津　300456）

摘要：通过 1∶15 断面物理模型试验研究了孟加拉 Mirsharai 经济开发区超级大坝在强风暴条件下的越浪问题。研究表明：在 100 年重现期水位及 100、50 年重现期波高作用下，堤后 100 m 外次生波波高可达 2 m 左右；在 50 年一遇高水位 8.5 m，重现期 100、50 年波浪作用条件下，单宽越浪量为 1.97 m³/（s·m）和 1.93 m³/（s·m）；在 50 年一遇高水位 8.5 m 条件下重现期 100、50 年年波浪作用时，工程区附近的超级大坝沿线总越浪量约 2 547.21 m³/s 和 2 495.49 m³/s，一般持续时间在 1～2 h 内。

关键词：强风暴；超级大坝；越浪量

风暴潮是一种灾害性的自然现象，是由剧烈的大气扰动，如强风和气压骤变（通常指台风和温带气旋等灾害性天气系统）导致海水异常升降，使受其影响的海区的潮位大大地超过平常潮位的现象。风暴潮灾害居海洋灾害之首位，世界上绝大多数因强风暴引起的特大海岸灾害都是由风暴潮造成的。孟加拉国南临孟加拉湾，国土以冲积平原为主，平均海拔只有1～1.5 m，河网密集，人口密度大，经济落后，这些因素使得孟加拉国成为世界上受热带气旋影响最严重的国家之一[1-3]。例如1970年11月13日发生的热带气旋风暴潮灾害导致风暴增水超过6 m，夺去了恒河三角洲一带30万人的生命，溺死牲畜50万头，使100多万人无家可归；1991年4月的又一次特大风暴潮，在有了热带气旋及风暴潮警报的情况下，仍然夺去了13万人的生命。

在早期对孟加拉湾地区风暴潮研究中，Das[1]发展了孟加拉湾北部数值模式，并进行了潮汐和风暴潮相互作用研究；Ali[2]发展了非线性模式，他们把恒河等三条河流和整个孟加拉湾在一个简单的计算结构范围内考虑；王喜年[3]介绍了孟加拉湾风暴潮数值试验及模化，计算了印度和孟加拉湾沿岸可能的最大风暴潮。近年来，张学良[4]利用遥感技术等方法对孟加拉国热带气旋灾害进行了风险评估，吴辉碇和李国庆[5]开展了孟加拉湾风暴潮灾害数值模拟研究。

孟加拉国Mirsharai 150 MW双燃料电站项目位于孟加拉吉大港Mirsharai经济开发区西北侧（工程位置见图1），该场区可能受到近海区域的潮汐、风暴潮及海平面上升的影响，根据规划，孟加拉政府拟建设Mirsharai经济开发区海岸线大坝。受湖北省电力勘测设计院有限公司委托，交通运输部天津水运工程科学研究院研究了强风暴条件下超级大坝的越浪问题，为电站工程的站址整平标高提供科学依据。

图 1　Mirsharai 150 MW 双燃料电站位置

基金项目：天津市应用基础与前沿技术研究计划（17JCYBJC21900）；中央级科研院所基本科研业务费资助项目（TKS180103，TKS160219，TKS160206）

作者简介：于滨（1988–），男，天津人，助理工程师，主要从事模型试验研究。E-mail：416556570@qq.com
通信作者：赵旭。E-mail：zhxrs85@163.com

1　试验条件

1.1　大坝情况

工程区域大范围堤防情况见图 2，经济区堤防情况见图 3。在本工程厂址北侧已有孟加拉政府早期建设的一条路堤 CDSP Bund，堤顶高程为+6~+7 m（PWD 基准）。工程东南侧已有孟加拉政府早期建设的 ARK 路堤，堤顶高程为+7.5 m（PWD 基准）。

Mirsharai EZ 经济区 II 区主要包括两个区域 2B 和 2A 区域，外围规划路堤顶高程为+10.0 m（MSL 基准，高于 PWD 基准 0.46 m，本文试验以 MSL 基准开展），顶宽 5m，海侧断面底坡度为 1∶5，戗台宽 2.025 m，戗台至堤顶坡度为 1∶3，岸侧坡度为 1∶3，整个堤底宽 60 m，岸侧堤脚外侧留有一定排水坡度，因此岸侧区域距离堤中心预留 30 m。各断面型式均一致，仅由于所在位置不同，其泥面高程有所差别，泥面高程范围为+2.24~+4.04 m。

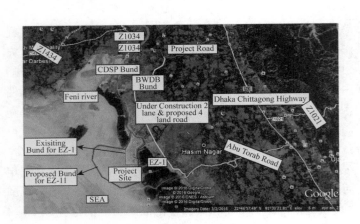

图 2　工程区域大范围堤防情况

图 3　经济区周边堤防情况

本次研究主要考虑靠近开敞外海的沿岸防洪大坝的越浪情况，选取了顶高程较低的北侧超级大坝断面作为试验断面。断面顶高程为+9.0 m（PWD 基准），顶宽 9.8 m，海侧断面底坡度为 1∶5，护面采用 50 cm×50 cm×40 cm 混凝土块体，岸侧坡度为 1∶3，整个堤底宽约 60 m，断面结构见图 4。

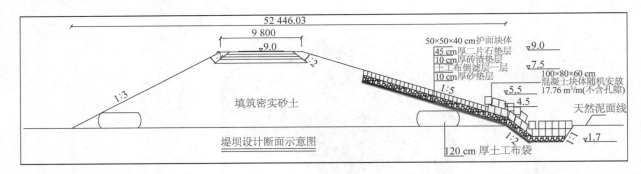

图 4　超级大坝断面结构

1.2　试验水位及波要素

本研究关注大坝在遭遇重现期 100 年、50 年的设计高潮位及强风暴情况下存在的重现期 100 年、50 年波浪越顶问题，具体试验波要素见表 1。

表 1 试验水位及波要素

工况	基于 MSL 的水位/m	水深/m	水位重现期/a	波高 $H_{13\%}$/m	周期 T_m/s	波浪重现期/a
1	9.37	6.83	100	4.29	14.6	100
2	9.37	6.83		4.09	13.9	50
3	8.50	5.96	50	3.74	14.6	100
4	8.50	5.96		3.74	13.9	50

2 试验设备与方法

2.1 试验设备

试验在交通运输部天津水运工程科学研究院波浪水槽中进行。水槽长 68 m，宽 1 m，深 1 m，配备推板式不规则造波机。该造波机由造波板及伺服驱动器、伺服电机、编码器、服务器、计算机及其外设组成。按所需波浪对应一定参数，由计算机完成造波控制信号的计算，经接口电路将造波控制信号传输到伺服驱动器中，由伺服驱动器控制伺服电机的转动，电动缸将伺服电机输出轴的转动转换为电动缸推杆的直线运动，并经过杠杆机构将运动传递到推波板，带动推波板产生期望的水波。

率波采用日本 TS-DWG-3D 型波高测试系统，该系统采用电容式传感器测波，自动采集并统计波高与周期结果，堤后次生波测量采用 SG-2008 型波高测量仪。

2.2 试验方法

2.2.1 模型比尺

模型按几何相似和重力相似准则设计，采用定床、正态模型，各比尺关系如下：

$$\lambda = l_p/l_m \quad \lambda_t = \lambda^{1/2} \quad \lambda_q = \lambda^{3/2}$$

式中：λ 为模型长度比尺，l_p 为原型长度，l_m 为模型长度，λ_t 为时间比尺，λ_q 为越浪量比尺。

根据试验要求，结合试验场地及设备能力综合考虑，选取模型几何比尺为 15，亦即波高比尺为 15，周期比尺为 3.87，单宽流量比尺即越浪量比尺为 58.1。物理模型的设计、制作及试验等过程均遵循《波浪模型试验规程》（JTJ/T234-2001）进行，各组试验均按不规则波进行，采用 JONSWAP 谱。

2.2.2 试验步骤

试验首先在无建筑物情况下率定原始波要素，以达到试验波要素满足目标值的要求，不规则波每组波要素的波列都保持波个数在 130 个以上。

然后建造断面模型，堤芯采用天然砂筑实，表面抹一层水泥砂浆，基本实现堤身不透水（原型大坝不透水，故渗透满足相似要求）。海侧斜坡护脚处采用设计断面所要求的混凝土块体。断面各位置高程用水准仪精确控制，偏差在 ±2 mm 以内。模型制作过程见图 5。

图 5 模型制作过程

模型建造后，安装测量堤后次生波的波高仪（模型间距 1 m）、测量堤顶越浪水层厚度所用波高仪（布置两根，间距已知），然后开展试验。堤顶越浪水层厚度历时数据与堤顶越浪水体流速相乘即可得到越浪量。其中，流速可通过堤顶传感器已知间距除以越浪水体到达上下游两根传感器时间差求得，并与相关的计算公式进行了对比分析。

3　试验结果与分析

3.1　堤后次生波

工况 1 及工况 2 中，试验水位（MSL+9.37 m）超过堤顶高程（PWD+9.0 m），故越浪对堤后影响可通过堤后次生波考察（表 2）。测量结果表明，在 100 年重现期的水位及 100 年、50 年重现期波高作用下，堤后 100 m 外次生波波高可达 2 m 左右。

表 2　工况 1 及工况 2 堤后次生波波高（m）

工况	1	2	3	4	5	6	7
1	1.64	1.49	2.32	2.01	2.03	1.90	2.01
2	1.44	1.30	2.09	1.94	1.98	1.86	1.97

3.2　越浪量

工况 3 和工况 4 中，试验水位（MSL+8.50 m）低于堤顶高程（PWD+9.0 m），故越浪对堤后影响可通过越浪量考察。测量结果表明，在 50 年一遇高水位，重现期 100 年波浪作用条件下（工况 3），超级大坝单宽越浪量为 1.97 m³/（s·m）；在 50 年一遇高水位，重现期 50 年波浪作用条件下（工况 4），超级大坝单宽越浪量为 1.93 m³/（s·m）。

3.3　沿岸堤坝越浪量分析

前期波浪数学模型研究中给出了孟加拉湾 1991 年热带气旋登陆时工程区域风暴水位过程，一般热带气旋引起的持续高增水时间约 4~6 h。将 1991 年的风暴潮历时过程线性放大至最高风暴潮位为 8.5 m，即 50 年一遇高水位，+8.5 m（MSL，下同）持续时间 1 h，+8.0 m 持续时间为 1 h，+7.0 m 持续时间为 1 h，+6 m 持续 1 h。

考虑越浪的超级大坝从工程区北侧起，向南延伸至经济区防护大坝处，共 6.16 km。波浪入射与大坝走向，将大坝共分为 4 段，分别为 L_1~L_4，长度依次为 1 795 m、2 760 m、1 212 m 和 395 m。

L_1 段为靠近北侧区域，该段越浪需由北向浪产生，由于北半球热带气旋呈逆时针旋转，当热带气旋在此段产生北向浪时，基本已经登陆，此时外海的水位有所降低，因此在高水位时，此段不会同时产生较强的越浪，视为 0。另外，入射波浪为 SW 向，入射角为 225°，由于沿岸堤坝距与入射波浪存在一定夹角，需进行一定的折减，考虑折减后（取斜向浪入射在其正向入射方向上的投影长度），沿岸堤坝分段单宽越浪量及分段越浪量见表 3。

表 3　不同工况下超级大坝越浪量统计

分段		L_1	L_2	L_3	L_4
	分段长度/m	1 795	2 760	1 212	395
	垂直于波浪入射方向的长度/m	0	250	881	162
50 年一遇高水位 8.5 m 重现期 100 年波浪	波浪正向入射时单宽越浪量/（m³·s⁻¹·m⁻¹）	1.97	1.97	1.97	1.97
	分段单宽越浪量/（m³·s⁻¹·m⁻¹）	0.00	0.18	1.43	0.81
	分段越浪量/（m³·s⁻¹·m⁻¹）	0.00	492.50	1 735.57	319.14
	总越浪量/（m³·s⁻¹·m⁻¹）		2 547.21		
50 年一遇高水位 8.5 m 重现期 50 年波浪	波浪正向入射时单宽越浪量/（m³·s⁻¹·m⁻¹）	1.93	1.93	1.93	1.93
	分段单宽越浪量/（m³·s⁻¹·m⁻¹）	0.00	0.17	1.40	0.79
	分段越浪量/（m³·s⁻¹·m⁻¹）	0.00	482.50	1 700.33	312.66
	总越浪量/（m³·s⁻¹·m⁻¹）		2 495.49		

由计算可知，在 50 年一遇高水位 8.5 m（MSL）条件下重现期 100 年波浪作用时，工程区附近的超级大坝沿线总越浪量约 2 547.21 m³/s；在 50 年一遇高水位 8.5 m 条件下重现期 50 年波浪作用时，工程区附近的超级大坝沿线总越浪量约 2 495.49 m³/s，一般持续时间在 1~2 h 内。随着外海潮位的逐渐降低，超级大坝附近的潮位亦降低，波浪也随之减小，越浪量减小。

4 结　语

　　本文通过断面物理模型试验研究了强风暴条件下孟加拉国 Mirsharai 经济开发区超级大坝的越浪问题，得到了不同工况下堤后次生波、单宽越浪量及总越浪量，可为相关工程设计提供参考。

参考文献：

[1]　Das P K. 台风风暴潮预报技术手册[M]. 北京：海洋出版社, 1982.

[2]　Ali A. Storm sruge in Bangladesh, Report to WMO Workshop on Storm surgcs. Nov. 10~15, Rangoom, 1980: 13.

[3]　王喜年. 风暴潮数值模式计算中气压场和风场的处理[J]. 海洋预报. 1986 (04).

[4]　张学良. 孟加拉国热带气旋灾害风险评估[D]. 北京：中国地质大学, 2017.

[5]　吴辉碇, 李国庆. 孟加拉风暴潮及其数值模拟[J]. 海洋通报, 1991(6): 11-18.

孟加拉国 Mirsharai 电站设计水位分析

张 维[1]，管 宁[1]，王 超[1,2]，谭忠华[1]，耿宝磊[1]，徐亚男[1]

（1. 交通运输部天津水运工程科学研究院 港口水工建筑技术国家工程实验室&工程泥沙交通行业重点
实验室，天津 300456；2. 河北大学 建筑工程学院，河北 保定 071002）

摘要： 对孟加拉国 Mirsharai 电站工程海域的潮汐资料进行分析，综合考虑天文潮、风暴潮、海平面上升等各种因素，选用相关分析法进行工程设计水位推算。研究采用 MIKE 21 软件包中的 Holland 台风模型及二维水动力数学模型分析台风增水影响，模拟了 1988—2017 年 30 年中对工程海域有影响的 18 个热带气旋，统计了年最高天文潮位，并采用年最高水位 PIII 型适线法得到不同重现期潮位，进一步考虑海平面上升影响，最终推算得到电厂工程海域重现期 100 年和 50 年设计高水位分别为 9.67 m，8.80 m。

关键词： 孟加拉国；Mirsharai 电站；设计水位；风暴潮；海平面上升

孟加拉国南濒孟加拉湾，受孟加拉湾气旋影响频繁，处于孟加拉湾三角大陆架上的浅海区和三角形海湾地势低洼的沿海区域是著名的脆弱地带，热带气旋往往导致风暴洪水，由于风暴中心气压较低，在移动过程中引起海潮上涨，部分区域短时间内平均水位增加可达 5 m 之上。

风暴潮是影响工程海域设计水位确定的重要因素，许多学者对风暴潮带来的水位变化做出了研究。袁方超等[1]利用福建中南部沿海 4 个主要验潮站历史风暴潮资料，对该区域风暴潮进行了季节和年际统计，研究了风暴潮增水和高潮位最大增水划分等级，分析了最高潮位超警戒潮位频数；金秋等[2]利用超级集合法优化台风路径对宁波市沿海站点进行风暴潮增水预报；张露等[3]等利用一套基于非结构网格的高分辨率风暴潮–近岸浪耦合模型（ADCIRC-SWAN），选取 2016 年第 4 号热带气旋"妮妲"开展了珠江口风暴潮、近岸波浪的数值模拟与预报；陈淳等[4]采用非结构网格的有限体积法建立了平潭岛二维风暴潮数值计算模型，分析了平潭岛风暴增水的空间分布规律。

Mirsharai 150 MW 双燃料电站项目位于孟加拉吉大市 Mirsharai 经济开发区西北侧（工程位置见图 1），该场区面临近海潮汐、风暴潮及海平面上升的影响。根据规划，孟加拉政府拟建设 Mirsharai 经济开发区海岸线大坝，为解决该电站项目场地受大坝越浪影响问题，并为该工程的站址整平标高提供科学依据，开展了考虑风暴潮增水等因素的设计水位推算工作。

1 实测潮位

研究收集到了工程附近的"孟加拉 Mirsharai Economic Zone 2×660 MW 燃煤发电工程"的相关资料，Mirsharai Economic Zone 电厂与本工程直线距离约 9.5 km，相对位置示意见图 2。

根据厂址附近临时站 2016 年 1 个月的潮位过程线的变化过程（图 3），本区域潮汐变化规律明显，潮位在一太阴日中有规则的出现两次高潮和两次低潮，"日不等"现象不明显。

测区的潮汐性质多由主要全日 K1 和 O1 的振幅之和与主要半日分潮 M2 的振幅之比，即 $(H_{K1}+H_{O1})/H_{M2}$ 进行分类。本次观测期间，Mirsharai 海域 $(H_{K1}+H_{O1})/H_{M2}$ 比值为 0.12，小于 0.50，属于正规半日潮。主要浅海分潮振幅之和 $(H_{M4}+H_{MS4}+H_{M6})$ 为 0.44 m；浅水分潮与主要半日分潮振幅比 (H_{M4}/H_{M2}) 为 0.08，大于 0.04，浅海分潮效应显著。综上，工程海域潮汐性质应属于非正规浅海半日潮。

基金项目： 天津市应用基础与前沿技术研究计划（17JCYBJC21900）；中央级科研院所基本科研业务费资助项目（TKS180103，TKS160219，TKS160206）
作者简介： 张维（1980–），女，天津人，助理工程师，主要从事模型试验研究，E-mail：vickywei2002@163.com
通信作者： 管宁。E-mail：guanning_tj@163.com

图 1　Mirsharai 150 MW 双燃料电站位置

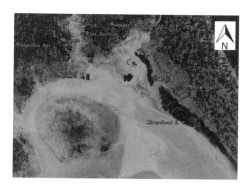

图 2　两电厂相对位置

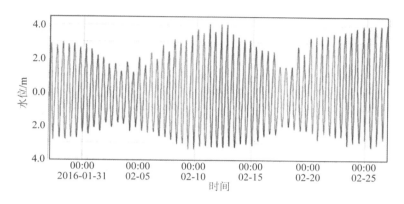

图 3　厂址临时测站潮位过程线

观测期间，工程区最高潮位为 4.05 m，最低潮位−3.34 m，平均高、低潮位分别为 2.89 m、−2.65 m，平均潮位为 0.05 m。根据潮位过程线变化，电厂工程区域平均涨潮历时约 5 h，平均落潮历时约 7 h 30 min，涨潮历时明显小于落潮历时。实测期间潮汐特征见表 1。

表 1　实测期间潮汐特征值（MSL）

	最高天文潮	最低天文潮	平均大潮高潮位	平均小潮高潮位	平均大潮低潮位	平均小潮低潮位
特征值/m	4.56	3.96	2.98	1.38	2.77	1.61

潮差是海域潮汐强弱的重要标志之一，由工程区域临时潮位站 1 个月资料和上下游历史潮位资料可知，工程海域是典型的强潮河口湾，印度洋潮波传入孟加拉湾后，受海域喇叭口地形控制，工程区域潮差从湾口向上游逐步增大，到上游湾顶费泥（Feni）河又逐渐减小，符合强潮河口湾潮差变化的基本特性。

2　设计水位计算方法

海港设计的水位推算方法主要有以下两种：

第一种方法为港口水文规范推荐的方法。在新建港口的初步设计阶段，若潮位实测资料不足一整年时，可采用短期同步差比法，将港口与附近一年以上验潮资料的港口或验潮站进行同步相关分析，计算相当于高潮 10%或低潮 90%的数值，并应继续观测，对上述数值进行校正。采用进行差比计算时，两个港口或验潮站之间应符合下列条件：①潮汐性质相似；②地理位置邻近；③受河流径流包括汛期径流的影响相似。第二种为国际上经常使用的相关分析法，分别考虑天文潮位、洪水位、风暴潮、海平面上升等各因素，进行相关组合分析，获得不同重现期的设计水位（即电厂设计中的耦合法推算水位）。

在进行本电厂项目重现期为 100 年、50 年设计高潮位和不同保证率（95%、97%、98%、99%）设计低潮位计算时，采用第一种方法存在缺陷。虽然工程拟建位置与吉大港相距仅 60 km，但在自然条件上差别较大，吉大港位于戈尔诺普利河内，为内河港。本工程拟建场址位于费尼河口，两条河径流量不同，同时孟加拉湾为热带风暴多发且影响最大的海域，而风暴增水在拟建工程与吉大港区域不同。由于风暴增水在重现期水位中占有十分重要的地位，故在重现期水位计算时应采用第二种方法。

3　风暴潮计算

3.1　计算模型

研究采用 MIKE 21 软件包中的 Holland 台风模型及二维水动力数学模型分析台风增水影响。MIKE 21 是由丹麦水工所（DHI）开发的二维表面流动模拟软件包，适用于湖泊、河口、海湾和海岸地区的水力及其相关现象的平面二维仿真模拟，其在国内外水环境研究领域已被广泛应用，且数值模拟的科学性已得到大量工程的验证。

气压分布模型采用 MIKE 21 提供的 Holland 模型，环流风速模型采用梯度风速公式，移行风速模型采用宫崎正卫模型。由气压分布模型和风速模型组合成台风风场的模拟方案，简称 Holl 模型。具体气压和风场公式如下：

$$P_a = P_0 + (P_\infty - P_0)\exp\left[-\left(\frac{RM}{r}\right)^B\right] \tag{1}$$

$$\begin{aligned}
V_x = c_1 v_{0x} \exp\left(-\frac{\pi r}{500}\right) \\
-c_2\left\{-\frac{f}{2} + \sqrt{\frac{f^2}{4} + \frac{V_{max}^2 + R_M f V_{max}}{r^2}\left(\frac{R_M}{r}\right)^B \exp\left[1-\left(\frac{R_M}{r}\right)^B\right]}\right\} \\
\left[(x-x_0)\sin\theta + (y-y_0)\cos\theta\right]
\end{aligned} \tag{2}$$

$$\begin{aligned}
V_y = c_1 v_{0y} \exp\left(-\frac{\pi r}{500}\right) \\
-c_2\left\{-\frac{f}{2} + \sqrt{\frac{f^2}{4} + \frac{V_{max}^2 + R_M f V_{max}}{r^2}\left(\frac{R_M}{r}\right)^B \exp\left[1-\left(\frac{R_M}{r}\right)^B\right]}\right\} \\
\left[(x-x_0)\cos\theta - (y-y_0)\sin\theta\right]
\end{aligned} \tag{3}$$

式中：r 为计算点距台风中心的距离（km）；R_M 为最大风速半径（km）；P_a 为距台风中心距离为 r 处的气压（hPa）；P_∞ 为台风外围环境气压（hPa），取 1 013.0 hPa；P_0 为台风中心气压（hPa）；B 为形状参数，决定了台风的强度和气压轮廓线；v_{0x} 为台风中心在 x 方向的移动速度（m/s）；v_{0y} 为台风中心在 y 方向的移动速度（m/s）；V_{max} 为环流最大风速；c_1，c_2 为修正系数，取 $c_1=1.0$，$c_2=0.8$；θ 为入射角，取 20°；f 为柯氏力参数，$f=2\omega\sin\varphi$；φ 为计算点纬度；ω 为地转角速度，取 $\omega=7.272\,2\times10^{-5}\,\text{s}^{-1}$；计算台风中心移动速度时还需要用到地球半径，取 6 371 km。

根据现场海域的实测潮位数据进行调和分析，可以计算出工程海域的潮汐分潮，然后根据分潮预测计算工程海域的天文潮汐过程。天文潮是由于天体间的引力造成，其变化有长期的周期性，短期的潮汐变化以天、月、年为周期，长期的循环周期为 18.6 年，所以 19 年以上重现期的天文潮位是相同的。

3.2　数值模拟

模型计算域东西方向长约 2 660 km，南北方向长约 2 240 km，包括整个孟加拉湾。计算域水深提取自 DHI C-Map 电子海图数据库，近岸局部采用其他工程项目实测地形图补充。工程海域岸线根据 2017 年 2 月份卫片提取，为了提高计算效率，同时又保证工程海域有足够的分辨率，采用局部加密的非结构三角形网格对计算域进行划分。小范围模型外海区域空间步长较大，在开边界约为 30 km，工程区域空间步长约为 200 m。计算域共计生成计算节点 25 278 个，网格 53 924 个。计算域范围和水深地形见图 4。

研究模拟了 1988—2017 年 30 年中对工程海域有影响的 18 个热带气旋。图 5 和图 6 分别为 1991 年热带气旋登陆时风场图，工程区域风暴水位过程。同时根据预测的 1988—2017 年天文潮过程统计了年最高、最低天文潮位，见表 2。根据连续 30 年潮位极值，采用年最高水位 PIII 型适线得到不同重现期设计高水位，100 年一遇高潮位为 9.37 m，50 年一遇高潮位为 8.50 m（见图 7）。

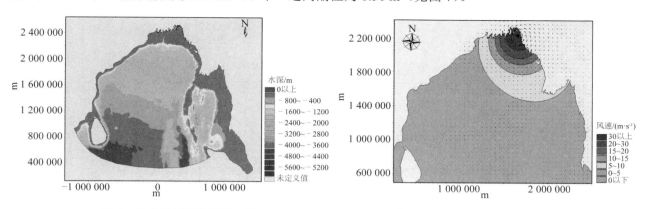

图 4 风暴潮模型计算域水深　　　　图 5 1991 年热带气旋登陆风场

表 2 1988—2017 年风暴潮位与年最高天文潮位统计（MSL）

年份	风暴高潮位/m	风暴低潮位/m	最高天文潮位/m	最低天文潮位/m
1988	3.72	−3.33	4.67	−3.96
1989	—	—	4.55	−4.08
1990	3.34	−2.90	4.16	−3.93
1991	7.92	−3.38	4.00	−3.78
1992	3.42	−3.13	4.69	−3.96
1993	—	—	4.64	−4.14
1994	4.00	−3.37	4.32	−4.04
1995	—	—	4.45	−3.85
1996	3.95	−3.60	4.70	−3.86
1997	5.14	−2.67	4.00	−4.11
1998	3.87	−3.09	4.49	−4.08
1999	—	—	4.32	−3.96
2000	—	—	4.52	−3.64
2001	—	—	4.62	−3.90
2002	—	—	4.54	−3.99
2003	—	—	4.31	−4.01
2004	3.73	−3.15	4.28	−3.73
2005	—	—	4.59	−3.76
2006	—	—	4.63	−3.99
2007	6.34	−3.43	4.00	−4.06
2008	3.35	−2.92	4.25	−3.89
2009	2.10	−1.93	4.49	−3.72
2010	4.02	−3.14	4.72	−4.01
2011	2.49	−2.17	4.54	−4.09
2012	—	—	4.22	−4.02
2013	3.21	−2.99	4.54	−3.76
2014	—	—	4.71	−3.93
2015	2.58	−0.76	4.62	−4.10
2016	4.14	−2.92	4.45	−4.02
2017	3.26	−2.87	4.40	−3.86

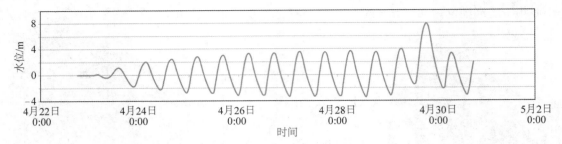

图 6　1991 年风暴潮位历时过程

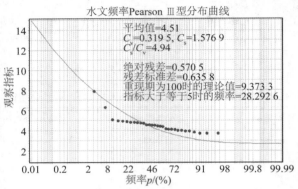

图 7　考虑风暴潮后设计高潮位 PIII 适线曲线

4　海平面上升影响

　　政府间气候变化专门委员会（IPCC）预测，所有经过评估的排放情景都预测地球表面温度在 21 世纪呈上升趋势，这将造成极端气候发生的频率更高、时间更长，很多地区极端降雨的强度和频率将会增加。海洋将持续升温和酸化，全球平均海平面也将不断上升[5]。

　　未来的气候状况取决于人为排放情况及气候自然变率，科学家预测的四类典型浓度路径（RCP）情景显示出类似变化（图 8）：①在不发生重大火山喷发或某些自然来源（例如，CH4 和 N2O）的重大变化，或太阳总辐射意外变化的情况下，2016—2035 年期间全球平均表面温度可能比 1986—2005 年期间升高 0.3~0.7℃（中等信度）。②到 21 世纪中期，预估的气候变化幅度在很大程度取决于选择何种排放情景。③到 21 世纪末期（2081—2100 年），在 RCP2.6 情景下的全球表面平均温度有可能比 1986—2005 年期间上升 0.3~1.7℃，在 RCP4.5 情景下有可能是 1.1~2.6℃，在 RCP6.0 情景下有可能是 1.4~3.1℃，而在 RCP8.5 情景下有可能是 2.6~4.8℃。在不同的温升情景下，海平面上升的速度也不相同（见图 9）。

　　孟加拉由于地势平坦低洼，是世界上受海平面上升影响最大的国家之一，根据统计资料预测的孟加拉各地区海平面上升速度，在工程区域海平面上升约为 10 mm/a。

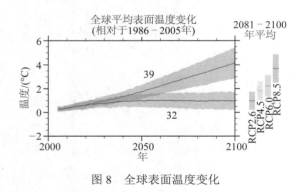

图 8　全球表面温度变化

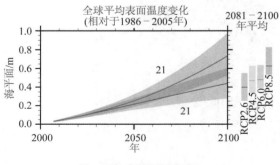

图 9　全球海平面上升

5　设计水位

根据 1988—2017 年包含风暴潮位和天文潮位数据采用 PIII 型适线法推算的重现期 100 年、50 年的设计高潮位分别为 9.37 m、8.50 m。设计高潮位考虑了天文潮、风暴潮等因素。再结合海平面上升的因素，考虑电厂实际使用年限是 30 年，海平面上升的影响约为 0.3 m。

所以考虑各种因素的影响后，最终推荐电厂工程海域重现期 100 年和 50 年设计高水位分别为 9.67 m、8.80 m。

参考文献：

[1]　袁方超, 吴向荣, 卢君峰. 福建中南部沿海风暴潮统计特征分析[J]. 海洋预报, 2018, 35(3): 68-75.

[2]　金秋, 周宏杰, 陈永平. 宁波市沿海台风风暴潮增水数值预报研究[J]. 浙江水利科技, 2018, 46(6): 22-25.

[3]　张露, 傅赐福, 董剑希, 等. 台风"妮妲"风暴潮与近岸浪的数值模拟与预报[J]. 海洋预报, 2018, 35(2): 27-35.

[4]　陈淳, 王立辉, 何岩雨. 海岛地区风暴潮增水分布特征及应急疏散对策——以平潭综合实验区为例[J]. 海洋预报, 2018, 35(4): 8-16.

[5]　高志刚. 平均海平面上升对东中国海潮汐、风暴潮影响的数值模拟研究[D]. 青岛：中国海洋大学, 2008.

正方体人工鱼礁流场效应及水流力试验研究

王登婷[1]，黄　哲[1]，赵　涵[2]

（1. 南京水利科学研究院，江苏　南京　210029；　2. 河海大学，江苏　南京　210098）

摘要： 人工鱼礁投入海中会对水流起到阻碍作用，改变附近的流场，而水流力是促使人工鱼礁失去稳定的动力，这些都是鱼礁设计中需要考虑的重要因素。针对以上问题，通过粒子图像测速技术，研究了不同流速下，不同开口比正方体人工鱼礁的流场效应；通过水流力试验，比较分析不同开口比人工鱼礁所受的水流力情况，以期为人工鱼礁的设计与应用提供参考。

关键词： 人工鱼礁；PIV；流场；水流力

人工鱼礁是人为在海中设置的构造物，其目的是改善海域生态环境，营造海洋生物栖息的良好环境，为鱼类等提供繁殖、生长、索饵和庇敌的场所，达到保护、增殖和提高渔获量的目的。

人工鱼礁能够有效的对渔业资源进行保护，其历史源远流长，但很长一段时期内并未充分利用，直至海洋渔业资源开始衰退，人们才重新重视起来。目前，世界上很多国家已经在沿海地区投放人工鱼礁。

日本作为世界上对人工鱼礁最早开发利用的国家之一，对人工鱼礁、人工渔场的研究及建设投入了大量的资金，并且对人工鱼礁的研究也较为深入，处于世界领先地位。18 世纪末，日本的人工鱼礁雏形已基本形成。我国真正意义上的人工鱼礁建设开始于 20 世纪 70 年代末。自 1981 年曾呈奎先生提出"海洋农牧化"后，我国在一些沿海城市进行了初步的鱼礁建设。

对人工鱼礁的基本研究主要包括鱼礁的材料、鱼礁的结构、鱼礁的稳定性、鱼礁投放密度及布局的合理性、鱼礁区的生态体系、鱼礁区的流场效应等。

如今在世界上运用范围最广的人工鱼礁礁体材料是混凝土，混凝土按胶凝材料可以分为有机胶凝混凝土和无机胶凝材料混凝土两大类；也可以分为气硬性和水硬性；还可以分为活性和惰性。混凝土具有较强的可塑性，可以满足人工鱼礁礁体各种结构类型，可以任意制成各种形状，并且混凝土具有较强的耐腐蚀性，在海水中使用寿命较长。

1980 年，影山芳郎[1]定义了开口比的概念，指出开口比是指人工鱼礁礁面开口部分的投影面积与礁面全投影面积之比，并且比较了不同开口比情况下鱼礁周围的流态情况。1997 年，Fujihara 等[2]首次运用数值模拟的方法，研究并且分析了定常层流流体中人工鱼礁流场的变化规律，得到人工鱼礁流场中上升流的大致范围以及上升流流态的分布特征，为以后的鱼礁结构优化提供了基础。2003 年，刘同渝等[3]在风洞中对四种鱼礁模型进行了流态模型试验，观测到鱼礁上方产生上升流，上升流上升的高度不高但有助于海底营养物质的扩散；鱼礁背面产生大量涡流，涡流的影响范围可达鱼礁长度的 2~3 倍；鱼礁的两侧产生绕流，影响范围较小。2009 年，Düzbastilar 等[4]在波浪理论的基础上，利用人工鱼礁作用力的公式计算了不同水深、波浪条件、海床坡度及不同来流方式下人工鱼礁的水动力情况，根据计算结果研究了鱼礁礁体的稳定性情况，研究结果为鱼礁的结构设计以及使用性能提供了参考。2013 年，付东伟[5]采用粒子图像测速技术，在水槽中进行物理模型试验，对不同开口比的单体鱼礁模、纵向组合鱼礁双体、多块人工鱼礁等不同组合方式进行流场测量，分析研究其流场效应，认为开口比是影响流场效应的最主要因素，来流流速是影响流场效应的次要因素。2017 年，Li 等[6]对五种流速下三种鱼礁模型进行数值模拟，并与粒子图像测速仪（PIV）观测到的试验结果相对比，得出人工鱼礁周围的流场强度和规模是吸引鱼群的主要因素的结论。赵云鹏等[7]对波浪作用下的三角型人工鱼礁水动力特性进行研究，结果显示在一个波浪周期内，人工鱼礁周围产生了较强的上升流和回流。

人工鱼礁形式多样、所处的海洋环境复杂，尽管国内外学者已经对人工鱼礁做过较多研究，但仍存

基金项目： 国家重点研发计划资助（2018YFC0407503）；国家自然科学基金面上项目（51579156）；南京水利科学研究院中央级公益性科研院所基本科研业务费专项资金重大项目（Y218006）、重点项目（Y218005）、青年项目（Y219012）

在一些有待解决的问题，本文针对正方体人工鱼礁，通过物理模型试验，研究人工鱼礁的流场效应及水流力。

1　粒子图像测速技术

　　数字式粒子图像测速技术系统是 20 世纪 90 年代后期逐渐成熟的瞬态流场测试设备，是流体力学测量仪器和试验方法的重大发展。它是激光技术、数字信号处理技术、计算机技术和图像处理技术综合发展的成果，可以测量一个瞬态流场空间截面内各个点的速度场及涡流场，从而得到整个流场结构详细的定量化数据，为试验分析提供全新的、丰富的、可靠的试验数据。

　　PIV 是粒子图像测速仪的简称，该技术的基本原理是通过计算流体示踪粒子在已知时间间隔的位移来确定流体速度。如图 1 所示，PIV 系统一般包括四个主要部分：示踪粒子、光学照明系统、图像记录系统和图像处理系统。

　　PIV 试验的操作过程是在测量流场中撒入合适的示踪粒子，要求示踪粒子的密度尽量接近流体的密度，其直径在保证散射光强的条件下尽可能的小。然后用脉冲激光片光源照亮所测流场区域，脉冲激光器发出的激光通过由球面镜和柱面镜形成的片光源镜头组，可以照亮流场中一个很薄的（1~2 mm）面，当流体流动稳定并在流场内形成片光平面后，通过连续两次或多次曝光，粒子的图像被记录在底片上或 CCD 相机上，然后把图像数字化送入计算机，采用光学杨氏条纹法、自相关法或互相关法，逐点处理 PIV 底片或 CCD 记录的图像，获得流场速度分布。试验测量结束后，利用 INSIGHT 3G 软件对二维流速分布图进行修正错误矢量和平滑处理得到最终流场矢量图。

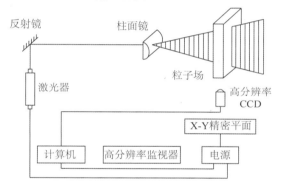

图 1　PIV 测量流场原理及设备示意

2　正方体人工鱼礁流场效应试验研究

2.1　模型设计

　　本文选择具有较高代表性的正方体人工鱼礁作为研究对象，礁体采用混凝土材料制成，模型实际尺寸为 15 cm×15 cm×15 cm，选用 3 种不同开口比的不同孔径的正方形鱼礁模型，具体结构见图 2。

(a) 礁体1，8 cm孔径

(b) 礁体2，6 cm孔径

(c) 礁体3，4 cm孔径

图 2　人工鱼礁模型

2.2　试验条件及组次

试验水深为 30 cm，来流速度大小分别为 6.5 cm/s、9.5 cm/s、13.5 cm/s。试验中，水深 30 cm 保持不变，改变来流速度的大小，分别用 PIV 设备测绘鱼礁的流场。试验共计 9 个组次。

2.3　试验仪器

试验在大型变坡水槽中进行，水槽长 42 m，宽 0.8 m，高 0.8 m，可产生试验要求的恒定流，在试验时水槽的底部为水平。试验水槽如图 3 所示。该水槽配备 TSI 激光 PIV、DENTEC 激光 PIV、多普勒流速仪及电磁流速仪等多种先进仪器设备，设备布置见图 4。

图 3　试验水槽

图 4　PIV 测量流场设备布置图

2.4　试验结果

图 5 为不同来流速度及开口比下的人工鱼礁模型的流场，由图 5 可见，当水流经过鱼礁迎浪面时，速度矢量箭头向开孔处集中，水体向鱼礁内部运动，内部部分水体经上侧开孔向上运动，与开孔外侧水流产生交换，形成涡流。上升流主要产生于礁体来流面上侧，而背涡流主要产生于礁体上部及背流面下侧。

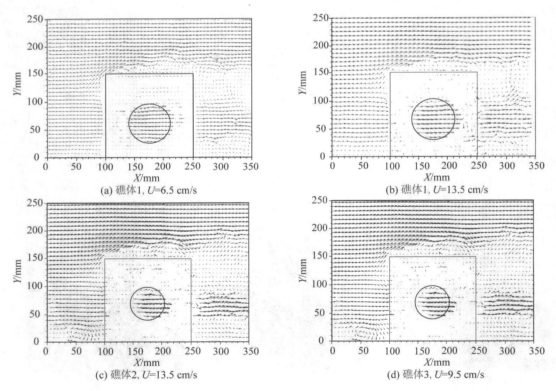

图 5　人工鱼礁模型周围流场

人工鱼礁 1 在不同来流流速下的试验结果为：当水流速度为 65 mm/s 时，上升流的平均流速为 8.49 mm/s，与水流速度之比为 13.06%，背涡流流域面积为 1 888 mm²，与迎流面面积之比为 10.8%；当水流速度为 95 mm/s 时，上升流的平均流速为 14.08 mm/s，与水流速度之比为 14.82%，背涡流流域面积为 2 544 mm²，与迎流面面积之比为 14.56%；当水流速度为 135 mm/s 时，上升流的平均流速为 20.49 mm/s，与水流速度之比为 15.18%，背涡流流域面积为 3 096 mm²，与迎流面面积之比为 17.72%。同时对比图 5（a）与图 5（b）可得，当人工鱼礁开口比不变，水流流速增大，背涡流流域面积随上升流平均流速增大而增大。

对比图 5（b）与图 5（c）可以看出，相对人工鱼礁 1，鱼礁 2 左下角出现了一片较为明显的涡流，这是由于鱼礁模型开口比的减小，从而使过流面积减小，对来流起到了阻挡和分流的作用，导致部分水流不能及时的穿过鱼礁模型，在鱼礁模型的左下角发生滞留，从而形成涡流。由图 5（d）可见，与鱼礁 2 相似，人工鱼礁 3 来流面左下角也存在涡流区，且涡流区面积更大。

开口比对流场效应的影响见图 6。由图 6 可见，上升流平均流与来流流速之比、背涡流面积与迎流面面积之比均随着人工鱼礁开口比的增大而减小；同时对比可见，相同开口比下，来流流速越大，上升流流速与来流流速之比、背涡流面积与迎流面面积之比越大。

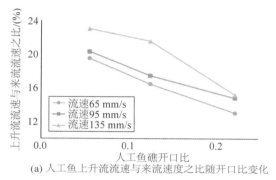

(a) 人工鱼上升流流速与来流速度之比随开口比变化

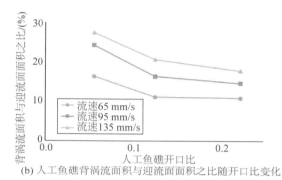

(b) 人工鱼礁背涡流面积与迎流面面积之比随开口比变化

图 6　开口比对流场效应的影响

3　正方体人工鱼礁水流力试验研究

人工鱼礁的建设工程复杂，投资巨大，而人工鱼礁的物理稳定性会直接影响到人工鱼礁的正常使用，为了最大限度的发挥其生态效益和经济效益，需要对人工鱼礁的物理稳定性进行计算。

本节所采用的鱼礁模型同上一节。

3.1　试验条件及组次

试验水深为 40 cm，来流速度大小分别为 8.5 cm/s、16.5 cm/s、22.5 cm/s、30.5 cm/s、45.5 cm/s。

3.2　试验仪器

试验于小水槽中进行，水槽尺寸为 30 m×1.0 m×1.0 m，水槽测量段位于 18.1~25.0 m，试验装置布置在测量段内，试验可达的流速范围为 0.02~1.50 m/s。水槽配有计算机控制与数据采集系统以及两台双向造流系统等设备，模型及仪器布置示意见图 7 及图 8。

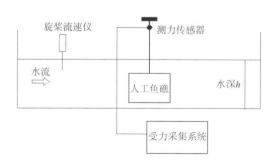

图 7　水流力试验布置

图 8　模型布置示意

3.3　试验结果

试验中为了准确测定人工鱼礁所受阻力，用钢杆将人工鱼礁与测力计相连接，测力计可以测得 x 轴、y 轴、z 轴三个方向的受力值，由于本文仅研究水流正向作用，因此只用到 x 轴方向的受力值。

图 9 为人工鱼礁模型开口比对水流力的影响关系图，图中可见，随着开口比的减小，即迎流面面积的增大，水流力也相应增大，当流速较小时，水流力的增幅较小，而当流速较大时，随着开口比的减小，水流力增幅相对明显。

因此，开口比较大、迎流面面积较小的人工鱼礁所受水流力较小，其稳定性能也更好。

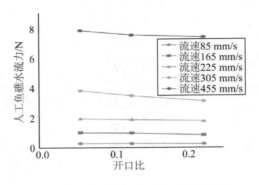

图 9　人工鱼礁开口比对水流力的影响

4　结　语

通过开展物理模型试验，对人工鱼礁的流场效应及所受水流力进行了试验，得到以下主要结论：

1）当来流速度增大时，正方体人工鱼礁上升流的平均流速增大，背涡流面积增大；当来流流速不变时，随着人工鱼礁开口比的减小，即迎流面面积的增大，上升流的平均流速增大，背涡流面积增大，人工鱼礁的流场效应较佳。

2）正方体人工鱼礁模型摆放在水中，来流速度对其稳定性影响较大；当来流速度保持不变时，随着开口比的减小，人工鱼礁水流力随之增大。

参考文献：

[1]　影山芳郎，大坂英雄，山田英已. 水槽验による多立方体鱼礁モデル周りの可视化[J]. 水産土木, 1980, 17(1): 1-10.

[2]　FUJIHARA M, KAKEUCHI T G, OHASHI. Physical-biological coupled modeling for artificially generated up welling[C]// 农业土木学会论文集. 1997, 189: 69-79.

[3]　刘同渝，陈勤儿，黄汝堪，等. 鱼礁模型波浪水槽试验[J]. 海洋渔业, 1987(1): 9-12.

[4]　D ZBASTiLAR F O,ŞENT RK U. Determining the weights of two types of artificial reefs required to resist wave action in different water depths and bottom slopes[J]. Ocean Engineering, 2009, 36(12): 900-913.

[5]　付东伟. 人工鱼礁流场效应的 PIV 试验研究[D]. 大连：大连海洋大学, 2013.

[6]　LI J,ZHENG Y X,GONG P H,et al. Numerical simulation and PIV experimental study of the effect of flow fields around tube artificial reefs[J]. Ocean Engineering, 2017(134): 96-104.

[7]　赵云鹏，王晓鹏，董国海. 波浪作用下三角型人工鱼礁水动力特性数值模拟与实验验证[J]. 海洋工程, 2015, 33(6): 52-61.

圆台型人工鱼礁非线性波浪受力数值模拟

刘 彦

（中国水利水电科学研究院，北京 100036）

摘要： 为了获取更加接近实际水平波浪力的数值计算方法，以校核验证鱼礁在海底的力学稳定性，本研究基于二阶 Stokes 波浪理论，以一种圆台型人工鱼礁为例，采用计算流体力学方法实施边界造波，建立求解鱼礁波浪力的三维非线性波浪数值水槽模型。依据数值计算结果，采用回归分析方法求得鱼礁在二阶 Stokes 波作用下，正、负向最大受力值及其与波陡的最佳关系方程。结果表明，鱼礁水平波浪力值随波浪运动做周期性正、负变化，同一时刻，其受力值随着波陡值的增加而增大；鱼礁正、负向最大波浪力与波浪波陡值分别呈正、负线性增长关系。

关键词： 人工鱼礁；二阶 Stokes 波；三维波浪数值水槽；波浪力；稳定性

  人工鱼礁是一种布置于海底的水下构造物，用以模仿自然礁体的功能，通过为鱼类提供栖息地和繁殖场来增加沿海海洋资源。人工鱼礁通过上升流的涌升与背涡流的扰动，可以增加渔业资源量，是一种可持续发展的新型生产模式[1]。礁体表层的附着生物是礁体集鱼的主要生物环境因子，也是礁区鱼类对象的主要饵料生物，可以作为海洋鱼类的饵料厂、栖息地及庇护所，具有较高的生态效益[2]。人工鱼礁功能的实现和使用年限与其力学稳定性息息相关，需确保鱼礁在波浪和水流作用下不会发生滑移、翻滚和沉陷而导致鱼礁被移动或掩埋[3]。

  目前，关于人工鱼礁波浪受力特性的数值模拟计算研究相对较少，尤其是波浪的非线性对鱼礁受力的影响研究更加缺乏。为此，以一种镂空圆台型人工鱼礁作为研究对象采用计算流体力学方法对礁体在非线性二阶 Stokes 波浪作用下的受力进行计算，得出更加接近实际波浪情况的鱼礁受力特性，为鱼礁安全稳定性评估提供一种可靠的计算手段。

1 研究方法

  非线性波浪作用下鱼礁受力数值模拟计算，对获得更真实、更准确的鱼礁波浪力具有重要意义。鉴于此，借助 FLUENT，通过二次开发编制造波程序，实现二阶 Stokes 波的数值模拟，进而获得鱼礁周围的波浪场和压力场分布，并进一步分析了波陡变化对鱼礁水平波浪力大小及其稳定性的影响。

1.1 数学控制方程

  计算流体力学数值模型中，对于不可压缩黏性流体的自由表面流动问题，整个流场采用连续性方程以及以速度和压力为变量的不可压缩黏性流体的 N-S 方程。

  1）连续性方程：

$$\frac{\partial u}{\partial x} + \frac{\partial v}{\partial y} + \frac{\partial w}{\partial z} = 0 \tag{1}$$

  2）动量方程：

$$\frac{\partial u}{\partial t} + u\frac{\partial u}{\partial x} + v\frac{\partial u}{\partial y} + w\frac{\partial u}{\partial z} = -\frac{1}{\rho}\frac{\partial p}{\partial x} + f_x + v\left(\frac{\partial^2 u}{\partial x^2} + \frac{\partial^2 u}{\partial y^2} + \frac{\partial^2 u}{\partial z^2}\right) + S_x \tag{2}$$

$$\frac{\partial v}{\partial t} + u\frac{\partial v}{\partial x} + v\frac{\partial v}{\partial y} + w\frac{\partial v}{\partial z} = -\frac{1}{\rho}\frac{\partial p}{\partial y} + f_y + v\left(\frac{\partial^2 v}{\partial x^2} + \frac{\partial^2 v}{\partial y^2} + \frac{\partial^2 v}{\partial z^2}\right) + S_y \tag{3}$$

$$\frac{\partial w}{\partial t} + u\frac{\partial w}{\partial x} + v\frac{\partial w}{\partial y} + w\frac{\partial w}{\partial z} = -\frac{1}{\rho}\frac{\partial p}{\partial z} + f_z + v\left(\frac{\partial^2 w}{\partial x^2} + \frac{\partial^2 w}{\partial y^2} + \frac{\partial^2 w}{\partial z^2}\right) + S_z \tag{4}$$

式中：u、v、w 分别为 x、y、z 方向速度分量；t 为时间；ρ 为流体密度值；p 为压强；f_x、f_y、f_z 为 x、y、z 方向的单位质量力分量；v 为流体的运动黏度系数；S_x、S_y、S_z 为 x、y、z 方向的附加动量源项。

1.2 二阶 Stokes 波理论

依据二阶 Stokes 波浪理论，有限振幅波的波面方程和水质点运动速度方程如下。

$$\text{波面方程：} \eta(x,t) = \frac{H}{2}\cos(\theta) + \frac{H}{8}(\frac{\pi H}{L})\frac{\cosh kh}{\sinh^3 kh}(\cosh 2kh + 2)\cos 2\theta \tag{5}$$

$$\text{质点水平速度：} u = \frac{\pi H}{T}\frac{\cosh k(z+h)}{\sinh kh}\cos\theta + \frac{3}{4}\frac{\pi H}{T}(\frac{\pi H}{L})\frac{\cosh 2k(z+h)}{\sinh^4 kh}\cos 2\theta \tag{6}$$

$$\text{质点垂直速度：} v = \frac{\pi H}{T}\frac{\sinh k(z+h)}{\sinh kh}\sin\theta + \frac{3}{4}\frac{\pi H}{T}(\frac{\pi H}{L})\frac{\sinh 2k(z+h)}{\sinh^4 kh}\sin 2\theta \tag{7}$$

式中：T、k、H、h 分别为波浪周期、波数、波高和静水深。

1.3 三维波浪数值水槽模型

Stokes 波浪理论中，特征参数 h/L（静水深与波长比值）的适用范围为 0.05~0.50[4]，南海一般浅海波的波陡为 1/20~1/15[5]。参考以上内容，按照 1∶10 模型比尺，将模型的水深选定为固定值 0.8 m，波浪周期均取 1.8 s，对应波长约为 4.21 m，波高及对应波陡值参数见表 1。

表 1　数值模拟波浪参数

组数	1	2	3	4	5	6
H/m	0.18	0.20	0.22	0.24	0.26	0.28
δ	1/23.4	1/21.0	1/19.1	1/17.5	1/16.2	1/15.0

图 1 所示波浪数值水槽模型，计算尺寸为 20.0 m（长）×2.0 m（宽）×1.8 m（深），静水深为 0.8 m，坐标系原点位于造波边界的静水面处。基于二阶 Stokes 波浪理论，采用边界造波法，即根据行波的波形和速度解析表达式（5）至式（7），在左侧造波边界给定水体的流速（U_x 和 U_y）和波高（H）进行三维波浪模拟。模型顶部为压强边界；底部为固壁无滑移边界；右侧为压力出流边界，该边界处沿水面向下给定静水压强，可以使水体随计算区域内的压强变化自由流出流进，保证该区域内水深为一个定值。依据物理模型试验阻尼消波原理，在水槽末端布置 1~2 倍波长海绵层阻尼消波，通过在动量方程中添加阻尼项消除该区域的波动[6-7]。

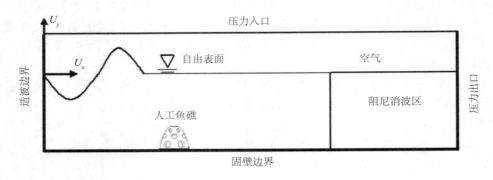

图 1　波浪数值水槽模型

波浪数值水槽中存在空气和水两相流动，适宜采用 VOF（Volume of Fluid）方法追踪自由水面。基于有限体积法，采用中心差分格式对控制方程扩散项进行离散；对流项中压力方程运用 Body Force Weighed 格式，压力速度耦合方式使用 PISO 算法开展迭代计算；动量方程离散项采用二阶迎风格式进行计算；时间差分采用全隐式格式。

1.4 人工鱼礁模型及网格划分

图 2 所示为一种镂空圆台型人工鱼礁，是在传统圆台人工鱼礁结构基础上改进而成。礁体上方圆台部分四周及顶部设有圆孔，内部及底面均为镂空结构，能够诱集鱼群，为鱼类栖息和繁育提供庇护所；中间十字竖板可增强圆台内上升流强度，提高水循环效率；正方形底座可加强礁体稳定性。鱼礁模型具体构架尺寸及整体构造如图 2 中所示。

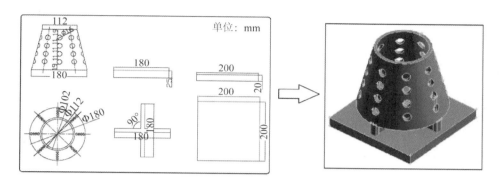

图 2　鱼礁模型结构与尺寸

圆台型鱼礁构造复杂，须分区划分网格，礁体周围区域采用四面体非结构网格，可更好适应礁体结构，水槽其他区域均为六面体结构网格。为准确捕捉波面运动轨迹，提高波传播时的计算精度，在自由水面附近采用渐变网格，即对水体表层附近网格进行加密。在进行礁体受力数值模拟计算之前，对网格的自适应性进行验证，最终确定计算网格如图 3 中所示。

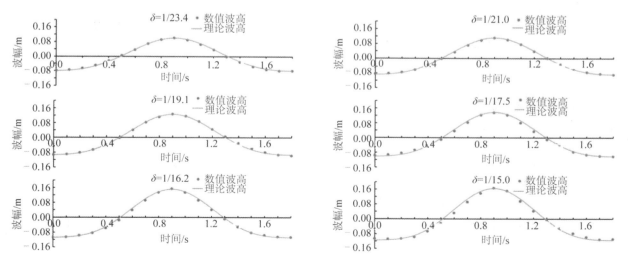

图 3　鱼礁网格划分

2　数值计算结果与分析

2.1　数值模拟与解析波面对比

以人工鱼礁（x=5.0 m）正上方波形为代表，对数值模拟的波浪波幅进行时程监控。波浪传播稳定后，不同波陡值二阶 Stokes 波单个周期内波幅的数值解与解析解对比如图 4 中所示。结果表明，礁体上方波浪波幅的数值解和解析解吻合较好，保证了数值计算结果的正确可靠性。

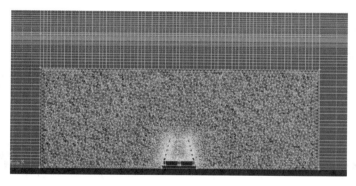

图 4　二阶 Stokes 波波幅历时时程数值解与解析解

图 5 是三维波浪数值水槽末端消波区域"x=18 m"位置处的波面时间过程线。该区域内波幅几乎为零，自由水面始终位于零点附近，表明由造波区传播过来的波能很好地被数值"消波器"吸收，证实海绵层用于消除非线性规则波也相当有效。

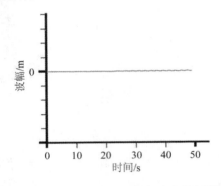

图 5　消波区"x=18 m"处波面历时过程线

2.2　鱼礁波浪场与压力场

以波陡 1/17.5（波高 H_4=0.24 m）波浪工况为例，分析鱼礁正向和负向最大水平受力时的波浪场与压力场。由图 6 波浪场流线图可知，鱼礁在承受正向最大水平波浪力时，波峰位于礁体前方约 1/6 波长处；负向最大水平受力时，礁体在波谷后方约为 1/6 波长位置；两种受力条件下鱼礁周围流场均发生显著变化。与线性波相比，二阶 Stokes 波理论波面会升高，波峰变尖，波谷变平坦，这一特征可清楚反映于图 6 中。图 7 鱼礁波浪压力场表明，正向最大水平受力时，礁体前方压强较后部压强大，并取得最大正压差值；负向最大水平受力时与之相反。波浪运动对鱼礁周围流场及压力场分布影响作用明显，从而对其受力大小改变显著。

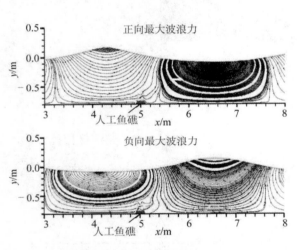

图 6　鱼礁周围波浪场流线图（z=0, δ=1/17.5）

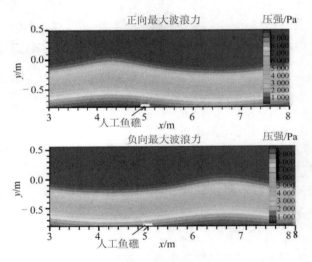

图 7　鱼礁周围波浪场压强图（z=0, δ=1/17.5）

2.3　鱼礁数值模拟受力结果

图 8 给出不同波陡波浪作用时，一个周期内鱼礁的水平波浪力大小，每间隔 0.1 s 提取一次受力值，表面波幅历时变化与图 4 保持一致。结合图 4 与图 8 可知，鱼礁受力随着波浪运动呈正、负变化，当鱼礁正上方波面从下方恢复到自由水面时，产生正向最大水平受力；在波面从最大值回落到自由水面附近时，取得负向最大水平受力。波浪处于上跨零点和下跨零点时，水平速度为零，加速度最大，礁体的速度力为零，惯性力取得最大值，这与赵云鹏[8]得到的对人工鱼礁最大波浪力产生较大影响的是惯性力这一结论较为吻合。同一波面时刻，随着波陡值的增加，鱼礁受力逐渐增大，在受力绝对值较大时，这一规律最为明显。

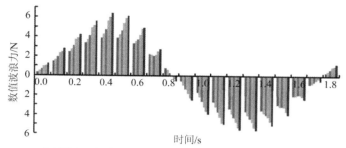

图 8　单周期内不同波陡波浪作用下鱼礁水平波浪力

　　鉴于各工况受力结果，通过回归分析方法得出波陡值与礁体正、负向最大水平受力分别呈正、负线性增长关系，并将其绘制于图 9 中。由线性回归分析方法所得正向最大水平受力（F_{max}）与波陡（δ）的最佳关系方程为 $F_{max}= -0.89+110.44\delta$，相关系数（$R^2$）是 0.979 5；负向最大水平受力（$F_{-max}$）与波陡（$\delta$）的最佳关系方程为 $F_{-max}= -0.10-83.52\delta$，相关系数（$R^2$）是 0.989 9。上述两组关系式可作为镂空圆台型式人工鱼礁，在二阶 Stokes 波浪作用下水平波浪力的估算公式。

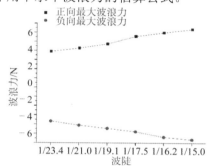

图 9　不同波陡波浪作用下鱼礁正向与负向最大水平波浪力

3　结　语

　　圆台型人工鱼礁主体为镂空结构，内部空间充裕、重心较低、附着面积充足，整体结构沿水深方向对称分布，投放到海底后可充分适应不同方向的水流与波浪情况。本研究在非线性波浪理论分析基础上，提出了一种精确求解鱼礁水平波浪力的数值计算方法，相比物理模型试验方法，具有低成本、高效率的优点，并且具有较为广泛的适用性。本数值模拟与分析方法也可为其他形状人工鱼礁，在非线性波浪作用下的水平受力及其稳定性评估计算提供参考。

参考文献：

[1]　张艳, 陈聚法, 过锋, 等. 莱州人工鱼礁海域水质状况的变化特征[J]. 渔业科学进展, 2013, 34(5): 1-7.

[2]　李真真, 公丕海, 关长涛, 等. 不同水泥类型混凝土人工鱼礁的生物附着效果[J]. 渔业科学进展, 2017, 38(5): 57-63.

[3]　唐振朝, 陈丕茂, 贾晓平. 大亚湾不同波浪、水深与坡度条件下车叶型人工鱼礁的安全重量[J]. 水产学报, 2011, 35(11): 1650-1657.

[4]　刘霞, 谭国焕, 王大国. 基于边界造波法的二阶 Stokes 波的数值生成[J]. 辽宁工程技术大学学报, 2010, 29(1): 107-111.

[5]　刘同渝, 陈勤儿, 黄汝堪, 等. 鱼礁模型波浪水槽试验[J]. 海洋渔业, 1987, 1: 9-12.

[6]　董志, 詹杰民. 基于 VOF 方法的数值波浪水槽以及造波消波方法研究[J]. 水动力学研究与进展（A 辑）, 2009, 24(1): 15-21.

[7]　韩朋, 任冰, 李学临, 等. 基于 VOF 方法的不规则波数值波浪水槽的阻尼消波研究[J]. 水道港口, 2009, 30(1): 9-13.

[8]　赵云鹏, 王晓鹏, 董国海. 波浪作用下三角型人工鱼礁水动力特性数值模拟与实验验证[J]. 海洋工程, 2015, 33(6):52-61.

养殖网箱水下网衣破损视觉检测方法研究

牛丽娟 [1,2]，杜　海 [1,2]，赵云鹏 [1,2]，毕春伟 [1,2]

（1. 大连理工大学 海岸和近海工程国家重点实验室，辽宁 大连 116024；2. DUT- UWA 海洋工程联合研究中心，辽宁 大连 116024）

摘要： 针对深远海养殖网箱水下网衣破损检测问题，提出了一种非接触式水下网衣破损检测的新方法。该方法基于视觉图像检测技术，首先对网衣图像中的 ROI 区域进行双边带滤波；其次使用 OSTU 法进行图像的二值化处理并进行网孔的连通域检测；之后根据网孔面积计算特征梯度直方图，同时对曲线进行局部峰值的搜索进而判断网衣的破损位置。所提方法将图像处理技术与养殖工程深度融合，在降低检测系统复杂度的同时，也大幅度提高了网衣检测的效率。最后，编制 Matlab 程序实现了网衣检测过程并通过实际的水下网衣检测试验对所提方法进行验证。试验结果表明，本文所提的网衣破损视觉检测方法可以在水中图像降质影响下，准确、有效地对网衣进行检测，具有较高的可靠性和稳定性。

关键词： 网箱养殖；网衣破损；破损检测；视觉检测方法

　　世界海洋面积达 $3.6 \times 10^8 \ \text{km}^2$，海洋生物资源开发利用的潜力巨大。为实现渔业的可持续发展，深远海网箱养殖成为我国海水渔业养殖的主要发展方向[1-3]。目前，网箱配套设备的研制已经初具规模，其主要涉及起捕、分级、转运、检测、清理等多项内容[4]。网箱养殖的成功需要较为完备的系统管理，否则会因海洋环境的不可预知性而导致大量的财产损失。就网箱监测而言，一旦网衣出现破损（图 1），若无法及时发现，将出现鱼类逃逸的问题，这不仅会带来养殖业的损失，而且会产生严重的生物物种污染。然而，网箱网衣的破损检测一直处于技术滞后状态。目前养殖过程中针对网衣检测，常采用定期换网或专业潜水员进行水下网目排查的方式，其过程较为烦琐，不仅存在操作效率问题，还存在极大的安全隐患。因此，网衣检测成为影响深远海网箱养殖健康发展的一个关键问题。

 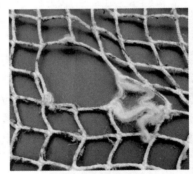

(a) 鳕鱼撕咬网箱网衣　　　　　　　　　　　　(b) 被鱼撕咬后的破损网衣

图 1　实际网衣破损情况[5]

　　针对网衣破损[5-6]检测问题，国内外专家学者提出了埋线探测法、声纳检测法以及图像分析法三种实施方案：埋线法通过金属导线的通断检测网衣的破损[7-8]：当网衣片破损时，金属线会与海水、入海电极形成回路，触发报警装置，同时输出网箱的编号和网衣破损部位信息。而声纳检测法是通过在网箱外侧设置警戒区的方法间接判断网衣的破损[9]：当网衣破损有鱼逃逸时，网箱内外区域的声波反射图像会发生显著变化。相对于前两种破损检测方法，采用图像分析法可对水下网衣进行最直观的观测，在水下机器人（AUV/ROV）上搭载水下摄像头进行图像的采集[10]。

　　综上所述，尽管网箱网衣破损检测得到了专家学者的重视，也提出了一系列的解决方案，然而由于技术的不成熟性，导致工程应用能力还比较薄弱。为此，以水下网箱监测实际应用为背景，基于图像处理技

基金项目： 国家自然科学基金（51822901，51579037，31872610）

作者简介： 牛丽娟（1995–），女，硕士研究生，现主要从事非接触式测量技术研究。E-mail: 2425485726@qq.com

术提出水下网衣破损检测的一种新方法。该方法具有非接触、智能化检测的特点：利用水下机器人进行视频图像的采集，通过对网衣视频的预处理、自适应滤波及二值化等方法，使得网衣图像很好地被计算机识别与计算；利用二值化图像分割方法使得每个网孔成为单独分析的对象；之后根据网孔面积构建特征梯度曲线，并基于曲线的特征值判断网孔异常情况。最后试验部分中，使用 ROV 在波流水槽内进行网衣检测试验，对所提方法进行验证，并证实了该方法的有效性。

1　网衣图像预处理

1.1　自适应滤波

双边带滤波[11-12]是一种非线性的滤波方法，是结合图像的空间邻近度和像素值相似度的一种折衷处理，在采样时不仅考虑像素在空间距离上的关系，同时加入了像素间的相似程度，因而可以保持原始图像的大体分块进而保持边缘。

网衣图像滤波时，像面上每个目标点首先认为是由其所在位置周围的一个小局部邻近像素的值所决定，之后对其周围一定范围内的像素值分别赋以不同的高斯权重，并在加权平均后计算当前点的代表值。而这里的高斯权重因子不仅利用两个像素之间的空间距离关系来生成，而且还依赖于两个像素之间的灰度差异。离目标像素越近的点对最终结果的贡献越大，反之则越小；同理，像素之间差异越小，权重越大，反之则越小。其计算过程如式（1）、式（2）所示：

$$h(x) = k^{-1}(x) \int_{-\infty}^{+\infty} f(\xi) c(\xi, x) s(f(\xi), f(x)) d\xi \qquad (1)$$

$$k(x) = \int_{-\infty}^{+\infty} c(\xi, x) s(f(\xi), f(x)) d\xi \qquad (2)$$

式中：f 为网衣图像；c 为基于空间距离的高斯权重；s 为基于像素间相似程度的高斯权重；而 $k(x)$ 用来对结果进行单位化。

1.2　基于 OSTU 算法的二值化

OSTU 算法又称为最大类间方差法[13]。对于网衣图像，设当网衣与水体背景的分割阈值为 t 时，前景点占图像比例为 w_0，均值为 u_0，背景点占图像比例为 w_1，均值为 u_1。则有：

$$u = w_0 \times u_0 + w_1 \times u_1 \qquad (3)$$

$$g(t) = w_0 \times (u_0 - u)^2 + w_1 \times (u_1 - u)^2 \qquad (4)$$

式中：u 为分析区域内网衣图像的均值；$g(t)$ 为目标表达式，即当分割阈值为 t 时的类间方差表达式。OSTU 算法使得 $g(t)$ 取得全局最大值，当 $g(t)$ 为最大时所对应的 t 称为最佳阈值。

2　网孔信息的识别与异常检测方法

对深远海网箱网衣的破损进行检测识别时，本文使用网孔识别和异常检测两个功能模块来进行网衣视频图像的处理，其中网孔识别模块的流程如图 2（a）所示，而异常检测模块的流程如图 2（b）所示。

在图 2（a）中，首先设定图像的主 ROI 分析区域，然后利用公式（1）和（2）对像素矩阵进行双边带滤波，将基于空间距离的高斯权重 c 与基于像素间相似程度的高斯权重 s 结合，有效去除环境噪声的同时，很好地保留网孔边缘。然后，对滤波后的图像进行灰度处理，将原图像由 RGB 三通道变换为单通道灰度图。并同时执行 OSTU 二值化操作，利用公式（3）和（4）计算阈值 t；在 ROI 内遍历图像 f，若 $f(i, j) \leqslant t$，则令其归 0；若 $f(i, j) > t$，则令其归 1。接下来对二值图像取反，由以网衣边缘为研究对象，转化为以多个网孔为分析目标，同时进行连通域分割[11]；统计连通域的数目，使整体的网衣分割为多个独立的网孔。计算每个网孔的面积 $Area$，并去掉小面积噪声点。之后将得到的网孔面积做升序曲线 $CurL(x, Area)$，并计算 $CurL$ 的特征梯度 $G = Area(i) - Area(i-1)$，从而形成特征梯度曲线 $FeaL(x, G)$。

在图 2（b）中，搜索特征梯度曲线 $FeaL$ 上的峰值集合 K。此时，计算峰值的平均值 $Mean$，若 $K(i) > Mean$，保存符合条件的峰值 K_P；之后利用最大类间方差法找到符合峰值 K_P 的自适应阈值 T；在所保存的峰值序列 K_P 中，若 $\max(K_P) - \min(K_P) > T$，则返回求平均值 $Mean$ 的步骤重新循环，直到二者之差小于 T，此时输出符合条件的峰值位置 x，即为网衣破损的位置。

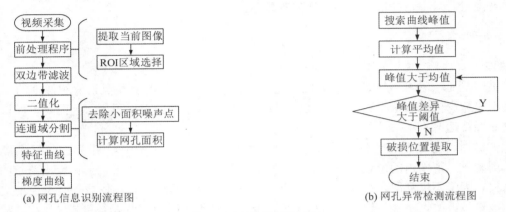

(a) 网孔信息识别流程图   (b) 网孔异常检测流程图

图 2   网衣破损检测流程

3   试验与讨论

为了更好地对本文所提的网衣破损检测方法进行验证，在非线性波浪水槽进行了试验设计，试验场景如图 3 所示。该水槽长 60 m，宽 4 m，深 2.5 m。试验水深 1 m。波浪沿垂直平面网衣方向入射，水下机器人 ROV 下水后，由远及近进行网衣破损检查并收集水下网衣视频。网衣部分采用聚乙烯（PE）材质的有结菱形网片，网目大小为 2 a=3 cm（a 为目脚长度），网线直径 1.21 mm，网衣总体尺寸为：长×宽=80 cm×80 cm，采用 80 cm×80 cm 的金属框架固定网衣。网衣分为有附着物及没有附着物两种情况，模拟由于鱼群撕咬及船体割破等原因导致的实际海况网衣破损形态[5,6]。将破损网衣垂直于水槽壁布置在水下并固定后，利用水下机器人采集记录网衣破损情况的视频，并基于 Matlab 软件对水下网衣视频进行了处理分析。

图 3   基于 ROV 的网衣破损检测试验

3.1   无附着物网衣的破损检测试验

采用无附着物的干净破损网衣进行试验。在波浪作用下，所收集的视频图像背景复杂，有严重噪声干扰，需要对其进行滤波处理，之后选择 ROI 区域进行分析，其处理结果如图 4（a）所示。对 ROI 区域进行二值化处理并取反，如图 4（b）所示，可见进行滤波操作后的二值化图像噪声较小，网线检测效果较完整。去除边界不完整网孔后，对剩余网孔连通域进行面积计算，并将面积值显示在各连通域中心位置，处理结果如图 4（c）所示。由图 4 （d）可见，图中有一极大异常值，根据所确定的自适应阈值及网孔面积平均值建立判断条件后，可筛选出这一极大异常值，并检索到异常值所在位置，进而使得计算机找到原图中的破损位置。

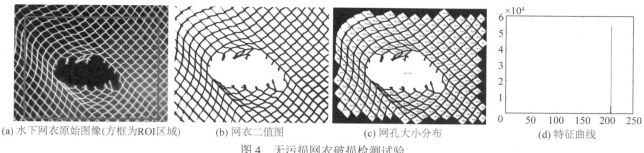

(a) 水下网衣原始图像(方框为ROI区域)　(b) 网衣二值图　(c) 网孔大小分布　(d) 特征曲线

图 4　无污损网衣破损检测试验

试验过程中，通过自适应阈值判断是否有异常情况，若出现异常，停止循环并标示出破损位置。若无异常情况则循环继续。试验结果表明，所述网衣破损检测方法可以很好地检测网衣破损情况，准确判断网衣是否破损及标示破损位置。

3.2　有附着物网衣的破损检测试验

采用有附着物的污损网衣进行试验。在波浪作用下，水下环境黑暗浑浊，加之网衣有附着情况，使得网衣破损检测难度增加。此时仍需要对其进行滤波处理，然后选择 ROI 区域进行分析，其处理结果如图 5（a）所示。对 ROI 区域进行二值化处理并取反，如图 5（b）所示，可见二值化后的网衣图像去除了水体环境中的噪声，而依附在网衣上的附着物被当做目标物体一同被二值化，使得网线检测效果不甚理想，但这并不影响破损区域的检测识别。检测不完整的边界网孔并去除，如图 5（c）所示，可见之前二值化处理不理想的网孔都被排除，保留检测效果较好的网孔区域。由图 5（d）可见，图中有一极大异常值，根据所确定的自适应阈值及网孔面积平均值建立判断条件后，可筛选出这一极大异常值，并检索到异常值所在位置，进而获取破损位置。因此，即使是带有附着物的网衣，本文所提方法也能准确检测出网衣破损位置，具有较高的可靠性和稳定性。

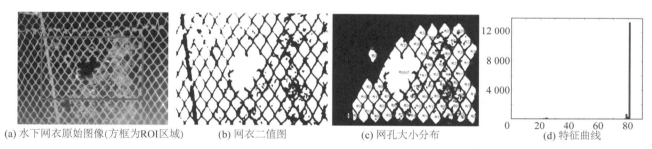

(a) 水下网衣原始图像(方框为ROI区域)　(b) 网衣二值图　(c) 网孔大小分布　(d) 特征曲线

图 5　污损网衣破损检测试验

4　结　语

网衣破损检测在深远海养殖网箱观测技术中具有极其重要的位置。针对水下网衣图像分析问题，本文提出了一种非接触式水下网衣破损检测的新方法，该方法灵活构建和运用特征曲线，可快速、准确获取网衣破损特征，并由此检测网衣破损位置及破损程度。本文在试验部分，通过 ROV 图像的采集完成了网衣检测的试验验证，其中第一组试验为无附着物网衣的破损检测，采用本文所提的特征曲线分析方法进行网衣破损的判断；第二组试验为有附着物网衣的破损检测，由于网衣有附着物，使得检测难度较大，但使用本文所提方法依然能准确地检测出网衣的破损位置。试验结果表明，本文所提方法可以有效地对网衣图像进行分析，从而检测出破损的位置和大小，为进一步实现深海养殖网箱的日常无人化监测提供了有效方法。

参考文献：

[1]　林德芳, 关长涛, 黄文强. 海水网箱养殖工程技术发展现状与展望[J]. 渔业现代化, 2002(4): 6-9.

[2]　闫国琦, 倪小辉, 莫嘉嗣. 深远海养殖装备技术研究现状与发展趋势[J]. 大连海洋大学学报, 2018, 33(1): 123-129.

[3]　侯海燕, 鞠晓晖, 陈雨生. 国外深海网箱养殖业发展动态及其对中国的启示[J]. 世界农业, 2017(5): 162-166.

[4]　张金泉. 网箱网衣检测用框架式 AUV 设计[D]. 上海：上海海洋大学, 2016.

[5]　HEIDI M, RUNE H G, ANNA O, et al. Resistance of aquaculture net cage materials to biting by Atlantic Cod[J]. Agricultural Engineering, 2009, 40: 126-134.

[6]　HOY E, VOLENT Z, MOEFØRE H, et al. Loads applied to aquaculture nets by the biting behaviour of Atlantic cod (Gadus morhua)[J]. Aquacultural Engineering, 2012, 47(47):60-63.

[7]　叶盛，王俊. 深水网箱网衣破损监测系统设计[J].农业机械学报, 2006, 37(4): 94-96.

[8]　彭安华, 刘成文, 陆波. 一种带有清洗装置和数据采集系统的深水网箱[J]. 南方农业, 2016, 10(3): 169-171.

[9]　王润田，陈晶晶，龚剑彬. 深水网箱养殖中的声学监测问题探讨[J]. 渔业现代化, 2012, 39(3): 19-22.

[10]　张金泉, 胡庆松, 申屠基康, 等. 海上网箱网衣检测用框架式 AUV 设计与试验[J]. 上海海洋大学学报, 2016, 25(4): 607-612.

[11]　马宁. 基于自适应滤波的网格去噪[D]. 大连：大连理工大学, 2018.

[12]　JAKHETIYA V , AU O C L , JAISWAL S , et al. Fast and efficient intra-frame deinterlacing using observation model based bilateral filter[C]// IEEE International Conference on Acoustics. IEEE, 2014.

[13]　易三莉, 张桂芳, 贺建峰, 等. 基于最大类间方差的最大熵图像分割[J]. 计算机工程与科学, 2018, 40(10): 162-169.

流的作用下纲绳对围网网片力学特性影响研究

邵振宇，桂福坤，陈天华，潘　昀，冯德军

（浙江海洋大学 国家海洋设施养殖工程技术研究中心，浙江 舟山 316022）

摘要： 桩柱式围网养殖是目前新兴的一种浅海生态型养殖模式，主体由排桩和网片组成。纲绳是影响围网网衣系统安全的重要因素之一。采用数值模拟方法，研究了纲绳对桩柱式围网网片力学特性的影响，分析了不同纲绳直径、纲绳网格大小和网格形式条件下纲绳和网线的受力和变形以及网片系缚点的受力特性，并且对纲绳与网线以及不同纲绳网格形式之间的差异进行了比较分析。结果表明，存在一临界纲绳直径（文中为 4 mm），当纲绳直径小于 4 mm 时，网线张力大于纲绳张力，纲绳和网线的变形随纲绳直径的增加急剧减小；当纲绳直径大于 4 mm 时，网线张力小于纲绳张力，纲绳和网线的变形随纲绳直径的增加不再显著下降。研究发现，在矩形纲绳网格形式中，网线最大偏移和最大张力以及网片首尾系缚点最大受力随纲绳网格的加密而减小。菱形网格形式下的网线最大张力比矩形网格形式下的小，而纲绳最大张力则相反。菱形网格变形比矩形网格大，但是菱形网格更能保护内部网线的安全。

关键词： 桩柱式围网养殖；纲绳；力学特性；波浪

　　桩柱式围网养殖是典型的浅海围网养殖模式之一，与传统网箱养殖相比，具有养殖密度低、养殖水体大、养殖对象可自由避风浪、养殖产品品质更近自然生态等特点[1]。桩柱式围网设施主要由桩柱和网片组成，据调查发现，近几年这类新兴的海水生态养殖模式已经于浙江舟山、台州、温州等沿海地区陆续出现。但该种养殖模式尚处于起步阶段，仍存在较大的发展空间。面对设施抗风浪安全问题，由于桩柱式围网设施尺度大，一旦在大风浪作用下发生网衣系统的破坏，造成的损失将比网箱养殖更为严重，因此，网衣系统的结构优化显得尤为重要，不同结构的网衣系统在水动力环境下的水动力特性各异。

　　目前，国内外学者对网衣系统的水动力特性已有较多研究，如刘莉莉等[2]采用有限元方法对张网渔具在波流联合作用下的水动力学特性进行了数值模拟，并将数值计算结果与水槽模型试验结果进行比较，符合较好。马家志等[3]采用预加张力的直交系泊方法对柔性浮绳式网箱模型进行了水槽试验，初步研究了框架纲上的波浪力和波流共同作用下的水动力值，受试验条件限制，其试验结果的应用存在一定的局限性。Tsukrov 等[4]将网片通过有限元法在波浪和水流环境负荷下的水动力学特性进行了数值模拟，其结果在计算张力腿网箱中具有重要应用。董国海等[5]通过建立非线性波流场和重力式网箱数学模型，对波流逆向和波流同向作用下，重力式网箱的受力、运动和网衣变形进行了数值模拟研究，并通过模型试验进行了验证，得出波流同向对重力式网箱的破坏比波流逆向严重。Fredriksson 等[6]通过对网箱及其系泊系统的现场勘测，进行了相应的物理模型试验和数值模拟，再利用随机法分析了网箱及其锚绳的动态响应特性，在物模试验中清楚地观察到网箱的倾斜共振，并且数值模拟很好地预测了其系缆的张力。王敏法[7]和周成[8]以有限元理论为基础，采用集中质量法对金枪鱼围网网具系统建立了三维动力学模型，并模拟了围网包围、收绞和沉降过程中网具的空间运动和形态，再通过围网模型试验和海上实测数据验证了数值模拟的有效性。叶卫富等[9-10]通过模型水槽试验对浮绳式围网的框架纲、系泊纲等的水动力特性进行了初步研究，受试验条件影响，试验内容及结果的应用有一定局限性。徐克品等[11]利用网面等效法和集中质量法对局部网衣结构进行了仿真模拟，依据正弦波理论和莫里森方法理论分析了围拦网设施局部网衣结构在垂直方向上的受力情况，并将分析结果应用于实际围拦网设施的结构设计。

　　在此之前已对桩柱式围网养殖系统的网片在不同波浪和固定方式条件下的水动力特性进行了数模研究[12-13]，建立了网衣数学模型，并利用前人的试验结果对数学模型进行了验证，结果吻合较好。在上述研究成果的基础上，基于建立的网衣数学模型，研究了不同纲绳直径、纲绳网格大小和网格形式对桩柱式围网网片力学特性的影响，分析了纲绳和网线的张力分布和结节偏移以及网片系缚点受力，为桩柱式围网设计、制作、海上敷设和围网抗风浪技术的研发等提供参考。

1 数值模拟

1.1 数学模型

利用集中质量法将柔性网片分解成由有限个无质量弹簧连接的集中质量点所构成的离散模型，模型的集中质量点设于每个网目目脚的两端，每个集中质量点包含网目的一个结节和两个目脚，如图 1 所示[12-16]。

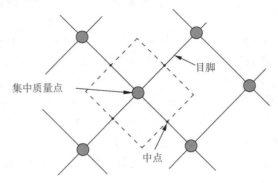

图 1 网片模型示意

在波浪作用下网衣集中质量点的受力由重力、浮力、网线张力（包括纲绳张力）、速度力及惯性力组成。用莫里森方程[17]来计算网衣受到的力。在计算中，可以假定网目的结节为圆球，那么其水动力系数在运动方向上是恒定的；把目脚看作为圆柱形杆件，因此它具有圆柱的水动力性质，其水动力系数有方向性，和水质点的相对运动速度方向有关。在计算目脚的受力力时需考虑水流入射方向与网线夹角关系，在整体坐标下，直接通过向量运算在目脚上建立局部坐标系[18-22]，具体计算过程已经在文献[12]中详细介绍。在整体坐标系下将各集中质量点所包含的结节和目脚的受力进行累加，最后利用牛顿第二定律建立质点运动方程。网衣模型简化后的质点运动方程[12-16]为

$$
\begin{cases}
(M + \Delta M)a = T + F_\mathrm{D} + F_\mathrm{I} + W + B & \text{（质点运动方程）} \\
\Delta M = \rho_w \forall C_\mathrm{m} \\
T = d^2 C_1 \varepsilon^{C_2}, \quad \varepsilon = \dfrac{l - l_0}{l_0} \\
F_\mathrm{D} = \dfrac{1}{2} \rho_w C_\mathrm{D} A \dfrac{v_k |v_k|}{2} \\
F_\mathrm{I} = \rho_w \forall C_\mathrm{m} \dfrac{\partial v}{\partial t}
\end{cases}
\tag{1}
$$

式中：ΔM、M 分别表示各集中质量点的附加质量和质量，单位 kg；a 表示各集中质量点的加速度矢量，单位 m/s^2；T 表示集中质量点所受到的张力矢量，单位 N；F_D、F_I 分别表示集中质量点的速度力矢量和惯性力矢量，单位 N；W 表示质点的重力矢量，单位 N；B 表示质点的浮力矢量，单位 N；C_D 表示速度力项系数；A 表示网线沿波浪方向的投影面积，单位 m^2；C_M 表示惯性力项系数；C_m 表示附加的质量力项系数；d 为网线直径，单位 m；l_0 为网线原始长度，单位 m；l 为变形后的长度，单位 m；C_1、C_2 为构件材料弹性系数。

利用 Fortran 软件编程计算求解，采用欧拉法求解建立的质点运动方程即可获得良好的收敛性。计算中首先根据 t 时刻网片的状态，计算网线（包括纲绳）上流的作用力以及网线（包括纲绳）变形所产生的张力，基于质点运动方程（1）求出质点的加速度，然后再根据欧拉法的具体数学表达式[21]可求出 $t+\Delta t$ 时刻的质点位移和速度，从而确定网片形状，最后重复 t 时刻的计算步骤直至计算结束。

1.2 计算参数选取

桩柱式围网所用网衣常采用 PE 网、超高分子量纤维网、金属网（如铜网[23-25]）等，网衣的尺寸一般为宽 3~5 m，高 6~10 m。重点研究纲绳对桩柱间网片不同部位受力分布特性的影响，纲绳因素主要指单元网片上加筋纲绳的直径、纲绳的网格大小和网格形式，如图 2 和图 3 所示，模拟条件组设置见表 1。简单起见，网片全部采用 PE 材质，网片尺度为：4 m×8 m（宽×高），菱形网目大小 2a=8 cm，网线直径 d=3 mm，

水平缩结系数 0.66，垂直缩结系数 0.75，网目数量为 16 384。流的传播方向为 Y 轴方向，水深 10 m，流速 v=0.75 m/s，流向 θ=90°。为避免水流条件下网片露出水面而导致受力差异，研究时，网片上缘纲水下布置深度为水下 1.5 m。网片通过左右两边各 9 个系缚点（编号：1/3/5/7/9/11/13/15/17）等间距固定于桩柱上，固定点间距为 1.0 m，如图 4 所示。由于计算中网片结节数较多，为减少计算时间提高计算效率，采用网目群化方法[26-29]将相邻 64 个网目合并为一个等效大网目。

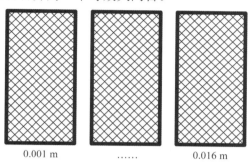

图 2　不同纲绳直径

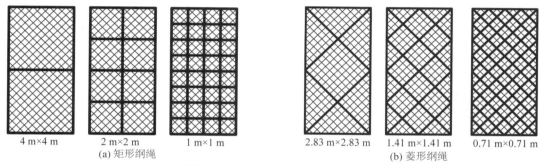

图 3　纲绳网格大小和网格形式

表 1　模拟条件

序号	纲绳直径/m	纲绳网格大小/m	纲绳网格形式
1	0.001	4×8	
2	0.003	4×8	
3	0.006	4×8	四边纲绳
4	0.01	4×8	
5	0.016	4×8	
6	0.01	4×4	
7	0.01	2×2	矩形纲绳
8	0.01	1×1	
9	0.01	2.83×2.83	
10	0.01	1.41×1.41	菱形纲绳
11	0.01	0.71×0.71	

2　计算结果及分析

2.1　纲绳直径对围网网片水力特性的影响

研究纲绳网格大小为 4 m×8 m（即网片四边用纲绳加筋）时，五种不同纲绳直径条件下围网网片的网线和纲绳的最大张力和最大偏移，以及网片与桩柱系缚点的受力特性。最大偏移指的是网衣变形后的结节到网片初始平面的最大距离。网片与桩柱系缚点受力指的是与系缚点直接相连的网线（或纲绳）张力的矢量和，如 2 号系缚点受力=纲绳 A 张力+网线 B 张力+网线 C 张力+纲绳 D 张力（见图 4）。

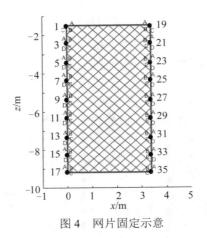

图 4　网片固定示意

　　图 5 给出了网线和纲绳的最大张力和最大偏移与纲绳直径之间的关系。由图 5 可见，纲绳张力随纲绳直径的增加而增大，而网线张力随纲绳直径的增加略微减小。当纲绳直径小于 4 mm 时，网线所受最大张力大于纲绳所受最大张力；当纲绳直径大于 4 mm 时，网线所受最大张力小于纲绳所受最大张力。纲绳和网线的偏移均随纲绳直径的增加先急剧减小，直至纲绳直径大于 4 mm 时两者的偏移开始未有显著下降。图 6 给出了在不同纲绳直径条件下发生网线和纲绳的最大张力和最大偏移的部位。当纲绳直径小于等于 3 mm 时，网线最大张力发生在网片顶部和底部对角线上。当纲绳直径 6 mm 时，网线最大张力发生在网片顶部和顶部两端以及中间的对角线上以及中间的两端顺网线成对称型。当纲绳直径为 10 mm 和 16 mm 时，网线的最大张力发生在中间的两端顺网线成对称型。当纲绳直径小于等于 6 mm 时，网线的最大偏移发生在网线上部并逐渐向下转移。当纲绳直径为 16 mm 时，网线最大偏移位置不变。纲绳的最大张力始终位于网片的顶部和底部的两端，如图 6 所示，最大偏移在上缘纲和下缘纲中间（如图 6 中星号所示），两者均不受纲绳直径影响。

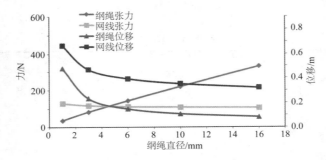

图 5　纲绳和网线的最大张力和最大偏移随纲绳直径的变化

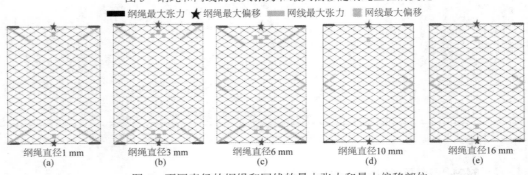

图 6　不同直径的纲绳和网线的最大张力和最大偏移部位

　　图 7 给出了网片与 1~17 号桩柱系缚点之间的最大受力值与纲绳直径的关系。由图 7 可见，1 号和 17 号系缚点最大受力随纲绳直径增加而增大，而 2~16 号系缚点的最大受力随纲绳直径增加变化较小。表明纲绳直径对首尾系缚点（即 1 号和 17 号）受力的影响比对中间系缚点（即 2~16 号）受力的影响更大。因

此，对网片首尾两端的系缚点进行加固非常必要。

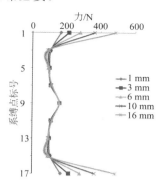

图 7　不同纲绳直径的网片系缚点受力情况

2.2　纲绳网格大小对围网网片水力特性的影响

研究纲绳直径为 10 mm 时，两种纲绳网格形式下的纲绳网格大小对围网网片的网线和纲绳的最大张力和最大偏移，以及网片与桩柱系缚点受力的影响。

2.2.1　矩形纲绳网格形式

1）网线和纲绳的最大张力与最大偏移。图 8 给出了在矩形纲绳网格形式下的纲绳和网线的最大张力和最大偏移与纲绳网格大小的关系。由图 8 可见，网线最大张力和最大偏移随纲绳网格的加密而减小。当网格的密度大于等于 2 m×2 m 时，纲绳的最大偏移随纲绳网格的加密逐渐增大。当网格的密度小于 2 m×2 m 大于等于 1 m×1 m 时，纲绳的最大位移小幅度逐渐减小。当网格密度小于 1 m×1 m 时，纲绳的最大位移逐渐增大。纲绳的最大张力始终远远大于网线的最大张力，且随纲绳网格的加密略微减小。图 9 给出了矩形纲绳网格形式下不同纲绳网格大小的纲绳和网线的最大张力和最大偏移部位。由图 9 中的粗线可见，纲绳最大张力在不同纲绳网格大小条件下始终出现在横向纲绳上，且其位置随纲绳网格的加密分布在上部和中部；纲绳最大偏移发生的位置（五角星）随纲绳网格的加密也逐渐向上部和下部转移，而网线最大偏移发生的位置（方块）始终在网片上部和下部，基本不随纲绳网格大小变化。由图 9 中的粗线可见，网线最大张力出现在网片上部对角线上，也不随纲绳网格大小变化。

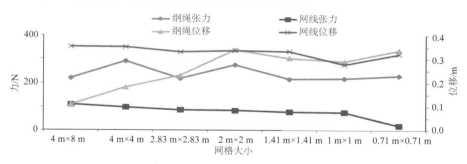

图 8　纲绳和网线的最大张力和最大偏移随纲绳网格大小的变化

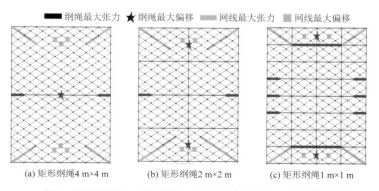

(a) 矩形纲绳 4 m×4 m　　　(b) 矩形纲绳 2 m×2 m　　　(c) 矩形纲绳 1 m×1 m

图 9　不同网格大小的纲绳、网线的最大张力和最大偏移部位

2）围网网片与桩柱系缚点之间的最大受力。图 10 给出了在矩形纲绳网格形式下网片与 1~17 号桩柱系缚点之间的最大受力值与纲绳网格大小的关系。由图 10 可知，网片系缚点受力与纲绳布置密切相关。与横向纲绳连接的系缚点其受力远大于其他系缚点受力，说明增加纲绳在很大程度上分担了网衣传来的波浪力荷载。位于网片最上端的系缚点依然承受最大的波浪力，随纲绳网格的加密，该系缚点的最大受力逐渐减小。

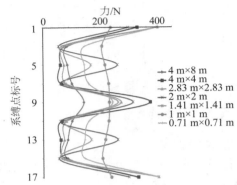

图 10　不同纲绳网格大小的网片系缚点受力分布情况

2.2.2　菱形纲绳网格形式

1）网线和纲绳的最大张力与最大偏移。图 11 给出了在菱形纲绳网格形式下的纲绳和网线的最大张力和最大偏移与纲绳网格大小的关系。由图 11 可见，网线的最大张力随纲绳网格的加密而减小，与此同时纲绳的最大张力增大，且始终远远大于网线的最大张力。纲绳的最大偏移随纲绳网格的加密而增大，而网线的最大偏移几乎不随纲绳网格大小变化。图 12 给出了菱形纲绳网格形式下不同纲绳网格大小的纲绳和网线的最大张力和最大偏移部位。由图 12 中的粗线可见，当纲绳尺寸为 2.83 m×2.83 m 时，纲绳最大张力发生的位置在网片上端和底端以及中间两侧。当纲绳尺寸小于 2.83 m×2.83 m 时，纲绳最大张力发生的位置始终在网片上端。由图 12 中的粗线可见，当纲绳尺寸为 2.83 m×2.83 m 和 1.41 m×1.41 m 时，网线最大张力出现在网片中部顺网线且成对称分布，当纲绳尺寸为 0.71 m×0.71 m 时，网线最大张力分布在网片上部对角线上。纲绳和网线的最大偏移位置（五角星和方块）发生在网片上部，随纲绳网格大小变化相对较小。

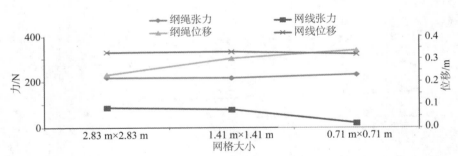

图 11　纲绳和网线的最大张力和最大偏移随纲绳网格大小的变化

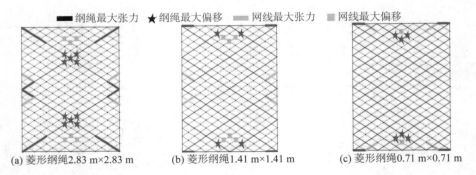

(a) 菱形纲绳2.83 m×2.83 m　　(b) 菱形纲绳1.41 m×1.41 m　　(c) 菱形纲绳0.71 m×0.71 m

图 12　不同网格大小的纲绳、网线的最大张力和最大偏移部位

2）围网网片与桩柱系缚点之间的最大受力。图 13 给出了在菱形纲绳网格形式下网片与 1~17 号桩柱系缚点之间的最大受力值与纲绳网格大小的关系。由图可知，针对 2.83 m×2.83 m 和 1.41 m×1.41 m 的两种纲绳网格，与菱形纲绳连接的系缚点受力仍大于其他系缚点，说明设置菱形纲绳同样有助于分担网衣传来的荷载。最大系缚点受力依然出现在网衣的最上端系缚点处，但纲绳网格大小的改变无助于改变系缚点的最大受力。

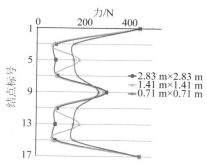

图 13　不同纲绳网格大小的网片系缚点受力分布情况

2.3　纲绳网格形式对围网网片水力特性的影响

研究纲绳直径为 10 mm 时，不同纲绳网格形式对围网网片的网线和纲绳的最大张力和最大偏移，以及网片与桩柱系缚点受力的影响。取纲绳网格大小最相近的两种纲绳网格形式 1 m×1 m（矩形纲绳网格）和 0.71 m×0.71 m（菱形纲绳网格）为比较对象。

1）网线和纲绳的最大张力与最大偏移。图 14 给出了两种纲绳网格形式下的纲绳和网线的最大张力和最大偏移。由图 14 可见，矩形纲绳网格形式下的网线最大张力大于菱形纲绳网格形式下的网线最大张力，而矩形纲绳网格形式下的纲绳最大张力偏小于菱形纲绳网格形式下的纲绳最大张力。同时发现，菱形纲绳网格形式下的网线和纲绳的偏移均比矩形纲绳网格形式下的大。在纲绳和网线的最大张力和最大偏移的分布上，两种网格形式的最大区别在于菱形纲绳网格形式时纲绳最大张力发生在网片边缘，而矩形纲绳网格形式时发生在内部，参见图 9（c）和图 12（c）。

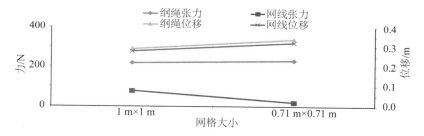

图 14　两种网格形式下的纲绳和网线的最大张力和最大偏移

2）围网网片与桩柱系缚点之间的最大受力。图 15 给出了两种纲绳网格形式下的网片与 1~17 号桩柱系缚点之间的最大受力分布。由图可知，矩形纲绳网格形式下的首尾系缚点受力比菱形纲绳网格形式下的首尾系缚点受力小。在矩形纲绳网格形式下，与横向纲绳连接的中间部分的系缚点其受力比在菱形纲绳网格形式下相应的系缚点受力大（9 号系缚点除外）。

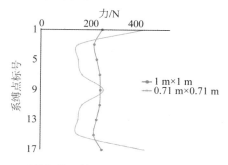

图 15　两种纲绳网格形式下的网片系缚点受力分布情况

3 讨 论

3.1 纲绳直径对围网网片水力特性的影响

随纲绳直径的增加，纲绳的横截面积越大，纲绳受到的波浪力也越大，因此纲绳张力越大。纲绳直径越大对网片的束缚作用越大，因此网线的变形和张力也会减小。研究发现，当纲绳直径小于 4 mm 时，网线张力大于纲绳张力，表明此时网片上的张力由网线来承担；当纲绳直径大于 4 mm 时，纲绳张力大于网线张力，表明此时网片上的张力由纲绳来承担。研究结果显示，增加纲绳的直径可以将网线断裂的风险转移到纲绳上，从而在一定程度上有保护网片内部网线安全的作用。从图 6 中纲绳和网线的偏移随纲绳直径的变化看出，存在一临界纲绳直径（本文为 4 mm），当小于临界值时，纲绳和网线的偏移随纲绳直径的增加急剧减小，当大于临界值后，纲绳和网线的偏移随纲绳直径的增加不再显著降低，表明在一定程度上增加纲绳直径可以减小网片的运动，但是无限制地增加纲绳直径并不会对网片的运动产生过多的约束，反而会给桩柱传递更多的负荷。因此，在实际工程中建议在桩柱式围网网片的选材上应选择直径大于 4 mm 的纲绳来加筋网片，并保留一定富余。由图 7 可见，与先前对围网网片在不同水流和波浪条件下的研究结果[12]一致，纲绳最大张力发生在网片上端两侧，偏移最大在上缘纲[30]的中间，且本文研究发现均不受纲绳直径的影响，因此依然体现出对网片上端两侧纲绳加固的重要性。由于纲绳直径较小时变形相对较大，导致网片上部偏移相对较大，因此网线最大张力发生在网片的顶部对角线上。当纲绳直径较大时，限制了网片上部的运动，网片变形减小随之网线张力也减小，因此网线最大张力发生的部位从顶部对角线过渡到了中间。所以，除了网片上端的两侧位置，还要注意网片上部对角线上的网线断裂风险。随纲绳直径增加，纲绳张力增大，所以网片首尾系缚点的受力也增大，而中间系缚点因与其上下连接的纲绳作用相互抵消，所以纲绳直径增加对中间系缚点受力几乎没有影响。因此，随着纲绳直径的增加，对网片首尾系缚点进行加固具有重要的意义。

3.2 纲绳网格大小对围网网片水力特性的影响

3.2.1 矩形纲绳网格形式

纲绳网格越小（即分布越密）对网片的束缚越强，所以网线最大偏移和最大张力随纲绳网格的加密而减小。4 m×4 m 网格时，虽然网片上下整体流速一致，但受其下方网片牵制，而中间的横向纲绳受其上下两片网的牵制，因此纲绳最大偏移发生在中间；由于 4 m×4 m 网格较大，网片的整体受力面积小，流的作用相对较小，随着网格变小，纲绳加密，网片受力面变大，纲绳最大偏移位置往上下部扩散，最大偏移量增大，且由于纵向纲绳上下两端没有系缚点约束，纲绳最大偏移发生在纵向纲绳上；纲绳进一步加密为 1 m×1 m 网格后，位置上移带来的流的影响小于纲绳加密带来的约束力影响，因此纲绳最大偏移相比 2 m×2 m 网格开始减小。根据不同纲绳网格大小下的纲绳和网线发生最大张力和最大偏移位置的规律，结合实际工程中的网衣和纲绳网格形式针对特定部位实施特殊加固措施，不仅可以有效降低纲绳和网线断裂的风险，还能避免盲目加固造成的成本损失。由于矩形纲绳的截断作用，阻断了网片内部网线张力的传导，使得首尾系缚点受力大大减小，因此，随着纲绳网格的变密，网片首尾系缚点最大受力逐渐减小；反之，对于中间系缚点，由于横向纲绳的阻断使得与横向纲绳连接的系缚点受力远大于其他系缚点，因此网片系缚点受力与纲绳布置密切相关，同时也说明增加纲绳在很大程度上分担了网衣传来的波浪力荷载。

3.2.2 菱形纲绳网格形式

同理，网线的最大张力随纲绳网格的加密而减小，但是由于菱形纲绳的传导作用，将网片内部网线张力传导至纲绳上，纲绳的最大张力随网格的加密而增大。由于菱形网格本身变形较大，纲绳加密带来的约束力影响小于菱形纲绳传导作用增大的张力影响，因此纲绳的最大偏移随网格的加密而增大，而网线最大偏移几乎不随纲绳网格大小变化。由于菱形纲绳具有传导力的作用，可以将网片内部的力传导至网片的上下端，加上流的连续性特点，当纲绳密度较低时，纲绳最大受力发生在上部和下部对角上和中部位置；当纲绳密度较高时，纲绳对网片约束力增大，导致纲绳最大张力发生的位置始终在网片上端两侧，不随纲绳网格大小变化。菱形纲绳将网片内部受力传导至网片的首末端，导致网片系缚点受力表现为两端大中间小，且纲绳网格大小的改变无助于改变系缚点的最大受力。同矩形纲绳网格形式下的情况相似，与菱形纲绳连接的系缚点受力仍大于其他系缚点，说明设置菱形纲绳同样有助于分担网衣传来的荷载。

3.3　纲绳网格形式对围网网片水力特性的影响

研究发现，在菱形纲绳网格形式下的网线最大张力小于在矩形纲绳网格形式下的网线最大张力，表明菱形纲绳网格比矩形纲绳网格对网线更具有保护力。对比同时发现，在菱形纲绳网格形式下的纲绳最大张力大于在矩形纲绳网格形式下的纲绳最大张力，这是由于菱形纲绳有传导力的作用而矩形纲绳有阻断内部网线张力的作用，菱形纲绳将网线张力传导到纲绳上从而减小了网线上的张力，而矩形纲绳阻断了网线上的张力从而使纲绳上的张力减小。对比两种网格形式下的网片变形，同样发现菱形网变形比矩形网大[14]。对比两种网格形式下纲绳最大张力发生的部位，得出菱形网格形式更能保护内部网线的安全。因此，在实际工程中对桩柱式围网网片的内部纲绳设计建议综合考虑整体变形、纲绳成本和网线保护等问题。同理，由于矩形纲绳的截断作用，在矩形纲绳网格形式中，与横向纲绳连接的系缚点受力相对较大，随着网格的加密，其内部的网线张力被不断阻隔，使传导至与横向纲绳连接的系缚点上的张力越来越小，从而系缚点受力逐渐减小；而在菱形纲绳网格形式中，菱形纲绳网格将内部网线张力传导至网片的顶部和底部，从而中间系缚点的受力会相对较小，因此矩形纲绳网格形式下的首尾系缚点受力比菱形纲绳网格形式下的小。当达到一定网格密度后（约为 1 m×1 m），矩形纲绳网格形式下的中间系缚点受力会与相应菱形纲绳网格形式下的中间系缚点受力越来越接近，甚至会比菱形纲绳网格形式下的中间系缚点受力更小（如 5 号系缚点）。实际工程中，可以根据以上不同纲绳网格布置形式的特点，结合实际需求，设计特定的纲绳网格形式，对相应的潜在危险性部位进行加固，从而更有力地保障围网工程的安全。

4　结　语

通过数值模拟方法研究了水流作用下纲绳对桩柱式围网网片力学特性的影响，分析讨论了不同纲绳直径和纲绳网格大小条件下网线和纲绳的最大张力和最大偏移以及网片与桩柱系缚点最大受力，对比分析了纲绳和网线的受力与变形以及不同纲绳模式之间的差异，研究得到以下基本结论：

1）存在一临界纲绳直径（本文研究条件下为 4 mm），当小于临界值时，纲绳和网线的偏移随纲绳直径的增加急剧减小，且此时网线张力大于纲绳张力；当大于临界值后，纲绳和网线的偏移随纲绳直径的增加不再显著降低，此时纲绳张力大于网线张力。纲绳直径对网片顶部和底部系缚点的受力影响较大，对中间系缚点的受力几乎没有影响。

2）在矩形纲绳网格形式中，网线最大偏移和最大张力以及网片首尾系缚点最大受力随纲绳网格的加密而减小；在菱形纲绳网格形式中，网线的最大张力随纲绳网格的加密而减小，纲绳的最大张力随网格的加密而增大，纲绳网格大小的改变无助于改变系缚点的最大受力。增加纲绳可以有效分担网衣传来的荷载。

3）研究发现，菱形网格形式下的网线最大张力小于矩形网格形式下的网线最大张力，而纲绳最大张力则相反。菱形网变形比矩形网大，但是菱形网格更能保护内部网线的安全。矩形网格形式下的网片首尾系缚点受力比菱形网格形式下的小。在这两种网格形式下，与横向纲绳连接的系缚点受力比其他系缚点受力大。

参考文献：

[1]　陈天华. 桩柱式围网养殖系统水动力特性研究[D]. 舟山：浙江海洋大学，2017.

[2]　刘莉莉，万荣，黄六一，等. 波流场中张网渔具水动力学特性的数值模拟[J]. 中国海洋大学学报，2013，43(5)：24-29.

[3]　马家志，吴佳兴，宋伟华，等. 浮绳式网箱框架纲波浪力特性的初步试验研究[J]. 浙江海洋学院学报(自然科学版)，2011，30(6)：471-477.

[4]　Tsukrov I, Eroshkin O, Fredriksson D, et al. Finite element modeling of net panels using a consistent net element[J]. Ocean Engineering, 2003, 30(2): 251-270.

[5]　董国海，孟范兵，赵云鹏，等. 波流逆向和同向作用下重力式网箱水动力特性研究[J]. 渔业现代化，2014，41(2)：49-56.

[6]　Fredriksson D W, Swift M R, Irish J D, et al. Fish cage and mooring system dynamics using physical and numerical models with field measurements[J]. Aquacultural Engineering, 2003, 27(2): 117-146.

[7]　王敏法. 金枪鱼围网网具数值模拟初步研究[D]. 上海：上海海洋大学，2011.

[8]　周成. 基于数值模拟的金枪鱼围网性能的研究[D]. 上海：上海海洋大学，2015.

[9]　叶卫富. 浅海养殖围网设施水动力性能的初步研究[D]. 浙江: 浙江海洋学院, 2012.

[10]　叶卫富, 吴佳兴, 马家志, 等. 浅海浮绳式围网设施应用研究[J]. 渔业现代化, 2011, 38(5): 7-11.

[11]　徐克品, 詹建明, 胡利永, 等. 大型浮绳式围拦网养殖设施的网衣结构受力分析[J]. 海洋通报, 2017, 36(1): 114-120.

[12]　陈天华, 孟昂, 桂福坤. 波浪高度及方向对桩柱式围网养殖系统网片水力特性的影响[J]. 农业工程学报, 2017, 33(2): 245-251.

[13]　桂福坤, 陈天华, 赵云鹏, 等. 固定方式对桩柱式围网网片波浪力学特性影响研究[J]. 大连理工大学学报, 2017, 57(3): 285-292.

[14]　赵云鹏. 深水重力式网箱水动力特性数值模拟研究[D]. 大连: 大连理工大学, 2007.

[15]　赵云鹏, 李玉成, 董国海, 等. 水流作用下重力式网箱网衣张力分布[J]. 渔业现代化, 2008, 35(6): 5-8.

[16]　陈小芳. 鲆鲽类方形网箱水动力特性数值模拟[D]. 大连: 大连理工大学, 2012.

[17]　王树青, 梁丙臣. 海洋工程波浪力学[M]. 青岛: 中国海洋大学出版社, 2013.

[18]　黄小华, 郭根喜, 胡昱, 等. 水流作用网衣过程的数值模拟[J]. 南方水产科学, 2011, 7(3): 56-61.

[19]　黄小华, 郭根喜, 陶启友, 等. 平面网衣在水流作用下的受力和变形特性数值模拟研究[J]. 南方水产, 2009, 5(3): 23-29.

[20]　黄小华, 郭根喜, 胡昱, 等. 圆形网衣在水流作用下的运动变形特性[J]. 中国水产科学, 2010, 17(2): 312-319.

[21]　刘师少. 计算方法[M]. 北京: 科学出版社, 2005: 151-172.

[22]　宋伟华. 网衣波浪水动力学研究[D]. 青岛: 中国海洋大学, 2006.

[23]　王磊, 王鲁民, 黄艇, 等. 柱桩式铜合金围栏网养殖设施的发展现状与分析[J]. 渔业信息与战略, 2017, 32(3): 197-203.

[24]　用于养殖网箱的铜合金菱形编织网的水动力特性分析[J]. 渔业现代化, 2013, 40(5): 75.

[25]　聂政伟, 王磊, 刘永利, 等. 铜合金网衣在海水养殖中的应用研究进展[J]. 海洋渔业, 2016, 38(3): 329-336.

[26]　Bessonneau J S, Marichal D. Study of the dynamics of submerged supple nets (applications to trawls)[J]. Ocean Eng, 1998, 25(7): 563-583.

[27]　苏炜, 詹杰民. 等效网面法在模拟网的水动力特性中的应用[J]. 水动力学研究与进展A辑, 2007, 22(3): 267-272.

[28]　万荣, 何鑫, 王欣欣, 等. 一种适用于网箱耐流特性有限元分析的网目群化方法[J]. 中国海洋大学学报, 2007, 37(6): 885-888.

[29]　刘莉莉. 网渔具水动力学特性的数值模拟研究——以刺网和张网为例[D]. 青岛: 中国海洋大学, 2012.

[30]　Klust G. 纤维绳索[M]. 钟若英译, 上海: 上海水产大学, 1988.

舟山中心渔港防台风等级评估

叶　钦，杨万康，杨忠良，施伟勇

（自然资源部第二海洋研究所，浙江 杭州 310012）

摘要： 主要依据试行的《浙江省渔港防台风等级评估技术导则》，对舟山中心渔港进行防台风等级评估，并通过案例分析提出了改进方法。首先基于 MIKE 21 和 SWAN 模型，分别对渔港所在海域设计了 10~17 级虚拟极限台风，并对各级台风过程逐一进行了天文潮、风暴潮、台风浪的计算。其次，按照现场实际避风情形，给定该渔港的代表船型，获取其船型参数。最后，从岸线设施和锚泊地两组单项因子评估渔港的防台风能力，以"就低不就高"原则和加权平均两种方式对渔港防台风能力进行综合评估。其中，以考虑组合后是否漫堤为标准评估渔港岸线的防台风能力，该渔港可评为 17 级；以考虑船舶在顶流期间是否可能走锚来评估渔港锚泊地的防台风能力，该渔港可评为 14 级；综合评估可评为 15 级。

关键词： 防台风；台风；渔港；舟山；锚抓力

　　舟山渔场是我国最大的渔场，有"东海鱼仓"和"中国渔都"的美誉，仅舟山市所属的渔船就有约 9 000 艘，同时有来自江苏、上海、浙江其他各省市等全国各地往来的渔船万余艘，尤其在台风等灾害天气期间，舟山各大渔港和避风锚地成为诸多渔船避风的港湾，其中舟山中心渔港位处舟山本岛腹地，优良的避风条件使得该渔港成为舟山重要的避风渔港之一。

　　舟山位于浙东沿海，台风是该海域严重的自然灾害之一。如何判断该渔港可在几级台风条件下允许渔船进港避风，目前只能依靠船主和管理部门的经验，缺乏科学的评估方法，为此，孙志林等[1]提出了一套较完整的评估方法体系，研究以舟山中心渔港为例，按此方法进行了评估。

1　虚拟极限台风设计及模型计算

1.1　虚拟极限台风设计

　　根据影响舟山海域历史台风路径统计，在 E、ESE、SE、SSE、S 共 5 个方向设定虚拟台风路径，分别在距离舟山中心渔港 1.5R，R，$-0.5R$，0R，$-R$，$-1.5R$ 处途经，其中 R 为台风最大风速半径，其中正值代表途经工程区的右侧，负值代表途经工程区的左侧。通过模型计算发现，S 向 $-0.5R$ 的虚拟台风路径时，渔港内风、流输出结果结合船型参数计算出船舶所受风流合力最大，以此确定该路径为虚拟极限台风路径。

　　评估将虚拟极限台风等级划分为 10~17 级共 8 个等级，采用 Fujita-takaashi 风场模型建立台风中心最低气压和中心附近最大风速的对应关系，如表 1 所示。

表 1　虚拟台风参数

虚拟极限台风等级	10 级	11 级	12 级	13 级	14 级	15 级	16 级	17 级
最大风速/（m·s⁻¹）	27	31	35	40	44	49	53	57
最大风速半径/km	88.25	76.25	66.25	58.25	52.25	48.25	46.25	46.25
最低气压/hPa	985	975	965	955	945	935	925	915

1.2　模型计算

　　台风浪采用 Delft 3D-WAVE 模块进行计算，台风风暴潮采用 Delft 3D-FLOW 模型计算，在不同等级虚拟极限台风条件下分别进行模拟计算。

　　舟山中心渔港整体位于舟山本岛与小干岛、长峙岛等小岛之间的天然水道内，大致呈东西走向，其护岸为直线型，港池锚地为长方形，由于港池水深中间深、两侧浅，总体以港池中心直线对称。针对渔港的布局特征，拟采用分段的方法对渔港的护岸设施进行评估。首先将护岸根据水闸、河口等自然岸线断点作为分界点，将岸线分为 5 段（图 1），分别设置 5 个计算点（1~5 号），其次在渔港锚地中部设 13 个计算点（10~22 号）。

计算得到渔港岸线各计算点在各级虚拟极限台风过程中最大潮位见表 2，有效波高最大值见表 2，渔港内各计算点在过程中最大流速见表 3。

图 1　舟山中心渔港防台风等级评估岸线分段及各计算点分布

表 2　沿岸各计算点风暴潮水位（m）最大值

台风等级	10 级	11 级	12 级	13 级	14 级	15 级	16 级	17 级
1 号	2.01	2.12	2.28	2.44	2.58	2.72	2.86	3.05
2 号	1.95	2.04	2.19	2.34	2.48	2.61	2.76	2.94
3 号	1.95	2.06	2.19	2.33	2.47	2.62	2.78	2.96
5 号	1.99	2.11	2.26	2.42	2.57	2.71	2.87	3.06
4 号	1.98	2.09	2.22	2.38	2.53	2.68	2.85	3.03

表 3　沿岸各计算点有效波高（m）最大值参数

台风等级	10 级	11 级	12 级	13 级	14 级	15 级	16 级	17 级
1 号	0.77	0.87	0.94	0.98	1.06	1.13	1.2	1.27
2 号	0.73	0.85	0.91	0.97	1.03	1.1	1.16	1.23
3 号	0.76	0.86	0.99	1.08	1.15	1.19	1.24	1.31
5 号	0.68	0.77	0.84	0.91	0.99	1.06	1.13	1.19
4 号	0.72	0.83	0.92	1	1.07	1.12	1.17	1.22

表 4　锚地内部各计算点流速（m/s）最大值参数

台风等级	10 级	11 级	12 级	13 级	14 级	15 级	16 级	17 级
10 号	0.45	0.54	0.62	0.67	0.72	0.77	0.82	0.87
11 号	0.94	0.93	1.01	1.08	1.14	1.20	1.29	1.35
12 号	0.57	0.55	0.62	0.71	0.86	0.80	0.89	0.97
13 号	0.48	0.44	0.58	0.76	1.00	1.21	1.39	1.45
14 号	0.53	0.50	0.50	0.56	0.79	0.76	0.74	0.73
15 号	0.50	0.54	0.54	0.51	0.59	0.56	0.59	0.62
16 号	1.03	1.03	1.04	1.04	1.04	1.08	1.13	1.18
17 号	0.52	0.55	0.59	0.61	0.62	0.64	0.67	0.70
18 号	0.35	0.57	0.82	1.03	1.23	1.39	1.48	1.68
19 号	0.53	0.64	0.74	0.90	1.08	1.27	1.47	1.57
20 号	0.44	0.51	0.59	0.64	0.70	0.75	0.85	0.94
21 号	0.80	0.89	0.95	1.01	1.07	1.12	1.18	1.23
22 号	0.32	0.38	0.42	0.45	0.47	0.49	0.51	0.53

2 防台风等级的评估

2.1 渔港岸线设施防台风等级评估

基于构建虚拟极限台风，以对风暴潮和波浪进行数值模拟得到耦合条件下最高水位结果，与岸线设施高程进行比较，判断标准为：若发生漫堤则认为该岸线设施不可防护在该级台风条件下的风暴潮和海浪灾害风险，反之则说明可防护该级台风条件下的风暴潮和海浪灾害风险。

首先在极限台风影响下，计算得到风暴潮水位为 H_t，台风浪有效波高 H_s，叠加水位 H_w 按如下公式计算得到：

$$H_w = H_t + 0.5H_s \tag{1}$$

H_w 与海塘实际岸线高程 H_D 相比较，如 $H_w \leq H_D$，则判别为不漫堤；如 $H_D > H_w$，则发生漫堤。根据上述计算公式得到各岸段代表点叠加水位 H_w 与现场实测堤顶高程 H_D 结果比较后可见（表 5），该岸段岸线设施防台风等级单项评估可达 17 级。

表 5　沿岸各计算点叠加水位最大值及对应岸段实测高程

台风等级	叠加水位/m								代表岸段实测高程 /m
	10 级	11 级	12 级	13 级	14 级	15 级	16 级	17 级	
1 号	2.32	2.48	2.68	2.86	3.04	3.21	3.39	3.61	4.2
2 号	2.24	2.39	2.57	2.75	2.92	3.09	3.27	3.48	4.9
3 号	2.26	2.42	2.61	2.80	2.97	3.14	3.33	3.54	4.8
5 号	2.26	2.42	2.61	2.80	2.99	3.17	3.36	3.58	4.1
4 号	2.27	2.43	2.61	2.81	2.99	3.17	3.36	3.57	3.9

2.2 渔港锚泊地防台风等级评估

首先对构建的虚拟极限台风进行风暴潮数值计算，得到渔港水域的潮流分布；其次结合底质采样分析锚地底质条件。基于上述基本要素，按照船型参数计算代表船型在给定极限台风工况下受到的作用力（风与水流作用力）、锚抓力。

船舶所受外力主要来自风压力和水流作用力两个部分[2]，分别根据锚地内各计算点处在各级虚拟极限台风条件下计算得到风和水流对船舶产生的横向分力和纵向分力，相加得到横向分力总和 $\sum F_y$ 和纵向分力总和 $\sum F_x$，矢量合成总作用力 $\sum F$ 如表 6 所示。

表 6　各计算点代表船型在各级虚拟台风过程中所受最大外力（kN）

台风等级	10 级	11 级	12 级	13 级	14 级	15 级	16 级	17 级
10 号	12.56	17.23	22.02	26.74	31.58	36.13	40.62	45.21
11 号	13.04	17.23	22.00	26.82	31.59	36.01	40.78	45.36
12 号	12.68	17.39	22.12	26.64	31.36	35.80	40.13	44.55
13 号	12.54	17.30	22.11	26.81	31.65	36.21	40.79	45.36
14 号	12.52	17.23	22.02	26.74	31.59	36.12	40.68	45.23
15 号	12.51	17.19	21.95	26.61	31.45	35.98	40.39	44.88
16 号	13.34	17.30	22.04	26.79	31.56	35.98	40.58	45.10
17 号	12.54	17.20	21.86	26.35	31.09	35.59	39.94	44.35
18 号	12.52	17.29	22.09	26.76	31.60	36.16	40.60	45.11
19 号	12.51	17.23	22.02	26.77	31.58	36.09	40.68	45.23
20 号	12.51	17.17	21.92	26.58	31.38	35.88	40.25	44.72
21 号	13.16	17.33	22.11	26.84	31.73	36.28	40.77	45.39
22 号	12.43	17.08	21.72	26.20	30.84	35.28	39.64	44.12

锚抓力 P 可用下式表达：

$$P = P_a + P_c = \lambda_a W_a + \lambda_c W_c l \tag{2}$$

式中：P_a 为锚的抓力；P_c 为锚链抓力；λ_a 为锚抓力系数，根据实测底质多为黏土量小于 20% 的沙质，取值 3.5；λ_c 为链抓力系数，取值 0.75；W_a 为锚在空气的重量（t）；W_c 为每米锚链在空气中的重量（t/m）；l 为卧底链长（m）。根据上述参量可计算锚抓力为 34.9 kN。

根据以上锚抓力计算结果与各计算点在各级虚拟极限台风条件下的最大作用力比较（图 2），可见该锚地的防台风能力可达 14 级。

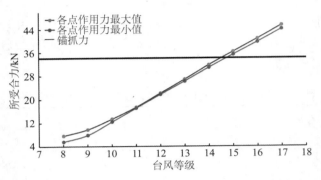

图 2　不同台风等级下各点所受合力极值与锚抓力比较

2.3　综合防台风能力评估

在对渔港进行各单项防台风能力评估的基础上，进行渔港综合防台风等级评估，以直观反映和对比各渔港的综合防台风能力。渔港综合防台风等级分最低等级和综合等级两种，最低等级按单项防台风能力根据就低不就高原则确定；综合等级可依据各单项等级按设定权因子加权平均得到，基础设施、锚泊地两个单项等级的权因子设定为（0.4，0.6）。

根据两个单项防台等级评估结果（表 7），可以得到该渔港的最低综合防台风等级为 14 级，综合防台风等级为 15 级（取整）。

表 7　舟山中心渔港防台风能力综合评估等级

单项	单项评估等级	加权因子	最低评估等级	综合评估等级
岸线设施	17	0.4	14	15
锚地	14	0.6		

3　结　语

采用先进的风暴潮和台风浪数值模型，构建舟山中心渔港所在海域对应的虚拟极限台风，分别计算了渔港岸线前沿的最高潮位和波高值，及锚地内部的最大风、流特征值，从而计算出抛锚船只所受最大作用力，分别与现场实测高程、锚抓力进行比较后，评估得到岸线设施防台风等级 17 级和锚泊地防台风等级 14 级，于是该渔港最低防台风等级为 14 级，综合防台风等级为 15 级。

成果为《浙江省渔港防台风等级评估技术导则》的编制提供了方法和案例，但由于所采用的评估方法仅考虑大气和海洋动力因素，且以代表船型单船单锚的方式进行评估，作为完整和系统的防台风能力评估尚需考虑更多的因素。

参考文献：

[1]　孙志林, 郝浩余, 许雪峰, 等. 象山港防台风等级评估[J]. 自然灾害学报, 2017, 26(5): 93-101.

[2]　中交第一航务工程勘察设计院有限公司, 等. 港口工程荷载规范（JTS 144-1-2010）[S]. 北京:人民交通出版社, 2010.

福建三沙中心渔港水动力及泥沙回淤分析

肖立敏，孙林云，韩　信，刘建军

（南京水利科学研究院，江苏　南京　210029）

摘要：本文采用平面二维潮流数学模型和波浪数学模型，对福建三沙中心渔港工程前后的潮流场和波浪场进行计算，在此基础上，采用泥沙回淤公式计算分析港区内的泥沙回淤，为渔港总平面布置方案提供依据。

关键词：三沙中心渔港；潮流场；波浪场；回淤分析

渔港是渔业生产的重要基础设施，关系渔民生命财产安危，还可抵御风暴灾害、提供避难所[1]。泥沙淤积是渔港建设中面临的关键技术问题[2]。蔡学石和王永学[3]建立波流共同作用的泥沙数学模型，分析威海中心渔港淤积原因；王义刚等[4]根据水文测验实测资料，建立了苍南渔港附近海域半潮平均含沙量淤与半潮平均流速及对应的水深之间的相关关系，并采用回淤强度公式计算了苍南渔港回淤；冯会芳等[5]按照《海港水文规范》中的淤泥质海岸港池航道泥沙回淤公式，分析了天津中心渔港航道泥沙回淤。本文通过建立平面二维潮流数学模型计算潮流场分布，结合波浪场分布，采用刘家驹等[6-7]提出的淤泥质海岸围堤内泥沙回淤公式对三沙中心渔港的泥沙回淤进行分析计算，为渔港总平面布置方案提供相关依据。

拟建三沙中心渔港位于福建省霞浦县三沙镇，是全国首批一级渔港和国家中心渔港。该渔港分为五澳和田澳两个港区。五澳港区拟建西防波堤长 550 m，东防波堤长 210 m，口门朝 W 向敞开，口门宽度约为 150 m。拟建防波堤处泥面高程在–2.3 m~–3 m（黄海零点基面，下同），拟建港区内水深相对较浅，高程普遍在–3 m 以内。

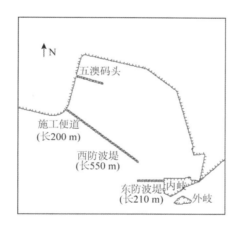

图 1　五澳港区原方案平面布置方案

1　自然条件概况

1.1　潮汐潮流

根据三沙海洋站统计资料，工程海域属正规半日潮潮型。历史最高潮位为 4.25 m，最低潮位为–3.72 m，多年平均高潮位为 2.36 m，平均低潮位为–1.97 m，平均海平面为 0.29 m；潮差比较大，最大潮差 7.38 m，最小为 1.03 m，多年平均潮差为 4.23 m。

工程海域涨潮流为西南偏西方向，落潮流为东北偏东。2010 年实测水文资料显示，在拟建口门附近，涨、落潮最大流速分别为 0.61 m/s 和 0.82 m/s，平均流速分别为 0.37 m/s 和 0.58 m/s。

1.2　波浪

离工程区往南约 25 km 有北霜海洋观测站（观测站水深为 30 m），该站 1964—1969 年测波资料统计显示，当地的年平均波高为 1.5 m。对三沙港有直接影响的强浪向为东南向和东向。波高在 0.5~4.0 m 出现的频率为 93.83%，而波高在 1.3~3.0 m 出现频率为 62.40%。三沙港外海波浪较大。

1.3 泥沙基本特性

工程区附近海床表层沉积物分布比较均匀，大部分为粒径较细的粉砂质黏土，中值粒径一般在 0.004 mm 左右，为淤泥。悬沙的中值粒径与底泥的分析结果基本相同。实测资料还显示，在风浪较小的情况下，工程海域水体垂线平均含沙量一般在 0.1~0.2 kg/m³ 范围内。

2　水动力分析

建立平面二维潮流数学模型，计算域北起牙城湾南侧湾顶、南至北澳岛、东接嵛山岛、西临福宁湾，东西方向长约 11 km，南北方向长约 7 km。模型范围见图 2。网格步长 50 m，工程区附近局部加密至 10 m。数学模型对 2010 年实测 4 条垂线流速流向以及 2 个潮位站的潮位进行了验证。图 2 为模拟的工程海域涨急流场。工程区附近海域水流呈往复流流态，五澳港区位于三沙湾湾内，涨落潮期间流速均相对较弱。图 3 和图 4 分别给出了五澳港区工程前后涨急时刻的流场分布。计算表明，五澳港区位于三沙湾内，涨、落潮期间湾内流速相对较弱，最大流速在 0.20 m/s 以内。防波堤工程实施后，涨落潮期间，水流由东、西防波堤形成的口门处进出港区，受到防波堤的挑流作用，堤头附近流速相对较大，最大流速在 0.50 m/s 左右，港区内流速明显减小。图 5 为工程前后涨急流速差等值线，可以看到，口门及正对口门附近流速有一定增加，其余区域流速普遍有所减弱，在东防波堤南侧形成一个弱流区。

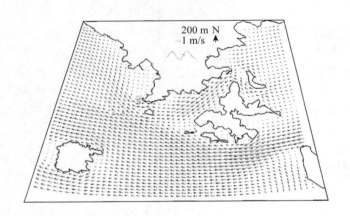

图 2　平面二维潮流数学模型范围及涨急流场

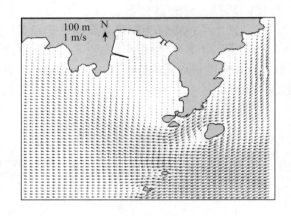

图 3　五澳港区工程前涨急流场

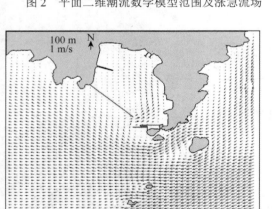

图 4　五澳港区工程后涨急流场

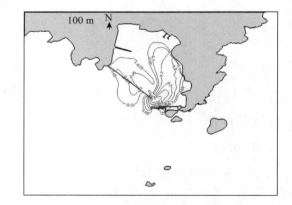

图 5　工程前后涨急流速等值线

建立波浪数学模型，计算年代表波。图 6 为现状条件，五澳港区代表波高分布，拟建口门附近波高为 0.90 m 左右，拟建港区内波高普遍为 0.6~0.90 m。图 7 为东、西防波堤形成后，港区波浪场分布，可以看到港内波高普遍减小至 0.10 m 以内，波浪动力明显减弱。

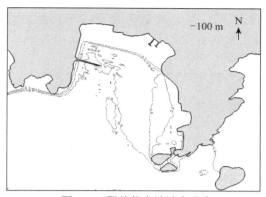

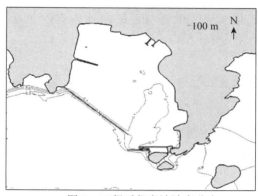

图6　工程前代表波波高分布　　　　　　　　　图7　工程后代表波波高分布

3　泥沙回淤分析

3.1　回淤计算方法

堤内区域受到围堤掩护，水流紊动强度减弱，导致堤内淤积。采用刘家驹等[6-7]提出的适用于淤泥质海岸围堤工程的公式计算泥沙回淤。由于淤泥质浅滩坡度平缓，假设滩面平均水深各处均相同，且建堤前后，滩面各处的高程变化率满足如下方程：

$$\gamma_0 \frac{\Delta z}{\Delta t} = \alpha\omega(S_1 - S_2) \tag{1}$$

式中：z 为堤内任一点的滩面高程；t 为时间；S_1、S_2 分别代表建堤前（$t=0$）和建堤后（$t=t_0$）时刻该点的挟沙力含沙量；ω 为淤泥质泥沙絮凝沉速；γ_0 为淤泥质泥体干容重；α 为泥沙沉降几率。

对式（1）求积分，得到

$$\gamma_0(d_1 - d_2) = \alpha\omega(S_1 - S_2)t_0 \tag{2}$$

式中：d_1 为建围堤前滩面水深；d_2 代表促淤历时 t_0 后，围堤内该点的水深。

含沙量的确定采用刘家驹公式[6-7]：

$$S = 0.045 \frac{\gamma_s\gamma}{\gamma_s - \gamma} \frac{(|V_1| + |V_2|)^2}{gd} \tag{3}$$

式中：$\vec{V_1} = \vec{V_r}$，为潮流的时段平均流速（m/s），$\vec{V_2} = 0.2\frac{H}{h}C$，为波浪水质点平均水平速度；$\gamma_s$ 为泥沙颗粒容量，可取为 2 650 kg/m³；H 和 C 分别为波高（m）和波速（m/s）。

3.2　相关参数确定

3.2.1　淤积物干容重

$$\gamma_0 = 1750 D_{50}^{0.183} \tag{4}$$

根据本次底质采样分析结果，工程区床沙的 D_{50} 为 0.004 mm，干容重 γ_0 取 637.11 kg/m³。

3.2.2　沉降速度

对于淤泥质海岸底质粒径 $D \leqslant 0.03$ mm 的黏性沙，一般采用当量粒径絮凝沉速 0.000 4~0.000 5 m/s。本次计算取 0.000 45 m/s。

3.2.3　沉降机率

沉降机率是泥沙在动水环境中影响沉降的因子，与水流强度、含沙量大小、泥沙粒径以及水域环境等因素有关，在有实测淤积资料时，可根据实测资料确定，在无实测资料时，通常取值范围在 0.13~0.66 之间。本次计算选取 $\alpha = 0.5$。

3.2.4　潮流场和波浪场

回淤分析中，挟沙力含沙量的确定需要潮流的时段平均速度以及波浪水质点的平均水平速度。前者由潮流数学模型提供，后者通过波浪场可求出。

3.2.5　含沙量场

在确定潮流平均流速场以及波高分布场后，对工程前后的挟沙力含沙量场进行计算。图8和图9分别给出了五澳港区工程前后的挟沙力含沙量场分布。由图可以看到，现状条件下，口门附近含沙量在 0.10~0.20 kg/m³ 左右，东、西防波堤修建后，港区内挟沙力含沙量明显下降，普遍在 0.10 kg/m³ 以内，泥沙会落淤。

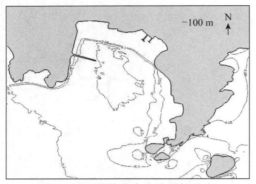
　　　　图 8　工程前挟沙力含沙量场分布

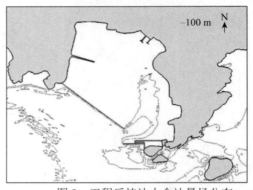
　　　　图 9　工程后挟沙力含沙量场分布

3.3　回淤分析

将各参数代入到式（2），可以得到工程实施后的回淤分布，结果见图 10。结果显示，港区内普遍为淤积区，口门附近由于动力相对较强，淤积较小，在 0.10 m 左右；在西防波堤掩护区域，淤积要略大。统计表明，防波堤工程实施后，平常浪作用下，五澳港区年淤积总量为 1.43×10⁵ m³，平均淤积厚度为 0.16 m。

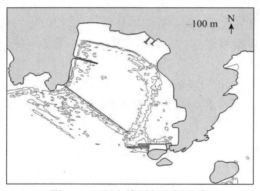
图 10　工程实施后年回淤分布

4　结　语

五澳港区位于三沙湾，水流动力相对较弱。东、西防波堤形成后，口门附近一定区域内流速有所增加，东、西西防波堤两侧形成弱流区。港区内波浪动力减弱。采用适用于淤泥质海岸围堤工程的刘家驹回淤计算公式计算港区回淤，结果显示，港区内泥沙年平均淤积厚度在 0.20 m 左右。需要说明的是，该公式基于工程海床处于冲淤平衡，因而计算的回淤量是由工程实施引起的，不包含工程前海床本底的泥沙淤积。

参考文献：

[1]　于龙梅, 栾曙光. 我国渔港发展现状及等级划分[J]. 资源开发与市场, 2004, 20(5): 348-350.

[2]　孙一艳, 陈国强, 张建侨. 沿海渔港淤积与污染问题的调查研究[J]. 渔业现代化, 2011, 38(5): 46-48.

[3]　蔡学石, 王永学. 波流共同作用下威海中心渔港泥沙冲淤变化数值模型研究[J]. 中国水运, 2011(12): 70-72.

[4]　王义刚, 蔡翠苏, 王震. 浙江省温州市苍南渔港潮流数值模拟计算及防波堤对港域淤积影响分析[C]//中国海洋工程学会. 第十二届中国海洋（岸）工程学术讨论会论文集, 2005.

[5]　冯会芳, 胡旭跃, 张冠群. 天津中心渔港进港航道尺度论证与航道泥沙回淤研究[J]. 水道港口, 2009, 30(3): 170-175.

[6]　刘家驹, 俞国华. 淤泥质海岸保滩促淤计算及预报[J]. 海洋工程, 1990, 8(1): 51-59.

[7]　刘家驹. 海岸泥沙运动研究及应用工程[M]. 北京: 海洋出版社, 2009.

季风和潮波对南黄海波浪风涌分类的影响

冯　曦[1,2]，赵嘉静[2]，李慧超[2]，冯卫兵[2]

（1. 河海大学 海岸灾害及防护教育部重点实验室，江苏 南京 210098；2. 河海大学 港口海岸与近海工程学院，江苏 南京 210098）

摘要： 研究了季风和潮汐两种因素对江苏南黄海辐射沙洲地区波浪风涌分类的影响。采用 SWAN 波浪模型与 Delft3D-Flow 模块相耦合的方法对 2008—2017 年间南黄海的基本波浪要素进行模拟。利用辐射沙洲两翼的大丰和蛎蚜山两个测站实测值与模拟值进行对比，结果吻合良好。利用谱分析法进行风涌划分后发现，短期分布特征表明在转向风盛行期间，涌浪能量占比增加；长期分布特征表明，季节气候使得风涌分布呈现季节特征性，秋季涌浪概率最低，夏季辐射沙洲北部涌浪概率最高，全年大部分时段波能还是以风浪为主。考虑潮汐、潮流的影响后发现，风浪的有效波高极值增大，谱峰周期均值减小；由于涨潮期间水位增加导致底摩阻耗散降低，涌浪则有机会进入近岸地区，有效波高增大且谱峰周期均值相对低潮位期间的相应值增大。

关键词： 风浪；涌浪；季节气候；潮汐；辐射沙洲

海洋中不同气象条件以及地貌特性会产生不同的波浪系统。海洋中波浪的分类方式有很多种[1]，其中最为直观的便是按照波周期作为分类的标准。Toffoli 等[2]详细总结了波浪按照波周期分类情况，波周期为 1~25 s 的波浪统称为"表面重力波"，其携带能量占据海洋能量的大部分。表面重力波分为风浪和涌浪，其在船舶、海上平台、管道、船舶系泊、可再生能源装置，以及诸多港口工程建设上会在物体表面引起相当大的荷载[3,4]。对于有相同波要素的海域，细化其风涌成分对进一步研究此地区的波候有一定意义。

对于风浪、涌浪的划分方法中，谱分析法已经较为成熟，根据不同需求可选择 1D 谱或者 2D 谱进行分析。谱分析法在条件、资料都充分成熟的情况下拥有较高的准确性。风涌的频率区分通常并不明显，不同类型的波浪产生叠加后的混合波浪采用 2D 谱来划分更为容易[5]。Kukulka 等[6]采用 Hanley 等[7]提出的应用波龄概念划分海域成分的公式，满足此公式的波浪便定义为风浪：

$$1.2\frac{U_z}{C_p}\cos(\theta-\psi)>1 \tag{1}$$

式中：U_z 代表在海面高度为 z 处的风速；C_p 为谱峰周期对应波速；θ 为波浪传播方向；ψ 代表风向。

在季风和潮汐的影响下，表面重力波成分变得复杂。局地风速决定着风浪波高大小。风浪源起于当地风场，而涌浪源起于更远的海域[8]。在辐射沙洲地区对海岸建筑物起到破坏作用的主要是寒潮大风浪，同时，夏季涌浪也有不可忽视的影响[9-10]。潮汐潮流对波浪有调制作用，北海海域潮汐和风暴潮对有效波高和平均周期的调制作用为 5%~10%，波谱密度调制可达到 50%~100%[11]。沙洲周期性地被海水覆盖或者暴露[12]，在水位起伏和潮流动力影响下，高潮位时有更多的涌浪传入近岸，由此波浪能量组成会发生变化[13]。2015 年汤志华等[14]研究发现，在辐射沙洲一次寒潮和一次强台风期间，潮汐水位对表面重力波的波高和波周期有显著影响。

本文主要研究季风和潮汐对风涌波参数的影响。南黄海域辐射沙洲位于射阳河口至长江口北岸浅水地区，以弶港为中心呈辐射状分布，由数十条潮道和沙脊共同构成[图 1（a）]。同时，该地区处于双潮波系统交汇处，最大潮差可超 6 m，浅滩地区干湿交替特征明显。这种特殊地形使得波浪传播情况复杂，特别对传播过程中波能的成分变化起到影响。不仅如此，该地区还受东南亚上行暖湿气流和西伯利亚寒流影响，季风和局地风效应现象显著。以上为近岸地区控制风涌成分的主要因素，选择该地区具有典型性。

目前，针对南黄海的波浪研究主要局限在仿真模拟和工程应用[15,16]。Liang 等[17]分析过海域有效波高即波能的时空分布，但并没有对该地区的波能成分进行进一步的解构。冯曦等[18]利用多站点观测数据对该

基金项目： 国家自然科学基金青年基金项目（51709091），江苏省自然科学基金青年基金项目（BK20170874），中央高校基金（2017B00514）

地区的波谱特征进行成分描述，并给出局地风涌成分季节性变化的规律。但受限于数据的维度和长度为研究风涌的时空分布特征以及参数化所受到的控制影响，还需要借助数值模拟手段做定量分析。

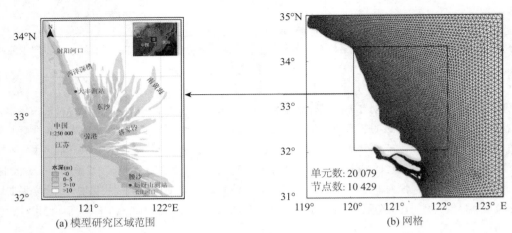

(a) 模型研究区域范围   (b) 网格

图 1   模型研究区域范围及网格

1   方法

1.1   测站信息及实测数据采集

本文采点的两个测站分别分布在辐射沙洲近岸海域的南、北两翼，其中大丰测站在北翼，离岸 8 km，水深为 25.5 m（以平均海平面为基准）；蛎蚜山测站落点在南翼，离岸 4 km，测站水深为 10 m。从地理位置分布上说，大丰测站位于辐射沙洲北部西洋潮流通道，潮流流速快[19]，东边受东沙庇护，水深及大风浪相对小，水动力状况稳定。蛎蚜山测站则受其东北方向的腰沙掩护，且水深较浅。波浪实测数据延用冯曦等[18]采用上跨零点整理后的数据。测站及实测资料的具体统计情况在表 1 中展示。

表 1   测站位置和实测资料信息统计

测站名称	参数	时间	最大值	最小值	均值
大丰		2013−03−22—2013−12−31	2.72	0.15	0.55
	H_s/m	2014−01−01—2014−08−22	2.21	0.15	0.57
33.285°N		2013−03−22—2013−12−31	8.40	2.50	3.84
120.81°E	T_m/s	2014−01−01—2014−08−22	7.40	2.50	3.88
		2012−02−06—2012−12−31	1.47	0.1	0.33
	H_s/m	2013−01−01—2013−12−31	2.88	0.1	0.45
蛎蚜山		2014−01−01—2014−12−31	1.56	0.07	0.31
32.147°N		2015−01−01—2015−10−31	1.33	0.1	0.27
121.568°E		2012−02−06—2012−12−31	4.8	2	2.69
	T_m/s	2013−01−01—2013−12−31	6.9	2	3.68
		2014−01−01—2014−12−31	6.8	2.2	3.45
		2015−01−01—2015−10−31	6.5	2.2	3.34

1.2   试验分组和模型设置

设计两组试验进行研究，模拟时间尺度为 2008—2017 年。组次 1 采用 SWAN 模型模拟季风对风涌分类的影响；组次 2 采用 SWAN 和 Delft3D-FLOW 波流耦合考虑潮汐动力因素下风涌分类的变化情况。

SWAN 模型已经在波浪数值模拟方面较为成熟，在全球各地已有应用[20-23]。在南黄海地区也有很多的数值模拟研究：Chen 等[24]预测了江苏如东海域的稳定风浪和"9711"台风波的发展和传播；Li 等[25]研究了包括南黄海在内的中国东海域的波浪极值。Delft3D-FLOW 和 SWAN 耦合模型日趋成熟，应用且得到了良好的效果[26-28]。SWAN 模型实现了对折射、绕射和波流耦合的相互作用模拟。SWAN 和 Delft3D-Flow 模块耦合使得流模块的水位、平均水深和平均流速传递给 SWAN 模型，后者再将波浪参数传递给流模块。

本文研究的江苏辐射沙洲地区的 SWAN 模型网格如图 1（b）所示。无结构网格共 10 429 个结点，20 097 个单元，精度范围为 0.02°～0.11°（1 322~12 454 m）。模型网格范围为 31°—35°N，119°—123.5°E。为了更好的模拟涌浪，设置波浪谱频率范围为 0~1Hz，计算步长为 1 h，应用有水深限制的波浪破碎公式[29]，白浪耗散率系数为 1.36×10⁻⁵。背景风场采用了 ERA-Interim 风场数据（ECMWF）（https://www.ecmwf.int/），时间精度为 6 小时，空间精度为 0.125°×0.125°。波浪边界条件采用 WaveWatchIII （WWIII）波浪数据组成的波浪谱。

由于 Delft3D-FLOW 模型不能使用无结构网格，故采用分辨率较高的等距矩形网格代替，网格精度为 0.05°×0.05°。经过验证，模拟结果的准确性不会下降，两种网格在相同驱动条件下的波高模拟值相关系数为 0.97[图 2（c）]，且波高概率密度函数（pdf）分布一致[图 2（d）]。流模块设置最小计算水深为 0.05m，给定潮汐边界条件为时间序列水位，数据来源为 NAO.99b 潮汐预测系统（http://www. miz.nao.ac.jp/staffs/nao99/index_En.html）。此外，底部边界处的空间均匀曼宁系数为 0.01。为了计算稳定，模型计算步长取 1 min。耦合时间为 1 h。

1.3　模型验证

本文采用相关系数 R、均方根误差 RMSE 和 Bais 来评估验证模型模拟数据与实测数据的吻合程度。

$$R = \frac{\sum (x_i - \overline{x})(y_i - \overline{y})}{\sqrt{\sum (x_i - \overline{x})^2} \sqrt{\sum (y_i - \overline{y})^2}} \tag{2}$$

$$RMSE = \sqrt{\frac{\sum (x_i - y_i)^2}{n}} \tag{3}$$

$$Bias = \overline{x} - \overline{y} \tag{4}$$

式中：x_i 和 y_i 代表了实测有效波高（$H_{s,o}$）和模拟有效波高（$H_{s,m}$）；$\overline{x}$ 和 $\overline{y}$ 代表其各自的均值。

潮位模拟以 2014 年大丰测站潮位（wl）对比为例[图 2（a）]，模拟值（线）和实测值（点）变化趋势一致且吻合良好。两个测站的实测与模拟波浪数据吻合良好，各项数据对比系数见表 2。考虑潮位因素后，在涨潮过程中 $H_{s,m}$ 增高，落潮时 $H_{s,m}$ 降低，与潮位变化趋势一致。由此可知，考虑潮汐作用后 $H_{s,m}$ 模拟值（线）明显比不考虑潮汐作用的模拟值（线）更贴近实测值（点）的变化趋势。

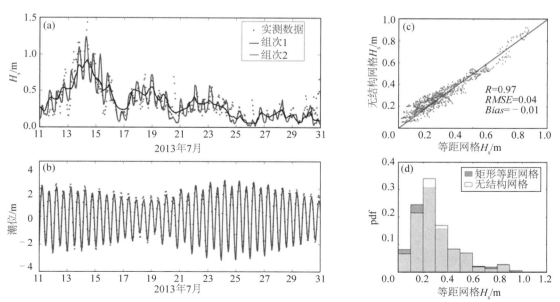

图 2　2014 年实测数据与模拟值对比及两种网格模拟精度对比

表 2　有效波高和水位的误差分析

组次	测站名称	参数	R	RMSE/m	Bias/m
1	大丰	H_s	0.84	0.20	0.04
	蛎蚜山	H_s	0.54	0.25	−0.10
2	大丰	wl	0.97	0.38	0.12
		H_s	0.87	0.18	0.02
	蛎蚜山	wl	0.82	0.95	0.29
		H_s	0.70	0.41	−0.25

2　结　果

2.1　季风对风浪涌浪分类的影响

2.1.1　风浪涌浪时空分布特征

本文将 2008—2017 年共 10 年的基本数据按季节进行分组整理，研究季风对风涌浪分布规律的影响。12 月至翌年 2 月为冬季，3—5 月为春季，6—8 月为夏季，9—11 月为秋季。主要分析的数据为有效波高（H_s），谱峰周期（T_p），波浪方向和风方向的角度差（$|\Delta\theta_p|$），涌浪的概率（P_s），见图 3。

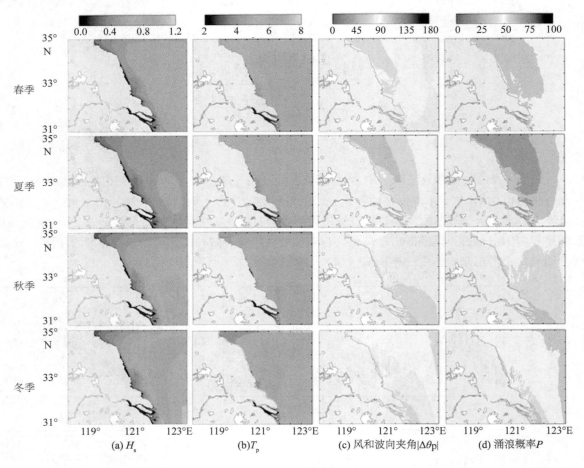

(a) H_s　　　　(b) T_p　　　　(c) 风和波向夹角 $|\Delta\theta_p|$　　　　(d) 涌浪概率 P

图 3　10 年模拟值季节平均变化

辐射沙洲地区，冬季风风向主北，且风速较大；春季风主要风向为东南；夏季大部分为东南，其余为南；秋季风向为东南和东北[11-12]。秋、冬季风速更大，导致秋、冬季平均 H_s 大于春、夏季。冬季时会出现比秋季更高的平均 H_s，原因是在冬季时波浪受到外海涌浪作用强于秋季。夏季由于季风风速小，平均 H_s 最小。辐射沙洲外围地区的季节平均 T_p 在冬季最大，夏季最小。在辐射沙洲顶点弶港地区的谱峰周期季节

变化不明显且较小,是由于地形的庇护作用使得此处大部分为风浪。在风作用越强烈的地方,$|\Delta\theta_p|$越小。在夏季辐射沙洲北部地区,平均$|\Delta\theta_p|$最大为 105°,局部达到 120°,说明夏季时波浪受到季风作用较弱,增大了来自太平洋的涌浪占比。辐射沙洲全年平均$|\Delta\theta_p|$为 93°。本文采用 $1.2U_{10}\cos(|\Delta\theta_p|)>1$ 或者$|\Delta\theta_p|<90°$[8] 来判定当前波浪是否为风浪,式中 C_p 为 T_p 对应的相位速度,与谱峰周期 T_p 相对应。P_s 和平均$|\Delta\theta_p|$的季节变化趋势保持一致,在夏季时,辐射沙洲北部出现以涌浪控制为主的波浪概率最大,平均 P_s 为 68%,即风浪概率低。秋季平均 P_s 为 49 %,冬季平均 P_s 为 54 %。平均 P_s 从秋季开始增大,在夏季达到最大,这种规律在辐射沙洲北部尤为明显。

2.1.2 风浪涌浪能量分布特征

在季风的作用下,风浪波高大小呈现季节性变化,在季风盛行的时间段内,风浪占主导地位。夏季季风减弱,则涌浪占优;秋、冬季风增强,则涌浪占比下降。大丰测站 2014 年的 1D 波谱φ_1 如图 4 所示,可以看出在冬季低频段,最大波浪能量的频率较连续,在春、夏季则多次出现不连续或者次峰,这可能与瞬变风事件导致海域不平衡有关。

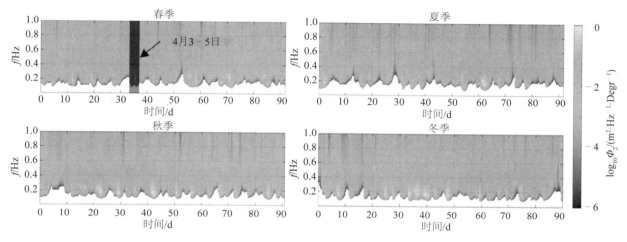

图 4 2014 年大丰测站 1D 波谱

瞬变风,通常指在短时间内传播方向改变较大的风,$|\Delta\theta_w|$是风向角度之差。在研究区域内出现频率不低(图 5),其对风向转变有很大影响。本文以 2014 年 4 月 3—5 日大丰测站的瞬变风事件作为例子进行研究(图 5 区域)。1D 谱(图 4)中出现频率陡降。在此时间段内的 2D 波谱φ_2(图 6)中可以看到风涌能量的明显变化。图 6 中为 θ 为波浪传播方向,箭头方向为风向,大小为风速,黑线为风涌分界线。图 6(a)到图 6(c)过程中,风向开始有了转变。起初风速大小 U_{10}(箭头)为 5.4 m/s 并向西南方向传播。随后风速开始变小且方向开始逆时针向东转变。从图 6(c)到图 6(d)的过程中,风的方向逆时针由东南转向东北。仅过了 6 个小时,风速便从 2.9 m/s 增长到 4.6 m/s。不仅方向转变快而且风速增加。黑色直线为两种波浪成分的分界线。可以看出在瞬变风事件期间,风浪能量减小,不利于风浪发育。

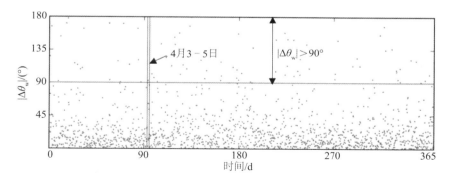

图 5 2014 年大丰测站瞬变风事件

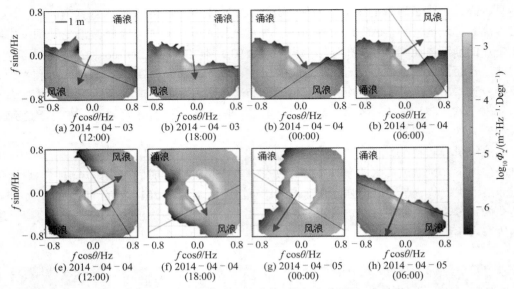

图 6　2014 年 4 月 3—5 日瞬变风期间大丰测站 2D 波谱

2.2　潮汐对风浪涌浪分类的影响

潮汐是影响辐射沙洲水动力的一个不可缺少的因素。通过对模型的验证，发现当考虑潮汐作用时，H_s 的变化与潮位起伏波动有类似趋势。因此，研究潮汐作用对重力波的划分影响是很有价值的。本文以大丰测站为例，分析 2014 年潮汐动力较强的 7 月 1 日至 8 月 31 日风涌变化情况（图 7）。

在考虑潮汐动力的作用下，风浪（平均 T_p 为 4.1 s）和涌浪（平均 T_p 为 4.9 s）谱峰周期存在显著差异[图 7（a）]。而忽略潮汐效应，风浪和涌浪 T_p 之间存在较大的重叠[图 7（b）]。受潮汐影响和不受潮汐影响的平均 H_s 值没有显著差异，见图 7（c）和图 7（d）。考虑波流相互作用时，涌浪平均 H_s 为 0.47 m，风浪平均 H_s 为 0.52 m。无潮动力下涌浪平均 H_s 值 0.35 m，风浪平均 H_s 值为 0.53 m。涌浪的平均 H_s 在考虑潮汐动力影响后明显增加，同时在这两种情况下，风浪 H_s 的平均值都大于涌浪。此外，波流相互作用增大了风浪 H_s 的极值，并使风浪 T_p 的峰值向较小的方向偏移，同时增加了涌浪 H_s <0.3m 时的发生的概率，将涌浪 T_p 的峰值移至更大的值。

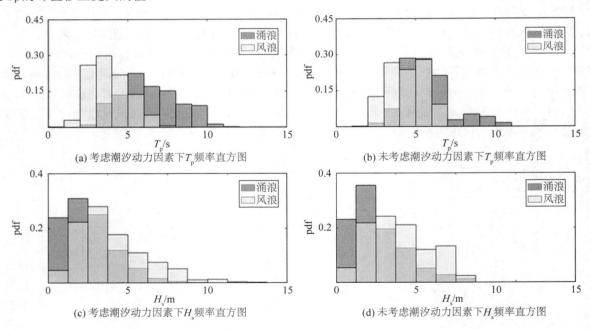

图 7　风涌浪分类情况

3　结　语

通过对 2008—2017 年期间的波浪模拟数据分析，为南黄海辐射沙洲地区风涌分类的影响因素提供了初步概述。大丰测站模拟数据有效波高和平均周期与实测数据拟合较好，而蛎蚜山测站欠佳。在考虑潮汐动力因素后的模拟值更佳，建议在对辐射沙洲地区波浪模拟时，考虑潮汐动力因素。

季风对辐射沙洲地区波浪特性影响极大，海域波浪主要以风浪为主。有效波高、平均周期和涌浪概率的季节变化明显，有效波高和谱峰周期在秋、冬季较大，夏季最小。在秋季，由于秋季大风多，大部分地区涌浪概率为 40%~50%，风浪波高较高。冬季涌浪概率大于秋季，在风速小于秋季的同时，有效波高却高于秋季，则说明冬季涌浪振幅大于秋季。夏季涌浪概率最大，最低的有效波高也发生在夏季。

瞬变风的出现导致了波浪能量成分的复杂化，在 1D 波谱中表现为出现谱峰值频率陡降，2D 波谱中表现为风浪、涌浪各自能量变化剧烈。这些结果表明，瞬变风事件期间不利于风浪的发育。

风浪和涌浪的有效波高和谱峰周期分布，在考虑潮汐作用后发生了变化。潮汐对涌浪特性的改变大于风浪。具有较长周期的涌浪和较短周期的风浪，对底摩阻更敏感；涌浪则由于涨潮期间水位增加导致底摩阻耗散降低而有机会进入近岸地区。涌浪有效波高和谱峰周期均值均增大；风浪有效波高均值增大，但谱峰周期均值减小。

参考文献：

[1] RYSZARD M S. Ocean surface waves: their physics and prediction[M]. World scientific, 1996.

[2] TOFFOLI A, BITNER-GREGERSEN E M. Types of Ocean Surface Waves, Wave Classification[J]. Encyclopedia of Maritime and Offshore Engineering, 2017: 1-8.

[3] FALTINSEN O. Sea loads on ships and offshore structures[M]. Cambridge university press, 1993.

[4] HAN D S, HAN G J. The difference in the uplift force at each support point of a container crane between FSI analysis and a wind tunnel test[J]. Journal of Mechanical Science and Technology, 2011, 25(2): 301-308.

[5] HOLTHUIJSEN L H. Waves in oceanic and coastal waters[M]. Cambridge university press, 2010.

[6] KUKULKA T, JENKINS R L, KIRBY J T, et al. Surface wave dynamics in Delaware Bay and its adjacent coastal shelf[J]. Journal of Geophysical Research: Oceans, 2017, 122(11): 8683-8706.

[7] HANLEY K E, BELCHER S E, SULLIVAN P P. A global climatology of wind–wave interaction[J]. Journal of Physical Oceanography, 2010, 40(6): 1263-1282.

[8] DONN W L. Studies of waves and swell in the western North Atlantic[J]. Eos, Transactions American Geophysical Union, 1949, 30(4): 507-516.

[9] 张长宽. 江苏近海海洋综合调查与评价总报告[M]. 北京:科学出版社, 2012: 80-86.

[10] 何小燕, 胡挺, 汪亚平, 等. 江苏近岸海域水文气象要素的时空分布特征[J]. 海洋科学, 2010: 34(9), 44-54.

[11] TOLMAN H L. Effects of tides and storm surges on North Sea wind waves[J]. Journal of Physical Oceanography, 1991, 21(6): 766-781.

[12] LIU Y X, ZHANG R S, LI M C. Dynamic change of radial sand ridges in coast of Jiangsu Province-a case study in Dongsha Sandbank[J]. Scientia Geographica Sinica, 2004, 24(2): 199-204.

[13] LV X, YUAN D, MA X, et al. Wave characteristics analysis in Bohai Sea based on ECMWF wind field[J]. Ocean Engineering, 2014, 91: 159-171.

[14] 汤志华, 郑晓琴, 曹翔宇, 等. 潮汐和潮流影响下苏北辐射沙洲海域波浪模拟分析[J]. 海洋预报, 2015, 32(2): 24-30.

[15] 袁金金, 冯曦, 冯卫兵. 辐射沙洲地形对南黄海潮汐过程的影响[J]. 科学通报, 2018, 63(27): 114-128.

[16] YAN L, ZHAOHAI B. The simulation test of SWAN model in the wave height in the Huang-Bo sea areas[J]. Marine Forecasts, 2005, 22(3): 75-82.

[17] LIANG B, FAN F, LIU F, et al. 22-Year wave energy hindcast for the China East Adjacent Seas[J]. Renewable Energy, 2014, 71: 200-207.

[18] 冯曦, 易风, 曹海锦, 等. 南黄海辐射沙洲近岸海域波浪特性研究[J]. 海洋工程, 2018, 36(1): 62-73.

[19] 朱大奎, 龚文平. 江苏岸外海底沙脊群西洋水道的稳定性分析[J]. 海洋通报, 1994(5):36-43.

[20] KUTUPOĞLU V, ÇAKMAK R E, AKPINAR A, et al. Setup and evaluation of a SWAN wind wave model for the Sea of Marmara[J]. Ocean Engineering, 2018, 165: 450-464.

[21] ÖZHAN E, ABDALLA S. Wind and Deep Water Wave Atlas of the Turkish Coast[J]. Middle East Technical University, 2002.

[22] MAZAHERI S, KAMRANZAD B, HAJIVALIE F. Modification of 32 years ECMWF wind field using QuikSCAT data for wave hindcasting in Iranian Seas[J]. Journal of Coastal Research, 2013, 65(sp1): 344-350.

[23] NAYAK S, BHASKARAN P K, VENKATESAN R. Near-shore wave induced setup along Kalpakkam coast during an extreme cyclone event in the Bay of Bengal[J]. Ocean Engineering, 2012, 55: 52-61.

[24] CHEN B, JIANG C, CHEN H. Numerical Simulation of Wind Waves Around Rudong Sea Area in Jiangsu Province [J]. Port & Waterway Engineering, 2007, 1.

[25] LI J, CHEN Y, PAN S, et al. Estimation of mean and extreme waves in the East China Seas[J]. Applied Ocean Research, 2016, 56: 35-47.

[26] LESSER G R, ROELVINK J A, VAN KESTER J, et al. Development and validation of a three-dimensional morphological model[J]. Coastal engineering, 2004, 51(8-9): 883-915.

[27] SUTHERLAND J, WALSTRA D J R, CHESHER T J, et al. Evaluation of coastal area modelling systems at an estuary mouth[J]. Coastal Engineering, 2004, 51(2): 119-142.

[28] ALLARD R, DYKES J, HSU Y L, et al. A real-time nearshore wave and current prediction system[J]. Journal of Marine Systems, 2008, 69(1-2): 37-58.

[29] BECQ-GIRARD F, FORGET P, BENOIT M. Non-linear propagation of unidirectional wave fields over varying topography[J]. Coastal Engineering, 1999, 38(2): 91-113.

大尺度陆间海波浪数值模拟——以地中海为例

张海文，赵懿珺，陈小莉，袁　珏

（中国水利水电科学研究院，北京　100038）

摘要： 基于 MIKE 21 的 SW 波浪模块，以地中海为例建立了大尺度陆间海海域波浪数学模型，采用欧洲中期天气预报中心（ECMWF）的风场数据作为驱动场，对地中海海域的波浪进行数值模拟，并将模拟计算结果与实测波浪资料进行对比。结果显示，模拟计算结果与实测值吻合良好，表明所建立的波浪模型能够较好地模拟地中海海域的波浪特性，说明了 MIKE 21 SW 对大尺度陆间海波浪模拟的适用性。

关键词： 波浪；数值模拟；MIKE 21 SW；地中海

在海洋工程以及船舶运行过程中准确了解海浪条件至关重要。应用数学模型进行波浪数值模拟是了解大尺度海域波浪特性的常用方法。目前，主要模拟风浪的软件包括美国的 WAVEWATCH-III、荷兰的 SWAN 以及丹麦的 MIKE 21 SW 模型。其中 WAVEWATCH-III 模型主要应用在大尺度海域的模拟[1,2]，SWAN 多应用于近岸和湖泊的波浪计算[3-4]。MIKE 21 SW 多应用于模拟近岸海域波浪的成长、消散与传播变形及局部区域的波浪的预报和分析[5-11]，但其在大尺度陆间海及内陆海的波浪模拟方面应用较少。以地中海为例应用 MIKE 21 SW 建立了大尺度陆间海波浪数学模型，采用欧洲中期天气预报中心（ECMWF）的再分析风场数据作为驱动场，对地中海海域的波浪进行数值模拟。根据波浪实测资料对模型进行验证，说明基于 MIKE 21 的大尺度陆间海波浪模型的适用性。

地中海是世界范围内最大的陆间海，由北面的欧洲大陆、南面的非洲大陆和东面的亚洲大陆所包围，如图 1 所示。地中海西部通过直布罗陀海峡与大西洋相接，东部通过土耳其海峡（达达尼尔海峡和博斯普鲁斯海峡、马尔马拉海）和黑海相连，东西方向长约 4 000 km，南北方向最宽处大约为 1 800 km，面积约为 250×10⁴ km²。地中海沿岸共有 19 个国家和地区，拥有众多港口，它是沟通三个大陆的交通要道，也是"一带一路"倡议中"21 世纪海上丝绸之路"的重要通道。随着"一带一路"建设的不断推进，对地中海海域波浪特性的认识具有一定的意义。

图 1　地中海位置示意

1　模型介绍

1.1　控制方程

模型基于波作用守恒方程，采用波作用密度谱 $N(\sigma,\theta)$ 来描述波浪，自变量为相对波频率 σ 和波向 θ。波作用密度与波能谱密度 $E(\sigma,\theta)$ 的关系为

$$N(\sigma,\theta)=E(\sigma,\theta)/\sigma \tag{1}$$

在笛卡儿坐标系下，模型的控制方程为[12]

$$\frac{\partial N}{\partial t} + \nabla(\vec{V}N) = \frac{S}{\sigma} \tag{2}$$

式中：$\vec{V}$ 为波群推进速度，$\vec{V}=(c_x, c_y, c_\sigma, c_\theta)$，$c_x$ 和 c_y 分别为波浪在地理坐标 x 和 y 方向上的传播速度；c_σ 和 c_θ 为波浪在 σ 和 θ 方向上的传播（变形）速度。S 为以谱密度表示的源函数，代表能量的输入输出，包括风输入的能量、波与波之间的非线性作用引起的能量耗散、白浪效应引起的能量耗散、底摩阻引起的能量耗散以及波浪破碎引起的能量耗散。

1.2　数值解法

模型中地理空间和谱空间的离散采用中心单元有限体积法。地理空间范围内使用非结构化网格，将连续的空间细分为不重叠的小单元。模型在频率空间采用对数离散，在方向空间采用等角度离散，地理空间采用通量方法。在时间上采用分步积分、显式欧拉法。模型根据稳定性条件 CFL 自行调整时间步长。

2　地中海海域波浪模型建立

2.1　地形及参数设置

波浪模型的模拟范围为整个地中海海域，模型计算域的地形如图 2 所示，海域平均水深约 1 500 m，水深最深处约 5 000 m。在构建模型网格时，考虑到模拟时间因素，在西西里海峡（Strait of Sicily）北部海域网格相对较疏，西西里海峡东部包括亚得里亚海的海域内网格相对较密，且在海峡及岛屿周边等区域进行局部网格加密，最小网格尺度约 500 m。

模型选用完全型谱公式、非定长的时间公式。模型的主要参数包括：底部摩阻选取 Nikuradse 糙率系数 $k_n = 0.01$ m；波浪破碎的参数设置为 $\gamma = 0.8$，$\alpha = 1$；白帽耗散的参数选取 $C_{dis} = 1$，$\delta = 0.85$。

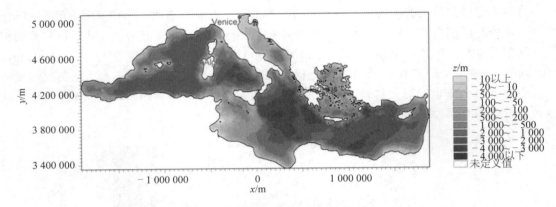

图 2　模型计算域地形及特定点位置

2.2　风场

风场是波浪场的主要驱动力，准确并具有代表性的风场条件对于 SW 波浪模型至关重要。为了与 2006 年 8 月至 11 月间的实测波浪资料[13]进行比较，选取 2006 年的风场作为输入条件，该风场数据由欧洲中期天气预报中心（ECMWF）的再分析数据得到。风场数据覆盖了整个地中海海域，包含随时间和空间变化的风速在 x 方向和 y 方向的分量，数据的空间网格尺度为 0.75°×0.75°，时间步长为 3 h。由于地中海空间尺度大，海域内不同位置的风速、风向差异较大。以意大利撒丁岛（Sardinia）上的阿尔盖罗（Alghero）和希腊的比雷埃夫斯（Piraeus）以及意大利的威尼斯（Venice）（位置见图 2）为例，三个位置的 2006 年度风玫瑰图如图 3 所示。阿尔盖罗站最大风速达 19.7 m/s，主导风向为 ESE；比雷埃夫斯站最大风速为 16.9 m/s，主导风向为 SWS 向；威尼斯站的风力相对较小，最大风速为 9.7 m/s，主导风向为 SWS 向。

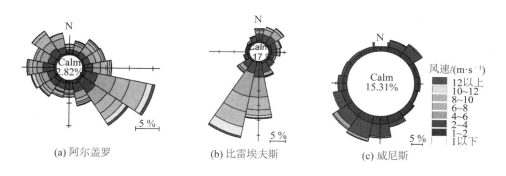

(a) 阿尔盖罗　　　　　(b) 比雷埃夫斯　　　　　(c) 威尼斯

图 3　2006 年度风玫瑰图

3　波浪模型计算结果分析

3.1　模型验证

　　在文献[13]的研究过程中，2006 年 8 月 1 日至 2006 年 11 月 30 日期间在阿尔盖罗站（位置见图 2）进行了波浪数据观测。通过对波浪实测数据与模型计算结果的比较进行模型验证。利用 2006 年度的 ECMWF 风场资料对整个地中海海域进行周年波浪场的数值模拟。模拟计算的有效波高（H_s）、谱峰周期（T_p）以及平均波向（Dir_m）与实测值的比较见图 4。如图可见，波高、周期及波向的计算结果均与实测值吻合良好，表明所建立的模型能够比较准确地模拟地中海海域的波浪特性。

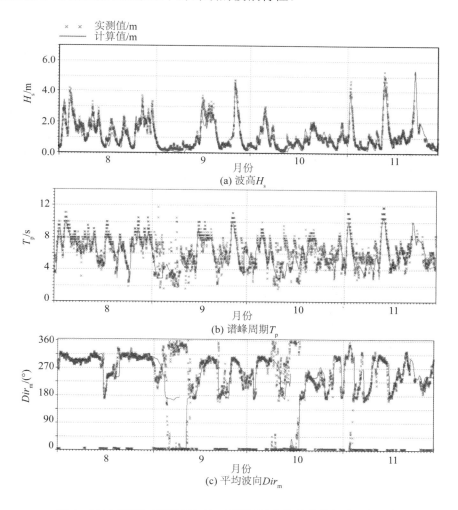

(a) 波高 H_s

(b) 谱峰周期 T_p

(c) 平均波向 Dir_m

图 4　2006 年阿尔盖罗站波高、周期及波向的计算值与实测值比较

3.2 计算结果分析

在波浪场模拟计算结果中提取三个特征位置阿尔盖罗、比雷埃夫斯和威尼斯处的有效波高 H_s 随时间的变化，如图 5 所示。图中可见在模拟时间段内阿尔盖罗处最大的 H_s 为 6.5 m，发生在 2006 年 3 月 12 日 14 时；比雷埃夫斯的最大波高 H_s 为 2.5 m，发生在 2006 年 2 月 24 日 4 时，该最大值远小于阿尔盖罗的最大波高；而位于亚得里亚海北部沿岸的威尼斯受风力及地形影响，最大波高 H_s 仅为 0.8 m，发生在 2006 年 3 月 13 日 0 时。由此可见，2006 年中不同位置的最大波高均发生在 2、3 月份。

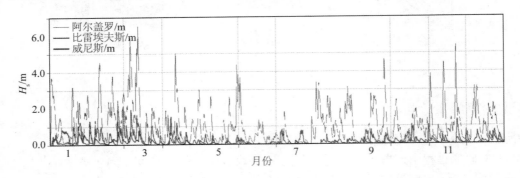

图 5　2006 年阿尔盖罗、比雷埃夫斯 和威尼斯处的计算波高随时间的变化

以阿尔盖罗发生最大波高的时刻为例，该时刻整个地中海海域内的有效波高及波向分布如图 6 所示。图中可见，该时刻靠近撒丁岛的西侧海域波高相对较大，最大波高达 8.1 m；该区域的波向为 NW 向，主要受风向的影响；此时在最西端的直布罗陀海峡附近、东端水深相对较浅的海域以及亚得里亚海内最北端区域，受风速及地形等影响，波高较小。对计算域内各空间位置一年内的最大波高 H_s 和最大周期 T_p 进行统计分析，得到全域内最大波高和最大周期的分布，分别见图 7 和图 8。由图可见整个地中海海域周年内最大的有效波高 H_s 达到约 9 m，发生在风力最大的撒丁岛西北部海区；而包括亚得里亚海在内的地中海东北部沿海区域由于风力较弱波高相对较低，周年内亚得里亚海最大波高约 5 m。整个地中海海域周年最大周期 T_p 为 8～16 s，最大值 15.8 s 发生在东部吹程最长的沿海区域，而亚得里亚海内最大周期 T_p 为 9～12 s。阿尔盖罗、比雷埃夫斯和威尼斯处的最大周期 T_p 分别为 12.0 s、12.0 s 和 10.8 s。总体而言，由于地中海空间尺度大，水深较深，且局部风速较大，导致海域内最大波高较大，最大周期相对较长。

由计算结果可知，风况是影响陆间海波浪条件的首要因素。由于陆间海被大陆包围，海域内的波浪直接受风场驱动，从风场中获得能量而发展起来。风速越大、吹程越长，则波高越大、周期越长。此外，地形是影响波浪的另一重要因素。相同条件下，水深越深，则波高越大。

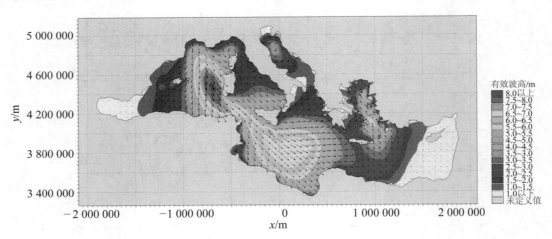

图 6　波高及波向分布

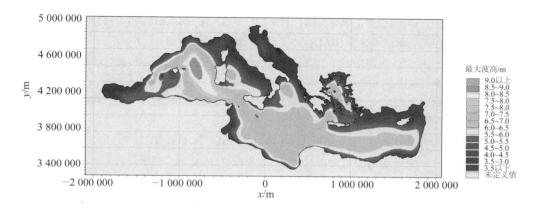

图 7　最大波高分布

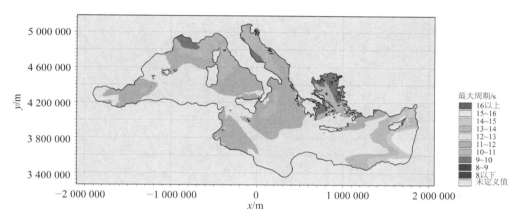

图 8　最大周期分布

4　结　语

基于 MIKE 21 的 SW 波浪模块，以地中海为例建立了大范围陆间海波浪数学模型，采用欧洲中期天气预报中心（ECMWF）的再分析风场数据对波浪场进行了数值模拟，得到以下结论：

1）实测的有效波高、谱峰周期及平均波向与模拟计算结果吻合良好，表明所建立的波浪模型能够较好地模拟地中海海域的波浪场，说明了 MIKE 21 SW 对大尺度陆间海波浪模拟的适用性。

2）地中海海域周年内波浪的模拟分析结果显示，整个海域内最大波高 H_s 达约 9 m，位于撒丁岛西北部；希腊比雷埃夫斯和意大利威尼斯的最大波高分别为 2.47 m 和 0.81 m。

3）由于陆间海被大陆包围，风场及地形条件是影响陆间海波浪模拟的主要因素。海域内波浪直接受风场驱动，风速越大、吹程越长，则波高越大、周期越长。地形是影响波浪的另一主要因素，相同条件下，水深越深，波高越大。在准确的风场及地形条件基础上，可以利用 MIKE 21 SW 对大尺度陆间海的波浪进行比较准确的模拟。

参考文献：

[1] BI F, SONG J B, WU K J, et al. Evaluation of the simulation capability of the Wavewatch III model for Pacific Ocean wave[J]. Acta Oceanologica Sinica, 2015, 34(9): 43-57.

[2] 吴萌萌, 王毅, 万莉颖, 等. WAVEWATCH III 模式在全球海域的数值模拟试验及结果分析[J]. 海洋预报, 2016, 33(5): 31-39

[3] 李煊, 李庆杰, 周良明, 等. 基于 SWAN 模式和折绕射模式的近岸海浪数值模拟[J]. 海洋湖沼通报, 2017(4): 33-44.

[4] 王震, 吴挺峰, 邹华, 等. 太湖不同湖区风浪的季节变化特征[J]. 湖泊科学, 2016(1): 217-224.

[5] 顾杰, 马悦, 王佳元, 等. 洋河-葡萄岛岸段养滩工程波浪响应特征研究[J]. 水动力学研究与进展, 2017, 32(1): 18-24.

[6]　翟甲栋, 刘锦石. MIKE 21 SW 波浪数值模型在塞拉利昂项目中的应用[J]. 港工技术, 2013, 50(6): 1-3.

[7]　林登荣, 陈卫辉. 潜堤掩护水域波浪计算方法[J]. 水运工程, 2015 (12): 32-40.

[8]　PARVATHY K G, DEEPTHI I G, NOUJAS V, et al. Wave transformation along southwest coast of India using MIKE 21 [J]. International Journal of Ocean and Climate Systems, 2014, 5(1): 23-34.

[9]　甘富万, 孙晋东, 赵艳林, 等. 基于 WRF 风场再分析的银滩波浪场数值模拟[J]. 广西大学学报(自然科学版), 2016, 41(5): 1342-1348

[10]　廖振华, 刘青明. 湄洲湾海域波浪数值模拟研究[J]. 中国水运, 2014, 14(9): 125-126.

[11]　王卫远, 何倩倩, 周鹏飞, 等. 福建南日群岛海域波浪数值模拟研究[J]. 海洋预报, 2013, 30(5): 26-30.

[12]　DHI. MIKE 21 Spectral wave module scientific documentation [M]. Copenhagen, Denmark: DHI, 2009.

[13]　COWI. Principaute de Monaco Urbanisatin du Littoral spectral wave modelling [R]. Denmark: Konge Lyngby, 2007

徐闻青安湾海滩剖面对热带风暴"贝碧嘉"高频响应的观测与分析

曾春华 [1,2]，朱士兵 [3]，李志强 [3]，张会领 [1]，杨章锋 [1,2]

（1. 广东海洋大学 海洋工程学院，广东 湛江 524088；2. 河海大学 港口海岸与近海工程学院，江苏 南京 210098；3. 广东海洋大学 电子与信息工程学院，广东 湛江 524088）

摘要： 风暴是华南海滩演变最活跃的动力因素，由于观测条件的恶劣，国内外极少有风暴过程中海滩响应的高频现场观测工作。在 2018 年强热带风暴"贝碧嘉"期间对徐闻青安湾海滩开展了历时 6 天半高频观测，观测内容包括：全时水动力要素和逐时海滩剖面变化过程采样。通过对观测数据的分析研究表明：①受控于海南岛和雷州半岛地形地貌背景的影响，青安湾海滩碎波带水动力在"贝碧嘉"影响期间比较稳定。②在每个潮周期内，海滩剖面均有侵蚀和淤积现象，海滩不同部位的响应变化趋势有显著差异。③低潮滩肩侵蚀响应最快、最剧烈，快速侵蚀紧接着振荡恢复，最大恢复幅度达最大侵蚀深度的 1/4。高潮滩肩在低潮滩肩侵蚀后逐日侵蚀下切、后退。水下沙坝出现在波浪破碎概率最大位置处，由滩肩泥沙逐步向海输移淤积而成，位置相对稳定。④最大海滩侵蚀发生在台风过程中，在海滩风暴响应机理研究中应该特别注意。

关键词： 青安湾；热带风暴；"贝碧嘉"；海滩剖面；高频响应

全球变暖导致海平面上升，未来台风与风暴潮灾害的频度有增加趋势，使得海岸侵蚀问题愈发突出。美国近岸过程研究小组（The Nearshore Processes Community）在总结过去 40 年海滩近岸过程研究进展的基础上，将海滩风暴的侵蚀和恢复过程作为下一个 10 年的重要研究命题之一[1-2]。全球风暴频率最高海域为西北太平洋（占 36％以上）[3]，中国沿海风暴潮的频繁高居世界首位[4]，其中登陆我国的台风数量以华南地区最多，华南地区又主要集中在广东省和海南省，两省登陆台风约占华南地区总量的 87％[5]。琼州海峡地处广东、海南两省之间，在两省登陆台风对琼州海峡都有不同程度的影响，是研究海滩对风暴响应的典型岸段。

欧美国家一直比较注重海滩地貌风暴响应的模式研究[6-9]，但这些模式在预测风暴导致的海岸响应结果上仍不准确[10-11]。如 Basco 观测 37 个不同位置的海滩由风暴 Luis and Marilyn 引起的侵蚀和风暴后恢复情况均不相同[12]。Costas 等通过观测伊比利亚半岛西北部的罗达斯海滩，发现风暴条件下滩面主要表现为平行后退[13]。Coco 等研究海滩对系列风暴响应后认为，波高对海滩的侵蚀作用有限，需要考虑更多因素，不能放大单个风暴的影响[14]。

国内海岸研究者也越来越重视海滩的风暴响应观测和研究，对山东、江苏、浙江、福建、粤东、粤西、北海和海南东北部等地区的海滩台风响应展开一系列研究[15-23]。蔡峰等研究发现热带气旋前进方向右侧海滩风暴效应更加明显[16]，童宵岭等认为岬角海滩不同区域剖面对台风的响应差异大[17]；此外还有关于沙坝–潟湖海岸[18]、海滩–珊瑚礁系统等[19]、岬湾型海岸[20-22]等不同海岸类型海滩以及岬角和湾口朝向、大小等因素对台风强度大小、路径的响应特征等方面的研究。这些研究多为采集台风前后现场数据进行对比分析。由于台风期间现场观测存在危险性、不可预测性及作业强度大等因素，极少研究工作是在台风期间进行现场观测。有研究者尝试在台风作用范围之外进行观测，如：陈子燊等[22]、于吉涛等[23]在粤东后江湾观测了台风"圣帕"、台风"派比安"和强热带低压"宝霞"海滩地形动力过程，但由于观测点距离台风路径太远或台风强度太小，海滩剖面没有充分响应。

本文对 2018 年 16 号热带风暴"贝碧嘉"登陆过程中徐闻青安湾海滩地形变化和水动力过程进行了高频率的现场观测，并对现场观测数据进行分析，探讨海滩剖面对台风过程的响应特征和机制。

基金项目： 国家自然科学基金（41676079）；广东海洋大学创新强校工程项目（Q18307）

作者简介： 曾春华，高级工程师，博士研究生，从事港口工程与海岸地形动力学研究。E-mail: chzen@163.com

通信作者： 李志强，教授，从事海岸地形动力学研究。E-mail: qiangzl1974@163.com

1 研究区域与台风概况

琼州海峡东西长约 80 km，南北最大宽度 39.5 km，最窄 19.4 km，平均宽度 29.5 km，宽度约为台湾海峡的 1/10。海峡南北两岸岸线呈锯齿状，岬角、海湾相间。青安湾位于琼州海峡北岸中间位置，距离琼州海峡南岸的海南岛约 20 km。

青安湾是雷州半岛南端的一个小型弧形海湾，作为一个半封闭系统，外源供沙条件有限。湾口弦长 $b=1.75$ km，曲率半径 $a=0.85$ km。海湾两侧为玄武岩岬角，岬角岸坡较陡，其下形成砾石滩。海湾后缘为北海组地层组成三级海积阶地，阶地前缘有风成沙丘分布。沙滩长度约 1 800 m，宽度 60~80 m，中间岸段较为平直。海区潮汐为不正规日潮，平均潮差为 0.82 m，最大潮差 2.16 m，属弱潮海岸。湾附近涨潮流先向东后向西，而落潮流向东，流速约 1 m/s。受地形条件影响，波浪主要为 E—SW 方向，以风浪为主，涌浪为辅，平均波高约为 0.35 m，平均周期 4.0 s[24]。

琼州海峡所处的南海北部素有"台风走廊"之名，此次观测为 2018 年 16 号强热带风暴"贝碧嘉"。"贝碧嘉"具有路径复杂（图 1）、移动速度慢、生命史长、多次登陆、降水猛烈的特点，远超南海台风一般 3~4 d 的生命史。台风"贝碧嘉"中心移动路径与青安湾最小距离为 47 km。台风影响期间的气象信息见表 1。

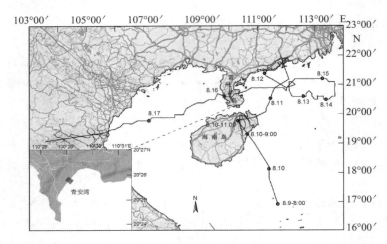

图 1 研究区域位置与"贝碧嘉"路径

表 1 "贝碧嘉"路径信息

时间	位置	备注
8 月 9 日 08 时	南海西北部海面	热带低压
8 月 10 日 09 时	海南省琼海市沿海登陆	7 级，15 m/s
8 月 11 日 10 时 35 分	阳江海陵岛再次登陆	7 级，15 m/s
8 月 12 日 14 时	—	加强为热带风暴级，18 m/s
8 月 13 日 8 时	—	命名为"贝碧嘉"，18 m/s
8 月 15 日 21 时 40 分	湛江雷州东里镇沿海登陆	9 级，23 m/s
8 月 16 日 2 时	移入北部湾	—
8 月 17 日	越南北部登陆	—

2 研究方法

2.1 海滩剖面变化观测

海滩剖面地形变化观测采取打桩、量桩高程的方法[25-27]。观测期间，在后滨、高潮滩肩、低潮滩肩、滩肩外坡、外坡脚各 1 排桩，水下平缓区 2 排桩，共 7 排桩，每排有 7 根桩，形成 7×7 观测网格，列间距为 5 m，见图 2。为避免波浪在桩周围形成冲刷坑而影响测量精度，桩的材料采用 10 mm 细钢筋；每列为 1 个剖面，由东北至西南分别命名为 P1~P7。在后滨设置固定基准点，每天用全站仪对每根桩的位置和高程进行测量，以检测观测精度。从 8 月 8 日 17 时开始，每小时 1 次用钢直尺量桩顶到滩面高度变化，直到 8 月 15 日 12 时结束。室内对测得数据进行处理，还原各桩位置海滩高程逐时变化过程。

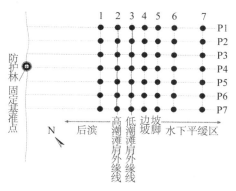

图 2　现场观测桩位布置

2.2　碎波带水动力观测与数据处理

台风期间，在碎波带投放压力式波浪仪记录水面波动过程。波浪仪位于低潮位以下水深约 1.5 m 处，距离岸线约 40 m。波浪仪采样频率为 2 Hz，连续观测得到 2018 年 8 月 8 日 17 时至 8 月 15 日 12 时 8 分 42 秒波浪数据。把原始数据每 20 min 分为一组，采用上跨零点法计算出波高、波周期等波浪要素。另外采用线性最小二乘滤波法滤出实时潮位过程。

3　结果与分析

3.1　台风水动力

台风期间，台风增水周期与天文潮周期相近，波高大值与潮位高值同步，见图 3。台风在登陆前，随着台风由南向北逼近观测点，增水由 8 月 9 日的 0.38 m 增加至 8 月 10 日 0.42 m，而波高 H_b（0.784 m）、H_s（0.551 m）变小为 H_b（0.673 m）、H_s（0.432 m）；11 日台风路径转向东，逐渐离开观测点，最大增水减小为 0.40 m，波高进一步变小 H_b（0.555 m）、H_s（0.375 m）；12—13 日台风强度变大，最大风速由 15 m/s 增大至 18 m/s，增水也随之变大到 0.50 m，波高进一步变小 H_b（0.506 m）、H_s（0.336 m）；14 日台风路径继续向东，同时天文潮由大潮转为中潮，增水减小为 0.4 m，波高略微变小 H_b（0.489 m）、H_s（0.294 m），见表 2，15 日台风迅速向西靠近观测点，波浪略有加大。

风暴增水动力主要为风应力，向岸大风把海水往沿岸输送，造成海水辐聚，使高水位进一步加高；台风强度越大、移速越快，台风路径与岸线分布形成拢水局面，则利于风暴增水[28]。"贝碧嘉"为强热带风暴级别，生命史长，移动速度慢；同时琼州海峡是东西连通南海与北部湾的狭长海域，雷州半岛为突出地形，由大陆伸出大海约 130 km，海水易从该海域快速流走，不利于海水堆积壅高。因此，整个台风期间，青安湾增水相对较小且较为稳定。

风浪形成的风时、风距、风速三要素中，受海南岛掩护，"贝碧嘉"逼近青安湾过程中，风速虽有所增大，但风距是不断减小的，直至琼州海峡宽度 19.4~39.5 km，登陆后风与地面摩擦也消耗一定能量，实测波高亦逐渐减小；而 8 月 10 日 11 时之后，台风路径转向东，风向转为离岸风，波浪近一步减小。

表 2　台风水动力统计

日期	最大增水/m	破碎波高 H_b/m	有效波高 H_s/m	波周期 T/s	天文潮
8 月 9 日	0.38	0.784	0.551	7.00	中潮
8 月 10 日	0.42	0.673	0.432	6.39	中潮
8 月 11 日	0.40	0.555	0.375	5.55	大潮
8 月 12 日	0.50	0.433	0.270	5.29	大潮
8 月 13 日	0.50	0.506	0.336	7.00	大潮
8 月 14 日	0.40	0.489	0.294	6.25	中潮
8 月 15 日	—	0.560	0.384	6.25	中潮

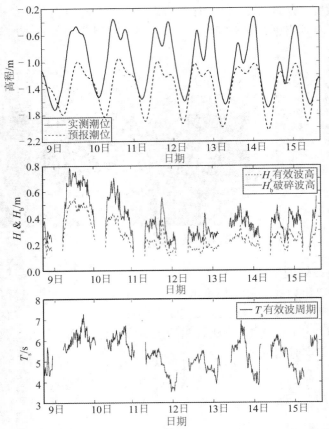

图 3　2018 年 8 月"贝碧嘉"台风水动力过程线（剔除记波仪水深不足时的波浪异常数据）

3.2　海滩剖面

纵向剖面变化幅度最大位置在高潮滩肩 2 号桩、低潮滩肩 3 号桩和沙坝附近 6 号桩处。横向滩肩线后退约 6 m，从低潮滩肩侵蚀退至高潮滩肩后 1 m 处，水下形成沙坝，见图 4。

从各桩的实测高程过程线看，每个潮周期内，均有侵蚀和淤积现象，但变化最大三个位置的响应演变趋势完全不同，见图 4。

3 号桩所在低潮滩肩位置，是台风期间响应最迅速和变化最剧烈的地方。根据实测高程过程线大致可分为三个阶段；一是快速侵蚀阶段，时间从 8 月 9 号 9 时至 14 时，在台风生成并向北移靠近青安湾，低潮滩肩前缘快速蚀低 35.7 cm，接近台风剖面侵蚀最大值，坡度变陡，侵蚀起绝对主导地位。二是继续缓慢侵蚀至最大阶段，时间从 8 月 9 号 15 时至 8 月 10 号 14 时，台风继续正面逼近青安湾、登陆并达到最近距离，滩面缓慢侵蚀至最大值 40.5 cm，期间剖面因上冲流携沙淤积有微小恢复，冲刷仍占优势。三是滩面振荡恢复阶段，8 月 11 日往后，台风路径转向东，逐渐远离青安湾，浪向转为离岸向，侵蚀作用减弱，剖面已适应台风波浪条件，一个潮周期内出现侵蚀和回淤反复振荡状态，淤积开始占优势；12—14 日每天最大振荡幅度分别为 6.9、8.2 和 2.2 cm；总体以恢复性淤积为主，淤积值分别为 6.9、2.8 和 -0.2 cm；淤积泥沙主要来自低潮位时波浪向岸携带泥沙、高潮滩肩受波浪侵蚀和雨水冲刷向海输移泥沙落淤；淤积累积最大值为 9.7 cm，接近侵蚀最大值 40.5 cm 的 1/4。

2 号桩所在位置为高潮滩肩，高潮滩肩侵蚀发生在低潮滩肩侵蚀之后，侵蚀至高潮滩肩时，剖面基本适应台风波浪条件，坡度变陡，而后在波浪和雨水冲刷作用下高潮滩肩开始逐步蚀低、后退，泥沙向海输移，淤落在低潮滩肩位置处，坡度变缓。8 月 9 日台风生成当天，低潮滩肩未完全冲蚀，风暴增水及波浪未直接影响高潮滩肩时，高潮滩肩因暴雨而呈现出轻微冲刷；8 月 10 日低潮滩肩完全侵蚀后，波浪未开始直接侵蚀高潮滩肩之前，波浪上冲流夹带泥沙漫到高潮滩肩，甚至产生 2.2 cm 轻微的淤积现象。8 月 11 日波浪开始直接侵蚀高潮滩肩，而且侵蚀幅度 6.7 cm，快速侵蚀后潮位下降和下个潮周期上涨过程中上冲流携沙作用下有细微恢复，但一个潮周期内，冲刷为主。8 月 12—15 日，侵蚀幅度分别为 3.5 cm、5.0 cm、

5.4 cm 和 4.0 cm，侵蚀幅度小于初始侵蚀值，整体特征是高潮位时波浪直接冲刷侵蚀，随后潮位下降和下个潮周期上涨过程中上冲流携沙轻微恢复性淤积，一个潮周期内，均以冲刷为主。整个台风期间，每个潮周期内冲刷起主导作用。

6 号桩在沙坝位置的内侧，水下沙坝出现在波浪破碎概率最大位置处[29]；6 号桩 8 月 9 日在台风初始阶段快速淤积 13.4 cm，几乎与滩肩快速侵蚀响应同步，由滩肩泥沙向海快速输移形成；8 月 10 日，台风继续正面逼近青安湾并达到最近距离，泥沙继续向海输移到沙坝最终位置，6 号桩位高程下降了 5.6 cm；随着台风过程中滩肩被侵蚀泥沙持续向海输移，沙坝持续成长扩大，桩位高程亦不断淤积，8 月 11 日淤积 7.4 cm；8 月 12 日滩肩开始进入恢复性淤积状态，没有新的侵蚀泥沙继续向海输移，原有冲刷落淤在 4 号、5 号桩位置泥沙部分继续向海输移，6 号桩位仍少量淤积 2.4 cm；8 月 13 日淤积 1.3 cm；累积淤积最大值 18.9 cm；8 月 14 日在没有滩肩离岸泥沙继续补充，且向海泥沙已经完成到沙坝位置输移情况下，沙坝开始转向侵蚀平整。整个台风期间，沙坝以淤积为主。

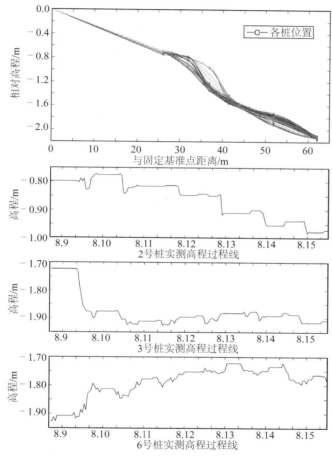

图 4　实测剖面变化过程与代表性桩高程变化过程

4　结　语

1）热带风暴"贝碧嘉"路径与琼州海峡–雷州半岛特有海陆分布地形地貌形成不易拢风拢水及风浪风距不断减小的局面，使得青安湾海域风暴增水及风浪在台风期间保持相对稳定状态。

2）青安湾海滩在"贝碧嘉"期间，每个潮周期内，均有侵蚀和淤积现象，不同位置的响应演变趋势完全不同。低潮滩肩侵蚀响应最快、最剧烈，先快速侵蚀后振荡恢复，最大恢复幅度达最大侵蚀深度的 1/4。高潮滩肩在低潮滩肩侵蚀后逐日侵蚀下切、后退。水下沙坝出现在波浪破碎频率最大位置处，由滩肩泥沙逐步向海输移淤积而成，位置相对稳定。

3）台风前后海滩剖面形态差异显著，侵蚀最大值在台风过程中。这是以前通过台风前后各观测 1 次无法观测到的，在海滩风暴响应机理研究中应该予以特别注意。

参考文献：

[1] TNPC (The Nearshore Processes Community). The future of nearshore processes research[J]. Shore & Beach, 2015, 83(1): 13-38.

[2] HOLMAN R A, HALLER M C, LIPPMANN T C, et al. Advances in nearshore processes research: four decades of process[J]. Shore & Beach, 2015, 83(1): 39-52.

[3] 王志仁，吴德星，吴辉碇，等. 全球热带风暴时空分布特点[J]. 海洋学报，2012, 24(1): 25-34.

[4] 李阔. 气候变化影响下 2050 年广东沿海地区风暴潮风险评估[J]. 科技导报，2017, 35(5): 89-95.

[5] 王文秀，郭汝凤，陈世发，等. 1951—2016 年登陆我国华南地区台风的时空分布特征分析[J]. 防护林科技，2018, 6: 16-18.

[6] COOPER J A G, JACKSON D W T, NAVAS F, et al, Identifying storm impacts on an embayed, high-energy coastline: examples from western Ireland[J]. Marine Geology, 2004, 210: 261-280.

[7] BACKSTORM J T, JACKSON D WT, COOPER J A G, et al. Storm-driven shoreface morphodynamics on a low-wave energy delta: the role of nearshore topography and shoreline orientation[J]. Journal of Coastal Research, 2008, 24: 1379-1387.

[8] GERVAIS M, BALOUIN Y, BELON R. Morphological response and coastal dynamics associated with major storm events along the Gulf of Lions coastline, France[J]. Geomorphology, 2012, 143/144: 69-80.

[9] HAERENS P, BOLLE A, TROUW K, et al. Definition of storm thresholds for significant morphological change of the sandy beaches along the Belgian coastline[J]. Geomorphology, 2012, 143/144: 107-117.

[10] ANTHONY E J. Storms, shoreface morphodynamics, sand supply, and the accretion and erosion of coastal dune barriers in the southern North Sea[J]. Geomorphology, 2013, 199: 8-21.

[11] FORBES D L, PARKES G S, Manson G K, et al. Storms and shoreline retreat in the southern Gulf of St. Lawrence[J]. Marine Geology, 2004, 210: 169-204.

[12] Basco D R. Erosion of beaches on St. Martin Island during Hurricanes LUIS and MARILYN[J]. Shore Beach, 1996, 64(4): 15-20.

[13] COSTAS S, ALEJO I, VILA-CONCEJO A, et al. Persistence of storm-induced morphology on a modal low-energy beach: A case study from NW-Iberian Peninsula[J]. Marine Geology, 2005, 224(1-4): 43-56.

[14] COCO G, SENECHAL N, REJAS A, et al. Beach response to a sequence of extreme storms[J]. Geomorphology, 2014, 204: 493–501.

[15] 王文海，吴桑云，陈雪英. 山东省 9216 号强热带气旋风暴期间的海岸侵蚀灾害[J]. 海洋地质与第四纪地质，1994, 14(4): 71-78.

[16] 蔡锋，苏贤泽，夏东兴. 热带气旋前进方向两侧海滩风暴效应差异研究：以海滩对 0307 号台风"伊布都"的响应为例[J]. 海洋科学进展，2004, 22(4): 437-445.

[17] 童宵岭，时连强，夏小明，等. 1211 号台风对浙江象山皇城海滩剖面的影响分析[J]. 海洋工程，2014, 32(1): 84-90.

[18] 李谷祺，彭俊，蔡锋，等. 沙坝—泻湖岸型砂质海滩地貌对台风的响应特征[J].海洋地质动态，2007, 23(8): 14-18.

[19] 邵超，戚洪帅，蔡锋，等. 海滩–珊瑚礁系统风暴响应特征研究——以 1409 号台风"威马逊"对清澜港海岸影响为例[J]. 海洋学报，2016, 38(2): 121-130.

[20] 朱士兵，李志强. 雷州半岛南部海滩对 1720 号台风（卡努）的响应研究[J]. 热带海洋学报，2019, 38(1): 96-103.

[21] 龚昊，陈沈良，钟小菁，等. 海南岛东北部海滩侵蚀与恢复对连续台风的复杂响应[J]. 海洋学报，2017, 39(5): 68-77.

[22] 陈子桑，王扬圣，黄德全，等. 台风影响下海滩前滨剖面时间变化差异性分析[J]. 热带海洋学报，2009, 28(6): 1-6.

[23] 于吉涛，丁圆婷，程璜鑫，等. 0709 号台风影响下粤东后江湾海滩地形动力过程研究[J]. 海洋学报，2015, 37(5): 76-86.

[24] 包砺彦. 雷州半岛南部青安湾海滩的沉积特征和地形发育[J]. 热带海洋，1989, 8(2): 75-83.

[25] MASSELINK G, HEGGE B J, PATTIARACHI C B. Beach cusp morphodynamics[J]. Earth Surf. Proc. Landforms, 1997, 22: 1139-1155.

[26] SALLENGER A H, RICHUMOND B M.High-frequency sediment-level oscillation in the swash zone[J]. Mar.Geol., 1984, 60: 155-164.

[27] LI Z Q. Relationship between high-frequency sediment-level oscillations in the swash zone and inner surf zone wave characteristics under calm wave conditions. [J]. Open Geosci, 2016, 8: 787-798

[28] 马经广，杨武志. 台风"海鸥"与"威马逊"风暴增水的差异分析[J]. 广东水利水电，2015(3): 20-24.

[29] 张洋，邹志利，苟大苟，等. 海岸沙坝剖面和滩肩剖面特征研究[J]. 海洋学报，2015, 37(1): 147-157.

强台风"山竹"作用下南三岛海滩表层沉积物变化研究

朱士兵 [1]，李志强 [1]，方贵权 [2]，李泽华 [2]，曾春华 [2]，张会领 [2]

（1. 广东海洋大学 电子与信息工程学院，广东 湛江 524088；2. 广东海洋大学 海洋工程学院，广东 湛江 524088）

摘要： 研究海滩在风暴响应和恢复阶段的时空动态变化，不仅可以加深理解海滩在极端波况下的响应–恢复机制，而且对沿海工程管理、资源利用、防灾减灾至关重要。分别在 1822 号强台风"山竹"登陆前、后、恢复阶段，对南三岛海滩进行地形测量和表层沉积物采样分析，探讨海滩在台风作用的 3 个不同时期地貌形态变化和沉积动力动态。结果表明：南三岛海滩在极端动力条件下做出了快速响应，地貌形态方面：受台风"山竹"影响阶段，海滩潮下带巨大沙坝消失，潮上带淤积；恢复阶段，海滩地貌形态主要表现在潮上带的侵蚀和沙坝的重建。潮间带较为稳定，在响应和恢复期均没有发生明显的冲淤变化。沉积动态方面：台风过后，滩面表层沉积物整体变细，分选变好；滩面沉积物发生搬运而重新分布，整个滩面粗砂成分均减少，细砂成分均增加，并且增减幅度由陆向海方向逐渐减弱。不同时期内，整个滩面泥沙搬运方式均以跃移为主（占 80% 以上），悬浮组分整个滩面分布较为均匀（6%）。

关键词： 台风"山竹"；南三岛；沉积动力过程；地形剖面；恢复过程

海滩通过耗散高能风暴波浪提供天然的海岸防御，是重要的社会经济资源。海滩处于海陆相互作用的动态环境下，在这里，海滩坡度、地貌、沉积物试图在不断变化的水动力条件下达到平衡[1-3]。在海滩演化过程中，台风是一个十分重要的动力单元。风暴是海滩迅速变化的主要驱动力，而且变化往往是剧烈的。在台风作用下，强大的波能和风暴增水致使波浪越顶使海滩系统不稳定，甚至造成海滩永久性侵蚀[4]。海滩对剧烈（风暴）环境强迫变化的响应和恢复是一个极其重要但高度复杂的问题，取决于许多相互关联的因素，首先是复杂的风暴机制，包括各种参数，如气压、平均水位、风速、相对于海岸的风向和波浪[5-6]。然后是海岸对风暴的响应受到受风暴特征、海岸形态、沉积物供应等多种因素的控制[7-8]。

国内外学者在风暴驱动和风暴后的恢复方面做了诸多工作，研究的主要指标分为两类：一类是单一的形态学指标，例如海岸线位置[9-10]、沙丘位置的迁移[11]；另一类是简单的海滩剖面空间信息指标，例如海滩体积和坡度[12-13]、剖面沙通量[14]等的变化。通过这些指标的变化可以更好地理解风暴驱动海岸响应在不同时空尺度的形态动力学过程。但是，大部分研究更侧重于风暴前后海滩形态地貌的时空变化，忽略了风暴后沉积物重新分配的实质性变化。另一方面，海滩的风暴后恢复研究不如风暴驱动力的变化研究深入，主要是因为风暴驱动的变化主要由流体动力学（波浪、潮汐和风暴潮）决定，而恢复过程不仅受到海洋动力环境影响，还涉及风成沉积物输送[15]，另外，海滩地貌表征的恢复水平、评估方法、衡量标准更加复杂。国内学者对海滩在风暴后的恢复研究成果还较少且集中在岬湾海滩，对恢复机制理解不够深入[16-21]。能够理解兼顾风暴影响和恢复海滩时空动态特征对沿海工程管理、资源利用、防灾减灾至关重要。本文旨在通过探讨南三岛平直海滩剖面形态、表层沉积物在 1822 号台风"山竹"前后的动态变化，探讨海滩在极端波况下的响应–恢复机制。

1 研究区及台风"山竹"概况

1.1 研究区概况

南三岛位于雷州半岛东侧，面向南海开敞。东西向长约为 18 km，南北向长约为 12 km，海岸线长 83 km 见图 1。南三岛海滩没有岬角，为夷直型海滩。后滨种有防护林，海滩宽阔平缓，潮间带超过 100 m，坡

基金项目： 国家自然科学基金（41676079）；广东海洋大学创新强校工程项目（Q18307）

作者简介： 朱士兵，男，硕士研究生，从事海岸资源与环境研究

通讯作者： 李志强，男，教授，从事海岸地形动力学研究。E-mail:qiangzl1974@163.com

度较小，属于典型的消散型海滩[22]，水下发育有大型沙坝[23]，沉积物多为中细砂组分。南三岛所处海区属于不规则的半日潮，平均潮差为1.8 m，最大潮差为4.2 m。该海区主要与风浪为主占比约为80%，涌浪为20%，常浪向和风向均为ENE向，最强波浪方向为N向，最强风向为S向。年平均波高为0.9 m，平均周期为3.1 s。

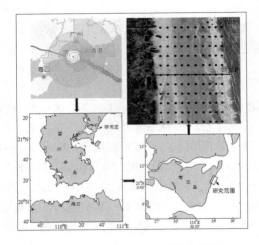

图1　台风、研究区、采样点概况

1.2　台风概况

1822号台风"山竹"于2018年9月7日20时在西北太平洋生成，9月12号先在菲律宾北部登陆后继续移动，9月16日17时前后在广东省江门市台山海宴镇沿海登录。登录时最大风速45 m/s，中心气压955 hPa，并以30 km/h移动速度向西北向移动，9月17日20时消失于广西境内。台风"山竹"登录时等级为14级的强台风，七级风圈最大半径达到400 km见表1。台风"山竹"具有动力强大，影响范围广的特点。台风登陆期间研究区的最大波高为1.6 m，为平时常浪条件下的2~4倍，见图2。

表1　台风登陆时参数

时间	中心位置	台风等级	最大风速 / (m·s⁻¹)	中心气压/hPa	移动速度 / (km·h⁻¹)	移动方向	七级风圈半径 /km
13:00	21.40°N, 113.80°E	15级（强台风）	48	950	35	WNW	250~400
14:00	21.50°N, 113.50°E	15级（强台风）	48	950	33	WNW	280
15:00	21.60°N, 113.30°E	15级（强台风）	48	955	33	WNW	250~400
16:00	21.70°N, 113.00°E	15级（强台风）	48	955	33	WNW	250~400
17:00（登陆）	21.90°N, 112.50°E	14级（强台风）	45	955	30	WNW	

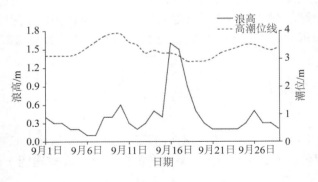

图2　台风期间潮位与波高

2　资料和方法

2.1　资料获取

在南三岛海滩受人类活动影响较小岸段选取长约 1.1 km 岸段作为采样区域，沿海岸线方向上，每隔 100 m 作为采样间距标准，等距采集 11 个样品。垂岸方向上，由于潮上带、潮间带、潮下带长度不同，分别于潮上带采集 2 个，潮间带采集 5 个，潮下带采集 3 个共 10 个样品。在所选区域中间位置，布置 1 条由岸向海的测量剖面，在所测剖面的海滩后滨不易受台风浪侵蚀处打固定桩点，地形测量采用测绘全站仪。分别于 1822 号台风"山竹"前（2018 年 9 月 15 号）、台风后（9 月 18 号）、恢复期（9 月 28 号）。根据潮位信息选择当天最低潮时间段对研究区进行地形测量和表层沉积物采样，测量距离为人所能涉水的最远距离。共获取台风前、后、恢复期三个时间的 3 条剖面数据和 330 个泥沙样品。收集研究区在台风"山竹"影响前后的海洋环境动力信息，并根据台风实时预报收集台风信息。

2.2　研究方法

由现场观测结合潮位信息获取海滩高潮线、低潮线、地貌特征（沙坝、滩肩等）位置，确定海滩潮上带、潮间带、潮下带范围。根据在 1822 号台风"山竹"前、后、恢复期间所测量的海滩剖面图，分析海滩不同区域地形冲淤变化情况及特征地貌体的运动情况。

对所采集的沉积物样品在实验室用 BT2002 激光粒度仪进行粒度分析获取粒度特征数据，采用矩法计算沉积物的平均粒径、分选系数、偏态和峰态。对所采取的 330 个样品粒度参数在不同区域范围内占比情况进行分类统计，分析台风前、后、恢复期间泥沙分布特征。在所测剖面的潮上带、潮间带、潮下带上各选取一个泥沙样品做出不同时期的频率累计曲线和概率累计分布曲线分别讨论沉积物在台风响应和恢复期间粒度组分和动力环境的变化特征。最后，对 1822 号台风"山竹"登陆前后和恢复期的地形观测获取的数据和采集的沉积物样品，结合运用沉积动力和地貌学，对比分析台风"山竹"作用前后海滩剖面在极端波况下的地貌响应、后续恢复、沉积动态特征。

3　结果与分析

3.1　海滩剖面在台风响应、恢复期间的变化特征

根据 1822 号台风"山竹"前、后、恢复期对海滩的观测（图 3）可以看出：台风过后，潮下带沙坝消失，整个潮间带几乎没有发生侵淤变化，潮上带出现淤积现象。台风消失，研究区所处海洋动力环境减弱，逐渐恢复常浪情况，台风"山竹"过去十天后，受台风影响的海滩剖面逐渐恢复，潮上带堆积体逐渐消失，潮下带沙坝重建，靠近潮下带的潮间带向海部分略微侵蚀。

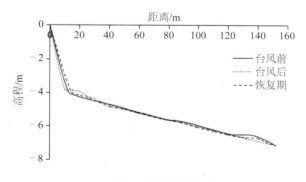

图 3　海滩剖面变化

3.2　台风前、后、恢复期间粒度动态及动力环境分析

3.2.1　沉积物粒度特性动态

沉积物粒度分析是海洋沉积环境研究最基本的手段之一，沉积物粒度数据可用于识别沉积环境的类型，判定物质运动方式和沉积物输运方向，是反映沉积物物质来源及水动力条件的敏感性指标。海滩沉积物的粒度变化是了解海滩特征的重要手段。1822 号台风"山竹"对研究区影响的三个不同时期，海滩表层

沉积物分析计算得到的特征参数见表 2，并在所测剖面上选择潮上带、潮间带、潮下带三组表层沉积物做粒径频率累计曲线，如图 4 所示。

表 2　不同时期研究区海滩沉积物特征参数值

		M_z（Φ）		σ_i		S_k		K_φ	
		范围	平均值	范围	平均值	范围	平均值	范围	平均值
潮上带	台风前	1.643~2.288	2.045	0.606~0.953	0.668	-0.387~0.971	0.390	3.420~6.863	4.741
	台风后	1.246~2.391	2.242	0.586~0.988	0.950	-0.691~1.350	1.111	3.033~7.383	7.726
	恢复期	1.692~3.119	1.944	0.737~1.502	0.772	-0.075~3.184	0.268	3.128~20.664	4.297
潮间带	台风前	1.658~2.340	2.067	0.588~0.731	0.649	-0.435~1.047	0.407	3.277~6.511	4.799
	台风后	1.242~2.470	1.997	0.603~0.862	0.707	-0.445~1.581	0.419	2.587~9.116	4.759
	恢复期	1.283~2.468	1.940	0.684~1.074	0.849	-0.283~2.734	0.669	2.879~16.550	5.568
潮下带	台风前	1.775~2.454	2.115	0.587~0.897	0.699	-0.146~4.074	0.716	3.547~28.122	6.386
	台风后	1.275~2.475	2.037	0.595~1.019	0.742	-0.613~3.886	0.703	3.000~27.035	5.713
	恢复期	1.756~2.723	2.238	0.713~1.279	0.951	0.050~3.164	1.460	3.413~18.238	9.470

由表 2 可以看出，台风前，潮上带、潮间带、潮下带泥沙平均粒径范围逐渐变大，说明整个滩面出现了较原始状态更粗和更细的粒径组分，但整个滩面沉积物仍然以中砂和细砂为主。在台风"山竹"作用下，海滩表层沉积物粒径范围明显变大，出现介于中砂和粗砂之间的组分。从粒径频率累计曲线可以看出，台风后，潮上带和潮间带泥沙整体变细，潮下带泥沙略微变粗。这主要是由于台风期间强大动力条件对滩面沉积物的扰动使得沉积物重新分配造成的；分选（σ_i）范围受台风影响表现和 M_z（Φ）变化较为一致，均变大。从平均值看，台风后海滩表层沉积物分选均变好，对于偏态（S_k）台风作用后，潮上带偏态范围由近对称—正偏变为负偏到极正偏、潮间带由负偏—正偏变为负偏到极正偏、潮下带由近对称—到极正偏变为负偏到极正偏，滩面沉积物偏态范围变大，从平均值看，受台风影响，滩面沉积物偏态整体变好。对于峰态（K_φ），滩面沉积物在 1822 号台风"山竹"作用前后，均表现为中峰和窄峰。粒度频率累计曲线更为明显，潮上带和潮下带峰态要比潮下带窄，且潮下带不是标准的单峰。受台风影响后，海滩沉积物峰态变大，变得更窄，潮下带泥沙变为单峰状态。

台风过去十天后，海滩处于恢复阶段，通过对 9 月 28 号恢复期所采集的 110 个泥沙样品分析，发现滩面泥沙重新调整分布。由台风作用不同时期研究区海滩沉积物特征空间分布可以看出，潮上带泥沙 4 个粒度参数均向台风前海滩常浪状态调整，而潮间带和潮下带则没有这一趋势。

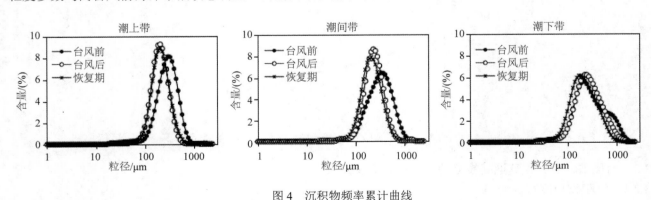

图 4　沉积物频率累计曲线

3.2.2　滩面沉积物分布时空差异性

为了更好地了解受台风影响下海滩表层沉积物在滩面的重新分配情况，对三个不同时期的潮上带 66 个、潮间带 165 个、潮下带 99 个共 330 个沉积物样品做了组分占比统计分析，见表 3。

表 3　台风前、后、恢复期间滩面沉积物不同区域分布占比（%）

		粗砂	中砂	细砂	极细砂	分选			偏态				峰态		
						好	中	差	负偏	近对称	正偏	极正偏	中等	窄	很窄
潮上带	台风前	14	54	29	3	90	10	0	0	57	43	0	19	81	0
	台风后	1	33	55	8	86	14	0	5	57	38	0	10	90	0
	恢复期	3	35	52	8	86	14	0	0	43	52	5	5	90	5
潮间带	台风前	22	45	26	5	23	77	0	5	53	39	3	29	71	0
	台风后	5	43	45	6	55	45	0	2	65	29	5	24	70	6
	恢复期	3	34	49	11	42	53	5	2	36	53	9	12	76	12
潮下带	台风前	20	31	34	6	0	68	32	0	32	32	36	14	55	32
	台风后	17	39	35	6	9	64	27	0	45	45	9	36	45	18
	恢复期	10	31	42	15	0	59	41	0	27	18	55	14	31	55

台风前，海滩表层沉积物粒度组成和粒度参数在原本常浪环境下由岸向海存在明显的分异性，具体表现为：由岸向海粗砂、细砂、极细砂组分都增加，海滩沉积物主要成分中砂组分减少。分选表现得更为明显，向海方向分选明显变差，潮上带分选好的组分占 90%，潮间带仅占 23%，潮上带和潮间带没有分选差的组分，潮下带分选差的占 32%。偏态分异不是特别明显，总体呈现近对称和正偏状态（90% 以上），潮间带沉积物偏态复杂：负偏、近对称、正偏、极正偏均有存在。由岸向海方向沉积物偏态正偏性逐渐增强且潮下带极正偏急剧增加。对于峰态来说，泥沙峰态由陆向海方向逐渐复杂，潮上带沉积物 80% 以上表现为窄峰。潮间带以窄峰为主但中等峰态组分增加，潮上带和潮间带没有出现很窄的组分，潮下带很窄组分占 32%。

台风过后，滩面泥沙受到台风作用的扰动发生搬运而重新分布，但也存在一定的规律。对于沉积物组分来说，整个滩面粗砂成分均减少，细砂成分增加，并且增减幅度由陆向海方向逐渐减弱。占海滩沉积物主要成分的中砂在潮上带大幅减少（50%），潮间带中砂组分基本保持不变，潮下带中砂组分增加。分选方面：台风过后，潮上带泥沙分选好的组分略微减少，整体分选变差；潮间带分选好的组分大幅增加（139%）分选中的组分由 77% 减少至 45%；潮下带泥沙分选好的组分增加，分选中等和差的组分略微减少；总体来说，潮上带以下沉积物分选变好。偏态方面：受台风影响，整个滩面沉积物正偏组分减少，潮上带泥沙近对称组分基本不变且出现 5% 负偏组分，潮间带和潮下带区域内沉积物近对称组分增加，增加部分大致和正偏组分减少部分持平。

台风消失 10 天后，整个海滩处于调整恢复阶段。根据表 3，对比台风恢复期的滩面泥沙组分、分选、偏态、峰态可以看出，整个滩面各个参数分布复杂，没有规律，说明海滩仍在调整恢复之中。

3.2.3　沉积物搬运方式时空变化

Visher[24] 详细研究了沉积物的搬运模式，并对 1 500 多个样品进行粒度分析，在正态概率纸上作图后，将沉积物搬运方式分为三种：悬移（>3.32φ 的组分）、跃移（1~3.32φ 之间的组分）、推移（0~1φ 之间的组分）。概率累积曲线不仅可以看出各组分的含量、通过斜率反映不同搬运方式粒度组分的分选性；还可以较直观地辨别沉积物的搬运方式，反映沉积物与搬运营力的关系[25]。以本次研究区域的剖面 P 为代表（图 1），选择潮上带、潮间带、潮下带三个不同沉积动力环境分析海滩表层沉积物搬运方式，其概率累计曲线见图 5，不同搬运方式的组分统计见表 4。

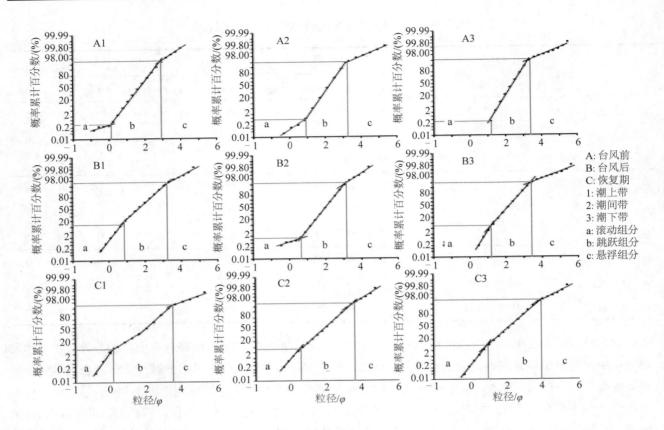

图 5　沉积物概率累积曲线

表 4　沉积物 3 种搬运方式组分统计

		推移组分		跃移组分		悬浮组分	
		占比/（%）	斜率	占比/（%）	斜率	占比/（%）	斜率
潮上带	台风前	1	0.42	95	1.73	4	0.87
	台风后	1	0.89	91	1.92	8	0.56
	恢复期	<1	0.56	93	2.11	7	0.55
潮间带	台风前	5	1.73	90	1.23	5	0.74
	台风后	2	0.45	91	1.72	7	0.88
	恢复期	1	2.15	91	1.52	8	0.52
潮下带	台风前	14	1.84	81	0.97	5	0.61
	台风后	10	0.54	85	1.20	5	0.84
	恢复期	13	1.69	82	1.15	5	0.68

由表 4 可以看出，不同时期内，整个滩面泥沙搬运方式均以跃移为主（占 80%以上），潮下带推移组分较多（10%以上），潮上带和潮间带推移组分较少（<5%），悬浮组分整个滩面分布较为均匀（6%）。受台风"山竹"的扰动，翻滚–跳跃–悬浮三种不同搬运方式的表层沉积物组分在整个滩面分布占比发生了变化。

台风前，由岸向海方向泥沙滚动组分逐渐增多（潮上带仅占 1%，潮下带达 14%），跳跃组分逐渐减少，但仍占整个滩面主体，悬浮组分几乎不变（占 5%）。受台风影响，泥沙不同搬运组分发生改变，但此现象在滩面不同位置呈现一定的规律，潮上带推移组分基本不变，跳跃组分减少，悬浮组分增加；潮下带悬浮组分基本不变，跳跃组分增加，推移组分减少；潮上带和潮下带组分变化存在明显的负反馈互动关系，这主要与他们所处的动力环境相关。潮间带跃移组分基本不变，推移组分减少，悬浮组分增加。恢复阶段，潮上带和潮下带泥沙不同搬运方式的组分均朝着台风前的海滩状态接近，但还没有达到海滩常浪状态下的沉积物搬运方式分布；潮间带三种搬运方式组分占比没有规律，没有表现出恢复迹象。不同搬运方式曲线的斜率代表着此方式下的泥沙分选好坏，从表 4 可以看出，在台风作用的不同时间阶段，整个滩面泥沙分选均朝着台风前的海滩状态变化。

4　讨　论

南三岛岸滩宽阔平直、坡度小、两侧没有岬角的庇护，整个海滩受同一海洋环境背景下的动力作用较为均匀。本研究采集了 330 个海滩表层沉积物，分别对台风作用前、后、恢复期时间段内不同海滩范围内的沉积物粒度参数特征占比进行分布统计，基本可以反映整个海滩表层沉积物对台风的响应和调整恢复过程动态信息。海滩地貌形态的变化归根到底是沉积物在动力（波浪、潮流、风等）驱动下的输运和重新分布造成的。由于台风期间，海洋环境异常恶劣、复杂多变，难以现场测量取样。海滩过程是各种动力因素在不同时空范围内互相耦合作用中的动态变化，但本次研究只是在台风作用 10 天后对海滩进行一次调查取样，由剖面形态和沉积动态分析可知，海滩并没有完全恢复，没有完全捕捉到海滩整个恢复过程。接下来的研究需要加长观测周期，才能更加全面了解海滩在极端动力下的响应和恢复机制。

5　结　语

本次研究探讨了 1822 号台风"山竹"前、后、恢复期三个时间段海滩剖面地形的动态变化，并对表层沉积物方面做了统计分析，得出以下结论：

1）受台风影响的不同阶段，海滩地貌形态和沉积动力均做出响应。台风响应阶段：沙坝被侵蚀，泥沙向上搬运造成潮上带淤积，滩面表层沉积物整体变细，分选变好。恢复阶段剖面地形主要表现为潮上带的侵蚀和沙坝的重建，泥沙沉积物沿滩面重新调整分布。

2）由于台风期间强大动力条件对滩面沉积物的扰动使得沉积物重新分配造成，台风后潮上带和潮间带泥沙整体变细，潮下带泥沙略微变粗。

3）不同时期内，整个滩面泥沙搬运方式均以跃移为主（占 80%以上），潮下带推移组分较多（10%以上），潮上带和潮间带推移组分较少（<5%），悬浮组分整个滩面分布较为均匀（6%）。

参考文献：

[1] PRODGER S, RUSSELL P, DAVIDSON M, et al. Understanding and predicting the temporal variability of sediment grain size characteristics on high-energy beaches[J]. Marine Geology, 2016, 376: 109-117.

[2] 戚洪帅，蔡锋，雷刚，等. 华南海滩风暴响应特征研究[J]. 自然科学进展，2009, 19(9): 975-985.

[3] 蔡锋，苏贤泽，夏东兴. 热带气旋前进方向两侧海滩风暴效应差异研究——以海滩对 0307 号台风"伊布都"的响应为例[J]. 海洋科学进展，2004, 22(4): 436-445.

[4] LEE G, NICHOLLS R J, BIRKEMEIER W A. Storm-driven variability of the beach-nearshore profile at Duck, North Carolina, USA, 1981-1991[J]. Marine Geology, 1998, 148(3/4):163-177.

[5] BACKSTROM J T , JACKSON D W T, COOPER J A G , et al. Storm-driven shoreface morphodynamics on a low-wave energy delta: The role of nearshore topography and shoreline orientation[J]. Journal of Coastal Research, 2008, 246(6): 1379-1387.

[6] BETTS N L, ORFORD J D, WHITE D, et al. Storminess and surges in the South-Western Approaches of the eastern North Atlantic: the synoptic climatology of recent extreme coastal storms[J]. Marine Geology, 2004, 210(1-4): 227-246.

[7] BACKSTROM J T, JACKSON D W T, COOPER J A G. Shoreface morphodynamics of a high-energy, steep and geologically constrained shoreline segment in Northern Ireland[J]. Marine Geology, 2009, 257(1-4): 94-106.

[8] HAERENS P, BOLLE A, TROUW K, et al. Definition of storm thresholds for significant morphological change of the sandy beaches along the Belgian coastline[J]. Geomorphology, 2012, 143-144: 107-117.

[9] BRAMATO S, ORTEGA-SÁNCHEZ, MIGUEL, et al. Natural recovery of a mixed sand and gravel beach after a sequence of a short duration storm and moderate sea states[J]. Journal of Coastal Research, 2012, 279(1): 89-101.

[10] HAPKE C J, PLANT N G, HENDERSON R E, et al. Decoupling processes and scales of shoreline morphodynamics[J]. Marine Geology, 2016, 381:42-53.

[11] HOUSER C, HAMILTON S. Sensitivity of post-hurricane beach and dune recovery to event frequency[J]. Earth Surface Processes & Landforms, 2010, 34(5):613-628.

[12] STONE G W, LIU B, PEPPER D A, et al. The importance of extratropical and tropical cyclones on the short-term evolution of barrier islands along the northern Gulf of Mexico, USA[J]. Marine Geology, 2004, 210(1-4):63-78.

[13] SCOTT T, MASSELINK G, O"HARE T, et al. The extreme 2013/2014 winter storms: Beach recovery along the southwest coast of England[J]. Marine Geology, 2016, 382: 224-241.

[14] CASTELLE B, BUJAN S, FERREIRA S, et al. Foredune morphological changes and beach recovery from the extreme 2013/2014 winter at a high-energy sandy coast. Mar. Geol. 2017, 385:41-55.

[15] ANTHONY E J, STÉPHANE VANHEE, MARIE-HÉLÈNE RUZ. Short-term beach–dune sand budgets on the north sea coast of France: Sand supply from shoreface to dunes, and the role of wind and fetch[J]. Geomorphology, 2006, 81(3/4):0-329.

[16] 黎树式, 戴志军, 葛振鹏, 等. 强潮海滩响应威马逊台风作用动力沉积过程研究——以北海银滩为例[J]. 海洋工程, 2017, 35(3): 89-98.

[17] 童宵岭, 时连强, 夏小明, 等. 1211 号台风对浙江象山皇城海滩剖面的影响分析[J]. 海洋工程, 2014, 32(1): 84-90.

[18] 陈子燊. 弧形海岸海滩地貌对台风大浪的响应特征[J]. 科学通报, 1995, 40(23):2168.

[19] 蔡锋, 苏贤泽, 杨顺良, 等. 厦门岛海滩剖面对 9914 号台风大浪波动力的快速响应[J]. 海洋工程, 2002, 20(2): 85-90.

[20] 朱士兵, 李志强. 雷州半岛南部海滩对 1720 号台风(卡努)的响应研究[J]. 热带海洋学报, 2019, 38(1): 96-104.

[21] 龚昊, 陈沈良, 钟小菁, 等. 海南岛东北部海滩侵蚀与恢复对连续台风的复杂响应[J]. 海洋学报, 2017(5):71-80.

[22] 朱士兵, 李志强, 张智在, 等.雷州半岛东部平直海滩地形动力状态研究[J]. 黑龙江水利, 2015, 1(11): 24-28.

[23] 李志强, 刘长华, 杜健航, 等. 复经验正交函数方法对湛江南三岛海滩剖面季节变化动态特征研究[J]. 海洋工程, 2012, 30(2): 79-86

[24] Visher G S. Grain size distributions and depositional processes[J]. Journal of Sedimentary Petrology, 1969, 39: 1074-1106.

[25] 范天来, 范育新. 频率分布曲线和概率累积曲线在沉积物粒度数据分析中应用的对比[J]. 甘肃地质, 2010(2):32-37.

波流共同作用下蘑菇头式取水口的受力试验研究

刘赞强，刘　彦，段亚飞，纪　平

（中国水利水电科学研究院，北京　100038）

摘要：滨海火/核电厂以海水作为冷却水源，取水口所处水域水动力条件十分复杂，处于淹没状态的取水口主要受到波浪的作用外，潮流作用亦不可忽视。以浙能镇海电厂燃煤机组搬迁改造项目循环取水口为例，采用物理模型试验的方法，探索性地研究了波流共同作用下取水口的结构受力情况。试验结果表明，在波浪作用下，取水头受到的总力随水位变化，垂向和水平向最大总力发生在不同水位，基本不受相邻取水头的影响；在波浪和潮流平均流速作用下，取水头受到的垂向最大总力基本不变，而水平向总力受相邻取水头的影响，最大总力较波浪作用下增大约32%，建议在类似工程项目中考虑潮流的作用。

关键词：波流共同作用；取水口；受力

　　滨海火/核电厂以海水作为冷却水源，电厂循环水的取水方式通常包括：取水头+引水涵管（隧道）、明渠取水、港池取水等，其中取水头+引水涵管（隧道）是电厂常采用的取水方式，取水口的型式包括垂直顶升蘑菇头、戽斗等。此类型的取水口与海水直接接触，遭受海水的侵袭，其中波浪是取水口结构受到的主要动力荷载，取水口的稳定关系电厂的顺利生产和安全运行，因此学者对此开展了波浪作用下取水口结构受力及稳定性方面的研究工作。廖泽球和张晓云[1]通过波浪物理模型试验研究了波浪作用下大尺寸混凝土取水口拼装及整体结构的稳定性。岳永魁等[2]采用波浪物理模型试验的方法研究了取水口戽头在不同取水量和不同水位条件下的波浪压力。Sundaravadivelu 等[3]采用 1∶25 的模型比尺研究了海水取水井在规则波作用下受到的波浪压力和力矩，并与线性绕射理论计算结果进行了对比。Neelamani 等[4]在实验室研究了取水沉箱在规则和不规则波浪作用下受到的波浪力随沉箱开孔率、波高、周期等的变化情况，根据试验结果给出了一个计算公式。Vendhan 等[5]对取水沉箱受到的波浪压力进行了原型观测，并与 Goda 公式的计算结果进行了对比，发现当波浪为非破碎波时，Goda 公式计算结果偏大，当波浪破碎时计算结果则小于实测值。

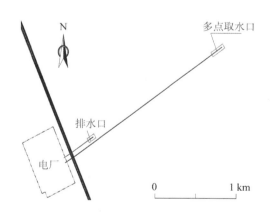

图 1　电厂取排水平面布置

　　尽管该方面的研究成果较多，但取水口形式多样，对于此类形状复杂的淹没式建筑物在波浪作用下的结构受力尚无相应规范给出明确的计算方法，因此，电厂海工设计一般需通过物理模型试验方法来研究波浪作用下取水构筑物的受力、稳定性等，为海工设计提供参考依据。此外，取水口所处水域水动力条件十分复杂，波浪和潮流是最基本的水动力因素，取水口主要受到波浪的作用，但潮流作用亦不可忽视。目前已发表文献大都限于波浪对取水口的作用，而波浪和潮流共同作用下取水口结构的受力研究尚未见报道。

以浙能镇海电厂燃煤机组搬迁改造项目循环取水口波浪物理模型试验为背景，对垂直顶升蘑菇头式取水口在波流共同作用下的结构受力进行了探索性的研究。该项目工程所在水域潮流流速大，设计低潮位时取水口有效水深低，波浪对取水头部有较大的冲击力，水力条件十分复杂，为达到电厂取水安全、可靠、经济的目的，采用物理模型试验的方法研究取水头在不同设计潮位、波浪和潮流等组合作用下受到的浮托力和侧向力。

1 工程概况

镇海电厂地处杭州湾南岸，规划装机容量 2×660 MW，机组采用扩大单元制直流供水系统，循环冷却水取自灰鳖洋海水，采用取水口+引水涵管（隧道）的取水方式，取水口由 16 个 4.0 m×4.0 m 盾构垂直顶升蘑菇头组成的多点取水方式，取水口离岸约 2 km，滩面标高约−5.1 m（85 国家高程基面，下同），见图1 及图 2 所示。

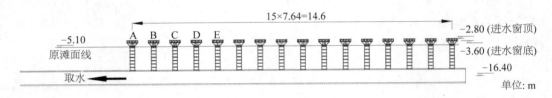

图 2　多点取水口型式

工程水域西部、南部、东部受自然岸线和岛屿掩护，北侧为杭州湾水域，工程水域波浪为小风区波浪。根据厂址附近气象站多年年极值风速，采用皮尔逊Ⅲ型曲线拟合求得不同方向、不同重现期的设计风速，得到强风向为 NNW；同时取水头附近地形较为平缓，波浪折射不明显，因此，可认为强浪向同强风向。数值计算结果表明，在极端高水位及其以下水位情况下，取水口附近 NNW 方向 50 年一遇波浪 $H_{1\%}$ 均已破碎[6]，依照《港口与航道水文规范》[7]，当地形坡度 $i \leqslant 1/500$ 时，破碎参数（破碎波高与破碎水深比值）取 0.6。工程水域涨、落潮流表现为明显的往复流现象，流向大致与岸线平行，亦即流向大致垂直于多点取水口连线方向，取水口处大潮平均张落潮流速约 0.89 m/s。

2 模型设计

2.1 试验方案

NNW 向波浪既为强浪向也是常浪向，直接作用于取水口，因此宜选取强浪向进行试验。取水口周围水域水下地形较为平坦，当 NNW 方向波浪作用时，浪向和潮流流向近似垂直于取水头连线方向，并且取水口附近波高基本一致。因此宜截取部分取水头作为研究对象，试验可在波浪水槽中进行，模型布置示意图如图 3 所示。

此类形状复杂的淹没式建筑物在不同水位、波浪和潮流组合条件下受到的作用力可能会有所不同。此外，由于取水头呈列布置，还需考虑相邻取水头对其受力的影响。依照《波浪模型试验规程》[8]，应考虑 4 倍模型宽度在波峰线上投影范围内相邻取水头的影响，因此按照 16 个取水头中所处不同位置分别考虑以下试验方案（见图 2）。

方案 1：以单个取水头 A 作为基础研究对象，分析不同水位条件下取水头的结构受力特征，确定不利水位；

方案 2：取 A、B、C 三个取水头，分析不利水位条件下取水头 B、C 对取水头 A 受到波浪力的影响；

方案 3：取 A、B、C、D 四个取水头，分析不利水位条件下取水头 A 和 C、D 对取水头 B 受到波浪力的影响；

方案 4：取 A、B、C、D、E 五个取水头，分析不利水位条件下取水头 A、B 和 D、E 对取水头 C 受到波浪力的影响。

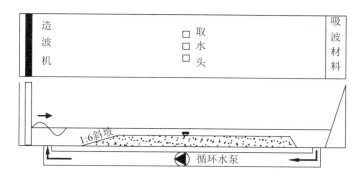

图 3　模型布置示意

2.2　试验设备及仪器

利用中国水利水电科学研究院的波浪水槽（长×宽：80 m×2 m，高 1.5 m）进行试验，波浪水槽首端安装有伺服式不规则波造波系统，该系统硬件部分主要由推波板、机械框架、交流伺服电机及其控制器、直线滚动导轨、造波机伺服控制器、数据采集系统、波高仪、计算机及外设组成；软件部分包括各种规则波和多种波谱的不规则波生波程序、造波机控制程序及数据采集分析处理程序等。系统可产生周期变化范围为 0.5～5 s、波高变化范围 2～50 cm 的各种规则波和不规则波，水槽最大试验水深 1.2 m。水槽供、排水系统含供水水泵（Q=300 L/s）、卧式双向轴流水泵（Q=700 L/s）及电动阀门，经电脑自控系统可实现单向、双向供水和自循环供水。总力测量采用由 DJ800 型 48 通道水工数据采集仪和 3 分力（x、y、z）传感器组成波浪力测量系统，用于测量取水头在水平（侧向）和垂向（浮托）上受到的波浪总力，仪器控制程序可直接给出测量结果。流速采用多普勒流速仪（ADV）测量。

2.3　模型相似与试验方法

根据试验内容的要求，综合考虑试验条件和取水口结构尺度、波浪等动力因素和试验仪器测量精度，选取滩面以上取水头为研究对象，同时根据《波浪模型试验规程》[8]，模型选用正态模型，按弗汝德数重力相似律设计，模型几何比尺 λ=20，时间比尺 $\lambda_t=\lambda^{1/2}$，压强比尺 $\lambda_p=\lambda$，力比尺 $\lambda_F=\lambda^3$。

试验采用不规则波，不规则波的波谱采用 JONSWAP 谱，谱峰升高因子取为 3.3，$H_{1\%}$ 取水深的 0.6 倍，T=6.6 s（原型值），根据《波浪模型试验规程》[8]中规定的允许偏差来控制每组模拟的波浪参数。

2.4　试验测试方法

为研究不同水位下取水头的结构受力，试验选取了 −2.39 m（保证率 99%低潮位）、−2.25 m（保证率 97%低潮位）、−2.1 m、−1.9 m、……、−0.5 m、−0.3 m 共 12 个水位。

将滩面以上取水头部完全按照几何比尺采用有机玻璃制作模型。水平总力及垂向总力采用悬臂测力方式进行测定，取水头模型与总力仪采用刚性连接，见图 4。

试验步骤：不同水位波浪率定—方案 1 工况单个取水头模型及总力仪安放—工况试验—确定不利水位—方案 2、3、4 工况试验—数据分析—不利水位条件下恒定流率定—波浪率定—方案 1、2、3、4 工况试验。

试验中波浪及总力数据采集时间间隔均为 0.02 s，待波浪平稳后，连续采集的波浪个数不少于 120 个。每组试验重复 3 次，取 3 次试验结果的平均值为最终结果，当 3 次重复试验的结果差别较大时，则增加重复次数。恒定流率定时在水槽中放置流速仪，开启水槽的自循环供水水泵，通过调节水泵阀门开度达到需求流速。

总力仪的 3 分力方向定义采用右手直角坐标系，在空间直角坐标系中，让右手拇指指向 z 轴的正方向，食指指向 x 轴的正方向，即波浪传播方向，中指指向 y 轴的正方向，如图 5 所示。试验过程中同时对连接取水头刚性结构（未安装取水头）进行了受力试验，在波浪或波流作用下该结构受到水平向作用力与取水头受到的水平向作用力相比甚小，文章中所给出的取水头水平向作用力为修正后的结果。

图 4   取水头模型及总力仪布置

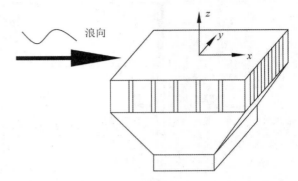

图 5   三分力 x、y、z 方向定义

3   试验结果

3.1   单个取水头受到的波浪总力

对取水头的结构设计而言，主要关注其在垂直向上的轴向拉力和水平方向的剪切力。图 6 给出了不同水位条件下单个取水头受到的波浪总力 $F_{1\%}$ 的变化情况。由图 6 可看出，z 向和 xy 水平向合力的 $F_{1\%}$ 最大值发生在不同水位，z 向 $F_{1\%}$ 最大值对应水位为 –1.9 m，xy 方向合力 $F_{1\%}$ 最大值对应水位为 –0.9 m。

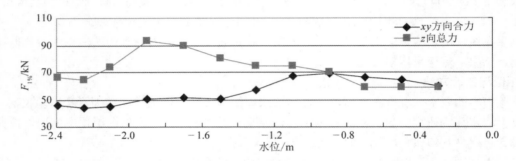

图 6   单个取水头受到的波浪总力 $F_{1\%}$ 随水位变化曲线

3.2   不同取水头相对位置受力影响试验

依前述试验结果，在确定取水头不利水位基础上，按照取水头所处不同相对位置分别进行方案 2、方案 3 和方案 4 在不利水位情况下的受力试验，试验结果见表 1。

表 1   水位 –1.9 m 和 –0.9 m 时不同方案下取水头受到的波浪总力 $F_{1\%}$（kN）

方案	z 向（水位 –1.9 m）	xy 向合力（水位 –0.9 m）	备注
方案 1	93.1	69.1	单个取水头
方案 2	92.6	67.1	取水头 A
方案 3	92.3	67.2	取水头 B
方案 4	94.3	69.1	取水头 C

由表 1 可以看出，不同方案下取水头受到的 z 向或 xy 向波浪力差别较小，与方案 1（单个取水头）的试验结果相比，最大相对误差不超过 3%，可认为在波浪作用下取水头受到的总力基本不受相邻取水头的影响。

3.3   波流共同作用下取水头的受力试验

波流共同作用下的取水头受力试验方案依然按照取水头所处不同位置选取方案 1 至方案 4，试验水位为 –1.9 m 和 –0.9 m 两种水位。

流速选为大潮平均张落潮流速 0.89 m/s，波流同向。试验结果见表 2。

表 2　波流共同作用下不同方案取水头受到的波浪总力 $F_{1\%}$（kN）

方案	z 向（水位–1.9 m）	xy 向合力（水位–0.9 m）	备注
方案 1	92.5	78.3	单个取水头
方案 2	92.9	83.1	取水头 A
方案 3	93.8	90.6	取水头 B
方案 4	94.0	91.4	取水头 C

作用于桩柱上的波浪力由速度力和惯性力（加速度引起）组成。研究中，较波浪作用工况，波流共同作用下取水头周围流速增大，速度力增加，亦即取水头水平向受力理应增大。由表 2 可以看出，在不同水位、波流共同作用下，取水头受到的垂向总力变化较小，与波浪作用下的垂向总力基本一致；而水平向总力受相邻取水头的影响，且增大较为明显，最大水平向合力 91.4 kN，较波浪作用下的水平向合力增大约 32%。

4　结　语

以浙能镇海电厂燃煤机组搬迁改造项目循环取水口波浪物理模型试验为依托，对蘑菇头式取水口在波流作用下的结构受力情况进行了探索性的研究。试验结果表明：

1）取水头受到的波浪总力随水位变化，垂向和水平向最大总力发生在不同水位，在不利水位和波浪组合作用下，取水头受到的总力基本不受相邻取水头的影响；

2）在波浪与潮流平均流速作用下，取水头受到的垂向最大总力与波浪作用下相比差异较小，且基本不受相邻取水头的影响；而水平向最大总力受相邻取水头的影响，水平向最大总力较波浪作用下增大约 32%；建议在类似工程项目中考虑潮流的作用。

参考文献：

[1]　廖泽球, 张晓云. 大型海上取水口结构设计[J]. 中国港湾建设, 2014(4): 34-37.

[2]　岳永魁, 潘军宁, 王登婷. LNG 项目取水结构波压力物理模型试验[J]. 水利水运工程学报, 2012(3): 87-91.

[3]　SUNDARAVADIVELU R, SUNDAR V, RAO T S. Wave forces and moments on an intake well[J]. Ocean Engineering, 1998, 26(26): 363-380.

[4]　NEELAMANI S, BHASKAR N U, VIJAYALAKSHMI K. Wave forces on a seawater intake caisson[J]. Ocean Engineering, 2002, 29(10): 1247-1263.

[5]　VENDHAN K M, MURTHY M V R, SUNDAR V. On Estimation of Wave Forces on Seawater Intake Caisson in High Energy Environment using Field Investigations[J]. Procedia Engineering, 2015, 116(1): 300-309.

[6]　邵杰. 浙能镇海电厂产能置换搬迁改造 2×660MW 超超临界燃煤发电机组工程自然条件及海洋水文专题报告[R]. 浙江省水利河口研究院, 浙江省海洋规划设计研究院. 2016,5.

[7]　港口与航道水文规范（JTS 145-2015）[S]. 北京: 人民交通出版社股份有限公司, 2015.

[8]　波浪模型试验规程（JTJ/T234-2001）[S]. 北京: 人民交通出版社, 2001.

红沿河核电站取水口优化数值模拟

王　强[1]，董　祯[2]，赵松颖[3]

（1. 南京水利科学研究院，江苏　南京　210029；2. 天津市水利科学研究院，天津　300061；3.河海大学，
江苏　南京　210098）

摘要： 红沿河周边海域频繁爆发的海洋生态灾害和海洋生物入侵已对核电站取水口造成阻塞和损坏，进而影响机组正常运行，建设防波堤是保证拦污网清捞工作能够正常进行的关键。采用波浪数学模型对取水口附近海域的防波堤平面布置方案进行研究，分析各优化方案拦污网附近的有效波高分布。研究表明，口门朝向避开强浪方向或采用多个防波堤交错的布置形式能够有效减少波浪传入；当掩护水域波高满足设计要求时，在近岸处建设防波堤能够减少工程投资。

关键字： 数值模拟；波浪；取水口；核电站；波高分布

1 工程概况

　　红沿河核电站位于辽宁省瓦房店市红沿河镇，地处瓦房店市西端渤海辽东湾东海岸温坨子。红沿河周边海域水母、浒苔等海洋生态灾害爆发已成常态化，大量海洋生物入侵引发机组降负荷甚至停机停堆的事件已发生多起，对机组正常运行构成威胁。为延伸冷源防御纵深，在取水口前端设置拦污网。经一期工程运行实践，正常气候条件下，拦污网运行效果良好，能有效降低海洋生物进入取水口的密度以及后续海水过滤系统的脏污负荷。但导流防波堤的掩护有限，在大风浪天气时无法形成打捞、清理拦污网所需的工作环境，易引起拦污网失效的情况。通过波浪数值模拟技术研究工程实施后取水口附近波浪变化，寻找最优化的平面布置方案，确保将波浪控制在能够进行清捞的范围。

2 平面布置方案

2.1 原方案

　　图 1 是原地形下防波堤及取水口位置示意图。图中的虚线为已建或待建拦污网位置，一、二期取水口北侧已分别建有防波堤，西南侧建有排水隔热堤。

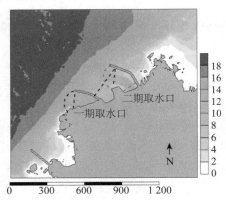

图 1　原方案水深（m）和位置示意

2.2 优化方案

　　图 2 是各个优化方案的防波堤及取水口位置示意图，图中的虚线为已建或待建拦污网位置。方案一的防波堤主要依托一、二期取水口防波堤，向北侧建设大环抱防波堤，在二期防波堤北侧增设防波堤，形成交错口门的大环抱式水域，达到降低取水口水域波浪的目的。方案二借助现有取水口南面的隔堤和北面的二期防波堤建设环抱式防波堤，并在南侧形成口门便于水体交换，掩护取水口拦污网清捞区域的波浪。方案三的防波堤主要依托一、二期取水口防波堤，向西南侧建设小环抱防波堤，形成两个小环抱式水域，掩

基金项目： 国家重点研发计划（2017YFC1404203）

护取水口拦污网清捞区域的波浪。

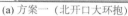
(a) 方案一（北开口大环抱）

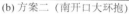
(b) 方案二（南开口大环抱）

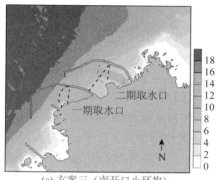
(c) 方案三（南开口小环抱）

图 2　优化方案水深（m）和位置示意

3　数学模型计算

3.1　改进的缓坡方程数学模型

在波浪问题研究方法中，数学模型是一种简单又高效的手段。Berkhoff[1]以势流理论为出发点，基于微幅波理论提出二维平面水波折射绕射传播变形的缓坡方程模型，已在海岸工程领域得到了广泛应用。与其相关的波浪折射绕射数学模型的扩展和简化形式得到了长足发展。采用考虑波能损耗和风能输入的推广的缓坡方程，可适用于任意水深下小振幅波的折射、绕射和反射联合计算[2]。其方程写为如下形式：

$$-\frac{2\mathrm{i}\omega}{CC_\mathrm{g}}\frac{\partial\varphi}{\partial t}=\nabla^2\varphi+k_\mathrm{c}^2\varphi \tag{1}$$

式中：$k_\mathrm{c}^2=k^2-\dfrac{\nabla^2\sqrt{CC_\mathrm{g}}}{\sqrt{CC_\mathrm{g}}}+\dfrac{\mathrm{i}\omega F}{CC_\mathrm{g}}$，$k$ 是波数；ω 是角频率；C 是波速；C_g 是波群速；F 是波能变化因子；

$\varphi=\sqrt{CC_\mathrm{g}}\,\varPhi(x,y,t)e^{\mathrm{i}\omega t}$，$\varPhi(x,y,t)$ 为波浪势函数，$\mathrm{i}^2=-1$。

采用包含松弛因子的交替方向隐式格式 ADI 法求解方程，差分格式构成三对角矩阵，可采用追赶法求解。边界条件不随时间变化，初始条件可取为 0，对时间 t 进行迭代计算，直至得到稳定解。本方法已被应用于多个实际工程的数值模拟[3-4]。

3.2　不规则波的模拟

根据波浪理论，不规则波可假定由不同方向、不同频率的组成波迭加而成，当波–波非线性相互作用可以忽略时，不规则波波面可表示为

$$\zeta(x,y,t)=\sum_m\sum_n a_{mn}\cos(k_m x\cos\theta_n+k_m y\sin\theta_n-2\pi f_m t+\varepsilon_{mn}) \tag{2}$$

式中：ζ 为波面高度，a_{mn} 是组成波振幅，f_m 是组成波频率，k_m 是组成波波数，θ_n 是组成波波向，ε_{mn} 是随机初相位，服从（$0,2\pi$）区间的均匀分布。

波浪能量在频率和方向上的分布可由波浪方向谱 $S(f,\theta)$ 表示：

$$S(f,\theta)=S(f)G(f,\theta) \tag{3}$$

式中：$S(f)$ 是频率谱，$G(f,\theta)$ 是方向分布函数。

在多方向不规则波模拟中，将方向谱采用等能量分割法进行离散，组成波振幅 a_{mn} 可由离散化的波谱确定[5]：

$$\frac{1}{2}a_{mn}^2=S(f_m,\theta_n)\Delta f_m\Delta\theta_n \tag{4}$$

式中：Δf_m 和 $\Delta\theta_n$ 分别是频率和方向分割的区间长度。组成波频率 f_m 和方向 θ_n 采用各区间的能量加权平均值。

将推广的缓坡方程应用于每一组成波，计算出相对波高 R_{mn}（计算点波高和入射波高之比），再分别按下两式计算合成波的相对波高。

$$R = \left[\frac{\sum_{m=1}^{M}\sum_{n=1}^{N} R_{mn}^2 S(f_m,\theta_n)\Delta f_m \Delta\theta_n}{\sum_{m=1}^{M}\sum_{n=1}^{N} S(f_m,\theta_n)\Delta f_m \Delta\theta_n} \right]^{1/2} \tag{5}$$

式中：M 是波浪频率分割数，N 是方向分割数。

3.3　波高分布计算

采用波浪数学模型计算各方案下取水口附近水域波高分布。计算考虑了 100 年一遇波浪在极端高水位条件下波高分布情况，图 3 至图 6 分别是原方案和三个优化方案在不同波向 100 年一遇波浪作用下取水口附近水域有效波高 H_s 分布图。

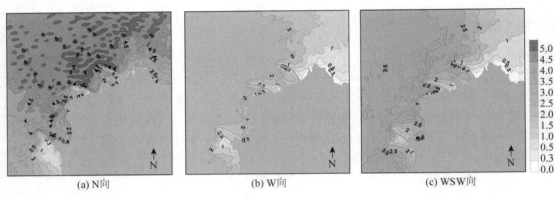

(a) N 向　　　　　　　　(b) W 向　　　　　　　　(c) WSW 向

图 3　原方案 100 年一遇波浪作用下有效波高 H_s（m）分布

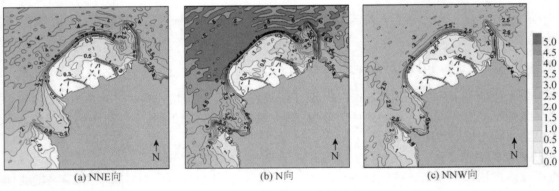

(a) NNE 向　　　　　　　　(b) N 向　　　　　　　　(c) NNW 向

图 4　方案一 100 年一遇波浪作用下有效波高 H_s（m）分布

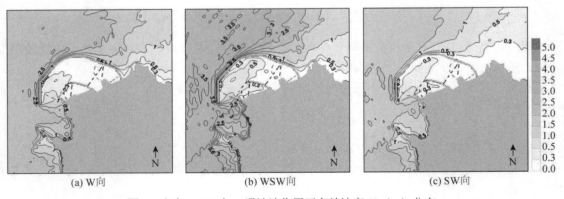

(a) W 向　　　　　　　　(b) WSW 向　　　　　　　　(c) SW 向

图 5　方案二 100 年一遇波浪作用下有效波高 H_s（m）分布

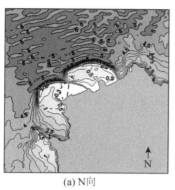  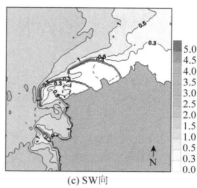

| (a) N 向 | (b) WSW 向 | (c) SW 向 |

图 6　方案三 100 年一遇波浪作用下有效波高 H_s（m）分布

由图 4 可知，方案一中对取水口附近波浪影响最大的波向为 N 方向。当波浪从 NNE、N、NNW 方向传来时，由于有几道防波堤的掩护，湾内波高较小，拦污网处有效波高 H_s 均小于 0.5 m。在图 5 方案二中，当波浪从 W、SW 方向传来时，外海波高相对不大并且波浪受到了西侧防波堤、隔热堤和一期取水口前的突堤很好掩护，湾内有效波高 H_s 大部分小于 0.5 m；对湾内波高影响最大是 WSW 方向，WSW 向外海有效波高大于 3 m。但是由于西侧防波堤、南侧隔热堤和一期取水口前的突堤的掩护作用，一期取水口和二期取水口附近波高均小于 0.5 m。在图 6 方案三中，当波浪从 N 方向传来时，靠近一期和二期取水口拦污网处的有效波高 H_s 小于 0.5 m，当波浪从 WSW、SW 方向传来时，靠近一期和二期取水口处拦污网附近的有效波高 H_s 均不大于 0.5 m。

综合分析不同方向波浪作用下各方案的有效波高分布可见，方案一最优，方案二和方案三次之。主要原因是方案一的北开口大环抱方案阻止了 SW 向、W 向和 NW 向波浪的传入，同时一期取水口北侧防波堤阻止了 N 向波浪的传入。但是方案一中防波堤建设成本较大，当掩护水域波高满足设计要求时可采用方案三。

4　结　语

采用不规则波传播变形数学模型计算了红沿河核电站取水口附近原方案和三个优化方案的有效波高分布，分析了不同方向波浪作用下各方案的优缺点。根据本次研究的成果，为改善取水口处波浪条件，在防波堤设计时应注意以下几点：①口门朝向宜避开强浪方向；②可采用多个防波堤交错布置，减少波浪传入；③应尽量在近岸处建设防波堤，减少工程投资。

数学模型能够较好地计算波浪折射、绕射和反射等传播变形，但对于防波堤越浪、透浪等现象难以给出准确结果，同时进行波浪整体物理模型试验可以得到更为准确的设计波要素。

参考文献：

[1]　BERKHOFF J C W. Computation of combined refraction-diffraction. In: Proc. 13th Coastal Eng. Conf. Vancouver, ASCE, 1972, 1: 471-490.

[2]　PAN J N, ZUO Q H, WANG H C. Efficient Numerical Solution of the Modified Mild-Slope Equation [J]. China Ocean Engineering, 2000(2): 161-174.

[3]　潘军宁, 王红川, 杨继华. 港口规划方案泊稳条件数值模拟[C]//中国海洋工程学会. 第十三届中国海洋（岸）工程学术讨论会论文集, 2007.

[4]　王强, 王红川, 琚烈红, 等. 游艇码头泊稳条件的模拟[C]//中国海洋工程学会. 第十八届中国海洋（岸）工程学术讨论会论文集. 北京: 海洋出版社, 2017.

[5]　潘军宁, 左其华, 王红川. 多方向不规则波传播变形数值模拟[J]. 海洋工程, 2004(3): 14-19.

电厂取水对港池周边水流影响分析

肖立敏，韩　信，孙林云，孙　波

（南京水利科学研究院，江苏　南京　210029）

摘要： 建立平面二维潮流数学模型，计算分析大唐电厂在现有取水流量 $Q=40\ \text{m}^3/\text{s}$ 以及规划取水流量 $Q=160\ \text{m}^3/\text{s}$ 条件下，取水对唐山港京唐港区拟建南、北两侧工作船码头泊位水流流速的影响。

关键词： 电厂取水；京唐港区第三港池；潮流场

取水工程直接关系到电厂能否正常取到冷却水，是电厂安全、经济运行的重要保证，是电厂的重要组成部分。为了保证电厂取水口水面稳定，受波浪影响小，电厂冷却水取水工程一般布置在港池内。目前，对取水工程的研究主要集中在温排[1-3]和泥沙淤积[4,5]。唐山港京唐港区大唐电厂取水口位于第三港池内，电厂规划装机容量为 $8\times600\ \text{MW}$ 燃煤机组，一期工程 2 台机组已投产运行。电厂循环水系统采用海水直接冷却，单台机组取水量为 $20\ \text{m}^3/\text{s}$，一期工程 2 台机组冷却水取水量为 $40\ \text{m}^3/\text{s}$，规划的 8 台机组取水量为 $160\ \text{m}^3/\text{s}$。2013 年，拟在取水口南、北两侧分别修建工作船码头，需要了解电厂取水对拟建码头的水流影响，从而进一步分析取水口取水对拟建南、北两侧码头泊位船舶停靠泊和正常航行的影响。

唐山港京唐港区现有航道等级为 20 万吨级，全长 16.7 km，底宽 290 m，设计底标高 -20.0 m（当地理论基面，下同），于 2011 年 8 月竣工，配套挡沙堤工程在 10 万吨级航道配套挡沙堤基础上东、西各延伸 1 000 m 潜堤，见图 1。第三港池位于京唐港区西侧，大唐电厂取水口在第三港池西端中部，拟在取水口北侧修建码头，码头岸线长为 161 m，见图 2。第三港池内大部分区域已开挖至 -15.5 m，拟建码头附近滩面高程相对较高，在 $+3.0$ m 左右，第三港池北侧水域将开挖至 $-13.0\sim-15.5$ m。

京唐港区潮汐系数为 $1.23\sim1.38$，介于 $0.5\sim2.0$ 之间，潮汐类型属不规则半日潮，平均潮差为 0.88 m[6]。港区附近海域潮流强度较弱，具有明显的往复流特征，涨潮为西南流，落潮为东北流，潮流流向基本与海岸平行。2009 年 6 月，在工程海域进行了大、小潮 3 个临时潮位站的潮位观测以及 11 条垂线的流速流向测量。实测大潮最高、最低潮位分别为 2.03 m 和 0.33 m，高潮涨、落潮潮差分别为 1.61 m 和 1.59 m，低潮涨、落潮潮差分别为 0.23 m 和 0.34 m。实测大潮期间，-20 m 等深线附近涨潮垂线平均最大流速为 $0.40\sim0.56$ m/s，落潮对应流速为 $0.55\sim0.66$ m/s，涨潮流速小于落潮流速。

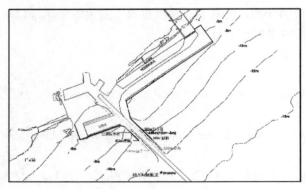

图 1　京唐港区平面布置示意　　　　　　　　图 2　京唐港区大唐电厂取水图工程平面布置示意

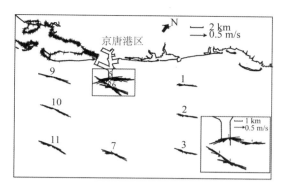

图 3　工程海域 2009 年 6 月实测大潮垂线平均流速矢量图

1　平面二维潮流数学模型建立与验证

1.1　模型建立

模型采用正交曲线坐标系（ζ，η）。

沿水深积分的连续方程为

$$\frac{\partial \zeta}{\partial t} + \frac{1}{\sqrt{G_{\xi\xi}}\sqrt{G_{\eta\eta}}}\frac{\partial}{\partial \xi}[(d+\zeta)u\sqrt{G_{\eta\eta}}] + \frac{1}{\sqrt{G_{\xi\xi}}\sqrt{G_{\eta\eta}}}\frac{\partial}{\partial \eta}[(d+\zeta)v\sqrt{G_{\eta\eta}}] = Q \tag{1}$$

ζ 和 η 方向上的动量方程为

$$\frac{\partial u}{\partial t} + \frac{u}{\sqrt{G_{\xi\xi}}}\frac{\partial u}{\partial \xi} + \frac{v}{\sqrt{G_{\eta\eta}}}\frac{\partial u}{\partial \eta} + \frac{uv}{\sqrt{G_{\xi\xi}}\sqrt{G_{\eta\eta}}}\frac{\partial \sqrt{G_{\xi\xi}}}{\partial \eta} - \frac{v^2}{\sqrt{G_{\xi\xi}}\sqrt{G_{\eta\eta}}}\frac{\partial \sqrt{G_{\eta\eta}}}{\partial \xi} - fv = -\frac{1}{\rho_0 \sqrt{G_{\xi\xi}}}P_\xi + F_\xi + M_\xi \tag{2}$$

$$\frac{\partial v}{\partial t} + \frac{u}{\sqrt{G_{\xi\xi}}}\frac{\partial v}{\partial \xi} + \frac{v}{\sqrt{G_{\eta\eta}}}\frac{\partial v}{\partial \eta} + \frac{uv}{\sqrt{G_{\xi\xi}}\sqrt{G_{\eta\eta}}}\frac{\partial \sqrt{G_{\eta\eta}}}{\partial \xi} - \frac{u^2}{\sqrt{G_{\xi\xi}}\sqrt{G_{\eta\eta}}}\frac{\partial \sqrt{G_{\xi\xi}}}{\partial \eta} + fu = -\frac{1}{\rho_0 \sqrt{G_{\eta\eta}}}P_\eta + F_\eta + M_\eta \tag{3}$$

为了使以上基本方程闭合、适定，闭边界上取法向流速为 0；开边界上通常取流速或潮位为控制条件。初始条件给出初始时刻已知的流速和潮位。

1.2　模型验证

模型计算范围沿岸方向长约 50 km，离岸方向约 25 km，工程区局部网格加密至 10 m。模型对 2009 年 6 月实测大潮的潮位和流速流向进行了验证。当时京唐港区航道等级为 10 万吨级，四港池南岛内堤还未形成。图 4 给出了京唐港站和工程区以西约 15 km 的金沙岛站潮位过程的计算值与实测值的比较，计算的高、低潮潮位以及相位均与实测吻合良好。图 5 和图 6 为计算的工程区海域涨、落急流场分布，由图可见，涨、落潮时水流方向与海岸基本平行，在航道口门处，由于受防波堤挑流作用，流速较大，而在第三港池内流速较小。图 7 给出了实测大潮测次 11 条垂线其中 2 点的平均流速、流向的验证过程线，可以看出，计算值与实测值较为吻合。

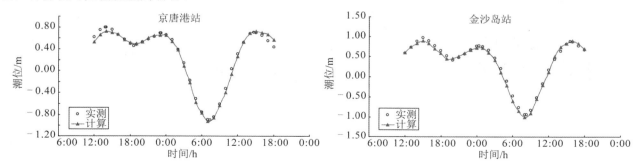

图 4　工程海域 2009 年 6 月实测大潮潮位过程验证曲线图

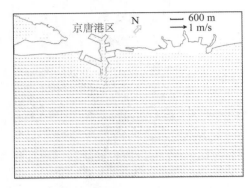

图 5　工程海域 2009 年 6 月实测大潮涨急流场模拟

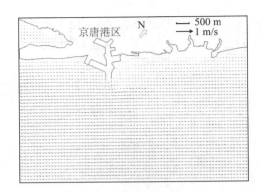

图 6　工程海域 2009 年 6 月实测大潮落急流场模拟

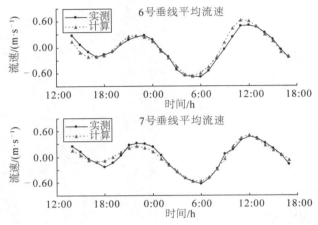

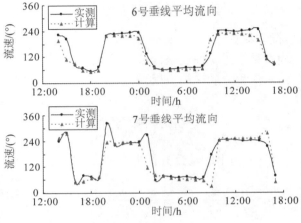

图 7　2009 年 6 月实测大潮流速、流向验证曲线

2　水流影响分析

2.1　水流流态影响

　　图 8 和图 9 为电厂不取水时，京唐港区第三港池附近涨落急时刻的流场图，可以看出，京唐港区各港池内流速普遍很小，港内外水体交换较弱。第三港池内涨潮期间水流由东向西，落潮水流方向与之相反，且越靠近港池西端（即拟建码头泊位处）流速越小。当电厂运转后，电厂取水流量达到 $Q=160 \text{ m}^3/\text{s}$，涨潮时流速明显增加，水流向取水口汇聚；落潮期间，整个第三港池内均没有落潮流，第三港池内水流流态发生了变化（图 10、图 11）。

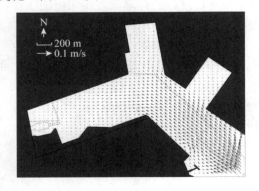

图 8　工程区附近涨急流场（取水流量 $Q=0 \text{ m}^3/\text{s}$）

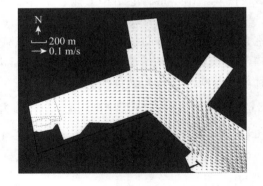

图 9　工程区附近落急流场（取水流量 $Q=0 \text{ m}^3/\text{s}$）

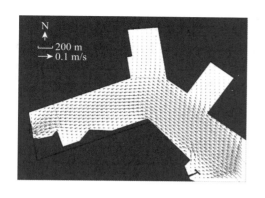
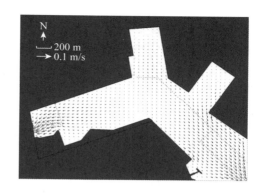

图 10　工程区附近涨急流场（取水流量 Q=160 m³/s）　　　　图 11　工程区附近落急流场（取水流量 Q=160 m³/s）

2.2　水流流速影响

计算表明，电厂不取水，第三港池内涨落潮流速基本在 1 cm/s 以内，潮流动力弱。电厂取水后，涨潮期间，拟建码头泊位附近流速增加较为明显，且距离取水口越近流速增加越大。图 12 至图 15 分别给出了与电厂不取水相比，取水流量为 40 m³/s、160 m³/s 时，涨、落急时刻流速差等值线分布。当取水流量为 40 m³/s 时，流速影响范围仅在取水口附近；当取水流量增加到 160 m³/s，影响范围明显增加。涨潮期间的影响范围和幅度均较落潮期间要大。统计距离取水口北侧码头前沿线 20 m 处的流速，取水流量为 40 m³/s，涨潮期间最大流速为 2.55 cm/s。当取水流量增加到 160 m³/s 时，最大流速为 10.40 cm/s，增幅较为明显。对应的水流与码头前沿线夹角在 30°左右，不会对船舶停靠泊和正常航行产生不利影响。落潮期间，流速比涨潮期间要小。

从上面分析可知，拟建码头泊位附近水域潮流动力较弱，电厂取水期间，流速主要受取水水流影响，且水流流速随着取水流量的增加而越大。在电厂现有取水流量 Q=40 m³/s 以及规划取水流量 Q=160 m³/s 条件下，涨落潮期间，拟建北侧码头泊位沿线以及相应的调头水域流速均不大，最大流速在 11 cm/s 左右，不会对船舶停靠泊以及正常航行产生不利影响。

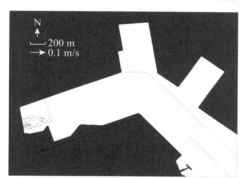
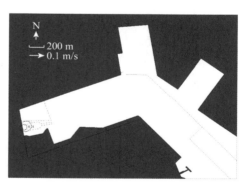

图 12　取水前后涨急流速差等值线（取水流量 Q=40 m³/s）　　　图 13　取水前后落急流速差等值线（取水流量 Q=40 m³/s）

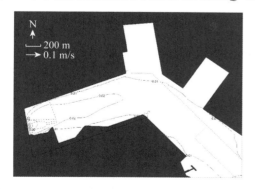
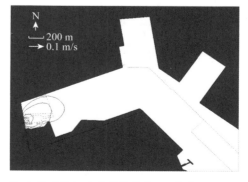

图 14　取水前后涨急流速差等值线（取水流量 Q=160 m³/s）　　图 15　取水前后落急流速差等值线（取水流量 Q=160 m³/s）

3 结　语

　　唐山港京唐港港区第三港池水域水流动力较弱。潮流数学模型计算结果表明，拟建南、北两侧码头泊位工程实施后，取水流量越大，对码头附近流速影响越大，且涨潮期间影响范围与量值要大于落潮期间。在电厂现有取水流量 $Q=40 \ \mathrm{m^3/s}$ 以及规划取水流量 $Q=160 \ \mathrm{m^3/s}$ 条件下，涨落潮期间，北侧码头泊位附近流速有一定程度增加，拟建南、北侧码头泊位附近以及相应的调头水域流速均不大，最大流速在 $10 \ \mathrm{cm/s}$ 以内，不会对船舶停靠泊以及正常航行产生不利影响。

参考文献：

[1] 徐啸, 匡翠萍, 顾杰. 漳州后石电厂温排水数学模型[J]. 台湾海峡, 1998(2): 195-200.

[2] 郝瑞霞, 齐伟, 李海香, 等. 潮汐水域流速场和温度场的数值模拟研究[J]. 太原理工大学学报, 2005(3): 235-238.

[3] 吴海杰. 滨海电站温排水数值模拟[J]. 电力环境保护, 2005(21): 48-51.

[4] 邓安军, 王崇浩, 陆琴. 电厂取水对港池回淤影响的试验研究[J]. 泥沙研究, 2012(1): 41-45.

[5] 佘小建, 崔峥, 毛宁. 电厂港池取水工程泥沙回淤研究[J]. 海洋工程, 2005, 23(2): 82-86.

[6] 肖立敏, 刘建军, 孙林云, 等. 唐山港京唐港区 20 万吨级航道工程波浪潮流泥沙模型试验研究[C]//中国海洋工程学会. 第十五届中国海洋（岸）工程学术讨论会论文集. 北京: 海洋出版社, 2011.

海底管道三维冲刷悬跨拓展速度新理论

隋偈偈 [1,2]，Staunstrup L H [2]，Carstensen S [2]，Fuhrman D R [2]

（1. 河海大学，江苏 南京 210098; 2. Technical University of Denmark, Lyngby Denmark 2800）

摘要：水流作用下海底管道下方的海床冲刷关系到管道稳定性，是海岸工程研究的热点问题。管道下方三维冲刷悬跨横向拓展速度已有理论预测公式，但仅局限于泥沙运动动床（Live-bed）条件。本文设计较大谢尔兹数和管道–泥沙粒径比试验组次，研究包括动床和清水（Clear water）条件在内管道三维冲刷悬跨横向拓展速度。基于理论推导和数据分析，提出预测海底管道悬跨拓展速度的新理论。新理论首次统一了动床和清水条件下的悬跨拓展速度，并解决了前人相关研究中的悖论，证实谢尔兹数（而非弗劳德数）是影响悬跨拓展速度的首要因素。研究成果为海底管道设计和维护安全做出贡献。

关键词：海底管道；三维冲刷；动床；清水；悬跨

　　海岸动力环境导致的海床冲刷在海底管道工程中较为常见。冲刷可引起管道下方产生悬跨，影响管道结构应力空间分布，是引起管道疲劳破坏的主要因素之一。前人研究大都局限于管道下方二维冲刷，聚焦于二维最大冲刷深度[1]、达到冲刷平衡的时间尺度[2]以及动力环境变化下的冲刷回填问题[3]。有关此类问题的详细讨论，请见近期综述文章[4]。

　　实际环境中，冲刷不仅在管道周围垂直向下发展，且会顺着管道由中间向两端横向拓展（被称为悬跨横向拓展速度）（图 1）。因此，管道下方冲刷坑的形成和发展具有明显三维特征，而悬跨横向拓展速度是此三维冲刷问题研究的重要方面。Hansen 等[5]首次研究了水流作用下管道下方悬跨横向拓展速度，该工作测量悬跨附近剪切应力放大系数 α（可由试验数据率定），并基于此系数提出悬跨拓展速度预测公式。Cheng 等[6]试验研究了悬跨横向拓展速度，基于冲刷二维拓展理念提出了管道下方三维冲刷悬跨发展速度预测公式，首次提出悬跨发展第一拓展速度（Primary Velocity，发生于冲刷进程前期，速度较快）和第二拓展速度（Secondary Velocity，发生于冲刷进程后期，速度较慢）。该研究局限于动床条件（大于临界谢尔兹数 θ_c），且结合本文试验测量数据分析，上述结果某种程度上过高估计了悬跨拓展速度值。Wu 和 Chiew[7]试验研究了清水条件下（小于临界谢尔兹数）悬跨横向拓展速度，指出与流体深度密切关联的弗劳德数（Fr）是决定悬跨拓展速度的关键因素，有悖于前人（Cheng 等[6]，Wu 和 Chiew[7]）关于谢尔兹数（床面速度密切关联量）是其关键影响因素的结论。提出一个可预测动床和清水条件下悬跨横向拓展速度的统一公式，并基于合理的理论分析解决上述悖论，是研究的主要目标。

1　试验布置与结果

　　本工作在丹麦科技大学（Technical University of Denmark, DTU）波流试验水槽内开展。水槽长 26.5 m，宽 4 m，深 1 m，可生成循环稳定的流速环境。试验砂槽长 12 m，深 0.1 m，在测量部分增加设置凹槽以增加砂床深度至 0.3 m。试验在空间 x、y、z 三个方向上可使用激光测距仪（测距仪安装在可移动测距系统），测量初始时刻和结束时刻管道周围冲刷坑的三维形态（本文未给出图片）。试验使用水压软管（Pitot tube），测量距床面 $0.37h$（h 为水深）处水流速度（视为断面平均流速）。试验使用水下摄像机记录管道下方悬跨拓展位移（管道表面刻有尺寸），推算悬跨横向拓展速度。试验所用管道模型直径 D 为 8 cm 和 4 cm，泥沙中值粒径 $d = 0.18$ mm。本试验拓展了试验水流和管道直径条件，其中谢尔兹数 θ 可达 0.182，为前人试验最大值的 2 倍，D/d 可达 444.4，为前人试验最大值的 3 倍。

　　图 2 所示部分试验结果（选取第 4~6 试验组次）。从图 2 可以看出，在 $t = 1\,280$ s 时刻，组次 4（$\theta = 0.067$）管道下方悬跨长度拓展至 $S_h/D = 7.5$，组次 5（$\theta = 0.087$）悬跨长度拓展至 $S_h/D = 10.75$，组次 6（$\theta = 0.115$）悬跨长度拓展至 $S_h/D = 14.5$。基于上述观测，可计算管道下方悬跨拓展速度。由图 2 所示，谢尔兹数 θ 越大，悬跨拓展速度越大。这是由于谢尔兹数 θ 越大，水流条件越剧烈，越能造成较大的输沙速率。

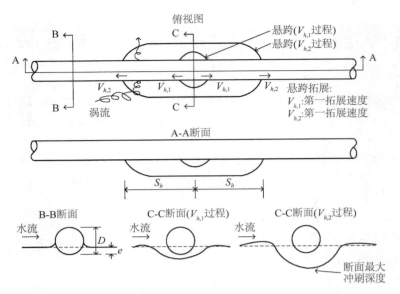

图 1　管道三维冲刷悬跨拓展速度试验研究示意

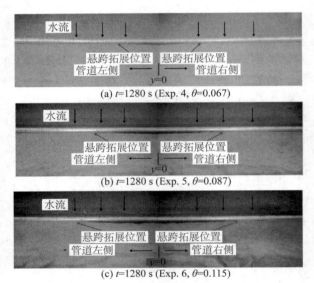

(a) t=1280 s (Exp. 4, θ=0.067)

(b) t=1280 s (Exp. 5, θ=0.087)

(c) t=1280 s (Exp. 6, θ=0.115)

图 2　管道悬跨横向拓展试验观测（第 4~6 试验组次）

2　公式推导

基于管道冲刷过程，一般认为管道下方悬跨横向拓展速度 V_h 与以下物理量有关：

$$V_h = f\left[U_f, g(s-1), D, v, d, e, n, h\right] \tag{1}$$

其中，$g(s-1)$ 为泥沙浮容重，s=2.65 为泥沙相对比重，v=10^{-6} m²/s 为水的黏度，e 为管道埋入海床深度，n 为海床孔隙率，h 为水深。基于量纲分析，上述 9 变量用如下 7 无量纲变量之间的关系来描述：

$$\frac{V_h}{\sqrt{g(s-1)d}} = f\left(\theta, \frac{D}{d}, \frac{e}{D}, Re \text{ or } \theta_c, Fr, n\right) \tag{2}$$

考虑有效谢尔兹数（$\theta-\theta_c$），弗劳德数在一般工况下 $Fr \ll 1$ 以及海床孔隙率一般为常数 n=0.4，上述 7 无量纲变量可简化为如下 4 量纲关系：

$$\frac{V_h}{\sqrt{g(s-1)d}} = f\left(\theta-\theta_c, \frac{D}{d}, \frac{e}{D}\right) \tag{3}$$

基于冲刷物理过程，进入冲刷坑与离开冲刷坑输沙率差值（Δq），与悬跨拓展速度（V_h）和冲刷深度

（S）乘积有如下关系（Exner 方程）：

$$V_h \sim \frac{\Delta q}{S} = \frac{\Delta q}{(S/D) \cdot D} \tag{4}$$

根据输沙速率公式，Δq^*（输沙率差值）可表示为

$$\Delta q^* = \frac{\Delta q}{\sqrt{g(s-1)d^3}} \frac{1}{M} = (\alpha\theta - \theta_c)^{3/2} - (\theta - \theta_c)^{3/2} \tag{5}$$

其中，$1.5<\alpha<2.2$（Hansen 等[5]），$M=8$ 可退化为 Meyer-Peter & Muller 公式。式（5）泰勒展开，在 $\theta-\theta_c=0$ 处可表达为

$$\Delta q^* = \left[(\alpha-1)\theta_c\right]^{3/2} + O(\theta - \theta_c)^{1/2} \tag{6}$$

式（6）在较大 $\theta-\theta_c$ 处极限值为

$$\Delta q^* = (\alpha^{3/2} - 1)(\theta - \theta_c)^{3/2} \tag{7}$$

因而，Δq^* 可近似由下式表达：

$$\frac{\Delta q^*}{\left[(\alpha-1)\theta_c\right]^{3/2}} = 1 + P(\theta - \theta_c)^{3/2}, \quad P = \frac{\alpha^{3/2} - 1}{\left[(\alpha-1)\theta_c\right]^{3/2}} \tag{8}$$

进一步地，近似取值 $\alpha=1.88$ 和 $\theta_c=0.045$，式（8）可表示为

$$\frac{\Delta q}{\sqrt{g(s-1)d^3}} \sim \Gamma(\theta - \theta_c)^{3/2} = 1 + 200(\theta - \theta_c)^{3/2} \tag{9}$$

另外，管道下方垂向二维最大冲刷深度可表示为[1]

$$\left(\frac{S}{D}\right) = 0.625 \exp\left(0.6\frac{e}{D}\right) \tag{10}$$

因此，管道下方三维水流环境下最大冲刷深度可合理地表示为以下指数函数：

$$\left(\frac{S}{D}\right)^{-1} \sim \Lambda_i\left(\frac{e}{D}\right) = \exp\left(-B_i\frac{e}{D}\right) \tag{11}$$

结合式（4）、式（9）和式（11），管道三维冲刷悬跨拓展速度理论模型可由式（12）表示：

$$V_h^* = \frac{V_{h,i}}{\sqrt{g(s-1)d}} \cdot \frac{D}{d} = A_i \cdot \Gamma(\theta - \theta_c) \cdot \Lambda_i\left(\frac{e}{D}\right) \quad \frac{\theta}{\theta_c} \geqslant 1 \tag{12}$$

至此，式（3）出现的所有无量纲变量之间的关系都已明确，式（12）中系数 A_i 为相关性到标准公式转换系数。式（11）和（12）中系数 A_i 和 B_i 可由实测试验数据率定（下标 $i=1, 2$ 分别表示第一拓展速度和第二拓展速度）。上述为动床条件下（$\theta>\theta_c$）的悬跨拓展速度公式推导。若考虑清水条件（$\theta<\theta_c$），则基于量纲分析，有如下无量纲变量关系：

$$\frac{V_h}{\sqrt{g(s-1)d}} = f\left(\frac{\theta}{\theta_c}, \frac{D}{d}, \frac{e}{D}\right) \tag{13}$$

悬跨拓展速度 V_h 可表示为

$$V_h \sim \frac{\Delta q}{S'} = \frac{\Delta q}{(S'/S) \cdot (S/D) \cdot D} \tag{14}$$

其中，S' 为清水条件下冲刷深度。考虑 $\theta-\theta_c<0$（无泥沙进入冲刷坑），则式（5）可表示为

$$\Delta q^* = \frac{\Delta q}{\sqrt{g(s-1)d^3}} \frac{1}{M} = (\alpha\theta - \theta_c)^{3/2} \qquad (15)$$

进一步，

$$\frac{\Delta q^*}{\theta_c^{3/2}} = \left(\alpha\frac{\theta}{\theta_c} - 1\right)^{3/2} \qquad (16)$$

则输沙率差值 Δq^* 可表示如下：

$$\frac{\Delta q}{\sqrt{g(s-1)d^3}} = f\left(\frac{\theta}{\theta_c}\right) \qquad (17)$$

清水条件下管道下方海床冲刷深度与动床条件下冲刷深度比值可表示为[1]

$$\frac{S'}{S} = f\left(\frac{\theta}{\theta_c}\right) \qquad (18)$$

联合式（11）、式（13）、式（17）和式（18），清水条件下悬跨横向拓展速度可表示为

$$V_h^* = \frac{V_{h,i}}{\sqrt{g(s-1)d}} \cdot \frac{D}{d} = A_i \cdot \Psi\left(\frac{\theta}{\theta_c}\right) \cdot \Lambda_i\left(\frac{e}{D}\right) \quad \frac{\theta}{\theta_c} < 1 \qquad (19)$$

其中，$\Psi(\theta/\theta_c)$ 代表 Δq 和 S'/S 对悬跨拓展速度 V_h 的联合影响，$\Lambda_i(e/D)$ 和系数 A_i 与动床公式（12）一致。

3　数据分析

通过对试验数据分析，率定理论公式（12）和式（19）中的相关系数（以第一拓展速度为例）。考虑管道下方海床冲刷过程与输沙率密切相关，因而悬跨拓展速度（$V_{h,i}$）与变量（$\theta-\theta_c$）应有最大相关性，而与埋入深度（e/D）相关性相对较差。据此，初始假设 $V_{h,i}$ 与 e/D 无关联[式（12）中 $\Lambda_i(e/D)=1$]。图 3 为 $V_{h,1}^*/A_1$ 与（$\theta-\theta_c$）的变化关系图（$A_1=1$）。图 3 包括本试验数据点和文献[6]试验数据点。实线表示公式（12）预测值，虚线表示与理论值偏差 2/0.5 倍，R^2 表示实测数据点与理论值的相关度。从图 3 可以看出，理论预测符合实测数据点的变化趋势（$R^2=0.43$），悬跨拓展速度 $V_{h,i}$ 随（$\theta-\theta_c$）的增加而增大。

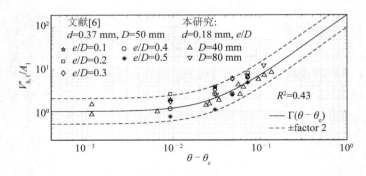

图 3　管道悬跨横向拓展速度 $V_{h,1}^*$（$A_1=1$，$B_1=0$）

图 3 实测点存在一定离散度的原因之一是忽略了埋入深度（e/D）对 $V_{h,1}^*$ 的影响。图 4 给出 $V_{h,1}^*/A_1\Gamma$（$\theta-\theta_c$）与 e/D 的变化（$B_1=3.2$），给出悬跨拓展速度 $V_{h,1}^*$ 与 e/D 的依赖关系[参考式（12）]。由图 4 可以看出，拓展速度 $V_{h,1}^*$ 随着 e/D 的增加而减小，这是由于埋入深度的增加会阻碍管道下方海床冲刷过程，在较大埋深条件下可出现管道的"自埋"（Self-buried）现象[6]。

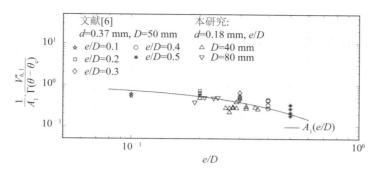

图 4　管道悬跨拓展速度 $V^*_{h,1}$ 与埋入深度（e/D）的依赖关系（$A_1=1$, $B_1=3.2$）

考虑埋入深度的影响，在图 3 的基础上重新给出 $V^*_{h,1}$ 与（$\theta-\theta_c$）的变化关系[图 5（b），$A_1=1$, $B_1=3.2$]。由图 5（b）可以看到，式（12）可较好地预测试验观测点（$R^2=0.83$）。至此，式（12）结合系数（$A_1=1$, $B_1=3.2$）可较好预测悬跨第一拓展速度，同样的方法可率定悬跨第二拓展速度系数为（$A_2=3$, $B_2=6$）。图 5（a）进一步给出清水条件下理论预测值[式（19）]与试验观测点的对比。在公式（19）中，本文期望理论预测值[式（19）]在 $\theta-\theta_c=0$ 处与式（12）达到形式统一（动床条件），在 $\theta=0$ 处悬跨冲刷速度为 0，因此 $\Psi(\theta/\theta_c)$ 可假设为式（20）正切方程形式。由图 5（a）看出，清水条件下本文理论[式（19）]可较好地预测试验数据点（$R^2=0.56$），且与动床条件悬跨冲刷速度在 $\theta=\theta_c$ 处平滑过渡。这表明，作者提出的理论统一了动床和清水条件下的悬跨冲刷速度 $V^*_{h,i}$，且证实在动床和清水条件下谢尔兹数（θ）都是 $V^*_{h,1}$ 的首要影响因素。

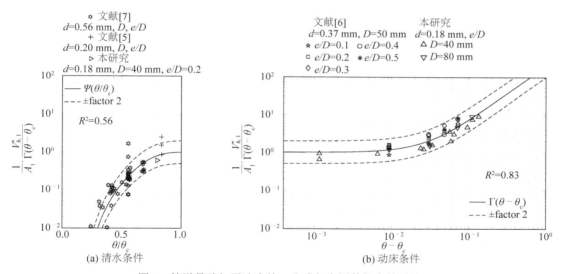

图 5　管道悬跨拓展速度统一公式与实测数据点的对比

$$\Psi\left(\frac{\theta}{\theta_c}\right)=\tanh\left[4.2\left(\frac{\theta}{\theta_c}-0.12\right)^{3.5}\right]\qquad 0.24\leqslant\frac{\theta}{\theta_c}<1\qquad（20）$$

4　结　语

本文试验研究了管道三维冲刷悬跨横向拓展速度，提出预测悬跨拓展速度的新理论。新理论首次统一了动床和清水条件下的悬跨横向拓展速度，并解决了前人相关研究中的悖论，证实谢尔兹数（而非弗劳德数）是影响管道悬跨拓展速度的首要因素。

参考文献：

[1]　MUTLU B S. The mechanics of scour in the marine environment [M]. World Scientific, 2002.

[2]　ZHANG Q, DRAPER S, CHENG L, et al. Time scale of local scour around pipelines in current, waves, and combined waves and current [J]. Journal of Hydraulic Engineering, 2017, 143(4): 04016093.

[3]　FUHRMAN D R, BAYKAL C, MUTLU S B, et al. Numerical simulation of wave-induced scour and backfilling processes beneath submarine pipelines [J]. Coastal Engineering, 2014, 94: 10-22.

[4]　FREDSØE J. Pipeline-seabed interaction [J]. Journal of Waterway, Port, Coastal, and Ocean Engineering, 2016, 142(6): 03116002.

[5]　HANSEN E A, STAUB C, FREDSE J, et al. Time-development of scour induced free spans of pipelines [C]//Proceedings of the 10th Offshore Mechanics and Arctic Engineering Conference Pipeline Technology, Norway, ASME, 1991: 25-31.

[6]　CHENG L, YEOW K, ZHANG Z, et al. Three-dimensional scour below offshore pipelines in steady currents [J]. Coastal Engineering, 2009, 56(5-6): 577-790.

[7]　WU Y, CHIEW Y M. Three-dimensional scour at submarine pipelines [J]. Journal of Hydraulic Engineering, 2012, 138(9): 788-795.

波浪–海床–单桩相互作用的试验研究

冯冬颖，汪承志

（重庆交通大学 河海学院，重庆 400074）

摘要：为了研究海床颗粒直径与孔隙率对单桩所受波浪荷载的影响，通过波浪水槽试验，模拟波浪、海床与单桩之间的相互作用，固定相同水深，选用 5 种不同的土体，通过改变造波频率，采用压力传感器来得到作用在单桩上的波浪力。通过试验可以知道：①随着 H、T（H/gT^2）的不断增长，ΔP 总体上呈不断上升的趋势且水深较小的情况下受到的压力比较大；②随着颗粒直径的增大，ΔP 不断减小；③平板受到的 ΔP 与直径为 1 mm 土体的 ΔP 大致相等，且随孔隙率不断增大，ΔP 大体呈下降趋势，但并非始终保持下降，仍需要进一步的研究。

关键词：波浪水槽；颗粒直径；孔隙率；单桩；海床；相互作用；波浪力

近几年，随着社会的不断进步与发展，全球对石油和天然气等一系列能源的需求量在不断地增加，致使对海洋的开发也在呈不断上升的趋势。海洋建筑物无可避免地要承担着不同程度的海况作用，复杂的海洋环境对建筑物的影响也是十分巨大的，其中波浪对建筑物的影响是最大的，对建筑物的安全性产生了隐患，造成了非常大的生命财产损失。

近十几年以来，关于波浪理论的发展[1-2]，国内外许多专家学者做了很多的科学研究，通过研究可以发现，波浪理论的适用性研究对于波浪–海床–建筑物的相互作用具有非常重要的意义。房忱和李永乐[3]通过对跨海大桥进行数值模拟，通过 FLUENT 对非线性波进行二维模拟，进而可以分析非线性波浪荷载的波面、速度场等一系列问题，进一步研究在浅水区下非线性波浪的特点；李艳坤[4]通过对孤立桩柱的结构，分别运用线性波理论、斯托克斯波理论等对五种工况进行了系统的分析，并且分析出了波高、水深、周期等对波浪动力谱的影响；张浩[5]通过有限元软件计算了波浪力对大直径单桩的水平作用，得出了桩径与波浪荷载的一些关系；万信号和段志东[6]运用 Ansys 软件，分析了不同速度海水情况下对单桩受力变形的影响，考虑到深度、速度、黏滞系数等因素，拟合出了单桩的剪力公式；张方等[7]通过试验，展开了软黏土地基对单桩的影响，通过单桩水平静载试验与循环荷载模型试验，分析了单桩的变形情况。马丽丽等[8]通过水槽试验，研究了单桩桩周冲刷过程的演变，并利用摄像机实时监测到桩周冲刷深度的变化。

在实际的工程中，大多数的海床的颗粒直径和孔隙率都比较大，当有波浪产生的时候，海床的内部往往处于流动的状态，但是根据早期的一些研究发现，在研究波浪–海床之间的相互作用的过程中，往往把海床模拟成了不可渗、刚性的状态[9]，这样忽视了颗粒直径和孔隙率对波浪产生的能量衰减作用，降低了数值、试验等研究结果对实际工程的指导价值与作用，本研究将通过波浪–海床–单桩相互作用的水槽试验，分析海床颗粒直径、孔隙率对单桩所受波浪荷载的影响。

1 试验模型和材料

1.1 模型设计

本次试验在波浪水槽里进行，现有波浪水槽尺寸为 30 m×1 m×0.5 m，具体如图 1 所示。

图 1　波浪水槽

为了能够在波浪水槽中间固定土体，使土体不被冲走，造成"海床"的一种效果，特地使用光滑木板材料制作了一个凹槽，如图 2 所示，设计斜坡段的坡度比较缓，约为 1∶10，主要是引导波浪且不让破浪破碎，护坡段主要是能够过渡波浪并且加固模型的稳定性，具体参数如图 3 所示。

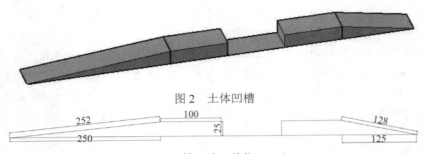

图 2　土体凹槽

图 3　凹槽尺寸（单位：cm）

1.2　试验材料

为了充分研究不同粒径、孔隙率下波浪对单桩所受波浪荷载的影响，通过建立波浪–海床–单桩相互作用试验，采用 5 种不同土体参数，分别进行试验研究，具体材料如图 4 所示

图 4　土体参数

1.3　测点布置及方案

1.3.1　测点布置

单桩位置如图 5 所示，在圆柱最下 20 cm 插入土体中，土体上 5 cm 布设一个压力变送器，再往上 5 cm 布设第二个压力变送器，由上到下压力变送器编号为 0 号、1 号。

图 5　单桩测点布置

1.3.2　具体方案

1）将压力变送器按照顺序放在圆柱上，并与多点过程跟踪流速仪连接好，采取的试件间隔为 20 s，使用同一个浪高仪来进行测量，浪高仪的采集时间 20 s（浪高仪测出来的曲线是为了测量出波高以及周期的大小），并把接地线放入水槽的后面。

2）固定埋深（海床厚度）不变，固定圆柱的位置不变，埋深布置为 20 cm，水深 45 cm，对于每一种土体分别进行造波。每一种土体一种水深总共打 20 组波浪，由于水槽设备的问题，没有办法固定周期跟波高，所以只能通过固定 4 组转速：300 r/s、350 r/s、400 r/s、450 r/s，这样可以使每种土体在相同的水深下得到相同的周期和波高，其余 16 组用来分析对应的波高 H、周期 T、压力 ΔP 之间的关系。

3）试验结束后，需要测量土体孔隙率、直径。

2　试验结果分析

2.1　ΔP 与 H/gT^2 关系

由于水槽设备的问题，没有办法固定周期跟波高，所以用无因次独立参数 H/gT^2 来表示波高和周期的关系，由图 6 可以清楚的看到，在同一种土体下，随着 H、T（H/gT^2）的不断增长，ΔP 总体上呈不断上升的趋势，而且在同一水深、同一参数情况下，0 号传感器比 1 号传感器受到的波浪力要大一些，这是因为 0 号传感器所在位置的水深比较浅。

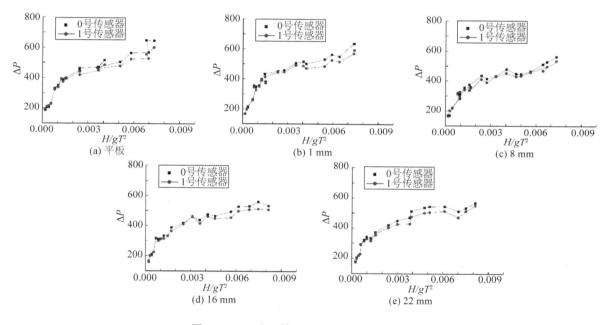

图 6　45 cm 水深情况下 ΔP 与 H/gT^2 的关系

2.2　ΔP 与颗粒直径关系

通过测量测得 5 组颗粒直径的土体（平板颗粒直径默认为 0），分别为 0、1 mm、8 mm、16 mm、22 mm，由于固定了 4 组转速，通过浪高仪的测量测得了四组转速对应的波高和周期，具体如表 1 所示。

表 1　具体参数

转速/（rad·s⁻¹）	周期/s	波高/cm
300	1.8	4.0
350	1.5	5.6
400	1.4	7.4
450	1.2	8.3

由图 7 可以看出，在相同水深，四组相同 T、H 情况下，随着颗粒直径的增大，ΔP 呈下降的趋势，这是由于颗粒之间的孔隙流对作用在单桩上的波浪能量产生了衰减作用，使得作用在单桩上的压力传感器的力减小。

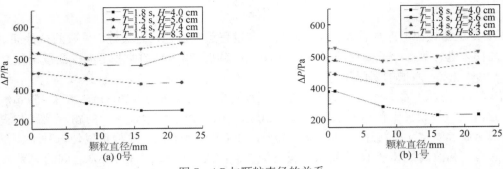

图 7　ΔP 与颗粒直径的关系

2.3　孔隙率

通过测量测得 5 组土体的孔隙率（平板颗粒直径默认为 0），分别为 0、0.375、0.439、0.459、0.475，由图 8 可以看出，在相同水深，四组相同 T、H 情况下，平板受到的 ΔP 与直径为 1 mm 土体的 ΔP 大致相等，说明平板和直径为 1 mm 的土体作用效果相似，而随着孔隙率不断增大，ΔP 呈下降趋势，这是由于孔隙结构对水流的阻碍作用增大，使波浪能量得到较好的消散。但是会发现，并不是越大的孔隙率受到的波浪力越小，说明孔隙率作用对波浪力的作用显著，有必要进行更多的研究。

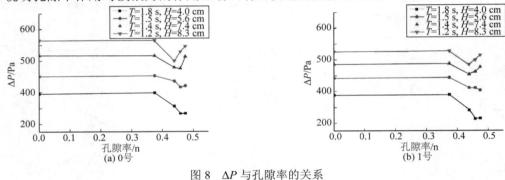

图 8　ΔP 与孔隙率的关系

3　结　语

1）在相同土体下，随着 H、T（H/gT^2）的不断增长，单桩上受到的力总体上呈不断上升的趋势，且在同一参数情况下，位置较浅的地方受到的力比较大。

2）在相同水深下，相同 T、H 情况下，随着颗粒直径的增大，单桩上受到的力呈下降的趋势。

3）在相同水深下，平板受到的 ΔP 与直径为 1 mm 土体的 ΔP 大致相等，且随孔隙率不断增大，ΔP 大体呈下降趋势，但并非始终保持下降，这需要进一步的研究。

参考文献：

[1]　PUTNAM J A. Loss of wave energy due to percolation in a permeable sea bottom[J]. Transactions, American Geophysical Union, 1949, 30(3): 349-356.

[2]　LICJ P F. Damping of water waves over porous bed[J].Journal of the Hydraulics Division, 1973, 99: 2263-2271.

[3]　房忱, 李永乐. 跨海大桥小尺度下部结构非线性波浪荷载分析[J]. 铁道标准设计, 2017(05): 103-107.

[4]　李艳坤. 非线性波浪作用下单桩动力响应分析[D]. 重庆：重庆交通大学，2016.

[5]　张浩. 波浪力对单桩结构的水平作用计算[J]. 中国高新技术企业, 2014(20): 104-106.

[6]　万信号, 段志东. 海水海浪作用下的单桩受力分析[J]. 兰州工业学院学报, 2018, 25(5): 9-14.

[7]　张方, 刘继滨, 吴金标. 软粘土海床中单桩基础水平循环承载与变形特性试验研究[J]. 四川建筑科学研究, 2017, 43(6):56-60.

[8]　马丽丽, 国振, 王立忠, 等. 单向流条件下单桩桩周冲刷过程特征试验研究[J]. 海洋工程, 2017, 35(1): 136-146.

[9]　LOSADA I J, LARA J L, JESUS M D. Modeling the interaction of water waves with porous coastal structures[J]. Journal of Waterway, Port, Coastal, and Ocean Engineering, 2016, 142(6):1-18.

波浪作用下海底管道周围海床瞬态液化研究

李　辉，王树青，陈旭光

（中国海洋大学，山东 青岛 266000）

摘要：海底管道作为海底石油运输工具，在海洋工程中占据重要地位。海洋工程设计中的一个重要环节是波浪作用下海床的稳定性评价。波浪作用下，管道周围海床的液化将直接影响海底管道的稳定性。为了探究各向异性条件下管道周围海床瞬态液化问题，采用有限体积法求解 RANS 方程及 $\kappa - \varepsilon$ 湍流模型进行数值造波，Biot 多孔弹性方程模拟海床瞬态响应，进而建立了波浪–各向异性海床三维耦合积分数值模型。研究表明：波浪荷载及土体渗透系数对液化深度影响显著，随着波浪高度增加以及周期的增大，海床的液化深度显著增加。海床各向异性条件下饱和度增大，海床液化深度减小，相比于各向同性海床，各向异性海床的液化深度不再单纯地随着渗透系数的减小而增大，在细沙海床中，渗透系数降低，海床的液化深度减小，液化区域逐渐向海床表面发展。

关键词：各向异性；三维耦合模型；海底管道；液化

海底管道作为常见的海洋工程装备广泛用于海底油气运输，在复杂的海洋环境中，波浪荷载会使管道周围海床发生局部液化甚至失稳，当管道周围海床中向上的渗透力超过土体自重时管道周围海床可能发生液化，进而导致管道的失稳破坏，因此研究管道周围海床的液化深度对海底管道的安全运行有重要意义。

针对波浪荷载作用下管道周围孔隙水压力分布问题国内外已开展过较多研究[1-4]。Biot[5]首先推导出了多孔介质中孔隙水压力与土体骨架关系的三维固结方程。Jeng 等[6]基于 Biot 固结理论建立有限元模型研究了管道内力变化及海床中孔隙水压力分布。Duan[7]利用 3D 有限元软件研究了波浪参数及海床参数对各向同性海床中超孔隙水压力分布及液化深度的影响；研究表明，波浪参数以及海床参数是影响海床中超孔隙水压力分布的主要因素。Zhao 等[8]开展了半埋式管道周围土体动态响应的研究；然而只考虑了波浪载荷，并未对土体参数的影响进行探究。Gatmiri[9]通过二维数值模型探讨了土体各向异性对管道周围海床动力响应的影响。

目前针对波浪作用下管道周围海床的动力响应研究主要集中在二维各向异性海床或三维各向同性海床，实际工程中二维模型或者各向同性土体难以反映海床的真实特性，因此本文通过三维耦合积分数值模型，主要针对波浪荷载作用下三维各向异性海床的瞬态液化问题展开研究。

1　数学模型

1.1　波浪模型

建模过程中，本文通过求解 RANS 方程建立波浪模型，通过求解 Biot 多孔弹性方程建立各向异性海床模型。本文提出的三维耦合数值模型基于 OpenFOAM 架构。以 RANS 方程作为三维不可压缩流体运动的控制方程：

$$\frac{\partial \langle u_i \rangle}{\partial x_j} = 0 \tag{1}$$

$$\frac{\partial \rho_f \langle u_i \rangle}{\partial t} + \frac{\partial \rho_f \langle u_i \rangle \langle u_j \rangle}{\partial x_j} = -\frac{\partial \langle p \rangle}{\partial x_i} + \frac{\partial}{\partial x_j}\left[\mu\left(\frac{\partial \langle u_i \rangle}{\partial x_j} + \frac{\partial \langle u_j \rangle}{\partial x_i} \right) \right] + \frac{\partial}{\partial x_j}\left(-\rho_f \langle u_i' \rangle \langle u_j' \rangle \right) + \rho_f g_{i50}^{\,10} \tag{2}$$

式中：u_i 表示流速；ρ 为流体密度；t 为时间；g_i 为重力加速度。雷诺应力项表示为

$$-\rho_f \langle u_i' \rangle \langle u_j' \rangle = u_t \left[\frac{\partial \langle u_i \rangle}{\partial x_j} + \frac{\partial \langle u_j \rangle}{\partial x_i} \right] - \frac{2}{3} \rho_f \delta_{ij} k \tag{3}$$

文中采用标准 $k-\varepsilon$ 湍流模型来实现湍流模式封闭，相关方程如式（4）、式（5）所示：

$$\rho\frac{\partial k}{\partial t}+\frac{\partial \rho\langle u_j\rangle k}{\partial x_j}=\frac{\partial}{\partial x_j}\left[\left(\mu+\frac{\mu_t}{\sigma_k}\right)\frac{\partial k}{\partial x_j}\right]+\rho P_k-\rho\varepsilon \tag{4}$$

$$\rho\frac{\partial \varepsilon}{\partial t}+\frac{\partial \rho\langle u_j\rangle \varepsilon}{\partial x_j}=\frac{\partial}{\partial x_j}\left[\left(\mu+\frac{\mu_t}{\sigma_{k\varepsilon}}\right)\frac{\partial \varepsilon}{\partial x_j}\right]+C_{\varepsilon1}\frac{\varepsilon}{k}P_k-C_{\varepsilon2}\rho\frac{\varepsilon^2}{k} \tag{5}$$

式中：相关参数 $\sigma_k=1.0$，$\sigma_\varepsilon=1.3$，$\sigma_{\varepsilon1}=1.44$，$\sigma_{\varepsilon2}=1.92$。

1.2　海床模型

基于 Biot 多孔弹性理论，拟静态动量平衡方程如式（6）所示：

$$\nabla\left[C:\frac{1}{2}\left(\nabla U+(\nabla U)^{\mathrm{T}}\right)\right]-\nabla p=0 \tag{6}$$

式中：U 为土（骨架）位移矢量；p 为超孔隙水压力；C 为四阶弹性刚度张量。对于各向异性材料，各向异性弹性应力–应变关系可以用 6×6 矩阵表示：

$$\sigma'=\begin{pmatrix}\sigma'_{xx}\\\sigma'_{yy}\\\sigma'_{zz}\\\sigma_{xy}\\\sigma_{yz}\\\sigma_{xz}\end{pmatrix}=\begin{bmatrix}A_{11}&A_{12}&A_{31}&0&0&0\\A_{12}&A_{22}&A_{23}&0&0&0\\A_{31}&A_{23}&A_{33}&0&0&0\\0&0&0&A_{44}&0&0\\0&0&0&0&A_{55}&0\\0&0&0&0&0&A_{66}\end{bmatrix}\begin{pmatrix}\varepsilon_{xx}\\\varepsilon_{yy}\\\varepsilon_{zz}\\\varepsilon_{xy}\\\varepsilon_{yz}\\\varepsilon_{xz}\end{pmatrix}=C:\varepsilon\ SS$$

其中，九个非零独立系数表达式：

$$A_{11}=\frac{1-\nu_{yz}\nu_{zy}}{JE_yE_x}\qquad A_{22}=\frac{1-\nu_{xz}\nu_{zx}}{JE_zE_x}\qquad A_{33}=\frac{1-\nu_{yx}\nu_{xy}}{JE_yE_x}$$

$$A_{12}=\frac{\nu_{xy}+\nu_{zy}\nu_{xz}}{JE_xE_z}\qquad A_{23}=\frac{\nu_{yz}+\nu_{xy}\nu_{xz}}{JE_xE_y}\qquad A_{31}=\frac{\nu_{xz}+\nu_{xy}\nu_{yz}}{JE_yE_z}$$

$$A_{44}=2G_{xy}\quad A_{55}=2G_{zy}\quad A_{66}=2G_{zx}$$

$$J=\frac{1-\nu_{yx}\nu_{xy}-\nu_{yz}\nu_{zy}-\nu_{xz}\nu_{zx}-2\nu_{xy}\nu_{yz}\nu_{xz}}{E_xE_yE_z}$$

连续性方程为

$$\frac{n}{K'}\frac{\partial p}{\partial t}-\frac{1}{\gamma_w}\nabla\cdot(k\cdot\nabla p)+\frac{\partial}{\partial t}(\nabla U)=0 \tag{7}$$

式中：n 为土壤孔隙度；p 表示超孔隙水压力。

1.3　边界条件

在海床表面处：土体应力相比于波浪压力可忽略不计，土体垂直方向的正应力和剪应力等于 0，并且海床表面的波浪压力与孔隙水压力相等，即有：

$$p_s=p_w \tag{8}$$

式中：p_w 为作用于海床表面的波浪压力。

海床底面：在海床底面处，土体可视为不透水的刚性基岩，即海床土体的水平方向位移和竖直方向位移为 0，故有：

$$u_s = w_s = \frac{\partial p}{\partial z} = 0 \tag{9}$$

海床侧边：假设在海床左右两侧边界处，土体的水平方向位移为 0 且为不透水边界，则有：

$$w_s = \frac{\partial p}{\partial x} = 0 \tag{10}$$

2　模型验证

为了验证模型的正确性，本文将模型计算结果与试验数据进行对比，由于缺乏各向异性试验数据，本文将各向异性海床转化为波浪作用于各向同性海床，分别对 Sui 等[10]和 Liu[11]的试验进行验证。Sui 的模型验证过程中相关参数取值如下：波浪高度 h_w=0.056 m，波浪周期 T=1.5 s，水深 d=0.448 m，海床剪切模量 G_s=1.27×10⁷ N/m²，海床的泊松比 $\mu_s = 0.3$，渗透率 k_s=1.8×10⁻⁴ m/s，海床孔隙率 n_s=0.425，海床饱和度 S_r=0.975。

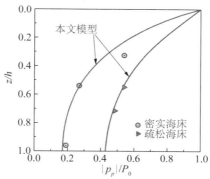

图 1　最大孔隙水压力沿海床深度分布

由图 1 可以看出，数值模拟结果与试验结果基本一致，但是在密实海床中存在部分差异，这可能是试验过程中海床土体参数发生变化导致试验结果和数值模拟结果出现部分偏差，但总体来说，模型能够真实反映波浪荷载作用下海床中超孔隙水压力的分布。

为进一步验证本文模型的准确性，将通过对 Liu 的试验结果进行对比验证，相关参数取值如下：波浪高度 h_w=1.23 m，波浪周期 T=9 s，海床厚度 T=1.8 m，水深 d=5 m，海床剪切模量 G_s=1.27×10⁷ N/m²，海床的泊松比 $\mu_s = 0.3$，海床渗透率 k_s=1.8×10⁻⁴ m/s，孔隙率 n_s=0.425，海床饱和度 $S_r = 0.975$。两个孔隙水压力传感器分别位于海床表面以下 6.7 cm 和 26.7 cm。

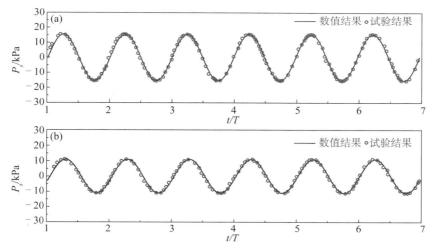

图 2　孔隙水压力变化与试验对比验证

由图 2 可知，数值模拟结果与试验数据变化趋势基本一致，且吻合较好，因此模型能够准确模拟波浪作用下多孔海床中孔隙水压力变化。

3　管道周围海床瞬态液化分析

　　本文对波浪作用下管道周围各向异性海床中的孔压响应开展研究，数值模型如图 3 所示，整个计算域建立在统一的笛卡儿坐标系中，相关参数如表 1 所示。

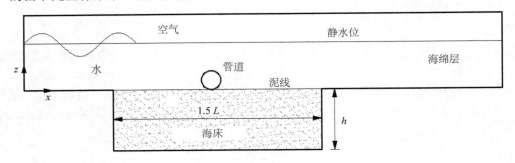

图 3　数值模型侧视图

表 1　数值案例所取参数

波浪特性			
波高 (h_w)	3.4 m	波周期 (T)	10 s
平均水深 (d)	10 m	波长 (l_w)	92 m
土壤特性			
海床厚度 (h)	6 m	孔隙度 (n_s)	0.4
饱和度 (S_r)	0.97	浸没密度 (γ_{sub})	$10\,\mathrm{kN/m^3}$
渗透系数 (k_s)	$k_x = 5\times10^{-3}\,\mathrm{m/s}$	$k_y = 1.0\times10^{-4}\,\mathrm{m/s}$	$k_z = 5\times10^{-3}\,\mathrm{m/s}$
杨氏模量 (E_s)	$E_x = 1.2\times10^{7}\,\mathrm{N/m^2}$	$E_y = 2\times10^{7}\,\mathrm{N/m^2}$	$E_z = 1.2\times10^{7}\,\mathrm{N/m^2}$
剪切模量 (G_s)	$G_{xy} = 1.2\times10^{7}\,\mathrm{N/m^2}$	$G_{yz} = 1.2\times10^{7}\,\mathrm{N/m^2}$	$G_{zx} = 5\times10^{6}\,\mathrm{N/m^2}$
泊松比 (u_s)	$\nu_{xy} = 0.24$	$\nu_{yz} = 0.4$	$\nu_{zx} = 0.2$
管道参数			
管道直径(D)	1 m		

3.1　海床土体参数的影响

　　土体性质是决定海床液化深度的重要因素，其中渗透系数和饱和度是两个关键参数，决定着多孔海床中孔隙水的流动速度，以往的研究表明，在各向同性海床中，海床的液化深度随渗透系数的减小而增大。波浪荷载作用下海床中孔隙水压力分布如图 4 所示。

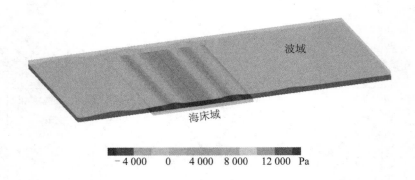

$$-4\,000 \quad 0 \quad 4\,000 \quad 8\,000 \quad 12\,000 \ \mathrm{Pa}$$

图 4　波浪荷载作用下海床中孔隙水压力分布

　　本文进一步探讨了各向异性海床中渗透系数、饱和度对海床瞬态液化的影响。分别选取 4 组饱和度（S_r =0.96, 0.97, 0.98, 0.99）和 4 组渗透系数（k_s=1×10⁻³, 1×10⁻⁴, 1×10⁻⁵, 1×10⁻⁶ m/s）进行分析研究，并对各向异性模型与各向同性模型计算结果进行对比分析，不同渗透系数及不同饱和度所对应的孔隙水压力分布分别如图 5、图 6 所示。

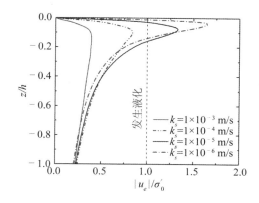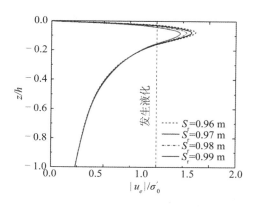

图 5　不同渗透系数下孔隙水压力分布　　　　　　　图 6　不同饱和度下孔隙水压力分布

由图 4 可以看出：当管道位于波谷时海床中产生超孔隙水压力，此时海床最容易发生液化。图 5、图 6 分别给出了在 4 组不同渗透系数和不同饱和度下沿海床深度（z/h）方向的孔隙水压力分布，由图 4 可以看出，随着渗透系数的减小，海床的液化趋势增加并逐渐向海床表面发展，当渗透系数降低到 1×10^{-6} m/s 时，海床的液化深度开始随渗透系数的减小而降低，这与各向同性海床所得出的结论不一致，这是由于水平方向渗透系数远大于竖直方向渗透系数，导致孔隙水压力的消散主要在水平方向上。由图 6 可以看出，随着海床土体饱和度的增大，海床的液化深度减小，这是因为饱和度越小，波浪引起的向上渗透力越大。

不同土体参数下各向异性模型与各向同性模型的对比分析如图 7 和图 8 所示，由图 7 可以看出，采用各向异性模型与各向同性模型得到的液化趋势不尽相同，在粉砂海床中，两种模型计算结果相差较小，但在中砂海床中计算结果相差较大，各向同性模型难以反映海床的真实液化趋势。不同饱和度下海床的液化趋势如图 8 所示，由图可以看出，采用各向异性模型与各向同性模型得到的液化趋势相差较大，采用各向同性模型计算结果要比各向异性模型计算结果偏小。

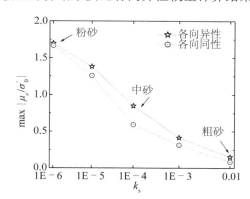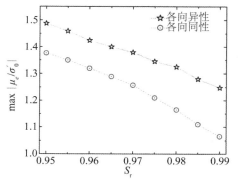

图 7　不同渗透系数下海床液化趋势分布　　　　　　图 8　不同饱和度下海床液化趋势分布

3.2　波浪特性的影响

除了海床参数特性之外，波浪特性是另外一个影响孔压分布及液化深度的因素，为了进一步研究波浪参数对海床液化深度及孔隙水压力分布的影响，分别对 3 组不同波高（H=0.24 m、0.3 m、0.34 m）和 3 组不同周期（T=10 s、15 s、20 s）的波浪进行分析，不同波高及不同周期所对应的孔隙水压力分布如图 9、图 10 所示。

由图可知波高及周期均对管道周围海床孔隙水压力分布及液化深度有较大影响，随着波高增大及波浪周期加长，海底管道周围海床瞬态液化深度增加，这主要是由于周期加长或增大波高会导致波长增大，同时波浪会携带更多的能量。导致作用于海床表面的波浪压力增大，进而导致海床的液化深度增加。

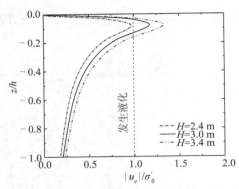
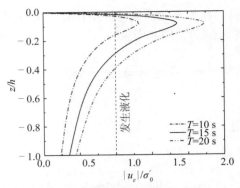

图 9　不同波浪周期超孔隙水压力分布　　　　　　图 10　不同波高超孔隙水压力分布

4　结　语

采用三维耦合积分数值模型对各向异性海床中波浪导致的海床液化及动力响应进行了研究。得到了波浪特性和土壤特性对管道周围海床中孔隙水压力分布的影响。得出以下结论：

1）本文所建立的三维各向异性数值模型与试验结果吻合较好，说明本文模型合理可靠。可以准确模拟波浪荷载作用下的海床动力响应。

2）波浪特性对管道周围海床的液化深度影响显著。波浪高度增大或周期加长将加剧海底液化的风险，管道失稳的可能性加大。

3）在海床各向异性条件下，饱和度对海床液化深度的影响较小，渗透系数影响较大，随着渗透系数降低，海床的液化风险加大，液化区域逐渐趋近于海床表面。在粗砂海床中渗透系数降低，海床的液化深度增大；在细沙海床中，渗透系数降低，海床的液化深度减小。

参考文献：

[1]　栾茂田, 曲鹏, 杨庆, 等. 波浪引起的海底管线周围海床动力响应分析[J]. 岩石力学与工程学报, 2008, 27(4): 789-795.

[2]　MEI C C, FODA M A. Wave-induced responses in a fluid-filled poro-elastic solid with a free surface-aboundary layer theory[J]. Geophysical Journal of the Royal Astronomical Society, 2010, 66(3) : 597-631.

[3]　JENG D S, LIN Y S. Finite element modeling for water waves-soil interaction[J].Soil Dynamics and Earthquake Engineering, 1996, 15(5): 283-300.

[4]　JENG D S, YE J H, ZHANG J S, et al. An integrated model for the wave-induced seabed response around marine structures: model verifications and applications[J]. Coastal Engineering, 2013, 72(2): 1-19.

[5]　BIOT M A. General theory of three-dimensional consolidation[J]. Journal of Applied Physics, 1941, 12: 155-164.

[6]　JENG D S. Numerical modeling for wave-seabed-pipe interaction in a non-homogeneous porous seabed[J]. Soil Dynamics and Earthquake Engineering, 2001, 21 (8):699-712

[7]　DUAN L L. Three-dimensional poro-elastic integrated model for wave and current-induced oscillatory soil liquefaction around an offshore pipeline[J]. Appl. Ocean Res, 2017, 68: 293-306

[8]　ZHAO H Y, JENG D S, GUO Z, et al. Two-dimensional model for pore pressure accumulations in the vicinity of a buried pipeline. [J]. Offshore Mech. Arct. 2014, 136, 042001.

[9]　GATMIRI B. Reponse of cross-anisotropic seabed to ocean waves[J]. Geotech.Geoenviron, 1992, 118 (9): 1295-1314

[10]　SUI T, ZHANG J, ZHENG J, et al. Modeling of wave-Induced seabed response and liquefaction potential around pile foundation[C]// ASME, Polar Arct. Sci. Technol. Offshore Geotech. Pet. Technol. Symp. 6, 2013.

[11]　LIU B, JENG D S, YE G L, et al. Laboratory study for pore pressures in sandy deposit under wave loading[J]. Ocean. Eng. 2015, 106: 207-219.

基于形心追踪法对破波带内污染物水平二维输移扩散特性研究

任春平，郁　重

（太原理工大学 水利科学与工程学院，山西 太原 030024）

摘要： 破波带内水动力条件复杂，既有强烈的水体紊动，又有波生流，导致该区域内的污染物输移扩散特性规律也变得极其复杂，是开展海岸工程建设和海岸生态环境保护需要考虑的区域，因而需要采用更加精细的方法研究该区域内污染物输移扩散特性。本文对不同波况下连续采集的污染团图像进行处理，获取破波带内污染团的形心点和离散程度，通过追踪形心点在水平二维空间的变化，线形拟合得到污染团在沿岸方向和垂直岸线方向的输移速度，并基于高斯扩散理论拟合得到垂直岸线方向扩散系数，进而分析了不同入射波下沿岸方向输移速度与时均沿岸流速最大值的关系；垂直岸线方向输移速度与沿岸方向输移速度的比值；规则波及不规则波对污染物垂直岸线方向扩散系数的影响规律。结果表明，两类入射波情况下沿岸方向的污染物输移速度约为时均沿岸流速最大值的 35%；入射波高、周期相近时，规则波垂直岸线方向扩散系数比不规则波要大一个量级，入射波高对污染团垂直岸线方向扩散系数影响较大，而入射波周期则影响较小。

关键词： 破波带；污染物；形心追踪；输移扩散；高斯扩散

近岸海域是各种环境水动力因素最复杂的区域之一，尤其在平缓海岸区域，由于地形和海岸边界的影响，波浪会发生破碎、演化等现象，进而形成的沿岸流导致该区域内的物质输移扩散规律也变得极其复杂。由于破波带是开展海岸工程建设和海岸生态环境保护需要考虑的区域，同时还是许多生物种群的活动范围[1]，因此，对破波带内污染物输移扩散特性的研究具有重要的理论价值和现实意义。

近年来国内外许多学者对破波带内污染物输移扩散特性已有了诸多研究成果。Harris 等[2-4]利用示踪剂来研究破波带内污染物的扩散路径及范围，通过定点测量水中示踪剂浓度，将浓度数据拟合到菲克扩散溶液中来估计破波带内污染物扩散系数范围。Takewaka 等[5]通过现场试验观测破波带内释放的示踪剂的时空变化来分析污染物的输移扩散特性。Brown 等[6]通过观测陡坡海岸释放的荧光染料研究了破波带近场及远场的污染物输移及其对扩散系数的影响。Zanden 等[7]利用物理模型试验对双色波群下湍流时空分布对横向及垂向扩散系数的影响进行了研究。邹志利等[8]进行了在规则波作用下破波带内水平混合系数测量的物理模型试验，并利用水深平均二维扩散方程近似解析解得到了计算混合系数的方法。崔雷等[9]建立了曲线坐标系下的污染物输运数值模型，对不规则岸线地形下近岸污染物的输移扩散进行了数值模拟研究。唐军等[10]基于双曲型缓坡方程和近岸浅水方程对近岸波浪斜向入射破碎所生成的沿岸流及污染物在沿岸波流作用下的运动进行了数值模拟。

由于破波带内水动力条件过于复杂，因而需要采用更加精细的方法研究该区域内污染物输移扩散特性。本文基于形心追踪法通过物理模型对破波带内污染物水平二维输移扩散特性进行了研究，着重对破波带内不同波况下的污染物输移情况及垂直岸线方向的扩散系数进行分析。

1 试验简介

试验在大连理工大学多功能综合水池内进行，水池长 55.0 m，宽 34.0 m，深 1.0 m。海岸模型与造波板成 30°放置，以增加海岸线的长度，海岸模型与水池壁之间留有宽度为 3.0 m 的间隙，在水池上下外壁设置了波导墙（内壁处设有消浪网），水流可在外部形成循环[见图 1（a）]，通过模拟可得到均匀的沿岸

基金项目： 水利工程安全与仿真国家重点实验室开放基金资助项目（HESS−1406）；中国博士后基金资助项目（2013M541179）；太原理工大学基金（2017MS07）

作者简介： 任春平（1978−），男，博士，副教授，从事河口、海岸水动力学研究。E-mail: chunping@163.com

流场。

　　试验采用了 1:100 坡度的平直斜坡海岸模型，入射波浪为多组规则波及不规则波，通过在水体中投放墨水的方法来模拟近岸污染物的运动，污染物的排放形式采用连续源排放，规则波和随机波入射时墨水排放点坐标分别为（3.0 m，4.5 m）和（4.6 m，3.0 m），排放时用细管将污染物引至波浪破碎区排放。同时利用 CCD 摄像机进行实时连续的墨水运动图像采集，见图 1（b），经图像采集卡 DT3155 转换形成可在计算机存取的图像文件。

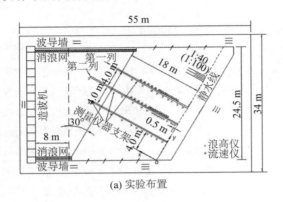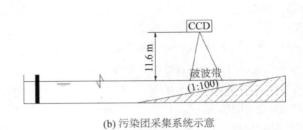

(a) 实验布置　　　　　　　　　　　　　　　(b) 污染团采集系统示意

图 1　试验布置及污染团采集系统示意

　　本文对 10 个波况进行了分析，其中 5 个波况为规则波入射，其余为不规则波入射，这 10 个波况参数见表 1。

表 1　波况参数

波况	入射波	坡度	波高 H/cm	周期 T/s
1	规则波	1:100	4.5	1.0
2	规则波	1:100	2.7	1.5
3	规则波	1:100	4.2	1.5
4	规则波	1:100	3.0	2.0
5	规则波	1:100	4.5	2.0
6	不规则波	1:100	2.4	1.0
7	不规则波	1:100	3.9	1.0
8	不规则波	1:100	2.3	1.5
9	不规则波	1:100	5.0	1.5
10	不规则波	1:100	5.0	2.0

2　墨水污染团图像处理方法及形心点计算

2.1　图像处理方法

　　当破波带内沿岸流稳定后，在破波带内投放墨水，连续采集墨水团的输移扩散，采集间隔时间约 1 s。图 2 给出了波况 2 采集的 t=0 s、15 s、30 s、45 s 的墨水团图片。

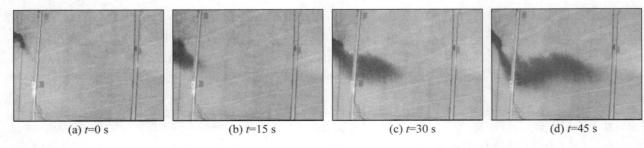

(a) t=0 s　　　　　(b) t=15 s　　　　　(c) t=30 s　　　　　(d) t=45 s

图 2　波况 2 采集到的 t=0 s、15 s、30 s、45 s 时污染团结果

上述图像通过 MATLAB 图像处理功能获取不同时刻墨水团的形心位置，具体处理流程见图 3。

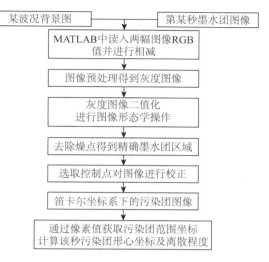

图 3　图像处理流程

2.2　墨水团形心位置计算

用参数 $X_c(t)$、$Y_c(t)$ 表示某一时刻污染团形心点坐标，用 $\sigma_x(t)$、$\sigma_y(t)$ 表示污染团 x、y 方向离散程度，具体见图 4。

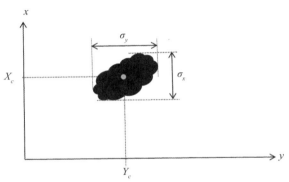

·　图 4　污染团分布特征参数示意

某一时刻的污染团形心点坐标 $X_c(t)$、$Y_c(t)$ 用以下公式计算：

$$X_c(t) = \frac{1}{N}\sum x \cdot g(u,v,t) \tag{1}$$

$$Y_c(t) = \frac{1}{N}\sum y \cdot g(u,v,t) \tag{2}$$

式中：$g(u,v,t)$ 为像素阈值函数，取值为 0（大于像素阈值）和 1（小于像素阈值）；u 和 v 为像素坐标；t 为墨水投入后经过的时间。

污染团在 x、y 方向的离散程度用以下公式计算得

$$\sigma_x(t) = \sqrt{\frac{1}{N}\sum \left(x - X_c(t)\right)^2 g(u,v,t)} \tag{3}$$

$$\sigma_y(t) = \sqrt{\frac{1}{N}\sum \left(y - Y_c(t)\right)^2 g(u,v,t)} \tag{4}$$

式中：N 为校正后图像内污染团区域的像素点个数；x、y 为校正后图像内污染团区域的像素点的物理坐标。

3　入射波况对污染物输移速度的影响

3.1　污染团输移速度分析

利用上述方法对采集的图像进行处理，计算可得到各波况不同时刻污染团的形心点及离散程度。图

5给出了波况1、2、7和8污染团形心位置随时间在沿岸和垂直岸线方向的变化，同时给出了位移与时间的线形拟合结果，进而确定出污染团在两个方向的输移速度。由图5可以看出，受沿岸流作用，在不同入射波情况下，尤其是在不规则波情况下，污染团在破波带内主要沿沿岸方向输移，由此可以看出污染团在破波带内的输移主要由沿岸流引起。

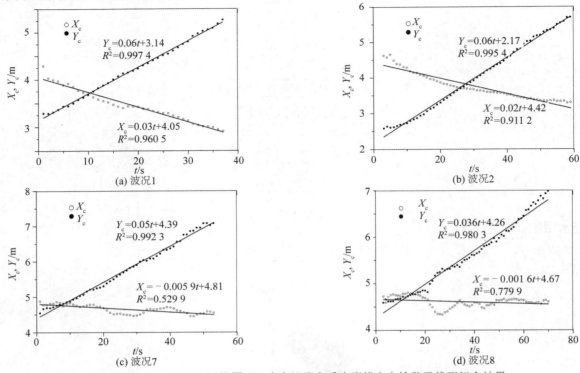

图5　波况1、2、7、8污染团形心点在沿岸和垂直岸线方向输移及线形拟合结果

图6（a）和（b）分别给出了4组波况下的垂直岸线方向输移速度 V_x 及沿岸方向的输移速度 V_y，可以看出则入射波情况下 V_x 及 V_y 在 0.02~0.03 m/s 和 0.056~0.06 m/s 范围内，不规则入射波情况下则为 0.001 6~0.006 m/s 和 0.036~0.05 m/s，可见规则波情况下污染团在垂直岸线及沿岸方向上的输移速度均大于不规则波的。对于规则波和不规则波而言，当波高、周期接近时（波况1和7；波况2和8），规则波情况下污染团垂直岸线方向输移速度是不规则波的 5~12.5 倍，这可能是由于规则波入射时破波带内的破碎程度低，相应的质量输移流强引起[11]，从采集的图片也可以看出，规则波情况下破波带内的波峰线比不规则波情况下更加完整；规则波情况下污染团在沿岸方向上输移速度是不规则波的 1.2~1.67 倍，这可能是由于不规则波导沿岸流场紊动剧烈，更易诱导出大尺度涡旋引起，这种涡旋被一些学者称为瞬时裂流[12]，这种涡旋减缓了污染团的输移。

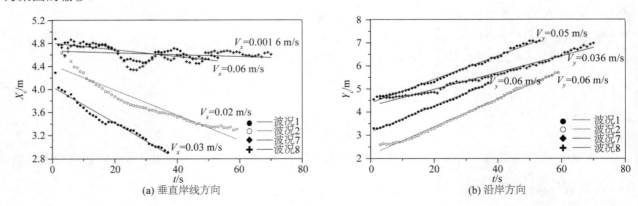

图6　波况1、2、7和8垂直岸线方向和沿岸方向输移速度

表 2 中给出了四组波况下污染团垂直岸线方向和沿岸方向输移速度的比值，沿岸方向输移速度同时均沿岸流速最大值的比值。可以看出，规则波情况下垂直岸线方向的输移速度约为沿岸方向输移速度的 33%~50%，不规则波情况下则为 4.4%~12%，说明不规则波入射时垂直岸线方向质量输移影响减弱。

表 2　污染团输移速度与时均沿岸流速关系

波况	波高 H/cm	周期 T/s	沿岸方向输移速度 V_y/(m·s⁻¹)	垂直岸线方向输移速度 V_x/(m·s⁻¹)	时均沿岸速度最大值 V_{max}/(m·s⁻¹)	$\dfrac{V_x}{V_y}$	$\dfrac{V_y}{V_{max}}$
1	4.5	1.0	0.060	0.030	0.215	0.500	0.279
2	2.7	1.5	0.060	0.020	0.157	0.333	0.382
7	3.9	1.0	0.050	0.006	0.124	0.120	0.403
8	2.3	1.5	0.036	0.001 6	0.104	0.044	0.346

3.2　输移速度与时均沿岸流速关系

规则和不规则波情况下沿岸方向的输移速度分别约为该波况时均沿岸流速最大值[13]的 27.9%~38.2% 及 34.6%~40.3%，也就是规则波及不规则波情况下沿岸方向的污染物输移速度约为时均沿岸流速最大值的 35%左右，见表 2。

3.3　入射波波高及周期对污染物输移速度的影响

图 7 给出了入射波波高和周期对污染物垂直岸线方向及沿岸方向输移速度的影响，其中波况 1、2 波高分别为 4.5 cm 和 2.7 cm，而入射波周期由 1 s 增加到 1.5 s，波况 7、8 波高为 3.9 cm 和 2.3 cm，入射波周期同样由 1 s 增加到 1.5 s。从图 7 可以看出，规则波情况下垂直岸线污染物输移速度随波高增大而增大，随入射波周期增大而减小，由波况 7、8 看出不规则波情况同样如此，而沿岸方向输移速度随波高增大而增大，入射波周期对其影响较小。

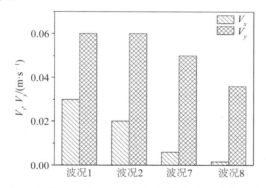

图 7　入射波波高及周期对污染物输移速度的影响

4　垂直岸线方向扩散系数

在实际情况中，海岸入射波都是不规则波，根据波浪理论，波沿垂直波峰线方向传播，到达近岸区域后地形变浅，波浪发生破碎形成与岸线方向基本平行的沿岸流[14,15]，而在垂直岸线方向水平二维输移扩散可用高斯分布模型进行分析。利用 Takewaka 等[5]通过现场试验分析得到的扩散系数估计值定义式（5），将通过高斯分布拟合得到的离散程度 $\sigma_{xa}(t)$ 与本文各波况污染团离散程度 $\sigma_x(t)$ 比较，如图 8 所示。

$$\sigma_{xa}(t)=\left\{\frac{1}{3}\left[-4K_xt\log\left(\frac{C}{C_0}\sqrt{4\pi K_xt}\right)\right]\right\}^{\frac{1}{2}} \tag{5}$$

式中：σ_{xa} 为垂直岸线方向利用高斯分布拟合得到的离散程度；K_x 为垂直岸线方向的扩散系数估计值；C_0 为污染物初始浓度；C 为某一时刻污染物浓度；t 为墨水投入后经过的时间。

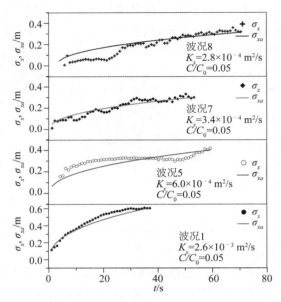

图 8　四组波况在垂直岸线方向扩散系数的估计

在试验不同比例浓度比中，图 8 中的浓度比（C/C_0=5%）对应的 K_x 变化最符合试验结果。通过高斯扩散分布拟合四组波况的离散程度得到 $\sigma_{xa}(t)$ 从而计算得到波况 1、2、7 和 8 在垂直岸线方向的扩散系数估计值分别为 $2.6×10^{-3}$ m²/s、$0.6×10^{-3}$ m²/s、$3.4×10^{-4}$ m²/s 及 $2.8×10^{-4}$ m²/s。初步分析可以看出，入射波高、周期相近时，规则波垂直岸线方向扩散系数比不规则波要大一个量级，这可能是由于规则波情况下质量输移作用更加明显引起。另一方面，比较波况 1 和 2 的扩散系数，可以看出，波高减小后（波况 2 比波况 1 的入射波高小，但入射波周期大），相应的扩散系数也减小；对于波况 7 和 8 而言，扩散系数也随着入射波高的减小而减小，初步分析可以看出，入射波高对污染团垂直岸线方向扩散系数影响较大，而入射波周期则影响较小。

5　结　语

通过上述研究可以得出如下结论：①规则波及不规则波情况下沿岸方向的污染物输移速度约为时均沿岸流速最大值的 35% 左右；②垂直岸线污染物输移速度随波高增大而增大，随入射波周期增大而减小，污染物沿岸输移速度随波高增大而增大，入射波周期对其影响较小；③入射波高、周期相近时，规则波垂直岸线方向扩散系数比不规则波要大一个量级，入射波高对污染团垂直岸线方向扩散系数影响较大，而入射波周期则影响较小。

参考文献：

[1]　MORGAN S G, SHANKS A L, MACMAHAN J H ,et al. Planktonic subsidies to surf-zone and intertidal communities[J]. Annual Review of Marine Science, 2018, 10(1):345-369.

[2]　HARRIS T F, JORDAAN J M, MCMURRAY W R, et al. Mixing in the surf zone[J]. Air & Water Pollution, 1963, 7(1):649.

[3]　INMAN D L, TAIT R J, NORDSTROM C E. Mixing in the surf zone[J]. Journal of Geophysical Research, 1971, 76(15):3493-3514.

[4]　CLARKE L B, ACKERMAN D, LARGIER J. Dye dispersion in the surf zone: measurement and simple models[J]. Continental Shelf Research, 2007, 27: 650-669.

[5]　TAKEWAKA S, MISAKI S, NAKAMURA T. Dye Diffusion Experiment in a Longshore Current Field[J]. Coastal Engineering Journal, 2003, 45(3): 471-487

[6]　BROWN J A, MACMAHAN J H, RENIERS A J H M, et al. Observations of mixing and transport on a steep beach[J]. Continental Shelf Research, 2019, 178: 1-14.

[7]   VAN DER ZANDEN J, VAN DER A D A, C CERES I, et al. Spatial and temporal distributions of turbulence under bichromatic breaking waves[J]. Coastal Engineering, 2019, 146: 65-80.

[8]   邹志利, 李亮, 孙鹤泉, 等. 沿岸流中混合系数的实验研究[J]. 海洋学报, 2009, 31(3): 137-148.

[9]   崔雷, 姜恒志, 石峰,等. 曲线坐标下近岸波浪破碎区污染物输运数值模型研究[J]. 水力发电学报, 2014, 33(4): 139-148.

[10] 唐军, 沈永明, 邱大洪. 近岸沿岸流及污染物运动的数值模拟[J]. 海洋学报（中文版）, 2008, 30(1).

[11] 任春平, 季海嘉, 白玉川. 平直缓坡上破波带内污染物输移速度实验研究[J]. 应用基础与工程科学学报, 2019, 27(1): 1-14.

[12] KUMAR N ,FEDDERSEN F. The Effect of Stokes Drift and Transient Rip Currents on the Inner Shelf. Part II: With Stratification[J]. Journal of Physical Oceanography, 2017, 47(1): 243-260.

[13] 任春平. 沿岸流不稳定运动的实验研究及理论分析[D]. 大连：大连理工大学, 2009.

[14] 邹志利. 海岸动力学[M]. 北京：人民交通出版社, 2009.

[15] 沈良朵. 缓坡沿岸流不稳定性特征研究[D]. 大连：大连理工大学, 2015.

基于水量–水质耦合模型的辽河污染模拟

胡豫英 [1]，胡　鹏 [1]，廖卫红 [2]

（1. 浙江大学 海洋学院，浙江 舟山 316021；　2. 中国水利水电科学研究院，北京 100038）

摘要：经过辽宁省的不断努力，辽河干流 COD（化学需氧量）考核已达到Ⅳ类水质，摘掉了重污染的帽子，但是辽河支流污染对于辽河干流的影响比重开始逐渐增大，辽河支流污染对辽河干流的影响急需探究。本文应用非结构三角形网格离散计算区域，并且采用基于有限体积的黎曼算子来计算物质通量，同时利用局部时间步长技术更新水动力变量，建立了效率高、精度准的水量–水质耦合模型。针对辽河的柴河支流污染物汇入问题，构建了从上游福德店至黄海的计算网格，上游给定 500 m³/s 的恒定流，外海采用水位驱动，其中外海边界水位数据通过 TPXO（全球海潮模型）得到，并针对辽河污染状况进行了情景分析，得到了辽河柴河支流在汇入氨氮或化学需氧量后，辽河藻类、溶解氧等变化规律。结果表明，在单一污染条件下，污染物（氨氮、化学需氧量）排入辽河干流后会很快被吸收或者降解，并且单一污染物指标对这个系统中的水质指标影响有限，往往只能影响与其直接相关的指标，表明现有辽河污染问题是多污染、长时间尺度下作用的结果，对于辽河的进一步治理提供了参考。

关键词：辽河污染；支流；数学模型；水量–水质；氨氮；化学需氧量

辽河是我国七大江河之一，但由于长期的重度污染，早在 1996 年就被国务院列入全国"三江三湖"重点整治"黑名单"[1]，虽然之后的历届辽宁省委、省政府都力推辽河治理，但当时还是 GDP 优先的发展模式，整治效果大多不是很理想。但 2008 年以来，随着经济发展方式的转变，绿色 GDP 的概念开始被大家所接受和推崇，辽宁省举全省之力，秉持"铁的决心、铁的手腕、铁石心肠"，对辽河进行全流域整治，在 2012 年年底，辽宁省辽河流域按照 COD 考核干流断面已达到Ⅳ类水质，摘掉了重度污染的帽子，使得辽河流域水污染治理走在了全国流域治理的前列[2-3]。

但 2016 年针对辽河一级汇入口及支流城市段景观带的监测调查研究显示，化学需氧量 COD 浓度超Ⅳ类标准的比例为 45.46%，氨氮浓度超Ⅳ类标准比例为 25%，支流污染问题已经成为辽河污染的重要来源[2]；同时《2017 辽宁省环境状况公报》也显示，2017 年辽河干流的 36 个断面中，劣Ⅴ类水质断面占全部断面的 8.3%；而在整个辽河流域的 90 个干、支流断面中，劣Ⅴ类水质断面却达到了 24.4%，这也从另一个方面说明了辽河支流污染情况的严重，支流污染对辽河干流的影响越来越大，污染的主要指标为氨氮和化学需氧量这一事实[4]。

本研究以平面二维浅水数学模拟框架[5-9]作为工具，结合污染物扩散转化理论[10]，探究辽河水体中化学需氧量、氨氮、藻类、溶解氧四种指标的相互关联和转化，并通过理想算例的设置探究辽河污染的传播规律，尤其是新时期辽河支流的污染对辽河干流的影响。

1　数学模型和水动力验证

1.1　数学模型

水量–水质耦合深度积分模式的控制方程系包括水流的质量[方程（1）]和动量[方程（2）和方程（3）]守恒方程、污染物的质量守恒方程[方程（4）]：

$$\frac{\partial h}{\partial t} + \frac{\partial (hu)}{\partial x} + \frac{\partial (hv)}{\partial y} = q_1 \tag{1}$$

$$\frac{\partial hu}{\partial t} + \frac{\partial (hu + \frac{1}{2}gh^2)}{\partial x} + \frac{\partial (hv)}{\partial y} = gh(S_{bx} - S_{fx}) + \frac{\partial (hT_{xx})}{\partial x} + \frac{\partial (hT_{xy})}{\partial y} \tag{2}$$

基金项目：国家重点研发计划（2017YFC0406004）；浙江省自然科学基金（LR19E090002）

作者简介：胡豫英（1995–），男，安徽安庆人，硕士研究生，主要从事水环境数值模拟研究

通信作者：胡　鹏（1985–），男，副教授，从事水沙动力学和泥沙运动研究。E-mail: pengphu@zju.edu.cn

$$\frac{\partial hu}{\partial t} + \frac{\partial (hu)}{\partial x} + \frac{\partial (hv + \frac{1}{2}gh^2)}{\partial y} = gh(S_{by} - S_{fy}) + \frac{\partial (hT_{yx})}{\partial x} + \frac{\partial (hT_{yy})}{\partial y} \tag{3}$$

$$\frac{\partial (hC_k)}{\partial t} + \frac{\partial (huC_k)}{\partial x} + \frac{\partial (hvC_k)}{\partial y} = \frac{\partial (\varepsilon h \frac{\partial C_k}{\partial x})}{\partial x} + \frac{\partial (\varepsilon h \frac{\partial C_k}{\partial y})}{\partial y} + S_{bx} \tag{4}$$

式中：t 为时间；h 为水深；u、v 为 x、y 向上的深度积分平均流速；g 为重力加速度；S_{bx} 和 S_{by} 为 x、y 方向的床面底坡；S_{fx} 和 S_{fy} 为水流在 x、y 方向的阻力坡度；T_{xx}、T_{xy} 和 T_{yy} 为深度平均雷诺应力；ε 为污染物紊动扩散系数；C_k 为第 k 种污染物，现阶段 k 可取 B、NH4、COD 和 DO，分别表示藻类、氨氮、化学需氧量、溶解氧四种水质指标；S_k 指和这四种水质指标相关的源汇项，下面将介绍四种水质指标的源汇项表达式及相关含义。

$$\begin{cases} S_B = hC_B(P - BM - PR) \\ S_{NH4} = -KNit \cdot hC_{NH4} + h(FNI \cdot BM + FNIP \cdot PR - PN \cdot P)ANC \cdot C_B \\ S_{COD} = -hC_{DOC}K_{COD}\dfrac{C_{DO}}{KH_{COD} + C_{DO}} \\ S_{DO} = hK_R(C_{DOS} - C_{DO}) + h\left\{ \begin{aligned} &[(1.3 - 0.3PN) \cdot P - BM] \cdot AOCR \cdot C_B \\ &- AONT \cdot KNit \cdot C_{NH4} - C_{DOC}K_{COD}\dfrac{C_{DO}}{KH_{COD} + C_{DO}} \end{aligned} \right\} \end{cases} \tag{5}$$

藻类作为初级生产者广泛存在于自然界，当条件较适宜时，藻类的光合作用能够增加水体中氧气的浓度，同时藻类本身也往往是水体中浮游动物以及鱼类的食物，所以藻类在整个水生态中有着至关重要的地位。同时在辽河中，由于辽河污染往往沿程加重，水体的理化性质也会相应改变，藻类的种类和数量也会相应发生改变[11]。比如在辽河上游的清洁断面，无论是藻类的生物密度还是藻类的种类数量都要高于下游污染断面，且地区藻类优势种的不同往往还能指示该区域的污染程度[12-13]。在本研究中，将藻类概化为一种，以该种藻类象征辽河水体中，藻类数量的动态变化，藻类源汇主要受藻类的生长速率 P，藻类的基础代谢速率 BM，藻类的捕食速率 PR 的共同影响。

对于氨氮，水体中氨氮会被硝化细菌所硝化，从而产生后者生命活动所需的能量，这一部分的影响用 $KNit \cdot hC_{NH4}$ 表示；藻类活动对氨氮的影响体现在藻类的代谢和捕食都会有氨氮的释放，同时藻类需要氨氮作为氮源来合成生命所必须的氨基酸，分别对应源汇项中的 $FNI \cdot BM$、$FNIP \cdot PR$ 和 $FN \cdot P$，ANC 表示藻类氮碳比，是连接藻类生物量和藻类氮素的桥梁[14-15]；又因为水体中的氮源往往是氨氮和硝酸盐两种，如果藻类利用硝酸盐来进行氨基酸的合成，硝酸盐必须先在藻类体内转化为氨，所以一般而言藻类更倾向于直接吸收氨氮，所以源汇项中引入了偏好系数 PN 来对这一现象进行描述。

对于化学需氧量 COD，化学需氧量指在一定条件下，采用一定量的强氧化剂完全氧化水体中的还原性物质时，消耗的强氧化剂量折算出的每升水样所需的氧的毫克数，以 mg/L 表示。如其定义所示，化学需氧量是用来衡量水体中还原物质多少的一个指标[16]。但由于水体中有机物的占比要远高于其他的一些无机还原性物质（如氨氮、亚铁盐等），故化学需氧量又常被用于衡量水体有机污染的强度。由于本模型并没考虑与化学需氧量相关的微生物的活动，故微生物对有机物的降解作用很难被考虑（虽然微生物降解是化学需氧量降解的主要途径），故只能设置一个综合的降解速率 K_{COD} 来表达水体中的化学需氧量在溶解氧条件下的降解作用。

溶解氧指水体中溶解的分子态的氧气，溶解氧不光对水体中鱼类等至关重要，对整个水生态而言也不可或缺。无论是藻类的生长繁殖、氨氮的硝化作用、有机污染的自然降解都和溶解氧有着密切的联系。溶解氧对上述三个水质指标（藻类、氨氮、化学需氧量）的影响要么直接体现在了方程的源汇项中，要么间接影响源汇项中的相关参数。

溶解氧的影响因素体现在以下四个方面，水体表面复氧过程 $hK_R(C_{DOS} - C_{DO})$、藻类的生长（光合作用）和代谢（呼吸作用）$h[(1.3-0.3PN) \cdot P - BM] \cdot AOCR \cdot C_B$、氨氮的硝化作用 $AONT \cdot KNit \cdot C_{NH4}$ 和化学需氧量的降解 $C_{DOC}K_{COD}\dfrac{C_{DO}}{KH_{COD} + C_{DO}}$[15]。后面三个过程前文均有介绍，不再赘述，下面仅简单介绍水体表面复氧的过程。自然界中的复氧过程实际比较复杂，一般而言温度越低水体中的溶解氧溶度越高，且水体的复氧效果往往还会受到水体上方风速以及水体自身紊动强度的影响[17]。在本文中，引入复氧效率系数 K_R 对这些因素进行综合评价，将水体复氧过程概化为水体饱和溶解氧 C_{DOS} 和水体中溶解氧浓度 C_{DO} 的浓度梯度的倍数。

1.2　水动力验证

由于目前辽河支流仅仅拥有相关位置的数据，但具体的流量数据以及污染物排放数据均严重缺乏，对于辽河沿程汇流效应显著（如上游福德店处的流量峰值约为 200 m³/s，而到盘山闸流量峰值可以达到 2 000 m³/s），进行全辽河的水动力验证是不切实际的。所以本节中采用平安堡（流量峰值 2 390 m³/s）—六间房（流量峰值 1 910 m³/s）段进行水动力验证，该段位于辽宁省沈阳市西侧，水流状态较稳定且沿程没有大型的支流，便于模拟分析。

图 1 和图 2 显示了在正确给定计算区域以及对应的入口流量过程和出口的水位流量关系后，模型较好的模拟出了在计算区域中间辽中部位的水位和流量过程；虽然由于地形高程数据还不够精细，导致模型还不能较好地模拟出峰值处的流况，但模型的结果已经可以被接受并可用于辽河环境的进一步研究中。

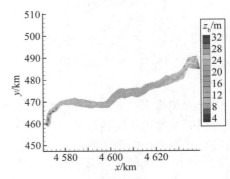

图 1　计算区域 Google 示意图和网格地形图

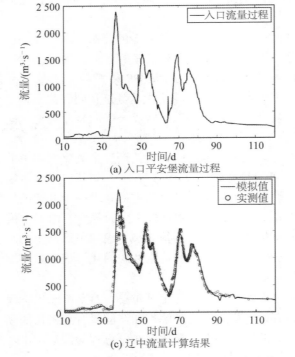
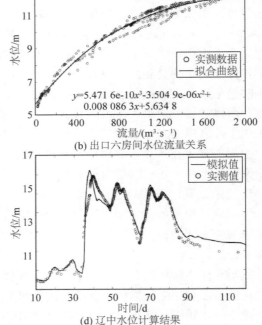

(a) 入口平安堡流量过程　　　　　　　　(b) 出口六房间水位流量关系

(c) 辽中流量计算结果　　　　　　　　(d) 辽中水位计算结果

图 2　模型入口边界、出口边界设定和水位与流量过程模拟结果

2　情景模拟

为了定量探究支流对辽河干流污染的贡献，从上游福德店至下游入海口，选取 12 条典型支流，分别为

招苏台河、庆云堡+老关庙支流、前山+泡子沿支流、清河、清柴之间支流、柴河、凡河、拉马河、帽山+懿路支流、秀水河、养牧息河、柳河。根据实测地形资料和卫星数据，生成辽河干流加外海（渤海和北黄海）的计算网格，构建了辽河水质模型。

根据辽河氨氮及有机污染严重的实际情况[18-19]，拟通过算例设置探究辽河、柴河支流在固定汇入流量情况下，不同氨氮和化学需氧量排放浓度下污染物在辽河的输移转化规律。柴河支流位置如图 3 所示。

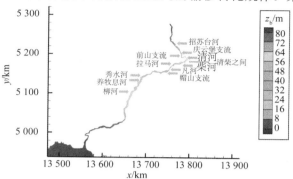

图 3　辽河支流位置示意

由于目前对富营养化并没有一个统一的定义[20]，故在设计参照（水体初始营养化条件）时，主要参考了《地表水环境质量标准》[21]，根据其中Ⅰ类水的标准，将营养化的初始水质指标定义为：B=2.5 mg/L，$NH4$=0.05 mg/L，COD=3.6 mg/L，DO=7.5 mg/L。同时将水体中的硝酸盐设定为 0.1 mg/L，为一个恒定值。这样设定有利于观察污染物污染时的明显表现。

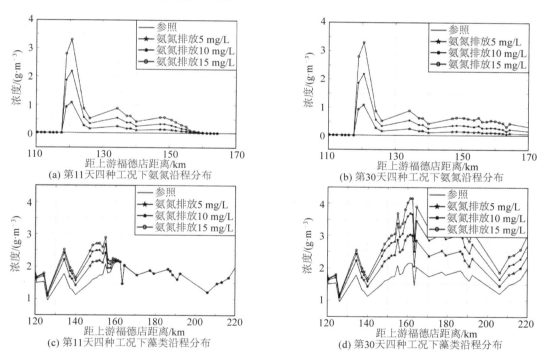

(a) 第11天四种工况下氨氮沿程分布

(b) 第30天四种工况下氨氮沿程分布

(c) 第11天四种工况下藻类沿程分布

(d) 第30天四种工况下藻类沿程分布

图 4　低营养化参照条件下，氨氮不同排放工况下藻类沿程分布

图 4 中氨氮和藻类的沿程分布主要呈现以下信息：

1）在一般情况下，水体中的氨氮浓度由于藻类对氨氮的吸收应该处于一个很低的水平，即使有氨氮污染的排放，由于藻类对氨氮的偏好，水体中氨氮浓度也能较快降低到很低的水平，从图中可以看出只需要大约 100 km，氨氮就能比较完全地被藻类吸收，不再成为影响水质的因素。

2）对于藻类而言，其浓度受影响的范围要超过氨氮受排放浓度影响的范围，这一点可以理解为藻类随流运输到下游之后，由于氨氮浓度降低导致的生长速率降低和捕食作用的相互作用，两个需要相互作用一段时间，藻类的浓度才能够逐渐下降，故在图像中，藻类受影响的范围要大于氨氮。

3）氨氮的排放对于藻类生长有明显的促进作用，这是因为氨氮是藻类最喜欢的氮源，其对氨氮的偏好要大于硝酸盐。

4）氨氮的排放对于本研究中的四种水质指标（藻类、氨氮、化学需氧量和溶解氧）耦合系统的影响是有限的，本算例显示，氨氮能直接影响藻类的生长速率和区域藻类浓度，虽然藻类的浓度变化会在一定程度上影响到其余水质指标（溶解氧、化学需氧量）的变化，但是影响程度微弱，故作图时没有将化学需氧量和溶解氧的沿程分布曲线做出。

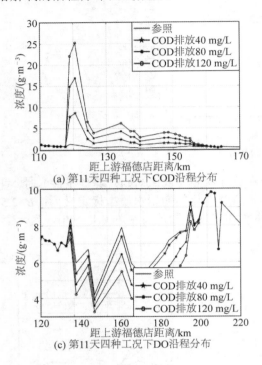
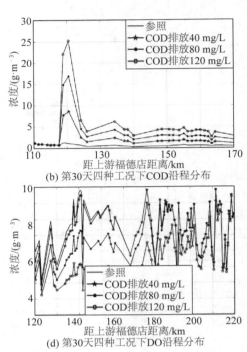

图 5　低营养化参照条件下，COD 不同排放工况下 DO 沿程分布

图 5 显示了在化学需氧量不同排放工况下，水体中溶解氧的沿程变化曲线，可以看出由于化学需氧量的降解完全依赖于水体中的溶解氧，故化学需氧量的排放对水体中溶解氧水平产生了比较大的影响，随着物质向下游的不断传播，化学需氧量逐渐降解，水中溶解氧浓度在藻类光合作用和表面风力复氧的共同作用下逐渐回升。同时，根据第 30 天溶解氧的沿程分布曲线，我们能够发现当化学需氧量排放浓度较低时，溶解氧的沿程分布很快便可与参照组的溶解氧分布曲线重合，而随着化学需氧量排放浓度的增加，溶解氧的沿程分布曲线就需要经过更长的距离才能够与参照组重合，本算例中，经过接近 180 km 的传播距离后，四种工况下的 DO 曲线又重新全部重合，这代表化学需氧量对于水体的影响已经很微弱，水体恢复洁净状态。

表 1　算例设计表格

排放物质	排放浓度/（mg·L⁻¹）
	5
氨氮（NH4）	10
	15
	40
化学需氧量（COD）	80
	120
参照	氨氮：0.05　化学需氧量：3.6

3　结　语

从上述算例中可以展示出，本研究中开发和使用的水量–水质耦合模型能够较好地模拟出辽河的水动力过程，同时也能够在一定程度上反映水体中各物质的迁移转化规律，从情景模拟中的算例可以得出，单个污染物对整个辽河系统水质的影响是有限的，单种污染物往往只能影响与其直接相关的水质指标，如氨氮的浓度对藻类的影响最大；化学需氧量几乎只影响水体中的溶解氧，这表明辽河现阶段的水质状况是多种污染物在长时间作用尺度下的结果，同时对辽河的治理应当是对多种污染物的共同治理，同时针对这种长时间尺度下的多种污染物共同作用的分析，是下一步工作内容。

参考文献：

[1]　王允妹. 辽河沈阳段污染治理及生态恢复进程回顾[J]. 科技创新导报, 2015, 12(30): 156-158.

[2]　王赫. 辽宁省辽河流域水质污染特征分析[J]. 环境科学与管理, 2016, 41(5): 51-54.

[3]　王昭怡, 潘俊, 赵磊. 辽河沈阳段环境质量现状评价与研究[J]. 供水技术, 2018, 12(2): 5-8.

[4]　张峥, 周丹卉, 谢轶. 辽河化学需氧量变化特征及影响因素研究[J]. 环境科学与管理, 2011, 36(3): 36-39.

[5]　胡鹏, 韩健健, 雷云龙. 基于局部分级时间步长方法的水沙耦合数学模拟[J]. 浙江大学学报（工学版）, 2019, 53(4): 743-752.

[6]　李薇, 苏正华, 徐弋琅, 等. 考虑泥沙减阻效应的潮波理论模型及其在钱塘江河口的应用[J]. 应用基础与工程科学学报, 2018, 26(5): 954-964.

[7]　HU P, LI W, HE Z G, et al. Well-balanced and flexible morphological modeling of swash hydrodynamics and sediment transport[J]. Coastal Engineering, 2015, 96: 27-37.

[8]　YUE Z Y, LIU H H, LI Y W, et al. A well-balanced and fully coupled noncapacity model for dam-break flooding[J]. Mathematical Problems in Engineering, 2015, 2015(3): 1-13.

[9]　HU P, HAN J J, LI W, et al. Numerical investigation of a sandbar formation and evolution in a tide-dominated estuary using a hydro-morphodynamic model[J]. Coastal Engineering Journal, 2018, 60(4): 466-483.

[10]　WU G Z, XU Z X. Prediction of algal blooming using EFDC model: Case study in the Daoxiang Lake[J]. Ecological Modelling, 2011, 222(6): 1245-1252.

[11]　张峥, 卢雁, 邵亮, 等. 利用着生藻类评价辽河流域水质状况[J]. 环境保护与循环经济, 2008, 28(11): 29-31.

[12]　杜胜蓝, 黄岁樑, 臧常娟, 等. 浮游植物现存量表征指标间相关性研究 I:叶绿素 a 与生物量[J]. 水资源与水工程学报, 2011, 22(1): 40-44.

[13]　杜胜蓝, 黄岁樑, 臧常娟, 等. 浮游植物现存量表征指标间相关性研究 II:叶绿素 a 与藻密度[J]. 水资源与水工程学报, 2011, 22(2): 44-49.

[14]　谌建宇, 骆其金, 庞志华, 等.典型行业废水氨氮总量控制减排技术评估方法与应用[M]. 2016.

[15]　季振刚. 水动力学和水质：河流、湖泊及河口数值模拟[M]. 李建平, 冯立成, 赵万星, 译. 北京：海洋出版社, 2012.

[16]　鲍全盛, 毛显强. 我国水环境非点源污染研究与展望[J]. 地理科学, 1996, 16(1): 66-72.

[17]　张莹莹, 张经, 吴莹, 等. 长江口溶解氧的分布特征及影响因素研究[J]. 环境科学, 2007, 28(8): 1649-1654.

[18]　石敏. 2007—2015 年辽宁省主要入海河流污染物入海量分析[J]. 黑龙江环境通报, 2017, 41(4): 30-33.

[19]　钱莉, 刘文岭, 李伟, 等. 渤海海域表层叶绿素 A 浓度的分布特征[J]. 盐科学与化工, 2010, 39(5): 20-24.

[20]　王明翠, 刘雪芹, 张建辉. 湖泊富营养化评价方法及分级标准[J]. 中国环境监测, 2002, 18(5): 47-49.

[21]　地表水环境质量标准（GB3838-2002）[S]. 2002.

基于遗传编程的植物带消浪影响因素分析

龚尚鹏 [1]，陈　杰 [1,2,3,4]，蒋昌波 [1,2,3,4]，陈克伦 [1]

（1. 长沙理工大学 水利工程学院，湖南 长沙 410114；2. 洞庭湖水环境治理与生态修复湖南省重点实验室，湖南 长沙 410114；3. 水沙科学与水灾害防治湖南省重点实验室，湖南 长沙 410114；4. 湖南省环境保护河湖污染控制工程技术中心，湖南 长沙 410114）

摘要： 植物带消浪对海岸安全有着重要影响，植物带消浪效果影响因素分析对布置护岸工程、维护岸线稳定有重要意义。在模型试验研究基础上，将影响因素无量纲化，使用透射系数表征植物消浪效果，采用遗传编程方法对植物消浪影响因素进行分析。结果表明：厄塞尔数、模型相对宽度和体积分数与透射系数之间关系紧密，淹没度对植物消浪效果影响最大。

关键词： 透射系数；遗传编程；植物消浪

沿岸密集生长的植被减少了海岸波浪和风暴潮的能量，这也有助于通过增加泥沙淤积来维持湿地。近岸植物对于海浪的阻力能有效削减波能，影响波浪在近岸植物带中衰减的因素一直是消浪研究重点关注的问题[1]。

国内外针对植物带消浪影响因素开展了大量的试验研究工作[2-5]，陈杰等[6]基于波浪水槽试验，探讨了规则波作用下水深、入射波高、植物模型密度及分布方式等因素对反射系数、透射系数与波浪衰减系数的影响。该研究仅分析了因素对波浪衰减的变化规律，并未得出各因素与波浪衰减的关系式。随后，何飞等[7]在试验条件下，通过将参数无量纲化，采用非线性回归拟合方法得到了规则波透射系数与表征水动力因素的厄塞尔数及表征植物因素的相对树根高度、相对树干高度、相对树冠高度、相对植物群宽度和分布密度之间的关系式，揭示了植物消浪特性与水动力因素和植物因素的内在联系。该方法采取的公式形式人为选取，可能对植物消浪规律产生误解。陈杰等[8]在理论研究和模型试验基础上，针对包含根茎叶的刚性植物，考虑植物摆动因素，对波能耗散方程中阻力项进行修正，提出改进的消波模型，该模型形式复杂，没有探究各因素对植物消浪效果的影响权重。

近年来，遗传编程作为一种有效的搜索算法在降雨径流模拟[9]、泥沙输运[10]等方面有较为广泛的应用。在植物消浪方面，Babovic[11]采用遗传编程的方法对柔性植被引起的附加流动阻力数据分析，得到了更为准确的阻力计算公式。Keijzer 等[12]利用遗传编程方法来确定植物阻力方程，将理论研究方法与基于遗传编程数据驱动结果进行比较，结果表明遗传编程能够得到更为简洁和准确的关系。

在前人的研究基础上，本文拟采用遗传编程方法，对规则波作用下植物消浪的物理模型试验数据进行分析，采用透射系数来描述植物消浪效果，探究植物消浪影响因素的影响。

1 理论分析

1.1 植物带透射系数的定义及影响因素研究

透射系数的定义为波浪透过植物带时，植物带后的透射波高与植物带前的入射波高的比值，透射系数 K_t 越小，植物带的消浪效果越好[7]。

$$K_t = \frac{H_t}{H_i} \tag{1}$$

式中：K_t 为透射系数；H_t 为透射波高；H_i 为入射波高。

基金项目： 国家自然科学基金重点项目(51839002)；湖南省教育厅科学研究项目重点项目资助(18A123)；湖南省自然科学基金项目(2018JJ3546)；湖南省研究生科研创新项目（CX2018B552）

作者简介： 龚尚鹏（1995–），男，研究生。E-mail: gsp_1002@qq.com

通信作者： 陈杰（1982–），男，博士，副教授。E-mail: chenjie166@163.com

波能耗散系数受水动力和植物因素共同作用，根据陈杰等[1]影响因素研究，规则波水动力因素主要包括水深 h、周期 T、入射波高 H_i 和波长 L。植物因素主要包括植物高度 h_v、植物带宽度 B 和体积分数 φ，体积分数等于植物淹没部分体积与分布区域水体体积的比值。

植物带的透射系数可以表示为以下函数：

$$K_t = f(h, T, H, L, h_v, B, \varphi) \tag{2}$$

将关系式中的影响因素进行无量纲变化可以得到：

$$K_t = f(\frac{HL^2}{h^3}, \frac{h}{h_v}, \frac{B}{L}, \varphi) \tag{3}$$

式中：HL^2/h^3、h/h_v 和 B/L 分别为为厄塞尔数、淹没度和模型相对宽度。

1.2 遗传编程

遗传编程是一种基于函数和终端解析树的弱搜索算法，其自动揭示数据集中隐藏关系和生成关系式以控制复杂系统的能力已经在多个实际应用领域中得到了证明[13]。遗传编程借鉴生物界的自然选择和遗传机制，采用遗传算法的基本思想，使用分层树结构来表示解空间，这些分层树结构的叶节点是问题的原始变量，中间结点是组合这些原始变量的函数，与传统的最优化算法不同，遗传编程可以寻找因变量和自变量之间的最佳函数表达式[14]。在数学表达式的空间中搜索，以便在准确性和简单性方面找到最适合给定数据集的模型。没有提供特定的模型作为算法的起点，通过使用遗传编程重新随机组合先前的方程来形成新的方程，在进化过程中，树的大小、形状都在不断地改变，以相应符号的方程形式对物理和概念过程进行更精细的表示。每个方程都可以看作是符号的集合，符号构成了对象、过程或事件的模型。图 1 是方程 $z = (x - y) * \sin y$ 的树状结构，包括函数符与终止符两部分，其中函数符集合为 $\{*, -, \sin\}$，终止符集合为 $\{x, y\}$。

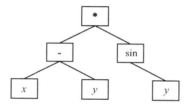

图 1　遗产编程个体

2　试验概述

试验在长沙理工大学的波浪水槽内进行。波浪水槽长、宽、高分别为 40.0 m、0.5 m 和 0.8 m。水槽一端配有推板式造波机，植物模型放置于水槽中段，另一端配有消浪网。共设置 7 个浪高仪测量浪高沿程变化，试验布置如图 2 所示。

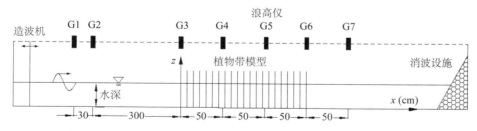

图 2　试验布置（单位：cm）

考虑到红树林的根须生长结构复杂，对树根部分做概化模拟，模型采用的几何比尺为 1:10。采用刚性塑料球架模拟根部，塑料球架由一大一小两种尺寸组成，能较好的模拟红树林根部复杂程度，根部外圈直径 w_r 为 8.0 cm，高度 h_r 为 5.0 cm。假定树干刚性且无弯曲和折断，采用直径 w_t 为 1.0 cm 的圆柱模拟红树林模型树干，PVC 圆柱的杨氏模量 E 为 35.3±3.9 GPa，在孤立波作用下不会发生形变，符合要求。树冠部分枝权较多，树叶宽大，选取具有一定柔性的聚乙烯材料模拟红树林冠部。聚乙烯的杨氏模量 E 为

1.2±0.1 GPa。冠部直径 w_c 为 10.0cm，冠部高度 h_c 为 20.0 cm。

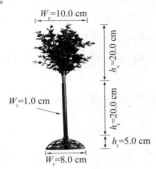

图 3　植物模型

本试验根据试验比尺和仪器条件测试在周期 T 为 1 s 的规则波在 4 种水深（25.0 cm、30.0 cm、35.0 cm、45.0 cm），5 种入射波高（3.0 cm、5.0 cm、7.0 cm、9.0 cm、12.0 cm）和 3 种不同分布方式的组合试验工况。试验工况如表 1 所示。

为了便于安放植物模型，采用模型底板沿波浪方向长 150 cm，宽 48 cm，厚 0.8 cm 的有机玻璃底板以固定模型。单株植物模型开孔距离为 2.5 cm。模型分布方式如图 4 所示。

表 1　试验工况

序号	试验水深 h/cm	入射波波高 H/cm	入射波周期 T/s
模型 1	25.0	3.0/5.0/7.0/9.0	1.0
	30.0	3.0/5.0/7.0/9.0	
	35.0	5.0/7.0/9.0/12.0	
	45.0	5.0/7.0/9.0/12.0	
模型 2	25.0	3.0/5.0/7.0/9.0	1.0
	30.0	3.0/5.0/7.0/9.0	
	35.0	5.0/7.0/9.0/12.0	
	45.0	5.0/7.0/9.0/12.0	
模型 3	25.0	3.0/5.0/7.0/9.0	1.0
	30.0	3.0/5.0/7.0/9.0	
	35.0	5.0/7.0/9.0/12.0	
	45.0	5.0/7.0/9.0/12.0	

图 4　植物布置方式

试验时，先对造波机进行预热，以保证造波机稳定工作。随后打开数据采集系统，检查并确保浪高仪性能良好，然后调整水槽内水位至设计水位，待水面平静后控制造波机造波，同时采集浪高仪数据并保存，试验采集时间从造波机造波开始，至整个孤立波通过浪高仪后结束，采样频率为 128 Hz，浪高仪最小测量时间为 1.5 μs，误差为 0.4%，为保证数据的准确性，每组工况均进行至少一次重复性试验。

3　植物消浪影响因素分析

利用遗传编程方法对试验数据进行分析，将透射系数 K_t、厄塞尔数 U、淹没度 α、模型相对宽度 H_b 和

体积分数 φ 标准化后作为数据输入，其中透射系数为因变量，其余为自变量。确定运算符号为+、−、*、/、sin、cos，运算得到不同复杂度下的最优方程，如表 2 所示。

表 2　拟合最优方程结果

复杂度	精确性	最优方程
1	1.000	$K_t = 3.19H_b - 2.66$
3	0.922	$K_t = 2.56H_b - 2.01$
5	0.903	$K_t = 0.598\alpha - 0.154 - 16.2\varphi$
6	0.834	$K_t = 0.571 + 0.175\sin(4.46 + 5.45\text{E}5\alpha)$
7	0.809	$K_t = 0.0239 + 0.493\alpha - 21\varphi$
8	0.765	$K_t = 0.571 + 0.228\sin(4.35 + 5.45\text{E}5\alpha)$
10	0.424	$K_t = 0.801 + 0.175\sin(4.92 + 5.45\text{E}5\alpha) - 34.1\varphi$
12	0.402	$K_t = 0.766 + 0.213\sin(4.55 + 5.45\text{E}5\alpha) - 28.9\varphi$
14	0.374	$K_t = 0.802 + 0.221\sin(4.73 + 152\alpha) - 34.3\varphi$
18	0.282	$K_t = 1.09 + 35.2\alpha\varphi + 0.23\sin(4.76 + 5.45\text{E}5\alpha) - 0.237\varphi - 77.7\varphi$
20	0.243	$K_t = 1.1 + 35.4\alpha\varphi + 0.23\sin(4.73 + 152\alpha) - 0.239\varphi - 77.9\varphi$
23	0.238	$K_t = 0.763 + 0.23\sin(4.73 + 152\alpha) + 1.45\varphi\sin(1.51 + 3.41\alpha) - 28.4\varphi - 0.0974\sin(1.51 + 3.41\alpha)$

从表 2 可以发现，首次拟合结果复杂度较低且误差很大，通过不断改变函数符和终止符的组合方式，方程不断优化，得到各复杂度下的最优方程。值得注意的是，各无量纲因素在某一复杂度下，可能出现或不出现，也可能出现一次或多次。如淹没度 α 出现较多次，体积分数 φ 和模型相对宽度 H_b 出现相对较少，用某一无量纲因素在所有最优方程中出现的次数和出现该因素的最优方程数两个指标来衡量该因素在遗传编程结果中的表现。

为直观反映各因素表现情况，将各个因素的两项指标以及因变量的两项指标制成直方图，如图 5 所示。由图可知，在单次拟合结果中，出现淹没度的最优方程数最多，达到 21 次，同时淹没度在所有最优方程中出现的次数同样明显超出其他因素，达到 59 次。体积分数和厄塞尔数的两个指标值相对较小，相对模型宽度出现次数最少。

由于使用遗传编程方法求解存在随机性，每次拟合结果的最优方程存在差异，各无量纲因素在方程中的表现也随之发生改变。为避免单次拟合结果带来判断误差，将数据进行 20 次拟合，统计每次拟合结果中出现各无量纲因素的最优方程数以及各因素在所有最优方程中出现次数，取均值绘制成图 6。

根据图 5 和图 6 可知，各因素出现次数存在明显差异，其中淹没度在 20 次拟合结果中两个指标出现次数最多，出现淹没度的最优方程数平均达到 16.2 次，在所有最优方程中出现的次数平均达到 47.6。淹没度综合考虑了植被高度与水深对消波效果的影响，当淹没度大于 1 时，植物处于非淹没状态，此时植物的形状阻力是产生消波效果的主导，但淹没度小于 1 时，植物顶部出现剪切层，此时剪切和形状阻力都对消波效果产生影响。另外淹没度的变化也影响到体积分数的变化，体积分数反映单位体积植物带内植物对波浪水体阻水体积的大小，体积分数越大，植物带的消波效果越好[15]。厄塞尔数表征水动力因素影响，厄塞尔数与波浪的非线性作用相关，在同水深情况下，波高越大，波浪非线性越强烈，植物带的消波效果越好[7]。模型相对长度反映波长与植物带沿流向长度的比值，模型相对长度相对于上述无量纲参数对植物消浪效果影响小。

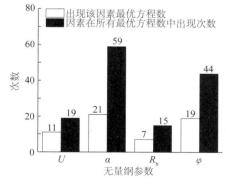

图 5　因素在方程中的出现次数

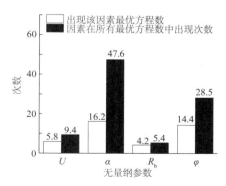

图 6　20 次拟合各因素指标均值

4 结 语

选取与植物消浪影响效果密切相关的厄塞尔数、淹没度、模型相对长度、体积分数 4 个无量纲因素，使用遗传编程进行拟合。通过统计各个无量纲参数在拟合结果方程的表现，分析各个因素对于透射系数的影响程度，对各因素进行了排序及分析，认为淹没度对规则波消浪效果影响最大，体积分数和厄塞尔数次之，模型相对长度对植物消浪效果影响最小。

参考文献：

[22] 陈杰, 何飞, 蒋昌波, 等. 植物消波机制的实验与理论解析研究进展[J]. 水科学进展, 2018, 29(3): 134-146.

[23] 白玉川, 杨建民, 胡嵋, 等. 植物消浪护岸模型实验研究 [J]. 海洋工程, 2005, 23(3): 65-69.

[24] 何飞, 陈杰, 蒋昌波, 等. 考虑根茎叶的近岸植物对海啸波消减实验研究[J]. 热带海洋学报, 2017, 36(5): 9-15

[25] 蒋昌波, 王瑞雪, 陈杰, 等. 非淹没刚性植物对孤立波传播变形影响实验[J]. 长沙理工大学学报(自然科学版), 2012, 9(2): 50-56.

[26] HUSRIN S, STRUSINSKA, AGNIESZKA, et al. Experimental study on tsunami attenuation by mangrove forest [J]. Earth, Planets and Space, 2012, 64(10): 973-989.

[27] 陈杰, 赵静, 蒋昌波, 等. 非淹没刚性植物对规则波传播变形影响实验研究[J]. 海洋通报, 2017(2): 105-112.

[28] 何飞, 陈杰, 蒋昌波, 等. 考虑根茎叶影响的刚性植物消浪特性实验研究[J]. 水动力学研究与进展（A 辑）, 2017, (6):116-124.

[29] 陈杰, 何飞, 蒋昌波, 等. 规则波作用下刚性植物拖曳力系数实验研究[J]. 水利学报, 2017, 48(7): 846-857.

[30] VOJTECH H, HANEL M, PETR M, et al. Incorporating basic hydrological concepts into genetic programming for rainfall-runoff forecasting[J]. Computing, 2013, 95(1 Supplement): 363-380.

[31] AYTEK A, ÖZGUR K. A genetic programming approach to suspended sediment modelling[J]. Journal of Hydrology (Amsterdam), 2008, 351(3/4): 288-298.

[32] BABOVIC V. Computer supported knowledge discovery - A case study in flow resistance induced by vegetation[J]. 1999.

[33] KEIJZER M, BAPTIST, BABOVIC V, et al. Determining equations for vegetation induced resistance using genetic programming[C]// Genetic & Evolutionary Computation Conference. DBLP, 2005.

[34] ESPEJO P G, VENTURA S, HERRERA F. A Survey on the Application of Genetic Programming to Classification[J]. IEEE Transactions on Systems Man & Cybernetics Part C, 2010, 40(2): 121-144.

[35] KOZA J R. Genetic Programming: On the Programming of Computers by Means of Natural Selection[M]. Bridge City: MIT Press, 1992: 94-101.

[36] 何飞, 陈杰, 蒋昌波, 等. 植物带影响下孤立波沿程波高衰减特性试验[J]. 水利水电科技进展, 2018, 38(1): 75-82.

2018 年印度尼西亚喀拉喀托之子火山喷发及山体滑坡诱发海啸的模拟计算与分析

任智源[1,2]，王宇晨[3]，王培涛[1,2]，侯京明[1,2]，高　义[1,2]，赵联大[1,2]

（1. 国家海洋环境预报中心，北京　100081；2. 自然资源部海啸预警中心，北京　100081；3. 东京大学地震研究所，日本　东京　113-0022　）

摘要：2018 年 12 月 22 日，印度尼西亚的喀拉喀托之子火山喷发以及部分山体滑坡入水所产生的海啸，对巽他海峡两岸造成了至少 426 人遇难及巨大经济损失。通过耦合非线性分层模型和非线性浅水方程模型，建立了火山碎屑流和山体滑坡诱发海啸的数值计算模型；初步估算了火山喷发量（0.3 km³）和山体滑坡量（0.2 km³）；利用数值模型计算了海啸的生成和传播过程。计算结果与潮位站监测结果吻合较好，表明本文对于此次海啸的机制与特征分析基本准确。

关键词：火山海啸；滑坡海啸；分层模型；非线性浅水方程；喀拉喀托之子火山

2018 年 12 月 22 日 14 时 38 分（UTC），印度尼西亚的喀拉喀托之子（Anak Krakatau）火山喷发。火山喷发所产生的大量碎屑流，以及部分山体滑坡入水所产生的海啸，对巽他海峡两岸造成了巨大的人员伤亡和财产损失。据统计，此次海啸至少造成 426 人遇难，14 059 人受伤。此外，还有沿岸的房屋、建筑以及海岸结构工程均受到不同程度的损毁，造成巨大的经济损失。根据火山喷发与海啸灾害过程的地质调查、卫星影像分析，初步确认此次海啸是由喀拉喀托之子火山喷发产生的火山碎屑流滑坡入水以及部分山体崩塌滑坡入水所引发。然而，由于此次海啸的物理机制复杂，缺乏有效的海啸预警，造成了较大的灾害。因此，发展可靠的数学模型、计算分析此次海啸的物理机制，对于火山海啸的预警与风险评估具有重要的科学意义。

火山是地表下在岩浆库中的高温岩浆及其有关的气体、碎屑从行星的地壳中喷出而形成的，具有特殊形态的地质结构。地球上的火山产生是因为地壳被分裂成 17 个主要的、刚性的地壳板块，它们漂浮在地幔的一个更热和更软的层[1]。如果火山临近水域，火山喷发所产生的大量碎屑流冲入水中将引起水面的扰动进而形成海啸。历史上曾发生过多次火山海啸，如 1741 年日本北海道的渡岛大岛火山喷发与 1883 年印度尼西亚的喀拉喀托火山喷发。1741 年 8 月 29 日，渡岛大岛的火山开始喷发，引发火山北坡大面积滑坡，产生的海啸对大岛渚半岛和津轻海峡半岛造成巨大灾害，沿岸的海啸波高超过 10 米，共有超过 2 000 人死亡[2-3]。喀拉喀托火山原高 813 米，在历史上持续不断地喷发，最著名的一次是 1883 年等级为 VEI-6 的大爆发，释放出 250 亿立方米的物质，是人类历史上最大的火山喷发之一，为火山爆发指数第 6 级。火山碎屑流及其引发的海啸共造成超过 3 万人遇难[4-6]。原有的喀拉喀托火山的 2/3 在爆发中消失，新的火山活动自 1927 年又在旁边产生了一个不断成长的火山岛，名为喀拉喀托之子火山。该火山于 2018 年再次爆发并引发海啸，是本文重点关注的内容。

基于非线性分层模型模拟火山碎屑流和山体滑坡过程，通过耦合非线性浅水波模型，模拟计算海啸的生成和传播过程。针对 2018 年喀拉喀托之子火山海啸，利用该模型计算了海啸的生成和传播机制，结合实测数据对数值结果进行验证。通过计算海啸传播过程和最大波幅分布，进一步分析了此次海啸的灾害情况。

1 数学模型

1.1 非线性分层模型

火山海啸的机制相对地震海啸更为复杂，它主要是由火山喷发出的岩浆形成火山碎屑流入水所形成。同时，火山喷发也可能会引发山体滑坡，共同激发海啸。相对于水体密度，火山碎屑流属于密度更大的流体，因此采用非线性分层模型[7]来描述：

$$\frac{\partial(\eta_1-\eta_2)}{\partial t}+\frac{\partial M_1}{\partial x}+\frac{\partial N_1}{\partial y}=0 \tag{1}$$

$$\frac{\partial M_1}{\partial t}+\frac{\partial}{\partial x}\left(\frac{M_1^2}{D_1}\right)+\frac{\partial}{\partial y}\left(\frac{M_1 N_1}{D_1}\right)+gD_1\frac{\partial \eta_1}{\partial x}-FD_x-INTF_x=0 \tag{2}$$

$$\frac{\partial N_1}{\partial t}+\frac{\partial}{\partial x}\left(\frac{M_1 N_1}{D_1}\right)+\frac{\partial}{\partial y}\left(\frac{N_1^2}{D_1}\right)+gD_1\frac{\partial \eta_1}{\partial y}-FD_y-INTF_y=0 \tag{3}$$

$$\frac{\partial \eta_2}{\partial t}+\frac{\partial M_2}{\partial x}+\frac{\partial N_2}{\partial y}=0 \tag{4}$$

$$\frac{\partial M_2}{\partial t}+\frac{\partial}{\partial x}\left(\frac{M_2^2}{D_2}\right)+\frac{\partial}{\partial y}\left(\frac{M_2 N_2}{D_2}\right)+gD_2\left(\alpha\frac{\partial D_1}{\partial x}+\frac{\partial \eta_2}{\partial x}-\frac{\partial h}{\partial x}\right)+\frac{\tau_x}{\rho_2}+\alpha FD_x+\alpha INTF_x=DIFF_x \tag{5}$$

$$\frac{\partial N_2}{\partial t}+\frac{\partial}{\partial x}\left(\frac{M_2 N_2}{D_2}\right)+\frac{\partial}{\partial y}\left(\frac{N_2^2}{D_2}\right)+gD_2\left(\alpha\frac{\partial D_1}{\partial y}+\frac{\partial \eta_2}{\partial y}-\frac{\partial h}{\partial y}\right)+\frac{\tau_y}{\rho_2}+\alpha FD_y+\alpha INTF_y=DIFF_y \tag{6}$$

式中：下标 1 和 2 分别表示上层流和下层流。式（1）至式（3）是上层流的控制方程，式（4）至式（6）是下层的控制方程。η 表示自由水位，h 是静水深，D 是总水深。M 和 N 分别表示 x 和 y 方向的通量。ρ 是流体密度，a 表示密度比率（ρ_1/ρ_2），τ_x/ρ 和 τ_x/ρ 表示底摩擦。$INTF$ 表示界面阻力，FD 表示拖曳力，$DIFF$ 是水平黏性。火山碎屑流和海水的密度分别设为 1 850 kg/m³ 和 1 035 kg/m³。

1.2　非线性浅水波模型

在海啸的传播过程中，忽略了色散效应，采用非线性浅水波方程：

$$\frac{\partial H}{\partial t}+\frac{\partial Hu}{\partial x}+\frac{\partial Hv}{\partial y}=0 \tag{7}$$

$$\frac{\partial Hu}{\partial t}+\frac{\partial}{\partial x}\left(Hu^2+\frac{1}{2}gH^2\right)+\frac{\partial Huv}{\partial y}=-gH\frac{\partial b}{\partial x}-\tau_x \tag{8}$$

$$\frac{\partial Hv}{\partial t}+\frac{\partial Huv}{\partial x}+\frac{\partial}{\partial y}\left(Hv^2+\frac{1}{2}gH^2\right)=-gH\frac{\partial b}{\partial y}-\tau_y \tag{9}$$

式中：t 表示时间；H 是总水深；b 为包含海底的真实地形和底边界；$u(x,y,t)$ 和 $v(x,y,t)$ 分别为沿水深平均速度在 x 和 y 方向的分量；g 是重力加速度。底摩擦项用下式表示：

$$\tau_x=\frac{gn^2}{H^{7/3}}Hu\sqrt{(Hu)^2+(Hv)^2}\ ,\quad \tau_y=\frac{gn^2}{H^{7/3}}Hv\sqrt{(Hu)^2+(Hv)^2} \tag{10}$$

该模型采用有限体积法求解，加入限制器（limiter）使得数值精度达到二阶精度。该模型已经过多个地震海啸事件的模拟计算进行验证[8-10]，并通过耦合流变模型开展海底滑坡海啸[11]的数值计算[12]。

2　数值计算结果

2.1　初始条件与计算区域

结合灾害的雷达影像和其他数据分析，认为此次海啸是由火山喷发导致的火山碎屑流入水和山体部分崩塌滑坡入水共同产生的。假设此次火山喷发的速率为 5.0×10⁶ m³/s，喷发了 60 s，喷发量为 0.3 km³。山体崩塌后，山体的高度由 338 m 消减为 110 m。根据椎体体积公式估算滑坡体的体积为 0.2 km³。

计算区域为 5°–7°S，104°–106.5°E，如图 1（a）所示。地形数据的分辨率为 0.5 min。海啸发生后，在巽他海峡两岸有四个潮位站（Kota Agung, Pel Panjang, Serang, Pel Ciwandan）监测到了海啸引发的水位异常波动。图 1（a）中的方框线是喀拉喀托之子火山及临近区域，如图 1（b）所示。喀拉喀托之子火山位于赛尔通岛、喀拉喀托－基西尔岛和喀拉喀托火山三个岛屿之中，附近海域水深由几十米到 260 m 左右。

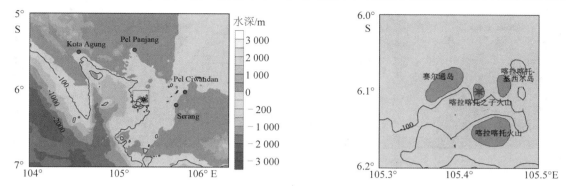

图 1   计算范围和潮位站位置与喀拉喀托之子火山附近地形

在火山碎屑流和山体滑坡的数值计算中，网格分辨率为 0.125 min。在海啸的模拟计算中，网格分辨率为 0.125 min（约 230 m），时间步长为 1.1 s，库朗数（CFL）为 0.75。模拟计算了海啸传播 4 h 的过程。

2.2 数值计算结果与分析

图 2 是潮位站实测和数值计算得到的海啸波面时间序列的对比结果，其中实线是潮位站的监测结果，虚线为数值计算结果。可以看出，在 Kota Agung 和 Serang 站，海啸波的首波吻合良好，波浪周期基本一致。在 Pel Panjang 站，计算得到的海啸波首波的到达时间和波幅接近实测结果，但周期偏大。在 Pel Ciwandan 站，海啸波首波的到达时间符合实测结果，模拟得到的首波波幅比实测结果大。但最大波幅的计算结果与实测值一致。表 1 统计并对比了实测与数值计算的海啸到达时间、首波波幅以及最大波幅等结果。整体而言，根据本文初步估算的火山熔岩喷发量和山体坍塌量计算得到海啸波时间序列与实测结果基本吻合，可用于进一步研究海啸的传播和灾害情况。

表 1   实测与数值计算的海啸到达时间、首波波幅，以及最大波幅的统计对比

站名	到达时间/h		首波波幅/m		最大波幅/m	
	实测	计算	实测	计算	实测	计算
Kota Agung	0.74	0.75	0.35	0.32	0.46	0.35
Serang	0.56	0.55	0.59	0.57	1.09	0.56
Pel Panjang	1.10	1.06	0.29	0.18	0.53	0.22
Pel Ciwandan	0.70	0.72	0.18	0.46	0.55	0.46

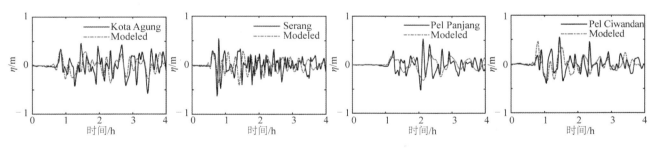

图 2   海啸波时间序列对比（实线为实测结果，虚线为数值计算结果）

图 3（a）和（b）分别给出了模拟计算得到的海啸最大波幅分布和最大流速分布。计算结果表明，此次海啸除了在喀拉喀托之子火山附近水域产生较大的海啸之外，对巽他海峡东北岸的班达楠榜和南岸的万丹省有较大影响，大部分地区沿岸海啸波幅超过 30 cm。对比灾害调查，这里也是伤亡最严重的地区。

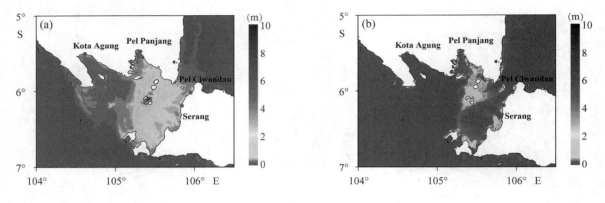

图 3　海啸波最大波幅（a）与最大流速分布（b）

　　海啸在生成后 1 h 内的传播过程如图 4 所示。海啸在生成后，向喀拉喀托之子火山四周传播。由于喀拉喀托之子火山西侧海域水深较大，因此海啸的传播速度较快。而其他方向的水域水深仅有几十米，因此传播较慢。但海啸波的主要传播方向集中在东北和南部，因此这也造成了两个方向的海岸的伤亡人数要超过其他地区。

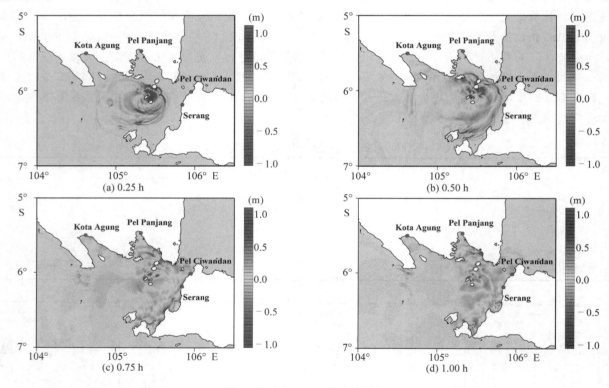

图 4　海啸在 1 h 内的传播过程

3　结　论

　　通过耦合非线性分层模型和非线性浅水方程模型，建立了火山碎屑流和山体滑坡诱发海啸的数值计算模型。针对 2018 年印度尼西亚的喀拉喀托之子火山喷发及其山体崩塌滑坡所产生的海啸，初步估算了火山喷发量（0.3 km³）和滑坡量（0.2 km³），并利用数值模型计算了海啸的生成和传播过程。计算得到波面时间序列与潮位站监测结果吻合较好，表明本文对于此次海啸机制的分析基本符合真实情况。模拟得到的最大波幅分布和海啸的传播情况显示，巽他海峡的东北和南侧受海啸的影响最大，同时也是伤亡较为严重的地区。总体而言，此次海啸是由火山喷发同时伴随山体滑坡而产生，物理机制过程相对于普通的地震海啸更为复杂。本文利用数值模拟并结合实测数据初步给出了机制和灾害性影响的数值结果，对于此类海啸的预警和风险评估需要开展进一步的研究。

参考文献：

[1] National Science Teachers Association. Earthquakes, Volcanoes, and Tsunamis: Resources for Environmental Literacy[M]. NSTA press, 2007.

[2] SATAKE K, KATO Y. The 1741 Oshima-Oshima Eruption: Extent and volume of submarine debris avalanche[J]. Geophysical Research Letters, 2001, 28(3): 427-430.

[3] SATAKE K. Volcanic origin of the 1741 Oshima-Oshima tsunami in the Japan Sea[J]. Earth, planets and space, 2007, 59(5): 381-390.

[4] NOMANBHOY N, SATAKE K. Generation mechanism of tsunamis from the 1883 Krakatau eruption[J]. Geophysical Research Letters, 1995, 22(4): 509-512.

[5] CHOI B H, PELINOVSKY E, KIM K O, et al. Simulation of the trans-oceanic tsunami propagation due to the 1883 Krakatau volcanic eruption[J]. Natural Hazards and Earth System Science, 2003, 3(5): 321-332.

[6] PELINOVSKY E, CHOI B H, STROMKOV A, et al. Analysis of tide-gauge records of the 1883 Krakatau tsunami[M]//Tsunamis. Springer, Dordrecht, 2005: 57-77.

[7] IMAMURA F. Long waves in two-layers: governing equations and numerical model[J]. Sci. Tsunami Hazards, 1995, 13: 3-24.

[8] REN Z, WANG B, FAN T, et al. Numerical analysis of impacts of 2011 Japan Tohoku tsunami on China Coast[J]. Journal of Hydrodynamics, 2013, 25(4): 580-590.

[9] REN Z, YUAN Y, WANG P, et al. The September 16, 2015 M w 8.3 Illapel, Chile Earthquake: characteristics of tsunami wave from near-field to far-field[J]. Acta Oceanologica Sinica, 2017, 36(5): 73-82.

[10] REN Z, Ji X, WANG P, et al. Source inversion and numerical simulation of 2017 M w 8.1 Mexico earthquake tsunami[J]. Natural Hazards, 2018, 94(3): 1163-1185.

[11] 任智源, 赵曦, 刘桦. 基于流变理论的滑坡海啸数值模拟研究[J]. 力学季刊, 2018, 39(3): 451-464.

[12] 胡乔辉, 王培源, 王岗. 南海海啸在泰国湾海域的共振响应[J]. 海洋工程, 2019, 37(2): 84-95.

象山港溢油数值模拟研究

吴凡杰 [1]，吴钢锋 [2]，董　平 [3]，张科锋 [2]

（1.浙江大学 建筑工程学院，浙江 杭州 310058；2.浙江大学 宁波理工学院，浙江 宁波 315000；
3. Liverpool University, Department of Civil Engineering, UK）

摘要： 为了研究海岸港口溢油突发事故的漂移扩散过程，以半封闭港湾象山港为研究对象，建立了三维水动力数值模型，对其潮汐、潮流及温盐的时空变化进行了验证分析，计算结果表明该模型可以较好地还原象山港的实测水动力场。为了探究象山港横山码头船舶突发溢油事故后对海域的影响，建立了基于水动力模型的象山港溢油模型，综合考虑了溢油漂移、扩散、风化过程，计算了不同设计工况下的溢油漂移扩散规律。研究结果表明：潮流是影响象山港溢油运动轨迹的主要因素，而风况是影响溢油油膜面积的重要因素，常风条件下枯水期为最不利工况，溢油事故同时影响了区域内两个休闲娱乐场所，模型可为事故应急系统及防控治理提供科学决策依据。

关键词： 象山港；三维水动力模型；溢油模拟

　　随着我国海洋资源开发的快速发展，海岸港口码头的大力建设，海上石油开发和海上运输量的日益增加，给我国经济发展带来巨大效益的同时，海上船舶溢油事故污染事件已成为影响我国海岸海洋水环境的重要制约因素。据统计，1990—2010 年期间，我国沿海海域共发生船舶溢油事故 71 起，溢油总量为 22 035 t[1]。

　　象山港作为宁波市重要海岸港口，对于溢油事故的应急防范一直视为重点工作，《宁波市象山港海洋环境和渔业资源保护条例》第十条明确写道：市人民政府应当组织环境保护、海洋港口、海事等行政主管部门，根据国家、省重大海上污染事故应急计划和象山港实际情况，制定象山港重大污染事故应急预案，溢油模型是溢油事故应急预案的重要组成部分，能够在短时间内快速预报溢油事故发生后对周围海域的影响范围及程度，争取用最小的代价快速做出应急方案。

　　本研究以象山港为例，假定港内横山码头船舶发生溢油事故，对港内黄金海岸度假区及港外洋沙山海滨乐园的影响过程以及油膜漂移扩散的影响范围进行预测。首先用 Delft3D-Flow 模块搭建象山港三维潮流模型，然后进行 Part 模块与 Flow 模块的耦合，并引入风场进行溢油模拟，研究成果对象山港海上溢油风险防控能力有一定的借鉴意义。

1　水动力模型

1.1　模型介绍

　　Delft3D-Flow 模型基于简化后的 Navier-Stokes 方程。其中主要的简化假设有：

　　1）静水压强假定：垂向压力梯度与浮力平衡，垂向加速度远小于重力加速度而不作考虑；

　　2）Boussinesq 假定：水体不可以压缩，其密度与压力无关，仅在水平压强梯度项中考虑。

其连续性方程为

$$\frac{\partial \zeta}{\partial t} + \frac{\partial[(d+\zeta)U]}{\partial x} + \frac{\partial[(d+\zeta)V]}{\partial y} = Q \tag{1}$$

式中：ζ 为水位（m）；d 为水深（m）；t 为时间（s）；U 和 V 表示 x 和 y 方向垂向平均速度（m/s）；Q 为单位面积由于排水、引水、蒸发或降雨等引起的水量变化（m³/s）。

　　三维方向的动量方程为

$$\frac{\partial u}{\partial t} + u\frac{\partial u}{\partial x} + v\frac{\partial u}{\partial y} + \frac{\omega}{d+\zeta}\frac{\partial u}{\partial \sigma} - f_v = -\frac{1}{\rho}P_u + F_u + \frac{1}{(d+\zeta)^2}\frac{\partial}{\partial \sigma}(\upsilon_V\frac{\partial u}{\partial \sigma})$$

$$\frac{\partial v}{\partial t} + u\frac{\partial v}{\partial x} + v\frac{\partial v}{\partial y} + \frac{\omega}{d+\zeta}\frac{\partial v}{\partial \sigma} + f_u = -\frac{1}{\rho}P_v + F_v + \frac{1}{(d+\zeta)^2}\frac{\partial}{\partial \sigma}(\upsilon_V\frac{\partial v}{\partial \sigma})$$

$$\frac{\partial \omega}{\partial \sigma} = -\frac{\partial \zeta}{\partial t} - \frac{\partial[(d+\zeta)u]}{\partial x} - \frac{\partial[(d+\zeta)v]}{\partial y} + H(q_{in} - q_{out}) + P - E$$

（2）

式中：u、v、ω分别为x、y、z方向的流速（m/s）；f为科式力参数（1/s）；P_u和P_v为静压力梯度[kg/（m²·s²）]；F_u和F_v为辐射应力（m/s²）；υ_V为垂向涡黏系数（m²/s）；H为水深（m）；q_{in}和q_{out}为单位体积流入和流出的水量（1/s）；P和E分别为单位面积的降雨和蒸发（m/s）。

1.2　模型设置

水动力模型采用正交曲线网格，有限差分法进行离散，交替隐式法进行求解；外海地形资料采用由美国 NOAA 提供的全球地形和海洋深度数据 ETOPO1（网格精度 1 弧分，约 1.8 km），近岸海域水深地形数据采用电子版中国海图提取；模型考虑了潮流、风应力、径流和海表热通量的共同作用，模拟时间为 2009 年 1 月 1 日 8 时至 2010 年 1 月 1 日 8 时，时间步长为 1 min。大区域范围建立二维模型，计算网格总数为 507×1289，最大网格分辨率约为 1 500 m，最低分辨率可达 100 m，外海开边界条件经过调试选择采用 MIKE21 预报的水位时间序列进行插值，采用 2011 年潮位及潮流实测资料进行模型率定，最终选取曼宁系数为 0.017，水平涡黏系数为 80，在验证合理的基础上为小区域建立的三维模型提供准确的边界条件，小区域模型计算网格数为 72×324，垂向分层为 11 层，同时给出初始温度场（20℃）和盐度场（25）；小模型温盐边界条件采用临近实测站点的线性插值，底部摩阻系数及水平涡黏系数与大模型一致。计算网格及监测站位分布如图 1 所示。

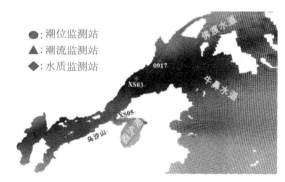

图1　模型计算网格及象山港海域监测站位分布

1.3　模型验证

根据宁波市海洋环境监测中心海洋水文调查实测资料，采用 2009 年枯水期（2 月 25 日 12 时至 3 月 13 日 14 时）及丰水期（6 月 20 日 0 时至 7 月 9 日 0 时）的潮流潮位实测资料对模型进行水动力验证，采用 2009 年 4 月 1 日至 11 月 1 日监测站位的温度及盐度实测资料对模型进行温盐验证，选取部分验证图如图 2 所示，模拟计算结果与实测资料整体吻合较好，只是在个别时刻与实测值存在一定的偏差，如潮流验证图中某时刻的偏大或偏小，其原因可能是由于底部摩擦系数率定还不够精准以及测站位置可能过于靠近岛屿造成；水位的误差一部分原因可能是由于建立的水动力模型的平面计算网格较大，其监测点所处网格与真实位置在空间上存在一定的偏差。考虑到平均误差均在合理范围之内，水动力以及温盐验证过程整体上与实测资料对比良好，说明模型选取的参数基本合理，可以基本反映象山港的水动力场及温盐场。

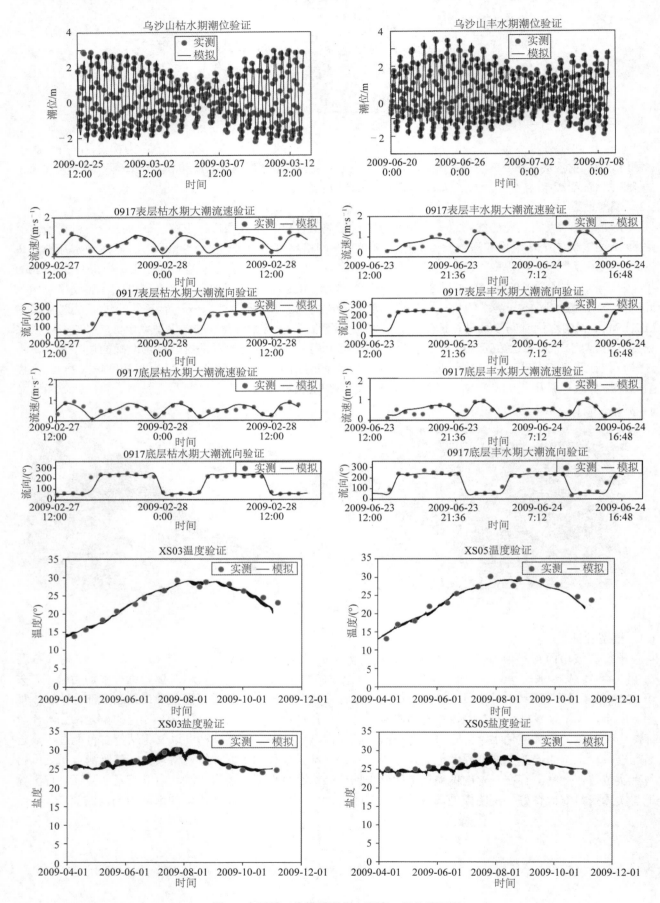

图 2　小区域三维模型潮位、潮流、温盐验证图

2　溢油模型

2.1　模型介绍

目前溢油模型大都采用拉格朗日方法的油粒子模型，采用油粒子去代表一定质量的油膜，模拟其在海域的漂移扩散规律，具有易实现且计算量较低的优点[13]。Delft3D-Part 是一个三维质点追踪模型，可以通过跟踪大量的粒子随时间的变化计算动态浓度分布，该模型可以对瞬时或者连续排放的油、保守物质或一级衰减物质进行详细的浓度分布描述，可以对漂浮并分散的油团进行模拟，包括模拟泄漏点附近油膜的动力学特征、简单地一级衰减过程如蒸发、完全混合系统的垂直扩散、紊流引起的水平扩散、风场及底部摩擦对油膜的影响、油颗粒的沉降及再悬浮过程[11]。

如图 3 所示，溢油进入水体后，受到风、流、气温、水温、光照等因素的影响，无论在数量上、化学组成上、物理性质方面都随着时间不断地发生变化，其行为通常可分为三大类：漂移、扩散和风化。扩散过程指的是油膜由于自身的特性而发生的面积增大的过程；漂移过程是指在外界水环境动力因素的作用下油膜发生的迁移运动，即油膜团在风、表层流作用下发生的平移运动，漂移过程主要依赖于风场和流场；风化过程是指能够引起溢油组成性质改变的所有过程，包括蒸发、溶解、乳化、沉降、光氧化和生物降解等过程[9]。

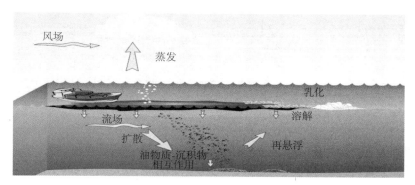

图 3　溢油过程示意[14]

在溢油事故发生后，短时间内油品在水中的主要行为应是漂移和扩散，在突发溢油事故的预测中，若溢油点距离保护目标距离较短时，可重点考虑溢油在水中的扩散和漂移。与通常的水质模型相比，溢油的变化与迁移过程的主要特征是油的密度小于水且与水的相容性较弱，油物质常常是以薄膜的形式向四周扩展，扩展过程中油膜的厚度、范围以及形状亦随时间变化，因此油膜的范围和厚度是溢油模型中最主要的未知量。

许多学者研究认为风、流等因素会影响油膜的扩展[4-7]，基于此本研究主要针对半封闭港湾象山港，耦合水动力场，模拟假想溢油点横山码头突发溢油污染事故后燃料油在海域中的迁移扩散规律，考虑了潮流以及风场的影响，通过设计四种不同工况进行对比分析，建立象山港的溢油漂移和扩散数学模型，使象山港突发溢油事故时，能预报事故影响范围，并迅速做出相应的防范处置方案，用最短的时间将事故危害控制在最低程度，保证象山港的水域环境安全。

2.2　模型设置

重燃料油密度在 0.95~0.98 g/cm³，它属于持久性油，溢出后，会漂浮在水面上消失得很慢，只有部分轻组分挥发掉，会对水环境及沿岸水域造成危害；其运动黏度大于 5 000 cSt，油的黏度决定其在水中的行为，尤其是在水面的扩散速度，黏度越大，扩散速度越慢。油的溶解度极低，一般情况不考虑。因此重油溢出时应立即做出应急反应，采取相应的措施。本文取重质原油作为研究对象。横山码头位于象山港两大功能区的交界，东侧为海洋产业区，重点打造国际海洋生态科技城；西侧为生态引导区，重点打造国家海湾公园。假想溢油点选在横山码头可以预测当溢油事故突发后对两大发展功能区的影响，具有重要意义。为清晰地显示象山港横山码头溢油事故发生后的漂移扩散规律，本次溢油量取为 100 t（大型溢油），模型释放粒子数根据公式计算取为 100 000。选取瞬时排放方式，并设计四个工况，分别为常风条件下的枯水期和丰水期，以及无风条件下的枯水期和丰水期，潮流场基于 Flow 模块已验证好的结果，风场数据采用 NCEP 每隔 6 h 平均的再分析资料，丰水期 6 月份平均风速取为 2.3 m/s，枯水期 3 月份平均风速取为 5.3 m/s，探究油膜在不同工况下的漂移扩散规律以及影响范围。

2.3　模型结果分析

Delft3D-Part 可以较好的模拟溢油前期的漂移扩散过程，模拟结果中海面上的油膜厚度用单位海域面积的油量表示（kg/m²），溢油事故发生后在 12 h 内的溢油扩散变化往往是最快的[8]，因此本文根据四种不同设计工况下模拟假想溢油点横山码头在溢油发生后 12 h 内的溢油扩散预测。在枯水期常风条件及无风条件情况的溢油油膜扫海区域如图 5 和图 6 所示，丰水期常风条件及无风条件情况情况的溢油油膜扫海区域如图 7 和图 8 所示，根据模拟结果得到表一所示的最不利工况。

表 1　溢油过程工况分析

敏感目标	风场	溢油时刻	事故发生到目标受影响的时间间隔/h
黄金海岸度假区	常风条件	枯水期	20
		丰水期	12
	无风条件	枯水期	20
		丰水期	12
洋沙山海滨乐园	常风条件	枯水期	20
		丰水期	无
	无风条件	枯水期	无
		丰水期	无
最不利工况	常风条件	枯水期	20

根据溢油结果可以看出，溢油事故突发后，随着时间的推移，油膜厚度逐渐降低，油膜受潮汐引起的往复水流影响，在溢油点附近水面呈现来回漂移的过程，油膜长度逐渐增加。在溢油初期 3~6 h，枯水期油膜范围明显小于丰水期，但到溢油后期 9~12 h，枯水期油膜面积与丰水期油膜面积相当；有无风场数据以及风场数据的大小直接影响了溢油的扩散发展，在枯水期无风条件下溢油事故发生 20 h 后，只有位于象山港中部的黄金海岸度假区将会受到溢油事故的影响，而枯水期在常风条件下，事故 20 h 之后，低浓度的油膜会分别扩散到两个休闲场所，会对两个地方同时造成影响，此时也是最不利工况，需要对此采取相应的防范措施。在溢油事故发生后的 3~12 h 之内，枯水期无论在有风还是无风条件下都不会对象山港周围休闲场所造成影响，而对于丰水期有风和无风条件下，在事故发生 12 h 后都会对港中部的黄金海岸度假区造成较大的影响趋势，这也说明在丰水期发生的溢油事故将导致更短的应急防范时间准备。

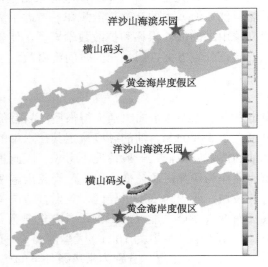
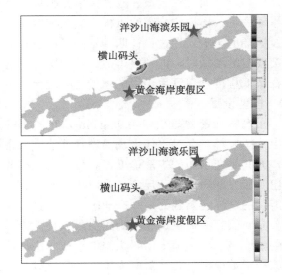

图 4　有风枯水期排放 3 h、6 h、9 h、12 h、20 h

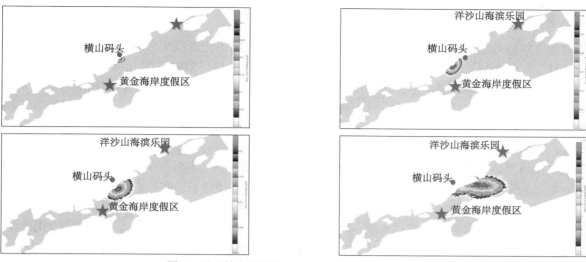

图 5　无风枯水期排放 3 h、6 h、9 h、12 h、20 h

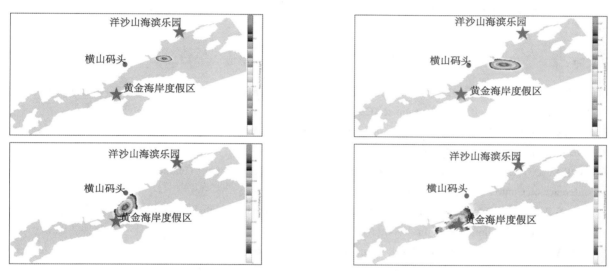

图 6　有风丰水期排放 3 h、6 h、9 h、12 h

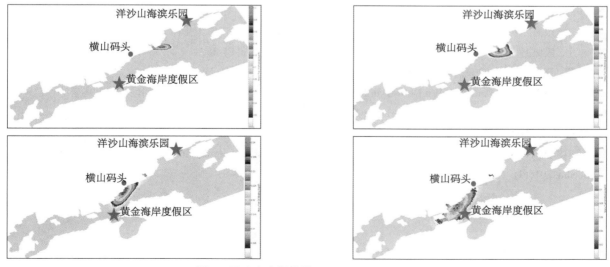

图 7　无风丰水期排放 3 h、6 h、9 h、12 h

4 结 语

通过数值模拟方法建立了象山港三维水动力模型，模型采用正交曲线网格，基于有限差分法进行离散，模型计算稳定，效率高，适合港口海岸的研究工作。通过所建立模型模拟了象山港海域的潮流、潮汐以及温盐特征。象山港水域潮汐属于不正规半日浅海潮，涨落潮具有明显的不对称性，涨潮历时均大于落潮历时；潮流属于不正规半日浅海潮流，港内呈明显的往复流，落潮流速大于涨潮流速，表层流速大于底层流速。通过与实测资料的对比，验证效果良好，证明了模型的精度和有效性，也侧面反映了该模型与该地区的适用性，为后续水质模拟以及相关工作提供了稳定的水动力场和温盐场。

溢油预报模型是溢油应急预案及应急反应系统的重要组成部分，它能预测溢油过程中油物质在漂移扩散过程中的行为变化以及最终归宿。本文基于象山港的水动力环境特点，建立了象山港横山码头溢油模型，较好地预报了象山港假想溢油点横山码头在四个设计工况下的漂移扩散规律，并根据模拟结果得出象山港溢油事故最不利工况为常风条件下枯水期，此时位于港内及港外的两个休闲度假场所均会受到影响，模型结果可为象山港溢油污染事故应急预案提供技术支持，为溢油事故的应急决策制定控制手段的选择以及事故损害的评估等提供依据，可直接服务于象山港海域水环境安全保障和突发性水污染事件的应急处理，也可促进相关类型港湾的溢油污染事故数值模型的研究和应用，对海洋污染的防控管理具有一定的指导意义。

参考文献：

[1] 熊善高，李洪远，丁晓，等. 中国海域船舶溢油事故特征与预防对策[J]. 海洋环境科学，2013, 32(6): 875-879.

[2] FAY J A. The spread of oil slick on a calm sea[C]\Oil on the Sea. New York: Plenum Press, 1969: 53-63.

[3] FAY J A. HOULT D P. Phisical processes in the spread of oil on a water surface[C]// Proceeding of the Joint Confereence on Prevention and Control of Oil Spills, 1979: 463-467.

[4] MACKAY D, PATERSON S, NADEAU S. Calculation of the evaporation rate of volatile liquids[C]// Proceeding of National Conference on Control of Hazardous Material Spills, 1980.

[5] LEHR W J, FRAGA R J, BELEN M S, et al. A new technique to estimate initial spill size using a modified fay-type spreading formula[J]. Marine Pollution Bulletin. 1984, 15(9): 326-329.

[6] LEHR W J, CEKIRGE H M, FRAGA J, et al. Empirical studies of the spreading of oil spills[J]. Oil and Petrochemical Pollution, 1984(2): 7-12.

[7] LEHR W J. Progress in oil spread modeling[C]\Proceedings of the Nineteenth Arctic and Marine Oil Spill Program Technical Seminar, 1996: 889-894.

[8] 钱琴，赵东波，姬厚德. 基于 GNOME 和 EFDC 模型的溢油数值模拟研究[J]. 中国水运. 2018, 18(5): 79-81.

[9] 严志宇，殷佩海. 溢油风化过程研究进展[J].海洋环境科学，2000, 19(1): 75-80.

[10] 赵云英，杨庆霄. 溢油在海洋环境中的风化过程[J].海洋环境科学，1997, 16(1): 45-52.

[11] Delft3D-PART User Manual[S]. WL|Delft Hydraulics, the Netherlands, March, 2003: 6-1~6-14.

[12] WANG S D, SHENY M, GUOY K, et al. Three-dimensional numerical simulation for transport of oil spills in seas[J]. Ocean Engineering, 2008, 35(5-6): 503-510.

[13] AURELIEN HOSPITAL, JAMES A, STRONACH, et al. Spill response evaluation using an oil spill model[J]. Aquatic Procedia, 2015(3): 2-14.

2009—2010年渤海海冰对 M₂ 分潮的影响

张　娜，王　进，马宇腾，李　帅

（天津城建大学　天津市软土特性与工程环境重点实验室，天津　300384）

摘要： 基于数值模拟研究了 2009—2010 年渤海海冰对 M₂ 分潮的影响。结果表明，当海冰拖曳力系数设置为 0.007 5 时，渤海湾、辽东湾和莱州湾湾顶 M₂ 分潮的振幅较无冰时仅减少了 1 cm 左右。将海冰的拖曳力系数从 0.005 增加到 0.01 时，M₂ 分潮的振幅减少了 2 cm，而迟角几乎没有受到影响。

关键词： 渤海海冰；M₂ 分潮；冰拖曳力系数；振幅；迟角

　　渤海是北半球纬度最低的结冰海域，有很强的季节性变化特征，受寒潮的影响，渤海每年冬季都会结冰，尤其是 2009—2010 年冰情十分严重，对港口、航道、石油平台、渔业以及水产养殖业都产生了巨大的影响。

　　由于海冰的底部表面粗糙，它的存在相当于在潮汐的表面产生了冰拖曳力，在冰拖曳力的作用下，海冰会降低潮汐能和减弱潮位[1]。以往的研究表明，海冰能够抑制潮汐的振幅[2-6]。根据 Kagan 和 Sofina[4] 基于北极实测站点的潮汐调和分析表明，对于不同位置的河口、河流和海洋，冰对潮位的影响也各不相同[4,7-9]。然而渤海海冰对潮汐衰减的影响仅有少量研究[10]，尤其对寒潮频发的 2009—2010 重冰年研究不足，这也是本文研究的重点。

1　研究方法

　　海冰的三维数值模拟研究基于 FVCOM 模型开展。FVCOM 模型的主要控制方程包括动量方程、连续性方程、盐度扩散方程、温度扩散方程、密度方程等，具体参见 chen 等[11]研究，FVCOM 模型基于笛卡儿坐标系的原始控制方程如下所示：

$$\frac{\partial u}{\partial t}+u\frac{\partial u}{\partial x}+v\frac{\partial u}{\partial y}+w\frac{\partial u}{\partial z}-fv=-\frac{1}{\rho_0}\frac{\partial P}{\partial x}+\frac{\partial}{\partial z}\left(K_m\frac{\partial u}{\partial z}\right)+F_u \tag{1}$$

$$\frac{\partial v}{\partial t}+u\frac{\partial v}{\partial x}+v\frac{\partial v}{\partial y}+w\frac{\partial v}{\partial z}+fu=-\frac{1}{\rho_0}\frac{\partial P}{\partial y}+\frac{\partial}{\partial z}\left(K_m\frac{\partial v}{\partial z}\right)+F_v \tag{2}$$

$$\frac{\partial P}{\partial z}=-\rho g \tag{3}$$

$$\frac{\partial u}{\partial x}+\frac{\partial v}{\partial y}+\frac{\partial w}{\partial z}=0 \tag{4}$$

$$\frac{\partial T}{\partial t}+u\frac{\partial T}{\partial x}+v\frac{\partial T}{\partial y}+w\frac{\partial T}{\partial z}=\frac{\partial}{\partial z}\left(K_h\frac{\partial T}{\partial z}\right)+F_T \tag{5}$$

$$\frac{\partial S}{\partial t}+u\frac{\partial S}{\partial x}+v\frac{\partial S}{\partial y}+w\frac{\partial S}{\partial z}=\frac{\partial}{\partial z}\left(K_h\frac{\partial S}{\partial z}\right)+F_S \tag{6}$$

式中：x、y、z 分别代表笛卡儿坐标东向、北向和垂向坐标轴；u、v、w 分别代表三个笛卡儿坐标轴上的流速分量；T 为海温；S 为盐度；P 为压强；f 为科氏力参数；g 为重力加速度；K_m 为垂向涡黏系数；K_h 为垂向涡黏热扩散系数。F_u、F_v 分别代表笛卡儿坐标轴上的水平动量项的分量；F_T 为水平热扩散项；F_S 为水平盐度扩散项；总水深 $D=H+\zeta$，其中 H 为底部深度（即静水面到地形底部的深度），而 ζ 为自由表面高程。其中垂向混合采用 Mellor-Yamada2.5 阶湍流闭合模型来计算，而水平混合则使用 Smagorinsky 湍流闭合模型来计算[12]。海冰方程包括热力学、动力学、传输方程以及本构方程，具体公式参见文献[13-14]。

基金项目： 国家自然科学基金（51509177）；中国国家留学基金（201808120025）

2　2009—2010 年渤海海冰状况

2009—2010 年渤海海冰初冰期是 2009 年 12 月 5 日，终冰期是 2010 年 3 月 15 日，渤海湾和莱州湾海冰最大面积出现的日期为 2010 年 1 月 13 日。2010 年 1 月，渤海湾和莱州湾的平均海冰浓度为 0.5，平均冰厚为 5 cm 左右。辽东湾的平均海冰浓度为 0.6，平均冰厚 10 cm 左右。辽东湾、渤海湾和莱州湾海冰的最大离岸距离分别为 103 km、36 km 和 26 km。

3　海冰和潮的模拟

本文基于非结构化网格有限体积算法的海洋模型（FVCOM）建立了渤海海冰演化的三维数值模型。模型开边界采用潮位驱动，大气强迫采用 2009—2010 年的 NCEP（the National Centers for Environmental Prediction）数据，初始场包括海温和盐度。具体的模型参数设置参考 Zhang 等[10]研究。模型验证基于卫星遥感以及实测资料进行。结果表明，数值模拟的潮位与实测数据吻合较好，海冰空间分布也与 MODIS 卫星提取的图像轮廓基本一致，见图 1。

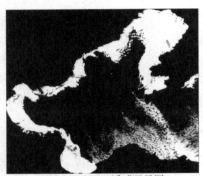

(a) MODIS遥感卫星图　　　　　　　　　　　　　(b) 数值模拟冰盖分布

图 1　2010 年 1 月 13 日渤海海冰分布

4　结果分析

4.1　渤海冰和潮的模拟结果分析

渤海潮汐以及海冰数值模拟的时间是从 2009 年 11 月至 2010 年 3 月，具体模型参数设置以及潮汐和海冰的验证参见文献[10]。由于辽东湾、渤海湾和莱州湾在 2010 年 1 月份都被海冰覆盖，因此潮汐调和分析所选择的时间为从 2010 年 1 月 1 日至 2010 年 1 月 31 日。通过比较渤海 M_2 分潮在有冰和无冰时的调和常数，探讨冰对潮汐的衰减作用。

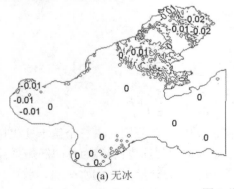

(a) 无冰　　　　　　　　　　　　　　　　　(b) 有冰与无冰情况下的差值

图 2　渤海潮汐 M_2 分潮振幅

渤海 M_2 分潮在无冰时的振幅分布如图 2（a）所示。图 2（b）给出了有冰减去无冰时的 M_2 分潮振幅结果。根据数值模拟的结果，M_2 分潮的振幅差仅在三个湾的湾顶，也就是海冰出现概率最高的地方有小于 0 的数据，但数据较小，仅为 1 cm。由此可知，海冰对于渤海潮汐的影响可以忽略不计，Kagan 和 Sofina[4]、Georgas[5]在加拿大北极地区研究所得到的结论与本结论类似。

4.2 冰拖曳力系数的影响

　　由于冰对潮的衰减主要是通过海冰底部的拖曳力系数来实现的，根据 Georgas[5] 的研究，冰拖曳力系数的有效范围是 0.005~0.01，因此将进一步探究海冰拖曳力系数 0.005~0.01 对渤海潮汐的影响规律及对渤海 M_2 分潮振幅和迟角的影响。研究结果如图 3 所示，当冰拖曳力系数从 0.005 增加到 0.01，辽东湾 M_2 分潮的振幅最大减少了 2 cm；渤海湾 M_2 分潮的振幅最大减少了 1 cm 左右；莱州湾几乎没有变化。此外，M_2 分潮的迟角几乎没有受到冰拖曳力系数的影响。总而言之，冰拖曳力系数对于渤海潮汐调和常数的影响不显著。

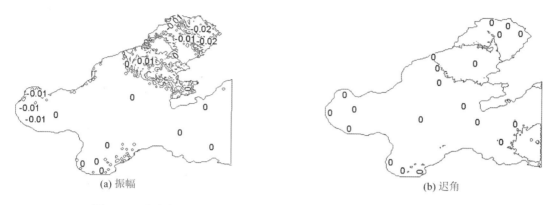

(a) 振幅　　　　　　　　　　　　　　　　　　　　(b) 迟角

图 3　M_2 分潮的振幅和迟角在冰拖曳力系数从 0.005 到 0.01 时的变化值

5　结　语

　　基于 FVCOM 模型建立了渤海海冰–海洋耦合的三维数值模型并探讨了 2009—2010 年冬季渤海海冰对 M_2 分潮振幅和迟角的影响。结果表明，考虑有冰和无冰两种情况，M_2 分潮的振幅变化很小。冰拖曳力系数从 0.005 变化到 0.01，M_2 分潮的振幅最大减小了 2 cm，迟角不受影响。

参考文献：

[1]　KAGAN B A , ROMANENKOV D A , SOFINA E V. Modeling the tidal ice drift and ice-induced changes in tidal dynamics on the Siberian continental shelf[J]. Izvestiya Atmospheric & Oceanic Physics, 2007, 43(6):766-784.

[2]　KAGAN B A, TIMOFEEV A A. Estimation of the ice concentration for the example of the White Sea[J]. Izvestiya Atmospheric and Oceanic Physics, 2007, 43(1): 119-123.

[3]　KAGAN B A, TIMOFEEV A A. Tidal ice drift in the White Sea: Results of a numerical experiment[J]. Oceanology, 2006, 46(6): 796-802.

[4]　KAGAN B A, SOFINA E V. Ice-induced seasonal variability of tidal constants in the Arctic Ocean[J]. Continental Shelf Research, 2010, 30(6): 643-647.

[5]　GEORGAS N. Large seasonal modulation of tides due to ice cover friction in a midlatitude estuary[J]. Journal of Physical Oceanography, 2012, 42(3): 352-369.

[6]　PARKER A. Impacts of sea level rise on coastal planning in Norway[J]. Ocean Engineering, 2014, 78: 124-130.

[7]　LUNEVA M V, AKSENOV Y, HARLE J D, et al. The effects of tides on the water mass mixing and sea ice in the Arctic Ocean[J]. Journal of Geophysical Research: Oceans, 2015, 120(10): 6669-6699.

[8]　WUNSCH C. Tides of global ice-covered oceans[J]. Icarus, 2016, 274: 122-130.

[9]　FARHADZADEH A. A study of Lake Erie seiche and low frequency water level fluctuations in the presence of surface ice[J]. Ocean Engineering, 2017, 135: 117-136.

[10]　ZHANG N, WANG J, WU Y, et al. A modelling study of ice effect on tidal damping in the Bohai Sea[J]. Ocean Engineering, 2019, 173: 748-760.

[11]　CHEN C, LIU H, BEARDSLEY R C. An unstructured grid, fnite-volume, three-dimensional, primitive equations ocean model: application to coastal ocean and estuaries[J]. Atmos. Ocean. Technol. 2003, 20 (1): 159-186.

[12] SMAGORINSKY J. General circulation experiments with the primitive equations: I.The basic experiment[J]. Mon Weather Rev, 1963, 91 (3): 99-164.

[13] GAO G, CHEN C, QI J, BEARDSLEY R C. An unstructured‐grid, fnite‐volume sea ice model: Development, validation, and application[J]. Geophys Res: Oceans, 2011, 116 (C8).

[14] 张庆河, 张娜. 渤海海冰演化的三维数值模型[J]. 天津大学学报, 2013, 46(4): 333-341.

基于动力测试的高桩码头损伤识别研究

朱瑞虎，郑金海，苏静波，郝敬钦，车宇飞，罗梦岩

（河海大学 港口海岸与近海工程学院，江苏 南京 210098）

摘要： 结构动力测试这一检测方法能够从整体上反映结构的健康状态，目前已在桥梁等大型土木工程中得到应用，但高桩码头动力测试研究较少。建立高桩码头物理模型模拟基桩损伤，通过冲击荷载试验下不同排架同位桩的动力响应变化规律分析发现：当码头某一直桩发生破损时，各桩桩顶处的应变和弯矩值出现显著减小，其他排架同位桩桩顶应变和弯矩有增大趋势，因此，可根据排架同位桩桩顶应变和弯矩变化判断破损桩基所在位置；当叉桩出现损伤时，桩顶应变和弯矩同样可以反映桩基损伤情况；通过试验数据进行模态分析得知，通过结构的固有频率仅能识别出码头整体结构的损伤程度且识别效果较差，位移振型对结构损伤并不敏感。因此，在码头检测时，可通过桩顶应变及弯矩变化对损伤桩基进行初步定位，然后通过对损伤桩基的进一步检测确定具体的损伤类型与损伤程度，进而制定详细准确的维修加固方案。

关键词： 高桩码头；桩基损伤；应变；弯矩；模态

　　动力损伤检测与评估已经成为国内外学者密切关注的课题，在桥梁等大型土木工程健康诊断与实时监测领域发挥了重大作用。目前，动力损伤检测应用于高桩码头结构健康评估仅见零星报道：朱瑞虎通过数值模拟研究了高桩码头损伤后结构动力性能变化规律，并指出曲率模态可敏感反映高桩码头损伤[1]；Su 等[2]和李等[3]通过数值模拟研究了基于分区遗传算法的高桩码头传感器优化布置，并提出了基于支持向量机理论的高桩码头基桩损伤识别方法；孙熙平等将模态应变能变化率作为损伤指标对高桩码头进行诊断，并取得了较好效果[4]。可以看出，目前高桩码头动力损伤检测研究以有限元模拟计算为主，物理模型试验较少。本文建立高桩码头桩基损伤物理模型，通过冲击荷载试验下结构的动力响应采集分析，研究敏感反映高桩码头桩基损伤情况下的动力指纹，为高桩码头动力损伤识别提供依据。

1 试验介绍

　　试验所用高桩码头模型如图 1 所示，模型长 1.5 m，宽 0.63 m，共 3 跨，排架间距 0.46 m，码头前沿为双直桩，中间为单直桩，后方为一对叉桩。试验分别对完好模型及损伤后模型施加同一冲击荷载，采集冲击荷载下的加速度和应变响应曲线。码头桩基编号如图 2 所示，加载位置及损伤工况见表 1，每个工况测 10 次并取其平均值进行分析。本次试验重点研究当桩基发生损伤时，不同排架同位桩之间的动力响应变化规律，所谓不同排架同位桩是指在各排架中所处位置相同的桩，如图 2 中的 1 号、2 号、3 号、4 号为同位桩。

图 1　码头试验模型

图 2　桩基编号示意

基金项目： 国家自然科学基金（51709093，51679081）；福建交通运输厅科技项目（201708）；河海大学大学生创新创业训练项目

作者简介： 朱瑞虎，男，在读博士，高级实验师，从事近海工程检测与评估研究

表 1　试验工况

工况	加载位置	损伤情况
1		无损伤
2		2 号桩上部破损 20%
3	码头前沿顶部左侧	2 号桩上部破损 50%
4		2 号桩和 10 号桩上部均破损 50%
5		无损伤
6		2 号桩上部破损 20%
7	码头前沿顶部中间	2 号桩上部破损 50%
8		2 号桩和 10 号桩上部均破损 50%

注：各桩损伤位置为距离桩顶 0.1 m 处。

2　试验数据及分析

2.1　应变和弯矩

2.1.1　直桩损伤工况

提取前排 1~4 号桩桩顶（距桩与桩帽连接点 0.01 m 处）的应变进行分析，工况 2 和工况 3 桩顶应变与工况 1 对比变化如图 3 和图 4 所示。由试验数据及应变变化分析 2 号桩桩顶应变情况可以得出，工况 2 和工况 3 比工况 1 桩顶前侧的应变分别减小了 4.67% 和 10.02%，桩顶后侧的应变分别减小了 6.94% 和 11.81%；工况 6 和工况 7 比工况 5 桩顶前侧的应变分别减小了 4.92% 和 9.85%，桩顶后侧的应变分别减小了 7.08% 和 8.85%。从应变变化情况可以看出，当损伤桩桩顶处的应变出现显著减小，其他排架同位置桩桩顶应变呈增大趋势，且变化程度与破损程度呈正相关时，可根据不同排架同一位置的直桩桩顶处的应变变化判断该桩基是否破损。

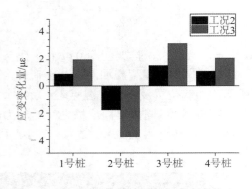

图 3　前排桩桩顶前侧应变变化

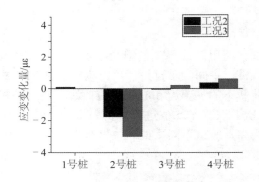

图 4　前排桩顶后侧应变变化

根据式（1），由桩顶前、后侧应变值可计算该处的弯矩：

$$M = \frac{EI\Delta\varepsilon}{b_0} \tag{1}$$

式中：b_0 为同一断面处拉、压应变测点间的间距；EI 为桩的抗弯刚度；$\Delta\varepsilon$ 为同一断面处拉、压应变之差，$\Delta\varepsilon = \varepsilon_+ - \varepsilon_-$。

根据各工况下的应变值计算桩身弯矩，分析损伤前后桩顶的弯矩变化情况，工况 2 和工况 3 的 1~4 号桩桩顶弯矩与工况 1 对比变化如图 5 和图 6 所示。由图可以看出，当 2 号桩发生破损时该桩桩顶处的弯矩值出现显著减小。工况 2 和工况 3 比工况 1 桩顶弯矩分别减小了 5.58% 和 10.73%，工况 6 和工况 7 比工况 5 桩顶前弯矩分别减小了 5.92% 和 9.39%。因此，当直桩发生破损时该桩桩顶处的应变出现显著减小，试验数据分析其他排架同位桩桩顶弯矩呈增大趋势且变化程度与破损程度呈正相关关系，桩顶弯矩变化可判断该桩基是否破损。

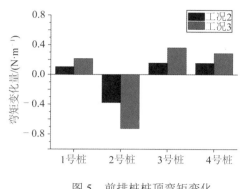

图 5　前排桩桩顶弯矩变化　　　　　　　　　　　　图 6　前排桩桩顶弯矩变化

2.1.2　叉桩损伤工况

提取 9~12 号叉桩桩顶（距桩与桩帽连接点 0.01 m 处）的应变并计算弯矩进行分析，工况 4 的应变及弯矩与工况 1 对比变化如图 6、图 7 和图 8 所示，由图可知：当 10 号桩发生破损时该桩桩顶的应变和弯矩值减小，工况 4 比工况 1 桩顶前侧应变减小了 16.03%，桩顶后侧应变减小了 16.08%，弯矩值减小了 16.05%，且其他各桩同样出现应变变大的情况，所以叉桩损伤可以通过桩顶应变和弯矩变化趋势来判定。

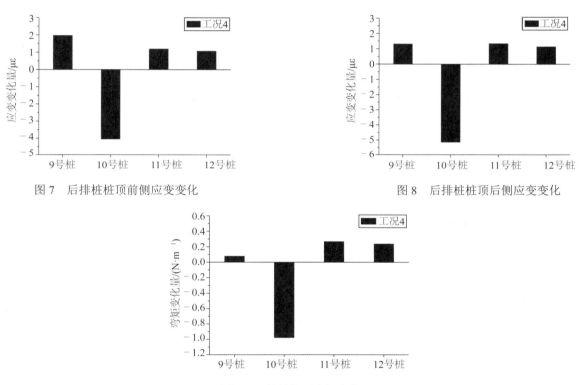

图 7　后排桩桩顶前侧应变变化　　　　　　　　　　图 8　后排桩桩顶后侧应变变化

图 9　后排桩桩顶弯矩变化

2.2　加速度分析

由试验数据分析得出：各工况下加速度变化很小，各加速度数据并没有和应变以及弯矩等响应数据一样反映出较好的识别规律，如工况 7 比工况 5 的 2 号桩桩顶加速变化仅为 4.9%。这与文献[1]的数值模拟结论相同，文献[1]通过数值模拟方法研究了码头损伤时基桩的位移变化，发现位移变化不能敏感反映码头损伤，由于加速度是位移对时间的二阶导数，因此从理论上讲二者在反映码头损伤上具有相似规律，本文通过试验证明了这一结论，即同位桩桩顶位移和加速度值变化不能直接反映桩基损伤情况。

2.3　试验模态分析

根据试验响应数据进行模态分析得到码头模型各工况下的前二阶频率和振型，各工况码头频率见表 2，由表 2 可以看出：结构的一阶测试频率没有变化，二阶频率在结构损伤后会有减小的趋势。图 9 和图 10

列出完好码头结构的前两阶振型，通过试验发现结构振型变化很小不能敏感反映码头结构损伤。此结果验证了文献[5]的数值模拟计算结果。文献[5]通过数值模拟方法证明了高桩码头结构损伤时固有频率略有减小，但变化量非常小，振型不能敏感反映码头结构损伤。本试验中一阶频率不变是因为结构损伤时一阶频率变化非常小，变化量未达到试验分析固有频率分辨率（0.1 Hz）所致。

表 2　试验时不同破损程度下的前二阶固有频率（Hz）

阶次	无破损	2 号桩上部破损 20%	2 号桩上部破损 50%	2 号桩和 10 号桩上部均破损 50%
1	12.7	12.7	12.7	12.7
2	23.4	23.4	22.5	21.5

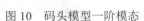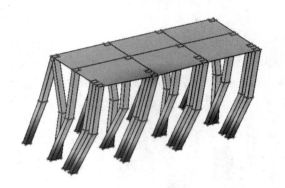

图 10　码头模型一阶模态　　　　　　　　　图 11　码头模型二阶模态

3　结　语

通过采集不同损伤程度下桩顶应变、加速度响应，并根据试验数据分析高桩码头的桩顶弯矩和模态，得出以下结论：

1）当码头某一直桩发生破损时，破损桩桩顶处的应变和弯矩值出现显著减小，其他排架同位桩桩顶的应变和弯矩有变大的趋势；对于叉桩而言，具有同样的变化规律出现。

2）结构的加速度、固有频率、振型指标对结构损伤变化不敏感且不能识别结构的损伤位置。固有频率在结构损伤时有减小趋势，但该指标仅能识别出码头整体损伤程度且识别效果较差。

3）在对高桩码头基桩进行安全性评估时，可通过各排架同位桩桩顶应变和弯矩变化对损伤桩位进行初步定位，然后通过对损伤桩基的进一步检测确定具体的损伤类型与损伤程度，进而制定详细准确的维修加固方案。

参考文献：

[1]　朱瑞虎. 基于结构损伤的动力特性和动力响应研究[D]. 南京：河海大学，2009.

[2]　SU J B, LUAN S L, ZHANG L M, et al. Partitioned genetic algorithm strategy for optimal sensor placement based on structure features of a high-piled wharf[J]. Structural Control and Health Monitoring，2019(1): 1-12.

[3]　李肖，苏静波，吉同元，等. 高桩码头桩基动力损伤识别方法[J]. 水运工程，2015(10): 57-62.

[4]　孙熙平，王元战，赵炳皓. 环境激励下高桩码头模态参数识别及损伤诊断[J]. 海洋工程，2013(5): 62-68.

[5]　杨志明，朱瑞虎，陈橙. 高桩码头结构损伤动力特性研究[C]//中国海洋工程学会. 第十六届海洋（岸）工程学术讨论会论文集. 北京：海洋出版社，2013: 1021-1025.

平潭小练岛码头不可作业天数分析

刘华帅，王　强，王红川

（南京水利科学研究院，江苏 南京 210029）

摘要： 通过分析平潭小练岛附岛交通码头建设方案，采用综合考虑波浪折射、绕射的 SWAN 模型推算深水波浪向近岸的传播变形，得到工程区附近的波高分布，然后估算出不可作业天数。结果表明：拟建码头区域受掩护较好，受波浪影响的不可作业天数较少，码头布置合理，为类似码头不可作业天数分析提供参考。

关键词： 不可作业天数；SWAN 模型；平潭小练岛

　　码头泊稳条件是港口设计和运营中的重要条件之一。目前许多国家的规范针对不同载重吨的船舶和不同货种船型，给出了船舶装卸作业的允许风、浪、流等影响因素的限定值，并以此作为判定船舶允许作业的标准。《海港总体设计规范（JTS 165–2013）》[1]给出了不同周期下不同载重吨的船舶、不同货种的码头船舶装卸作业的允许波高值，该标准在多数情况下具有良好的可操作性。柴雪琴[2]根据规范分析了温州瓯飞北片港区泊稳条件，为该区域船舶安全通行和港口正常作业提供了依据；谷文强和孙英广[3]通过对国内外通用规范和标准的研究，给出了各国规范中对于码头不可作业天数的限制要求。

　　平潭小练岛附岛交通码头工程位于海坛海峡的北侧，小练岛的南侧。工程北侧有小练岛的掩护，工程东侧、南侧有大练岛和海坛岛的掩护，工程南侧、西南侧有屿头岛和陆地的掩护，位置见图 1（a）。外海波浪难以对工程海域有较大的影响，对工程区影响最大的是 SE–SW 方向的小风区生成浪。该区域主要考虑 $DWT \leqslant 2\,000\ \mathrm{t}$ 的船舶，在平均周期小于 6 s 的平均波高为顺浪 $H_{4\%} 0.6\ \mathrm{m}$、横浪 $H_{4\%} 0.6\ \mathrm{m}$。为了给码头工程选址及初步设计提供科学依据，采用综合考虑波浪折射、绕射的 SWAN 模型推算深水波浪向近岸的传播变形，得到工程区码头附近的波高分布，针对不同位置的码头布置方案计算出不可作业天数。

1　工程区概况

1.1　工程区风速分析

　　以马祖浮标及平潭海洋站的风速资料作为研究依据。平潭海洋站的坐标为 25°28′N、119°51′E；马祖浮标的坐标为 26°21′N、120°31′E。根据马祖浮标站 2018 年 4 月至 2019 年 3 月的风速资料统计，观测到的最大风速为 24.6 m/s，风向为 S 方向。由于马祖浮标距离大陆约 50 km，海上风速比工程海域的风速大，需要把马祖浮标的风速订正到工程海域。

　　从分析资料可得，当地以 NNE–NE 方向的风为主，这 2 个方位的方向站的风速频率为 55.7%。具体情况可见图 1（b）风向玫瑰图。

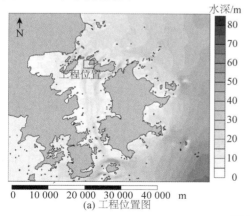

(a) 工程位置图　　　　　(b) 风向玫瑰图

图 1　工程海域概况

基金项目： 国家重点研发计划(2017YFC1404203)

1.2　码头建设方案

工程位置在小练岛的西南侧，有两个待建码头位置，详见图 2。BT5 为东侧码头的控制点，BT7 为西侧码头的控制点。两个码头 N–ESE 向受到了小练岛和大练岛的掩护。

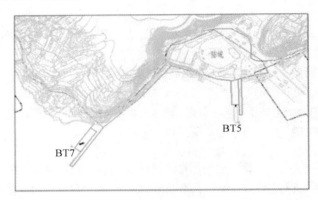

图 2　工程区示意

2　波浪数学模型分析

外海波浪传入近岸浅水地区时，受多种因素的影响，将产生一系列的变化：由于地形变化的影响，将产生折射及浅水变形现象；遇到岛屿、防波堤等障碍物时，波浪能绕过障碍物，传播至受障碍物掩护的区域，产生波浪绕射现象。第三代表面波模型 SWAN 基于波作用量守恒方程，可以较好的描述近岸浅水波浪传播过程，是目前比较流行的波浪模式，在世界各地得到了广泛的应用。

SWAN 模式中海浪要素计算采用波作用密度谱平衡方程[4]：

$$\frac{\partial N}{\partial t} + \nabla \cdot \left[\left(C_g + U \right) N \right] + \frac{\partial C_\sigma N}{\partial \sigma} + \frac{\partial C_\theta N}{\partial \theta} = \frac{S_{\text{tot}}}{\sigma} \tag{1}$$

式中：第二项表示波能在 x，y 方向的传播；$C_g = \frac{\partial \sigma}{\partial k}$ 为群速度，k 为波数矢量；U 为流速；σ 为相对波频，θ 为波向；C_σ、C_θ 分别代表在 σ、θ 方向的波浪传播速度；第三项表示水深和流的变化引起波能在频率空间的变化；第四项表示水深和流所致的波浪折射；S_{tot} 表示描述物理过程的源、汇项之和：

$$S_{\text{tot}} = S_{\text{in}} + S_{nl3} + S_{nl4} + S_{ds,w} + S_{ds,b} + S_{ds,br} \tag{2}$$

式中：S_{in} 为风能输入项；S_{nl3} 和 S_{nl4} 分别为三波、四波相互作用引起的能量非线性传播；$S_{ds,w}$ 为白浪破碎引起的波能衰减；$S_{ds,b}$ 为底摩擦耗散项；$S_{ds,br}$ 表示水深变浅所致波浪破碎引起的能量损耗。

波浪的成长机制通常分为波动共振机制产生的线性成长及由于波浪的反馈效应引起的指数成长。输入项可表示为

$$S_{in}\left(\sigma, \theta \right) = A + BE\left(\sigma, \theta \right) \tag{3}$$

式中：A 为线性增长部分；$BE\left(\sigma, \theta \right)$ 为指数增长部分。

3　不可作业天数分析

模型采用的地形见图 1（a），模型范围为 40 km×60 km。模型网格尺度为 50 m。初始化方法采用基于初始时刻输入有限风场的 JONSWAP 谱，在频率和方向二维谱空间，频率分布从 0.04 Hz 至 1.0 Hz 共 21 个频段，方向间隔为 10°，共 36 个方向。考虑折射、底摩擦、深度诱导破碎、白冠能量耗散、三波和四波相互作用等物理过程。本文风能输入项线性部分采用 Cavaleri 与 Malanotte-Rizzoli 表达式，指数部分采用 Komen 表达式。底摩擦模型采用 Collins 拖曳率模型，海底摩擦系数 C_b 取 0.01。

根据《海港总体设计规范 JTS 165–2013》[1]要求，需估算港区各方位不同级别波高 $H_{4\%}$>0.6 m 的出现

频率。依据马祖浮标站 2018 年 4 月至 2019 年 3 月每天 24 h 观测的风向、风速资料间接推算，对 NE 至 WNW 各个方向码头前的风浪进行计算，确定码头前大于 0.6 m 波高出现频率。

图 3 至图 6 为 10.8 m/s 风速下各方向的有效波高分布图。表 1 为港区各点 $H_{4\%}$=0.6 m 对应的海上风速。当风速大于等于对应的风速时，各点 $H_{4\%} \geqslant 0.6$ m。

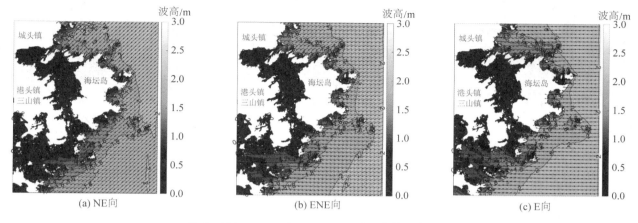

图 3　NE、E、SE 向 10.8 m/s 风速下有效波高分布

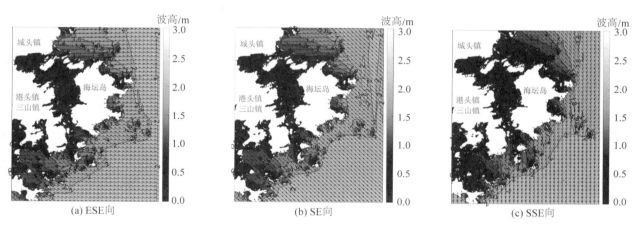

图 4　ESE、SE、SSE 向 10.8 m/s 风速下有效波高分布

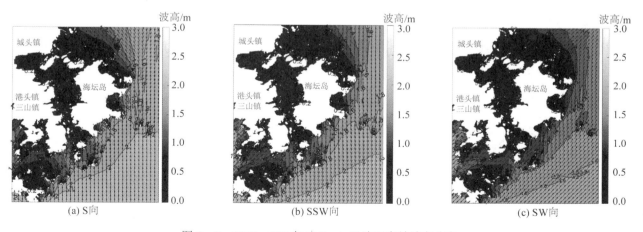

图 5　S、SSW、SW 向 10.8 m/s 风速下有效波高分布

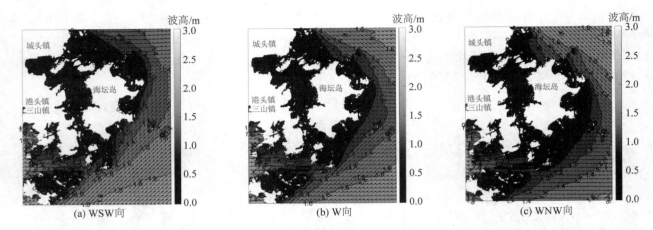

图 6　WSW、W、WNW 向 10.8 m/s 风速下有效波高分布

计算表明，西侧码头西侧的 BT7 点 $H_{4\%}$ 大于 0.6 m 波高的频率为 3.88%，对应的天数为 14 d。东侧码头的 BT5 点 $H_{4\%}$ 大于 0.6 m 波高的频率为 4.71%，对应的天数为 17 d。

表 1　港区各点 $H_{4\%}$=0.6 m 对应的海上风速（m/s）

方向	NE	ENE	E	ESE	SE	SSE	S	SSW	SW	WSW	W	WNW
BT7	—	—	—	—	—	—	10.2	8	7.3	8	9.4	9.8
BT5	14	14	12.8	10.7	8.3	7.2	7	7.5	7.3	8	13	—

4　结　语

数学模型计算表明，西侧码头西侧泊位 $H_{4\%}$ 大于 0.6 m 波高的频率为 3.88%，对应的受波浪影响的不可作业天数为 14 d。东侧码头的泊位 $H_{1/10}$ 大于 0.6 m 波高的频率为 4.71%，对应的受波浪影响的不可作业天数为 17 d。由于拟建码头区域受掩护较好，所以不可作业天数较少，码头布置合理。

参考文献：

[1]　中交水运规划设计院有限公司, 中交第一航务工程勘察设计院有限公司. 海港总体设计规范（JTS 165−2013）[S]. 北京：人民交通出版社, 2014.

[2]　柴雪琴. 温州瓯飞北片港区泊稳条件分析[J]. 交通世界, 2018(14): 174-176.

[3]　谷文强, 孙英广. 港口作业天数分析方法研究[J]. 港工技术, 2017, 54(4): 18-21.

[4]　SWAN Team. SWAN user & technical manual (41.20) [R]. Netherlands: Swan Team, 2018

沉放过程中沉管管节的负浮力选择

宋 悦 [1,2]，陈念众 [1]，张宁川 [2]，刘骁勇 [1]

（1. 天津大学 建筑工程学院，天津 300350；2.大连理工大学 海岸及近海国家重点实验室，辽宁 大连 116024）

摘要：基于物理模型试验，对不规则波浪场中沉管–浮驳系统在沉放阶段的动力响应问题展开研究。重点研究沉管和浮驳间吊缆张力的变化规律，探讨了负浮力对沉管和浮驳间吊缆张力的影响。结果表明：加大负浮力有助于吊缆张力的均匀分配，并有效的预防吊缆松弛，从而使沉管状态更加稳定平衡，建议负浮力为 1.3%~1.5%；

关键词：沉管–浮驳系统；不规则波；动力响应；吊缆张力；负浮力

沉管被应用于跨海湾、大江河的水下隧道工程，具有特殊优势且有越来越多的应用。沉管管节趋于大型化，施工环境也向大水深、复杂多变的外海发展，这给设计研究和施工技术带来了更高的要求和挑战[1]。2009 年动工的港珠澳大桥是集路、桥、岛、隧为一体的工程，大桥全长 50 km。其中海底隧道部分长 6.7 km，由 33 个巨型沉管组成。管段最长 180 m，宽 37.95 m，高 11.4 m，重 7.4×10^4 t，最大沉放水深 46 m，是我国首条建设于外海的沉管隧道，也是目前世界上综合难度最大的沉管隧道之一[2]。

事实上，在沉放过程中，管段和沉放浮驳分离，两者由吊缆连接构成多浮体。沉管在沉放阶段的动力响应问题属海洋组合动力对多浮体作用问题。Zhan 和 Wang[3]、Zhou 等[4]和 Xiao 和 Yang[5]针对跨越江河的沉管，研究了管段在系泊、浮运和沉放过程中的荷载受力情况及系泊缆绳动力特性，但由于掩护条件较好，研究基本都忽略了波浪的影响。Partha 等[6]、Kasper 等[7]、Cozijn 和 Heo[8]通过物理模型试验和数值模拟，分析了沉管在不同波高、周期、浪向组合的波浪作用下的受力，给出了定性结论和有限组次的定量结果，但未见系统动力响应变化规律的结果报道。陈智杰[9]，Zuo 和 Wang[10]及杨璨和王永学[11]采用模型试验和二维数值模拟相结合的方法，研究在规则波和不规则波作用下沉管管节的运动响应和吊缆动力特性。

沉管沉放过程中沉管和浮驳间的吊缆的受力十分复杂，属多浮体耦合动力响应问题，影响因素至少包括波高、周期、沉深和负浮力等多因素。考虑上述影响的沉管–浮驳系统的动力响应规律研究对实际工程有重要指导意义。由于问题的复杂性，采用物理模型试验方法是最现实的途径。本文采用物理模型试验方法，量测并分析了在管节沉放初期，不规则波作用下沉管–浮驳系统的动力响应，探究周期、波高和负浮力对吊缆张力的影响规律，结果可为实际工程建设提供技术支撑，同时为多浮体耦合系统运动和动力响应理论研究提供验证依据。

1 物理模型试验

1.1 试验设备和量测仪器

试验在大连理工大学海岸及近海工程国家重点实验室波流水池中进行。水池长 50 m，有效宽度 28 m，深 1.0 m，水池前端配备由本室研制生产的蛇型三维不规则波造波机，尾部安装了架空斜坡碎石消能设备，以尽量避免波浪的反射。

量测仪器主要包括：①浪高仪波面测量采用 DS30 型浪高水位仪测量系统，精度为±2 mm；②拉力计缆力测量采用船舶模型试验测量 2008 型拉力计，缆力拉力计测量范围为 0.5~25 N，该系统可同步测量多缆绳拉力，测试相对误差小于 2%；③运动量采用 FL-NH08K 漂浮体六分量运动测量系统，测量精度平动量小于 1 mm，转动量小于 0.4°。

1.2 模型制作

依据试验目的及设备条件，模型几何比尺确定为λ=1：60，按照重力相似准则模拟。

1.2.1 浮驳和管段的模拟制作

沉管模型采用混凝土制作，而浮驳采用木材制作。各模型的重力相似需要满足以下条件。

1）几何相似：模型与原型保持线性尺度相似，模型的制作完全以原型线形图按模型的比例缩小；

2）重力相似：在满足几何相似的模型中，沉管的模拟用配钢筋方法，在适当位置放置适当的重量的钢筋，同时设置压仓分隔空间，使其符合不同载量时的重量要求；

3）动力相似：浮体的重心、浮心、转动惯量、横纵稳心半径、横纵摇周期等参量满足相似准则和精度要求。

沉管和浮驳的主要力学参数如表 1，沉管和浮驳模型的试验照片见图 1。上述参数模拟误差均不大于 2%。

1.2.2　系泊缆绳及吊缆模拟

系泊缆绳和吊缆缆索模型制作满足几何形状相似、重力相似、弹性相似，并保证模拟原、模型缆绳的受力–变形曲线满足相似条件。系泊方式详见图 2（其中，5～8 号缆绳为沉管管段的系泊缆绳，9～12 号缆绳为 1 号浮驳的系泊缆绳，13～16 号缆绳为 2 号浮驳的系泊缆绳）。吊缆布置详见图 3（1 号和 2 号吊缆连接 1 号浮驳和管段，3 号和 4 号吊缆连接 2 号浮驳和管段）。

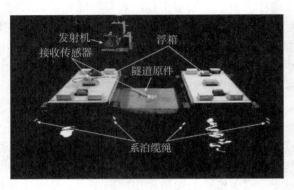

图 1　沉管–浮驳系统的试验照片

表 1　沉管和浮驳模型的主尺度及力学参数

参数	沉管	浮驳
总长/cm	200.0	94.0
宽/cm	63.0	67.0
高/cm	19.0	20.0
吃水/cm	18.5	83.3
重量/kg	234.00	13.66

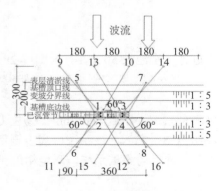

图 2　系泊缆布置

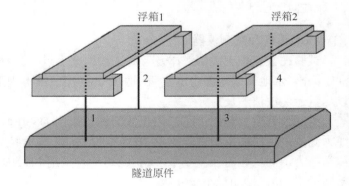

图 3　沉放吊缆布置方案

1.3　试验参数选择

在管沟槽断面、系泊布置、吊缆布置形态、沉放深度等确定的条件下，为探讨动力响应的变化规律，需要考虑动力要素及负浮力等因素。

1）波浪要素：采用不规则波浪模拟。考虑到沉管施工窗口有效波高不大于 2.0 m，谱峰周期不大于 7 s，选取有效波高（原型值）范围为 H_s=0.6～2.0 m，谱峰周期（原型值）范围 T_p=6～14 s，波浪方向均为横浪 90°。

2）负浮力（定义消除干舷时 η=0）：相对负浮力定义如下式

$$\eta = \frac{F_1 + F_2 - F_3}{F_3} \times 100\%$$

（1）

式中：η 为管节的相对负浮力；F_1 为管节自身重量；F_2 为管节注入的压载水重量；F_3 为管节完全潜入水中排开水的重量。试验中选择 5 种相对负浮力，η=0.67%，1.15%，1.34%，1.50%，1.92%。

2　试验结果分析

为明晰工程意义，本文的试验结果均以原型量值给出。

2.1　吊缆张力的时间过程分析

图 4 中给出了负浮力 η=0.67%，1.50% 和 1.92% 时沉管管段 4 根沉放吊缆张力历时曲线示例。为清楚地区分四根吊缆张力，只截取了其中 200 s 的量测数据进行展示。其中，1 号、3 号缆绳位于迎浪侧，2 号、4 号缆绳位于背浪侧，试验波况为 H_s=1.2 m，T_p=6 s。图中可见，当负浮力较小时（η=0.67% 时），不规则波浪作用下，4 根吊缆张力中容易出现某个或数个吊缆张力为 0 的时刻。反映在张力过程线上，波浪作用的整个过程中，张力为 0 的水平线上有较为密集的接触点。此时缆绳处于松弛—张紧的变化过程中，还会导致吊缆张力出现跳跃性极大的"脉动值"。而随着负浮力的增加，η=1.5%～1.92% 时，4 根吊缆张力均提升至较高的水平上，张力为 0 的水平线上的接触点几乎完全消失，吊缆张力的"脉动值"偏离均值不大，表明沉管处于相对稳定状态。因此，负浮力对管段平衡和沉放安全有十分重要的影响，加大管段的负浮力不仅可以有效的预防吊缆松弛，还可以使沉管状态更加稳定平衡。

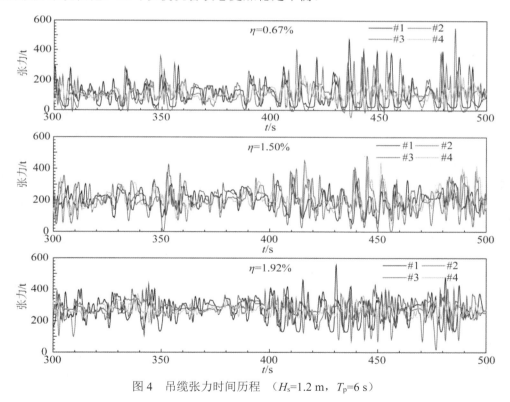

图 4　吊缆张力时间历程　（H_s=1.2 m，T_p=6 s）

2.2　不同波高下负浮力对吊缆张力的影响

讨论不规则波作用中相对负浮力对最大吊缆张力的影响。最大吊缆张力有双层含义：①单根吊缆最大，即 4 根吊缆在同一波况下的张力最大值，记为 F_{max}；②同一不规则波浪序列（过程）中，4 根吊缆张力值同步之和最大值，记为 $F_{sy\text{-}max}$。

图 5 中给出了在沉放深度 D=0 时相对吊缆张力 F_{max}/F_η 和 $F_{sy\text{-}max}/F_\eta$ 随 H_s 的变化规律，其中 F_η 为绝对负浮力。相对负浮力变化有 0.67%，1.15%，1.32%，1.50% 和 1.92% 五组。波况为：T_p=6 s，H_s=0.9~2.0 m。

由图 5 可以看出，相对负浮力越大，相对吊缆张力 F_{max}/F_η 和 $F_{sy\text{-}max}/F_\eta$ 越小。这可能是因为相对负浮力增大，吊缆张力的初张力增大，因此对浮体的运动的约束作用越强，沉管–浮驳系统越趋于稳定，因此在同样的波浪力作用下，吊缆张力越小。特别地，相对负浮力从 0.67% 增长到 1.32% 时，吊缆张力的减小趋势最为明显。而相对负浮力继续增大，吊缆张力的减小趋势明显减缓，特别是在小波高时（H_s=0.9 m），当相对负浮力 η≥1.32%，F_{max}/F_η 和 $F_{sy\text{-}max}/F_\eta$ 随相对负浮力的增大基本不变。这说明，在试验范围内，η≥1.32% 对沉管–浮驳系统有较好的平衡效果。

此外，对比各曲线还可以看到，F_{max}/F_η 和 $F_{sy\text{-}max}/F_\eta$ 随有效波高的增加而增大。这是因为波高增大，波浪的能量也增大，这会使沉管承受更大的波浪力，并加大其运动幅度，从而增大吊缆张力。尤其当海况较为恶劣时（H_s=2.0 m），波高的增长最为显著。这说明此时吊缆张力较难控制，需要及时预防避险。因此工程施工中，沉管的姿态需要时刻监测和不断调整，以尽量保证管段的姿态平稳。

值得注意的是，相对负浮力越大，随着 H_s 的增大 F_{max}/F_η 和 $F_{sy\text{-}max}/F_\eta$ 的增长幅度越小。如图所示，在相对负浮力 η=0.67% 时，在 H_s=2.0 m 时的 F_{max}/F_η 可以达到 H_s=0.9 m 时的 2 倍，而当相对负浮力 η=1.92% 时，H_s=2.0 m 时的 F_{max}/F_η 只是 H_s=0.9 m 时的 1.44 倍。这说明相对负浮力越大，波高对 F_{max}/F_η 和 $F_{sy\text{-}max}/F_\eta$ 的影响越小。这可能因为，相对负浮力相当于一种惯性力，而波浪运动是外力。当沉管相对负浮力较小时，沉管惯性力小，姿态不够稳定，运动更易受波高的影响，从而使吊缆张力值出现更为显著的变化；相对负浮力较大，沉管相对较沉时，同样的波浪力作用下，引起的沉管加速度减小，因此吊缆张力就相对较小。

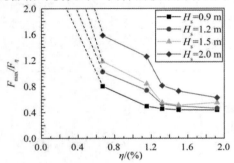 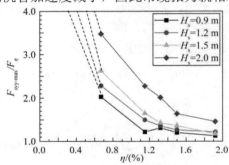

图 5　不同波高下相对负浮力对吊缆单根缆力最大值和总张力的影响（D=0，T_p=6 s）

2.3　不同波周期下负浮力对吊缆张力的影响

图 6 中展示了在消除干舷阶段时，不同波浪周期下 F_{max}/F_η 和 $F_{sy\text{-}max}/F_\eta$ 随相对负浮力的变化规律，其中 F_η 为相对负浮力变化有 0.67%、1.15%、1.32%、1.50% 和 1.92% 五组。波浪工况为 H_s=1.2 m，T_p=6~12 s。不同波浪周期作用下，相对负浮力越大，吊缆张力 F_{max}/F_η 和 $F_{sy\text{-}max}/F_\eta$ 越小。随相对负浮力增大，η≥1.32% 时 F_{max}/F_η 在试验周期范围内变化较小，而 $F_{sy\text{-}max}/F_\eta$ 在 η≥1.50% 后趋于平缓。

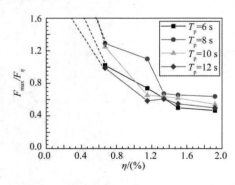 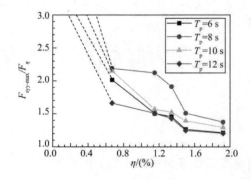

图 6　不同周期下相对负浮力对吊缆单根缆力最大值和总张力的影响（D=0，H_s=1.2 m）

对比不同周期下的变化曲线可见，相对负浮力越大，周期对吊缆张力 F_{max}/F_η 和 $F_{sy\text{-}max}/F_\eta$ 的影响越小。

这说明相对负浮力越大，对沉管-浮驳系统的姿态的改善程度越好，沉管-浮驳系统也在危险波浪中（大波高或共振周期附近）抵抗外力，维系自身平衡的能力越强。但是，相对负浮力过大也会引起吊缆受力的直线增长，这势必会影响沉管沉放的可操作性。因此，综合不同波高和不同周期下的变化趋势，在试验范围内，建议沉管在沉放阶段的相对负浮力 η=1.32%~1.5%，沉放工况 H_s≤1.5 m，周期 T_p≤6 s。

3　结　语

1）负浮力选择原则应在系统运动响应稳定性和吊缆绝对张力水平间取得平衡，试验结果显示，获取该平衡的相对负浮力区间为 1.3%~1.5%。

2）沉放系统在 $T_p \approx T_{Roll}$ 时，吊缆的动力响应最强烈。此时吊缆将出现最大张力，沉放作业应规避此周期海况。建议沉放海况为有效波高 H_s≤1.5 m，谱峰周期 T_p≤6 s。

参考文献：

[1] 王梦恕. 水下交通隧道发展现状与技术难题[J]. 岩石力学与工程学报, 2008, 27(11): 2161-2172.

[2] 林巍, 林鸣. 沉管隧道管节出坞、拖航、系泊与沉放准备关键问题[J]. 水道港口, 2018, 39 (S2): 49-53.

[3] ZHAN D X, WANG X Q. Experiments of hydrodynamics and stability of immersed tube tunnel on transtportation and immersing [J]. Journal of Hydrodynamics. Ser. B, 2001(2): 121-126.

[4] ZHOU Y, TAN J H, YANG J M, et al. Experimental investigation on element immersing process[J]. China Ocean Engineering, 2001, 15(4): 531-540.

[5] XIAO L F, YANG J M. Experimental Study on Mooring, Towing and Installing of Immersed Tunnel Caissons[J]. Journal of Shanghai Jiaotong Univ, 2010, 15(1): 103-107.

[6] PARTHA C, ZENTECH, SUBRATA K. Dynamic simulation of immersion of tunnel elements for Busan - Geoje Fixed Link Project[C]// Proceedings of the ASME 27 International Conference on Offshore Mechanics and Arctic Engineering. 2008.

[7] KASPER T, STEENFELT J S, PEDERSEN L M, et al. Stability of an immersed tunnel in offshore conditions under deep water wave impact [J]. Coastal Engineering, 2008, 55(9): 753-760.

[8] COZIJN H, HEO J W. Analysis of the tunnel immersion for the Busan-Geoje fixed link project through scale model tests and computer simulations[C]// Proceedings 28th International Conference on Ocean, Offshore and Arctic Engineering, 2009.

[9] 陈智杰. 波浪作用下沉管管段沉放运动的试验与数值研究[D]. 大连：大连理工大学，2009.

[10] ZUO W, WANG Y. Experimental investigation of motion responses of tunnel element immerging by moored barge[J]. Journal of Hydrodynamics, Ser. B, 2015, 27(6): 857-864.

[11] 杨璨, 王永学. 锚碇沉管系统平台沉放的水动力特性试验研究[J]. 哈尔滨工程大学学报, 2016, 37(1): 30-35.

桶式基础结构浮游稳定性试验研究

史宪莹[1]，王坤册[1]，李　森[1]，任　超[1]，任效忠[2]，张　倩[1]，薛博茹[1]

（1. 大连海洋大学 海洋与土木工程学院，辽宁 大连 116023；2. 大连海洋大学 辽宁省水产设施养殖与装备工程研究中心，辽宁 大连 116023）

摘要：针对新型桶式基础结构不同于传统沉箱结构的特点，通过物理模型试验对桶式基础结构的静水浮游稳定性进行了研究。结果表明：桶式基础结构可以依靠下桶体隔舱内的密封气体排水产生的浮力使其浮起；当下桶外侧吃水深度在9.0～11.1 m时，桶式基础结构能够实现静水浮游稳定，并且在无约束自由摆动状态下桶式基础结构能够依靠下桶隔舱内密封气体的恢复力恢复到初始平衡状态；在静水浮游稳定状态下，下桶各隔舱内的气压值随着下桶外侧吃水深度的增大而减小；下桶各隔舱内的气压值随着吃水深度的增大而增大。下桶内外水位高度差值呈现出先增大后减小的趋势。

关键词：物理模型试验；桶式基础结构；浮游；稳定性

随着经济建设高速发展的需要，我国港口建设已呈现出大型化、深水化的发展趋势。为了满足经济建设的需求，在理想岸线资源几近枯竭的情况下，有时迫不得已在软泥土质海岸建设大型港口[1-2]。然而，在深厚软泥土沿海地区，如何在深厚软土地基上进行防波堤建设并确保其稳定性，已成为迫在眉睫的关键性问题，新型桶式基础结构就是在此背景下产生的一种新型港口工程结构。新型桶式基础结构与传统的沉箱结构不同，它是无底的，仅靠桶体本身排开的水体产生的浮力使桶体浮起（桶式基础结构示意如图1所示），由于桶体体积庞大，又必须在深厚软土中缓慢下沉，采用大型起重船整体吊装费用比较昂贵，一般最经济的方式是采用气浮拖运、气浮定位、负压下沉工艺。其中气浮拖运即是桶体随半潜驳沉入水中一定深度后，使结构漂浮于水面，将其拖运至安装地点[3-9]。如何保证桶体在气浮状态下的浮运稳定安全是桶式基础结构防波堤施工可行性的关键课题之一。

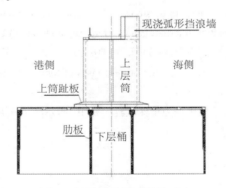

图1　新型桶式基础结构示意

关于箱筒型基础结构的气浮稳定性，别社安等[10-11]曾经提出小倾角计算理论，认为箱筒结构在3°～6°小倾角倾斜时，箱筒重心高于浮心，箱筒重量会产生偏心力矩，而箱筒内封闭气体，一侧会随桶体升高，气体体积膨胀，气压下降，对顶板压力减小；另一侧随桶体下沉，气体受压缩，气压升高，对顶板压力增加，因而形成一定的稳定力矩，只要稳定力矩大于倾覆力矩，箱筒结构浮运将是稳定的。这一理论同样适用于桶式基础结构[10-11]。

新型桶式基础结构的浮运稳定计算方式与传统沉箱结构完全不同，由于桶式基础结构施工中浮游稳定性的理论尚不完善，在实际工程中亟待解决桶式基础结构采用气浮状态下的浮运稳定问题。本文采用物理

基金项目：大连理工大学海岸和近海工程国家重点实验室开放基金项目（LP1716，LP1818）；大连海洋大学人才引进项目
作者简介：史宪莹（1978–），男，讲师，主要从事波浪与结构物相互作用、海洋牧场及养殖设施水动力研究
通信作者：任效忠（1981–），男，高工，主要从事水产养殖工程领域、港口工程设计研究。E-mail: renxiaozhong@dlou.edu.cn

模型试验方法在静水状态下对桶式基础结构的浮游稳定性问题进行研究。

1　试验设计

1.1 试验设备及测量仪器

本试验在大连理工大学海岸及近海工程国家重点实验室波流水池中进行。试验水池长 40 m，有效宽度 24 m，深 1.2 m，最大试验水深 0.8 m。桶式基础结构下桶内各隔舱内吃水深度和气压值的测量分别采用天津水利科学研究院研制生产的 DS30 型浪高水位仪测量系统和 DS30 型点压力测量系统。

1.2 桶式基础结构的模拟

试验遵照《波浪模型试验规程》相关规定，采用正态模型，按照 Froude 数相似定律设计。根据桶式基础结构尺度及试验设备条件等因素，经过论证本试验的模型比尺取为 1:30[12]。试验中在几何相似、重力相似和动力相似准则下进行桶式基础结构模拟（试验所用桶式基础结构尺寸如图 2 所示）。试验模型采用有机玻璃+铅片模拟制作，制作过程中，桶式基础结构完全按照原型以 1:30 的比例缩小，首先用有机玻璃制作桶式基础结构模型，并做好各下桶体的各密闭隔舱，然后考虑上下桶体各部分的重量分布，将铅片均匀的覆盖在有机玻璃桶式基础结构模型的外侧或内侧，以保证桶式基础结构的动力相似。

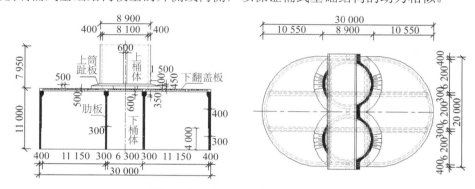

图 2　试验所用桶式基础结构尺寸

1.3　试验内容

本试验的目的是研究桶式基础结构的静水浮游稳定性，在试验过程中，首先测定在自重力条件下桶式基础结构的浮游稳定状态；然后通过气阀向外排气调节下桶体隔舱内气压，逐渐增加下桶体吃水深度，并观测下桶体不同吃水深度桶式基础结构的静水浮游稳定性；在桶式基础结构自身处于浮游稳定状态下，测定下桶体内的水位值和气压值。

2　试验结果分析

2.1　不同吃水深度下桶式基础结构静水浮游稳定性分析

在试验过程中，桶式基础结构在自重力作用下下桶体外侧吃水深度 6.9 m（原型值），在此试验状态下，通过调整下桶体内隔舱气压值，逐渐增加下桶体外侧吃水深度，每次增加 0.3 m（原型值），在此过程中，观测桶式基础结构的静水浮游稳定性。

在下桶体外侧不同吃水深度状态下，桶式基础结构的静水浮游失稳状态汇总于表 1。从表 1 中可以看出，桶式基础结构的浮游失稳状态有两种情况，一种是在自重力作用下下沉状态时，桶式基础结构可以依靠下桶隔舱内密闭的气体排开水体产生的浮力使桶体浮起，并在下桶体长轴方向保持静水浮游稳定状态，但短轴方向上静水浮游处于失稳状态。在下桶体吃水深度未达到 9.0 m 时，桶式基础结构一直处于这种状态。另一种是当下桶上盖板上水后，桶式基础结构在长轴、短轴方向均处于静水浮游失稳状态，这种状态下的静水浮游失稳主要原因是由于上盖板上水后，一方面水体对桶式基础结构产生的附加质量增大，另一方面由于桶式基础结构断面突然减小，桶式基础结构下桶隔舱内密封气体的排开水体产生的浮力的增加量小于水体产生的附加质量，导致桶式基础结构下桶隔舱内密封气体的排开水体产生的浮力小于结构自身重力，从而使得桶式基础结构出现静水浮游失稳现象。

　　表 2 给出了在下桶体外侧不同吃水深度状态下，桶式基础结构处于静水浮游稳定状态的汇总。从表 2 中可以看出，当下桶体外侧吃水深度在 9.0～11.1 m 时，桶式基础结构在长轴、短轴方向上均处于静水浮游稳定状态。并且在无约束自由摆动状态下桶式基础结构能够依靠下桶隔舱内密封气体的恢复力恢复到初始平衡状态。

表 1　下桶体外侧不同吃水深度状态下，桶式基础结构静水浮游失稳状态汇总

下桶体吃水深度/m （原型值）	6.9 （自重力下自由下沉深度）	7.2	7.5	7.8	8.1	8.4	8.7	11.4
静水浮游失稳状态	短轴失稳	短轴失稳	短轴失稳	短轴失稳	短轴失稳	短轴失稳	短轴失稳	整体失稳

表 2　下桶体外侧不同吃水深度状态下，桶式基础结构静水浮游稳定状态汇总

下桶体吃水深度/m （原型值）	9.0	9.3	9.6	9.9	10.2	10.5	10.8	11.1 （下桶上盖板临界吃水）
静水浮游稳定状态	浮游稳定	浮游稳定	浮游稳定	浮游稳定	浮游稳定	浮游稳定	浮游稳定	浮游稳定

2.2　静水浮游稳定状态下，下桶体隔舱内气压及吃水高度分析

　　试验过程中，为了研究桶式基础结构的稳定性，在桶式基础结构静水浮游稳定状态下，分别测量了桶式基础结构下桶外侧吃水深度，下桶各隔舱内的气压值和水位值。由于上桶正好位于下桶体中间三个隔舱的上方，因此在试验过程中仅测量了左侧和右侧共六个隔舱内的水位值。

2.2.1　下桶体隔舱内气压变化情况

　　图 3 给出了桶式基础结构在静水浮游稳定状态下，下桶体外侧吃水深度增加时，下桶各隔舱内气压值的变化情况。从图 3 中可以看出，在下桶体外侧同一吃水深度条件下，下桶体各舱内的气压值相差不大；但随着下桶外侧吃水深度增加，下桶舱内气压值逐渐减小，这是由于随着下桶体吃水深度的增加，桶式基础结构在水中的重量减小而引起的。

2.2.2　下桶体隔舱内水位变化情况

　　图 4 给出了桶式基础结构在静水浮游稳定状态下，下桶体外侧吃水深度增加时，下桶各隔舱内水位值的变化情况。从图 4 中可以看出，在下桶体外侧同一吃水深度条件下，下桶体各舱内的水位值相差不大；随着下桶外侧吃水深度增加，下桶舱内水位值逐渐增大。

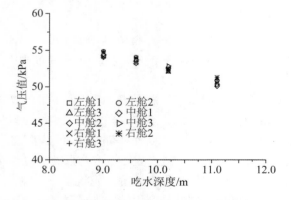

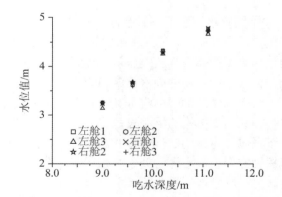

图 3　静水浮游稳定状态下不同吃水深度时桶式基础结构　　图 4　静水浮游稳定状态下不同吃水深度时桶式基础结构
　　　　下桶各隔舱内气压值　　　　　　　　　　　　　　　　　　　下桶各隔舱内水位值

2.2.2　下桶体隔舱内水位变化情况

图 4 给出了桶式基础结构在静水浮游稳定状态下，下桶体外侧吃水深度增加时，下桶各隔舱内水位值的变化情况。从图 4 中可以看出，在下桶体外侧同一吃水深度条件下，下桶体各舱内的水位值相差不大；随着下桶外侧吃水深度增加，下桶舱内水位值逐渐增大。

2.2.3　下桶体内外水位差变化

图 5 中给出了桶式基础结构在静水浮游稳定状态下，下桶体外侧吃水深度不同时，桶体隔舱内外的水位差变化情况。从图 5 中可以看出，在下桶体外侧吃水深度 9.0 m 时，下桶体内外水位差值最小，在下桶体外侧吃水深度 10.2 m 时，下桶体内外水位差值最大。总体上来说，下桶体内外水位差呈现出先增大再减小的趋势。

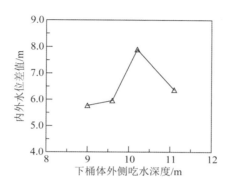

图 5　静水浮游稳定状态下不同吃水深度时桶式基础结构下桶隔舱内外水位差值

3　结　语

采用物理模型试验方法对新型桶式基础结构的静水浮游稳定性进行了研究。在试验研究范围内，得出以下主要结论：

1）桶式基础结构可以依靠下桶体隔舱内的密封气体排水产生的浮力使其浮起，当下桶外侧吃水深度在 9.0~11.1 m 时，桶式基础结构能够实现静水浮游稳定，并且在无约束自由摆动状态下桶式基础结构能够依靠下桶隔舱内密封气体的恢复力恢复到初始平衡状态。

2）在静水浮游稳定状态下，下桶各隔舱内的气压值随着下桶外侧吃水深度的增大而减小；下桶各隔舱内的气压值随着吃水深度的增大而增大。下桶内外水位高度差值呈现出先增大后减小的趋势。

参考文献：

[1]　李武, 程泽坤. 淤泥质海岸桶式结构设计[J]. 水运工程, 2015(1): 42-47.

[2]　沈雪松, 祁小辉, 丁大志. 连云港徐圩港区防波堤工程[J]. 中国港湾建设, 2016(3): 1-5.

[3]　李武, 吴雪松, 陈甦, 等. 桶式基础结构稳定性试验研究[J]. 水利水运工程学报, 2012(5): 42-47.

[4]　董中亚. 扇形箱格之圆形沉箱浮游稳定的计算法[J]. 水运工程, 2007(2): 58-63.

[5]　练学标, 陈雄. 插入式桶式基础结构防波堤施工关键技术[J]. 中国港湾建设, 2016(2):49-52.

[6]　丁瑞明. 大型沉箱浮筒帮浮出运浮游稳定性计算[J]. 珠江水运, 2014(7): 45-56.

[7]　李武, 魏冰. 桶式结构气浮稳定计算[J]. 中国港湾建设, 2016(3): 16-18.

[8]　夏俊桥, 李武. 桶式结构气浮及下沉模型试验研究[J]. 中国港湾建设, 2016(5): 35-38.

[9]　徐彦东, 李双泉, 宋先勇. 某港码头沉箱的浮游稳定计算分析[J]. 港工技术, 2011, 48(4): 25-28.

[10]　别社安, 时钟民, 王翎羽. 气浮结构的小倾角浮稳性分析[J]. 中国港湾建设, 2001(1): 31-36.

[11]　别社安, 徐艳杰, 王光纶. 气浮结构的浮态和运动特性分析与试验[J]. 清华大学学报（自然科学版）, 2001, 4(11): 123-126.

[12]　波浪模型试验规程（JTJ/T 234-2001）[S]. 2001.

某矿石堆场吹填土地基加固设计研究

李继才 [1,2]，丛建 [1]

（1.南京水利科学研究院，江苏　南京　210029；2. 南京瑞迪建设科技有限公司，江苏　南京　210029）

摘要： 针对吹填土地基厚度大、强度低、压缩性高和矿石堆场荷载大的特点，结合某港口矿石堆场吹填土地基的加固设计，研究了振冲碎石桩加固地基、振冲碎石桩+素混凝土桩加固堆取料机轨道床地基方案，采用有限单元法分析了轨道床两侧对称加载和单侧加载两种工况下地基的水平位移和沉降值，并对加固后的地基进行了稳定性分析，计算结果表明地基加固方案可满足地基承载力和变形要求。为保证矿石加载过程中地基的稳定性，建议采用矿石加载分级。该方法可为其他类似工程的设计提供参考。

关键词： 矿石堆场；吹填土；地基加固；水平位移；沉降值；稳定性分析；承载力

　　随着我国国民经济的快速发展，国家基础设施大规模投资建设，城市建设用地越来越紧张，特别是近十几年来，沿海港口进行了大规模的围海造地，许多堆场不得不建设在这些吹填土地基上。吹填土地基具有厚度大、含水量高、强度低、压缩性高、均匀性差等不良工程特点，而且矿石堆场的荷载大，对地基承载力、变形和稳定性要求高，给堆场的地基处理设计、施工和竣工后的运营带来严峻挑战[1-3]。地基处理方法较多[4-5]，有的工期较长，如堆载预压[6]，有的工程投资较高，如桩基或复合地基，而且每种地基处理方法均有其适用性，需要通过技术、工期和经济性等多方面综合分析确定。

　　本文结合某沿海港口矿石堆场吹填土地基的加固设计，研究了堆场及堆场间堆取料机的地基加固方案，采用有限单元法预测了矿石分级堆载过程中堆场及堆取料机地基的变形，并对加固后的地基进行了稳定性分析，对矿石的分级堆载提出了指导性建议。

1　工程概况

1.1　基本概况

　　某海港散货码头煤炭堆场纵向长约 1 454 m，横向宽约 925 m，占场地面积约 1.35×10⁶ m²，包括 9 条煤炭堆场（1~9 号）、2 条预留煤炭兼顾矿石堆场（10 号，11 号）、5 条堆料机（BD1~BD5）、5 条取料机（BQ1~BQ5）及 1 条堆取料机（BDQ1）。本文的研究对象为 2 条预留煤炭兼顾矿石堆场（10 号，11 号）地基及堆取料机（BDQ1）轨道床地基。

1.2　地基土性

　　场区内地基土自上而下分为 4 个大层：

　　第①层素填土：稍湿，松散，主要以黏性土及碎石土为主，含少量块石层。第②层中粗砂：松散~稍密，吹填形成。第②-2 层淤泥质粉质黏土：流塑~软塑，吹填形成，压缩性高，干强度中等，韧性中等。第②-3 层粉质黏土：可塑，压缩性中等，干强度中等，韧性中等。第②-4 层中砂：湿，松散~稍密。第③层淤泥质粉质黏土：流塑~软塑砂。第④层粉质黏土：软塑~可塑，压缩性中等，干强度中等，韧性中等。10 号、11 号堆场及 BDQ1 堆取料机轨道床淤泥质土区域典型土层分布如图 1 所示。

1.3　地基处理要求

　　1）堆场地基：兼顾矿石的 2 条堆场后期矿石堆高为 14 m，地基承载力 $f_{ak} \geq 200$ kPa，残余沉降 ≤ 400 mm。

　　2）轨道梁道床地基：地基承载力 $f_{ak} \geq 200$ kPa，不均匀沉降 ≤ 100 m/100 m，残余沉降 ≤ 200 mm。

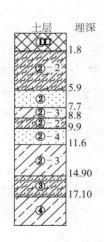

土层	埋深
①	1.8
②-2	5.9
②	7.7
②-3	8.8
②-2	9.9
②-4	11.6
②-3	14.90
③	17.10
④	

图 1　典型土层分布

2　地基处理方案

2.1　地基特点

根据以上分析，加固区具有以下典型特征：

1）场地为吹填土地基，软土层厚度大（15 m 左右），淤泥质粉质黏土埋深较浅（2.0 m 左右），强度低（标贯基数 $N_{63.5}$ 为 1 击左右，地基承载力特征值 f_{ak}=40 kPa），压缩性高。

2）堆场区地基承载力要求高（$f_{ak} \geqslant 200$ kPa），轨道床区变形控制严（不均匀沉降 $\leqslant 100$ m/100 m，残余沉降 $\leqslant 200$ mm），地基处理需要有效解决承载力不足、沉降和不均匀沉降等问题。

3）矿石堆高最高达 14 m，需要分析矿石加载过程中的地基稳定性。

4）矿石加载过程中，将会影响轨道床地基的变形和稳定，地基加固设计时需要充分考虑这一因素的影响。

2.2　地基处理设计

2.2.1　堆场

堆场地基处理常用的方法有强夯、碎石桩、水泥搅拌桩等。本工程淤泥质粉质黏土埋深较浅，强夯法加固并不适用。天然地基承载力仅 40 kPa 左右，处理后的地基承载力要求为 200 kPa，提高幅度大，若采用水泥搅拌桩复合地基，难以满足承载力要求。由于振冲碎石桩既可改善桩间土的性质，也有置换作用，可与褥垫层一起形成碎石桩复合地基，较大幅度地提高地基承载力。初步拟定设计参数：采用 75 kW 振冲器施工，桩径 1.0 m，桩间距 3.0 m，置换率约 10.4%，桩长 10 m。

2.2.2　堆取料机轨道床

堆取料机轨道床对地基变形要求严，采用碎石桩复合地基虽可满足承载力要求，但沉降难以控制，因此拟采用振冲碎石桩中内插素混凝土桩的加固方案，即碎石桩+素混凝土桩的多桩型复合地基，充分发挥两种处理方法的优势。这种处理方法使地基承载力提高幅度更大，变形更小，已在铁路路基、储罐地基、建筑地基等加固工程中得到较广泛的应用。轨道床地基碎石桩呈矩形分布，排距 2 m、行距 2.5 m，在 4 根碎石桩形心处插 1 根素混凝土桩。素混凝土桩桩径 0.4 m，桩穿透第③层淤泥质粉质黏土，桩底标高 −11.0 m 左右，砼强度等级 C20。

地基处理平面图及剖面图分别如图 2 和图 3 所示。

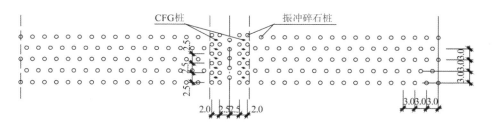

图 2　地基处理平面布置

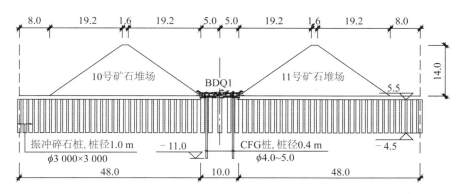

图 3　地基处理剖面

3　地基沉降预测

为验证上述地基处理方案的有效性和合理性，需要计算在荷载作用下堆场和轨道床地基的水平位移和沉降。

3.1　计算方法及参数

计算分析采用基于 Biot 固结理论的有限元方法，地基土本构模型采用"南水"双屈服面弹塑性模型，素混凝土桩采用线弹性模型。

第②–2 层淤泥质粉质黏土原始参数及采用振冲碎石桩加固后的综合参数采用 Y 和 N 区别表示。对于素混凝土桩，采用实体单元模拟，计算时根据桩间距，按抗压刚度等效的原则对弹性模量进行折算，即将圆桩按面积换算成方桩，素混凝土桩的直径 400 mm，换算成方桩的边长为 354 mm，假设桩间距为 L，素混凝土桩弹性模量为 E，折算模量为 $E1$，则：$2\times35.42E=(35.4+L)\times35.4E1$，$E_1=70.8E/(35.4+L)$，素混凝土桩为 C20 混凝土，其弹性模量 $E=25$ GPa。素混凝土桩的桩间距为 2 500 mm，折减后弹模为 $E_1=0.248E=6.2$ GPa。计算参数见表 1。

表 1　计算参数

土层	$\rho/$ (g·cm⁻³)	$\Phi/$ (°)	c/kPa	K	n	R_f	R_d	C_d	n_d
素填土	1.80	25	20	250	0.75	0.70	0.52	0.04	0.6
中粗砂②（Y）	1.94	28	0	320	0.60	0.80	0.58	0.01	1.2
中粗砂②（N）	1.98	36	0	420	0.58	0.80	0.58	0.007	1.2
淤泥质土②–2（Y）	1.74	18	15	150	0.62	0.77	0.52	0.08	0.6
淤泥质土②–2（N）	1.74	25	15	250	0.58	0.78	0.55	0.04	0.6
粉质黏土②–1、3	1.93	22	23	220	0.55	0.75	0.56	0.02	1.0
中砂②–4	1.98	28	0	320	0.60	0.80	0.58	0.01	1.2
淤泥质土③	1.78	20	18	180	0.61	0.78	0.54	0.06	0.8
粉质黏土④	1.94	26	25	280	0.54	0.75	0.57	0.02	0.9
矿石粉	2.5	40.0	0	250	0.50	0.75	0.56	0.02	0.9

3.2　数值分析模型及计算工况

图 4 为振冲碎石桩加固区矿石堆场典型剖面有限元网格图。考虑到轨道两侧堆场的对称性，计算时左右边界取堆场的中心线。矿石堆场堆高 14 m，计算时地基深度取 50 m。约束条件为：左右两侧边界为侧向约束边界，底部为固定约束边界。计算采用逐级加载的方式模拟堆场堆高过程，分 9～10 级施加。根据堆场的实际运行情况，计算工况取为：①轨道床两侧对称堆载；②轨道床单侧堆载。

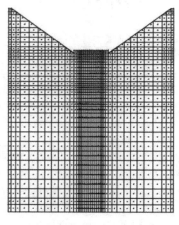

图 4　典型剖面有限元网格

3.3　计算结果及分析

3.3.1　轨道两侧对称堆载地基变形分析

轨道两侧对称堆载情况下，矿石堆高分别为 6 m、10 m、14 m 时，地基水平位移及沉降分布如图 5 和图 6 所示，地基水平位移及沉降最大值随矿石堆高的变化如图 7 和图 8 所示。可以看出：

1）轨道两侧对称堆载时，轨道两侧地基变形也对称；地基中水平位移影响深度较小，约在 15～20 m，沉降影响深度相对较大。

2）随着矿石堆高的增加，地基的沉降和水平位移也不断增加。矿石堆高为 6 m、10 m、14 m 情况下，地基最大沉降分别为 177.9 mm、246.4 mm、276.1 mm，轨道床的最大沉降分别为 36.4 mm、46.5 mm、51.1 mm。

3）矿石堆载过程中，堆载高度较小时，地基表层土呈现向两侧挤压、深层土体呈现向轨道床中心挤压的态势，随着堆载高度的增加，地基水平位移主要为向轨道床中心的位移，矿石堆载高度 6 m 时，表层土体向两侧的挤压位移已不明显，而深层土体向中心位移最大值 9.6 mm。矿石堆高 10 m 以上时，地基土主要表现为向中心位移，矿石堆高 10 m 和 14 m 时，水平位移最大值分别为 14.5 mm 和 16.7 mm。

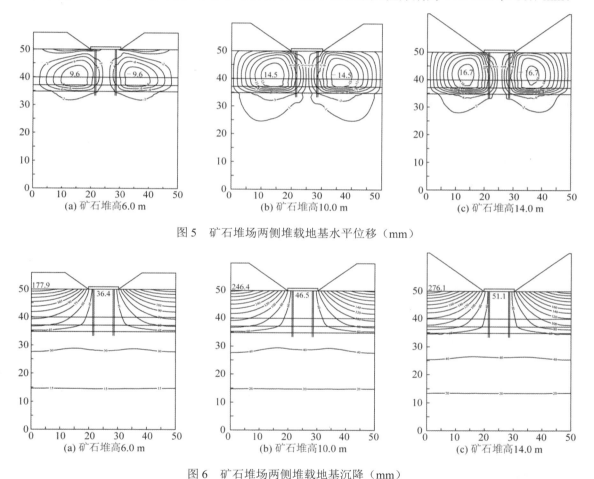

图 5　矿石堆场两侧堆载地基水平位移（mm）

图 6　矿石堆场两侧堆载地基沉降（mm）

3.3.2　轨道一侧堆载情况下地基变形

单侧堆载情况下，矿石堆高分别为 6 m、10 m、14 m 时地基的变形分布如图 7、图 8 所示。不同堆载方式、不同矿石堆高情况下堆场地基土和轨道床地基的沉降及水平位移极值见表 2。可以发现：

1）单侧堆载时，沉降基本发生在堆载一侧，3 种堆高情况下，地基最大沉降分别为 173.2 mm、241.6 mm 和 271.6 mm，轨道床最大沉降分别为 18.5 mm、23.7 mm 和 26.1 mm。与双侧堆载情况相比，地基最大沉降计算结果较为接近，轨道床最大沉降大致在双侧堆载最大沉降的一半左右。

2）单侧堆载情况下，地基土水平位移分布与两侧堆载情况下有较大差异。两侧堆载情况下，由于轨道床两侧荷载对称，轨道床两侧水平位移也对称。单侧堆载时，地基中水平位移的影响范围明显较大，由于空载一侧没有荷载抵御堆载侧地基的挤压变形，地基土向空载一侧位移，同时向深度方向位移影响范围也较大。3 种堆高情况下，地基土向空载一侧最大水平位移分别为 11.7 mm、17.6 mm 和 20.3 mm。

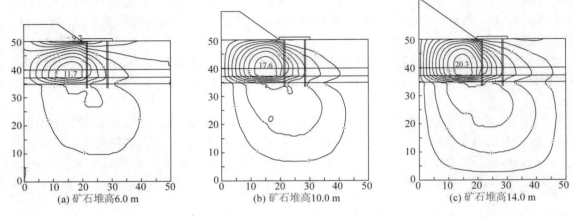

图 7　矿石堆场单侧堆载地基水平位移（mm）

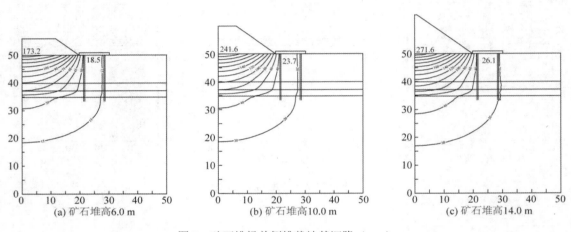

图 8　矿石堆场单侧堆载地基沉降（mm）

表 2　基土变形极值

项目	堆高 6 m		堆高 10 m		堆高 14 m	
	双侧堆	一侧堆	双侧堆	一侧堆	双侧堆	一侧堆
地基沉降/mm	177.9	173.2	246.4	241.6	276.1	271.6
轨道床沉降/mm	36.4	18.5	46.5	23.7	51.1	26.1
地基水平位移/mm	9.6	11.7	14.5	17.6	16.7	20.3

4　稳定性分析

稳定分析采用瑞典条分法计算，按总应力法进行分析，地基土、矿石及煤粉材料计算参数见表 1。分别针对矿石堆高 6 m、8 m、10 m 和 14 m 情况进行抗滑稳定计算，计算结果见表 3。

从表 3 可以发现：各种矿石堆高情况下，矿石堆高 6 m 和 8 m 时，抗滑稳定安全系数分别为 1.395 和 1.322，大于允许最小安全系数 1.3。矿石堆高为 10 m 和 14 m 时，抗滑稳定安全系数计算结果为 1.254 和 1.202，比允许值稍小。因此，建议堆场使用过程中，矿石不宜一次性堆高到 10 m 以上，应该分级堆载。

鉴于矿石堆场淤泥质土层埋深较浅，采用振冲碎石桩进行了加固处理。碎石桩桩体具有良好的排水性能，在堆场应用过程中，地基通过排水固结，强度会有所提高。建议矿石堆高 6 m、8 m 工况运行一段时间后，逐步将矿石堆高提升到 10 m，再运行一段时间后，逐步将矿石堆高提升到 12 m、14 m。

表 3　不同矿石堆高地基稳定性

矿石堆高/m	6	8	10	14
安全系数 F_s	1.395	1.322	1.254	1.202

5　结　语

1）堆场及轨道床地基经地基处理后，承载力满足要求，地基及轨道床的变形特性及稳定性总体良好。

2）矿石堆高 6 m、10 m、14 m 情况下，地基最大沉降分别为 177.9 mm、246.4 mm、276.1 mm，轨道床的最大沉降分别为 36.4 mm、46.5 mm、51.1 mm。地基最大沉降位于矿石堆场轴线处地面，轨道床最大沉降位于轨道床中心处地面。

3）矿石堆场地基中的水平位移均不大，最大值不到 21 mm。

4）轨道床一侧堆载情况下，地基中水平位移影响范围明显增大，但量值增加不明显。地基中最大沉降比两侧对称堆载略小，轨道床最大沉降约为两侧对称堆载时的一半。即使是单侧堆载情况，轨道床也不会面临很不利的变形性状。

5）矿石堆高 10 m 和 14 m 时，抗滑稳定安全系数分别为 1.254 和 1.202，比规范允许值稍小。建议堆场使用过程中，矿石不宜一次性堆高到 10 m 以上，应该分级堆载，待地基固结、强度提高后，逐渐将堆载高度提升到 14 m。

参考文献：

[1]　贾敏才，周健，吴剑. 上海港某矿石堆场深厚软土地基加固设计研究[J]. 建筑结构，2008(11): 89-91.

[2]　周健，白彦峰，贾敏才. 某矿石码头堆场矿石分级压载的地基沉降预测[J]. 岩土力学，2009(7): 2101-2104.

[3]　邓龙照，陆浩杰. 防城港 20 万吨级矿石码头工程堆取料机轨道基础设计优化[J]. 水运工程，2006(S1): 92-94.

[4]　刘汉龙，赵明华. 地基处理研究进展[J]. 土木工程学报. 2016, 49(1): 96-115.

[5]　龚晓南. 地基处理手册（第 3 版）[M].北京: 中国建筑工业出版社，2008.

[6]　赵娜，贡金鑫. 大连港集装箱码头后方堆场荷载统计分析和概率模型[J]. 海洋工程，2014, 32(6): 76-85.

[7]　张敏娟，戴旻，黄醒春. 向阳圩海塘围堰堤坝沉降特性原位实测及稳定性分析[J]. 海洋工程，2005, 23(2): 92-97.

新型生态环保型护岸工程结构型式研究

刘万利，刘晓菲

（交通运输部天津水运工程科学研究所，天津　300456）

摘要： 在传统护岸工程结构型式的基础上，结合人工鱼礁工程结构型式，提出了新型生态环保型护岸工程结构设计思路。通过水流特性试验，对新型生态环保型护岸工程结构设计参数进行了深入研究，提出了两种新型结构型式，分别为螺母鱼礁护岸结构型式及菱形鱼礁护岸结构型式。通过水槽概化模型试验，分析了不同流速作用下两种护岸结构型式的破坏过程，提出了新型环保型护岸结构型式的具体防护措施。

关键词： 护岸工程；生态环保；结构型式

河流是人类社会生存、活动和发展的起源地，孕育了人类文明，河流与人类的历史文明及文化传统一脉相承。纵观人类发展的历史进程，不难发现多个世纪以来，河流对人类社会的进化有着核心孕育的作用，世界各地许多早期文明都起源并发展于沿河流域。人们从最初认为水是人类生命必不可少的物质，到现今对河流系统的治理与生态修复，已经不再简单地把河流看作单纯取水用水的地方，而确切地认为河流是自然生态系统的一部分，是与人类物质文明和精神文明和谐共处的极重要的组成部分[1]。

数千年以来，人们为了生存的安全与社会的发展，对天然河流进行了非常多的改造。尤其在近百年以来依靠成熟且快速的现代工程技术，人类陆续地建造了许多的河道治理工程，系统有效地开发河流。尽管工程建设及其营运都极大地促进和提升了当地社会经济发展与进步，使人们获得了非常多的社会经济效益，但传统的河道治理工程绝大多数只考虑总体工程的稳定与周边环境的安全，在材料选取和结构变化等方面仅注重施工简单、安全经济，功能上侧重防洪护堤等，这些工程较大地改变了河流的自然演化规律，不同程度上降低了河流形态的多样性，弱化了天然河流系统的生态环保效益，严重影响水域生物及河流周边生物种群的多样性发展，导致河流生态系统的健康和发展遭受诸多不利影响，且在短时间内难以复原其正常的自然环境[2]。

目前，生态护岸工程已成为现代河道治理的发展趋势，它是融现代水利工程学、环境学、生物科学、美学等学科于一体的治河工程，主要是利用植物或植物与土木工程相结合的新型护岸型式，有助于河流水质的改善。以前人们往往在河道护岸过程中只考虑护岸工程的安全性、耐久性，故多采用干砌石、浆砌石、混凝土、预制块等材料修筑硬质护岸，隔断了水生生态系统和陆地生态系统之间的联系，导致河流失去原本完整的结构和作为生态廊道的功能，进而影响到整个生态系统的稳定，不利于生态环境的保护和水土保持。另外，在外观上也较为单调生硬，多数情况下与周边的景观不协调，且与目前注重保护生态环境的发展趋势相违背。因此，做好内河航道的生态护岸工作，研究生态环保型护岸工程结构型式，以实现碧水蓝天、绿树夹岸、鱼虾洄游的河道生态景观，具有十分重要的现实意义。

1　生态环保型护岸工程研究现状

护岸工程是指直接或间接保护岸坡土体，使岸坡免受水流冲刷破坏并稳定河势的一种重要的航道整治工程措施，它包括用混凝土、块石或其他材料做成的连续性护岸工程和诸如丁坝等用来改变和调整河槽的非连续性护岸工程。通过护岸工程，不仅可以控制和稳定河势，而且有利于建立良好的航道、港域条件和优良的水环境[3-4]。因此，护岸工程不仅是河道整治工程的重要内容，也是堤防工程的重要组成部分。

德国首先建立了"近自然河道整治工程"理念，提出河流的整治应满足生命化和植物化的原理[5]。阿尔卑斯山区国家的德国、法国、瑞士、斯洛文尼亚等国，在河道整治领域有着非常成熟的经验。这些国家着手制定实施的河道整治方法及原则，注重对河流生态系统效应的完整性；注重河流在三维空间的分布、动物迁徙及生态过程中相互影响的作用；注重河流作为自然生态景观和生物基因库的作用，重点考虑了工程对河流生态系统效应的完整性。德国、瑞士等[6]于 20 世纪 80 年代提出了"自然型护岸"技术，采用捆材护岸、木沉排、草格栅、干砌石等新型环保护岸结构型式，在大小河道均有广泛的实践，从中发现河道整治不仅应满足工程原理，更要满足生态学理念，不能把河流生态系统从自然生态系统中分离出来。

目前在欧美选择更广泛的生态护岸技术是土壤生物工程（soil-bioengineering）。该生物工程的实质是最大效果地利用植被对水体、气候、土壤的作用，实现河岸边坡的稳固。

日本的河道边坡治理技术主要师从于欧美国家，并以此基础提升优化。主要有植物、石笼网、干砌石、生态混凝土等生态护岸技术，在河道治理工程中取得了很多突破。日本在 20 世纪 70 年代末提出"亲水"的理念[7]，90 年代初又举办了"创造多自然型河川计划"活动，提出了"多自然型河川建设"工程技术，并在新型护岸结构型式方向上做了大量科学研究。如日本朝仓川（丰桥市）的河道治理工程，以纵横排列的圆木作为坡脚附近的护岸，给水域中各类生物营造优越的生态空间，在靠近河流的岸坡附近堆上适当大小的天然块石，以抵抗水流不同形式的冲淘刷；鞍流濑川（大府市）的护岸工程，以天然块石作护岸保证河岸不被洪水冲毁，河岸边坡种植芦苇、杨柳等树木，上游来洪时杨柳会顺势倒下，对河道行洪条件造成较小的影响，芦苇、菖蒲等水生生物和杨柳一起很好地构筑了河流的生态绿色景观，同时保证昆虫、鱼类等生物有良好的生存空间。

国内生态护岸工程技术以及河流生态修复方向的课题探索起步较晚。从 20 世纪 90 年代后期开始，由于国内城市及农村的生存空间、生态环境都开始遭受到不同程度破坏，严重影响了人们的正常生活及工作，所以人们对生态环境有了强烈的保护意识与愿望。同时，也受到来自欧美等许多发达国家先进的环保技术及环保理念的影响，我国的水利工作者也开始注重航道整治中河流生态系统的保护，着手研究在水利工程建设工程中利用生态护岸技术实现河流生态系统的保护。胡海泓[8]在桂林市漓江旅游景区生态河道治理工程中选择笼石挡墙、复合植被护坡、网笼垫块护坡 3 种生态型护岸技术；唐山市引滦工程中，陈海波[9]在传统土渠护坡基础上，将砌筑工程技术与生物工程技术有机结合，提出了网格反滤生物组合护坡技术；周跃[10]通过阐述"土壤—植被系统"的理论原理及其应用，提出了坡面生态护岸技术；丁淼[11]在坝河水环境整治项目中，倡导"以人为本，宜宽则宽，宜弯则弯，人水相亲，和谐自然"的治河理念；陈明曦等[12]认为，生态护岸是以河道自然生态系统为核心，融合防洪效应、生态效应、景观效应和自净效应于一体，以河流动力学为手段而建造的新型水利工程；张玮[13]等通过种植水生植物的透空块体砌筑成河岸坡面，结合分格梁、柱来提升堤岸结构的整体稳定性，提出了生态河流治理的新方法；曾子等[14]通过极限平衡法结合有限元数值计算，提出了基于乔灌木根系加固及柔性石笼网挡墙变形自适应的生态护坡技术[15-16]。

2　生态护岸结构设计

2.1　鱼礁简介

鱼礁是指人为制作并经过科学论证而在一定水域内设置的一系列构造物，它以保持、提升和优化水生生物栖息环境，为鱼类等生物提供繁殖、发育、活动、索饵和庇护等空间，以实现丰富渔业资源和增加渔获量的目的。鱼礁的型式较多，主要有箱型鱼礁、三角形鱼礁、框架型鱼礁、星形鱼礁、异体形鱼礁等，如图 1 所示。

图 1　常见人工鱼礁

目前国内的人工鱼礁基本上都用于海洋地带，在天然河流中的应用较少。这是因为河流尺寸不如海洋宽广，在内河中要受到航道条件的制约等。如果将鱼礁块体与护岸结构按某种合适的排列方式相结合铺设在天然河流的岸坡上，不但可以解决岸坡破坏、河流空间较小、通航条件限制等问题，还可以充分利用人工鱼礁的生态功能，改善鱼虾的生存环境、修复河流的生态系统，创造出碧水坡绿、鱼虾洄游的生态河流景观。

2.2 生态型鱼礁护岸结构设计

在常见的鱼礁形式基础上，同时考虑护岸结构的稳定性，提出了 2 种鱼礁护岸块体和 2 种护岸块体，分别是螺母型鱼礁护岸块体、菱形鱼礁护岸块体、螺母护岸块体和菱形护岸块体。其中，螺母型鱼礁护岸块体如图 2 所示。

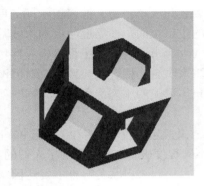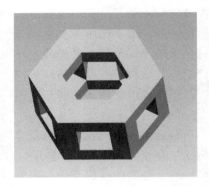

图 2　护岸块体外形

2.3 鱼礁块体的生态功能

（1）生态功能

鱼礁的生态功能，主要是利用鱼类自身的趋性来实现，鱼类的趋性有趋流性、趋光性、趋化性、趋地性、趋音性等等，其中鱼礁利用趋流性是因为在其周围可以形成丰富的流态，本文主要根据鱼礁周围的流态来确定鱼礁块体的布置间距。

鱼礁块体的水流流态大致有上升流与背涡流两个特征。鱼礁块体都有阻水功能，当流体贴近鱼礁块体的迎流面时，水流会被抬升、转向，即形成上升流，一般用垂直方向的流速与来流流速之比来划分上升流区域；当流体流经鱼礁块体时，会出现流动分离的现象，鱼礁块体的背流面下游会形成漩涡区，即背涡流，一般用背涡流的长度与鱼礁块体的宽度、高度尺寸比较，来区分不同形状鱼礁块体的背涡流效应。

本文鱼礁块体沿水流方向纵向排列，鱼礁块体不同间距的布置主要改变沿水流方向的流态，其他两个方向流态本文暂不考虑。本文中的鱼礁块体生态功能因素着力点在于尽量保证单位岸坡长度的流态效应最佳。

（2）鱼礁型护岸块体布置间距选定

将喜爱克流游泳速度作为流速上限，来选取鱼礁块体布置间距。开展了模型试验研究，从试验结果来看，螺母块体小于 0.8 m/s 的流速范围在块体后达到 7 m，但绝大部分在 6 m 范围内。若间距取 10.5 m 则生态护岸单位长度的生态效应减少，不符合起初设计理念；如果间距取 1.5 m 则生态护岸单位长度鱼礁块体个数变多，无意义地增加了工程造价和施工难度。故螺母鱼礁块体间距 D 取 6 m，如图 3 所示。

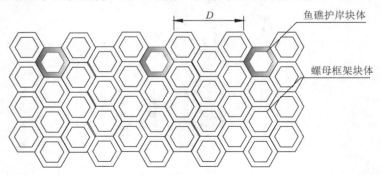

图 3　螺母鱼礁块体布置间距 D（m）

3　新型结构适用条件

1）鱼礁护岸结构中鱼礁块体尺寸相对普通的铺砌块体较大，在坡度为 1：2 时，鱼礁块体的垂直高度为 1.073 m，占据了河道水底的空间，因此新型结构适用于航道条件较好，主要是航深、航宽尺寸有足够富余，另外护岸结构附近不适宜吃水较大的船舶停靠，在此区域内建设码头需专门论证。

2）河道整治规划中一般都拟定了满足设计流量要求尺度和控制河势的平面轮廓线即河道治导线。鱼礁结构的布置应符合河道的布置，结构设计时应充分考虑河道规划，结构应尽量布置在治导线以外还有足够空间的河道区域。

3）鱼礁护岸结构的最大特点在于其对鱼类等水生物的生态友好性。鱼类喜爱在鱼礁结构附近聚集、栖息。对于鱼类资源相对日趋枯竭的流域使用该结构可以收到事半功倍的效果，因此鱼礁护岸结构适用于急需恢复鱼类等水生物生态系统的区域。

4）鱼礁结构对鱼类的聚集作用还可以用来开发旅游资源，用于发展鱼类垂钓体育事业，这在欧美等发达国家，已经广泛应用，在国内也将会有较好的前景。因此，鱼礁护岸结构还适用于有规划发展休闲垂钓的河流区域。

5）本文研究的鱼礁护岸结构仅针对顺直河道，结构能否抵抗弯道水流的作用还需进一步研究。因此，目前暂不适宜运用在弯曲河流。

4　结　语

1）分析了目前国内外内河航道护岸工程技术的发展趋势，包括传统护岸工程技术和生态护岸工程技术的研究现状，并弄清其适用条件、护岸材料及护岸结构型式。

2）提出了两种鱼礁型的生态护岸结构，通过试验研究证实了人工鱼礁工程可以运用到内河护岸工程中，丰富了鱼礁工程的应用范围。

3）本文设计的鱼礁护岸块体结构尺寸不仅满足人工鱼礁工程设计和护岸块体设计的要求，同时还保证了长江鱼类能在透空块体结构中自由穿梭。

参考文献：

[1]　董哲仁. 河流生态恢复的目标[J]. 中国水利, 2004, 7: 6-9.

[2]　董哲仁. 河流健康的内涵[J]. 中国水利, 2005, 4: 6-9.

[3]　刘汉鹏. 浅析河道防洪护岸工程[J]. 工程科技, 2011, 19: 324.

[4]　钟春欣, 张玮. 传统型护岸与生态型护岸[J]. 红水河, 2006（04）: 136-139.

[5]　韩玉玲, 岳春雷, 叶碎高, 等. 河道生态建设[M]. 北京：中国水利水电出版社，2009: 5.

[6]　HEMPHILL R W, BRAMLEY M E. Protection of river and canal banks[M]. London: Butterworth, 1999.

[7]　马玲, 王凤雪, 孙小丹. 河道生态护岸型式的探讨[J]. 水利科技与经济, 2010(7): 744.

[8]　胡海泓. 生态型护岸及其应用前景[J]. 广西水利水电, 1999, (4): 57-59.

[9]　陈海波. 网格反滤生物组合护坡技术在引滦入唐工程中的应用[J]. 中国农村水利水电, 2001, (8): 47-48.

[10]　周跃. 植被与侵蚀控制：坡面生态工程基本原理探索[J]. 应用生态学报, 2000, 11(2): 297-300.

[11]　丁淼. 坝河生态护岸的景观建设[J]. 北京水务, 2009, 增(1): 52-54.

[12]　陈明曦, 陈芳清, 刘德富. 应用景观生态学原理构建城市河道生态护岸[J]. 长江流域资源与环境, 2007, 16(1): 97-101.

[13]　张玮. 生态型护岸水力糙率特性实验研究[D]. 南京：河海大学, 2007.

[14]　曾子, 周成, 王雷光, 等. 基于乔灌木根系加固及柔性石笼网挡墙变形自适应的生态护坡[J]. 四川大学学报（工程科学报）, 2013, 45(1): 63-66.

[15]　张曦. 基于景观生态学的重庆主城区滨江地带城市设计研究[D]. 重庆：重庆大学, 2010.

[16]　陈立强. 航道工程建设中传统型护岸与生态型护岸比较[J]. 城市建设理论研究. 2014, 9.

多波束水下抛石测量准实时处理与辅助决策系统开发与应用

黄睿奕

（中交第二航务工程局有限公司，湖北 武汉 430040）

摘要： 针对水下抛石施工的测深不能实时反馈数据处理结果的问题，对多波束测深系统的自动滤波功能进行了研发，采用 CUBE 滤波算法，实现了多波束测深数据的准实时处理以及抛石断面与设计断面的对比计算分析，并在某深水防波堤实际工程抛石施工中得到应用，结果对指导施工安排、提高水下抛石效率和精度具有推广价值，值得类似工程借鉴参考。

关键词： 多波束技术；水下抛石；准实时测深数据处理；CUBE 滤波算法

　　随着经济的快速发展，近年来沿海港口吞吐量大幅增长，运输船舶不断大型化，海港工程的建设逐步由沿海近岸水域向深水水域发展[1]，使传统的港口规划、设计、施工技术面临挑战，这不仅对水下抛石施工的施工技术和精度控制提出了更高要求，也使相关的测量技术面临更多挑战。

　　水下抛石施工的测量通常都采用多波束测深系统，并通过软件对测深数据进行平滑处理和三维渲染，形成数字成果图[2-4]。目前，国际上主流的多波束数据处理软件都是后处理软件，无法做到现场实时测量、处理和分析，难以满足在现场第一时间进行决策部署的需求。因此，水下抛石施工的效率很大程度上受制于作业人员的施工经验，往往需要多次反复测量修复才能达到验收的精度要求。

　　各种多波束处理软件的滤波原则都是基于地形与测深数据的变化一致性，并通过人机交互消除粗差、偶然误差以及系统误差。然而由于块石棱体较大导致孔隙较大，使水下抛石的海床条件复杂，难以准确剔除错点、噪点、异常点。对于海量数据进行有效且高质量的处理，需要结合地形特征、多波束测深机理开展测深数据进行滤波，很大程度上需要依赖测量技术人员的人工操作及经验。

　　本文依托某深水防波堤的水下抛石施工，开发了一套可准实时对水下抛石的多波束测深数据进行滤波处理同时精确计算水下边坡高程和坐标的分析处理软件系统，指导现场施工决策，为类似条件下的水下高精度抛石工程提供借鉴参考。

1　系统开发

1.1　多波束测深原理

　　多波束测深系统的发射基阵和接收基阵采用相互垂直的结构，发射基阵平行于船体的艏艉线，接收基阵垂直于船体的艏艉线。其基本工作原理[5-6]为：换能器阵发射扇形声波波束，照射测量船正下方的一条狭窄水域，声波在水中传播遇到水域底部泥沙等界面时发生反射，因各反射点距离换能器的远近不同，回波返回的时间亦不相同；到达换能器的回波中包含了水下地形的起伏等信息。通过对各回波信号进行固定方向的多波束形成、能量累积、幅度检测等处理，即完成一次测量。此时根据对应角度的波束可以计算出各反射点到换能器的距离信息，再经过简单的三角变换即可同时测出多点的深度信息。通过 GPS、姿态传感器、声速剖面仪等辅助传感器对波束进行绝对位置、姿态等相应改正，即得到海底地形情况。

1.2　传统滤波方法

　　手工剔除作为最原始的粗差剔除方法，其原理是通过不同视角以单 ping 或多 ping 数据同时显示，或以条带为单位，采用三维交互操作原理对水深点云数据进行滤波，对异常水深点进行标记。虽然手工滤波的数据处理质量和效率很大程度上依赖于测量人员的工程经验，其目前仍是在许多地形特征多变的复杂测量环境下最经常用的滤波手段，但是这种方法已经越来越不适应当今海量数据的工程项目。

　　为寻求高效、可靠的自动滤波方法以提高多波束水深的云粗差剔除效率方法，国内外学者进行了大量研究，提出了中值滤波、基于最小二乘的趋势面滤波、选权迭代趋势面滤波、选权迭代的加权平均滤波等自动滤波方法，但是这些方法只是单纯实现了粗差的剔除，并未考虑测深数据精度信息。

1.3　自动滤波算法

CUBE（Combined Uncertainty and Bathymetry Estimation）算法[7-10]可以通过总传播不确定度 TPU（Total Propagated Uncertainty）对多波束数据进行自动滤波，具体为针对平面位置标准差 $\sigma_{position}$ 及深度标准差 σ_{depth} 的计算：

$$\sigma_{positon}=\sqrt{\sigma_{pt}^2+\sigma_{ps}^2+\sigma_{pa}^2+drms^2} \tag{1}$$

$$\sigma_{depth}=\sqrt{\sigma_d^2+\sigma_H^2+\sigma_{dy}^2+\sigma_{WL}^2} \tag{2}$$

式中：σ_{pt} 为时间延迟误差；σ_{ps} 为相位探测点位置误差；σ_{pa} 为相对换能器位置误差；$drms$ 为坐标值相径误差；σ_d 为水深测量误差；σ_H 为起伏误差；σ_{dy} 为动吃水误差；σ_{WL} 为潮汐改正误差。

总不确定度 TPU 包括水平不确定度 THU 和垂直不确定度 TVU。依据在船配置文件中定义的各传感器间的偏移和传感器误差，根据误差传播算法计算每个水深点的总深度误差和水平位置误差。计算结果以 95%置信区间表达，等价于 1.96 倍标准偏差，包括每个水深点的总垂直深度误差 THU。

$$U_{THU}=2.45\sigma_{position} \tag{3}$$

$$U_{TVU}=1.96\sigma_{depth} \tag{4}$$

通过计算得到 THU 和 TVU 的理论值，可进一步建立 CUBE 地形曲面。进而，针对不同的深度基准（有验潮模式或无验潮模式），将相对坐标数据通过坐标转换归算到实际工程坐标系下，给出海堤测点在规定坐标系和垂直基准下的三维坐标。

最后通过精确的三维坐标，进行三维渲染，三维地形重建主要包含地形数据获取、DEM 生成、以及各种不同的人机交互操作等功能：

1）获得设计剖面数据，主要采用两种方式：人机交互式设计断面和直接读取设计断面数据；

2）对地形绝对坐标进行质量控制（二次质量控制），快速内插并建立标准 DEM 格网数据；

3）根据实际地形的 DEM 格网数据生成重建海底三维地形；

4）根据剖面数据重建设计剖面三维地形；

5）针对三维显示设计加入旋转、平移、缩放、开关各个图层（如是否显示设计剖面图层）等基本操作功能；

6）根据框选区域位置快速计算对应区域的土石方量差异值，并将结果存储。

1.4　软件设计思路

软件程序采用 C++语言进行编写，在 Qt 平台下进行开发。

软件设计思路如下：

1）对原始数据解码，提取波束、导航、姿态数据、声速剖面、潮位等数据，并对各数据进行质量控制，消除粗差；

2）在准确确定表层声速情况下，对每 Ping 回波的每个波束开展精密声线跟踪、姿态改正、坐标转换工作，获得各测深点精确的平面地理坐标及相对于换能器的深度；

3）结合涌浪传感数据、姿态数据，将各测量深度归算至相应的垂直基准上；

4）对上述水深数据进行快速自动滤波，消除水体中的噪点，快速构建 DEM 并进行三维渲染；

5）基于边坡设计坡度和高度自动生成设计地形，并与实测网格或 TIN 数据进行分色叠加，自动检测实测地形坡度与设计坡度的高度差，标定不合格抛石范围。

1.5　软件工作流程

该软件将数据处理过程分为三个阶段（图 1），分别是数据解码和误差剔除、辅助数据处理与改正、坐标转换（图 2）和成果输出：

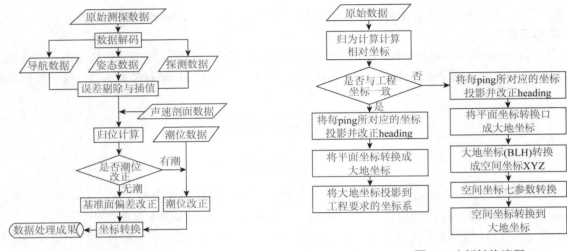

图 1　软件工作流程　　　　　　　　　　图 2　坐标转换流程

1.6　软件功能模块

1.6.1　数据读取与管理模块

数据读取与管理模块就是编程将测量数据文件中的数据读取到内存中，由于数据格式是固定的，它的文件读取方式也是确定的。此模块使用 ADO 的数据库读取方式实现文件的读取，并对数据进行分类保存。

1.6.2　辅助数据处理模块

根据辅助数据的来源不同，格式不同，本模块可分为船型配置文件、潮位文件、声速文件和设计断面文件四个窗口，可以对多种数据进行修改并保存。其中最重要的是断面设计窗口，用户可以依照设计图纸生成不同需求的断面文件，实现快速得到实际与设计之间的插值情况，从而指导现场施工。

1.6.3　数据解算与误差剔除模块

通过软件中自动处理功能，用户根据实际情况输入自动滤波参数，如最大、最小深度和最大横向距离，结合辅助数据、测区水深变化区间原则、地形连续变化原则等，实现对数据的处理，最后将处理后的数据保存。

1.6.4　数据成果输出模块

将最终的数据成果与设计断面比较，生成满足需求的 DXF 文件。例如，原始数据分为三类输出，突出合格数据区域；渐变色数据输出，有利于用户了解地形变化；整体自动分析，将施工结果以块域的形式表达，可以对大方量的施工抛填做出指导意见等。

2　应用实例

2.1　项目概况

某深水防波堤工程，0~1 t 的堤心块石采用开底驳直接进行抛填（图 3）、1~3 t 的垫层块石采用履带吊吊载开体铁盒进行抛填（图 4）。项目技术规格书要求−3.0 m 标高以下的水下抛石采用多波束测深仪进行测量。

图 3　堤心块石抛填

图 4　垫层块石抛填

2.2　自然条件

2.2.1　波浪

该工程位于地中海东岸，夏季4—10月在副热带高压控制下，气候炎热干燥；冬季11月至翌年3月受西风带控制，锋面气旋活动频繁。受到气候变化的影响，波浪的季节性变化特征显著如图5、图6所示。施工区域的常浪向和强浪向均为WNW，波浪周期多为6~12 s，为中长周期波浪，其中：夏季以涌浪作用为主导，有效波高多在0.5~1.5 m；而冬季则以风浪作用为主导，有效波高可达3.5 m以上。

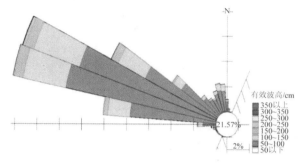

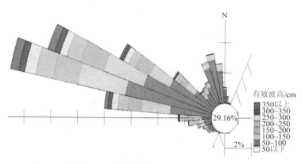

图5　夏季波浪玫瑰图　　　　　　　　　　图6　冬季波浪玫瑰图

2.2.2　潮汐

该工程区域潮汐作用不明显，最大潮差为0.6 m。

2.3　工程难点

该工程水下抛石工程量大且验收标准高。其中，0~1 t的堤心块石约200×10⁴方、1~3 t的垫层块石约45×10⁴方。项目技术规格书中要求水下0~1 t和1~3 t块石的测量验收标准均为−0.4~0.6 m，高于同类工程的国内规范标准要求。

2.4　实施方案

采用交通船搭载多波束测深仪进行测量（图7），并通过该软件对测深数据准实时处理（图8），显示已抛石区域地形，分析实测地形与设计断面地形之间的差异，并给出评估结果，为抛石施工提供决策。

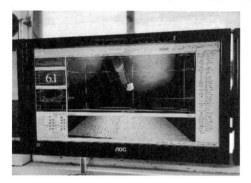

图7　多波束测量　　　　　　　　　　图8　数据准实时处理

2.5　应用效果

2.5.1　原始数据处理

通过在软件中加载姿态、声速、潮位、船型以及测线文件，并结合潮位数据、声速数据、船型文件对多波束原始数据进行数据解码、归位计算和综合改正，对测线进行批量处理。数据处理完成后，通过自定义颜色输出区间生成水深图，以DXF格式文件导出。

2.5.2　辅助决策系统

将测量数据与设计断面叠加（图9），可直接生成偏差模型，大致展现抛石情况及欠抛位置（图10），并将实际与设计的偏差输出位网格点如图11所示，用于计算欠抛土方量为现场提供后续抛石决策辅助。

图 9　测量数据叠加设计断面　　　　　　　　图 10　测量数据与设计断面的偏差模型

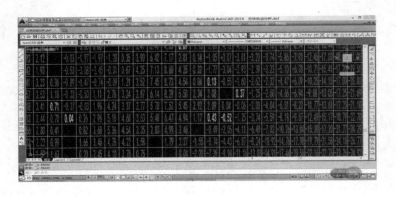

图 11　测量数据与设计偏差输出网格图

2.5.3　测量精度评估

通过将该软件处理结果与 Caris 处理结果进行比对，评估认为其总体测量精度较高。其中，92% 的测点偏差在 ±20 cm 以内、44% 的测点偏差在 ±10 cm 以内；而对于同一区域内采用该软件进行两次测量的结果内部比对，约 90% 的测点偏差在 ±10 cm 以内。

3　结　语

通过采用 CUBE 滤波算法对多波束测深系统进行二次开发，实现了对多波束测深数据的准实时处理，具有推广价值。

1）该系统通过将准实时处理的测深数据与设计断面进行对比分析，使得数据能够及时精准反馈，辅助现场的施工安排决策，实现了数字化、精细化、标准化的施工；

2）该系统显著减少了测量技术人员人工处理测深数据的工作量，减少了人力成本的投入，实现了由劳动密集型向技术密集型施工的转变；

3）该系统通过准实时地分析水下抛石现状、指导后续施工，可以显著提高施工效率和对标高及边坡的抛石质量控制，使深水防波堤等水下抛石工程的施工技术水平实现了重大突破，为今后解决此类技术问题提供参考。

参考文献：

[1]　孙子宇, 谢世楞, 田俊峰, 等. 离岸深水港建设关键技术[J]. 中国港湾建设, 2010(S1): 1-11.

[2]　赵建虎, 欧阳永忠, 王爱学. 海底地形测量技术现状及发展趋势[J]. 测绘学报, 2017, 46(10): 1786-1794.

[3]　赵建虎, 陆振波, 王爱学. 海洋测绘技术发展现状[J]. 测绘地理信息, 2017, 42(6): 1-10.

[4]　赵建虎, 王爱学. 精密海洋测量与数据处理技术及其应用进展[J]. 海洋测绘, 2015, 35(6): 1-7.

[5]　刘兆权. 多波束测深精度评估[J]. 中国港湾建设, 2017, 37(5): 63-67.

[6]　陆秀平, 黄谟涛, 翟国君, 等. 多波束测深数据处理关键技术研究进展与展望[J]. 海洋测绘, 2016, 36(4): 1-6, 11.

[7]　刘天阳, 徐卫明, 殷晓冬, 等. 多波束测深数据并行滤波算法[J]. 测绘科学, 2016, 41（10）: 30-34.

[8]　王海栋, 柴洪洲. 基于 CUBE 算法的多波束测深数据自动处理研究[J]. 海洋通报, 2011, 30（3）: 246-251.

[9]　孙岚. 利用 CUBE 算法处理多波束测深数据研究[C]// 中国测绘学会海洋测绘专业委员会. 第二十一届海洋测绘综合性学术研讨会论文集, 2009.

[10]　张永合. CUBE 介绍与应用[C]// 中国航海学会航标专业委员会测绘学组. 中国航海学会航标专业委员会测绘学组学术研讨会学术交流论文集, 2006.

砂性吹填土振冲地基快速检测方法的试验研究

丛　建 [1]，李继才 [2]

（1. 南京水利科学研究院　岩土工程研究所，江苏　南京 210024；2. 南京瑞迪建设科技有限公司，江苏 南京 210029）

摘要： 港口工程砂性吹填土地基采用振冲法加固。建立静力载荷试验承载力特征值与标准贯入试验击数的对应关系后，大面积施工时可以标准贯入试验代替静力载荷试验，从而提高检测比例和检测效率，同时降低检测成本。

关键词： 砂性土；振冲；静力载荷试验；标准贯入试验；承载力；标贯击数

近年来，随着我国经济快速发展，各沿海港口均加大了天然良港的建设步伐，围海吹填造地成为增加港口建设土地资源的主要途径[1-2]。振冲法作为吹填砂性软土地基加固的一种重要方法，因具有施工快、适用性广、加固效果好和造价低等优点而在港口工程中得到广泛应用[3-6]。

砂性振冲地基检测常用静力载荷试验、动力触探试验和标准贯入试验等原位测试方法，以及室内土工试验进行[7]。这些检测方法各有优点和局限性，见表 1。以某港口工程吹填中粗砂振冲地基为研究对象，通过运用多种检测手段，判断地基土的加固效果，提出地方性经验关系曲线，并在大面积施工检测时以标准贯入试验代替静力载荷试验，以缩短检测周期、减少检测费用。

表 1　砂性振冲地基检测方法的比较

检测方法	检测原理	优点	局限性
静力载荷试验	将垂直荷载通过一定尺寸的钢板传递到地基土体上，观测土体在各级荷载作用下的沉降量，根据载荷与变形的关系曲线确定地基的承载力、变形模量等工程特性	结果比较直观，与实际情况较为吻合；能够得到承载力特征值或极限值、变形模量等参数	试验时间较长，费用较高；只能反映载荷板下 2 倍板直径（或板宽）深度范围内土体承载力或变形特征
动力触探试验	将 63.5 kg 或 120 kg 的重锤从 76 cm 或 100 cm 高度处自由落下，将探头打入土中，根据打入的击数判断土层的工程特性	设备简单、操作简单、功效较快、适应性广；对难以取样的砂土、粉土、碎石土等是非常有效的办法	不能对土直接进行鉴别描述；试验误差较大、再现性较差；密实的砂土中贯入较为困难
标准贯入试验	将 63.5 kg 的重锤从 76 cm 高度处自由落下，将标贯器打入土中，根据打入击数判断土层的工程特性，并对地基土进行分层	设备简单、操作简单、功效较快、适应性广；可以直接取土进行鉴别描述；对动力触探难以贯入的土层是非常有效的办法	不能直接得到承载力及变形指标
室内土工试验	现场勘察取样，通过室内试验获得土的物理力学指标和压缩变形指标	验证现场原位测试的合理性	取样比较困难，取样误差较大；不能直接得到土的物理力学及变形指标

1　砂性吹填土振冲地基检测

静力载荷试验是目前公认的最直接、最可靠的反映地基承载能力的原位试验，但其速度慢、试验成本高，不适于大面积施工检测；静力载荷试验影响深度有限，一般认为影响深度范围为 2 倍载荷板直径（或板宽），下部地基土的强度及变形参数不易测得[8-10]；标准贯入试验操作简单、检测效率较高，但不能直接得到地基承载力指标。

鉴于以上两种方法的优缺点，本工程在大面积施工前进行了 3 个方案 6 个分区对比试验。试验区上部吹填中粗砂层厚度 7.0~7.5 m，振冲施工采用 75 kW 的振冲器，振冲采用无填料振密工艺。振点间距分别为：方案一，Ⅰ、Ⅱ施工分区 3.0 m×3.5 m；方案二，Ⅲ、Ⅳ施工分区 2.6 m×3.0 m；方案三，Ⅴ、Ⅵ施工分区 2.3 m×2.7 m，各分区均采用正三角形布置。设计地基承载力特征值：方案一，Ⅰ、Ⅱ施工分区为 150 kPa；方案二、三，Ⅲ、Ⅳ、Ⅴ、Ⅵ四个施工分区为 180 kPa。振冲施工结束后，进行现场检测比对试验工作。静力载荷试验每个方案 2 点，共 6 点；标准贯入试验加固前 1 孔，加固后每个试验分区 3 孔（振点 1 孔、振点形心 2 孔），振冲影响距离标贯测试 3 孔，共 22 孔。

2　吹填土地基振冲加固检测结果分析

2.1　静力载荷试验

振冲地基设计承载力为 150 kPa 和 180 kPa 两种，静力载荷试验检测结果见表 2。表中承载力特征值按相对变形 s/d=0.01（s 为沉降，d 为载荷板宽或直径）确定，由于有些试验点未试验至土层破坏，特征值未满足不大于最大试验荷载的一半的有关规定。

表 2　静力载荷试验检测结果汇总

试验分区	载荷板面积 /m²	设计承载力 /kPa	最大荷载 /kN	最大沉降 /mm	0.01d 的沉降 s/mm	0.01d 的荷载 /kN	承载力特征值/kPa	均值/kPa
Ⅰ	1.25×1.25	150	540	31.52	12.5	245	157	163.5
Ⅱ	1.25×1.25	150	540	28.20	12.5	270	170	
Ⅲ	1.0×1.0	180	552	33.82	10.0	200	200	194.4
Ⅳ	1.25×1.25	180	552	25.32	12.5	295	189	
Ⅴ	1.25×1.25	180	432	20.03	12.5	300	192	203.5
Ⅵ	1.0×1.0	180	432	24.53	10.0	215	215	

振冲地基的承载力特征值满足相应的设计承载力。

2.2　标准贯入试验

标准贯入试验检测结果统计见表 3，表中数据已按规范要求进行了杆长修正，而未进行上覆压力和地下水位修正。表中，2~5 号为单个振点有效影响范围试验检测孔，其中 2~4 号检测孔位于振冲加固区外侧，5 号检测孔位于与之对应加固区范围内的振点形心。

表 3　经杆长修正后的标贯检测结果汇总表

检测孔号	N_{max}（击）	N_{min}（击）	N 均值（击）	检测位置	试验分区	检测孔号	N_{max}（击）	N_{min}（击）	N 均值（击）	检测位置	试验分区
1	4.8	3.0	3.8	–	加固前	12	12.3	10.0	11.1	振点间	Ⅲ
2	7.0	5.3	6.0	1.75 m		13	11.6	10.0	10.8	振点	
3	5.0	4.4	4.8	3.5 m	Ⅰ	14	11.3	9.0	10.2	振点间	
4	5.0	3.5	4.0	7.0 m		15	11.0	10.0	10.4	振点间	Ⅳ
5	10.0	8.5	9.1	振点间		16	12.4	8.0	10.4	振点	
6	9.7	8.0	8.5	振点间	Ⅰ	17	13.9	11.8	12.4	振点间	
7	16.0	10.0	13.0	振点		18	13.2	11.0	12.0	振点间	Ⅴ
8	11.0	9.0	9.6	振点间		19	13.0	8.0	10.8	振点	
9	11.0	9.0	10.1	振点间	Ⅱ	20	13.0	11.9	12.3	振点间	
10	15.3	10.0	12.1	振点		21	13.0	12.0	12.7	振点间	Ⅵ
11	11.9	10.0	10.8	振点间	Ⅲ	22	12.4	9.0	11.0	振点	

按照试验分区正三角形布置的三振点形心的标贯击数 N 为 9.1 击，比加固前标准贯入击数（N=3.8 击）提高 140%；距离振点中心 1.75 m 的砂层标准贯入击数 N 平均值为 6 击，比加固前的标准贯入击数提高了 60%；距离振点中心 3.5 m 的砂层标准贯入击数 N 平均值为 4.8 击，比加固前的标准贯入击数仅提高了 26%；

而距离振点中心 7.0 m 的砂层标准贯入击数 N 平均值仅为 4 击，与加固前的标准贯入击数相近。单孔振密的影响半径大于 5.0 m，但其有效的单孔振密半径仅为 2.0~2.5 m。标准贯入试验检测的位置应为振点形心。与静力载荷试验相比，采用标准贯入试验进行检测可以有更大的检测频率、更合理的检测评价深度，利于全面客观地进行振冲加固效果评价。

2.3　静力载荷试验 f_{sk} 与标准贯入试验击数 N 的关系

将现场实测标准贯入试验结果与静力载荷试验结果进行比较，承载力特征值 f_{sk} 随标准贯入击数 N 的增加显示同样的变化规律，其关系式可用下式表示：

$$f_{sk} = \lambda N \tag{1}$$

式中：λ 是系数，因土的类型和密实程度不同而变化。

由各试验分区静载试验得到的承载力特征值 f_{sk} 与标准贯入击数 N 的关系见表 4。

表 4　承载力特征值 f_{sk} 与标贯击数 N 的关系（中粗砂）

数据来源	承载力特征值 f_{sk}/ kPa	标准贯入击数 N 击	$f_{sk}=\lambda N$
I 施工分区	157	8.8	17.8
II 施工分区	170	9.8	17.3
III 施工分区	200	10.9	18.3
IV 施工分区	189	10.3	18.3
V 施工分区	192	12.2	15.7
VI 施工分区	215	12.5	17.2
《港口工程地基规范》（JTS147-1-2010）	180~250	10~15	18.0~16.7

表 4 中，V 施工分区填料含泥量过高，实测 λ 值明显偏小，不参与统计分析。其余 5 个施工分区的地基承载力与规范值基本接近，可以作为地基检测的参考依据。

根据振冲试验区得到的数据资料，砂性土振冲地基加固效果检测可以用标准贯入试验代替静力载荷试验。当地基承载力要求达到 180 kPa 时，中粗砂层的标准贯入击数 N 最小不得低于 10 击，杆长修正后的标准贯入击数 N 均值不小于 10 击；当地基承载力要求达到 150 kPa 时，中粗砂层的标准贯入击数 N 最小不得低于 8 击，杆长修正后的标准贯入击数 N 均值不小于 8 击。

组成吹填土地基的砂性土是一种不均质材料，标准贯入试验检测过程中亦会出现一些偶然性误差，故实测的标准贯入击数 N 有一定的离散性。从工程角度分析，应允许个别测点的击数低于设计要求的控制值，即相应测点大于设计值的合格百分率只要大于 85%~90%，就可以判定该测孔砂性土的振密效果能够满足工程要求。

3　两种检测方法效率分析

按照《建筑地基处理技术规范》（JGJ79—2012）要求振冲施工的检验可采用地基静力载荷试验或标准贯入试验进行，地基静力载荷试验检测数量不应少于总振点数的 1%，标准贯入试验检测数量不应少于总振点数的 2%。

以本试验为例，单点静力载荷试验最大配载约 100 吨，试验费用约 12 000 元，试验历时大于 2 d；单孔标准贯入试验深度 10 m，试验费用约 800 元，4 孔/d。以 1 000 个振冲点计算，采用静力载荷试验需检测 10 点，试验总费用 120 000 元，试验总时间 20 天；采用标准贯入试验需检测 20 孔，检测总费用 16 000元，检测总时间 5 d。不难看出，采用标准贯入试验代替静力载荷试验进行吹填砂性土振冲地基检测，提高了振点的检测比例和检测效率，同时降低了检测成本。

4　结　语

1）砂性吹填土振冲地基检测可以采用标准贯入试验的方法代替静力载荷试验，没有区域经验时需要进行对比试验确定标准贯入击数 N 与承载力特征值 f_{sk} 之间的对应关系。

2）75 kW 振冲器单孔振密的影响半径大于 5.0 m，但其有效的单孔振密半径仅为 2.0~2.5 m，标准贯入试验检测的位置应为振点形心。

3）对吹填砂性土地基，当地基承载力设计要求为 180 kPa 时，中粗砂层的标准贯入击数 N 不得低于10 击，杆长修正后的标准贯入击数 N 均值不小于 10 击；当地基承载力设计要求为 150 kPa 时，中粗砂层的标准贯入击数 N 不得低于 8 击，杆长修正后的标准贯入击数 N 均值不小于 8 击；且相应检测点的合格百分率大于 85%。

参考文献：

[1]　陈孔小. 浅谈填海造地工程发展趋势[J]. 中国水运, 2011, 11(4): 3-15.

[2]　韩选江. 大型围海造地吹填土地基处理技术原理及应用[M]. 北京: 中国建筑出版社, 2009.

[3]　周杰. 振冲碎石桩复合地基在复杂临海填海地层中的应用研究[D]. 北京: 中国地质大学, 2011.

[4]　贾敏才，池勇. 无填料振冲法加固粉细砂地基试验研究及应用[J]. 岩土力学与工程学报, 2003(8): 1350-1355.

[5]　黄继义. 振冲密实法在砂性土地基处理中的应用[J]. 中国水运, 2009, 9(7): 252-262.

[6]　ADALIER K, ELIGAMAL A, MENESES J. Stone columns as liquefaction counter measure in non-plastic silty soils[J]. Soil Dynamics and Earthquake Engineering, 2003, 23(7): 571-584.

[7]　王倩. 碎石桩复合地基处理与检测分析[D]. 郑州: 郑州大学, 2014.

[8]　何广讷. 振冲碎石桩复合地基[M]. 北京: 人民交通出版社, 2001.

[9]　刘杰，赵明华，何杰. 碎石桩复合地基承载及变形性状研究[J]. 湖南大学学报, 2007, 34(5): 15-19.

[10]　吴莹. 碎石桩复合地基的沉降与固结计算以及稳定分析[J]. 基础工程设计, 2009, 12: 83-87.

河口工程及水沙运动

三峡工程后长江口水沙变化及河床演变特征

韩玉芳，路川藤

（南京水利科学研究院，江苏 南京 210024）

摘要： 近 20 年来，长江口实施了一系列重大涉水工程，人类活动对河口水沙条件和河床演变影响巨大。2003 年，三峡工程蓄水运行后，进入长江河口的泥沙大幅减少，流域水沙条件的变化将对河口发展过程产生深刻而长远的影响。根据实测资料，研究长江口徐六泾以下各河段不同时期水动力场变化特征、含沙量变化特征以及河床演变特征，重点分析河口动力地貌格局对流域减沙的响应，重要时间节点的对应性。

关键词： 长江口；三峡工程；流域减沙

1　前　言

1.1　大通站水沙条件变化

根据 1950—2016 年相关资料统计[1-2]，大通站多年平均径流总量约为 8.971×10^{11} m³，年际间波动较大，但多年平均径流量无明显的趋势变化。根据 1950—2016 年水文资料统计，大通站年平均输沙量 3.66×10^8 t。近年来，随着长江上游水土保持工程及水库工程的建设以及沿程挖沙，长江流域来沙越来越少。输沙量以葛洲坝工程和三峡工程的蓄水为节点，呈现明显的三阶段变化特点，输沙量呈现逐渐减小的趋势，其中 1951—1985 年平均年输沙量为 4.71×10^8 t，1986—2002 年平均年输沙量为 3.40×10^8 t，2003—2016 年平均年输沙量为 1.40×10^8 t，输沙量分布如图 1 所示。

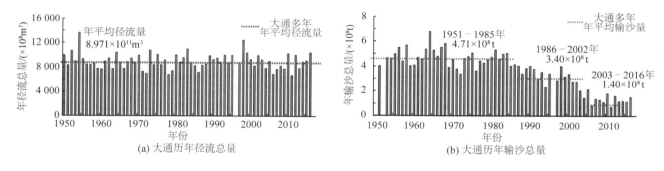

图 1　大通站历年径流总量、历年输沙总量分布

1.2　1998 年以来长江口重大工程

近期（主要指 1998 年以来），随着我国经济的高速发展，对河口地区的开发强度加强，长江口水域实施了大量涉水工程，包括桥梁工程、航道工程、滩涂围垦工程、水源地工程等。河道岸线边界条件的人工控制作用越来越强。近 20 年长江口主要的人类活动如图 2 所示。

已建涉水工程[3]主要包括长江口深水航道治理工程、新浏河沙护滩及南沙头通道潜堤工程、中央沙圈围及青草沙水库工程、促淤圈围与吹填工程、港口码头工程、桥梁工程、人工采砂活动等，其中促淤圈围工程包括：徐六泾河段北岸围垦工程、东风西沙圈围工程、常熟边滩圈围、横沙东滩促淤圈围工程、南汇嘴人工半岛、长兴岛北沿滩涂促淤圈围工程、浦东机场外侧促淤圈围工程；人工采砂包括瑞丰沙采砂及白茆沙采砂等。这些人类活动对河口河势及水沙变化等均产生了明显影响。

基金项目： 国家重点研发计划资助（2017YFC0405400）；国家自然科学基金面上项目（51979172）；财政部三峡工程泥沙重大问题项目（12610100000018J129-5）

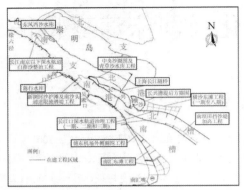 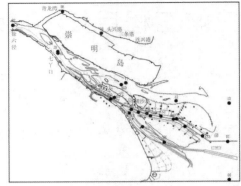

图 2　长江口主要涉水工程及测点布置

2　长江口水动力场的变化特征

2.1　南北支不同时期动力场特征

本文收集了近年来长江口区域实测水沙观测资料，分析长江口动力场、泥沙场和盐度场的变化情况，采用资料的测站位置见图 2。

20 世纪 90 年代坭角沙的围垦，导致北支涨、落潮分流比出现了明显的减小，涨潮分流比由 20 世纪 70 年代末的 21.6%减小至 2017 年的 10%左右，而落潮分流比则由 10%左右减至 2%~5%，如图 3 所示。

由于进入北支径流量的减少，潮流作用相应增强，北支已成为涨潮流占优势的涨潮槽，并逐渐淤浅。在径流量小和潮差大时，有水、沙、盐倒灌入南支，影响南支河段的水质和河势稳定。从时间对应性上看，上游来水来沙量变化对南北支分流比变化的影响不明显。

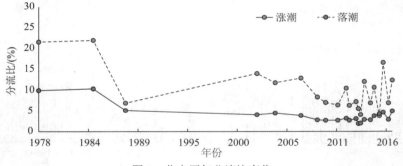

图 3　北支历年分流比变化

2.2　南北港不同时期动力场特征

1999—2018 年南港 NG0 固定垂线流速统计如图 4 所示，南港涨、落潮平均流速总体变化不大，2003 年前后，南港涨、落潮平均流速未见明显趋势性变化。

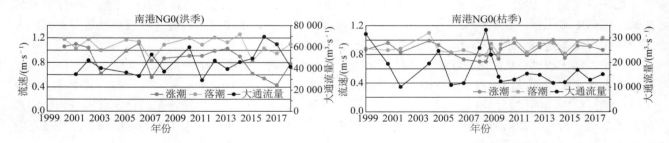

图 4　南港 NG0 垂线涨、落潮平均流速

1999—2018 年北港 BG0 固定垂线流速统计如图 5 所示，2003 年前后北港涨潮平均流速基本不变；而落潮平均流速有一定降低，其中 2007—2008 年为明显减少的时期，恰逢北港主要涉水工程实施的阶段，2009 年以后洪季和枯季的涨、落潮平均流速均有所恢复。

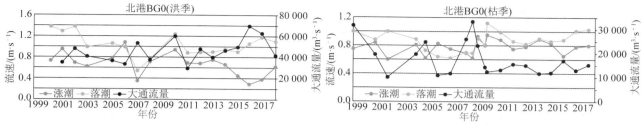

图5　北港BG0垂线涨、落潮平均流速

2.3　拦门沙河段不同时期动力场特征

单宽涨潮潮量北槽上段CS0~CS2和下段CS4~CS5经历先减小后增大的变化；中段CSW变化不大，CS3站减小。单宽落潮潮量北槽上段CS0~CS1持续减小，北槽中段CSW持续增大，下段CS4~CS5总体增大（图6）。北槽单宽涨、落潮潮量的变化主要受长江口深水航道治理工程本身的影响，与上游来水量变化基本无关。

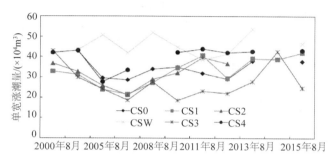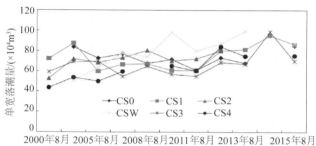

图6　北槽涨、落潮潮量变化

3　长江口含沙量场的变化特征

3.1　南北支不同时期含沙量特征

徐六泾水文站地处长江河口区河口段的节点，是长江干流距入海口门最近的综合性水文站，其含沙量的变化直接指示上游来沙量年变化的情况。

20世纪90年代以前，徐六泾断面涨落潮含沙量均较高，1984年涨、落潮平均含沙量分别为1.82 kg/m³和1.85 kg/m³。1985—2002年涨、落潮平均含沙量有一定程度的减小趋势，且变化较为平缓，期间涨、落潮平均含沙量分别为0.90 kg/m³和0.79 kg/m³，与1984年比下降了50%左右。2003年后，随着上游来沙量的大幅减少，徐六泾断面落潮含沙量也明显下降，且近年来呈现连续下降趋势，2003—2015年涨、落潮平均含沙量分别为0.49 kg/m³和0.41 kg/m³，涨潮平均含沙量比1985—2002年减少45%，落潮平均含沙量比1985—2002年减少48%（图7）。

综上所述，长江流域来沙量显著减小，徐六泾站涨、落潮平均含沙量均呈现逐年减小的趋势，与2003年前含沙量值相比，2003年后含沙量总体减少约50%左右。

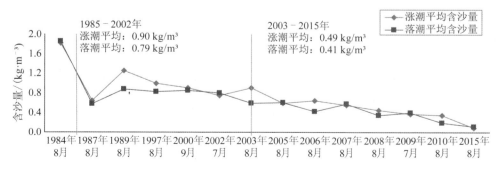

图7　徐六泾站涨、落潮平均含沙量

3.2 南北港不同时期含沙量特征

由图 8 可知，南港河段涨潮平均含沙量大于落潮平均含沙量，南港固定垂线 NG0 站 1999—2002 年洪季涨、落潮含沙量相对较高，涨、落潮平均含沙量分别为 0.61 kg/m³ 和 0.59 kg/m³。2003 年后随着上游来沙的减少涨落潮含沙量均有一定的下降。2003—2013 年涨、落潮平均含沙量分别为 0.40 kg/m³ 和 0.39 kg/m³，2014—2018 年涨、落潮平均含沙量分别为 0.17 kg/m³ 和 0.19 kg/m³。

枯季，2001—2002 年涨、落潮平均含沙量分别为 0.47 kg/m 和 0.40 kg/m³；2003—2013 年涨、落潮平均含沙量分别为 0.50 kg/m³ 和 0.38 kg/m³，2014—2018 年涨、落潮平均含沙量分别为 0.37 kg/m³ 和 0.34 kg/m³，没有明显的趋势性变化。

上游来沙量的减小对南港洪季含沙量有明显的影响，涨潮和落潮平均含沙量分别减小 21％ 和 15％；对南港枯季含沙量的影响不明显。

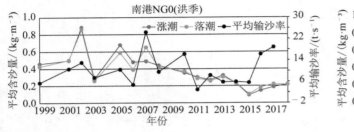 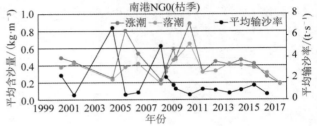

图 8　南港 NG0 涨、落潮平均含沙量变化

由图 9 可知，北港河段涨潮平均含沙量略大于落潮平均含沙量，北港 BG0 固定垂线 1999—2002 年洪季涨、落潮含沙量相对较高，涨、落潮平均含沙量分别为 0.58 kg/m³ 和 0.58 kg/m³。2003 年后随着上游来沙的减少涨落潮含沙量均有一定的下降。2003—2013 年涨、落潮平均含沙量分别为 0.38 kg/m³ 和 0.39 kg/m³，2014—2018 年涨、落潮平均含沙量分别为 0.27 kg/m³ 和 0.34 kg/m³。

枯季，2001—2002 年涨、落潮平均含沙量分别为 0.40 kg/m³ 和 0.42 kg/m³；2003—2013 年涨、落潮平均含沙量分别为 0.44kg/m³ 和 0.38 kg/m³，2014—2018 年涨、落潮平均含沙量分别为 0.45 kg/m³ 和 0.36kg/m³。二者没有明显的趋势性变化。

同样，上游来沙量的减小对北港洪季含沙量有明显的影响，涨潮和落潮平均含沙量分别减小 53％ 和 41%，对北港枯季含沙量的变化基本没有影响。

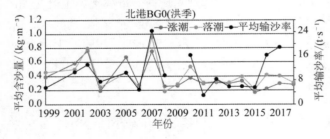 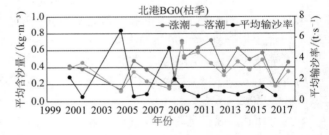

图 9　北港 BG0 涨、落潮平均含沙量变化

3.3 拦门沙河段不同时期含沙量特征

北槽 CS0~CS4 各测点的涨、落潮垂线平均含沙量变化见图 10。长江口深水航道治理一期工程阶段（2003 年前），拦门沙河段位于北槽上段 CS2 站附近，其涨、落潮平均含沙量分别为 1.77 kg/m³ 和 1.30 kg/m³。长江口深水航道治理二期工程后，拦门沙下移至北槽中下段 CSW 和 CS3 附近，2003—2013 年 CSW 站涨、落潮平均含沙量分别为 1.64 kg/m³ 和 1.08 kg/m³，CS3 站涨、落潮平均含沙量分别为 1.73 kg/m³ 和 1.26 kg/m³，2014—2017 年 CSW 站涨、落潮平均含沙量分别为 0.73 kg/m³ 和 0.61 kg/m³，CS3 站涨、落潮平均含沙量分别为 1.10 kg/m³ 和 0.74 kg/m³。

上述分析表明，2013 年之后拦门沙区段测站（2013 年前的 CS2 站与 2013 年后的 CSW、CS3 站比较）含沙量有所减小；含沙量沿程分布仍呈"拦门沙区段高、两头低"的趋势，反映了北槽含沙量主要受拦门沙特性影响，存在含沙量较高的最大浑浊带。

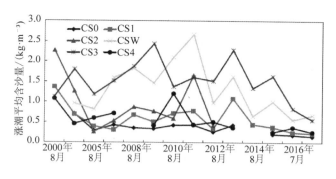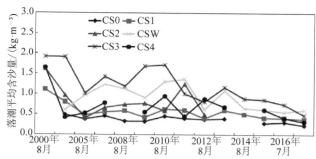

图10 北槽拦门沙河段涨、落潮含沙量变化

综上，北槽拦门沙河段含沙量在2003年前后未见明显趋势性变化，拦门沙区段水体含沙量主要与河口区滩地泥沙来源丰富、泥沙活动规模大、潮汐动力强以及盐淡水混合综合影响所形成的河口最大浑浊带等密切相关，受上游来沙量的影响较小。

4 长江河口段河床演变特征

4.1 1998年以来长江口河床演变特征

长江口南支河段从徐六泾至吴淞口长约69 km，吴淞口至横沙岛东约34 km范围内为长兴岛和横沙岛所隔，分成南港和北港，南港在横沙以外又分为南槽和北槽。长江河口2 000多年以来的发育模式为：南岸边滩淤涨，北岸沙岛并岸，河口束狭，河槽成型加深，三角洲向海推展[4]。

1998年以来，徐六泾以下的长江口呈"三级分汊、四口入海"的总体河势格局没有发生根本性改变。但如图11所示，长江口南支以下是典型的宽浅河段，暗沙变迁和通道兴衰频繁，河床稳定性较差，局部河段冲淤变化剧烈，有些河势变化与涉水工程的建设和相邻河段的影响密切相关，有些河势变化则是自身河床演变在起主要作用。

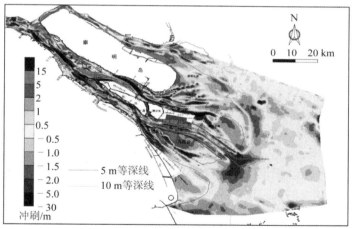

图11 长江口河床冲淤（1998—2016年）

1998—2003年，长江河口实施的主要工程为长江口深水航道工程，在该工程的影响下，北槽河床逐渐朝窄深方向发展，深水航道逐渐形成。在该项工程中，南北槽分流口的工程起到了稳定南北槽河势的决定性作用，这也是深水航道得以成功的根本保障。在南港分流比基本不变的前提下，南北槽的河床演变有一定联动性，这与南北槽的分流分沙比变化密切相关。北槽深水航道治理工程会对相邻的南槽和南港下段靠近南北槽分流口的河床变化产生一定范围和程度的影响，但对南港中上部以及南支和北港河段影响较小。这也是当初决定长江河口自下而上治理的可能性所在。

2003—2007年和2007—2010年长江河口各河段局部冲淤仍然较剧烈。两个时段内主要工程为中央沙和青草沙水库圈围工程和南北港分流口工程（新浏河沙护滩和南沙头限流工程），这些工程稳定了南北港分汊口河势，尤其是改善了宝山南北水道水深。在没有涉水工程的白茆沙河段和扁担沙河段河床自然调整幅度较大，甚至局部出现滩槽易位的现象。该河段河势的调整主要是自身水流泥沙因素作用的结果，与上下段的河床稳定性关系不大。但由于该河段内没有浅滩冲刷产生的大规模的底沙下移，所以对下游河段的河床演变影响有限。南港瑞丰沙在冲刷调整到一定程度后逐渐趋于稳定，但由于瑞丰沙下沙体的冲蚀消失，宽浅河床的不稳定性增加。南港河床的变化对南北槽进口段的河势演变有一定影响。

2010 年之后，长江口没有大规模的整治工程实施，南北港和南北槽河段河势稳定。南支白茆沙河段也相对稳定，扁担沙河段河床相对变化剧烈。

4.2　长江河口段河床容积变化

河槽容积变化反映了工程实施后水动力调整和河床断面调整相互综合作用结果的一个方面。不考虑徐六泾上游河段推移质输沙补给，河床总容积变化反映了该河段对下游汊道的泥沙补给情况。

表 1 为三峡工程后徐六泾以下各河段河床容积统计，从表中可以看出，北支由于分流比大幅减小，河床淤积，河床容积变化与上游流域减沙关系不大。徐六泾以下的南支、南港和北港河段整体表现为冲刷，该河段河床容积共增加 10%。南北港河段由于两侧均实施了整治工程，河床容积的变化幅度大于南支河段。

表 1　长江口不同河段河床容积统计

河段	河床容积/（×10^8 m^3）				1998—2016 年变化比
	1998 年	2003 年	2010 年	2016 年	/（%）
南支	44.6	44.1	46.1	47.3	6
南港	22.9	23.6	25.0	26.6	16
北港	23.7	24.6	25.9	26.6	12
北支	14.3	9.6	6.1	5.6	−61
南支总计	91.2	92.3	103.1	100.5	10
变化					6

5　结　语

长江流域来水量与长江口各汊道涨落潮动力的关系表现为：来水量越大，长江口落潮量越大、落潮动力越强、落潮历时越长、高低潮位越高，且变幅从徐六泾向口门递减；涨潮动力反之。大型涉水工程对各河段水动力场的影响程度远远大于流域来水量的变化。

三峡工程实施后，长江口自徐六泾以下水体含沙量在时间和空间上呈现了不同的变化趋势：口内段南支和南北港总体含沙量明显减小，2003—2010 年减小较明显，2010 年以来较稳定；口门段南北槽最大浑浊带区域 2013 年以前水体含沙量变化不明显，近几年呈现明显减小趋势；口外段含沙量略有降低。长江流域年来沙量减小，造成口内段南支、南港总体含沙量水平明显减小，而拦门沙区段水体含沙量主要与河口区滩地泥沙来源丰富、泥沙活动规模大、潮汐动力强以及盐淡水混合综合影响所形成的河口最大浑浊带等密切相关，受上游来沙量减小的直接影响不明显。

长江口南支以下河段是典型的宽浅河段，暗沙频繁变迁，通道经常兴衰，河床稳定性总体较差。河势调整主要受制于河段内自身滩槽间的相互影响。河口地貌演变对流域减沙的响应存在时间滞后性和空间差异性，在时间上 2010 年之前表现为明显的冲淤交替，在空间上拦门沙河段对流域减沙有缓冲能力。长江口河段河床演变受到上游水沙条件变化和航道建设、围滩造陆等人类活动的多重影响，短时段内难以定量分析流域减沙的影响。

参考文献：

[1]　水利部长江水利委员会. 长江泥沙公报[M]. 武汉：长江出版社，2000-2017.

[2]　恽才兴. 图说长江河口演变[M]. 北京：海洋出版社，2010: 156-158.

[3]　交通运输部长江口航道管理局. 长江口深水航道治理工程实践与创新[M]. 北京：人民交通出版社股份有限公司，2015.

[4]　陈吉余，沈焕庭，恽才兴，等. 长江河口动力过程和地貌演变[M]. 北京：上海科学技术出版社，1988, 12: 31-37.

长江口拦门沙河段滩槽泥沙交换理论

刘　猛[1]，沙海明[2]

（1. 上海河口海岸科学研究中心河口海岸交通行业重点实验室，上海　201201；2. 南京水利科学研究院，江苏　南京　210029）

摘要："长江口拦门沙河段滩槽泥沙交换理论"是直接基于大量工程实践和可重复的试验结果不断总结提炼得出的，物理概念明确，可以进行试验模拟，也被新的实践反复证实，具有很强的生命力。其理论架构为：①水流和波浪是驱动长江口拦门沙河段滩槽泥沙交换运动的两种基本动力。②长江口拦门沙河段滩槽泥沙交换的物质基础就是长江口拦门沙河段河床；③对长江口拦门沙河段滩槽泥沙交换而言，水流和波浪两种基本动力的总体作用效果是相反的，两种动力的对比变化决定着滩槽泥沙交换的总体趋势和强度。④底沙运动、悬沙运动以及近底高含沙水体的异重流运动是长江口拦门沙河段滩槽泥沙交换中泥沙运动的三种形式，其中底沙运动是泥沙运动的主要形式，也是基础形式。在此基础上，还分别对支撑这一理论的两种基本动力作用的主要规律进行了深入剖析，并对长江口拦门沙河段滩槽骤变规律进行了论证。

关键词：长江口拦门沙河段；滩槽泥沙交换；冲滩淤槽；冲槽淤滩；水流；波浪；滩槽骤变

　　"治理长江口，打通拦门沙"是几代中国人的夙愿。经过十余年的建设，长江口北槽深水航道于 2010 年建成（图 1），通航水深由工程前不足 6.0 m 提升至 12.5 m。作为长江黄金水道的咽喉，长江口北槽深水航道的作用至关重要。

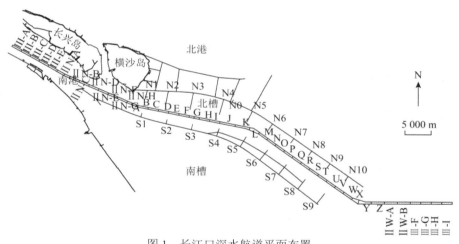

图 1　长江口深水航道平面布置

　　长江口北槽深水航道是综合采用两种方法实现 12.5 m 通航水深的，一是尽可能增加北槽主槽的平衡水深；二是在更深的平衡水深的基础上，开挖人工航槽并疏浚维护。增加平衡水深的主要方法是"束水攻沙"，即通过工程措施增加北槽主槽的冲刷动力，从而将北槽主槽的平衡水深推向深处，最浅平衡水深已由工程前的 5.5～6.0 m 增加至目前的 9.5～10.0 m。这一步的圆满成功，为长江口北槽深水航道的建成奠定了最重要的基础，但"束水攻沙"措施进一步利用的空间不大，因为航道内的流速已经接近船舶安全航行所能允许的极限，距离 12.5 m 通航水深目标的不足部分，只能依靠人工挖槽与疏浚维护来弥补。12.5 m 通航水深贯通后，长江口北槽深水航道年均维护土方量约为 6 000×10⁴ m³（2011—2017年），回淤问题非常突出，多年来未有实质改善，也因此被业内公认为是一个世界级的难题。

　　初期对在长江口北槽开挖人工航槽的回淤原因没有定论，回淤原因研究的切入点，也就是最早假设的

基金项目：上海市自然科学基金（16ZR1415800）

作者简介：刘猛（1983–），男，江苏宿迁人，副研究员，主要从事河口水沙运动及河口航道治理研究工作

正确理论是"潮流悬沙落淤理论"，而且该理论一直被沿用至今。但工程实践反复证明，"潮流悬沙落淤理论"与北槽航道回淤真相（动力基础、物质基础以及时空变化特征）严重不符[1]，此外也没有现成的合适理论供选用，这也是长江口北槽深水航道回淤问题多年未有实质改善的主要原因。

实践已充分表明，长江口北槽深水航道回淤问题的根本性解决需要理论创新，甚至是颠覆性的理论创新，"长江口拦门沙河段滩槽泥沙交换理论"应运而生。"长江口拦门沙河段滩槽泥沙交换理论"是直接基于大量工程实践和可重复的试验结果不断总结提炼得出的，物理概念非常明确，可以进行试验模拟，也被新的实践反复证实。本文主要介绍该理论。

1　"长江口拦门沙河段滩槽泥沙交换理论"架构

作为一个描述物理运动规律的理论，首先至少要符合力与运动的一般关系，具有明确的动力基础、物质基础和运动规律。

1）动力基础。水流和波浪是驱动长江口拦门沙河段滩槽泥沙交换运动的两种基本动力。

2）物质基础。长江口拦门沙河段滩槽泥沙交换的物质基础就是长江口拦门沙河段河床。

"长江口拦门沙河段滩槽泥沙交换理论"所反映的滩槽变化是一种短期的快速变化现象，而外部来沙对长江口拦门沙河段的影响是一种长期的缓慢过程，两者在时间尺度上的差异非常巨大。在每次滩槽变化期间，外部来沙数量相比全部拦门沙河段的滩槽泥沙交换数量均可忽略不计。当然，这些本就可以忽略不计的外部来沙对每次滩槽变化结果的影响更是微乎甚微。

3）运动规律。对长江口拦门沙河段滩槽泥沙交换而言，水流和波浪两种基本动力的总体作用效果是相反的，两种动力的对比变化决定着滩槽泥沙交换的总体趋势和强度。当波浪动力作用相对较强时，滩槽变化结果表现为"冲滩淤槽"；当水流动力作用相对较强时，滩槽变化结果表现为"冲槽淤滩"；当两种动力相当时，滩槽变化结果维持基本稳定。

底沙运动、悬沙运动以及近底高含沙水体的异重流运动是长江口拦门沙河段滩槽泥沙交换中泥沙运动的三种形式。在长江口拦门沙河段，底沙运动是泥沙运动的主要形式，也是基础形式，动力要求最低，物质基础最雄厚，整个河床都可以作为其物质基础。悬沙运动和近底高含沙水体异重流运动是泥沙运动的次要形式，均是在底沙运动强度达到一定程度时才会发生的，动力要求较高。参与悬沙运动和近底高含沙水体的异重流运动的泥沙，主要是运动底沙中能够且有机会悬扬的少数细颗粒泥沙。

2　水流作用的主要规律

2.1　水流动力的时空特征

在长江口拦门沙河段，水流动力是一种长期存在且较为稳定的周期性变化动力。从长周期来看，水流动力变化是不大的，如月与月之间、洪枯季之间以及年际间均无明显差别，但短周期内是有显著差异的，如大潮期水流动力最强，中潮期次之，小潮期最弱。在长江口拦门沙河段，水流动力具有较为明确、稳定的空间变化规律。水流的流速沿河床横断面的分布情况与水深的变化情况是趋于一致的，水深深的部位（如深槽）流速大，水深浅的部位（如浅滩）流速小（图2）。在长江口拦门沙河段，水流动力的一个突出特征就是具有较为稳定的变化规律，无论在空间上还是时间上，均可以进行长期的可靠预测。

2.2　对河床土力学特性影响

在长江口拦门沙河段，水流动力作用主要局限在河床表层，对河床内部结构无明显影响，不会引起河床抗剪应力下降。

2.3　对泥沙运动的影响规律

1）底沙。在长江口拦门沙河段，单纯水流动力作用下，沙波运动是底沙运动的一种主要形态。由于横断面上流速从深槽往浅滩方向逐渐变小（图2），而沙波前进的总体方向是往低流速区偏转的（图2），这将使得底沙在沿水流方向前进的同时，还发生横向运动，不断从深槽往浅滩方向输移。流速横断面分布越不均匀，底沙横向运动越剧烈（图3）。

2）悬沙。据长江口拦门沙河段水流动力的空间分布和悬沙运动特性可知，深槽流速大，细颗粒泥沙易于悬扬，水流挟沙能力也强，产生的含沙量高；而浅滩流速小，细颗粒泥沙不易悬扬、甚至不悬扬，水流挟沙能力也弱，产生的含沙量低（图2）。在对流扩散作用下，悬沙会不断从深槽往浅滩方向输移。华东师范大学[2]根据南槽现场实测的时均流速及含沙量资料进行了分析和计算，结果表明：浅水区域的泥沙基本向高滩或近岸方向输送，而深水和邻近河槽的泥沙向外海输移。这样在一个潮周期中平面上形成一个浅水进沙、深水出沙的输沙环流系统，有利于泥沙上滩及浅滩的淤涨发育。

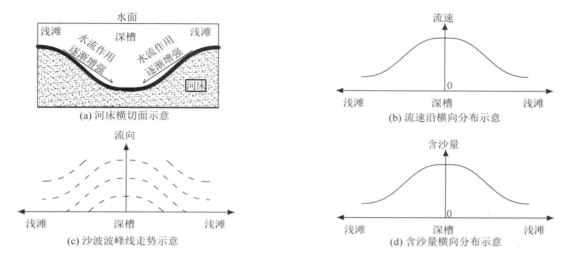

图2　单纯水流动力作用特征示意

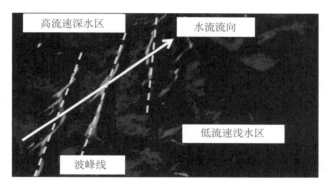

图 3　显著不均匀断面流速引起的波峰线走势

　　3）近底高含沙水体。在长江口拦门沙河段，单纯水流动力作用下，由于流速的周期性变化引起了水体挟沙力的周期性变化，从而在低流速时刻形成近底高含沙水体。这种由单纯水流动力作用引起的近底高含沙水体具有 3 个显著特征：①沙细、量少。如果没有波浪动力作用，仅靠水流动力作用产生的近底高含沙水体沙细（中值粒径多在 6～8 μm 之间）、量少，一般不被关注；②具有较为稳定的时空变化规律。比如一般发生在憩流期，潮差越大越明显；③形成于深槽，消散于浅滩。对于水流动力引起的少量近底高含沙水体来说，其泥沙主要来自高流速的深槽，并主要聚集于深槽，在水流动力的作用下，主要以悬沙运动形式不断消散于低流速的浅滩，促进深槽细颗粒泥沙往浅滩方向输移。

　　由以上分析可知，在单纯水流动力作用下，不论泥沙以何种形式运动，其总体运动趋势是相同的，均是从深槽往浅滩方向运动，滩槽变化结果表现为"冲槽淤滩"。从理论上讲，在单纯水流动力作用下，只要长江口拦门沙河段的河床坡度小于其临界稳定坡度，这种"冲槽淤滩"变化就可以持续。

2.4　泥沙运动的时空特性

　　力决定运动，由于长江口拦门沙河段的水流动力具有较为稳定的时空变化规律，因此在单纯水流动力作用下，长江口拦门沙河段的泥沙运动也同样具有较为稳定的时空变化规律。

3　波浪作用的主要规律

3.1　波浪动力的时空特征

　　在长江口拦门沙河段，波浪也是长期存在的，但它是一种随机的非周期性变化动力，没有较为明确的时间变化规律可循，月与月之间、洪枯季之间以及年际间的差别往往都很大。但从概率统计结果来看，长江口拦门沙河段的波浪动力在时间分布上也存在一些显著特征，如洪季总体作用一般显著强于枯季[3]。受风场、潮位、潮流、地貌、工程等综合影响，波浪动力在整个长江口拦门沙河段的空间分布也同样变化很大，亦缺少较为明确的规律。但从概率分析结果可知，拦门沙核心区受波浪作用一般最为显著。

可见，在长江口拦门沙河段，波浪动力时空变化的一个突出特征就是随机性显著，没有较为明确的规律可循，无法进行长期预测，短期预测精度也比较低，这显著不同于水流动力的时空变化，后者具有可以长期预测的较为稳定的规律。

由于波浪动力从上往下是逐渐衰减的，因此当其作用于某一片河床时，波浪动力沿河床横断面分布一般存在显著规律（图4），如从浅滩往深槽方向逐渐减弱，这与水流动力作用从浅滩往深槽方向逐渐增强（图2）的趋势相反。

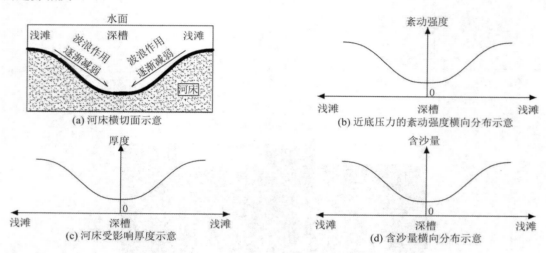

图 4　单纯波浪动力作用特征示意

3.2　对河床土力学特性影响

波浪动力是一种频率较高的循环荷载，在长江口拦门沙河段，其作用不仅局限在河床表层，还会对河床内部结构产生显著影响，引起河床表层在向下的一定厚度内发生液化（抗剪能力为零）和软化（抗剪能力下降）现象[4]，并且可以使细颗粒泥沙从河床内部渗出[5]。

波浪加载以后[5]，河床的泥线附近一薄层首先"液化"成流动状，由于孔压场的改变，河床内部的渗流场也随之发生变化；波浪引起的孔隙水的渗流使细颗粒从组构连接薄弱区域向河床表面移动，同时大量细颗粒的流失使河床内部形成微孔结构；波浪引起的孔隙水压力作用使孔洞逐渐变大、贯通，这样又进一步加剧了细颗粒的流失和孔隙水的渗透作用，使"液化"区域逐步向下发展，直到固、液二相之间新的平衡得以建立。

与水流动力不同，波浪动力能够对河床的土力学特性产生显著影响。

3.3　对泥沙运动的影响规律

在长江口拦门沙河段，波浪自身的输沙能力是非常有限的，其对泥沙输移的作用实际上主要是通过间接途径实现的，即通过改变河床的一些土力学特性和水流挟沙能力（增强紊动），再利用重力、水流动力等作用实现其主要输沙功能。

在长江口拦门沙河段，如果波浪作用长期消失，河床就会逐渐趋于一种稳定的固结状态，土力学特性也就趋于稳定。前文在阐述水流动力对泥沙运动的影响时，实际上均是假设河床处于这种条件。

受到波浪作用后，河床的一些土力学特性和水流挟沙能力就会发生变化，此时即使其他条件都相同，泥沙运动规律也会发生变化。由于这种变化归根结底都是波浪作用引起的，故这种变化应全部归为波浪作用的结果。

3.3.1 底沙

对于长江口拦门沙河段的河床组成来说，当单独受到波浪作用后，一般会发生如图5的变化，从上往下依次形成悬沙层、近底高含沙水体层、液化层和软化层。波浪动力影响下的底沙运动主要指液化层和软化层的运动。

河床一旦液化，其抗剪切强度和承载能力将完全丧失，就像液体一样。当其厚度增大到一定程度时，就会在重力作用下发生异重流运动，从高往低流动。在长江口拦门沙河段，液化层的异重流运动具有以下显著特征：

1）密度高，粒径粗。根据河床液化机理可知，液化层的密度与其原河床相比变化不大；液化层泥沙的平均粒径不小于其原河床泥沙的平均粒径，毕竟河床在液化过程中会流失一部分细颗粒泥沙成分。

2）由于波浪动力对河床的作用从高往低逐渐减弱，液化层的生成厚度从高往低也是逐渐变薄的。当其达到一定厚度时，液化层就会在重力作用下开始异重流运动，液化层越厚，河床坡度越大，液化层的异重流运动就会越剧烈。液化层往下运动的过程又是一个不断固化的过程，一是由于液化动力显著减弱，二是由于液化层密度大、粒径粗，易于快速固化，所以说液化层的异重流运动在空间上的衰减比较迅速，显著不同于一般的近底高含沙水体。

3）运动速度快。密度和厚度是影响边坡上异重流流速的两个重要因素，密度越大，速度越快；厚度越厚，速度越快。虽然有关长江口拦门沙河段边坡液化层的流动试验目前尚未开展，但可以从北槽边坡上近底高含沙水体流动试验结果略窥一斑。试验表明[3]，当北槽航道两侧边坡上产生近底高含沙水体时，密度和厚度不需要很大，就可以在重力的作用下往低处流动。如果边坡上近底高含沙水体的厚度和密度可以不断增加，能够发展形成明显的浮泥现象时，其流动速度将是很快的。比如，当边坡上形成厚度为0.1 m的浮泥层（密度为1.1~1.25 kg/L）时，其流动速度将高达约0.3 m/s。

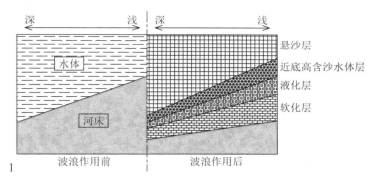

图 5　单纯波浪动力对河床作用效果示意

由于液化层异重流密度高、速度快，一旦产生该种运动（类似于泥石流运动），其往深槽方向的输沙强度将是任何其他输沙形式无法相比的。

4）液化层异重流运动的影响深度与波浪作用深度（波周期）密切相关。一般来说，长周期波引起的液化层厚度更厚，床面上生成范围往深水区分布更广，运动影响深度也更深。比如台风作用后，深槽内会迅速出现大量与临近边滩泥沙组成趋近的淤积成分，主要就是由液化层的异重流运动引起的。

5）液化层的异重流运动虽然依靠的是重力，但液化层的产生和维持依靠的却是波浪动力。一旦波浪动力消失，液化层就会快速固化，所以说液化层的异重流运动在时间分布上与波浪动力高度一致。

与液化层不同，软化层的抗剪切能力虽然较原河床降低，但并没有完全丧失，仍然维持其固体状态，其运动主要依靠水流动力来驱动。

液化层和软化层是不断转化的。当波浪动力持续作用时，一旦原液化层运动离开，新的液化层又会在原软化层基础上生成，新的软化层也会随之生成；反之，当波浪动力减弱后，原液化层又会逐渐固化形成新的软化层。一般来说，软化层的空间分布是不均匀的，从高往低，软化层的厚度逐渐变薄，软化程度也逐渐降低。

波浪加载后，底沙运动情况较单纯水流动力作用情况要复杂的多，虽然这方面的具体试验、观测成果很少，但理论分析并不困难。波浪加载后，底沙运动不外乎有以下 3 种情况。

1）液化层被破坏，水流动力直接作用于软化层。

在这种情况下，底沙运动主要指软化层泥沙的推移运动。以沙波运动形态为例，在不均匀断面流速作用下，沙波走向之所以会往低流速浅水区偏转，本质上是由于高流速深水区的底沙运动快，低流速浅水区的底沙运动慢，才引起沙波运动方向的偏转。河床不均匀软化后，低流速浅水区泥沙运动速度相对增加更多，这至少会引起沙波走势向低流速浅水区偏转减弱，甚至不偏转，或转向高流速深水区，这将分别对应底沙从深槽往浅滩方向输沙量减少，不输沙以及反向输沙。无论哪种情况，都体现了波浪作用的一个重要特征，即促进底沙从浅滩往深槽方向运动。

2）液化层存在，但厚度不足以引起异重流运动。

在这种情况下，底沙运动主要指液化层在水流拖曳力和重力共同引领下的运动。由于水流拖曳力的方向主要是平行于深槽走向的，与重力作用合成后，液化层一旦运动起来就存在往深槽方向运动的速度分量，不断往深槽方向运动。

3）液化层存在，厚度能够引起异重流运动。

在这种情况下，底沙运动主要指液化层的异重流运动。由于异重流运动速度快，液化层会快速往深槽方向运动。

一般来说，以上三种情况对应的波浪动力和底沙输沙强度均是逐渐增强的，尤其往深槽方向的输沙强度。综合以上分析结果可知，在长江口拦门沙河段，波浪荷载加载后，将引起底沙从浅滩往深槽方向输移。

3.3.2　悬沙

在单纯波浪动力作用下，水体紊动强度从浅滩往深槽方向逐渐减弱，浅滩区水体的挟沙能力将明显高于深槽区。生成的悬沙场分布如图 4 所示，浅滩区含沙量高于深槽区，这与水流动力的作用结果正好相反。

波浪动力生成的这种悬沙场在对流扩散作用下，必将引起细颗粒泥沙不断从浅滩往深槽方向输移。

3.3.3　近底高含沙水体

波浪动力作用到床面后，床面附近水体的紊动强度会显著增强，一方面增加这部分水体的挟沙能力，另一方面增强河床泥沙的活动性，这样就会在床面上形成近底高含沙水体，在重力作用下，这些近底高含沙水体会以异重流运动形式往深槽运动。波浪动力引起的近底高含沙水体与水流动力引起的近底高含沙水体明显不同，主要表现在以下 4 个方面。

1）动力环境显著不同。水流动力引起的近底高含沙水体主要发生在憩流期，上部细颗粒悬沙由于流速下降（挟沙能力下降）而沉降积聚于底部，加之其固结速率特别慢，故形成了近底高含沙水体，所以说水流动力引起的近底高含沙水体处在一个挟沙能力极弱的动力环境中。单纯波浪动力作用之所以能够引起近底高含沙水体，主要是由于床面附近水体的紊动强度比较大。所以说波浪动力引起的近底高含沙水体处在一个挟沙能力比较强的动力环境中，挟沙能力越强，近底高含沙水体现象越显著，即厚度越厚，密度越高。

2）物质来源不同。水流动力引起的近底高含沙水体，其物质基础主要来自深槽；波浪动力引起的近底高含沙水体，其物质基础主要来自浅滩。

3）数量差异大。在长江口拦门沙河段，单纯水流动力引起的近底高含沙水体量少，一般不被关注。在波浪作用较强时，其引起的近底高含沙水体现象会比较显著，是长江口拦门沙河段近底高含沙水体的主要产生形式，被广泛关注。

4）粒径组成有差异。在水流动力引起的近底高含沙水体中，泥沙颗粒一般很细，粗颗粒成分极少；而在波浪动力引起的近底高含沙水体中，粗颗粒成分有所增加，波浪作用越强，粗颗粒成分越多。当然，在数量上还是远少于细颗粒泥沙的。

综合以上分析可见，在波浪动力作用下，不论泥沙以何种形式运动，其总体运动趋势也是相同的，均是从浅滩往深槽方向运动，滩槽变化结果表现为"冲滩淤槽"。从理论上来说，在单纯波浪动力作用下，只要长江口拦门沙河段的河床坡度不为零，这种"冲滩淤槽"的变化就可以继续。

实际上，无论在水流动力、波浪动力还是两种动力共同作用下，泥沙运动都遵从一个基本原则，即从相对易动环境往相对不易动的"安逸"环境中聚集，体现了一种"惰性现象"，这也符合最小能耗原理[6]。

3.4 泥沙运动的时空特性

虽然说波浪动力的作用结果是使泥沙从浅滩往深槽方向运动，促进"冲滩淤槽"变化，但这种变化什么时候发生，在哪个位置发生？均没有明确的规律，是一种随机现象，但概率统计上又存在一些较为明显的规律，如洪季的"冲滩淤槽"变化显著强于枯季，拦门沙核心区的"冲滩淤槽"变化总体上最为显著。以上这些变化均与波浪动力的时空变化特征一致，即所谓"力决定运动"。

4 滩槽骤变规律分析

从水流和波浪两种基本动力的变化规律和作用特征可以判断，水流动力不会引起长江口拦门沙河段的滩槽骤变（短期内的剧烈变化）。滩槽骤变要是发生，一定是波浪动力引起的。此外，从实践经验可知，长江口拦门沙河段的滩槽骤变一般都是由台风或寒潮引起的。因此，台风、寒潮引起的波浪应是长江口拦门沙河段滩槽骤变的主要动力原因。还可以得到一个重要结论，长江口拦门沙河段的滩槽骤变实际上是指"冲滩淤槽"骤变。本节主要论证台风、寒潮对长江口拦门沙河段滩槽骤变的影响规律。

4.1 寒潮影响规律

寒潮往往会引起较大范围的强风场（图6），其对长江口拦门沙河段滩槽变化的影响主要与其风向密切相关。假设两种理想风况：第一种风况，长江口拦门沙河段吹正向（与长江口拦门沙垂直的方向）向岸风（ENE），风速为9 m/s（5级风），持续时间为24 h，风场均匀且无限大；第二种风况，长江口拦门沙河段吹正向离岸风（WSW），风速为9 m/s，持续时间为24 h，风场均匀且无限大。

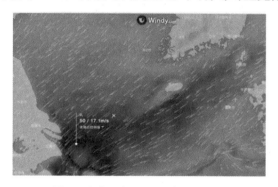

图 6 　寒潮风场（2017 年 10 月）

长江口拦门沙河段消耗的总波能主要由两个部分组成，其中一部分是来自拦门沙区域内水面形成的波浪，另一部分是来自拦门沙以外区域水面形成并传播至拦门沙区域的波浪。在长江口拦门沙河段吹正向向岸风的情况下，其总波能的消耗由上述两部分能量组成；但在长江口拦门沙河段吹正向离岸风的情况下，总波能的消耗则主要是来自拦门沙区域内水面形成的波浪。

按照海港水文规范[7]进行计算可知，在风速为9 m/s的情况下，水深较深且风区较大的地方可以产生周期约为5.9 s的波浪。该波浪在深水区的传播速度约为9.2 m/s，24 h内传播距离约为800 km，这个传播距离约为长江口拦门沙纵向尺度（约50 km）的16倍。

基于上述分析结果，将风持续的总时间24 h分为16个研究时段，每个研究时段均为1.5 h。同样，将长江口拦门沙河段及以外区域空间上依次分为16个研究区域（图7），每个研究区域的面积相同，宽度均为50 km，总宽度约为800 km，最远处邻近日本的西海岸。其中，第1个研究区域为长江口拦门沙区域，该区域陆地及高滩较多，水域面积仅占总面积的70%左右，而其他研究区域（第2至第16个）基本为水域面积。

当有风速为9 m/s的均匀风场作用时，16个研究区域的水面均受到风的摩擦作用，风能转化为波能，1.5 h内每个研究区域产生的总波能基本与水域面积呈正比，因此每个研究时段（1.5 h）内，第1个研究区域，即长江口拦门沙区域转化的总波能最少，设为A（单位：J），其他区域转化的总波能相同，均设为B（单位：J，$B \approx 1.43A$，A所对应的面积约是B所对应面积的70%）。

当长江口拦门沙河段吹正向离岸风时，波浪往外传播，因此只有第1个研究区域产生的其中一部分波能可以消耗在拦门沙河段，设为C（单位：J，$C<A$），还有相当一部分波能通过波浪传播到外海，该部分

波能对长江口拦门沙河段的河床没有作用。因此，在风持续的24 h内，长江口拦门沙河段消耗的总波能为16C（J）。

　　当长江口拦门沙河段吹正向向岸风时，波浪往内传播，16个研究区域产生的波能均可以消耗在拦门沙河段。暂且假设拦门沙河段以外深水区域不消耗波能[8]，其中，第1个研究区域全部16个研究时段内生成的波能均消耗在长江口拦门沙河段，总能耗为16A（J）；第2个研究区域有15个研究时段生成的波能消耗在长江口拦门沙河段，总能耗为15B（J）。第3个研究区域有14个研究时段生成的波能消耗在长江口拦门沙河段，总能耗为14B（J）。以此类推，第16个研究区域有1个研究时段生成的波能消耗在长江口拦门沙河段，总能耗为1B（J）。因此，在风持续的24 h内，长江口拦门沙河段消耗的总波能为16A+120B（J）。

图7　长江口拦门沙河段及研究区域划分示意

　　根据以上分析可知，在正向向岸风与正向离岸风两种情况下，长江口拦门沙河段总波能消耗的比值计算如下：

$$\frac{16A+120B}{16C} \approx \frac{187.6A}{16C} > 10 \tag{1}$$

　　由于$C<A$，上式计算结果其实远大于10。可见正向向岸风与正向离岸风两种条件下的长江口拦门沙河段总波能消耗相差至少1个数量级，即使考虑长江口拦门沙河段以外深水区域的波能在传播过程中的消耗，这种差异也是极为显著的。如果考虑风速增大情况，上述差异则更大。

　　可见，寒潮对长江口拦门沙河段滩槽变化的影响与其风向密切相关。如果寒潮引起的波浪传播方向不是向岸方向的，即使寒潮强度很大且持续时间很长，也难以对长江口拦门沙河段的滩槽变化产生显著影响。正是由于绝大部分寒潮到了长江口，其风向是离岸的，所以绝大部分寒潮对长江口拦门沙河段滩槽变化的影响并不显著。

　　但如果寒潮引起的波浪是向岸方向的，其影响就比较显著了。举两个例子。

　　（1）2010年10月18—28日寒潮

　　此次寒潮风向绝大部分时间是向岸向的[3]，加之主要发生在大潮期间，故影响更加显著，这可以从长江口深水航道水深变化的实测结果得到证实。此次寒潮之后，长江口深水航道淤积非常显著，寒潮前后测量期间（10月13日至11月20日，共38天）的回淤量超过2 000×10⁴ m³。

　　（2）2017年10月14—23日寒潮

　　此次寒潮风向绝大部分时间也是向岸向的（图6）。

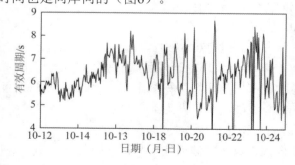

图8　2017年10月台风对长江口波浪的影响（牛皮礁平台站）

以北槽航道为例，由于主要时间发生在小潮期间，加之波浪入射角度影响，其作用被主要限制在北槽下段和出口附近。据统计，此次寒潮过后，北槽航道J—X单元（图1，长30余千米）平均淤浅0.4 m，出口附近超过1.0 m。此次寒潮期间，波浪周期显著增大（图8），如果寒潮引起的波浪传播方向不是向岸向的，其周期一般在6.0 s以内。综合以上分析可知，判断一次寒潮能否引起滩槽骤变，首先要看其风向是不是向岸向的，越趋向于正向岸向，其影响就越大；其次再看寒潮强度和持续时间，寒潮强度越大，持续时间越长，引起的骤变就越剧烈。如果风向不是向岸向的，即使寒潮强度再大，持续时间再长，也难以在长江口拦门沙河段引起滩槽骤变。

4.2 台风影响规律

每场台风对长江口拦门沙河段滩槽变化的影响往往是有很大差异的，这主要是因为每场台风对拦门沙河段的波浪影响情况不同。台风对长江口拦门沙河段波浪的影响情况与其强度、路径、移动速度、持续时间以及水深变化等因素密切相关。文献[3]基于对2010—2014年期间的相关波浪、航道回淤量数据与台风的关系统计，同时结合必要的理论分析，将相关海域进行了初步划分，得到了理论作用区域和强作用区域，见图9。

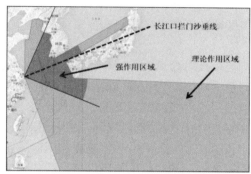

图9　台风影响区域划分示意

理论作用区域是指台风在该区域内引起的波浪，只要其传播方向是朝着长江口的，能量也是足够多的，均可以传播到长江口拦门沙区域。对于理论作用区域以外的波浪，其中有些可能通过绕射、折射等进入长江口拦门沙区域，但其总的数量、特别是总波能相比理论作用区域要少得多，可以忽略不计。强作用区域是指台风在该区域内引起的并能往长江口方向传播的波浪，容易对拦门沙河段的波浪及滩槽变化产生显著影响的区域。该区域具有以下3个特征：

1）波浪入射角度小。

波浪入射角是指向长江口拦门沙河段传播的波浪方向与长江口拦门沙垂线（根据口外等深线走向及波浪对河床作用效果等综合确定，与正北方向夹角在67.5°左右，即ENE向附近，见图9）之间的夹角。在入射波浪单宽能量相同的条件下，波浪入射角越小则进入拦门沙河段的总波能越多，影响范围也越大；波浪入射角越大则进入拦门沙河段的总波能越少，影响范围也越小。

图10是一个河口受不同入射角度波浪作用的概化示意。

图10　波浪入射角变化影响示意

图中，左边是入射角为零，即正向入射的情况；右边是入射角不为零，即斜向入射的情况，入射角为α。假设入射波浪的单宽能量相同，河口宽度为B，在正向入射条件下，口外宽度$B1$（$B1=B$）范围内的波浪均可进入河口以内，且其作用区域最大；而在斜向入射条件下，口外仅有宽度B2范围内的波浪可以进入河口以内，且其影响范围变小，其中B2与B的关系如下：

$$B2 = B \cdot \cos\alpha \tag{2}$$

可见，在入射波浪的单宽能量相同时，斜向入射条件下能够进入河口的总能量为正向入射条件下的 $\cos\alpha(\times 100\%)$。

2）海面宽阔且水深大。

台风对长江口拦门沙河段的河床产生影响，主要是通过其吹起的波浪来实现的，波浪能量越大，其影响也越大。水深和吹程是形成高能波浪所必须的两个重要条件，没有足够的水深和吹程是形成不了高能波浪的。图9中划分的强作用区域水深普遍较深，多在数十米至数百米，海域非常宽阔，台风作用下容易形成高能波浪。

3）传播距离近且畅通。

当台风在强作用区域吹起朝长江口拦门沙河段传播的波浪时，这些波浪在传播过程中基本无障碍物影响，而且传播距离较其他理论作用区域要近得多，从而确保了台风吹起的波浪尽可能多地进入长江口拦门沙河段。

强作用区域是基于上述三个特征以及对台风实际影响情况的统计分析，并经综合考虑而划定。该区域内波浪往长江口拦门沙河段传播的最大距离约为1 000 km，最大入射角约为45°。

什么样的台风能够引起长江口拦门沙河段滩槽骤变呢？应具备以下3个条件。

1）穿越强作用区域。根据2010—2014年相关资料统计，所有引起长江口拦门沙河段滩槽骤变的台风，其风暴中心均是穿越强作用区域的（图11）。风暴中心穿越强作用区域是台风能够引起长江口拦门沙河段滩槽骤变的一个基本条件。如果风暴中心没有穿越强作用区域，即使强度再大也难以引起长江口拦门沙河段的滩槽骤变。

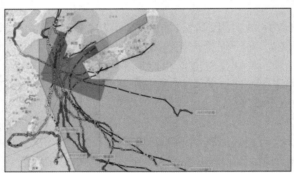

图 11　近几年对拦门沙河段滩槽变化产生显著影响的台风

2）强度大。能够引起长江口拦门沙河段滩槽骤变的台风还有一个共同的特征，那就是在其穿越强作用区域时能保持较高的强度。保持一个较高的台风强度，是产生较强波浪的一个基本条件。

3）走得慢。在前面两个条件都满足的情况下，台风穿越强作用区域时，走得越慢，引起的长江口拦门沙河段滩槽骤变就越剧烈，这是因为走得慢的台风不仅容易引起更强的波浪，而且强浪对拦门沙河段持续作用的时间也更长。

台风一旦满足上述"3个条件"，必将引起长江口拦门沙河段的滩槽骤变。下面将结合最近两年新的实践进一步证实上述认识的科学性。

1）"奥鹿"台风。

2017年7月下旬生成的奥鹿台风（图12），由于距离长江口太远，在它生成的时候，很少有人关注它对北槽航道的影响。但按照上述认识，这种台风引起的长周期波浪会大量传播至长江口拦门沙河段，加之入射角度小，作用时间较长，容易引起较大影响。此次台风引起的牛皮礁平台站波浪变化情况见图13，可见有大量长周期波传至长江口拦门沙河段。以北槽航道水深变化为例，此次台风过后，北槽航道内浅点及近底高含沙水体迅速增多，月维护土方量970×10⁴ m³，为年内最高。

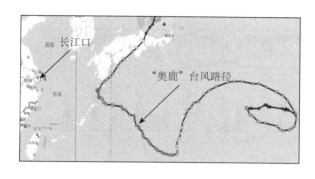

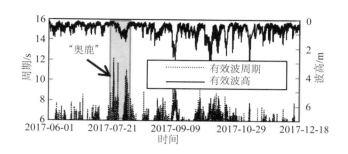

图12　"奥鹿"台风路径（温州台风网）　　　　图13　"奥鹿"台风引起的牛皮礁平台站波浪变化

2）"苏力"台风。

2018年8月下旬生成的"苏力"台风（图14）很好地符合前述3个条件，即穿越强作用区域、强度大（穿越强作用区域时风力维持在13~15级）和走得慢（在强作用区域时间超过48 h，约8月21日11时至23日14时）。此次台风引起的牛皮礁平台站波浪变化情况见图15。此次台风是2016年以来对长江口拦门沙河段滩槽变化冲击最大的台风。以北槽航道为例，主要变化如下：

①航道淤积非常严重，当月水深考核未通过。由于台风过后没有及时、全面地测量航道水深，无法确知真实情况，但可以从多天以后的水深数据略窥一斑。9月1日测量结果显示，北槽航道口外段大范围区域几乎淤平（图16，低频水深）。

②台风过后，北槽航道内出现大量近底高含水体（图17，1 033~1 224 kg/m³，8月25日），最厚处超过3 m。除北槽航道外，此次台风还使上游延伸段航道出现难得一见的水深不足情况（图16），可见此次台风影响之深远。

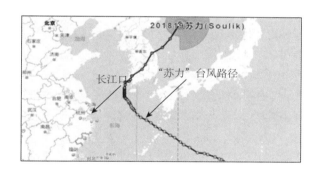

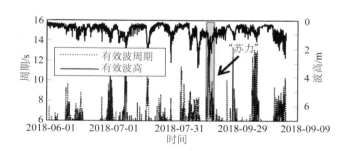

图14　"苏力"台风路径（温州台风网）　　　　图15　"苏力"台风引起的牛皮礁平台站波浪变化

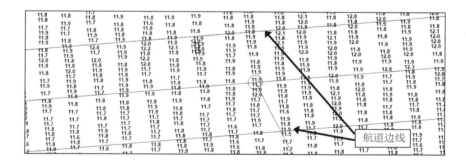

图16　"苏力"台风后北槽航道口外段（III-F）水深情况（低频水深，9月1日）

3）"山竹"台风。

2018年9月中旬生成的"山竹"台风（图17）距离长江口非常遥远，可以通过这一台风的影响情况来分析图11中理论作用区域外边界的合理性。"山竹"台风引起的牛皮礁平台站波浪变化情况见图18。

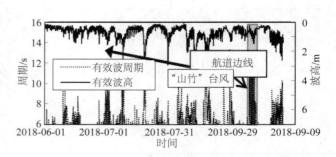

图 17　"山竹"台风路径（温州）　　　　图 18　"山竹"台风引起的牛皮礁平台站波浪变化

可见，虽然距离长江口非常遥远，但"山竹"台风引起的长周期波浪还是能够传播至长江口拦门沙河段，不可否认的是，波高衰减非常明显。由于此次波浪至长江口拦门沙河段的入射角比较大，难以深入长江口拦门沙河段，影响有限。相比而言，"奥鹿"台风引起的长周期波浪至长江口拦门沙河段的入射角小得多，可以深入长江口拦门沙河段，影响相对要大得多。

综合以上分析可以清晰发现，西北太平洋上的台风浪是长江口拦门沙河段波浪组成的一个重要来源。此外还需注意的是，在应用图9分析具体问题时，需要注意琉球群岛的阻挡作用。

5　结　语

1）提出了长江口拦门沙河段滩槽泥沙交换理论，该理论是直接基于大量工程实践和可重复的试验结果不断总结提炼得出的，物理概念明确，可以进行试验模拟，也被新的实践反复证实，具有很强的生命力。

2）在长江口拦门沙河段，水流动力的一个突出特征就是具有较为稳定的变化规律，无论在空间上还是时间上，均可以进行长期的可靠预测。力决定运动，因此在单纯水流动力作用下，长江口拦门沙河段的泥沙运动也同样具有较为稳定的时空变化规律。

3）在单纯水流动力作用下，不论泥沙以何种形式运动，其总体运动趋势是相同的，均是从深槽往浅滩方向运动，滩槽变化结果表现为"冲槽淤滩"。从理论上讲，在单纯水流动力作用下，只要长江口拦门沙河段的河床坡度小于其临界稳定坡度，这种"冲槽淤滩"变化就可以持续。

4）在长江口拦门沙河段，波浪动力时空变化的一个突出特征就是随机性显著，没有较为明确的规律可循，无法进行长期预测，短期预测精度也比较低，这显著不同于水流动力时空变化具有可以长期预测的较为稳定的规律。

5）在波浪动力作用下，不论泥沙以何种形式运动，其总体运动趋势是相同的，均是从浅滩往深槽方向运动，滩槽变化结果表现为"冲滩淤槽"。从理论上来说，在单纯波浪动力作用下，只要长江口拦门沙河段的河床坡度不为零，这种"冲滩淤槽"的变化就可以继续。

6）长江口拦门沙河段的滩槽骤变实际上是指"冲滩淤槽"骤变，台风、寒潮引起的波浪是长江口拦门沙河段滩槽骤变的主要动力原因。

参考文献：

[1] 刘猛. 长江口北槽深水航道回淤问题及其解决途径[M]. 北京：人民交通出版社股份有限公司, 2019.

[2] 李九发, 戴志军, 刘新成, 等. 长江河口南汇嘴潮滩圈围工程前后水沙运动和冲淤演变研究[J]. 泥沙研究, 2010, (3): 31-37.

[3] 刘猛. 长江口拦门沙河段滩槽泥沙交换及航道回淤原因研究[M]. 北京: 人民交通出版社股份有限公司, 2016.

[4] 吴梦喜, 楼志刚. 波浪作用下海床的稳定性与液化分析[J]. 工程力学, 2002(5): 97-102.

[5] TZANG S Y. Water wave-induced soil fluidization in a cohesionless fine-grained seabed[D]. University of California at Berkeley, 1992.

[6] 徐国宾, 练继建. 流体最小熵产生原理与最小能耗原理[J]. 水利学报, 2003(5): 35-40.

[7] 海港水文规范（JTJ 213-98）[S].

[8] 李家星, 赵振兴. 水力学（下册）[M]. 南京：河海大学出版社, 2001.

近期长江口北支上段河道演变规律
及治理措施研究

冯凌旋[1,2]，徐双全[3]，邹　丹[4]，崔　冬[1,2]

（1．上海市水利工程设计研究院有限公司，上海 200061；2．上海滩涂海岸工程技术研究中心，上海 200061；3．上海市水务局，上海 200050；4．上海市堤防（泵闸）设施管理处，上海 200080）

摘要：首先基于 1990 年以来北支水下地形数据研究了北支上段河道近期演变特征和机制，其次根据北支上段近期河道演变规律提出了治理方案，分析了治理方案的效果。受人类活动、河段自身水沙动力条件变化和上游河段河势变化的影响，近期北支上段河道演变呈现出如下特征：进口处入流条件恶化，河宽缩窄，河道趋均直，弯道段曲率增加；河槽容积减小，河床冲淤交替出现，总体呈淤积态势；深泓线平面形态在微弯型和蜿蜒型之间变迁。根据北支上段河道近期的演变规律，提出了"疏浚工程+潜堤工程+护滩工程"的治理方案，利用 MIKE 21FM 数模软件分析了该治理方案的效果，结果表明治理措施效果良好，能够达到治理目标。

关键词：长江口北支；河床演变；河道整治；岸线变化；河槽容积；深泓线；疏浚工程

　　长江口北支曾是长江口入海的主通道，自 18 世纪中叶以来，长江主流改走南支，北支分流比逐步降低，导致北支河道中沙洲大面积淤涨，河宽缩窄，北支逐渐演变为涨潮流占优势的支汊，近年来北支分流比一般在 5%以下（图 1）。长期以来，关于北支河道是存是废有不同意见，据此也提出了不同的治理思路[1-2]。2008 年国务院批准实施了《长江河口综合整治开发规划》（以下简称"综合规划"），综合规划提出的北支治理措施为：近期实施北支下段中缩窄工程，远期在北支下段缩窄的基础上研究建闸及其他可行方案。该治理方案的主要目标是减缓北支咸潮倒灌（近期实施中缩窄工程），对于是否封堵北支（远期实施建闸）未下定论，也未明确提出在保留北支河道的前提下北支上段的治理方案，仅对改善北支上进口入流条件做了初步研究[3]。近年来，在人类活动和北支河道自身演变的共同作用下，北支上段（崇头—大新河）呈现出一些较为显著的演变特点，产生了一些不利影响，如北支入口处入流条件恶化、河槽深泓朝着不利于航运的方向演变并导致局部河段边滩冲刷，威胁堤防设施安全等。在详细分析近期北支上段河道演变特征和机制的基础上，提出了北支上段"疏浚工程+潜堤工程+护滩工程"的综合治理方案，并运用数值模拟手段分析评估了该方案的治理效果，认为能有效达到治理目标。本文研究成果可为北支河道综合治理提供参考。

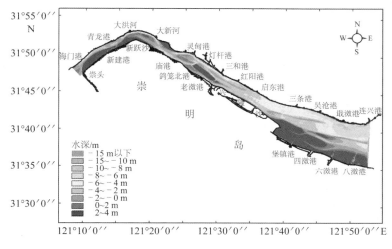

图 1　北支河道形势

作者简介：冯凌旋（1985–），男，江苏南京人，高级工程师，硕士，从事水利工程规划设计，河口海岸工程泥沙研究。
E-mail: fenglingxuan323@126.com

1　北支上段近期演变特征与机制

1.1　演变特征

1.1.1　河道岸线变化

目前北支河道均已是人工岸线，其岸线变化主要是受人类活动的影响。20 世纪 90 年代以来，北支上段沿江两岸实施了一系列人类工程，对北支上段河道平面形态及河床演变均产生了深刻影响，已实施工程统计见表 1。

表 1　1990 年以来北支上段实施工程统计

实施时间	项目名称	工程内容及其影响
1991—1998	新跃沙圈围工程	实施圈围 4.9 km²，致青龙港至大新河弯道段弯曲半径明显减小，凸岸岸线最大外移 1.8 km
1992—2002	圩角沙圈围工程	圈围海太汽渡至圩角港沙群 17.4 km²，致北支进口处河宽缩窄 2.2 km，恶化了北支入流条件
2006—2008	海门新通海沙综合整治工程东部工程	致北支进口处河段进一步缩窄了约 140 m
2006—2008	新跃沙圈围工程二期	圈围 1.45 km²，致凸岸岸线平均外移 350 m

由于沿岸圈围工程及整治工程的实施，北支上段河道发生以下变化：

1）进口处入流条件恶化。1992—2002 年，圩角沙圈围工程的实施缩窄了北支进口处河宽约 2.2 km，同时，导致北支进口段入流角度增加，2006—2008 年实施的海门新通海沙综合整治工程东部工程又进一步缩窄了崇头处河宽约 140 m，使得北支进口入流条件进一步恶化，北支进口段入流条件的恶化是北支分流比降低及河道淤积的重要原因之一。

2）北支上段河宽缩窄。1990 年以来沿江两岸实施的系列工程还导致了北支上段河道河宽的明显缩窄，如崇头—青龙港段平均河宽减小了约 990 m，约占原河道平均宽度的 30.01%，青龙港—大新河段平均河宽减小了约 478 m，约占原河道平均宽度的 18.17%。

3）河道平面形态调整，河道趋于均直，弯道段曲率增加。1984 年，北支上段自崇头断面至青龙港断面河宽逐渐缩窄，而后至大新港断面河宽又逐渐增加，是两头宽中间窄的渐变河道，而 1990 年以来，由于两岸工程的实施，北支上段河道形态逐渐发展成为平均河宽约 2.45 km 的顺直河道。同时，由于新跃沙圈围工程的实施，青龙港—大新河弯道段的弯曲半径也明显减小，弯道段更趋弯曲。

1.1.2　河槽容积变化

河槽容积变化受河段水沙条件、河床边界以及人类活动等的综合影响，是反映河床演变趋势的定量指标之一，北支河槽的容积变化是河床自然冲淤和人类活动共同作用的结果。20 世纪 90 年代以来，主要由于北支进口段分流条件持续恶化，北支河道水动力条件减弱，河道总体呈淤积态势，加之人类工程的影响，河槽容积减小[4]，以 0 m 线以下河槽容积为例，1991—2017 年，北支河道（崇头–连兴港）河槽容积总共减小了 4.79×10⁸ m³。

排除人类活动对河槽容积的影响，仅从河床冲淤角度分析，1991—2013 年，北支上段河床容积总体减小了 1.22×10⁸ m³（含 0 m 以上边滩），其中 0 m 以下河槽容积减小了 0.76×10⁸ m³，见表 2。进一步分析河床冲淤变化过程，1991—2001 年河床淤积了 1.11×10⁸ m³、2001—2005 年冲刷了 0.16×10⁸ m³，2005—2011 年淤积了 0.42×10⁸m³，2011—2017 年冲刷了 0.15×10⁸ m³，河床冲淤呈"淤积–冲刷–淤积–冲刷"交替出现的特征，但总体仍为淤积。

1.1.3　深泓线变化

北支上段河道崇头—青龙港段因两侧人工岸线约束已为顺直河道，青龙港—大新河段为弯道段，其中弯道段深泓线比较稳定，一直维持在左岸，而顺直段深泓线变化频繁。自 20 世纪 90 年代以来，总结北支崇头—青龙港段深泓线的平面形态，主要有两种：蜿蜒型和微弯型（图 2），1991—2001 年及 2012 年以后即呈现为蜿蜒型平面形态，2002—2012 年则呈现微弯型平面形态。

蜿蜒型特点：两岸边滩交错，深泓呈反"S"形。进口处深泓位于右岸崇头一侧，而后以约 30°~50°角向左岸延伸至圩角港附近，再紧贴左岸延伸一段距离后转入右岸江口副业场沿岸，后转入左岸大新河附近在弯道段紧贴左岸向下游延伸。

表2　北支上段河槽容积变化及冲淤变化统计

年份	河槽容积（0 m以下）/（×10⁸ m³）	河槽容积变化（0 m以下）/（×10⁸ m³）	河床冲淤量/（×10⁸ m³）
1991	1.84	–	
1998	1.66	−0.18	+0.4
2001	0.97	−0.69	+0.71
2003	1.19	+0.22	−0.05
2005	1.25	+0.06	−0.11
2008	1.07	−0.18	+0.29
2011	0.99	−0.08	+0.13
2013	1.04	+0.05	−0.09
2017	1.08	+0.04	−0.06
1991—2017	–	−0.76	+1.22

注：高程系统为国家85高程，"+"为淤积，"–"为冲刷。

微弯型特点：进口段深泓紧贴左岸海门港一侧，顺直微弯下延至大洪河，在弯道段紧贴凹岸下延。

河道深泓平面形态的发育演变是水流动力条件和河床边界条件相互作用的结果。1992年以来由于兴隆沙、灵甸沙等的围垦以及崇明北湖的建成，北支中段河宽明显束窄，涨潮流经北支中段上溯北支上段的流路趋于稳定，青龙港段涌潮大幅消减[5]，在此背景下，北支上段深泓演变受落潮流动力条件变化影响增加。当落潮流在北支进口段紧贴海门港侧入流时，水流贴左岸下泄，流态平顺，流路趋直，在此水动力环境下，形成微弯型深泓平面形态；当落潮流在北支进口段由崇头一侧入流时，水流以一定角度下泄，遇左岸改变方向，经2次转折最终在弯道段贴岸下泄，在此水动力环境下遂形成蜿蜒型的深泓平面形态。目前，北支上段河道深泓平面的形态主要取决于河道落潮水流动力环境，而北支上段落潮水流动力环境主要受落潮流在北支进口段的入流位置和角度制约。这一内在动力机制也可在深泓线的平面形态上表现出来，即当北支进口段深泓线贴近海门港一侧，则北支上段河道深泓呈现出顺直型平面形态，当进口段深泓线贴近崇头一侧，则呈现出弯曲型平面形态，且在弯曲型平面形态下，进口段深泓越线的位置和角度影响着江口副业场附近深泓线逼近河道右岸的程度。

北支上段河道深泓平面形态的改变及位置的摆动都会导致河床自适应调整，进而改变边滩和深槽，2012年以来，北支上段河道深泓线往蜿蜒型发展，导致崇明侧舌状边滩外缘略有淤涨，青龙港前沿初步形成边滩雏形，与此同时，江口副业场前沿边滩持续冲刷后退，2012—2017年，0 m和−2 m线（吴淞基面）分别冲刷后退了约340 m和420 m，已威胁到崇明岛侧大堤安全。

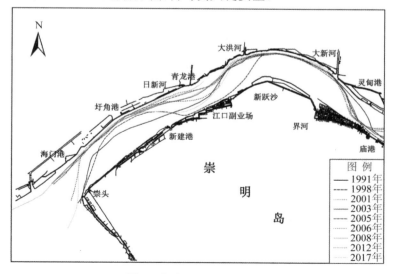

图2　北支上段深泓线变化

1.2　演变机制

近期北支上段河道呈现出的演变特点是人类活动、河段自身水沙动力条件以及上游河势变化共同影响下的结果。

1.2.1　人类活动的影响

20 世纪 90 年代以来，人类活动对北支上段河道岸线的基本平面形态起主导作用，目前北支上段河道岸线均为人工治理的结果。圈围工程、岸线整治工程等，在改变河道边界形态和尺寸的同时也改变了水流动力条件，深刻影响着北支上段河床演变。

1.2.2　河段自身水沙动力条件影响

河段自身水沙动力条件是北支上段河床演变的直接内在因素。在北支中下段已然成为涨潮槽的条件下，涨潮流携带的大量泥沙进入北支河道，而落潮流难以完全带走[6]，这为北支河床淤积提供了泥沙来源。北支上段是南北支涨潮流会潮区[7-8]，该河段存在着有利于上溯悬沙落淤的动力条件，与此同时，20 世纪 90 年代以来，圩角沙圈围及新通海沙综合整治工程的实施恶化了北支进口段的入流条件，北支洪季落潮分流比由约 10% 降低到 5% 以下[9]，导致北支上段河道落潮水流动力明显减弱，在上述水沙动力条件综合作用下，北支上段河道河床淤积明显。由于北支中段河道整治，加之北支上段崇头边滩淤涨出水，使得北支上中段河道涨落潮流路归于一致，形成北支上段槽冲滩淤的河床冲淤格局。

1.2.3　上游河段河势变化影响

北支进口处落潮主流的入流位置和方向一方面受河段自身入流条件影响，另一方面与上游徐六泾节点段及白茆沙汉道段河势变化关系密切。圩角沙圈围工程和海门新通海沙综合整治东部工程实施以来，北支进口处入流条件没有再发生过明显改变，对其入流产生影响的主要因素是上游河段河势变化。当徐六泾节点段河势变化形成的水流条件有利于白茆沙南水道发展时，则在河宽增加、白茆沙漫滩分流、北支分流以及北支水沙倒灌南支等多种因素共同作用下[10-12]，白茆沙北水道上口处泥沙大量落淤，形成不利于落潮流由崇头进入北支的地形条件，此时，落潮流贴海门港侧下泄，形成北支上段微弯型深泓形态。而当徐六泾河段河势变化有利于白茆沙北水道发展时，则白茆沙北水道上口段冲刷贯通，落潮水流偏于崇头侧进入北支上段，形成北支上段蜿蜒型深泓形态。这一规律已得到很好的印证：2001－2011 年，白茆沙北水道上口持续淤堵，北支进口段深泓即偏靠海门港一侧，期间实施的海门新通海沙综合整治东部工程也没有改变深泓位于海门港侧的格局，而当 2012 年以后白茆沙护滩工程实施，白茆沙北水道冲刷发展，北支进口处深泓则逐渐往崇头侧偏移。由此可见，白茆沙北水道上口段的冲淤变化与北支进口处深泓位置的摆动密切相关。

2　治理思路及方案

2.1　治理目标与思路

北支上段河道治理主要有以下三个目标：改善北支进口入流条件，维持北支河道生命力；使深槽平面形态朝有利于航运方向发展；纾缓两岸边滩冲刷威胁。

据前文分析，近期北支进口处入流条件恶化的主要原因，在于圩角沙圈围工程及新通海沙综合整治工程的实施导致进口段河宽缩窄及入流角增加。据此，可采取疏浚北支进口段的措施以同时达到增加过水断面积和减小入流角度的目的，从而改善分流条件。

根据钱宁等人对非潮汐河口地区顺直河道的研究[13]，一般而言，顺直河道中边滩交错排列，深泓蜿蜒延伸，但这种河道形态因往往伴随边滩下移发展而难言稳定，且沿河道深泓浅滩和深槽相间分布，既不利于航运，也不利于两岸堤防安全。而北支上段位于长江河口，既受流域因素作用也受海洋因素作用，统计 1991－2016 年资料，北支上段深泓线连续呈蜿蜒形态的时间与连续呈微弯形态的时间相等，均为 11 年，可见北支上段深泓保持微弯形态是可能的。根据前述分析，为促使北支上段河道深泓往微弯形态发展，应使落潮流偏于海门港一侧入流，为实现这一目的，可结合北支进口段的疏浚工程，将疏浚段布置在靠近海门港一侧，同时，将疏浚段向上游徐六泾段延伸以达到引流目的，此外，为迫使落潮流沿左岸下泄，可考虑在崇头侧布置限流潜堤。

与此同时，由于北支上段深泓演变需要一定时间，而目前江口副业场前沿边滩的持续冲刷已对沿岸海堤产生威胁，因此，可先期在江口副业场前沿实施护滩工程。

2.2　治理方案

北支上段河道的治理方案主要包括以下三部分内容。

2.2.1　北支进口段疏浚工程。

疏浚段上游自现状地形−5 m线位置，下游至日新港断面，取2003—2012年深泓线的平均位置作为疏浚段的中心线，疏浚底高程−5 m（吴淞基面，下同），根据1990年以来北支上段−5 m槽平均宽度，初拟250 m和350 m两种方案进行比选。

2.2.2　崇头侧限流潜堤工程

潜堤起点位于崇头附近，与新建港西十八号丁坝衔接，潜堤轴线与河道等高线垂直，堤长1 300 m（堤头位于−1 m线附近），根据崇头站多年平均潮位（多年平均高潮位3.34 m，多年平均低潮1.25 m，2005—2009年资料），拟定堤顶高程0 m和2 m两种方案进行比选。

2.2.3　江口副业场前沿护滩工程

为应急保护江口副业场前沿边滩不受冲刷，经初步研究，以目前江口副业场前沿边滩水边线为基线，布置7座60 m长抛石丁坝，丁坝平均间距约为423 m。

北支上段河道治理方案工程布置如图3所示。

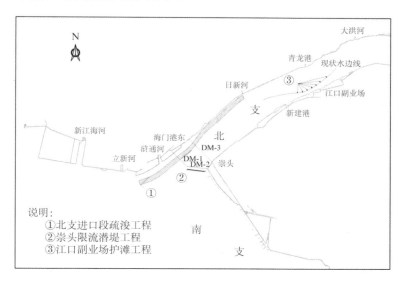

图3　北支上段河道整治方案布置示意

3　治理效果分析

3.1　模型建立

采用目前使用较广泛的MIKE 21FM软件建立平面二维水流数学模型，以此为研究工具初步分析北支上段河道治理方案的效果。MIKE 21FM在模拟长江口杭州湾区域水流动力方面已比较成熟，本文不再赘述介绍。模型上游边界自江阴，外海东边界至东经123.5°，南北边界分别至北纬29°和32.5°附近，江阴至徐六泾河段、南支河段、北支部分河段（青龙港以下）、南北港河段、南北槽河段均采用2012年1∶10 000水下地形，北支上段局部河道（崇头至青龙港）采用2016年1∶10 000水下地形，其余区域采用2009年水下地形。计算水文条件采用2016年洪季大潮期间的一次水文过程。为分析前述治理方案的效果，设计了4种工况共计6个计算方案，见表3。

3.2　结果讨论

根据数学模型计算结果，仅实施疏浚工程且宽度为250 m时，左侧断面（DM-1，图3）落潮量增加了2.29×10⁷ m³（表4），增幅为49.2%，右侧断面（DM-2）落潮量减少了1.4×10⁷ m³，减幅为34.7%，而北支进口总体落潮量（DM-3）增加了0.39×10⁷ m³，增幅为4.0%，DM-1~DM-3断面涨潮量分别变化（"+"为增加，"–"为减少）了+0.14×10^7 m^3，−0.05×10^7 m^3 和+0.07×10^7 m^3，变幅分别为+29.8%，−18.5%和+11.5%。当疏浚宽度达到 350 m 时，DM-1～DM-3 断面落潮量变幅分别为+72.7%、−49.5%、+6.3%，断面涨潮量变幅分别为+44.7%、−25.9%、+18.0%，由此可见，疏浚工程不仅增加了北支进口的分流量，而且能够引水流偏于河道左侧进入北支上段，疏浚宽度越大，效果越明显。

在实施 350 m 宽疏浚工程的基础上，若再加入+0 m 堤顶高程的限流潜堤工程，则改善北支进口入流条件的效果与仅实施疏浚工程差别不明显，但若将堤顶高程增加到+2 m，则 DM-1 断面落潮量在实施疏浚工程的基础上进一步增加 0.69×10^7 m^3，增幅 14.8%，DM-2 断面落潮量进一步减少 0.8×10^7 m^3，减幅 19.8%，DM-3 断面落潮量与仅实施疏浚工程相比减小 0.09×10^7 m^3，但与原状地形工况相比，仍增加 0.52×10^7 m^3，增幅为 5.3%，由此可见，实施堤顶高程+2 m 的限流潜堤可进一步增加左岸落潮入流，同时限制右岸落潮入流。

江口副业场前沿丁坝群工程对于北支进口分流影响不大，但是明显降低了江口副业场前沿边滩流速，减小幅度在 5%～30%，对于护滩有明显效果。

由上述分析可见，"疏浚工程+潜堤工程+护滩工程"的整治方案能够达到增加北支落潮分流量，使水流贴河道左侧进入从而促使河道深泓往微弯形态发展，并消除江口副业场前沿边滩冲刷威胁的目的，且治理效果较好。

表 3　北支上段河道整治工程模型计算方案

计算工况	工况特征描述	计算方案	工程主要特性参数
工况一	工程前原状地形	case-1	原状地形，未实施治理工程
工况二	仅实施疏浚工程	case-2	疏浚工程：宽度 250 m，底高程−5 m
		case-3	疏浚工程：宽度 350 m，底高程−5 m
工况三	疏浚工程+潜堤工程	case-4	疏浚工程：宽度 350 m，底高程−5 m 潜堤工程：堤顶高程 0 m
		case-5	疏浚工程：宽度 350 m，底高程−5 潜堤工程：堤顶高程 2 m
工况四	疏浚工程+潜堤工程+护滩工程	case-6	疏浚工程：宽度 350 m，底高程−5 m 潜堤工程：堤顶高程 2 m 护滩工程：丁坝长度 60 m*7 座

表 4　各计算方案断面 DM-1～DM-3 涨落潮量统计

计算方案	DM-1/（×10^{7}m^3）		DM-2/（×10^{7}m^3）		DM-3/（×10^{7}m^3）	
	涨潮	落潮	涨潮	落潮	涨潮	落潮
case-1	0.47	4.65	0.27	4.04	0.61	9.72
case-2	0.61	6.94	0.22	2.64	0.68	10.11
case-3	0.68	8.03	0.2	2.04	0.72	10.33
case-4	0.69	8.04	0.2	2.02	0.73	10.33
case-5	0.51	8.73	0.31	1.22	0.69	10.24
case-6	0.50	8.69	0.31	1.22	0.69	10.20

4　结　语

1）根据长江河口总体演变规律分析，北支淤废的趋势难以逆转，但若无人为加速，这一自然演变过程将是漫长的，而在未来一段时间内，北支河道对于江苏、上海两地的经济社会发展仍能发挥一定作用，因此应尽量采取措施维持北支河道生命力。

2）本文提出的"疏浚工程+潜堤工程+护滩工程"综合治理方案能够有效达到改善北支进口入流条件和使北支上段深泓往微弯形态发展的治理目标，但是治理措施实施后北支上段河道仍会发生淤积（若北支中缩窄工程实施，则有利于缓解北支上段河床淤积），而深泓演变需要一定的时间，因此，疏浚工程实施初期，疏浚段需要定期维护以保持水深，待深泓蜿蜒形态演变为微弯形态，河道自适应调整结束，则北支上段涨落潮流路归一形成的集中水流有利于自发维持深泓水深，届时，疏浚段的维护量将会显著减少。

3）"疏浚工程+潜堤工程+护滩工程"方案中治理工程的具体布置方案仍有优化空间，如：北支进口处疏浚段中心线位置、疏浚宽度、疏浚底高程以及潜堤的位置、方位、高程等。同时一些重要问题如疏浚实施后的年际回淤量，对徐六泾及白茆沙汉道段的影响等需要后续深入研究。

参考文献:

[1]　薛鸿超. 长江口南、北港分汊口演变与治理[J]. 海洋工程, 2006, 24(2): 27-33.

[2]　张志林, 阮伟, 刘桂平, 等. 长江口北支近期河势演变与航道资源开发研究[J]. 海洋工程, 2009, 27(2): 96-103.

[3]　水利部长江水利委员会. 长江口综合整治开发规划[R]. 2008: 55-66.

[4]　杨程生, 高正荣, 俞竹青. 长江口北支河槽容积变化特征的定量分析[J]. 水科学进展, 2016, 27(3): 392-402.

[5]　张静怡, 黄志良, 胡震云. 围涂对长江口北支河势影响分析[J]. 海洋工程, 2007, 25(2): 72-77.

[6]　杨欧, 刘苍字. 长江口北支沉积物粒径趋势及泥沙来源研究[J]. 水利学报, 2002(2): 79-84.

[7]　曹民雄, 高正荣, 胡金义. 长江口北支水道水沙特性分析[J]. 人民长江, 2003, 34(12): 34-36.

[8]　李伯昌, 余文畴, 陈鹏, 等. 长江口北支近期水流泥沙输移及含盐度的变化特性[J]. 水资源保护, 2011, 27(4): 31-34.

[9]　王俊, 田淳, 张志林, 等. 长江口河道演变规律与治理研究[M]. 北京: 中国水利水电出版社, 2013: 308-312.

[10]　徐照明, 陈前海. 徐六泾节点及白茆沙河段整治方案研究[J]. 人民长江, 2009, 40(13): 3-5.

[11]　朱晓波, 夏云峰, 徐华, 等. 长江下游三沙河段河床演变规律及其关联性分析[J]. 水道港口, 2013, 34(5): 413-419.

[12]　李键庸. 长江河口段徐六泾节点演变规律[J]. 人民长江, 2000, 31(3): 32-34.

[13]　钱宁, 张仁, 周志德, 等. 河床演变学[M]. 北京: 科学出版社, 1987.

平面二维水沙数学模型在长江口应用中
的问题浅析

顾峰峰

（上海河口海岸科学研究中心 交通部河口海岸重点实验室，上海 201201）

摘要： 二维水沙数学模型模拟技术具有技术灵活、简单高效的特点，是研究泥沙输运、航道回淤常用的手段之一。然而，长江河口区域的泥沙问题复杂多变，如不能从机理上描述实际的水、沙运动规律，模型应用就会产生局限性。本文从长江口近底高浓度泥沙运动模拟、洪枯季水沙运动特征差异、波浪以及盐度对水沙输运的影响等几个方面的问题来简单描述目前二维水沙模型在长江口应用的问题。提出河口地区的水沙问题具有一定的特殊性，在选择模型技术手段研究这些区域的工程问题时，应对所采用模型工具的局限性有一个清醒的认识，从需要研究的主要问题出发，发挥不同模型工具的长处，减小模型计算的误差。从今后的发展趋势来看，河口区域的三维水沙模型应用将越来越广泛。

关键词： 二维水沙数学模型；近底泥沙；长江口；河口；航道

20世纪80年代以来，为满足我国改革开放、经济快速发展的需要，港口建设迅速发展。随着天津、大连、连云港、宁波、上海港等大型港口及长江口、珠江口的深水航道的建设，河口地区的水沙数值模拟技术研究得到越来越多研究者的重视。

现有水沙数值模型技术中的泥沙回淤数值模拟技术，无论是利用经验公式计算还是实际泥沙场模拟来计算泥沙回淤情况，基本都是建立在描述泥沙输运对流扩散方程的基础上，其中包括了水平 x、y 和垂线 z 三个方向的泥沙运动。利用泥沙输运模型开展泥沙数学模拟研究，目前工程上考虑计算量，基本以二维模型为主，随着计算机水平和研究技术的发展，三维泥沙数值模拟也逐步得到运用。

在以单向流为主的内河航道中，流量变化较小，纵向水面坡降接近水流能坡，水流接近均匀流，水体含沙量基本接近饱和平衡输沙状态，水平方向的泥沙输运变化相对垂线泥沙输运变化来说是个小量，因此，通常可以利用忽略水平输运变化的垂线泥沙运动方程来控制垂线泥沙分布。但对于长江口这样的河口地区来说，潮汐和径流双重作用下的水流和泥沙纵向分布差异较大，纵向断面流速分布偏离均匀流，存在明显的水、沙水平方向的净输运，因此，同时考虑泥沙的水平及垂线输运是必须的。

在水平方向，平面二维水沙输运以垂线平均流速和含沙量来计算泥沙水平运动交换，这是基于水流和泥沙的垂线分布基本符合一定规律；其中流速垂线分布一般可以以对数及指数分布来描述，而泥沙垂线分布应与流速分布相对应。在长江口，水平流速较大且纵向分布差异较大，水、沙净输运较为明显，而且潮汐河口的水、沙垂线分布瞬时变化剧烈，使得基于垂线平均的水沙输运计算的局限性较为明显。对于不符合泥沙垂线分布一般规律的底部泥沙，以近底高浓度泥沙和浮泥层来单独考虑悬沙输运是较为常用的一种方法。

在垂线方向，水沙数学模型中计算泥沙的悬浮和沉降可从能量守恒的角度得到理论计算公式，也可以从底部切应力出发得到常用的经验公式，即通常所说的挟沙力及切应力两种模式。两者分别以挟沙力[1-4]及临界起动、止动剪切力[1-2]来判断泥沙冲刷、落淤及动态平衡状态；前者国内应用较为普遍，如黄骅港[1-2,5]；后者国外应用较多，包括MIKE21及Delft3D等国外成熟商业软件也采用这种模式。这两种计算模式中的计算参数及计算公式，如泥沙沉速，临界底部起，止动（淤积）剪应力，挟沙力公式，恢复饱和系数，沉降概率等确定较为关键。

当采用由挟沙力控制的泥沙底边界计算模式时：首先，由于特定区域的潮汐、径流及波浪特征不同，通常需要率定本区域适用的水流挟沙力公式[6-10]。其次，长江口的泥沙中值粒径较细，易起悬、难落淤，

基金项目： 长江口水沙变化与重大工程安全（2017YFC0405404）；港口航道泥沙工程交通行业重点实验室开放基金。

作者简介： 顾峰峰（1978–），男，博士，主要研究领域为河口海岸水沙数值模拟。E-mail:6737632@qq.com

适用非平衡输沙理论描述；非平衡输沙过程中含沙量沿程恢复饱和问题较为复杂，韩其为通过实测资料及理论推导平衡时的恢复饱和系数介于0.02~1.78[11]，其余学者的研究推荐的值也基本在0.45~1.5的范围内[12-15]。第三，关于泥沙沉速的取值，长江口泥沙静水沉速根据中值粒径通常取值在0.000 5 m/s左右，但由于北槽地区受到盐度及水温的影响，絮凝沉速不容忽视，根据泥沙垂线分布曲线推算[16-18]，洪、枯季的泥沙沉速的比值可达1.5倍[19]，因此，窦国仁院士的全沙模型对北槽深水航道一期工程的回淤进行预测时，对洪、枯两季选取不同沉速来进行计算[20]。

当采用切应力控制时：首先，冲刷系数取值较为关键，通常采用实验室或现场冲淤平衡计算来率定，取值一般在$2.0 \times 10^{-4} \sim 4.0 \times 10^{-3}$ kg/（m²·s）[21]，但按杭州湾的资料显示 m 取值为0.30×10^{-4} kg/（m²·s）[22]；其次，临界底部起、止动（淤积）剪应力的确定一般采用试验的方法，如曹祖德对黄骅港不同细颗粒泥沙进行的环形水槽试验[23]，对于起动剪应力，窦国仁[24]通过理论推导了考虑水头的泥沙起动应力理论公式，其结果和万兆惠[25]的试验发现一致。

根据上述，目前针对河口地区的水沙数值模拟技术，已经具备了相对较为完整的理论基础，即对泥沙输运的机理和过程的数学描述是完整的，然而实际计算过程中，泥沙模型选用的计算参数变化范围较大，具有明显的经验性，经常需要根据当地的实际情况来选取。造成各地泥沙参数取值差异较大的原因有多方面，这些差异也反映了目前运用各种泥沙数模计算理论进行模拟具有一定的局限性。因而，任何地区适用的泥沙模型都必须建立在前期较为完善的机理研究和全面的实测资料分析的基础之上，这样的结论不仅仅针对平面二维水沙数学模型，对于三维水沙数值模型也是同样适用。

1　长江口二维水沙数学模型应用的局限性浅析

1.1　底部泥沙通量计算模式的运用困难

常规的泥沙水平输运示意图见图1，控制方程为式（1）。

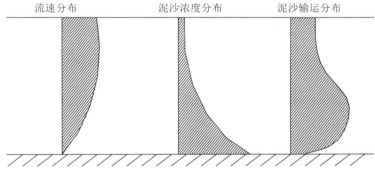

流速分布　　　　　泥沙浓度分布　　　　　泥沙输运分布

图1　泥沙水平输运示意

$$\frac{\partial hC_s}{\partial t} + \frac{\partial}{\partial x}\left(hUC_s - \varepsilon h \frac{\partial C_s}{\partial x}\right) + \frac{\partial}{\partial y}\left(hVC_s - \varepsilon h \frac{\partial C_s}{\partial y}\right) = F_s \tag{1}$$

对于长江口这样的潮汐河口区域，式（1）中，泥沙底边界通量 F_s 的计算模式选用是有争议的，相对比较混乱，通常国内模型采用挟沙力模式（2）的较多，随着MIKE21等商业软件进入国内，切应力计算模式（3）逐步增多。

$$F_s = -\alpha \omega (C - C_{s*}) \tag{2}$$

$$F_s = m\left(\frac{\tau}{\tau_c} - 1\right) \qquad 当 \tau > \tau_c，冲刷$$

$$F = \alpha \cdot \omega \cdot C_s \cdot \left(1 - \frac{\tau}{\tau_c}\right) \qquad 当 \tau < \tau_c，淤积 \tag{3}$$

挟沙力模式是从能量守恒的角度出发进行理论推导得到的，即一定的水动力条件对应悬浮一定的泥沙，此时被悬浮泥沙在断面上也处于饱和状态；当泥沙多于或少于饱和含沙量时，泥沙以底边界泥沙通量计算式（2）的形式落淤和冲刷，以恢复饱和状态，恢复的速度用恢复饱和系数来表示；在内河航道水动力变化较为均匀和缓慢，实际含沙量接近饱和含沙量，恢复饱和系数 α 可以用一个常数代替，但对于长江口区域水动力变化迅速和剧烈，泥沙恢复饱和系数选定为常数时误差较大。对于航道，常采用回淤资料进行泥沙恢复饱和系数的率定，但对于其余区域，没有足够的资料无法验证，因此令泥沙场的准确给定较为困难。

现有挟沙力公式大多具有如下常见的结构形式：

$$C_{s*} = k(\frac{U^3}{gR\omega})^m \tag{4}$$

式中：C_{s*} 为挟沙力；g 为重力加速度；R 为水力半径；ω 为泥沙沉速；U 为平均流速；系数 k 和 m 由实测资料率定。

挟沙力公式的确定是较为困难的，理论推导和实验室拟合的曲线放到现场中，在内河中吻合较好，但河口地区往往和潮周期平均的实际含沙量差异较大，通常需要对挟沙力公式进行修正，因此，不同的河口地区出现了不同的适用的挟沙力公式。出现较多不同形式的挟沙力公式，应该说是一定程度上说明公式背离了物理本质，不具有一般代表性的；出现的原因一般认为是动力场变化较快时，泥沙场的变化总是滞后于动力场，泥沙输运始终处于不饱和状态；因此需要对平衡输沙条件下的挟沙力公式进行修正，所以不平衡输沙的存在对现有泥沙输运模型的准确模拟提出了更高的要求。

切应力模式并不是从理论推导得到，而是一个经验性的公式，因此，对使用者的要求较高。其明显的缺点由于没有类似挟沙力的饱和概念，所以只要满足临界应力条件，就会持续冲刷和落淤，这一特征并不符合物理事实，会使得冲刷和落淤积幅度被夸大。

1.2　长江口泥沙水平输运计算的困难

二维水沙数学模型所使用的垂线积分平均方程（1），是建立在均匀流或是接近均匀流的假设基础上，一旦断面流速、泥沙分布出现剧烈变化，断面水、沙输运将只能近似利用垂线平均值来描述，如式（5）；类似的情况在计算流场时可以通过调整适当的糙率值达到需要的精度，但对于泥沙来说计算误差无法避免。

$$1/h\int_0^h \frac{\partial}{\partial x}huc \approx \frac{\partial}{\partial x}hUC_s \tag{5}$$

以长江口实测航道纵向断面含沙量为例，如图 2，长江口航道内底部出现了明显的高浓度泥沙，当底部出现高浓度泥沙时，由于底部流速较小，式（1）描述泥沙的水平输运和实际输运有误差，实际高浓度泥沙的运动速度要小得多。则平面二维水沙数值模型在利用断面平均含沙量和流速进行水平输运计算时必然有误差。

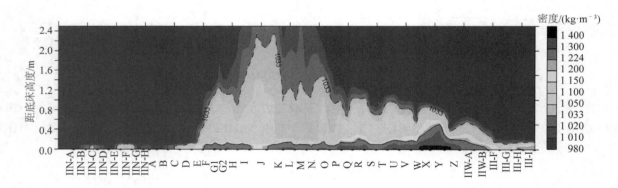

图 2　基于观测的航道纵向断面浑水密度分布

1.3　长江口底部泥沙输运计算：底沙输移

从笼统的概念上来说，底沙为在底部输运的泥沙，一般不参与上层悬移质泥沙的交换，仅是在河床上跳跃移动，但又无法进入上层水体，参与悬浮的泥沙输运。对于一般河流来说，动力纵向变化相对均匀，底沙只在底部输移，可以利用专门针对底沙的输移方程，参见窦国仁在长江口深水航道回淤计算时的底沙输运公式[25]。在长江口存在底沙吗？显然有，不足以被悬浮的泥沙总是存在的，但航道中淤积物是底沙输移的结果吗？实测资料显示，至少在强淤积航道段不是，参见图 3，长江口深水航道回淤重点区域疏浚土的粒径平均约 0.035 mm 左右。实测资料显示该区域的垂线平均动力随着工程丁坝"束流"效果的体现，可达 1.5 m/s 甚至 2 m/s 以上，因此，在潮汐动力过程的大部分时段内足以起动并悬扬这类细颗粒泥沙。

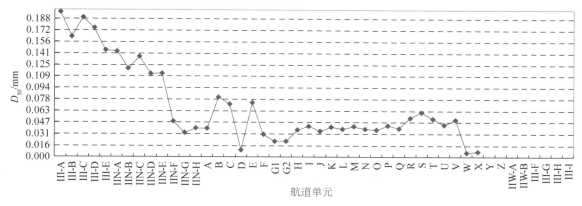

图 3　长江口深水航道内疏浚土的中值粒径分布

根据上述分析可知，长江口潮汐动力足以使航道淤积泥沙中对应的绝大部分粒径的泥沙悬浮，以悬浮泥沙输移的形式运动，其对航道回淤起到主要贡献作用。在长江口可推测必然存在较粗的任何时刻都无法被悬浮的底沙输移，但其对于航道回淤的贡献基本可忽略，其本身相对悬浮泥沙的输运量相比较占比很小。在长江口，任何计算以底沙回淤为航道主要回淤原因之一的结果，是和实际资料分析不吻合的。因而水沙数值模型在长江口应用并计算航道回淤时，底沙对于深水航道回淤影响的贡献是较小的，且其主要影响范围最有可能是在目前回淤量相对较小的上段。

1.4　长江口底部泥沙输运计算：底沙高浓度泥沙输运

长江口尤其是航道内的底部高浓度泥沙哪里来的？必然是上下左右输运来的，但是以什么形式输运过来的，意见不一。长江口细颗粒泥沙的来源必然是水平输移形成，但是底部高浓度泥沙的形成呢？现有的实测资料并不足以说明底部高浓度泥沙是以近底高浓度泥沙贴底输运的形式汇聚而成，尤其滩槽泥沙的横向交换，并没有观测到明显的类似异重流的输运现象。

通常在泥沙浓度高且动力变化幅度大的区域，在动力由大到小变化时，饱和状态的挟沙力值通常变化很大，可达每立方米几千克，这里反映到泥沙浓度上，变化也会较大；如图 4 中假设 10 m 水深时，上层悬沙含沙量在憩流期间由 2 kg/m³ 变化到 1 kg/m³（假设近底泥沙浓度测不到，不计）时，如底部泥沙没有达到临界淤积应力（细颗粒泥沙临界淤积应力较小），则不存在泥沙落淤到河床，不考虑水平净输移，又假设底部高浓度泥沙厚度 1 m，则垂线泥沙交换促使 1 m 内泥沙浓度增幅达到 9 kg/m³；此例虽然条件概化不完全合理，但可以清晰说明垂线泥沙交换可轻易形成底部高浓度泥沙层。

上面的例子表明，大量的细颗粒泥沙在水动力较强时，运动以水平输移形式为主；当水动力较小时，泥沙逐步在底部汇聚，底部高浓度泥沙和底部流速较小使得泥沙输运速度大大减小。在憩流时刻以高浓度泥沙的形式落淤，此时泥沙运动以垂线输运的形式为主。

实际上以长江口憩流时间为 1 个小时为例，根据泥沙絮凝沉降速度估取 0.000 5~0.001 m/s 的范围，其对于航道回淤起作用的泥沙分布在底部 1.8~3.6 m 的范围内，尤其是当盐水上溯和泥沙密度分层制约制絮作用下，显然考虑近底部泥沙浓度比考虑平均含沙量更加有实际意义。如果能够准确模拟近底高浓泥沙形成的位置，即可推断航道回淤主要淤积部位，这个部位的位置和移动与动力场密切相关，这里动力场的变化，最主要的还是与纵向分布有关，但也受到包括了某一天内的潮汐变化，大、中潮，上游流量等大小变化的影响。

如果航道回淤总是以底部高浓度泥沙的形式落于河床形成，传统的以断面平均含沙量和挟沙力控制的底部泥沙通量计算方法显然有误差。因此，在目前一些优化的泥沙数学模型中，常采用假定底部一层高浓度泥沙层，最主要是为了克服二维平均水沙模型对于垂线泥沙浓度模拟的不足。

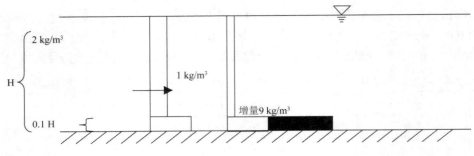

图 4　泥沙垂线交换示意

1.5　长江口底部泥沙输运计算：洪、枯季差异

洪、枯季的差异，对于泥沙输运一个重要的影响体现在水温对泥沙沉速的影响上。不同粒径的泥沙沉速随温度的变化见表1。仅考虑水的动力黏性变化，洪季的沉速也将普遍增大，泥沙的垂线输运速度加快，底部高浓度泥沙的浓度显著提高。根据前述，底部浓度的增大以及沉速的增大，将明显增大回淤量。根据一般的文献研究成果，当洪季细颗粒泥沙更容易达到絮凝沉速时，上述现象将更加显著。因而不考虑垂线上泥沙不同沉速影响的二维数值模型是有局限性的。

表 1　泥沙控制参数计算示例

中值粒径（mm）	泥沙沉速 ω /（mm·s^{-1}） υ =1.52 T =5°	泥沙沉速 ω /（mm·s^{-1}） υ =1.31 T =10°	泥沙沉速 ω /（mm·s^{-1}） υ =1.14 T =15°	泥沙沉速 ω /（mm·s^{-1}） υ =1.00 T =20°	泥沙沉速 ω /（mm·s^{-1}） υ =0.89 T =25°	泥沙沉速 ω /（mm·s^{-1}） υ =0.8 T =30°
0.02	0.17	0.19	0.22	0.25	0.28	0.32
0.03	0.37	0.44	0.50	0.57	0.64	0.71
0.04	0.67	0.77	0.89	1.01	1.13	1.26
0.05	1.04	1.21	1.38	1.57	1.76	1.97

另外，不同粒径的泥沙临界起动流速、淤积流速和沉速不同，随着洪、枯季动力的强弱变化，动力对不同粒径泥沙的自然分选也密切关联。不同季节的泥沙粒径所占比重也是个动态变化过程，不进行分组的复杂计算，任何单一粒径的泥沙数学模型都是近似，需要进行洪、枯季、不同区域分别选取不同参数；这一点对于二维和三维模型来说，都是一样的。

1.6　浪对于近底泥沙输运模拟的影响

长江口测站—牛皮礁的实测资料显示，长江口深水航道口门位置处常年的平均有效波高约为0.7 m，如图5所示。一般对于长江口深槽区域，由于水深较深，这些区域的波浪掀沙的可能性较小。考虑波流混合切应力及波浪辐射应力的作用，北槽口的底部切应力约10^{-2} N/m^{2}的量级，且由口外逐步向口内减小，因此其通常无法直接作用于航道槽内的泥沙启动和悬扬。

受波浪应力作用而冲刷供沙的主要区域为河口周边的浅滩区域，但和潮汐动力相比较，常态条件下的波浪应力强度和分布范围都远远小于潮汐动力的作用，从这一点来看，常态波浪对于泥沙的来源供给预计是一个小量。

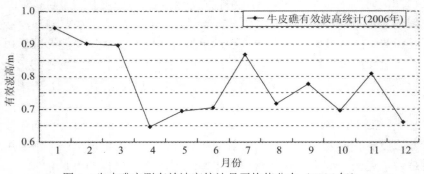

图 5　牛皮礁实测有效波高统计月平均值分布（2006 年）

另一方面来看，由于长江口悬浮泥沙的粒径对应的临界淤积应力较小，基本在0.2~0.4 N/m²左右，长期波浪的作用应力相对来说虽然是小量，但其长期作用将使得波浪作用区域即使憩流底部泥沙也很难达到临界淤积应力而落淤，即大大缩短了受风浪影响区域的近底泥沙淤积历时，从而导致近底高浓度泥沙的汇聚。另外风浪作用下的水体紊动强度明显增强，导致泥沙垂线交换更加明显，其对于泥沙的水平输运也将产生明显的影响。因此，北槽下段的常规泥沙回淤受风浪作用影响，不考虑风浪的作用数学模型有局限性；这里风浪紊动的垂向影响特性使得平面二维水沙数学模型在长江口描述此类问题时具有不足。

1.7　盐度的影响

盐度的影响从两方面来说：一方面：对于三维水体，流速或盐度梯度通常会引起垂向上的重力环流，导致垂向上动量交换的减弱，从而造成床面剪应力减小；根据荷兰水利研究院的研究成果[26-27]，落潮时和在最大浑浊带，这种效应尤为突出：落潮时床面剪应力将减小约40%。在北槽下段，实测数据表明，涨潮流速的垂线分布曲线和落潮时的分布曲线有明显差异：涨潮的底部流速和断面平均流速差异并不大，而落潮相比较则底部流速比平均流速小很多。在物模上采用垂线变态模型时无法模拟这种垂线分布的差异时，通常需要通过糙率三角块的方向调整进行近似。而数模对于这种非恒定流的底部切应力描述在理论上还不成熟，只能用均匀流公式来近似。实际床面剪应力的减小将会导致计算淤积量的增加，其中包括了浮泥对航槽回淤影响的增加。但二维水深平均的数学模型中，并不能直接考虑流速或是盐度的垂向梯度所引起的水流结构的变化，因此，在应用切应力Partheniades和Krone公式时，需要改变冲刷和淤积的临界剪应力。第二个方面：盐度梯度形成的斜压力也是不可忽视一个因素；通常采用二维平均是无法正确模拟长江口盐度场的，盐度作用的斜压力具有很强烈的三维特性，使得断面平均值的计算有误差。二维模型增加盐度斜压梯度力后模拟的盐度在长江口北槽测站值一般低于实测值，即涨潮输运能力被减弱了，其显然对于泥沙涨潮向上输运计算有影响。

目前阶段，盐度场的准确数值模拟也是一个较为复杂的过程，且极度依赖初始场的给定，必须进行三维计算，对工程应用来说，考虑盐度场的泥沙数学模拟将变得非常复杂，平面二维水沙数学模型具有局限性。

2　结　语

平面二维水沙数学模型模拟技术具有技术灵活、简单高效的特点，是研究泥沙输运、航道回淤常用的手段之一。长江口深水航道治理工程的实际效果证明，二维水沙数值模型对于长江口工程来说是一个有效的工具。

然而，河口区域的水沙模拟问题复杂多变，如不能从机理上描述实际的水、沙运动规律，模型应用就会产生局限性和偏差。本文从近底高浓度泥沙运动模拟、洪枯季水沙运动特征差异、波浪以及盐度对水沙输运的影响等几个方面的问题来简单描述目前二维水沙模型在长江口应用中碰到的一系列问题。

分析结果表明，平面二维水沙模型在长江口应用有其固有的局限性，主要原因在于河口地区的水沙问题具有一定的特殊性，因而在选择模型技术手段研究这些区域的工程问题时，应该要对于所采用的模型工具的局限性有一个清醒的认识，抓住需要研究的主要问题，发挥模型工具的长处，减小模型计算的误差。

从今后的发展趋势来看，河口区域的三维水沙模型应用将越来越广泛，尤其是面对河口区域高度的三维分布特性，三维水沙模型具有更高维度的水沙动力描述，将使其具有更高的模拟精度，同时也更加贴近河口区域的水沙运动实际。

参考文献：

[1]　张瑞瑾. 河流泥沙动力学第二版[M]. 北京:中国水利水电出版社, 1998.

[2]　钱宁, 万兆惠. 泥沙运动力学[M]. 北京:科学出版社, 1983.

[3]　曹文洪, 舒安平. 潮流和波浪作用下悬移质挟沙能力研究评述[J]. 泥沙研究. 1999,5: 74-80.

[4]　中华人民共和国交通部. 港口工程技术规范(1987)[S]. 北京: 人民交通出版社. 1988.

[5]　张庆河, 侯凤林, 夏波, 等. 黄骅港外航道淤积的二维数学模拟[J]. 中国港湾建设, 2006, 145(5): 6-9.

[6]　张瑞瑾. 河流泥沙动力学（第二版）[M]. 北京:中国水利水电出版社, 1998.

[7]　JAGO C F, MAHAMOD Y. A total Load Algorithm for Sand Transport by Fast Steady Currents. Estuarine[J]. Coastal and Shelf Science, 1999, 48: 93-99.

[8]　钱宁, 万兆惠. 泥沙运动力学[M]. 北京: 科学出版社, 1983.

[9]　费祥俊, 舒安平. 多沙河流水流输沙能力的研究[J]. 水利学报. 1998, 11: 38-43.

[10]　邢云, 宋志尧, 孔俊, 等. 长江口水流挟沙力公式初步研究[J]. 水文, 2008, 1:64-66.

[11]　韩其为, 何明民. 恢复饱和系数初步研究[J]. 泥沙研究, 1997, 3: 32-40.

[12]　余明辉, 杨国录. 平面二维非均匀沙数值模拟方法[J]. 水利学报, 2000, 5: 65-69.

[13]　余明辉, 杨国录, 胡春燕. 湖泊整治工程二维水沙数值模拟[J]. 武汉水利电力大学学报, 1998, 31(6): 7-10.

[14]　张细兵, 董耀华, 殷瑞兰. 河道平面二维水沙数学模型的有限元法[J]. 泥沙研究, 2002, 6: 60-65.

[15]　曹振轶, 朱首贤, 胡克林. 感潮河段悬沙数学模型——以长江口为例[J]. 泥沙研究, 2002 ,3: 64-70.

[16]　唐建华, 梁斌, 李若华. 强潮河口悬浮泥沙浓度垂向结构分析——以杭州湾乍浦水域大潮期为例[J]. 水利水运工程学报, 2009, 2: 39-43.

[17]　时钟, 朱文蔚, 周洪强. 长江口北槽口外细颗粒悬沙沉降速度[J]. 上海交通大学学报, 2000, 34(1): 18-23.

[18]　窦希萍. 长江口深水航道回淤量预测数学模型的开发及应用[J]. 水运工程. 2006, 12: 159-164.

[19]　金镠, 虞志英, 何青. 关于长江口深水航道维护条件与流域来水来沙关系的初步分析[J]. 水运工程. 2006, 3: 46-51.

[20]　窦希萍, 李褆来, 窦国仁. 长江口全沙数学模型研究[J]. 水利水运科学研究, 1999(02): 136-145.

[21]　李孟国. 海岸河口泥沙数学模型研究进展[J]. 海洋工程, 2006, 24(1): 139-154.

[22]　金镠, 虞志英. 淤泥质海岸挖槽回淤预测的沉积动力学途径——以杭州湾试挖槽为例[J]. 泥沙研究, 1999(5): 41-42.

[23]　曹祖德, 孔令双. 往复流作用下泥沙的悬浮与沉降过程[J]. 水道港口, 2005, 26(1): 6-11.

[24]　窦国仁. 再论泥沙起动流速[J]. 泥沙研究, 1999, 6: 1-9.

[25]　万兆惠, 宋天成, 何青. 水压力对细颗粒泥沙起动流速影响的试验研究. 泥沙研究, 1990(4): 62-69.

[26]　PDC. Regulation of the Yangtze Estuary , Volume D: Additional 2DH simulations on channel sedimentation , Port and Delta Consortium and Shanghai Investigation、Design and Research Institute, 1999.

[27]　徐建益, 袁建忠. 长江口深水航道建设中的浮泥研究及述评[J]. 泥沙研究, 2001(3): 74-81.

潮波运动对潮汐汊口分流影响机制
的理想模型研究

冯浩川，张　蔚，傅雨洁

（河海大学 港口海岸与近海工程学院，江苏 南京 210098）

摘要： 潮汐汊口分流过程由于同时受到径流和潮汐作用的影响，会产生明显的剩余环流，使得径潮动力在河口范围内的分布状态重新调整，这一改变过程与非感潮河段汊口相比更为复杂。在一些特定的条件下，潮汐汊口分流过程可能出现比较特殊的结果，如枯季长江口北支倒灌现象。本文针对这一现象的产生机制进行探讨，建立以长江口南北支汊道为基本参照标准的潮汐河口分汊理想模型。通过概化设置汊道平面形态以及水下地形参数，近似地模拟出长江口南北支分汊口的特殊分流状态。根据模拟结果，明确了汊道平面形态以及水下地形分布特征在河口径流潮汐动力分配过程中所起的作用，确定了促成长江口南北支特殊分流状态的非动力主控因素。最后分别对南北支汊道进行通量平衡分解以及动量平衡分解，在机理上解释了长江口北支潮平均通量向上游输运的原因。

关键词： 潮波运动；潮汐汊口；分流；理想模型

　　汊口分流一直是河流动力学中一个非常经典的科学问题，但以往的研究忽略了潮波运动这一重要河口动力因素对潮汐汊口流量分配的影响和作用。事实上，不同河口汊道内传播的潮波在到达汊口处时存在着幅度与相位上的差异，从而导致汊口处余环流的出现，这会对潮汐汊口分流过程产生重要的影响[1]。长江口的分流问题是河口海岸研究中的一个热点问题[2]，长江口各汊道的分流比经常被用来判断汊道的演变兴衰[3]。其中长江口南北支汊口出现的北支流量倒灌南支现象受到相关学者的广泛关注。Zhang[4]通过引入新的分流表征参数"分流不均匀系数"对长江口南北支分流状态做了详细研究，量化了潮波运动对长江口分流的影响程度，给出了北支流量倒灌南支现象产生的系数阈值。

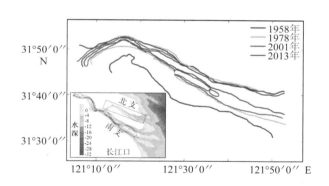

图 1　长江口北支汊道演变示意

　　一般情况下，潮波运动会抑制潮汐汊口分流的不均匀程度，促使其分流状态更为均匀[1,5]。然而在长江口，潮波运动的存在促进了南北支汊口分流不均衡性的扩大，与潮汐汊口分流的一般性结论截然相反[4]。通过对比长江口与马哈卡姆河口[5]平面形态特征，逐步认识到南北支特定的平面形态以及地形特征可能是导致潮波运动在这一汊口处对分流过程产生促进作用的关键非动力因素。而北支汊道近年来则经历了较大程度的岸线变迁以及地形演变，汊道面貌发生了巨大改变[6-7]。因此，很有必要针对这两个非动力因素对分流的影响进行探讨。

作者简介：冯浩川（1988—），男，博士研究生，主要从事河口海岸水动力学、近海潮波运动及河口地貌演变等研究。
E-mail:fenghaochuan@qq.com
通信作者：张蔚。E-mail: zhangweihhu@126.com

1 理想模型的建立

为了探讨南北支地形沿程分布对汊口分流造成的影响，需要建立既能反映南北支沿程水深特征同时又能够复演出北支流量倒灌南支现象的模型，因此，分别在模型 1、2 中依据长江口南北支 2002 年实测水深设置拟合简化的水深纵剖面，突出水深沿程分布这一因素对模型结果的影响（图 2）。同时设置多组最小水深不同的北支水深剖面，依据最浅断面水深值变化对北支地形做敏感性分析。

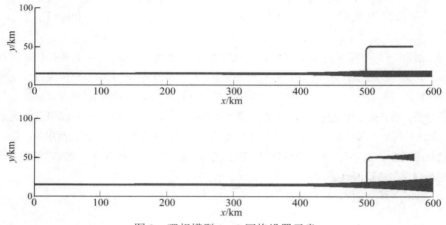

图 2　理想模型 1、2 网格设置示意

为了在理想模型中反映长江口南北支水深的沿程变化特征，需要对长江口河床纵剖面进行概化。因此，首先根据 2002 年实测长江口南北支水下地形，计算南北支汊道断面平均水深的沿程变化，即南北支河床纵剖面，进一步依据实际河床纵剖面曲线做简化处理，使之既能代表水深沿程变化趋势又能突出反映北支上游河道水深最浅处的极值特征。长江口南北支实测及简化水深纵剖面设置如图 3 所示。而敏感性分析所设定的北支水深纵剖面如图 4 所示。模型南支的简化纵剖面是根据实际纵剖面采用四阶多项式拟合得到，简化纵剖面起点以及终点水深保持与实际纵剖面一致。北支简化纵剖面的概化方法较为复杂，从上游分汊口至北支最浅处断面的简化纵剖面采用四阶多项式拟合，而剩余部分（从最浅处断面至下游口门）则采用二阶多项式拟合得到简化纵剖面，两段简化纵剖面的起始点水深也同样地与实测保持一致。

表 1　潮汐河口分汊理想模型参数设定

符号	变量	设置值
Δx	河道垂直方向网格尺寸	250 m
Δy	河道沿程方向网格尺寸	62.5~1 250 m
Δt	时间步长	60 s
h	静水深	2~10 m
L	支流长度	100 km
L_W	宽度级数延展长度系数（主干）	360.67 km
L_W	宽度级数延展长度系数（模型 4 南支）	40.39 km
L_W	宽度级数延展长度系数（模型 4 南支）	109.14 km
W_{up}	上游边界宽度	2 km
C	谢才系数	55 $m^{1/2} \cdot s^{-1}$
A_h	水平涡黏系数	10 $m^2 \cdot s^{-1}$
$\langle Q \rangle$	上游流量	20 000/6 000 $m^3 \cdot s^{-1}$
a_{M2}	M_2 分潮振幅	1.2 m
a_{M4}	M_4 分潮振幅	0.6 m

依据简化的南北支汊道河床纵剖面来设置理想模型的河口汊道水深沿程分布，具体如图 5 所示。南北支简化纵剖面决定了模型汊道内水深沿主流向的沿程分布，而在汊道横剖面宽度方向上的水深分布采用恒定值，保持宽度方向上水深不变。这一水深分布的设置可以在理想模型中突出南北支汊道水深沿程分布对河口汊道径潮动力过程以及潮汐汊口分流状态的影响。依据模型 1 与模型 2 在北支汊道设置不同的沿程水深，设置北支最浅处水深 d_2 从 0.8 m 增加至 8.0 m，南支水深则保持固定不变，分汊口处水深 d_1 固定为 8.0 m，因此北支汊道最浅处与分汊口处水深比 d_2/d_1 由 0.1 增加至 1.0。

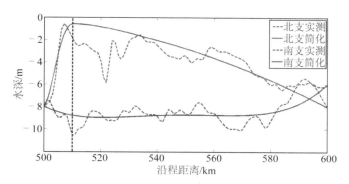

图 3　长江口南北支汊道河床纵剖面曲线及其简化纵剖面

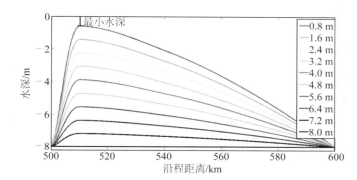

图 4　模型设定北支汊道不同水深简化纵剖面曲线

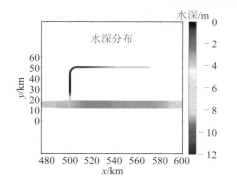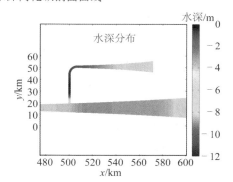

图 5　模型 1 以及模型 2 河口区水深分布

2　结　果

为了更加归一化地定义潮汐汊口处水流通量的分配状态，以便于后续研究量化潮波动力的影响，本研究引入了分流不均匀系数[4]对分流状态进行评价，这一系数的概念定义如下：

$$\Psi = \frac{\langle Q_1 \rangle - \langle Q_2 \rangle}{\langle Q_1 \rangle + \langle Q_2 \rangle} \qquad (1)$$

式中：Ψ 表示分流不均匀系数；$\langle Q \rangle$ 表示在全日潮周期内潮汐汊道断面上的平均水流通量，$\langle\ \rangle$ 代表对括号内参数进行全日潮周期内平均运算，这样的运算可以得到在潮汐影响下某条汉道的潮周期净输运通量，下标 1 和 2 分别表示分汊口连接的两条下游汉道。

两组模型计算所得分流不均匀系数如图 6 所示。图中实线部分代表南北支分流不均匀系数在大小潮周期内的平均，阴影部分代表这一系数在大小潮周期内可能出现的最大值与最小值。绿色的误差棒代表第二章中长江口实际模型计算所得的枯季南北支分流不均匀系数结果，其中心点和上下两端点分别代表了分流不均匀系数在大小潮周期内的平均值以及能够达到的最大值和最小值。随着水深比的增加，分流不均匀系数整体呈现出下降趋势，即南北支水深差异越小，分流状态越均匀。相反的，北支最浅水深越小，分流不均匀系数越大，分流状态越不均匀。同时模型 2 分流不均匀系数整体大于模型 1 的结果。在模型 2 北支水深最浅的例子中（d_2/d_1=0.1，d_2=0.8 m），出现了分流不均匀系数大于 1 的情况。

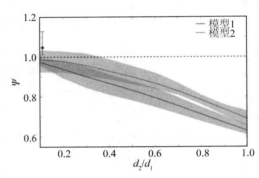

图 6　模型 1 与模型 2 北支在不同最浅深度地形下分流不均匀系数

为了深入探讨径潮动力在北支汉道水深沿程分布影响下的变化过程，同时进一步阐述这一改变过程对汉道动量以及通量过程的影响，直至最终揭示潮波运动对潮汐汊口分流的影响机制，需要对北支汉道内动量平衡以及通量平衡的沿程分布状态进行详细分析[8]。同时，由于径潮动力通过潮平均摩阻的改变而对潮平均水位产生影响，大小潮周期内平均水位的沿程分布体现了径潮动力过程在汉道内的沿程分布状态。因此，对北支潮平均水位沿程分布状态进行了描述和分析。

动量平衡方程分解的展开形式如下所示：

$$\underbrace{\left\langle \frac{\partial Q}{\partial t} \right\rangle}_{T_{\text{temp}}} - \underbrace{\left\langle 2U\frac{\partial A}{\partial t} + U^2\left(\frac{\partial A_m}{\partial s} + W\frac{\partial \eta}{\partial s} + \eta\frac{\partial W}{\partial s}\right)\right\rangle}_{T_{\text{adv}}} + \underbrace{\left\langle gA\frac{\partial(Z+H+\eta)}{\partial s}\right\rangle}_{T_{\text{pres}}} + \underbrace{\left\langle gW\frac{U|U|}{C^2}\right\rangle}_{T_{\text{fric}}} = 0 \quad （2）$$

式中：T_{temp} 代表动量的潮周期平均项；T_{adv}、T_{pres} 以及 T_{fric} 分别代表了对流项、压力梯度项以及摩阻项。这一形式的方程可以将动量过程分解为压力梯度、水体水平输运以及底床摩阻效应的影响，用以分析这几项作用在潮周期内的相互平衡过程。

此外，按照径潮共同作用下水位流速过程的特点，将某一时刻汉道断面水位与平均流速分解为一个全日潮周期内的平均项以及此段时间内对应时刻的脉动项。基于此得到了汉道断面通量平衡过程的分解：

$$\langle Q_t \rangle = W\langle U'\eta' \rangle + W(H + \langle \eta \rangle)\langle U \rangle \quad （3）$$

公式（3）中等号右边第一项定义为斯托克斯通量，第二项定义为回归通量。根据潮波在汉道中传播特点，即水位与流速传播时间过程的相位关系，可以利用上述公式计算这两种分解通量的大小及方向。斯托克斯通量的相对大小主要由潮波传播引起的水位时间序列与流速时间序列之间的相位差决定。当相位差为 0° 时，潮波以前进波状态传播，斯托克斯通量的值最大。而随着相位差逐步增加达到 90°，潮波逐渐变形直至最终以驻波形式存在，此时斯托克斯通量也减小到 0。回归通量的量值则更多的与全日潮周期余流流速的绝对值以及潮平均水位值大小相关。

依据上述分析，本研究将理想模型 2 中的南北支汉道沿程通量平衡状态、动量平衡状态以及全日潮平均水位分布联系起来进行分析，以期从深层次揭示长江口南北支特殊分流状态以及北支潮平均通量向上游输运的形成机制。

为了消除宽度收敛效应的影响进而突出汊道地形沿程分布的作用，将南北支通量平衡各个分解项的沿程变化均除以各自对应处汊道断面的宽度，即以单宽结果显示。图 7 显示了理想模型南北支单宽通量平衡状态沿程变化的差异，这一变化主要反映了长江口南北支水下地形沿程变化的影响，便于捕捉到促成长江口南北支特殊分流状态的主要影响因素及其作用机制。图中实线代表通量平衡各个分解项在大小潮周期内平均值的沿程变化状态，对应的阴影部分上下边缘则代表了各分解项在大潮期以及小潮期所能达到的最大值和最小值。黑色垂向虚线标识出北支最浅处断面的沿程位置。通过对比可以看出，由于模型北支地形变化幅度较大，通量平衡各项自口门向上游先缓慢增加后大幅减小，在上游最浅处再次增加且出现了方向上的转变。模型南支由于地形沿程变化较小，通量平衡各项沿程分布状态基本不变，只在接近汊口处由于北支潮平均通量的汇入而出现了回归通量的增加，使得通量平衡状态发生改变。

图 8 则显示了理想模型 2 中南北支汊道消除宽度收敛效应后动量平衡状态的沿程变化。图中实线代表动量平衡各个分解项在大小潮周期内平均值的沿程分布状态，对应阴影部分代表了各项在一个大小潮周期内的最大值和最小值。黑色垂向虚线标识出北支最浅处断面的沿程位置。从图中可以看出，动量平衡状态有着与通量平衡状态类似的沿程变化特征。在南支，动量平衡状态各项的绝对值从口门向上游快速收敛并保持各项之间的相互作用状态基本不变。而在北支，受水深较大幅度变化的影响，动量平衡各项的绝对值整体上呈现下降趋势，在上游部分区域，由于水深极浅，各分解项出现了局部绝对值增加以及方向上的逆转。

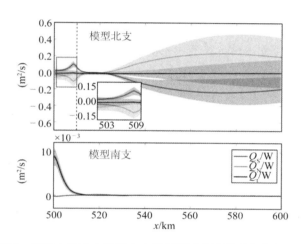 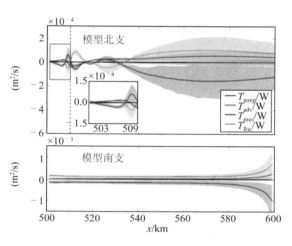

图 7   模型 2 南北支汊道大小潮周期平均通量平衡状态沿程分布（汊道宽度平均）   图 8   模型 2 南北支汊道大小潮周期平均动量平衡状态沿程分布（汊道宽度平均）

图 9 显示的是模型 2 南北支全日潮平均水位的沿程分布状态，实线代表了大小潮周期内的平均值而阴影部分代表的则是全日潮平均水位在大小潮周期内的变化范围，即能够达到的最大值和最小值。黑色垂向虚线标识出北支最浅处断面的沿程位置。

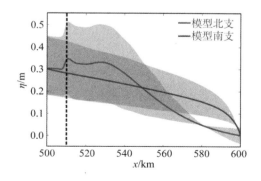

图 9   模型 2 北支全日潮平均水位沿程分布

南北支的全日潮平均水位都基本呈现出从口门向上游逐步递增的态势。南支由于地形变化较为缓和，潮平均水位向上游沿程增加的趋势也更为单调稳定。北支的全日潮平均水位分布则显得较为复杂多变，从口门向上游逐步抬升至一个峰值后略有下降，接着小幅上升至最浅处断面的峰值，此处峰值也为北支沿程水位分布的最大值，此后，潮平均水位向上游下降至分汊口处。作为对动力过程的直接反映，北支汊道内潮平均水位分布状态说明复杂的地形导致了径潮动力状态沿程的大幅度变化。

3　讨　论

基于上述有关潮波对汊道动量以及通量过程影响机制的分析，可以对枯季长江口存在的北支倒灌现象做出机理上的解释。潮波在长江口同时由南支和北支口门向上游传播，由于南北支之间平面形态与水下地形特征的差异，潮波在这两条汊道内传播状态有明显不同。这一不同也导致了南北支汊道内特殊的动量以及通量平衡状态变化。相向输运的斯托克斯通量在北支上游部分产生收敛效应，水体快速交换，流速动能转化为水位势能，局部水位明显壅高，从而产生了向上游输运的回归通量。在此种动量平衡状态中，北支上游部分（从南北支分汊口到北支水深最浅处河段）产生了指向上游的压力梯度，最终使得向上游输运的回归通量绝对值大于向下游输运的斯托克斯通量以及上游径流向北支的分配量，长江口北支全日潮平均通量向上游输运，并进一步通过南北支汊口而汇入南支。

4　结　语

本文明确了汊道平面形态以及水下地形特征在河口径流潮汐动力分配过程中所起的作用，确定了促成长江口南北支特殊分流状态的非动力主控因素。分别对南北支汊道进行通量平衡分解以及动量平衡分解，在机理上解释了长江口北支潮平均通量向上游输运的原因。

参考文献：

[1] BUSCHMAN F A, HOITINK A J F, VAN DER VEGT M, et al. Subtidal flow division at a shallow tidal junction[J]. Water Resources Research, 2010, 46(12): 137-139.

[2] 胡静, 陈沈良, 谷国传. 长江河口水沙分流和输移的探讨[J]. 海岸工程, 2007, 26(2): 1-16.

[3] 余文畴. 长江分汊河道口门水流及输沙特性[J]. 长江科学院院报, 1987(1): 16-22.

[4] ZHANG W, FENG H C, HOITINK A J F, et al. Tidal impacts on the subtidal flow division at the main bifurcation in the Yangtze River Delta[J]. Estuarine, Coastal and Shelf Science, 2017, 196: 301-314.

[5] SASSI M G, HOITINK A J F, BRYE B, et al. Tidal impact on the division of river discharge over distributary channels in the Mahakam Delta[J]. Ocean Dynamics, 2011, 61(12): 2211-2228.

[6] DAI Z J, FAGHERAZZI S, MEI X F, et al. Linking the infilling of the north branch in the changjiang (yangtze) estuary to anthropogenic activities from 1958 to 2013[J]. Marine Geology, 2016, 379: 1-12.

[7] 薛鸿超. 长江口南、北港分汊口演变与治理[J]. 海洋工程, 2006, 24(1): 27-33.

[8] BUSCHMAN F A, HOITINK A J F, VAN DER VEGT M, et al. Subtidal water level variation controlled by river flow and tides[J]. Water Resource Research, 2009, 45(10): W10420.

粉砂–沙运动物理机制及其悬沙模拟方法

左利钦

（南京水利科学研究院，江苏 南京 210029）

摘要： 研究泥沙运动物理机制及模拟方法具有重要的理论和实践意义。本文以粗粉砂与细沙为对象，分析了泥沙运动的物理机制，包括泥沙自身特性、制约沉速、层化制紊效应（水沙相互作用）、床面形态、动床阻力等。从数值模拟的角度，提出了粉砂–沙悬沙运动统一模拟方法，包括底部参考浓度、临界起动剪切力、不同床面的泥沙扩散系数、制约沉速和层化效应等，并 DV 模型证明提出的模拟方法是可行的。

关键词： 粉砂；沙；物理机制；悬沙模拟；波流作用

泥沙运动是河流海岸保护利用的基础性问题。泥沙研究是一门较为传统的学科，在沙质、粉砂质、淤泥质泥沙运动理论研究方面取得了一定的进展，并有丰富的工程实践。根据泥沙粒径一般可分为卵砾石（粒径 $d>2$ mm）、沙（$d=0.062\sim2$ mm）、粉砂（$d=0.004\sim0.062$ mm）和黏粒（$d<0.004$ mm）。国际上常以 0.062 mm 粒径为界划分为黏性泥沙和非黏性泥沙[1]。对较粗颗粒，沙和卵石表现为非黏性特征，如泥沙颗粒固结很快，表层呈散颗粒状冲刷，推移质运动占据重要部分。对于黏性泥沙，固结很慢，表层成聚集体冲刷[2]，絮凝是普遍现象，泥沙运动以悬移质为主；淤泥成多孔弹性或黏弹性特征，在流体状态下呈高强度黏性和非牛顿流体特征[3]。

现场观测和水槽试验表明粉砂或粉砂主导的泥沙表现为特殊运动特征，既不是典型的沙（非黏性）又不是典型的淤泥（黏性）。有学者认为粉砂兼顾黏性与非黏性特征，称之为伪黏性或准黏性沙[4-5]。Mehta 和 Lee[6]通过试验认为 $0.01\sim0.02$ mm 应是区分黏性和非黏性微观特性的粒径界限。冲刷试验表明，粉砂表现为黏性沙的特性[7]，但是沉降试验中并未发现明显絮凝现象[4, 8]。水槽试验中粗粉砂（$0.045\sim0.062$ mm）与细沙（0.1 mm 左右）表现为类似的高含沙层现象[4, 9-10]。从这个角度来说，常认为的黏性沙（$d<0.062$ mm）不同粗细颗粒部分是存在差异的，直接以 0.062 mm 划分过于简单。目前的研究主要针对黏性和非黏性沙提出模拟方法，而对粉砂至沙区间内泥沙运动机制和模拟方法尚缺少深入研究。

本文分析粗粉砂与细沙特性和运动机制，针对悬沙运动的物理过程，提出模拟方法，具有重要的理论意义和实践价值。

1 粉砂–沙运动的主要物理机制

深入了解潜在的物理机制是技术开发和正确指导工程实践的先决条件。早期传统泥沙研究手段主要基于量纲分析，然后通过试验或现场数据拟合，或者从宏观能量角度进行推导。随着量测设备进步，实验室和现场精细测量得以支撑从微观运动机制方面开展研究。从受力特性来看，试验及分析表明影响泥沙运动的稳定力主要为自身重力、颗粒之间的黏结力和附加静水压力[11, 12]。黏结力的大小与颗粒大小有关，颗粒较大的泥沙颗粒，黏结力远小于重力，表现为非黏性泥沙；而颗粒较细的泥沙黏结力远大于颗粒的重力，表现为黏性泥沙。将窦国仁提出的黏结力和附加静水压力公式与其加上重力的总稳定力的比值绘制出来，比值随粒径的变化如图 1 所示，图中 h 为水深。可见，图 1 基本可反映随着粒径变化，黏结力及重力之间的相对重要程度。当泥沙粒径 $d>0.5$ mm 时主要受重力影响，黏结力可不考虑，$d<0.03$ mm 时黏结力和附加静水压力为主要因素，0.03 mm $<d<0.5$ mm 三者均起到重要作用。

影响粉砂和沙运动的主要物理机制包括制约沉速、层化制紊效应（水沙相互作用）、床面形态、动床阻力等。对于制约沉速，Richardson 和 Zaki[13]公式广泛应用于沙质泥沙，Winterwerp 和 Van Kesteren[1]公式常用于淤泥，近期，Te Slaa[8]综合考虑黏性和非黏性沙特性提出适用于粉砂的制约沉速公式。根据他们的

基金项目： 国家重点研发计划资助项目（2016YFC0402107）；国家自然科学基金（51520105014）

研究，沙与粉砂沉降的不同在于颗粒尾流区不同，$d>0.10$ mm 颗粒周围为紊流，导致颗粒在 Stokes 流区以外，对于 $d<0.10$ mm 颗粒周围为层流态，颗粒沉降处于 Stokes 区，几何形状基本不影响制约沉降。

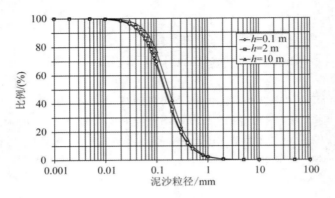

图 1　黏结力和附加静水压力在总稳定力中的比例

含沙量梯度会影响水体紊动，即所谓的含沙量层化效应（stratification effects）[14]。一般可采用浮力通量修正紊动动能项来反映。Van Rijn[15]提出衰减系数 ϕ_d 来评估水沙混合中的紊动黏滞系数。通过与实测资料对比，Traykoyski 等[16]和 Zuo[17]采用 1DV 模型量化了层化效应对细颗粒泥沙含沙量的影响，结果表明层化效应是不可忽略的项。

床面形态直接影响底部剪切力、水流结构和悬浮扩散，是重要的影响因素。很多学者研究了床面与水动力、含沙量之间的相互影响[18-20]。由于不同床面上泥沙悬浮扩散机制不同，含沙量剖面形状也是不同的[21]。Zuo[17]提出沙波和平底床面不同泥沙扩散系数，得到了不同床面上含沙量剖面表达式。对细颗粒黏性沙而言，一般不存在沙波，与非黏性沙形成的固定边界不同。黏性沙床面表现为黏弹性或黏塑性，床面具有可穿透性，对底部水动力和紊动产生较大影响，是不容忽视的问题。黏性细颗粒泥沙还发生絮凝和固结过程。文中仅探讨中粗粉砂至沙的物理机制，此处不再讨论絮凝和固结过程。

在各种物理机制作用下，细颗粒泥沙尤其是粉砂在波浪主导的环境中存在底部高含沙层。试验及现场均观测到这种现象。其形成原因在于波浪边界层周期性振荡限制了泥沙扩散，底部含沙量明显大于上部水体含沙量，在高含沙层与上部较清水体之间形成较清晰的界面，含沙量梯度导致的层化效应又进一步限制了紊动扩散，加剧了高含沙层的形成[17]。底部高含沙层与近底边界层（BBL）密切相关。在底部边界层内，水动力–泥沙–床面是相互作用的有机整体。水动力（包括水流与波浪）是动力要素，直接影响泥沙输移，泥沙运动塑造床面形态，床面形态又反过来影响水动力和泥沙悬浮。

2　粉砂–沙悬沙模拟关键问题的处理方法

2.1　底部参考浓度

Yao 等[4]在 Van Rijn 公式的基础上提出了适用于粉砂和沙的底部参考浓度公式

$$c_a = \beta_y (1 - p_{\text{clay}}) f_{\text{silt}} \frac{d_{50}}{z_a} \frac{T^{1.5}}{d_*^{0.3}} \tag{1}$$

式中：c_a 为参考浓度；$\beta_y = 0.015$ 为原系数用于沙质泥沙的计算，将其拓展到粉砂 $\beta_y = 0.118 d_*^{-0.7}$，阈值范围为 0.015~0.118；$d_* = d_{50}[(s-1)g/\upsilon^2]^{1/3}$ 为无量纲泥沙粒径；d_{50} 为中值粒径；$f_{\text{silt}} = d_{\text{sand}}/d_{50}$ 为粉砂参数（$d_{50}>d_{\text{sand}}$ 时 $f_{\text{silt}}=1$）；$d_{\text{sand}} = 62$ μm；p_{clay} 为黏土含量百分比；$T = (\tau' - \tau_c)/\tau_c$；$\tau'$ 为波流作用下时均有效剪切应力；τ_c 为临界起动剪切应力；参考高度 z_a 定义为波浪相关或水流相关粗糙高度一半的最大值，最小值取为 0.01 m。

2.2　起动条件判断

在参考浓度公式中，临界起动剪切应力是一个重要参数，通常采用 Shields 曲线确定。然而，Shields 曲线仅适用于非黏性沙，对于细颗粒泥沙，Shields 曲线已不适用。常用的起动流速或起动波高公式在波流

环境中使用不便。Zuo 等[22]考虑了黏性与非黏性沙起动特性，提出了适用于波流共同作用下的粗-细颗粒泥沙的起动公式，

$$\theta_{zc} = \begin{cases} 0.025\,\mathrm{Re}\,d_*^{-0.07} & \mathrm{Re}\,d_* < 1 \\ 0.005\,43\ln(\mathrm{Re}\,d_*) + 0.025 & 1 \leqslant \mathrm{Re}\,d_* \leqslant 100 \\ 0.05 & \mathrm{Re}\,d_* > 100 \end{cases} \tag{2}$$

式中：$\theta_{zc} = \dfrac{\tau_c}{\rho_w(s-1)gd + a\beta_c\rho_w\dfrac{\varepsilon_k + gh\delta_s\sqrt{\delta_s/d}}{d}}$ 为修正后的 Shields 数；$\mathrm{Re}\,d_* = \dfrac{d}{4\upsilon}\sqrt{(s-1)gd}$ 为无量纲沙粒雷诺数；ρ_w 为水的密度；$\varepsilon_k = 1.75\times10^{-6}$ m^3/s^2 为黏结力系数；$\delta_s = 2.31\times10^{-7}$ m 为薄膜水厚度；$a = 0.19$ 为系数；β_c 为密实系数，通常情况下对于密实较好的泥沙 $\beta_c = 1$。

2.3　泥沙扩散系数

平底床面紊动黏滞系数 $\upsilon_t(t)$ 采用 $k-\varepsilon$ 模型求解，根据 $\varepsilon_s(t) = \upsilon_t(t)/\sigma$ 得到泥沙扩散系数，式中：$\varepsilon_s(t)$ 为泥沙扩散系数；σ 为 Prandtl–Schmidt 数，其取值目前是有争议的，这里暂取为 1。

沙波床面近底泥沙扩散系数 $\varepsilon_s(t)$ 要显著大于紊动黏滞系数，即 $\varepsilon_s(t) = \beta\upsilon_t(t)/\sigma$。在漩涡层 $\beta = 4.0$（2 倍沙波波高以内），漩涡层以上该系数逐渐减小，可用下式计算。

$$\beta = 4.0 - 3.0\left(\frac{z - 2\eta}{h - 2\eta}\right)^{\gamma} \tag{3}$$

式中：h 为水深；$\gamma = 0.4\sim1$ 为系数；z 为距底高度。

2.4　水沙相互作用处理

水沙相互作用可采用水沙耦合两相流模型求解。为简单起见，采用制约沉速和层化效应处理水沙相互作用的问题。

中粗沙在水沙混合物中的沉速为[13]

$$w_s = w_{s,0}(1-c_v)^n \qquad d > 100 \ \mu m \tag{4}$$

式中：$w_{s,0}$ 为清水中的沉速；w_s 为浑水中的沉速；c_v 为体积含沙量；$n = 4.6\sim2.3$ 为指数。

粉砂和细沙的制约沉速可采用[8]：

$$w_s = w_{s,0}\frac{(1 - c_v/\phi_{s,\mathrm{struct}})^m(1 - c_v)}{(1 - c_v/\phi_{s,\max})^{-2.5\phi_{s,\max}}} \qquad d \leqslant 100 \ \mu m \tag{5}$$

式中：$\phi_{s,\mathrm{struct}} = 0.5$ 为结构密度，即固体含量所能达到的床面结构密度；$\phi_{s,\max} = 0.65$ 为最大密度，即固体含量所能达到的最大体积含量；$m = 1\sim2$ 为系数，代表颗粒尾流的影响。

含沙量层化效应在高含沙层模拟中是一个重要参数，浮力通量是广泛采用的方法。下式用于描述浮力通量 B_k 和 Brunt–Vaisala 频率 N，

$$B_k = \frac{\upsilon_t}{\sigma_v}N^2; \qquad N^2 = -\frac{g}{\rho_m}\frac{\partial\rho_m}{\partial z} \tag{6}$$

式中：$\rho_m = \rho_w + (\rho_s - \rho_w)c_v$ 为浑水密度；ρ_s 为泥沙密度。

Van Rijn 提出了衰减系数 ϕ_d 也可用于层化效应模拟[15]

$$\phi_d = \phi_{fs}[1 + (c_v/\phi_{s,\max})^{0.8} - 2(c_v/\phi_{s,\max})^{0.4}] \tag{7}$$

式中：$\phi_{fs} = d_{50}/(1.5d_{\mathrm{sand}})$；当 $d_{50} \geqslant 1.5d_{\mathrm{sand}}$ 时，$\phi_{fs} = 1$。

3　1DV 模拟实例

基于波流边界层 1DV 数学模型，采用前文所述泥沙模拟方法，进行了含沙量和输沙通量剖面的模拟。模型的基本原理、紊流模式、边界条件的处理等详见文献[17, 23-24]。现将计算结果简述如下，证明前文

模拟方法的有效性。

3.1 O'Donoghue 和 Wrigh 层移试验资料计算

O'Donoghue 和 Wright[23]在振荡管中开展了非对称波层移输沙试验，震荡流流速可表示为 $u_\infty(t) = U_1 \sin \omega t - U_2 \cos 2\omega t$，式中：$u_\infty(t)$ 为自由流速；$U_1 = 1.2$ m/s；$U_2 = 0.3$ m/s；ωt 为相位；周期 $T = 5$ s。试验沙为三种筛选较好的细沙（FA5010）、中沙（MA5010）和粗沙（CA5010），中值粒径分比为 $d_{50} = 0.15$ mm、0.28 mm、0.51 mm。

图 2 给出了计算与实测平均含沙量剖面和净输沙通量剖面的比较。可见，模型可较好模拟不同泥沙粒径的含沙量剖面，以及不同粒径下净输沙通量方向的变化。对于细沙，净输沙通量表现为离岸方向，中沙和粗沙表现为向岸方向。根据试验描述，细沙在流速较大时刻（$t/T = 0.21$）被大量掀起，由于较小的沉降速度，在离岸流阶段仍悬浮有大量泥沙，导致较大的离岸输沙通量。但是计算的细沙净输沙通量数值有所偏差，偏差原因之一可能是模型中未包括底部的层移层，而层移层内泥沙浓度很高，可能对悬沙运动产生影响。

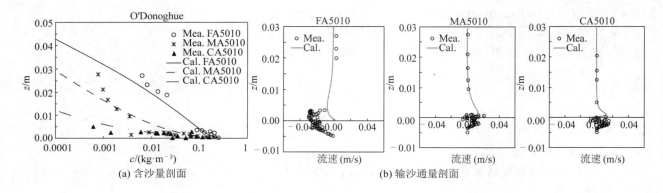

(a) 含沙量剖面　　　　　　　　　　　　　　(b) 输沙通量剖面

图 2　O'Donoghue 和 Wright[23]试验计算与实测的比较

3.2 沙波床面试验资料验证

周益人等[10]在南京水利科学研究院开展了波流泥沙试验。试验水槽长 175 m，宽 1.2 m，深 1.6 m。试验泥沙为粉砂和极细沙，d_{50} 为 0.062 mm 和 0.11 mm，水深 $h=0.5$ m，波周期 $T=2$ s，波高 $H=0.1\sim0.2$ m。图 3 给出了不同波浪条件下计算和实测含沙量剖面的比较。

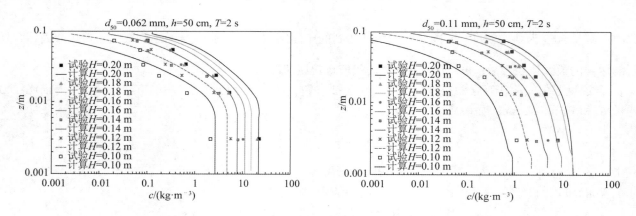

图 3　周益人等[10]的试验波浪条件下计算与实测含沙量剖面的比较

试验时未测量沙波尺度，根据计算公式[24]，对于 $d_{50} = 0.062$ mm 和 $d_{50} = 0.11$ m，试验条件下的沙波波高分别为 0.5~0.7 cm 和 1.0~1.2 cm，波长分别为 4.7~5.1 cm 和 7.8~8.5 cm。波浪作用下的含沙量可视作为平衡含沙量，因仅波浪条件下时均流速很小，在振荡流作用下泥沙可充分悬扬，计算含沙量与实测吻合较好。

4　结　语

1）影响粉砂和沙运动的主要物理机制包括泥沙自身特性、制约沉速、层化制紊效应（水沙相互作用）、床面形态、动床阻力等。在各种物理机制作用下，细颗粒泥沙尤其是粉砂在波浪主导的环境中存在底部高含沙层。

2）针对主要物理机制，提出了粉砂–沙悬沙运动模拟的统一方法，包括底部参考浓度、临界起动剪切力、不同床面的泥沙扩散系数、制约沉速和层化效应的处理等。波流边界层 1DV 模型采用这些关键模拟方法，正确模拟了含沙量剖面和净输沙通量变化，表明提出的模拟方法是可行的。

3）提出的模拟方法可进一步拓展到二维和三维模拟。值得说明的是，模拟方法主要针对粗粉砂到沙的粒径范围，更细颗粒可能受到絮凝和固结过程的影响，是下一步值得研究的问题。

参考文献：

[1] WINTERWERP J C, VAN KESTEREN W G. Introduction to the physics of cohesive sediment dynamics in the marine environment[M]. Elsevier Science, 2004.

[2] RIGHETTI M, LUCARELLI C. May the Shields theory be extended to cohesive and adhesive benthic sediments[J]. Journal of Geophysical Research: Oceans (1978–2012), 2007, 112(C5): 395-412.

[3] MEHTA A J. Mudshore dynamics and controls, in: Muddy Coasts of the World[J]. Proceedings in Marine Science, 2002: 19-60.

[4] YAO P, SU M, WANG Z, et al. Experiment inspired numerical modeling of sediment concentration over sand-silt mixtures.[J] Coastal Engineering, 2015, 105: 75-89.

[5] ZUO L, ROELVINK D, LU Y, et al. Modelling and analysis on high sediment concentration layer of fine sediments under wave-dominated conditions[J]. Coastal Engineering, 2018, 140: 205-231.

[6] MEHTA A J, LEE S. Problems in linking the threshold condition for the transport of cohesionless and cohesive sediment grain[J]. Journal of Coastal Research, 1994, 10(1): 170-177.

[7] ROBERTS J, JEPSEN R, GOTTHARD D, et al. Effects of particle size and bulk density on erosion of quartz particles[J]. Journal of Hydraulic Engineering, 1998, 124(12): 1261-1267.

[8] TE SLAA S, VAN MAREN D S, HE Q, et al. Hindered settling of silt[J]. Journal of Hydraulic Engineering, 2015, 141(9): 4015020-4015021.

[9] 李寿千, 陆永军. 波流边界层泥沙运动过程[M]. 南京: 河海大学出版社, 2017.

[10] 周益人, 琚烈红. 风、波、流水槽特性试验及波浪作用下泥沙运动研究[R]. 南京: 南京水利科学研究院, 2007.

[11] 窦国仁. 再论泥沙起动流速[J]. 泥沙研究, 1999(6): 1-9.

[12] 唐存本. 泥沙起动规律[J]. 水利学报, 1963(2): 1-12.

[13] RICHARDSON J F, ZAKI W N. Sedimentation and fluidization: Part I[J]. Transactions of the Institution of Chemical Engineers, 1954, 32: 35-53.

[14] WINTERWERP J C. Stratification effects by cohesive and noncohesive sediment[J]. Journal of Geophysical Research: Oceans (1978–2012), 2001, 106(C10): 22559-22574.

[15] VAN RIJN L C. Unified view of sediment transport by currents and waves. II: Suspended transport[J]. Journal of Hydraulic Engineering, 2007, 133(6): 668-689.

[16] TRAYKOVSKI P, WIBERG P L, GETER W R. Observations and modeling of wave-supported sediment gravity flows on the Po prodelta and comparison to prior observations from the Eel shelf[J]. Continental Shelf Research, 2007, 27(3): 375-399.

[17] ZUO L. Modelling and analysis of fine sediment transport in wave-current bottom boundary layer[R]. Delft, the Netherlands: TU Delft and UNESCO-IHE, 2018.

[18] RIBBERINK J S, VAN DER WERF J J, O'DONOGHUE T, et al. Sand motion induced by oscillatory flows: Sheet flow and vortex ripples[J]. Journal of the Turbulence, 2008, 11: 3-14.

[19] HOOSHMAND A, HORNER-DEVINE A R, LAMB M P. Structure of turbulence and sediment stratification in wave-supported mud layers[J]. Journal of Geophysical Research: Oceans, 2015, 120(4): 2430-2448.

[20] THORNE P D, HANES D M. A review of acoustic measurement of small-scale sediment processes[J]. Continental Shelf Research, 2002, 22(4): 603-632.

[21] NIELSEN P. Suspended sediment concentration profiles[J]. Appl. Mech. Rev, 1995, 48(9): 564-569.

[22] ZUO L, ROELVINK D, LU Y, et al. On incipient motion of silt-sand under combined action of waves and currents[J]. Applied Ocean Research, 2017, 69: 116-125.

[23] O'DONOGHUE T, WRIGHT S. Concentrations in oscillatory sheet flow for well sorted and graded sands[J]. Coastal Engineering, 2004, 50(3): 117-138.

[24] KHELIFA A, OUELLET Y. Prediction of sand ripple geometry under waves and currents[J]. Journal of Waterway, Port, Coastal, and Ocean Engineering, 2000, 126(1): 14-22.

杭州湾悬沙浓度多年变化特征研究

李　莉 [1,2]，叶涛焱 [1]，姚炎明 [1,2]，夏乐章 [1,2]，管卫兵 [2,1]

（1. 浙江大学 海洋学院，浙江 舟山 316021；2. 卫星海洋环境动力学国家重点实验室（国土资源部第二海洋研究所），浙江 杭州 310058）

摘要： 基于三维水沙耦合数值模型，模拟杭州湾水动力泥沙过程，研究杭州湾悬沙浓度多年变化特征。1974—2020年期间，杭州湾乍浦以西水域流速降低，月均悬沙浓度最大减幅高达30%。乍浦以东水域流速增大，月均悬沙浓度升高约15%。潮滩减少是影响悬沙浓度降低的一个主要原因，主要通过影响潮泵效应，进而改变湾内悬沙纵向输运特征，平流输沙项在潮滩变化过程中对杭州湾悬沙特征的影响较小。潮滩局地的泥沙源项主要影响局地悬沙浓度。

关键词： 杭州湾；悬沙浓度；多年变化；数值模型

　　悬浮泥沙影响着港口航道的冲淤及河口地形的演变，同时也是近海水体营养盐及污染物的主要载体，是环境影响评估中的一个重要参数。杭州湾是典型的强潮高含沙量河口，湾内最大实测表层悬浮泥沙浓度在 5 kg/m³ 以上[1]。杭州湾高悬沙浓度的水体环境对南北两岸的港口航道冲淤影响尤为剧烈。因此研究杭州湾水域悬浮泥沙浓度的时空变化特性具有重要意义[2]。

　　国内外诸多学者对杭州湾及其邻近海域悬浮泥沙浓度变化特性进行了研究。He等[1]基于GOCI反演杭州湾表层水体悬沙浓度，结合实测水沙数据，对杭州湾悬沙浓度进行了日变化、月变化时间尺度的输移特征分析。Cheng等[3]基于GOCI卫星影像和实测数据对鸭绿江河口悬沙浓度的大小潮、季节性变化进行了分析。刘猛等[4]将FVCOM水动力模型结果与GOCI卫星影像反演的表层悬沙浓度数据相结合，分析了杭州湾海域悬沙浓度随不同潮情的变异特性。Xie等[5]基于Delft3D建立了平面二维悬沙输移数值模型，对杭州湾南北两岸潮汐通道的悬沙输移特性进行了分析。Du等[6]建立了杭州湾水域三维黏性悬沙输移ECOMSED数值模型，研究了悬沙浓度对波浪和潮流动力的响应。Cai等[7]基于Landsat遥感数据，分析了杭州湾跨海大桥建成后短期内邻近水域的悬沙浓度空间变化特征。王飞等[8]基于HJ-1A卫星CCD影像数据反演悬沙浓度，结合水深、风速等实测数据对杭州湾单日的悬沙空间分布及变化动力因素进行了分析。然而以上对于杭州湾悬沙浓度时空变化特性的研究，多围绕悬沙浓度的单日和季节性特性，及影响其变化的动力因素进行展开，时间尺度较短，且多为定性分析。

　　自20世纪60年代以来，由于三峡大坝等水利工程的建设，导致入海泥沙量不断减少[9]，长江来沙作为杭州湾悬沙的主要来源[10]，其来沙量的减少势必会影响杭州湾悬沙浓度的时空变化。此外，20世纪70年代至今，杭州湾两岸围垦总面积达851 km²[11]，岸线的缩窄一定程度上改变了杭州湾水域的水动力过程[12]，进而影响悬沙的输移特性。刘猛等[4]、Du等[6]、Chen等[10]通过实测数据分析、遥感反演、悬沙数值模拟指出，潮流及水位变化是杭州湾涨落潮、大小潮悬沙浓度变化的主要影响因素。Chen等[10]通过对杭州湾口门处实测水沙数据的计算，指出杭州湾与外海泥沙交换的主要方式是大进大出、反复搬运。Xie等[13]基于Delft 3D中的二维悬沙输移模块，模拟了杭州湾的悬沙输移过程，指出杭州湾悬沙输移特性主要受潮汐不对称影响。

　　卫星影像显示，杭州湾的悬沙浓度有降低的趋势。潮滩面积大幅减少[12-13]是影响杭州湾水域悬沙输移特性的一个重要因素。现有研究表明，杭州湾潮滩减少使得近岸流速降低[14]，湾内潮差增大[15]。实测资料[16]显示，20世纪以来杭州湾地形发生了明显改变。本文基于杭州湾三维细颗粒泥沙数值模型，研究杭州湾悬沙浓度多年变化特征及产生机理，以期为河口工程规划利用提供参考依据。

基金项目： 国家重点研发计划项目（2017YFC0405403）；国家自然科学基金（41606103, 5171101179）
作者简介： 李莉，博士，主要从事河口海岸动力过程研究。E-mail：lilizju@zju.edu.cn
通信作者： 夏乐章，博士。E-mail：yzxia@zju.edu.cn

1　研究区域概况

杭州湾轮廓呈喇叭口状（图1），杭州湾海底地形平坦，平均水深8~10 m[13]。北岸多为基岩海岸，水深较深，南岸庵东滩面前沿分布有大量潮滩，潮滩水深普遍在4 m以下[14]。由于杭州湾持续进行围垦工程，岸线逐年缩窄，故本文中杭州湾水域研究范围以2015年杭州湾岸线为准，湾口由北岸上海市芦潮港至南岸宁波市镇海区甬江口[15]，连线宽约100 km，湾顶由北岸嘉兴市大尖山至南岸绍兴市柯桥区曹娥江，连线宽约8 km，水域面积4 970 km²。

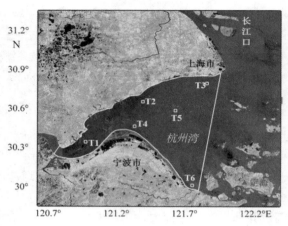

图1　杭州湾及测点位置示意

杭州湾是典型的强潮河口湾，潮波变形剧烈，属浅海半日潮类型，湾顶澉浦区域平均潮差4~6 m[13]。注入杭州湾的河流主要有长江和钱塘江。长江年平均径流量为896.4×10⁹ m³，年平均输沙量为389.8×10⁶ t；钱塘江年平均径流量为19.8×10⁹ m³，年平均输沙量为2.5×10⁶ t[9]。一般认为，杭州湾泥沙来源以长江来沙为主，流域来沙占比较小[6]，长江入海泥沙主要以两种方式进入杭州湾：经南汇嘴直接进入和在长江口向南扩散后由涨潮输运间接进入。

2　研究方法

2.1　数值模型控制方程

在非结构网格有限体积法海洋数值模型 FVCOM[17]的基础上，引入悬沙浓度对水体密度、底边界层的影响，量化絮凝沉降参数，建立三维河口细颗粒泥沙数值模型，并应用于杭州湾。

FVCOM 水平方向采用非结构三角形网格，垂直方向采用σ坐标系，能够较好的拟合杭州湾海域曲折的海岸线和复杂地形变化，同时基于干湿判别方法来处理潮滩移动边界[17]。

模型中悬浮泥沙浓度扩散方程为

$$\frac{\partial C}{\partial t}+\frac{\partial (uC)}{\partial x}+\frac{\partial (vC)}{\partial y}+\frac{\partial [(w-w_s)C]}{\partial z}=\frac{\partial}{\partial x}\left(A_H\frac{\partial C}{\partial x}\right)+\frac{\partial}{\partial y}\left(A_H\frac{\partial C}{\partial y}\right)+\frac{\partial}{\partial z}\left(K_h\frac{\partial C}{\partial z}\right) \tag{1}$$

式中：x、y、z 分别为坐标轴东向、北向和垂向的分量；u、v、w 分别为 x、y、z 方向上的速度；C 为悬浮泥沙浓度；w_s 为悬沙沉降速度，向下为正；K_h 为垂向热力涡动扩散系数；A_H 是水平热力涡动扩散系数。

2.2　模型设置

模型网格分辨率由开边界处的 30 000 m，逐步细化到杭州湾研究区域的 100 m（图 2）。垂向采用对数分布分 11 层，表层底层较密，中间较稀疏。模型中悬沙中值粒径取为 0.008 mm，相应设置全场泥沙起动的底部临界剪切应力和泥沙侵蚀速率。模型开边界处使用 TPXO7.2 全球潮汐模型生成的时间序列潮位。

为研究杭州湾悬沙动力特性多年变化，基于 Landsat 卫星影像数据收集了杭州湾海域 1974 年、2003 年、2013 年、2019 年岸线数据。数值试验工况分别采用 1974 年（Exp1）、2003 年（Exp2）和 2013 年（Exp3）岸线，控制其他所有变量不变，比较分析 1974—2019 年间潮滩减少对悬沙动力特征的影响。

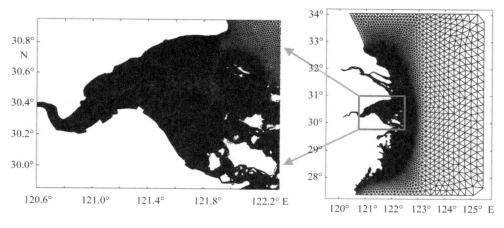

图 2　模型网格

2.3　模型验证

潮位采用 2013 年 3 月 1—15 日芦潮港、乍浦、盐官 3 个验潮站的实测潮位进行验证。流速、悬沙浓度采用 2013 年 3 月 6 日 12 时至次日 16 时小潮期间，2013 年 3 月 12 日 8 时至次日 9 时大潮期间，乍浦水域布设的 2 个测站（图 1 中 N1、N2）测量的垂线水沙资料进行验证。潮位验证结果较好（图 3），N1、N2 测站各层流速、流向验证结果较好（图 4）。因此，水动力模型具有较高的可信度和准确性。

N1、N2 测站分层悬沙浓度验证结果能较为准确的反映悬沙浓度随时间的变化趋势（图 5），也较好地体现了悬沙浓度的垂向变化规律。故三维悬沙模型具有较高的可信度。

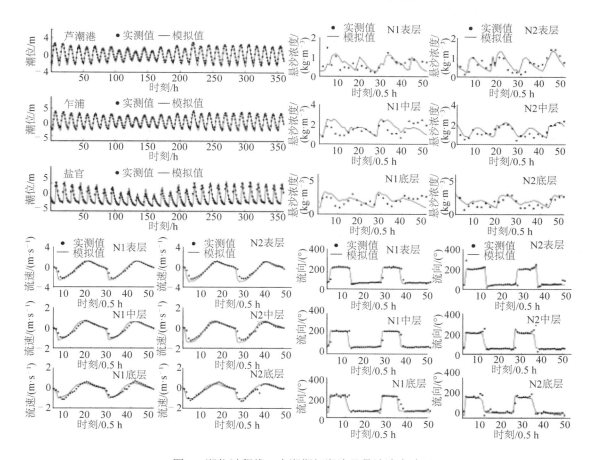

图 3　潮位过程线、大潮期间潮流及悬沙浓度验证

3 结果和讨论

3.1 悬沙浓度的多年变化

1974—2019 年间杭州湾悬沙浓度在涨落潮过程中变化显著。由于表层悬沙浓度变化趋势与底层一致，故此处只分析底层悬沙浓度变化。为方便不同工况之间的比较，仅显示非潮滩区域悬沙浓度变化。

1974—2003 年间[图 4（a）]，湾顶澉浦区域悬沙浓度在各涨落潮特征时刻均减小，其中落憩时刻最大减幅高达 40%，且减小范围扩大至金山断面。乍浦以东水域除落憩时刻外，其余时刻悬沙浓度均增大，其中涨急时刻庵东滩面前沿最大增幅高达 16%。2003—2013 年[图 4（b）]悬沙浓度变化趋势与 2013—2019 年[图 4（c）]类似，金山断面以西水域悬沙浓度在涨憩时刻、落憩时刻减小，金山断面以东水域悬沙浓度在涨急、落急时刻明显增加，但变化幅度依次减小，其中 2013—2019 年间杭州湾悬沙浓度最大变幅小于 10%。1974—2019 年间[图 4（d）]，随着潮滩的逐渐减少，涨潮过程中杭州湾澉浦以上水域悬沙浓度最大降幅约 40%，澉浦以下水域悬沙浓度略有上升（最大增幅约 20%）。落潮过程中杭州湾澉浦以下水域悬沙浓度先增大后减小，落急时刻悬沙浓度增大约 30%，落憩时刻悬沙浓度最大减幅超过 50%。

悬沙浓度变化过程与流速变化过程较为同步，澉浦以东水域涨急时刻底层流速增大约 40%，落急时刻底层流速增大 20%。湾顶澉浦水域流速减小，落憩时刻最大减幅高达 50%。小潮期悬沙浓度的变化过程与大潮期相同，且变化幅度接近。

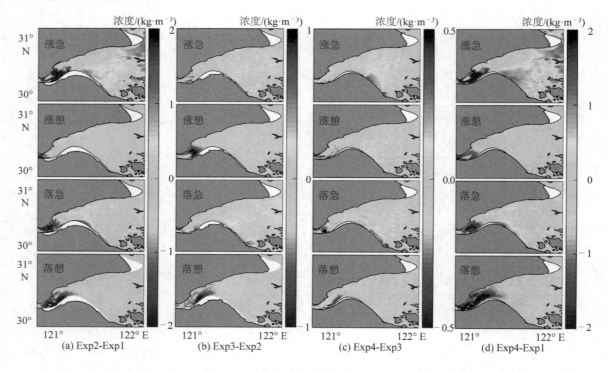

图 4　杭州湾大潮期底层悬沙浓度变化

为更具体的研究杭州湾潮滩减少后，悬沙浓度的变化情况，计算分析各试验工况月平均底层悬沙浓度变化，计算结果如图 5 所示。1974—2003 年间[图 5（a）]，澉浦以上水域月均悬沙浓度降低约 15%，乍浦以东水域悬沙浓度增加约 10%。2003—2013 年[图 5（b）]，悬沙浓度降低区域从澉浦延伸到金山断面，金山以东水域悬沙浓度略有上升。2013—2019 年[图 5（c）]，悬沙浓度变化较小，最大变幅小于 4%。月平均表层悬沙浓度变化过程与底层相同，且变化幅度接近。1974—2019 年[图 5（d）]，随着潮滩的逐渐减少，杭州湾乍浦以西水域月均底层悬沙浓度降低，最大减幅可达 30%，乍浦以东水域月均底层悬沙浓度增加，增幅约为 15%。

悬沙浓度变化过程与底部切应力变化过程较为同步。1974—2019 年，潮滩减少后，杭州湾浅化效应加剧，潮差增大，乍浦以东水域流速增大，乍浦以西水域由于岸线束窄后壅水作用加强，潮波反射加剧，导致流速降低，流速的变化直接导致了底部切应力的变化，进而改变了泥沙的起悬量和悬沙浓度。

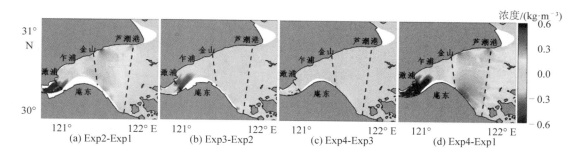

图 5　杭州湾月平均底层悬沙浓度变化

3.2　悬沙通量多年变化

3.2.1　纵向输沙

杭州湾湾顶澉浦断面各工况月均纵向（垂直横断面方向）悬沙净通量分布如图6所示，正值表示陆向输运。澉浦断面各工况北岸悬沙均净向外海输运，南岸悬沙净向陆向输运，断面的缩窄并未改变悬沙净通量分布趋势。1974—2019年间，海向悬沙净通量范围及大小均明显降低，陆向悬沙净通量量级增大。

采用悬沙通量机制分解方法，将各断面月均纵向悬沙净通量进行机制分解，结果表明：随着潮滩的减少，澉浦断面的欧拉输运、斯托克斯输移、潮泵输运的悬沙通量量级较大，垂向净环流作用和垂向潮振荡项一直较小。

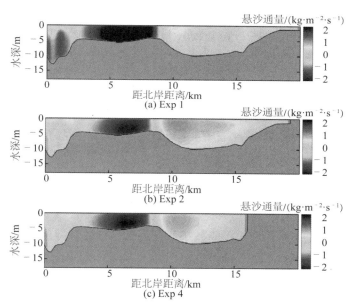

图 6　澉浦断面月均悬沙净通量分布

3.2.2　横向输沙

杭州湾潮滩的减少，加强了潮泵效应，进而影响了湾内纵向悬沙输运特征。另一方面，杭州湾潮滩的减少势必也会影响横向悬沙输运特征。各试验工况横断面单宽横向（平行横断面方向）悬沙净通量变化如图7所示。随着岸线的缩窄，澉浦乍浦之间的C2断面1974—2019年间，向南岸的横向悬沙净输运量不断增加，至2003年断面各点悬沙净输运方向均指向南岸。乍浦金山之间的C4断面1974—2019年间，断面宽度缩窄约27%，弯曲弧度也逐渐增大，弯道输沙作用加剧，断面沿程各点向南岸的横向悬沙净输运量不断增加。金山芦潮港之间的C6断面宽度在1974—2019年间缩窄11%，断面北侧及南侧向南岸的横向悬沙净输运量增加，断面中部向南岸的横向悬沙净输运量在1974—2003年间增加，在2003—2019年间大幅下降。

潮滩的减少对杭州湾纵向、横向悬沙输运均影响显著，改变了杭州湾悬沙输运纵横比。计算各试验工况大小潮（15天）平均的断面纵、横向输沙率显示，其中纵、横向悬沙净通量正值分别指向陆向、南岸。

除2020年的C6断面外，1974—2019年间，各横断面（C2、C4、C6）横向悬沙净通量均增大，且方向均指向南岸。1974—2003年，各横断面输沙纵横比值均下降，表明在该期间弯道输沙效应增强，断面横向输沙趋势加大。2003—2019年，各横断面纵向悬沙净通量增幅大于横向悬沙净通量，使得输沙纵横比增大，断面横向输沙趋势减小，但仍强于1974年。

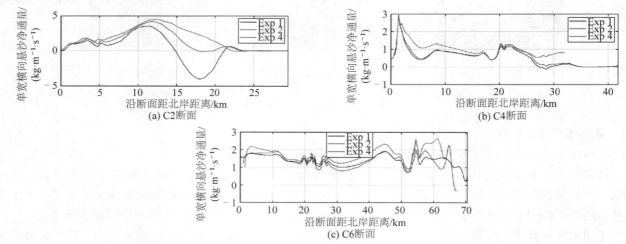

图7　横断面单宽横向悬沙净通量分布（以向南岸方向输运为正）

4　结　语

1）基于FVCOM水动力数值模式，耦合悬沙浓度对水体密度及底边界层的影响，并考虑泥沙絮凝对沉降速度的影响，建立杭州湾三维水沙耦合数值模型，能较好的模拟杭州湾水动力泥沙过程。

2）1974—2019年间杭州湾潮滩减少过程中湾内流速及底床切应力发生变化，进而影响湾内悬沙浓度。潮滩减少导致乍浦以西水域流速降低，月均悬沙浓度最大减幅高达30%。乍浦以东水域流速增大，月均悬沙浓度升高约15%。潮滩减少主要通过影响潮泵效应，进而改变湾内悬沙纵向输运特征，平流输沙项在潮滩变化过程中对杭州湾悬沙特征的影响较小。1974—2003年，澉浦断面潮泵效应增强，陆向悬沙净通量增大，金山、芦潮港断面陆向悬沙净通量减小，杭州湾淤积量减少。2003年后，各断面纵向悬沙净通量变化趋势与1974—2003年间相反，杭州湾淤积量增大，但外湾冲刷量逐渐增大。

3）潮滩的减少对杭州湾纵向、横向悬沙输运均影响显著，改变了杭州湾悬沙输运纵横比。潮滩减少后岸线缩窄，杭州湾弯曲弧度逐渐增大，各横断面输沙纵横比值下降，弯道输沙效应增强，向南岸输沙趋势加大。随着潮滩的围垦，南岸潮滩区面积不断减小，但还未围垦的潮滩区域沉积率显著上升。

参考文献:

[1]　HE X, BAI Y, PAN D, et al. Using geostationary satellite ocean color data to map the diurnal dynamics of suspended particulate matter in coastal waters [J]. Remote Sensing of Environment, 2013, 133(12): 225-239.

[2]　孙志林, 杜丽华, 龚玉萌, 等. 长江口和杭州湾污染物稀释扩散及交汇数值模拟研究[J]. 海洋工程, 2019, 37(2): 68-75.

[3]　CHENG Z, WANG X, PAULL D, et al. Application of the geostationary ocean color imager to mapping the diurnal and seasonal variability of surface suspended matter in a macro-tidal estuary [J]. Remote Sensing of Enviornment, 2016, 8(3): 244:1-244:21.

[4]　刘猛, 沈芳, 葛建忠, 等. 静止轨道卫星观测杭州湾悬浮泥沙浓度的动态变化及动力分析[J]. 泥沙研究, 2013(1): 7-13.

[5]　XIE D F, GAO S, WANG Z B, et al. Numerical modeling of tidal currents, sediment transport and morphological evolution in Hangzhou Bay, China [J]. International Journal of Sediment Research, 2013, 28(3): 316-328.

[6]　DU P, DING P, HU K. Simulation of three-dimensional cohesive sediment transport in Hangzhou Bay, China [J]. Acta Oceanologica Sinica, 2010, 29(2): 98-106.

[7]　CAI L, TANG D, LI C. An investigation of spatial variation of suspended sediment concentration induced by a bay bridge based on Landsat TM and OLI data [J]. Advances in Space Research, 2015, 56(2): 293-303.

[8] 王飞，王珊珊，王新，等. 杭州湾悬浮泥沙遥感反演与变化动力分析 [J]. 华中师范大学学报（自然科学版），2014, 48(1): 112-116.

[9] LIU C, SUI J Y, HE Y, et al. Changes in runoff and sediment load from major Chinese rivers to the Pacific Ocean over the period 1955-2010 [J]. International Journal of Sediment Research, 2013, 28(4): 486-495.

[10] CHEN S L, ZHANG G A, YANG S L. Temporal and spatial changes of suspended sediment concentration and resuspension in the Yangtze River estuary [J]. Journal of Geographical Sciences, 2003, 13(4): 498-506.

[11] 花一明. 杭州湾滩涂围垦及利用动态遥感监测研究 [D]. 杭州：浙江大学，2016.

[12] 鲁友鹏，梁书秀，孙昭晨，等. 杭州湾南岸岸线变化对水动力的影响累积效应 [J]. 海洋环境科学，2015, 34(3): 384-390.

[13] XIE D, WANG Z, GAO S, et al. Modeling the tidal channel morpho dynamics in a macro-tidal embayment, Hangzhou Bay, China [J]. Continental Shelf Research, 2009, 29(15): 1757-1767.

[14] 王珊珊，韩曾萃. 杭州湾庵东边滩现代发育特征分析 [J]. 科技通报，2014, 30(5): 66-71.

[15] 倪勇强，林洁. 河口区治江围涂对杭州湾水动力及海床影响分析[J]. 海洋工程，2003, 21(3): 73-77.

[16] 郝建亭，杨武年，李玉霞，等. 基于FLAASH的多光谱影像大气校正应用研究[J]. 遥感信息，2008(1): 78-81.

[17] 汪求顺，潘存鸿. 不同湍流模式下钱塘江涌潮水流三维模拟[J]. 海洋工程，2017, 35(1): 80-89.

新水沙条件下长江澄通河段河床演变特征研究

徐　华 [1,2,3]，闻云呈 [1,2,3]，杜德军 [1,2,3]，夏云峰 [1,2,3]，王晓俊 [1,2,3]

（1. 南京水利科学研究院，江苏　南京　210029；2. 水文水资源与水利工程科学国家重点实验室，江苏　南京　210029；3. 港口航道泥沙工程交通行业重点实验室，江苏　南京　210024）

摘要： 长江上游三峡等水利水电枢纽蓄水运行后，中下游干流河道来水来沙条件发生了一定程度的变化，相应河道冲淤变化自上而下逐步显现。收集分析长江下游澄通河段多年来实测水沙、地形资料，计算分析了不同高程下河床冲淤量，重点研究了三峡枢纽运行前后澄通河段水沙条件及河道演变特征变化。研究表明，在上游流域来沙锐减形势下，近年来澄通河段水体含沙量减小明显，河道总体呈冲刷态势，有利于长江河道行洪；以悬沙落淤为主的淤积性汊道衰退趋势放缓，有利于该类型汊道的维护和开发利用；河道内低滩总体由淤涨转为微冲，特别是航道工程附近关键低滩冲刷后，深槽展宽坦化，不利于航道维护和发展。研究成果可为澄通河段综合治理研究提供技术参考。

关键词： 长江；澄通河段；新水沙；河床演变

自 2003 年 6 月以来，三峡枢纽开始蓄水，经历了三个调度运行阶段：围堰蓄水期（2003 年 6 月至 2006 年 8 月，坝前最高蓄水位为 139 m），初期蓄水期（2006 年 9 月至 2008 年 9 月，最高蓄水位为 156 m），试验性蓄水期（2008 年汛后至 2015 年 10 月 28 日，蓄水位为 175 m），坝下的水流泥沙边界条件发生了较大的改变，其中最为显著的变化是，坝下长江中下游河段的年内径流分布趋于均匀，径流输沙沿程大幅度减少，坝下河床发生长距离和长时间的冲刷[1-5]。三峡工程运行后，枯季流量增大，洪峰受到一定程度的削减，径流量年内分配趋于均匀，但来沙量大幅减少，加剧了长江下游河道水沙运动的复杂性。目前长江下游澄通河段河床冲刷已开始显现[6-9]，河床冲刷必然对滩槽的演变产生一定的影响，进而对河道内港口码头、航道等重大涉水工程带来影响。

1　澄通河段概况

澄通河段上起江阴鹅鼻咀，下讫常熟徐六泾，全长 88.2 km，主要由福姜沙河段、如皋沙群河段和通州沙河段组成，平面形态呈弯曲分汊型，见图 1。福姜沙河段上起江阴鹅鼻嘴，下至护漕港，河道进口由鹅鼻嘴和炮台圩对峙节点控制，江面宽度仅 1.4 km，往下江面逐渐展宽，福姜沙分汊前展宽过渡段长约 9 km，分汊前江面宽 4 km 左右，长江主流至肖山脱离南岸呈微弯向福姜沙北汊过渡。下游福姜沙分汊河段，右汊福南水道为支汊，长 16 km，平均河宽约 1 km，河床窄深，外形向南弯曲，其弯曲率约 1.45，分流比为 20%左右；左汊为主汊，长约 11 km，平均河宽 3.1 km 左右，分流比约为 80%，河床宽浅，外形顺直，如皋沙群段上起护漕港，下至十三圩，为多分汊河道。河道内沙洲罗列，水流分散，目前分布有双涧沙、民主沙、长青沙、泓北沙及横港沙，江面宽达 6 km 以上。双涧沙及民主沙将河道分为如皋中汊及浏河沙水道上段，如皋中汊分流比约 30%，两股水流汇合后进入浏河沙水道下段。浏海沙水道下段左侧为长青沙、泓北沙及横港沙，长青沙、横港沙北侧为天生港水道。通州沙河段属澄通河段上起十三圩，下至徐六泾，全长约 39 km。进出口河宽相对较窄，均约 5.7 km，中间放宽，最大河宽约 9.4 km。通州沙河段为暗沙型多分汊河道，江中通州沙、狼山沙、新开沙以及铁黄沙等沙体发育。通州沙河段进口段长江被通州沙体分为东、西水道。通州沙东水道是以落潮流为主的长江主流通道，目前分流比为 90%左右，出口段被自左而右的新开沙、狼山沙和铁黄沙分为新开沙夹槽、狼山沙东、西水道和福山水道。

基金项目： 国家重点研发计划（2016YFC0402307）；三峡工程泥沙重大问题研究项目（12610100000018J129-5）；南京水利科学研究院基金（Y217007）

作者简介： 徐华（1980–），男，江苏盐城人，博士，高级工程师，主要从事港口航道泥沙工程研究，E-mail: xuh@nhri.cn

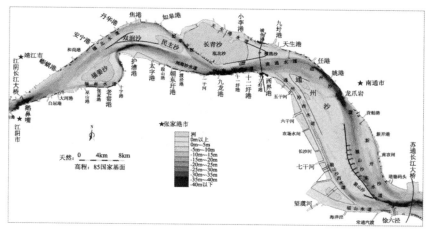

图 1　澄通河段河势

2　水沙条件变化

2.1　大通站水沙条件变化

长江下游最后一个水文站大通站距工程河段约 460 km。大通站以下较大的入江支流有安徽的青弋江、水阳江、裕溪河，江苏的秦淮河、滁河、淮河入江水道、太湖流域等水系，入汇流量约占长江总流量的 3%～5%，故大通站的径流资料可以代表本河段的上游径流。

根据 1950—2017 年资料统计，大通站多年平均径流总量约为 8.975×10^{11} m³，年际间波动较大，但多年平均径流量无明显的趋势变化，如图 2 所示。大通站年平均输沙量 3.62×10^8 t。近年来，随着长江上游水土保持工程及水库工程的建设，以及沿程采沙造成长江流域来沙越来越少。输沙量以葛洲坝工程和三峡工程的蓄水时间为节点，呈现明显的三阶段变化特点，输沙量呈现逐渐减小的趋势。其中 1951—1985 年平均输沙量为 4.71×10^8 t，1986—2002 年平均输沙量为 3.40×10^8 t，2003—2017 年平均输沙量为 1.37×10^8 t。

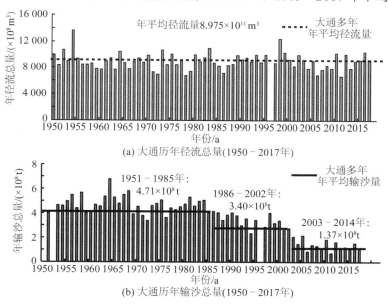

图 2　1950—2017 年大通站历年径流总量、历年输沙总量分布

图 3 为三峡蓄水前后大通站多年月均径流量、输沙量对比图，可见，三峡水库蓄水后，洪季流量减小有限，枯季时个别月份流量有所增加；而洪季沙量减小程度明显，而枯季总体上输沙量较小，蓄水后输沙量有所减小但幅度不大。

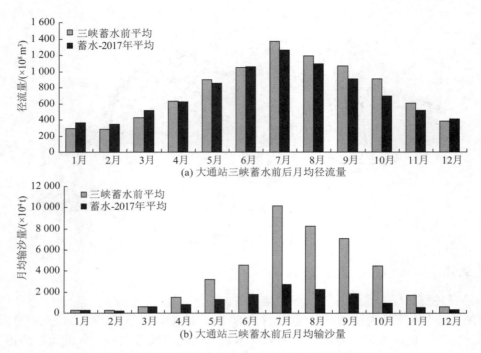

(a) 大通站三峡蓄水前后月均径流量

(b) 大通站三峡蓄水前后月均输沙量

图 3　大通站三峡水库蓄水前后月均径流量输沙量对比

2.2　徐六泾站水体含沙量变化

徐六泾水文站处于长江下游澄通河段出口，是长江干流距入海口门最近的综合性水位站，徐六泾水文站含沙量的变化直接指示上游来沙量年变化的情况。根据徐六泾站多年来实测泥沙资料分析，涨、落潮平均含沙量变化见图 4。20 世纪 90 年代以前徐六泾断面涨落潮含沙量均较高，1984 年涨、落潮平均含沙量分别为 1.82 kg/m³ 和 1.85 kg/m³。1995—2002 年涨、落潮平均含沙量有一定程度的减小趋势，且变化较为平缓，期间涨、落潮平均含沙量分别为 0.90 kg/m³ 和 0.79 kg/m³，下降了 50% 左右。2003 年后，随着上游来沙量的大幅减少，徐六泾断面落潮含沙量也明显下降，且在近年来呈现连续的下降趋势，2003—2010 年涨、落潮平均含沙量分别为 0.55 kg/m³ 和 0.45 kg/m³，涨潮平均含沙量比 1984—2002 年减少 48%，落潮平均含沙量比 1984—2002 年减少 54%。综上所述，长江流域来沙量显著减小，徐六泾站涨、落潮平均含沙量均呈现逐年减小的趋势，与 2003 年前含沙量值相比，2003 年后含沙量总体减少约 50%。

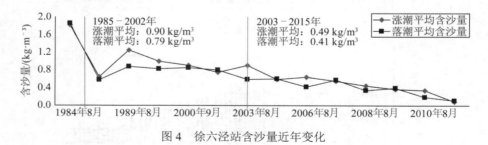

图 4　徐六泾站含沙量近年变化

3　澄通河段河道演变特征

3.1　河床总体呈冲刷态势

20 世纪 90 年代初之前，由于上游来沙较大，河床总体呈淤积态势，但 20 世纪 90 年代中后期至 2003 年，随着上游来沙减小，河床总体由淤转冲。

福姜沙和如皋沙群河段 1977—2011 年分时段河床冲淤计算见图 5。1977—1993 年河床有所淤积 2.480×10⁷ m³，1993—2004 年冲刷了 8.520×10⁷ m³，2004—2011 年冲刷了 9.540×10⁷ m³，累计河床冲刷了 1.558 0×10⁸ m³，0~-5 m 滩地有所淤积，-5 m 以下均处于受冲态势。该河段河床冲淤变化与上游来水来沙条件有一定关系，20世纪70年代中期至80年代中期，长江上游来沙量较大，相同时期内，河段河床总体呈淤积状态。20世纪90年代以后，长江上游来沙量逐年减少，2000年以后，上游来沙量下降速度加快，这一阶段澄通河段河床变化总体呈冲刷状态；三峡水库建成蓄水以后，水库的拦沙作用使得长江上游来沙量进一步减少，相应澄通河段河床冲刷量也有所加大。

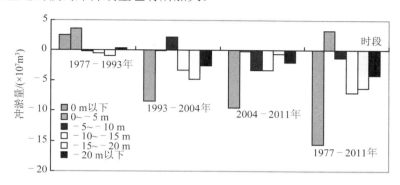

图5　福姜沙和如皋沙群河段近期河床冲淤统计

通州沙河段1977—2011年分时段河床冲淤计算见图6。1977—1993年河床有所淤积 1.370×10^7 m³，1993—2004年冲刷了 1.41×10^7 m³，2004—2011年冲刷了 8.570×10^7 m³，累计河床冲刷了 8.610×10^7 m³，0~−5 m滩地有所淤积，−5 m以下均处于受冲态势。通州沙河段河床冲淤变化同样与上游来水来沙条件有关联。通州沙河段为分汊河段，从河床冲淤变化平面分布上看，主汊河床冲淤变化对上游来水来沙条件变化的响应相对较强，比如狼山沙东水道，而支汊河床的冲淤变化则受自身动力条件及周边河段的影响作用较大，对长江上游来水来沙条件变化的敏感性相对较弱。河床冲淤变化除受上游来水来沙条件的影响外，还和河段内自身冲淤变化规律及所处发展阶段有很大关系。上游来沙量大，而河段自身正处于有利的发展阶段，或者其上游河段处于淤积状态时，河床也会出现明显冲刷，如1977—1993年，通州沙东水道处于冲刷状态就是此种情况。

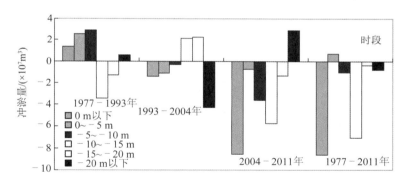

图6　通州沙河段近期河床冲淤统计

3.2 高潮淹没、低潮出水的低滩呈现滩面高程降低、面积微减特性

三峡枢纽运行前，三沙河段内横港沙、通州沙、新开沙等沙体逐步发育成形，沙体高度、长度逐步达到最大规模；双涧沙、白茆沙、狼山沙、新开沙等部分沙体，受上游来水来沙变化影响，沙体稳定性差，处于周期性自然演变过程。

2003年三峡枢纽运行后，澄通河段低滩变化见图7至图9，呈现通州沙、横港沙、新开沙等低滩滩面高程有所降低，滩体−5 m线以上面积呈微减趋势，如新开沙面积由14.9 km²减小至9.4 km²，滩面高程由1.6 m减小至0.8 m。通州沙中部滩面高程由−1.8 m减小至−2.8 m，横港沙中部滩面高程由−0.5 m减小至−1.2 m。

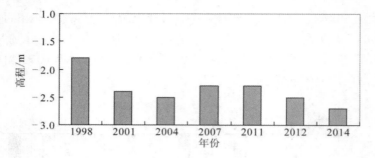

图 7　通州沙中部滩面高程近年变化

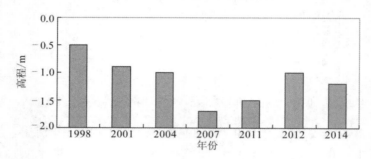

图 8　横港沙中部滩面高程近年变化

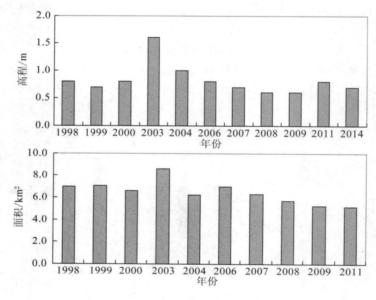

图 9　新开沙沙体面积和滩面顶高程近年变化

3.3　以悬沙落淤积为主的支汊淤积衰退趋势减缓，河床总体稳定性将提升

受上游水库建成蓄水拦沙影响，2004—2013 年澄通河段内支汊天生港水道 0 m 以下河槽累计净冲刷量约为 $5×10^6$ m³；西水道累计冲刷约 $8.2×10^5$ m³；福山水道累计冲刷约 $3×10^5$ m³，可见上游来沙减小后，以悬沙落淤积为主的支汊淤积衰退趋势减缓。

流域的床沙质来沙量愈少，意味着总体来说河流愈稳定，不会因为短时期的强烈淤积，使某一股支汊堵塞，进而引起河势较大变化。对比长江和非洲尼日尔河，二者中下游均为江心洲发育分汊河型，但前者含沙量约为后者的 2 倍，因此从这点来看，后者比前者河床稳定性要高。

窦国仁通过理论推导，得出河床活动指标 K_n 的计算公式为

$$K_n = 1.11 \frac{Q_{洪}}{Q} \left(\frac{\beta^2 V_{0S}^2 S^2 Q}{k^2 \alpha^2 V_{0b}^2} \right)^{\frac{2}{9}}$$ 　　　　　　　　　　（1）

式中：$Q_洪$ 为年出现频率为 2%的洪水流量的多年平均值；Q 为平均流量；V_{0s}、V_{0b} 分别为悬沙、底沙的止动流速；S 是平均含沙量；α 为河岸与河底的相对稳定系数，β 为涌潮系数，可取 1.0；k 为常系数，一般取 3~5。

由式（1）可见，随着上游来沙量减小，水体含沙量 S 减小，加之三峡蓄水后年内流量的相对变幅 $\dfrac{Q_洪}{Q}$ 减小，因此河床活动指标 K_n 总体减小，表明河床总体稳定性将有所提升。

4　结　语

自上游三峡等枢纽运行以来，径流输沙沿程大幅度减少，上游水沙条件变化对长江下游澄通河段的影响已开始显现，研究取得如下认识。

1）近年来，澄通河段河床总体呈冲刷态势，河床容积增大，总体有利于长江河道行洪；以悬沙落淤积为主的支汊淤积衰退趋势减缓，有利于该类型汊道的维护和开发利用。

2）高潮淹没、低潮出水的低滩呈现滩面高程降低、面积微减特性，某些洲滩冲刷后较难恢复，特别是航道工程附近关键低滩冲刷后，深槽展宽坦化，不利于航道条件维护和发展。

3）上游乌东德、白鹤滩等水库枢纽未来建成运行后，上游来沙将进一步减少，新水沙条件下河床总体稳定性将有所提升。

4）水库建设引起的水沙条件的变化，不仅会造成下游河道冲刷、河床泥沙粗化，而且会导致坝下河道纵横断面形态的调整，建议进一步加强长江干流河段现场观测分析与科学研究工作，全面把握河道演变发展趋势。

参考文献：

[1] 许全喜. 三峡工程蓄水运用前后长江中下游干流河道冲淤规律研究[J]. 水力发电学报, 2013(2): 146-154.

[2] 韩其为, 杨克诚. 三峡水库建成后下荆江河型变化趋势的研究[J]. 泥沙研究, 2000(3): 1-11.

[3] 熊治平. 三峡建库前后上荆江浅滩演变分析及预估 [J]. 重庆交通学院学报, 2000, 19(1): 88-91.

[4] 唐金武, 由星莹, 李义天, 等. 三峡水库蓄水对长江中下游航道影响分析[J]. 水力发电学报, 2014(1): 102-107.

[5] 李宪中, 陆永军, 刘怀汉. 三峡枢纽对荆江航道的影响及对策[J]. 中国水运, 2002(5): 22-23.

[6] 陈晓云. 长江太仓～南通河段河道演变特性与航道治理思路分析[J]. 水运工程, 2012(4): 102-110.

[7] 夏云峰, 闻云呈, 徐华, 等. 长江河口段水沙运动及河床演变[M]. 北京: 人民交通出版社股份有限公司, 2015.

[8] 夏云峰, 徐华, 吴道文, 等. 长江南京以下 12.5 米深水航道一期工程（南通至太仓河段）河床演变分析研究[R]. 南京: 南京水利科学研究院, 2012.

[9] 夏云峰, 徐华, 李国斌, 等. 长江南京以下 12.5 米深水航道二期工程（南京至南通河段）河床演变分析研究[R]. 南京: 南京水利科学研究院, 2014.

基于 D-Flow FM 研究珠江河口岸线变化对潮汐过程的影响

王宗旭 [1,2]，季小梅 [1,2]，张 蔚 [2,3]，姚 鹏 [4]，郁夏琰 [1,2]，傅雨洁 [1,2]

[1. 江苏省海岸海洋资源开发与环境安全重点实验室（河海大学），江苏 南京 210098；2. 河海大学 港口海岸与近海工程学院，江苏 南京 210098；3. 河海大学 水文水资源与水利工程科学国家重点实验室，江苏 南京 210098；4. 中山大学 海洋工程与技术学院，广东 广州 510275]

摘要： 由于自然淤涨和围垦填海工程，珠江河口岸线发生较大变化。岸线的改变会对河口形态产生影响，也必然会导致周边海域潮汐过程发生变化。通过使用 ENVI 遥感影像处理软件从遥感图片中提取得到 20 世纪 70 年代和 90 年代以及 2010 年涵盖黄茅海、鸡啼门水域、磨刀门水域和伶仃洋的岸线数据，建立珠江河口高分辨率的 D-Flow FM 水动力数值模型。通过率定验证，模拟的水位、流速流向结果与观测数据吻合良好。利用 T-TIDE 对模型结果进行调和分析，通过对比 3 个年代下岸线变化后的模拟结果，得到从 20 世纪 70–90 年代和 20 世纪 90 年代至 2010 年间 M_2 和 M_4 分潮振幅的变化。结果表明，从 20 世纪 70–90 年代，磨刀门水域分潮振幅增加较大，M_2、M_4 分潮振幅最大增加值分别为 0.08 m 和 0.02 m，鸡啼门水域次之，黄茅海水域分潮振幅增加相对较小；伶仃洋水域，M_2 振幅增加，以淇澳岛和内伶仃岛断面为界，向湾顶方向 M_4 振幅增大，向湾口方向 M_4 振幅减小。从 20 世纪 90 年代到 2010 年，黄茅海水域 M_2、M_4 分潮振幅均增加；鸡啼门水域，M_2、M_4 分潮振幅均振幅略有减小；磨刀门水域，M_2 振幅无明显变化，横州水道处 M_4 振幅略有减小；伶仃洋水域，M_2 振幅总体呈增大趋势，M_4 振幅在万顷沙附近增大。

关键词： 珠江河口；岸线变化；分潮；振幅

河口附近的人类活动给河道泄洪、纳潮以及河口滩涂发育演变、区域水生态环境均造成影响，因此，有越来越多的学者将目光集中到河口土地围垦对潮汐的作用上。Song 等[1]使用 sbPOM 对东中国海的潮滩围垦进行研究，他指出，潮滩具有储能和耗能的作用，且潮滩以储能为主，局部地区的潮滩移除后，其储能作用消失，会对整个东中国海的潮动力产生深刻的影响。Gao 等[2]使用 FVCOM 模型以不同的顺序对胶州湾的潮滩进行围垦，发现偏度的变化趋势会随围垦区域的位置不同而改变。李莉等[3]使用 FVCOM 模型分析 1974 年以来杭州湾–长江口海域岸线变化对杭州湾海域潮流、潮能和潮汐不对称等潮汐特征的影响。在珠江河口，Mao 等[4]利用实测资料，总结了珠江河口在洪枯季的潮汐和潮流特征。张晓浩等[5]对 1973 年至 2015 年珠江河口海域岸线和围填海变化进行分析，Zhang 等[6]对近几十年来珠江河口的地貌和岸线变化做了定量阐明，指出土地围垦对珠江三角洲的地形变化影响深远。

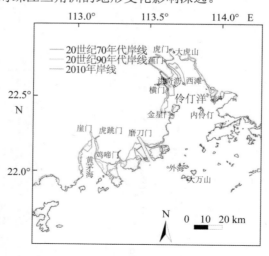

图 1　珠江河口岸线变化及验潮站位置分布

珠江河口位于我国广东省南部，包含黄茅海，鸡啼门水域，磨刀门水域和伶仃洋共 4 个河口水域。上游珠江流域主要由西江、北江和东江三大水系组成，其下游河道在入海之前形成复杂交错的河网三角洲，而后从崖门、虎跳门、鸡啼门、磨刀门、横门、洪奇门、蕉门和虎门共八大口门注入南海[1]。珠江河口滩涂发育良好，储量丰富。但是，随着区域经济的迅猛发展，为满足用地需求，近几十年来，珠江河口的滩涂围垦、填海造陆等工程陆续开展，导致岸线发生巨大变化，并对附近水域的水动力环境产生影响。为了研究珠江河口的岸线变化对其潮汐过程的影响，基于 D-Flow FM 建立珠江河口高分辨率二维水动力数值模型，并利用 20 世纪 70 年代、90 年代和 2010 年 3 种岸线形态分析三个模型试验的结果，为该地区的海岸工程规划等提供参考。

1　D-Flow FM 水动力数值模型

D-Flow FM 采用由三角形、四边形或曲线拟合网格组成的直线或曲线网格和非结构化网格组成的灵活组合，能对局部地区进行网格加密，操作简便且能够准确的拟合珠江河口复杂的岸线边界。模型采用有限体积方法，有效结合有限元方法处理复杂边界的优点和有限差分方法高计算效率的优点，能节省计算时间。D-Flow FM 应用干湿网格判别方法，能够充分体现海水"淹没"以及"露出"滩涂区域的过程，可以适应河口近岸海域。

1.1　基本方程

D-Flow FM 水动力模型二维浅水方程为

$$\frac{\partial h}{\partial t} + \nabla \cdot (h\boldsymbol{u}) = 0 \tag{1}$$

$$\frac{\partial h\boldsymbol{u}}{\partial t} + \nabla \cdot (h\boldsymbol{u}\boldsymbol{u}) = -gh\nabla\zeta + \nabla \cdot \left[vh\left(\nabla\boldsymbol{u} + \nabla\boldsymbol{u}^{\mathrm{T}}\right)\right] + \frac{\tau}{\rho} \tag{2}$$

式中：$\nabla = \left(\dfrac{\partial}{\partial x}, \dfrac{\partial}{\partial y}\right)^{\mathrm{T}}$（即二维）；$\zeta$ 是水位；h 是水深；$\boldsymbol{u}$ 是速度矢量；g 是重力加速度；v 是黏性系数；ρ 是海水密度；τ 是底部摩擦参数，$\tau = -\dfrac{\rho g}{c^2}\|\boldsymbol{u}\|\boldsymbol{u}$；$c$ 为谢才系数。

1.2　模型配置

模型采用 WGS-84 坐标系，模型网格如图 2 所示，大区域范围为 18.7°–24.7°N，110.2°–120.4°E，包括海南岛和台湾岛之间的部分中国南海海域。三组试验分别对应 3 种岸线下的珠江河口二维水动力模型。三组模型使用相同的水深插值，其大范围的水深提取为 ETOPO1 水深与 2010 年珠江河口的精确水深的组合。三组试验的网格参数如表 1 所示。

表 1　3 组试验网格的时间、网格数

试验	岸线时间	网格数
试验 1	20 世纪 70 年代	161 606
试验 2	20 世纪 90 年代	150 757
试验 3	2010 年	139 567

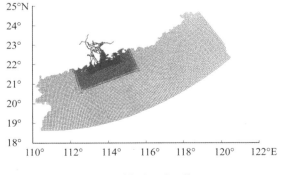

图 2　模型区域网格

　　三组试验采用相同的边界条件，其南、东、西边界均为 2007 年 6 月 1 日到 9 月 1 日使用 TPXO8 模型得到的逐时潮位，北边界分别为石咀、石角、高要、博罗、老鸦岗和新家埔的径流。模型最小分辨率约为 10 m，最大分辨率约为 90 km，初始时间步长为 1 s，最大时间步长为 30 s。模型使用冷启动，初始潮位为 1.5 m，初始流速为 0 m/s，温度为常数 15 ℃，不考虑盐度。

2　模型验证

　　模型验证采用 2007 年 8 月 13—14 日和 16—17 日的实测潮位和流速数据，数据的时间间隔为 1 h。验潮站的具体位置分布如图 1 所示。其中，赤湾、横门、大虎山、大万山、金星门和内伶仃为潮位站，虎门、西滩、蕉门、横门、洪奇沥和外海为潮流站。模型验证包括水位验证和流速验证。

2.1　水位验证

　　6 个潮位站的模拟结果与实测水位数据的比较如图 3 所示。从图 3 可以看到，模拟结果与实测水位数据整体趋势比较吻合。

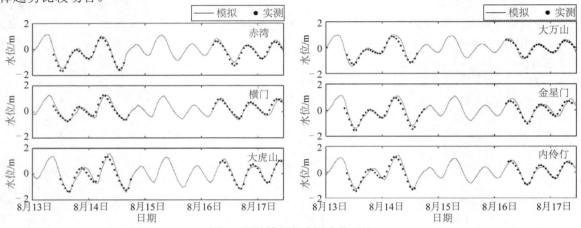

图 3　测站模拟与实测水位对比

2.2　流速验证

　　采用 6 个潮流站的流速实测数据验证流速大小和流向。图 4 为 6 个潮流站的对比拟合结果，流速大小和流向的整体趋势吻合。

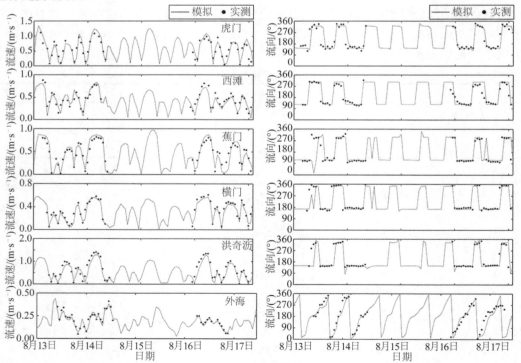

图 4　测站模拟与实测流速流向对比

3 结果分析

3.1 潮位和潮流

珠江河口在一个涨落潮过程中涨急、涨落、落急和落停四个阶段的潮位和垂向平均潮流分布如图 5 所示。图 5（a）、5（b）、5（c）、5（d）分别对应上述的涨急、涨停、落急和落停四个时刻。涨急时刻，湾口潮位大、湾内潮位小，湾顶水位为 0.7~1 m，海水从外海流进湾内，湾内流速较大。涨停时刻，湾口附近海水流向大海，湾顶潮位达到最大，最大潮位为 1.5 m 左右，湾口流速较小。落急时刻，湾内水流整体流向外海，在湾口出现最小潮位，最小潮位为 -1.5 m 左右，湾内流速较大。落停时刻，湾内整体潮位较小，为 -1.2 m 左右，湾口附近流速较小。

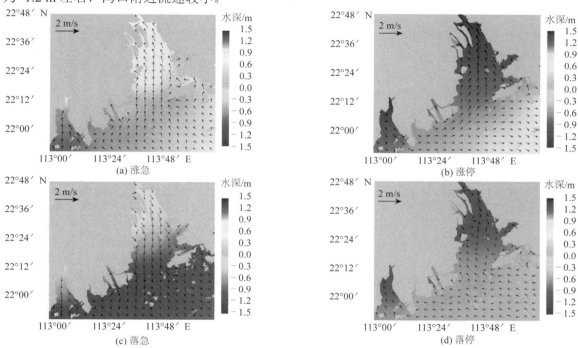

图 5   4 个时刻潮位和垂向平均潮流分布

3.2 M_2 和 M_4 分潮

在珠江河口，M_2 分潮和 M_4 分潮分别是其主要分潮和主要浅水分潮，因此，利用 T-Tide 调和分析方法对珠江河口区域的计算潮位过程进行调和分析，得到 M_2 和 M_4 分潮的空间分布特征并加以分析。

图 6（a）为珠江河口 M_2 同潮图。在黄茅海，M_2 振幅由湾口向湾顶呈现先减小后增大的变化趋势。在伶仃洋，M_2 分潮振幅从湾口到湾顶逐渐增大。在鸡啼门和磨刀门水域，M_2 振幅变化趋势不明显。

在黄茅海，由湾口至湾顶，M_4 振幅先增大后减小。而在伶仃洋，M_4 振幅从湾口处 0.04 m 减小至 0.018 m 后，在湾顶处增大至 0.038 m。由于在鸡啼门和磨刀门水域，原三灶岛和横州水道附近地势较浅，M_4 振幅最大可达 0.06 m。

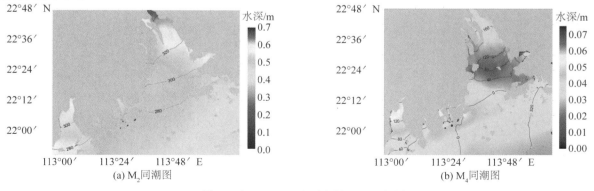

图 6   珠江河口 M_2 同潮图和 M_4 同潮图

3.2.1　M₂ 分潮变化

在黄茅海，从 20 世纪 70 年代至 2010 年，M_2 振幅增幅保持在 0.02 m 左右，表示岸线向水域推进，使水域断面收缩导致 M_2 振幅增大（图 7）。

在鸡啼门水域，从 20 世纪 70 年代至 90 年代，岸线推进使得口门处 M_2 振幅略微增大（图 7a）；在 90 年代以后，岸线急剧收缩导致河口断面形态发生改变，径流作用集中，M_2 振幅减小（图 7b）。

在磨刀门水域，从 20 世纪 70 年代至 90 年代，由于岸线变化，M_2 振幅增大，M_2 振幅增幅最大值为 0.08 m，出现在鹤州南部；从 90 年代至 2010 年，由于岸线未发生重大改变，M_2 振幅也无明显变化。

在伶仃洋，从 20 世纪 70 年代直至 2010 年，M_2 振幅持续增大；而在 90 年代后，由于万顷沙附近岸线收缩导致水深增大，阻碍潮汐向上游传播，导致该地区 M_2 分潮振幅减小。

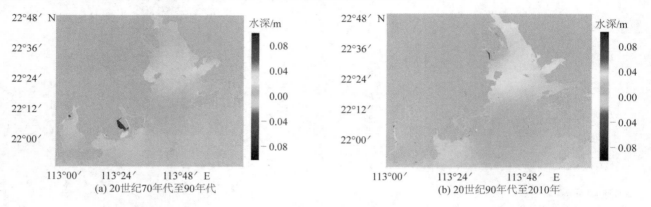

图 7　不同年代岸线之间 M_2 振幅之差

3.2.2　M₄ 分潮变化

在黄茅海，从 20 世纪 70 年代至 2010 年，岸线变化导致 M_4 振幅增大（图 8）。

在鸡啼门水域，从 20 世纪 70 年代至 90 年代，由于潮滩围垦，口门处 M_4 振幅增大；在 90 年代以后，岸线束窄导致水动力条件改变，M_4 振幅减小。

在磨刀门水域，从 20 世纪 70 年代至 90 年代，由于岸线变化，M_4 振幅增大，与 M_2 分潮相同，M_4 振幅增幅最大值为 0.02 m，出现在鹤州南部；从 90 年代至 2010 年，由于磨刀门河口岸线整治，径流作用集中在横州水道，导致该处 M_4 振幅减小。

在伶仃洋，随着岸线变化，在围垦区附近，M_4 振幅逐渐变大，而距离围垦区较远处，M_4 振幅减小，有趣的是，M_4 振幅减小的位置随着岸线的变化而后退，其具体原因还有待研究。

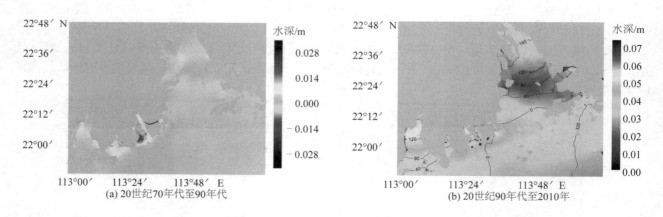

图 8　不同年代岸线之间 M_4 振幅之差

4　结　语

研究表明，随着珠江河口岸线变化，从 20 世纪 70 年代到 90 年代，在黄茅海 M_2 振幅增加 0.02 m 左右，M_4 振幅增加最大达 0.01 m；在鸡啼门水域，M_2 振幅增加最大达 0.06 m，M_4 振幅增加最大达 0.015 m；在磨刀门水域，M_2 振幅增加最大达 0.08 m，M_4 振幅增加最大达 0.02 m；在伶仃洋，M_2 振幅增加，以淇澳岛和内伶仃岛形成的断面向湾顶方向，M_4 振幅增大，沿反方向，M_4 振幅减小。从 90 年代到 2010 年，在黄茅海 M_2 振幅增加 0.02 m 左右，M_4 振幅增加最大达 0.02 m；在鸡啼门水域，M_2 振幅减小了 0.006 m 左右，M_4 振幅减幅最大达 0.012 m；在磨刀门水域，M_2 振幅无明显变化，横州水道处 M_4 振幅减小 0.003 m 左右；在伶仃洋，M_2 振幅总体呈增大趋势，M_4 振幅在万顷沙附近增大。

　　总体来看，大部分地区的 M_2 振幅增大；在局部地区，岸线变化改变河口形态，对径流作用和局部水深等造成影响，导致 M_2 振幅减小。在珠江河口的大部分地区，M_4 振幅增加与 M_2 振幅增加正相关，而 M_4 分潮的频率更高，对地形变化也更敏感，因此，在局部区域，M_4 的振幅呈现出与 M_2 不同的变化。

参考文献：

[1]　SONG D H, WANG X H, ZHU X M, et al. Modeling studies of the far-field effects of tidal flat reclamation on tidal dynamics in the East China Seas[J]. Estuarine Coastal And Shelf Science, 2013, 133: 147-160.

[2]　GAO G D, WANG X H, BAO X W. Land reclamation and its impact on tidal dynamics in Jiaozhou Bay, Qingdao, China[J]. Estuarine Coastal And Shelf Science, 2014, 151: 285-294.

[3]　李莉, 操进浪, 贺治国, 等. 杭州湾-长江口海域岸线变化对杭州湾潮汐特征的影响[J]. 浙江大学学报(工学版), 2018, 52(08): 1605-1615.

[4]　MAO Q W, SHI P, YIN K D, et al. Tides and tidal currents in the pearl river estuary[J]. Continental Shelf Research, 2004, 24(16): 1797-1808.

[5]　张晓浩, 黄华梅, 王平, 等. 1973–2015 年珠江口海域岸线和围填海变化分析[J]. 海洋湖沼通报, 2016, 5: 9-15.

[6]　ZHANG W, XU Y, HOITINK A J F, et al. Morphological change in the Pearl River Delta[J]. China. Marine Geology, 2015, 363: 202-219.

往复流与单向流对坝田淤积影响试验研究

张功瑾，罗小峰，路川藤

（南京水利科学研究院 水文水资源与水利工程科学国家重点实验室，江苏 南京 210029）

摘要： 对于潮汐河口段坝田内的淤积，受潮汐往复流的影响，其坝田内的淤积机理更为复杂。参考北槽水沙动力条件，对长江口北槽坝田进行概化模拟试验。试验发现：往复流作用下坝田回流中心具有周期性摆动特征，相对于单向流作用下的坝田淤积分布更为均匀；单向流条件下坝田淤积成持续淤积状态，其初期淤积速率明显大于往复流条件，而往复流条件下坝田淤积达到平衡的时间较长，其达到平衡的厚度也较大。

关键词： 单向流；往复流；坝田；泥沙淤积；潮汐河口

丁坝是一种典型的水工整治建筑物。实际工程中，往往通过丁坝系列（丁坝群）防止海岸冲刷、稳定和增加通航水深、以及对河道的生态修复等。长江口北槽深水航道治理，采用了双导堤和丁坝群组成整治建筑物系统，在双导堤稳定北槽两侧边界的基础上，通过布置一系列丁坝以形成合理的治导线，调整北槽水、沙过程和河床形态，为深水航道通航水深的维护创造有利条件。

在内河河道坝田中，水流具有恒定性导致回流淤积是主要的淤积方式，并对其淤积形态有一定影响[1]。对于潮汐河口段坝田内的淤积，受潮汐往复流的影响，其坝田内的淤积分布和淤积特征更为复杂[2]。对丁坝河段水流动力和动量、质量输运的研究，多依靠物理模型试验和数学模型[3-5]。关于丁坝或坝田的物理模型试验中，多以河道或单向流条件来进行模拟，如 Duan 等[6]通过试验水槽研究丁坝周围涡量、雷诺应力以及紊动动能；Kuhnle 等[7]研究无因次断面平均流速的沿程变化；Wim 和 Uijttewaal[8]采用 4 种不同透水率的丁坝进行试验，分析其流速以及紊动动能的变化；Yossef 和 De Vriend[9]以 waal 河河段为原型，建立模型水槽研究河流与坝田的泥沙交换。吴小明和谢宇峰[10]在活动玻璃水槽中研究丁坝周围底沙淤积问题；许光祥等[11]在玻璃水槽中研究了丁坝挑角对坝田淤积的影响；应强和孔祥柏[12]研究淹没丁坝附近的水流流态；于守兵等[13]在水槽中研究淹没丁坝对水流结构的调整作用；吴桢样和吴建平[14]在矩形水槽内进行了丁坝定床水流的大量试验。以上丁坝及坝田的物理模型试验均在单向流条件下进行，部分潮汐河口丁坝群附近水流的研究也均概化为单向流条件进行物理模型试验研究。然而，无论丁坝坝田、盲肠河段还是港池，其泥沙的淤积问题一直是众多学者的研究重点[15-17]，但在河道和潮汐河口的坝田内，由于存在单向流和往复流的区别，其坝田内淤积过程也不尽相同，潮汐河口坝田泥沙交换和淤积的问题多以数学模型进行研究，而物理模型由于试验条件等因素多以单向流条件来进行概化研究，因此，有必要建立物理模型水槽试验来研究单向流和往复流在模拟潮汐河口丁坝群坝田泥沙淤积的差异和效果。

1 坝田淤积试验设计

长江口多年平均径流量为 $8\,963\times10^{8}$ m³，水体多年平均含沙量约为 0.5 kg/m³，其中北槽含沙量在洪季时约为 0.2~0.8 kg/m³，枯季 1.0~1.8 kg/m³，长江口口门附近最大潮差 4.62 m，最小潮差 0.17 m，多年平均潮差 2.66 m。以长江口北槽丁坝群坝田的淤积过程为例，参考北槽水沙动力条件，进行概化模拟试验。

1.1 试验水槽介绍

试验水槽长 30 m，宽 5 m，有效长度 25 m，其由流量泵及阀门系统控制，实现水位和流量的控制潮位的控制采用翻板式尾门系统控制。模型下游边界采用水位控制，上游边界采用流量控制。

在悬沙模型中，采用浑水循环系统，包括浑水水库、加沙泵、输沙管道及回水管等，输沙管道的布置见图 1。为保证模型水体含沙量能够达到要求，采用全潮加沙。模型采用光电式非接触水位仪和旋桨流速

基金项目： 国家重点研发计划（2017YFC0405400）；国家重点研发计划（2016YFC0401505）；国家自然科学基金青年基金项目（51509161）

仪。大范围的流场则通过流场实时测量系统（VDMS），地形测量采用超声三维地形自动测量分析系统（TTMS）。

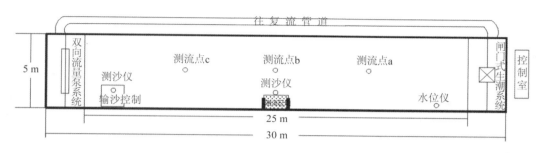

图 1　物理模型水槽示意

1.2　合理性检验

试验进行前，进行水槽水动力重复性试验，水泵的转速和流量的线性相关性显著，通过转速的控制可以达到控制流量的作用，进而可以根据试验要求产生恒定流和往复流。对单向流条件下不同丁坝长度后方回流长度进行试验，试验水深 10 cm，流速 0.1 m/s，丁坝长度 80 cm 和 100 cm，通过观测回流尾部水流流向的变化，确定水流在时均意义上的流向分离点，进而确定回流长度，测量得到坝后回流长度分别为 600 cm 和 700 cm，分别为坝长的 7.5 倍和 7 倍（如图 2 和图 3）。基本满足各回流长度经验公式，如窦国仁等[18]公式对短丁坝可简化为：$L = C_0^2 H / (1 + \dfrac{C_0^2 H}{12D})$，其中 C_0 为无量纲谢才系数。吴桢样和吴建平[14]得出丁坝回流区长度的经验公式为：$\dfrac{L}{D} = 4 + 48.4(\dfrac{H}{D})$；吴小明和谢宇峰[11]确定回流长度满足以下关系：

$$L = (6 \sim 9) \times (B - B_0)。$$

图 2　水槽试验丁坝长度 80 cm 时粒子摄像

图 3　水槽试验丁坝长度 100 cm 时粒子摄像

1.3　试验条件及组次

设置非淹没丁坝 2 条，丁坝长 80 cm，丁坝间距为 2 倍和 3 倍坝长，含沙量控制在 2 kg/m³，分别考虑单向流和往复流条件下坝田淤积过程，其中单向流控制流速为 20 cm/s，往复流采用正弦式潮型设置，最大流速 20 cm/s，周期 100 min，试验进行 8 个周期，共 800 min。其试验组次如表 1，试验结果见图 4 至图 7。

表 1　试验组次

组次编号	丁坝长/cm	丁坝间距/cm	水流	水深/cm	含沙量/（kg·m⁻³）
1	80	160	单向流	10	2
2	80	240	单向流	10	2
3	80	160	往复流	10	2
4	80	240	往复流	10	2

图 4　水槽试验单向流 2 倍坝田淤积形态

图 5　水槽试验往复流 2 倍坝田淤积形态

图 6　水槽试验单向流 3 倍坝田淤积形态

图 7　水槽试验往复流 3 倍坝田淤积形态

2　平面流场差异性分析

　　单向流条件下，下游丁坝处于上游丁坝的掩护范围内，在恒定流条件下，坝田内的水流结构基本保持不变，其达到稳定的时间较短；在非恒定流条件下，坝田内的水流结构会相应的发生变化，但其坝田内的水流结构分布及水流流向基本不发生变化；而潮汐往复流，由于涨落潮的共同影响，上下游丁坝在涨落潮时刻互为掩护，其回流结构和回流强度（坝田内平均流速）也呈周期变化。水槽试验中，单向流和潮汐往复流试验流场及流速分布如图 8 至图 10 所示。

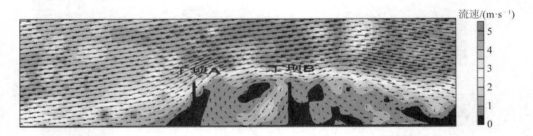

图 8　水槽试验单向流条件下流场

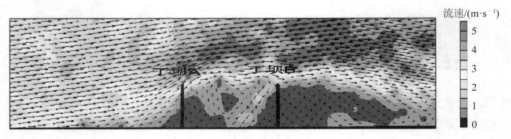

图 9　水槽试验潮汐往复流条件下涨急流场

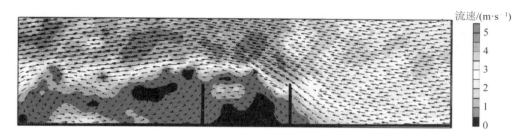

图 10　水槽试验潮汐往复流条件下落急流场

单向流作用下，坝田内回流中心位于坝田一侧波动，恒定流作用下坝田回流中心时刻保持不变；潮汐往复流作用下，由于涨落潮过程的变化，坝田回流中心在坝田内成椭圆轨迹周期性摆动（图 11），因此潮汐往复流作用下，坝田内的淤积分布更为均匀。

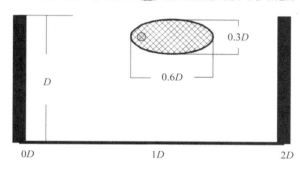

图 11　单向流和潮汐往复流条件下回流中心变化范围

3　淤积形态差异性分析

往复流作用下坝田内的淤积形态与单向流时有很大的不同，单向流在其下游丁坝坝头处出现明显冲刷，而在上游丁坝坝头处则表现为淤积，最大淤积分布呈自上游丁坝头部至下游丁坝根部淤积，而在往复流条件下，在丁坝两侧均出现淤积，最大淤积部位在坝田中部上方，平行于主流方向。

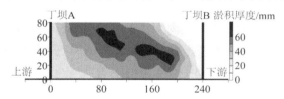

图 12　单向流 3 倍间距坝田淤积形态

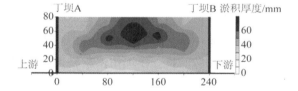

图 13　往复流 3 倍间距坝田淤积形态

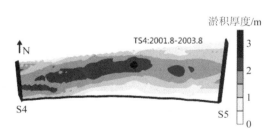

图 14　长江口北槽 3.8 倍间距坝田淤积形态

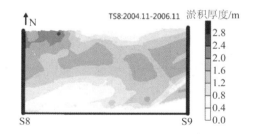

图 15　长江口北槽 2 倍间距坝田淤积形态

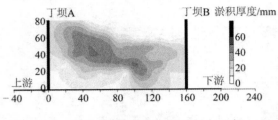

图 16　单向流 2 倍间距坝田淤积形态

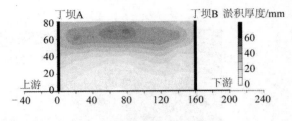

图 17　往复流 2 倍间距坝田淤积形态

取经过坝田最大淤积强度的横断面（如图 18 至图 20），单向流作用下，坝田内的淤积形态为坝田中部淤积最大点向四周扩散的分布，而在往复流的作用下，坝田内的淤积形态成坝田中部淤积最大面向四周扩散分布。

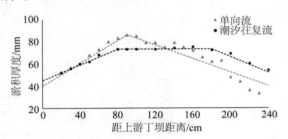

图 18　3 倍间距坝田纵断面淤积分布

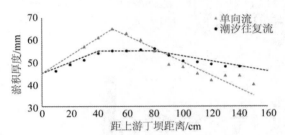

图 19　2 倍间距坝田纵断面淤积分布

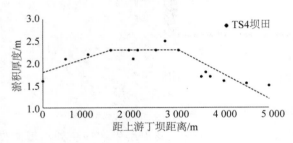

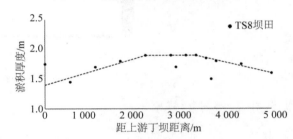

图 20　北槽 3.8 倍间距和 2 倍间距坝田纵断面淤积分布

4　淤积速率差异

模拟坝田淤积初期，往复流和单向流条件下其坝田淤积速率也不相同，其水流结构的不同，导致单向流为持续淤积的状态，其坝田平均淤积厚度与时间基本呈线性增长；而往复流条件下坝田内平均淤积厚度随时间呈抛物线型增长；在坝田淤积初期，往复流条件下坝田淤积速率小于单向流条件。

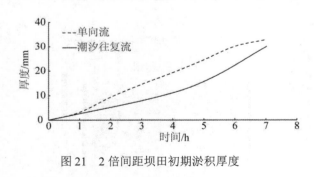

图 21　2 倍间距坝田初期淤积厚度

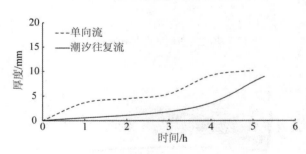

图 22　3 倍间距坝田初期淤积厚度

单向流条件下坝田回流强度基本不变，而往复流条件下坝田回流强度随着涨落潮的变化呈周期性变化，单向流条件下坝田淤积呈持续淤积状态，其初期淤积速率明显大于潮汐往复流条件，而往复流条件下坝田淤积达到平衡的时间较长，其达到平衡的厚度也较大。与单向流作用下坝田淤积过程相比，在一个潮周期内有相当时间的小流速和憩流时间，所以往复流作用下坝田淤积达到平衡需要更长的时间。往复流作用下坝田泥沙淤积的过程决定了在平面形态、淤积速率及平衡时间等方面与单向流的不同。

5　结　语

1）单向流条件下其坝田内最大淤积分布呈自上游丁坝头部至下游丁坝根部淤积，而在往复流条件下坝田内最大淤积部位在坝田中部上方，平行于主流方向。

2）往复流作用下坝田回流中心具有周期性摆动特征，相对于单向流作用下的坝田淤积分布更为均匀。

3）单向流条件下坝田淤积呈持续淤积状态，其初期淤积速率明显大于往复流条件，而往复流条件下坝田淤积达到平衡的时间较长，其达到平衡的厚度也较大。

4）潮汐河口坝田淤积研究不宜采用单向流概化的控制条件。

参考文献：

[1] 刘青泉. 盲肠河段口门掺混区的泥沙扩散[J]. 泥沙研究, 1995(2): 11-21.

[2] 黄才安, 奚斌. 水流能耗率极值原理及其水力学实例研究[J]. 长江科学院院报, 2002, 19(5): 7-9.

[3] 任云, 张功瑾, 路川藤. 潮汐双向流条件下丁坝水流特性研究[J]. 人民长江, 2017, 48(6): 33-37.

[4] 杨元平. 透水丁坝坝后回流区区长度研究[J]. 水域工程, 2005, 02: 18-21.

[5] 范蕾. 丁坝群几何参数对支流斜交弯曲干流河道水流的影响[D]. 邯郸：河北工程大学, 2014.

[6] DUAN J G, ACHARYa A, YEAGER M. Sediment Sorting around Experimental Spur Dike[M]. 2008.

[7] KUHNLE R A, ALONSO C V, SHIELDS F D J. Local Scour Associated with Angled Spur Dikes[J]. Journal of Hydraulic Engineering, 2002, 128(12): 1087-1093.

[8] WIM S J, UIJTTEWAAL. Effects of Groyne Layout on the Flow in Groyne Fields:Laboratory Experiments[J]. J. Hydraul. Eng., 2005, 131: 782-791.

[9] YOSSEF M F M, DE Vriend H J. Sediment Exchange between a River and Its Groyne Fields: Mobile-Bed Experiment[J]. Journal of Hydraulic Engineering, 2010, 136(9): 610-625.

[10] 吴小明, 谢宇峰. 水工建筑物下游回流及底沙淤积研究[J]. 人民珠江, 1996(6): 16-19.

[11] 许光祥, 刘建新, 程昌华. 丁坝挑角对坝田淤积的影响[J]. 重庆交通大学学报(自然科学版), 1994, 13(2): 34-37.

[12] 应强, 孔祥柏. 非等长淹没丁坝群局部水头损失的计算[J]. 水科学进展, 1994, 5(3): 214-220.

[13] 于守兵. 淹没丁坝对水流结构的调整作用研究[D]. 南京：南京水利科学研究院, 2010.

[14] 吴桢样, 吴建平. 丁坝紊动场及其工程意义[J]. 郑州工学院学报, 1994(2): 22-27.

[15] 白玉川, 陆婷婷. 导堤型河口航道淤积方式分析[C]// "全球变化下的海洋与湖沼生态安全"学术交流会论文摘要集. 2014.

[16] 彭静, 河原能久. 丁坝群近体流动结构的可视化实验研究[J]. 水利学报, 2000, 31(3): 42-45.

[17] 高先刚, 刘焕芳, 华根福, 等. 双丁坝合理间距的试验研究[J]. 石河子大学学报(自然科学版), 2010, 28(5): 614-617.

[18] 窦国仁, 柴挺生, 樊明, 等. 丁坝回流及其相似性规律研究[J]. 水利水运科技情报, 1978(3): 1-24.

挟沙能力研究现状与展望

高祥宇，窦希萍，张新周

（南京水利科学研究院 港口航道泥沙工程交通行业重点实验室，江苏 南京 210029）

摘要： 挟沙能力是表征一定水流和河床条件下河流挟带泥沙能力的一个重要参数。不少学者通过现场实测含沙量分析、原型沙和模型沙水槽试验及理论推导，研究了挟沙能力的特性和其表达式，为预测泥沙冲淤变化提供基础公式。相对河流而言，河口海岸地区的动力条件更为复杂，挟沙能力的定义存在分歧，潮流和波浪共同作用下的挟沙能力公式建立也更为困难。对国内外挟沙能力研究的试验和公式建立等进行了综述，指出今后需要加强原型沙和轻质模型沙（木粉和煤粉或电木粉）在潮流、波浪共同作用下运动特性的研究，重点关注挟沙能力与含沙量的关系，完善潮流波浪共同作用下挟沙能力公式。

关键词： 挟沙能力；水流；泥沙；潮流；波浪；含沙量

1　挟沙能力的定义

按照《泥沙手册》，挟沙能力（亦称挟沙力）定义为[1]在一定水力及床沙组成条件下水流挟带床沙质的能力。床沙质是悬移质中较粗部分的泥沙，在河床组成中大量存在；悬移质中较细部分为冲泻质，在河床组成中很少存在，其含量多寡与上游补给条件有关，其输沙率过程也与流量过程互不对应。因此，这里所说的挟沙能力仅针对床沙质而言。有学者进一步将挟沙能力定义为在一定水流、泥沙和断面形态条件下，河床处于平衡状态时水流所能挟带的最大含沙量。当来流的含沙量大于临界值时，河床将发生淤积；反之，造成河床冲刷。通过这种淤积或冲刷，使水体中的含沙量逐渐恢复到临界值，从而达到新的不冲不淤的平衡状态。在自然界中几乎没有一条河流处于完全的冲淤平衡中，很难测量到真正平衡时的挟沙能力。因此，对于天然河流中直接采用具有严格物理意义的水流挟沙能力的概念并不合适，为了便于建立水动力、含沙量、河床形态与河床冲淤变化之间的关系，作为一个权宜之计，在研究天然河流的输沙能力时通常用水流挟沙能力这个物理量来代替，挟沙能力是河道最重要的特性，也是河床演变分析、泥沙物理模型和数学模型的基础。

河口海岸挟沙能力的概念是由河流挟沙能力引入的，其公式既有直接借用河流挟沙能力的，也有针对潮流和波浪特性建立的。对于河流挟沙能力的概念业内认识比较一致，但对于潮流、波浪作用下的挟沙能力如何定义尚有不同看法，其处理方式也不同。因此就存在这样几个疑问：对于潮汐周期性变化与波浪非周期性变化相叠加的河口海岸地区，这个关联水动力、含沙量、河床形态与河床冲淤变化的挟沙能力的物理意义是什么？对于流速、水深等是采用全潮平均值、半潮平均值还是某一时间段的平均值？目前河口海岸物理模型的水平比尺一般在 600~2 000，垂直比尺为 60~150，变率为 6~15，根据物理模型相似理论，只有采用轻质模型沙才能满足泥沙运动的相似要求，而现有的挟沙能力公式大都是针对原型沙（天然沙）建立的，是否适合于潮流、波浪作用下的轻质沙运动规律特性？

挟沙能力是河流动力学和河口海岸动力学的基本问题。自 20 世纪初期以来，中外学者对此进行了大量研究，主要针对挟沙能力的性质和挟沙能力公式的构建。以下将分别从水流作用下和潮流、波浪共同作用下的挟沙能力两个方面综述。

2　水流作用下挟沙能力研究现状

河道水流挟沙能力研究主要有挟沙能力试验和公式构建。国外最初的水流挟沙能力研究始于 Gilbert[2] 的水槽输沙试验。我国水流挟沙能力试验于 1947 年开始筹划[3]，1954 年起在南京水利科学研究院钢板水槽内进行了人工沙饱和悬沙量试验，并根据试验数据得到挟沙能力的经验关系式。其后几十年间，国内外许多学者对河道水流挟沙能力进行了广泛研究并取得长足进展，代表性公式有 Einstein 公式[4]和维里坎诺

基金项目： 国家重点研发计划（2017YFC0405400）；国家自然科学基金（51979172）

夫公式[1]、张瑞瑾公式[5]、Bagnold 公式[6]、窦国仁公式[7]、张红武公式[8]等。

2.1　挟沙能力试验研究

2.1.1　天然沙（原型沙）试验

范家骅等[3]利用 0.03 mm 黄土和卵石碾成粉末制成 0.03 mm 人工沙，0.06 mm 黄土，0.13 mm 黄沙，共计 4 种沙样，在长 33 m、宽 1.25 m、深 0.5 m 可以调节坡度的钢板水槽内进行饱和含沙量试验，探求细颗粒泥沙在一定条件下的饱和含沙量和悬移质挟沙能力，得到挟沙能力经验公式；王士强等[9]在长 60 m、宽 1.2 m 的活动循环大钢槽内进行了非均匀沙（天然沙）挟沙力试验，之后又在长 16 m、宽 0.5 m 的循环可调坡水槽内进行非均匀沙（天然沙）挟沙力水槽试验；黄理军等[10]采用天然沙通过水槽试验确定了悬移质水流挟沙力公式形式；舒安平和费祥俊[11]在水槽中进行了天然沙高含沙水流平衡输沙试验，确定水流挟沙能力结构公式中有关参数。

2.1.2　轻质模型沙试验

舒安平等[11]在水槽中进行了粉煤灰高含沙水流平衡输沙试验，对水流挟沙能力结构公式中的参数进行确定；刘峰[12]通过水槽明渠试验研究了精煤粉（容重 1.33 t/m^3）在中、低含沙量情况下较细颗粒泥沙对较粗颗粒泥沙的水流挟沙力影响；任艳粉等[13]通过水槽试验研究了拟焦沙（模型沙）的水流挟沙能力。

2.2　水流作用下挟沙能力公式建立

挟沙能力公式建立的方法主要有能量平衡法、物理分析法和经验统计法等，其公式主要形式可归纳为含沙量型与输沙率型两种。

张瑞瑾等[5]从挟沙水流的能量平衡原理出发，考虑悬移质的制紊作用，建立了水流挟沙能力公式 $S_* = K\left(\dfrac{U^3}{gR\omega}\right)^m$，其中，$U$ 为平均流速，ω 为沉速，R 为水力半径，K 和 m 分别为系数和指数，该公式通过长江、黄河及水库和渠道以及室内水槽等大量资料验证，与实际情况符合良好，得到广泛应用；类似研究还有 Ismail 等[14]基于泥沙颗粒的悬浮力与紊动动能成正比，提出挟沙能力公式，其系数采用实测和水槽资料进行了率定。

窦国仁[7]沿用维立干诺夫的悬浮理论，即水流在悬浮泥沙时要消耗一部分能量，其值等于泥沙的悬浮功，建立了水流作用下的挟沙能力公式 $S_* = \dfrac{K}{C_1^2}\dfrac{\gamma-\gamma_s}{\gamma_s-\gamma}\dfrac{U^3}{gH\omega}$（其中，$K$、$C_1$ 为系数，H 为水深），并应用于葛洲坝工程坝区全沙物理模型试验研究。

对于高含沙水流，张红武和张清[8]从水流能量消耗和泥沙悬浮功的关系出发，考虑泥沙存在对卡门常数和泥沙沉速等的影响，给出了半经验半理论的高含沙水流挟沙力公式 $S_* = 2.5\left[\dfrac{(0.0022+S_0)U^3}{k\dfrac{\gamma_s-\gamma_m}{\gamma_m}gH\omega}\ln\left(\dfrac{H}{6d_{50}}\right)\right]^{0.62}$

（其中，γ_m 为浑水的重度）；此外，刘兴年等[15]针对黄河下游高含沙水流的特点，引入浑水黏性等的影响，导出均匀沙、非均匀粗细泥沙平衡和不平衡状态下的挟沙能力公式；余明辉等[16]考虑了浑水相对黏滞性、上游来水来沙条件及床沙级配等因素对水流挟沙力的不同影响，建立了非均匀沙分组水流挟沙能力公式，适应于一般水流和高含沙水流；郭庆超[17]对韩其为[18]的挟沙能力公式进行了深入分析，考虑高含沙水流泥沙含量对浑水容重和泥沙沉降速度的影响以及薄膜水对泥沙颗粒体积的影响，建立了低含沙水流与高含沙水流统一的挟沙能力公式 $S_* = k_0\left[1+\left[\dfrac{\rho_s-\rho_0}{\rho_s\rho_0}\right]\dfrac{S}{\beta}\right]^m\dfrac{1}{\left[1-\dfrac{S}{\beta\rho_s}\right]^{(k+1)m}}\left(\dfrac{U^3}{H\omega}\right)^m$，其中，$S$ 是上游来流含沙量，k_0 和 m 分别是挟沙能力的系数和指数，β 是衡量薄膜水对泥沙颗粒体积影响的参数。

舒安平[19]基于悬移质运动效率系数等泥沙悬浮能耗概念，建立了适合高低含沙水流的挟沙能力统一结

构式 $S_* = M \left[\dfrac{f_m}{8} \dfrac{\gamma}{\gamma_s - \gamma} \dfrac{U^3}{gR\omega} \right]^N$，其中，$f_m$ 为挟沙水流阻力系数，k_0 和 m 分别是挟沙能力的系数和指数。

王士强等[9]提出了颗粒跃移及推移质、悬移质和全沙统一的非均匀沙挟沙力公式，并用所做挟沙力试验的资料进行了验证；余文畴[20]从长江水文站大量的实测资料中取出符合冲淤变化不大条件下相应那部分水力、泥沙资料，建立了适合于长江下游条件的挟沙能力经验公式。

以上河流挟沙能力均为一维，实际河流的挟沙能力还会受断面形态等影响，李义天和赵明登[21]在张瑞瑾公式的基础上，根据长江中游河段的水沙资料，建立了二维水流挟沙力计算公式 $S_* = K_0 \left(0.1 + 90 \dfrac{\omega}{U} \right) \dfrac{U}{gH\omega}$，用参数 K_0 来反映河床二维形态的影响；要威等[22]对游荡型河道断面形态、来流过程等对挟沙能力的影响进行了研究，并将这两个影响因素代入张瑞瑾公式，建立了适用于黄河下游游荡型河道的挟沙力沿河宽分布公式。

从河道挟沙能力研究看，水槽试验研究既包括原型沙（天然沙）也包括轻质模型沙，对于挟沙能力的认识也比较一致，所采用公式涉及的物理量也基本相同。

3　潮流波浪共同作用下挟沙能力研究

相对于河道水流挟沙能力研究，河口海岸潮流和波浪作用下的挟沙能力研究则要晚很多，20 世纪 60 年代才有相关报道，近年来研究工作主要集中在挟沙能力公式构建，尚未见潮流和波浪共同作用下的挟沙能力试验。

3.1　波浪（与水流）作用下的泥沙试验

由于未见潮流波浪共同作用下的挟沙能力试验报道，本节主要对波流作用下相关的泥沙运动试验研究进行概述。

3.1.1　波流作用下泥沙运动

孔令双等[23]分别采用不同流速和不同波浪组合进行泥沙起动试验，其中还包括了纯水流和纯波浪的起动试验，试验沙样分别取自河北省秦皇岛港海区、黄骅港海区和山东省潍坊港海区；赵明[24]在试验水池中采用中值粒径 0.12 mm 的细沙进行了波浪和水流作用下的三种不同直径圆柱模型的冲刷试验，在试验过程中，不断从上游加入模型沙，以补充在试验中不断向下游输出的沙，要求试验段上游边界处泥沙表面的高程不明显降低，监测底面地形随时间的发展过程。

3.1.2　波浪作用下泥沙运动

高祥宇等[25]采用自来水与连云港徐圩港区航道试挖槽内原状泥调配得到的试验淤泥，通过长 175 m 的水槽进行了 1 : 200 缓坡试验，研究破碎波作用下不同淤泥密度下的水体含沙量分布特征；Xia 等[26]也在这个长水槽中对黄骅港泥沙进行了破波带对泥沙运动的影响试验，提出破波区近底含沙量计算公式。

3.2　潮流波浪共同作用下挟沙能力特性

尽管在河口海岸泥沙数学模型和物理模型中早已使用挟沙能力公式，但是对潮流和波浪共同作用下的挟沙能力还是不同看法。

由于潮汐河口流速和潮位呈非恒定变化，孙志林等[27]提出时变挟沙能力的概念，认为水体中含沙量始终随着水流挟沙能力变化进行调整，力图达到两者平衡，在半潮周期内存在 2 个瞬间的平衡点，依据瞬间平衡机理获取河口水流时变挟沙能力数据，并建立了相应的经验公式。

王珍珍等[28]根据瓯江口 1999 年以及 2005 年水文实测资料，分别采用全潮平均法和半潮平均法处理挟沙能力公式中的流速和水深，认为全潮平均法得出的结果优于半潮平均法。

殷亚明等[29]则认为半潮或全潮平均的潮流挟沙能力并不能完全反映其瞬时的实际情况，这样处理可能引起一个潮周期内的潮流挟沙能力不守恒，因此在瞬时挟沙力和半潮平均挟沙力之间引入修正系数，该修正系数与相对振幅、潮流与潮差的相位差及挟沙力公式中的指数有着一定关系，解决了半个或一个潮周期内的潮流挟沙能力不守恒问题。

李瑞杰等[30]分析了侵蚀率和挟沙力之间的关系，论证了波浪、潮流的有效流速为最大流速的$1/\sqrt{2}$，认为采用有效流速建立的挟沙力公式是合理的，避免了近岸海域水流挟沙力研究中采用多种流速（半潮平均、潮平均、半波平均、波平均、绝对值流速等）导致的物理意义模糊。

白玉川等[31]根据波浪动力具有悬浮泥沙和挟带泥沙的能力，定义了波浪的挟沙能力就是指平衡情况下波浪对某种泥沙的极限运载能力，具体表示为输沙率与输沙流量的比值，即 $S_{LH}^* = \dfrac{Q_{SLH} + \overline{q_b}}{Q_{LH}}$，其中 Q_{SLH} 和

Q_{LH} 分别为波浪传质速度下的输沙率和输沙流量，$\overline{q_b}$ 为推移质平均输沙率。

此外，对于挟沙能力公式的验证，邢云等[32]认为，实测的含沙量数据与该区域饱和含沙量值有较大偏离，不能直接利用实测数据对特定挟沙力公式系数进行率定验证；甘中东等[33]也认为，如果不管是否具备挟沙力概念，将现场得到的实测含沙量直接用于挟沙力公式的拟合或者验证，是不妥的；实测含沙量资料中哪些具备有挟沙力概念，哪些没有，如何从中选择具有挟沙力概念的含沙量，均是值得研究的问题。

3.3　潮流和波浪共同作用下挟沙能力公式建立

挟沙能力公式建立的方法主要有明渠水流挟沙能力公式的移植、能量平衡法、经验分析法、因次分析法等。目前常用的潮流波浪共同作用下挟沙能力公式主要有刘家驹公式[34]、窦国仁公式[35]、曹祖德公式[36]等。

由于潮流波浪共同作用下的泥沙运动更为复杂，美国和欧洲学者通常借用单向水流中的输沙率公式中重要的"输沙动力因素"如摩阻流速剪切力或水流提供的功等，用波流共同作用下的相应因子取代，从而得到波流共同作用下的各种输沙率公式。Bijker[37]首先提出在明渠水流挟沙能力公式中用波流共同作用下的剪切力及摩阻流速代替单向流剪切力及摩阻流速，得到波流共同作用下的输沙公式。

刘家驹[34]通过因次分析认为，近岸海区浅水的挟沙能力与风吹流、波流、潮流和水深的关系可以用弗氏数的形式体现，$S_* = 0.0274\gamma_s \dfrac{\left(|u_e| + |u_w|\right)^2}{gH}$（其中，$u_c$ 为潮流的时段平均流速与风吹流的时段平均流速之和，u_w 为波浪水质点的平均水平速度）。

窦国仁[35]依据能量迭加原理，将潮流和波浪用于悬浮泥沙的能量相加，从而导出潮流和波浪共同作用下的挟沙能力公式 $S_* = \alpha \dfrac{\gamma\gamma_s}{\gamma_s - \gamma}\left(\dfrac{v^3}{C^2 h\omega} + \beta\dfrac{H_w}{hT\omega}\right)$（其中，$v$ 为流速，H_w 和 T 分别为波高和波周期）。

此外，采用能量平衡法的研究者，Bagndd[38]从能量的角度导出水流作用下的全沙输沙率与单位时间、单位床面面积上水流所提供的势能成正比，用于波浪作用时，将水流提供的势能改为波浪提供的势能；乐培九和杨细根[39]从能量平衡原理出发，导出了潮流、波浪以及波、流共同作用下的悬移质挟沙能力及输沙率公式；黄建维等[40]根据能量平衡原理建立了粉砂质海岸骤淤期悬移质挟沙力公式，其中波浪挟沙能力采用 Xia[26]的斜坡长水槽破波区含沙量测量资料进行了验证；曹文洪等[41]根据前人基于湍流猝发的平均时空尺寸，得到波浪和潮流作用下的床面泥沙上扬通量，当悬移质处于不冲不淤平衡条件下，泥沙上扬与沉降通量相等，建立了平衡近底含沙量的理论表达式，根据潮流输沙过程中含沙量沿垂线分布关系可以得出沿垂线的平均含沙量，在平衡的情况下，即得到潮流和波浪共同作用下的挟沙能力公式；曹祖德等[36]从波、流共存时床面剪切力对水体做功与挟沙水体获得位能相等出发，建立了波浪、水流共同作用下的粉砂和细沙起动公式和水体挟沙能力公式；张庆河等[42]以窦国仁等[35]提出的悬移质挟沙能力公式为基础，考虑波周期对挟沙能力的影响，提出了波流共同作用下细颗粒泥沙挟沙能力的表达形式；张红武等[43]认为在河口海洋动力作用下的挟沙能力计算中，风暴对水流挟沙能力的影响应与潮流的影响一并计入，将黄河水流挟沙力通用公式中的流速改为潮流速和风速的合成流速，由此得到潮流与风暴潮挟沙能力，再加上波浪能量对挟沙能力的贡献，得到黄河口潮流波浪挟沙能力。

从已有挟沙能力公式看，部分与潮流流速的三次方成正比，另一部分与二次方成正比。王珍珍等[28]

根据瓯江口 1999 年和 2005 年水文实测资料，认为挟沙能力公式 $S_* = K\left(\dfrac{U^2}{gH\omega}\right)^m$ 比 $S_* = K\left(\dfrac{U^3}{gR\omega}\right)^m$ 更适合瓯江

口；David 等[44]通过分析美国 Hudson 河口径流过程和含沙量的关系，指出挟沙能力与径流和潮流相遇的时间和径流的历时有关，与流量的 1.5~2.5 次方成正比，该次方的大小与流量大小有关，在中、低流量时，该次方约为 1.5，大流量时，该次方为 2.9。这个研究与国内学者认为河口海岸挟沙能力与流速的 2~3 次方成正比基本一致。

4　展　望

综上，水流作用下的挟沙能力已有较多研究并形成较为一致的认识，但是对于潮流和波浪共同作用下的挟沙能力还存在较大分歧，在挟沙能力的影响因素、与时间变量的关系等方面还未形成共识，轻质模型沙的挟沙能力研究还很不够。因此，有必要在以下方面进行深入研究：

1）原型含沙量与挟沙能力的关系。通过现场实测潮流和波浪、含沙量、地形冲淤变化等资料，分析非恒定动力条件下水体含沙量与挟沙能力的关系，现有挟沙能力公式的应用范围和限制条件。

2）波浪（波流）作用下挟沙能力分析。研究波浪与含沙量、挟沙能力之间的相互关系，分析波浪对挟沙能力的作用机制，对已有波浪和波流作用下的挟沙能力公式进行比较分析，确定波浪对泥沙作用的具体形式。

3）轻质模型沙挟沙能力水槽试验。通过水槽试验，研究潮流和波浪作用下的轻质模型沙挟沙能力和不同床面形态对挟沙能力的影响，研究轻质模型沙挟沙能力与潮流流速、波高、水深等的关系，分析床面形态对轻质模型沙挟沙能力的影响。

4）挟沙能力公式完善与构建。分析现有潮流和波浪共同作用下原型沙挟沙能力公式的合理性，构建潮流和波浪作用下的轻质模型沙挟沙能力公式。

参考文献：

[1]　曹文洪, 舒安平. 潮流和波浪作用下悬移质挟沙能力研究述评[J]. 泥沙研究, 1999, 5: 74-80.

[2]　GILBERT G K. The transportation of debris by running waer[R]. U.S. Geol. Sur. Prof. Paper, 86, 1914.

[3]　范家骅, 陈裕泰, 金德春, 等. 悬移质挟沙能力水槽试验研究[J]. 水利水运工程学报, 2011, 3(1): 1-16.

[4]　EINSTEIN H A. The bedload function for sediment transportation in open channel flows [R]. U.S. Department of Agriculture, Soil Conservation Service Technical Bulletin, No.1026, 1950: 1-71.

[5]　张瑞瑾, 等. 长江中下游水流挟沙力研究[J]. 泥沙研究, 1959 (2): 54-73.

[6]　BAGNOLD R A. An approach to the sediment transport problem from general physics [R]. U.S. Geological Survey, Professional Paper 422-J, 1966.

[7]　窦国仁. 全沙模型相似律及设计实例[J]. 水利水运科技情报, 1977(3): 1-20.

[8]　张红武, 张清. 黄河水流挟沙力的计算公式[J]. 人民黄河, 1992(11): 7-9.

[9]　王士强, 陈骥, 惠遇甲. 明槽水流的非均匀沙挟沙力研究[J]. 水利学报, 1998, 1(1): 1-11.

[10]　黄理军, 张文萍, 王辉, 等. 龙滩水电站推移质输沙率试验研究[J]. 中国农村水利水电, 2007(12): 9-14.

[11]　舒安平, 费祥俊. 高含沙水流挟沙[J]. 中国科学 G 辑: 物理学力学天文学, 2008, 38(6): 653–667.

[12]　刘峰. 水流挟沙能力机理探讨及试验研究[D]. 武汉: 武汉水利电力大学, 1995.

[13]　任艳粉, 姚棣, 李远发, 等. 拟焦沙阻力特性及水流挟沙能力试验研究[J]. 人民黄河, 2009, 31(11): 42-45.

[14]　ISMAIL C, WOLFGANG R.Suspended sediment-transport capacity for open channel flow[J]. Journal of Hydraulic Engineering, 1991, 117(2): 191.

[15]　刘兴年, 曹叔尤, 黄尔, 等. 粗细泥沙挟沙能力研究[J]. 泥沙研究, 2000, 8(4): 35-40.

[16]　余明辉, 杨国录, 刘高峰, 等. 非均匀沙水流挟沙力公式的初步研究[J]. 泥沙研究, 2001, 6(3): 25-30.

[17]　郭庆超. 天然河道水流挟沙能力研究泥沙研究[J]. 2006, 10（5）: 45-51.

[18]　韩其为. 水库淤积[M]. 北京: 科学出版社, 2003: 8.

[19]　舒安平. 水流挟沙能力公式的转化与统一[J]. 水利学报, 2009, 40（1）: 19-26.

[20]　余文畴. 长江下游水流挟沙力经验公式[J]. 长江水利水电科学研究院院报, 1986（1）: 45-54.

[21]　李义天, 赵明登, 曹志芳. 河道平面二维水沙数学模型[M].北京:中国水利水电出版社, 2001: 27-30.

[22]　要威, 李义天, 孟世强. 游荡型河道挟沙力沿河宽的分布[J]. 武汉大学学报（工学版）, 2009, 42（1）: 92-95.

[23]　孔令双, 曹祖德, 刘德辅. 海岸动力壮也貌演变的过程模拟自动化[J]. 中国港湾建设, 2001（4）: 31-35.

[24]　赵明. 波浪作用下建筑物周围的泥沙冲刷及海床演变[D]. 大连：大连理工大学，2002.

[25]　高祥宇, 高正荣, 窦希萍. 破碎波作用下淤泥含沙量分布试验研究[J]. 水利水运工程学报,2014（4）:38-43.

[26]　XIA Y F, XU H, CHEN Z, et al. Experimental study on suspended sediment concentration and its vertical distribution under spilling breaking wave actions in silty coast[J]. China Ocean Engineering, 2011, 25（4）: 565-575.

[27]　孙志林, 夏珊珊, 朱晓, 等. 河口时变水流挟沙能力公式[J]. 清华大学学报（自然科学版）, 2010（3）: 383-386.

[28]　王珍珍, 徐群, 陈国平. 瓯江河口挟沙力公式研究[J]. 水运工程, 2010（5）: 1-5.

[29]　殷亚明, 张金善, 宋志尧. 河口海岸二维悬沙数学模型挟沙力公式修正及应用[J]. 海洋工程, 2011, 29（1）: 82-88.

[30]　李瑞杰, 郑俊, 丰青, 等. 近岸海域泥沙侵蚀率与水流挟沙力[J]. 泥沙研究, 2013（4）:21-25.

[31]　白玉川, 张彬, 张胤祺, 等. 波浪挟沙能力及航道骤淤机理的研究[J]. 水利学报, 2007,38（6）:646-653.

[32]　邢云, 宋志尧, 孔俊, 等. 长江口水流挟沙力公式初步研究[J]. 水文, 2008（1）: 64-66.

[33]　甘申东, 张金恙, 蔡相芸. 波、流共存时水体挟沙能力研究[J]. 水利水运程学报, 2011（4）:80-85.

[34]　刘家驹. 海岸泥沙运动研究及应用[M]. 北京：海洋出版社, 2009.

[35]　窦国仁, 董凤舞, Dou X B. 潮流和波浪的挟沙能力[J]. 科学通报, 1995, 40（5）: 443-446.

[36]　曹祖德, 李蓓, 孔令双. 波、流共存时的水体挟沙力[J]. 水道港口, 2001, 22（4）: 151-155.

[37]　BIJKER E W. Littoral drift as function of waves and current[C]// Proceedings of 11th Conference Coastal Engineering, 1968.

[38]　BAGNOLD R A, INMAN D L, Beach and nearshore process[M]. M.N. Hill（ed.）. Vol.3, Interscience Publisher.

[39]　乐培九, 杨细根. 波浪和潮流共同作用下的输沙问题[J]. 水道港口，1998,（3）:1-7.

[40]　黄建维, 夏云峰, 徐华, 等. 粉沙质海岸航道骤淤期悬移质挟沙力研究[J]. 海洋工程, 2010, 28（4）: 77-83.

[41]　曹文洪, 张启舜. 潮流和波浪作用下悬移质挟沙能力的研究[J]. 泥沙研究, 2000（5）: 16-22.

[42]　张庆河, 张娜, 林全泓. 基于过程模拟的海岸泥沙运动数学模型及其应用[C]//第八届全国海岸河口学术研讨会，2004.

[43]　张红武, 李东风, 张俊华. 黄河口潮流波浪挟沙能力研究[J]. 人民黄河, 2008, 30（7）: 23-25.

[44]　DAVID K, RALSTON W, ROCKWELL G. Episodic and long-term sediment transport capacity in the hudson river estuary[J]. Estuaries and Coasts, 2009, 32: 1130-1151.

粤东龙江河口波生流及其受径流的影响

刘　诚[1]，梁　燕[2]，刘晓建[1]，王其松[1]

（1. 珠江水利委员会珠江水利科学研究院，广东　广州　510611；2. 中交第四航务勘察设计院有限公司，

广东　广州　510230）

摘要： 粤东龙江河口位于神泉湾内，该海域常波向偏东，波浪强、潮汐弱、河口径流弱，形成了典型的华南沿海小型波控河口。长期以来，河口演变研究较少考虑波浪影响，忽略河口波生流对水动力、水体交换及泥沙输运的驱动作用，为此本研究建立龙江河口波生流和潮流数学模型，研究河口波生流特性及其受径流的影响，比较了波生流模型和常规潮流模型的异同。计算结果表明常规潮流数学模型因为未考虑波浪的影响，通常会得到偏小的近岸流速结果。小型波控河口的影响范围较小，河口波生流与河口两侧海岸带波生流形成波生流系统，维持了河口波控特性的稳定性。在枯季径流和无径流条件下，波控河口流场以顺波向波生流为主，决定了波控河口的顺波向输沙，该输沙方向与河口地貌特点一致。较大的洪季径流可以冲破波生流系的束缚，增大泥沙外运量，拓宽河口。因此，合理的洪季径流量是维持河口水流涨落畅通和水体自由交换的主要营力，可避免河口受波生流输沙影响而被封堵。

关键词： 波控河口；波生流；拦门沙；径流；河口地貌；河口海岸治理

　　入海河口水域动力要素复杂，同时受河口上游径流、口外潮汐和波浪运动影响。入海河口水域同时承载流域来沙和海相输沙，河口演变是其动力条件作用下的输沙特性的体现，河口动力反过来也受河口泥沙运动和河口演变影响。在水环境和水生态受到格外重视的今天，河口健康是河口治理的主要目的，河口动力特性和演变历史是评估河口健康的重要因素[1-2]。由于受人类活动影响较大，河口治理是保证河口和河流健康的必要手段。对于大型河口，如长江口[3]、黄河口[4]、珠江河口[5]、钱塘江河口[6]，已有许多研究成果对其健康和治理思路予以关注。对于小型河口，则缺少足够的重视，但是小型河口的健康同样重要。小型河口因为其规模小，健康情况受动力特性和泥沙输运的影响更大，对极端动力特性的适应能力远小于大、中型河口，因此需要更多的重视和研究。Nardin 等 [7]认为波浪和径流的相互作用是小型河口发育的主要驱动力，认为弱浪（H_s<1 m）能加速河口拦门沙的形成，并将拦门沙位置推向河口上游。Ashton 和 Giosan[8]认为波生流驱动的沿岸输沙是小型河口地形发育的主要来源。

　　广东沿海分布有诸多小型入海河口，这些河口向南汇入南海，受南海北部潮汐和波浪运动影响，位于粤东揭阳境内的龙江河口就是其中之一。龙江新河口位于神泉湾弧形海岸内，平均潮差小于 0.8 m，年平均有效波高大于 1.0 m，浪潮指数为 3.1，大于 1.0，属典型的波控海岸。龙江河口也因此具有明显的波控河口特性。波控河口受波生流影响，其地形演变主要受波浪和径流相互作用影响[7-8]。本文以龙江河口为例，开展该河口水域的波生流及其受径流影响的研究。

1　龙江河口概况

　　龙江河口地处神泉湾内，如图 1 所示，有新旧两个河口。龙江旧河口为现状神泉港出口，为天然良港。1977 年对龙江下游实施改河方案，从龙江下游的赤吟开挖长 5 km 的新河道向南偏东直出南海，形成新河口，口门宽度约 480 m。

　　新河口形成后，龙江出海河段比原河道缩短约 6 km，集水面积为 1 164 km²，河流全长 82 km，河道平均比降为 1.21‰。距龙江新河口上游 4.5 km 设有赤吟水闸，在老河道与新河道交汇处建设有邦庄拦河水闸，并恢复原龙江老河道水系，控制龙江径流的流向，并利用龙江径流冲刷神泉港多年淤积的泥沙。下文所述龙江河口均指新河口。

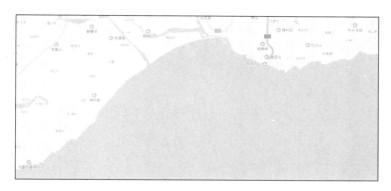

图 1　龙江河口地理位置示意

1.1　龙江河口水文特性

根据龙江流域赤吟水闸控制点水文年径流系列成果，选择 $P=10\%$、$P=50\%$ 和 $P=90\%$ 为丰、平、枯三个代表年，其相应设计年均径流量分别为 72.89 m³/s、48.22 m³/s 和 29.99 m³/s。根据赤吟水闸和邦庄拦河调度方案，新河口设计径流量为 410 m³/s。

龙江河口所在神泉湾潮汐类型介于正规全日潮和不正规全日潮之间，潮差小，多年平均潮差约 0.8 m。潮汐曲线明显变形，如高高潮期间有一小波动，落潮中期也有一个小波动。

根据 2008 年 8 月至 2009 年 7 月神泉湾 20 m 水深处的观测结果显示，龙江河口海域的常浪向为 ESE 向，出现频率为 31.5%，次浪向为 E 向，出现频率为 24.5%，SE 向波浪出现频率为 19.9%，年均有效波高为 1.5 m。

1.2　龙江河口地貌特性

龙江河口位于神泉湾弧形海岸的中部，从遥感图分析，陆源来沙量不大，河口地貌显现波控特性。比如河口东侧凸起、西侧凹陷的地貌特点，主要是受偏东向的波浪所产生的西向波生流驱动下的泥沙西向输运所影响；河口区在海岸线偏陆域一侧过流宽度逐渐减小，至上游一定距离后宽度达到最小，为卡口断面，随后往上游的过流宽度逐渐增大，主要是受波浪折射后形成的波生流驱动下的向上游输沙所影响。具体情况如图 2 所示，从图中可直观上了解到龙江河口地貌主要受波浪和径流影响这个特点，潮汐运动在地貌演变中处于次要的地位。

(a) 2008年　　　　　　　(b) 2009年　　　　　　　(c) 2010年

图 2　龙江河口地貌演变中波控特点

2　波生流数学模型的建立和验证

为研究龙江河口波生流及其受径流影响的规律，建立了覆盖神泉湾且能模拟潮汐运动和径流运动的波生流数学模型，波生流模型包括潮流模块，也可当作常规潮流数学模型使用，限于篇幅，模型建立过程和验证情况参考文献[9-10]，潮流模块验证过程见图 3 至图 5，2014 年 6 月 17 日至 18 日大潮期间，神泉湾内有大范围潮流观测资料，选取 H1、H2 两个潮位观测站点和 C1、C2、C3 三个海流观测站点用于模型验证。从验证结果可以看出，实测值与计算值吻合较好，符合相关规范的要求。

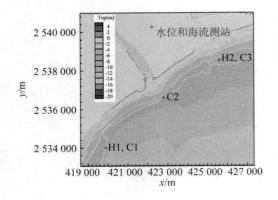

图 3　河口局部地形及潮流模拟验证站点布置

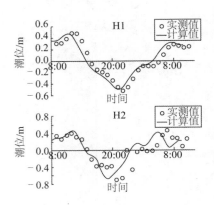

图 4　H1 和 H2 站点潮位验证过程

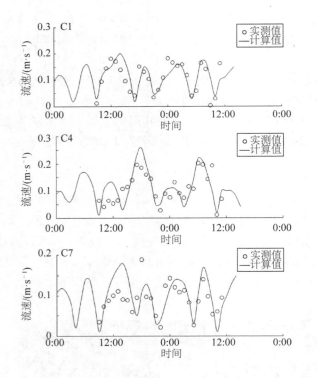

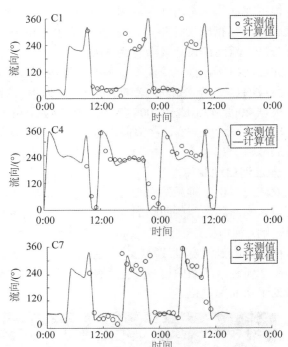

图 5　C1、C2、C3 站点流速、流向验证

3　模型计算工况安排及结果分析

龙江河口波生流受波浪条件主导，根据 2008 年 8 月至 2009 年 7 月的观测结果，取龙江河口海域的常浪向为 ESE 向，常浪波高为 1.5 m，周期为 5.2 s。龙江河口径流取三种工况：①无径流工况，上游流量 Q=0 m³/s；②枯季径流工况，上游径流量 Q=73.58 m³/s；③洪季径流工况，上游径流量 Q=410 m³/s。潮汐取 2014 年 6 月 13—23 日的实测潮汐资料，包括了 2014 年 6 月 17—18 日之间的大潮过程及其他中潮和小潮过程。

3.1　零径流条件下的随潮波生流特性分析

龙江河口波生流受外海 ESE 向波浪驱动，波浪在向岸运动的过程中衰减，在近岸带破碎后形成较强波生流。图 6 为未考虑龙江上游径流情况下河口水域的波生流流场。

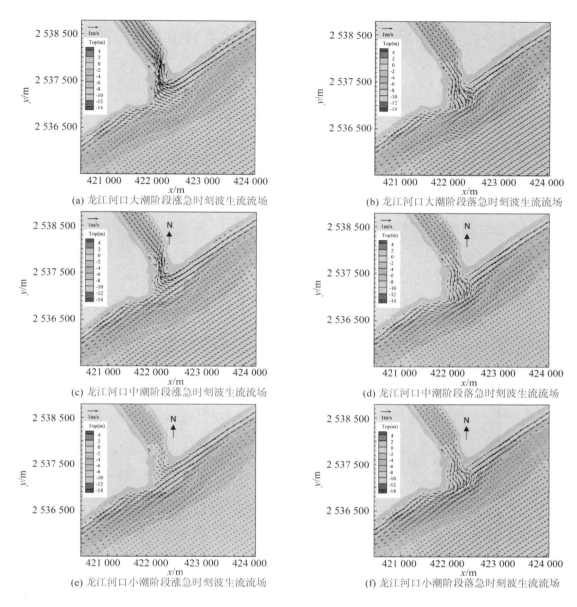

图 6　龙江河口大潮、中潮和小潮期间，涨急和落急时刻的波生流流场

图 6 中主要展现的是大潮、中潮和小潮期间，涨急和落急时刻的波生流流场，一个共同的特点是波生流仅出现在近岸破碎带内，河口两侧的波生流沿着海岸线自东向西运动，波生流流速远大于外海潮汐运动流速。图 6（a）为大潮期间涨急时刻的波生流流场，其东侧海岸带最大波生流流速达到 0.65 m/s，西侧最大波生流流速达到 0.61 m/s，河口区域内的涨潮流速从东南方向涌入河口，在口门内受地形变化影响转向，在卡口段流速达到最大，为 1.84 m/s，过了卡口段后涨潮流流速变小，为 0.41 m/s 左右。图 6（b）为大潮期间落急时刻的波生流流场，其东侧海岸带最大波生流流速达到 0.81 m/s，西侧最大波生流流速达到 0.74 m/s，河口区域内的落潮流速从西北方向下泻，经卡口处调整后，受河口承纳面积增大影响下泻的落潮流向四周扩散，在口门区−2 m 等深线附近受西向波生流约束而转向，且流速迅速变小，从卡口段最大落潮流速为 1.03 m/s 左右降至扩散区的 0.61 m/s，再降至受波生流影响区的 0.45 m/s 左右。图 6（c）和图 6（d）为中潮阶段的涨急和落急时刻的波生流流场，图 6（e）和图 6（f）为小潮阶段的涨急和落急时刻的波生流流场，河口东侧和西侧海岸带波生流流速变化不大，但是河口区涨落潮流速减小明显。对口门水域而言，大潮期间存在明显的涨落潮流运动，在中潮期间涨落潮流明显减弱，小潮期间口门水域流动性极弱。

3.2　径流对河口不同时刻波生流影响的分析

为评估径流流量对河口波生流的影响，考虑了枯季径流量 Q=73.58 m³/s 和洪季设计径流量 Q= 410 m³/s 两种情况。在展示波生流流场计算成果时，将河口地形顺时针偏转了 36.7°，如此可以将海岸线调至水平，龙江河口干流调至竖直。图 7（a）和 7（b）为枯季径流量对河口大潮阶段涨急和落急时刻波生流的影响情况，图 8（a）和 8（b）为洪季设计径流量对河口大潮阶段涨急和落急时刻波生流的影响情况。在大潮期间的涨急时刻，枯季和洪季径流都会减弱河口深槽区的涨潮流速，浅滩处流速则会受径流影响而增大；在大潮期间的落急时刻，枯季和洪季径流会增大河口区的落潮流速，口外流速则会受径流影响而减小。

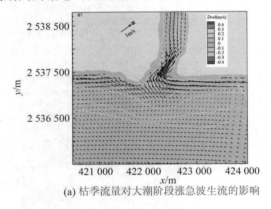
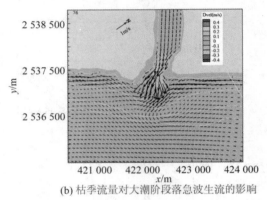

(a) 枯季流量对大潮阶段涨急波生流的影响　　　　　　(b) 枯季流量对大潮阶段落急波生流的影响

图 7　枯季流量对大潮阶段涨急落急时刻波生流的影响

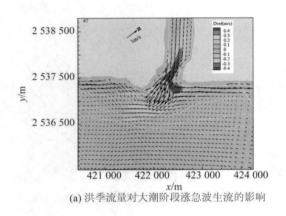
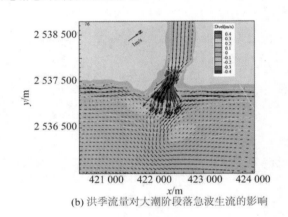

(a) 洪季流量对大潮阶段涨急波生流的影响　　　　　　(b) 洪季流量对大潮阶段落急波生流的影响

图 8　洪季流量对大潮阶段涨急、落急时刻波生流的影响

3.3　径流对河口潮周期平均波生流影响的分析

将河口波生流计算结果按照潮周期进行平均，可得到随潮变化的波生流余流场，图 9（a）为无径流条件下第 3 个潮周期平均的波生流余流场，对应的潮型为大潮，图 9（b）为无径流条件下第 6 个潮周期平均的波生流余流场，对应的潮型为中潮。通过对比不难发现，龙江河口在大潮阶段表现为海水上溯，在中潮阶段表现为淡水下泻。图中云图表示波生流模型和常规潮流模型计算得到的流速大小的差别。正值表示波生流模型计算所得流速大于潮流模型计算结果，负值表示波生流模型计算所得流速小于潮流模型计算结果，计算结果表明，波浪传播至近岸带的波浪破碎区内，波生流模型所得流速普遍大于潮流模型计算结果，其差异甚至有 2~5 倍。可知近岸区域常规潮流模型的计算结果偏小。

图 10（a）和 10（b）为枯季径流条件下大潮和中潮期间的潮周期平均波生流余流场，可见图 10（a）中的流场和图 9（b）类似，枯季径流对大潮期间波生流余流场的影响，相当于抵消了大潮相对于中潮的能量优势，图 10 中云图表示模型中加入龙江径流之后的波生流大小与无径流条件下的波生流大小的差异，正值表示因为径流驱动的流速增大，负值表示因为径流驱动的流速减小。大潮阶段枯季径流导致河口范围内流速反向，且流速值小于反向前的流速；中潮阶段枯季径流导致河口范围内下泻余流流速值增大，且流

速值增大幅度约为无径流条件下的下泻余流流速的 2~4 倍。

图 11（a）和 11（b）为洪季设计径流量条件下大潮和中潮期间的潮周期平均波生流余流场。大潮阶段洪季设计径流量导致河口范围内流速反向，且流速值为反向前的流速值的 1~2 倍；中潮阶段枯季径流导致河口范围内下泻余流流速值增大，且流速值增大幅度约为无径流条件下的下泻余流流速的 8~10 倍。

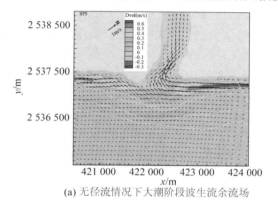
(a) 无径流情况下大潮阶段波生流余流场

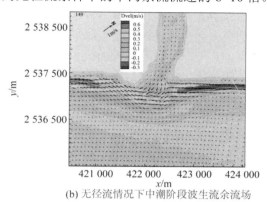
(b) 无径流情况下中潮阶段波生流余流场

图 9　无径流情况下大潮中潮阶段波生流余流场

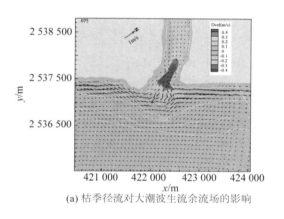
(a) 枯季径流对大潮波生流余流场的影响

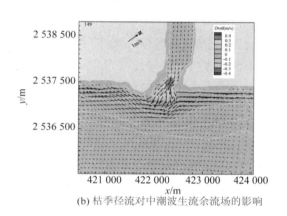
(b) 枯季径流对中潮波生流余流场的影响

图 10　枯季径流对大潮中潮波生流余流场的影响

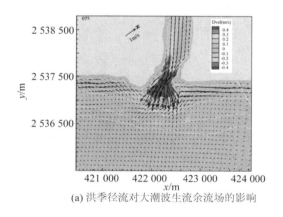
(a) 洪季径流对大潮波生流余流场的影响

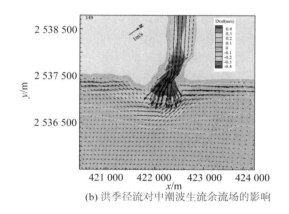
(b) 洪季径流对中潮波生流余流场的影响

图 11　洪季径流对大潮中潮波生流余流场的影响

4　计算结果分析

本文建立龙江河口波生流数学模型和潮流数学模型，一方面比较了小型波控河口水域的波生流流场和潮流场的差异，另一方面比较了龙江上游径流影响下的河口波生流流场。

在小型波控河口水域，由于河口规模较小，河口对周边水域潮流场的影响范围表现在两个区域：波浪破碎区和河口深槽区，由图 9（a）和 9（b）中波生流模型与潮流模型的流速值差异分布图可知，波生流会增大海岸带和河口区波浪破碎区域的顺波向流速，海岸带破碎区域的流速增大幅度取决于波浪入射方向和破碎形式。偏东向（ESE）常浪作用下，海岸带波生流较稳定地向西流动，从而增大了海岸破碎区域的西向流速，河口波浪破碎区域包括河口拦门沙前坡波浪破碎区也存在类似的西向波生流，但是受地形变化影响，波浪入射方向与地形坡降方向的夹角减小，该波生流强度减弱，并与河口涨落潮水流叠加，因此，并非持续的西向波生流，增大幅度与河口两侧的海岸带破碎区相比减小。河口两侧的浅水边滩区也存在流速增大现象，其中东侧浅水边滩的流速增大是由于受该边滩东侧海岸带西向波生流驱动影响，从而形成朝河口上游的流速增大；河口西侧浅水边滩的流速增大则是受破碎后的波浪继续传播，进入该区域再次破碎而形成波生流，从而流速增大。在河口深槽区波浪对流速的影响较小，但是可以通过波浪增水来增大深槽水深，从而减小深槽流速。

龙江径流对河口波生流存在直接影响，由于水域潮差较小，枯季平均径流即可抵消大潮期间的河口潮周期的海水上溯，在中潮和小潮期间可增强河口下泻流速。洪季设计径流量对河口波生流的影响更大，基本上消除了河口涨潮流，河口区充满下泻的洪水，流速甚至在个别时刻达到 2.0 m/s。但是由于计算中的径流量仅是河口一年一遇的设计流量，径流控制区仅局限在波浪破碎水深以浅的水域，除了大潮阶段，洪水中断了波生流的连续性；在中潮和小潮阶段，波浪破碎区附近水域的波生流仍旧连续，包裹着下泻水流，并将其由河口东侧输向西侧；受下泻洪水影响，波生流运动范围朝深水区外移，波生流影响水深增大至少 2.0 m。

河口动力决定泥沙输运和地貌演变趋势，从图 9（a）可以看出，在接近无径流下泻的条件下，波生流结合大潮能量，可将泥沙输向河口上游；从图 9（b）、图 10（a）和图 10（b）可以看出，在无径流和枯季径流下泻的条件下，口门内部泥沙缺少被带到河口外部的动力；从图 11（b）看出在中小潮阶段，洪季径流可以将口内泥沙输向口外，但是输移带宽不大，受西向波生流限制比较明显；从图 11（a）可知，洪水在大潮阶段可冲破波生流的束缚，将泥沙带出河口拦门沙浅滩区。从整个计算内容可知，即便出现 410 m³/s 的径流，河口泥沙外泻的可能性也比较小，但是龙江河口出现大于 410 m³/s 的下泻流量的概率不大，因此，河口泥沙一般会在大潮的作用下将泥沙带上口内，口内泥沙堆积形成卡口段，由此达到一个动态的平衡状态，这是波控型小型河口常见的地貌形态。

5 结　语

本文以粤东小型波控型河口龙江河口为例，在该河口 2012 年地形条件下，采用 2008—2009 年波浪观测资料和 2014 年 6 月潮流观测资料，建立了龙江河口波生流和潮流两个数学模型，研究了该河口的波生流及其受径流的影响，得到以下结论。

1）在波控海岸带和波控河口区，常规潮流数学模型因为未考虑波浪对浅水水体的驱动影响，对浅水区的流速计算会大概率地出现失真情况，通常会得到偏小的近岸流速结果，波生流数学模型则可以弥补其不足，在波浪资料准确的条件下，可以得到合理可靠的近岸水流计算结果。

2）小型波控河口的影响范围较小，而且河口波生流与河口两侧海岸带波生流是一个水流系统，除非出现极大的洪水下泻量，这个系统很难被打破；目前龙江下游水闸的调度规则降低了出现大洪水的概率，维持了河口波控特性的稳定性。

3）在枯季径流和无径流条件下，波控河口流场以顺波向波生流为主，比如河口区无径流条件下大潮阶段的上溯波生流和枯季径流条件下拦门沙外坡的顺波向波生流，决定了波控河口的顺波向输沙方向，该输沙方向与河口地貌特点一致，比如河口东侧海岸带西凸、西侧海岸带西陷、河口口内过流断面逐渐缩窄等特点。

4）洪季设计径流对河口波生流有较大影响，较大的洪季径流可以冲破波生流系的束缚，增大泥沙外运量，拓宽河口；因此合理的洪季径流量是维持河口水流涨落畅通和水体自由交换的主要营力，可避免河口受波生流输沙影响而被封堵。

5）龙江河口治理方案需考虑波生流和径流等要素对河口动力及地貌演变的影响，此外还需考虑风暴潮和风暴浪对河口动力及地形的影响，后者对河口短期地形起着决定性作用。

参考文献：

[1]　恽才兴, 戴志军. 中国河口健康与环境变异[C]// 中国海洋工程学会. 第十四届中国海洋（岸）工程学术讨论会论文集. 北京：海洋出版社, 2009, 901-904.

[2]　张海波, 徐洪增, 马东晓. 影响黄河口健康生命的几个问题[C]// 2015 第七届全国河湖治理与水生态文明发展论坛论文集, 2015: 299-301

[3]　李九发, 万新宁, 应铭, 等. 长江河口九段沙沙洲形成和演变过程研究[J]. 泥沙研究, 2006, (6): 44-49.

[4]　窦希萍, 罗肇森. 潮汐河口治理研究[J]. 中国水利, 2007 (1): 39-42.

[5]　梁娟, 李春初. 人类活动影响下磨刀门河口的泥沙输运沉积[J]. 泥沙研究, 2010(3): 67-72.

[6]　潘存鸿, 史英标, 尤爱菊. 钱塘江河口治理与河口健康[J]. 中国水利, 2010(14): 13-15, 29.

[7]　NARDIN W, MARIOTTI G, EDMONDS A, et al. Growth of river mouth bars in sheltered bays in the presence of frontal waves[J]. Journal of geophysical research: earth surface, 2013, 118: 872-886.

[8]　ASHTON A, GIOSAN L. Wave-angle control of delta evolution[J]. Geophysical research letters, Hydrology and land surface studies, 2011, 38(13): L13405-1-6.

[9]　刘诚, 梁燕, 彭石, 等. 磨刀门河口枯季波生流场数值模拟研究[J]. 海洋学报, 2017, 39 (1): 1-10.

[10]　刘诚, 梁燕, 王其松, 等. 磨刀门河口洪季波生流及其泻洪影响研究[J]. 水科学进展, 2017, 28(5): 770-779.

潮控型河口泥沙侧向捕集与边滩发育机制初探

王玉海，汤立群，王崇浩，郭传胜，刘大滨，赵慧明

（中国水利水电科学研究院，北京 100048）

摘要： 河口受径、潮、波的相互作用，泥沙运动复杂。泥沙输运过程中侧向捕集与河口边滩的发育密切相关。本文探讨了潮控型河口泥沙侧向捕集与滩槽泥沙交换的动力机制，包括潮流非对称性、非均衡输沙效应（沉降延迟与侵蚀延迟）、河口锋线与横向环流系统等，对加深河口滩涂发育动力机制的认识，科学开发与保护滩涂资源都具有积极作用。

关键词： 侧向捕集；滩槽交换；非对称性；河口锋线；横向环流

河口是水体盐度从 30~35 递减到 0.1 的水域范围[1]，而从泥沙运动的角度来讲，河口指的是同时接受海相和陆相泥沙堆积的淹没性谷地系统，其与三角洲的主要区别是存在泥沙向河口内的净输运[2]。

河口受到径流、潮汐、波浪与泥沙输运的共同作用，所发育的地貌类型与主控动力环境相适应，一般可划分为潮控型、浪控型和径流占优河口三大类。对于潮流动力占主导地位的河口，典型的河口平面形态通常呈喇叭形，在河口的中心区域发育由潮流沙坝和水道组成的滩槽地貌系统，而在河口的两侧则发育潮间带浅滩和盐沼（图 1）。

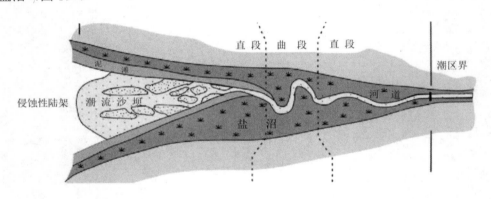

图 1   潮控型河口概化动力地貌分布[3]

河口两侧的潮间带浅滩和盐沼作为通常意义上的滩涂资源，受到河口区高强度人类活动的开发利用，大量的滩涂被圈围造地，以致很多河口的滩涂面积急剧萎缩，损害了河口正常的生态、环境功能的发挥。本文主要从潮控型河口泥沙侧向捕集（lateral entrapment）与滩槽泥沙交换的角度，初步探讨其主控动力机制，以期加深对河口滩涂发育机制的认识，提高科学开发与保护滩涂资源的水平。

1 河口泥沙捕集的一般过程

1.1 潮流非对称性

潮波在传播进入河口的过程中，由于受到河床摩擦阻力和两侧岸线形态的制约，潮波的变形沿程逐渐增大，表现为潮差的加大和非对称性的增强。潮流的非对称性包括涨、落潮最大流速和涨憩、落憩时段的不等现象。一般而言，在河口区涨潮较落潮历时短而涨急流速较落急流速要大；向上游方向涨潮占优的情形会逐渐转换为落潮占优，直至变成完全由单向的径流所控制。对于一个较宽阔的河口，由于受到科氏力和弯曲河岸的作用，涨、落潮的流路会产生分异，分别形成涨潮占优的水道和落潮占优的水道。

如果涨潮最大流速大于落潮最大流速，并且涨潮的憩流比落潮的憩流时段短的话，就会导致悬沙向河口内倒灌（infilling）。换言之，单纯的涨潮不对称性就会导致细颗粒泥沙向河口内的净输运[4]。潮流的非

基金项目： "十三五"国家重点研发专项课题（2018YFC0407503, 2017YFC0405504）；中国水科院科技项目（SE0145B142017, N0199132018）；国家自然科学基金（51179211）

对称性越强，悬沙的净输运量越大，细颗粒泥沙向河口内倒灌的数量就越多[5]。

1.2　非均衡输沙效应

河口的非均衡输沙效应表现为悬沙浓度的变化与水动力场的变化不同步，通常表现为相位滞后现象。非均衡输沙效应主要是由泥沙颗粒的沉降延迟和侵蚀延迟二者综合作用造成的。

沉降延迟的概念最早是由 Postma[6]于 1961 年提出的，而侵蚀延迟则是由 van Straaten 和 Kuenen[7]于 1958 年提出。沉降延迟是指当潮流流速小于维持颗粒悬浮的流速后，颗粒仍然需要花一段时间才能沉降到床面上；而侵蚀延迟是指将泥沙颗粒悬浮到水体中所需要的流速要大于维持颗粒悬浮所需要的流速[5]。沉降延迟和侵蚀延迟都能促使泥沙特别是细颗粒泥沙向河口内富集，同时在潮滩上表现为向陆地方向的净输运，促使高潮滩加积。

Prandle[8]采用解析模型分析了强潮河口细颗粒泥沙捕集与最大浑浊带形成的动力机制、制约因子等。认为单纯的沉降延迟效应就能导致细颗粒泥沙向河口内净输运，粗颗粒泥沙向河口外净输运，二者的分界粒径在 0.03~0.05 mm。

2　河口锋线与横向环流

锋线（fronts）的形成与演化是河口区经常遇到的一种水动力现象。一般而言，河口锋的种类包括径流离开河口后扩散形成的羽流锋[9][plume front，图 2（a）]、盐水侵入河口形成的盐水锋[10-12][intrusion front，图 2（b）]、轴向汇聚锋[13]（axial convergent front）和纵向流速切变锋（longitudinal shear front）等。

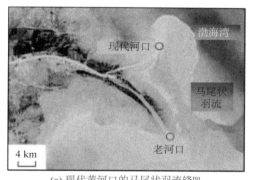

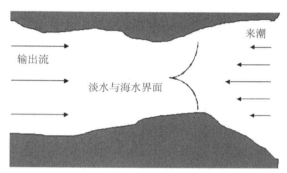

(a) 现代黄河口的马尾状羽流锋[9]　　　　　　　(b) 涨潮时段盐水入侵形成的横向锋线[12]

图 2　河口锋线

锋线的形成和显示与环流的运动密不可分。盐水入侵锋面附近会形成表层盐度较低的水流向外海方向流动，底层盐度较高的水流向陆地方向流动的径向环流系统，本文对此不讨论。而轴向汇聚锋线多出现在河口河道的中心部位，锋线通常表现为由有机质碎片或者其他漂浮物组成的泡沫线，峰线能够沿河道连续分布长达 18 km[14]（图 3），或者 4 km 左右，持续时间能够达到 2 h 左右[15]。

图 3　英国北威尔士 Conway 河口轴向汇聚锋线[14]

与轴向汇聚锋线伴随的横向环流系统，表层水流指向水道中心而汇聚，底部水流指向两侧滩地而分离。横向环流系统主要是由侧向的密度梯度所形成的斜压力驱动。侧向的密度梯度从中心指向两侧，其在底部占据优势地位，因而驱动底层水流从中心向两侧流动；为了平衡，在水体表层形成了由两侧指向中心的正压力，表现为两侧水位较高而中心区域水位较低，从而驱动表层水流从两侧向中心区域汇聚流动，形成了向汇聚锋线（图 4）。有观测表明，表层的横向流速在涨潮阶段达到 10 cm/s 左右，但是部分时刻可高达 20 cm/s，而在落潮阶段，表层的横向流速则减小到 1 cm/s[14]。横向环流系统可能驱动底部泥沙向滩地输运，表层悬浮泥沙向水道主流区输运，因而成为滩槽泥沙进行交换的一种主要方式，也可能是河口区边滩区域泥沙侧向捕集的主要途径之一。

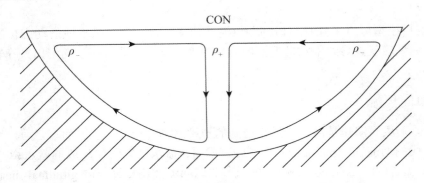

图 4   形成河口纵向汇聚锋线的横向环流系统[14]

Chen 和 Swart[16]基于长江口北槽两个横断面的水沙观测数据，探讨了最大浑浊带内两条观测断面上悬沙浓度在纵向上的变化特征及悬沙侧向捕集的动力机制。认为出现在北槽南侧的悬沙浓度峰是由密度差异所驱动的横向环流控制，而出现在北侧的悬沙浓度峰受到河道弯曲导致的溢流（leakage）和科氏力所控制；大、小潮的转换只是改变了悬沙浓度的锋值，并没有改变其空间分布模式。

另一方面，浅滩水体和主槽水体之间经常会出现流向一致、流速不等或流向截然相反的相对运动，两水体间出现了明显的流速切变现象，这种不连续的界面称为滩、槽流速切变锋[17]。朱慧芳[17]对长江口切变锋的观察发现，在切变锋的边滩一侧，在潮流周期中，存在着上层水流归槽，下层水流上滩的横向余环流；形成了切变锋面附近的纵向上，上层的水沙下泄，下层水沙上溯；而在横向上，上层的水沙归槽，下层的水沙上滩，因而滩、槽泥沙交换呈现螺旋形效应。一般而言，靠近流速切变锋的锋面深槽一侧的含沙量较高。

由于受科氏力的作用，主流会发生一定角度的偏转，从而造成轴向汇聚锋线向深槽的一侧摆动，可能与滩槽流速切变锋的位置重合。在河口区二者形成的动力机制应该有相同的地方，也有差异的地方，仍需要进一步的深入研究和总结。伴随二者存在的横向环流系统、科氏力、惯性力、盐度/含沙量层化以及岸线形态等过程都对泥沙的侧向捕集和滩槽交换过程起着不同程度的作用，从而影响着潮间带边滩的发育与演变。

另一方面，在河口两侧的潮间带边滩上，在水边线附近会形成高含沙量的浑浊带（turbidity fringe）（图 5）。这类浑浊带会随着涨潮与落潮在潮间带范围内摆动。有学者认为其形成与风浪对潮间带边滩水边线附近的泥沙悬浮密切相关[18]。但是其他学者观察到在无风天，潮间带边滩也能形成类似的浑浊带[19-20]，例如，Christie 和 Dyer[19]对英国 Humber 河口的 Skeffling 泥滩的观察发现，在没有波浪的天气下，水边线附近的浑浊带多出现于边滩淹没的初始一小时内和最后一小时内。与此同时，波浪掀沙和潮流掀沙也可能同时作用形成潮间带边滩上浑浊带[21]。

显然，潮间带边滩水边线附近的高含沙浑浊带对滩槽泥沙的交换也起着重要作用。在涨潮时段会促进细颗粒泥沙向陆地方向输运和堆积，而在落潮时段则容易造成边滩侵蚀并将泥沙向水道内输运。

图 5　潮间带边滩上由波浪掀沙形成的浑浊带[18]

3　结　语

河口的泥沙侧向捕集过程是滩槽泥沙交换的重要环节，直接影响着潮间带边滩的发育和演化。潮流的非对称性、泥沙颗粒的沉降延迟与侵蚀延迟效应都能够驱动泥沙向河口内的净输运，是河口泥沙捕集的主要动力因素。目前，主流的观点都认为河口锋线及其伴随的横向环流系统对河口水道与浅滩之间的泥沙交换，特别是泥沙的侧向捕集过程起着重要控制作用。但是，不同种类锋线的横向环流系统的流向、强度、规模、位置和频率等关键要素，目前的研究还不够深入，还存在较大的争议。此外，是否还存在其他控制泥沙侧向加积的关键动力过程等问题都不明确。

上述问题的解决需要更多的学者在今后加强开展河口现场高分辨率、长周期、多点、多要素的观测工作，结合理论分析和高分辨率 3D 泥沙数值模拟研究，剖析河口滩槽泥沙交换的主导动力机制，从而加深河口边滩发育过程与规律的认识，为科学开发与保护滩涂资源服务。

参考文献：

[1]　PRITCHARD D W. What is an estuary? Physical viewpoint[M]// Lauff, G.H. Estuaries: American Association for the Advancement of Science, Publication S3, 1967: 3-5.

[2]　DALRYMPLE R W, ZAITLIN B A, BOYD R. Estuary facies models: conceptual basis and stratigraphic implications[J]. Journal of Sedimentary Research, 1992, 62(6): 1130-1146.

[3]　DALRYMPLE R W, CHOI K C. Morphologic and facies trends through the fluvial-marine transition in tide-dominated depositional systems: A schematic framework for environmental and sequence-stratigraphic interpretation[J]. Earth-Science Reviews, 2007, 81: 135-174.

[4]　DRONKERS J. Tidal asymmetry and estuarine morphology[J]. Netherlands Journal of Sea Research, 1986, 20(2/3), 117-131.

[5]　GROEN P. On the residual transport of suspended matter by an alternating tidal current[J]. Netherlands Journal of Sea Research, 1967, 3: 564-575.

[6]　POSTMA H. Transport and accumulation of suspended matter in the Dutch Wadden Sea[J]. Netherlands Journal of Sea Research, 1961, 1: 148-190.

[7]　VAN Straaten L M J U, KUENEN P H. Tidal action as a cause of clay accumulation[J]. Journal of Sedimentary Petrology, 1958, 28: 406-413.

[8]　PRANDLE D. Sediment trapping, turbidity maxima, and bathymetric stability in macrotidal estuaries[J]. Journal of Geophysical Research, 2004,109, C08001, doi:10.1029/2004JC002271.

[9]　SHANMUGAM G. 密度羽流构型特征、控制因素及其对深水沉积的启示——对河口和其他环境中密度羽流进行的全球卫星调查[J]. 石油勘探与开发, 2018, 45(4): 608-625.

[10]　SIMPSON J H, NUNES R A. The tidal intrusion front: an estuarine convergence zone[J]. Estuarine, Coastal and Shelf Science, 1981, 13: 257-266.

[11] VALLE-LEVINSON A, BLANCO J L, FRANG PULOS M. Hydrography and frontogenesis in a glacial fjord off the Strait of Magellan[J]. Ocean Dynamics, 2006, 56(3-4): 217-227.

[12] MACKLIN J T, FERRIER G, NEILL S, et al. Along-track interferometry(ATI) observations of currents and fronts in the Tay estuary, Scotland[J]. EARSeL Proceedings 3, 2004: 179-190.

[13] NUNES R A, SIMPSON J H. Axial convergence in a well-mixed estuary[J]. Estuarine, Coastal and Shelf Science, 1985, 20: 637-649.

[14] BROWN J, TURRELL W R, SIMPSON J H. Aerial surveys of axial convergent fronts in UK estuaries and the implications for pollution[J]. Marine Pollution Bulletin, 1991, 22: 397-400.

[15] HUZZEY L M, BRUBAKER J M. The formation of longitudinal fronts in a coastal plain estuary[J]. Journal of Geophysical Research, 1988, 93: 1329-1334.

[16] CHEN W, Swart H E. Longitudinal variation in lateral trapping of fine sediment in tidal estuaries: observations and a 3D exploratory model[J]. Ocean Dynamics, 2018, 68: 309-326.

[17] 朱慧芳. 河口切变锋引起的滩槽泥沙交换效应[J]. 长江流域资源与环境, 1995, 4(1): 54-57.

[18] GREEN M O, Coco G. Review of wave-driven sediment resuspension and transport in estuaries[J]. Review of Geophysics, 2013, 52: 77-117.

[19] CHRISTIE M C, DYER K R. Measurements of the turbid tidal edge over the Skeffling mudflats[J]. Geological Society, London, Special Publications, 1998, 139(1): 45-55.

[20] UNCLES R J, STEPHENS J A. Turbidity and sediment transport in a muddy sub-estuary[J]. Estuarine Coastal Shelf Science, 2010, 87(2): 213-214.

[21] CHRISTIE M C, DYER K R, TURNER P. Sediment flux and bed level measurements from a macro tidal mudflat[J]. Estuarine Coastal Shelf Science, 1999, 49: 667-688.

基于并行算法和局部时间步长技术的
二维浅水模拟

赵自雄，胡　鹏

（浙江大学 海洋学院，港口、海岸与近海工程研究所，浙江 舟山 316021）

摘要：浅水模型在水利工程、海岸工程和环境工程等领域应用广泛。现有基于有限体积法和近似黎曼算子的浅水模型的时间步长受限于 CFL 条件，计算效率偏低。针对该类模型实现了主流的加速并行算法，包括基于计算机硬件的 OpenMP 和 CUDA-GPU，以及基于算法本身软件的局部分级时间步长技术（LTS: local time step）和它们之间的组合。应用模型模拟了试验条件下溃决洪水流经建筑物群的过程，得到如下认识：首先，在串行计算条件下，PGI 编译器（即 CUDA Fortran 的编程环境）的计算效率比 Intel Fortran 编译器低，相差 1.5~1.6 倍；其次，GPU 的加速效果优于 Open MP：网格规模越大，优势越明显。再次，如果网格规模较小，Open MP+LTS 可达到和 GPU 近似的加速效果。最后，GPU+LTS 可在单纯 GPU 并行计算基础上，进一步大幅度提升计算效率。

关键词：浅水模型；OpenMP 并行；GPU 并行；局部分级时间步长技术

　　浅水模型及基于浅水模型的其他衍生模型（如考虑泥沙运动、污染物输运等）在水利工程、海岸工程和环境工程等领域应用广泛[1-2]。为了捕捉间断和激波，基于有限体积法和近似黎曼算子的浅水模型开始被广泛应用，但受 CFL 条件的限制，该类模型的计算效率受到限制。为提高计算效率，可从硬件（计算机技术）和软件（模型本身算法）两个角度出发。从硬件角度考虑，主要为计算机本身发展（本研究不考虑这一方面）和并行计算技术，计算机并行技术又分为 CPU 并行和 GPU 并行。随着 CPU 从单核向多核发展，CPU 并行技术（如 Pthread、OpenMP、MPI）迅速出现、成熟，由于 OpenMP（单机）和 MPI（多机）编程相对简单，使其广泛应用于数值模拟领域中。然而单机 CPU 并行所提升的效率有限，不能满足工程上对于浅水模拟效率的要求，人们便将寻求高性能计算途径的视野转向了拥有强大计算能力的图形处理器（GPU）上，Hagen 等[3]在浅水模拟中使用 GPU 得到了 15~30 倍的加速，但是最初的 GPU 并行所依赖的图形编程接口（OpenGL 和 DirectX）比较复杂，使其没有被广泛应用。随后不同厂商就推出基于 GPU 硬件的并行计算编程语言，包括由英伟达公司开发的 CUDA 构架以及之后的 Openacc、由苹果公司开发并与其他技术团体完善的 OpenCL、由微软公司开发的 C++ AMP 等。Gandham 等[4]在浅水模型中比较了 OpenMP、OpenCL 和 CUDA 的加速效果，表明在加速程序性能方面 CUDA>OpenCL>>OpenMP；另一方面，针对浅水方程，通过使用局部时间步长（LTS）算法使程序也能达到一定的加速效果。Sanders[5]最早提出了针对平面二维浅水方程的分级局部时间步长算法。但是当局部时间步长级数过高时，在水流条件变化剧烈的界面会导致计算不稳定。Hu 等[6-7]通过在干湿界面和动静界面引入无空间梯度时间步长，得到了二维条件下稳定的 LTS 技术。基于前人对于 CPU 并行技术、GPU 并行技术以及局部分级时间步长算法的研究，在平面二维浅水模型中实现并改进相应的并行技术和算法加速技术，对加速效果进行比较分析。

1　控制方程

　　本文建立的模型由平面二维浅水控制方程进行描述，包括质量守恒方程和沿 x 方向和 y 方向的动量守恒方程，其向量形式的表达式如下：

$$\frac{\partial \boldsymbol{U}}{\partial t} + \frac{\partial \boldsymbol{F}}{\partial x} + \frac{\partial \boldsymbol{G}}{\partial y} = \boldsymbol{S} \tag{1}$$

基金项目：国家重点研发计划（2017YFC0405400）；浙江省自然科学基金（LR19E090002）
作者简介：赵自雄（1994−），男，陕西宝鸡人，硕士研究生，主要从事高性能水沙数值模拟研究
通信作者：胡鹏（1985−），男，副教授，从事水沙动力学和泥沙运动研究。E-mail: pengphu@zju.edu.cn

$$U = \begin{bmatrix} h \\ hu \\ hv \end{bmatrix}, \quad F = \begin{bmatrix} hu \\ hu^2 + gh^2/2 \\ huv \end{bmatrix}, \quad G = \begin{bmatrix} hv \\ huv \\ hv^2 + gh^2/2 \end{bmatrix}, \quad S = \begin{bmatrix} 0 \\ -ghS_{f_x} \\ -ghS_{f_y} \end{bmatrix} \tag{2}$$

式中：U 为守恒量向量；F 和 G 分别为 x 和 y 方向的对流通量向量；S 为源向量；t 为时间；x 和 y 为笛卡儿坐标系下空间水平坐标；h 为水深，u 和 v 为 x 和 y 方向上的深度积分平均流速；g 为重力加速度；S_{f_x} 和 S_{f_y} 为水流在 x 和 y 方向的阻力坡度，一般采用曼宁公式估算：

$$S_{f_x} = \frac{n^2 u\sqrt{u^2 + v^2}}{h^{4/3}}, \quad S_{f_y} = \frac{n^2 v\sqrt{u^2 + v^2}}{h^{4/3}} \tag{3}$$

其中，n 为曼宁糙率系数。

采用整个计算区域所有单元最小的 Δt_i^{CFL}，作为整个计算区域的时间步长 Δt，可根据 CFL 条件计算每个单元的时间步长 Δt_i^{CFL}，表达式如下：

$$\Delta t = \min_{i=1,2,\cdots nc} \left(\Delta t_i^{\text{CFL}} \right) \tag{4}$$

$$\Delta t_i^{\text{CFL}} = Cr \min_{j=1,2,3} \left(\frac{R_{i,j}}{\sqrt{u^2 + v^2} + \sqrt{gh_i}} \right) \tag{5}$$

式中：$R_{i,j}$ 为三角形单元中心到三条边的距离；Cr 为克朗数。

2　GPU 并行技术及局部分级时间步长技术

2.1　CUDA 在浅水方程中的实现

利用 CUDA 编程模型建立浅水模型的思路是，首先建立基于 FORTRAN 语言的串行浅水模型，然后对所建立的模型进行分析，将时间迭代过程中所有循环计算部分改编为可以在 GPU 上执行的核函数[8-10]。

整个 CUDA 浅水模型中，首先在主机端（CPU）读取网格数据，并建立单元数据结构，之后将单元信息传入到设备端（GPU），守恒变量 U 在从 t 到 $t + \Delta t$ 单个时间步长中进行更新，更新过程中在设备端执行计算每个单元的 Δt_i^{CFL}、边界处理、计算对流项、计算源项、后处理 5 个子任务。每个子任务都可以并行执行，并由核函数进行描述。子任务之间存在着数据交换，为了避免过多的设备端与主机端交换带宽，将边界处理过程和计算对流项过程在一个核函数内描述，计算每个单元 Δt_i^{CFL} 的过程与计算源项过程在一个核函数内描述；这样的改动导致主机端与设备端的通信只存在于每次时间步结束的时候，大大提高了程序的效率。最后，将指定时刻的守恒变量 U 处理后输出到主机端，用于文件写入或程序调试。

2.2　局部分级时间步长技术

针对平面二维浅水方程的局部分级时间步长，其实现主要包含两个步骤：第一步根据每个单元时间步长 Δt_i^{CFL} 是最小时间步长 Δt 的 2^{m_i} 倍将单元划分为不同层级时间步长内需要更新的群体，m_i 为级数；第二步按照一定规则正确识别不同级数时间步长内需更新的单元，在每个分级时间步长内更新相应的单元通量。在一个时间步长内需要更新单元的总数大大降低，在算法层面，实现了程序的加速。

本文将局部分级时间步长技术分别与 CPU 并行技术和 GPU 并行技术结合，来探究其加速效果。

3　算例验证及结果分析

为了更好地说明不同并行技术对程序模拟结果和效率的影响，本节采用溃决水流经过建筑物试验算例来进行测试，对比了试验结果和模拟结果、不同加速算法之间的耗时情况。基本程序语言为 Fortran 语言，GPU 并行语言采用 CUDA Fortran，数据均采用双精度，硬件系统中采用型号为 Intel Skylake Gold 6132 的 CPU，采用型号为 Tesla k80 的 GPU。

本算例采用 Soares-Frazão 和 Zech 实验室内模拟溃坝水流流经建筑区试验[11]。如图 1 所示，试验水槽为长 36 m、宽 3.6 m、底坡为 0 的梯形渠道。闸门布置在距左侧边界 7.25 m 位置，在两个不透水的基块之间。闸门上游蓄水池的初始水深为 0.4 m，下游的初始水深设置为 0.011 m。沿着图 1 中 B-B 线（$y = 0.2$ m）保持水位和流速观测记录。建筑群区域进行了局部加密。曼宁糙率系数给定为 0.01。

图 2 为采用不同加速方法时溃坝水流流经建筑物算例在 t=4 s、5 s、6 s 和 10 s 时刻上沿 B-B 线上计算与实测水位对比图。从图中可以看出不同编译器、不同加速方法所得结果较为一致，与实测结果定性趋势一致，定量上较为接近，再一次证明模型模拟结果的准确性、并行技术的正确性、不同并行技术比较的科学性。

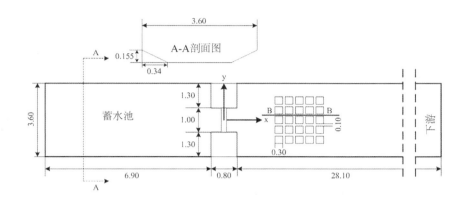

图 1　溃坝水流流经建筑群试验装置示意（单位：m）

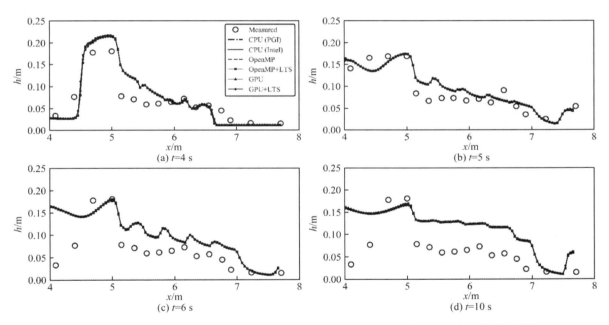

图 2　不同加速方法溃坝水流流经建筑物算例在不同时刻水位沿径向计算与实测对比（计算单元数为 153 218）

表 1 为溃坝水流流经建筑群算例组在不同加速方法下模拟 10 s 实际耗时对比表，从中可以看出，对于该算例，使用 Intel Fortran 编译器相对于 PGI 编译器对程序可加速 1.5 倍左右。针对该算例，对建筑群进行局部加密，局部时间步长在结合 OpenMP 并行技术、GPU 并行技术在性能方面相比于单核 CPU 在网格数为 614 300 时分别达到了 10 倍、60 倍的加速效果。该算例计算区域较小，计算单元数越多网格越密集，导致时间步长也越小，所以 GPU 并行技术在该算例中相对于单核 CPU 有着极大地加速效果，相比 PGI 编译器，GPU 并行技术与 LTS 技术结合达到了接近 90 倍的加速效果，GPU 并行技术也达到了 60 倍的加速效果。从而说明，GPU 并行技术以及与 LTS 技术相结合能使程序性能获得大幅的提升。

表 1　溃坝水流流经建筑算例组在不同加速方法下模拟 10 s 实际耗时（s）对比

计算单元	CPU（PGI）	CPU（Intel）	OPENMP（Intel）	OPENMP+LTS（Intel）	GPU（PGI）	GPU+LTS（PGI）
28 694	162.127	113.125	37.942	9.294	8.127	3.617
43 302	216.108	143.273	47.209	16.053	7.534	4.041
68 892	389.906	255.526	93.208	32.413	10.409	7.659
153 218	1 369.356	822.821	305.675	94.915	27.205	21.174
263 115	3 034.118	1 915.351	571.230	252.983	54.693	42.851
614 300	11 440.000	7 494.308	3 126.458	892.555	180.980	129.483

4　结　语

　　本文首先建立了基于有限体积法、近似黎曼算子的平面二维浅水模型；其次针对该模型实现了 OpenMP 并行算法、基于 CUDA 构架的 GPU 并行算法和局部分级时间步长算法；最后在不同加速算法条件下使用模型模拟了在圆柱溃决理想算例和溃决水流经过建筑物试验算例，对比了其结果和计算效率。

　　主要结论如下：在串行计算条件下，使用 PGI 编译器编译程序的计算效率比 Intel Fortran 编译器编译的程序低，相差 1.5~1.6 倍。GPU 并行技术的加速效果优于 Open MP，网格规模越大，优势越明显。当网格数为 2 万时，相较于 Intel 编译器编译的串行程序，GPU 并行技术可加速 13.9 倍，OpenMP 技术可加速 3.0 倍；当网格数为 61 万时前者加速比已经达到了 41.4 倍，而后者却只能达到 2.4 倍。对于网格规模较小的简单流动过程，Open MP+LTS 可达到和 GPU 相同的加速效果；当网格数为 2 万时，相较于 Intel 编译器编译的串行程序，模拟过程中二者达到加速效果分别为 12.2 倍、13.9 倍。GPU+LTS 可在单纯 GPU 并行计算基础上，进一步大幅度提升计算效率。在计算单元数为 614 300 时分别相较 PGI 编译器编译的串行程序前者实现了 90 倍的加速效果，后者实现了 60 倍的加速效果。

参考文献：

[1]　谭维炎. 浅水动力学的回顾和当代前沿问题[J]. 水科学进展, 1999(3): 296-303.

[2]　朱德军, 陈永灿, 刘昭伟. 大型复杂河网一维动态水流–水质数值模型[J]. 水力发电学报, 2012, 31(3): 83-87.

[3]　HAGEN T R, HJELMERVIK J M, LIE K A, et al. Visual simulation of shallow-water waves[J]. Simulation Modelling Practice and Theory, 2005, 13(8):716-726.

[4]　GANDHAM R , MEDINA D, WARBURTON T. GPU accelerated discontinuous galerkin methods for shallow water equations[J]. Communications in Computational Physics, 2015, 18(1):37-64.

[5]　SANDERS B F. Integration of a shallow water model with a local time step [J]. Journal of Hydraulic Research, 2008, 46(4), 466-475.

[6]　HU P, LEI YL, HAN JJ, et al. Computationally efficient hydro-morphodynamic modelling using a Hybrid local-time-step and the global maximum-time-step[J]. Advances in Water Resources, 2019, 127: 26-38.

[7]　HU P, LEI YL, CAO ZX, et al. An improved local-time-step for 2D shallow water modeling based on unstructured grids[J]. Journal of Hydraulic Engineering, in press.

[8]　RUETSCH G, FATICA M. CUDA Fortran for scientists and engineers: best practices for efficient CUDA Fortran programming[M]. Morgan Kaufmann, 2014.

[9]　NVIDIA: CUDA C programming guide (2019). https://docs.nvidia.com/cuda/cuda-c-programming-guide/index.html.

[10]　NVIDIA: CUDA C best practices guide (2019). https://docs.nvidia.com/cuda/cuda-c-best-practices-guide/index.html.

[11]　SOARES-FRAZO S, ZECH Y. Dam-break flow through an idealised city[J]. Journal of Hydraulic Research, 2008, 46(5): 648-658.

风浪对引江济淮工程白石天河口门航道影响研究

徐　华 [1,3]，夏云峰 [1,3]，王登婷 [1,3]，王兴刚 [1,2]，赵泽亚 [1,2]

（1. 南京水利科学研究院，江苏　南京　210029；2. 水文水资源与水利工程科学国家重点实验室，江苏　南京　210098；3. 港口航道泥沙工程交通行业重点实验室，江苏　南京　210024）

摘要： 巢湖湖区航道工程是引江济淮工程的重要组成部分。为分析风浪作用下巢湖白石天河口门航道区域水沙运动特性，通过 MIKE3 建立了巢湖湖区三维水流泥沙数值模型；对白石天河口门湖区航道水沙特性进行研究，并利用 2016 年 10 月 21 日至 10 月 23 日大风天巢湖湖区口门现场水沙实测资料对数学模型进行验证，验证结果总体良好。通过建立的数学模型研究了巢湖湖区风浪作用下的泥沙特性，并探讨了白石天河航道开挖时可能存在的泥沙淤积问题，研究结果表明：巢湖为典型浅水湖泊，湖区泥沙运动主要受风生波浪和湖流影响，大风天近岸区泥沙运动活跃。同时，从白石天河口门航道实测波浪与含沙量变化过程分析得出，波高、湖流与含沙量响应关系显著。建议关注白石天河口门航道工程航槽泥沙淤积问题。

关键词： 引江济淮；巢湖；白石天河；航道；风浪

　　2015 年 3 月引江济淮工程项目建议书已获国务院立项批复。根据批复，引江济巢段、江淮沟通段总体按Ⅲ级航道标准建设，其中江淮沟通段派河口至东淝河段按Ⅱ级航道标准建设，总体布置见图 1。白石天河口门航道是引江济淮工程湖区航道的重要组成部分。胡飞等[1]从航道稳定及维护量对湖区航道的线路优化进行了比选。同时，巢湖作为半封闭浅水湖泊，主要由风浪引起的泥沙悬浮常影响湖区航道的稳定与正常通航。历史上巢湖由于入湖河流的来沙大量输入以及部分岸滩的崩塌，造成东西湖区淤积严重，湖盆水位也明显抬高[2-4]。目前，国内对浅水湖泊水沙动力研究较多。许遐祯等[5]通过 SWAN 模型对太湖湖区风生浪的波普频率及对风场的敏感性进行了分析，研究也说明浅水湖流的水沙运动与风生浪密切相关。太湖航道发生淤积的泥沙主要来自周围滩地在风成波和风成流作用下的搬运，属于典型的"波浪掀沙，水流输沙"状况[6]。宋平等[7]分析了三峡水库运行前后洞庭湖的泥沙入湖量与淤积分布变化特性。但对于巢湖水动力特性分析及口门航道淤积分析的研究较少。顾成军等[8]定性分析了巢湖古今泥沙淤积状况及泥沙的主要来源。王良华[9]则对巢湖杭埠河口门航道淤积特性展开研究，研究认为湖区水体悬沙含量直接与风况相关，尤其对近岸浅水区的泥沙掀动起到关键作用。沈保根等[10]针对风浪对引江济淮工程马尾河口门航道影响问题进行了初步研究。胡立双和苗世勇[11]通过实测资料探讨了黄骅港航道泥沙运移形态、回淤机理和回淤泥沙来源。

　　结合上述分析，风浪作为湖区泥沙起动的主要动力，其水沙运动与白石天河口门航道的稳定密切相关。因此，本文通过 Mike3 建立三维水沙模型，分析实测风速与强风向条件下对巢湖白石天河河口航道附近水沙特性的影响，并结合现场实测水沙资料，验证与分析了风浪对泥沙运动的影响。

1　研究区域概况

1.1　白石天河口门航道概况

　　白石天河是巢湖主要支流之一，在灵台圩折向东流进入巢湖，但由于其原河道弯曲浅窄，泥沙沉积淤塞，入湖口门处更为严重，枯水期通航困难，属季节性通航。在 2011 年，庐江县巢湖污染综合治理有限公司对巢湖南岸（庐江段）白石天河及入湖口门段进行了疏浚。白石天河口门航道为湖区航道，是"引江济淮"工程中菜子湖线航道的重要组成部分，对长江航运与输水起到重要作用。白石天河口门航道从白石天河口门出发，经姥山至忠庙，接合裕线，全长约 7.6 km，航道等级为Ⅵ级及以下。为满足引江济淮工程要求，拟对巢湖白石天河、马尾河口口门及湖区段航道进行疏浚开挖，其中口门段航道底高程为最低通航

基金项目： 安徽省交通科技进步计划（2016-32）

作者简介： 徐华（1980–），男，博士，高级工程师，主要从事港口航道泥沙工程研究。E-mail: xuh@nhri.cn

水位以下 3.2 m（航道底高程为 2.6 m，1985 国家高程基准，下同），底宽 60 m，开挖边坡 1：5，开挖深度约 1.5~3.5 m。

1.2　水文泥沙条件

巢湖作为典型的浅水湖泊，湖底较为平顺，湖底高程一般为 3~6 m，平均水深约 3.3 m，湖岸约以 1/1 200 的缓坡倾向湖底，入湖口门处通常存在拦门沙淤积体。湖区面积约为 729 km²，湖区容积约为 24.15×10⁹ m³。由图 2 可知，巢湖正常蓄水位 6.5~7.1 m，多年平均水位 7.1 m 条件下，可见巢湖为典型的浅水湖泊。经水文分析计算表明，巢湖 20 年一遇最高通航水位 10.6 m、最低通航水位 5.8 m。

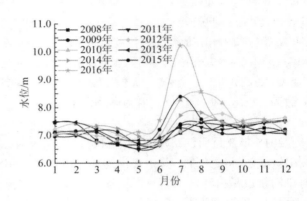

图 1　引江济淮工程及巢湖湖区航道总体布置示意　　　　图 2　巢湖忠庙站 2008—2016 年水位变化

如图 3 所示，为分析白石天河口附近底沙特性，在白石天河口门湖区航道附近水域布置了 8 个底质取样点 B1~B8，对白石天河口门湖区航道底质进行取样分析，并在巢湖派河口、白石天河口及马尾河口近岸处布置了 3 个坐底系统观测站，以便对数值模型进行验证。其中，测站处波浪、垂向分层水流流速、水体含沙量分别采用波高仪 RBR、声学多普勒流速剖面测量仪阔龙 Aquadopp Profiler、浊度仪 OBS–3A 等进行测量。

通过分析白石天河口门湖区 8 个底质采样可知，其底质以粉粒为主，细砂、黏粒次之。除 B7（粉粒含量为 45.8%）、B8（粉粒含量为 13.3%）外，其余各测站的粉粒含量均超过 50%，大部分测站在 70% 左右。以测点 B2、B3、B4 与 B5 的泥沙取样结果进行粒径级配分析。测点 B2、B3、B4 与 B5 处底沙平均粒径 D_{50} 分别为 0.014 mm、0.019 mm、0.029 mm 与 0.014 mm。由图 3 可知，在航道口门处，随着测点 B2、B3 与 B4 远离湖区，测点位置移向湖中深水区，测点平均粒径相应有所增加，说明处于巢湖东西湖区隘口的白石天河口门湖区航道区域泥沙起动环境复杂，波浪与湖流都对泥沙起动起到重要作用。随着测点继续远离岸区，泥沙起动环境变弱，B5 处湖底泥沙粒径变细。现场底沙取样分析研究表明，巢湖湖区底沙粒径较细，底沙中值粒径约 0.01~0.03 mm，平均中值粒径约 0.02 mm。

1.3　气象条件

根据距离巢湖湖区最近的庐江气象站 1986—2015 年共 30 年实测风速资料，工程区常风向为 NNW—N，出现频率达到 22%，如图 4 所示；强风向主要为 SSW 向和 NNW 向，最大风速可达 26 m/s 左右。结合风向频率分布来看，巢湖湖区主要受 NNW 向风浪作用为主，该方向风作用下由于风区长、风速大，形成风浪大，因此，采用 NNW 风向对白石天河口航道水沙影响进行模拟研究。

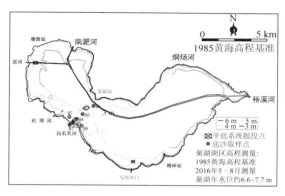

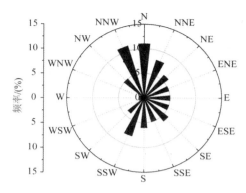

图 3　现场测点布置示意　　　　　　　　　　　　图 4　庐江站风向玫瑰图

2　数学模型建立及验证

2.1　数学模型建立

本文采用垂向分为 5 层的三维水沙输移模型研究巢湖风浪作用下的白石天河口区域的水沙特性，模型包含 Mike3 中的水动力模块、波浪模块及泥沙模块，其中水动力模型（HDM）主要设置风速与水位；波浪模块（SWM）主要考虑辐射应力对湖流水沙动力产生影响；泥沙模块（MTM）主要考虑波流作用下泥沙的运动，其中泥沙沉降速度根据 Stokes 公式计算并取值为 0.000 4 m/s。为贴合模拟复杂的湖岸边界，本文数模网格采用非结构网格，网格整体网格尺寸约 150 m，局部网格尺寸约 25 m。

2.2　模型验证

2016 年 10 月 21 日中午 12 点至 10 月 23 日中午 12 点，对巢湖白石天河口附近的湖流流速、波浪、水体含沙量、底质进行了 2 天现场连续观测工作。现场观测期间，巢湖平均水位约 7.3 m，略高于正常蓄水位。测验期间庐江气象站实测最大风速约为 6.2 m/s，方向为 N 偏 E 向 3°，风力相当于四级左右。根据《堤坝防浪护坡设计》，由于气象站所获得的风速资料为陆地数据，因此需要进行风速的高度和陆水订正，换算到湖面以上 10 m 高度的最大风速约为 12 m/s（湖面风力相当于五至六级左右）。数学模型则通过上述实测资料进行验证。根据文献[11]对巢湖湖区糙率取值为 0.025。模拟条件水深为 7.28 m，风速为 12 m/s，方向为 N 偏 E 向 3°。验证点位为坐底系统抛投点位，分别位于派河口、白石天河口与马尾河口，具体位置如图 3 所示。

如图 5 所示，白石天河口与马尾河口的平均流速约为 0.07~0.09 m/s，而派河口平均流速约为 0.04 m/s。由于白石天河与白石天河口位于湖流缩窄处，且受风向影响较大，因此，湖流流速较大。而派河口受风区吹程小，受风向影响较小，故湖流流速较小。三个测点流速基本呈底部小、上部大的规律，符合流速分布。同时，从验证结果可知，湖流流速模拟值与实测值符合良好。

另外，塘西、忠庙、槐林实测水位为 7.18 m、7.32 m、7.37 m（站点见图 3），模型计算水位为 7.15 m、7.31 m、7.39 m，水位模拟结果良好。巢湖马尾河口、白石天河河口及兆河河口的含沙量验证表明，派河、白石天河、兆河实测含沙量为 0.45 kg/m³、0.90 kg/m³、1.4 kg/m³；模型计算含沙量为 0.33 kg/m³、0.75 kg/m³、1.32 kg/m³，含沙量模拟结果总体良好。

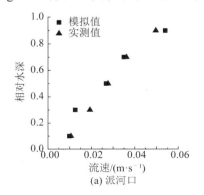
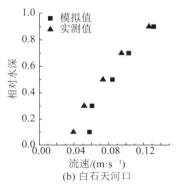
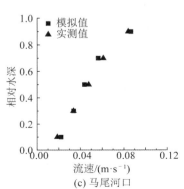

(a) 派河口　　　　　　　　　　(b) 白石天河口　　　　　　　　　　(c) 马尾河口

图 5　湖流流速验证

3　研究成果分析

3.1　数模计算结果分析

以风向 N 偏 E 向 3°、风速 12 m/s 及水位为 7.28 m，一般条件与风向 N 偏 W 向 337.5°、风速 26 m/s 及水位 10.6 m 极端不利为例，分析巢湖白石天河口门区域湖流泥沙的运动特性。其中，模拟时间为 3 d，其中大风作用 1 d、风后 2 d。

如图 6 所示，在风向 N 偏 E 向 3°、风速 12 m/s 及水位为 7.28 m 条件下，巢湖有效波高分布呈自北向南逐渐增大的趋势，最大有效波高位于湖区南侧深水区，最大有效波高达到 0.6 m。

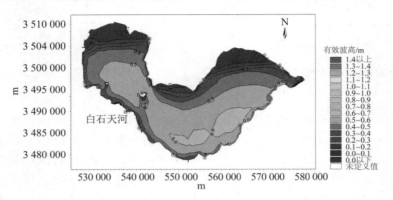

图 6　湖区有效波高示意

白石天河河口区域有效波高基本在 0.2~0.5 m。同时，由图 7 可知，湖区泥沙浓度较低，基本在 0.2 kg/m³ 以内，湖区西侧、南侧近岸区泥沙浓度高达 2 kg/m³ 以上。湖区深水区有效波高较大，但泥沙浓度较低，而近岸区有效波高较小，泥沙浓度则较大。近岸区泥沙浓度较大的原因是波浪在近岸浅水区变形破碎，造成近岸区泥沙悬扬，水体含沙浓度急剧增加。

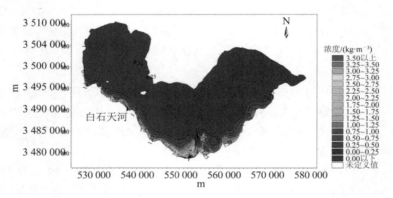

图 7　湖区平均悬沙浓度分布示意

如图 8 所示，在风向 N 偏 W 向 337.5°、风速 26 m/s 及最高通航水位 10.6 m 条件下，巢湖流速分布呈沿岸大、湖区小的分布规律，其中在白石天河河口附近流速较大，最大可达 0.4 m 以上。从流速矢量可知，近岸处水流从西沿着白石天河流向马尾河口，由此可以预测，在强风向极端风浪条件作用下，白石天河口门航道将会发生淤积，其淤积原因则是在波浪作用造成的近岸区泥沙起动，泥沙由沿岸湖流输运淤积在口门航道开挖区域。

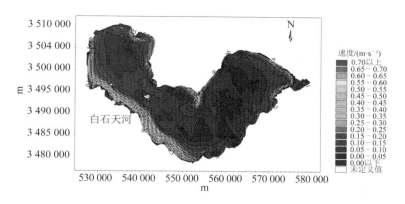

图 8　湖区流速及矢量分布示意

3.2　现场观测结果分析

根据现场实测波浪及水流可知，白石天河口门测站的有效波高 $H_{1/3}$ 为 0.02~0.43 m，测量时段平均值为 0.21 m，$T_{1/3}$ 为 2.38~2.86 s，测量时段平均值为 2.57 s。测站的底层最大流速为 0.06 m/s，测量时段底层流速平均值为 0.02 m/s。

由现场观测水体含沙量来分析，测站 0.3H 处的含沙量在 0.43~0.90 kg/m³ 之间，测量时段平均值为 0.60 kg/m³；0.7H 处的含沙量在 0.45~1.42 kg/m³ 之间，测量时段平均值为 0.68 kg/m³；0.9H 处的含沙量在 0.47~1.51 kg/m³ 之间，测量时段平均值为 0.81 kg/m³。从含沙量垂向分布来看，测站附近泥沙在湖流流速与波浪共同作用下运动剧烈，垂向分布较为均匀。

图 9 给出了白石天河口测站的有效波高、湖流底层流速、底层 0.9h 处含沙量与风速同步过程对比关系，由图可见，波高、流速、含沙量过程与风速过程总体响应关系良好，含沙量过程稍有一定的滞后效应。

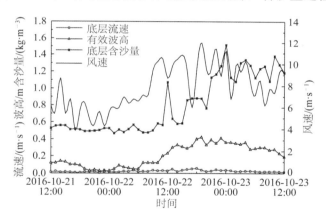

图 9　白石天河口测站实测波高、流速、含沙量与风速同步过程对比

3.3　湖床泥沙运动分析探讨

根据现场底沙取样分析研究表明，巢湖湖区底沙粒径较细，底沙中值粒径约 0.01~0.03 mm，平均中值粒径约 0.02 mm。根据波流作用下泥沙运动理论计算公式[12]，波浪作用下白石天河口口门航道区域泥沙起动波高约为 0.1~0.4 m，湖流作用下泥沙起动流速约为 0.2~0.4 m/s。计算分析表明，在庐江气象站四级以上风力条件下，风浪可引起湖底床面泥沙起动悬扬，特别是风浪对巢湖近岸水域床面泥沙作用强，引起床面泥沙大量悬浮，水体含沙量短期内急剧增大。

综合上述研究认为，巢湖泥沙运动机制主要表现为"风浪掀沙、湖流输沙"，运动方式主要以悬浮运动为主。大风期间，近底泥沙在湖流输运作用下跨越开挖航槽时，受航道内水深增大、流速减弱的影响，导致部分泥沙在航槽内落淤；大风过后，随着开挖航槽内水动力的快速减弱，水中悬浮泥沙不断落淤，从而引起开挖航槽不断淤积。

4　结　语

通过现场观测与三维水沙数学模型分析研究了风浪作用下白石天河口口门航道湖流泥沙运动特性，并得到以下结论。

1）通过建立的三维水沙动力模型模拟了湖区波浪以及悬沙浓度场，研究发现巢湖有效波高呈上风区较小、下风区较大的分布规律，这与风程及水深有关。同时，巢湖泥沙悬浮区主要分布在湖南侧沿岸，离岸区泥沙浓度较低，近岸区泥沙浓度则较大，其原因是波浪在近岸区变形破碎，造成近岸区泥沙扰动悬扬，泥沙浓度急剧增加。

2）根据湖流运动特征可知，流速在沿岸增大明显，其沿岸流可将派河及白石天河近岸泥沙输移至白马尾口门区域，其泥沙输运过程中可能对白石天河口航道造成大量的淤积。

3）现场观测研究表明，白石天河口口门底沙主要为淤泥质细颗粒泥沙，风浪容易引起湖底泥沙起动悬扬，波高、流速、含沙量过程与风速过程总体响应关系良好，水体含沙量较大且垂向分布较为均匀。巢湖泥沙运动机制主要表现为"风浪掀沙、湖流输沙"，开挖航槽泥沙淤积问题需引起相关部门重视，加强科学研究。

参考文献：

[1]　胡飞, 张红星, 余卫锋. 引江济淮工程巢湖湖区航道线路比选综述[J]. 中国水运月刊, 2015, 15(9): 261-262.

[2]　李文达, 王心源, 周迎秋, 等. 利用 TM 影像分析巢湖悬沙分布及其原因[J]. 水土保持研究, 2006, 13(2): 179-181.

[3]　梅长青, 王心源, 李文达. 基于遥感的巢湖悬浮泥沙分布的环境背景分析[J]. 环境科学研究, 2008, 21(3): 87-91.

[4]　杨则东, 晁玉珠, 褚进海, 等. 巢湖淤积及其对水患形成的环境影响遥感分析研究[J]. 地质灾害与环境保护, 2005, 16(1): 53-57.

[5]　许遐祯, 陶蓉茵, 赵巧华, 等. 大型浅水湖泊太湖波浪特征及其对风场的敏感性分析[J]. 湖泊科学, 2013, 25(1): 55-64.

[6]　周益人, 肖惠兴, 潘军宁, 等. 波浪作用下太湖底泥试验及航道回淤分析[J]. 湖泊科学, 2003, 15(4): 305-312.

[7]　宋平, 方春明, 黎昔春, 等. 洞庭湖泥沙输移和淤积分布特性研究[J]. 长江科学院院报, 2014, 31(6): 130-134.

[8]　顾成军, 戴雪荣, 何小勤, 等. 巢湖泥沙淤积问题的探讨[J]. 国土与自然资源研究, 2005(1): 52-54.

[9]　王良华. 巢湖支流口门区湖滩段航道整治工程[J]. 水运工程, 1998, 32(1): 32-35.

[10]　沈保根, 徐华, 肖子平, 等. 风浪对引江济淮工程马尾河口航道影响研究初探[J]. 水道港口, 2018, 39(4): 452-458.

[11]　胡立双, 苗士勇. 神华黄骅港外航道泥沙淤积问题总结与探讨[J]. 水道港口, 2014, 35(4): 331-336.

[12]　刘家驹. 海岸泥沙运动研究及应用[M]. 北京：海洋出版社, 2009.

大风对航道回淤影响的数学模型研究

缴　健，窦希萍，高祥宇，丁　磊，张新周

（南京水利科学研究院 港口航道泥沙工程交通行业重点实验室 南京 210029）

摘要： 航道开挖后的回淤一直是困扰航道及港口建设的突出问题，尤其是大风下的航道骤淤更是管理部门关心的重点问题。以盘锦港拟建 10 万吨级航道为例，采用数学模型模拟的方法研究了航道开挖后 10 年一遇与 25 年一遇的 SSW 风向（常风向、强风向）以及与 ESE 风向（垂直航道方向）下的航道淤积情况。结果显示，常态下（无风）航道近港区附近淤积厚度较大，航道内一年平均淤积厚度 0.52 m。不同风速风向引起的航道淤积形态与强度不同，10 年一遇与 25 年一遇 SSW 风向下航道一周回淤厚度分别为 0.11 m 和 0.14 m，ESE 风向下航道一周回淤厚度分别为 0.16 m 和 0.19 m。典型大风天对于航道回淤的影响不可忽视，在常态疏浚的基础上需根据台风预报提前对回淤量进行预测并及时采取措施。

关键词： 航道回淤；大风；数学模型；盘锦港

　　航道开挖后回淤问题是航道方案选择以及影响航道后期维护的重要因素之一，因此在工程设计阶段对航道开挖后回淤量进行预测显得尤为重要。目前常用的预测方法包括物理模型试验，数学模型试验以及经验公式计算。数学模型有着成本低，计算精度高等优点，因此在国内外航道回淤预测研究中得到广泛应用。刘家驹[1]提出了连云港外航道以悬沙落淤为主的回淤计算方法，并通过比较计算，对连云港外航道的回淤做出了预报。罗肇森[2]由非恒定潮流的悬沙运动方程和挖槽前后河床的改变，得出了在河口挖槽中计算淤积厚度的公式。窦国仁[3]利用泥沙数学模型，讨论了长江口深水航道回淤问题。窦希萍[4]开发并建立了长江口全沙数学模型，对深水航道回淤量进行了预测。高祥宇等[5]建立了盘锦港工程海域平面二维潮流泥沙数学模型，研究了盘锦港及 5 万吨级航道回淤问题。

　　航道回淤包括常态（无风）回淤和极端天气下的骤淤。高进[6]运用卫星遥感图像和数学模型研究了位于淤泥质海岸上的黄骅港外航道在大风天的骤淤机理，并提出了整治方案。储鏖[7]研究了 Delft3D 数学模型天文潮与风暴潮耦合的应用。

　　盘锦港拟建 10 万吨级航道，航道所处海域为淤泥粉砂质海岸，泥沙运动相对活跃，航道淤积情况是亟待解决的主要环境动力学问题之一。采用验证过的数学模型对航道进行常态回淤与大风天骤淤计算，能够为未来航道建设中及建设后的维护管理工作提供科学依据。

1 研究区域概况

1.1 航道建设情况

　　盘锦港地理坐标为 40°42′N、122°2′E，位于松辽平原南部，如图 1 所示。盘锦港荣兴港区于 2010 年 9 月 28 日开港通航，打开了盘锦对外开放的海上门户。为满足盘锦港吞吐量发展需要，2017 年以来拟对盘锦港现 5 万吨级航道按一次设计、分期实施原则进行航道升级治理。

　　先期拟将航道通航宽度拓宽至 255 m、设计底高程加深至 −16.0 m，以满足 10 万吨级散货船油船单线乘潮通航、满足 15 万吨级油船减载乘潮通航，推荐方案航道总长度约 50 km。远期，航道按 25 万吨级油船单线乘潮航行设计。10 万吨级航道设计方案包含两组轴线方位方案，如图 2 所示。本次研究主要针对 10 万吨级航道轴线方案 1 展开。航道规划为在现有 5 万吨级航道里程 16+112 处折角，北侧轴线方位与 5 万吨级航道保持一致，南侧轴线方位 48°19′31″—228°19′31″E，两段夹角 145°。

基金项目： 国家重点研发计划（2017YFC0405400）；国家自然科学基金（51979172）

图 1　盘锦港位置示意

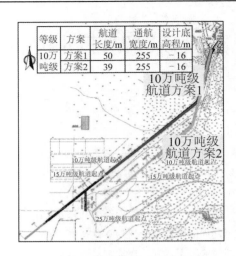

图 2　拟建 10 万吨级航道方案示意

1.2　工程区地貌特征

盘锦港位于辽东湾顶部、哈蜊岗子滩和西滩之间、辽河口水下三角洲前缘。盘锦港出港航道西侧为蛤蜊岗子滩及辽河口入海水道，航道东侧为大辽河口西滩和东、西水道。现状盘锦港为在湾顶浅滩上围垦形成环抱式港区，港口口门大约位于 −5～−6 m 等深线位置处，如图 3 所示。

辽东湾北部浅海区水深多小于 10 m，其水下地形是辽河等河口三角洲的水下延伸部分，地势自岸向海缓倾，水深逐渐增大，其等深线与岸线基本平行，但河口附近海域水道交错，浅滩广布，地形复杂多变。

1.3　水文条件

根据盘锦港海域 2006 年 9—10 月测量结果分析盘锦港海域的潮汐、潮流及余流等水文特性。辽河口潮型属于非正规半日潮，其特点是潮差大，日潮不等显著。根据 2006 年 10 月 1 日至 10 月 31 日四道沟潮位资料，最高水位 4.78 m，最低水位为 −0.21 m，最大潮差 4.46 m。平均涨潮历时 5 h 左右，平均落潮历时 7~8 h 左右，落潮历时大于涨潮历时。

2006 年测流期间，营口潮位站大、中潮最大潮差分别为 3.63、2.86 m。大部分测点的流速表现出较强的往复性，海流主流向为偏 N–S 向，其中偏 N 向为涨潮方向，偏 S 向为落潮方向。通过潮流调和分析计算出各海流观测站的潮型判别系数 $(W_{O1}+W_{K1})/W_{M2}$ 最大为 0.44，均小于 0.5，故观测海域各站各层的潮流性质为规则半日潮流。

1.4　气象条件

辽东湾属季风气候，冬季均盛行东北偏北风，各月的出现频率均在 20% 以上，夏季则多出现西南偏南或西南偏西风。春季平均风速较大，夏季较小，但全年的风速最大值往往出现在寒潮开始爆发的 11 月。辽东湾海区每年 4—9 月以偏南向风浪为主，10 月到翌年 3 月以偏北向风浪为主。

根据盘锦市大洼气象站 1990—2009 年风资料统计：海区常风向为 SSW 向、S 向，出现频率分别为 16.9% 和 13.78%，次常风向为 NNE 向、N 向和 SW 向，出现频率分别为 10.05%、9.65% 和 9.42%。S–SW 向出现频率较高，合计占 40.1%，NNW–NE 向出现频率合计占 31.65%，其余各向风出现频率均较低，基本均在 4% 以下，合计占 28.24%。强风向为 SSW 向，最大风速为 22.18 m/s；次强风向为 SW 向、S 向和 N 向，最大风速分别为 18.36 m/s、18.00 m/s 和 16.80 m/s。全年中 1~3 级风的出现频率为 76.56%，4~5 级风的出现频率为 21.26%，6 级以上大风的出现频率较小，为 2.18%。图 4 为风玫瑰图。

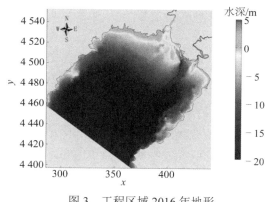

图 3　工程区域 2016 年地形

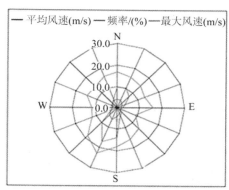

图 4　大洼气象站风玫瑰

1.5　泥沙条件

2006 年实测点大潮混合样悬沙粒度分析成果见表 1，可以看出，观测海域悬沙的主要成分为粉砂和黏土，中径粒度系数为 0.23~6.55，则中值粒径（d_{50}）为 0.010 3~0.034 7 mm，因此海区悬沙主要是粉砂和黏土质粉砂。中、小潮粒径较小。海底表层沉积物的主要成分为砂、粉砂、黏土组成。表层沉积物的类型有黏土质粉砂、粉砂质砂及砂、黏土质粉砂。底沙中值粒径（d_{50}）为 0.009~0.081 mm。

根据 2006 年 9—10 月全潮水文测验各测站涨、落潮段垂线平均含沙量平均值和最大值统计结果，落潮流时段的垂线平均含沙量的平均值在 0.008~0.022 kg/m³ 之间，各站垂线平均含沙量的最大值在 0.044~0.083 kg/m³ 之间。不同潮型进行比较，各站基本表现为涨、落潮流时段的垂线平均含沙量以大潮期最大，中潮期次之，小潮期最小。风天时含沙量有所增大，在 5~6 级风时，平均含沙量在 0.50 kg/m³ 左右，含沙量的变化受辽河来沙的直接影响较小。

表 1　悬浮体粒度分析成果表

站号	各粒级百分含量/（%）			粒度系数 Φ			沉积物名称
	砂 S	粉砂 T	黏土 Y	MDΦ	QDΦ	SKΦ	
6-1	—	90.7	9.3	5.05	1.25	0.45	CT（粗粉砂）
6-2	—	87.1	12.9	5.78	1.0	0.22	MY（中粗粉砂）
6-3	—	82.4	17.6	6.15	1.34	0	MY（中粗粉砂）
6-4	—	76.5	23.5	6.55	1.43	0	YT（黏土质粉砂）
6-5	—	92.1	7.9	5.05	0.7	0.3	CT（粗粉砂）
6-6	13.11	69.9	17	6.15	1.6	-0.2	MT（中粗粉砂）
6-7	8.1	86.4	5.5	4.85	0.23	0	CT（粗粉砂）
6-8		80.4	19.6	6.59	1.2	0	YT（黏土质粉砂）
6-9		80.3	19.7	6.15	1.28	0.18	YT（黏土质粉砂）
6-10	—	88.5	11.5	5.72	1.3	0	MS（中粗粉砂）

2　数学模型建立及验证

2.1　模型介绍

利用 Delft3D 数学模型对盘锦港航道回淤进行数学模拟。Delft3D 模型为国际先进的集水动力、泥沙输运、地貌演变、水质及生态等模块为一体的模型系统，由荷兰 Deltares 研究所负责开发维护。其中，水动力（Delft3D–FLOW）模块是整个模型系统的基础，基本方程是静水压力近似差分联解浅水 Navier-Stokes 方程，采用有限差分 ADI 法（交替显隐格式）对方程进行离散求解，具有稳定性好、精度高等优点[8]。模型中能够包含天文潮、河流径流、盐淡水混合、风浪、浪流耦合、泥沙输运、地貌更新等物理过程。研究表明二维模型能够用于河口和近岸冲淤演变过程的模拟和机制分析[9]。

大风天气下航道回淤模型中台风的气压和风的作用通过静压假设和自由表面条件来实现。对于风场的处理，采用先确定台风气压场分布，再由气压场给出风场风速的藤田气压模式[7]：

$$p(r) = p_\infty - \frac{\Delta p}{\sqrt{1 + \dfrac{r}{R_0}}} \tag{1}$$

式中：$\Delta p = p_\infty - p_0$，其中，$p_\infty$ 是台风外围气压，p_0 是台风中心气压；r 是计算点至台风中心的距离。R_0 是台风参数，表示台风的大小范围。

2.2　模型范围及网格

模型辽河上游至盘山闸，大辽河上游至三岔河，下游辽东湾海边界东是长兴岛，西为团山角。模型网格采用正交曲线网格，航道内网格尺寸最小，宽度为 50 m，外海区域最大网格尺寸约 1 km，图 5 为模型范围和网格图。

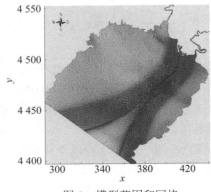

图 5　模型范围和网格

2.3　模型设置

外海开边界采用水位边界条件，时间序列水位数据来自东中国海模型，经调和分析后取主要 8 个分潮（M2、S2、K1、O1、N2、K2、P1、Q1）应用到模型中。大辽河上游边界取在三岔河，辽河取在盘山闸，为流量控制条件。根据实测泥沙颗粒分析，在数学模型中泥沙采用黏性沙与非黏性沙两个组分，非黏性沙泥沙输运方程采用 Van Rijn 93 公式[10]，黏性泥沙（粒径小于 0.064 mm）的侵蚀和淤积量计算采用 Partheniades–Krone 公式[11]。非黏性沙粒径取 80 μm，黏性沙采用 Winterwerp[12]的建议，认为不存在临界淤积应力，即黏性泥沙组分始终处于沉降状态。

采用验证过的数学模型对不同方案的航道进行常态回淤计算，计算时间尺度为一年。同时，对一次风暴潮下航道骤淤进行计算，根据工程所在海域实测资料分析，常风向与强风向均为 SSW 方向，25 年一遇风速为 24.3 m/s，10 年一遇风速为 20.8 m/s，与航道方向基本一致。ESE 方向风发生概率小，25 年一遇风速为 17.6 m/s，10 年一遇风速为 16.3 m/s，由于风向与航道垂直，会使得工程区域潮流流向发生改变，当水流跨越航道时，所挟带的泥沙会在航道里落淤，可能对航道产生不利影响，在本次研究中分别考虑 SSW 和 ESE 两个方向来风产生的航道骤淤。为研究风暴潮对航道淤积产生的最不利影响，假定风暴潮发生在大潮期间，在大潮期间加入 3 d 25 年一遇或 10 年一遇大风，大风后再进行 4 d 冲淤计算，使水体中由于风暴潮卷起的泥沙进行落淤，得到 7 d 的航道回淤分布和回淤量。

2.4　模型验证

模型对 2006 年 9—10 月实测的大潮、中潮和小潮潮位及流速、流向进行验证。水动力验证模型地形采用 2006 年地形资料，地貌冲淤模型采用 2015—2016 年地形资料。潮位验证包括 2 个潮位站，流速流向验证包括港池口门外 10 个点。由于篇幅所限，仅列举代表站点潮位、流速、流向验证，如图 6 所示。采用均方根误差（RMSE）、相关系数（CC）和 skill score（SS）对模型精度进行统计分析。结果显示 2 个潮位站中最大均方根误差为 0.21 m，平均值 0.19 m，相关系数均超过 95%，平均值达到 98.3%，SS 的平均值也达到 0.932，表明潮位模拟具有很好的精度。流速相关系数超过 85%，流向的相关系数为 93.5%，流速的均方根误差范围为 0.07~0.26 m/s，平均值为 0.16 m/s，表明模拟结果较为理想。

地形冲淤验证采用 2015—2016 年现有 5 万吨级航道实测资料对数学模型进行验证。模型冲淤模拟时间为 1 年（365 天）。沿航道取 60 个采样点，对数学模型计算的回淤厚度与实测回淤厚度沿航道分布进行比较。从图 7 可以看出，计算回淤厚度与实测值基本一致，能够反映出现场航道起始 1 km 以内淤积较为严重，1~3 km 附近航道回淤迅速减小，6~10 km 淤积逐渐增加，10~15 km 淤积厚度变化幅度较大。在 12 km 以后数学模型的计算值大于实测值，可能是泥沙组分有所变化，模型没能完全反映。考虑到整体冲淤量和冲淤沿程分布与实测值较为一致，计算值在外航道偏于安全，因此该数学模型可以用于航道工程开挖后的淤积预测。

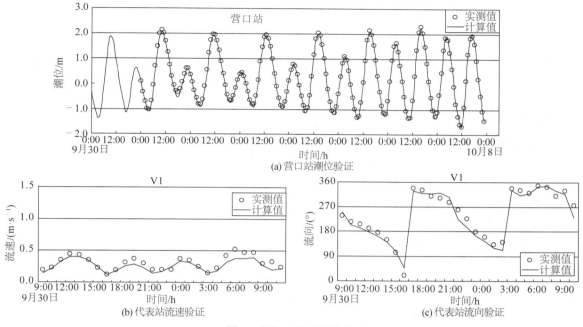

(a) 营口站潮位验证

(b) 代表站流速验证　　　　　(c) 代表站流向验证

图 6　潮位、流速与流向验证

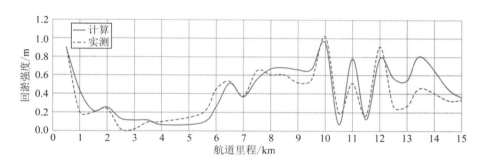

图 7　地形冲淤验证

3　结果与讨论

3.1　常态回淤（无风）

图 8 和图 9 分别为数学模型计算的 10 万吨级航道开挖后一年的地形冲淤变化和航道沿程淤积分布，正值代表淤积，负值代表冲刷。从图中可以看出，工程实施后，近岸冲淤变化大于远区。同时，对于航道而言，近岸淤积大于远区。根据常态情况下一年的航道沿程回淤厚度，在港池口门外（航道里程 3 km）；航道年淤积厚度最大，可达 1.6 m；从航道里程 5 km 向外海，航道淤积强度逐渐减小，在里程 15 km 转折处年淤积厚度为 0.42 m；在里程 50 km 处，航道年淤积厚度在 0.15 m 左右。方案 1 常态年回淤量约为 6.22×10^6 m³。

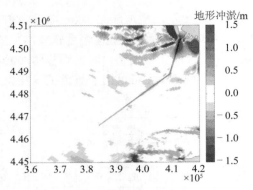

图 8　航道及附近一年常态冲淤变化

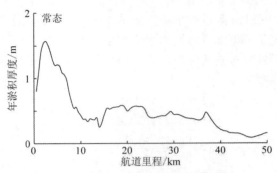

图 9　航道年淤积厚度沿程分布

3.2　10 年一遇大风天航道骤淤分析

10 年一遇 SSW 风作用下 7 d 航道沿程淤积厚度见图 10，最大淤积厚度在口门处，约为 0.83 m，之后随航道里程增加，淤积强度逐渐减小，但在 10 km、15 km 附近淤积厚度又有所增加，为 0.2 m，其他淤积厚度均小于 0.2 m，7 天航道淤积总量为 1.474 5×10⁶ m³。

一次（7 d）10 年一遇 ESE 向风暴潮同样会给航道带来一定程度的淤积，如图 11 所示。最大淤积厚度均在口门处，约为 0.5 m，之后随航道里程增加，淤积强度逐渐减小。在 10 km 后淤积厚度均小于 0.2 m，7 d 航道淤积总量为 2.131×10⁶ m³。

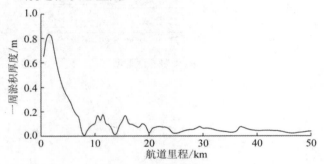

图 10　SSW 风作用下航道沿程淤积厚度（10 年一遇）

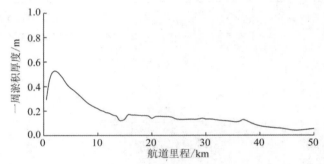

图 11　ESE 风作用下航道沿程淤积厚度（10 年一遇）

3.3　25 年一遇大风天航道骤淤分析

25 年一遇 SSW 风作用下 7 d 航道沿程淤积厚度见图 12。与 10 年一遇 SSW 向风作用下结果趋势一致，最大淤积厚度在口门处，约为 0.95 m，之后随航道里程增加，淤积强度逐渐减小，但在 10 km 附近淤积厚度又有所增加，为 0.4 m，其他淤积强度均小于 0.2 m，7 d 航道淤积总量为 1.995×10⁶ m³。

25 年一遇 ESE 向大风作用下航道内 7 d 最大淤积厚度约为 0.9 m，之后随航道里程增加，淤积强度逐渐减小，在 10 km 处淤积厚度均小于 0.2 m，7 d 航道淤积总量为 2.617×10⁶ m³。

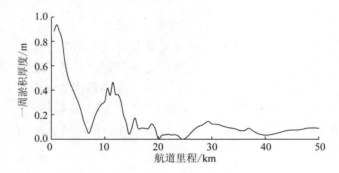

图 12　SSW 风作用下航道沿程淤积厚度（25 年一遇）

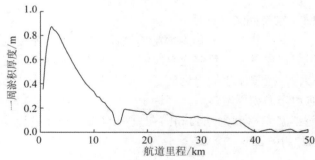

图 13　ESE 风作用下航道沿程淤积厚度（25 年一遇）

3.4　讨论

3.4.1　工程后水沙动力特征变化对航道回淤的影响

航道开挖后，航道附近流速、流向以及含沙量的变化对航道回淤的强度起着关键作用。对于流速的变化，根据涨潮期间和落潮期间的变化分别讨论。涨潮期间，无风时工程前拟建航道区域平均流速在 0.49~0.67 m/s 之间变化，航道里程 15 km 以内，流速相对较小，在 0.55 m/s 以下；在航道里程 15~25 km 中，涨潮流速增长相对较快，由 0.55 m/s 上升到 0.67 m/s；此后随着航道里程延伸，涨潮流速稳定在 0.66 m/s 左右。方案 1 实施后，航道涨潮流速有 0.02~0.06 m/s 左右的减小，流速随着航道里程变化的趋势与工程前几乎一致。与涨潮类似，落潮期间，无风时工程前拟建航道区域落潮平均流速为 0.20~0.71 m/s，航道里程 15 km 以内流速沿程迅速增长，从 0.20 m/s 增长到 0.71 m/s，这两个流速值也基本为拟建航道区域内落潮平均最小和最大流速；在航道里程由 5 km 向 15 km 变化过程中，流速逐渐回落并维持在 0.58 m/s 左右；此后航道里程增加，落潮流速也逐渐平稳上升并稳定在 0.68 m/s 左右。方案 1 工程实施后，航道落潮流速有 0.02~0.06 m/s 左右的下降，流速随着航道里程变化趋势与工程前几乎一致。工程对整个区域的含沙量分布影响很小。对于航道内，航道挖深后航道含沙量呈减少状态，无风条件下航道内平均含沙量比工程前减小约 0.02 kg/m³。

25 年一遇大风天时的涨潮流速与无风时相比有较明显的变化。风向为 ESE 时，航道区域涨潮流速在 0.58~1.04 m/s 之间；风向为 SSW 时，航道区域涨潮流速在 0.68~1.06 m/s。ESE 和 SSW 风向下，涨潮流速沿程的变化趋势与无风时相似，航道里程 15 km 以后，流速呈缓慢增大趋势，然后保持平稳。

因此，航道开挖后，航道内的涨落潮流速均有所减小，水流所携带的泥沙在航道内落淤，航道内含沙量减小。大风期间，流速的增加使得水体含沙量增加，大风过后，流速减慢，泥沙落淤。

3.4.2　不同风速风向下航道回淤对比

图 14 比较了不同风速与强度下航道内一周回淤厚度。从图中可以看出，同风向下的航道回淤趋势相同。SSW 向大风下，航道在港池口门处淤积厚度最大，之后淤积厚度随航道的增加而迅速减小至 0.1 m 以下，但在 10 km 左右，淤积厚度明显增加，至 15 km 处回归至 0.1 m 以下。SSW 风向与 15~50 km 航道方向一致，可以认为大风引起的泥沙余输运将航道内泥沙推向近岸方向，在 15 km 处航道方向变化导致水流方向与航道形成夹角，水流携带泥沙能力减弱，淤积在航道里程 10 km 位置附近。

与 SSW 风向下淤积趋势不同，ESE 风向下，航道依然在口门处淤积厚度最大，淤积厚度随航道里程下降速度较 SWS 风向下慢，在 15 km 转弯处突降，随后继续下降，30 km 后减小至 0.1 m 以下。这主要是由于 ESE 风向与航道垂直，大风引起的余流将远区泥沙输运到航道附近并落淤，航道的开挖深度决定了落淤的强度，因此随航道里程增加淤积厚度减小，但是较 SSW 风向而言，淤积厚度随里程变化更加均匀。

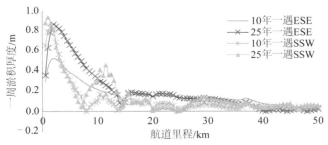

图 14　不同风速风向下 7 d 航道回淤厚度

表 2 比较了不同风速风向下航道每 5 km 的平均淤积厚度，可以看出，对于 SSW 和 ESE 两个风向而言，25 年一遇的大风引起的航道淤积平均厚度均大于 10 年一遇的风，尤其是 0~15 km 区段内。这主要是由于 25 年一遇的风速更大，带来更强的水动力和泥沙输运变化，这区间航道内外水深差和流速差较大，更多的泥沙淤积在航道内。但可以注意到，10 年一遇的 ESE 风向在航道里程 30~50 km 内引起的淤积厚度略大于 25 年一遇的 ESE 向风。经分析是由于 30~50km 处开挖深度较浅，ESE 风向垂直于航道，相对于 10 年一遇的大风，25 年一遇的大风带来更强的航道内外横向水沙交换，水体携沙能力强，航道内外水深与流速差较小，不足以使泥沙落淤，而 10 年一遇的风速相对较小，横向运动的泥沙至航道处由于流速减慢而落淤。

表 2　不同风速、风向下航道沿程平均淤积厚度

航道区段/km	10 年一遇 SSW	25 年一遇 SSW	10 年一遇 ESE	25 年一遇 ESE
0~5	0.59	0.62	0.45	0.72
5~10	0.12	0.19	0.29	0.46
10~15	0.10	0.27	0.17	0.19
15~20	0.09	0.09	0.16	0.17
20~25	0.06	0.03	0.15	0.16
25~30	0.05	0.10	0.13	0.13
30~35	0.05	0.10	0.12	0.10
35~40	0.05	0.06	0.10	0.06
40~45	0.04	0.06	0.06	0.01
45~50	0.03	0.06	0.05	0.02
1~50	0.11	0.14	0.16	0.19

4　结　语

本文以盘锦港拟建 10 万吨级航道为例，采用 Delft3D 数学模型研究了航道开挖后不同风速风向的大风天气对航道回淤的影响并进行比较分析，分别计算了常态（无风）条件下航道一年回淤量，10 年一遇、25 年一遇的 SSW 与 ESE 方向大风对于航道骤淤的影响。结果显示，对于航道而言，无风条件下近岸淤积大于远区，在港池口门外（航道里程 3 km）航道年淤积厚度最大，从航道里程 5 km 向外海，淤积强度逐渐减小。10 年一遇与 25 年一遇 SSW 风向下航道一周回淤厚度分别为 0.11 m 和 0.14 m，ESE 风向下航道一周回淤厚度分别为 0.16 m 和 0.19 m。

此外，对航道开挖后水沙动力变化特征进行了分析，航道开挖后，航道内的涨落潮流速均有所减小，水流所携带的泥沙在航道内落淤，航道内含沙量减小。大风期间，流速的增加使得水体含沙量增加，大风过后，流速减慢，泥沙落淤。对不同风速与强度下航道内一周回淤厚度进行比较分析，同风向下的航道回淤趋势相同。SSW 向大风引起的泥沙余输运将航道内泥沙推向近岸方向，淤积在航道里程 10 km 位置附近。而 ESE 风向与航道垂直，大风引起的余流将远区泥沙输运到航道附近并落淤，淤积厚度随里程变化较 SSW 风向更加均匀。25 年一遇的大风引起的航道淤积平均厚度均大于 10 年一遇的风，但 10 年一遇的 ESE 风向在航道里程 30~50 km 内引起的淤积厚度略大于 25 年一遇的 ESE 向风。因此在离岸区需重视与航道垂直方向的风对航道回淤的影响。

大风会在短时间内给航道带来淤积，对于航道回淤的影响不可忽视，在常态疏浚的基础上需根据台风预报提前对回淤量进行预测并及时采取措施。

参考文献：

[1]　刘家驹. 连云港外航道的回淤计算及预报[J]. 水利水运工程学报, 1980(4): 34-45.

[2]　罗肇森. 河口航道开挖后的回淤计算[J]. 泥沙研究, 1987(2): 15-22.

[3]　窦国仁. 长江口深水航道泥沙回淤问题的分析[J]. 水运工程, 1999(10): 36-39.

[4]　窦希萍. 长江口深水航道回淤量预测数学模型的开发及应用[J]. 水运工程, 2006(s2): 159-164.

[5]　高祥宇, 窦希萍, 潘昀. 盘锦新港区二维潮流泥沙数学模型研究[J]. 浙江水利科技, 2014(5): 73-77.

[6]　高进. 黄骅港外航道大风骤淤的机理及其整治[J]. 科技导报, 2005, 23(1): 29-31.

[7]　储鏖. Delft3D 在天文潮与风暴潮耦合数值模拟中的应用[J]. 海洋预报, 2004, 21(3): 29-36.

[8]　ROELVINK J A, BANNING G K F M V. Design and development of Delft3D and application to coastal morphodynamics[C]// Proceedings of Hydro Informatics Conference. Netherlands: Delft, 1994.

[9]　WEGEN M V D, DASTGHEIB A, ROELVINK J A. Morphodynamic modeling of tidal channel evolution in comparison to empirical PA relationship[J]. Coastal Engineering, 2010, 57(9): 827-837.

[10]　RIJN van C V. Principles of sediment transport in rivers, estuaries and coastal seas[M]. Netherlands: Aqua Pulications, 1993.

[11]　PATHENIADES E. Erosion and deposition of cohesive soils[J]. Journal of the Hydraulics Division, 1965, 1(4): 190-192.

[12]　WINTERWERP J C. On the sedimentation rate of cohesive sediment[J]. Proceedings in Marine Science, 2007, 8: 209-226.

锡澄运河入江引航道布置试验研究

姬昌辉[1,2]，谢　瑞[1,2]，王永平[1,2]，申　霞[1,2]

（1. 南京水利科学研究院　水文水资源与水利工程科学国家重点实验室，江苏　南京　210098；2. 南京水利科学研究院　港口航道泥沙工程交通部重点实验室，江苏　南京　210024）

摘要： 锡澄运河是连接江苏省沿江经济带与环太湖经济圈的水路重要纽带之一，同时还担负着防洪、灌溉、排涝等任务。其入江段位于长江感潮河段扬中河段，针对锡澄运河整治方案中的三个入江引航道布置方案，采用潮汐控制的河工物理模型试验，研究平滩流量的不同潮型情况下，入江引航道附近的水流运动状况，论证引航道三个不同布置方案的优劣。

关键词： 感潮河段；引航道；流速；回流；物理模型

锡澄运河南起无锡市惠山区的高桥，北迄江阴黄田港入长江口，全长约 37.4 km。黄田港位于长江扬中河段下段的江阴水道，河势及工程位置如图 1 所示。

作为京杭运河的通江复线，锡澄运河是连接江苏省沿江经济带与环太湖经济圈的水路重要纽带之一，承担着苏南地区与鲁、豫、皖以及长江中上游地区能源、矿建等大宗散货物资的水运交流任务，也是江阴沿江港口集疏运的主要通道，同时还担负着防洪、灌溉、排涝等任务，在长江三角洲和江苏省骨干航道网中地位十分重要。锡澄运河为 23 条骨干航道组成的长三角地区"两纵六横"高等级航道网中的一条。在锡澄运河整治工程方案中，中交第二航务勘测设计院对锡澄运河入江口门的三个口门方案（黄田港、夏港河、新沟河）的比选，推荐新沟河方案为优选方案[1]。本文主要研究入江口门引航道水流运动状况，论证新沟河引航道三个比选方案的优劣，提出合理的引航道布置方案。

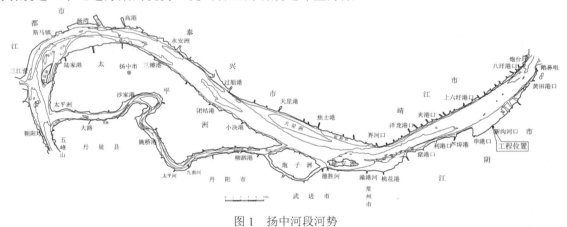

图 1　扬中河段河势

1　入江口门方案

推荐的新沟河闸址位于江阴市城区以西的新沟水闸附近。船闸拟建在新沟水闸以西 200~410 m 范围内。入江口门三种方案（图 2）基本情况如下。

方案一：引航道布置形式为不对称型，底宽 70 m，下游均向左侧拓宽，靠船建筑物均布置在右侧，下引航道底高程为 −3.90 m，下游距新沟泄水闸较远，未设隔流建筑物。下游基本为水下开挖航道，其边坡为 1:4。引航道中心线与长江航道中心线夹角 75° 左右。

方案二：引航道布置形式为不对称型，底宽 70 m，下游向左侧拓宽，靠船建筑物均布置在右侧。下引航道底高程为 −3.90 m，下游距新沟泄水闸较远，未设隔流建筑物。下游基本为水下开挖航道，其边坡为 1:4。下游引航道中心线与长江航道中心线夹角 75° 左右。

方案三：引航道布置形式为对称型，下游底宽 61 m，下游靠船建筑物布置在右侧。下引航道底高程为 −3.90 m，下游右侧有小岛与新沟河排水渠分开。下游引航道中心线与长江航道中心线夹角 79° 左右，与现有港口围堰线平行。

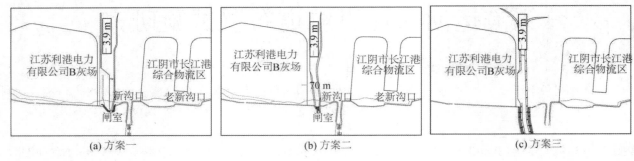

图 2　入江口门布置方案

2　模型设计与制造

2.1　模型设计

工程位于扬中河段，扬中河段是感潮河段，对于感潮河段的物理模型，为使模型与原型达到水流和潮汐运动相似，须满足以下相似准则[2-4]，即水流重力相似：$\lambda_V = \lambda_H^{1/2}$，水流阻力相似：$\lambda_V = \dfrac{\lambda_H^{7/6}}{\lambda_n \lambda_L^{1/2}}$。

紊流阻力平方区限制条件：模型水流为处于阻力平方区的紊流，水流雷诺数应大于 1 000，垂直比尺满足：$\lambda_H \leqslant 4.22 \left(\dfrac{V_p H_p}{v_m}\right)^{2/11} \lambda_p^{8/11} \lambda_L^{8/11}$。模型水流应避免表面张力影响，试验段的最小水深大于 3 cm。

当取模型水平比尺为 1∶160，垂直比尺为 1∶80 时，模型变率为 2，则可计算得到各项比尺：流速比尺 $\lambda_V = 8.94$，流量比尺 $\lambda_Q = 114\,432$，糙率比尺 $\lambda_n = 1.47$，水流时间比尺 $\lambda_h = 17.90$。当取河道糙率为 0.020~0.023 时，得到模型糙率为 0.014~0.016，在模型表面拉毛即可达到糙率要求。

2.2　模型制造

模型地形采用实测地形（1∶10 000）制作，上下边界包括新沟河及其上下游长约 6 km，右边界以现状堤线为边界，左侧边界为根据二维水流数学模型计算得到的开边界，在该流带内，上下各断面流量一致，在不同水位下，开边界具有一定的差异，取高、中、低水位下计算边界的平均值，可以基本保证各水位下其所选流带内流量沿程一致。模型高程误差控制在±1 mm 以内，平面误差控制在±1 cm 以内，模型以水泥沙浆抹面。

考虑到该河段为感潮河段，汛期以径流为主，枯季大潮时有上溯的潮流存在，因此模型上游采用扭曲水道与量水堰连接，下游采用翻板尾门生潮系统，潮汐控制系统包括微型计算机、自动调速装置、数据采集接口。模型上游采用长江大通水文站流量。模型系统及平面布置如图 3 所示。

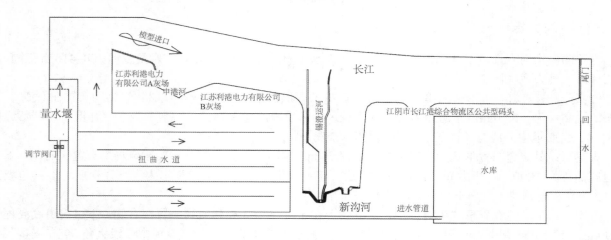

图 3　模型布置示意

3 模型验证

模型验证根据 2006 年 7 月 13 日工程河段进行的大潮全潮过程水文测验进行，模型验证内容包括：模型段潮位站大潮潮位过程验证；沿程测点大潮全潮流速、流向验证。验证时上游流量采用大通前两天实测流量 35 000 m³/s。

根据水文测验时的潮位站布置情况，模型中布置相应的潮位站，各潮位站验证试验结果表明，模型各潮位站潮位过程均与天然实测潮位过程基本吻合，最大潮位相差 10 cm 以内，相位差控制在半小时以内。满足规范[4]的精度要求。因此，模型基本满足了阻力相似要求。

各点垂线平均流速过程验证时，采用跟踪架随时跟踪水位变化，流速仪旋桨随跟踪架的升降而升降，并基本保持在 0.6 m 水深处。从验证的各点垂线平均流速过程来看，各测点模型流速过程相位变化基本与天然一致，其平均流速误差为 6% 以内，满足规范的精度要求（即平均流速误差小于 10%），其相位差也基本一致。大潮流向验证结果表明，模型涨落潮流向与天然一致，且存在上溯的水流，转流时刻也与天然情况一致。各点误差基本在 ±5° 以内。因此流向验证结果说明模型与天然流向是相似的。验证结果表明，模型潮位过程、流速流向及涨落潮历时与天然基本相似，说明模型水流运动基本反映了天然水流运动情况，模型与天然是相似的，可以在此基础上进行方案试验。

4 工程条件下水流试验

4.1 水流条件

为了探明工程前引航道口门内外水流随径流、潮汐的运动状况，考虑采用表 1 所示的边界条件进行控制，可基本反映出口门内回流随径流和潮汐的运动状况。下游控制潮位根据大通流量和江阴肖山潮位关系曲线确定，首先由大通流量查得相应流量下的江阴潮位，再根据肖山与三江营水位（平均潮位）关系内插出模型下边界控制潮位，叠加实测潮差即可得到潮位过程。大、中、小潮潮型采用实测潮位过程。

表 1　清水定床模型试验放水条件

流量/（m³·s⁻¹）	试验内容	下游控制条件
50 000	不同工程方案对口门内回流范围及强度	大潮
	口门外流速分布及上下游近岸流速	中潮
	不同潮型控制对口门内回流范围及强度的影响	小潮

试验时在口门外布置了 4 个流速测点，上下游近岸各布置 1 个流速测点，沿河段布置 3 个潮位站，具体位置如图 4 所示。口门内回流位置随潮位变化而改变，流速测点位置不固定，回流产生时，对其范围和强度随时进行监测。

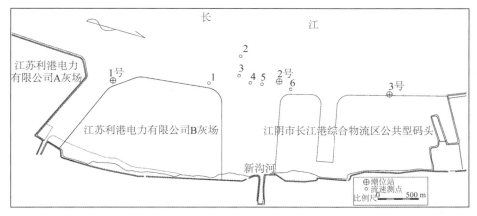

图 4　测点位置示意

4.2 方案一水流运动特征

流量为 50 000 m³/s，控制潮型为大、中、小潮时，由工程前后口门外测点流速过程、工程前后各水位站潮位过程可知，在相同流量不同潮位控制下，在口门外方案一仅减少开挖段的水流流速，对其上下游的水流流速、水位基本不会产生影响。与工程前相比，除 3 号测点最大流速减少 0.16~0.20 m/s 外，其他测点基本相同。由表 2 可见方案一工程后各测点的流速随着潮差的减小而减小。

表 2　各流速测点最大流速变化统计

流量/（m·s⁻¹）	工况	测点流速/（m·s⁻¹）					
		1 号	2 号	3 号	4 号	5 号	6 号
50 000 大潮	工程前	0.58	1.39	0.78	0.60	0.57	0.55
	工程后	0.59	1.39	0.58	0.59	0.56	0.56
	差值	0.01	0.00	−0.20	−0.01	−0.01	0.01
50 000 中潮	工程前	0.53	1.35	0.74	0.50	0.47	0.44
	工程后	0.51	1.34	0.56	0.52	0.46	0.45
	差值	−0.02	−0.01	−0.18	−0.02	−0.02	0.01
50 000 小潮	工程前	0.47	1.34	0.70	0.40	0.38	0.28
	工程后	0.47	1.36	0.54	0.42	0.37	0.29
	差值	0.00	0.02	−0.16	0.02	−0.01	0.01

　　方案一开挖后，口门内流态与工程前相比有所变化。不同的潮型控制下，口门内流态基本相同，开始涨潮时在口门内中部靠右侧首先形成一个回流，随着潮位的升高回流范围扩大、强度增强，左侧引航道附近也逐渐形成一个小的回流，当潮位涨至平均潮位附近时，回流的强度达到最大，之后逐渐减弱，回流位置逐渐向外移动，高潮位时两个回流位于口门附近。落潮开始时，口门内的回流减弱并随着潮位降落而最终消失，口门内的水流基本上为单向出流，但在整个落潮过程中，偶见口门外形成小回流，但持续时间短，位置不固定，强度也不稳定。

　　方案一口门内回流如图 5 所示，其中 1 号回流靠口门右侧，2 号回流靠口门左侧。大潮时回流的范围最大、强度最强，中潮时有所减小，小潮时最小，范围最大的是在大潮控制下的 1 号回流，横向为 360 m，纵向为 465 m（高潮位时），强度最大为 0.12 m/s，也是大潮控制下的 1 号回流（平均潮位），1 号回流的范围及强度都大于 2 号回流，相同水流条件下，平均潮位时回流强度较高潮位时大，范围较高潮位时小。

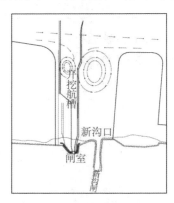

图 5　方案一回流示意

4.3　方案二水流运动特征

　　在相同流量不同潮型控制下，在口门外方案二仅减少开挖段的水流流速，对其上下游的水流流速、水位基本不会产生影响。工程前后各点的最大流速变化见表 3，各测点的流速最大值随着潮差的减少而降低，这与工程前相同。工程前后除 3 号点最大流速减少 0.15~0.16 m/s 外，其他点最大流速基本相同。

　　方案二开挖后口门内流态与工程前相比有所变化，与方案一工程后的流态变化过程相同，只是范围强度的数值不同。不同的潮型下，口门内流态变化规律基本相同，开始涨潮时在口门内中部靠右侧先形成一个回流，回流范围强度逐渐增大，左侧引航道附近也渐渐形成一个较小的回流，位置相对靠外，当潮位涨至平均潮位附近时，回流的强度达到最大，之后回流逐渐减弱，位置逐渐向外移动，高潮位时两回流位于口门附近。落潮开始时口门处的回流逐渐减弱并最终消失，口门内的水流基本上为单向出流，在落潮过程中口门外有时会形成小回流，但不稳定且持续时间短。

表 3　各流速测点最大流速变化统计

流量/（m·s⁻¹）	工况	测点流速/（m·s⁻¹）					
		1 号	2 号	3 号	4 号	5 号	6 号
50 000 大潮	工程前	0.58	1.39	0.78	0.60	0.57	0.55
	工程后	0.60	1.41	0.60	0.57	0.57	0.57
	差值	0.02	0.02	−0.18	−0.03	0.00	0.02
50 000 中潮	工程前	0.53	1.35	0.74	0.50	0.47	0.44
	工程后	0.54	1.33	0.58	0.48	0.47	0.44
	差值	0.01	−0.02	-0.16	−0.02	0.00	0.00
50 000 小潮	工程前	0.47	1.34	0.76	0.40	0.38	0.28
	工程后	0.47	1.34	0.55	0.42	0.36	0.27
	差值	0.00	0.00	−0.15	0.02	−0.02	−0.01

　　方案二口门内回流如图 6 所示，其中 1 号回流位于口门内右侧，2 号回流位于口门左侧。可见潮差越大，回流的范围和强度越大，大潮控制时回流的范围最大（最大为横向 355 m，纵向 463 m），回流强度最大（最大为 0.12 m/s）。在每一种潮型控制下，平均潮位时回流范围较高潮位时小，强度较高潮位时大，口门右侧的回流范围、强度较左侧的回流大。可以看出，在同一种流量控制下，对于各个潮型，方案二的回流范围比方案一较小，回流强度基本相同。

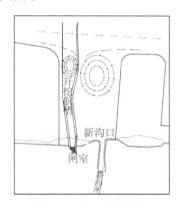

图 6　方案二回流示意

4.4　方案三水流运动特征

　　流量为 50 000 m³/s，控制潮型为大、中、小潮时，工程前后各测点的最大流速见表 4，方案三仅减少口门外开挖段的水流流速，对其上下游的水流流速、水位基本没有影响。由表可见，除 3 号点最大流速减少 0.14～0.17 m/s 外，其他点流速基本没有变化，方案三工程后各测点的流速随着潮差的减小而减小。

　　方案三口门内流态与工程前相比变化不大。不同的潮型控制下，口门内流态基本相同，开始涨潮时在口门内中部靠右侧首先回流，随着潮位的升高回流范围扩大、强度增强，当潮位涨至平均潮位附近时，回流的强度达到最大，之后逐渐减弱，回流位置逐渐向外移动，高潮位时回流位于口门附近，涨潮过程中口门内仅有一个回流。落潮开始时，口门内的回流减弱并随着潮位降落而最终消失，口门内的水流基本上为单向出流。

　　方案三口门内回流如图 7 所示。由试验结果可知，大潮时回流范围最大、强度最强，中潮次之，小潮最小。方案三回流范围最大为横向 412 m、纵向 480 m，强度最大为 0.12 m/s。相同水流条件下，平均潮位时回流强度较高潮位时大，范围较高潮位时小。由图可见，方案三引航道不在回流范围内。

表 4　各流速测点最大流速变化统计

流量/（m·s⁻¹）	工况	测点流速/（m·s⁻¹）					
		1 号	2 号	3 号	4 号	5 号	6 号
50 000 大潮	工程前	0.58	1.39	0.78	0.60	0.57	0.55
	工程后	0.57	1.40	0.61	0.62	0.55	0.55
	差值	−0.01	0.01	−0.17	0.02	−0.02	0.00
50 000 中潮	工程前	0.53	1.35	0.74	0.50	0.47	0.44
	工程后	0.51	1.37	0.58	0.49	0.48	0.46
	差值	−0.02	0.02	−0.16	−0.01	0.01	0.02
50 000 小潮	工程前	0.47	1.34	0.76	0.40	0.38	0.28
	工程后	0.46	1.33	0.62	0.43	0.38	0.30
	差值	−0.01	−0.01	−0.14	0.03	0.00	0.02

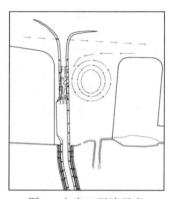

图 7　方案三回流示意

5　结　语

随着长江潮位的变化，口门内水流形成往复流运动，涨潮时长江水流向口门内流动，落潮时口门内水流流向长江。口门内涨潮时首先右侧形成回流，水位上涨，回流范围强度加大，开始时回流位置在口门中部附近，随着潮位上涨逐渐向外移动，最后移至口门出口附近，范围逐渐加大，强度在涨潮过程中经历由弱到强再到弱的过程。落潮开始后口门内的回流逐渐减弱最终消失，在整个落潮期间有时在口门出口附近产生回流但不稳定很快消失。在流量一定，控制潮型不同时，试验表明：大潮时产生的回流范围最大、强度最强，中潮次之，小潮最小，平均潮位时回流强度较高潮位时大，而回流范围较高潮位时小。由试验结果可知，方案一同时受两个回流的影响，而方案二开挖引航道偏左侧，仅受左侧较小回流的影响，方案三引航道受口门内回流的影响较小，因此方案二、方案三较优。

参考文献：

[1]　洪大林, 姬昌辉, 张思和. 锡澄运河入江口门泥沙淤积物理模型试验研究[R]. 南京: 南京水利科学研究院, 2006.

[2]　李昌华. 河工模型试验[M]. 北京: 人民交通出版社, 1981.

[3]　内河航道与港口水流泥沙模拟技术规程（JTS/T 231-4-2018）[S]. 北京: 人民交通出版社股份有限公司, 2018.

[4]　海岸与河口潮流泥沙模拟技术规程（JTS/T 231-2-2010）[S]. 北京: 人民交通出版社, 2010.

崇明西线过江规划通道河势条件分析研究

杜德军 [1,2]，刘欣昊 [1,2]，夏云峰 [1,2]，闻云呈 [1,2]，徐 华 [1,2]

（1. 南京水利科学研究院，江苏 南京 210029；2. 水文水资源与水利工程科学国家重点实验室，
江苏 南京 210098）

摘要： 为加强上海市中心与崇明岛及江苏省南通市的联系，满足未来上海及周边城市城镇一体化联动发展的需求，仅有的上海长江桥隧和崇启大桥难以满足上述需求，为此，有必要进行上海崇明岛西通道越江方案的规划研究。在工程河段航道及河道整治实施的基础上，结合周边岸线利用情况，从河势条件、断面稳定性等方面对长江南支白茆河至吴淞口间的 4 个桥梁规划方案和 3 个隧道规划方案进行了深入地比选分析研究，认为白茆沙桥位方案和七丫口隧道方案相对较优。目前，北沿江高铁长江南支过江方案正以七丫口隧道方案为基础开展其他专题的研究。

关键词： 长江南支；崇明；规划通道；桥位；隧道；河势条件

　　长江自徐六泾以下，被崇明岛分为南北两支，南支又被长兴岛和横沙岛分为南港和北港，全长约 90 km[1]，如图 1 所示。2010 年和 2011 年先后建成上海长江桥隧和崇启大桥两处通道，连接了上海陆域与崇明岛、长兴岛以及江苏启东，有力地促进了长三角一体化发展和上海城乡一体化建设，但既有越江通道尚不能满足未来上海及周边城市城镇一体化联动发展的需求，越江通道密度不足，越江交通出行绕行距离较长。为加强上海市中心与崇明岛联系，进一步打通与南通连接，推动上海功能向北扩展，挖掘崇明、南通等地的发展潜力，为长三角后续发展提供新空间，需要进行上海崇明岛西通道越江方案的研究。

　　工程河段河道宽阔，水下沙洲众多，滩槽多变，水沙条件复杂。近年来，工程河段陆续兴建诸多大型涉水工程，主要有新浏河沙洲整治工程、青草沙水库工程、浏河口上游太仓边滩围垦工程、长江口深水航道整治工程、长江南京以下 12.5 m 深水航道整治一期工程（以下简称"一期工程"）、宝山至崇明天然气过江管工程等[2-3]。同时，近年来上游来水来沙条件也发生了较大改变。在这种新水沙、新工程环境条件下，滩槽及水沙条件的变化更趋复杂。崇明西线通道的建设会有诸多方面需要研究。此前，有不少研究人员进行过相关研究，但主要是侧重于同一通道的桥隧比选研究[4-5]，或者侧重于隧道方案的经济、通风等设计方面的研究[6]。本项研究通过河床演变分析，研究工程河段水沙运动基本特性与演变基本规律，分析河势变化趋势，通道工程附近河床断面稳定性，对多个通道进行比选研究，为通道选址及布置等提供依据。

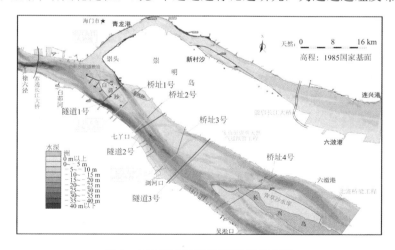

图 1　工程局部区域河势及岸线利用

基金项目： 三峡工程泥沙重大问题研究项目（12610100000018J129-5）；南京水利科学研究院基金（Y217007、Y219009）

作者简介： 杜德军（1970–），男，教授级高工，本科，主要从事河口海岸泥沙工程研究

1　基本情况

1.1　河段概况

长江口南支河段总长约 90 km，其中徐六泾至吴淞口间长约 70.5 km，以七丫口为界分为南支上段及南支下段。河势图如图 1 所示。

南支上段微弯，其中徐六泾河段上承澄通河段，下接长江南支白茆沙分汊河段。自浒浦至白茆河口，全长 15 km。新通海沙整治工程实施后，进口徐六泾缩窄处约 5 km，苏通大桥下游附近最窄处缩窄到 4.5 km 左右，其后有所展宽，至白茆河口–海太汽渡处江面宽为 6.7 km。长江在此被崇明岛分南北两支，北支为支汊，南支为主汊。河段中有白茆沙及白茆沙南、北水道，白茆沙为水下暗沙，长江主流自徐六泾人工缩窄段进入白茆沙南水道，分流比约占 65%。白茆河口以下为展宽分汊型河道，河宽 10.0 km。

南支下段顺直，到七丫口处江面略微收缩，七丫口以下又逐渐放宽，至吴淞口江面宽度达 17.0 km，有扁担沙、浏河沙、中央沙等暗沙，为长江河口不稳定的河段。南支上段白茆沙南、北水道的主流在七丫口附近汇合后进入长江南支下段，多汊分流后进入南、北港入海。新浏河沙、中央沙、与南岸之间的新宝山水道，是通往南港的主要水道，扁担沙与中央沙之间的通道为新桥通道，是通往北港的主要水道，扁担沙与崇明岛之间为新桥水道。

1.2　比选方案概况

崇明西线通道现阶段有大桥和隧道两种方式进行比选。过江通道的位置在长江南支白茆河口–吴淞口中间，有 4 个桥位比选方案和 3 个隧道比选方案，位置见图 1。

1）大桥比选方案。

白茆沙桥位方案：跨白茆沙下段和东风沙，桥位过江段长 9.3 km。

七丫口桥位方案：七丫口上游约 0.9 km，桥位过江段长 8.3 km。

浏河口桥位方案：浏河口上游约 1.0 m，桥位过江段长近 13.0 km。

吴淞口桥位方案：浏河口上游约 7.0 m，跨长兴岛头部，桥位过江段长约 16.7 km。

2）隧道比选方案。

白茆沙隧道方案：跨白茆沙中部，隧道过江段长 8.1 km。

七丫口隧道方案：七丫口上游约 0.6 km，隧道过江段长 8.6 km。

浏河口隧道方案：浏河口下游 2.6 km，既有天然气过江通道上游 530 m，隧道过江段长 14.0 km。

2　崇明西线通道河势条件分析

2.1　南支河段演变特性

长江南支上段徐六泾节点段长约 15 km，南岸护岸工程包括常熟边滩围垦工程以及北岸新通海沙围垦工程实施后，徐六泾河段缩窄，河岸稳定，主流摆幅减小。白茆沙河段历史上受上游主流摆动及大洪水影响冲淤多变，白茆沙南北水道交替发育，白茆沙呈现形成→冲刷→分散→再形成周期变化。该长江南支下段演变特性主要表现为江中洲头变化不定，分流汊道更替频繁，老的分流通道不断衰退，新的分流通道不断形成（图 2）。随深水航道白茆沙整治工程、新浏河沙和中央沙整治工程实施，南支河势趋稳。

1998 年、1999 年大洪水后，本河段断面形态变化较为剧烈；上、下扁担沙规划整治工程还未实施，七丫口单边节点控制作用不强，左侧边滩仍有变化空间。近年来，随深水航道白茆沙工程、新浏河沙和中央沙整治工程的实施，工程河段断面变化减小。

总的来说，工程河段在徐六泾节点段、七丫口单边节点的控制作用下，以及深水航道和河道整治等人类活动的影响下，大的河势得到有效控制，本河段将逐步趋于稳定，具备建设过江通道的宏观河势条件。

2.2　桥位断面稳定性分析

选用 1970 年至 2016 年的地形资料，对上述比选方案的河道断面稳定性进行分析。断面比较见图 3，部分年份参数统计见表 1。

1）白茆沙桥位方案。

位于白茆沙中下段，2015 年桥位处河宽约为 7.1 km，最深点高程为 –37.4 m。白茆沙河段历史上受上游主流摆动及大洪水影响冲淤多变，白茆沙南北水道交替发育，白茆沙呈现形成→冲刷→分散→再形成周期变化。2000 年后，河道断面面积总体上变化不大。但在一期工程实施前，沙体总体处于冲刷态势，白茆沙南、北水道断面形态比较稳定，其中南水道最深点持续刷深，北水道冲淤相间。一期工程实施后，加之北侧东风沙水库工程的实施，白茆沙沙体趋于稳定，白茆沙南水道进一步刷深，最深点由 2002 年的 -30 m 冲深至 2015 年的 -37.4 m，河相关系系数由此前的 6.2~7.2 减小到 2015 年的 6.0，表明断面进一步趋于稳定。

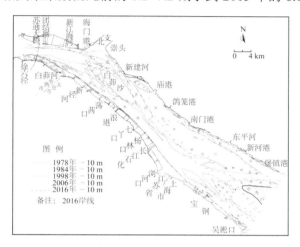

图 2　工程河段近年来 -10 m 等高线变化（1978—2016 年）

表 1　拟建崇西通道方案过江断面分析（统计水位：1 m）

类别	年份	桥址 1 号	桥址 2 号	桥址 3 号	桥址 4 号	隧道 1 号	隧道 2 号	隧道 3 号
面积 S/m^2	1970	71 581	70 206	91 013	119 244	76 718	73 723	93 856
	2002	92 330	92 274	121 969	142 865	106 637	84 493	130 164
	2010	93 802	98 232	137 603	—	103 231	99 281	130 527
	2015	98 864	102 314	131 411	144 074	97 383	105 059	139 911
河宽 B/m	1970	7 874	9 259	12 938	15 977	7 763	8 367	14 452
	2002	7 635	8 570	13 474	15 526	7 950	8 479	14 077
	2010	7 651	8 388	13 499	—	8 310	8 323	13 836
	2015	7 050	8 159	12 354	13 276	7 720	8 339	13 958
平均水深 H/m	1970	9.1	7.6	7	7.5	9.9	8.8	6.5
	2002	12.1	10.8	9.1	9.2	13.4	10	9.2
	2010	12.3	11.7	10.2	—	12.4	11.9	9.4
	2015	14	12.5	10.6	10.9	12.6	12.6	10
河相关系数 $\sqrt{B}/H$	1970	9.8	12.7	16.2	16.9	8.9	10.4	18.5
	2002	7.2	8.6	12.8	13.5	6.6	9.2	12.8
	2010	7.1	7.8	11.4	—	7.3	7.6	12.5
	2015	6	7.2	10.4	10.6	7	7.2	11.8
最低点高程 /m	1970	-19.5	-18.7	-19.2	-15.8	-20	-19	-14.1
	2002	-30	-23.7	-38.5	-16.3	-59.2	-22.6	-30
	2010	-31.9	-26.3	-20.3	—	-55.8	-25.4	-26.2
	2015	-37.4	-26.2	-25.7	-17.9	-50.5	-25.8	-22.5

2）七丫口桥位方案。

该桥位方案位于七丫口，2015 年桥位处河宽约为 8.2 km，最深点高程为 -26.2 m。七丫口为单边控制节点，由图 3 可见，2002 年后，受七丫口右侧的控制作用，深槽右侧基本处于稳定状态，而左侧受上扁担沙的冲淤变化影响，冲淤变化较为剧烈，近年来河道断面面积总体略有增加，最深点近年来变化不大。随一期工程的实施，河相关系系数由 2002 年的 8.6 逐渐减小到 2015 年的 7.2，表明断面趋于稳定。

3）浏河口桥位方案。

该桥位方案位于浏河口—南门港，2015年桥位处河宽约为12.4 km，最深点高程为-25.7 m。由图3可见，受七丫口右侧的控制作用，深槽右侧基本处于稳定状态，而左侧边滩的冲淤变化比较明显，至2004年深槽向左侧发展，深槽展宽，2004年后变化趋缓。随一期工程的实施，河相关系系数由2002年的12.8逐渐减小到2015年的10.4，表明断面趋于稳定。

4）吴淞口桥位方案。

该桥位方案位于吴淞口上游—堡镇港，中间跨长兴岛，2015年桥位处河宽约为13.3 km，最深点高程为-17.9 m。近年来受周边众多涉水工程的影响，以及上游来水来沙条件的变化，该桥位断面冲淤变化明显，在4个比选桥位方案中，该断面变化较为明显。不过，涉水整治工程实施后，断面变化有趋缓的趋势，如表征断面稳定的河相关系系数由2002年的13.5逐渐减小到2015年的10.6，表明断面趋于稳定。

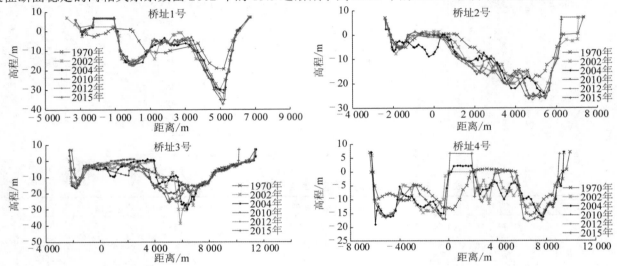

图3　近年来各比选桥位方案附近断面比较

2.3　隧道断面稳定性分析

选用1970年、2002年、2004年、2010年、2012年和2015年的地形资料，对上述比选方案的河道断面稳定性进行分析。断面比较见图4，部分年份参数统计见表1。

1）白茆沙隧道方案。

该隧道方案位于白茆沙，断面呈"W"形，2015年隧道处河宽约为7.7 km，最深点出现在白茆沙南水道，为-50.5 m，北水道最深点高程为-43.5 m。白茆沙河段历史上受上游主流摆动及大洪水影响冲淤多变，白茆沙南北水道交替发育，白茆沙呈现形成→冲刷→分散→再形成周期变化。2004年，该断面白茆沙南、北水道最深点曾达到-65 m和-57 m，近年来，白茆沙滩地中部变化不明显，而两侧深槽有所变浅。随着周边涉水工程的实施，白茆沙沙体趋于稳定，河相关系系数基本稳定在7.0左右。

2）七丫口隧道方案。

该隧道方案位于七丫口，2015年隧道处河宽约为8.3 km，最深点高程为-25.8 m。七丫口为单边控制节点，深槽右侧基本处于稳定状态，而左侧受上扁担沙的冲淤变化影响，冲淤变化较为剧烈，近年来河道断面面积总体略有增加，最深点近年来变化不大。随一期工程的实施，河相关系系数由2002年的9.2逐渐减小到2015年的7.2，表明断面趋于稳定。

3）浏河口隧道方案

该断面位于浏河口下游，在已有的宝山至崇明天然气过江管工程上游约600 m，由南侧往北，跨主槽宝山水道，经下扁担沙后过新桥水道副槽至崇明岛，2015年河宽约为14.0 km，最深点高程为-22.5 m。由图4可见，断面深槽右侧基本处于稳定状态，而左侧边滩的冲淤变化比较明显。2002年后，总体表现为深槽展宽变浅、断面形态由"V"形向"U"形发展。主槽最深点由2004年的-33.8 m淤浅至2015年-22.5 m；1970

年、2002 年、2004 年、2010 年和 2015 年宝山水道主槽−10 m 槽槽宽分别为 3 796 m、3 844 m、3 960 m、4 555 m 和 5 477 m，逐步展宽。

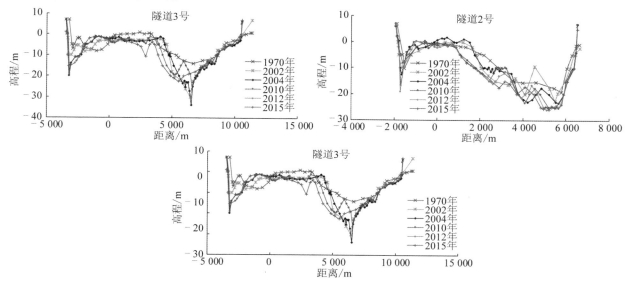

图 4　近年来各比选隧道方案附近断面比较

3　崇明西线通道方案比选综合分析

考虑现有工程河段已建的深水航道、已有锚地和其他涉水工程，以及前期已有相关研究，对各过江通道方案进行了综合比选分析。由表 2 可见：①在隧道方案中，七丫口方案和浏河口方案较好，考虑浏河口方案下游 600 m 处为已有天然气过江管道，综合来看，隧道方案以七丫口方案相对较优；②桥位方案中，以过白茆沙的桥位方案相对较优，长兴岛方案次之。

表 2　各过江通道方案条件比较分析

方案	位置	优点	缺点	比较
隧道方案 1	白茆沙	过江长度 8.1 km 较短；白茆沙两侧深槽相对稳定；航道整治一期工程已实施，中间滩地高程约 0 m，便于设置通风井	白茆沙南、北水道深槽水深分别达 63 m、44 m；南侧岸线利用程度较高	较差
隧道方案 2	七丫口	相对较短，宽 8.6 km；深槽右侧相对稳定；左侧 5m 等深线以浅的浅滩约 3.5 km；深槽最大水深一般 30m 内	左侧滩地整治规划未实施，深槽左侧边坡近年来一直在冲淤变化中	较好
隧道方案 3	浏河口	为规划过江通道处；近年来测图显示深槽最大水深一般在 25 m 内；左侧 8 km 左右为 5m 等深线以浅的浅滩	过江长度较长，达 14 km；左侧滩地整治规划未实施，深槽左侧边坡近年来一直在冲淤变化中；下游 600 m 左右为已有天然气过江管道，影响隧道工程	较好
桥位方案 1	白茆沙	过江长度 9.3 km；白茆沙两侧深槽相对稳定；已实施航道整治工程，航道、河势较稳定；桥轴线法向与航道的夹角较小	南侧岸线利用程度较高；跨东风沙整治工程和水库	较好
桥位方案 2	七丫口	过江长度短，宽 8.3 km；深槽右侧相对稳定；左侧为 3.2 km 左右为 5 m 等深线以浅的浅滩；可以只设一主跨	左侧深槽边坡有冲淤变化，规划滩地整治为实施，主跨布置需深入研究；南北航道最小间距仅 1.6 km，桥轴线法向与北侧航道有 24°的夹角；下游 5 km 左右航道汇合，可能会影响船舶通航	较差
桥位方案 3	浏河口	过江通道处为单一航道，可以只设置一主跨；左侧 6.2 km 左右为 5 m 等深线以浅的浅滩	过江通道长达 12.6 km；左侧滩地规划整治工程未实施，深槽左侧边坡冲淤变化较大；航道左侧有太仓危险品锚地；下游 2 km 为宝山南、北主航道汇合点	差
桥位方案 4	长兴岛	南侧主槽、主航道相对稳定；深槽相对较窄；已实施新浏河沙整治工程、青草沙水库工程等，河势相对稳定	过江长度达 17.6 km；左侧滩地整治规划未实施，桥轴线法向与长兴岛北侧主槽有 36°的夹角；南侧为宝钢；跨青草沙水库	一般

4　结　语

通过长江南支白茆河口至吴淞口沿程 4 个桥位、3 个隧道方面的河势分析研究，在南支河段，以白茆沙的桥位方案和七丫口隧道方案相对较好。具体的优劣需要结合数学模型、物理模型等研究手段，综合分两岸岸线利用、工程对防洪、河势和航道等影响来确定。

有关单位在参考文章研究成果的基础上，开始进行北沿江高铁过江通道的研究，其中南支初步研究方案为七丫口隧道方案。

参考文献：

[1] 崇明西线通道战略规划终期成果－航务水文地质影响分析篇[R]. 上海市政工程设计总院, 南京水利科学研究院. 2017, 10.

[2] 夏云峰, 闻云呈, 徐华, 等. 长江河口段水沙运动及河床演变[M]. 北京: 人民交通出版社, 2015.

[3] 杜德军, 夏云峰, 吴道文, 等. 通州沙和白茆沙 12.5m 深水航道整治工程方案试验研究[J]. 水利水运工程学报, 2013(5): 1-9.

[4] 刘莉. 沪崇西线通道工程方案比选研究[J]. 城市道桥与防洪, 2016(06): 268-272.

[5] 杜峰, 付军. 崇明越江隧道预留轨道交通线的可行性研究[J]. 地下空间与工程学报, 2007(3): 494-498.

[6] 沪崇启铁路规划：建成后将打通南北沿海通道[J]. 城市轨道交通研究, 2016, 19(6): 156.

来沙条件对冲积型河流河型转换的影响

刘万利

（交通运输部天津水运工程科学研究所，天津　300456）

摘要：通过对不同河型来沙和输沙特性的分析，研究了来沙条件对河型的影响。研究表明，当流量一定时，含沙量愈大、粒径愈粗或沉速愈大，要求 UJ 愈大，即要求河道顺直，比降陡、糙率小，形成堆积性的游荡型河流；含沙量愈小，粒径愈细或沉速愈小，要求 UJ 愈小，即要求形成比降缓、流速小的弯曲型河流或分汊型河流；同时分汊型河流由于分流，流量减小，挟沙能力也随之减小。在此基础上，河型的形成还与边界条件和来水来沙年际、年内变化对河床影响程度有关，具体表现为：若河床洪淤枯冲作用使得滩槽高差不断增大，主流较为稳定，则有利于发展成弯曲型河型；若河床洪冲枯淤使得滩槽高差变小，主流易于摆动，则是游荡型河型形成主要原因。对于分汊河段，分汊河型得以保持的条件是：河道分汊前的河段洪冲枯淤，汊道段洪淤枯冲，二者在时间上、空间上冲淤平衡时，才能维持汊道不衰；而当汊道段洪冲枯淤，刷滩、淤槽，汊道必衰。同时高含沙洪水对窄深断面具有极强的塑造功能，在一定条件下塑造出弯曲型河流，并能保持其稳定性，若原始断面宽浅，则是塑造游荡型河流的条件。

关键词：来沙条件；河型转换；冲积河流

　　水库修建后，坝上游来水来沙条件虽未发生改变，但河段出口边界条件发生了重大变化；坝下游河床边界虽未发生改变，而河段进口来水来沙条件却发生了重大变化，两者均使原先平衡被打破，进入一个再造床的漫长岁月[1]。国内学者，针对水库蓄水前和蓄水后一定阶段的坝下游河型转换问题开展了大量研究。张燕青等[2]等通过国外典型水利枢纽下游河道冲淤特点进行总结和分析，认为水利枢纽修建后，下游河道普遍具有冲刷降低的趋势，下游河道的冲淤变化、河势及河型的变化受河岸与河床组成、河道平面形态及水库运行方式等多因素影响。陈绪坚和陈清扬[3]对小浪底水库运用前后下游河型进行分析，认为黄河下游主河槽的弯曲系数有所增大，从理论上解释了修建水库后下泄水流含沙量减小，导致下游主河槽弯曲系数增大的原因。赵丽娜和徐国斌[4]通过对长江、黄河 12 个河段的资料进行整理，基于协调发展的概念，认为河型影响最大的因素是河流边界条件，其次是来水来沙条件。长江中下游河型转换的研究中，余文畴[5]通过在长江中下游河道平面形态进行统计和河型分类进行研究的基础上，获得了不同河型的平面形态诸多因素之间的关系及与河型转换中形态条件的关系；并认为下荆江蜿蜒型河道形成的原因为：系统裁弯后的河势控制工程、洞庭湖分流的减少、三峡水库蓄水对坝下游来水来沙的影响[6]。董占地等[7]通过模型试验研究了流量对上荆江陈家湾—郝穴镇河势及河型变化的影响，认为单纯流量增加并不能引起研究河段河型的转化，而不同的非恒定流量过程可能会形成不同的河道形态，在适当的条件下，合适的非恒定流量过程会导致河型发生转化。综上，已有研究系统考虑了河型转换与水沙条件、边界条件及其他因素的关系，但对河型转换的机理分析方面仍略显不足。

　　本研究通过对实测资料整理分析，总结不同河流河型特征变化的过程和差异，并基于河流泥沙运动力学基本原理，研究了河型转化与来水来沙、输沙特性的关系，进一步探讨了高含沙洪水过程对河型的塑造过程。

1　冲积河流河型转化概述

　　冲积型河流的河型分类方法较多，目前未形成较为统一的标准和依据，在习惯上将河型划分为游荡（散乱）型、分汊（江心洲）型、弯曲（蜿蜒）型和顺直型四类。河型转换过程中受制于来水条件、来沙条件、河床地质及规模性的人类活动等影响，同时各因素交织在一起，进一步增加了河型形成的复杂性。同时河型转换过程是河流自动调整的结果，也是水沙因子对河型影响的趋向性平衡作用的需要。在一定的流域水沙条件下，河流将调整河道形态、比降及河床阻力等参数，满足其输沙要求，以达到向平衡状态转换的目的，完成河流河型的调整过程。

以悬移质输沙为主的冲积河流应服从：

$$S = S_* = K(\frac{UJ}{\omega}) \tag{1}$$

式中：S 为含沙量；S_* 为水流挟沙能力；U 为断面平均流速；J 为比降（能坡）；ω 为悬沙平均沉速；K 为挟沙能力系数。

将水流连续方程或运动方程代入式（1），得到如下形式公式：

$$S\omega = KUJ = \begin{cases} \dfrac{KQJ}{Bh} \\ \dfrac{KQ^{0.4}J^{1.3}}{B^{0.4}n^{0.6}} \end{cases} \tag{2}$$

式中：Q 为流量，S、ω、Q 均为流域附加的自变量；J、B、h 或 J、B、n 则为河流自由调整的从变量。

一定的来水来沙（Q、S、ω）条件，要求从变量做出调整与之相适应，即河床可能表现出冲深、展宽、比降增减，或是以组合的形式出现，使得河型的调整呈现出多样性。一般而言，在流量一定的条件下，水体含沙量越大、粒径越粗或沉速越大，则要求 UJ 的数值越大，即要求河道较为顺直，若是河道比降陡、糙率相对较小，则易形成堆积性的游荡型河流。反之，在流量一定条件下，水体含沙量越小、粒径越细或沉速越小，要求 UJ 的数值愈小，即要求形成比降缓、流速小的弯曲型河流或分汊型河流。

冲积型河流是由挟沙水流与可动的河床（岸）边界共同组成，虽然有些河型成因机理尚不完全清楚，但可以确定，河型转换的成因均是由来水、来沙条件和河床边界条件共同决定，非单一因素作用[8-10]。

2　不同河型的来沙和输沙特性

2.1　来沙与河型的关系

冲积型河流其来沙条件与来水条件为幂指数的关系，具体可由公式（3）表述：

$$Q_s = kQ^m \tag{3}$$

式中：Q_s 为悬移质输沙率；Q 为流量；k 为来沙系数，与流域产沙条件有关；m 为指数，与河道输沙特性有关。

整理文献[11]和文献[12]统计的我国主要河流河型参数，如图 1 所示。分析表明：m 值的大小与河型存在较好的对应关系，其中弯曲河型的 m 值高于游荡河型和分汊河型；在数值划分上，弯曲河型的 m 值高于 2.0，分汊河型的 m 值小于 2.0，游荡型河型介于两者之间，m 的数值在 2.0 左右。

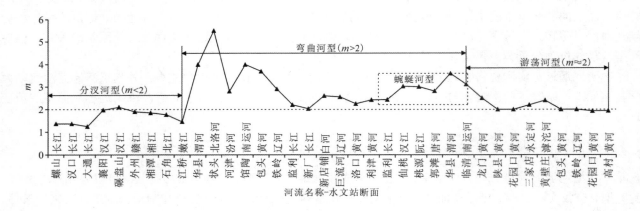

图 1　国内主要江河的河型特征分析（图中数据来自文献[11]和文献[12]）

式（3）既反映流域来沙与来水的关系，又反映河道水流输沙特性。在河道的上游及支流更多地反映流域径流产沙特点，即洪水期暴雨径流产沙大，枯季是地下水补给，产沙少，如来自黄土高原的北洛河和渭河的 m 值较大。在河段中下游由于含沙量沿程恢复，更多地反映水流输沙关系，m 变小。在饱和输沙条

件下，以式（1）代入得

$$Q_s^* = QS_* = Q(K\frac{UJ}{\omega}) = Q^2(K\frac{J}{A\omega}) \tag{4}$$

式中：A 为过水面积；K 为挟沙系数；天然河流 J、A、ω 都是流量的函数，可以分别表示为
$J \sim Q^{\alpha_1}$，$A \sim Q^{\alpha_2}$，$\omega \sim Q^{\alpha_3}$，代入式（4）中，得

$$Q_s^* = k_* Q^{2+\alpha} = k_* Q^{m_*} \tag{5}$$

式中：$\alpha = \alpha_1 - \alpha_2 - \alpha_3$；$m_* = 2 + \alpha$；$k_*$ 为平衡输沙的来沙系数。

1）α_1 与断面所处位置有关。顺直河段、卡口及弯顶以下洪水时比降大，枯水时比降小，即 J 与 Q 成正比，$\alpha_1 > 0$。壅水河段，如卡口及弯顶以上、弯道过渡区、汇流口以上则相反，洪水时比降小，枯水时比降大，即 $\alpha_1 < 0$。

2）α_2 是断面形态函数，$\alpha_2 > 0$。断面愈宽浅 α_2 愈大。

3）$\alpha_3 < 0$，是因为汛期泥沙来自流域，冲泻质含量多。

4）ω 小，枯季泥沙主要是河床补给，床沙质多；ω 大，即 ω 与流量成反比，下游经过调整比上游变化要小。

由此可见，α 存在以零分界的两种情况，同时 m_* 也存在以 2.0 作为分界的两种情况。游荡型河段 $\alpha_1 > 0$，m_* 可能大于 2.0；弯曲型河段 $\alpha_1 < 0$，m_* 可能小于 2.0。图 2 为根据荆江新厂 1982—1985 年实测资料点绘的一组关系图，求得 $m = 2.16$，$\alpha_1 = -0.53$，$\alpha_2 = 0.51$，$\alpha_3 = -0.89$，$\alpha = -0.15$，$m_* = 1.85 < m$。

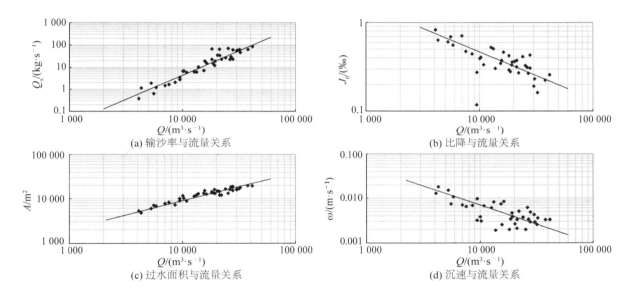

图 2　荆江新厂站 Q_s、J、A、ω 与 Q 的关系

应该指出，式（4）是对均匀流而言，天然河流一般都是非均匀流，因此 J、A、ω 均应取河段均值，由个别断面确定的 m_* 并不具代表性。

天然河流，即使是冲淤基本平衡的河流，来水来沙与输沙率在年内和年际也不是恰好相平衡的，即 $m_* \neq m$。年内年际必发生冲淤，年均冲淤量为

$$\Delta Q_s = \sum_{i=1}^{n} \frac{kQ_i^m - k_* Q_i^{m_*}}{n} \tag{6}$$

游荡型河段以淤积为主，$\Delta Q_s > 0$；弯曲型河段年内冲淤基本平衡，$\Delta Q_s \approx 0$。

2.2　不同河型的输沙特性及形成机理

式（6）可用图 3 表述，图中 A 线为式（5），B 线及 C 线为式（3）。

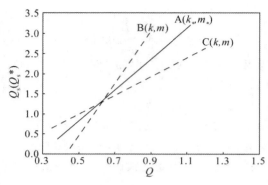

图 3　　Q_s（Q_s*）与 Q 的关系示意

1）A 线为饱和输沙线。当来沙 $k = k_*$，$m = m_*$ 时为绝对平衡。事实上绝对平衡并不存在，天然河流来水来沙年内、年际变化很大，只有可能出现相对平衡，即年内、年际长时间内冲淤总量相等，即式（6）中 $\Delta Q_s = 0$。

2）B 线，$k < k_*$，$m > m_*$，此即洪淤枯冲。洪水期淤积，主要是淤滩，而主槽由于水流集中，不淤或少淤、甚至冲刷；枯水期冲槽，冲槽使滩槽高差不断增大，主流稳定，有利于发展成弯曲型河型。

图 1 中弯曲河型 m 值较大正是这种原因。但是 m 并没有一个严格的界限，是因为不同弯曲型河段的α即 $m*$ 不一样的缘故。表 1 是部分弯曲型河流纵向冲淤情况[13]，表现出洪季淤积，枯季冲刷，全年有冲有淤。新厂位于弯曲河段，$m=2.16$，$m_*=1.85$，是 $m>m_*$。

表 1　　弯曲型河流的纵向输沙平衡情况[13]

河流名称	河段名称	资料时段	年平均冲（−）淤（+）量/（×10⁴m³）		
			汛期	非汛期	全年
下荆江	观音寺–城陵矶	1951–1957 年	+4 200	−1 000	+3 200
汉江	碾盘山–新沟	1951–1956 年	+2 787	−179	+2 608
沅江	桃源–常德	1957 年	+13.7	−32.4	−18.7
渭河	咸阳–华县	1934–1960 年	+1 020	−102	+918

3）C 线，$k > k_*$，$m < m_*$，此即洪冲枯淤。大水来沙相对偏少，不利滩地淤积，甚至发生冲刷，枯水期来沙偏多，主槽淤高，滩槽高差变小，主流易于摆动，是游荡型河型形成的主要原因。黄河下游游荡型河段，特大洪水滩槽均冲刷；中、小洪水滩槽都淤积；枯水期主槽淤积，全年平均淤积厚度槽略大于滩。1952—1960 年期间滩槽淤积数据见表 2。

表 2　　三门峡水库不同运用阶段下游河道冲淤量计算（输沙率法）

时段	起建时期	水库运用方式	时段	年平均来水来沙			年平均冲淤量/（×10⁸ t）		
				$\overline{Q}$ /（m³·s⁻¹）	$\overline{S}$ /（kg·m⁻³）	$\overline{S}/\overline{Q}$	主槽	滩地	全断面
I	1952—1960 年	自然状态	汛期	2 785	51.7	0.018 6	0.11	2.79	2.9
			非汛期	880	14.1	0.016 0	0.71	0	0.71
			全年	1 520	37.3	0.024 5	0.82	2.79	3.61
II	1960—1964 年	蓄清拦沙	汛期	2 693	16.2	0.006 0			
			非汛期	1 140	6.4	0.005 6			
			全年	1 737	11.7	0.006 7			
III	1964—1973 年	滞洪排沙	汛期	2 125	56.7	0.026 7	3.23	0	3.23
			非汛期	954	17.5	0.018 3	1.16	0	1.16
			全年	1 348	38.4	0.028 5	4.39	0	4.39
IV	1973–1982 年	蓄清排浑	汛期	2 249	48.2	0.021 4	0.47	2.39	2.86
			非汛期	780	1.8	0.002 3	−0.96	0	−0.96
			全年	1 275	29.4	0.023 1	−0.55	2.39	1.90

4）分汊河型。分汊河段由于分流，汊道流量减小，要保持输沙平衡，在假定挟沙系数 k_* 不变情况下，应有：

$$Q_s^* = k_* Q^{m_{*0}} = \sum k_* Q_i^{m_{*i}} \qquad (7)$$
$$Q = \sum Q_i$$

式中：Q_i 为第 i 汊流量；脚标 0 为分汊前的干流，i 为分汊后的汊流。假定 $Q_i = Q/n$；$m_{*i} = m_*$，则由式（7）可得

$$m_{*0} = m_* - (m_* - 1)\ln n / \ln Q < m_* \qquad (8)$$

尽管式（8）是定性的，但可以看出，要保持输沙平衡，要求干流的 m_{*0} 比汊流的 m_* 要小，分汊数目 n 愈大，m_{*0} 愈小；各汊分流比相等，m_{*0} 最小；流量虽有影响，但不大，流量从 10 000 m³/s 增大到 50 000 m³/s，相差不到 1%。

分汊型河段，干流为单一顺直河段，汊流为弯道，两种河段输沙特性截然不同，前者 $m_0 < m_{*0}$；后者 $m > m_*$。由式（8）可知，$m_* > m_{*0}$，因而有 $m > m_* > m_{*0} > m_0$。表 2 中分汊型河段的 m，正是这里的 m_0，这就是为什么分汊河段 m 会更小。

分汊前河段 $m < m_*$，即洪冲枯淤，汊道段 $m > m_*$，即洪淤枯冲，二者在时间上冲淤平衡；干流和汊流，沿程上冲、下淤，在空间上冲淤平衡，正是分汊型河流的基本特点。汊道河段只有洪淤枯冲，淤滩、刷槽，方可保持滩、槽稳定，维持汊道不衰；反之，洪冲枯淤，刷滩、淤槽，汊道必衰；两汊全年都淤，或全年都冲，淤积多或冲深少的汊道也必衰；一汊洪淤枯冲，另一汊洪冲枯淤，后者也会衰亡。洪淤枯冲要求洪水来沙多，枯水来沙少，就是要求分汊前的单一河段是洪冲枯淤，而上一汊道段的洪淤枯冲，又正是其下干流段洪冲枯淤的前提，如此，导致全河冲淤交替。

3　高含沙洪水的特殊功能

弯曲型河段一般位于含沙量小、比降缓、下游有壅水的河段。但是渭河、北洛河下游含沙量大、比降陡也形成了弯曲型河段。渭河华县站多年平均含沙量为 47.3 kg/m³，而高含沙洪水几乎每年要发生一次，最大达 905 kg/m³（1977 年）。北洛河朝邑站多年平均含沙量为 128 kg/m³，最大达 1 010 kg/m³（1977 年）。据齐璞等统计[14]，1964—1978 年共发生 42 场洪水，其中有 27 次洪水日均含沙量大于 500 kg/m³，几乎每年 2 次，洪水期输沙量占总含沙量的 66%。如日平均含沙量以 300 kg/m³ 计，几乎绝大部分泥沙都是含沙量大于 300 kg/m³ 的洪水输送。渭河临潼至潼关河道比降为 1‰～3‰，北洛河洛口至朝邑河道比降为 1.7‰，是长江荆江河段的 10 倍以上。在这样条件下能造就弯曲型河流，m（>4）很大未能反映真实情况，其本质是高含沙洪水的固有属性所决定的。

1）高含沙洪水具有极大的输沙能力。含一定数量黏性泥沙的挟沙水流，当其浓度达到一定高度时就越来越显示出非牛顿体（常称宾汉体）特性，泥沙不再发生分选沉降，可以输送极高浓度的含沙量，直至发生"浆河"。即便是二相流，当含沙量很高时，泥沙沉降速度也是很小的。

2）高含沙洪水具有比清水大得多的床面剪切力。床面剪切力为 $\gamma_m hJ$，高含沙水的容重 γ_m 比清水大得多，对于窄深断面和比降大的河段在洪水期间，特别是洪水暴涨时，具有极大的冲刷力，例如"揭底冲刷"。而冲刷又加大了含沙量，使 γ_m 沿途增大，冲刷距离很长。

3）高含沙水流在同一断面上同时存在两种流态。高含沙水流紊动强度明显减弱，在主流区为紊流，边流区为层流，滩地也为层流。主流区发生强烈冲刷，而边流区及滩地常常出现"浆河"淤积，特别是洪峰暴落时更为显著，导致主槽变得窄深，滩槽高差增大。

综上，高含沙洪水具有极佳的塑造窄深断面的功能，而枯水期沙小，即便是淤槽，也改变不了洪水期所塑造的格局。因此只要洪水含沙量有足够高的浓度，含沙量有一定比例的黏性泥沙，洪水有一定的发生频率，单宽流量足够的大，就能够塑造出弯曲型河流，并能保持其稳定性。否则就是游荡型，别无出现其他河型的可能。正是高含沙洪水汛期含沙量大，非汛期含沙量小，才使得 m 超乎寻常的大。

4　结　语

1）不同河型是河流自动调整的结果，是输沙平衡需要与可能的统一。一定的流域来水来沙，河流将调整其形态、比降和河床阻力，以满足输沙要求，力求保持相对平衡。

2）不同河型的来沙和输沙特性有所不同。一般地，流量一定，含沙量愈大、粒径愈粗或沉速愈大，要求 UJ 愈大，即要求河道顺直，比降陡、糙率小，形成堆积性的游荡型河流。含沙量愈小，粒径愈细或沉速愈小，要求 UJ 愈小，即要求形成比降缓、流速小的弯曲型河流或分汊型河流。分汊型河流由于分流，流量减小，挟沙能力也随之减小。

3）输沙平衡的需要与可能是否统一，还要看边界条件和来水来沙年际、年内变化对河床的影响。①当河床洪淤枯冲，滩槽高差不断增大，主流稳定，有利于发展成弯曲型河型；②当河床洪冲枯淤，滩槽高差变小，主流易于摆动，是游荡型河型形成主要原因；③分汊型河段，分汊前河段洪冲枯淤，汊道段洪淤枯冲，二者在时间上、空间上冲淤平衡，正是分汊型河流的基本特点；汊道河段只有洪淤枯冲，淤滩、刷槽，方可保持滩、槽稳定，维持汊道不衰；反之，洪冲枯淤，刷滩、淤槽，汊道必衰。

4）高含沙洪水具有极佳的塑造窄深断面的功能，只要洪水含沙量有足够高的浓度，含沙量有一定比例的黏性泥沙，洪水有一定的发生频率，单宽流量足够大，就能够塑造出弯曲型河流，并能保持其稳定性；否则就是游荡型，不具备出现其他河型的条件。

参考文献：

[1] 乐培九, 张华庆, 李一兵. 坝下冲刷[M]. 北京: 人民交通出版社, 2013: 3-4.

[2] 张燕青, 胡春宏, 王延贵. 国外典型水利枢纽下游河道冲淤演变特点[J]. 人民长江, 2010, 41(24): 76-81.

[3] 陈绪坚, 陈清扬. 黄河下游河型转换及弯曲变化机理[J]. 泥沙研究, 2013 (1): 1-6.

[4] 赵丽娜, 徐国斌. 基于协调发展度的冲积河流的河型判别式[J]. 泥沙研究, 2013 (5): 10-14.

[5] 余文畴. 长江中下游河道平面形态指标分析[J]. 长江科学院院报, 1994, 11(3): 48-55.

[6] 余文畴. 长江中游下荆江蜿蜒型河道成因初步研究[J]. 长江科学院院报, 2006, 23(6): 9-13.

[7] 董占地, 吉祖稳, 胡海华, 等. 流量对河势及河型变化影响的试验研究[J]. 水利水运工程学报, 2011(4): 46-51.

[8] 倪晋仁, 马蔼乃. 河流动力地貌学[M]. 北京: 北京大学出版社, 1998: 240-289.

[9] 尹学良. 清水冲刷河道重建平衡问题[C]//河床演变河道整治论文集. 北京: 中国建材工业出版社, 1996: 11-23.

[10] 尤联元, 洪笑天, 陆志清. 影响河型发育几个因素的初步探讨[C]//第二次河流泥沙国际学术讨论会论文集. 北京: 中国建材工业出版社, 1996: 24-35.

[11] 尹学良. 弯曲河流形成原因及造床试验初步研究[C]//河床演变河道整治论文集. 北京: 中国水利电力出版社, 1983: 662-672.

[12] 卢金友. 冲积河流自动调整机理研究综述[J]. 长江科学院院报, 1990 (2): 40-49.

[13] 钱宁, 张仁, 周志德. 河床演变学[M]. 北京: 科学出版社, 1989.

[14] 齐璞, 赵文林, 杨美卿. 黄河高含沙水流运动规律及应用前景[M]. 北京: 科学出版社, 1993: 150-164, 249-264.

基于存储层模式的二维层平均非均匀沙异重流数值模拟技术及其初步应用

李　阅，胡　鹏

（浙江大学 海洋学院，浙江 舟山 316000）

摘要：异重流广泛发生在水库、河口、海底，它能够进行泥沙的长距离输移并塑造深海地貌。因此，不同的泥沙来源以及不同泥沙组分会对异重流的沉积状况产生至关重要的影响。本文应用基于存储层模式的二维层平均异重流数值模型，对开闸式异重流进行数值模拟，展示了非均匀沙开闸式异重流的沉积分层现象。首先，建立了二维层平均异重流数值模型。模型采用了能更好适应复杂地形的非结构网格，使用有限体积法离散控制方程，该离散方法能自动捕捉激波和间断。其次，将河床分为活动层和存储层，同时将存储层进行三维划分并耦合进模型。最后，将模型应用于非均匀的开闸式异重流的数值模拟，模拟结果表明，该模型能较好地模拟开闸式异重流的上细下粗的分层淤积模式。

关键词：存储层模式；异重流；非均匀沙；数学模型

1 存储层模式

在自然界中，异重流通常能携带大量非均匀泥沙塑造各种不同的地貌，比如周期性台阶状地貌，海底渠堤等[1-5]。在研究这类沉积地貌时通常需要考虑非均匀河床，非均匀沉积物被分为若干组，每个泥沙组都有一个带下标的代表性泥沙大小。在床面及床面以下位置定义有活动层[6-7]，而活动层的厚度必须被规定使得：①活动层中的沉积物可以被水流自由地抬起，而活动层以下的沉积物则不能被抬起；②假设活动层沉积物组分在垂向上是均匀的。理论上来说，流动强度越大，活动层厚度越大。本模型采用一种更为简单的方法将活动层厚度与特征粒径 d_{84} 联系起来。活动层厚度一般取值 $H_a = ad_{84}$，a 的取值范围一般为 1~6。

活动层以下河床称为存储层。当活动层泥沙被新的淤积物掩盖时，旧的活动层转化为新的存储层；当活动层遭受水流冲刷而使存储层暴露在水流之下时，旧的存储层转化为新的活动层。

在此基础上，存储层的计算模式如下所示。

首先，粗略估计最大冲刷厚度 ΔZ_e 与最大淤积厚度 ΔZ_d，总的冲淤厚度 $\Delta Z_m = \Delta Z_s + \Delta Z_d$，将 $Z_b - \Delta Z_e$ 到 $Z_b + \Delta Z_d$ 作为存储层的范围。其次，将存储层划分为 n_{sub} 层，每层的厚度为 $H_{sub} = \Delta Z_s / n_{sub}$。从 $Z_b - \Delta Z_e$ 开始由下往上给存储层编号，并判定存储层顶层的编号 ka 和其实际的厚度 δ_{ts}。最后，随着冲淤计算更新活动层及存储层级配，以及重新判定存储层顶层的编号。

活动层的级配更新：

$$\frac{\partial (H_a f_{a,k})}{\partial t} = -\frac{E_k - D_k}{1 - p_0} - f_{s,k} \frac{\partial (Z_b - H_a)}{\partial t} \tag{1}$$

存储层的级配更新：当河床为冲刷时，存储层中发生冲淤变化的层数级配不变；当河床淤积时，旧的活动层变为新的存储层，存储层级配进行更新计算，具体计算公式如下。

$$f_{s,k} = \begin{cases} f_{s,k}^{ka} & (\partial Z_b / \partial t < 0) \\ f_{a,k}^* & (\partial Z_b / \partial t > 0) \end{cases} \tag{2}$$

$$f_{s,k}^{ka} = \frac{f_{s,k}^{ka} \times \{Z_b - H_a - [Z_0 + (ka-1)H_{sub}]\} + f_{a,k} \times \Delta Z_b}{Z_b - H_a - [Z_0 + (ka-1)H_{sub}] + \Delta Z_b} \tag{3}$$

基金项目：国家重点研发计划（2017YFC0405400）；浙江省自然科学基金（LR19E090002）
作者简介：李阅（1996–），女，安徽池州人，硕士研究生，主要从事异重流数值模拟研究。
通信作者：胡鹏（1985–），男，副教授，从事水沙动力学和泥沙运动研究。E-mail: pengphu@zju.edu.cn

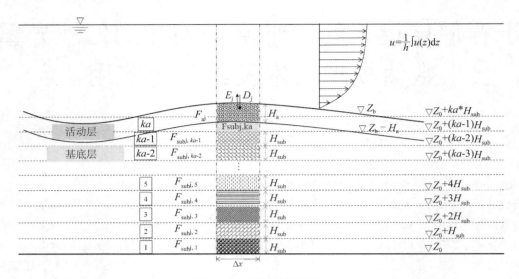

图 1　活动层存储层示意

2　二维层平均异重流模型

2.1　控制方程

控制方程考虑了地形冲淤对异重流演化的反作用，包括质量守恒方程，动量方程，泥沙连续方程，河床变形方程及活动层方程，向量形式如下[8-10]：

$$\frac{\partial \boldsymbol{U}}{\partial t}+\frac{\partial \boldsymbol{F}}{\partial x}+\frac{\partial \boldsymbol{G}}{\partial y}=\boldsymbol{S}_1+\boldsymbol{S}_2 \tag{4}$$

$$\boldsymbol{U}=\begin{bmatrix} h \\ hu \\ hv \\ hc_k \end{bmatrix}, \quad \boldsymbol{F}=\begin{bmatrix} hu \\ hu^2+\frac{1}{2}g'h^2 \\ huv \\ huc_k \end{bmatrix}, \quad \boldsymbol{G}=\begin{bmatrix} hv \\ huv \\ hv^2+\frac{1}{2}g'h^2 \\ hvc_k \end{bmatrix}, \quad \boldsymbol{S}_1=\begin{bmatrix} 0 \\ g'hS_{bx} \\ g'hS_{by} \\ 0 \end{bmatrix}$$

$$\boldsymbol{S}_2=\begin{bmatrix} e_w\overline{U}+\dfrac{E_T-D_T}{1-p} \\[2mm] -u_*^2\left(1+r_w\right)-\dfrac{\rho_w-\rho}{\rho}e_w\overline{U}u+\dfrac{u\left(E_T-D_T\right)\left(\rho_0-\rho\right)}{\rho\left(1-p\right)} \\[2mm] -v_*^2\left(1+r_w\right)-\dfrac{\rho_w-\rho}{\rho}e_w\overline{U}v+\dfrac{v\left(E_T-D_T\right)\left(\rho_0-\rho\right)}{\rho\left(1-p\right)} \\[2mm] E_k-D_k \end{bmatrix} \tag{5}$$

$$\frac{\partial Z_b}{\partial t}=-\frac{E_T-D_T}{1-p_0} \tag{6}$$

$$\frac{\partial\left(H_af_{a,k}\right)}{\partial t}=-\frac{E_k-D_k}{1-p_0}-f_{s,k}\frac{\partial\left(Z_b-H_a\right)}{\partial t} \tag{7}$$

式中：t 为时间；x，y 为笛卡儿坐标系下空间横纵坐标；h 为水深；Z_b 为床面高程；u，v 分别为 x，y 方向上的速度；$\overline{U}=\sqrt{u^2+v^2}$ 为平均速度；E_k 和 D_k 为第 k 组粒径泥沙的上扬和沉降通量；$E_T=\sum E_k$，$D_T=\sum D_k$；P_0 为泥沙孔隙率；$\rho=\rho_s\sum c_k+\rho_w\left(1-\sum c_k\right)$ 为水沙混合物密度，$\rho_0=\rho_s\left(1-p_0\right)+\rho_wp_0$ 为床沙密度；c_k 为第 k 组泥沙的体积浓度；$g'=Rg\sum c_k$ 为有效重力加速度；$g=9.8\ \text{m/s}^2$ 为重力加速度；$R=\left(\rho_s-\rho_w\right)/\rho$；$\rho_w$ 和 ρ_s 分别为水和泥沙的密度；$\rho_w=1\ 000\ \text{kg/m}^3$；$e_w$ 为水卷吸系数；$u_*=\sqrt{c_Du\overline{U}}$ 和 $v_*=\sqrt{c_Dv\overline{U}}$ 分别为 x、y 方向上的底床摩阻流速；c_D 为床面摩阻系数；r_w 为上界面阻力与下界面阻力的比值；$S_{bx}=-\partial Z_b/\partial x$　和

$S_{by} = -\partial Z_b/\partial y$ 分别为 x、y 方向上的底坡；$f_{a,k}$ 为活动层第 k 组粒径组分；$f_{s,k}$ 为存储层第 k 组粒径组分。

2.2　经验公式

为了封闭控制方程，需要引入异重流上界面水卷吸经验式以及异重流下界面泥沙侵蚀经验式以及沉速公式来计算水卷吸系数，泥沙侵蚀系数和泥沙沉速。上界面水卷吸系数[11]采用式（8）计算：

$$e_w = \frac{0.075}{\sqrt{1+718 Ri^{2.4}}} \tag{8}$$

式中：$Ri = Rgch/(u^2+v^2)$ 为理查德数。式（9）为第 k 组粒径泥沙的上扬和沉降通量计算公式：

$$E_k = \omega_k E_s, \quad D_k = \omega_k c_b \tag{9}$$

式中：$c_b = r_b c_k$ 为泥沙近底浓度；$r_b = 1 + 31.5(U_*/\omega_k)^{-1.46}$ 为近底浓度和平均浓度的差异。侵蚀系数采用 2004 年 Wright 和 Parker[12]提出的公式（10）来计算：

$$E_s = \frac{7.8 \times 10^{-7} Z_m^5}{1+2.6\times 10^{-6} Z_m^5}, \quad Z_m = Re_p^{0.6} S_0^{0.08} u_*/\omega_k, \quad S_0 = u_*^2/(Rgch) \tag{10}$$

式中：$Re_p = \sqrt{Rgd^3}/\upsilon$；$d$ 为泥沙粒径；υ 为水的黏滞性系数；ω_k 为第 k 组泥沙沉速，采用 Dietrich 公式计算。

$$\ln \frac{\omega_k}{\sqrt{Rgd}} = -b_1 + b_2 \ln(Re_p) - b_3 \ln^2(Re_p) - b_4 \ln^4(Re_p) + b_5 \ln^5(Re_p) \tag{11}$$

式中：$b_1 = 2.891\,394$，$b_2 = 0.952\,96$，$b_3 = 0.056\,835$，$b_4 = 0.002\,892$，$b_5 = 0.000\,245$。

2.3　数值格式

模型采用三角形网格离散计算单元，用有限体积法离散控制方程：

$$U_i^{t+l_i\Delta t_{L-i}} = U_i^{t+(l_i-1)\Delta t_{L-i}} - \frac{\Delta t_{L-i}}{A_i} \sum_{j=1}^{3} E_{nij}^{t+(l_i-1)\Delta t_{L-i}} \Delta L_{ij} + \Delta t_{L-i}\left\{ S_{1i}^{t+(l_i-1)\Delta t_{L-i}} + S_{2i}^{[t+(l_i-0.5)\Delta t_{L-i}]} \right\} \tag{12}$$

式中：U_i 为变量；Δt_{L-i} 为时间步长；A_i 为单元的面积；E_{nij} 为单元界面的对流通量；ΔL_{ij} 为单元边长；S_{1i}、S_{2i} 为源项。

3　开闸式异重流数值模拟及结果分析

3.1　算例设置

图 2 为一开闸式异重流水槽的平面图。水槽长 100 m，宽 20 m，底坡为平坡。闸门设置在距水槽左侧 10 m 处，闸门左边充满水沙混合物，水深 10 m，闸门右边充满清水。其中，三种粒径的泥沙被使用，粒径分别为 50 μm、100 μm 和 150 μm，比例分别为 20%，60% 和 20%。泥沙密度和孔隙率分别为 2 650 kg/m³ 和 0.4。水沙混合物的体积浓度为 0.19。底床的阻力系数为 0.004。初始的底床活动层及存储层级配与水沙混合物一致。活动层厚度为 $6d_{84}$。初始存储层为活动层下界面以下 0.5 m，虚拟存储层为活动层下界面以上 0.5 m，两类存储层共划分为 100 层，每层厚度为 0.01 m，将初始存储层与虚拟存储层交界面记为高程 0 m。

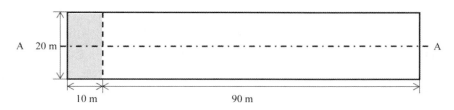

图 2　水槽平面示意

3.2　异重流演化及床面变化

图 3 为开闸式异重流演化 100 s 时水槽中淤积厚度的平面分布。如图所示，异重流在进口处淤积较多，淤积厚度为 0.162 m；下游随着异重流的沉积淤积逐渐减少，异重流的淤积厚度约为 0.075 m。

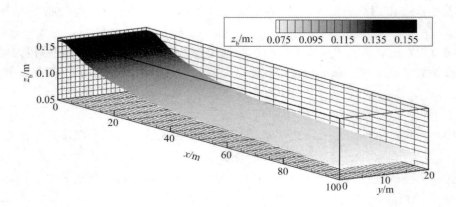

图 3　t=100 s 时开闸式异重流床面形态变化

3.3　存储层特征粒径分布及演化过程

本节采用特征粒径 d_{50} 来表征底床泥沙颗粒的相对大小。d_{50} 的含义为有 50% 的泥沙粒径小于该特征粒径。如图 4 所示，图（a）~（d）分别表示的水槽中由上游至下游四个定点 P1，P2，P3，P4 特征粒径随时间的演化。将 5~10 s 定义为周期 1，10~100 s 定义为周期 2。主要有如下三点认识：①水槽呈全面淤积，底床高程逐渐增加，且上游淤积量大于下游淤积量；②随着时间的增加，淤积全面增加，但在周期 1 上游淤积较多，而在周期 2 下游淤积相对上游淤积更明显；③沿程来看，四个定点所能达到最大特征粒径均沿程减小；④P1 点在周期 1 之前出现显著增大，P2~P4 的特征粒径的陡增出现在周期 1，d_{50} 达到 115 μm；在周期 2，从上游到下游，均出现了不同程度的减小，特别是在下游 P4 点减小最为显著，且小于初始 d_{50}。

从演化过程来说，开闸式异重流中粗颗粒由于沉速较大，相较于细颗粒更容易淤积，因此在异重流运动的前期淤积较多，存储层特征粒径在周期 1 及之前出现了急速的增大，而在异重流运动的后期，随着异重流能量的耗散，细颗粒逐渐趋向淤积，因此在垂向呈现特征粒径先增大后减小的趋势。

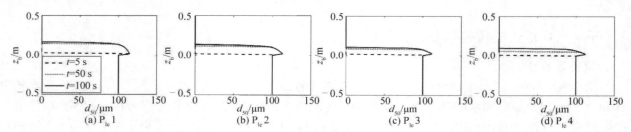

图 4　特征粒径 d_{50} 随时间的演化过程

图 5 分别为 t=100 s 时三种特征粒径在 A-A 断面的垂向分布。有以下四点认识：①沿程来看，特征粒径均逐渐减小；②从垂向上看，特征粒径垂向分层明显，且呈现上游厚度大，下游厚度小的趋势；③特征粒径在垂向由下至上先增大后减小，且最表层特征粒径小于初始的特征粒径，意味着在泥沙的淤积过程中粗颗粒先淤积，细颗粒较晚淤积；④对比图 5（a）至图 5（c）可以看出，特征粒径 d_{16} 的最大值所对应的厚度约为 0.13 m，而特征粒径 d_{84} 的最大值所对应的厚度约为 0.09 m，说明细颗粒随时间较均匀沉降，而粗颗粒在时间分布上沉降不均匀，前期粗颗粒沉降快，之后由较粗颗粒补充沉降。

图 6（a）和图 6（b）分别为 t=50 s、t=100 s 时 A-A 断面的均方差分布。均方差表征泥沙的均匀程度，均方差越大表示泥沙越不均匀。如图 6（a）所示，均方差垂向上由下至上越来越小，表征泥沙由下至上越来越均匀，这也意味着异重流对泥沙的分选作用强，使得粒径相近的泥沙沉降行为相似。而图 6（b）的下部均方差变化与图 6（a）相似，而存储层最表层均方差显著增大，这表明在异重流运动的后期，异重流能量逐渐耗散，对泥沙的分选作用逐渐减小，异重流中的泥沙无序沉降，泥沙不均匀。

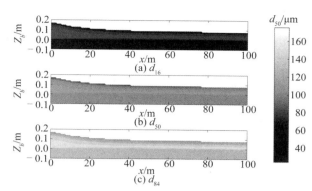

图 5　三组特征粒径在 A-A 断面的垂向分布

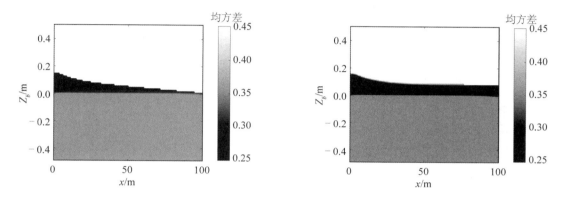

图 6　A-A 断面的垂向分布

4　结　语

目前，基于存储层模式二维层平均异重流模型仅初步应用于开闸式异重流。从结果来看，首先，本模型能模拟出异重流的演化，包括淤积厚度的分布呈现上游淤积多、下游淤积少的趋势。其次，在对存储层的模拟上有着很多创新性的认识：①本模型模拟了垂向方向上不同粒径泥沙的分层现象，粗颗粒泥沙先淤积，细颗粒泥沙后淤积。②在对每层淤积的泥沙进行分析，对于粗颗粒泥沙的沉降较快，在较短时间内沉降完，因此 d_{84} 在垂向上减小较快，而细颗粒沉降较慢，在垂向分布相对较均匀。③从时间尺度上看，垂向均方差在 $t=50\,\mathrm{s}$ 内由下至上逐渐减小，泥沙越来越均匀，而在异重流运动后期 $t=100\,\mathrm{s}$ 时，存储层表面均方差出现急速增大，说明在异重流运动的后期，泥沙运动较紊乱。

参考文献：

[1]　CARTIGNY M J B, POSTMA G, VAN DEN BERG J H, et al. A comparative study of sediment waves and cyclic steps based on geometries, internal structures and numerical modeling[J]. Marine Geology, 2011, 280(1-4): 40-56.

[2]　ZHONG G, CARTIGNY MJB, KUANG Z, et al. Cyclic steps along the South Taiwan Shoal and West Penghu submarine canyons on the northeastern continental slope of the South China Sea[J]. Geological Society of America Bulletin, 2015, 127(5/6): 804-824.

[3]　KUANG Z, ZHONG G, WANG L, et al. Channel-related sediment waves on the eastern slope offshore Dongsha Islands, northern South China Sea[J]. Journal of Asian Earth Sciences, 2014, 79: 540-551.

[4]　LI L, GONG C. Gradual transition from net-erosional to net-depositional cyclic steps along the submarine distributary channel thalweg in the Rio Muni Basin: A joint 3-D seismic and numerical approach[J]. Journal of Geophysical Research: Earth Surface, 2018: 123(9): 2087-2106.

[5]　FILDANI A, NORMARK WR, KOSTIC S, et al. Channel formation by flow stripping: large-scale scour features along the monterey east channel and their relation to sediment waves[J]. Sedimentology, 2006, 53(6): 1265-1287.

[6] CHURCH M, HASCHENBURGER J K. What is the "active layer"?[J]. Water Resources Research, 2017, 53(1): 5-10.

[7] LEDUC P, ASHMORE P, GARDNER J T. Grain sorting in the morphological active layer of a braided river physical model[J]. Earth Surface Dynamics, 2015, 3(3): 577-600.

[8] HU P, CAO Z. Fully coupled mathematical modeling of turbidity currents over erodible bed[J]. Advances in Water Resources, 2009, 32(1): 1-15.

[9] HU P, CAO Z, PENDER G, et al. Numerical modelling of turbidity currents in the Xiaolangdi reservoir, Yellow River, China[J]. Journal of Hydrology, 2012: 464-465.

[10] YANG S, AN Y, LIU Q. A two-dimensional layer-averaged numerical model for turbidity currents[J]. Geological Society of London, Special Publications, 2018: 477.

[11] PARKER G, GARCIA M, FUKUSHIMA Y, et al. Experiments on turbidity currents over an erodible bed[J]. Journal of Hydraulic Research, 1987, 25(1): 123-147.

[12] WRIGHT S, PARKER G. Flow resistance and suspended load in sand-bed rivers: simplified stratification model[J]. Journal of Hydraulic Engineering, 2004, 130(8): 796-805.

长江输沙率减小对下游桥墩冲刷影响试验研究
——以泰州大桥为例

孔　燕[1]，杨程生[2]，高正荣[2]，蒋　波[1]，高祥宇[2]

（1. 江苏泰州大桥有限公司，江苏 泰州，225300；2. 南京水利科学研究院，港口航道泥沙工程交通行业重点实验室，江苏 南京 210029）

摘要：长江上游三峡大坝以及水库群建成和运行以来，长江大通站输沙总量呈减少趋势。跨江大桥桥墩基础冲刷对桥梁的安全运行是关键因素之一，上游输沙率减少后对大桥水中基础局部冲刷，对桥梁的维护和安全运行都有直接影响。研究长江上游输沙减少后对下游跨江大桥桥墩基础局部冲刷的影响具有十分重要的意义，可以为判断桥墩局部冲刷的影响因素和基础冲刷防护提供依据和技术支撑。以泰州大桥主桥位沉井基础为例，采用水槽模型试验研究了输沙率变化对水中沉井基础局部冲刷影响。试验结果表明，当水中基础局部冲刷已经发生时，输沙率变化对水中基础桥墩局部冲刷深度基本无影响，当水中基础局部冲刷未发生时，输沙率越大，水中基础局部冲刷深度越小，但与清水冲刷结果相比，最大影响幅度在 4%左右。

关键词：输沙率；沉井基础；局部冲刷；泰州大桥；水槽试验

　　泰州大桥于 2012 年 11 月建成通车，主桥位于长江下游扬中河段太平洲左汊泰兴顺直段，夹江桥位于太平洲右汊小炮沙弯道，桥区位置及河势见图 1。泰州大桥施工期间大通站输沙总量呈减小趋势，进入营运期以后大通站来沙总量进一步减小约 20%。陆雪骏[1]通过多次水深数据对比分析，发现三峡工程蓄水后下游感潮河段 7 座大桥所处河床均发生了冲刷，认为桥墩安全堪忧，流域重大水利工程导致桥墩冲刷加剧。一般影响桥墩局部冲刷深度的主要因素有水流动力、桥墩结构尺寸、河床底质以及桥区局部河势变化等。关于上游输沙率减少后对大桥基础局部冲刷深度的影响幅度，虽然国内外众多学者[2-11]对桥墩基础局部冲刷进行了大量的试验和计算研究，取得了丰富的成果，但无论是模型试验还是计算过程，均考虑的是清水冲刷问题，未考虑输沙率变化对水中桥墩基础局部冲刷的影响。窦希萍等[12]试验研究了潮流波浪共同作用下的丁坝坝头清水冲刷和浑水冲刷试验，国内外大型桥墩基础局部冲刷的浑水试验鲜有提及。因此，以泰州大桥水中沉井基础为例，研究输沙率变化对沉井基础局部冲刷深度的影响具有重要意义。

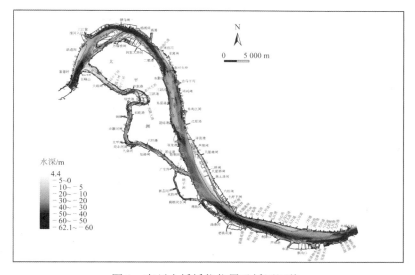

图 1　泰州大桥桥位位置及桥区河势

基金项目：国家重点研发计划（2017YFC1404200）；江苏省交通科学研究计划

泰州大桥桥轴线中塔墩处河床土层以细、粉砂为主，厚度在50 m以上，该类泥沙抗冲能力差，加上墩基作用影响，容易发生床面冲刷，遭遇大洪水时，尤为明显。主桥位桥轴线河床断面2005年以来总体呈冲刷状态，中塔沉井基础两侧约200 m范围内河床冲刷明显，其他区域总体略有冲刷，幅度较小。进入营运期以来，沉井两侧河床仍呈小幅冲刷状态（图2）。桥区–5 m、–10 m等高线总体较为稳定，–20 m和–30 m等高线总体呈冲刷发展状态，中塔沉井基础周边–30m冲刷坑范围呈增大趋势。多年桥区实测资料表明，上游输沙率减少后，桥区河床总体为冲刷状态已开始显现，但从营运期历年沉井最大局部冲深来看，桥区河床冲刷环境对沉井基础最大局部冲刷深度影响较小（表1）。

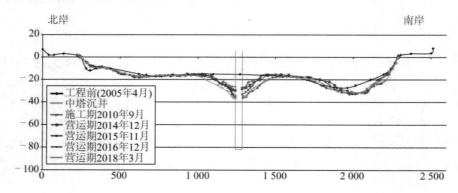

图 2　泰州大桥桥轴线断面变化

表 1　大桥营运期大通年度最大流量与中塔沉井基础对应的最大冲深

年份	区间最大流量 / (m³·s⁻¹)	主江中塔沉井冲深/m	测量时间
2010	65 400（6 月）	20.7	2010 年 12 月
2011	45 800（6 月）	–	–
2012	58 000（8 月）	–	–
2013	45 500（7 月）	20.6	2013 年 10 月
2014	54 500（7 月）	22.1	2014 年 12 月
2015	60 100（6 月）	21.0	2015 年 11 月
2016	70 500（7 月）	23.1	2016 年 11 月
2018	70 100（7 月）	22.7	2018 年 3 月

1　模型布置及试验方法

1.1　模型布置

试验在单向流水槽中进行，水槽总长 34 m，净宽 4.8 m，水槽动床段长 10 m，宽 4.8 m，铺沙厚度为 0.6 m，桥墩基础布置在试验段的中央，图 3 为水槽模型试验布置示意。

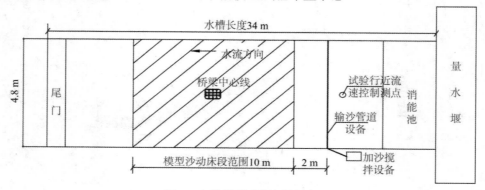

图 3　水槽模型试验布置示意

上游采用矩形薄壁量水堰调控流量，下游采用横向推拉式尾门微调水位，桥墩基础迎水面不受墩基阻水影响的一定距离布设直读式流速仪监控行近流速。

1.2　试验方法

模型试验按相关规范要求采用正态模型，结合试验水动力条件、模型沙选取等因素，确定模型几何比尺为 100，根据相似条件设计模型。

桥区河段河床泥沙主槽粒径较粗，滩面粒径较细，泥沙组成较为均匀，中值粒径 $d_{50} = 0.10 \sim 0.19 \text{ mm}$，平均中值粒径 $d_{50} = 0.15 \text{ mm}$。悬移质泥沙均匀性相对较差，中值粒径 $d_{50} = 0.01 \sim 0.015 \text{ mm}$。模型沙选择经防腐处理的木粉，按照原型沙平均中值粒径，根据起动流速相似选择模型沙中值粒径 $d_{50} = 0.32 \text{ mm}$。模型试验比尺见表 2。

表 2　模型试验比尺

模型比尺	设计和采用值	模型比尺	设计和采用值
平面比尺 λ_L	100	粒径比尺 λ_d	0.47
垂直比尺 λ_H	100	泥沙干容重比尺 λ_{γ_0}	2.09
流速比尺 λ_V	10	泥沙容重比尺 λ_{γ_s}	2.3
水流时间比尺 λ_{t_1}	10	单宽输沙率比尺 λ_{q_s}	190
流量比尺 λ_Q	1.0×10^5	冲淤时间比尺 λ_{t_2}	100
起动流速比尺 λ_{V_0}	10		

2　局部冲刷验证试验

2.1　局部冲刷试验依据

卢中一和高正荣[13]及陈策[14]通过水槽模型试验研究泰州大桥沉井基础局部冲刷，试验研究结果得到了大桥施工期间实测监测地形的检验（表 3），试验结果和实际值偏差在 1.65%～15.79%（除 2008 年 6 月外），说明模型试验能够较好地反映泰州大桥沉井基础冲刷过程。

表 3　沉井基础施工期最大局部冲深试验和监测结果对比

时间	平均流量/（m³·s⁻¹）	流速/m	试验冲深/m	监测实际冲深/m	实际最深点高程/m
2007 年 12 月	12 000	0.80	4.1	4.0	−18.2
2008 年 3 月	20 000	1.00	6.6	5.7	−19.9
2008 年 6 月	43 000	1.50	13.8	9.1	−23.3
2008 年 9 月	48 000	1.62	16.0	15.6	−29.8
2009 年 11 月	51 000	1.75	18.5	18.2	−32.4
2010 年 12 月	65 000	2.00	23.1	20.7	−34.9

2.2　试验控制条件和验证结果

通过分析大通站实测流量和对应桥区实测水位、流速值，结合桥墩局部冲刷的特点，本次试验分别选取三种水情动力作为控制条件（表 4），模型试验冲刷前河床高程为 14.2 m。

表 4　主桥位中塔基础验证试验控制条件

时间	最大流量/（m³·s⁻¹）	流速/（m·s⁻¹）	水位/m
2008 年 9 月	48 000	1.62	3.32
2010 年 6 月	65 400	2.00	4.47
2016 年 7 月	70 500	2.26	4.76

在施工期试验研究的技术基础上，通过模型试验技术控制的改进，验证精度得到进一步提高，主桥位基础冲刷验证试验结果与实际冲深对比见表 5。图 4 和图 5 分别为不同流速下验证中塔沉井基础冲刷形态图。

表 5 主桥位中塔基础冲刷验证试验结果和实测值对比

时间	最大流量/（m³·s⁻¹）	流速/（m·s⁻¹）	本次验证试验冲深/m	施工期试验冲深/m	实际冲深/m
2008 年 9 月	48 000	1.62	16.0	16.1	15.6
2010 年 6 月	65 400	2.00	22.1	23.1	20.7
2016 年 7 月	70 500	2.26	24.8	28.5	23.1

图 4 中塔沉井基础冲刷形态（流速 1.62 m/s）　　图 5 中塔沉井基础冲刷形态（流速 2.26 m/s）

泰州大桥施工期和营运期沉井基础局部冲刷验证试验表明，本次局部正态水槽模型进行基础局部冲刷试验研究具有较好的准确性和可靠性，具有开展输沙率变化对沉井基础局部冲刷影响的试验条件。

3 输沙率变化对沉井基础局部冲刷深度影响试验结果分析

3.1 原型沙输沙率计算

国内外研究学者提出了很多推移质输沙率公式，主要分为以拖曳力表示的 Meyer-Peter-Muller 和 Engelund-Hansen 公式，基于水流功率理论建立的 Engelund-Hansen、Bagnold、Yalin 公式，以流速表示的沙漠夫、窦国仁公式以及基于统计分析方法建立的 Einstein-Brown 推移质输沙率公式[15]。试验控制输沙率采用窦国仁公式进行计算。

窦国仁推移质泥沙输沙率公式可写为

$$q_{sb} = \frac{K_0}{C_0^2} \frac{\gamma_s \gamma}{\gamma_s - \gamma} (V - V_k) \frac{V^3}{g\omega} \tag{1}$$

式中：K_0 为综合参数（$K_0 = KK_1$）；C_0 为无尺度谢才系数；γ_s 和 γ 分别为泥沙颗粒和水的容重；V 为平均流速；V_k 为泥沙起动临界流速（即基本不动时的流速）；g 为重力加速度；ω 为泥沙颗粒沉速。

$$C_0 = 2.5 \ln(11 \frac{H}{\Delta}) \tag{2}$$

式中：Δ 为床面糙率高度。平整床面时，底沙粒径大于 0.5 mm 时，近似取 $\Delta = d_{50}$；当底沙粒径小于 0.5 mm 时，取 $\Delta \approx 0.5 \text{ mm}$。

在已知糙率的情况下，可以采用曼宁公式计算：

$$C_0 = \frac{1}{\sqrt{g}n} H^{1/6} \tag{3}$$

系数 K_0 可取 0.1，即推移质泥沙在全部泥沙中只占 10% 左右。对含沙量不高的水流而言，一般有 $\lambda_K = 1$。则天然泥沙的中值粒径 $d_{50} = 0.146 \text{ mm}$，冈恰洛夫认为，$d < 0.15 \text{ mm}$ 时属于层流区，$d > 1.5 \text{ mm}$ 时属于紊流区，$0.15 \text{ mm} < d < 1.5 \text{ mm}$ 属于过渡区。

选用冈恰洛夫层流区沉速公式：

$$\omega = \frac{1}{24} \frac{\gamma_s - \gamma}{\gamma} \frac{gd^2}{\nu} \tag{4}$$

式中：d 为泥沙粒径；ν 为水的运动黏滞系数。

通过公式（1）计算的原型输沙率结果见表6。

表 6　原型输沙率计算结果

时间	最大流量/（m³·s⁻¹）	流速/（m·s⁻¹）	水深/m	q_{sb}/（kg·m⁻¹·s⁻¹）
2008 年 3 月	20 000	1.0	16.5	0.003
2008 年 9 月	48 000	1.62	17.5	0.030
2016 年 7 月	70 500	2.26	20.0	0.14

3.2　输沙率与局部冲刷深度关系

分别研究沉井基础发生局部冲刷和未发生冲刷时输沙率变化的影响。

3.2.1　局部冲刷已经发生

试验开始进行清水沉井基础局部冲刷，清水冲刷 2 h 后基本达到冲刷平衡状态[16]，测量清水冲刷局部最大冲刷深度。在此基础上，进行不同量级的加沙试验，试验时间长度为 2～3 h。输沙率变化对水中沉井基础桥墩局部冲刷的影响试验结果见表 7，输沙率逐渐加大，最大局部冲刷深度基本未发生变化。

表 7　沉井基础试验要素及结果

试验流速/（m·s⁻¹）	试验水深/m	清水冲刷深度/m	q_{sb}/（kg·m⁻¹·s⁻¹）	每 10 min 模型加沙量/kg	加沙冲刷深度/m
1.0	16.5	8.8	0.003	0.04	8.8
			0.006	0.08	8.8
			0.012 0	0.16	8.8
1.62	17.5	16.0	0.030	0.47	16.0
			0.060	0.94	16.0
			0.120	1.88	16.0
2.26	20.0	24.8	0.140	2.11	24.8
			0.280	4.22	24.8
			0.560	8.44	24.8

3.2.2　未发生局部冲刷

试验前水槽模型沙地形为原始状态，在冲刷试验开始时，就同步进行加沙，试验时间为 2～3 h。不同输沙率情况下的水中沉井基础桥墩局部冲刷深度见表 8，加沙量越大，局部冲刷深度越小，但变化幅度有限，与清水冲刷深度相比影响在 4% 左右。

表 8　沉井基础试验要素及结果

试验流速/（m·s⁻¹）	试验水深/m	清水冲刷深度/m	q_{sb}/（kg·m⁻¹·s⁻¹）	每 10 min 模型加沙量/kg	加沙冲刷深度/m
1.0	16.5	8.8	0.003	0.04	8.8
			0.006	0.08	8.5
			0.012	0.16	8.2
1.62	17.5	16.0	0.03	0.47	16.0
			0.06	0.94	15.3
			0.12	1.88	14.7
2.26	20.0	24.8	0.14	2.11	24.8
			0.28	4.22	23.7
			0.56	8.44	22.8

4　结　语

1）输沙率与局部冲刷深度关系试验结果表明，大型桥梁水中沉井基础刚开始冲刷时，输沙率越大，局部冲刷深度越小，在大型桥梁水中沉井基础局部冲刷已经发生的情况下，输沙率变化对局部冲刷深度基本不影响；与清水冲刷相比输沙率对基础局部冲刷深度影响幅度在4%左右。

2）泰州大桥水中基础局部冲刷已经发生，上游来沙的变化对其水下基础局部冲刷幅度影响不大，主要受水流动力条件影响较大。

3）泰州大桥水中基础经历过大通站最大流量为2016年7月的70 500 m³/s，主桥位沉井基础最大局部冲深23.1 m。在上游流量小于70 500 m³/s时，桥区局部河势变化将是影响中塔沉井基础局部冲刷深度的一个重要因素。

参考文献：

[1] 陆雪骏. 长江感潮河段桥墩冲刷研究[D]. 上海: 华东师范大学, 2016.

[2] 陈策. 特大型水中沉井基础局部冲刷模型试验研究[J]. 公路, 2010(12): 18-21.

[3] 卢中一, 高正荣. 大型涉水群桩桥基局部冲刷特性试验研究[J]. 海洋工程, 2009, 27(1): 70-76.

[4] 高正荣, 黄建维, 赵晓冬. 大型桥梁钢沉井下沉过程局部冲刷研究[J]. 海洋工程, 2006(3): 31-35.

[5] SHATIRAH A, AFSHIN J, HOSSEIN B. Local scour around complex pier groups and combined piles at semi-integral bridge[J]. Journal of Hydrology and Hydromechanics, 2014, 62(2).

[6] KHOSRONEJAD A, KANG S, SOTIROPOULOS F. Experimental and computational investigation of local scour around bridge piers[J]. Advances in Water Resources, 2012, 37: 73-85.

[7] 李舜, 柴朝晖, 刘同宦, 等. 斜交塔基局部冲刷规律研究[J]. 长江科学院院报, 2018, 35(1): 11-15.

[8] 贠鹏, 陈刚. 台州湾大桥桥墩处局部冲刷试验研究[J]. 华北水利水电大学学报(自然科学版), 2017, 38(3): 87-92.

[9] 祝志文, 喻鹏. 中美规范桥墩局部冲刷深度计算的比较研究[J]. 中国公路学报, 2016, 29(1): 36-43.

[10] 倪志辉, 王明会, 张绪进. 潮流作用下复合桥墩局部冲刷研究[J]. 水利水运工程学报, 2013(2): 45-51.

[11] 李梦龙, 孙克俐, 王建平. 潮汐河段桥墩局部冲刷深度的试验研究[J]. 水道港口, 2012, 33(6): 486-490.

[12] 窦希萍, 董凤舞, 黄晋鹏, 等. 模型变率对潮流波浪作用下局部冲刷深度的影响[J]. 海洋工程, 2004(4): 26-36.

[13] 卢中一, 高正荣. 大型沉井基础的防冲护底试验研究[J]. 中国港湾建设, 2012(3): 29-33.

[14] 陈策. 大型沉井施工期局部冲刷模型试验及工程验证[J]. 铁道标准设计, 2010(6): 25-27.

[15] 钱宁, 万兆惠. 泥沙运动力学[M]. 北京: 科学出版社, 1991.

[16] 蒋焕章. 关于局部冲刷发展过程及其稳定时间的探讨[J]. 公路交通科技, 1992(3): 40-46.

溃坝水槽闸门不同抽离方向的数值模拟

陈本毅 [1]，刘　冲 [2]，赵西增 [1]

（1. 浙江大学 海洋学院，浙江舟山 31602；2. 浙江省交通规划设计研究院有限公司，浙江 杭州 310006）

摘要：基于自主研发的紧致插值曲线（Constrained Interpolation Profile，CIP）数学模型，开展了溃坝水槽闸门不同抽离方向对溃坝波面和水舌影响的数值模拟研究。通过浸入边界法，使用运动控制方程对闸门抽离进行模拟，并采用 THINC/SW（THINC with Slope Weighting）方法捕捉自由面。结果表明，闸门不同抽离方向会形成不同的溃坝波面，并使溃坝水舌产生不同的运动过程，同时验证了该模型模拟带自由面的大变形非恒定流的良好可靠性，能够有效解决水-气-固三相耦合模拟问题。

关键词：溃坝；浸入边界法；紧致插值曲线（CIP）方法；闸门运动；VOF 方法

溃坝产生于水库坝体的突然垮塌。其产生的洪水是一种非恒定流，影响因素复杂，产生机理仍不完全清楚[1]。尽管在 1892 年获得溃坝问题的 Ritter 解后，人们做了一系列试验来进行校核，溃坝过程通过溃坝水槽闸门快速抽离的方式来进行模拟[2]，但溃坝问题研究还是主要以数值模拟及历史资料统计分析为主[3]。由于溃坝水流的复杂性，目前数值模拟研究过程中，学者大都作了不同程度的简化，溃坝类型主要为瞬时溃决，坝体全部消失[4]。但 2016 年通过数值模拟研究发现[5]，水槽闸门运动对溃坝过程有着非常重要的影响，这点在溃坝研究中是不可忽视的。基于此，就溃坝水槽闸门不同抽离方向对波面和水舌的影响进行了数值模拟研究。

溃坝的整个过程是通过闸门的突然抽离来进行模拟的，模拟了闸门向上抽离、向下抽离和由中间开始朝上下同时抽离三种方式。采用基于紧致插值曲线（CIP）数学模型[6]，求解带自由面的 Navier-Stokes（N-S）方程，解决了水-气-固相互作用问题。通过一种 VOF 型的 THINC/SW[7]对自由面进行捕捉。使用不同的闸门运动控制方程[5]模拟闸门不同运动过程。

1　模型介绍

1.1　控制方程

模型的流场控制方程为非定常不可压缩黏性多相流的连续方程和 N-S 方程，其表达式如下：

$$\nabla \cdot \vec{u} = 0 \tag{1}$$

$$\frac{\partial \vec{u}}{\partial t} + \left(\vec{u} \cdot \nabla \right) \vec{u} = -\frac{1}{\rho} \nabla p + \frac{\mu}{\rho} \nabla^2 \vec{u} + \vec{F} \tag{2}$$

式中：$\vec{u}$ 为速度矢量；$\rho = 1\,000$ kg/m³ 为水密度；p 为压强；$\mu = 1.0 \times 10^{-6}$ m²/s 为动力黏性系数；$\vec{F}$ 为质量力，质量力为重力加速度，取 9.80 m/s²。

自由液面构造采用 VOF 方法[7]，控制方程为

$$\frac{\partial \phi_m}{\partial t} + \vec{u} \cdot \nabla \phi_m = 0 \tag{3}$$

式中：ϕ_m（$m=1, 2, 3$）为体积函数，表示流体 ϕ_m 在计算单元内占有体积的比值，ϕ_1 为液相，ϕ_2 为气相，ϕ_3 为固相，且同一个网格内需满足 $\phi_1 + \phi_2 + \phi_3 = 1$。

网格内流体的特征参数 λ（密度 ρ 或动力黏性系数 μ）：

基金项目：国家自然科学基金（51679212）；浙江省杰出青年基金项目（LR16E090002）；中央高校基本科研业务费专项资金资助（2018QNA4041）；浙江大学"仲英青年学者"

通信作者：赵西增

$$\lambda = \sum_{m} \phi_m \lambda_m \tag{4}$$

模型中，流场求解分三步进行：使用 CIP 方法求解对流项；扩散项第一部分采用中心差分方法求解；通过 SOR（Succesive Over Relaxation）方法求解扩散项的第二部分。自由面重构采用一种代数型的 VOF 方法，即 THINC/SW[8]。

1.2 闸门运动控制

在模型中，考虑了水–空气–固体的耦合作用，固体为溃坝水槽闸门，在笛卡儿网格下运用浸入边界法对有闸门作用的溃坝问题进行求解。其中，将闸门定义为 3。本研究只考虑闸门的垂向运动，也就是说本文中所述闸门是单自由度运动。

闸门运动方式分为两种[5]，一种为第 2 节和第 4 节中所描述的先加速后匀速，另一种为第 3 节中所描述的闸门始终保持匀速运动。前者运动过程包含两个阶段，当闸门处于加速阶段时，闸门运动由公式（5）控制，当闸门速度到达所设匀速条件时，其运动转为由公式（6）控制。由于加速持续时间极短，本研究假设闸门加速度为常数。第 3 节中所述闸门运动状态恒定，因此，根据初始条件设置闸门的初始速度，由公式（7）控制其整个匀速运动过程。

$$y(t) = \frac{1}{2} a t^2 \qquad t \leq t_0 \tag{5}$$

$$y(t) = \frac{1}{2} a t_0^2 + v_0 (t - t_0) \qquad t > t_0 \tag{6}$$

$$y(t) = v_0 t \tag{7}$$

式中：y 是闸门垂向位移，t 是时间，v_0 表示匀速运动时的速度，t_0 表示加速过程持续时间，闸门运动的加速度 $a = v_0/t_0$。

2 闸门模拟验证

2.1 工况设置

模拟初始条件如图 1（a）所示：初始水体几何尺寸为 600 mm×300 mm，计算域大小为 1 610 mm×800 mm，计算域内布有四个水位测点 H1、H2、H3、H4，测点类型和相对于闸门的具体位置在表 1 中列出。这里需要说明一下，试验中的水槽高度为 600 mm，试验过程中有少部分水体飞溅出水槽，但其对试验结果影响较小，为了更好地模拟溃坝冲击，在这里特意将计算域高度增加到 800 mm。闸门紧贴着水体，在初始时刻将水体挡住，$t=0.0$ s 时，闸门按照所设运动条件开始抽离，方向朝上，紧接着水体开始产生垮塌。本节工况中，闸门加速时间 0.035 s，加速度为 132.86 m²/s，速度达到 4.65 m/s 后开始匀速运动，满足快速抽离条件[5]。

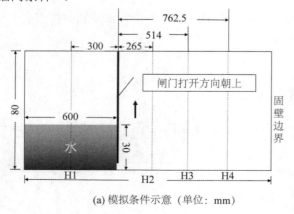

(a) 模拟条件示意（单位：mm）

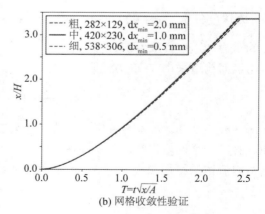

(b) 网格收敛性验证

图 1 模拟条件示意

　　模型采用正交笛卡儿网格，在开始模拟之前，使用粗、中、细三套网格验证其收敛性。粗网格数量
282×129，最小网格尺寸 2 mm；中网格数量 420×230，最小网格尺寸 1 mm；细网格数量 538×306，最小
网格尺寸 0.5 mm。为了使其处于相同的 CFL 数条件下，时间步长也做了相应的调整，分别为 0.000 2 s、
0.000 1 s 和 0.000 05 s。图 1（b）为溃坝水舌前端位置在不同网格条件下随时间变化的结果。可见，使用
中网格进行计算时，水舌前端位置结果已经收敛。因此，有门与没门溃坝模拟均采用这套中网格进行计算。
本文中所有定量比较结果均进行了无量纲处理，无量纲时间 $T=t(g/H)^{1/2}$，其中，H 为水体初始高度。

2.2　模拟结果

　　影响溃坝初期阶段的因素众多，闸门就是其中非常重要的一项。首先将水头位置随时间变化模拟结果
与试验结果做比较。接着，将四个水位测点的结果与试验结果[9-13]进行验证，进一步说明本模型在溃坝模
拟试验的可靠性。总体而言，可以从图 2 中看出，无论是考虑还是不考虑闸门，结果皆与试验结果吻合
良好。

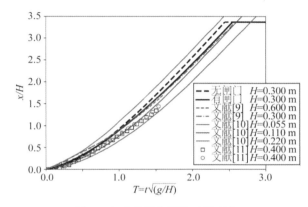

图 2　水舌前端位置随时间变化

　　在溃坝初期，水体受重力作用，水舌先经历一个短暂加速过程，之后速度趋于稳定。其中，加速过程
持续时间非常短暂，加速所需动力主要来源于重力作用使水体产生的压力梯度的变化。比较有闸门和无闸
门情况可以看出，有闸门作用时，水舌处于加速阶段，其位置先于无闸门时的情况，随后，无闸门情况下
的水舌迅速赶上并将有闸门作用下的水舌位置反超。可见，闸门对于水舌的作用明显，这就表明在进行溃
坝数值模拟和溃坝试验时，需要适当考虑闸门作用对于溃坝结果的影响。

　　水舌结果反映了溃坝水体最前端变化情况，而多个水位测点则反映了溃坝模拟过程中测点处水面变化
的情况。因为本算例模拟计算的物理时间较长，所以在溃坝下游水位的测点能够反映溃坝波两次到达时的
情况，其结果如图 3 所示。溃坝波首次到达 H2、H3、H4 测点时，溃坝水体处于向下游计算右边界的运动
过程中。当溃坝波再次到达时，溃坝水体已经在右边界进行了爬坡的整个过程，也就是溃坝水体爬坡之后
倾倒下来形成剧烈的波浪破碎转而向上游运动。从结果中可以得知，有或没有闸门作用的结果皆与试验结
果吻合良好，其差别较为细微，但也可以看到有闸门作用时，其结果与试验结果更加相符。这是因为本次
所对照的试验都是在有闸门作用情况下进行的。不过，从图中标注的二次波到达之后的结果可以看到，波
浪破碎后无论是数值模拟结果还是试验测量结果，都只能反映水体运动的大致趋势，而不能较为准确地反
映出水体变化的细节。

表 1　测点信息

名称	类型	相对于闸门位置/mm
H1	水位测点	左，300
H2	水位测点	右，265
H3	水位测点	右，514
H4	水位测点	右，762.5

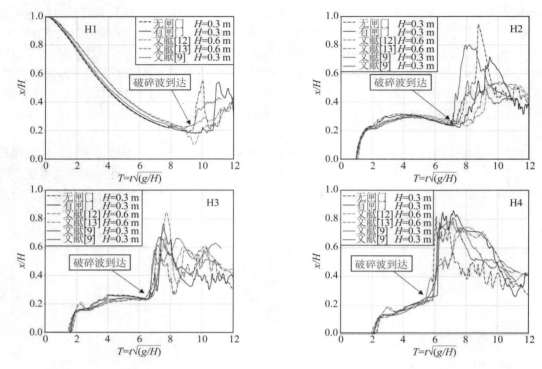

图 3　水位测点比较

3　下开门溃坝模拟

3.1　初始条件

试验在阿根廷布宜诺斯艾利斯大学的实验室完成的[14]，试验所用水槽尺寸为 30 000 mm×310 mm×380 mm，底部水平且光滑，两侧壁均由玻璃制成。根据试验初始条件，本小节模拟工况设置如图 4 初始条件设置所示，模拟水体断面为 14 000 mm×250 mm，为节约计算资源，将初始水体右端相对于闸门 1 500 mm 处设置为出流边界。闸门紧贴水体，在闸门附近区域进行网格加密。本节工况中，闸门匀速运动，运动方向朝下，速度为 0.065 m/s，整体移除时长为 3.84 s。

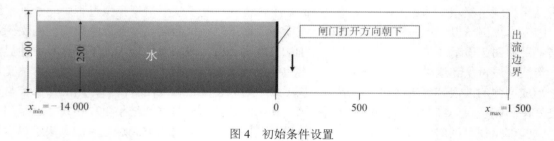

图 4　初始条件设置

在开始模拟之前，首先进行网格收敛性验证。通过对比不同计算网格条件下，溃坝水舌前端位置是否收敛来验证。分别计算了粗、中、细三套网格，粗网格数量 1 140×135，最小网格尺寸 1 mm；中网格数量 1 285×317，最小网格尺寸 0.8 mm；细网格数量 1 660×505，最小网格尺寸 0.5mm。为了使其处于相同的 CFL 数条件下，时间步长也做了相应调整，分别为 0.000 1 s、0.000 08 s 和 0.000 05 s。由图 5 可见，使用中网格时，水舌前端位置结果已经收敛。因此，在考虑高效利用现有计算资源的情况下，下开闸门溃坝模拟采用这套中网格进行计算。

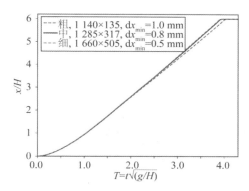

图 5　水舌前端位置收敛性验证

3.2　下开闸门对比验证

图 5 反映的是下开闸门试验与模拟结果的对比情况。在试验中，闸门匀速抽离，水体溢出体积随着闸门抽离的程度增加而增大，在 $T=24$ 时闸门完全抽离。当闸门刚开始向下移动的初始阶段，薄薄的一部分水体直接流入到闸门右侧的空气中，在重力的作用下，进行向前向下的运动。一旦水体运动到水槽底部，这部分出流水体迅速分裂形成两股支流。一股支流继续前进，向右端运动；另一股支流向闸门处回流，达到逐渐形成环流的状态。此时，在流出水体下端形成了一个体积较大的空腔，出流水体对空腔内的空气产生了挤压。因此，可以看到无论是试验结果还是数值模拟结果，都产生了比较明显的水气掺混现象，其中有一部分空气被卷入水体中并随着水流被带出空腔。最后，当闸门完全移除后，先前形成的环流和空腔都被后来的水体冲走而消失了。试验和模拟的结果都能反映上述水体运动规律，并且，试验结果和模拟结果吻合良好。

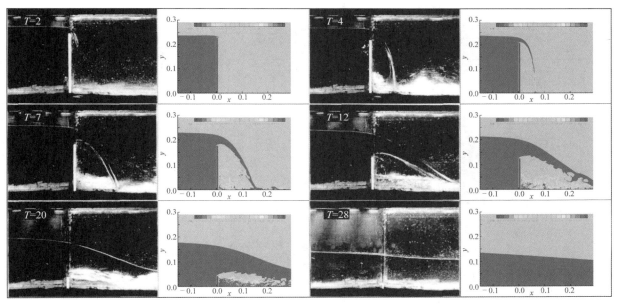

图 6　下开闸门结果对比

4　不同抽离方式

由前面的讨论得知，即使闸门达到快速抽离条件，其对溃坝水体的影响还是非常明显的，特别是在溃坝初始阶段。将上开闸门和下开闸门合并到一起，形成了闸门从水体中间抽离的一种新的开门方式，以研究在闸门作用的情况下，不同打开方式对水体产生的影响。三种闸门抽离方式如图 7 所示，三种方式对水体的作用时间相等，均为 0.075 s。以下，将从波面变化和水舌前端位置两方面来对此问题进行分析。

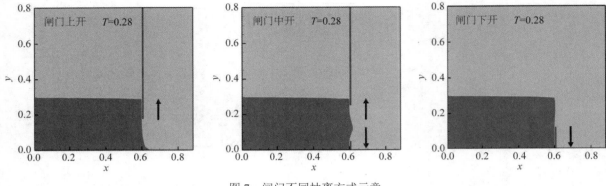

图 7　闸门不同抽离方式示意

4.1　波面变化

不同开门方式对溃坝波面有着非常显著的影响，即使闸门对水体的作用时间极短。图 8 为在不同时刻，不同开闸门方式下，溃坝波面的对比结果，其中，选取液体体积函数 $\phi_1=0.5$ 作为自由面曲线。

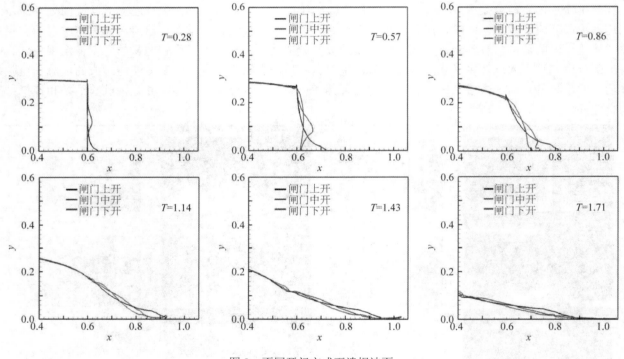

图 8　不同开门方式下溃坝波面

首先，在闸门未完全抽离时，不同开门方式会使水体产生不同的运动形态，这主要是由闸门对于水体的阻挡作用造成的。闸门上开，水体在重力作用下从底部流出，相较于其他两种开闸门方式，其水舌前端最早开始运动；闸门中开，水体最初从中部开始启动，水体上下部因为闸门的阻挡，形成了运动滞后的现象；闸门下开，因闸门作用时间极短，所以并没有形成第 3.2 节中上部水体溢出的现象，但是，在闸门的作用下，波面产生了前倾姿态。虽然闸门抽离速度极快，但不同的作用方式依然能够对初始水体产生明显不同的作用结果，使水体内部形成不同的压力梯度情况，这也将导致水舌前端位置在闸门完全抽离之后出现不同的运动状态。

随后，闸门完全抽离，由其对水体的不同作用方式，形成了溃坝波面不同的变化情况。闸门上开，水体最早开始垮塌，水舌后方水体下降最快；闸门中开，水体垮塌所形成波面的位置居上开和下开中间，同样，水舌前端位置也处于两者中部；闸门下开，由于闸门作用，溃坝波面由整体前倾慢慢转为垮塌形态，这个过程导致其水体垮塌滞后，其水舌后方水体相对而言也是下降最慢的。

　　最终，不同闸门作用方式对溃坝波面向下游发展的整个过程都产生了深刻的影响。闸门中开和闸门下开的溃坝水体波面由于闸门作用，最初两者向前发展皆落后于闸门上开形成的波面。而后，闸门中开和下开波面形成了一起向前追赶并超越闸门上开波面的现象，其原因还是在于闸门作用时水体在初期产生了不同的压力梯度，这在此处不做详细讨论。但在闸门中开和下开波面的对比中可以发现，闸门中开产生的溃坝波面向溃坝下游发展得更加迅速。

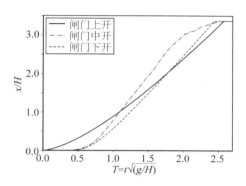

图 9　不同开门方式下水舌前端位置

4.2　水舌前端位置

　　从水舌前端位置的分析可以更加全面地理解不同开门方式对于溃坝水体产生的影响。图 8 为闸门不同打开方式下水舌前端位置的结果。可以看出，在三种不同的开门方式作用下，溃坝初期，水舌都会有一个明显的加速过程。但溃坝中后期闸门上开和闸门下开，水舌基本上处于匀速运动状态，而闸门中开的水舌到了快接近右边壁时却有一个减速过程。这是由于闸门中开，仅仅是水舌部分在溃坝初期获得了胜于其他两种情况的加速度，使水舌部分快速前进，形成了快要脱离后方主体水体的现象，因此，当主体水体提供给水舌的作用力减小时，由于底部摩擦力的作用，水舌就形成了一个减速的过程。这就是造成闸门中开水舌先加速后减速现象的原因。

5　结　语

　　溃坝过程影响因素众多，本文也仅限于在闸门不同抽离方式的情况下分析研究了溃坝波面和水舌的变化规律及其产生的原因。研究表明：

　　1）本模型在模拟溃坝计算和流固耦合计算方面的具有良好可靠性；

　　2）溃坝闸门作用不可忽略，即使闸门运动满足快速抽离条件，其对水体的影响也是非常明显的；

　　3）闸门不同抽离方式会形成不同的溃坝波面，使水舌出现不同的运动过程。

参考文献：

[1]　王立辉, 胡四一. 溃坝问题研究综述[J]. 水利水电科技进展, 2007, 27(1): 80-85.

[2]　林秉南. 林秉南论文集[M]. 北京: 中国水利水电出版社. 2001: 340-373.

[3]　李云, 李君. 溃坝模型试验研究综述[J]. 水科学进展, 2009, 20(2): 304-310.

[4]　史宏达, 刘臻. 溃坝水流数值模拟研究进展[J]. 水科学进展, 2006, 17(1): 129-135.

[5]　YE Z, ZHAO X, DENG Z. Numerical investigation of the gate motion effect on a dam break flow[J]. Journal of Marine Science and Technology, 2016, 21(4): 579-591.

[6]　ZHAO X Z. A CIP-based numerical simulation of free surface flow related to freak waves[J]. China Ocean Engineering, 2013, 27(6): 719-736.

[7]　HIRT C W, NICHOLS B D. Volume of fluid (VOF) method for the dynamics of free boundaries[J]. Journal of Computational Physics, 1982, 39(1): 201-225.

[8]　XIAO F, LI S, CHEN C. Revisit to the THINC scheme: A simple algebraic VOF algorithm[J]. Journal of Computational Physics, 2011, 230(19): 7086-7092.

[9]　LOBOVSKY L, BOTIA-VERA E, CASTELLANA F, et al. Experimental investigation of dynamic pressure loads during dam

break[J]. Journal of Fluids and Structures, 2014, 48: 407-434.

[10] DRESSLER R F. Comparison of theories and experiments for the hydraulic dam-break wave[J]. International Association of Scientific Hydrology, 1954, 38(3): 319-328.

[11] HU C, SUEYOSHI M. Numerical simulation and experiment on dam break problem[J]. Journal of Marine Science and Application, 2010, 9(2): 109-114.

[12] BUCHNER B. Green water on ship-type offshore structures[D]. Delft: Delft University of Technology, 2002.

[13] LEE T, ZHOU Z, CAO Y. Numerical simulations of hydraulic jumps in water sloshing and water impacting[J]. Journal of Fluids Engineering, 2002, 124(1): 215-266.

[14] ANGEL N, MENENDEZ, FABIAN N. An experimental study on the continuous breaking of a dam[J]. Journal of Hydraulic Research, 1990, 28(6): 753-772.

长江朱沱站通航设计水位的时代变化

许光祥 [1]，蒋孜伟 [1,2]

（1. 重庆交通大学 河海学院，重庆　400074；2. 重庆交通大学 水利水运工程教育部重点实验室，重庆 400074）

摘要： 基于长江上游朱沱水文站 61 年的日均资料，通过年保证率以及正、逆序累年保证率水位等统计分析，指出朱沱站最低通航水位存在逐年增大的趋势。再通过年径流量、月径流量统计以及相关性分析，其主要原因是枯水径流量存在逐年增大的趋势，实际主因是上游较多大型水电站相继建成投产，在一定程度上改变了年内径流量的分配。因此，朱沱河段等相关航道的最低通航水位有必要随着时代的变化进行适当调整。

关键词： 长江；朱沱水文站；通航设计水位；逆序累年统计

　　设计最低通航水位、最高通航水位等设计参数是航道、港口、通航枢纽等水运工程依据的基本参数，也是通航河流修建桥梁、堤防等跨、临河建筑物依据的重要指标，一直以来都是水运工程研究的首要课题之一[1]，其中最低通航水位更是航道及其相关工程[2-7]的关键参数。由于我国水利枢纽的大量建成投产，政府对水土保持高度重视，水文环境逐年发生变化，河流的来水来沙条件也随之而变，因此通航水位也具有时代特点。研究以长江上游朱沱水文站为例，对其最低通航水位随着时代变化的特点进行分析。

1　确定最低通航水位的基本方法

　　根据《内河通航标准》[8]，通航水位包括设计最高通航水位和设计最低通航水位。对于不受潮汐影响和潮汐影响不明显的天然河流，设计最低通航水位可采用综合历时曲线法计算确定[9-11]，其多年历时保证率应符合表 1 的规定；也可采用保证率频率法计算确定[12-16]，其年保证率和重现期应符合表 2 的规定。同时规定取用资料年限一般不短于 20 年，通航水位应根据河道水文条件变化情况通过论证研究及时进行调整。

表 1　最低通航水位的多年历时保证率

航道等级	Ⅰ、Ⅱ	Ⅲ、Ⅳ	Ⅴ~Ⅶ
多年历时保证率/（%）	≥98	98~95	95~90

表 2　最低通航水位的年保证率和重现期

航道等级	Ⅰ、Ⅱ	Ⅲ、Ⅳ	Ⅴ~Ⅶ
年保证率/（%）	99~98	98~95	95~90
重现期/a	10~5	5~4	4~2

1.1　综合历时曲线法

　　综合历时曲线法也称保证率曲线法，其主要步骤为：① 收集水文站多年（一般要求 20 年）日均水位，作为总统计样本；② 将水位分级，一般要求级差 5~10 cm；③ 计算各级水位的保证率 P_b（P_b 大于等于某级水位的天数/统计的总天数）；④ 以水位为横坐标、保证率为纵坐标，绘制保证率曲线；⑤ 根据航道等级确定的保证率查取最低通航水位 Z_b（图 1）。

基金项目： 国家重点研发计划（2016yfc0802204）；重庆市基础研究与前沿探索项目（cstc2018jcyjAX0534）

作者简介： 许光祥（1966–），男，重庆人，教授，博士。主要从事水力学及河流动力学、航道整治等方面研究工作。E-mail: 527867610@qq.com

通信作者： 蒋孜伟。E-mail: 251278696@qq.com

1.2 保证率频率法

保证率频率法由历时曲线法和频率分析两部分组成，其主要步骤为：①将每年的日均水位作为统计样本，按照综合历时曲线法确定出每年的保证率水位 Z_{bi}；②以各年保证率水位 Z_{bi} 为序列进行从大到小排序，并求取经验频率 $P=m/(n+1)$，其中 n 为统计的总年数，m 为序号；③以频率为横坐标，水位为纵坐标绘制经验频率曲线；④进行理论频率曲线适线（对于最低通航水位，也可直接在经验频率曲线查取水位）；⑤根据航道等级规定的频率（最低通航水位的频率 $P=1-1/T$，T 为重现期）查取最低通航水位（图 2）。

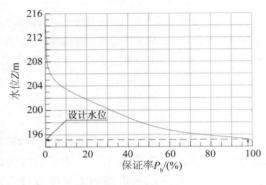

图 1　综合历时曲线

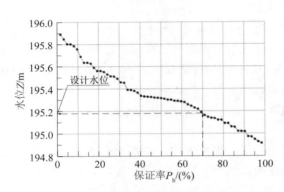

图 2　经验保证率频率曲线

2 朱沱站最低通航水位的年代变化

2.1 水文资料概况

长江朱沱水文站位于重庆市永川区朱沱镇，控制流域面积 694 725 km²，占长江、嘉陵江汇合口处长江干流集水面积的 98%，1954 年 4 月由长江水利委员会设立，1967 年下迁 450 m，称朱沱（二）站，1968 年改为水位站，1971 年 4 月恢复为水文站，1984 年再下迁 290 m，称朱沱（三）站。收集了朱沱水文站 1954—2014 年日均流量、日均水位等资料，用于统计分析。

2.2 朱沱站各年最低通航水位

长江朱沱段目前为内河III级航道，其通航保证率通常选用 98%。根据朱沱站 1954—2014 年日均水位进行综合历时保证率统计，各年 $P_b=98\%$ 的水位见图 3。水位最低为 194.91 m（1978 年，1985 国家高程基准，简称 85 高程，下同；朱沱 85 高程=冻结基面−1.381 m），最高为 195.89 m（2005 年），差异不小，最大差值 0.98 m。

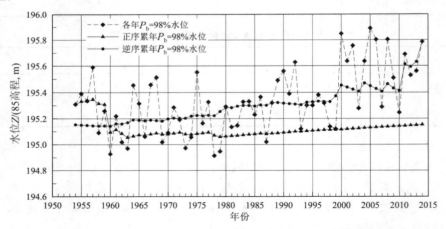

图 3　朱沱站各年及正、逆序累年最低通航水位变化过程

2.3 朱沱站保证率 98%水位的变化特点

为了方便分析，首先进行正序、逆序累年保证率 $P_b=98\%$ 的水位统计。

正序累年保证率 $P_b=98\%$ 的水位：以 1954 年（最早一年）为统计起始年份，然后正向逐年增加 1 年进行统计。设统计年份为 m，那 m 年正序累年保证率水位的统计样本为 1954—m 的日均水位。如 1954 年、1985 年、2014 年水位统计的样本年份为 1954—1954 年、1954—1985 年、1954—2014 年。

逆序累年保证率 P_b=98% 的水位：以 2014 年（最末一年）为统计结束年份，然后逆向逐年增加 1 年进行统计。设统计年份为 m，那 m 年逆序累年保证率水位的统计样本为 m~2014 年的日均水位。如 1954、1985、2014 年水位统计的样本年份为 1954—2014 年、1985—2014 年、2014—2014 年。正序最末一年和逆序最早一年的统计值相同。

根据统计结果（图 3），发现朱沱站最低通航水位随年份有如下变化特点：

1）各年最低通航水位存在较大差异，最大差值为 0.98 m。

2）后面某些时段，水位极值变化明显。如 1980 年后的 35 年内，再未出现以往多次出现的水位低于 195.0 m 的年份；再如 2000 年后的 15 年内，再未出现以往多次出现的水位低于 195.2 m 的年份，并且多次出现以往几乎未出现的水位高于 195.6 m 甚至 195.8 m 的年份。

3）最低通航水位整体存在逐年增加的趋势。无论是正序累年还是逆序累年水位变化曲线，最低通航水位均存在整体逐年增加的趋势，特别是正序累年水位 1980 年后出现线性增加的趋势，总增加 0.089 m，平均每年增加 0.002 62 m。

3　最低通航水位变化的原因分析

3.1　通航水位与年径流量的相关性

据朱沱站年均流量统计，从正序累年统计值可见，径流量从 1974 年后整体存在微弱的减少趋势（图 4），与最低通航水位具有上升趋势相反。另外，从最低通航水位与年均流量的关系看出（图 5），二者之间基本没有相关性，线性相关系数几乎为 0。可见，通航水位与年径流量大小基本无关。

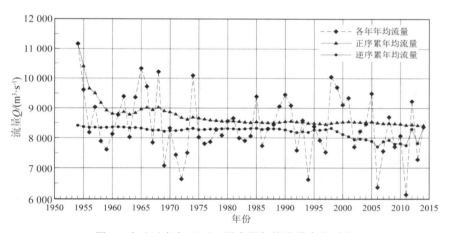

图 4　朱沱站各年及正、逆序累年均流量变化过程

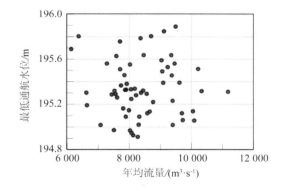

图 5　朱沱站通航水位与年均流量的相关性

3.2 通航水位与月均流量的相关性

图6是朱沱站1954—2014年的各年月均流量以及逆序累年月均流量的变化过程。从逆序统计值可以看出，1—3月径流量具有较为明显的逐年增加趋势，4月径流量存在较小的增加趋势，而5—10月具有逐年减小的趋势，12月较为平稳。总之，枯水期径流量存在逐渐增大、汛期径流量存在逐年减小的趋势。由于最低通航水位主要体现在枯水期，所以其变化趋势是一致的。

另外可从二者的相关性进行分析。表3是朱沱站最低通航水位与多年月均流量（1954—2014年）的相关系数。可以看出，最低通航水位与枯水期月均流量的相关性较高，而与汛期月均流量基本不相关。其中与2—3月的径流量相关性最高，相关系数达到0.934；其次是1—3月，相关系数达到0.920；再次是3月，相关系数达到0.900。从单月考虑，与3月的径流量相关性最高，2月次之。

总之，最低通航水位逐年增大的原因是枯水期径流量的逐年增大。

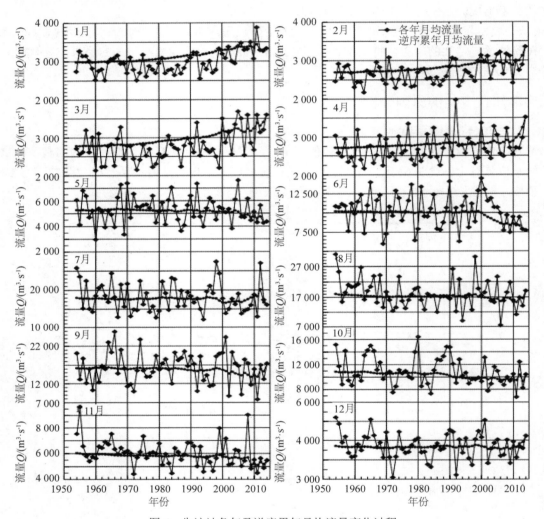

图6　朱沱站各年及逆序累年月均流量变化过程

表3　朱沱站最低通航水位与多年月均流量的线性相关性

月份	1月	2月	3月	4月	5月	6月	7月	8月	9月	10月	11月	12月
相关系数	0.724	0.804	0.900	0.582	0.305	0.147	−0.148	−0.138	−0.190	−0.052	0.020	0.043

月份	1—2月	1—3月	1—4月	2—3月	2—4月	2,4月	3,4月
相关系数	0.801	0.920	0.883	0.934	0.724	0.745	0.753

3.3 通航水位年代变化的主要原因

根据初步分析，朱沱站最低通航水位存在逐年增加趋势的主要原因是上游修建了较多大型水电站，对年内径流量的分配具有一定的调节作用。

雅砻江二滩水电站：二滩水电站是雅砻江梯级开发的第一个水电站，总库容 $58×10^8$ m³，调节库容 $33.7×10^8$ m³，总装机容量 $330×10^4$ kW。1991 年 9 月开工，1998 年 7 月第一台机组发电，2000 年底完工。

岷江紫坪铺水电站：紫坪铺水利枢纽位于岷江上游，水库总库容 $11.12×10^8$ m³，调节库容 $7.74×10^8$ m³，具有不完全年调节能力。正常蓄水位 877 m，电站装机容量 76 万 kW。2005 年 5 月第一台机组低水位发电，2006 年 10 月四台机组全部安装完毕。

大渡河瀑布沟水电站：瀑布沟水电站是大渡河流域水电梯级开发的下游控制性水库工程，总装机容量 $360×10^4$ kW，水库正常蓄水位 850 m，总库容 $53.9×10^8$ m³，调洪库容 $10.56×10^8$ m³，调节库容 $38.82×10^8$ m³，具有季调节能力、不完全年调节能力。工程于 2004 年 3 月开工建设，2009 年年底首批两台机组发电，2010 年年底全部投产。

金沙江溪洛渡水电站：溪洛渡水电站位于四川省雷波县和云南省永善县接壤的金沙江峡谷段，水库正常蓄水位 600 m，总容量 $128×10^8$ m³，调节库容 $64.6×10^8$ m³，可进行不完全年调节。2007 年 11 月 7 日，启动截流工程；2013 年 7 月首台机组试运行，2014 年 6 月所有机组全部投产。

金沙江向家坝水电站：向家坝水电站是金沙江最后一级水电站，水库总库容 $51.63×10^8$ m³，调节库容 $9×10^8$ m³，装机容量 $775×10^4$ kW。工程 2008 年 12 月成功截流，2012 年 11 月首台机组正式投产发电，2013 年 5 月 4 台机组投产发电，2014 年 7 月最后一台机组投产运行。

雅砻江锦屏水电站：包括锦屏一级和锦屏二级水电站，总装机 $840×10^4$ kW，是雅砻江上装机规模最大的水电站。水库总库容 $77.6×10^8$ m³，具有年调节能力。2013 年 8 月首批机组投产发电，2014 年 7 月全面建成投产。

以上电站均为大型水电站，具有年调节或不完全年调节能力，对年内径流分配存在较大影响。从最低通航水位（图 3）和枯水径流量（图 6）的历年统计结果看，2000 年后的明显抬升，应与 2000 年雅砻江二滩水电站全部投产，以及后来的紫平铺、瀑布沟等水电站相继投产直接相关。

3.4　建议

目前，朱沱站的最低通航水位航道方面一直沿用 195.02 m（冻结基面 196.40–1.381 m），与近 30 年、20 年的统计值 195.30 m、195.33 m 差异较大，有进行调整的必要。

4　结　语

1）朱沱站最低通航水位随年份变化较大，整体上具有逐年增加的趋势，最近 15 年，以往多次出现的低水位再未出现，以往未出现的高水位又多次出现。

2）朱沱站年均径流量从 1974 年后整体上存在微弱的减少趋势，与最低通航水位具有上升趋势相反。最低通航水位与年均流量线性相关系数几乎为 0，说明通航水位与年径流量大小基本无关。

3）朱沱站呈现枯水期径流量逐渐增大、汛期径流量逐年减小的趋势。最低通航水位与多年枯水期月均流量的相关性较高，与汛期月均流量基本无关，说明最低通航水位逐年增大来源于枯水期径流量的逐年增多，而枯水期径流增大的主要原因则是上游大型水电站相继建成运行。因此，有必要对相关航段以往的最低通航水位随着时代的变化进行适当调整。

参考文献：

[1] 长江航道局. 航道工程手册[M]. 北京：人民交通出版社，2004.

[2] 何洋，张帅帅. 碍航礁石河段最低通航水位和整治效果分析[J]. 水运工程，2015(6): 137-142.

[3] 李宇，程健. 受调峰影响明显的基本站及沿程设计最低通航水位推算[J]. 水运工程，2005(6): 99-102.

[4] 周作付，何健华，邓年生，等. 受人工采砂影响明显的河段基本站设计最低通航水位计算的探讨[J]. 水运工程，2003(8): 33-36.

[5] 徐锡荣，白金霞，陈界仁，等. 韩江干流航道设计最低通航水位探讨[J]. 水利水电科技进展，2011, 31(6): 66-68.

[6] 杨琳文，邓年生，曾雪涛. 采用相关分析法计算清远站最低通航水位[J]. 水运工程，2009(3): 105-108.

[7] 徐强强，谢平，李培月，等. 广东省主要河流最低通航水位变异分析[J]. 水力发电学报，2016, 35(7): 44-54.

[8] 内河通航标准: GB 50139-2014. [S]. 北京: 人民交通出版社, 2014.

[9] 雷国平, 尹书冉, 黄召彪. 三峡工程蓄水后荆江河段设计水位的计算与确定[J]. 水运工程, 2014(12): 125-129.

[10] 李聪, 邓金运, 韩剑桥. 三峡水库蓄水后长江中游航道设计水位变化研究[J]. 水运工程, 2015(2): 95-100.

[11] 张明, 冯小香, 彭伟, 等. 西江界首至肇庆河段航道设计最低通航水位研究[J]. 水运工程, 2018(4): 104-109.

[12] 李天碧. 浅谈万安水利枢纽下游河段设计水位的确定[J]. 水运工程, 2003(9): 45-47.

[13] 傅理明. 对保证率—频率法求设计最低通航水位的商榷[J]. 水运工程, 2003(9): 48-50.

[14] 闵朝斌. 关于最低通航设计水位计算方法的研究[J]. 水运工程, 2002(1): 29-33.

[15] 闵朝斌. 再论最低通航设计水位计算方法的研究[J]. 水运工程, 2003(10): 37-39.

[16] 罗春, 杨进生, 吴彬. 赣江下游河段设计最低通航水位计算方法[J]. 水利水运工程学报, 2002(4): 54-56.

长江下游某通用码头靠泊 15 万吨级进江海轮
可行性研究

陈灿明 [1,2]，郭　壮 [1,2]，李　致 [1,2]，徐静文 [1,3]，何建新 [1,2]

（1. 南京水利科学研究院，江苏 南京 210029；2. 水利部水科学与水工程重点实验室，江苏 南京 210029；

3. 河海大学 港口海岸与近海工程学院，江苏 南京 210098）

摘要： 为适应干散货海轮运输船大型化和客户拼船运输、多港停靠运输以及长江南京以下 12.5 m 深水航道实施带来的影响，长江下游某通用码头建设前拟研究其靠泊 15 万吨级进江海轮的可行性。通过调研，从码头整体尺度、码头前沿水域等分析了码头靠离泊 15 万吨散货轮的条件；根据航道现状与规划、河道演变规律、航道桥梁和架空电缆等状况，研究了航道通行 15 万吨级进江船舶的可行性。研究结果表明，码头平面和前沿水域尺度具备 15 万吨级散货船靠离泊作业条件，现有航道水深和通航净空条件下，通过采取压载措施 15 万吨级散货船能到达拟建工程处，且 12.5 m 深水航道建成后通航条件将明显改善，因此拟建码头在设计时预留发展空间，建设成 15 万吨级泊位是经济合理和可行的。

关键词： 通用码头；15 万吨级；航道；靠离泊；可行性分析

　　2013 年长江下游的芦埠港与申港河河口之间拟建设 2 个 10 万吨级海轮泊位，考虑到干散货客户使用的海轮运输船大型化日趋明显，进江远洋船舶船型大多在 10.5 万吨以上；客户采取拼船运输、多港停靠方式，以致大型进江远洋船舶非满载通行现象普遍；为适应长江航道的状况，新建船舶多设计为江海直达的浅水、肥大型船舶，其载重量一般在 11.5 万吨左右。同时国内煤炭出口港装船码头的等级也在提高，如秦皇岛港的三至五期煤炭码头将建成 10 万~15 万吨级泊位，导致超过 10 万吨级进江海运煤炭船舶增加。随着长江南京以下 12.5 m 深水航道建设工程的实施，长江口航道与南京以下深水航道将实现无缝对接，将极大提高下游海轮进江的运输能力。因此为码头预留发展空间，开展通用码头靠泊 15 万吨级进江海轮可行性研究具有重要意义[1]。

1　码头靠离泊 15 万吨级船舶可行性分析

1.1　工程特性

1.1.1　建设规模和位置

　　拟建工程为 2 个 10 万吨级泊位（水工结构均按靠泊 15 万吨散货船设计），设计年吞吐量为 705 万吨，其中进口 575 万吨，出口 130 万吨。货种为铁矿石、煤炭、矿建材料（石灰石、碎石、黄砂、石英砂）、钢材、废钢等。拟建码头位于长江下游江阴水道南岸芦埠港闸与申港闸之间，下距上海吴淞口航道里程约 165 km。

1.1.2　设计船型

　　根据货物流量流向以及长江航道和通航建筑物状况，主要货种的优化船型为：外贸进口铁矿石由澳洲、印度尼西亚至江阴，采用 5 万~15 万吨级散货船运输（10 万~15 万吨级需减载降低船舶吃水或临时放倒桅杆降低船舶水面以上高度）。煤炭采用 3.5 万~7 万吨级散货船运输；来自江西、安徽的石灰石、白云石、砂石料采用 3 000~10 000 吨级内河船运输，来自海南的石英砂采用 1 万~2 万吨级散货船运输；运往内河地区的砂石料采用 1 000~3 000 吨级内河船转运。外贸进口钢材采用 1 万~2 万吨级杂货船运输，来自沿海地区的钢材采用 3 000~10 000 吨级杂货船运输；销往国内沿海地区的钢材采用 3 000~10 000 吨级杂货船运输；销往长江中上游地区的钢材采用 3 000~5 000 吨级杂货船运输；来自欧美的废钢采用 3.5 万~10 万吨级散货

作者简介： 陈灿明（1962–），男，江苏靖江人，教授级高级工程师，主要从事水工结构的安全鉴定与科学研究工作。
E-mail: ccm9640@126.com

船运输；来自国内沿海地区的废钢采用 1 万~2 万吨级散货船运输[2]。

主要设计船型主尺度见表 1。

表 1 设计船型

船 型	总长/m	型宽/m	型深/m	满载吃水/m	备 注
15 万吨级散货船	289	45	24.3	17.9	码头结构兼顾船型
10 万吨级散货船	250	43	20.3	14.5	设计代表船型
7 万吨级散货船	228	32.3	19.6	14.2	
5 万吨级散货船	223	32.3	17.9	12.8	
2 万吨级杂货船	166	25.2	14.1	10.1	设计代表船型
1 万吨级杂货船	146	22	13.4	8.5	
5 000 吨级杂货船	124	18.4	10.3	7.4	

1.1.3 总平面布置

拟建码头连片式布置 2 个 10 万吨级泊位，由一座作业平台及两座接岸引桥组成。码头平台长 590 m，上游散货泊位宽 30 m；下游通用泊位宽 45 m。作业平台采用高桩梁板结构，排架间距 7.5 m，共设 83 榀排架。基础为 Φ1 000 mm 高强预应力混凝土管桩，上游 30.0 m 平台每榀排架设有 4 根直桩和 2 对叉桩；下游 45.0 m 平台分为前后平台，前平台宽 30.0 m，每榀排架设 4 根直桩和 2 对叉桩；后平台宽 15.0 m，每榀排架设 2 根直桩和 1 对叉桩。上部结构由横梁、靠船构件、纵梁、预应力轨道梁、前边梁、叠合面板等组成。码头面设置 1 500 kN 和 2 000 kN 系船柱。平台排架上间隔布设 SUC1250H 橡胶护舷（二鼓一板低反力型）和 DA-A500H 标准型橡胶护舷。上游引桥长 270.9 m，宽 14.0 m，位于码头平台上游端部，布置皮带机栈桥及检修通道；下游引桥长 276.0 m，宽 22.0 m，位于码头平台中部，布置皮带机栈桥及行车道。接岸引桥均为高桩梁板结构，排架标准间距 16.0 m，桩基采用 Φ1 000 mm 高强预应力混凝土管桩或 Φ1 000 mm 钻孔灌注桩，上下游每榀排架设基桩 3 根、6 根（喇叭口除外），上部结构由横梁、钢筋混凝土空心板及面层组成[2]。

码头前沿线布置时不仅考虑与相邻码头的合理衔接，尽量减少与水流流向的夹角，同时满足防洪、通航的相关要求。根据拟建码头处实测水流流速流向资料，码头前沿线与流速、流向的夹角取 7°，该布置可有效增大规划预留码头的作业水域，也不影响相邻码头的船舶安全靠离泊。码头前沿天然水深大部分在 17.0 m 以上，满足 10 万吨级船舶满载靠泊需要。

1.2 拟建码头靠离泊 15 万吨级船舶条件分析

1.2.1 潮位特征值与设计水位

对拟建工程上游新孟河小河闸水位站和下游江阴肖山水文站实测潮位资料进行统计[3]，工程河段潮位特征值见表 2。由此推算的重现期 50 年的年极值高水位（设计高水位）为 5.45 m，设计低水位为-0.76 m（当地航行基面）。

表 2 工程河段潮位特征值

特征值	常州河段（小河闸站）	江阴（肖山站）
历年最高潮位/m	5.33	5.31
历年最低潮位/m	−0.74	−1.11
平均高潮位/m	2.30	2.14
平均低潮位/m	0.84	0.53
平均潮位/m	1.58	1.34
最大潮差/m	2.98	3.62
平均潮差/m	1.43	1.63
平均涨潮历时	3 h 15 min	3 h 30 min
平均落潮历时	8 h 10 min	8 h 45 min

1.2.2　码头泊位长度

根据《海港总平面设计规范 JTJ211–99》（该规范已更新为《海港总体设计规范 JTS165–2013》）规范，靠泊 1 艘 15 万吨级散货船所需的码头泊位长度为 359 m，码头前沿按 1 艘 15 万吨级散货船、1 艘 3.5 万吨级散货船连续布置时所需泊位长度为 569 m，码头前沿按 2 艘 10 万吨级散货船连续布置时所需泊位长度为 590 m，因此拟建码头泊位长度能满足 15 万吨级散货船或 2 艘 10 万吨级散货船的停靠。

1.2.3　码头前沿设计水深

码头前沿设计河底高程–16.7 m，设计低水位–0.76 m，相应码头前沿设计水深为 15.94。当码头前沿满载靠泊设计船型 10 万吨级散货船时，根据规范[4]码头前沿水深应大于 15.9 m；若满载靠泊兼顾船型 15 万吨级散货船时，码头前沿水深应大于 19.4 m。因此，拟建码头前沿设计水深 15.94 m 只能满足 10 万吨级散货船的满载停靠。15 万吨级散货船减载停靠时前沿水深应大于按 12.5 m 的航道水深加乘潮水位 2.35 m（历时 2 h、保证率 90%的乘潮水位），即不小于 14.85 m，已小于 10 万吨级船舶满载时设计水深。

1.2.4　码头前沿停泊水域宽度

根据设计规范[4]，码头前沿停泊水域设计值可取 2 倍设计船宽，拟建码头前沿停泊水域宽度为 90.0 m，能满足 15 万吨级船舶的停泊要求。

1.2.5　回旋水域主尺度

船舶在重载进港时采取重载落水靠泊，空载掉头，靠离泊时安排 2~3 条拖轮协助。

拟建码头前沿水域长度 722.5 m，宽度 578 m，满足规范[3]规定的回旋水域沿水流方向长度为 2.5 倍设计船长，沿垂直于水流方向的宽度为 2 倍设计船长的要求。回旋水域设计河底高程与码头前沿设计河底高程均为–16.7 m，能满足满载 10 万吨级散货船和减载 15 万吨级散货船的回旋要求。

1.2.6　制动水域

拟建码头前沿航道顺直，前沿水域能满足船舶制动要求，采用拖轮协助也有利于控制制动水域。船舶重载落水靠泊时，选择在长江 64 号浮附近穿越过江，穿越航道时需注意码头水域附近船舶动态，必要时可申请在通航分隔带等待，再择机穿越。船舶靠离泊时对沿岸行驶的小型船舶将会产生一定影响，因此靠泊船舶应在抵达泊位下端前，待小型船舶靠停在其外舷后再选择合适时机靠泊。

2　进江航道通过 15 万吨级船舶条件分析

2.1　河势状况分析

2.1.1　河道状况

江阴水道上接扬中水道，下与福姜沙水道相连，为单一顺直微弯型河道。自江阴桃花港至鹅鼻嘴，全长约 24.4 km，河道平面形态两头窄，中间宽，其进口受南岸天生港矶头导流岸壁的控制，河宽约 1.8 km，水流经天生港后，河道逐渐变宽，中间最宽处达 4.4 km。

从河床边界看，江阴河段南岸微凹，组成物为结构致密的沉积层，抗冲性强，长期以来，深槽稳定。而北岸微凸，组成为近代沉积物，结构疏松，江岸受水流的冲刷较易崩塌，20 世纪 70 年代三圩港至十一圩港岸段实施的丁坝护岸工程对河道形态的稳定起到了一定作用，但北岸的崩岸现象仍时有发生。江阴河段进出口分别由天生港节点及鹅鼻嘴–炮台圩节点控制，1994 年鹅鼻嘴断面兴建的江阴长江大桥北桥墩进一步加强了鹅鼻嘴节点对水流的控制作用。

2.1.2　河道演变

江阴河段的河床演变主要受上游扬中河段的河势及河床边界的制约，由于嘶马弯道顶冲点的上提下挫，引起过渡段末端桃花港主流的左右摆动，从而造成天生港节点挑流的强弱变化，这是江阴河段河床南北两岸冲淤变化的主要因素。

近 30 年来，江阴河段河床边界比较稳定，河床平面变化很小。南半江为主深泓区，历年冲、淤变化幅度较小，一般为 4~5 m；北半江为次深泓区，近年来有所发展，历年垂向冲淤幅度一般为 3~5 m；尾部六圩港至八圩港间冲淤幅度在 10 m 左右，其冲淤性质是往复性的，而不是累积性的。与其他河段相比江阴水道的竖向变形较小，横断面形态几乎无变化。

南岸主深槽–25 m 等高线原为上下贯通，1958 年以后分成上下两个深槽，上深槽长约 9 km，位于利港上游，下深槽长约 12 km，自新沟向下游，一直越过鹅鼻嘴。由于南岸边界土质坚硬耐冲和上游进流条件稳定少变，自 20 世纪 60 年代起除深槽头部略有上伸外，深槽宽度、外形和走向变化甚微。相比之下北岸次深槽演变略显活跃，北岸深槽的变化规律是随上游下泄径流大小而出现上伸下延的现象，当下泄径流大时，深槽冲深、扩大并下移，当下泄径流小时，深槽回淤。由于北岸土质疏松，河床抗冲能力差，此深槽将长期存在。

2.1.3　码头附近水域及近岸河床状况

根据河床地形和地质资料分析，拟建码头处地表以下为亚黏土和密实细砂层，土质好，抗冲性能强，实测利港、芦埠港处主深槽活动变化范围很小，且工程位置附近的 0 m 线、–10 m 线、–15 m 线和深泓线多年来横向摆动一直很小，–15~0 m 线岸坡长期稳定少变。拟建码头区江面宽阔、河床稳定、岸线顺直、流态平缓、主流稳定、岸线变化幅度小，且深槽近岸有足够的水深条件，对码头工程建设十分有利。

2.1.4　河势发展趋势

尽管上游扬中水道主流摆动频繁，滩槽和岸线发生了一定变化，但下游江阴河段河床形态变化甚微，南岸深槽及岸线稳定少变，随着上游来水来沙条件的变化，只是土质疏松的北岸，河床的滩槽变化相对明显。因此工程河段在今后较长时期内仍将保持冲淤少变的状态，同时随着上游河段护岸工程不断实施，主流摆幅将渐趋稳定。

2.2　进江航道通航 15 万吨级船舶的条件分析

2.2.1　航道现状

拟建工程位于江阴水道，海轮驶入码头沿途经过长江口深水航道及白茆沙水道、通州沙水道、南通水道、浏海沙水道、福姜沙水道及江阴水道[5-7]。长江口深水航道其延伸段由上海海事局管辖，船舶航行与避让遵守海上避碰规则及长江口定线制和上海港的有关规定；进入长江江苏段后，船舶航行与避让应遵守《长江江苏段船舶定线制规定（2005）》和《中华人民共和国内河避碰规则》的规定。

长江口深水航道三期整治工程于 2011 年 5 月 8 日竣工，深水航道水深达 12.5 m（理论最低潮面），底宽为 350~400 m。太仓港以下至长江口深水航道以上主航道水深随着长江口深水航道 12.5 m 向上延伸工程的实施，水深已提升到理论最低潮面下 12.5 m，并从 2011 年 1 月 8 日起试通航。

南京燕子矶至太仓荡茜段深水航道设标水深：南京燕子矶至江阴鹅鼻嘴段航道维护最小水深为10.5 m；江阴鹅鼻嘴至太仓航道维护水深为理论最低潮面下 10.5 m。福姜沙北水道维护水深为理论最低潮面下 8.0 m，从 2010 年 8 月 1 日起改为上、下行双向通航航道。福姜沙中水道设标水深为 4.5 m，规定为上、下行小型船舶航路。白茆沙北水道维护水深为 4.5 m，船舶应根据航道部门公布的航道维护水深，在确保安全的前提下通过。

南京燕子矶至太仓浏河口段，深水航道的宽度除福姜沙南水道、尹公洲水道外，一般均等于或大于500 m，福南水道、尹公洲水道的最小航宽为 200 m，实行单向控制通航。福中水道宽 400 m。福北水道宽250 m。上、下行推荐航路为 200 m。

根据《长江江苏段船舶定线制规定（2005）》规定，江阴水道内设置了 500 m 宽、10.5 m 深的深水航道，供船长超过 50 m 或吃水超过 4.5 m 的大型船舶航行；在深水航道设置的红浮南侧 200 m 水域范围内，为小型船舶下行推荐航路；小型船舶上行推荐航路设置在沿北岸 200 m 的水域范围内。在深水航道黑浮的北侧与小型船舶上行推荐航路南侧边界线之间水域设置了 No.14（停泊区）和 No.15（江阴锚地）两个停泊区。

拟建工程至长江口已建桥梁有江阴水道的江阴长江大桥和白茆沙水道的苏通长江大桥，过江电缆有江阴水道的江阴天生港电缆。江阴水道对船舶航行有影响的障碍物主要有：横江轮渡线（新长铁路火车轮渡、九圩港汽渡、黄田港汽渡和利港汽渡）和韭菜港水底过江通信光缆和新长铁路通信光缆等。

目前航道条件下 15 万吨级散货船根据潮位合理减载，可航行至码头位置靠泊。

2.2.2　航道规划

根据《长江干线航道总体规划纲要》和交通运输部 "关于贯彻《国务院关于加快长江内河水运发展

的意见》的实施意见"，长江下游将重点实施南京以下 12.5 m 深水航道建设工程，按照"整体规划、分期实施、自下而上、先通后畅"的思路，先期对通州沙、白茆沙水道进行治理，使南通以下航道水深达到 12.5 m。实施福姜沙、仪征、和畅洲、口岸直等水道关键控制工程或航道治理工程和后续完善工程。加大维护力度，力争开通南京以下 12.5 m 深水航道。至 2020 年南京至太仓段航道通航条件将得到有效改善，12.5 m 深水航道向上延伸至南京，届时自长江口至南京航道全程可通航 5 万吨级集装箱船全天候双向通航，兼顾 10 万吨级散货船舶减载乘潮通航。

2.2.3　航道水深

2011 年 1 月 8 日长江口至太仓 12.5 m 深水航道开始试通航，太仓至江阴鹅鼻嘴深水航道维护水深为 10.5 m（理论最低潮面下），江阴鹅鼻嘴至南京燕子矶航道维护水深为 10.5 m（航道最小水深），为此江苏海事局规定龙爪岩以下的进江海轮吃水不超过 10.2 m，龙爪岩以上的进江海轮吃水不超过 9.7 m，装载危险品的船舶相应减少 0.1 m。对于超过上述吃水的船舶，必须向当地海事机构申请，经核准并采取特殊措施后才能进江。

15 万吨级散货船属超大型船舶，其满载吃水为 17.9 m，长江江苏段的航道水深不能完全满足需要，需要根据深水航道实际水深和规定的富裕水深，确定设计船型的受载吃水。福南水道由于航道弯曲，最大可通过船舶长度为 250 m，因此 15 万吨级船舶需选择从福北水道通过。福北水道维护水深为 8.0 m，多年平均高潮位为黄海基面 2.10 m，相当于当地理论深度基准面 2.86 m。15 万吨级散货船减载至吃水 10.0 m 且乘潮 2.8 m 可通过福北水道。

2.2.4　航道宽度

根据《内河通航标准（GB50139-2004）》，进港航道宽度按下列公式计算：

$$W = A + 2c \quad （单向航道） \tag{1}$$
$$W = 2A + b + 2c \quad （双向航道） \tag{2}$$
$$A = n(L \sin \gamma + B) \tag{3}$$

式中：W 为航道有效宽度（m）；A 为航迹带宽度（m）；n 为船舶漂移倍数；γ 为风、流偏角；b 为船舶间富余宽度（m），取设计船宽 B；c 为船舶与航道底边间的宽度（m），取 B。

根据计算 7 万~15 万吨级散货船在不同风、流压角影响下所需单、双向航道宽度见表 3，工程下游航段航道尺度见表 4。

表 3　不同设计船型在不同风、流压偏角下所需航道宽度（m）

风、流压偏角	7 万 DWT 级散货船		10 万 DWT 散货船		15 万 DWT 散货船	
	单向	双向	单向	双向	单向	双向
$\gamma=3°$、$n=1.81$	145	257	166	310	199	353
$\gamma=7°$、$n=1.69$	166	300	189	356	226	407
$\gamma=10°$、$n=1.59$	179	326	202	382	241	437

表 4　拟建工程下游航段航道尺度（m）

位置	河段形式	河段长度	弯曲半径	航标标示航宽
长江口深水航道及深水航道延伸段	顺直			350
太仓至福姜沙水道				500
福北水道 FB5~FB7 号	弯曲	4 500		350
福北水道 FB3~FB5 号	顺直			250
福北水道下口 37~福北 1 号	弯曲			350
福南水道 44~47 号	弯曲	3 430	1 325	200
福南水道 47~53 号	弯曲	6 050	2 725	200
福南水道 55~58 号	顺直			200

福北水道相对福南水道而言，航行条件较优越，但航道水深受限，福南水道航道弯曲度较大，允许通过的最大船长为250 m，拟建工程代表船型当风、流压角大于10°时，其单向通航宽度超过200 m，过福南水道有一定的风险，进港时宜选择从福北水道通过。

福北航道维护航宽250 m，2010年8月1日开放为上下行通道，工程代表船型为超大型船，在该水域船舶宜单向通航。

10万~15万吨级船舶在通过福姜沙水道时，应对通过福南、福北水道进行专项论证，并制定操作及相应的维护方案。

2.2.5　航道净空高度分析

拟建工程至长江口范围内架空电缆和桥梁的净空高度：江阴天生港过江电缆，设计最高通航水位4.99 m时最低弧点高度为56.0 m；江阴长江大桥，设计最高通航水位4.99 m时通航净空高度为50.0 m；苏通长江大桥，设计最高通航水位4.3 m时通航净空高度为62.0 m。桥梁和架空电缆的净空高度以江阴长江大桥为控制标准。

根据调研，主要拟通行参考船型及主要特征值为：好旺角型船舶（港星轮），150 149 DWT，总高55.40 m，吃水7.53~9.59 m，空载时水面以上高度47.87 m；巴拿马型船舶（宏景轮），82 354 DWT，总高48.82 m，吃水5.77~8.31 m，空载时水面以上高度43.05 m；富丽轮，70 198 DWT，总高49.08 m，吃水5.30~7.53 m，空载时水面以上高度43.78 m；根据船厂新造船资料，176 000 DWT级散货船龙骨以上最大高度为52.0 m，空载航行时尾吃水一般为7~8 m，水面以上高度为44~45 m。

根据对10万~15万吨级好望角船型调研结果，10万~15万吨级船舶最大高度一般在52 m左右，代表船型减载进港平吃水（吃水10.5 m）时，其水面以上高度为41.5 m，空载时尾吃水一般在7.5 m左右，空载时水面以上高度为45 m，小于江阴长江大桥船舶水面以上的最大通航高度48 m（设计最高通航水位4.99 m、安全富裕距离2.0 m），因此可以安全通过江阴长江大桥。

2.2.6　航道规划对通航的影响

现阶段太仓至拟建工程航段航道通航水深为10.5 m，需适当减载控制一定吃水后乘潮通过。根据《长江干线航道总体规划纲要》，至2020年南京至太仓段航道逐步改善通航条件，适时实施福姜沙、通州沙、白茆沙三沙航道整治工程，将12.5 m深水航道逐步向上延伸至南京，届时自长江口至南京航道全程可全天候双向通航5万吨级集装箱船，兼顾10万吨级散货船舶减载乘潮通航。

因此到2020年长江干线航道将得到全面、系统治理，航道通航能力有较大提高，通航条件明显改善，届时拟建工程最大船型满载或减载乘潮通航保证率将有较大的提高。

3　10万~15万吨级进江船舶统计分析

根据长江引航中心提供的2011年12月至2012年9月期间进江的船舶资料，对其船型高度进行了统计分析[8]。

在近9个月时间内，进入长江的10~15万吨级船舶共137艘，其中油轮9艘，散货船128艘。在128艘散货船中，空载时船舶水面以上高度不超过江阴长江大桥控制净高48.0 m的船舶共85艘，占66.4%。空载时水面以上高度超过48.0 m共有43艘，其中在现有航道水深10.8 m条件下，通过采取压载措施后能同时满足压载后吃水不超过10 m（考虑0.8 m富裕水深）、水面以上高度又不超过48.0 m的船舶共20艘，即空载时水面以上高度超过48.0 m的43艘散货船中，有20艘散货船在现有航道条件下通过采取压载措施可顺利通过江阴长江大桥。当12.5 m深水航道的建成后，剩余23艘船舶中，通过采取压载措施同时满足吃水不超过11.7 m（考虑0.8 m富裕水深）和水面以上高度不超过48.0 m有13艘，即12.5 m深水航道建成后又有13艘散货船通过采取压载可通过江阴长江大桥，不能通过的仅10艘。

调研分析结果表明，现有航道水深条件下66.4%船舶能通过江阴长江大桥，采取压载措施后通过率可提高至82.0%，12.5 m深水航道建成后通过率可达92.2%。

4　结　语

通过调研和资料收集与分析，研究长江下游某通用码头工程靠泊 15 万吨级进江船舶的可行性，为确定码头的建设规模提供技术依据，主要研究结论如下：

1）随着上海国际航运中心和长江口深水航道治理工程的建设，进江船舶大型化趋势明显；运输企业普遍采取拼船运输、多港停靠方式；新建 10 万~15 万吨级进江船舶一般设计为江海直达的浅水、肥大型船，为大型散货船满载或减载靠泊拟建工程提供了条件；

2）拟建工程的码头平面尺度和前沿水域尺度具备 15 万吨级散货船靠离泊、掉头作业条件；

3）根据近期进江的 128 艘 10 万~15 万吨级散货船船型高度的统计分析，在现有航道水深和通航净空条件下，能到达拟建工程处的船舶占 66.4%，采取压载措施能到达拟建工程处的船舶占 82.0%。12.5 m 深水航道建成后其通过的船舶比例将提升至 92.2%，不能到达拟建工程处的船舶将低于 8%；

4）根据《长江干线航道总体规划纲要》和长江深水航道治理工程实施情况以及新建船舶设计趋势，拟建工程建设成 15 万吨级泊位是经济、合理、可行的；

5）到 2020 年，长江干线航道将得到全面、系统治理，航道通航能力会有较大提升，通航条件明显改善，届时拟建工程最大船型满载乘潮通航保证率将有较大提高；

6）现有航道条件对通航 15 万吨级散货船具有一定限制，需采取减载等措施方可通航至拟建码头，因此通航和靠离泊 15 万吨级散货船时，应根据《中华人民共和国江苏海事局超大型船舶航行安全检查监督管理规定》（江苏海事局通告 2008 年第 12 号）的相关规定执行。

参考文献：

[1] 黄卫兰, 陈灿明, 金剑, 等. 无锡（江阴）港申夏港区港口集团通用码头靠泊 15 万吨进江海轮可行性分析报告[R]. 南京: 南京水利科学研究院, 2013.

[2] 无锡（江阴）港申夏港区港口集团通用码头工程可行性研究报告[R]. 武汉: 中交第二航务工程勘察设计院有限公司, 2012.

[3] 无锡（江阴）港申夏港区港口集团通用码头工程通航安全影响论证报告[R]. 南京: 江苏长江海事咨询服务中心, 2012.

[4] 海港总平面设计规范（JTJ211-99）[S]. 1999.

[5] 赵春生. 江阴港区 11.5 米吃水船舶安全引领保障研究[D]. 大连: 大连海事大学, 2013.

[6] 张世钊. 长江南京以下大型 LPG 船舶通航可行性研究[C]//中国海洋工程学会. 第十七届中国海洋（岸）工程学术讨论会论文集（下）. 北京: 海洋出版社, 2015: 899-903.

[7] 徐元, 龚鸿锋, 张华. 长江下游福姜沙河段 12.5 m 水深主航道选汊研究[J]. 水运工程, 2014(5): 1-7.

[8] 10 万吨级以上至 15 万吨级进江船舶船型高度调研报告[R]. 无锡: 江苏江阴港港口集团股份有限公司, 2012.

泰州大桥河床监测与桥墩水下探摸分析

陈灿明 [1,2]，李　致 [1,2]，孟星宇 [1,2]，徐静文 [1,3]，杨程生 [1,2]

（1. 南京水利科学研究院，江苏　南京　210029；2. 水利部水科学与水工重点实验室，江苏　南京　210029；

3. 河海大学 港口海岸与近海工程学院，江苏　南京　210098）

摘要： 泰州长江大桥是江苏省"五纵九横五联"高速公路网的重要组成部分，对于促进长江两岸区域经济的均衡发展和沿江开发具有重要意义。通过对主桥及夹江桥河床断面地形测量和夹江桥右汊涉水 43 号、44 号水下桥墩摸探检查，评价桥墩基础的安全性。根据水下探摸和河床断面测量，夹江桥 43 号、44 号桥墩承台与桩基结合较好，承台和桩基无损坏现象。2016 年度主桥位最大局部冲刷深度为 23.1 m，最深点位置基本无变化。夹江桥各涉水桥墩附近河床高程与历次监测结果基本一致，均处于预估最大冲刷线高程以上。表明桥墩结构完好，近年来主桥位区和夹江桥位区河势总体基本保持稳定，有利于大桥的安全运营。但主桥墩周边地形仍有一定幅度调整、夹江桥位近年来有一定程度的冲淤变化，且右汊冲刷幅度略大于左汊，因此有必要定期对桥墩周边的河势及地形进行监测。

关键词： 河床；冲刷；监；桥墩；水下探摸

泰州长江大桥位于长江江苏段的中部，直接连接北京至上海、上海至西安和上海至成都三条国家高速公路，是江苏省"五纵九横五联"高速公路网和国家《长江三角洲地区现代化公路水路交通规划纲要》中的重要组成部分，也是江苏省规划建设的 11 座公路过江通道之一。泰州长江大桥采用双向六车道高速公路标准，由北接线、跨江主桥、夹江桥和南接线组成，全长 62.088 km。跨江主桥及夹江桥全长 9.726 km，桥面宽 33.0 m。跨江主桥采用主跨 2×1 080.0 m 的三塔双跨钢箱梁悬索桥，主桥通航孔为单孔双向通航，能通航 5 万吨级巴拿马散装货轮。工程于 2007 年 12 月开工建设，2012 年 11 月建成通车。

泰州大桥左汊主桥型采用跨度为 2×1 080.0 m 三塔悬索桥，由于中塔墩基础位于主深槽，体积庞大，墩位处河床土层多为粉细砂，抗冲能力差，加上墩基作用影响，容易发生床面冲刷，尤其遭遇大洪水时，墩基附近会产生明显的局部冲刷，汛期尤为明显。同时桥区处于径流和潮流的交汇地区，水流运动和地形演变十分复杂，根据河工模型试验和主塔施工期监测结果，沉井下沉到位后，行近流速 2.00 m/s 时沉井上游冲刷深度约 20.7 m。另外近期长江上、下游及桥区多项大型涉水工程的建设，加剧了该河段局部调整；而且上游三峡建坝造成泥沙输沙量锐减，其长期效应还有待进一步显现，大桥建设后夹江桥位所在的凹岸边坡可能存在影响夹江大桥安全的不稳定因素[1]。为了摸清桥位区和主塔周边地形变化，确保大桥工程安全，为工程养护和确保大桥桥墩基础工程的长治久安提供依据，有必要对泰州大桥主桥位和夹江桥桥位区和附近河势进行长期的监测。

根据计划安排，2016 年对泰州大桥主桥位、夹江桥位的河床冲淤进行监测，对夹江桥涉水 43 号、44 号桥墩进行水下探摸检查，以评价桥墩基础的安全性[2]。

1　河床监测

1.1　监测范围

主桥位以桥轴线为中心向上下游各 250 m，夹江桥位以桥轴线为中心向上下游各 500 m，两侧测至岸边的 0 m 等高线范围。主桥位测量面积约 1.1 km²，扬中大桥测量面积约 0.8 km²；测量比尺为 1：2 000；观测时间选择在主汛期后[3]。

1.2　监测方法

对桥区河床演变的监测主要采用 GPS 定位结合单波束水深测量[4-5]。

作者简介：陈灿明（1962–），男，江苏靖江人，教授级高级工程师，主要从事水工结构的安全鉴定与科学研究工作。

E-mail: ccm9640@126.com

依据行业标准《水道观测规范（SL257-2000）》，采用横断面法施测水下地形测量，预置的横断面线与岸线或水流方向基本垂直，断面间距为图上 2 mm，测点间距为图上 0.8 mm。测点平面位置采用信标 GPS 定位，信标参数在高等级控制点上率定；水深采用 HY1600 型测深仪施测；利用 HYPACK 导航软件进行平面坐标和水深的同步采集，深泓和陡岸河床适当加密测点。测量前 DGPS 船台进行平面校核，并记录 GPS、导航软件设定的参数；回声测深仪每次施测前后均在平坦河床处与测绳进行校对比测，误差必须控制在允许范围之内。测区内主要水工建筑物均实测并在测图上标注。

平面定位采用 LEICA GX1230 型双频 GPS 接收机，不仅具有高强度信号和抗干扰能力，也具有超强的 Smart Track 卫星跟踪技术，能同时接收 GLONASS 和 GPS 两种导航卫星信号。其主要性能为：初始时间通常为 8 s，高达 20 Hz 的定位速度，时间延迟小于 0.03 s，条件较好时基线长度可达 30 km 甚至更长，平面精度 5 mm+0.5 ppm（流动站为静态模式）、10 mm+1 ppm（流动站为动态模式）；可靠性 99.9%（30 km 内）。在进行差分定位时，船体平稳行驶能使动态定位始终处于 RTK 状态，使测量定位精度相对于基准站的中误差不超过 0.05m，测量时的定位精度远远优于有关规范规定要求。

水深测量采用的 HY1600 型精密测深仪具有传统模拟记录与先进的 DSP 数字信号处理技术，能自动进行水底回波信号跟踪，即使在恶劣的水文环境下，也能得到精确、可靠的水深数据。该仪器主要技术指标为：测深范围 0.3~300 m，测深精度±（1 cm+0.1%×D）。

1.3　河床监测结果与分析

1）主桥位。

2015—2016 年期间，沉井周边河床冲淤变化见图 1（a）。监测结果显示中塔沉井迎水侧区域河床有 2~3 m 的淤积，中塔南侧冲刷幅度相对较大，5 m 冲刷坑宽度达 200 m。上游防撞墩南侧及下游 5 m 冲刷坑宽度约 50 m，其他区域冲刷幅度相对较小，下游防撞墩周边冲淤幅度不大。

2010 年以来中塔周边河床地形主要变化见图 1（b），近年来中塔周边河床冲刷区主要发生在两侧及下游侧，中塔下游侧最大冲刷深度达 17.3 m，中塔落潮迎水侧约有 2 m 幅度微淤，中塔 5 m 以上冲刷坑主要位于南侧，宽度达 150 m 左右。中塔上游、下游侧防撞墩周边河床均出现了 5~8 m 幅度冲刷，上游防撞墩两侧 5 m 冲刷坑宽度为 100~150 m，下游防撞墩两侧 5 m 冲刷坑宽为 50~200 m。

2016 年沉井周边局部冲刷深度监测结果显示其最大局部冲刷深度为 23.1 m，见图 1（c），冲刷最深点较 2015 年结果增加了约 2.1 m。

根据运营期多次监测结果综合分析，中塔最大局部冲刷深度近 5 年来变化不明显，最深点位置基本没有发生变化，但与施工期监测结果相比略有冲深[3,6]，且最深点随大通站年度最大流量加大有一定的增加。下游防撞墩周边河床冲刷亦有所加大，最大冲刷深度在 5 m 以上，桥墩周边地形也有一定幅度调整，因此定期对桥墩周边的河势及地形进行监测是必要的。

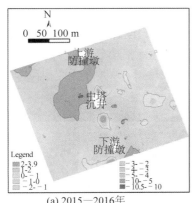
(a) 2015—2016 年

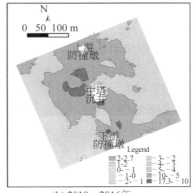
(b) 2010—2016 年

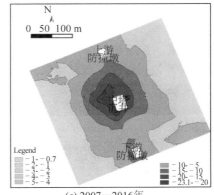
(c) 2007—2016 年

图 1　主桥位中塔沉井基础周边河床冲淤变幅

2）夹江桥位。

夹江桥位左汊涉水桥墩编号为 26 号、27 号、28 号和 29 号墩，右汊涉水桥墩编号为 43 号、44 号和

45 号墩。

通过小炮沙局部动床物理模型试验和局部冲刷试验成果分析[7-8]，可推求夹江桥位各涉水桥墩的最大局部冲刷深度以及桥位区河床建桥后的一般冲刷，夹江桥位各涉水桥墩的可能最大冲刷线高程和不同年度各涉水桥墩实测冲刷最深点高程见表 1。从 2016 年度监测结果来看，各涉水桥墩周边最深点高程与 2014 年监测结果变化不大，与最大冲刷线高程均有一定距离，夹江桥位各涉水桥墩基础目前处于安全状态。

表 1　涉水桥墩最大冲刷线及实测高程（m）

墩位分类	左　汊				右　汊		
	26 号	27 号	28 号	29 号	43 号	44 号	45 号
起算点高程（2006 年）	−13.6	−8.0	−2.4	−0.1	−5.5	−8.0	−1.0
一般冲刷深度	1.0	1.0	1.0	1.0	2.0	2.0	2.0
最大局部冲刷深度	11	9	7	5	11	8	6
最大冲刷线高程	−25.6	−18.0	−10.4	−6.1	−18.5	−18.0	−9.0
2010 年 3 月冲刷线高程	−12.8	−7.2	−2.4	−1.3	−11.0	−9.4	−3.0
2013 年 10 月冲刷线高程	−12.8	−7.5	−4.0	2.2	−11.6	−14.7	−4.0
2014 年 12 月冲刷线高程	−13.1	−7.2	−3.5	1.0	−12.0	−14.0	0
2015 年 11 月冲刷线高程	−13.0	−7.1	−5.0	1.0	−11.0	−12.0	0
2016 年 11 月冲刷线高程	−12.0	−7.6	−3.8	2.2	−13.0	−14.9	0

2　桥墩水下探摸检查

2.1　水下探摸方法

对泰州大桥夹江桥位右汊涉水 43 号、44 号桥墩水下钢筋混凝土部分进行潜水探摸和水下摄像检测[9]。

水下探摸和摄像检查由潜水员在水下按照技术人员预先确定的检查方向和顺序，逐一对桥墩进行水下检查。通过潜水员对被检结构的水下探摸和陆上技术人员对由水下摄像机上传的同步跟踪监视器共同判断被检结构的实际状况。对缺陷部位或疑似缺陷部位需进行重点探摸和录像，并在水下对缺陷部位、缺陷尺寸、缺陷所在位置等进行测量和记录。水下检查完成后整理出相应的文字报告及影像光盘。

对桥墩水下部分探摸检查和录像前，用高压水枪对桥墩结构表面进行冲洗，清除混凝土表面寄生物及附着物，当检查发现结构表面有缺陷或疑似缺陷时需进行二次清洗后再次对桥墩结构进行探摸和录像。

潜水采用美国 KMB-28 轻装潜水设备，水下录像采用 SXD-IIIBFK 水下电视、配置清水及浑水两种镜头进行检测。

水下潜水探摸检查时由潜水员携带配置清水和浑水两种镜头的水下高清晰度彩色摄像机，按照"从上至下，从左至右"的检查顺序，依次对指定桥墩墩体表面进行水下探摸检查和录像。如发现混凝土结构缺陷，由潜水员在水下进行仔细测量，同时由水面检查人员记录该部位混凝土缺陷的位置、大小、形状及走向等要素，并绘制混凝土缺陷素描图[10]。水下探摸和录像完成后，及时对资料进行整理分析。

水下潜水探摸检查现场见图 2、图 3。

图 2　潜水员准备　　　　　　　　　　　　　图 3　潜水员入水检查

2.2　桥墩结构

夹江桥右汊涉水43号、44号桥墩水上部分状况见图4，其桥墩结构平面和立面布置见图5至图6。

图4　43号、44号桥墩水上部分总体状况

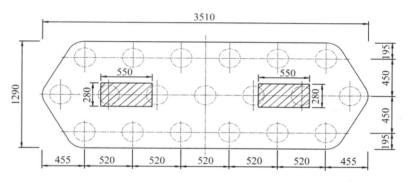

图5　43号、44号桥墩平面布置

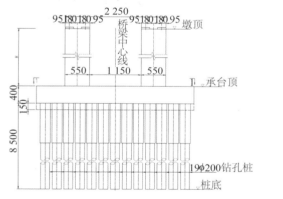 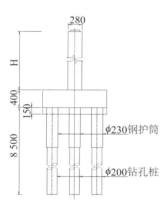

图6　43号、44号桥墩立面布置示意

2.3　水下探摸检查结果与分析

1）43号桥墩。

夹江桥右汊涉水43号桥墩于2016年10月17日利用江水基本平潮时期流速较小时段进行探摸录像检查，从桥墩上游向下游方向检查，先检查承台侧面、底面及承台与桩结合部位，然后检查桥墩桩基础和河床表面。

经检查，43号桥墩承台与钢筋混凝土桩基结合较好，承台侧面和底面无损坏现象。43号桥墩河床表面为块石、砂及建筑垃圾等杂物。43号桥墩左侧上游河床高程约–8.5 m，左侧下游河床高程约–3.5 m，桥墩左侧中间部位河床高程约–7.0 m。43号桥墩右侧上游河床高程约–10.5 m，右侧下游河床高程约–8.9 m，桥墩右侧中间部位河床高程约–9.9 m。

2）44号桥墩。

夹江桥右汊涉水44号桥墩于2016年10月18日江水平潮时段流速较小时进行水下探摸录像检查，检查顺序与检查方法与 43 号桥墩相同。经检查 44 号桥墩承台与桩结合良好，承台侧面和底面未发现有损坏现象。44 号桥墩河床表面为砂及建筑垃圾等杂物。44 号桥墩左侧上游河床高程约–14.9 m，左侧下游河床高程约–14.3 m，桥墩左侧中间部位河床高程约–14.5 m。44 号桥墩右侧上游河床高程约–11.9 m，右侧下游河床高程约–11.7 m，桥墩右侧中间部位河床高程约–12.3 m。

水下录制的 43 号桥墩承台情况见图 7，桥墩承台下桩基和河床情况见图 8。

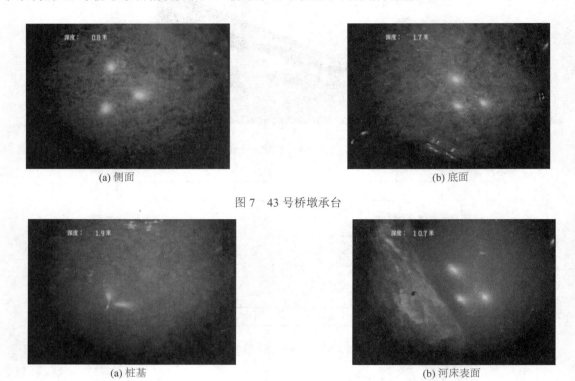

(a) 侧面   (b) 底面

图 7　43 号桥墩承台

(a) 桩基   (b) 河床表面

图 8　43 号桥墩桩基与河床

3　结　语

为了确保泰州大桥安全运行，定期对泰州大桥主桥位、夹江桥位处水下断面地形进行测量，对夹江右汊涉水 43 号、44 号桥墩水下部分进行摸探检查，主要结果如下：

1）2016 年度河床监测的主桥位最大局部冲刷深度为 23.1 m，与施工期和 2013 年监测的最大局部冲刷深度 20.6 m，2014 年的局部冲刷深度 22.1 m，2015 年监测的局部冲刷深度 21.0 m 总体变化不大，历次监测最深点位置基本没有发生变化，说明泰州大桥主桥位中塔最大局部冲刷深度未发生明显变化。营运期以来中塔上、下游侧防撞墩周边河床均发生 5~8 m 幅度的冲刷，上游防撞墩两侧 5 m 冲刷坑宽度为 100~150 m，下游防撞墩两侧 5m 冲刷坑宽度为 50~200 m。

2）2016 年度夹江桥位桥轴线断面监测结果与历次监测结果相似，各涉水桥墩附近河床高程均位于最大冲刷线高程以上。2010—2013 年表现为右汊冲刷，左汊淤积，右汊桥轴线局部冲刷达 4 m，普遍冲刷 1~2 m；左汊桥轴线断面整体微淤，淤积幅度在 1m 左右。2013—2015 年桥轴线断面变化幅度较小，右汊总体略有微冲，幅度在 1 m 左右，左汊桥轴线断面冲淤变化幅度在 1 m 以内。

3）夹江桥右汊涉水 43 号桥墩和 44 号桥墩承台与桩基结合良好，承台侧面和底面无损坏现象。桥墩河床表面为块石、砂及建筑垃圾等杂物。

4）根据河床断面监测和水下潜水探摸检查结果分析，桥墩承台和桩基结构完好，相互间联接良好，主桥位区和夹江桥位区河势总体基本保持稳定，桥墩基础的稳定有利于大桥的安全运营。

5）鉴于主桥墩周边地形仍有一定幅度调整，夹江桥位近年来也有较为明显的冲淤变化，右汊冲刷幅度大于左汊，因此应继续定期对桥墩周边的河势及地形进行监测，以确保大桥桥墩基础的安全。

参考文献：

[1]　陈述, 李雨晨, 许慧, 等. 长江下游河段桥墩压缩冲刷预测研究[J]. 水利水运工程学报, 2019(3): 16-24.

[2]　陈灿明, 杨程生, 黄卫兰, 等. 泰州大桥 2016 年度主桥及扬中大桥河床监测报告[R]. 南京：南京水利科学研究院, 2016.

[3]　陈策. 大型沉井施工期局部冲刷模型试验及工程验证[J]. 铁道标准设计, 2010(6): 25-27.

[4]　宁爱成. 现代测绘技术在河床演变监测中的应用[J]. 甘肃水利水电技术, 2009, 45(3): 1-2.

[5]　杨程生, 高正荣, 唐晓春. 感潮河段大型桥梁营运期水下地形监测研究[J]. 人民长江, 2016, 47(14): 51-55+85.

[6]　张鸿. 深水、大流速条件下大型沉井下沉河床防护技术研究[C]// 中国土木工程学会桥梁及结构工程分会. 第二十届全国桥梁学术会议论文集（上册）. 北京：人民交通出版社, 2012: 10.

[7]　林海峰, 王萍. 泰州大桥夹江桥动床模型试验研究[J]. 中国工程科学, 2010, 12(4): 86-89.

[8]　陈策. 特大型水中沉井基础局部冲刷模型试验研究[J]. 公路, 2010(12): 18-21.

[9]　李晓磊. 水下电视在水下建筑物故障检测中的应用[J]. 水利规划与设计, 2014(2): 68-69+102.

[10]　秦伟航. 水中桩基础病害检查方法[J]. 交通科技与经济, 2012, 14(2): 20-22.

护底软体排失效的模拟框架及初步应用

姬奥飞，胡 鹏

（浙江大学 海洋学院 港口、海岸与近海工程研究所，浙江 舟山 316021）

摘要： 长江口深水航道整治工程中，采用了很多护底软体排结构，但是护底软体排会由于不利的流态而发生破坏。为模拟软体排破坏过程，基于平面二维水–沙–地形耦合数学模型，进一步考虑护底软体排对地形冲淤的影响机制，即在模型中，修正软体排覆盖区域泥沙上扬和沉降通量，来模拟软体排排边冲刷并向排内发展的破坏过程，并记录软体排的受力状态和破坏状态。采用所建立的模型，针对长江口软体排进行了初步模拟：将 400 m × 400 m 的矩形软体排放置于长江口南北港分汊口附近，在长江上游开边界给定 2016 年 2 月 1 日至 2016 年 9 月 20 日大通站实测径流数据，采用该期间流量过程，在 2014 年和 2015 年两年的流量与悬沙浓度数据拟合曲线中插值得到悬沙浓度过程；外海开边界为水位驱动，考虑 M2、S2、N2、K1、P1、O1、K2、Q1、MM、MF、M4、MS4、MN4 分潮，通过 TPXO 计算出边界点与长江上游开边界同期的潮位时间序列；钱塘江上游给定 800 m³/s 恒定流量和 0.02 kg/m³ 的恒定含沙量过程。结果显示，该位置的软体排，在排体外缘持续冲刷状态下，计算到约 1 199 h 时，发生滑落破坏，在计算到约 4 227 h 时，发生坍塌破坏。

关键词： 长江口；平面二维模型；护底软体排；悬沙浓度；地形冲淤

    长江口深水航道整治工程规模大，治理建筑物周围水流条件复杂，大部分建筑物地基表层又由极易被水流冲刷的粉砂构成，容易造成建筑物周围局部区域的冲刷，冲刷严重时可能危及建筑物的安全，所以工程护底十分重要[1]。土工织物软体排，由于具有良好的排水性、抗冲性强、施工快等优越性，在长江口整治工程中得到了成功开发和推广应用[2-7]。但是软体排并不能完全控制排体外缘冲淤的发展，当软体排周围存在长期不利的流态和易冲刷的河床组成时，排体周围滩面冲刷下切产生排体周围的冲刷坑，产生的冲刷坑由于水流的持续冲刷，可能向排体内部发展，冲刷程度较大时可能造成部分排体悬空而发生破坏，影响软体排的护底效果，严重时可能影响建筑物的稳定性[8-11]。当前，对软体排周边河床演变过程的研究，主要有现场监测、数值模拟和物理模型三种方法，已有很多学者采用数值模拟的方法对建筑物周围的局部冲淤问题进行了研究，但是大多模型不考虑软体排的护底作用，仅对建筑物周围局部流场和冲淤过程进行研究[12-15]。本文针对长江口建立水流–泥沙–地形耦合的平面二维模型，创新性地在模型中修正软体排覆盖区域的泥沙上扬和沉降通量来考虑软体排的护底作用，模拟水流冲刷软体排外缘，并在持续冲刷状态下，冲刷坑向排体内部发展直至局部排体悬空的过程。修正软体排底部泥沙上扬和沉降通量的原则为：处于淤积状态的单元，正常计算上扬和沉降通量；处于冲刷状态的单元，需要将净上扬通量 $(E-D)$ 修正为 $\alpha(E-D)$，其中 E 和 D 分别为泥沙上扬和沉降通量，α 为修正系数，单元越靠近软体排有效防护区域形心，防护泥沙悬起的作用越强，修正系数越接近 0，单元越靠近软体排有效防护区域边缘，修正系数越接近 1。该方法在原有高效率平面二维模型基础上[16-18]，仅根据水流淘刷软体排特性，通过修正上扬和沉降通量来模拟水流淘刷软体排底部泥沙直至软体排破坏的过程，忽略排体对水流的扰动，不考虑排体受力变形，在模型中实现该方法所需要的计算成本低，所以该方法可以使模型在较短时间内计算较长时间尺度的软体排破坏过程。

1 数值模式

1.1 控制方程

    控制方程包含携沙水流质量守恒方程、动量守恒方程、随流泥沙分粒径组分及盐度的质量守恒方程、河床变形方程、床沙分粒径组分的质量守恒方程。对上述质量和动量守恒方程进行雷诺平均，得到雷诺平

基金项目： 国家重点研发计划（2017YFC0405400）；浙江省自然科学基金（LR19E090002）
作者简介： 姬奥飞（1995–），男，河南商丘人，硕士研究生，主要从事长江口深水航道泥沙回淤研究
通信作者： 胡鹏（1985–），男，副教授，从事水沙动力学和泥沙运动研究。E-mail: pengphu@zju.edu.cn

均方程组，再对雷诺平均方程组进行深度积分，得到平面二维水–沙–床耦合控制方程组。表达式如下：

$$\frac{\partial \boldsymbol{U}}{\partial t} + \frac{\partial \boldsymbol{F}}{\partial x} + \frac{\partial \boldsymbol{G}}{\partial y} = \boldsymbol{S}_s + \boldsymbol{S}_b + \boldsymbol{S}_f \tag{1}$$

$$\boldsymbol{U} = \begin{bmatrix} h \\ hu \\ hv \\ hc_k \end{bmatrix}, \boldsymbol{F} = \begin{bmatrix} hu \\ hu^2 + \dfrac{gh^2}{2} \\ huv \\ huc_k \end{bmatrix}, \boldsymbol{G} = \begin{bmatrix} hv \\ huv \\ hv^2 + \dfrac{gh^2}{2} \\ hvc_k \end{bmatrix}, \boldsymbol{S}_s = \begin{bmatrix} \dfrac{(E_T - D_T)}{(1 - P_0)} \\ 0 \\ 0 \\ E_k - D_k \end{bmatrix}, \boldsymbol{S}_b = \begin{bmatrix} 0 \\ ghS_{bx} \\ ghS_{by} \\ 0 \end{bmatrix}, \boldsymbol{S}_f = \begin{bmatrix} 0 \\ -ghS_{fx} \\ -ghS_{fy} \\ 0 \end{bmatrix} \tag{2}$$

$$\frac{\partial z_b}{\partial t} = \frac{\sum (D_k - E_k)}{1 - P_0} \quad (k = 1, 2, \cdots, Nsps - 1) \tag{3}$$

$$\frac{\partial (\delta f_{a,k})}{\partial t} = \frac{D_k - E_k}{1 - P_0} - f_{s,k} \frac{\partial \eta}{\partial t} \quad (k = 1, 2, \cdots, Nsps - 1) \tag{4}$$

式中：$\boldsymbol{U}$ 为守恒量向量；$\boldsymbol{F}$ 和 $\boldsymbol{G}$ 分别为 x 和 y 方向的对流通量向量；$\boldsymbol{S}_s$、$\boldsymbol{S}_b$ 和 $\boldsymbol{S}_f$ 分别为泥沙、底坡和底部摩阻源项向量；h 为水深；t 为时间；u、v 分别为笛卡儿坐标系下 x 和 y 方向上深度积分平均后的流速分量；g 为重力加速度，取 9.8 m/s²；c_k、E_k 和 D_k 分别为第 k 粒径组的泥沙含量、上扬通量、沉降通量，泥沙共有 $Nsps - 1$ 组，第 $Nsps$ 组为盐度，当 $k = Nsps$ 时，c_{Nsps} 为盐度，$E_{Nsps} = D_{Nsps} = 0$；z_b 为底床高程；$f_{a,k}$ 为活动层各粒径组泥沙体积百分比；δ 为床面活动层厚度；P_0 为底床活动层泥沙孔隙率；$f_{s,k}$ 为底床储存层和活动层交界面处泥沙体积百分比；η 为底床储存层和活动层交界面高程；$S_{bx} = -\partial z_b / \partial x$ 和 $S_{by} = -\partial z_b / \partial y$ 分别为 x 和 y 方向底坡坡度；S_{fx} 和 S_{fy} 分别为 x 和 y 方向阻力坡度。

1.2　离散控制方程

采用非结构三角形网格对空间进行离散，采用有限体积法对控制方程进行离散求解，以下仅介绍控制方程的离散求解过程。控制方程按照物理意义可以分为守恒量项、对流项和源项 3 部分，对控制方程，在单元内进行面积积分，根据高斯散度定理，可将对流项的面积积分转化为线积分，

$$A_i \frac{\partial U_{Ai}}{\partial t} + \oint E_n(U) \mathrm{d}\Gamma = A_i (S_s + S_b + S_f) \tag{5}$$

式中：$n = (n_x, n_y)$ 为三角形单元各边的法向向量；$E_n(U) = Fn_x + Gn_y$ 为三角形各边对流通量。根据三角形结构特点，最终将方程离散为

$$U_i^{n+1} = U_i^n - \frac{\Delta t}{A_i} \sum_{j=1}^{3} E_{nij} \Delta L_{ij} + \Delta t (S_b + S_f + S_s) \tag{6}$$

2　矩形软体排模拟方法

在护底软体排的应用中，排体破坏出现过以下几种情况：①排体边缘淘刷冲刷坑过大导致排体边缘撕裂破坏；②排体在较强水流或波浪作用下被掀起导致失去守护功能；③排体受到船舶下锚等导致的排布受到破坏等[1,8,11,19]。从破坏现象看，主要体现在护滩（底）周边水流结构的改变导致排体边缘淘刷是护滩带破坏的主要原因之一。

2.1　矩形软体排覆盖区域底沙淘刷模拟过程

软体排在长江航道软整治的应用中，主要利用其隔离和反滤功能，防止水流直接冲刷河床对河床进行防护[2,3,7]。所以，由于软体排的保砂作用，在有软体排防护状态下处于冲刷状态单元的泥沙冲刷量应小于无软体排防护的情况。根据软体排对底部泥沙的冲刷影响机制，对软体排覆盖区域的冲刷和淤积进行特定的修正，并且仅对防护体有效覆盖（有效覆盖是指防护体高于底床高度不超过 0.1 m）区域内满足一定条件的单元的冲淤进行修正。同时满足以下三个条件时对单元的（$E - D$）进行修正：①该单元属于防护体覆盖区域；②该单元的底部高程小于防护体高程（若单元底部高程高于防护体高程，说明防护体上部淤积有泥沙，此时水流仅对防护体上部沙体作用）；③该单元的泥沙上扬与沉降通量满足 $E - D > 0$。具体过程如图 1 所示。

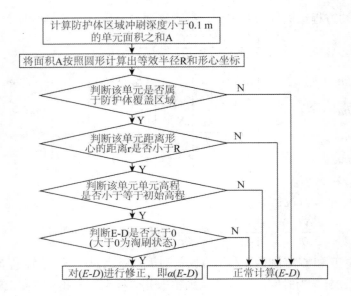

图 1　计算区域所有单元冲淤处理流程

护底软体排作为能够在冲刷环境中有效控制建筑物周边河床冲刷，又能适应建筑物周边地形变化的保砂、透水的护底结构被广泛应用，从防护体保沙的角度考虑，确定图 1 中对 $E-D$ 修正系数 α。防护体区域所有单元在冲刷状态下，靠近防护体边缘的单元容易冲刷，靠近防护体中心的单元受到防护体的保护作用，单元中泥沙冲刷强度减弱。修正系数 α 计算公式有以下两种：

$$\alpha = \left[1 - \frac{\ln(-r + R + 1)}{\ln(R+1)}\right]^{m} \tag{7}$$

$$\alpha = \left(\frac{r}{R}\right)^{m} \tag{8}$$

式中：r 为单元中心距离防护体覆盖区域形心的距离；R 为防护体覆盖区域等效半径；指数 m 需要率定（目前算例中取 1）。

2.2　软体排破坏判别标准

在本模型中，把软体排破坏的形式分为三种，即坍塌破坏、整体滑动破坏和掀起破坏。在特定的来水来沙条件下，防护体覆盖区域以及周边区域可能呈现为冲刷或者淤积的状态，防护体周围区域没有软体排保砂作用，随水动力和泥沙条件自由冲淤，若防护体周围区域受到大范围的冲刷，软体排不能得到所需支撑力而发生整体滑动破坏；防护体边缘强烈湍流引起的局部冲刷，淘刷坑发展到软体排下导致部分排体悬空变形，防护体会发生坍塌破坏；并且随着防护体淘刷面积增大，水流作用于软体排的上举力逐渐增大，再加上潮流或极端风浪条件下强烈上举力可能会引起的排体的掀起失效。具体判别标准如下。

1）坍塌破坏：当防护体覆盖区域淘刷超过一定限制时（冲刷面积达到防护体覆盖区域总面积的 3%），认为发生坍塌破坏。

2）整体滑动破坏：当防护体周围的淘刷面积，达到其周围总面积的 30% 时，认为防护体发生整体滑动破坏。

3）掀起破坏：当软体排所受支持力为 0 时，软体排被掀起而失去保护作用，破坏控制条件为防护体所受支持力 $N \leqslant 0$。

3　软体排数值模拟

3.1　算例设置

软体排设置：大小为 400 m×400 m，形状为矩形，放置于长江口南北港分汊口附近（图 2），对防护体及其周围区域进行细分，根据计算效率和计算精度，初步采用分辨率为 50 m 的单元对防护体进行划分。

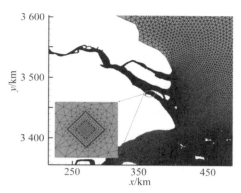

图 2　算例中防护体在长江口所处位置

图 2 中虚线矩形为防护体覆盖区域，虚线与实线矩形之间区域为防护体周围区域。

计算时间：2016 年 2 月 1 日至 2016 年 9 月 20 日。具体边界条件：长江上游开边界，计算时间内大通站实测流量过程，由于所获数据缺乏该年份的泥沙浓度过程，含沙量过程是根据 2014 年和 2015 年两年的流量与含沙量数据拟合出的含沙量–流量关系曲线插值得到的，悬沙级配为 2010 年的悬沙级配过程。钱塘江上游开边界：给定恒定流量和含沙量过程（流量为 800 m³/s）；外海开边界为水位驱动，考虑 13 个分潮，用 TPXO 模型计算的水位时间序列作为外海水位边界条件。

3.2　计算结果

图 3 记录了软体排在计算时间内的受力状态，包括软体排所受上举力、软体排上部覆盖泥沙重力、软体排覆盖区域冲刷率和其周围冲刷率，图 4 是根据破坏准则，记录了软体排的破坏状态，在计算到约 1 199 h 时（2016 年 3 月 21 日），发生滑落破坏，在计算到约 4 227 h 时（2016 年 7 月 25 日），发生坍塌破坏，计算结果还表明，防护体覆盖区域既有边缘的淘刷又有中间的淤积，防护体上部堆积的泥沙重力远大于水流对防护体的上举力，故在该工况下没有发生掀起破坏。

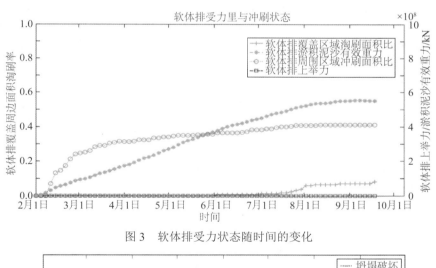

图 3　软体排受力状态随时间的变化

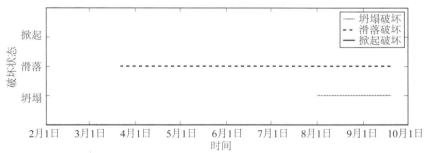

图 4　软体排三种破坏状态

4 结语

本文首先针对长江口建立了水流–泥沙–地形耦合的平面二维模型，在模型中，通过修正软体排底部泥沙上扬和沉降通量来考虑软体排的保砂作用，进而模拟水流淘刷软体排底部泥沙直至软体排破坏的过程。然后，假设长江口南北港分汊口附近放置有软体排，采用所建立的模型以及所获边界数据，对软体排的破坏过程进行了模拟，初步模拟出了该位置的软体排在 2016 年 2 月 1 日至 2016 年 9 月 20 日期间的受力以及破坏过程，结果表明：在计算到约 1 199 h（2016 年 3 月 21 日），发生滑落破坏，在计算到约 4 227 h 时（2016 年 7 月 25 日），发生坍塌破坏；计算结果还表明，防护体覆盖区域的边缘局部遭到淘刷，排体形心周围上部存在淤积沙体，防护体上部堆积的泥沙重力远大于水流对防护体的上举力，故在该工况下没有发生掀起破坏。目前，模型可以较合理地模拟正四边形软体排外缘淘刷过程，但是还存在局限性，主要体现在软体排形状上的限制，希望在后期可以改进算法，使模型可以适用于不同形状的软体排，以进一步模拟和研究软体排局部冲刷机理。

参考文献：

[1] 周海, 陈琳, 王费新. 长江口航道整治建筑物护底软体排结构的优化和运用[J]. 水运工程, 2012(12): 173-177.

[2] 舒叶华. 软体排在长江口保滩护底工程中的应用[J]. 上海水务, 2008(1): 35-38.

[3] 李峰. 土工布软体排技术在长江口深水航道治理工程中的应用[J]. 港口科技动态, 2001(9): 12-16.

[4] 程玉来, 赵龙根, 楼启为. 土工织物软体排在长江口深水航道治理工程一期北导堤工程中的应用[J]. 水运工程, 2000(12): 53-58, 62.

[5] 王辉, 孙青云, 徐立猛. 长江口航道软体铺设施工技术应用[J]. 上海建设科技, 2015 (5): 31-33.

[6] 张景明. 长江口深水航道治理工程护底软体排结构设计[J]. 水运工程, 2006(S2): 20-23.

[7] 曹棉. 软体排在长江航道整治工程中的应用[J]. 水运工程, 2004(9): 70-73.

[8] 付中敏. 护底软体排破坏机理及应对措施[J]. 水运工程, 2015(7): 114-118, 128.

[9] 陈琳, 冯建军. 新浏河沙护滩工程滩头堤段局部冲刷原因分析及护底现状调查[J]. 水运工程, 2012(12): 178-183.

[10] 贾晓, 胡志锋, 吴华林, 等. 长江口河段柔性护滩结构周边河床冲刷形态分析[J]. 水利水运工程学报, 2013(2): 52-57.

[11] 李彪, 徐晗, 黄成涛, 等. 冲刷条件下 D 型软体排护底破坏机理研究[J]. 水利学报, 2015, 46(S1): 158-162.

[12] 刘怀汉, 曹民雄, 潘美元, 等. 鱼骨坝工程水流结构与水毁机理研究[J]. 水运工程, 2011(1): 192-197.

[13] 张新周, 窦希萍, 王向明, 等. 感潮河段丁坝局部冲刷三维数值模拟[J]. 水科学进展, 2012, 23(2): 222-228.

[14] 彭静, 玉井信行, 河原能久. 丁坝坝头冲淤的三维数值模拟[J]. 泥沙研究, 2002(1): 25-29.

[15] 陈小莉, 马吉明. 桥台局部冲刷坑内水流运动的三维数值模拟[J]. 水动力学研究与进展 A 辑, 2007 (6): 689-695.

[16] 胡鹏, 韩健健, 雷云龙. 基于局部分级时间步长方法的水沙耦合数学模拟[J]. 浙江大学学报（工学版）, 2019, 53(4): 743-752.

[17] HU P, LEI Y L, HAN J J, et al. Computationally efficient modeling of hyro-sediment-morphodynamic processes using a hybrid local time step/global maximum time step[J]. Advances in Water Resources, 2019, 127: 26-38.

[18] HU P, LEI Y L, CAO Z X, et al. An improved local-time-step for 2D shallow water modeling based on unstructured grids[J]. Journal of Hydraulic Engineering.

[19] 何阳, 琚烈红, 李鹏. 波流共同作用下混凝土块软体排稳定性研究[J]. 水运工程, 2014(7): 28-31.

灰色关联度和 PCA 在港口淤积评价中的应用

杨菁莹[1]，高祥宇[2]，高正荣[2]，冯卫兵[1]

（1. 河海大学 港口海岸与近海工程学院，江苏 南京 210098；2. 南京水利科学研究院 港口航道泥沙工程交通行业重点实验室，江苏 南京 210024）

摘要：沿海港口航道规划布置时，航道和港池泥沙回淤是考虑的重要因素之一，工程实施后泥沙回淤分布特征及回淤强度都对运行维护成本有直接的影响，因此论证合理的规划方案至关重要。基于港池和港内外航道中的泥沙淤积分布建立了评价指标集，分别应用灰色关联度分析法和基于 SPSS 的主成分分析法对徐圩港区防波堤工程的三个大环抱优化方案进行评价。灰色关联度分析方法和运用主成分分析方法各有优势，灰色关联度分析法计算较为简单，运用较为方便，主成分分析法中的各主成分得分与实际相符，可以直观得出各方案淤积相对严重的区段。采用这两种方法评价结果有时会有所不同，当运用灰色关联度分析法进行评价时，方案 3 淤积程度最为严重，方案 1 淤积程度最轻，方案 2 次之；当运用主成分分析法进行评价时，方案 3 淤积程度最为严重，方案 2 淤积程度最轻，方案 1 次之。

关键词：灰色关联度分析法；主成分分析法；泥沙淤积；方案比选；防波堤布置

在工程建设中，方案比选一直是工程可行性研究的重要环节，选择投资和运行维护成本少，经济合理的方案一直是工程设计和建设者追求的目标。在方案比选过程中，较难从大量的数据直接判断最佳方案，选择快速的评价方法判定方案的优劣，值得深入研究。在方案比选问题上，秦志斌等[1]运用了层次分析法和熵值法对公路设计方案对自然环境的影响进行了评价；孟祥定和吴小萍[2]利用灰色模糊综合评价方法对城市轨道交通方案进行了评价；徐元等[3]运用了 PCA–熵权系数评价模型进行港口航道泥沙处理方案评价；杜梦和徐元[4]运用了主观综合评价法对内河航道进行了选汊；刘丽芬等[5]基于数据包络分析方法对地下道路交通工程设计方案进行了评价。上述研究主要集中于道路交通方案比选方面，尚没有类似方法应用于港口布置方案的淤积评价。本文着眼于港口防波堤布置方案比选，从泥沙淤积的角度利用灰色关联度分析法和主成分分析法分别对防波堤布置方案进行评价。

1 港口淤积评价模型

1.1 灰色关联度分析法

对于两个系统之间的因素随时间或对象而变化的关联性大小的量度，称为关联度[6-7]。在系统发展过程中，若两个因素变化的趋势具有一致性，则二者关联程度较高；反之，则较低。因此，灰色关联分析方法是根据因素之间发展趋势的相似或相异程度即"灰色关联度"来衡量因素间关联程度的一种方法，对样本量多少没有要求，无需典型的分布规律，计算量小。主要步骤如下。

第一步：确定最优指标集。

设系统有 m 个待优选的对象组成备选对象集，有 n 个评价因素组成系统的评价指标集，则系统有 $n{\times}m$ 阶指标特征值矩阵 $\boldsymbol{R}$，r_{ij} 为第 j 个备选对象在第 i 个评价因素下的指标特征值。

第二步：指标的规范化处理，将指标无量纲化，使指标值张弛成 $[0,1]$ 之间的数，增加离散性。

采用正向指标，计算公式为 $r_{ij}=x_{ij}/\max x_{ij}$ $(i=1,2,\cdots,n; j=1,2,\cdots,m)$，得到规格化矩阵：$\boldsymbol{R}=\left(r_{ij}\right)_{n\times m}$，显然，$0{\leqslant}r_{ij}{\leqslant}1$，其值越大表示第 j 个备选对象的第 i 个因素评价越优。

第三步：计算综合评判结果。

1）确定参考序列。从被评估对象的指标数据列中选取最佳值，组成最优参考向量 $\boldsymbol{G}$：

$$\boldsymbol{G}=\left(g_1,g_2,\cdots,g_n\right)=\left(r_{11}\vee r_{12}\vee\cdots\vee r_{1m},\cdots,r_{n1}\vee r_{n2}\vee\cdots\vee r_{nm}\right)。$$ 式中，$\vee$ 为取大运算符，记第 j 个待评对象组成的

基金项目：国家重点研发计划（2017YFC1404204）

向量为 $\boldsymbol{R} = \left(r_{1j}, r_{2j}, \cdots, r_{ni} \right), j = 1, 2, \cdots, m$。

2）求序列差、最大差和最小差。序列差：$\Delta ij = \left| r_{i0} - r_{ij} \right| \left(i = 1, 2, \cdots, r_{ni}; j = 1, 2, \cdots, m \right)$。最大差 $\Delta(\max) = \max \max \left\{ \Delta ij \right\}$，为绝对差值阵中的最大值，最小差 $\Delta(\min) = \min \min \left\{ \Delta ij \right\}$，为绝对差值阵中的最小值。

3）确定关系系数。利用灰色关联公式求得第 j 个待评价对象 R_j 与最优向量 G 的关联系数 $\xi_i \left(R_i, G \right)$：$\xi_i \left(R_i, G \right) = \left\{ \Delta(\min) + \rho \Delta(\max) \right\} / \left\{ \Delta ij + \rho \Delta(\max) \right\}$。其中：$\rho$ 为分辨系数，取值范围为 $(0,1)$，一般情况下根据数据情况在 0.1~0.5 之间取值，其值越小越能提高关联系数之间的差异，文中取 0.5。

4）计算关联度。$D \left(R_i, G \right) = \sum \omega_i \times \xi_i \left(R_i, G \right)$。式中：$\omega_i$ 为第 j 个待评估对象的第 i 个评价因素的权重系数，可通过专家评分得到。利用主成分分析法来得到权重系数。

1.2 主成分分析法

主成分分析法通过线性变换将原始数据变换为一组各维度线性无关的表示，可用于提取数据的主要特征分量，常用于高维数据的降维。具体操作步骤如下。

1）原始指标数据的标准化，设共有 n 个评价指标，m 个待评价对象，列出待评样本的指标原始值矩阵。并应该消除量纲的影响，做如下数据变换 $x_{ij} = (x_{ij}^* - x_i) / S_i$。式中：$x_{ij}$ 代表第 j 个样本中第 i 个指标的原始数值在进行归一化处理之后的数值；x_{ij}^* 为第 j 个样本中第 i 个指标原始数值；x_i 为第 j 个指标原始数值的均值；S_i 为第 i 个指标原始数值的标准差。

2）计算相关系数矩阵

$$\boldsymbol{R} = \begin{bmatrix} r_{11} & r_{12} & \cdots & r_{1n} \\ r_{21} & r_{22} & \cdots & r_{2n} \\ \vdots & \vdots & & \vdots \\ r_{n1} & r_{n2} & \cdots & r_{nn} \end{bmatrix} \tag{1}$$

式中：$r_{ij} \left(i, j = 1, 2, \cdots, n \right)$ 为原变量 x_i 和 x_j 的相关系数，计算公式为

$$r_{ij} = \frac{\sum_{k=1}^{n} \left(x_{ki} - \overline{x_i} \right) \left(x_{kj} - \overline{x_j} \right)}{\sqrt{\sum_{k=1}^{n} \left(x_{ki} - \overline{x_i} \right)^2 \sum_{k=1}^{n} \left(x_{kj} - \overline{x_j} \right)^2}} \tag{2}$$

计算特征值及其单位特征向量，并将特征值按大小顺序排列，$\lambda_1 \geqslant \lambda_2 \geqslant \cdots \geqslant \lambda_n \geqslant 0$。

3）计算主成分贡献率 α_i

$$\alpha_i = \frac{\lambda_i}{\sum_{k=1}^{n} \lambda_k} \quad (i = 1, 2, \cdots, n) \tag{3}$$

4）计算主成分累计贡献率 $G(i)$

$$G(i) = \frac{\sum_{k=1}^{i} \lambda_k}{\sum_{k=1}^{n} \lambda_k} \quad (i = 1, 2, \cdots, n) \tag{4}$$

当成分特征值大于 1 且方差累计贡献率大于 85% 时，确定主成分个数 p。

5）计算主成分荷载

$$l_{ij} = p \left(z_i, x_j \right) = \sqrt{\lambda_i} e_{ij} \quad (i = 1, 2, \cdots, p; \ j = 1, 2, \cdots, n) \tag{5}$$

式中：e_{ij} 为 λ_i 的单位特征向量的第 j 个分量。

6）计算各主成分得分

$$Z_{ij} = e_i^{\mathrm{T}} X_j \quad (i = 1, 2, \cdots, p; j = 1, 2, \cdots, m) \tag{6}$$

$$\boldsymbol{X}_j = \begin{bmatrix} x_{1j} \\ x_{2j} \\ \vdots \\ x_{nj} \end{bmatrix} \tag{7}$$

7）建立主成分评价模型

确定第 k 个样本的评价函数 F_k。对 p 个主成分进行加权求和，权重为每个主成分所对应的特征值占所提取主成分总的特征值之和的比例 a_i，F_k 越大则越优。

8）计算各指标权重

$$\omega_i = \sum_{j=1}^{p} a_j \left(e_{ij} \right)^2 \tag{8}$$

2　实例研究

连云港徐圩港区防波堤初步设计了三种大环抱方案，大环抱方案 1、方案 2 及方案 3 除了防波堤布置不同，码头和航道布置位置相同，见图 1 至图 3。大环抱方案 2 在大环抱方案 1 基础上将西防波堤建在靠近内航道的通用散货码头东北角，同时去掉东防波堤沿程的围垦，但保存 LNG 码头泊位和后方陆域，大环抱方案 3 在大环抱方案 1 基础上去掉西防波堤，形成西侧开口的半掩护方案。根据数值模拟计算结果得出的各码头和航道的淤强及年平均含沙量，建立评价指标集，由于外航道外八段以外淤积状况相同，故不计入指标体系内。

根据数值模拟得到年平均泥沙含量、流场数据，年平均淤强计算采用规范上的刘家驹公式[8]，得到指标值如表 1 所示。

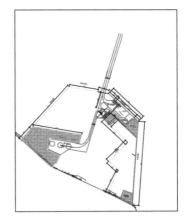　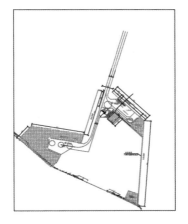　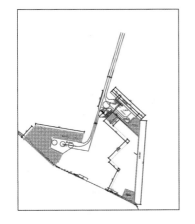

图 1　大环抱方案 1　　　　　　图 2　大环抱方案 2　　　　　　图 3　大环抱方案 3

3　结果分析与对比

3.1　灰色关联度法结果

根据灰色关联度步骤计算得到表 2 的关系系数，权重由主成分分析法确定得 0.041 7，由此得到三个方案的灰色关联度（表 3），其中，方案 1 为 0.605，方案 2 为 0.661，方案 3 为 0.922（表 3），可以看出，方案 3 淤积程度最严重，方案 1 淤积程度最轻，方案 2 次之。

表 1　大环抱方案指标原始数据

编号	指标集	方案 1	方案 2	方案 3	编号	指标集	方案 1	方案 2	方案 3	编号	指标集	方案 1	方案 2	方案 3
1	平均淤强（港池）	1 174	1 083	1 826	9	口内含沙量	0.1	0.15	0.1	17	外八段	1.95	1.95	1.96
2	平均淤强（外航道）	914	921	1 098	10	外一段	1.76	1.91	3.65	18	内一段	1.01	1.35	3.04
3	回淤总量	2 088	2 004	2 924	11	外二段	2.21	2.18	3.65	19	内二段	0.91	1.1	2.68
4	原油码头	2.89	2.69	3.65	12	外三段	2.13	2.15	3.22	20	内三段	0.55	0.81	2.41
5	液体散货码头	1	0.62	2.35	13	外四段	2.12	2.13	2.85	21	内四段	0.76	0.56	1.65
6	LNG 码头	2.08	1.87	2.54	14	外五段	2.61	2.64	2.56	22	内五段	0.85	0.78	1.12
7	通用散货码头	0.85	0.78	1.65	15	外六段	2.3	2.32	2.3	23	内六段	1.11	1.81	1.21
8	口门含沙量	0.5	0.5	0.4	16	外七段	2.1	2.1	2.11	24	内七段	0.81	1.56	0.91

表 2　关系系数

编号	指标集	方案 1	方案 2	方案 3	编号	指标集	方案 1	方案 2	方案 3	编号	指标集	方案 1	方案 2	方案 3
1	平均淤强（港池）	0.519	0.487	1.000	9	口内含沙量	0.537	1.000	0.537	17	外八段	0.987	0.987	1.000
2	平均淤强（外航道）	0.697	0.705	1.000	10	外一段	0.427	0.447	1.000	18	内一段	0.366	0.410	1.000
3	回淤总量	0.574	0.551	1.000	11	外二段	0.494	0.489	1.000	19	内二段	0.369	0.396	1.000
4	原油码头	0.650	0.595	1.000	12	外三段	0.533	0.537	1.000	20	内三段	0.333	0.368	1.000
5	液体散货码头	0.402	0.344	1.000	13	外四段	0.601	0.604	1.000	21	内四段	0.417	0.369	1.000
6	LNG 码头	0.681	0.594	1.000	14	外五段	0.971	0.927	0.927	22	内五段	0.615	0.560	1.000
7	通用散货码头	0.443	0.423	1.000	15	外六段	0.978	1.000	0.978	23	内六段	0.499	1.000	0.538
8	口门含沙量	1.000	1.000	0.659	16	外七段	0.988	0.988	1.000	24	内七段	0.445	1.000	0.481

表 3　不同方案的灰色关联度

方案	大环抱方案 1	大环抱方案 2	大环抱方案 3
关联度	0.605	0.661	0.922

3.2　主成分分析法结果

根据主成分分析方法步骤，利用 SPSS 软件得到各成分特征值和解释的方差贡献率[9]。由表 4 可知，共有两个大于 1 的成分，且累计贡献率达到 100%，可以很好的反映原来的 24 个指标，所以，重新选取两个新变量作为主成分。

表 4　解释的总方差

成份	初始特征值			提取平方和载入		
	合计/（%）	方差百分比/（%）	累积百分比/（%）	合计	方差百分比/（%）	累积百分比/（%）
1	20.773	86.555	86.555	20.773	86.555	86.555
2	3.227	13.445	100.000	3.227	13.445	100.000
3	0.000	0.000	100.000			
4	0.000	0.000	100.000			
5	0.000	0.000	100.000			
6	0.000	0.000	100.000			
7	0.000	0.000	100.000			

表 5 为成分矩阵，可以看出主成分 1 主要与港池和外航道平均淤强、回淤总量、各码头前港池回淤量、

航道外一段到外四段、外七段、外八段和内一段到内五段有关，主成分 2 主要与口内含沙量、外六段、内六段和内七段有关。两个主成分基本可以反映全部指标的信息，这两个主成分可以代替原来的 24 个指标。由主成分的单位特征向量可得系数矩阵，见表 6。

表 5　成分矩阵

指标集	主成分 1	主成分 2	指标集	主成分 1	主成分 2	指标集	主成分 1	主成分 2
平均淤强（港池）	0.999	0.047	口内含沙量	−0.631	0.776	外八段	0.987	0.158
平均淤强（外航道）	0.982	0.191	外一段	0.974	0.228	内一段	0.950	0.311
回淤总量	0.997	0.076	外二段	0.990	0.141	内二段	0.967	0.254
原油码头	0.999	−0.040	外三段	0.985	0.174	内三段	0.959	0.285
液体散货码头	0.999	−0.051	外四段	0.985	0.170	内四段	1.000	−0.014
LNG 码头	0.988	−0.152	外五段	−0.976	0.219	内五段	0.999	−0.037
通用散货码头	0.996	0.086	外六段	−0.631	0.776	内六段	−0.523	0.852
口门含沙量	−0.987	−0.158	外七段	0.987	0.158	内七段	−0.531	0.847

表 6　成分得分系数矩阵

指标集	主成分 1	主成分 2	指标集	主成分 1	主成分 2	指标集	主成分 1	主成分 2
平均淤强（港池）	0.219	0.026	口内含沙量	−0.138	0.432	外八段	0.217	0.088
平均淤强（外航道）	0.215	0.107	外一段	0.214	0.127	内一段	0.209	0.173
回淤总量	0.219	0.042	外二段	0.217	0.078	内二段	0.212	0.141
原油码头	0.219	−0.022	外三段	0.216	0.097	内三段	0.210	0.158
液体散货码头	0.219	−0.029	外四段	0.216	0.095	内四段	0.219	−0.008
LNG 码头	0.217	−0.084	外五段	−0.214	0.122	内五段	0.219	−0.021
通用散货码头	0.219	0.048	外六段	−0.138	0.432	内六段	−0.115	0.475
口门含沙量	−0.217	−0.088	外七段	0.217	0.088	内七段	−0.116	0.472

各主成分得分公式如下：

$$Z_1 = 0.219X_1 + 0.215X_2 + 0.219X_3 + 0.219X_4 + 0.219X_5 + 0.217X_6 + 0.219X_7 - 0.217X_8 - 0.138X_9 + 0.214X_{10} + 0.217X_{11} + 0.216X_{12} + 0.216X_{13} - 0.214X_{14} - 0.138X_{15} + 0.217X_{16} + 0.217X_{17} + 0.209X_{18} + 0.212X_{19} + 0.210X_{20} + 0.219X_{21} + 0.219X_{22} - 0.115X_{23} - 0.116X_{24}$$

（9）

$$Z_2 = 0.026X_1 + 0.107X_2 + 0.042X_3 - 0.022X_4 - 0.029X_5 - 0.084X_6 + 0.048X_7 - 0.088X_8 + 0.432X_9 + 0.127X_{10} + 0.078X_{11} + 0.097X_{12} + 0.095X_{13} + 0.122X_{14} + 0.432X_{15} + 0.088X_{16} + 0.088X_{17} + 0.173X_{18} + 0.141X_{19} + 0.158X_{20} - 0.008X_{21} - 0.021X_{22} + 0.475X_{23} + 0.472X_{24}$$

（10）

整体综合得分函数为

$$F_k = 0.86555Z_1 + 0.13445Z_2$$

（11）

将三个方案归一后的指标代入上述公式，得到各项主成分及综合得分，见表 7，由此可得，大环抱方案 3 综合得分最高，淤积最严重；大环抱方案 2 得分最低，淤积程度最轻，方案 1 次之。由主成分 1 得分可以看出，大环抱方案 3 港池和航道外平均淤强、回淤总量、各码头前港池回淤量、航道外一段到外四段、外七段、外八段和内一段到内五段淤积强度最大，方案 2 最小，方案 1 次之。

3.3　结果对比

通过用灰色关联度分析法和主成分分析法得出的较优方案有所不同，灰色关联度分析法确定的方案 1 相对较优，主成分分析法确定方案 2 相对得分最低，但是两种方法对淤积最严重的方案结论是一致的。相较于主成分分析法，灰色关联度分析法操作简单，而主成分分析法可以直观得出各方案淤积相对严重的区段，也可以分析各指标的重要程度。

表 7　各项主成分得分及综合得分

方案	大环抱方案 1	大环抱方案 2	大环抱方案 3
$z1$	⁻2.298	⁻4.066 3	6.364 3
$z2$	⁻2.373 4	1.971 1	0.402 4
综合得分	⁻2.308 1	⁻3.254 6	5.562 7

4　结　语

根据港口航道淤积分布建立评价指标集，分别用灰色关联度分析法和主成分分析法对连云港徐圩港区防波堤布置方案进行评价，评价结果与港口淤积情况基本一致，说明将主成分分析法和灰色关联度分析法与港口淤积评价问题相结合具有可行性，为未来港口布置方案比选提供了新的方法。

参考文献：

[1]　秦志斌, 刘朝晖, 李宇峙. 基于熵权的山区公路自然环境影响多目标评价[J]. 长江流域资源与环境, 2011(11): 1389-1393.

[2]　孟祥定, 吴小萍. 城市轨道交通线网灰色模糊综合评价[J]. 求索, 2007(6): 21-23.

[3]　徐元, 王铁凝, 吴蕴玉, 等. 宁波市北仑港港口航道泥沙处理方案的 PCA-熵权系数评价模型[J]. 水电能源科学, 2015, 33(3): 92-95.

[4]　杜梦, 徐元. 主客观综合评价法在内河航道选汊中的应用[J]. 水运工程, 2017(11): 98-103.

[5]　刘丽芬, 赵伟忠, 刘星星, 等. 基于数据包络分析方法的地下道路交通工程设计方案评价[J]. 长安大学学报(自然科学版), 2017, 37(3): 106-112.

[6]　张曾莲. 风险评估方法[M]. 北京: 机械工业出版社, 2017: 201-210.

[7]　邓聚龙. 灰色系统基本方法[M]. 武昌: 华中理工大学出版社, 1987: 17-31.

[8]　中交第一航务工程勘察设计院有限公司. 港口与航道水文规范(JTS 145–2015)[S]. 2015.

[9]　张文霖. 主成分分析在 SPSS 中的操作应用[J]. 市场研究, 2005(12): 31-34.

城市人工湖淤积模拟与"气动冲沙"防淤措施

丁　磊 [1,2]，陈黎明 [1]，罗　勇 [1]，缴　健 [1,2]，高祥宇 [1,2]，胡　静 [3]

（1. 南京水利科学研究院，江苏　南京　210029；2. 港口航道泥沙工程交通行业重点实验室，江苏　南京　210029；3. 南京市水利规划设计院股份有限公司，江苏　南京，210022）

摘要： 水质良好、生物多样的城市人工湖对提高城市居民生存环境质量、美化水景观和弘扬水文化有着重要作用。在原有城市河道基础上开挖人工湖会存在流速下降从而导致湖区淤积的问题。以浙江省义乌市双江湖为例，对人工湖规划实施后的淤积状况进行数学模型模拟与预测，模拟结果显示：人工湖开挖后，水动力明显减弱，湖区呈淤积态势；主要淤积发生在洪季，为洪峰携带大量泥沙进入湖区并落淤所导致。针对局部淤积严重的问题，提出了一种新的防淤措施——气动冲沙法，通过在湖底输入空气，利用气泡上升带动水流产生垂向流速，从而起到防止泥沙落淤的作用。可在局部淤积严重区域布置气动冲沙系统，并在淤积严重的洪季（尤其是 6 月）开启，实施期间可保证上游来沙不在此处落淤，同时此前已经落淤在气排处的泥沙也会重新起动并顺水流向下游输运。该方法具有高效、经济、环保的特点，值得在进一步进行现场示范研究的基础上进行推广。

关键词： 气动冲沙；人工湖；泥沙淤积；气泡；防淤措施；垂向流速

随着城市经济的快速发展及人民对生活环境质量需求的提高，城市生态环境日益被重视，而在水生态、水环境方面，城市人工湖是城市生态环境的重要一部分，具有防洪调蓄、调节小气候、景观休闲等多种功能[1-3]。水质良好、生物多样的城市人工湖对提高城市居民生存环境质量、提升水景观和弘扬水文化有着重要作用。一般情况下，人工开挖的特点会使得湖泊水深较浅。人工湖的水体交换能力往往较弱，其污染物除来自于上游随水流下泄外，还包括城市污染直排、泥地污染物释放等。同时，泥沙淤积也是人工湖需要面对的问题，人工湖往往会在城市河流的基础上开挖，流速较开挖前有明显的降低，导致水流挟沙能力下降致使上游泥沙在此处淤积，从而导致人工湖底部基面抬高，对水质、行洪产生不利影响。因此，在做城市人工湖规划时，需对人工湖实施后泥沙淤积问题进行预测。本文以浙江省义乌市双江湖水利枢纽为例，对规划实施后的人工湖淤积状况进行模拟，并针对淤积状况提出一种新防淤措施——"气动冲沙法"。该方法突破传统清淤思维，具有高效、经济、环保等优势。

1　研究区域介绍

1.1　工程概况

义乌市经济社会发展水平较高，是著名的国际小商品贸易中心，是浙中城市群的核心城市之一。义乌市本地水资源总量 $8.2×10^8$ m³，人均水资源量不足全国人均的 1/6，水资源供需矛盾十分突出。因此提出利用较为丰富的义乌江过境水资源，通过实施分质供水，缓解义乌市水资源紧缺的状况，并推荐建设双江水利枢纽工程，对义乌江水进行适当调蓄以提供一般工业用水。

义乌市双江水利枢纽工程位于义乌市区下游西南方向的义乌江上（原杨宅水轮泵站下游），在义乌江与南江汇合口的下游约 2.0 km 处，离城区 12 km，距下游佛堂水文站 0.4 km。本工程主要由泄水闸、人工湖、堤防等组成。工程任务以供水、防洪为主，结合城市发展和改善生态环境，兼顾灌溉、航运、发电等综合利用。人工湖在现状河道向两岸开挖形成，两岸南起杨宅枢纽，北至徐江桥，环湖线路（含北岸段）总长 12.70 km，其中岸线总长 6.76 km，堤线总长 5.34 km，另外工程范围内 0.61 km 堤岸维持现状无需整治。上游建有 2 座大型水库和 1 座中型水库，大型水库之一为义乌江主流上的横锦水库，坝址集水面积 378 km²，总库容 $2.74×10^8$ m³；二为南江上的南江水库，坝址集水面积 210 km²，总库容 $1.168×10^8$ m³。

人工湖工程设计参数如表 1 所示。湖区（图 1）内有甬金高速公路横穿。建成后湖区总面积 6.02 km²，

基金项目： 国家重点研发计划（2018YFC0407404，2018YFC0407406）

作者简介： 丁磊（1993–），硕士，助理工程师，主要研究方向为港口海岸及近海工程。E-mail: lding@nhri.cn

人工湖净水域面积 4.1 km²（正常蓄水位时湖区水面面积），人工岛面积 0.15 km²、湿地面积 0.67 km²、湖周隔堤面积 1.1 km²。本工程建成后，将增加 1.5×10⁷ m³ 的调蓄水体，堤岸总长 12.70 km，堤顶高程为 58.0~58.83 m，周边地区的防洪标准将提高到 50 年一遇。由于人工湖的开挖，原河道过水断面大幅增大，工程蓄水后义乌江干流和南江支流沿程 50 年一遇洪水位将减低，蓄滞洪能力也有所增强，并且由于干流洪水位的显著降低对沿岸及上下游区域的排涝十分有利。

表 1　人工湖工程设计参数

参数	取值
校核洪水位（$P=1\%$）/m	57.23
设计洪水位（$P=2\%$）/m	56.83
正常蓄水位/m	54.2
发电死水位/m	53
死水位/m	50.8
正常蓄水位时水面面积/ km²	4.1
正常蓄水位以下库容/（×10⁴ m³）	1 733
调节库容/（×10⁴ m³）	1 500
死库容/（×10⁴ m³）	233
库容系数	0.009

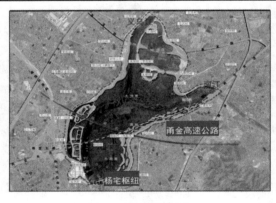

图 1　湖区范围示意

1.2　水文条件

佛堂水文站设立于 1954 年，控制集水面积 2 341 km²，观测流量、水位、降水量、蒸发量、泥沙等项目。佛堂水文站和流域内各雨量站是本工程水文分析计算的主要依据站。佛堂水文站流量资料系列为 1954—1993 年共 40 年，但因上游陆续建造横锦（1964 年竣工）、东方红及南江水库（1972 年竣工），天然来水受水库调节，资料系列一致性受到一定影响，但两者的径流总量基本一致。鉴于佛堂站实测资料的真实可靠性、以及流域内最大水库横锦水库于 1964 年底建成，其 1965—1993 年实测逐日径流资料既包括了 1967—1968 年和 1971 年这些枯水年度，亦基本反映了枢纽闸址以上流域的建库调蓄工况，可作为闸址处流量成果。根据前述 1965—1993 年佛堂站实测流量成果及 1994~2016 年反推的流量成果，推求得到佛堂站 1965—2016 年的年径流特征值如下：闸址多年平均流量 51.1 m³/s；闸址多年平均径流总量 16.1×10⁸ m³。对佛堂站径流系列进行频率分析计算，采用皮尔逊Ⅲ型曲线适线拟合，结果如表 2 所示。

表 2　佛堂站径流系列皮尔逊Ⅲ型曲线适线结果

频率/（%）	10	20	50	80	90	95	备注
年平均流量/（m³·s⁻¹）	75.6	65.6	48.9	35.3	29.4	25.0	资料系列为 1965—2016 年
适线参数	均值 51.1 m³/s，$C_v=0.36$，$C_s=2C_v$						

1.3　泥沙条件

双江水利枢纽是河道型水利工程，因河流的水量较大，故年输沙量仍较大。其泥沙主要来自河流两岸岸坡的风化层、台地等处，这些地方一遇大洪水，就会挟带泥沙顺流而下进入义乌江。根据佛堂水文站 1965—1993 年实测泥沙资料，多年平均悬移质含沙量约为 0.20 kg/m³。含沙量年内、年际变化明显且分布不均匀，根据多年平均结果来看，每年 6 月含沙量较大，1 月含沙量较小。6 月为洪季，上游流量较大，流速快，水体挟沙能力强，因此携带大量上游泥沙下泄。而 1 月为枯季，流量小，水体含沙量随之较小。最大含沙量发生在 1965 年 8 月，为 0.71 kg/m³；最小含沙量发生在 1967 年 12 月，为 0.001 kg/m³。月均输沙率特征与月均含沙量特征类似，呈现洪季大、枯季小的特征。最大月均输沙率为 121.8 kg/s，发生在 1989年 7 月；最小月均输沙率几乎为 0，发生在 1967 年 12 月。同样，洪季输沙量大于枯季，6 月的多年平均输沙量最大，10 月最小。悬移质单位水样颗粒级配共有 1976 年 4 月、5 月、6 月、8 月、12 月实测资料。整体而言，泥沙颗粒较细，悬移质中值粒径 d_{50} 大概在 0.05~0.1 mm 之间。洪季期间，泥沙粒径的极大值增大，最大达到 3 mm，枯季最大为 1 mm。12 月第二次测量资料显示，泥沙粒径整体小于其他时间，d_{50}在 0.025~0.05 mm 之间。

2　双江湖二维水流泥沙数学模型

2.1　模型方程

2.1.1　水动力数学模型

应用二维非恒定流浅水方程组描述双江湖湖区水体流动。采用有限体积法对方程组进行数值求解，一方面保证了数值模拟的精度，另一方面使方程能模拟包括恒定、非恒定或急流、缓流的水流–泥沙状态。首先根据计算区域的地形采用任意三角形或四边形组成的无结构网格剖分计算区域。然后逐时段地用有限体积法对每一单元建立水量、动量和浓度平衡，从而模拟出双江湖湖区的水流过程。

二维浅水方程和对流–扩散方程的守恒形式可表达为

$$\frac{\partial h}{\partial t}+\frac{\partial (hu)}{\partial x}+\frac{\partial (hv)}{\partial y}=0 \tag{1}$$

$$\frac{\partial (hu)}{\partial t}+\frac{\partial (hu^2+gh^2/2)}{\partial x}+\frac{\partial (huv)}{\partial y}=gh(s_{0x}-s_{fx}) \tag{2}$$

$$\frac{\partial (hv)}{\partial t}+\frac{\partial (huv)}{\partial x}+\frac{\partial (hv^2+gh^2/2)}{\partial y}=gh(s_{0y}-s_{fy}) \tag{3}$$

式中：h 为水深；u、v 分别为 x、y 方向垂线平均水平流速分量；g 为重力加速度；s_{0x}、s_{fx} 分别为 x 方向的水底底坡、摩阻坡度；s_{0y}、s_{fy} 分别为 y 方向的水底底坡、摩阻坡度。

2.1.2　泥沙数学模型

泥沙模型包括泥沙输运计算以及地形冲淤演变计算。泥沙输运模型可以单独或同时考虑非黏性沙和黏性沙组分。黏性沙和非黏性沙通过粒径大小来区分，临界粒径为 0.064 mm。在本模型中，根据实测资料，由于工程区域内主要为细颗粒泥沙，因此模型中主要考虑黏性沙组分。悬沙输运计算是基于水深平均模式下的平流–扩散方程

$$\frac{\partial c}{\partial t}+\frac{\partial uc}{\partial x}+\frac{\partial vc}{\partial y}=\frac{1}{h}\frac{\partial}{\partial x}\left(h\varepsilon_x\frac{\partial c}{\partial x}\right)+\frac{1}{h}\frac{\partial}{\partial y}\left(h\varepsilon_y\frac{\partial y}{\partial x}\right)+E-D \tag{4}$$

河床冲淤变形方程

$$\frac{\partial z_b}{\partial t}=\frac{D-E}{\rho d} \tag{5}$$

式中：c 为悬沙浓度；h 为总水深（$d+\eta$）；ε_x、ε_y 为扩散系数；z_b 为海底表面高程；ρ_d 为沉积物密度。E、D 为海底沉积物的侵蚀、沉降通量，与水体中黏性沉积物的物理化学过程（如侵蚀、沉降、絮凝等）有关，使用 Ariathurai-Krone 公式计算

$$E = M(\frac{\tau}{\tau_{ce}} - 1) \quad (a\tau > \tau_{ce}) \tag{6}$$

$$D = \omega_s c(1 - \frac{\tau}{\tau_{ce}}) \quad (\tau > \tau_{cd}) \tag{7}$$

式中：M 为侵蚀参数；τ 为潮流产生的底部切应力；τ_{ce}、τ_{cd} 分别为沉积物侵蚀、沉降的临界切应力；ω_s 为悬沙沉速，用 Van Rijn 公式计算：

$$w_s = kc^\gamma \quad (c \leqslant 100 \text{ kg/m}^3) \tag{8}$$

式中：k、γ 为校正系数。上述变量均采用国际单位。

模型中床面高程在每个水动力时间步长都更新，保证了每一次水动力计算都使用正确的地形。

2.2　模型建立

2.2.1　模型范围

根据本项工程特点，本研究考虑构建整个双江湖湖区的二维水流泥沙数学模型。

2.2.2　网格和地形

分别针对工程建设前后两种工况条件，采用三角形网格对地形进行划分：①工程前，网格尺寸在 25~50 m 之间，共计 944 个网格单元[图 2（a）]；②工程后，网格尺寸在 10~50 m 之间（考虑甬金高速处为考虑桥墩阻水的影响，对局部进行网格加密），共计 4 819 个网格单元，最大面积 2 497 m²，最小面积 89 m²[图 2（b）]。工程前数学模型采用实测水下地形资料，工程后采用湖区规划水下地形高程。

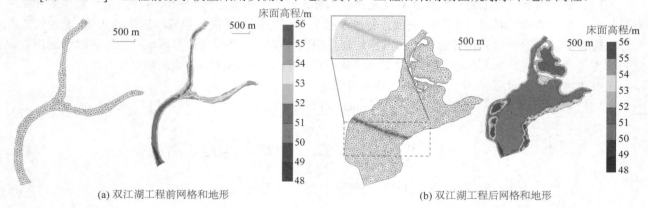

(a) 双江湖工程前网格和地形　　　　　　　　　　　　(b) 双江湖工程后网格和地形

图 2　双江湖工程前后网格和地形

2.2.3　边界条件

水动力模型选取上游流量控制，下游水位和流量控制的边界条件。上游为南江桥（南江）、塔下洲（义乌江）断面的流量过程。下游为杨宅枢纽的发电下泄流量过程，以及杨宅枢纽的正常蓄水位 54.2 m。泥沙上游边界为南江桥（南江）、塔下洲（义乌江）断面的逐日含沙量过程。下游边界为杨宅断面的逐日含沙量过程。

为了反映水边线的变化，采用富裕水深法根据水位的变化连续不断的修正水边线，在计算中判断每个单元的水深，当单元水深大于富裕水深时，将单元开放，作为计算水域，反之，将单元关闭，置流速为零。模型中设置其干湿单元，其中完全干单元富裕水深设置为 0.005 m，完全湿单元富裕水深为 0.10 m。

2.3　参数选取

根据实际情况，模型糙率的取值范围为 0.023~0.028，主槽和滩地略有不同；紊动黏滞系数通过 Smagorinsky 方程进行求解获得。

研究区域泥沙属于淤泥质泥沙，但由于缺少实测泥沙资料，泥沙具体参数难以确定，给泥沙冲淤模型的建立带来一定的困难。本研究中假定工程前的河道符合冲淤平衡条件，即一段时间内落淤的泥沙量等于冲刷的泥沙量，河床处于动态平衡状态。因此，对工程前河道进行泥沙参数的敏感性分析，即可得到可用于模型计算的合理泥沙参数。根据敏感性分析的结果，最终选定参数：泥沙沉速 2 mm/s，临界沉降切应力为 0.1 N/m²，临界冲刷切应力为 2 N/m²。

3　双江湖冲淤变化模拟

3.1　水文计算条件

为计算双江水利枢纽工程湖区的冲淤分布变化及过程，根据佛堂站径流系列频率分析计算成果，选取 1965—2016 年佛堂站径流资料中最接近平水年 50% 年均流量为 48.9 m³/s 的年份作为上游来水的水文条件，义乌江和南江来流分别按流域面积根据佛堂站的流量换算获得。杨宅发电流量过程根据实际调度方案确定，即当上游来水总流量小于 45.64 m³/s 时按照上游实际来水流量发电，当上游来水总流量大于 45.64 m³/s 时，按 45.64 m³/s 发电下泄，杨宅枢纽闸上按 54.2 m 正常蓄水位控制。选取与水文条件同年份的杨宅站实测含沙量过程作为上游来沙条件。

3.2　工程前后水动力变化分析

双江湖湖区由现状河道向两岸开挖形成，工程前、后湖区的水力条件发生了改变，模型针对上述平水年条件下的湖区水动力状况进行了模拟计算分析。

为分析工程对水动力产生的影响，分别对工程前后洪季和枯季流场进行计算，可以看出，洪季由于上游来水流量较大，流速相对较大，工程前义乌江和南江流速在 0.5~1.5 m/s 之间，两江交汇处流速略小；工程后湖区整体流速下降，在 0.01~0.06 m/s 之间，水动力条件明显减弱。而枯季流量较小，因此流速远小于洪季，工程前流速低于 0.01 m/s，工程后流速不足 0.005 m/s，湖区水动力条件明显减弱，流速较工程前降低了一个量级，且洪季流速降低更为明显。水动力的变化将直接影响地形冲淤的变化，水动力条件明显减弱，有利于上游来沙在湖区淤积，需在水动力的基础上进一步对湖区的泥沙冲淤分布进行分析。

3.3　工程后湖区冲淤变化分析

双江湖湖区由现状河道向两岸开挖形成，工程前、后湖区的水力条件发生了改变，为分析工程后长时间系列下的湖区的冲淤分布演变趋势，采用二维水动力泥沙数学模型，假定水沙条件保持现状，不发生重大改变，对湖区开挖冲淤变化状况进行模拟计算分析。

采用泥沙数学模型进行人工湖开挖后一年的泥沙计算，计算结果显示湖区无冲刷区域且有明显的淤积态势（图 3），义乌江和南江入湖口处淤积较其他区域更为严重。

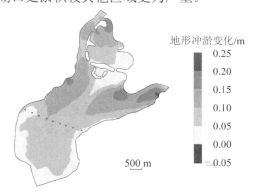

图 3　双江湖工程后一年地形冲淤变化

为分析年内湖区的淤积情况，对各月湖区淤积量进行统计（淤积量=∑单元增加厚度×单元面积），具体见表 3。全年淤积量为 38.6×10⁴ m³，其中淤积量最大为 6 月，为 17.2×10⁴ m³，占全年的 44.6%，与实际情况基本一致。

湖区平均淤积厚度变化过程如图 4 所示。可以看出，全年平均累计淤积厚度为 9 cm，其中 1 月、4 月、7 月、9—12 月的单月平均淤积厚度较小，远小于 1 cm，2 月、3 月、5 月、8 月也仅在 1 cm 左右。淤积厚度最大为 6 月，一个月内淤积厚度超过 4 cm，根据前述分析，该月淤积最大与 6 月底洪峰携带大量泥沙进入湖区有关，6 月份单月淤积最严重区域淤积量达 13 cm。全年累计最大淤积厚度为 24 cm，发生在南江入湖口处。

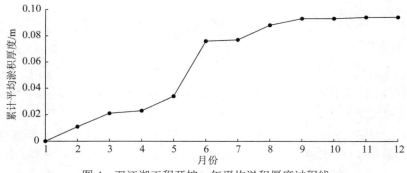

图 4   双江湖工程开挖一年平均淤积厚度过程线

表 3   双江湖工程后一年内各月淤积量

月份	单月淤积量/m³	淤积总量/m³
1	1 659	1 659
2	43 398	45 057
3	39 031	84 088
4	8 403	92 492
5	45 386	137 878
6	171 747	309 625
7	5 574	315 199
8	46 410	361 609
9	18 875	380 484
10	1 981	382 465
11	2 101	384 566
12	1 294	385 860

4   双江湖防淤措施建议

4.1   传统清淤措施

根据实测资料分析和数学模型计算，双江湖大湖区开挖初期平水年会产生一定程度的淤积。目前针对湖、库泥沙淤积一般采取定期疏浚清淤措施。早在 1915 年，美国的德拉瓦河就采用搅动法疏浚和装舱抛泥相结合的方式清除河道淤积。20 世纪 60 年代，有学者提出建闸河口大潮开闸的冲淤措施，1965 年江苏新洋港开始机船拖耙拖淤试验，此后，河北、天津等河道都采用机船拖淤。20 世纪 60 年代，德国研制了水力耙泥工具，并于 1966 年在埃德河、英国享伯河使用。随着爆破技术的发展，爆破清淤也在清淤方面得以运用。

对已有方法进行总结发现，对于淤积问题采取的方法往往是以水力为主，辅助以人工干预措施，如拖耙、爆破等。以水力进行清淤存在的问题在于，水流输沙是一种低效率的输沙方式。水流中的能量在其运动的过程中，共有三个主要消耗部分。首先是用于克服河床阻力，其次是通过脉动能量悬浮泥沙，最后是用以输送底沙。根据能量消耗原理[4]，并辅助以罗勇等[5]和罗肇森等[6]的分析，水流用于输送临底泥沙的能量仅占水流总能量的 12.5%，水流挟沙消耗能量占水流总能量的 2.3%。当辅助以人工措施进行清淤，必然会耗费大量人力物力，且有可能带来二次污染。因此，若能以有效措施防止淤积，则非常有意义。

4.2   气动冲沙法防淤措施

通过气动冲沙法进行治沙输沙的新观点首先由南京水利科学研究院罗肇森教授 [5-6]提出。他认为水流输沙是低效率输沙方式，若要提高挟沙与输沙能力，就必须提高水流紊动以及使泥沙上扬的垂向流速。而气动冲沙法则是达到该效果的有效手段。水流紊动的增强和流速分布的不均匀性可以令水中加入另一种介质来实现，而最有效且又经济的是空气。

可见，水流挟沙与输送底沙及临底悬沙相比，水流挟沙更是低能效的输沙。气动冲沙法也是水动力与人工措施相结合的治沙方法，然而与其他方法的区别在于，其他方法是在淤积发生后进行清理，对人工湖的健康进行"治疗"，而气动冲沙法则重在"预防"，是有效的防淤措施。

该方法由气动冲沙系统实现，系统由空压机、气罐、输气管道与水下气排组成（图 5）。空压机的作用是将空气压入气罐中，在进行气动冲沙时打开气罐阀门，气体从气罐中输运到水底气排，从气排的开孔中溢出产生气泡，气泡在浮力的作用下上升带动水体流动。

4.3 双江湖气动冲沙系统及方案初步设计

4.3.1 可行性

根据湖区水深估算，空压机可选用 1 MPa。淤积预测结果显示，义乌江和南江入湖口处淤积较其他区域更为严重，因此可在此处布置气动冲沙气排，空压机和气罐可安排于岸边合适位置。最大淤积将发生在 6 月，因此气动冲沙系统可于 6 月开启。气动冲沙实施期间可保证上游来沙不在此处落淤，同时此前已经落淤在气排处的泥沙也会重新起动并顺水流向下游输运，从而达到防止湖区过度淤积的目的。

4.3.2 高效性

恒定流水槽气动试验表明，排气孔采用合适角度时，气泡除竖直向上运动外还有顺水流方向的运动（图 6）。当排气孔上方覆盖有泥沙时，排气可使已落淤的泥沙重新气动并悬浮，并使悬浮泥沙不在此处落淤并向下游运动。

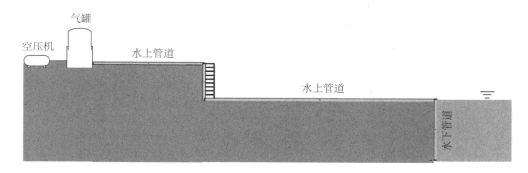

图 5　气动冲沙系统组成部分示意

图 6　气动试验水槽中气泡运动过程

4.3.3 经济性

根据《水利建筑工程预算定额》，绞吸式挖泥船的疏浚费用应根据排泥管线总长度、排高、挖深、泥层性质、绞吸式挖泥船性能等多方面因素确定。估算疏浚总费用约 50 元/m³。疏浚总费用与淤积量直接相关，根据历史资料以及数学模型结果，每年疏浚费用约为 2 000 万元。但双江湖由于上游来水来沙量年际变化显著，每年淤积量根据上游来水来沙条件不同而改变，故实际费用需根据实际情况作出调整。根据空压机、气罐及管道施工估算，系统基础成本在 500 万元，此后每年仅需支付系统电费及检修费用。与传统方法相比，在经济方面有着巨大的优势。

4.3.4　环保性

"气动冲沙"系统所使用能源为电力，与其他清淤机械所使用的燃油相比是相对清洁的能源。排入水体的物质为空气，不会对湖区产生其他污染。同时，因开启装置的时间为6月，正是湖区藻类容易异常生长的关键时间，湖区气泡的运动又可起到"曝气"的作用，加快水体扰动且增加水体溶解氧含量，在防淤的同时又能够抑制藻类生长，一举两得。

4.3.5　缺点

气动冲沙系统存在的缺陷主要有两点。首先，已有研究是停留在理论层面和实验室试验研究层面，目前并没有产业化，缺少实际工程经验；其次，在有通航需求的水域，需防止船舶抛锚对水下管道及气排的破坏。对第一个缺点，本文作者正在对气动冲沙系统在户外的应用进行前期准备并计划于近期在其他水域进行现场示范研究；对于第二个缺点，城市人工湖不会有较大船舶通航，在气排下沉处设置警示牌是有效的解决措施之一。

5　结　语

针对城市人工湖开挖后存在的淤积问题，以浙江省义乌市双江湖为例，开展淤积模拟预测研究，并提出了将"气动冲沙法"应用到该湖区作为防淤措施的设想。二维水流泥沙数学模型模拟显示：人工湖开挖后，水动力明显减弱，湖区呈淤积态势。开挖一年后，全年淤积量为 $38.6×10^4$ m³，平均淤积厚度为9 cm，洪季流量最大月份淤积量接近全年50%，与入湖沙量年内分布特征一致，为洪峰携带大量泥沙进入湖区并落淤所导致。小湖区主要淤积在东北部，大湖区淤积严重部位为义乌江和南江入湖口处。根据模拟结果分析，认为可在局部淤积严重区域布置气动冲沙系统，并在淤积严重的洪季（尤其是6月）开启，实施期间可保证上游来沙不在此处落淤，同时此前已经落淤在气排处的泥沙也会重新起动并顺水流向下游输运。从而达到防止湖区过度淤积的目的。该方法具有高效性、经济性、环保性的特点，值得在进一步进行现场示范研究的基础上进行推广。

参考文献：

[1] 余帆洋, 鲁胜, 廖国庆, 等. 城市补水型人工湖生态系统构建方案初探[J]. 环境工程, 2018, 36(11): 8-12.

[2] 赵正文, 冯民权, 程刚, 等. 城市人工湖动态换水水位对流速分布影响[J]. 水利水运工程学报, 2018(4): 88-95.

[3] 许莉萍, 高学平, 张晨, 等. 基于数值方法的城市人工湖泊水体交换研究[J]. 水利水电技术, 2018, 49(6): 94-100.

[4] 窦国仁, 董风舞, Dou X B. 潮流和波浪的挟沙能力[J]. 科学通报, 1995(5): 443-446.

[5] 罗勇, 窦希萍, 罗肇森. 气动冲沙法治理黄河泥沙的一点思考[J]. 水利学报, 2007(S1): 276-282.

[6] 罗肇森, 罗勇. 一种治沙输沙的新理念和方法[J]. 泥沙研究, 2009(4): 31-38.

闸下淤积动床物理模型小型控制系统的设计

张宏伟

（上海河口海岸科学研究中心，河口海岸交通行业重点实验室，上海　201201）

摘要：为了充分利用已有仪器设备并节约成本，采用通信缓冲的技术设计了严家港闸下淤积模型分布式控制系统，着重讨论了系统的组成架构、通信缓冲和软件设计技术。应用结果表明，开发后的系统在模型多边界控制上具有良好的性能，通信缓冲技术即使采用低速现场总线也能满足小型控制系统的实时要求，经济适用的仪器技术在河工模型计量测试领域有着广阔的应用前景。

关键词：物理模型；分布式控制；通信缓冲；现场总线

浦东新区严家港水闸处在外高桥新开河道与长江之间，为了研究水闸工程实施后闸下淤积问题，以及水闸的平面布置、不同调度方式对冲淤规律的影响及减淤措施，设计、开展了动床物理模型试验。模型范围包括严家港新开河道全部，北侧模拟长江口南港南岸线以北 800 m 的位置（10 m 等深线附近），上下游以新开河道为界各模拟 1 600 m。模型平面比尺为 50，垂直比尺为 35，时间比尺为 8.45，总面积约为 2 800 m²。

模型采用边界流量控制与水位控制结合的方法来模拟潮汐水流，南港区域上游为流量控制、下游为水位控制，新开河内采用水位控制。在控制系统的设计与实现上，模型提出的一项约束条件是尽量使用潜水泵、变频器、电磁流量计与水位仪等已有库存仪器设备。为了高效集成上述仪器设备，本文硬件上采用通信缓冲技术，软件上采用可高效利用计算机资源的虚拟仪器技术，设计开发了基于通信的小型计算机分布式控制系统，用于严家港闸下淤积动床物理模型试验研究。

1　系统架构和功能实现

1.1　现有设备的技术特点

控制系统的设计应根据应用的实际情况来确定。本闸下模型控制系统从技术经济的角度出发，要求设计尽量采用已有库存设备，现有设备分类及主要技术特点如表 1 所示。

表 1　主要设备技术特点

序号	设备名称	通信接口	设备数量
1	变频器	RS485	3
2	电磁流量计	RS485	1
3	水位仪	CAN	2
4	潜水泵	无	3

1.2　系统架构的确定

模型的控制对象有三个边界，分别为南港区域的上游流量、下游水位和新开河内的水位。按照变频器、潜水泵和电磁流量计组建流量闭环控制系统，变频器、潜水泵和水位仪组建水位闭环控制系统的方法，就设备数量而言，整个控制系统只是一个小型系统。由于表 1 所示变频器、电磁流量计、水位仪自带通信接口，从实现闭环控制的具体方式来看，组建基于通信的分布式控制系统比较适宜。系统设计的关键在于，控制设备的通信总线有 RS485 总线和 CAN 总线之别，需要把不同制式的通信总线和通信协议整合起来。从硬件实现来看，直接的方法就是在监控计算机中插置 RS485 和 CAN 通信卡，然后将变频器、电磁流量计的通信接口串行连接后分别接入一个 RS485 总线接口，水位仪则另外接入一个 CAN 总线接口。该方法的最大优点是系统硬件构成模块化，不足之处是对监控计算机的要求较高。由于通信插卡内置于监控计算机机箱，就使得监控机已经不再是分布式控制系统的一个普通节点，而成为承载系统通信互联功能的集中

通信作者：张宏伟。E-mail: zhw076@163.com

节点，这就一定程度上弱化了分布式系统"分布控制、分散故障"的设计理念。由于现今大部分计算机主板集成度高且结构紧凑，机箱空间比较狭小，采用该方法可能需要配置专用工控机，加上专用通信卡，系统实现的硬件成本也比较高。

为了克服直接通信控制的不足，本文采用通信缓冲的技术设计闸下模型分布式控制系统，如图 1 所示。在该系统中，通信缓冲器独立设置在计算机机箱外，有 4 个通信端口分别以 RS232、RS485、RS485 和 CAN 总线，连接监控计算机、电磁流量计、变频器组和水位仪组。系统对监控计算机的硬件要求下降为仅带一个串口，计算机本身仅被赋予监控的任务，在系统构成中只是一个普通节点，较好地实现了分布式系统"分布控制、分散故障"的设计理念。

1.3 系统控制原理

图 1 所示的模型控制系统，包括南港上游流量、下游水位和新开河道水位三个闭环控制系统。闭环控制系统的设计和实现，一是根据现场执行设备的控制逻辑，完成有序的电气和机械连接，如变频器的输出主回路接至潜水泵输入端口，电磁流量计安装在潜水泵的输出管道上；二是通信设备分类组网，并接入通信缓冲器约定的通信端口，本系统中监控计算机串口与 COM0 连接，电磁流量计与 COM1 连接，3 台变频器串行组网后与 COM2 连接，2 台水位仪串行连接后与 COM3 连接；三是在整合通信资源的基础上，设计包含各项闭环控制的计算机监控程序，闭环控制的逻辑功能在软件编制中实现。因此，本控制系统是一个硬件和软件结合的有机整体，单独的硬件接连和单独的软件编程都不能完全实现闭环控制功能。

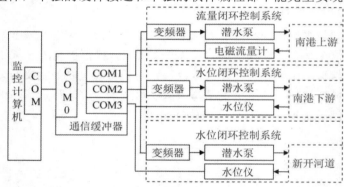

图 1 控制系统结构框图

1.4 通信缓冲器功能设计

通信缓冲器是本控制系统硬件设计的主要任务，通过采用 16C554 来扩展 4 路串口，如图 2 所示。

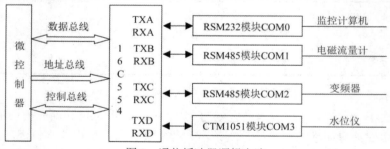

图 2 通信缓冲器逻辑电路

16C554 是一种具有串行异步通信接口的大规模集成电路芯片，可以实现数据的串/并、并/串转换功能，内部包含 4 个可独立操作的可编程异步收发单元，正好满足系统对串行通信的端口数量需求[1]。系统采用了一种常用的微控制器 LPC2119 开发 16C554 的通信功能，为 16C554 的 4 个异步收发单元配置不同的电平转换电路，实现可分别连接 RS232 总线、RS485 总线、RS485 总线和 CAN 总线的通信端口 COM0、COM1、COM2 和 COM3。具体的电平转换电路为周立功通信接口隔离模块 RSM232、RSM485、RSM485 和 CTM1051。

图 2 所示通信缓冲器的工作过程为，微控制器通过 RS232 总线接收来自计算机的控制信息后，按照目

标的不同将信息解码和编码，从约定的端口发送到确定的总线上，最后被目标设备接收；反之，微控制器通过各总线端口接收来自现场设备的状态信息后，按照来源的不同将信息解码和编码，从 COM0 端口通过 RS232 总线发送给计算机。

2　软件设计

严家港闸下淤积物理模型的动态边界包括南港上游流量、下游水位和新开河道水位，对其控制实质上是一个复杂的水位和流量跟踪过程，需要通过对监控计算机和通信缓冲器中的微控制器进行编程，使之协调运行，确保通信控制的实时性，完成边界控制任务。

2.1　监控程序

系统监控软件采用 LabVIEW 虚拟仪器图形语言编程，在 Windows 平台上实现模型流量和水位数据处理、算法求值、控制输出、过程和状态显示的功能，具有界面美观、操作简便的优点[2-3]。软件主要包括 4 个模块：①数据输入模块，为系统运行设置潮型曲线、流量曲线，通过插值算法生成可用于控制的连续数据文件；②算法模块，分为流量 PID 控制和水位 PID 控制两个子虚拟仪器，通过主虚拟仪器输入给定数据和采集数据后产生对现场设备的控制数据；③通信模块，通过调用 LabVIEW 自带的串口虚拟仪器，实现与通信缓冲器的通信编程；④显示模块，显示系统运行时的设备工况、测量数据的采集和处理、模型运行的时序和周期。监控软件主界面见图 3。

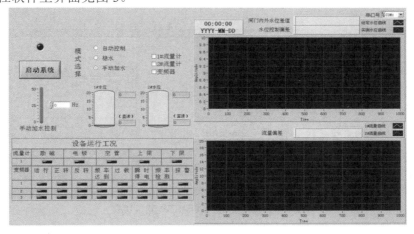

图 3　系统监控界面

监控计算机在试验开始时通过人机对话完成系统设置，试验进行时通过通信采集现场设备的工况信息和流量、水位控制数据，经实时处理后显示、存储。为了合理地分解协调控制、数据处理和状态显示功能，监控程序设计成 3 线程模式运行，如图 4 所示。线程 1 按照事件驱动编程的方法响应试验进程中的人工干预指令；线程 2 以远程请求自动应答的方式在一个运行周期内完成与各现场设备的信息联系；线程 3 在一个运行周期内将各节点的数据或状态曲线更新显示一次。线程 1、2、3 按照提高监控程序实时响应的原则来调节其运行负荷。例如开辟一对信号量在线程 1、3 中，则数据和状态的图形化显示在运行周期内只需执行一次，提高了并发执行条件下线程 2 的实时通信效率。

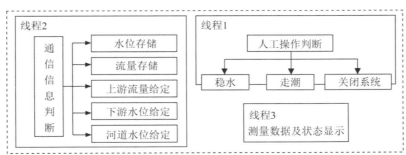

图 4　系统监控程序运行框图

通信缓冲器采用 LPC2119 型微控制器工作程序用嵌入式 C 语言编程，运行在嵌入式实时操作系统 UCOS 环境下，完成计算机与现场设备不同总线数据双向转换和传输的任务。

2.2　通信设置

本系统以通信方式对三个边界进行控制，需要进行合适的通信编程来保证系统运行的实时性。系统各种现场设备自带总线通信协议的数据帧长度情况为，水位仪的 CAN 总线数据帧最长为 156 位，电磁流量计的总线数据帧最长为 108 位，变频器总线数据帧最长为 84 位。按照每秒 1 次控制命令和 1 次状态数据的采集速率来估算，实际发生的最大通信带宽为 1 344 位/s。因此设置 9 600 位/s 的通信波特率完全可以满足系统通信的实时要求，这也是小型控制系统通信总线便于采用 RS232 这种低速总线技术的优势所在。

系统监控程序 RS232 串口通信设置的 LabVIEW 编程如图 5 所示。首先将串口编程置于一个确定的顺序结构内，保证串口设置先于其他程序整体完成。接着调用了 VISA 配置串口和 VISA 设置 I/O 缓冲器大小两个子虚拟仪器，前者配置串口的波特率为 9 600，数据比特为 8 位，数据帧停止位为 1 位（对应的输入值为 10），无奇偶校验（对应的输入值为 0）和流控制（对应的输入值为枚举数据 None）；后者在屏蔽输入口指明了要设置的缓冲区类型为接收缓冲区（对应的输入值为 16），缓冲区的大小为 4 096 字节。由于 LabVIEW 以数据流向来确定执行顺序，因此各子虚拟仪器都设置了错误输入输出的接口，一则检测被调用子虚拟仪器内的出错状况，二则便于上一级虚拟仪器确定程序执行顺序。通信缓存器内的微控制器通信编程中对 COM0 的参数设置与上述监控程序一致，对 COM1、COM2、COM3 的通信编程则需与现场设备手动设置的通信参数一致。

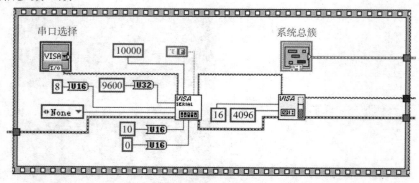

图 5　监控程序的 LabVIEW 通信编程

3　实际应用

系统在严家港闸下淤积动床物理模型试验中应用后，效果良好。模型南港上游流量控制在 3% 的误差范围内，下游水位与新开河道水位控制误差在 0.7 mm 内。表 2 为在模型南港下游潮位站随机抽取的一次全潮潮位测量数据与给定数据，试验情况综合表明：①潮位控制稳定，准确度和重复性满足模型试验要求；②系统数据通信实时可靠，即使 RS232 低速数据总线，只要用在合适场合，配置合适参数，同样能保证控制系统的实时性；③系统工作效率高，监控信息丰富，便于有效管理和控制试验过程。

表 2　某潮型下系统潮汐水位控制偏差

时间	潮汐水位值（0.1 mm）			时间	潮汐水位值（0.1 mm）		
	实测	给定	偏差		实测	给定	偏差
1	186	185	1	14	250	250	0
2	236	235	1	15	263	260	3
3	245	245	0	16	255	255	0
4	235	235	0	17	230	230	0
5	189	190	−1	18	175	175	0
6	124	125	−1	19	95	95	0
7	84	85	−1	20	55	55	0
8	59	60	−1	21	31	37	−6
9	48	50	−2	22	35	35	0
10	55	55	0	23	39	40	−1
11	84	85	−1	24	65	67	−2
12	144	145	−1	25	118	120	−2
13	212	210	2				

4　结　语

为了充分利用已有仪器设备并节约成本，采用通信缓冲的技术设计了严家港闸下淤积模型分布式控制系统，着重讨论了系统的组成架构、数据通信和软件设计技术。应用结果表明，开发后的系统在模型多边界控制上具有良好的性能，通信缓冲技术即使采用低速的 RS232 总线也能满足小型控制系统的实时要求，经济适用的仪器技术在河工模型计量测试领域有着广阔的应用前景。

参考文献：

[1]　孟涛, 王福虎, 陈森. 微控制器的多串口扩展设计[J]. 舰船防化, 2009, 5: 45-51.

[2]　廖开俊, 刘志飞. 虚拟仪器技术综述[J]. 国外电子测量技术, 2006, 25(2): 6-8.

[3]　韩慧莲, 徐晓东, 张伦. 虚拟仪器通用测试软件的设计与实现[J]. 电子测量与仪器学报, 2002, 16(4): 55-59.

密实度与饱和度对砂土电阻率的影响规律研究

贺　瑞，陈家祺，孟　昊，赵雅慧

（河海大学 港口海岸与近海工程学院，江苏 南京 210098）

摘要： 在讨论砂土的三相系统及导电特性的基础上，通过理论推导得到一种新型均匀砂土电阻率计算模型并进行工程实用简化，得到相对密实度、饱和度与电阻率呈一次"反比例平移函数"关系的结论。采用天然石英砂开展多组相对密实度、饱和度与电阻率关系试验，分析了相对密实度、饱和度对砂土的电阻率的影响规律，利用本文模型及 Keller 砂土电阻率模型分别进行计算并对比两模型计算结果与实际值，证明本研究模型结构正确，高含水率条件下实际相关性更高。

关键词： 砂土；电阻率；相对密实度；饱和度；交流电四电极法；三相系统

土是松散颗粒的堆积物，是由固、液、气组成的三相系统。当土体的三相结构发生改变时，土体中的孔隙结构变化产生宏观变形[1]，甚至会在局部产生恶劣效应，从而影响土体的承载力和稳定性。三相结构不稳定，在施工或试验过程中，操作不当、技术不足等原因会导致土体的三相结构发生变化。由于三相结构的测定不准确会导致资源浪费、工程失事或试验误差等严重问题，因此较为准确地测得土体三相结构有重要作用。砂土的物理性质主要取决于其密实状态，高密实度砂土强度大，承载性能好，是良好的天然地基；而低密实度砂土强度低，稳定性差，在动力荷载作用下将发生液化现象[2]。砂土密实度的确定在工程设计中至关重要，实际工程中被广泛应用的有多重判断方法，但不同的试验思路、试验条件会影响试验结果的精度使结果产生较大偏差。目前国内外较为认可的方法是标准贯入试验，通过标准贯入击数 N 判别砂土的密实度，但这种方法不适用于使用过程中含水率变化的低含水率砂土、饱和砂土及深层土体等情况[3]。标准贯入试验将标准贯入器击入土中所需的锤击数与砂土密实度建立关系，砂土电阻率方法将电阻率与砂土密实度建立关系，相对而言标准贯入法工程应用较多，但电阻率测定法也同样具有一定的适用范围和测量精度。

土体电阻率（体积电阻率）是土体的固有属性之一，与土体物理特性有紧密联系，在工程测定和室内试验均得到广泛应用。国内外学者对此有诸多研究：Dmevich[4]对饱和土体导电率和孔隙水导电率之间的关系做出一系列假设；Sengui 和 Gjrv[5]采用缓慢替代法进行试验以验证松散砂粒堆积物的导电性；Archie[6]根据砂土的结构因子与孔隙率之间关系建立了饱和砂土电阻率模型；Samouëlian[7]明确了土体颗粒特征、孔隙特征、饱和度和温度是影响土体电阻率的四大因素；崔允亮等[8]总结了含水率和含砂率对软黏土电阻率影响规律；李熠[9]针对污染重塑黄土的抗剪强度、渗透性能和电阻率三个主要技术指标，总结其相互影响关系规律；刘国华等[10]基于大量试验并以 Archie 公式为基础建立新的黏土电阻率模型；王炳辉等[11]分析了通电时间、接触电阻等因素对试验结果的影响并提出了减小影响的方案；王宁伟等[12]研究电渗对不同塑性指数土电阻率影响规律；吴迪[13]开展砂土电阻率定量确定孔隙率的室内试验测试；Komine[14]通过对比试验提出了化学灌浆前后的地基电阻率模型，并评估了灌浆空隙率；刘松玉等[15]研究并总结不同含水率、不同含油率的柴油、煤油污染土的电阻率特性；李良福等[16]进一步分析土壤含水率与电阻率之间的关系，分析了不同含水状态下的电阻率变化情况。

上述研究表明对于土体某些物理性质与电阻率相关，而前人在砂土电阻率与砂土密实度方面关系的研究多在已有模型基础上继续研究为主，很少给出新型的电阻率模型。为开展砂土电阻率与砂土密实度方面的研究，本研究搭建了土体电阻率和密实度测试试验装置，以均匀砂土为例，开展了砂土密实度、饱和度对砂土电阻率影响的研究。创新点在于运用理论推导出与 Archie 饱和砂土电阻率模型、Keller 非饱和砂土电阻率模型等现有模型结构不同的电阻率与密实度、饱和度之间的关系公式，建立了砂土电阻率模型，再将计算结果与已有模型结果、试验结果对比，证明公式的正确性。但未针对不同级配、粒径砂土展开相关试验，留待后续研究。

1　已有模型及技术

电阻率测定土体性质技术近年来发展迅猛，应用于各个领域。通过电阻率与土体微观结构性质建立联系，可克服传统的土物理特性研究中存在的精度不高、工作量大等缺点。

Archie[6]率先对土壤细观结构及其性质和电阻率之间的关系进行研究，总结了砂土的电阻率与孔隙率之间的经验关系，并建立了饱和砂土的电阻率模型，忽略土颗粒表面吸附物的影响，最终得出饱和砂土电阻率特性变化方程[公式（1）]。Keller 和 Frischknecht[17]基于 Archie 模型，考虑饱和度的影响，建立了非饱和砂土电阻率模型[公式（2）]。

$$\rho = \alpha \rho_{\mathrm{w}} n^{-m} \tag{1}$$

式中：ρ 为土壤的电阻率；ρ_{w} 为孔隙水电阻率；α 为土性参数；m 为胶结系数；n 为孔隙率。

$$\rho = \alpha \rho_{\mathrm{w}} n^{-m} S_{\mathrm{r}}^{-p} \tag{2}$$

式中：S_{r} 为土体饱和度；p 为饱和度系数。

Waxman 与 Smits[18]对黏性土展开一系列研究，提出了适用于接触导电性好的黏性土的电阻率模型。查甫生等[19]基于黏性土导电特性，修改了 Waxman 模型的不合理假设，推导了适用于非饱和黏性土的电阻率结构模型并探讨了土电阻率的主要影响因素。刘松玉等[20]通过对土壤电阻率试验测试技术的研究，研发了一种实用型的土电阻率测试仪。查甫生等[21]针对黄土和膨胀土的电阻率开展试验，研究了孔隙率、孔隙结构等土体细观结构特性与电阻率的关系规律。周蜜等[22]利用自制土电阻率测试箱对珠江三角洲地区土体开展电阻率试验。

2　模型理论推导

研究对象为均匀砂土，以 Keller 非饱和砂土电阻率模型为对比参照。模型结构与 Keller 模型结构不一致，其原因在于推导思路不同，本研究基于土体三相结构，利用土力学、材料学知识，基于多条假设推导得到模型，而 Keller 模型则是建立在 Archie 模型的基础上，以饱和度系数考虑饱和度的影响。

2.1　基本假设与说明

1）　将土颗粒和土颗粒之间的孔隙视为两种材料，孔隙视为吸附水、自由水与空气的混合材料；
2）　土颗粒材料和孔隙材料是均匀的，电阻率为定值；
3）　孔隙材料是水与空气均匀混合的材料，其电阻率值与饱和度有关；
4）　γ_{s} 是土颗粒均质材料的电阻率，即无孔隙的土体的电阻率，γ_{v} 是孔隙电阻率；
5）　土颗粒与孔隙均匀混合，每个土颗粒微元与每个孔隙微元间隔排布；
6）　本研究的 γ、γ_{s} 等均为材料平均电阻率；

每个土颗粒微元与孔隙微元均满足 $e = v_{\mathrm{v}} / v_{\mathrm{s}}$，即每个土颗粒微元体积为 $\mathrm{d}x\mathrm{d}y\mathrm{d}z / (1+e)$，每个空气微元体积为 $e\mathrm{d}x\mathrm{d}y\mathrm{d}z / (1+e)$。

2.2　理论解

沿电流方向长度为 L，底面积为 S 的土柱电阻率计算为公式 RS / L，其中 R 为土柱电阻。

土样的孔隙率为 e：

$$e = \frac{V_v}{V_s} \tag{3}$$

如图 1 所示，取长宽高为 X、Y、Z 的长方体的土体，其中 Z 为高度，X、Y 所在平面为底面，底面积 $A=XY$，对底面积 $\mathrm{d}x\mathrm{d}y$、高度为 $\mathrm{d}z$ 的土颗粒微元与孔隙微元合并体进行分析，其总电阻为

$$\mathrm{d}R = \gamma_{\mathrm{s}} \frac{\mathrm{d}z}{\mathrm{d}x\mathrm{d}y(1+e)} + \gamma_{\mathrm{v}} \frac{e\mathrm{d}z}{\mathrm{d}x\mathrm{d}y(1+e)} \tag{4}$$

沿高度 Z 方向共有 z/dz 个土颗粒微元与孔隙微元合并体形成长柱土体，呈串联关系。沿底面平面方向共有 $XY/dxdy$ 个底面积 $dxdy$，高度为 Z 的长柱土体，呈并联关系。因此总的砂土电阻率为

$$\gamma = \frac{RA}{L} = \frac{\dfrac{Z}{dz}dR}{\dfrac{XY}{Z}}\frac{XY}{Z} = \frac{\gamma_s}{1+e} + \frac{e\gamma_v}{1+e} \tag{5}$$

$$e = (1-D_r)e_{max} + D_r e_{min} \tag{6}$$

$$\gamma = \gamma_v + \frac{\gamma_s - \gamma_v}{[1+(1-D_r)e_{max} + D_r e_{min}]} \tag{7}$$

对 γ_v 进行分析，由于孔隙中水吸附在土颗粒表面，而土体材料表面留有孔隙，即土体表面不被水相包裹，据此提出孔隙电阻率模型，假设孔隙材料为外水内气结构 $S_r = (X^2 - Y^2)/X^2$。

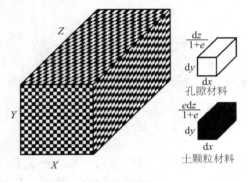

图 1　砂土电阻率模型

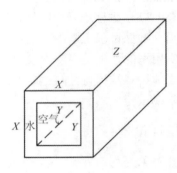

图 2　孔隙电阻率模型

如图 2 所示，设孔隙体底面积边长为 X，气相底面积边长为 Y，高均为 Z，气相电阻率为 γ_g，液相电阻率为 γ_w，而 $S_r = (X^2 - Y^2)/X^2$，气相材料与液相材料呈并联关系，孔隙总电阻率为

$$\gamma_v = \frac{\gamma_g \gamma_w X^2}{\gamma_w Y^2 + \gamma_g(X^2 - Y^2)} = \frac{\gamma_g \gamma_w}{\gamma_w(1-S_r) + \gamma_g S_r} \tag{8}$$

可简化为

$$\gamma_v = \frac{a_3}{a_1 S_r + a_2} \tag{9}$$

其中，$a_1 = \gamma_g - \gamma_w$、$a_2 = \gamma_g$、$a_3 = \gamma_g \gamma_w$。

将式（9）代入式（7），可得

$$\gamma = \frac{a_3}{a_1 S_r + a_2} + \frac{\gamma_s - \dfrac{a_3}{a_1 S_r + a_2}}{[1+(1-D_r)e_{max} + D_r e_{min}]} \tag{10}$$

由上述思路可知，$\gamma \sim D_r$、$\gamma \sim S_r$ 均服从一次反比例函数关系：

$$\gamma = \frac{b_3}{b_1 D_r + b_2} + b_4 \tag{11}$$

$$\gamma = \frac{c_3}{c_1 S_r + c_2} + c_4 \tag{12}$$

其中，$b_1 = e_{min} - e_{max}$，$b_2 = e_{max} + 1$，$b_3 = \gamma_s - \gamma_v$，$b_4 = \gamma_v$，$c_1 = a_1$，$c_2 = a_2$，$c_3 = a_3 \dfrac{e}{1+e}$，$c_4 = \dfrac{\gamma_s}{1+e}$。

实地现场砂土具有不完全均匀、砂土结构具有各向异性等特点，实际砂土测定可通过在本文的基础上添加系数的方法实现，不做展开研究。

3　试验装置及结果

搭建了如下图 3 所示试验装置，采用四电极法测试，用于连接土体的铁片电极为 1.3 Ω，忽略电线及测量设备的电阻。所有质量由电子秤测得。使用的电阻率测试盒（图 4）为长方体有机玻璃容器，中盒体有效内部尺寸为 5 cm×5 cm×5 cm，壁厚 0.5 cm，两边贯通供铁片电极与土体接触。试验中采用高密实度落雨振捣、低密实度落雨法的方法制备均匀或相对均匀试验砂土土样。

试验装置采用交流电源以消除电极化效应引起的测量误差[23]，以四电极交流电法测定电阻率。

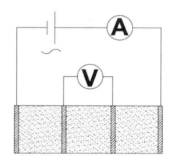

图 3　试验装置示意

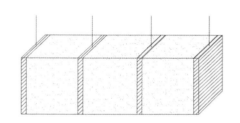

图 4　电阻率测试盒示意

试验所选用的砂土为天然石英砂，所选用的孔隙水为康师傅牌矿泉水。砂土粒径在 0.2~0.6 mm，中值粒径为 0.41 mm。砂土级配曲线如图 5 所示。干砂条件下，砂土最大干密度 1.57 g/cm³，最小干密度 1.35 g/cm³，不均匀系数 C_u=2.143，曲率系数 C_c=1.152，e_{max}=1.06，e_{min}=0.69，G_s=2.65。

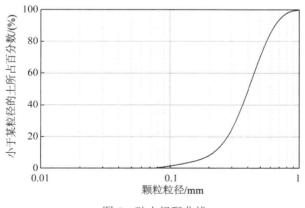

图 5　砂土级配曲线

分别对不同含水率砂土及饱和砂土土样进行试验，得到一定数量的实测数据，根据以上实测数据按本文模型与 Keller 非饱和砂土电阻率模型结构进行非线性回归得到相关公式，并比较两计算模型结果与实测值的相关性验证本文模型的准确性，结果见表 1，对比情况如图 6 所示。

表 1　本文模型关于密实度计算结果及其与实测值相关性

含水率/（%）	本文模型计算结果	R^2	Keller 模型计算结果	R^2
7.7	$\gamma = 210\ 178\ 800 / (D_r + 0.951) - 89\ 654\ 150$	0.986	$\gamma = 27\ 603\ 500 \times (1.99 - 1.22 \times D_r)^{2.219}$	0.985
15.6	$\gamma = 96\ 926\ 651 / (D_r + 0.845) - 49\ 286\ 502$	0.990	$\gamma = 14\ 316\ 005 \times (1.94 - 1.42 \times D_r)^{2.248}$	0.992
23.1	$\gamma = 93\ 851\ 747 / (D_r + 1.699) - 34\ 430\ 585$	0.992	$\gamma = 8\ 123\ 887 \times (1.51 - 1.05 \times D_r)^{2.325}$	0.992
29.8	$\gamma = 36\ 718\ 150 / (D_r + 1.415) - 13\ 684\ 725$	0.991	$\gamma = 4\ 059\ 175 \times (1.82 - 1.26 \times D_r)^{1.806}$	0.988
36.6	$\gamma = 455\ 129 / (D_r + 0.086) - 107\ 534$	0.982	$\gamma = 57\ 372\ 364 \times (0.74 - 0.3 \times D_r)^{9.047}$	0.910

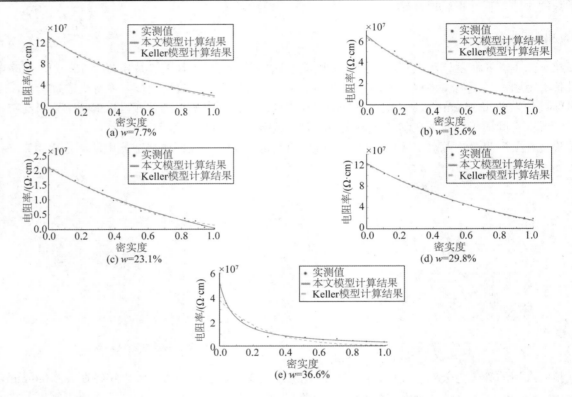

图 6　密实度电阻率关系试验值与两模型计算结果对比

在同一温度下，分别对不同含水率土样进行测定，控制密实度不变，得到饱和度与电阻率的关系，以密实度为 0.5 为例，与 Keller 公式不同。结果见表 2。

表 2　D_r=0.5 时两模型关于饱和度计算结果及其与实测值相关性

模型	模型计算结果	R^2
本文模型	$\gamma = 9\ 245\ 786 / (S_r + 0.001) - 7\ 398\ 712$	0.996
Keller 模型	$\gamma = 4\ 496\ 893 \times S_r^{-1.310}$	0.993

其对比结果如图 7 所示。

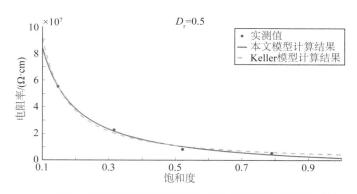

图7　饱和度电阻率关系试验值与两模型计算结果对比

通过改变砂土的含水率，研究了不同含水条件下，密实度对电阻测试结果的影响。可以得到：随着密实度的提高，砂土电阻率逐渐减小，砂土密实度和电阻率关系与理论推导的反比例关系基本吻合，而随着饱和度的提高，砂土的电阻率呈下降趋势，饱和度与电阻率同样服从反比例关系。

实际土体中的水多以黏结水的形式吸附在土颗粒表面，当密实度上升时，三相结构改变，附着水的土颗粒组成比例提高，孔隙比例下降，引起电阻率下降，当孔隙率越小，即密实度越大时，密实度对电阻率的影响越小。极限情况为无孔隙，此时砂土电阻率为土颗粒材料电阻率，这均与反比例函数的性质相符。当饱和度提高时，砂土中液相比例提高，使得孔隙电阻率下降，砂土电阻率随之下降，而随着饱和度的上升，电流沿液相路径传播的比例提高，此时饱和度对电阻率的影响变小，亦符合"反比例平移函数"性质。

通过对比本文模型与 Keller 模型，针对试验砂土开展模型计算，发现两者的计算结果与实际结果的符合程度均较好，而对比两者 Pearson 相关分析结果，发现本文模型在高含水率条件下实际相关性较 Keller 模型更高，可以证明本文模型在某些砂土条件下更适用。Keller 模型多年来受到诸多学者的质疑和论证已充分证明其正确性，本文模型计算结果与 Keller 模型计算结果均较好，与实际值相关性高，说明本文模型计算准确、结构正确可靠。

研究目的在于提出一种新型砂土电阻率计算模型并以天然石英砂验证模型可靠准确，其局限性在于没有针对不同粒径、不同级配的砂土展开试验以探究模型的普遍性，但这不是本文研究侧重点，因此留待后续进一步研究。

4　结　语

通过理论推导并搭建四电极法测试土体电阻率的装置，开展砂土电阻率与密实度、饱和度的试验研究，以实测数据代入理论公式得到相关系数，通过该试验，得到以下结论。

1）本文根据电学及土力学原理，与 Keller 模型思路不同结构相异，考虑了饱和度与密实度的耦合关系，认可两者共同影响着砂土的内部属性，得到如下电阻率与密实度、饱和度关系公式：

$$\gamma = \frac{a_3}{a_1 S_r + a_2} + \frac{\gamma_s - \dfrac{a_3}{a_1 S_r + a_2}}{[1 + (1 - D_r)e_{max} + D_r e_{min}]}$$

公式中电阻率与密实度、饱和度关系函数结构相同，均为反比例关系，试验数据证明，推导得到的公式结构正确，符合客观实际，适用广泛，试验证明对于饱和砂土与非饱和砂土均适用，具有足够的理论支撑与实践论证。为便于实际应用，可适当简化上述公式。

2）由推导得到的模型可知，砂土的电阻率与其密实度呈明显的反比例关系，且随着密实度的提高，密实度对电阻率的影响逐渐减小，高密实度时影响基本可忽略；砂土的电阻率与其饱和度呈反比，随着含水率的提高，饱和度对电阻率的影响逐渐减小，高饱和时影响极低。

3）推导得到的砂土电阻率模型及计算公式，相比于其他模型的优势在于有较为完备的理论基础，并且通过与 Keller 模型进行对比发现在某些砂土条件下，高含水率时本文模型计算结果与实际符合程度更高，具有实用价值。但本文研究也存在局限性，留待后续研究。

参考文献：

[1]　李广信. 论土骨架与渗透力[J]. 岩土工程学报, 2016, 38(8): 1522-1528.

[2]　孔祥国. 砂土密实度的成因分析及其评价方法的探讨[J]. 岩土工程技术, 2008, 22(6): 289-291, 311.

[3]　岩土工程勘察规范（GB50021-2001）[S].北京：中国建筑工业出版社，2009.

[4]　DMEVICH V P, ZAMBRANO C E, JUNG S, et al. Electrical conductivity of soils ang soil properties[J]. Geotechnical Special Publication, 2008, 179:316-323.

[5]　SENGUI D, GJRV D E. Effect of embedded steel on electrical resistivity measurements on concrete structures[J]. ACI Materials Journal, 2009, 106(1): 11-18.

[6]　ARCHIE G E. The electric resistivity logs as an aid in determining some reservoir characteristics[J]. American Institute of Mining, Metallurgical and Petroleum Engineers, 1942, 146: 54-61.

[7]　SAMOUËLIAN A, COUSIN I, TABBAGH A, et al. Electrical resistivity survey in soil science: a review[J]. Soil and Tillage Research, 2005, 83(2): 173-193.

[8]　崔允亮, 项鹏飞, 王新泉. 含水率与含砂率对软黏土电阻率影响的试验研究[J]. 科学技术与工程, 2018(3): 335-338.

[9]　李熠. Pb(Ⅱ)、Zn(Ⅱ)污染土特性研究[D]. 太原：太原理工大学, 2016.

[10]　刘国华, 王振宇, 黄建平. 土的电阻率特性及其工程应用研究[J]. 岩土工程学报,2004, 26(1): 83-87.

[11]　王炳辉, 王志华, 姜朋明, 等. 饱和砂土不同孔隙率的电阻率特性研究[J]. 岩土工程学报, 2017, 39(9): 1739-1745.

[12]　王宁伟, 于辉, 刘铁, 等. 电渗对不同塑性指数土电阻率影响的试验研究[J]. 水利与建筑工程学报, 2017, 15(4): 117-121.

[13]　吴迪. 基于电阻率测试的砂土孔隙率确定方法及其应用研究[D]. 镇江:江苏科技大学, 2015.

[14]　KOMINE H. Evaluation of chemical grouted soil by electrical resistivity[J]. Proceedings of the Institution of Civil Engineers Ground Improvement , 1997, 1(2): 101-113.

[15]　刘松玉, 边汉亮, 蔡国军, 等. 油水二相体对油污染土电阻率特性的影响[J]. 岩土工程学报, 2017, 39(1): 170-177.

[16]　李良福, 郭在华, 覃彬全, 等.LQG-1 型土壤电阻率远程自动测量装置研制[J]. 气象科技, 2009, 37(4): 434-438.

[17]　KELLER G V, FRISCHKNECHT F C. Electrical methods in geophysical prospecting[M]. Pergamon Press, 1966.

[18]　WAXMAN M H, SMITS L J M. Electrical Conductivities in Oil-Bearing Shaly Sands[J]. Soc. Petr. Eng. J., 1968, 8(8): 107-122.

[19]　查甫生, 刘松玉, 杜延军, 等. 非饱和黏性土的电阻率特性及其试验研究[J]. 岩土力学, 2007, 28(8): 1671-1676.

[20]　刘松玉, 于小军. 交流低频土电阻率测试仪: CN 2622713 Y[P]. 2004.

[21]　查甫生, 刘松玉, 杜延军, 等. 土的微结构特征对其电阻率的影响试验研究[J]. 工程勘察, 2008, 10: 6-10.

[22]　周蜜, 王建国, 黄松波, 等. 土壤电阻率测量影响因素的试验研究[J]. 岩土力学, 2011, 32(11): 3269-3275.

[23]　WEN S, CHUNG D D L. Carbon fiber-reinforced cement as a thermistor[J]. Cement & Concrete Research, 1999, 29(6): 961-965.

生态系统服务付费及其典型案例

胡苏萍 [1]，赵亦恺 [2]

（1. 南京水利科学研究院，江苏 南京 210024；2. 江苏省建筑设计研究院有限公司，江苏 南京 210019）

摘要： 生态系统服务付费作为提供生态服务的经济激励机制在世界各国引起普遍关注。生态系统服务付费遵循"受益者付费"的原则，注重环境正外部性内化，旨在使服务提供者受益。在简述生态系统服务发展历程与研究进展的基础上，着重介绍国外水生态补偿典型案例，为推进我国水生态保护补偿实践提供借鉴。

关键词： 生态系统服务付费；生态补偿；流域保护；水质；生物多样性；案例研究

生态保护是一个全球性的问题，要解决经济发展需求与生态环境恶化之间的矛盾，唯一出路就是坚持可持续发展。从生态角度考虑，可持续发展被定义为"保护和加强环境系统的生产和更新能力"，即可持续发展是不超越环境系统更新能力的发展，而生态补偿就是实现可持续发展的一个重要手段。

需要说明的是，国际上对生态补偿（Ecological Compensation）的概念使用较少，比较通用的是生态系统服务付费（Payment for Ecosystem Services）或环境服务付费（Payment for Environmental Services），简称 PES。虽然表述方式不同，但其本质都是引入经济激励的手段保护生态环境，调整保护者与受益者的环境及其经济利益关系。

1　生态系统服务付费发展历程与研究进展

1.1　生态系统服务付费发展历程

生态系统服务是指自然生态系统及其组成物种所产生的对人类生存和发展具有支持作用的状态和过程。当代生态系统服务的概念最早起源于 20 世纪 70 年代的美国[1]，其于 1970 年在"紧急环境问题研究"（SCEP）[2]中首次对环境服务进行了分类。1977 年 Westman 率先对自然服务的货币化进行研究[3]。1981年，术语"生态系统服务"首次出现在 Ehrlich 等发表的著作中[4]。这些文献都试图说明自然给社会带来的效益，以唤起人们对环境保护的关注。

1997 年 Costanza 等[5]在《自然》杂志上发表论文"世界生态系统服务与自然资本的价值"，对全球 17 类生态系统服务的经济价值进行估算。同年，Daily[6]出版了专著《自然的服务——社会对自然生态系统的依赖》，为生态系统服务概念建立了生态学基础。2005 年发布的《千年生态系统评估》[7]评估了生态系统及其服务功能不断变化的状况、生态系统变化的原因及其对人类福祉的影响。之后，生态系统服务成为生态经济学、保护生物学、生态学及其他学科的跨学科研究课题。

2010 年，Gómez-Baggethun 等[8]将现代生态系统服务科学的发展历程分为以下 3 个阶段：①现代生态系统服务概念的起源和萌芽阶段（20 世纪 70—80 年代）：许多学者开始从经济学角度研究生态问题，以强调社会对自然生态系统的依赖，提高公众对保护生物多样性的兴趣。1977 年 Westman[3]最先提出"自然服务"的概念及其价值评估问题。②主流化阶段（20 世纪 90 年代）：20 世纪 90 年代初，生物多样性计划框架内，生态系统服务作为一个重要部分被纳入研究议程。1997 年 Costanza 等[5]发表的论文"世界生态系统服务与自然资本的价值"在生态系统服务主流化阶段具有里程碑意义。③市场化阶段（20 世纪 90 年代至 21 世纪初）：随着生态系统服务价值评估研究的深入，人们对于设计基于市场的环境保护经济激励工具表现出浓厚的兴趣，生态系统服务付费（PES）应运而生。

所谓生态系统服务付费（PES）就是由生态系统服务受益者（例如下游水用户）为服务提供者（如上游林地所有者）所提供的环境服务付费，以激励土地所有者以环境友好的方式管理资源，以确保生态系统服务的可持续性。虽然生态系统服务的概念起源较早，但主要在近 20 多年才真正形成生态系统服务付费（PES）这种基于市场的工具，并作为综合性的保护手段进行推广。

基金项目： 中央级公益性科研院所基本科研业务费专项资金（Y918001）

1.2　生态系统服务付费研究进展

生态系统服务付费虽已得到世界各国的广泛关注，但迄今为止尚无统一的定义。目前国际上较为认可的是 Wunder 提出的定义[9-10]。生态系统服务付费是一种为实现生态保护目标和维持生态系统健康状态的有效保护机制，生态系统服务的意义在于将生态学与经济学相联系。外部性理论是生态经济学和环境经济学的基础理论之一，环境资源生产和消费过程中所产生的外部性主要反映在两个方面：一是资源开发造成生态环境破坏所形成的外部成本；二是生态环境保护所产生的外部效益。由于这些成本或效益没有在生产或经营活动中得到相应的体现，从而导致破坏生态环境没有得到应有的惩罚，保护生态环境产生的生态效益被他人无偿享用。

英国经济学家庇古提出解决外部性问题的"庇古税"理论，即通过政府税收等方式要求外部性产生者补偿社会总成本与私人成本之间的差额，实现成本内部化，避免社会福利损失，"庇古税"理论成为政府通过税收政策手段实现生态补偿的理论基础。而经济学家科斯认为外部性问题可以通过市场解决，提出了著名的"科斯定律"，即如果产权明晰，而且交易费用为零或较小时，可以通过引入市场机制实现外部效应内部化，科斯定律成为通过市场机制实现生态补偿的理论基础。

国外生态补偿通常可分为以下两种典型方式：①政府主导，即政府作为增益性和损益性生态补偿主要支付者的一种补偿方式，主要包括政府直接补偿、建立生态补偿基金、征收生态补偿税、区域转移支付制度、流域合作等模式；②市场运作，即引入市场机制，对产权关系相对明确的生态补偿类型进行补偿，主要包括自组织交易、配额交易、生态标签、排放许可证交易、碳汇交易等模式。

PES 的核心理念是受益者补偿生态系统服务提供者，生态系统服务主要包括：①流域服务，与水质、水量或上下游流量调节相关的各种水文功能；②碳封存；③景观保护；④生物多样性保护。

2002 年《生态经济学》（Ecological Economics）第 41 卷第 3 期以论坛形式汇集了有关生态系统服务功能及其价值评估的 11 篇文章。2008 年第 65 卷第 4 期《生态经济学》以专辑形式介绍了发达国家和发展中国家典型 PES 案例，并按照用户资助的 PES 和政府资助的 PES 进行分类，就设计、成本和环境效益等 PES 案例特征进行了分析比较[11]。研究结果表明，PES 方案通常各不相同，一方面源于要适应完全不同的生态、社会经济和体制条件，另一方面源于失误或政治压力所导致的设计缺陷。案例的比较分析表明，用户资助的 PES 与政府资助的 PES 存在明显差别。用户资助的 PES 更具有针对性和效率，能更紧密地适应当地的条件和需求，能更好地进行监测并自愿加强制约性，且副目标很少（如扶贫等）；而政府资助的 PES 通常副目标较多，但由于规模较大，往往受益于显著的规模经济，具有较好的成本效益。2010 年第 69 卷第 6 期和第 11 期的《生态经济学》分别以"环境服务付费的理论与实践"和"生态系统服务：从地方到全球"为主题出版了 2 期专辑，反映了有关生态系统服务付费的最新进展。

2　国外水生态补偿典型案例

2.1　美国纽约市与上游流域之间的清洁供水交易

20 世纪 90 年代初，纽约市饮用水已无法达到美国国家环境保护局（EPA）制定的水质标准，需要投资 60 亿～80 亿美元建造饮用水过滤净化设施，另外每年的营运成本约为 3 亿美元，这给财政带来巨大的负担。为此开始寻求其他的解决办法，首先对水质差的原因进行了调查，生态系统引起了人们的关注。纽约的饮用水来自该城东北部的卡茨基尔山，而污水排放及农用化肥和农药致使那里的土壤失去天然过滤能力[12]。要恢复卡茨基尔山生态系统的完整性，仅需投资 10 亿～15 亿美元。纽约市经过权衡，决定通过投资购买上游卡茨基尔流域的生态环境服务，以改善流域内的土地利用和生产方式，使水质达标。

水务局通过协商确定流域上下游水资源与水环境保护的责任与补偿标准，通过对水用户征收附加税、发行纽约市公债及信托基金等方式筹集资金，用来补偿上游地区的环境保护主体，激励他们采用环境友好的生产方式，从根本上改善了卡茨基尔山流域的水质。

2.2　维特尔矿泉水公司实施的法国东部流域保护计划

维特尔矿泉水取自地下 80 m 处 6 000 ha 的含水层[13]。20 世纪 80 年代维特尔矿泉水公司面临的严峻问题是，硝酸盐和杀虫剂侵入公司在法国东北部的泉水水源地。当地农民不断加大农业耕作力度，清除了大量原生自然植被，而原先这些植被在水渗入蓄水层之前起到了重要的净化作用。公司意识到农业集约化可能带来的风险，水源地的硝酸盐和农药含量增大会对维特尔天然矿泉水品牌构成威胁。为应对农业集约化引起的含水层硝酸盐污染的风险，该公司自1993年起在法国东北部孚日山脚5 100 ha的流域实施了生态系统服务付费计划，以确保含水层达到最高水质标准。该计划向流域内的26个农户购买生态系统服务，资助他们改变农耕方式和技术，从事乳品业的最佳实践。合同期限为18~30年，并始终对土地利用和水质进行密切监测。水质监测结果表明，维特尔矿泉水公司成功地减少了非点源污染。

2.3 澳大利亚新南威尔士州环境服务投资基金

由于地下水位升高，澳大利亚新南威尔士州大片地区土地盐化加剧，并导致土壤植被退化。为此新南威尔士州政府建立了"河水出境盐度总量控制"计划，并实施"排盐许可证"交易制度。"排盐许可证"制度允许排盐者购买"减盐"信用，该减盐信用是由其他土地所有者因采取措施（如植树）减低了排盐量而获得的。因植树而有效控制了土地和河水盐化的农场主可以出售自己的减盐信用，从而获得回报。新南威尔士州为管理"减盐"信贷交易，成立了环境服务投资基金会。该基金会从减排盐分的农场主那里购买"减盐"信用，同时向买主出售该"减盐"信用。

2.4 澳大利亚雪山工程调水水质安全与水源保护

澳大利亚雪山工程为跨流域、跨州界的特大型调水工程，于1949年正式开工，1974年完工，工程总投资为8.2亿澳元。作为世界上最为复杂的大型水电工程之一，雪山工程包括16座水库、7座水电站、1座抽水泵站、12条隧洞以及80 km长的输水渠，规划年调水量为$2.36×10^9$ m³[14]。

为弥补雪山工程在兴建之初较少考虑水源区水质保护问题，在工程运行后在水源区甚至集水区投入大量资金购买水库周围的土地，在该范围内严禁耕种，仅允许低密度放牧，尽可能防止有害物质进入水体。雪山工程的水源区大多被辟为国家公园，还采取有效措施保护植被，政府规定坡度大于18°的坡地禁止耕种，以防止水土流失和避免造成水体的富营养污染。为控制农田和草场灌溉后排出的水体把农药、化肥与有机物、盐分等带往水源及输水线路以及减少水土流失，有关州政府不再签发新的农牧业取水许可证，同时对水源和输水线路的水质进行实时监测，以确保供水水质安全。

2.5 美国耕地保护性储备计划

始于1985年的保护性储备计划（CRP）是美国国农业部一项全国性的长期退耕计划。美国有部分耕地处于土地极易侵蚀退化的地区，政府希望通过与农民签订合同让其放弃在这类生态敏感的土地上耕作，并且资助他们种草植树，使土地重新覆盖植被，从而达到保护生态环境的目的。

按照登记注册的土地数量，政府向签订合同的农民支付租金，并分担农民在转换生产方式过程中大约50%的成本，项目合同期通常为10～15年。补偿资金由政府提供，但在项目实施过程中引入了市场竞争机制，并遵循农户自愿的原则，对于补偿对象采用环境效益指标（EBI）进行评价。在计划实施初期主要目的是减少土壤侵蚀，1990年之后，环境目标进一步扩展到水质和野生动物栖息地[15]。

保护性储备计划从1985年到2002年，已有$1 360×10^4$ ha耕地退出农业生产活动，涉及37万农户，美国农业部每年要花费约15亿美元，用于支付土地租金和转换生产方式的成本，平均补偿金额为每年每公顷116美元。退耕的土地60%转为草地，16%转为林地，5%转为湿地。保护性储备计划在水体周围形成了大约8 500英里的过滤带，解决了当时美国一些最紧迫的生态问题，如切萨皮克海湾污染等。

2.6 美国湿地保护计划与湿地缓解银行

湿地具有防洪、改善水质、保护生物多样性和野生动物栖息地等重要作用。20世纪80年代，美国政府提出湿地"零净损失"的要求，1996年美国启动了湿地保护计划（WRP），向私人土地所有者提供在其拥有的土地上对已经干涸的湿地进行保护、恢复和加强的机会。美国农业部自然资源保护局（NRCS）提供技术和财政援助，但土地主仍拥有土地所有权。据2011年美国农业部公布的资料，已有$93.1×10^4$ ha土地加入该项计划。目前美国共有3种湿地补偿方法：①湿地开发许可证持有人自行补偿，即湿地开发许可证持有人采取必需的栖息地保护或恢复措施，以满足湿地缓解需求；②湿地缓解银行补偿，即由第三方向湿地恢复或保护责任人提供湿地缓解信贷；③湿地替代费补偿，即湿地开发许可证持有人向公共机构或非营利组织缴费，以资助补偿项目[16]。

2.7　英国环境敏感区计划和守护田庄计划

环境敏感区（ESA）计划于 1986 年在英国启动，这是欧盟第一个农业环境计划。守护田庄计划（CSS）于 1991 年启动。这两个计划的环境目标为生物多样性、休闲娱乐和流域保护。政府与农民签订提供环境服务的协议，该自愿性协议为长期协议，通常为 10 年。英国政府和欧盟通过购买环境服务，激励农民从事良性农业实践和实施土地休耕，保护有价值的景观和栖息地。截至 2003 年，英格兰加入环境敏感区计划（ESA）或守护田庄计划（CSS）的农业用地超过 10%[17]。

2.8　墨西哥水文环境服务补偿计划

水资源短缺和森林砍伐是墨西哥面临的最重要的环境挑战，墨西哥水文环境服务补偿计划（PSAH）把流域和蓄水层保护确定为生态系统服务目标。该计划于 2003 年由墨西哥环境部以及森林和水资源委员会启动，在商业性林业无法与农业和畜牧业抗衡的地区，政府向林地所有者提供经济补偿，以激励他们保护现有林区[18]。至 2005 年，已有 60×10⁴ ha 国家优先保护区加入该计划。补偿资金来源于用户缴纳的水费，其中近 1 800 万美元被指定用于支付环境服务，从而在环境服务受益者与提供者之间建立了联系。PSAH计划较好地体现了公平的原则，如果仅靠法律禁止改变土地利用，是可以降低森林砍伐率，但同时也会使穷人失去更好的创收机会，而 PSAH 计划较好地解决了这个矛盾。

2.9　日本水源区利益补偿机制

20 世纪 60 年代随着日本经济的高速增长，工业和城市用水急剧增加，需要大量修建水库，日本开始认识到建立水源区利益补偿制度的必要性。1972 年日本制定了《琵琶湖综合开发特别措施法》，在建立水源区综合利益补偿机制方面首开先河。以该法为基础，琵琶湖综合开发规划中包括了水源区一系列综合开发和整治项目，提高了国家对这些项目的经费负担比例，同时下游受益地区也要负担水源区的部分项目经费。1973 年颁布了《水源地区对策特别措施法》，据此，在建设水库或湖泊水位调节设施时，均需由所在地的都道府县政府制定水源区综合发展规划，对于根据规划实施的项目（包括土地改良、治山治水、道路、义务教育设施等公共工程），国家依法提高经费负担的比例。目前，日本水源区所享有的利益补偿由以下三部分组成，即水库建设主体以支付搬迁费等形式对居民的直接经济补偿；依据《水源地区对策特别措施法》采取的补偿措施；通过"水源地区对策基金"采取的补偿措施。

2.10　南非水资源工作计划

外来入侵物种每年都会给南非经济带来巨大的损失，不仅对南非的生物多样性，而且还对水安全以及自然系统的生态功能构成直接威胁。外来入侵物种消耗约 7%的水资源，加剧了洪涝与火灾，淤塞大坝和入河口，使水质恶化，并减少了生物多样性。

1995 年南非政府启动了水资源工作计划（WfW）[19]，该计划作为一项公共扶贫计划运行。其环境服务的目标是流域保护和生物多样性。该计划雇佣贫困的失业者清除山区流域和河岸的外来入侵植物。水资源工作计划的资金主要来源于公共扶贫计划和水费。自 1995 年以来，该计划已清除 100×10⁴ ha 余土地上的外来入侵植物，每年为贫困者提供约 20 000 个工作岗位。

目前该计划在南非 9 个省共有 300 多个项目，主要利用机械方法、化学方法、生物方法和综合方法控制外来入侵植物。南非 WfW 被国际社会公认为非洲最成功的环境保护措施之一。该计划有助于创造就业机会和扶贫，可持续得到政治支持。

3　结　语

目前针对生态系统服务，国际上主要有 2 种不同的支付工具，即生态系统破坏补偿和生态系统服务付费。前者遵循"污染者付费"的原则，通常由污染者以资金或实物形式补偿所从事的经济活动对生态系统造成的破坏，这是对具有约束力的法律规定的补充，如欧盟所实施的"环境责任指令"（Environmental Liability Directive）（对事故所造成的生态系统破坏的补偿），以及"环境影响评估指令"（Environmental Impact Assessment Directive）（对基础设施工程所造成的生态系统破坏的补偿）。而后者生态系统服务付费则遵循"受益者付费"的原则，是一种鼓励提供生态系统服务的经济激励机制，与一般的环境经济政策和命令控制型环境政策有所不同。传统的方法强调环境负外部性内化（如污染者付费），虽然有助于阻止破坏环境的行为，但不能促使人们主动保护生态环境，而 PES 则注重环境正外部性内化，使环境保护者受益。

　　命令和管制性政策用于控制清晰的点源污染较为有效，但对于非点源污染、上下游之间通过地理位置扩散以及异质物混合污染不是特别有效。而利用 PES 则可以较好地解决这类问题。生态系统服务付费作为一种让生态系统服务提供者愿意提供具有外部性或者公共物品属性的生态系统服务的激励机制[20]，对于完善我国水生态保护补偿制度和推进水生态保护补偿实践具有重要的借鉴意义。

参考文献：

[1]　PISTORIUS T, SCHAICH H, WINKEL G, et al. Lessons for REDDplus: A comparative analysis of the German discourse on forest functions and the global ecosystem services debate [J]. Forest Policy and Economics, 2012, 18: 4-12.

[2]　SCEP. Study of Critical Environmental Problems (SCEP): Man's Impact on the Global Environment: Assessment and Recommendations for Action [M]. Cambridge Mass: MIT Press, 1970: 1-319.

[3]　WESTMAN W E. How much are nature's services worth? [J]. Science, 1977,197: 960-964.

[4]　EHRLICH P R, EHRLICH A H. Extinction-the causes and consequences of the disappearance of sSpecies(1st Ed.) [M]. New York: Random House, 1981: 1-305.

[5]　COSTANZA R, DARGE R, DEGROOT R, et al. The value of the world's ecosystem services and natural capital[J]. Nature, 1997, 387: 253-260.

[6]　DAILY, G C. Nature's Services - Societal Dependence on Ecosystems [M]. Washington DC: Island Press, 1997: 1-392.

[7]　Millenium Ecosystem Assessment. Ecosystems and Human Well-being: Current State and Trends: Findings of the Condition and Trends Working Group [M]. Washington DC: Island Press, 2005.

[8]　G MEZ-BAGGETHUN E, de GROOT R, LOMAS P L, et al. The history of ecosystem services in economic theory and practice: from early notions to markets and payment schemes[J]. Ecological Economics, 2010, 69: 1209-1218.

[9]　WUNDER S. Payments for environmental services: some nuts and bolts[J]. CIFOR Occasional, 2005: 42.

[10]　赵雪雁, 徐中民. 生态系统服务付费的研究框架与应用进展[J]. 中国人口·资源与环境, 2009, 19(4): 112-118.

[11]　WUNDER S, ENGEL S, PAGIOLA S. Taking stock: A comparative analysis of payments for environmental services programs in developed and developing countries [J]. Ecological Economics, 2008, 65: 834-852.

[12]　GRUNEWALD K, BASTIAN O. Ökosystemdienstleistungen: Konzept, Methoden und Fallbeispiele [M]. Springer Verlag, 2012: 1-340.

[13]　PERROT-MA TRE D. The vittel payments for ecosystem services: a "perfect" PES case? [R]. London: International Institute for Environment and Development, 2006.

[14]　张力威, 徐子恺, 郭鹏, 等. 澳大利亚雪山工程水质安全与运营管理经验及思考[J]. 南水北调与水利科技, 2007, 5(2): 94-96.

[15]　PERROT-MA TRE D, DAVIS P. Case Studies of Markets and Innovative Financial Mechanisms for Water Services from Forests [R]. Washington: Forest Trends, 2001.

[16]　MOLNAR J L, KUBISZEWSKI I. Managing natural wealth: Research and implementation of ecosystem services in the United States and Canada [J]. Ecosystem Services, 2012(2): 45-55.

[17]　DOBBS T L, PRETTY J. Case study of agri-environmental payments: The United Kingdom[J]. Ecological Economics, 2008, 65: 765-775.

[18]　MU OZ-PI A C, GUEVARA A, TORRES J M, et al. Paying for the hydrological services of Mexico's forests: Analysis, negotiations and results [J]. Ecological Economics, 2008, 65: 725-736.

[19]　TURPIE J K, MARAIS C, BLIGNAUT J N. The working for water programme: Evolution of a payments for ecosystem services mechanism that addresses both poverty and ecosystem service delivery in South Africa [J]. Ecological Economics, 2008, 65: 788-798.

[20]　柳荻, 胡振通, 靳乐山. 生态保护补偿的分析框架研究综述[J]. 生态学报, 2018, 38(2): 380-392.

鄂尔多斯市西柳沟岸线利用规划

叶春江 [1]，苗　平 [2]，端木灵子 [1]，陈雄波 [1]

（1. 黄河勘测规划设计研究院有限公司，河南 郑州 450003；2. 鄂尔多斯市水利局，内蒙古 鄂尔多斯 017010）

摘要： 介绍了西柳沟的基本情况，根据龙头拐水文站实测水沙资料，分析得出不同频率的洪峰流量，并计算了沿程水面线；根据实测断面和影像资料，分析西柳沟冲淤特性，论证了进行岸线功能区划的时候，可不考虑河道摆动和冲淤变化的影响；根据岸线利用现状，分析河流岸线利用方面存在的问题；根据岸线边界线的定义及划分原则，划定上游丘陵沟壑区河段、中游风沙区河段、下游平原区河段的临水线与外缘边界线，并根据不同河段特点划分了岸线功能区，包括保留区、控制利用区，并论证了其合理性。

关键词： 鄂尔多斯市；西柳沟；岸线利用；临水线；外缘线；保留区；控制利用区

2017 年 5 月，内蒙古自治区党委办公厅、政府办公厅印发的《内蒙古自治区全面推行河长制工作方案》，要求加强河湖水域岸线管理保护，严格水域岸线等水生态空间管控。鄂尔多斯市级河流河道岸线管理利用规划示意如图 1 所示[1]，本文为西柳沟流域岸线利用与管理规划成果。

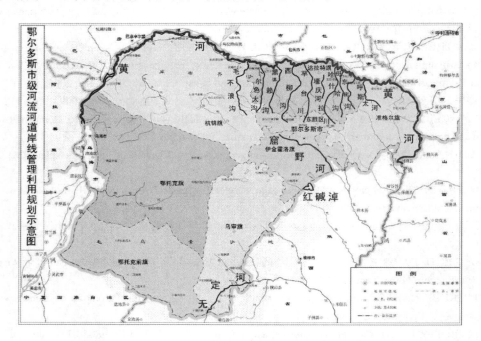

图 1　鄂尔多斯市级河流河道岸线管理利用规划示意

西柳沟，又称水多湖川，发源于内蒙古自治区鄂尔多斯市东胜区泊尔江海镇海子湾村台什壕西梁，河源高程 1 504.5 m。河流自河源向西北至朱家圪堵西，向东北至龙头拐，又向西北在达拉特旗昭君镇二狗湾村三银才村东从右侧汇入黄河，河口高程 1 005.3 m，是鄂尔多斯市境内从南向北并行直接入黄的十条支流（十大孔兑）之一。

作者简介： 叶春江（1972–），男，河南商城人，高级工程师，主要从事水利规划工作。E-mail：yechunjiang1222@126.com

通信作者： 陈雄波（1973–），男，湖北天门人，教授级高级工程师，研究方向为河流动力学数值计算。E-mail：chenxb@yrec.cn

1　水文泥沙及河道演变特性

西柳沟龙头拐水文测站 1960 年设立，1962 年停测，1964 年移至龙头拐（三）站持续观测，系列较长。由于发源于水土流失严重的丘陵沟壑区，又流经沙漠，洪水含沙量大，龙头拐站 1964—2018 年平均来沙量为 $3.728×10^6$ t，其中汛期来沙量比例为 99.1%，汛期平均含沙量 192.3 kg/m³，次洪最大含沙量达 1 550 kg/m³。洪水在流经下游平原段河道后，由于河床比降变缓，流速降低，多在入黄口及支流尾闾段发生淤积，造成严重后果，需要进行河道治理与利用管控。

依据西柳沟龙头拐站历年最大洪峰流量（采用年最大值法选样）实测系列，并考虑洪水还原后，同时加入历史洪水，依据《水利水电工程设计洪水计算规范（SL44-2006）》，对各站洪水系列按不连序系列采用 P-III 型曲线进行频率计算[2]，本次设计洪水结果见表 1。西柳沟沿程设计洪水采用水文比拟法进行分析计算，水面线采用水力学伯努里能量守恒方程进行推求，规划河段起始断面水位采用曼宁公式进行计算。

表 1　不同频率设计洪水结果

站名	产流面积/m³	时间	产流面积/m³	均值	C_v	C_s/C_v	1%	2%	3.3%	5%	10%	20%
龙头拐	1 077	1960—2016 年	1 077	762	1.8	2.5	6 970	5 330	4 189	3 332	2 013	958

分析西柳沟龙头拐站 2006 年以来实测大断面和卫星影像图，如图 2 和图 3 所示，河道断面冲淤变化不大，断面形态基本保持一致，河势变化不大。2010 年以后，鄂尔多斯市完成了京津风沙源治理二期工程、建拦沙坝和现有淤地坝除险加固、晋陕蒙砒砂岩区十大孔兑沙棘生态减沙等水土保持重点建设工程；防洪堤防加固、景城区观堤防、蓄滞洪区、新建水库和病险水库除险加固等水利项目，水土流失综合治理与防洪工程建设成效显著，入黄泥沙明显减少，本次演变预测今后西柳沟冲淤基本平衡。如果今后发生了局部大量集中淤积情况，危及防洪安全，采用机械或人工清淤即可。进行岸线功能区划的时候，可暂不考虑河道摆动和冲淤变化的影响。

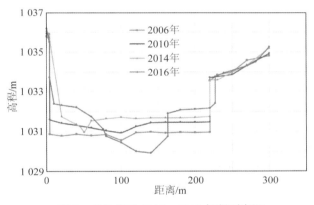

图 2　龙头拐站 2006—2016 年断面套汇

2010 年　　　　　　　　　2014 年　　　　　　　　　2016 年

图 3　西柳沟历年卫星影像

2　岸线利用现状

西柳沟水闸、泵站、引水口岸线利用均为零，排污口岸线长度 400 m，其中北方联合电力吴四圪堵煤矿排污口（40°11'13"N；109°42'41"E）、达拉特旗高头窑煤矿排污口（40°01'23" N；109°37'58" E；）各利用 200 m。现状跨河建筑物主要为跨河公路桥、铁路桥以及过水路面。西柳沟公路桥 5 座，铁路桥 4 座，过水路面 2 条，利用岸线长 432 m，如表 2 所示。

表 2　西柳沟桥梁及过水路面统计

河流	所在旗（区）	序号	桥梁名称	地理位置（坐标）		工程规模及标准	岸线利用长度/m		
				N/（°）	E/（°）		左岸	右岸	合计
西柳沟	达拉特旗	1	柳沟河大桥	40.46222939	109.675812	位于 S316 省道，2000 年 1 月通车，全长 186.9 m，跨径总长 120 m，主跨 13 m，孔数 14 孔，桥面宽 9 m，混凝土空心板梁桥	24	24	48
		2	阳巴线大桥	40.46128392	109.6781391	位于乡道，桥梁长 645 m，桥梁宽 10 m	13	13	26
		3	公路桥 1	40.34687161	109.7592545	位于乡道，桥梁长 645 m，桥梁宽 10 m	14	14	28
		4	西柳沟大桥	40.31332123	109.7766534	位于 S214 省道，2012 年 11 月通车，全长 880 m，跨径总长 120 m，主跨 20 m，孔数 44 孔，桥面宽 14.5 m，钢筋混凝土箱形梁桥	30	30	59
		5	小桥	39.87134333	109.5124633	位于 G109 国道，2011 年 11 月通车，全长 28 m，跨径总长 2 m，主跨 8 m、孔数 6 孔，桥面宽 23 m，钢筋混凝土整体现浇板桥	48	48	96
		6	过水路面 1	40.1599431	109.6679735	乡道，路面宽 5 m	10	10	20
		7	过水路面 2	40.03203928	109.6205252	乡道，路面宽 8.5 m	14	14	27
		8	过水路面 3	40.01882136	109.6160138	乡道，路面宽 6 m	11	11	22
		9	过水路面 4	39.88276362	109.5298129	乡道，路面宽 8 m	13	13	26
		10	铁路桥 1	40.18779516	109.7074074	桥梁长 645 m，桥梁宽 10 m	20	20	40
		11	铁路桥 2	39.95110631	109.5938373	桥梁长 645 m，桥梁宽 10 m	20	20	40

砂石场 13 处，占用岸线 24 879 m；煤矿 1 处（达拉特旗李五兴煤矿），占用岸线 2 884 m。

西柳沟水源地一级保护区范围：以截伏流井为重点保护目标，由位于水源上游的 2 号渗渠井向上游延伸 2 000 m，向两岸延伸 200 m，由位于水源下游的 3 号机井向下游延伸 200 m 的多边形区域。一级保护区面积为 7.185 6 km²。二级保护区范围：以一级保护区外围向上游延伸 3 000 m，向两岸及下游方向各延伸 300 m 的多边形区域。二级保护区面积为 9.190 9 km²。

水功能区：达拉特旗西柳沟农业用水区，大路壕–西刘定圪堵长 50.6 km，水质代表断面龙头拐水文站现状水质为 IV 类，目标水质为 III 类。

西柳沟河流岸线利用方面存在以下问题：①开发利用与保护不够协调；②部分岸线内耕地影响防汛工作；③相关法律法规不完善；④缺乏有效的岸线有偿使用机制；⑤划界工作滞后。以上问题的存在，既不利于河流岸线资源的合理有效利用，更对岸线资源和生态环境造成损害，需要按照河长制及社会经济可持续发展的要求，加强岸线治理和保护，合理开发利用，规范管理措施，推进治理、保护与开发利用相结合。

3　临水线与外缘边界线划定

岸线边界线是指沿河流走向或湖泊沿岸周边划定的用于界定各类功能区垂向带区范围的边界线。岸线控制线分为临水控制线和外缘控制线。

临水边界线是根据稳定河势、保障河道行洪安全和维护河流湖泊生态等基本要求，在河流沿岸临水一侧顺水流方向或湖泊（水库）沿岸周边临水一侧划定的岸线带区内边界线。对于已有明确治导线或整治方案线（一般为中水整治线）的河段，以治导线或整治方案线作为临水边界线；平原河道以造床流量或平滩流量对应的水位与陆域的交线或滩槽边界线作为临水边界线；山区性河道以防洪设计水位与陆域的交线作为临水边界线。

外缘边界线是根据河流湖泊岸线管理保护、维护河流功能等管控要求，在河流沿岸陆域一侧或湖泊（水库）沿岸周边陆域一侧划定的岸线带区外边界线。对有堤防工程的河段，外缘边界线可采用已划定的堤防工程管理范围的外缘线。堤防工程管理范围的外缘线一般指堤防背水侧护堤地宽度。对无堤防的河湖，根据已核定的历史最高洪水位或设计洪水位与岸边的交界线作为外缘边界线。在外缘边界线和临水边界线之间的带状区域即为岸线。

3.1　临水边界线

1）上游丘陵沟壑区河段（河源–吴四圪堵村胡家湾）。该河段为丘陵区河段，跨东胜区和达拉特旗两个县级行政区，没有河道治导线或整治方案线，且滩槽关系不明显，采用 2 年一遇洪水与岸边的交界线作为临水边界线。该河段岸线临水边界线长度为 118.33 km，其中左岸长 59.34 km，右岸长 58.99 km。

2）中游风沙区河段（吴四圪堵村胡家湾–柴磴嘎查王东敖包壕）。该河段属于库布其沙漠区。采用 2 年一遇洪水与岸边的交界线作为临水边界线。该河段岸线临水边界线长度为 35.97 km，其中左岸长 18.47 km，右岸长 17.5 km。

3）下游平原区河段（柴磴嘎查王东敖包壕–河口）。该河段为平原区河段，柴磴嘎查王东敖包壕–道劳韩庆为无堤防河段，道劳韩庆–河口为已建堤防河段。①无堤防河段，采用 2 年一遇洪水与岸边的交界线作为临水边界线。该河段岸线临水边界线长度为 30.32 km，其中左岸长 14.59 km，右岸长 15.73 km。②已建堤防河段，没有明确的治导线或整治方案线，河道两侧已建成堤防，由于堤距较窄，将堤防临水堤脚线作为临水边界线。该河段岸线临水边界线长度为 18.37 km，其中左岸长 10.37 km，右岸长 8 km。

3.2　外缘边界线

1）上游丘陵沟壑区河段（河源–吴四圪堵村胡家湾）。该河段无堤防且没有河道治导线或整治方案线，采用 10 年一遇洪水与岸边的交界线作为外缘边界线。该河段岸线外缘边界线长度为 116.89 km，其中左岸长 59.32 km，右岸长 57.57 km。

2）中游风沙区河段（吴四圪堵村胡家湾–柴磴嘎查王东敖包壕）。该河段属于库布其沙漠区，采用 2 年一遇洪水与岸边的交界线作为外缘边界线。该河段岸线外缘边界线长度为 35 km，其中左岸长 17.54 km，右岸长 17.45 km。

3）下游平原区河段（柴磴嘎查王东敖包壕–河口）。①对于无堤河段，采用 20 年一遇洪水与岸边的交界线作为外缘边界线。该河段内有断续的岸坎，应以岸坎为绘制依据并考虑生态及区域经济发展需求等因素综合确定。该河段岸线外缘边界线长度为 27.61 km，其中左岸长 13.19 km，右岸长 14.42 km。②对于已建堤防河段，应按已划定堤防工程的管理范围（即堤防背水侧护堤地宽度）作为外缘边界线。西柳沟该河段未划定堤防工程管理范围，本次规划参照《堤防工程管理设计规范》（SL171-1996）、流域堤防管理有关规定以及现状周边建设情况综合考虑确定外缘边界线。该河段周边村庄及建设情况较少，可将河湖管理外缘线尽量向外扩展，本次规划堤防背水侧护堤地宽度确定为 50 m。该河段岸线外缘边界线长度为 18.51 km，其中左岸长 10.51 km，右岸长 8 km。

西柳沟岸线规划成果见表 3；共绘制临水边界线长度 203 km，外缘边界线长度 198 km。

表 3　西柳沟岸线规划成果

分界线名称	分段名称	县级行政区	起止位置	岸别	长度/km
临水边界线	上游丘陵沟壑区河段	东胜区	河源–板旦梁	左岸	20
				右岸	20.16
		达拉特旗	东胜板旦梁–吴四圪堵村胡家湾	左岸	39.34
				右岸	38.83
		东胜区–达拉特旗	河源–吴四圪堵村胡家湾	总长	118.33
	中游风沙区河段（库布其沙漠）	达拉特旗	吴四圪堵村胡家湾–柴磴嘎查王东敖包壕	左岸	18.47
				右岸	17.5
				总长	35.97
	下游平原区河段	无堤防河段	达拉特旗	柴磴嘎查王东敖包壕–道劳韩庆	左岸	14.59
					右岸	15.73
					总长	30.32
		已建堤防河段	达拉特旗	道劳韩庆–河口	左岸	10.37
					右岸	8
					总长	18.37
外缘边界线	上游丘陵沟壑区河段	东胜区	河源–板旦梁	左岸	19.76
				右岸	22.1
		达拉特旗	东胜板旦梁–吴四圪堵村胡家湾	左岸	39.56
				右岸	35.47
		东胜区–达拉特旗	河源–吴四圪堵村胡家湾	总长	116.89
	中游风沙区河段（库布其沙漠）	达拉特旗	吴四圪堵村胡家湾–柴磴嘎查王东敖包壕	左岸	17.54
				右岸	17.45
				总长	35
	下游平原区河段	无堤防河段	达拉特旗	柴磴嘎查王东敖包壕–道劳韩庆	左岸	13.19
					右岸	14.42
					总长	27.61
		已建堤防河段	达拉特旗	道劳韩庆–河口	左岸	10.51
					右岸	8
					总长	18.51

4　岸线功能区划分

岸线功能区是根据岸线的自然和经济社会功能属性以及不同的要求，将岸线划分为不同类型的区段。岸线功能区界线与岸线控制线垂向或斜向相交。岸线功能区分为岸线保护区、岸线保留区、岸线控制利用区和岸线开发利用区四类[3]。

岸线保护区是指岸线开发利用可能对防洪安全、河势稳定、供水安全、生态环境、重要枢纽和涉水工程安全等有明显不利影响的岸段。保留区是指规划期内暂时不宜开发利用或者尚不具备开发利用条件、为生态保护预留的岸段。控制利用区是指岸线开发利用程度较高，或者开发利用对防洪安全、河势稳定、供水安全、生态环境可能造成一定影响，需要控制其开发利用强度、调整开发利用方式或者开发利用用途。开发利用区是指河势基本稳定、岸线利用条件较好，岸线开发利用对防洪安全、河势稳定、供水安全以及生态环境影响较小的岸段。

西柳沟排污口 2 处，桥梁及过水路面 11 座，已建堤防工程长 32 km。经研究西柳沟岸线功能区划分如下：

河源–石头窑河段岸线为保留区，该区为西柳沟上游丘陵沟壑区，水土流失严重，且土地贫瘠，植被以草地和灌木为主，生态脆弱，规划期内暂无开发利用需求。左岸功能区长度 32.16 km，右岸功能区长度 31.56 km。

石头窑–马利昌汗沟口河段岸线为控制利用区，该区域内河势稳定，没有生态保护红线及生态环境敏感因素制约，沿岸分布有宝莹砂石场、羊场砂石场、鑫业砂石场、西部大发采石场、新盛耐火黏土矿等多处砂石厂及李五兴煤矿，岸线开发利用程度非常高，为进一步避免采砂及采矿对防洪安全、河势稳定带来不利影响，需要控制开发利用强度，调整开发利用方式。左岸功能区长度为 10.93 km，右岸功能区长度为 10.71 km。

马利昌汗沟口–东敖包壕河段岸线为保留区，该区域穿越库布齐沙漠、草场及灌木林，为风沙区，水土流失严重，生态环境脆弱，右岸分布有库布齐沙漠森林公园，下游段分布有西柳沟水源地、展旦召水源地。左岸功能区长度 33.58 km，右岸功能区长度 32.79 km。

东敖包壕–入黄口河段岸线为控制利用区，该区域为平原区，堤防工程、桥梁、道路等基础设施建设较好，沿岸分布有城君昭景区及柴磴嘎查、门肯嘎查、道劳哈勒正村、柳林村等多个村庄，区域社会经济发展水平相对较高，没有生态保护红线及生态环境敏感因素制约。左岸功能区长度 23.57 km，右岸功能区长度 22.37 km。

5　岸线保护与利用管控

西柳沟中下游采砂场集中分布，对河势稳定和防洪安全带来一定影响，应对采砂企业统一清理整顿，组织编制采砂管理规划，划分禁采区、可采区和保留区，并对砂石开采的主要控制性指标加以限定。实施河道整治工程修复河道生态，改善河势，恢复河道自然形态。在该保留区河段可进行生态工程、河道治理工程，以及公路、桥梁等基础设施建设之外，一般禁止其他岸线开发活动。

下游段控制利用区（有堤段）：下游平原区为农牧业优化开发区，是区域人口分布和经济建设的重心，重点开展农牧业产业化、工业化和城镇化建设。该段岸线区域较小，区域内仅有堤防和堤防管理范围用地，岸线区外是沙漠，岸线利用价值较小。因此，功能区的保护目标首先是堤防和规划堤防管理用地，保持岸线及河势的稳定。在岸线区内，除了进行必要的河道整治、堤防等防洪保安工程建设，以及引排水口等设施建设以外，一般禁止其他岸线开发活动。

西柳沟跨库布其沙漠段，划为规划保留区，该区域内人口稀少，生态脆弱。该区域主要治理措施为水土保持防风固沙，阻拦中游库布其沙漠风沙进入河道。在主河道两岸、需要防护地带，合理选择树种，采取科学的治理模式，集中开展防风固沙林带建设，能够达到快速减少泥沙的目的。

任何进入外缘控制线以内岸线区域的开发利用行为必须符合岸线功能区划的规定及管理要求，且原则上不得逾越临水控制边界线。

由于目前存在着一些不合理的岸线利用开发行为，影响河道防洪安全、生态安全、供水安全，地方政府和建设单位应根据岸线管理的相关规定提出整改意见和措施，上报水行政主管部门审批。

6　结　语

根据水行政主管部门加强河湖水域岸线管理保护的要求，介绍了西柳沟的基本情况，进行了岸线利用规划工作，取得如下成果：

1）根据西柳沟龙头拐水文站实测水沙资料，分析得出不同频率的洪峰流量，并计算了沿程水面线；

2）根据龙头拐实测断面和影像资料，分析西柳沟冲淤特性，论证了进行岸线功能区划的时候，可不考虑河道摆动和冲淤变化的影响；

3）根据岸线利用现状，分析河流岸线利用方面存在的问题，根据岸线边界线的定义及划分原则，划定上游丘陵沟壑区河段、中游风沙区河段、下游平原区河段的临水线与外缘边界线；

4）根据西柳沟上下游不同河段特点，划分岸线功能区，包括保留区、控制利用区，并论证了其合理性。

参考文献：

[1]　杨韧, 潘明强, 何予川, 等. 黄河流域重点河段岸线利用管理规划[R]. 郑州：水利部黄河水利委员会, 2004: 169-197.

[2]　杨力行, 郑祖国. 实测洪水系列在洪水频率分析中的重要作用[J]. 新疆农业大学学报, 2000, 23(3): 1-5.

[3]　河湖岸线保护与利用规划编制指南（试行）[S]. 水利部办公室河湖函〔2019〕394 号, 2009: 1-36.